friends 프렌즈 시리즈 05

프렌즈 방콕

안진헌 지음

Bangkok

중앙books

저자 인사말

방콕을 몇 번이나 여행했냐고 물으면 마땅한 답변을 할 수가 없습니다.
10년 넘는 외국 생활 중에 3년을 내리 살았고, 그 이후에도 1년에 서너 달은 상주 여행자로 방콕을 들락거리기 때문입니다. 방콕의 택시 기사보다 길을 더 잘 안다고 하면 너무 과한 표현일까요? 그만큼 방콕은 제2의 고향 같은 곳입니다. 그래서 들려주고 싶은 이야기가 많았습니다.
단순히 사원과 레스토랑뿐만 아니라 방콕의 다양함을 이야기하고 싶었습니다. 방콕의 허름한 골목뿐만 아니라 메트로폴리탄으로 거듭난 방콕도 보여주고 싶었습니다. 그래서 한없이 걸었고, 한없이 사진을 찍었습니다. 그렇게 쓰인 A4 400페이지 원고에 수많은 사진이 더해져 『프렌즈 방콕』이 탄생했습니다.

집보다 익숙한 방콕을 또 걸었습니다.
취재와 원고 작업이 어디 어제오늘의 일이겠느냐마는, 방콕을 대함에 있어 '방콕은 나의 도시'라는 생각이 자연스럽게 들더군요. 모든 게 익숙해서겠지만 그냥 마음 편히 취재하고, 유쾌하게 글을 쓸 수 있는 도시가 방콕입니다.
이번 작업에서도 좀 더 새롭고, 좀 더 다양한 방콕의 모습을 담으려 했습니다. 방콕도 워낙 빠른 속도로 변하다보니, 옛 것을 간직한 전통적인 곳들을 재발견해 내는 데 더 많은 시간을 할애했습니다. 같은 자리를 지켜주는 단골집은 여전히 반가웠고, 새롭게 생긴 스폿들은 방콕의 재미를 더해 주었습니다.
도대체 어디까지 건드려야 '끝났다!'라고 말할 수 있을지 모르겠군요. 단순히 먹고 노는 여행이 아니라 방콕의 역사와 문화까지 체험할 수 있는 여행안내서가 됐으면 합니다. 더불어 당신들도 방콕을 편하게 여길 수 있으면 좋겠군요.

저자 소개

안진헌 www.travelrain.com

여행이 생활인 그에게 외국은 집처럼 포근하다. 20년 가까이 태국, 베트남, 티베트, 캄보디아, 라오스, 중국 윈난성, 네팔, 인도를 들락거리며 상주 여행자로 생활하고 있다. 방콕과 치앙마이에 '달방'을 얻어 몇 년씩 거주하기도 했다. 여행계에서는 누구나 알아주는 아시아 전문가로 통하며, 실험적인 여행작가 모임인 '트래블게릴라'를 통해 아시아 여행법을 바꿔온 인물로도 유명하다. 오늘도 어딘가를 여행하고 있거나, 여행을 하면서 글을 쓰거나, 여행을 잠시 멈추고 한 곳에 눌러앉아 글을 쓰고 있다. 저서로는 『처음 만나는 아시아』(웅진지식하우스), 『당신이 몰랐던 아시아 Best 170』(봄엔), 『어디에도 없는 그곳–노웨어』(예담), 『트래블게릴라의 구석구석 아시아』(터치아트), 『프렌즈 라오스』, 『프렌즈 태국』, 『프렌즈 방콕』, 『프렌즈 베트남』, 『프렌즈 다낭』, 『베스트 프렌즈 방콕』(중앙북스)이 있다.

Thanks to_

Rachata Langsangtham(June), Kitima Janyawan(Pook), Yongyut Janyawan(Yut), Sam Winichapan, Pannarot Phanmee, Elinie Palomas, Maria(Davis Hotel), Akapop Lertbunjerdjit, Sureerat Sudpairak, Sarin Saktaipattana, Kanittha Pimnak, Kisana Ruangsri, Alisarakorn Sammapun, Jirapong Deeprasert, Yaseu Iwamura, Supanee Tientongtip, Nisara Kumphong, Jirapa Chankitisakoon, Suteera Chalermkarnchana, Dylan Jones, Hong(Thanh Sanctuary Spa), Pierre(Face Bangkok), Waewdao Chaithirasakul, Patcharee Chaunchid, Wanwisa Boonprasit, 태국 관광청, 트래블게릴라 김슬기, 타이랜드마케팅 주수영, 방콕 홍익여행사, 조르바 여행사 김선겸, 오마이호텔, 트래블메이트, 김도균, 올림푸스 카메라, 김은하, 양영지, 최혜선, 김현철, 최승헌, 남지현, 권형근, 김난희, 차선배님, 써니 언니, 염소형, 이현석, 껄렁 백상은, 오봉 민현진, M양 Lucia, 안네 최수진, 재키 배훈, 엄준민, 쑤기쒸, 옐로형, 안명순, 마미숙, 류호선, 강신계, 나영훈, 안수정, 고재영, 안수영, 구한결, 찬찬, 구자호, 소방, 치자배, 모두가 행복.

Special Thanks to_

작업실을 제공해주신 방콕의 나락님, 찬우형, 경주의 콰이님, 카메라 도움을 주신 올림푸스 김우열님, 묵묵히 책 작업을 응원해 준 편집장 이정아님.
책 작업을 함께 해준 에디터 강은주님, 꼼꼼히 교정을 봐주신 박경희님,
책을 예쁘게 디자인해준 문수민님, 개정판 디자인해주신 양재연,
변바희님 그리고 가이드북 공작단 동지 김민경, 박근혜,
손모아, 전명윤, 노커팅 조현숙 고맙소!
환타 오빠 만세, 안효숙 최고.

「프렌즈 방콕」 태국어 발음에 관하여

이 책에 쓰인 모든 발음은 현지 발음 표기를 따랐다. 태국어를 영문으로 표기한 오기를 따르지 않고, 태국어 자체의 발음을 한국식 발음으로 그대로 옮겼다. 예를 들어, Siam을 시암이 아닌 '싸얌'으로 표기한 것이다. 태국어는 영어로 표기가 불가능한 발음이 많은데도 굳이 영문 표기를 따라 한글 맞춤법으로 표기하려다보니 나타나는 현지 발음상의 오류를 방지하기 위함이다. 더불어 이중자음을 줄여서 발음하는 습성에 따라 일부 지명에 대해서는 구어체 표기를 따른다. Pratunam을 쁘라뚜남이 아닌 빠뚜남으로 표기한 것이 대표적인 예다. 영어도 태국식 발음을 기준으로 표기했다. 센트럴 Central은 '쎈탄', 로빈슨 Robinson은 '로빈싼'으로 표기해 현장에서 길을 물을 때 도움이 되도록 했다. 태국어로 읽는 데 지장이 없는 저자가 태국어를 직접 확인해 가장 비슷한 최적의 발음을 한국어로 표기했다.

고유 명칭도 태국 발음을 그대로 따랐다. 거리는 로드(Road)라는 영어 표기 대신 타논(Thanon)으로 표기했다. 다리(싸판 Saphan)와 운하(크롱 Khlong), 강(매남 Mae Nam), 선착장(타르아 Tha Reua 또는 줄여서 타 Tha)의 경우 방콕에서 하루만 지내면 익숙할 단어들이지만, 이해를 돕기 위해 주요한 명칭들에 대한 설명을 달아둔다.

타논 ถนน Thanon

영어로 Road 또는 Street에 해당한다. 한국의 도로에 해당하며 방콕에서는 큰길을 의미한다.

쏘이 ซอย Soi

영어로 Alley, 한국어로 골목에 해당한다. 큰길인 '타논'에서 뻗어 나간 골목길들로, 차례대로 번호를 붙인다. 도로를 중심으로 한쪽은 홀수 번호, 다른 한쪽은 짝수 번호를 붙인다. 쏘이의 특징이라면 골목 끝이 막혀 있다는 것.

뜨록 ตรอก Trok

'쏘이'보다 더 좁고 짧은 골목을 의미한다. 차가 다닐 수 없을 정도로 좁다.

싸판 สะพาน Saphan

영어로 Bridge, 한국어로 다리에 해당한다. 다리 이름 앞에 싸판을 먼저 붙인다. 즉 삔까오 다리의 태국식 발음은 싸판 삔까오가 된다.

크롱 คลอง Khlong

영어로 Canal, 한국어로 운하를 의미한다.

매남 แม่น้ำ Mae Nam

영어로 River, 한국어로 강(江)을 의미한다.

타르아 ท่าเรือ Tha Reua

영어로 Pier. 보트 선착장을 의미한다. 선착장 이름과 함께 쓸 때는 '타+선착장 이름'을 붙이면 된다. 프라아팃 선착장은 '타 프라아팃'이라고 발음한다.

딸랏 ตลาด Talat(Talad)

영어로 Market, 한국어로 시장을 의미한다.

왓 วัด Wat

영어로 Temple, 한국어로 사원을 의미한다.

「프렌즈 방콕」 일러두기

Attraction 볼거리 정보

모든 볼거리에는 '★'이 있는데, 중요도에 따라 1~5개가 붙어 있다. 별점의 의미는 다음과 같다.
(*특히 꼭 가봐야 할 곳과 먹어봐야 할 곳, 체험해봐야 할 곳은 강력추천 마크가 붙어 있으니 참고하자.)

★★★★★ 방콕에 왔다면 죽어도 봐야 할 곳
★★★★ 꼭 봐야 할 곳
★★★ 안 보면 아쉬운 곳
★★ 시간이 난다면 볼 만한 곳
★ 안 봐도 무방한 곳

2020년 새로 추가한 곳

추천 업소

인기 업소

Restaurant 레스토랑 정보

방콕을 지역별로 나눠 다양한 종류의 레스토랑을 소개했다. '추천 레스토랑'은 이 책의 앞부분 화보에서 만나보자.

Entertainment 엔터테인먼트 정보

방콕에서 경험할 수 있는 다양한 엔터테인먼트를 지역별로 나눠 소개했다. 엔터테인먼트는 쇼핑, 스파 & 마사지, 나이트라이프를 한데 묶어 자세히 다뤘다.

Accommodation 숙소 정보

400B 이하의 저렴한 게스트 하우스부터, 세계 호텔 베스트 순위에 랭크된 고급 호텔까지 다양한 종류의 숙소를 지역별로 나눠서 소개했다.

이 책에 실린 정보는 2019년 12월까지 수집한 정보를 바탕으로 하고 있다. 현지물가와 볼거리의 개관 시간, 입장료, 호텔 · 레스토랑의 요금, 교통비 등은 수시로 변경되므로 이 점을 감안하여 여행 계획을 세우자.
내용 문의 : 안진헌 bkksel@gmail.com 온라인 업데이트 www.travelrain.com

Contents

054
방콕 여행 실전
TRAVEL SURVIVAL

069
방콕의 시내 교통
TRANSPORTATION

078
방콕의 볼거리 & 레스토랑 & 나이트라이프
AREA GUIDE IN BANGKOK

LIVE
CAFÉ

BANGKOK **TOP 21**

방콕이 매력적인 이유 21가지!

01

짜오프라야 강 보트 투어

방콕은 강과 운하에 의해 형성된 도시다. 수상 보트를 타고 방콕의 역사 유적을 방문해 보자.

02

타이 스마일

더운 기후와 낙천적인 성격, 종교적인 생활이 자연스레 몸에 밴 태국인들의 얼굴은 온화하다. '타이 스마일 Thai Smile'로 알려진 태국인들의 친절한 미소는 방콕 여행의 활력소가 된다.

03

태국 요리

방콕 여행의 또 다른 재미는 태국 음식 맛보기다. 똠얌꿍, 쏨땀, 얌운쎈, 깽마싸만, 뿌 팟 퐁 까리, 팟타이, 꾸어이띠아우 등 발음조차 힘든 음식들이 입에 착착 감기며, 방콕 여행 내내 당신을 즐겁게 해줄 것이다.

04

왕궁 & 왓 프라깨우

방콕의 유적지 중에 반드시 들러야 하는 곳. 태국의 왕궁과 왕실 사원을 통해 왕실과 종교가 그들의 삶에 어떤 의미를 지니는지 확인해 볼 수 있다.

05

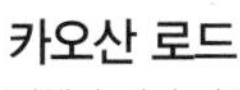

카오산 로드

여행자 거리 카오산 로드. 태국 여행의 시작인 동시에 아시아 여행이 시작되는 곳이다. 전 세계에서 몰려든 여행자들과 태국 젊은이들이 어울려 독특한 문화를 형성한다.

타이 마사지

무더운 여름날, 관광지를 찾아다니느라 지친 몸을 추스르는 데 더 없이 좋은 타이 마사지. 지압과 요가를 접목해 만든 것이 특징으로 혈을 눌러 근육 이완은 물론 몸을 유연하게 해준다. 마사지 받는 것으로 만족스럽지 못하다면 타이 마사지 실습 과정을 이수해 자격증을 취득해볼 것.

06

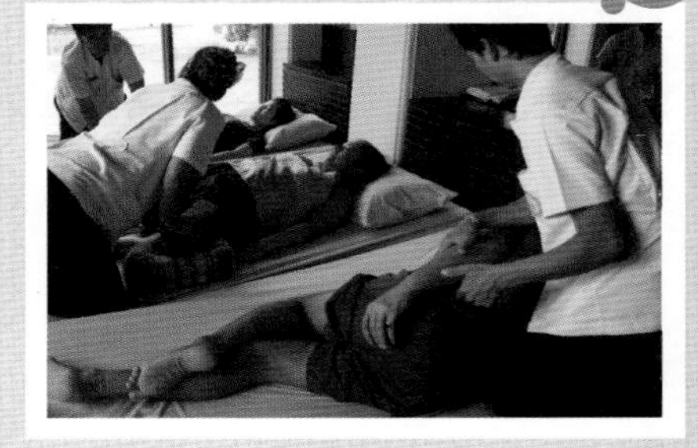

07 나이트라이프

방콕은 볼거리보다 즐길 거리가 더욱 중요시되는 도시. 다문화가 어우러진 국제적인 도시답게 당신의 기호에 맞는 클럽, 펍, 재즈 바, 와인 바가 지천에 널려 있다.

08 왓 포 Wat Pho

타이 마사지의 총본산 왓 포. 방콕에서 가장 오래된 사원이자 방콕에서 가장 큰 사원이다. 와불상을 포함해 화려함으로 빛나는 태국 사원의 본보기를 제시해 준다.

09 차이나타운

대단한 볼거리가 아니어도 즐거움을 선사하는 곳이다. 사람 사는 냄새와 시장의 활기가 방콕의 더위와 뒤섞여 활력 넘친다. 밤에는 시푸드 레스토랑도 들러서 먹는 재미도 느껴보자.

10 짜뚜짝 주말시장

세계 최대의 주말시장이라는 말은 과장이 아니다. 없는 것 없이 모든 물건이 거래되는 짜뚜짝 시장이야말로 쇼핑의 즐거움을 제대로 선사해 준다.

11 암파와 수상시장

물과 연관되어 생활하던 전통적인 삶의 모습을 엿볼 수 있다. 방콕 사람들의 인기 주말 여행지로, 수상시장을 따라 가득한 목조가옥까지 다양한 볼거리를 제공한다.

12 스카이 하이 Sky High

'높은 곳에 올라 방콕을 바라보기'는 최근 방콕 여행의 트렌드로 자리 잡고 있다. 고층 아파트여도 좋고, 럭셔리 호텔의 옥상 라운지여도 상관없다. 조금만 높은 곳에 올라가면 평균 해발 3m의 방콕 도심의 스카이라인이 지평선을 향해 끝없이 펼쳐진다. 특히 해 질 녘의 풍경은 방콕에 대한 고정관념을 깰 정도로 드라마틱하다.

13 왓 아룬 Wat Arun

짜오프라야 강변에 있는 매력적인 사원이다. 좌우 대칭이 아름다운 사원으로 방콕의 아이콘처럼 여겨진다. 동트는 새벽 또는 노을에 감싸인 늦은 오후 또는 야간 조명에 비친 밤에 더욱 아름다운 자태를 뽐낸다.

14

짐 톰슨의 집

화려한 사원과는 전혀 다른 차분함이 매력이다. 짐 톰슨이 직접 수집한 골동품도 감상하고 실크 매장에 들러 세계적인 수준의 실크도 구입하자.

15

아시아티크

짜오프라야 강변에 새롭게 만든 야시장. 유럽풍의 독특한 건물과 강변 풍경이 어울려 새로운 명소로 부각되고 있다. 쇼핑이 아니더라도 친구들과 어울려 사진 찍으며 저녁시간을 보내기 좋다.

16

푸 카오 텅 Phu Khao Thong (Golden Mount)

'황금 산'이란 이름을 갖고 있는 곳으로 인공 언덕 위에 황금 쩨디(탑)를 세웠다. 해발 80m에 불과하지만 평지에 가까운 방콕이 시원스레 내려다보인다.

17

도심에서의 휴식

매력적인 호텔, 국제적인 레스토랑, 스타일리시한 카페, 유럽풍 찻집, 몸과 마음을 편하게 해주는 스파까지. 방콕 여행은 도심 속 달콤한 휴식을 가능하게 해 준다.

18

딸랏 롯파이 랏차다 (랏차다 야시장)

방콕에서 야시장 분위기를 가장 잘 느낄 수 있는 곳이다. 노점 식당까지 어우러져 흥겨움이 가득하다.

19

쏭끄란

연중 가장 더운 날인 쏭끄란(4월 13~15일)은 태국의 신년이다. 서로 물을 뿌리며 복을 기원하던 태국 최대의 명절은 현대적인 물 전쟁으로 변모했다. 물총으로 무장하고 신명나는 물놀이를 즐기자.

20

아유타야

태국의 역사와 문화에 관심 많은 마니아들을 위한 여행지. 유네스코 세계문화유산으로 등재됐으며, 버마(미얀마)의 공격으로 폐허가 된 옛 수도가 묘한 매력으로 다가온다.

21

콰이 강의 다리(깐짜나부리)

영화의 한 장면으로 선명하게 기억되는 콰이 강의 다리. 그 위를 지나는 죽음의 철도에 몸을 싣고 대자연을 느끼자. 방콕에서 버스로 2시간 거리인 깐짜나부리의 강변 숙소도 운치 있다.

RESTAURANT BEST
방 콕 의 레 스 토 랑 베 스 트

1. 타이 & 시푸드 레스토랑 Thai & Seafood Restaurant Best

방콕에서 인기 있는 태국 음식점이다. 대중적인 인기를 실감하듯 음식 맛은 이미 검증받았다.

메타왈라이 쏜댕 Methavalai Sorndaeng

1957년부터 영업 중인 역사와 전통의 태국 음식점. 올드 타운의 예스러운 분위기와 클래식한 태국 음식이 인상적이다.(P.162)

더 로컬 The Local

100년 넘은 전통 가옥과 태국적인 느낌이 물씬 풍기는 실내 장식, 고급스러운 음식, 친절한 서비스가 조화를 이룬다.(P.91)

쑤판니까 이팅 룸 Supanniga Eating Room

할머니가 요리하던 맛 그대로의 태국 음식을 맛볼 수 있다. 트렌디한 레스토랑이 가득한 통로(쑤쿰윗 쏘이 55)에서 새롭게 뜨고 있는 정통 태국 음식점.(P.111)

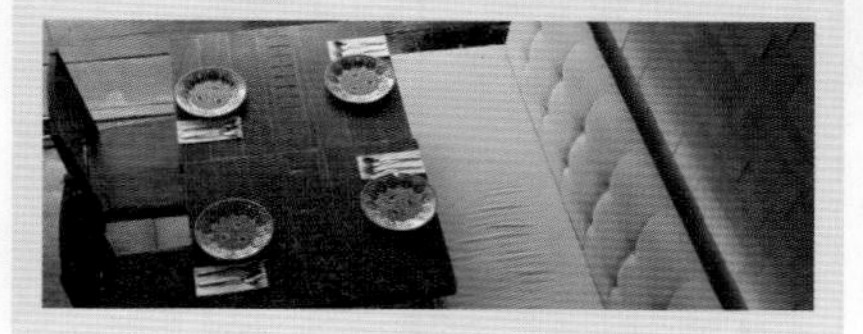

쏨분 시푸드 Somboon Seafood

방콕의 대표적인 시푸드 전문 레스토랑. 오리지널 '뿌 팟퐁 까리'가 유명하다.(P.273)

램짜런 시푸드 Laem Charoen Seafood

방콕 시민들이 사랑하는 시푸드 레스토랑. 신선한 해산물을 이용한 식사 위주의 메뉴가 많다.(P.243)

크루아 압쏜 Krua Apsorn

방콕 사람들에게 유명한 맛집이다. 방람푸에 있는 자그마한 식당이다. 옛것이 잘 보존된 거리와 단아한 음식이 잘 어울린다.(P.162)

반 쏨땀 Baan Somtum

방콕 시민들이 사랑하는 경제적인 식당이다. 서민적이며 대중적인 쏨땀(파파야 샐러드) 전문 음식점이다. 가격 대비 시설과 맛이 좋다.(P.270)

카우 레스토랑 Khao Restaurant

방콕 최고의 호텔로 꼽히는 오리엔탈 호텔 수석 요리사가 만든 타이 레스토랑. 고급스런 요리를 부담스럽지 않은 가격에 맛 볼 수 있다.(P.118)

팁싸마이 Thip Samai

태국 음식의 대표주자인 '팟타이' 하나만 고집스럽게 요리한다. 현지 식당이지만 음식 맛 때문에 찾는 단골 손님들이 많다. 무엇보다 저렴해서 좋다.(P.163)

씨뜨랏 Sri Trat

태국 음식 마니아들이 좋아할 만한 곳이다. 젓갈을 직접 만들어 사용하기 때문에 이곳 고유의 풍미가 강하게 배어 있다.(P.88)

촘 아룬 Chom Arun

왓 아룬을 조망하며 식사하기 좋은 레스토랑이다. 루프톱 레스토랑에 비해 가격 부담 없이 멋진 전망을 누릴 수 있다.(P.183)

2. 하이 엔드 레스토랑 Hi-End Restaurant Best

맛보다 분위기에 중점을 두는 레스토랑이다. 럭셔리한 분위기와 수준급의 서비스가 어우러진다.

싸부아 Sra Bua by Kiin Kiin

싸얌 켐핀스키 호텔에서 운영하는 창의적인 타이 레스토랑. 음식을 눈으로 보고 맛보는 즐거움을 동시에 충족시킨다.(P.233)

페이스트 Paste

방콕 도심 쇼핑몰 내부에 자리한 파인 다이닝 레스토랑. 창의적인 태국 요리로 명성이 높고, 코스 요리를 제공한다.(P.247)

남 Nahm

외국인이 태국 요리를 태국 사람보다 더 잘한다고 해서 방콕 사람들에게 이슈가 된 레스토랑.(P.279)

셀라돈 Celadon

연꽃 연못에 둘러싸인 태국 전통 양식의 빌라에서 품격 있는 식사를 즐기자.(P.278)

이싸야 싸야미스 클럽 Issaya Siamese Club

티크 나무 전통가옥, 패셔너블한 인테리어 디자인, 유명한 태국인 요리사까지, 고급 레스토랑이 갖추어야 할 모든 덕목을 구비하고 있다.(P.279)

블루 엘리펀트 Blue Elephant

태국인보다 유럽인들에게 더 잘 알려진 정통 타이 레스토랑. 일류 호텔보다 더 유명한 요리 강습을 운영한다.(P.274)

3. 로컬 레스토랑 Local Restaurant Best

뜨내기 외국인을 위한 투어리스트 식당이 아니라 현지인들에게 더 유명한 레스토랑. 영어가 잘 통하지 않는 단점을 극복한다면 저렴한 가격에 만족스러운 식사를 할 수 있다.

짜런쌩 씰롬 Charoen Saeng Silom

1959년부터 영업 중인 노점 식당. '카무'(돼지족발) 맛집으로 알려져 있다.(P.269)

싸응우안씨 Sa-Nguan Sri

시내 중심가 한복판에 남아있는 오래된 태국 음식점. 점심시간 직장인들로 북적댄다.(P.242)

싸바이 짜이 Sabai Jai

트렌디한 클럽과 카페가 가득한 에까마이 지역에 있는 서민 식당이다. 쏨땀(파파야 샐러드)과 까이양(닭고기 숯불구이), 시푸드를 요리한다.(P.109)

홈두안 Hom Duan

조리된 음식을 진열해 놓고 판매하는 로컬 식당. 수준급의 태국 북부(치앙마이) 음식을 저렴하게 맛볼 수 있다.(P.107)

왓타나 파닛 วัฒนาพานิช

50년 넘는 역사를 자랑하는 쌀국수 집이다. 허름한 현지 식당이지만 진하고 걸쭉한 소고기 쌀국수가 일품이다.(P.108)

랏나 욧팍 Rad Na Yod Phak 40 Years

방콕의 옛 거리의 정취가 물씬한 타논 따나오에 자리한다. '랏나' 맛집으로, 색다른 면 요리를 즐길 수 있다.(P.160)

4. 커피 & 애프터눈 티 Cafe & Afternoon Tea Best

여행 일정이 반드시 바빠야만 하는 것은 아니다. 방콕 시민이 된 것처럼 도심 속의 카페에서 여유를 누려 보자.

팩토리 커피 Factory Coffee

태국 바리스타 대회 우승자가 운영하는 카페. 창의적인 커피를 만들어낸다.(P.259)

로스트 Roast

쑤쿰윗에 있는 트렌디한 카페 레스토랑. 진한 커피 향과 다양한 브런치 메뉴가 젊은이들을 끌어 모은다.(P.114)

갤러리 드립 커피 Gallery Drip Coffee

방콕 아트 & 컬처 센터(BACC) 내부에 있는 아담한 카페. 사진작가가 운영하는 곳으로 예술적인 향기가 가득하다.(P.231)

루트 커피 Roots Coffee

커피 로스팅을 전문으로 하는 곳답게 신선하고 풍미 가득한 커피를 제공해 준다.(P.115)

에라완 티 룸 Erawan Tea Room

하얏트 호텔에서 운영한다. 외국인 관광객들에게 애프터눈 티를 즐길 수 있는 대중적인 장소로 각광받고 있다.(P.246)

오터스 라운지 Authors' Lounge

단지 차 한 잔을 마시는 것이 아니라 역사의 주인공으로 만들어 주는 곳이다. 방콕 최고의 호텔로 손꼽히는 오리엔탈 호텔에서 운영한다.(P.301)

MICHELIN GUIDE
미 쉐 린 맛 집 리 스 트

미쉐린 가이드 방콕 편은 2018년부터 소개되고 있다. 올해로 세 번째를 맞고 있는 미쉐린 맛집을 선별해 소개한다.

투 스타 2 Stars

- 르 노르망디 Le Normandie(P.300)

원 스타 1 Stars

- 남 Nahm(P.279)
- 싸부아 Sra Bua by Kiin Kiin(P.233)
- 메타왈라이 쏜댕(P.162)
- 페이스트 Paste(P.247)
- 싸네 짠 Saneh Jaan(P.247)
- 르두 Le Du(P.278)
- 보.란 Bo.Lan(P.118)
- 카우 레스토랑(P.118)

빕 그루망 Bib Gourmand

- 앤 꾸어이띠아우까이(P.214)
- 반 쏨땀(P.270)
- 짜런쌩 씰롬(P.269)
- 텐 선(P.143)
- 랏나 욧팍(P.160)
- 아룬완(P.106)
- E.R.R.(P.186)
- 꼬앙 카우만까이 빠뚜남(P.255)
- 꾸어이짭 우안 포차나(P.215)
- 꾸어이짭 나이엑(P.215)
- 나이몽 허이텃(P.214)
- 폴로 프라이드 키친(P.268)
- 룽르앙(P.86)
- 쩨오 쭐라(P.229)
- 쪽 프린스(P.296)
- 쿠아 끄링 빡쏫(P.108)
- 크루아 압쏜(P.162)
- 싸응우안씨(P.242)
- 팁싸마이(P.163)

더 플레이트 The Plate

- 반 레스토랑(P.271)
- 반 카니타(P.92)
- 블루 엘리펀트(P.274)
- 셀라돈(P.278)
- 소울 푸드 마하나콘(P.112)
- 더 로컬(P.91)
- 잇 미(P.277)
- Enoteca(P.98)
- 에라완 티 룸(P.246)
- 이싸야 싸야미스 클럽(P.279)
- 스칼렛(P.280)
- 쏨분 시푸드(P.273)
- 쏨땀 더(P.270)
- 쏜통 포차나(P.89)
- 씨 뜨랏(P.88)
- 쑤판니까 이팅 룸(P.111)
- 왓타나 파닛(P.108)
- 르안 말리카(P.90)

SHOPPING BEST
방 콕 의 쇼 핑 베 스 트

방콕은 거리 곳곳에 먹을 것이 넘쳐나듯 사람이 모이는 곳이면 시장이 형성된다. 대형 쇼핑몰부터 야시장까지 다양한 장소에서 다양한 물건들이 유혹한다.

짜뚜짝 주말시장
Chatuchak Weekend Market

없는 것 없이 다 있는 곳. 토요일과 일요일에만 문을 여는 주말시장이다.(P.337)

싸얌 파라곤
Siam Paragon

태국 젊은이들과 외국 관광객 모두에게 인기 있는 대형 쇼핑몰. 명품 매장부터 영화관, 오션 월드, 대형 슈퍼마켓까지 한 곳에서 모든 쇼핑이 가능하다.(P.319)

터미널 21
Terminal 21

태국 젊은이들이 선호하는 저렴한 의류와 패션 용품이 가득하다. 층마다 세계 유명 도시를 테마로 꾸며 사진 찍기도 좋다.(P.327)

아이콘 싸얌
Icon Siam

짜오프라야 강변에 올라 선 초대형 럭셔리 쇼핑몰. 관광지라도 해도 과언이 아닐 만큼 볼거리가 많다.(P.334)

쎈탄 월드(센트럴 월드) Central World

자타가 공인하는 방콕 쇼핑 1번가. 아시아에서 두 번째로 큰 쇼핑몰로 명성이 자자하다.(P.320)

엠카르티에 백화점 EmQuartier

쑤쿰윗 한복판에 만든 현대적인 시설의 백화점. 세 동의 건물에 명품 매장과 레스토랑이 가득하다. 인공 폭포까지 만들어 쇼핑과 식사, 휴식을 동시에 즐길 수 있다.(P.328)

아시아티크 Asiatique

관광과 쇼핑, 식사, 나이트라이프를 동시에 충족시켜 주는 나이트 바자(야시장)다. 짜오프라야 강변과 유럽풍의 건축물이 어우러진다.(P.331)

SPA & MASSAGE **BEST**

방콕의 스파 & 마사지 베스트

여행 중 피로를 푸는 데 돈과 시간을 투자하자. 태국 여행의 필수품처럼 돼버린 타이 마사지 & 스파. 타이 마사지의 본고장이니 큰돈을 들이지 않고도 전통 마사지를 받을 수 있다.

헬스 랜드 스파 & 마사지 Health Land Spa & Massage

방콕에서 가장 대중적인 타이 마사지 숍이다. 가격 대비 시설이 좋다. 쑤쿰윗(아쏙), 에까마이, 싸톤, 삔까오에 지점이 있으니 호텔과 가까운 곳을 찾아가면 된다.(P.344)

인피니티 스파 Infinity Spa

공간 개념을 중시한 현대적인 스파 업소. 최근에 오픈한 스파 업소 중에 가장 눈에 띄는 곳이다.(P.352)

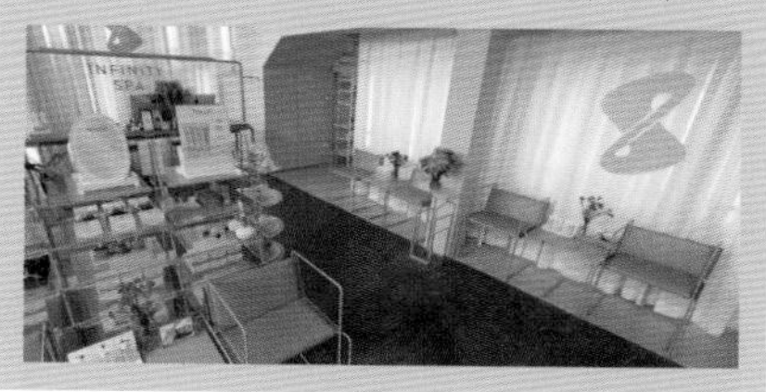

바와 스파 Bhawa Spa

집에서 스파를 받는 것 같은 편안함을 선사한다. 10년 이상 스파 비즈니스를 해온 주인장과 직원들의 전문적인 마인드가 돋보이는 곳.(P.352)

디바나 버튜 스파 Divana Virtue Spa

럭셔리한 데이 스파로 평화로운 분위기가 가득하다. 호텔에서는 절대로 느낄 수 없는 여유로운 공간과 자연 조경이 심신의 피로를 풀어준다.(P.350)

오아시스 스파 Oasis Spa

도심 속의 오아시스처럼 평화로운 환경이 몸과 마음을 여유롭게 해 준다.(P.351)

리트리트 언 위타유 Retreat On Vitayu

위치는 불편하지만 그만큼 조용하게 마시지를 받을 수 있다. 쾌적한 시설과 마사지 수준을 감안하면 가성비가 매우 좋다.(P.347)

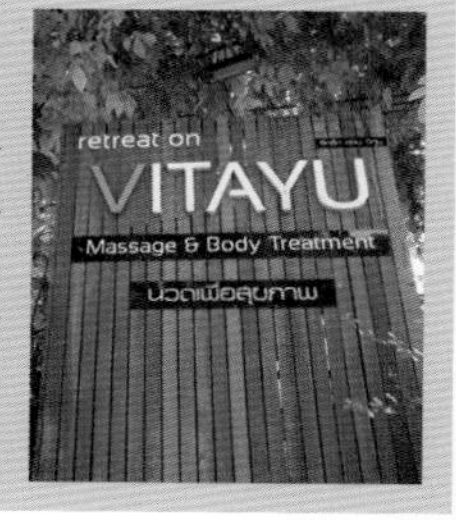

NIGHTLIFE BEST
방콕의 나이트라이프 베스트

1. 클럽 & 재즈 바 Club & Jazz Bar Best

방콕의 밤은 결코 잠들지 않는다. 뉴욕을 방불케 하는 클럽부터 인대 밴드가 출연하는 재즈 바까지 방콕의 밤 문화는 무궁무진하다.

RCA

방콕의 젊은이들이 어떻게 노는지 궁금하다면? 주말 저녁 도로까지 점령하고 춤추느라 분주하다.(P.261)

색소폰
Saxophone Pub & Restaurant

방콕에 왔다면 한 번은 들러야 할 라이브 클럽. 음악 하나로 모든 것을 승부한다.(P.260)

애드 히어 더 서틴스 블루스 바
AD Here The 13th Blues Bar

카오산 로드와 가까운 곳으로 마니아들의 지지를 받는다. 협소한 공간 덕분에 음악의 열기가 더 강하게 느껴진다.(P.144)

카오산 로드 Khaosan Road

때론 허름하고, 때론 자유분방하고, 때론 소란스러운 카오산 로드의 밤거리. 다양한 국적의 여행자들과 현지인들이 어울린다. 길거리에서 앉아 술을 마신들 누가 뭐라 하랴! (P.144)

리빙 룸
Living Room

쉐라톤 그랑데 호텔에서 운영하는 라운지. 일류 재즈 밴드의 공연이 정기적으로 열린다.(P.101)

2. 루프 톱 & 스카이 라운지 Rooftop & Sky Lounge Best

호텔 옥상에 스카이라운지를 겸한 루프 톱 레스토랑을 만드는 것은 방콕의 새로운 트렌드로 자리 잡고 있다. 고급스런 호텔을 더욱 빛나게 만드는 공간으로 럭셔리한 방콕 여행의 필수 코스이기도 하다. 해 질 무렵에 펼쳐지는 방콕 풍경은 그 어떤 것보다 드라마틱하다.

킹 파워 마하나콘 King Power Mahanakhon

방콕에서 가장 높은 77층 건물로 314m 높이에 루프톱 전망대가 있다. 방콕 도심 풍경을 막힘없이 볼 수 있다.(P.266)

버티고 & 문 바 Vertigo & Moon Bar

반얀 트리 호텔 61층에 만든 루프 톱 레스토랑. 눈앞에 보이는 야경만으로도 충분히 낭만적이다.(P.281)

어보브 일레븐 Above 11

방콕에서 인기 있는 루프 톱 레스토랑. 시내 한복판인 쑤쿰윗에 있기 때문에 '시티 뷰'가 일품이다.(P.101)

옥타브 Octave Rooftop Lounge & Bar

메리어트 호텔에서 운영하는 루트 톱 라운지. 방콕 시내 풍경이 360°로 막힘없이 펼쳐진다.(P.119)

레드 스카이 Red Sky

방콕 쇼핑의 중심가인 쎈탄 월드와 가까운 쎈타라 그랜드 호텔에서 운영한다. 씨로코나 버티고에 비해 북적대지 않는다.(P.251)

스리 식스티 Three Sixty

강 건너편에 있는 밀레니엄 힐튼 호텔에서 운영한다. 교통이 불편하지만 전망은 결코 뒤지지 않는다.(P.302)

THAI FOOD **BEST**

방콕에서 꼭 맛봐야 할 음식

태국은 단순히 먹기 위해 여행을 해도 될 정도로 음식이 다양하다. 생소한 향신료가 예상하지 못한 맛을 내기도 하지만, 다양한 태국 음식을 맛보는 일은 태국을 이해하기 위한 필수 코스다. 음식에 대한 호기심을 갖고 먹는 일을 게을리하지 말자.

똠얌꿍 Tom Yam Kung

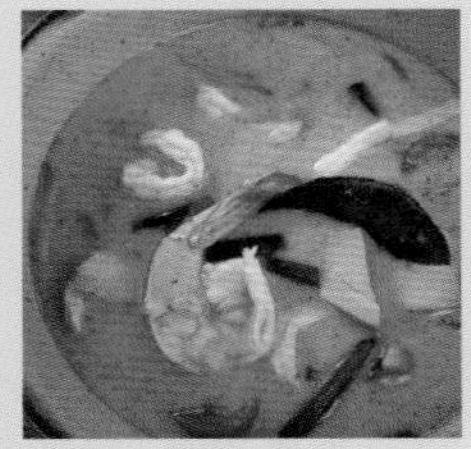

태국 음식을 대표하는 똠얌꿍은 새우찌개다. 레몬그라스, 라임, 팍치 같은 향신료를 사용하며, 맵고 시고 짜고 단맛을 동시에 낸다. 일단 맛을 들이고 나면 벗어나기 힘들 정도로 중독성이 강하다.

쏨땀 Som Tam

가장 서민적인 태국 음식인 동시에 현지인들에게 가장 인기 있는 음식이다. 절구에 잘게 썬 파파야와 생선 소스, 라임, 고추, 땅콩을 함께 넣고 빻아서 만든다. 외국인들에게 파파야 샐러드 Papaya Salad로 알려져 있다.

깽 마싸만 Massaman Curry

태국 남부 지방을 대표하는 카레다. 카레의 부드러움과 깊은 맛을 동시에 느낄 수 있다. 강한 맛의 깽 펫 Red Curry과 순한 맛의 깽 파냉 Phanaeng Curry도 맛봐야 할 대표적인 태국 카레.

뿌 팟퐁 까리
Fried Crab with Yellow Curry Powder

싱싱한 게 한 마리를 통째로 넣고 카레 소스로 볶은 것. 화교들에 의해 전래된 음식으로 카레 소스는 달걀 반죽과 쌀가루가 어우러져 부드럽고 단맛을 낸다.

팟 까프라우 무쌉
Fried Basil with Minced Pork

바질과 매운 고추, 다진 돼지고기를 넣은 볶음 요리. 특유의 허브 향과 매콤함이 어우러진다.

마무앙 카우 니아우
Mango with Sticky Rice

망고가 흔한 태국에서 맛볼 수 있는 디저트다. 특별한 조리법도 없이 망고(마무앙)와 찰밥(카우 니아우)을 얹어줄 뿐인데, 그 어떤 디저트보다 감미롭다.

Friends Bangkok News

Friends Bangkok 2020-2021

『프렌즈 방콕』 시즌 10

방콕 14개 대표 지역과 방콕 근교까지 총 망라

방콕이 집보다 익숙한 베테랑 여행작가가 직접 취재하고 쓴 방콕 여행의 모든 것! 사람 냄새나는 골목부터 화려한 왕궁과 사원은 물론 최신 방콕 핫스폿까지 『프렌즈 방콕』'20~'21 한 권에 알차게 담았다. 방콕 이외에 파타야, 깐짜나부리, 아유타야, 꼬 싸멧도 함께 소개된다. 개정판에서는 지역별로 놓쳐서는 안 될 것들을 베스트로 뽑아 여행의 우선순위를 보기 쉽게 짚어준다.

빠르게 변화하는 현지 정보 신속 반영

최신개정판은 스폿별 달라진 요금 정보를 반영하고, 대중교통, 핫스폿 정보 등을 추가해 더 알차고 새로워졌다. 특히 책에 표시된 '2020년 New' 마크에 주목하자. 이번 개정판에서는 볼거리 8곳, 레스토랑 20곳, 나이트라이프 2곳, 쇼핑 1곳, 스파 & 마사지 3곳, 호텔 8곳을 새롭게 추가했다. 프렌즈 방콕 개정판을 통해 새롭게 떠오르는 핫 플레이스를 확인해 볼 수 있다.

휴대가 편리한 방콕 맵북

BTS를 타고 주요 역에 내려 쏘이(Soi, 골목)를 찾아가는 방콕의 루트 특성상 잘 나온 지도 한 장만 있으면 가뿐하게 여행을 즐길 수 있다. 2020년 새롭게 바뀌고 추가된 스폿 정보까지 핸디한 사이즈의 맵북에 모두 수록했다. 개정판에는 지하철 연장 노선을 추가해 방콕 지도가 더 세밀해졌다.

현지 대중교통 활용법과 친절한 길 찾기 설명

BTS와 MRT 연장 노선을 비롯, 방콕 대중교통의 최신 정보를 꼼꼼하게 담았다. 주요 볼거리를 방문할 때 가장 유용한 교통수단과 선착장, 버스 편까지 상세하고 친절하게 설명하고 있다. 스폿마다 태국어 표기를 병기해 택시 탈 때 더욱 유용하다.

미식가를 위한 베스트 레스토랑

태국 음식 문화의 심장부, 방콕은 그야말로 맛집 천국. 온종일 먹을 거리만 찾아 식도락 여행을 해도 부족하지 않은 곳이다. 길거리 음식부터 트렌디한 레스토랑까지 다양한 먹거리를 소개한다. 2020년 개정판에서는 미쉐린 가이드 방콕 편에 소개된 맛집 리스트를 따로 만들어 미식 여행자들의 이목을 집중시킨다.

BANGKOK **SHOPPING LIST**

방콕 쇼핑 리스트

1 방콕 기념 소품

마그넷, 엽서, 우표, 열쇠고리, 우표, 티셔츠 등이 있다. 대부분 가격도 저렴하고 부피도 작아서 부담 없다.

2 타이 핸디크래프트

랜턴, 램프, 비누 장식, 종이우산, 야자로 만든 수저와 젓가락, 테이블 매트, 대나무 가방 등 태국에서 흔한 재료를 이용해 만든 제품. 독특한 디자인에 실용성까지 갖추고 있다.

3 산악민족(몽족) 수공예품

태국 북부 산악지역에서 생활하는 몽족이 만든 수공예품. 화려한 색감과 자수 장식으로 인해 눈길을 끈다. 지갑, 가방, 옷, 신발까지 다양하다.

4 라탄 가방(라탄 백)

여름에 들고 다니기 시원한 패션 아이템. 열대 국가답게 왕골과 대나무를 이용한 제품이 흔하다.

5 벤자롱

다섯 종류의 화려한 색으로 치장한 태국 도자기. 머그컵은 선물용으로 좋다.

6 도자기 & 그릇

그릇, 양념통, 식기를 포함한 다양한 도자기가 저렴하다.

7 주석 제품

태국 남부에서 생산되는 주석을 이용한 제품.

8 타이 실크

화려한 색감이 눈길을 끄는 실크 제품은 스카프부터 전통 의상까지 다양하게 활용된다.

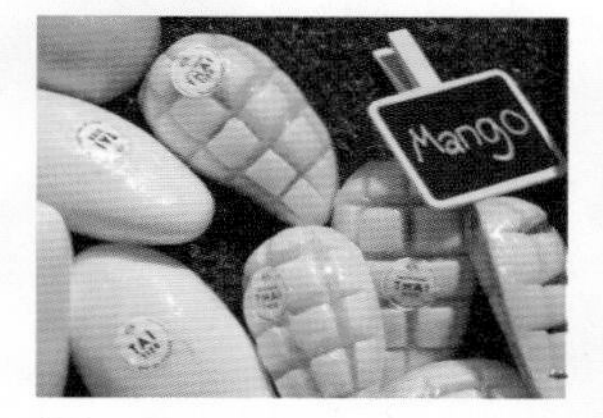

9 수제 비누(허브 비누)

과일 모양으로 만들어 보기도 좋고 가격도 저렴하다.

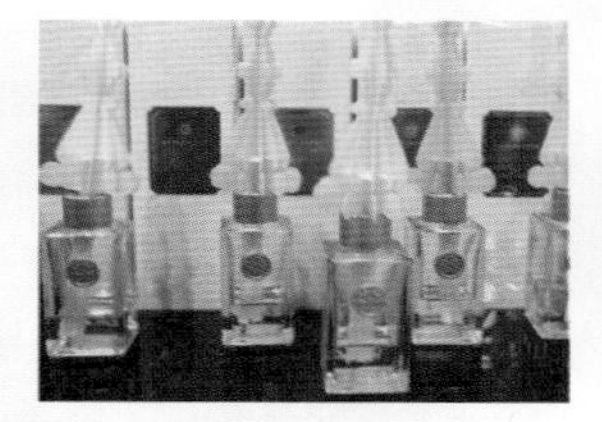

10 아로마 제품

디퓨저, 향초, 향주머니, 마사지 오일 등 천연 재료로 만들어 향긋하고 몸에도 자극적이지 않다.

11 식료품

태국 음식이 생각날 때 즉석에서 조리할 수 있는 식료품을 구입해 가면 좋다.

12 커피

태국 북부에서 재배한 원두를 이용해 커피가 신선하다. 도이 창 커피 Doi Chang Coffee와 도이 뚱 커피 Doi Tung Coffee가 유명하다.

13 말린 과일

생과일은 기내로 반입할 수 없지만 말린 과일이라면 가능하다.

BANGKOK SHOPPING LIST

편의점 마트 쇼핑리스트

생활 용품

야돔(inhaler) 20~25B

호랑이 연고(Tiger Balm)
56~76B

쿨링 파우더 150g
32B

폰즈 매직 비비 파우더
30B

달리 치약
35~52B

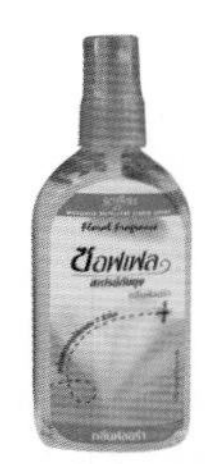

소펠 Soffel
모기 퇴치제 60㎖
55B

음료 & 맥주

* 편의점 맥주 판매 시간 11:00~14:00, 17:00~24:00로 제한

소다 워터
10B

에너지 드링크
(끄라틴 댕, M150)
10B

캔 커피
15B

랙타쏘이(두유)
Lactasoy 10~15B

쌩쏨(태국 위스키)
작은 병 30㎖ 139B

캔 맥주 320㎖ 34B~39B

오이시 그린 티
20B

마시는 요거트
400㎖ 22B

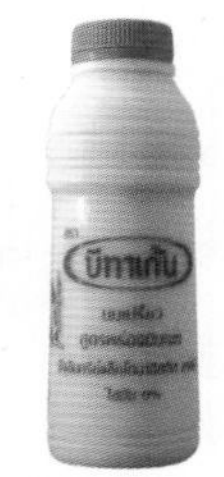

대용량 요구르트
700㎖ 42B

라면, 군것질 거리

봉지라면 6B

컵라면 13B

타로(어포) Taro
16~25B

마시따(김 과자) Masita
20~39B

대형 마트 판매 상품

과일 모양 비누(3개)
100B

코코넛 오일 300㎖
250B

차뜨라므(녹차)
Cha Tra Mue
130B

칠리 소스 17B

도이 뚱 커피(원두)
230B

칠리 페이스트
53B

연유 22B

말린 망고 250g
199B

쿤나 과자(6개 팩)
295B

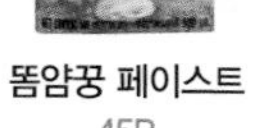

똠얌꿍 페이스트
45B

블루 엘리펀트
카레 120B

블루 엘리펀트
팟타이 120B

Travel Plan to Bangkok

방콕 여행 설계

보고, 먹고, 놀고를 얼마나 적당히 잘 융합하느냐가 방콕 여행의 관건이다. 자신의 스타일과 예산에 따라 일정을 가감하거나 결합해 새로운 일정을 만들어 보자. 연중 무더운 곳이므로 적당한 휴식은 알찬 여행을 위해 절대적으로 필요하다.

01 방콕 이해하기

방콕의 지역 개념

지역에 대한 개념이 생긴다면, 방콕에 대한 이해가 빨라진다. 방콕의 지역적인 특성을 살펴보자.

톤부리 Thonburi

짜오프라야 강 건너에 있는 방콕 서쪽 지역이다. 왓 아룬을 포함해 톤부리 왕조 시대에 건설된 사원이 남아 있다. 짜오프라야 강에서 뻗어나간 운하들이 여러 갈래로 얽혀 있어 보트를 타고 여행하기 좋다.

라따나꼬씬 Ratanakosin

방콕에서 가장 많은 볼거리를 간직한 지역이다. 방콕으로 수도를 이전한 라따나꼬씬(짜끄리) 왕조에서 건설했다. '오리지널 방콕'에 해당하는 곳으로 왕궁과 왕실 사원이 가득하다.

방람푸 Banglamphu

방콕의 올드 타운에 해당한다. 방콕 초기에 건설된 사원들과 옛 정취를 간직한 거리들이 많이 남아 있다. 방콕의 대표적인 여행자 거리인 카오산 로드를 품고 있다. 행정구역상으로는 라따나꼬씬과 함께 프라 나콘 Phra Nakhon에 속해 있다.

카오산 로드 Khaosan Road

방콕 여행의 메카로 방람푸에 있는 자그마한 거리다. 전 세계 여행자들과 태국 젊은이들이 어울려 독특한 문화가 형성된다. 게스트하우스와 호텔, 레스토랑, 카페, 클럽, 여행사, 서점, 세탁소, 환전소까지 여행에 필요한 모든 것이 모여 있다.

두씻 Dusit

라따나꼬씬과 더불어 짜끄리 왕조에서 건설한 왕실 지역이다. 위만멕 궁전을 비롯해 유럽 양식이 혼합된 건축물이 많다. 고층 빌딩 대신 가로수 길과 녹지가 많아서 방콕의 다른 지역과 차별성을 띤다. 현재 국왕과 왕족이 거주하는 찟라다 궁전과 총리실을 포함해 정부 기관도 많아서 태국 정치의 중심이 되는 곳이기도 하다.

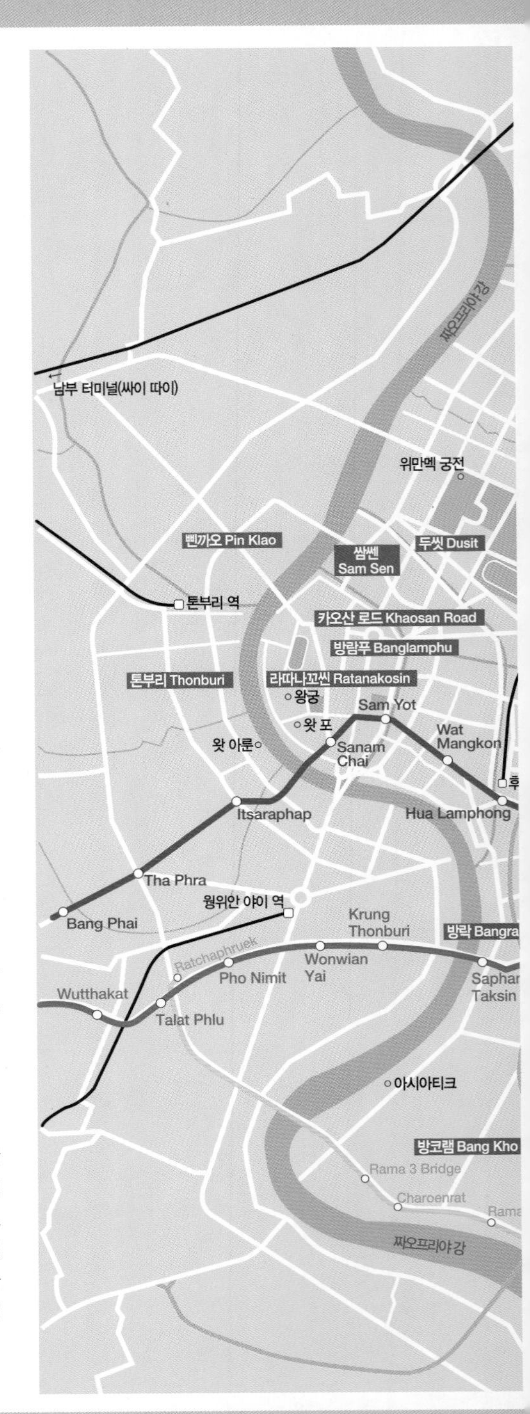

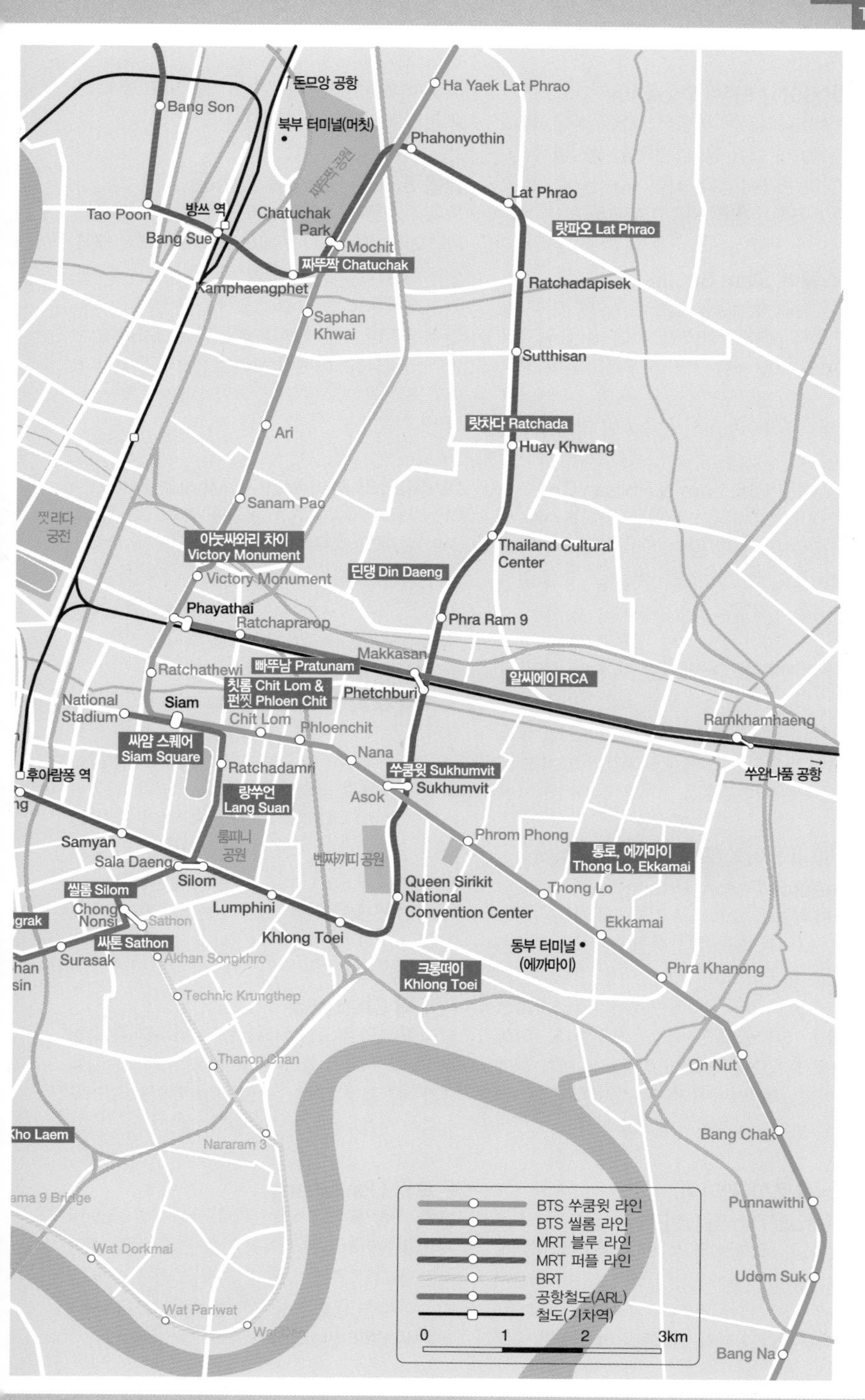
돈므앙 공항
Ha Yaek Lat Phrao
Bang Son
북부 터미널(머칫)
Phahonyothin
짜뚜짝 공원
Lat Phrao
Tao Poon
방쓰 역
Chatuchak Park
랏파오 Lat Phrao
Bang Sue
Mochit
짜뚜짝 Chatuchak
Kamphaengphet
Ratchadapisek
Saphan Khwai
Sutthisan
랏차다 Ratchada
Ari
Huay Khwang
Sanam Pao
찟라다 궁전
아눗싸와리 차이 Victory Monument
Thailand Cultural Center
딘댕 Din Daeng
Victory Monument
Phayathai
Ratchaprarop
Phra Ram 9
Makkasan
Ratchathewi
빠뚜남 Pratunam
알씨에이 RCA
칫롬 Chit Lom & 펀찟 Phloen Chit
Petchburi
National Stadium
Siam
Chit Lom
Phloenchit
Ramkhamhaeng
싸얌 스퀘어 Siam Square
Nana
쑤쿰윗 Sukhumvit
후아람퐁 역
Ratchadamri
Sukhumvit
쑤완나품 공항
Asok
랑쑤언 Lang Suan
Phrom Phong
룸피니 공원
Samyan
벤짜끼띠 공원
통로, 에까마이 Thong Lo, Ekkamai
Sala Daeng
Silom
Queen Sirikit National Convention Center
Thong Lo
씰롬 Silom
Lumphini
Chong Nonsi
Sathon
Ekkamai
Khlong Toei
싸톤 Sathon
동부 터미널 (에까마이)
Surasak
Akhan Songkhro
Phra Khanong
크롱떠이 Khlong Toei
Technic Krungthep
Thanon Chan
On Nut
Kho Laem
Nararam 3
Bang Chak
Rama 9 Bridge
Punnawithi
Wat Dorkmai
Udom Suk
Wat Pariwat
BTS 쑤쿰윗 라인
BTS 씰롬 라인
MRT 블루 라인
MRT 퍼플 라인
BRT
공항철도(ARL)
철도(기차역)
0
1
2
3km
Bang Na

야왈랏(차이나 타운) Yaowarat
방콕의 차이나타운이다. 중국 사원과 사당, 화교가 운영하는 오래된 상점, 한약방, 해산물 식당, 벼룩시장이 혼재해 있다. 사람 사는 냄새가 흥건한 곳으로 골목은 항상 비좁고 분주하다.

싸얌 스퀘어 Siam Square
서울의 명동과 동대문을 합한 분위기로 방콕 젊음의 거리다. 10대와 20대를 위한 패션, 액세서리, 디저트 카페, 서점, 학원이 골목을 가득 메우고 있다. 싸얌 파라곤, 마분콩, 싸얌 센터, 싸얌 디스커버리까지 어우러진 방콕 쇼핑 핵심지다.

칫롬 & 펀찟 Chit Lom & Phloen Chit
방콕의 대표적인 쇼핑 스트리트. 랏차쁘라쏭 사거리를 중심으로 쎈탄 월드, 게이손 빌리지, 인터컨티넨탈 호텔, 하얏트 호텔, 르네상스 호텔 같은 고급 백화점과 호텔이 몰려 있다.

빠뚜남 & 펫부리 Pratunam & Phetchburi
빠뚜남 시장을 중심으로 의류 도매상이 밀집해 있다. 복잡한 시장 통과 교통 체증이 심한 도로가 어울려 어수선하다. 쌘쌥 운하가 도로(타논 펫부리) 남쪽을 따라 흐른다.

쑤쿰윗(나나/아쏙/프롬퐁) Sukhumvit (Nana/Asok/Phrom Phong)
방콕에서 가장 긴 도로이자 방콕에서 가장 다양한 특성을 보이는 곳이다. 쑤쿰윗 쏘이 3에는 아랍인들, 쑤쿰윗 쏘이 11에는 유럽인들, 쑤쿰윗 플라자(쑤쿰윗 쏘이 12)에는 한국인들, 프롬퐁 주변에는 일본인들이 많이 거주한다. 아쏙 사거리를 중심으로 유명한 호텔들이 대거 몰려 있다. 팟퐁과 더불어 방콕의 대표적인 환락가인 쏘이 카우보이도 쑤쿰윗 중심가에 있다.

쑤쿰윗(통로/에까마이) Sukhumvit(Thong Lo/Ekkamai)
쑤쿰윗 쏘이 55(통로)와 쏘이 63(에까마이)을 일컫는다. 쑤쿰윗에 있지만 외국인보다는 태국 사람들에게 더 유명한 거리다. 방콕에서 가장 '핫'한 거리로 클럽과 카페, 레스토랑이 골목에 즐비하다. 에까마이에는 동부 버스 터미널도 있어 태국 동부 해안으로 갈 때 유용하다.

씰롬 & 싸톤 Silom & Sathon
룸피니 공원 남쪽에서 짜오프라야 강에 이르는 지역으로 방콕의 대표적인 상업지역이다. 태국 주요 기업과 국제적인 은행, 다국적 기업, 대사관이 집중적으로 몰려 있다. 밤에는 방콕의 대표적인 유흥가인 팟퐁이 불을 밝힌다. 짜오프라야 강변의 리버사이드에는 럭셔리 호텔들이 가득하다. 방콕 최초의 도로인 타논 짜런끄룽에는 옛 정취가 남아 있다.

아눗싸와리 차이 Victory Monument
아눗싸와리 차이(전승기념탑)를 중심으로 한 교통의 요지다. 방콕 북쪽에서 출퇴근하는 사람들로 인해 항상 분주하다. 전승기념탑 북쪽의 아리 Ari와 랏파오(랏프라오) Lat Phrao에도 현지인들이 즐겨찾는 백화점과 쇼핑몰이 많다.

랏차다 & 알씨에이 Ratchada & RCA
쑤쿰윗 북쪽 지역으로 도심과 가깝다. 타논 랏차다피쎅 Thanon Ratchadaphisek을 따라 지하철이 관통하면서 급속하게 발전하고 있다. 훼이꽝 사거리 주변은 방콕의 대표적인 유흥가 중의 하나로, 성인 마사지 업소가 성업 중이다. 로열 시티 애비뉴 Royal City Avenue의 줄임말인 RCA에는 방콕 젊은이들이 즐겨가는 클럽이 밀집해 있다.

짜뚜짝 Chatuchak
방콕 북부의 부도심에 해당한다. 짜뚜짝 주말 시장, 어떠꺼 시장 같은 독특한 시장들이 눈길을 끈다. 방콕 북부 버스 터미널(머칫)까지 있어서 장거리 여행자들에게 중요한 지역이다.

돈므앙 Don Muang
방콕 가장 북쪽에 있는 지역으로, 다른 곳보다 지대가 높아서 돈므앙이라고 불린다. 방콕 제2공항인 돈므앙 공항이 있다. 참고로 방콕 제1공항인 쑤완나품 공항은 방콕의 동쪽 경계선과 붙어 있는 싸뭇쁘라깐 Samut Prakan 주(州)에 있다.

어디에 묵을 것인가?

방콕을 여행할 때 어떤 곳을 베이스 캠프로 삼을지는 본인의 여행 스타일에 따라 선택하면 된다.

자유를 원하는 배낭족이라면!

자유 여행에 중점을 둔다면 외국인 여행자들이 몰리는 카오산 로드가 좋다. 저렴한 게스트하우스가 많지만 수영장을 갖춘 호텔들도 생겨서 선택의 폭이 다양하다. 시내 중심가에 머물면서 저렴한 숙소를 찾는다면 쑤쿰윗 지역이나 씰롬에 있는 호스텔을 이용하면 된다. 도미토리 형태의 호스텔이지만 시설이 좋다.

• 카오산 로드 숙소 P.365 참고
• 쑤쿰윗 숙소 P.378 참고
• 씰롬 숙소 P.378 참고
• 랏차테위 숙소 P.377 참고

휴식에 중점을 둔 트렁크족이라면!

여행보다는 휴식에 중점을 둔다면 쑤쿰윗 지역의 호텔이 편리하다. 시내 중심가에 있어 맛집 탐방은 물론 쇼핑과 마사지를 동시에 즐길 수 있다. BTS가 관통하기 때문에 교통도 수월하다. 씰롬과 싸톤 지역에는 출장과 관광을 동시에 충족시키는 비즈니스 호텔들이 많은 편이다. 짜오프라야 강을 끼고 있는 씰롬 남단에는 방콕의 대표적인 고급 호텔들이 자리하고 있다.

• 쑤쿰윗 호텔 P.390 참고
• 씰롬 & 싸톤 호텔 P.401 참고
• 리버사이드 호텔 P.408 참고

어디서 여행을 시작할 것인가?

숙소를 어디에 정하느냐에 따라 여행의 동선도 차이를 보인다. 볼거리에 중점을 두고 있다면 라따나꼬씬과 가까운 카오산 로드가 좋고, 놀거리에 중점을 두고 있다면 시내 중심가인 쑤쿰윗이 편리하다.

카오산 로드부터 시작한다

카오산 로드를 거점으로 삼았을 경우 라따나꼬씬과 방람푸를 시작으로 해서, 보트를 타고 강 건너에 있는 톤부리까지 먼저 여행한다. 왕궁과 왓 프라깨우, 왓 포, 타논 랏차담넌, 민주기념탑 같은 주요 볼거리를 걸어서 다닐 수 있다.
톤부리부터는 싸얌 스퀘어로 택시를 타고 가서 쇼핑을 할 것인지, 수상보트를 타고 차이나타운이나 씰롬으로 갈 것인지를 결정하도록 하자. 카오산 로드를 중심으로 한 방콕 3박 4일 일정은 P.46 참고.

쑤쿰윗부터 시작한다

시내 중심가에서 시간을 보내게 되므로 BTS 노선을 따라 이동한다. 가능하면 호텔에서 가까운 곳들을 이용하도록 동선을 구성하자. 싸얌 스퀘어와 짐 톰슨의 집→랏차쁘라쏭 사거리 일대의 쇼핑 몰→BTS 아쏙 · 프롬퐁 역 주변의 맛집과 마사지 숍→통로와 에까마이 지역의 레스토랑과 클럽 순서로 움직이면 편하다.
라따나꼬씬과 방람푸 지역 볼거리는 하루 날 잡아서 택시를 타고 다녀오도록 하자. 올 때는 수상 보트를 타고 씰롬 지역을 둘러보면 방콕 여행이 더욱 풍성해진다. 쑤쿰윗을 중심으로 한 방콕 3박 4일 일정은 P.47 참고.

방콕 볼거리 개념도

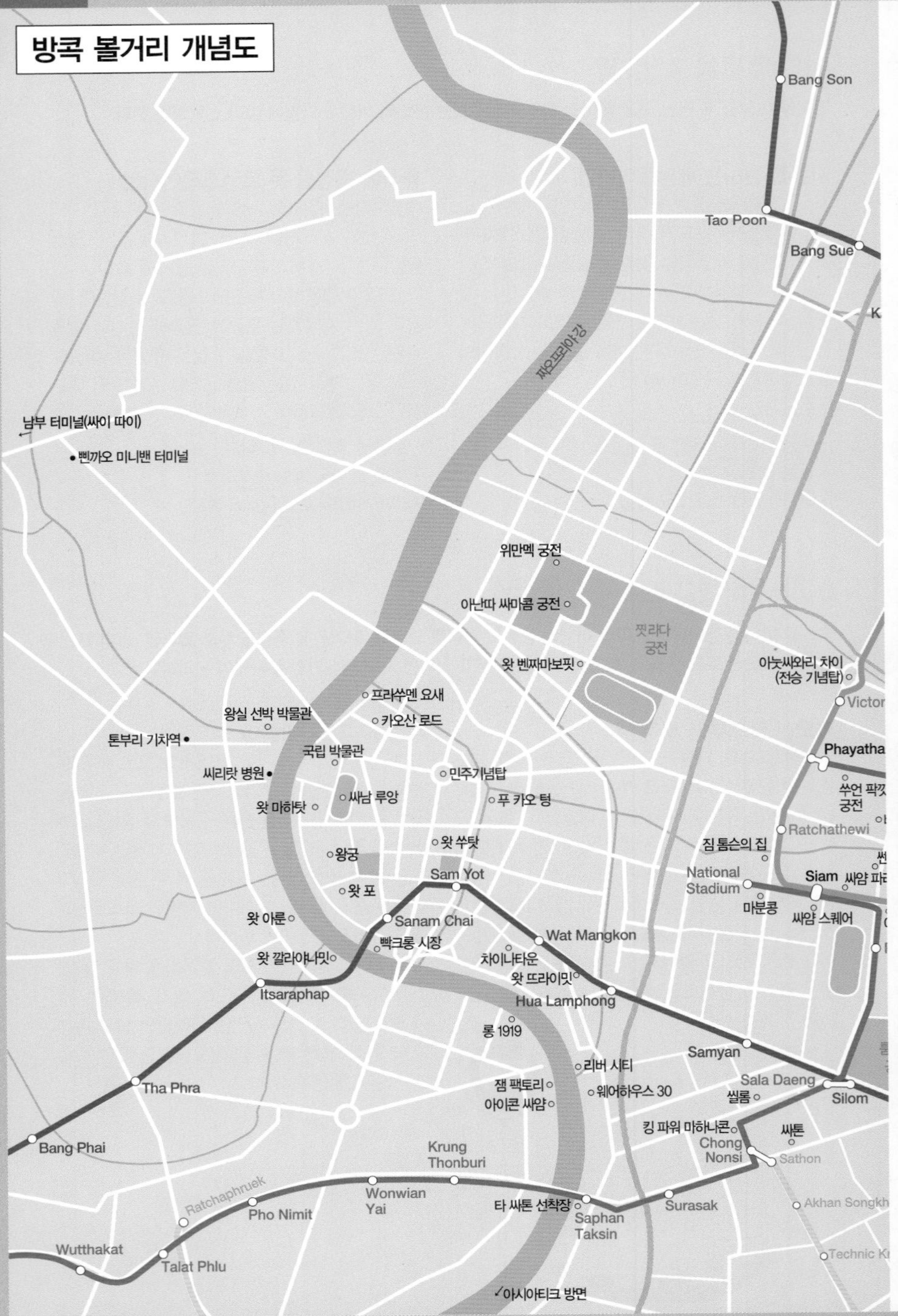
Bang Son
Tao Poon
Bang Sue
짜오프라야 강
남부 터미널(싸이 따이)
뻰까오 미니밴 터미널
위만멕 궁전
아난따 싸마콤 궁전
찟라다 궁전
왓 벤짜마보핏
아눗싸와리 차이 (전승 기념탑)
프라쑤멘 요새
왕실 선박 박물관
카오산 로드
톤부리 기차역
국립 박물관
씨리랏 병원
민주기념탑
싸남 루앙
왓 마하탓
푸 카오 텅
Ratchathewi
왓 쑤탓
짐 톰슨의 집
왕궁
Sam Yot
National Stadium
Siam
왓 포
마분콩
싸얌 스퀘어
왓 아룬
Sanam Chai
빡크롱 시장
Wat Mangkon
왓 깔라야나밋
차이나타운
왓 뜨라이밋
Itsaraphap
Hua Lamphong
롱 1919
Samyan
리버 시티
Sala Daeng
잼 팩토리
웨어하우스 30
씰롬
Silom
Tha Phra
아이콘 싸얌
킹 파워 마하나콘
싸톤
Chong Nonsi
Sathon
Bang Phai
Krung Thonburi
Ratchaphruek
Wonwian Yai
Pho Nimit
타 싸톤 선착장
Saphan Taksin
Surasak
Wutthakat
Talat Phlu
아시아티크 방면

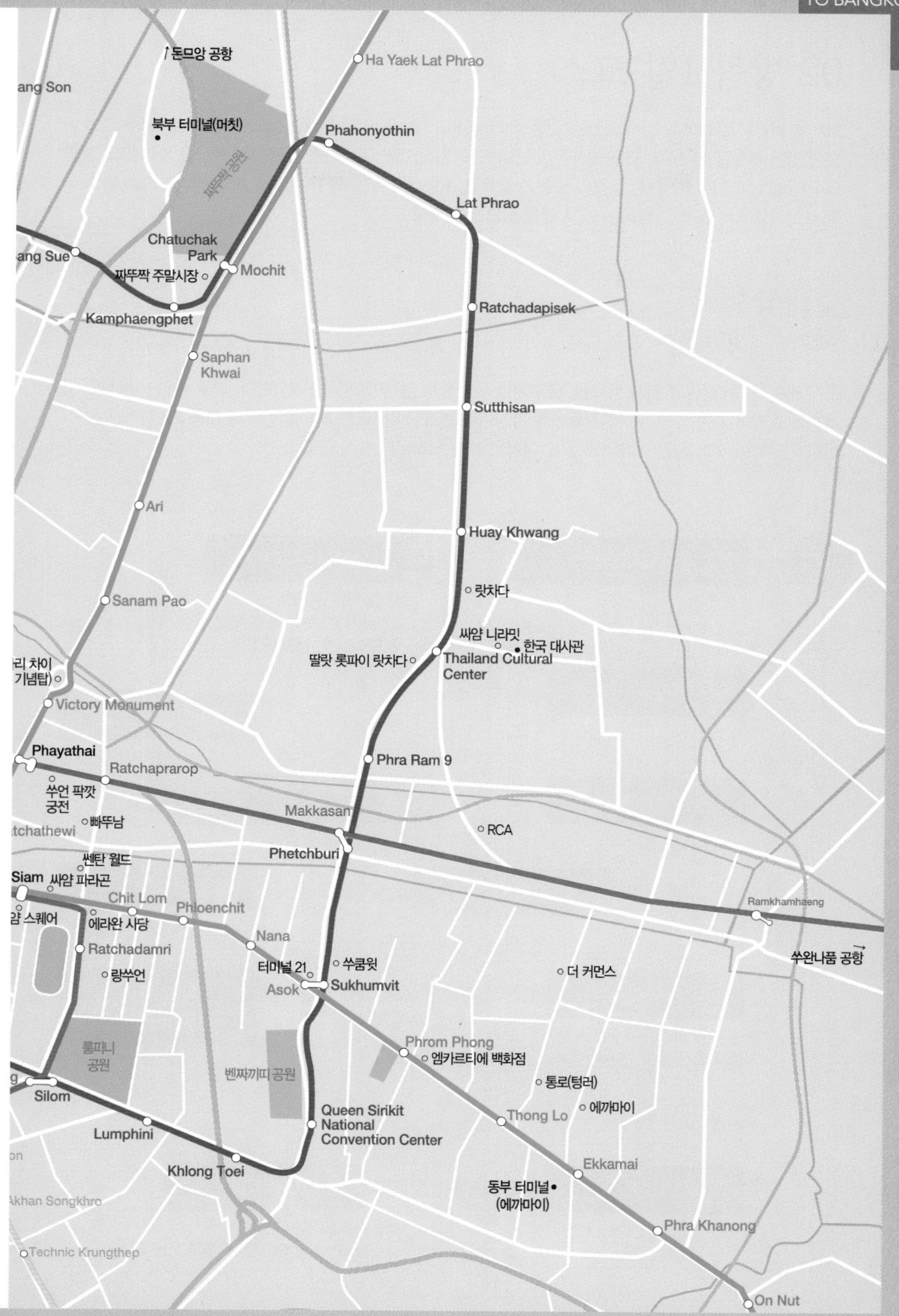

돈므앙 공항
Ha Yaek Lat Phrao
ang Son
북부 터미널(머칫)
짜뚜짝 공원
Phahonyothin
Lat Phrao
Chatuchak Park
ang Sue
짜뚜짝 주말시장
Mochit
Kamphaengphet
Ratchadapisek
Saphan Khwai
Sutthisan
Ari
Huay Khwang
랏차다
Sanam Pao
싸얌 니라밋
한국 대사관
딸랏 롯파이 랏차다
Thailand Cultural Center
기념탑)
Victory Monument
Phayathai
Ratchaprarop
Phra Ram 9
쑤언 팍깟 궁전
빠뚜남
Makkasan
RCA
tchathewi
Phetchburi
쎈탄 월드
Siam
싸얌 파라곤
Chit Lom
Phloenchit
Ramkhamhaeng
얌 스퀘어
에라완 사당
Ratchadamri
Nana
쑤완나품 공항
터미널 21
쑤쿰윗
더 커먼스
랑쑤언
Asok
Sukhumvit
룸피니 공원
Phrom Phong
엠카르티에 백화점
벤짜끼띠 공원
통로(텅러)
Silom
Queen Sirikit National Convention Center
에까마이
Thong Lo
Lumphini
Khlong Toei
Ekkamai
동부 터미널 (에까마이)
Akhan Songkhro
Phra Khanong
Technic Krungthep
On Nut

02 방콕 1일 코스

하루의 시간으로 방콕의 전부를 보는 것은 불가능하다. 1일 플랜 두세 개를 효과적으로 구성해 본인의 일정에 맞는 루트를 짜 보자. 모든 플랜은 오전과 오후 일정으로 나눠 가장 효율적인 동선을 고려했다. 본인의 기호에 따라서 각기 다른 일정의 오전과 오후를 조합해도 무방하다. 주말을 끼고 있다면 낮에는 짜뚜짝 주말시장에서 쇼핑을, 밤에는 RCA 클럽 탐방을 염두에 두자.

클래식 방콕
Classic Bangkok

오전에는 라따나꼬씬의 역사 유적을, 오후에는 싸얌에서 현재의 태국을 체험한다. 하루 동안 기본적인 볼거리와 쇼핑이 가능해 단기 여행자들에게 가장 무난한 코스다. 교통 체증을 감안해 대중교통과 택시를 적절히 이용하는 것이 시간을 절약해 알찬 여행을 하는 노하우다.

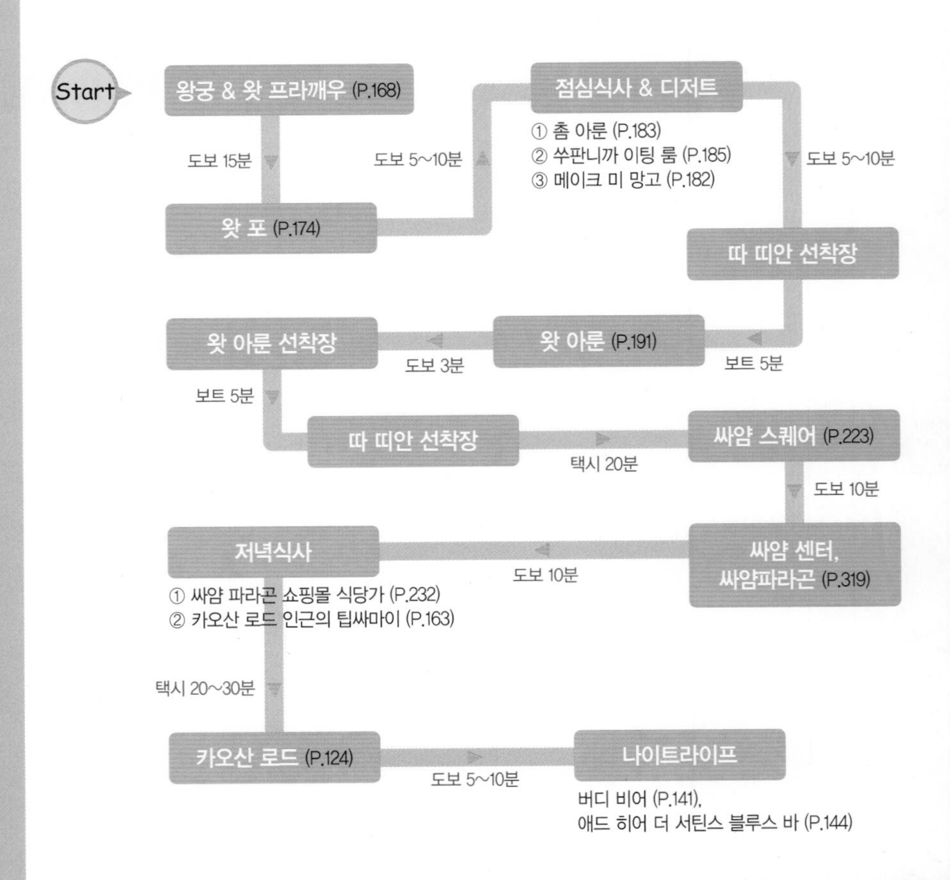

마니아 방콕
Mania Bangkok

태국의 사원과 건축물에 관심 있는 마니아를 위한 코스다. 오전에는 방람푸, 오후에는 차이나타운을 여행하고 밤에는 야시장을 방문한다. 무더위에 걸어 다녀야하는 일정이라 에어컨 나오는 곳에서 적절한 휴식이 필요하다.

Start

푸 카오 텅 (P.157)

▼ 뚝뚝 5분 또는 도보 15분

라마 3세 공원 & 로하 쁘라쌋 (P.156)

▼ 도보 3분

타논 랏차담넌 (P.153)

▼ 도보 5분

민주 기념탑 (P.154)

▼ 도보 5~10분

점심식사 — 크루아 압쏜 (P.162), 메타왈라이 쏜댕 (P.162)

▼ 택시 20분

왓 뜨라이밋 (P.213)

▼ 도보 15~20분

타논 야왓랏 & 차이나타운 (P.210)

▼ 도보 10분

저녁식사 — 차이나타운 시푸드 식당 골목 (P.217)

▼ 도보 15분

MRT 후아람퐁 역

▼ MRT 20분

MRT 쑨와타나탐 역

▼ 도보 5분

딸랏 롯파이 랏차다(랏차다 야시장) (P.336)

엑스트라 방콕
Extra Bangkok

볼거리에 대한 중요도는 떨어지지만 유명 관광지에 비해 재미는 결코 뒤지지 않는다. 오전에는 싸얌 스퀘어 주변, 오후에는 짜오프라야 강변을 여행하고 저녁에는 아시아티크(야시장)를 방문한다. '힙'한 곳들이 많아 여행하면서 쇼핑도 함께 해결할 수 있다.

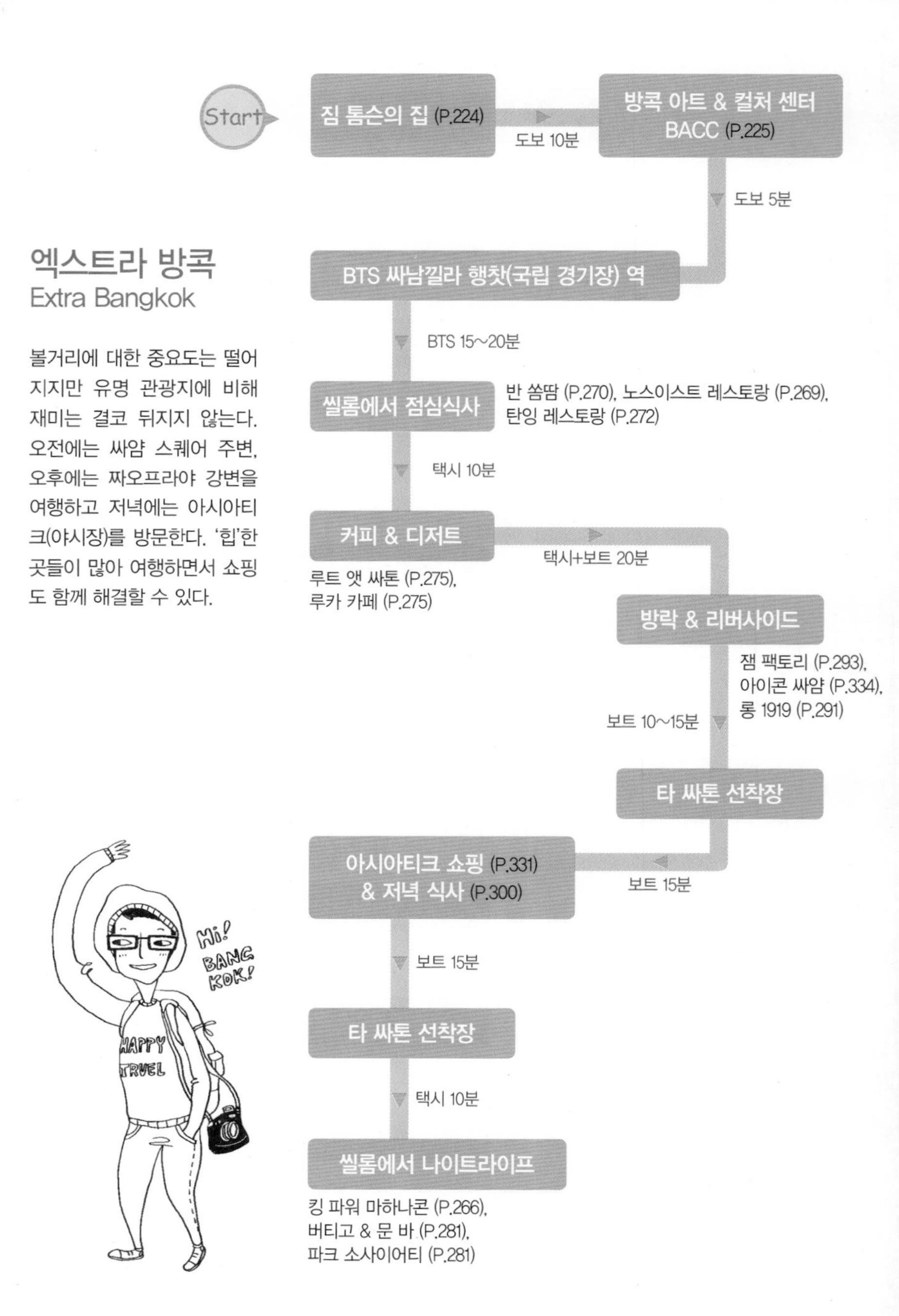

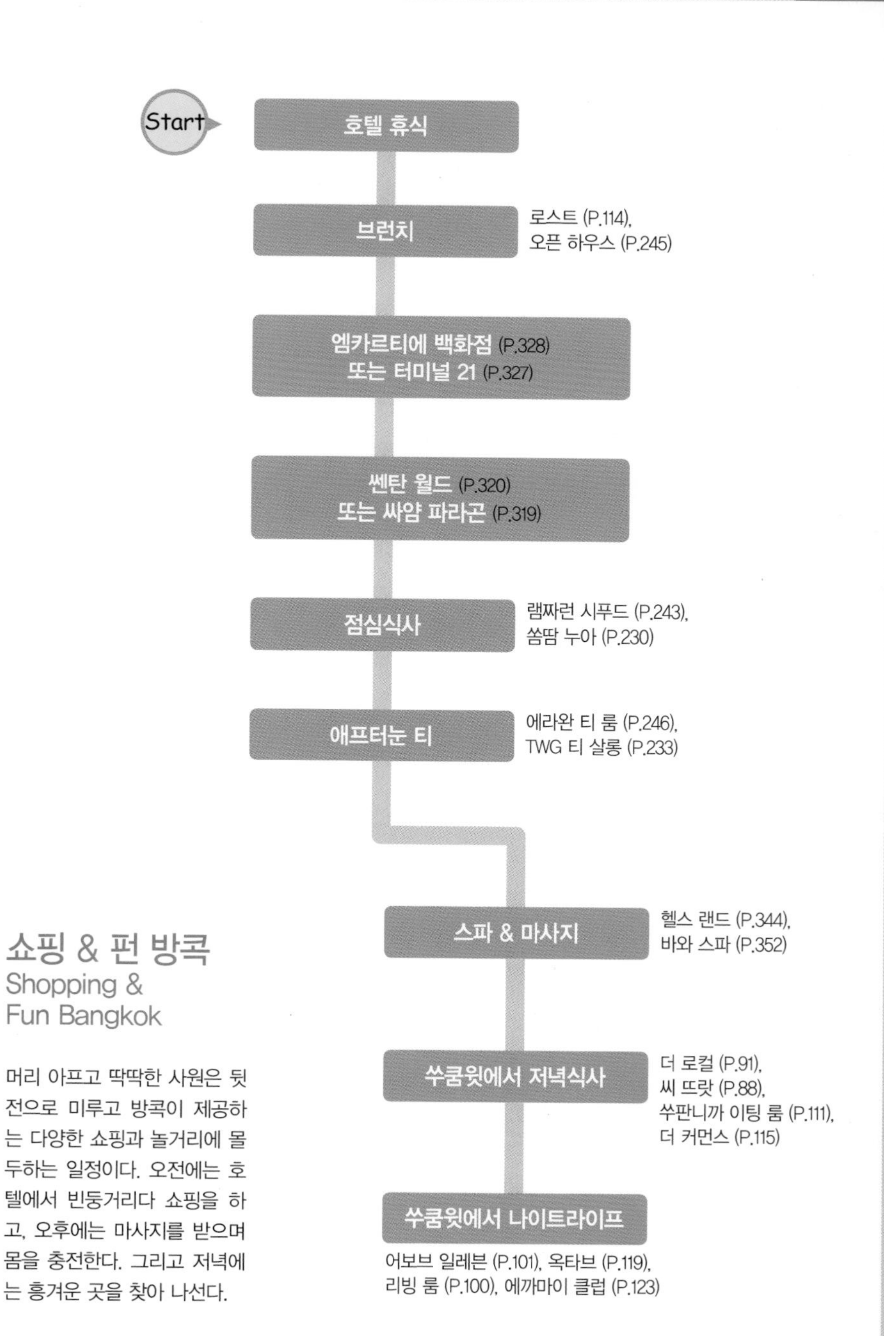

쇼핑 & 펀 방콕
Shopping & Fun Bangkok

머리 아프고 딱딱한 사원은 뒷전으로 미루고 방콕이 제공하는 다양한 쇼핑과 놀거리에 몰두하는 일정이다. 오전에는 호텔에서 빈둥거리다 쇼핑을 하고, 오후에는 마사지를 받으며 몸을 충전한다. 그리고 저녁에는 흥겨운 곳을 찾아 나선다.

03 방콕 근교 1일 투어

방콕에 3일 이상 머문다면 하루 정도는 근교 1일 투어를 계획해 보자. 방콕에서 2시간 거리에 수상시장, 콰이 강의 다리, 유네스코 문화유산 등의 볼거리가 있다. 호텔이나 여행사에서 운영하는 1일 투어를 이용하면 편리하다. 선택한 투어에 따라 루트가 달라지지만 보통 오후 7시면 방콕으로 돌아온다. 저녁에는 타이 마사지로 피로를 풀고 나이트라이프를 즐기자.

※주말에는 암파와 수상시장(P.310)을 방문하는 투어가 인기 있다.

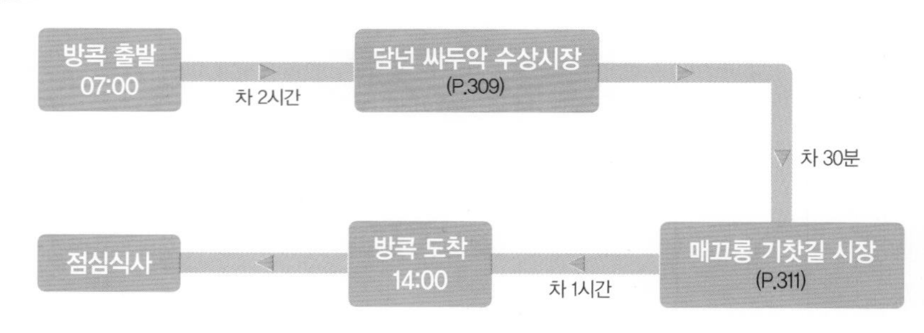

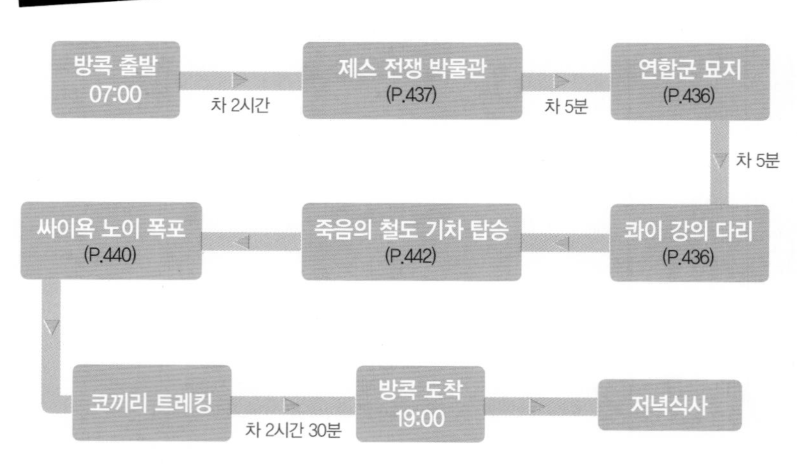

Course3 파타야

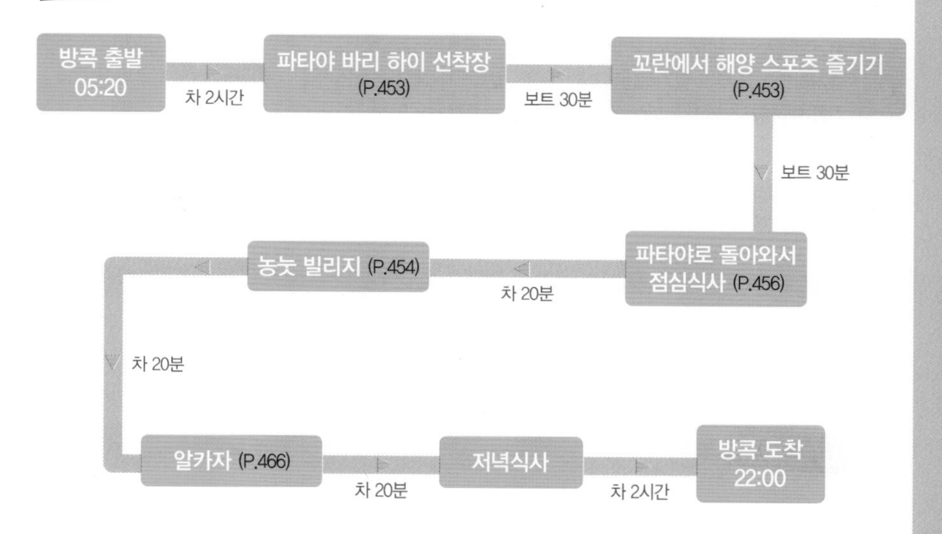

Course4 아유타야

04 방콕 추천 일정

방콕 3박 4일(볼거리 위주 일정, 카오산 로드 숙박)

볼거리 위주의 짧은 일정은 카오산 로드에 숙소를 정하고 여행하는 게 편리하다. 왕궁을 포함한 주요 볼거리들이 가까이 있기 때문이다. 일정이 짧기 때문에 가능하면 인천 공항에서 아침에 출발하는 비행기를 이용하자. 마지막 날은 밤 비행기를 이용하기 때문에서 기내에서 1박하게 된다.

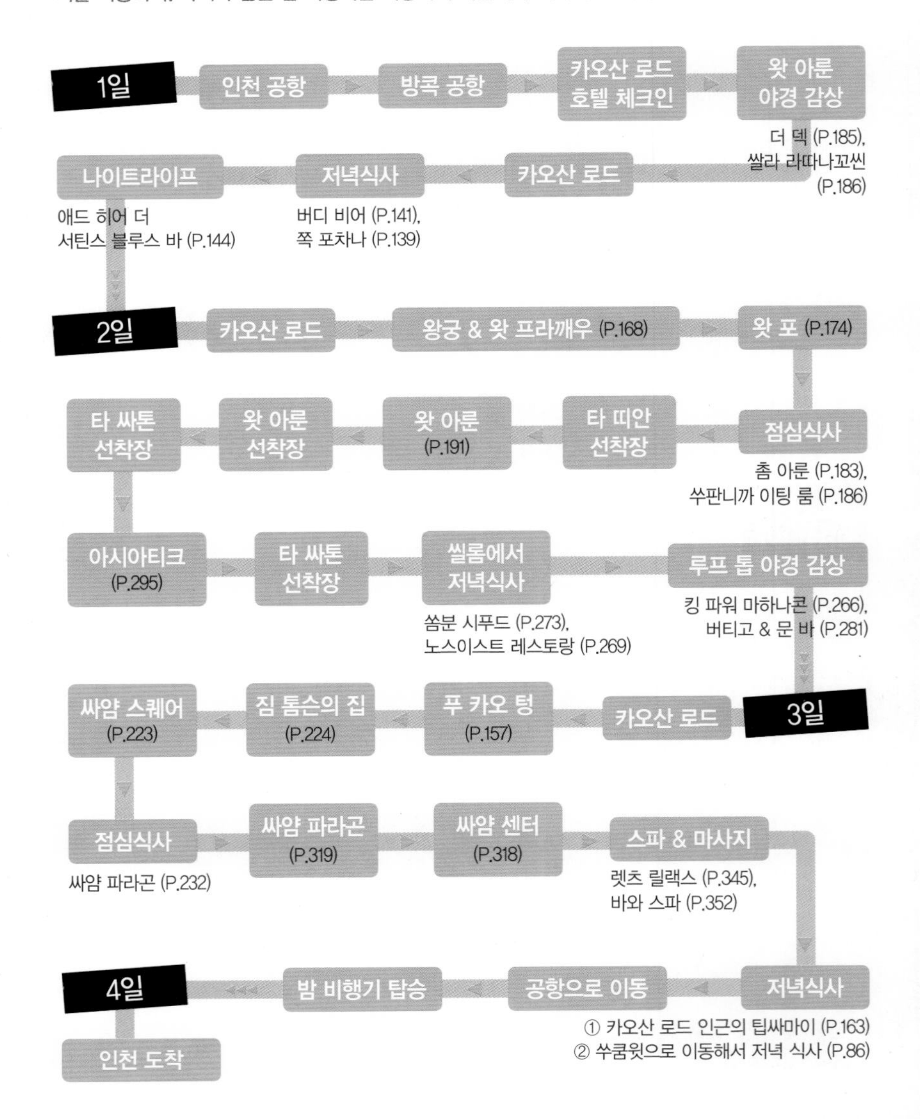

방콕 3박 4일(볼거리 위주 일정, 방콕 시내 호텔 숙박)

숙소는 쇼핑몰과 백화점이 몰려 있는 시내 중심가에 정한다. 가능하면 BTS 역과 가까운 호텔을 이용하자. 일정이 짧기 때문에 인천 공항에서 아침에 출발하는 비행기를 타는 게 좋다.

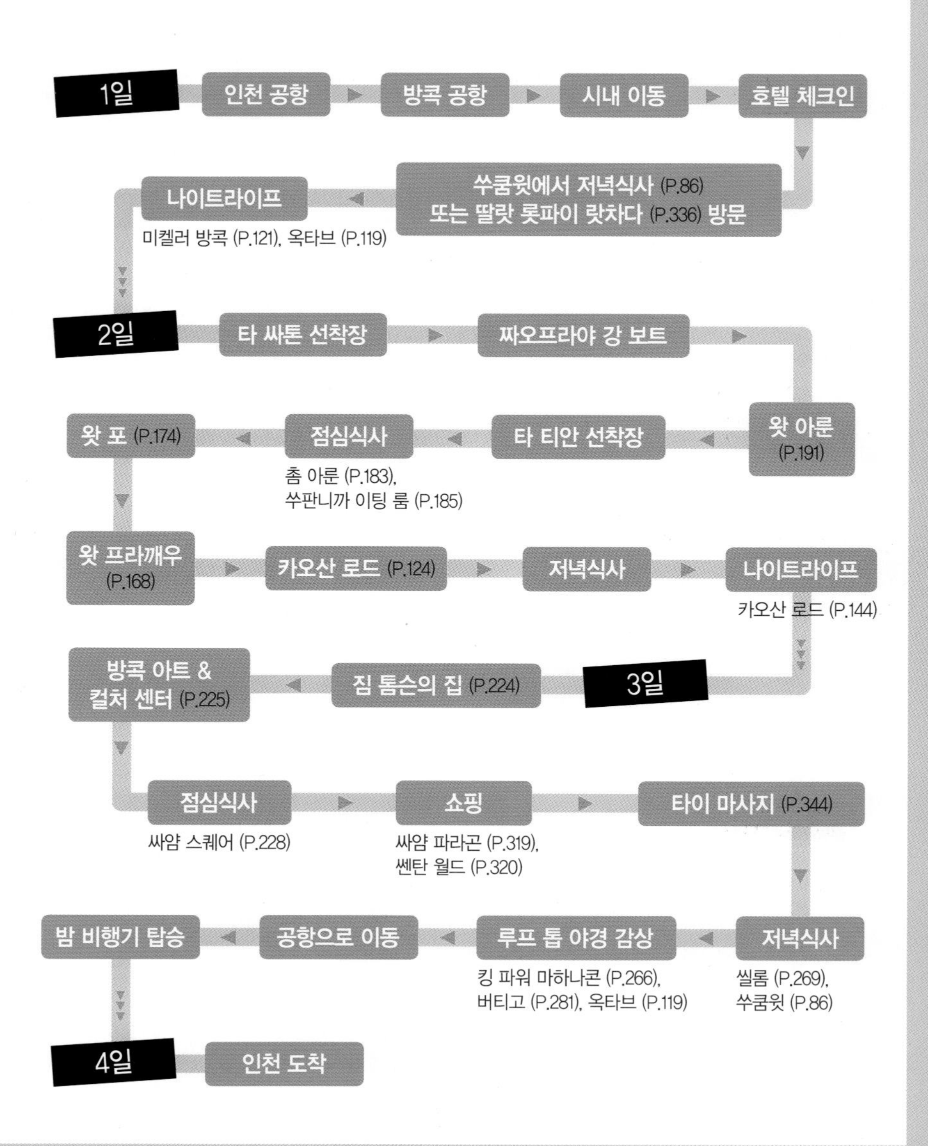

방콕 4박 5일(주말여행, 볼거리 위주)

금요일 저녁에 출발해 방콕에서 주말을 보내는 4박 5일 일정이다. 밤 비행기를 타고 귀국(기내 1박)하기 때문에서 실질적으로 방콕에서 3박하게 된다. 짜뚜짝 주말시장과 암파와 수상시장을 모두 방문할 수 있다.

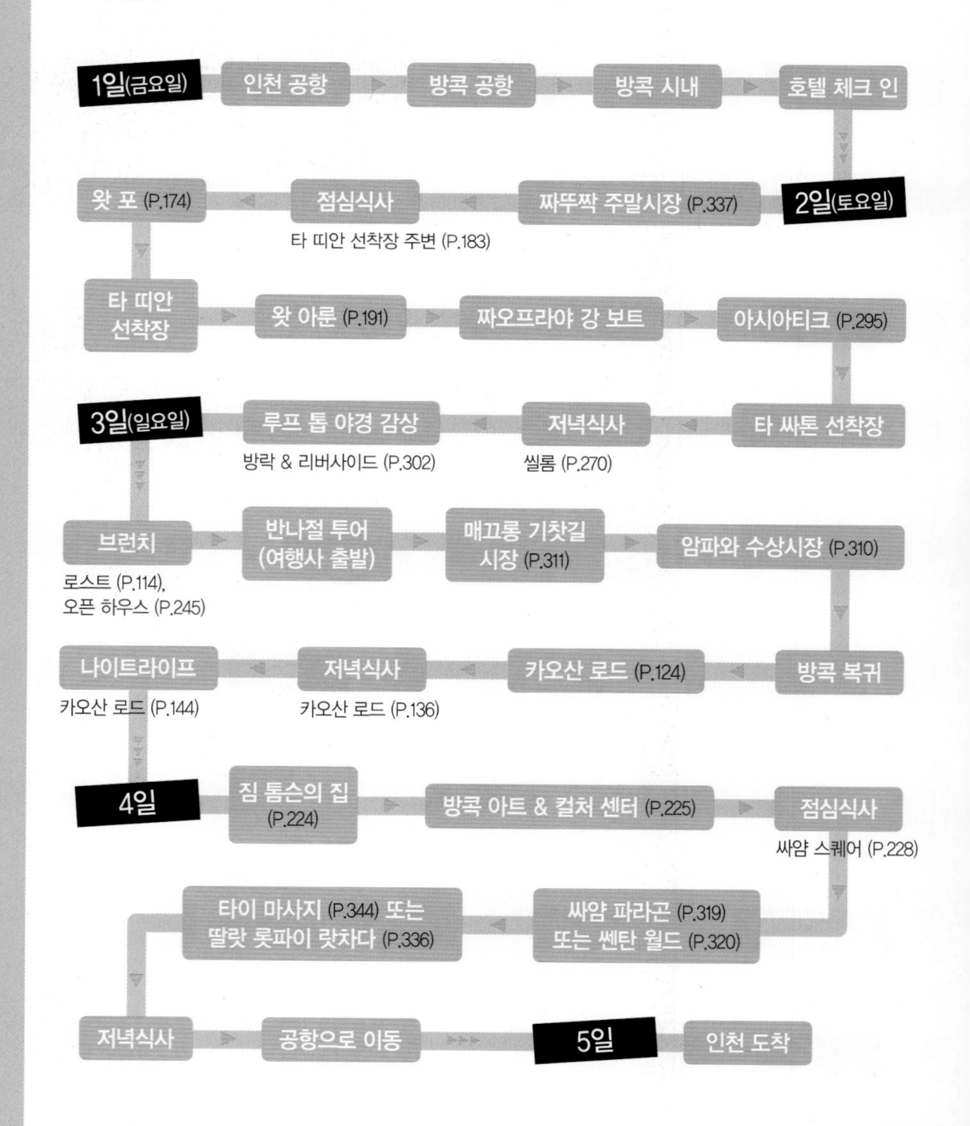

방콕 + 파타야 5박 6일(주말여행, 방콕 3박+파타야 1박 일정)

한국 여행자들이 선호하는 여행지인 파타야를 함께 묶어서 여행하는 일정이다. 인천에서 낮 비행기를 이용할 경우 방콕 공항에 도착해서 곧바로 파타야로 내려가는 일정도 가능하다. 마지막 날 파타야에서 방콕 공항으로 이동할 때 충분한 시간을 갖고 출발하자.

방콕 + 근교 6박 7일(주말여행, 방콕 5박 일정)

일주일 정도 시간이 있다면 방콕은 물론 깐짜나부리, 아유타야, 수상시장 등의 주변 여행지까지 다녀올 수 있다. 방콕에 호텔을 정해 놓고, 1일 투어로 근교 지역을 다녀오면 편리하다. 주말에는 짜뚜짝 주말시장과 암파와 수상시장을 하루씩 다녀온다.

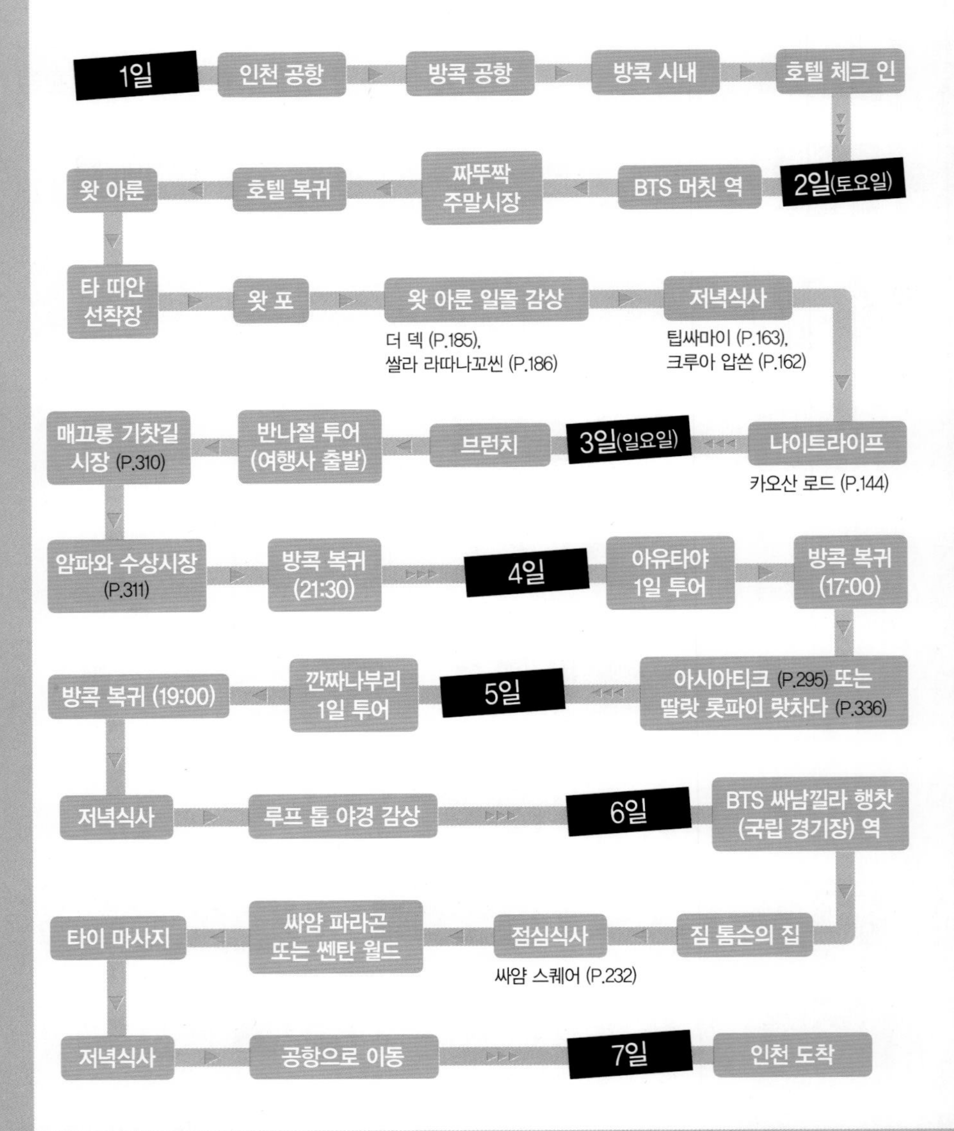

05 방콕 현지 물가

환율 1B=39.24원

식사 요금은 물론 교통비, 호텔도 상대적으로 저렴하다. 하지만 같은 걸 하더라도 어디를 가느냐에 따라 여행 경비는 천차만별이다. 방콕에 거주하는 외국인들이 우스갯소리로 똑같은 팟타이(볶음 국수)라고 하더라도 노점에서는 40B, 선풍기 돌아가는 현지 식당에서는 60B, 에어컨 시설과 영어 메뉴를 갖춘 레스토랑에서는 100B, 고급 레스토랑에서는 180B, 호텔 레스토랑에서는 300B이라고 말할 정도로 큰 차이를 보인다.

숙소

게스트하우스(선풍기) 300~450B

게스트하우스(에어컨) 600~800B

호텔(2성급) 1,200~1,500B

호텔(3성급) 2,000~3,000B

호텔(4성급) 4,000~6,000B

교통

공항 철도 45B

택시 기본요금 35B

BTS 16~59B

지하철 17~70B

수상 보트 15~32B

입장료 왕궁 500B, 왓 포 200B, 왓 아룬 50B, 국립 박물관 200B, 일반 사원 무료

음료

생수 1.5ℓ 17B

과일 주스 50~80B

캔 커피(편의점) 15~20B
커피(카페) 80~100B

캔 맥주(편의점) 34~39B
맥주(레스토랑) 80~240B

칵테일 180~350B

식사

쌀국수 50~80B

볶음밥/팟타이 60~100B

볶음요리 80~140B

아침 세트 150~240B

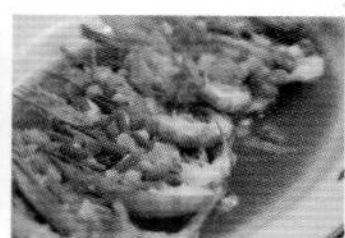
시푸드 220~450B

과일

망고스틴 1kg 40~70B

망고 1kg 50~80B

두리안 1kg 200~250B

타이 마사지

60분 300~450B

비교 체험 극과 극!

알뜰 여행 VS 럭셔리 여행

알뜰 여행

일정	카오산 로드 ···› 왕궁 & 왓 프라깨우 ···› 왓 포 ···› 왓 아룬 ···› 왓 쑤탓 ···› 푸 카오 텅 ···› 민주 기념탑 ···› 카오산 로드
숙박	카오산 로드 여행자 숙소 400B
입장료	왓 프라깨우 & 왕궁 500B 왓 포 200B 왓 아룬 50B 푸 카오 텅 50B
교통	르아 캄팍 2회 8B 나머지는 도보
식사	**아침** 카오산 로드 주변 쌀국수 50B **점심** 타 띠안 선착장 주변 100B **간식** 길거리 음료와 과일 80B **저녁** 여행자 카페 100B
마사지	카오산 로드 마사지 1시간 250B
나이트라이프	카오산 로드의 여행자 카페에서 맥주 한 잔 80B
총 예산	1,868B

경비 절약하기

도미토리(200B)에서 자고, 왕궁 & 왓 프라깨우를 방문하지 않으면 700B을 절약할 수 있다. 마사지와 맥주마저도 아낀다면 330B이 절감. 하루 838B으로 버틸 수 있다.

태국이 한국보다 물가가 저렴한 것은 불변의 사실이지만 방콕은 마냥 싼 곳은 아니다. 여행지에서 돈을 현명하고 효율적으로 사용하는 것은 여행자의 윤리에 해당하지만, 모든 것이 싸다고 해서 좋은 것은 아니다. 더불어 비싸다고 마냥 좋은 것은 아니니 두 가지 문화를 적절히 조합해 알뜰하고 알찬 여행을 꾸며야 한다. 다음 두 가지 여행으로 구분해 저렴한 여행과 럭셔리한 여행의 예산을 짜는 데 도움을 주고자 한다.

럭셔리 여행

일정	쑤쿰윗 호텔 ··· 왕궁 & 왓 프라깨우 ··· 보트 투어 ··· 짐 톰슨의 집 ··· 싸암 ··· 쑤쿰윗 ··· 씰롬 ··· 쑤쿰윗
숙박	쑤쿰윗 4성급 호텔 3,700B(여행사 할인 요금)
입장료	왓 프라깨우 & 왕궁 500B 보트 투어 1시간 700B(1인) 짐 톰슨의 집 200B
교통	택시 3회 400B BTS 2회 50B
식사	**아침** 호텔 뷔페 **점심** 레스토랑 400B **간식** 커피·디저트 240B **저녁** 쏨분 시푸드 800B
스파	디바나 스파 보타닉 아로마 Botanic Aroma(90분) 1,950B
나이트라이프	호텔 스카이 라운지에서 칵테일 한 잔 350B 클럽 탐방(맥주 2병) 400B
총 예산	9,690B

경비 더 쓰기

저녁 식사를 할 때 와인 시키기, 클럽 또는 바에서 맥주 대신 양주 마시기, 스파를 3시간 이상 즐기면 최소 5,000B 정도를 더 써야 한다. 쇼핑에 필요한 지갑은 별도다.

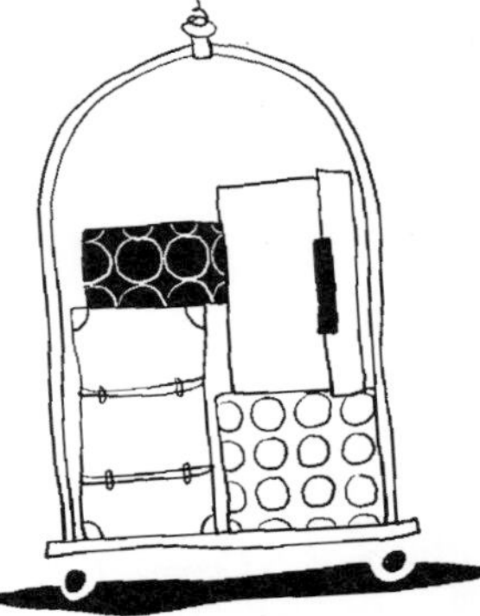

HS-TAS
BAFS
ZS 41
ZS-41

Travel Survival

방콕 여행 실전

01 출국! 방콕으로

02 입국! 드디어 방콕

03 쑤완나품 공항에서 시내로 가기

04 돈므앙 공항에서 시내로 가기

05 굿바이! 방콕

방콕의 시내 교통

현지인이 된 것 같은 기분이 드는 수상 보트
정해진 노선만을 오가는 운하 보트
빠르고 쾌적하게 도심을 연결하는 BTS
정확하게 원하는 목적지까지 연결하는 지하철 MRT
전용 차선을 달리는 익스프레스 버스 BRT
정신을 바짝 차리고 타야 하는 버스
골목길을 다닐 때 유용한 뚝뚝
가장 안락하고 쾌적한 택시

방콕 여행 실전

01 출국! 방콕으로

우리나라에서 방콕으로 출발하는 국제공항은 모두 4곳으로 인천 국제공항, 김해 국제공항, 청주 국제공항, 대구 국제공항이 있다. 여기서는 대부분의 여행객이 이용하는 인천 국제공항을 중심으로 설명한다. 서울 수도권 거주자들이라면 대략 2시간 이내에 인천 국제공항까지 갈 수 있다. 여기에 2시간 정도의 수속 시간을 더해야 하므로, 비행기 출발 4시간 전에는 집을 나서야 한다.

인천 국제공항

문의 1577-2600 **운영** 24시간 **홈페이지** www.airport.kr

공항으로 가는 길

공항으로 가는 대중교통은 크게 두 가지. 서울을 비롯해 전국 각지에서 연결 가능한 공항 리무진과 서울역→인천 국제공항을 연결하는 공항 철도가 그것이다. 이밖에 일부 시외버스 노선도 인천 국제공항과 연결되어 있다. 모든 종류의 버스 노선은 인천 국제공항 홈페이지를 통해 확인할 수 있다.

공항 철도의 경우 서울역 → 김포공항역 → 인천 국제공항역(직통열차 43분, 9,000원/ 일반열차 58분, 5,050원) 노선을 운행 중이다.

공항 철도

문의 1599-7788 **운영** 05:28~24:00

홈페이지 www.arex.or.kr

출국 과정

내국인은 출국할 때 출국카드를 따로 작성하지 않아 수속이 매우 간편하다. 해외여행이 처음이거나 혼자 여행한다고 해도 전혀 어렵지 않으니 아래 순서에 따라 차근차근 출국 수속을 밟아보자.

① 탑승 수속

인천 국제공항은 두 개의 터미널로 구분되어 있다. 각기 다른 항공사들이 취항하기 때문에, 공항으로 가기 전에 본인이 타고 가는 비행기가 어떤 터미널을 이용하는지 반드시 확인해야 한다. 아시아나 항공과 타이항공을 비롯한 대부분의 항공사들은 기존에 사용하던 1터미널을 이용한다. 대한항공을 포함한 11개 항공사는 2018년 1월부터 새롭게 개항한 2터미널을 이용해야 한다.

공항 출국장에 도착하면 본인이 이용할 항공사 체크인 카운터로 가자. 카운터에서 여권과 항공권을 제출하면 비행기 좌석번호와 탑승구 번호가 적힌 보딩 패스 Boarding Pass(탑승권)를 건네준다. 이때 창가석(Window Seat)과 통로석(Aisle Seat) 중 원하는 좌석을 요구하여 배정받을 수 있다. 기내에서는 소지품 등을 넣은 보조가방만 휴대하고 트렁크는 위탁 수하물로 처리하자.

창 · 도검류(칼, 과도, 칼 모양의 장난감 포함), 총기류, 인화성 물질, 스포츠 용품, 무술 · 호신용품, 공구는 기내 반입이 불가능하기 때문에 위탁 수하물로 처리해야 한다. 100㎖가 넘는 액체, 젤, 스프레이, 화장품도 기내에 반입할 수 없다. 휴대전화와 노트북, 카메라, 휴대용 건전지 등의 개인용 휴대 장비는 기내 반입이 가능하다.

짐을 부치면 배기지 클레임 태그 Baggage Claim Tag(수하물표)를 주는데, 탁송한 수하물이 없어졌을 경우 이 수하물표가 있어야 짐을 찾을 수 있으므로 잘 보관하자. 해당 항공사의 마일리지 카드가 있다면 이때 함께 카운터에 제시하여 적립하자.

항공사별 이용 터미널(2018년 1월 18일부터)

항공사	탑승 수속 터미널
대한항공(KE)	2터미널
아시아나(OZ)	1터미널
타이항공(TG)	1터미널
에어 아시아(XJ)	1터미널
이스타항공(ZE)	1터미널
제주항공(7C)	1터미널
진에어(LJ)	1터미널
티웨이항공(TW)	1터미널

② 세관 신고

보딩 패스를 받은 후 환전, 여행자 보험 가입 등 모든 준비가 끝났다면 출국장으로 들어가야 한다. 1만 US$ 이상을 소지하였거나, 여행 중 사용하고 다시 가져올 고가품은 '휴대물품반출신고(확인)서'를 작성해야 한다. 그래야 입국 시 재반입할 때 면세통관이 가능하다.

고가품은 통상적으로 600US$ 이상 되는 물건들로 골프채, 보석류, 모피의류, 값비싼 카메라 등이 있다면 모델, 제조번호까지 상세하게 기재해야 한다. 별다르게 세관 신고를 할 품목이 없으면 곧장 보안 검색대로 가면 된다.

③ 보안 검색

검색대에선 요원의 안내에 따라 모든 휴대 물품을 X-Ray 검색 컨베이어에 올려놓자. 항공기 내 반입 제한 물품의 휴대 여부를 점검받아야 하기 때문이다. 바지 주머니의 소지품도 모두 꺼내 별도로 제공하는 바구니에 넣고 금속 탐지기를 통과하면 된다. 검색이 강화될 경우 신발과 허리띠까지 풀어 금속 탐지기에 통과시켜야 하는 경우도 있다.

④ 출국 심사

출국 심사대에서 여권, 탑승권을 심사관에게 제출하면 여권에 출국 도장을 찍은 후 항공권과 함께 돌려준다. 이로써 대한민국을 출국하는 절차는 모두 끝난다.

⑤ 탑승구 확인

보딩 패스에 적힌 탑승구(Gate No.)를 확인한다. 1터미널의 경우 여객 터미널 탑승구(1~50번 게이트)와 탑승동 탑승구(101~132번 게이트)로 나뉜다. 탑승동에 위치한 탑승구는 셔틀 트레인 Shuttle Train을 타고 가야 한다. 탑승구 27과 28번 게이트 사이에 있는 에스컬레이터를 타고 지하 1층으로 내려가면 셔틀 트레인 승강장이 나온다. 새롭게 생긴 2터미널에서 출발하는 항공기의 탑승구(게이트)는 200번대로 시작된다.

⑥ 탑승

항공기 출발 40분 전까지 지정 탑승구로 이동하여 탑승한다.

알아두세요

태국은 90일 무비자

태국과 한국은 90일 비자 면제 협정이 체결되어 있다. 한국 여권을 소지한 사람이라면 비자 없이 태국 여행이 가능하다. 태국에 입국할 때마다 비자 없이 90일간 머물 수 있다. 공항을 통해 입국하거나 육로 국경을 통해 입국하면 무비자 조항은 동일하게 적용된다. 주변 국가를 여행하고 육로 국경으로 입국할 경우 재입국 시점에서 90일 체류가 자동으로 연장된다.

02 입국! 드디어 방콕

5시간 30분의 비행. 드디어 방콕에 도착한다. 공항에 도착하는 순간에 남국의 열기가 확연히 느껴진다. 드디어 방콕에 온 것이 실감난다. 이제부터 여행의 시작이다. 방콕은 쑤완나품 공항(싸남빈 쑤완나품) Suvarnabhumi Airport สนามบิน สุวรรณภูมิ과 돈므앙 공항(싸남빈 돈므앙) Don Mueang Airport สนามบิน ดอนเมือง 두 곳이 있다. 입국 절차는 두 공항 모두 비슷하다. 대부분의 여행객이 이용하는 쑤완나품 공항을 기준으로 삼았다.

쑤완나품 국제공항

문의 0-2132-1888, 02-2132-1111, 02-2132-1112
운영 24시간 **홈페이지** airportthai.co.th

입국 카드 작성

인천 국제공항의 항공사 카운터 또는 기내에서 승무원이 나눠 준 입국 신고서 Arrival Card를 미리 적어 둔다. 기본적인 인적 사항을 적는 것이므로 큰 어려움은 없다. 영어 대문자로 본인의 이름, 여권 및 항공 관련 사항을 기재하면 된다.
Address In Thailand란 문구에서 모두 망설이는데, 예약한 호텔 이름을 쓰면 된다. 만약 예약한 호텔이 없다면 가이드북을 보고 적당한 곳을 쓰면 된다. 방콕 공항에서 이민국 직원이 예약한 호텔에 일일이 전화를 걸어 숙박 유무를 확인하지는 않는다.

도착

비행기가 착륙하면 인파를 따라 밖으로 나간다. 조금 걷다보면 사인 보드가 보이는데, 무조건 Immigration이라 쓰인 화살표만 따라가면 된다. 쑤완나품 국제공항이 넓기 때문에 10분 이상 걸어가는 경우도 있다. 중간에 Transit이란 안내를 따라가지 말고 무조건 Immigration 방향으로 걸어간다. 입국장 내부의 간이 면세점이 보이면, 도착 Arrival이란 안내판을 따라 입국 심사대 Passport Control로 향하면 된다.

검역

쑤완나품 국제공항에서는 특별한 검역 절차는 없다. 입국 심사대에서 곧바로 줄을 서면 된다. 내국인과 외국인 심사대로 구분된다.

입국 심사대

Passport Control이라 적힌 입국 심사대를 찾았다면 외국인 심사대인 Foreigner에 줄을 선다. 여권과 입국 신고서를 제출하면 여권에 태국 입국 도장을 찍어준다. 입국 신고서 중에서 출국에 해당하는 면(출국 카드)은 여권에 스테이플러로 찍어주니 출국 때까지 보관하자.

알아두세요

저가 항공사는 돈므앙 공항을 이용합니다.

방콕에는 공항이 두 개가 있습니다. 그중 하나는 대부분의 국제선이 취항하는 쑤완나품 공항이고, 다른 하나는 방콕 북부 지역에 있는 돈므앙 공항(싸남빈 돈므앙) Donmuang Airport(홈페이지 www.donmueangairportthai.com/en)입니다. 돈므앙 공항은 2012년 10월부터 저가 항공사들이 취항하는 방콕 제2공항으로 변모했답니다. 에어 아시아 Air Asia, 녹 에어 Nok Air, 타이 라이언 에어 Thai Lion Air, 타이 스마일 항공 Thai Smile Airways, 오리엔트 타이 항공 Orient Thai Airlines이 돈므앙 공항을 사용합니다. 한국을 취항하는 국제선은 에어 아시아에서만 운항합니다.
참고로 도시마다 영문 알파벳 세 자리로 구성된 항공 코드를 사용합니다. 방콕 Bangkok의 경우 BKK라고 쓰는데, 방콕의 메인 공항에 해당하는 쑤완나품 공항이 항공 코드 BKK를 사용하고 있습니다. 돈므앙 공항은 DMK라고 표기합니다.

한국인은 무비자로 90일 체류가 가능하다. 간혹 30일 체류 가능 스탬프를 찍어주는 경우도 있으니, 장기 여행자라면 반드시 확인할 것. 만약 30일 스탬프가 찍혔다면 그 자리에서 한국인임을 알리고 90일짜리 스탬프로 교체해 달라고 할 것.

수하물 수취

인천 국제공항에서 탑승 수속 때 짐을 부쳤다면 쑤완나품 국제공항의 Baggage Claim에서 찾아야 한다. 짐을 찾는 컨베이어 벨트 표시는 입국 심사대 통과 후 보이는 전광판에서 확인한다. 본인이 타고 온 항공 편명 옆으로 컨베이어 벨트 번호가 표시된다.

세관 검사

짐을 다 찾은 다음, 세관 검사대 Customs를 통과한다. 여행자들은 대부분 별도로 신고할 품목이 없다. 녹색 등이 켜진 신고 물품 없음 Nothing To Declare 창구로 통과하면 된다.

환영 홀

예약한 호텔에서 픽업이 있다면 자신의 이름을 든 팻말을 찾아보자. 개별적으로 왔다면 쑤완나품 국제공항에 비치된 무료 지도를 챙기는 것을 잊지 말자. 환영 홀에는 환전소, 이동통신사, 서점, 호텔 예약, 공항 리무진 예약 서비스 창구가 있다. 스마트폰 심(SIM) 카드 구입하는 방법은 P.500 참고.

출입국카드 작성법(앞면)

Please complete this application form in CAPITAL LETTERS and use only BLACK or BLUE ink.

T.M.6 ตม.6 출국 카드 บัตรขาออก DEPARTURE CARD
THAI IMMIGRATION BUREAU

ชื่อสกุล Family Name	❶ 성
ชื่อตัวและชื่อรอง First & Middle Name	❷ 이름
วัน-เดือน-ปีเกิด Date of Birth	❸ 생년월일(일, 월, 년)
เลขที่หนังสือเดินทาง Passport no.	❹ 여권번호
สัญชาติ Nationality	❺ 국적
หมายเลขเที่ยวบินหรือพาหนะอื่น Flight no./ Vehicle no.	❻ 비행기 편명
ลายมือชื่อ Signature	❼ 서명

PQ53832

T.M.6 ตม.6 입국 카드 บัตรขาเข้า ARRIVAL CARD
THAI IMMIGRATION BUREAU

ชื่อสกุล FAMILY NAME	❶ 성
ชื่อตัว FIRST NAME	❷ 이름
ชื่อกลาง MIDDLE NAME	
เพศ Male / Female	❸ 성별(남성, 여성)
สัญชาติ Nationality	❹ 국적
เลขที่หนังสือเดินทาง Passport no.	❺ 여권번호
วันเดือนปีเกิด Date of Birth	❻ 생년월일(일, 월, 년)
หมายเลขเที่ยวบิน Flight no. / Vehicle no.	❼ 비행기 편명
ตรวจลงตราเลขที่ Visa no.	❽ 비자번호 (기재할 필요 없음)
อาชีพ Occupation	❾ 직업
เดินทางมาจาก Country Where You Boarded	❿ 항공편 출발지
วัตถุประสงค์ของการเดินทาง Purpose of Visit	⓫ 방문 목적
ระยะเวลาที่พำนัก Length of Stay	⓬ 체류 기간
เมืองและประเทศที่พำนัก / Residence City / State, Country of Residence	⓭ 거주지(도시, 국가 기입)
ที่อยู่ Address in Thailand	⓮ 태국 주소(호텔 이름 기입)
โทรศัพท์ Telephone	⓯ 전화
อีเมล Email	⓰ 이메일
ลายมือชื่อ Signature	⓱ 서명

สำหรับเจ้าหน้าที่/For Official Use

PQ53832

For non-Thai resident, please complete on both sides of this card

출입국카드 작성법(뒷면) *설문 조사에 해당하는 것으로 반드시 기입할 의무는 없다

เฉพาะชาวต่างชาติ / For non-Thai resident only

Type of flight ❶ 항공기 형태(전세기/정규편)
☐ Charter ☐ Schedule

Is this your first trip to Thailand? ❷ 태국 방문은 처음인가요? (예/아니오)
☐ Yes ☐ No

Are you traveling as part of a tour group? ❸ 단체 여행인가요? (예/아니오)
☐ Yes ☐ No

Accommodation ❹ 숙소 형태(유스호스텔/호텔/게스트하우스 등)
☐ Hotel ☐ Friend's House
☐ Youth Hostel ☐ Apartment
☐ Guest House ☐ Others

Next city/Port of disembarkation ❺ 태국 여행 후의 다음 행선지 (한국으로 돌아간다면 SEOUL로 기입)

Purpose of Visit ❻ 방문 목적(휴가/사업/회의/경유 등)
☐ Holiday ☐ Meeting ☐ Sports
☐ Business ☐ Incentive ☐ Medical & Wellness
☐ Education ☐ Convention ☐ Transit
☐ Employment ☐ Exhibition ☐ Others

Yearly Income ❼ 연간 수입(해당 사항에 체크)
☐ Less than 20,000 US$
☐ 20,001 - 60,000 US$
☐ More than 60,000 US$
☐ No Income

For Official Use / สำหรับเจ้าหน้าที่

IMPORTANT NOTICE
In accordance to Immigration Act, B.E. 2522
1. All passengers must complete the T.M.6 card.
2. The passenger must keep the departure card with his/her passport or travel document and present the card to the Immigration Officer at the Checkpoint at the time of departure.
3. If the alien stays in the Kingdom longer than 90 days, he/she must notify in writing at the nearest Immigration Office, concerning place of stay, as soon as possible upon expiration of 90 days. And required to do so every 90 days.
4. Aliens are not allowed to work unless they are granted Work Permit.

사진으로 보는 방콕 입국 과정

①쑤완나품 공항 도착

②Immigration
화살표를 따라간다

③계속 걷는다

④간이 면세점을 지난다

⑤'Arrivals' 표지판을 따라
입국 심사대로 이동한다

⑥입국 심사대에서 입국 심사

⑦수하물 찾는 곳 확인

⑧수하물 수취

⑨세관 검사대 통과

⑩환영 홀을 겸한
미팅 포인트를 통과한다

⑪스마트폰 SIM 카드를
구입한다

⑫공항 철도 타는 곳으로
이동한다

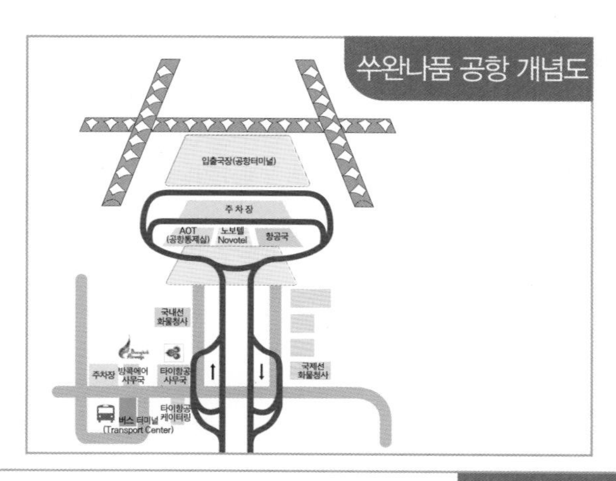
쑤완나품 공항 개념도
입출국장(공항터미널)
주차장
AOT
(공항통제실)
노보텔
Novotel
항공국
국내선
화물청사
주차장
방콕에어
사무국
타이항공
사무국
국제선
화물청사
버스 터미널
(Transport Center)
타이항공
케이터링

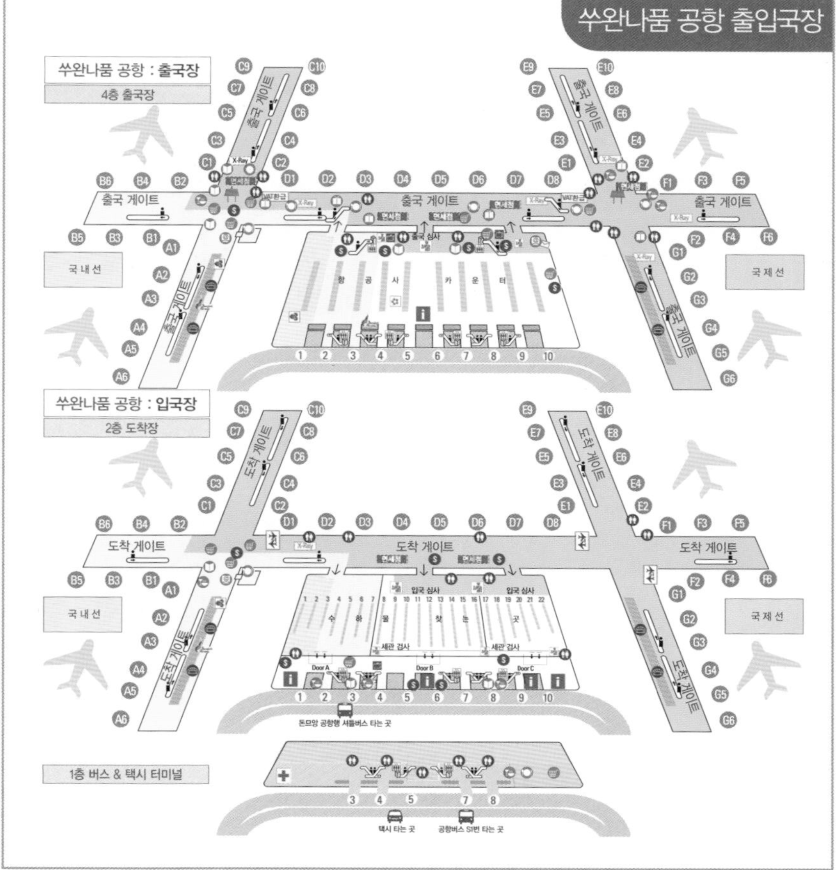
쑤완나품 공항 출입국장
쑤완나품 공항 : 출국장
4층 출국장
출국 게이트
X-Ray
VAT환급
출국 심사
항공사 카운터
국내선
국제선
쑤완나품 공항 : 입국장
2층 도착장
도착 게이트
입국 심사
수하물 찾는 곳
세관 검사
Door A
Door B
Door C
돈므앙 공항행 셔틀버스 타는 곳
1층 버스 & 택시 터미널
택시 타는 곳
공항버스 S1번 타는 곳

03 쑤완나품 공항에서 시내로 가기

쑤완나품 국제공항에서 시내로 가는 방법은 크게 네 가지다. 공항과 시내를 연결하는 가장 편한 방법은 공항 철도지만 노선이 한정되어 있다. 자정 넘어 방콕에 도착했을 때에는 택시를 타는 방법밖에 없다. 택시를 이용할 경우 쑤완나품 국제공항에서 카오산 로드 Khasosan Road, 쑤쿰윗 Sukhumvit, 씰롬 Silom까지 40분~1시간 정도 소요된다. 각각의 교통수단마다 장단점이 다르므로 머물고자 하는 곳이 어디냐에 따라 교통수단은 바뀔 수 있다. 카오산 로드 가는 방법은 P.127 참고.

1 가장 빠른 공항 철도 Airport Rail Link

쑤완나품 공항과 시내를 가장 빠르게 연결하는 교통편이다. 공항 철도는 총 28km로, 모두 8개 역으로 이루어졌다. 정차하는 역의 숫자와 속도에 따라 익스프레스 트레인 Suvarnabhumi Airport Express과 시티 라인 City Line으로 구분된다. 익스프레스 트레인은 공항에서 출발해 파야타이 역 Phayathai Station까지 논스톱으로 운행하며 15분 소요된다(익스프레스 트레인은 일시적으로 운행이 중단된

Airport Rail Link

City Line

Travel Plus

공항 철도에서 BTS · 지하철로 환승하기

공항 철도를 이용해 시내(싸얌 스퀘어, 쑤쿰윗, 씰롬, 랏차다)로 들어갈 때는 BTS나 지하철(MRT)로 갈아타야 합니다. 방콕의 대중교통들이 통합 요금체계가 아니라서 환승할 때마다 돈을 다시 내고 교통편을 갈아타야 해서 불편한 편입니다. 하지만 극심한 교통체증을 겪는 출퇴근 시간이라면 그 정도 불편함을 감수해도 나쁘지 않겠습니다.

BTS로 환승하는 방법은 간단합니다. 공항 철도 시티 라인을 타고 종점인 파야타이 Phayathai 역에 내리면 됩니다. 환승해야 할 BTS 역의 이름도 파야타이로 동일하구요. 두 개역은 지상으로 환승 통로가 연결되어 있습니다. 싸얌 스퀘어 Siam Square나 쎈탄 월드 Central World 주변의 호텔을 갈 때 BTS를 이용하면 됩니다.

BTS 펫부리(펫차부리) 역

지하철(MRT)로 갈아 탈 수 있는 역은 도심 공항 터미널이 들어선 막까싼 역입니다. 막까싼 Makkasan 역에서 지하철 펫부리(펫차부리) Phetchburi 역까지는 300m 떨어져 있습니다. 펫부리 역에서는 북쪽 방향으로 랏차다를 가거나, 남쪽 방향으로 아쏙 사거리(쑤쿰윗), 씰롬, 차이나타운, 왓 포(싸남차이 역)로 갈 수 있습니다.

상태다). 시티 라인은 스카이트레인(BTS)과 동일한 개념으로 중간 역들을 모두 정차한다. 공항에서 파야타이 역까지 30분 걸리며, 모두 7개 역을 거친다. 쑤완나품 공항에서 공항 철도를 타려면 공항 청사 밖으로 나가지 말고, Train To City라고 적힌 안내판을 따라 지하 1층으로 내려가면 된다. 공항 입국장에서는 엘리베이터를 타면 지하 1층의 공항 철도 타는 곳으로 직행할 수 있다.

공항 철도
홈페이지 www.srtet.co.th
노선
쑤완나품 국제공항 → 랏끄라방 Lat Krabang → 반탑창 Ban Thap Chang → 후아막 Hua Mak → 람캄행 Ramkhamhaeng → 막까싼 Makkasan → 랏차쁘라롭 Ratchaprarop → 파야타이 Phayathai
운행 06:00~24:00
요금 15~45B(시티 라인)

2 여럿이 이동할 때 저렴한 택시

가장 손쉽게 원하는 목적지까지 데려다 주는 교통수단이다. 방콕의 경우 택시 요금이 저렴한 편이라 웬만한 거리는 450B 이하에서 이동이 가능하다. 택시는 4명까지 탈 수 있기 때문에 3~4명이 함께 이용한다면 다른 교통편보다 저렴하게 방콕 시내로 들어갈 수 있다.

쑤완나품 공항에서 택시 승차장은 1층에 있다. 입국 심사를 마치고 입국장에서 한 층 아래로 내려와야 한다. 공항 1층에서 청사 밖(4번 게이트 또는 5번 게이트 앞)으로 나오면 택시 승차장 안내판이 보인다. 공항 택시가 별도로 있는 게 아니고 방콕 시내를 운행하는 일반 미터 택시들이 공항에 들어왔다가 시내로 나가는 것이다. 공항에서 출발하는

쑤완나품 공항 택시 승차장

택시들이 문제를 일으키지 않도록 들어오고 나가는 택시들을 공항에서 관리하고 있다. 택시들이 각각의 번호(일종의 플랫폼) 아래 정차해서 승객을 기다린다. 택시 탑승하기 전 안내원에게 목적지를 말하면 번호표를 건네주고, 탑승할 택시의 위치를 알려준다. 3~4명까지는 일반 택시, 5~6명 또는 짐이 많을 경우 대형 택시를 안내받아 탑승하면 된다. 공항에서 출발하는 택시는 별도의 수수료 50B이 추가된다. 목적지에 도착해서 미터에 적힌 택시 요금+수수료(50B)를 지불하면 된다.
시내 교통 혼잡을 이유로 기사가 고가도로(탕두언) Expressway 이용을 권유하는데, 이용료는 손님이 부담해야 한다. 구간에 따라 고가도로 톨 비용은 25~50B이다. 방콕의 모든 택시는 미터로 운영되므로 흥정을 해오는 기사는 믿지 말자. 반드시 택시 승차장에서 줄을 서서 탈 것.

3 카오산 로드로 직행할 때는 공항 버스

2017년 6월 1일부터 공항 버스가 운행을 시작했다. 현재는 한 개 노선으로 S1번 버스가 쑤완나품 공항에서 카오산 로드를 연결한다. 공항 청사 1층 7번 회전문 밖으로 나가면 공항 버스 안내 데스크가 있다. 안내 데스크 앞쪽으로 보이는 횡단보도를 건너서 공항 버스를 타면 된다. 운행 시간은 06:00~20:00까지로, 편도 요금은 60B이다. 배차 간격은 약 40분으로 긴 편이다.

공항 1층 7번 회전문 앞에서 출발하는 S1 공항 버스

4 밤늦게까지 운행되는 미니버스 리모 버스 Limo Bus

33인승 미니버스로 쑤완나품 공항 → 카오산 로드, 쑤완나품 공항 → 씰롬 두 개 노선을 운영한다. 05:50부터 23:00까지 30분 간격으로 운행하며 편도 요금은 180B이다. 입국장에서 한 층 아래로 내려오면, 공항 청사 1층 왼쪽 끝에 있는 8번 회전문 앞에 있는 데스크에서 예약하면 된다. 자세한 노선과 출발 시간은 홈페이지 www.limobus.co.th 참고.

5 10명 이내의 소그룹이 이용하기 좋은 공항 리무진(미니 밴)

소그룹으로 여행할 경우 공항 리무진(미니밴)을 이용하면 편리하다. 택시 두 대를 빌릴 필요 없이 미니 밴 한 대로 다 같이 이동할 수 있다. 대부분 11인승 도요타 미니 밴을 이용한다. 편도 요금은 쑤쿰윗 지역의 호텔까지 1,300B, 씰롬 지역의 호텔까지 1,500B이다. 입국 심사를 마치고 나오면 환영 홀(미팅 포인트)에 공항 리무진 AOT Limousines이라고 적힌 데스크에서 예약하고 직원의 안내를 받으면 된다. 미니 밴 이외에 자가용(BMW, 벤츠) 리무진 서비스도 받을 수 있다.

6 가장 저렴한 시내버스

일반 시내버스도 공항을 드나든다. 신형 에어컨 버스로 모두 4개 노선을 운행한다. 에어컨 버스 탑승은 공항 입국 청사가 아닌 별도의 공항 버스 터미널 Transport Center에서 가능하다.
공항 입국장과 같은 층인 2층에서 무료 셔틀버스가 수시로 운행된다. 공항에서 버스 터미널까지는 10분 정도가 소요된다. 공항을 드나드는 에어컨 버스들은 방콕 시외곽을 연결하는 노선들이 대부분

공항 버스 터미널에서 출발하는 시내버스

이라 여행자들에게는 유용한 교통편은 아니다. 참고로 공항 버스 터미널에서 파타야 Pattaya, 아란야쁘라텟(캄보디아 국경) Aranyaprathet, 뜨랏(끄 창) Trat, 농카이(라오스 국경) Nong Khai행 고속 버스도 출발한다.

시내버스

운행 06:30~22:00, 20~30분 간격 **요금** 34B

7 중간에 정차하지 않는 미니밴(롯뚜) Public Van

공항 버스 터미널 Transport Center에는 일반 에어컨 버스 이외에 미니밴도 있다. 시내버스와 같이 노선과 번호가 정해져 있다. 아눗싸와리(전승 기념탑), BTS 언눗 역, 돈므앙 공항 행 미니밴이 운행되며 편도 요금은 70B이다. 06:30~22:00까지 운행되며 정해진 출발시간 없이 승객이 다 차면 출발한다.

공항 미니밴과 리무진 서비스

알아두세요

공항 버스 터미널까지 셔틀버스 이용하기

쑤완나품 공항에서 공항 버스 터미널 Transport Center까지는 셔틀버스가 운행됩니다. 셔틀버스 탑승장은 2층과 4층에 있는데요, 2층(5번 회전문과 6번 회전문 사이)에서 타는 게 빠르고 편리합니다. 공항 주요 건물에 모두 정차하는 1층 출발 셔틀버스와 달리 공항 버스 터미널까지 직행한답니다. 요금은 무료이며, 약 10분 걸립니다.

▶에어컨 버스(시내버스) 주요 노선

554번	쑤완나품 공항 → 타논 람인트라 Thanon Raminthra → 타논 위파와디랑씻 Thanon Viphavadi-Rangsit → 돈므앙 공항 Don Muang Airport → 랑씻 Rangsit
555번	쑤완나품 공항 → 팔람 까우 Phra Ram 9(Rama 9) → 쑷티싼 Sutthisan → 타논 위파와디랑씻 Thanon Viphavadi-Rangsit → 돈므앙 공항 Don Muang Airport → 랑씻 Rangsit
558번	쑤완나품 공항 → 쎈탄 방나(백화점) Cemtral Bang Na → 바이텍 BITEC → 쎈탄 라마 썽(백화점) Central Rama 2

Travel Plus

쑤완나품 공항에서 파타야로 직행하기

쑤완나품 공항에서 방콕 시내를 거치지 않고 파타야 Pattaya까지 직행하는 것도 가능합니다. 입국장에서 한 층 아래로 내려오면, 공항 청사 1층 왼쪽 끝에 있는 8번 회전문 앞에 에어포트 파타야 버스(홈페이지 www.airportpattayabus.com) 매표소가 있습니다. 버스는 오전 7시부터 저녁 10시까지 1시간 간격으로 운행되며, 편도 요금은 130B입니다. 종점은 파타야 버스 터미널이 아니라 좀티엔에 있는 버스 회사 사무실(Map P.38-B3)입니다. 자세한 내용은 파타야 교통편 P.449 참고.

04 돈므앙 공항에서 시내로 가기

103년의 역사를 간직한 공항으로 방콕 북부 지역인 돈므앙 Don Muang에 있다. 저가 항공사가 취항하는 공항으로 국제선보다는 국내선 노선을 운항하는 태국 항공사가 주로 이용한다. 한국에서 에어 아시아 Air Asia를 이용할 경우 방콕 돈므앙 공항에 도착하게 된다.

돈므앙 공항

1 싸고 편리한 공항 버스

공항 버스는 다섯 개 노선이 운행 중이다. 공항 청사 1층에 있는 6번 출입문 앞에서 출발한다. 방콕 시내에서 흔히 볼 수 있는 에어컨 버스로 일반 시내버스와 큰 차이가 없다. 고가도로(탕두언) Expressway를 이용하기 때문에 이동 속도가 빠른 편이다.

A1 버스는 머칫 Mo Chit, A2 버스는 전승기념탑(아눗싸와리 차이) Victory Monument까지 운행한다. 두 버스 노선이 상당부분 겹치는 데다, A1 버스 배차 간격이 짧기 때문에 여행자들은 대부분 A1 버스를 타고 '머칫'에 내린다. '머칫'에 내리면 버스 정류장 앞쪽으로 지하철(MRT) 쑤언 짜뚜짝 Chatuchak Park 역을 지나 BTS 머칫 역이 나온다. 두 개 역이 인접해 있기 때문에 버스에서 내려서 목적지까지 걸어가면 된다(참고로 길 건너편에 짜뚜짝 주말시장이 있다). 공항버스 운행시간은 07:30~24:00(배차 간격 30분), 편도 요금은 30B이다.

돈므앙 공항에서 출발하는 공항버스

방콕 시내를 남북으로 관통하는 A3 버스는 룸피니 공원(쑤언 룸피니)까지 가는데, 씰롬 Silom 지역에 있는 호텔에 묵을 경우 이용하면 된다. 배낭 여행자들에게 유용한 A4 버스는 카오산 로드를 연결한다. 07:00~23:00까지 운행되며, 편도 요금은 50B이다. 자세한 내용은 저자 홈페이지 www.travelrain.com/984 참고.

공항 버스 노선

- **A1** 돈므앙 공항 → 고가도로 → BTS 머칫 Mo Chit(MRT 쑤언 짜뚜짝 Chatuchak Park) → 북부 버스 터미널(콘쏭 머칫)
- **A2** 돈므앙 공항 → 고가도로 → BTS 머칫(MRT 쑤언 짜뚜짝) → BTS 싸판 콰이 Saphan Kwai → BTS 아리 Ari → BTS 아눗싸와리 차이(전승 기념탑) Victory Monument
- **A3** 돈므앙 공항 → 고가도로 → 빠뚜남 Pratunam → 쎈탄 월드 Central World → 랏차쁘라쏭 Ratchaprasong → 룸피니 공원(쑤언 룸피니) Lumphini Park → MRT 씰롬 Silom 역 → MRT 룸피니 Lumphini 역

알아두세요

돈므앙 공항에서 쑤완나품 공항을 오가는 셔틀 버스

돈므앙 공항으로 들어와서 쑤완나품 공항에서 국제선으로 환승해야 하는 여행자들이 알아두어야 할 정보입니다. 두 개의 공항을 연결하는 공항 셔틀 버스는 돈므앙 공항에서는 1층 청사 밖으로 나와서 6번 출입문 앞에서 탑승하면 됩니다. 반대로 쑤완나품 공항에서는 입국장이 있는 공항 청사 2층 3번 회전문 앞에서 출발합니다. 운행 시간은 오전 5시부터 밤 12시까지입니다(30분~1시간 간격으로 운행). 요금은 무료이지만 항공권을 보여줘야 합니다.

• A4 돈므앙 공항 → 고가도로 → 타논 란루앙 Lan Luang → 민주 기념탑(타논 랏차담넌 끄랑) Democracy Monument → 왓 보원니웻 Wat Bowonniwet → 카오산 로드(왓 차나쏭크람 & 카오산 경찰서) → 싸남 루앙 Sanam Luang

2 공항 버스보다 쾌적한 리모 버스 Limo Bus

33인승 소형 버스로 현재 두 개 노선을 운행 중이다. 돈므앙 공항 → 카오산 로드를 직행하는 노선과 돈므앙 공항 → 씰롬(BTS 쌀라댕) → 랏차담리 → 랏차쁘라쏭 사거리 → 빠뚜남 → 돈므앙 공항을 순환하는 노선으로 구분된다. 09:30~24:00까지 운행되며, 편도 요금은 150B이다. 공항 청사 1층 7번 게이트 앞에서 출발한다. 자세한 노선은 홈페이지 www.limobus.co.th 참고.

리모 버스 예약 부스

3 여러 명이 함께 이동한다면, 택시

3~4명이 함께 이동한다면 가장 편리한 방법이다. 공항 청사 밖으로 나가지 말고, 공항 청사 안쪽에서 8번 출입문 방향(진행 방향 왼쪽)으로 가면 된다. 8번 출입문 앞에서 순서대로 안내를 받아 택시를 탑승하면 된다. 카오산 로드와 쑤쿰윗을 포함해 방콕 시내 웬만한 곳까지 300~400B 정도에 갈 수 있다. 공항에서 출발하는 택시라서 50B의 수수료가 별도로 부과된다. 고가도로(탕두언)를 이용할 경우 승객이 톨비를 내야 한다.

4 방콕 시민처럼 지리에 익숙하다면, 시내버스

그다지 추천할 방법은 아니지만 시내버스를 타고 방콕 시내로 갈 수도 있다. 시내버스 정류장은 공항버스 타는 곳과는 전혀 다른 곳에 있기 때문에 주의를 기울여야 한다. 공항 청사 1층에서 밖으로 나가지 말고 5번 출입문과 6번 출입문 사이에 있는 계단을 올라간다. 아마리 돈므앙 호텔 Amari Don Muang Hotel 안내판이 있는 곳으로 돈므앙 기차역 가는 방향과 동일하다. 계단을 오르면 2층에서 공항 청사 밖으로 연결된 육교가 나온다. 육교에서 오른쪽(북쪽) 방향을 보면 버스 타는 곳이 보이는데, 육교를 다 건너지 말고 중간에서 도로쪽으로 연결된 계단을 내려가면 된다. 버스 요금은 버스의 종류와 거리에 따라 8~24B으로 차등 적용된다. 버스에 탑승해서 차장에게 요금을 내면 된다.

공항 청사 앞 시내버스 타는 곳

5 전혀 도움이 되지 않는, 기차

돈므앙 공항 맞은편에 돈므앙 기차역(싸타니 롯파이 돈므앙) Don Muang Railway Station이 있다. 공항 청사 1층에서 밖으로 나가지 말고 5번 출입문과 6번 출입문 사이에 있는 계단을 올라가서, 육교를 건너면 기차역이 나온다. 돈므앙 기차역→후아람퐁 기차역 노선은 하루 14번 운행되는데, 아침 시간에 집중적으로 몰려 있다. 완행열차에 가깝기 때문에, 6개 간이역을 통과해 종점까지 가는데 1시간 이상이 소요된다(90분 가까이 걸리는 경우도 있다). 편도 요금은 20B으로 저렴하지만, 선풍기 시설의 기차는 덥고 느려서 매우 불편하다.

▶돈므앙 공항 앞 도로에서 출발하는 주요 시내버스 노선

29번	돈므앙 공항 → BTS 머칫 역 Mochit → BTS 전승기념탑(아눗싸와리 차이) 역 Victory Monument → BTS 파야타이 역 Phayathai → 쌈얀 Sam Yan → 후아람퐁 기차역 Hua Lamphong Railway Station
59번	돈므앙 공항 → BTS 머칫 역 → BTS 아리 역 → BTS 전승기념탑 역 → 타논 란루앙 Thanon Lan Luang → 타논 랏차담넌 끄랑 Thanon Ratchadamnoen Klang → 민주기념탑 Democracy Monument → 싸남루앙 Sanam Luang
510번	돈므앙 공항 → 쑤언 짜뚜짝 → BTS 머칫 역 → BTS 아리 역 → BTS 전승기념탑 역
554번·555번	돈므앙 공항 → 락씨 Laksi → 쑤완나품 공항 Suvarnabhumi Airport

05 굿바이! 방콕

방콕에서 한국으로 귀국할 때도 반드시 비행기 출발시간보다 2시간 전에 공항에 도착해 탑승 수속을 밟아야 한다. 방콕 교통 체증을 감안해 충분한 여유를 갖고 출발해야 한다. 3~4명이 함께 이동한다면 택시를 타는 게 좋다. 쑤완나품 공항을 갈 경우 파야타이 역에서 공항 철도를 이용하면 편리하다. 카오산 로드에서 출발하는 방법은 P.127 참고.

비행기 탑승

쑤완나품 공항 출국장

①탑승 수속

쑤완나품 공항은 4층에, 돈므앙 공항은 2층에 출국장이 있다. 공항 출국장에 도착하면 해당 항공사 카운터로 간다. 공항 안내 모니터에서 해당 항공사 수속 카운터를 확인하면 된다. 여권과 비행기 표를 제시하고 탑승권 Boarding Pass을 발급 받은 다음에는 출국 절차를 밟는다.

②보안 검사 및 출국 심사

입국 절차에 비해 출국 절차는 간단하다. '국제선 출국 International Departure'이라고 적힌 안내판을 따라 이민국 Immigration으로 이동한다. 기내 반입하는 휴대 화물에 대한 보안 검사를 마치면, 출국 심사대 Passport Control에서 차례를 기다려 여권과 출국 카드 Departure Card(입국할 때 사용했던 입국 카드에 붙어 있던 반쪽 면)를 제시한다. 출국 카드는 인적 사항과 여권 번호, 항공편명을 영어로 미리 기재해 두어야 한다. 출국 심사가 끝나면 여권에 스탬프를 찍어 준다.

③면세점 쇼핑 및 탑승

출국 심사가 끝난 후 탑승 전까지는 공항 면세점에서 시간을 보낸다. 면세점에서는 태국 화폐와 달러, 신용카드 사용이 가능하다. 비행기 탑승 기간에 맞춰 해당 비행기 탑승구로 이동한다. 보통 비행기 출발 30분 전부터 탑승을 시작한다.

국제선 출국

알아두세요

공항에서 남의 짐 들어주지 마세요!

쑤완나품 공항에서 보딩 패스를 받기 위해 줄 서 있는 동안 누군가가 다가와 짐을 부탁한다면 반드시 거절하세요. 수하물이 너무 많아 추가 운임을 내야 한다며 도움을 청하는 사람들 중에는 목적을 갖고 접근하는 사람들이 있기 때문입니다. 수하물을 부쳐주면 사례를 한다는 사람이라면 더더욱 의심해야 합니다. 그들은 마약이나 수입금지 물품을 반출하려는 목적이기 때문입니다. 돈 몇 푼에 혹해 마약 밀매범으로 체포될 수 있어요. 어떤 물건이 들어 있는지 모르는 수하물은 탑승자 이름으로 체크되기 때문에 남이 시켜서 했다는 변명은 통하지 않습니다.

방콕의 시내 교통

01 현지인이 된 것 같은 기분이 드는 수상 보트

동양의 베니스라 불릴 정도로 방콕은 수상 교통이 발달한 도시다. 다리가 건설되고 지하철까지 개통되면서 육상 교통의 비중이 높아졌지만 아직도 보트를 타고 출퇴근하는 방콕 시민들의 모습은 흔하게 목격된다. 버스에 비해 막힘없이 빠르고 시원하게 목적지로 이동할 수 있다.

르아 두언 **요금** 15~31B **운행** 05:50~19:00, 10~20분 간격 **전화** 0-2445-8888(익스프레스 보트 안내) 0-2024-1342(투어리스트 보트 안내) **홈페이지** www.chaophrayaexpressboat.com 보트 노선도 Map P.2

1 르아 두언 เรือด่วน (짜오프라야 익스프레스 보트) Chao Phraya Express Boat

버스와 마찬가지로 정해진 노선을 운행하는 보트다. 짜오프라야 익스프레스 보트 Chao Phraya Express Boat 회사에서 운영한다. 배 후미에 달린 깃발 색깔로 보트의 종류를 구분한다. 깃발이 없는 일반 보트는 모든 선착장에 정박하기 때문에 가장 느리고, 오렌지색 → 노란색 → 파란색 순서대로 보트 속도가 빨라진다. 그 이유는 정박하는 선착장 숫자가 줄어들기 때문.

짜오프라야 익스프레스 보트
타 싸톤 선착장

주요 선착장에 모두 정박하는 오렌지색 깃발 Orange Flag 수상 보트가 가장 편리하다. 카오산 로드와 인접한 타 프라아팃 선착장(선착장 번호 N13), 왕궁 앞의 타 창 선착장(선착장 번호 N9), 왓 아룬 앞의 왓 아룬 선착장(선착장 번호 N8), BTS 싸판 딱씬 역과 연결되는 타 싸톤(Central Pier)에 모두 정박한다. 요금은 탑승 후 돈을 받으러 다니는 차장에게 목적지를 말하고 돈을 내면 된다.

승객이 붐비는 주요 선착장은 매표소에서 미리 요금을 내야 하는 곳도 있다. 투어리스트 보트와 같은 선착장을 사용하는 타 싸톤(Central Pier) 선착장은 혼잡을 피하기 위해 매표소를 별도로 운영한다. 미리 원하는 보트의 탑승권을 구입해 정해진 탑승 장소에서 기다리면 된다. 퇴근 시간에는 보트 회사 직원이 나와서 탑승을 돕는다. 엉뚱한 보트로 타는 걸 방지하기 위해 줄을 쳐 놓고 대기 승객을 구분해 놓는다.

알아두세요

보트 선착장은 '타르아 ท่าเรือ'

선착장은 태국말로 '타르아'라고 합니다. 하지만 선착장 이름과 함께 부를 때는 '르아(보트)'는 사용하지 않고 줄여서 '타'만 붙이면 됩니다. 즉 프라아팃 선착장은 '타 프라아팃(파아팃)'이라고 부르면 되는 것이지요.

2 투어리스트 보트
เรือท่องเที่ยวเจ้าพระยา Tourist Boat

방콕의 주요 볼거리를 배를 타고 돌아볼 수 있게 만든 투어리스트 전용 보트다. 특히 강 건너편의 관광지와 쇼핑몰을 오갈 때 편리하다. 현지인들의 교통편으로 쓰이는 르아 두언(짜오프라야 익스프레스 보트)에 비해 보트가 크고 좌석도 많다. 1일 탑승권 개념으로 하루 동안 무제한적으로 보트를 탑승할 수 있다. 요금은 200B이다. 편도 1회만 탑승할 경우 60B을 받는다.

투어리스트 보트

노선은 타 프라아팃 Phra Arthit → 타 롯파이(선착장 번호 N11) Thonburi Railway → 타 마하랏 Tha Maharaj → 왓 아룬 Wat Arun → 빡크롱 딸랏(N6/1 선착장) Pak Klong Taladd → 타 랏차웡(N5 선착장) Ratchawongse → 롱 1919 Lhong 1919 → 아이콘 싸얌 Icon Siam → 타 싸톤 Sathorn(Central Pier)선착장까지 9곳을 오간다. 09:00~19:00까지 30분 간격으로 운행되며, 저녁 시간(16:00~19:00)까지는 아시아티크까지 보트 노선이 연장된다. 오후 늦게 운행되는 투어리스트 보트는 2층 갑판이 오픈되어 있어 강변 풍경을 감상하며 크루즈를 즐기기 좋다.

타 프라아팃 선착장과 타 싸톤 선착장은 르아 두언(짜오프라야 익스프레스 보트)와 같은 선착장을 사용하기 때문에, 탑승 전에 보트를 확인해야 한다. 참고로 타 싸톤 선착장은 BTS 싸판 딱씬 Saphan Taksin 역과 빡크롱 딸랏 선착장은 MRT 싸남차이 Sanam Chai 역과 인접해 있다. 보트 노선과 출발 시간은 홈페이지 www.chaophrayatouristboat.com 참고.

▶르아 두언(익스프레스 보트)의 종류와 요금(보트 종류별 정박 선착장은 Map P.2 참고)

보트 종류	노선	운행 시간	운행 간격	요금
로컬 라인(깃발 없음)	논타부리-왓 랏차씽콘	월~금요일 06:45~07:30, 16:00~16:30	20분	10~14B
익스프레스(오렌지 깃발)	논타부리-왓 랏차씽콘	매일 06:00~19:00	10~20분	15B
익스프레스(노란 깃발)	논타부리-싸톤	월~금요일 06:15~08:20, 16:00~20:00	10~20분	20~29B
익스프레스(녹색 깃발)	빡끄렛-싸톤	월~금요일 06:10~08:10, 16:05~18:05	15~20분	13~32B

▶르아 두언(익스프레스 보트) 선착장과 주요 볼거리

선착장 번호	선착장명	주요 볼거리 / 주요 건물
N13	타 프라아팃 Tha Phra Athit	타논 프라아팃(파아팃), 카오산 로드, 프라쑤멘 요새, 타논 쌈쎈
N12	타 싸판 삔까오 Tha Saphan Pin Klao	삔까오 다리, 왕실 선박 박물관
N10	타 왕랑(씨리랏) Tha Wang Lang(Sirirat)	씨리랏 병원, 씨리랏 의학 박물관, 왕랑 시장
N9	타 창 Tha Chang	왕궁, 왓 프라깨우, 왓 마하탓, 부적 시장, 싸남 루앙, 타논 마하랏
N8	타 띠안(왓 아룬 선착장) Tha Tien	왓 포, 왓 아룬
N6/1	빡크롱 딸랏 Pak Klong Taladd	욧피만 리버워크, 빡크롱 시장
N6	타 싸판 풋 Tha Saphan Phut(Memorial Bridge)	빡크롱 시장, 파후랏, 싸판 풋 야시장
N5	타 랏차웡 Tha Ratchawong	차이나타운, 타논 야왈랏, 쏘이 쌈뼁
N3	타 씨프라야(씨파야) Tha Si Phraya	로열 오키드 쉐라톤 호텔, 리버 시티, 디너 크루즈 선착장, 밀레니엄 힐튼
N1	타 오리얀뗀(오리엔탈) Tha Oriental	오리엔탈 호텔, 어섬션 성당, 중앙 우체국, 르부아 호텔
Central	타 싸톤 Tha Sathon	BTS 싸판 딱씬 역, 샹그릴라 호텔, 페닌슐라 호텔, 아시아티크 보트 선착장

3 르아 캄팍 เรือข้ามฟาก (크로스 리버 페리) Cross River Ferry

짜오프라야 강을 건널 수 있도록 동서로만 움직인다. 다리까지 가지 않고 강을 건널 수 있어, 톤부리 지역 주민에게 편리한 교통편이다. 요금은 한 번 탈 때마다 4B이다.

강을 건널 때 이용해야 하는 르아 캄팍

4 르아 항 야오(긴 꼬리 배) เรือหางยาว Long Tail Boat

일종의 수상 택시다. 렌탈 보트 개념으로 꼬리 부분이 기다랗게 생겼다 하여 붙여진 이름이다. 모터를 달아 시끄러운 소리를 내지만 이동 속도는 빠르다. 짜오프라야 강에서 연결된 운하를 둘러볼 때 이용하면 좋다(P.195 참고).

긴 꼬리 배로 불리는 르아 항 야오

02 방콕 시내를 관통하는 운하 보트

운하 보트가 출발하는 판파 선착장

짜오프라야 강이 아니고 운하를 따라 정해진 노선을 오가는 보트다. 쌘쌥 운하(크롱 쌘쌥 **คลองแสนแสบ**) Khlong Saen Saeb를 오가는 보트는 시내 주요 지역을 연결한다. 총 길이는 18㎞로 하루 6만 명의 방콕 시민이 이용한다. 쌘쌥 운하 보트는 방람푸 Banglamphu에 있는 판파 선착장(타르아 판파 **ท่าเรือ ผ่านฟ้าลีลาศ**) Phan Fa PierMap P.7-B2에서 출발해 빠뚜남 Pratunam → 쑤쿰윗 Sukhumvit → 펫부리 Phetchburi → 통로 Thong Lo를 거쳐 방까삐 Bangkapi까지 운행된다. 빠뚜남 선착장(타르아 빠뚜남 **ท่าเรือประตูน้ำ**) Pratunam Pier을 기준으로 서쪽 노선 4개 선착장, 동쪽 노선 22개 선착장으로 이루어졌다. 워낙 노선이 길기 때문에 모든 보트는 빠뚜남 선착장에서 갈아타야 한다.

버스나 택시와 비교할 수 없이 빠른 속도가 최대의 매력이다. 잘만 익혀두면 방콕의 교통 체증을 피해 싸얌 스퀘어, 마분콩, 짐 톰슨의 집, 싸얌 파라곤, 쎈탄 월드를 포함한 방콕 시내 중심가로 싸고 빠르게 이동할 수 있다. 단점이라면 오염된 운하를 가로지르기 때문에 쾌적하지 못하다는 것. 요금은 보트 탑승 후에 안전모를 쓰고 돌아다니는 차장에게 지불하면 된다. 관광지와 연결된 선착장 주변 지도는 운하보트 홈페이지 http://www.khlongsaensaep.com/transfers.html 참고. 길을 물을 때 선착장 이름 앞에 '타르아'를 붙이면 된다.

요금 10~20B **운행** 05:30~20:30(토 · 일요일 05:30~19:00) **홈페이지** www.khlongsaensaep.com

▶운하 보트 주요 선착장과 볼거리

선착장명	주요 볼거리 / 주요 건물
타르아 판파 Phan Fa Pier	푸 카오 텅, 라마 3세 공원, 타논 랏차담넌 끄랑, 민주기념탑, 카오산 로드
타르아 싸판 후어 창 Saphan Hua Chang Pier	짐 톰슨의 집, 싸얌 스퀘어, 마분콩, 방콕 아트 & 컬처 센터(BACC), 국립 경기장, 싸얌 센터, 싸얌 파라곤
타르아 빠뚜남 Pratunam Pier	쎈탄 월드, 이세탄 백화점, 빠뚜남 시장, 아마리 워터게이트 호텔
타르아 위타유 Withayu(Wireless) Pier	타논 위타유, 나이럿 파크 스위소텔
타르아 나나 느아 Nana Neua Pier	쑤쿰윗 쏘이 3(나나 느아), 밤룽랏 병원
타르아 아쏙 Asok Pier	MRT 펫부리 역, 타논 쑤쿰윗 쏘이 21(아쏙)

03 빠르고 쾌적하게 도심을 연결하는 BTS

방콕 교통 체계의 일대 변혁을 가져온 스카이트레인, BTS(Bangkok Mass Transit System)는 쾌적하고 빠르게 도심을 이동할 수 있는 교통수단이다. 방콕 도심에서도 교통체증으로 심하게 몸살을 앓는 싸얌 Siam, 쑤쿰윗 Sukhumvit, 씰롬 Silom을 모두 관통하기 때문에 택시보다 더 편리하다. 또한 지상으로 철도를 건설해 풍경을 바라보며 이동할 수 있는 것도 매력적이다.

요금 16~59B **운행** 06:00~24:00, 5~10분 간격 **전화** 0-2617-6000 **홈페이지** www.bts.co.th

노선(BTS 노선도 Map P.4 참고)

씰롬 노선(싸남낄라 행찻 National Stadium → 방와 Bang Wa)과 쑤쿰윗 노선(하액 랏프라오 Ha Yeak Lat Phrao → 케하 Kheha) 두 개 노선으로 총 48개 역을 갖추고 있다. 두 노선은 센트럴 스테이션 Central Station에 해당하는 싸얌 한 군데서만 환승이 가능하다. 지하철 MRT과 환승이 가능한 역은 쑤언 짜뚜짝 Chatu-chak Park, 아쏙, 쌀라댕 Sala Daeng 세 곳이며, 수상 보트(짜오프라야 익스프레스 보트)를 타려면 싸판 딱씬 역을 이용하면 된다. 공항 철도는 파야타이 Phayathai 역에서 탈 수 있다.

씰롬 라인 노선 연장

머칫 역에서 출발해 북쪽 방향으로 19㎞ 구간을 연장 공사 중이다. 하액 랏프라오 Ha Yaek Lat Phrao 역은 2019년 8월 9일 오픈을 했고, 파혼요틴 24 Phahonyothin 24 → 랏차요틴 Ratchayothin → 쎄나니콤 Sena Nikhom → 마하위타얄라이 까쎗쌋 Kasetsart University 역은 2019년 12월 5일부터 시범 운행을 시작했다. 연장 구간의 종착역인 쿠콧 Khu Khot 까지는 2020년 하반기 완공 예정이다.

BTS 탑승 순서

1. BTS 역에 도착한다

모든 역에는 안내 창구와 자동 발매기가 설치되어 있다. 안내 창구에서는 정액권만 발급할 뿐 1회 승차권은 판매하지 않는다. 일반 여행자라면 안내 창구는 동전을 바꿔주는 역할밖에 못한다.

2. 동전을 바꾼다

승차하기 전에 먼저 안내 창구에서 필요한 동전을 바꿔야 한다.

3. 노선도가 그려진 자동 발매기를 찾는다

1회용 탑승권은 BTS 역마다 설치되어 있는 자동 발매기를 이용해야 한다. 터치스크린으로 교체된 신형 자동 발매기에는 요금이 표시된 노선도가 그려져 있다. 스크린 위에 표시된 노선을 보고 가고자 하는 BTS 역을 누르면 요금이 표시된다. 초기 화면은 태국어로 되어 있는데, 터치스크린 상단에 표시된 'English'버튼을 누르면 영어로 변경된다.

4. 표시된 요금에 해당하는 동전을 넣는다

요금이 표시되면 몇 장을 구입할지 선택하고, 최종 요금에 해당하는 동전을 넣으면 된다.

5. 승차권 구입 후 탑승하기

플라스틱으로 된 1회용 편도 승차권을 챙겨서 개찰구를 통해 들어가면 된다. BTS 플랫폼은 개찰구보다 한 층 위에 있다.

알아두세요

장기 여행자라면 래빗 카드 Rabbit Card 구입하세요.

일종의 교통 카드로 BTS를 자주 이용하는 여행자들에게 편리하다. 래빗 카드는 성인 Adult, 학생 Student, 어르신 Senior 세 종류로 구분되며, 유효 기간은 5년이다. 발급 비용은 100B이며, 최소 100B 이상 충전(최대 4,000B) 해서 사용하면 된다. 잔액이 최소 15B 이상일 경우 사용이 가능하다. 카드를 반납하면 발행 비용(50B)을 빼고, 보증금 50B+잔액을 되돌려준다. 지하철(MRT)과 연계되지 않기 때문에 지하철을 탈 때는 별도의 표를 구입해야 한다.

사진으로 보는 BTS 탑승 과정

①BTS 역 도착

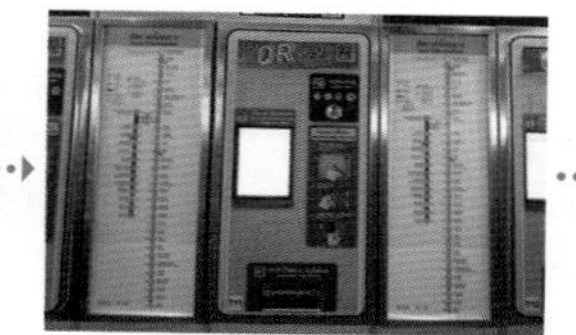

②목적지를 정하고 동전을 투입한다

③티켓이 나온다

④티켓을 넣고 개찰구 통과한다

⑤플랫폼으로 이동한다

⑥BTS 탑승

▶BTS 주요 역과 볼거리

역명	주요 볼거리 / 주요 건물
N8 머칫 Mochit	MRT 쑤언 짜뚜짝 환승역, 짜뚜짝 주말시장, 짜뚜짝 공원
N3 아눗싸와리 차이 Victory Monument	전승기념탑, 색소폰 펍, 풀만 호텔, 킹 파워 면세점, 타논 랑남
N2 파야타이 Phayathai	공항 철도 파야타이 역, 쑤언 팍깟 궁전, 쑤꼬쏜 호텔, 트루 싸얌 호텔
N1 랏차테위(랏테위) Ratchathewi	아시아 호텔, VIE 호텔, 판팁 플라자
CS 싸얌 Siam	BTS 환승역, 싸얌 스퀘어, 싸얌 센터, 싸얌 파라곤, 싸얌 켐핀스키 호텔
E1 칫롬 Chitlom	쎈탄 월드, 게이손 빌리지, 에라완 사당, 하얏트 호텔, 인터컨티넨탈 호텔, 쎈탄 칫롬 백화점, 랏차쁘라쏭 사거리, 쏘이 랑쑤언
E2 펀찟 Phloenchit	쎈탄 엠바시, 타논 위타유, 미국 대사관, 베트남 대사관, 쏘이 루암루디, 콘래드 호텔, 노보텔 방콕 페닉스 펀찟, 오쿠라 호텔, 시바텔
E3 나나 Nana	나나 엔터테인먼트 플라자, 쑤쿰윗 쏘이 11, JW 메리어트 호텔, 랜드마크 호텔, 로열 벤자 호텔, 앰배서더 호텔, 어로프트 호텔
E4 아쏙 Asok	MRT 쑤쿰윗 환승역, 아쏙 사거리, 쑤쿰윗 플라자(한인 상가), 로빈싼 백화점, 터미널 21, 소피텔 쑤쿰윗, 쉐라톤 그랑데 호텔, 웨스틴 그랑데 호텔, 드림 호텔, 반 캄티앙, 쏘이 카우보이
E5 프롬퐁 Phrom Phong	엠포리움 백화점, 엠카르티에 백화점, 쑤쿰윗 쏘이 24, 벤짜씨리 공원, 메리어트 마르퀴스 퀸스 파크 호텔, 홀리데이 인 쑤쿰윗, 데이비스 호텔, 메리어트 이그제큐티브 아파트먼트
E6 통로 Thong Lo	쑤쿰윗 쏘이 55(통로), 마켓 플레이스, 제이 애비뉴, 서머셋 통로, 판 퍼시픽 서비스 스위트
E7 에까마이 Ekkamai	동부 버스 터미널, 메이저 씨네플렉스
E9 언눗 On Nut	짐 톰슨 아웃렛, 로터스 쇼핑몰, 임 퓨젼 호텔
W1 싸남낄라 행찻 National Stadium	마분콩, 싸얌 디스커버리, 쏘이 까쎔싼, 짐 톰슨의 집, 국립 경기장, 방콕 아트 & 컬처 센터(BACC)
S1 랏차담리(랏담리) Ratchadamri	왕립 방콕 스포츠 클럽, 세인트 레지스 호텔
S2 쌀라댕 Sala Daeng	MRT 씰롬 환승역, 룸피니 공원, 타논 씰롬, 팟퐁, 두씻 타니 호텔, 씰롬 콤플렉스, CP 타워, 방콕 크리스찬 병원
S3 총논씨 Chong Nonsi	BRT 환승 센터, 타이 항공 사무실, 쏨분 시푸드, 풀만 호텔 G, 아이 레지던스 씰롬, W호텔
S5 쑤라싹 Surasak	미얀마 대사관, 홀리데이 인 씰롬, 이스틴 그랜드 호텔 싸톤
S6 싸판 딱씬 Saphan Taksin	수상 보트 타 싸톤 선착장, 샹그릴라 호텔, 르부아 호텔, 아시아티크 보트 선착장

04 정확하게 원하는 목적지까지 연결하는 지하철 MRT

BTS(스카이트레인)보다 5년 늦게 개통한 MRT는 2개 노선을 운행한다. 방콕 시민들이 도심을 드나들기 편리하도록 방콕 주변 지역을 연결하는 노선으로 이루어져 있다. '엠알티 MRT'는 Metropolitan Rapid Transit의 약자로 '메트로 Metro' 또는 '롯 파이 따이딘 รถไฟใต้ดิน'이라고 불린다.

요금 17~70B **운행** 06:00~24:00, 5~10분 간격 **전화** 0-2624-5200

홈페이지 www.bangkokmetro.co.th 지하철 노선도 Map P.4

MRT 블루 라인 MRT Blue Line

방콕 지하철 1호선에 해당한다. 총 길이 21km로 19개 역으로 이루어져 있다. 따오뿐 Tao Poon 역을 출발해 방쓰 Bang Sue → 짜뚜짝 Chatuchak → 랏차다 Ratchada(훼이쾅 역, 쑨왓타나탐 역) → 룸피니 공원을 거쳐 후아람퐁 역까지 간다.

지하철 승차권은 두 가지로 구분된다. 1회 편도 탑승권은 검은색의 바둑돌처럼 생긴 토큰을 사용하고, 정액권은 플라스틱 티켓으로 되어 있다. 편도 승차권은 자동발매기와 개찰구 옆의 안내 창구에서 모두 구입할 수 있다.

BTS와 달리 자동판매기는 동전과 지폐 사용이 가능하며 터치스크린 모니터로 되어 있다. 자동판매기 초기 화면은 태국어로 표시되어 있으나 스크린 오른쪽 상단에 'ENGLISH' 마크를 누르면 영어로 전환된다. 원하는 목적지를 누르면 요금이 표시된다. 1회용 승차 토큰은 개찰구로 들어갈 때 인식기에 갖다 대기만 하면 되고, 내릴 때는 토큰을 넣으면 개찰구가 열린다. 안전을 위해 플랫폼에도 이중 안전문을 설치한 것이 방콕 지하철의 특징이다.

지하철(MRT)과 BTS 환승은 쑤언 짜뚜짝 Chatuchak Park, 쑤쿰윗 Sukhumvit, 씰롬 Silom, 방와 Bang Wa 역에서 가능하다. MRT 펫부리 Phetchaburi 역에서는 공항 철도 막까싼 역으로 환승이 가능하다. 참고로 방콕은 환승체계가 갖추어지지 않아 환승할 경우 탑승권을 별도로 구매해야 한다.

▶MRT 블루 라인 주요 역과 볼거리

역명	주요 볼거리 / 주요 건물
따오뿐 Tao Poon	MRT 퍼플라인 환승
방쓰 Bang Sue	방쓰 기차역
깜팽펫 Kamphaengphet	짜뚜짝 주말시장, 어떠꺼 시장
쑤언 짜뚜짝 Chatuchak Park	BTS 머칫 환승역, 짜뚜짝 주말시장, 짜뚜짝 공원
훼이쾅 Huay Khwang	랏차다 중심가, 훼이쾅 시장, 스위소텔 르 콩코드
쑨왓타나탐 Thailand Cultural Center	태국 문화원, 한국 대사관, 싸얌 니라밋, 에스플러네이드, 딸랏낫 롯파이 랏차다
팔람 까우 Phra Ram 9	랏차다 포춘, 그랜드 머큐어 포춘 호텔, 중국 대사관, 쎈탄 플라자 그랜드 팔람까우
펫부리(펫차부리) Phetchburi	공항 철도 막까싼 역, 운하 보트 아쏙 선착장, 타논 펫부리, 타논 아쏙
쑤쿰윗 Sukhumvit	BTS 아쏙 환승역, 아쏙 사거리, 반 캄티앙, 쏘이 카우보이, 쉐라톤 그랑데 호텔, 웨스틴 그랑데 호텔, 로빈싼 백화점, 쑤쿰윗 플라자, 터미널 21
쑨씨리낏 Queen Sirikit National Convention Center	퀸 씨리낏 컨벤션 센터, 벤짜낏 공원
룸피니 Lumphini	일본 대사관, 독일 대사관, 타논 싸톤, 쏘이 응암 두플리, 애타스 룸피니(호텔), 소 소피텔 방콕, 반얀트리 호텔, 쑤코타이 호텔, 메트로폴리탄 호텔
씰롬 Silom	BTS 쌀라댕 환승역, 룸피니 공원, 타논 씰롬, 팟퐁, 두씻 타니 호텔, 로빈싼 백화점
후아람퐁 Hua Lamphong	후아람퐁 기차역, 왓 뜨라이밋, 차이나타운
왓 망꼰 Wat Mangkon	차이나타운
싸남차이 Sanam Chai	왓 포, 싸얌 박물관, 빡크롱 시장

노선 연장(MRT 블루 라인)

후아람퐁 역에서 서쪽 방향으로 락썽 Lak Song 역을 연결하는 13.1㎞ 연장 구간은 2019년 9월 29일 개통했다. 왓 망꼰 Wat Mangkon 역 → 쌈욧 Sam Yot 역 → 싸남차이 Sanam Chai 역은 차이나타운과 라따나꼬씬 지역을 통과한다. 주요 관광지가 몰려 있는 지역이라 관광객들에게 편의를 제공할 것으로 여겨진다. 왓 망꼰 역은 차이나타운 한복판에 위치하며, 싸남차이 역은 왓 포와 가깝다.

새롭게 연장된 지하철 노선과 기존 노선을 추가로 연장해 순환선을 만드는 공사도 진행 중이다. MRT 블루 라인 북쪽 종점에 해당하는 방쓰 Bang Sue 역에서 새롭게 건설된 타 프라 Tha Phra역까지 연결하는 11㎞ 구간으로 8개 역이 추가로 건설된다. 2020년 3월 2일 개통 예정이다.

MRT 퍼플 라인 MRT Purple Line

2016년 8월에 개통한 MRT 2호선에 해당한다. 블루 라인(1호선)과 달리 지상으로 철도를 연결했다. 크롱 방파이 Khlong Bang Phai 역에서 따오뿐 Tao Poon 역까지 총 23㎞ 구간, 16개 역이 있다. 방콕 북서쪽에 있는 논타부리 Nonthaburi에서 방콕으로 출퇴근 하는 현지인들을 위해 건설했다. 관광지가 없어서 외국인 관광객이 이용하는 경우는 드물다. 운행 시간은 05:30~24:00까지. 참고로 MRT 블루 라인(1호선) 노선이 따오뿐 Tao Poon 역까지 연장되면서 MRT 퍼플 라인(2호선)과 환승이 가능해졌다.

MRT 퍼플 라인은 현재 노선에서 남쪽을 연결하는 연장 공사를 계획 중이다. 쌈쎈, 국립 도서관, 민주기념탑 등 방콕의 올드 타운에 해당하는 방람푸를 남북으로 가로지르게 되는데, 2026년 완공될 예정이다.

MRT 블루 라인 후아람퐁 역

MRT 퍼플 라인 따오뿐 역

왓 포와 가까운 싸남차이 역

1회용 승차권 발매기

스크린 도어가 설치된 지하철 역 내부

알아두세요

어린이 요금은 나이가 아니라 키 크기로 결정합니다

태국에서는 키 크기로 어린이를 구분합니다. 키가 120㎝ 이하인 어린이는 할인 요금을 적용받게 되며, 90㎝ 이하일 경우에는 요금이 면제 됩니다. 대중교통 요금뿐만 아니라 유적지와 공연장에서도 어린이 요금이 적용되는 곳이 많기 때문에, 어린이를 동반했을 경우 할인 요금이 적용되는지 미리 확인해두기 바랍니다.

05 전용 차선을 달리는 익스프레스 버스 BRT(Bus Rapid Transit)

전용 차선을 달리는 BRT

버스 전용 차선을 달리는 급행 버스다. BTS와 지하철이 운행되지 않는 싸톤 남쪽의 짜오프라야 강 지역을 연결한다. 총 길이 16㎞로 12개 정류장을 지난다. BTS 총논씨 역 2번 출구에서 BRT 환승 센터까지 지상으로 통로가 연결되어 있다. BRT 노선에는 유명한 관광지나 호텔이 없어서 여행자들에게 큰 효용은 없다.
현지어 롯 도이싼 쁘라짬 탕두언피쎗 **운영** 06:00~24:00(10분 간격 운행) **요금** 12~20B **노선** 싸톤 Sathon (BTS 총논씨 역) → 아칸 쏭크로 Akhan Songkhro → 테크닉 끄룽텝 Technic Krungthep → 타논 짠 Thanon Chan → 나라람 쌈 Nararam 3 → 왓 단 Wat Dan → 왓 빠리왓 Wat Pariwat → 왓 독마이 Wat Dorkmai → 싸판 팔람 까우(라마 9세 대교) Rama 9 Bridge → 짜런랏 Charoenrat → 싸판 팔람 쌈(라마 3세 대교) Rama 3 Bridge → 랏차프륵 Ratchaphruek

06 정신을 바짝 차리고 타야 하는 버스

오렌지색 에어컨 버스

방콕에는 400개 이상의 시내버스 노선이 도시 곳곳으로 운행된다. 버스 노선이 많은 만큼 버스 타기는 만만치 않은 일로, 특히 지리에 익숙하지 않은 외국인에게 버스를 제대로 타고 내리는 건 많은 노력을 필요로 한다. 시내버스는 버스 종류에 따라 색이 다르기 때문에 쉽게 구분이 된다. 빨간색 버스는 일반 버스(롯 탐마다)로 에어컨이 없기 때문에 창문을 열어 놓고 다닌다. 오렌지색과 파란색 버스는 에어컨 버스(롯 애)로 요금을 더 받는 대신 차량 시설이 좋다. 요금은 버스 안을 돌아다니며 수금하는 차장에게 지불한다. 거스름돈을 주지만 100B 이하의 소액권을 준비해 두는 게 좋다. 무임승차 방지를 위해 불시에 검사관들이 버스에 올라타는 경우도 있으니 승차권은 버리지 말고 내릴 때까지 보관해 두자.
요금 8~14B(일반 버스), 12~24B(에어컨 버스) **운행** 05:00~23:00
홈페이지 www.bmta.co.th

ViaBus
(무료 애플리케이션)

07 골목길을 다닐 때 유용한 뚝뚝

뚝뚝

이 도시에서 가장 눈에 띄는 교통수단이다. 바퀴가 세 개 달린 삼륜차 택시로, 지붕만 씌워져 있고 양옆이 뻥 뚫려 있다. 차체가 작아 좁은 골목길을 드나들 때 편리하다. 다만 방콕은 교통체증이 심하기 때문에, 매연과 더위에 그대로 노출되는 뚝뚝으로 장거리 이동을 하려면 큰 불편함을 감수해야 한다. 지붕에 영어로 '택시 TAXI'라 쓰여 있으나, 미터가 아닌 흥정으로 요금을 결정해야 한다. 걸어서 20분 이내의 거리는 50~60B 정도에 흥정하면 된다. 유명 관광지 주변에서 사기 행각을 벌이는 뚝뚝 기사도 있으니 조심할 것. 특히 공짜 시내 관광을 시켜준다는 말은 절대 믿어선 안 된다.(P.169 참고).

08 가장 안락하고 쾌적한 택시

택시

미터 요금제 택시는 지붕에 '택시-미터 Taxi-Meter'라고 쓰여 있고, 보기에도 택시처럼 생겼다. 기본 요금은 35B이며, 거리에 따라 요금이 2B씩 추가된다. 편리한 교통편으로 요금도 그리 비싸지 않아 이용해 볼 만하다. 3~4명이 함께 탄다면 BTS나 지하철에 비해 월등히 저렴하다. 차가 막히지 않는다는 가정 하에 정해진 요금표는 5㎞ 가는데 57B, 10㎞ 가는데 87B이다. 하지만 교통 체증이 심하기 때문에 택시 요금을 넉넉하게 산정하는 게 좋다. 여행자 거리인 카오산 로드에서 시내 중심가인 쑤쿰윗(아쏙 사거리)까지 간다면 40분 정도 걸리는데, 200~240B 정도가 나온다. 방콕 택시는 기본적으로 합승을 하지 않는다. 또한 택시가 많기 때문에 택시 잡는 것도 어렵지 않다. 더러 외국인이라고 미터를 꺾지 않고 요금을 흥정하려는 기사가 있는데, 이때는 그냥 택시에서 내려서 다른 택시를 잡아타면 된다. 방콕 시내는 300B 이하에서 이동이 가능하다. 잔돈을 미리 준비해 탑승하자. 고가도로(탕두언) Express Way를 이용하자는 택시 기사도 있는데, 도로 상황을 보고 판단하면 된다. 이용료는 톨게이트에서 승객이 직접 지불해야 한다. 톨 비용은 구간에 따라 25~50B을 받는다.

09 콜택시 애플리케이션 그랩 Grab

동남아시아 지역에서 널리 쓰이는 콜택시 애플리케이션이다. 태국에서는 불법과 합법의 경계에 놓여 있어, 주변국에 비해 대중화되어 있지 않다. 이용 방법은 우리의 카카오택시와 유사하다. 무료 애플리케이션을 설치하고, 현재 위치로 택시를 불러 가고자 하는 목적지까지 이동하면 된다. 실제로 이용할 때는 그랩 택시 Grab Taxi, 그랩 카 Grab Car, 저스트 그랩 Just Grab 중 하나를 선택해야 한다. 이 중에 그랩 택시만 합법이며, 나머지는 아직까진 불법이다. 추가 요금을 지불하더라도 합법적으로 운영되는 그랩 택시를 이용하는 게 좋다.

①'그랩 택시'는 그랩에 등록된 미터기 택시를 호출하는 것이다. 일반 택시와 마찬가지로 미터기 요금으로 계산되며, 콜비 20B을 추가로 지불해야 한다. 참고로 교통 체증이 심한 곳과 출퇴근 시간에는 그랩 택시 호출이 어려운 편이다. 요금은 카드보다 현금으로 결제하는 게 좋다.

②'그랩 카'는 그랩에 등록된 개인 승용차를 이용하는 것이다. 목적지까지 요금을 미리 알 수 있어 편리하지만, 태국에서 아직까진 불법이라 외국인이 이용하기에는 불편하다. 택시 기사들과의 영어 소통이 원활하지 않은데다가 경찰 단속을 피하기 위해 주요 관광지는 운행을 꺼리기 때문이다.

③'저스트 그랩'은 그랩 카와 그랩 택시 중에 가까운 곳에 있는 차량을 우선 배정해 준다. 불법에 해당하는 그랩 카를 먼저 호출하는 경우가 많다.

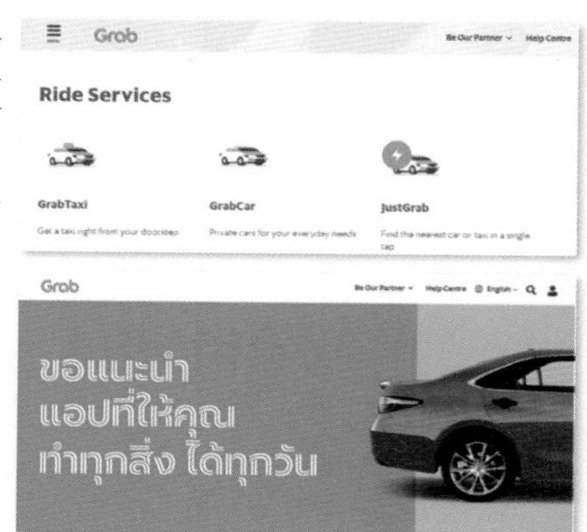

합법적인 그랩 택시를 이용하자

Area Guide in Bangkok

กรุงเทพมหานคร

방콕의 볼거리 & 레스토랑 & 나이트라이프

방콕은 다양함이 공존하는 매력적인 도시다. 짜끄리 왕조(라따나꼬씬 왕조)가 성립되면서 230년 이상 태국의 수도로 군림하며 인구 1,000만 명의 태국 최대의 도시로 자리 잡았다. 과거 화려함으로 대변되는 왕실과 사원이 메트로폴리탄으로 변모한 빌딩가와 자연스레 어울리며 조화를 이룬다. 왕궁 · 왓 프라깨우 · 왓 포 · 왓 아룬 같은 상징적인 사원들과 차이나타운, 싸얌 등이 여행자를 유혹한다. 때론 천사의 도시, 때론 동양의 베니스, 때론 사원의 도시로 변모하며 즐거움을 충족시켜주는 방콕으로 가보자.

Sukhumvit

쑤쿰윗(나나, 아쏙, 프롬퐁)

방콕 시내 중심가를 이루는 쑤쿰윗은 다양한 인종이 어우러진 방콕이 다문화 도시임을 극명하게 보여준다. 사원이나 역사 유적은 전무하지만 길에서 외국인을 흔하게 만날 수 있는 국제적인 곳으로 특정한 단어로 정의할 수 없는 다양함도 존재한다. 더불어 태국에서 가장 긴 도로다.

비싼 아파트들이 즐비하고 해외 유학파 태국 젊은이들이 '팟타이'와 '쏨땀' 대신 파스타와 크레페를 맛보기 위해 찾아든다. 또한 국제적으로 명성있는 고급 호텔과 뉴욕에 있을 법한 클럽이 상류 사회의 소비문화를 선도하는 동시에 방콕의 치부인 환락가 나나 플라자 Nana Plaza와 쏘이 카우보이 Soi Cowboy도 함께 공존한다.

쑤쿰윗은 메인 도로를 의미하는 '타논'에 연결된 골목들만 100개 이상 뻗어 거미줄처럼 연결되어 있다. 낮에는 낮대로 밤에는 밤대로 거리마다 다른 모습으로 치장되어 숨겨진 얼굴을 드러낸다. 명품 쇼핑, 스파, 미식 탐험, 환락의 밤까지 여행자가 원하는 모든 것들을 충족시켜 줄 것이다.

볼 거 리	★☆☆☆☆	P.83
먹을거리	★★★★★	P.86
쇼 핑	★★★★★	P.327
유 흥	★★★★★	P.99

알아두세요

1. 교통 체증이 심하기 때문에 택시보다는 BTS를 이용하는 것이 빠르다.
2. 나나 플라자와 쏘이 카우보이 일대는 심야에 환락가로 변모하니 주의를 요한다.
3. 쑤쿰윗 플라자에는 한인업소가 밀집해 있다.

Shopping 쇼핑하기 좋은 곳

1. **터미널 21 (P.327)** 공항 터미널을 주제로 꾸민 대형 쇼핑몰
2. **엠카르티에 백화점(엠쿼티아) (P.328)** 쇼핑과 식사를 모두 해결할 수 있는 대형 백화점
3. **부츠 Boots (P.318)** 방콕의 대표적인 드럭스토어

Don't Miss 이것만은 놓치지 말자

1 터미널 21에서 쇼핑하기.(P.327)

2 엠카르티에 백화점 5층에서 방콕 시내 풍경 감상하기.(P.328)

3 유명 마사지 숍에서 타이 마사지 받기.(P.344)

4 로스트(엠카르티에 백화점 지점)에서 브런치 즐기기.(P.114)

5 타이 레스토랑에서의 근사한 식사. (나 아룬 P.90, 더 로컬 P.91, 씨 뜨랏 P.88)

6 리빙 룸에서 라이브 재즈 감상하기.(P.100)

7 어보브 일레븐에서 방콕 야경 감상하기.(P.101)

Access

쑤쿰윗의 교통

BTS와 지하철이 모두 쑤쿰윗을 지난다. 또한 다양한 버스 노선이 지나기 때문에 교통이 편리한 만큼 교통 체증은 심각하다. 특히 아쏙 Asok 사거리 주변은 출퇴근 시간 최대의 혼잡지역이다.

+ BTS
쑤쿰윗 노선 Sukhumvit Line이 타논 쑤쿰윗의 중심가를 지난다. BTS 나나 Nana · 아쏙 Asok · 프롬퐁 Phrom Phong · 통로 Thong Lo · 에까마이 Ekkamai · 언눗 On Nut 역을 이용하면 쑤쿰윗의 웬만한 곳은 연결된다.

+ 운하 보트
타 판파 Tha Phan Fa 선착장에서 출발하는 쌘쌥 운하(크롱 쌘쌥) Khlong Saensaep로 가는 운하 보트가 쑤쿰윗 북단을 연결해 동서로 흐른다. 나나 중심가로 가려면 나나 느아 선착장(타르아 나나 느아) Nana Nua Pier에, 아쏙 사거리로 가려면 아쏙 선착장(타르아 아쏙) Asok Pier에서 내리면 된다. 운하 보트 선착장에서 타논 쑤쿰윗까지는 15분 이상 걸어야 하기 때문에 여행자들의 이용 빈도는 매우 적다.

+ 지하철(MRT)
지하철은 아쏙 사거리를 남북으로 관통하며 타논 쑤쿰윗 쏘이 21(아쏙)을 지난다. 지하철역은 쑤쿰윗 역 단 하나로, BTS 아쏙 역에서 환승이 가능하다.

+ 버스
카오산 로드에서 출발한다면 타논 랏차담넌 끄랑에서 일반 버스 2번이나 에어컨 버스 511번을 이용한다. 거리도 멀고 차도 막히기 때문에 언제 도착할지 장담할 수 없다.

Best Course

추천 코스

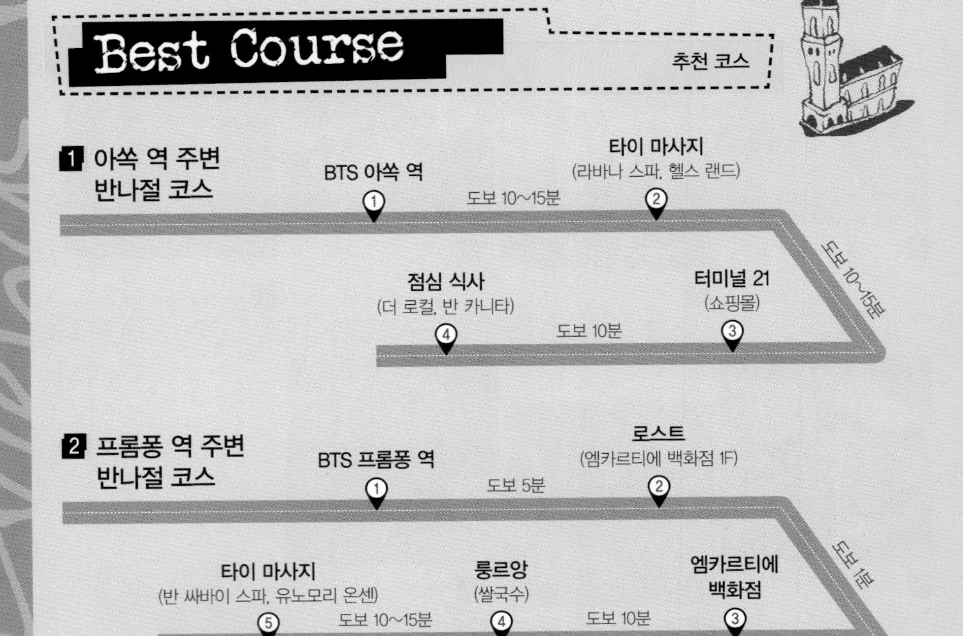

Attractions

쑤쿰윗의 볼거리

쑤쿰윗에서 볼거리는 반 캄티앙이 전부다. 태국 북부 건축물이 궁금하다면 들러볼 만하다. 역사 유적지보다는 고급 호텔과 레스토랑이 많아 저녁이 되면 외국인 여행자들로 북적인다.

반 캄티앙(캄티앙 하우스)
Ban Khamthieng(Khamthieng House)
พิพิธภัณฑ์เรือนคำเที่ยง ★★

현지어 피피타판 르안 캄티앙 **주소** 131 Thanon Asok (Asok Montri Road) **전화** 0-2661-6470 **운영** 화~토 09:00~17:00(휴무 일·월요일) **요금** 100B **가는 방법** BTS 아쏙 역 3번 출구에서 아쏙 사거리를 끼고 좌회전하면 왼쪽에 목조 건물인 반 캄티앙이 보인다. 또는 MRT 쑤쿰윗 역 1번 출구 바로 앞에 있다.

Map P.19-D2

쑤쿰윗 중에서도 교통 체증이 가장 심한 아쏙 사거리에 있는 목조 건물이다. 태국 북부의 란나 왕조 Lanna Dynasty 양식으로 지은 '캄티앙'의 집으로 1848년, 치앙마이의 매 삥 Mae Ping 강변에 만들었던 건물을 1960년대에 방콕으로 옮겨온 것이다.

반 캄티앙은 티크 나무의 멋이 그대로 살아 있고, 북부의 전형적인 V자 모양의 '깔래' 장식으로 지붕을 만들어 분위기를 더한다. 내부에는 고산족 용품, 농기구를 비롯해 일상생활에 쓰이는 옷 등을 전시해 박물관처럼 꾸몄다. 비디오를 통한 시청각 교육실까지 갖추어 태국 북부 풍습을 공부하는 좋은 기회도 얻을 수 있다.

반 캄티앙 입구에는 목조 전통 가옥을 레스토랑으로 사용하는 카페 네로 Cafe Nero가 있다. 태국 전역에서 체인점을 운영하는 블랙 캐년 커피 Black Canyon Coffee(홈페이지 www.blackcanyoncoffee.com)에서 운영한다. 대중적인 레스토랑으로 태국 요리부터 샌드위치까지 가볍게 식사하기 좋은 다양한 음식을 요리한다.

반 캄티앙 옆에는 태국 문화를 보존하는 데 지대한 역할을 수행하는 싸얌 소사이어티 Siam Society(홈페이지 www.siam-society.org) 본부가 있다. 서점과 기념품 매장을 함께 운영하는데 태국 문화에 관심이 많다면 도서관에 들러 연구 자료들을 열람하자.

란나(태국 북부 지방) 양식의 전통 가옥 반 캄티앙

Ban Khamtieng

반 캄티앙(캄티앙 하우스) 입구

벤짜낏 공원
Benjakiti Park สวนเบญจกิติ ★★

현지어 쑤언 벤짜낏 **주소** Thanon Ratchadaphisek **운영** 06:00~20:00 **요금** 무료 **가는 방법** ①BTS 아쏙 역 4번 출구에서 도보 10분. 파크 플라자 호텔을 지나면 공원 입구가 나온다. ②MRT 쑨 씨리낏 Queen Sirikit Convention Center 역 3번 출구에서 아쏙 방향으로 도보 5분. Map P.20-A2 Map 방콕 전도-C3

씰롬에 있는 룸피니 공원(P.267)과 더불어 방콕 도심에 있는 시민공원이다. 아쏙 사거리에서 쑨 씨리낏(퀸 씨리낏 컨벤션 센터) Queen Sirikit Convention Center 사이의 20헥타르에 이르는 넓은 부지를 공원으로 만들었다. 가로수길이나 잔디 정원이 적은 대신 거대한 호수를 만들고, 호수 가장자리를 따라 2㎞에 이르는 산책로를 조성했다. 무더운 낮에는 그늘을 제공해 주는 곳이 많지 않아서, 방콕 시민들의 발걸음은 적은 편이다.

벤짜씨리 공원
Benjasiri Park อุทยานเบญจสิริ ★

현지어 웃타얀 벤짜씨리 **주소** Thanon Sukhumvit Soi 22 & Soi 24 **운영** 06:00~21:00 **가는 방법** 쑤쿰윗 쏘이 22와 쏘이 24 사이에 있다. BTS 프롬퐁 역 6번 출구에서 도보 1분. Map P.20-A2 Map P.21-B2

쑤쿰윗 한복판에 있는 아담한 공원이다. 씨리낏 왕비(선왕인 라마 9세의 왕비)의 60회 생일(1992년 8월 12일)을 기념하기 위해 만들었다. 퀸스 파크 Queen's Park라고도 불린다. 룸피니 공원이나 벤짜낏 공원에 비해 규모는 작지만 도심에서 접근성이 좋아 방콕 시민들의 발길이 잦다. 아담한 호수를 중심으로 잔디가 곱게 깔려 있고, 나무 그늘이 많아서 휴식을 취하기에 좋다. 공원에는 태국 조각가들의 작품이 전시되어 있다. 공원 옆으로는 엠포리움 백화점과 BTS 프롬퐁 역이 있다.

쑤쿰윗 한복판에 있는 벤짜씨리 공원

벤짜씨리 공원 옆에는 대형 백화점과 호텔이 가득하다

도심의 빌딩 숲에 둘러싸인 벤짜낏 공원

Travel Plus

쑤쿰윗은 대체 어디까지인가요?

방콕에서 가장 긴 도로인 쑤쿰윗은 나나(쑤쿰윗 쏘이 3) Nana에서 시작해 아쏙(쑤쿰윗 쏘이 21) Asok, 프롬퐁(쑤쿰윗 쏘이 39) Phrom Phong, 통로(쑤쿰윗 쏘이 55) Thong Lo(Thonglor), 에까마이(쑤쿰윗 쏘이 63) Ekkamai, 언눗(쑤쿰윗 쏘이 77) On Nut, 우돔쑥(쑤쿰윗 쏘이 103) Udom Suk, 방나 Bang Na를 지나 멀리 캄보디아 국경 지역까지 이어집니다. 골목을 의미하는 '쏘이 Soi' 번호가 낮을수록 시내 중심가에 해당해 고급 주택가와 고급 레스토랑이 많습니다. 쏘이 번호가 높아질수록 도심에서 멀어지면서 서민 아파트가 증가합니다.

▶쑤쿰윗 쏘이 3 & 쏘이 5
아랍과 중동, 북 · 중부 아프리카 사람들이 몰려 있기 때문에 '쏘이 아랍(아랍 골목) Soi Arab'이라고 불립니다. 쑤쿰윗 쏘이 3(나나 느아 Nana Neua)과 쑤쿰윗 쏘이 5 사이의 비좁은 골목에는 아랍어 간판이 흔하게 보입니다.

▶쑤쿰윗 쏘이 4
나나 사거리에서 남쪽에 해당합니다. 남쪽 나나라는 뜻으로 '나나 따이 Nana Tai'라고 불리기도 합니다. 팟퐁, 쏘이 카우보이와 더불어 방콕의 대표적인 유흥가인 나나 플라자 Nana Plaza(P.282)가 있습니다.

▶쑤쿰윗 쏘이 11
쑤쿰윗에서 상대적으로 유럽인들이 즐겨 찾는 레스토랑과 술집이 많은 거리입니다.

▶쑤쿰윗 쏘이 12
아쏙 사거리와 가까운 주택가 골목입니다. 쏘이 12 입구에 있는 쑤쿰윗 플라자 Sukhumvit Plaza는 한인 상가가 몰려 있어 방콕의 코리아 타운으로 불립니다.

▶쑤쿰윗 쏘이 21(아쏙)
쑤쿰윗 중심가를 이루는 사거리로 도로가 워낙 길어서 '쏘이' 번호 대신 거리 이름인 '아쏙'으로 더 많이 불립니다. 센탄 월드 앞의 랏차쁘라쏭 사거리(P.240)와 더불어 방콕의 대표적인 교통 체증 지역으로 손꼽힙니다.

▶쑤쿰윗 쏘이 23
아쏙에서 오른쪽으로 한 블록 떨어진 골목입니다. 팟퐁과 더불어 방콕의 대표적인 환락가인 쏘이 카우보이 Soi Cowboy(P.282)가 밤마다 불을 밝힙니다.

▶쑤쿰윗 쏘이 24
엠포리움 백화점 옆으로 이어진 길입니다. 쑤쿰윗에서 상대적으로 외국인들이 선호하는 콘도와 레지던스 호텔이 많은 골목입니다.

▶쑤쿰윗 쏘이 39(프롬퐁)
BTS 프롬퐁 역 바로 앞에 있는 쑤쿰윗 쏘이 31부터 39까지 일본 슈퍼마켓과 상점, 식당이 흔하게 보입니다.

▶쑤쿰윗 쏘이 55(통로)
방콕에서 가장 '핫'한 동네입니다. 호텔은 많지 않지만 방콕의 대표적인 고급 주택가로 거리를 따라 다양한 레스토랑과 카페, 미니 쇼핑몰이 즐비합니다. 방콕의 새로운 유행을 추구하는 독특한 업소가 많습니다.

▶쑤쿰윗 쏘이 63(에까마이)
방콕 동부 버스 터미널(콘쏭 에까마이)이 위치한 곳입니다. 버스 터미널 반대 방향으로 이어지는 쑤쿰윗 쏘이 63에는 요즘 방콕에서 잘나가는 클럽들이 즐비합니다.

아쏙 사거리 / 쑤쿰윗 쏘이 12 / 쑤쿰윗 쏘이 5 주변 풍경 / 쑤쿰윗 쏘이 3 / 통로 · 에까마이

Restaurant

쑤쿰윗의 레스토랑

방콕 식도락 여행을 위한 최고의 선택, 쑤쿰윗에는 모든 나라 음식이 한곳에 몰려 있다. 방콕에서 외국인의 발길이 가장 많은 곳으로 골목마다 다양한 특색으로 꾸며져 있다.

룽르앙 Rung Reuang Pork Noodle รุ่งเรือง (สุขุมวิท ซอย 26)

★★★☆

주소 Thanon Sukhumvit Soi 26 **전화** 0-2258-6746 **영업** 08:00~16:30 **메뉴** 영어, 태국어, 한국어, 중국어 **예산** 50~70B **가는 방법** 쑤쿰윗 쏘이 26(이씹혹) 안쪽으로 150m 들어간다. 한자로 '泰榮'이라고 적힌 간판이 작으므로 유심히 살펴야 한다. BTS 프롬퐁 역 4번 출구에서 도보 5분. Map P.21-B2

정말 별 것 없는 허름한 쌀국수 식당이지만, 쑤쿰윗 일대에서 꽤나 유명하다. 한국 방송 프로그램에 소개되기도 했고, 미쉐린 가이드에 맛집으로 선정됐을 정도다. 분위기가 아니라 맛 때문에 찾는 단골들이 많다. 테이크아웃(싸이 퉁) 해가는 손님들도 많아 점심시간에는 주문이 밀리는 편이다.

쌀국수(꾸어이띠아우)는 국물이 있는 '꾸어이띠아우 남'과 비빔국수인 '꾸어이띠아우 행'으로 구분된다. 면발은 쎈야이(굵은 면), 쎈렉(가는 면), 쎈미(매우 가는 면) 중에서 하나를 선택해야 한다. 다진 돼지고기, 돼지 간, 어묵까지 다양한 고명을 얹어준다. 음식 양은 적은 편이다. 매콤한 똠얌 국수(꾸어이띠아우 똠얌)도 있다. 면발의 종류, 고명(토핑), 육수 종류를 차례로 선택해 주문하면 된다.

점심시간 더욱 분주한 룽르앙

터미널 21 푸드 코트(피어 21) Terminal 21 Food Court(Pier 21)

★★★☆

주소 Thanon Sukhumvit Soi 19 & Soi 21, Terminal 21 Shopping Mall 5F **전화** 0-2108-0888 **홈페이지** www.terminal21.co.th **영업** 10:00~22:00 **메뉴** 영어, 태국어 **예산** 35~85B **가는 방법** 아쏙 사거리에 있는 터미널 21 쇼핑몰 5F에 있다. BTS 아쏙 역 1번 출구에서 도보 3분. MRT 쑤쿰윗 역 3번 출구에서 도보 5분. Map P.19-D2 Map P.20-A2

쑤쿰윗 아쏙 사거리에 있는 대형 쇼핑몰 '터미널 21'에서 운영하는 푸드 코트. 샌프란시스코를 주제로 꾸민 5층에 있는데, 금문교 모형이 눈길을 끈다. 다른 푸드 코트와 마찬가지로 전용 카드를 미리 구입해 사용하고, 남은 돈은 나갈 때 전용 카드를 반납하고 환불 받으면 된다.

태국 음식이 주를 이루며 과일과 디저트까지 선택 폭도 넓다. 쌀국수, 팟타이, 쏨땀(파파야 샐러드), 덮밥까지 간편하게 식사하기 좋은 태국 음식이 가득하다.

원하는 음식 판매대에서 직접 주문하면 된다. 창가쪽 자리에서는 방콕 도심 풍경도 보인다. 음식 값이 부담 없어서 점심시간에는 직장인과 관광객으로 붐빈다. 청결함과 에어컨의 시원함은 기본이다. 시내 중심가에 있는 푸드 코트 중에 가격 대비 가장 좋은 시설을 갖추고 있다.

터미널 21 푸드코트

헬릭스 카르티에(엠카르티에 백화점 식당가) The Helix Quartier

인기 ★★★★

주소 The Helix Quarter(EmQuartier), 637 Thanon Sukhumvit(Between Sukhumvit Soi 35 & Soi 37) **홈페이지** www.theemdistrict.com **영업** 10:00~22:00 **메뉴** 영어, 태국어 **예산** 200~1,850B(+17% Tax) **가는 방법** BTS 프롬퐁 역에서 백화점으로 입구가 연결된다. 엠카르티에 백화점 입구에서 봤을 때 왼쪽 건물에 해당한다. Map P.21-B2

엠카르티에 EmQuartier 백화점에서 운영하는 최첨단 식당가. 방콕에서 잘 나가는 백화점답게 스타일리시한 디자인숍과 명품 매장부터 유명 맛집까지 에어컨 빵빵한 백화점 안으로 끌어들여 식도락까지 만족시킨다. 내부는 '레인포레스트 샹들리에'(100m 높이의 열대 숲을 샹들리에처럼 만든 장식)를 인테리어 디자인처럼 꾸며 자연친화적인 요소도 가미했다. 6F부터 본격적으로 식당가가 시작된다. 빙글빙글 나선형으로 이어진 길을 따라 9F까지 레스토랑이 꼬리에 꼬리를 물고 이어진다(모두 43개의 레스토랑이 들어서 있다).

깝카오 깝쁠라 Kub Kao Kub Pla(캐주얼한 태국 음식점), 나라 타이 퀴진 Nara Thai Cusine(정통 태국 요리), 엠케이 러브 MK Love(샤브샤브 레스토랑), 램짜런 시푸드 Laem Charoen Seafood(시푸드 레스토랑), 후지 Fuji(방콕의 유명 일식당 체인점), 와인 아이 러브 유 Wine I Love You(고풍스런 와인 바), 커피 빈 바이 다오 Coffee Beans by Dao(디저트 카페를 겸한 태국 음식점), 포 시즌스 Four Seasons(북경 오리와 딤섬 전문점), 르 달랏 Le Dalat (베트남 음식점), 미소야 라멘 Misoya Ramen(일본 라멘 전문점), 마이센 Maisen(돈가스 전문점), 오드리 카페 데 플뢰르 Audrey Café des Fleurs(플라워숍 겸 프렌치 카페), 타지마 Tajima(스시 바), 불고기 브라더스 Bulgogi Brothers(한식당)까지 레스토랑 선택의 폭이 넓다.

43개 레스토랑이 연속해서 이어지는 엠카르티에 백화점 식당가

The Helix Quartier

그레이하운드 카페(엠카르티에 지점) Greyhound Cafe

인기 ★★★☆

주소 2F Waterfall Quartier, EmQuartier, 637 Thanon Sukhumvit(Between Sukhumvit Soi 35 & Soi 37) **전화** 0-2003-6660 **홈페이지** www.greyhoundcafe.co.th **영업** 11:00~22:00 **메뉴** 영어, 태국어 **예산** 200~480B(+10% Tax) **가는 방법** 엠카르티에 백화점 3개 빌딩 중 가운데에 해당하는 워터폴 카르티에 2F에 있다. BTS 프롬퐁 역에서 백화점으로 입구가 연결된다. Map P.21-B2

태국의 대표적인 의류 브랜드 그레이하운드에서 운영하는 카페 스타일의 레스토랑. 단순함을 강조하는 모던하고 스타일리시한 카페로 방콕의 상류 소비층들로부터 큰 호응을 얻고 있다. 퓨전 태국 음식을 요리하는데 쌀과 국수를 주제로 한 단품 요리가 인기다. 파스타와 샐러드, 크레페, 케이크, 디저트, 음료도 다양하다. 엠카르티에 지점은 백화점 내부에 있어 쇼핑하다 식사하기 좋다. 그레이하운드 카페 중에 가장 최근에 오픈한 곳이라 트렌디한 디자인이 눈길을 끈다.

그루브(쎈탄 월드) Groove @ Central World(전화 0-2613-1263, P.245), 싸얌 센터 3층 Siam Center(전화 0-2658-1129, P.318), 아이콘 싸얌 Icon Siam(전화 0-2288-0309, P.334) 같은 젊은 층이 즐겨 찾는 백화점과 쇼핑몰에도 체인이 있다. 싸얌 파라곤 Siam Paragon(P.319) 1층에는 어나더 하운드 카페 Another Hound Cafe(www.anotherhoundcafe.com)가 있다.

그레이하운드 카페 엠카르티에 지점

Greyhound Cafe

씨 뜨랏 Sri Trat
ศรีตราด(สุขุมวิท ซอย 33)

★★★★

주소 90 Thanon Sukhumvit Soi 33 **전화** 0-2088-0968 **홈페이지** www.facebook.com/sritrat **영업** 수~월 12:00~23:00(휴무 화요일) **메뉴** 영어, 태국어 **예산** 메인 요리 250~600B, 런치 세트 320B(+17% Tax) **가는 방법** 타논 쑤쿰윗 쏘이 33 골목 안쪽으로 600m. 가장 가까운 BTS 역은 프롬퐁 역이다.

Map P.21-B1

태국 동부 해안에 있는 뜨랏 Trat 지방 음식을 선보이는 곳이다. 뜨랏 태생의 태국인 가족이 운영하며, 주인장의 어머니가 직접 요리한다. 태국 음식의 기본에 해당하는 피시소스(남쁠라)를 직접 만들어 사용한다. 신선한 채소와 허브, 과일을 첨가해 만들기 때문에 식재료가 좋다.

뜨랏은 바다와 접하고 있는 지역이라 풍족한 해산물을 이용한 요리가 많다. 고유한 레시피로 요리한 맘스 페이보릿 Mom's Favorite이 추천 메뉴에 해당한다. 메인 요리는 타이 샐러드 Thai Salad, 남프릭 Thai Style Chilli Dip, 태국 카레 Thai Curry, 볶음과 튀김 요리 Stir Fired & Deep Fried로 구분된다. 메뉴마다 맵기가 표기되어 있다. 음식에 태국적인 향이 강하게 배어 있어 태국 음식 마니아들에게 인기 있다.

사람이 적은 편인 점심시간에 방문하면 편하게 식사할 수 있다(점심시간에도 예약하고 오는 태국인들이 많다). 점심시간에는 다양한 음식을 쟁반에 담아 내어주는 세트 메뉴도 가능하다. 참고로 왕관을 쓴 여성 사진은 주인장 어머니의 젊은 시절 모습이다. 미스 타일랜드 지방 예선(뜨랏 지역)에서 우승했을 때의 모습이라고 한다.

Sri Trat

껫타와 Gedhawa
เก๊ดถะหวา (สุขุมวิท ซอย 33)

★★★☆

주소 1F, Taweewan Place, 78/2 Thanon Sukhumvit Soi 33 **전화** 0-2662-0501 **영업** 월~토 11:00~14:00, 17:00~22:00(휴무 일요일) **메뉴** 영어, 태국어 **예산** 120~450B(+10% Tax) **가는 방법** BTS 프롬퐁 역 5번 출구로 나와서, 타논 쑤쿰윗 쏘이 33 골목 안쪽으로 400m.

Map P.21-B1

방콕에서 만날 수 있는 태국 북부 음식 전문점이다. 가정집 분위기가 느껴지는 아담한 레스토랑이다. 쑤쿰윗에 있지만 골목 안쪽에 있어 차분하다. 음식 사진을 붙여 손으로 써서 만든 메뉴판도 정겹다. '껫타와'는 북부 사투리로 치자나무 gardenia(순결과 행복이라는 꽃말을 갖고 있다)라는 뜻이다. 참고로 태국 북부 지방은 란나 왕국 Lanna Kingdom이 있었던 곳으로 치앙마이를 수도로 삼았었다.

대표적인 북부 음식은 '카우쏘이' Khao Soi(Egg Noodle Curry Northern Style)와 '깽항레' Kaeng Hang Lae이다. 카우쏘이는 매콤한 코코넛 카레 국수로, 계란과 밀가루로 반죽한 노란 면을 사용한다. 깽항레는 부드러운 돼지고기 카레를 즐길 수 있다. 독특한 음식을 원한다면 '남프릭 엉' Nam Prick Ong이 괜찮다. 남프릭 엉은 일종의 태국식 쌈장으로 토마토와 고추, 마늘, 허브를 갈아서 만든다. 함께 곁들여 나오는 각종 채소를 찍어 먹으면 된다. 북부 음식이 이곳의 특기지만, 태국 전역에서 맛 볼 수 있는 대중적인 메뉴 또한 다채롭게 선보인다. 쏨땀, 팟타이, 오믈렛, 생선 요리, 새우 요리까지 외국인들이 좋아하는 메뉴가 많다.

카우쏘이

쑤쿰윗 쏘이 33으로 이전한 껫타와

북부 지방 분위기가 느껴지는 껫타와

쁘라이 라야 Prai Raya
ปราย ระย้า(สุขุมวิท ซอย 8) ★★★☆

주소 59 Thanon Sukhumvit Soi 8 **전화** 0-2253-5556 **홈페이지** www.facebook.com/PraiRayaPhuket **영업** 영업 10:30~22:30 **메뉴** 영어, 태국어 **예산** 메인 요리 200~700B(+17% Tax) **가는 방법** 타논 쑤쿰윗 쏘이 8 골목 안쪽으로 400m. Map P.19-C2

쑤쿰윗에 있는 푸껫(태국 남부 요리) 음식점이다. 푸껫에 유명 레스토랑인 '라야 Raya'를 운영하는 태국인 가족이 운영한다. 시내 한복판에 있는 콜로니얼 양식의 단층 건물이라 별장처럼 근사하다. 빈티지한 건물과 아치형 창문, 패턴 모양의 타일은 복고적인 감성을 자극한다. 잔디 깔린 야외 정원과 테이블까지 있어 여유롭다. 음식은 남부 요리에 국한하지 않고 대중적인 태국 음식을 골고루 요리한다. 모닝 글로리 볶음, 팟타이, 덮밥(단품 메뉴)도 가능하다. 인기 메뉴 Popular Dishes는 메뉴판 첫 번째 페이지에 따로 구분해놓고 있다.

시그니처 메뉴로는 깽뿌(소면과 함께 나오는 게살을 넣은 옐로 커리) Fresh Crap Meat with Yellow Curry가 있다. 푸껫이 고향인 태국 사람들은 쿠아끄링 무쌉(국물 없이 만든 다진 돼지고기 카레 볶음) Pan Roasted Khua Kling Curry을 즐겨 먹는다. 매운 음식이 부담된다면 무홍(달짝지근한 돼지고기 조림) Steamed Pork Belly을 곁들이면 된다. 참고로 남부지방 요리는 중부지방(방콕)에 비해 매운 음식이 많은 편이다.

푸껫 음식을 요리하는 쁘라이 라야

Prai Raya

쏜통 포차나(썬텅 포차나)
Sorn Thong Restaurant
ศรทองโภชนา (ถนนพระราม 4) ★★★☆

주소 2829-31 Thanon Phra Ram 4(Rama 4 Road) **전화** 0-2258-0118 **홈페이지** www.sornthong.com **영업** 16:00~01:00 **메뉴** 영어, 태국어, 한국어, 일본어, 중국어 **예산** 250~2,200B **가는 방법** ①타논 쑤쿰윗 쏘이 24 끝에 있는 맥도날드와 타논 팔람 씨(Rama 4 Road)에 있는 빅 시 엑스트라(쇼핑몰) Big C Extra 사이에 있다. 맥도날드를 바라보고 오른쪽으로 50m 떨어져 있다. ②BTS 프롬퐁 역에서 데이비스 호텔을 지나 타논 쑤쿰윗 쏘이 24 끝에서 좌회전하면 된다. 걸어가기에는 멀기 때문에 택시를 타는 게 편하다. Map P.20-A3

쏨분 시푸드(P.273)와 더불어 한국인 여행자들이 즐겨 찾는 해산물 식당이다. 기업화된 쏨분 시푸드에 비해 서민적인 느낌이 물씬 풍긴다. 화교가 운영하는 평범한 식당이지만 음식맛 때문에 매일 저녁 손님들로 문전성시를 이룬다. 활기 넘치는 분위기로 신선한 해산물 요리를 즐길 수 있다.

시푸드 전문 레스토랑답게 새우와 생선, 게 요리가 다양하고 맛도 좋다. 뿌팟퐁까리와 어쑤언이 인기 있다. 레스토랑 입구에서 숯불에 구워내는 무 싸떼(코코넛 카레를 바른 돼지고기 꼬치구이)는 간식으로 좋다. 똠얌꿍을 비롯해 기본적인 태국 음식과 다양한 중국식 볶음 요리가 가능하다. 주문한 요리와 함께 카우팟 카이(달걀 볶음밥)를 곁들이면 훌륭한 한끼 저녁식사가 된다. 메뉴판에 한국어까지 적혀 있으므로 음식을 주문할 때 편리하다. 단 오후 4시부터 새벽까지 영업한다. 카드 사용은 안 되고 현금으로 결제해야 한다.

Sorn Thong Restaurant

나 아룬 Na Aroon
ณ อรุณ (โรงแรมอริยาศรมวิลล่า)

★★★★

주소 Ariyasom Villa, 65 Thanon Sukhumvit Soi 1 **전화** 0-2254-8880~3 **홈페이지** www.ariyasom.com **영업** 10:30~22:30 **메뉴** 영어, 태국어 **예산** 240~950B(+17% Tax) **가는 방법** ①아리야쏨 빌라 1층에 위치. 타논 쑤쿰윗 쏘이 1(능) 골목 안쪽으로 들어가면 골목 끝에 있다(골목 입구에서 600m). ②BTS 펀찟 역 또는 나나 역을 이용하면 된다. Map P.19-C1

부티크 호텔인 아리야쏨 빌라 Ariyasom Villa(P.396)에서 운영하는 태국 음식점이다. 방콕의 번잡한 도심에 해당하는 쑤쿰윗에 있는데, 골목 안쪽에 숨겨져 있어 평화롭다. 녹색 식물이 가득한 정원과 마당 안쪽에 숨겨진 수영장까지 도심의 오아시스를 연상시킨다. 1940년에 지어진 멋들어진 건물과 야외 정원이 우아하게 어우러진다. 빈티지한 옛 건물의 높은 천장과 나무 바닥, 널따란 창문은 시간을 과거로 되돌린 듯한 느낌을 준다.

'건강하고 맛있는 유기농 요리'가 주인의 목표여서 음식이 정갈하다. 기본적으로 채식을 표방하지만, 시푸드 메뉴를 추가해 변화를 줬다(고기가 들어간 메뉴는 없다). 두부, 감자, 가지, 버섯, 파파야를 이용한 음식이 많다. 깽끼아우완(그린 커리) Green Curry, 마싸만 카레 Mussaman Curry, 텃만꿍 Tod Mun Goong, 팟타이 Phad Tai, 똠얌꿍 Tom Yum Goong, 쏨땀 Som Tam, 얌쏨오 Yum Som O, 남프릭 Num Prik까지 다양하다. 애피타이저+메인+디저트로 구성된 2인용 세트 메뉴도 있다. 전체적으로 식재료가 좋고 맵기도 적당하다(현지인의 입맛에는 덜 매운 편). 직원들도 친절하다.

도심에서 즐기는 평화로운 식사 Na Aroon

르안 말리까 Ruen Mallika
เรือนมัลลิการ์
(ซอย เศรษฐีทวีทรัพย์ สุขุมวิท 22)

★★★☆

주소 189 Soi Setthi Thawi Sap, Thanon Sukhumvit Soi 22 **전화** 0-2663-3211, 08-4088-3755 **홈페이지** www.ruenmallika.com **영업** 12:00~23:00 **메뉴** 영어, 태국어 **예산** 메인 요리 250~550B(+10% Tax) **가는 방법** 쑤쿰윗 쏘이 22 남쪽 끝자락에 있는 쏘이 쎗티 타위쌉 골목에 있다. BTS 역에서 멀리 떨어진 골목 안쪽에 있어 택시를 타고 가는 게 좋다. 가장 가까운 MRT 역은 쑨 씨리낏 Queen Sirikit National Convention Centre 역, BTS 역은 프롬퐁 역이다.

Map P.20-A3

200년 가까이 된 가옥을 개조한 타이 레스토랑. 티크 나무로 만든 전통 가옥과 넓은 정원을 갖추고 있어 도심의 복잡함을 벗어나 여유롭게 식사할 수 있다. 신발을 벗고 올라가야 하는 2층의 평상과 쿠션은 가정집에 들어온 느낌도 준다. 쑤쿰윗에 있지만 골목 안쪽에 있어 위치는 불편하다.

얼핏보면 투어리스트 레스토랑 같지만 분위기에 결코 뒤지지 않는 태국 음식을 요리해 낸다. 태국 왕실 요리를 외국인의 입맛에 맞추어 정갈하게 요리하는 것이 특징이다. 왕실 요리답게 꽃과 과일을 이용한 음식 플레이팅까지 정성을 들였다. 독특한 음식으로는 식당 정원에서 재배한 식용 꽃을 모아 만든 튀김 요리 '짠 츠 부싸바 Variety of Deep Fried Flowers'가 있다.

목조 가옥이 운치 있는 르안 말리까

외국인 입맛에 맞춘 왕실 요리

더 로컬 The Local
เดอะโลคอล (สุขุมวิท ซอย 23)

주소 32-32/1 Thanon Sukumvit Soi 23 **전화** 0-2664-0664 **홈페이지** www.thelocalthaicuisine.com **영업** 11:30~14:30, 17:30~23:00 **메뉴** 영어, 태국어 **예산** 메인 요리 280~950B, 저녁 세트 850~2,200B(+17% Tax) **가는 방법** 타논 쑤쿰윗 쏘이 23(이씹쌈) 골목 안쪽으로 550m. BTS 아쏙 역 또는 MRT 쑤쿰윗 역에서 도보 10분. Map P.19-D2

시내 중심가에 있는 고급 타이 레스토랑이다. 쑤쿰윗 중심부인 아쏙에 있지만 100년 넘은 가옥을 근사한 레스토랑으로 탈바꿈했다. 식당 내부는 골동품, 민속품, 흑백 사진, 실크를 전시해 '로컬'이라는 이름처럼 현지(태국) 느낌이 물씬 풍긴다. 안내를 받아 레스토랑 내부로 들어가면 근사한 가정집에 초대받은 느낌이 들게 한다.

전통 조리 기법으로 태국 음식을 요리한다. 외국인이 많이 찾는 곳이라 대부분의 음식이 거부감이 없다. 쏨땀(파파야 샐러드)부터 해산물 요리까지 메뉴가 다양하다. 음식의 맵기를 선택해 주문할 수 있다. 고급 레스토랑답게 플레이팅에도 신경을 써 음식과 조화롭게 어울린다. 전통 복장을 입은 종업원들의 친절한 서비스도 괜찮다.

애피타이저+채소 볶음+메인 요리+디저트로 구성된 점심 세트 메뉴(380B+17% Tax)가 가격 대비 알차다. 저녁 시간에는 예약하고 가는 게 좋다. 레스토랑의 공식 명칭은 더 로컬 바이 옴텅 타이 퀴진 The Local by Oam Thong Thai Cuisine이다.

똠얌꿍

전통의 맛과 분위기를 느낄 수 있는 더 로컬

바질
Basil

주소 250 Thanon Sukhumvit Soi 12 & Soi 14 Sheraton Grande Hotel 2F **전화** 0-2649-8366 **홈페이지** www.basilbangkok.com **영업** 18:00~22:30 **메뉴** 영어, 태국어 **예산** 세트 메뉴 1,600~1,950B(+17% Tax) **가는 방법** BTS 아쏙 역 2번 출구에서 쉐라톤 그랑데 호텔 로비로 연결 통로가 이어진다.

Map P.19-D2

5성급 호텔인 쉐라톤 그랑데 호텔에서 운영한다. 여행과 음식 관련 잡지에서 여러 차례 타이 호텔 레스토랑 베스트에 선정됐다. 레스토랑 입구는 태국 음식에 쓰이는 향신료와 야채를 정갈하게 진열해 놓았다. 태국 음식이 어떤 재료로 만들어지는지를 간접적으로 학습할 수 있도록 배려한 것. 최고의 태국 요리사를 고용해 나무랄 것 없이 완벽한 음식을 선보인다. 엄선된 음식 위주로 최고의 맛을 구현하는데, '호텔 레스토랑은 다 똑같다'는 고정관념을 깨주기에 충분하다. 미리 예약한 다음, 격식을 차려 옷을 입고 방문하자.

점심시간에는 호텔 투숙객 위주로 운영되고, 일반 손님은 저녁 시간에만 이용할 수 있다. 저녁 시간에는 중부 · 남부 · 이싼(북동부) 지방 요리로 세분화한 코스 메뉴(1,600~1,950B+17%)가 있다. 여름에는 '서머 테이스팅 메뉴(9가지 코스 요리)'를 제공한다. 일요일 낮(12:00~15:00)에는 선데이 재즈 브런치 뷔페 Sunday Jazzy Brunch(2,900B+17% Tax)를 선보인다.

Basil

쉐라톤 그랑데 호텔에서 운영하는 바질

반 카니타
Baan Khanitha
บ้านขนิษฐา (สุขุมวิท ซอย 23)

★★★☆

주소 36/1 Sukhumvit Soi 23 **전화** 0-2258-4128, 0-2258-4181 **홈페이지** www.baan-khanitha.com **영업** 11:00~23:00 **메뉴** 영어, 태국어 **예산** 280~1,800B(+17% Tax) **가는 방법** **BTS** 아쏙 역 3번 출구 또는 **지하철** 쑤쿰윗 역 2번 출구에서 쑤쿰윗 쏘이 이씹쌈 Sukhumvit Soi 23 골목 안쪽으로 800m 떨어져 있다. Map P.21-A1

방콕에서 유명한 타이 레스토랑인 반 카니타의 본점이다. 카레의 부드러우면서도 본래의 매운맛과 향을 유지한 태국 음식을 요리한다. 오픈하면서부터 매년 베스트 타이 레스토랑에 선정될 정도로 인기가 있다.
본점은 다른 체인점에 비해 전통을 강조한다. 2층 목조 건물을 그대로 사용해 레스토랑으로 만들었고, 골동품을 인테리어로 사용해 멋과 품위도 살렸다.
애피타이저로는 톳만꿍 Tod Man Khung(새우살 튀김) 또는 까이허바이떠이 Gai Hor Bai Toey(판다누스 잎에 감싸서 구운 닭고기)가 좋다. 메인 요리로는 깽펫 꿍낭 Gaeng Phed Khung Nang, 깽 키아우완 까이 Gaeng Kiew Wan Gai, 파냉 무 Phanaeng Moo 중에 하나를 고르는 것이 좋다. 여럿이 식사를 함께 한다면 똠얌꿍은 기본으로 시킬 것.
인기를 반영하듯 방콕의 주요 지역에 분점이 있다. 씰롬 또는 싸톤 지역에 머문다면 분점인 반 카니타 & 갤러리 Baan Khanitha & Gallery(주소 69 Thanon Sathon Tai, Map P.26-B2)를 이용하는 게 편리하다. 쑤쿰윗 쏘이 53에 있는 반 카니타 앳 피프티 스리 Baan Khanitha at Fifty Three(주소 31 Thanon Sukhumvit Soi 53, Map P.22-A2)는 동네 분위기와 걸맞은 모던한 디자인이 눈길을 끈다. 아시아티크(P.300)에 있는 반 카니타 바이 더 리버 Baan Khanitha by the River(전화 0-2108-4910, 영업 17:00~24:00)는 저녁에만 문을 연다.

싸얌 티 룸
Siam Tea Room

★★★★

주소 1F, Bangkok Marriott Marquis Queen's Park, Thanon Sukhumvit Soi 22 **전화** 0-2059-5999 **홈페이지** www.bangkokmarriottmarquisqueenspark.com **영업** 07:30~23:00 **메뉴** 영어, 태국어 **예산** 메인 요리 260~695B(+17% Tax) **가는 방법** 타논 쑤쿰윗 쏘이 22 골목 안쪽으로 300m. 방콕 메리어트 마르퀴스 퀸스 파크(호텔) 1층에 있다. 가장 가까운 BTS 역은 프롬퐁 역이다. Map P.21-A2

방콕 메리어트 마르퀴스 퀸스 파크(호텔)에서 운영하는 베이커리를 겸한 레스토랑이다. '깔래'(태국 북부 지방 전통 가옥에 쓰이는 V자 모양의 지붕 장식)를 장식한 목조 건축물을 세웠는데, 내부로 들어가면 5성급 호텔과 어울리는 분위기가 고급스럽다. 베이커리답게 빵과 케이크, 쿠키, 초콜릿이 진열되어 있고 커피도 즉석에서 주문 가능하다. 베이커리 양 옆으로는 레스토랑으로 사용되는 다이닝 룸이 있다. 은은한 조명과 목재를 이용해 차분한 분위기를 연출한다.
메인 요리는 태국 음식으로 외국인을 상대하는 호텔 레스토랑답게 퓨전 태국 요리를 접할 수 있다. 똠얌꿍, 팟타이, 쏨땀 같은 기본적인 태국 음식도 요리해 준다. 구이 종류를 화덕에 올려 주는 등 플레이팅에도 신경을 썼다.

베어커리를 연상시키는 싸얌 티 룸

까사 라빵 x26 Casa Lapin x26
คาซ่า ลาแปง (สุขุมวิท ซอย 26) ★★★☆

주소 51 Thanon Sukhumvit Soi 26 **전화** 0-2000-5546 **홈페이지** www.casalapin.com **영업** 08:00~22:00 **메뉴** 영어 **예산** 커피 90~160B, 식사 220~350B(+10% Tax) **가는 방법** 쑤쿰윗 쏘이 26(이씹혹) 골목 안쪽으로 400m. 민트 레스토랑 Mint Restaurant 맞은편, 원 데이 호스텔 One Day Hostel 입구에 있다. BTS 프롬퐁 역 4번 출구에서 도보 10분. Map P.20-A3

태국인 건축가가 커피에 심취해 만든 카페다. 커피 맛이 좋다고 알려지면서 지속적으로 분점을 열었다. 쑤쿰윗 26 지점은 다른 곳과 달리 찾기 쉽고 실내도 넓어서 여유롭게 커피를 즐길 수 있다. 중앙에 '커피 바'와 카운터를 두고 양 옆으로 테이블을 배치했다. 벽돌과 목재를 이용한 실내 디자인과 어둑한 조명이 차분함을 유지시켜 준다. 천장이 높고 창문이 커서 한결 여유롭다. 신선한 원두를 직접 로스팅해 깊은 향의 커피를 뽑아준다. 케이크와 디저트, 아침 식사 메뉴, 샐러드, 버거, 파스타 등의 기본적인 카페 음식을 함께 요리한다.

방콕에 모두 5개의 체인점을 운영한다. 쎈탄 월드 Central World(P.320) 3층에 있는 까사 라팡 지점은 규모도 크고 접근성도 편리하다.

까사 라빵 x26 쑤쿰윗 쏘이 26

까사 라빵 Central World 지점

카르마카멧 다이너
Karmakamet Diner
คาม่า คาเม็ท ไดเนอร์ (ซอยเมธีนิเวศน์ ถนนสุขุมวิท) ★★★

주소 30/1 Soi Matheenivet (Between Emporium Suite & Benjasiri Park) **전화** 0-2262-0700 **홈페이지** www.karmakamet.co.th **영업** 10:00~ 23:00 **메뉴** 영어, 태국어 **예산** 390~1,190B(+17% Tax) **가는 방법** 엠포리움 백화점을 바라보고 오른쪽 도로로 들어가서, 엠포리움 스위트 Emporium Suites를 지나자마자 보이는 왼쪽 골목으로 들어가면 골목 끝에 있다. BTS 프롬퐁 역에서 도보 5분. Map P.21-B2

독특한 인테리어가 인기에 한몫한다. 아로마 제품을 만드는 카르마카멧 Karmakamet에서 운영하며, 직접 만든 아로마 제품을 매장에서 진열 판매한다. 벤짜씨리 공원 옆에 있는데, 엠포리움 백화점 뒤쪽이라 쉽게 눈에 띄지 않는다. 유리병과 골동품이 가득 진열된 독특한 인테리어와 레트로한 분위기가 압권이다. 넓은 창문으로 야외 정원이 보이고, 자연 채광은 도심의 삭막한 분위기와 대비를 이룬다. 실내는 아로마 향이 더해져 향기롭다. 브런치 메뉴와 파스타를 제공하는 카페를 겸한 레스토랑이다. 디저트로는 커다란 솜사탕이 함께 나오는 스트로베리 인 더 클라우드 Strawberry In The Clouds가 유명하다. 맛집이라기보다는 기념사진 남기기 좋은 곳이다.

블로거들에게 인기 있는 카르마카멧 다이너

와인 커넥션 Wine Connection

★★★☆

주소 K Village 1F, 93~95 Thanon Sukumvit Soi 26 **전화** 0-2661-3940 **홈페이지** www.wineconnection.co.th **영업** 11:00~01:00 **메뉴** 영어, 태국어 **예산** 메인 요리 240~890B(+10% Tax) **가는 방법** 쑤쿰윗 쏘이 26 끝에 있는 케이 빌리지 1층에 있다. BTS 프롬퐁 역에서 걸어가긴 멀고, 골목 입구에서 택시 또는 오토바이 택시(10B)를 타면 편리하다. Map P.20-B3

태국과 싱가포르를 비롯한 아시아 등지에 체인점을 운영하는 와인 도매상이다. 방콕과 푸껫 같은 대도시에서는 레스토랑과 비스트로를 겸한다. 케이 빌리지에 위치한 와인 커넥션은 반원형 구조로 통유리를 사이에 두고 실내와 야외 테이블로 구분된다. 레스토랑은 파스타와 피자에 중점을 두고 있으며, 호주산 소고기를 이용한 그릴 요리나 스테이크도 요리한다. 최고 수준이라고는 할 수 없으나 활기 넘치는 분위기로 가격이 비교적 무난해 매력적이다. 와인을 곁들일 수 있어서 유럽인들이 많은 것도 특징이다.

와인 도매상답게 와인 셀러에는 프랑스와 이탈리아 와인은 물론 호주, 미국, 칠레, 뉴질랜드 와인이 가득 비치돼 있다. 프로모션으로 나오는 와인은 한 병에 600B 정도에서 구매 가능하다.

쎈탄월드(센트럴 월드)에서 운영하는 그루브 Groove 1층(P.245)과 쑤쿰윗 쏘이 47에 있는 레인 힐 Rain Hill 1층(P.330)도 지점을 운영한다. 쇼핑몰 내부에 있고 BTS 역과도 가까워 접근성이 좋다. 씰롬 지역에 머문다면 씰롬 콤플렉스 Silom Complex(P.333) 지점을 이용하면 된다.

와인 도매상을 겸하는 와인 커넥션

Wine Connection

방콕 베이킹 컴퍼니(BBCO) Bangkok Baking Company

★★★☆

주소 4 Thanon Sukhumvit Soi 2 **전화** 0-2656-7700(+내선 4170) **홈페이지** www.jwmarriottbangkok.com **영업** 07:00~22:30 **메뉴** 영어 **예산** 200~480B (+17% Tax) **가는 방법** 쑤쿰윗 쏘이 2(썽) 입구에 있는 JW 메리어트 호텔 JW Marriott Hotel 1층에 있다. BTS 나나 역 2번 출구에서 도보 8분. Map P.19-C1

JW 메리어트 호텔에서 운영하는 베이커리 겸 카페. 줄여서 '비비코 BBCO'라고 부른다. 쑤쿰윗 메인 도로에 있고 호텔 로비와 상관없이 드나들 수 있어 편리하다.

밝고 경쾌한 느낌을 주는 실내는 통유리와 푹신한 의자를 배치해 트렌디하게 디자인했다. 무엇보다 다양한 빵들이 진열되어 있어 향긋한 냄새가 가득하다. 야외에도 파라솔 아래 테이블을 배치해 도심 한복판이지만 여유로운 분위기가 느껴진다.

일류 호텔에서 만든 빵과 케이크, 페이스트리는 브랜드만으로 신뢰감을 준다. 베이글, 크로와상, 키쉬(Quiche), 스콘, 대니쉬, 도넛, 머핀, 타르트와 곁들여 커피 한잔 마실 수도 있지만, 에그 베네딕트와 팬케이크 등의 아침 식사 장소로도 손색이 없다. 카페 안쪽으로 레스토랑이 위치해 있는데 태국 음식과 피자, 파스타, 피시 & 칩스 등의 메인 음식도 함께 요리한다. 일류 호텔답게 직원들이 친절하고 서비스가 좋다.

JW 메리어트 호텔 1층에 있는 BBCO

방콕 베이킹 컴퍼니

가보래 & 명가
Kaborae & Myeong Ga ★★★☆

주소 212/41 Thanon Sukhumvit Soi 12, Sukhumvit Plaza 1F **전화** 0-2252-5375(가보래), 0-2229-4658(명가) **영업** 10:00~01:00 **메뉴** 한국어, 일본어, 영어, 태국어 **예산** 220~850B **가는 방법 BTS** 아쏙 역 2번 출구에서 쉐라톤 그랑데 호텔과 타임 스퀘어를 지나면 쑤쿰윗 쏘이 씹썽 Sukhumvit Soi 12 입구의 쑤쿰윗 플라자 1층에 있다. Map P.19-C2

한인상가가 밀집한 쑤쿰윗 플라자에서 가장 유명한 한식당이다. 20년 동안 같은 자리를 지키고 있는 대표적인 한인업소. 깔끔한 실내와 친절한 주인장으로 인해 단골손님도 많다. 영어와 일본어를 포함해 방콕을 소개하는 각종 안내책자에 소개될 정도로 대중적인 인기를 누린다. 2010년 8월에 쑤쿰윗 플라자를 방문한 씨린톤 공주가 이곳에 들러 식사한 후로 더욱 유명해졌다.

가보래와 명가는 주인장이 같아서 쌍둥이 식당처럼 여겨진다. 비슷한 분위기에 메뉴도 큰 차이가 없다. 생갈비, 꽃등심, 돼지갈비부터 육회, 칡 냉면, 돌솥비빔밥, 삼계탕, 낙지볶음까지 모든 한식을 한곳에서 요리한다. 고기 전문점처럼 거한 식사가 아니더라도 비빔밥이나 김치찌개 같은 단품 요리도 먹을 수 있다. 1층은 좁아 보이지만 3층에는 단체 손님을 위한 넓은 공간이 마련되어 있다.

장원
Jangwon ★★★☆

주소 212/9~10 Thanon Sukhumvit Soi 12, Sukhumvit Plaza 1F **전화** 0-2251-2636, 0-2251-4367 **영업** 10:00~01:00 **메뉴** 한국어, 영어, 일본어 **예산** 300~900B **가는 방법 BTS** 아쏙 역 2번 출구에서 쉐라톤 그랑데 호텔과 타임 스퀘어를 지나면 쑤쿰윗 쏘이 씹썽 Sukhumvit Soi 12 입구의 쑤쿰윗 플라자 1층에 있다. Map P.19-C2

한식당이 가득 몰려 있는 쑤쿰윗 플라자에서 가장 유명한 갈비집이다. 다양한 부위의 소고기를 즐길 수 있는 숯불구이 전문점. 식당 입구에서 열심히 고기를 다듬고 있는 주방장의 손길이 인상적이다. 쑤쿰윗 플라자의 다른 한식당들보다 실내가 넓은 편으로 테이블에서 직접 고기를 구워먹을 수 있다. 기본적인 한식 메뉴도 잘 갖추고 있다.

알아두세요

한인 상가가 밀집한 쑤쿰윗 플라자

쑤쿰윗 쏘이 씹썽(Sukhumvit Soi 12) 입구의 쑤쿰윗 플라자 Sukhumvit Plaza는 한인 상가가 밀집해 있답니다. 4층짜리 상가는 온통 한국어 간판으로 도배되어 있고, 한국과 별 차이 없는 식당, 식료품점, 노래방, 만화방, 당구장, 중식당 등이 잔뜩 입주해 있습니다.

방콕에 사는 교민들이 서로 교류하고 정보를 교환하던 초창기 모습에서 탈피해 현재는 쑤쿰윗의 또 다른 명소로 부각되고 있습니다. 그 이유는 뭐니 뭐니 해도 TV 드라마 〈대장금〉을 시작으로 한 한류 열풍 때문입니다. 김치찌개, 비빔밥, 갈비를 맛보려는 태국인들로 북적댈 정도로 그 인기를 실감하게 됩니다. Map P.19-C2

반카라 라멘
Bankara Ramen

★★★☆

주소 The Manor, 32/1 Thanon Sukhumvit Soi 39 **전화** 0-2662-5162~3 **홈페이지** www.facebook.com/BankaraRamen **영업** 11:00~23:00 **메뉴** 영어, 일본어 **예산** 190~285B(+17% Tax) **가는 방법** 쑤쿰윗 쏘이 39(쌈씹까우) 골목 안쪽으로 700m 떨어진 매너 The Manor ('맨너 쑤쿰윗 쌈씹까우'라고 발음한다) 1층 수라(한식당) 옆에 있다. BTS 프롬퐁 역 3번 출구에서 도보 12분. Map P.21-B1

방콕에 있는 일본 라멘 식당 중 인기투표 1위를 한 곳이다. 일본인들이 대거 거주하는 프롬퐁(쑤쿰윗 쏘이 39) 지역에 있다. 일본어 간판에 일본어 메뉴판, 종업원들도 일본어를 구사한다. 반카라 라멘은 1997년에 도쿄에서 시작해 40여 개의 지점을 운영한다.

2008년에 오픈한 방콕 지점은 방카라 라멘은 첫 번째 해외 지점이기도 하다(태국에서는 '방카라 라멘'이라고 발음한다). 일본 사람뿐만 아니라 태국 사람들에게 잘 알려진 식당이라 라멘 한 그릇 먹기 위해 줄을 서야 하는 경우가 흔하다. 기다리기 싫으면 문 여는 시간에 맞춰 일찍 가거나 주말을 피하는 게 좋다. 참고로 방콕의 대표적인 쇼핑 몰인 싸얌 파라곤 G층 식당가(P.232)에 분점 Bankara Ramen@Siam Paragon을 운영한다. 시내 중심가에 있어 교통은 아무래도 싸얌 파라곤 지점이 편리하다.

기본 메뉴는 식당 이름과 동일한 '반카라 라멘 ばんからラーメン'이다. 돈코츠(돼지 뼈)와 소유(간장)를 조합해 진하고 깔끔한 라멘을 만들어 낸다. 좀 더 전통적인 라멘을 원한다면 돼지 뼈를 푹 고아서 우려낸 돈코츠 라멘 とんこつラーメン(메뉴판에는 돈코츠 Tonkotsu 라고만 쓰여 있다)이 있다. 간판에 '도쿄 돈코츠 라멘 東京豚骨ラーメン'이라고 적혀 있을 정도로 이 집의 대표적인 메뉴다. 돼지 뼈와 등 기름을 이용해 우려낸 육수가 진하고 구수하다. 진한 육수(짭짤하면서 살짝 매콤한)에 라멘을 살짝 담가 찍어 먹는 츠케멘 つけ麺 Tsuke Men을 좋아하는 손님도 많다. 라멘 면발에 비해 두툼한 면발이라 식감이 좋다. 테이블과 마늘과 생강 조림, 고춧가루, 깨를 포함한 조미료가 놓여 있는데, 입맛에 맞게 직접 첨가하면 된다.

돈코츠 라멘

반카라 라멘(싸얌 파라곤 지점)

반카라 라멘 본점

이사오 Isao
อิซาโอะ (สุขุมวิท ซอย 31)

★★★☆

주소 5 Thanon Sukhumvit Soi 31 **전화** 0-2258-0645 **홈페이지** www.isaotaste.com **영업** 11:00~14:15, 17:30~21:30 **메뉴** 영어, 일본어, 태국어 **예산** 300~650B(+7% Tax) **가는 방법** 쑤쿰윗 쏘이 31(쌈씹엣) 안쪽으로 150m. BTS 프롬퐁 역 5번 출구에서 도보 8분. Map P.21-A2

일식당이 몰려 있는 프롬퐁 일대에서 나름 맛집으로 통한다. 특히 태국인들 사이에서 유명하다. 워낙 인기가 많아 30분 이상 기다려야하는 경우도 흔하다. 복층 건물이지만 테이블이 15개 정도로 규모가 작다. 스시 전문이지만 니기리 스시(생선 초밥), 마키 롤(김 초밥), 사시미(생선회), 돈부리(덮밥), 덴푸라(튀김)까지 기본적인 일본 음식을 요리한다.

퓨전 스시 레스토랑을 표방하는 곳이라 독특한 스시들이 많다. 스시 샌드위치 Sushi Sandwich(참

스시 전문 레스토랑 이사오

치와 연어를 넣어 삼각 김밥처럼 만든 샌드위치), 드래곤 Dragon(장어, 아보카도, 새우 튀김, 오이가 들어간 스시), 재키 Jackie(튀김, 날치알, 아보카도를 넣은 새우 스시), 레인보우 Rainbow(무지개 색을 형상화한 생선 스시 세트)가 유명하다. 여러 종류의 스시를 즐기고 싶다면 스시 플래터 Sushi Platter를 주문하면 된다. 점심 시간에는 할인된 세트 메뉴를 제공한다.

페피나 Peppina

★★★★

주소 7/1 Soi Phrom Chit, Thanon Sukhumvit Soi 31 **전화** 0-2119-7677 **홈페이지** www.peppinabkk.com **영업** 11:30~14:30, 17:00~23:00 **예산** 피자 320~780B, 메인 요리 490~3,200B(+17% Tax) **가는 방법** ①쑤쿰윗 쏘이 31(쌈씹엣) 안쪽으로 600m 들어가서 사거리에서 우회전한다. 쏘이 프롬찟 ซอย พร้อมจิตร สุขุมวิท 31에 있는 @27/10이라고 적힌 작은 쇼핑몰 입구를 바라보고 왼쪽에 있다. ②쑤쿰윗 쏘이 33(쌈씹쌈) 골목으로 들어가도 된다. ③가장 가까운 BTS 역은 프롬퐁 역이지만 걸어가긴 멀다. Map P.21-B1

2014년에 문을 열자마자 방콕에서 피자가 맛있는 집으로 소문났다. 제대로 된 피자를 만들겠다며 이탈리아에서 화덕을 제작해 공수해 왔다고 한다. 피자 도우도 손으로 반죽해 12시간 숙성킨 뒤 화덕에서 구워낸다. 이탈리아 산마르짜노 San Marzano 지방에서 재배한 토마토를 이용해 만든 토마토소스를 사용해 제대로 된 나폴리 피자를 구현해 낸다. 심플한 나폴리 피자를 원한다면 마르게리타 Margherita 또는 마리나라 Marinara를 주문하면 된다. 피자 튀김 정도로 생각하면 되는 피자 프리따 Pizza Fritta도 맛볼 수 있다.

페피나

통로 쏘이 17 Thong Lo(Thonglor) Soi 17에 있는 더 커먼스 The Commons(P.115) 1층에 지점을 운영한다. 쎈탄 엠바시 Central Embassy 6층에 있는 오픈 하우스 Open House(P.245)에도 지점이 있다.

에노테카 Enoteca

★★★★

주소 39 Thanon Sukhumvit Soi 27 **전화** 0-2258-4386 **홈페이지** www.enotecabangkok.com **영업** 18:00~24:00 **메뉴** 영어, 이탈리아어 **예산** 메인 요리 650~1,800B, 세트 1,800~2,900B(+17% Tax) **가는 방법** ①BTS 프롬퐁 역과 아쏙 역 사이에 있는 쑤쿰윗 쏘이 27 골목 안쪽으로 350m. 골목 안쪽 끝자락에서 우회전하면 나즈(클럽) Narz 옆에 있다. ②타논 쑤쿰윗 쏘이 31로 들어가도 길이 연결된다. Map P.21-A1

쑤쿰윗에 있는 고급 이탈리아 레스토랑이다. 곳곳에 맛집이 숨겨진 쑤쿰윗답게, 방콕 시내 중심가에 있음에도 주택가 골목 깊숙이 숨겨져 있다. 아늑한 잔디 정원과 주변의 단층 건물들이 도심의 빌딩숲과 차별화되어 있다. 아늑한 분위기로 밤에만 영업하기 때문에 낭만적인 느낌을 더해준다.

에노테카는 '와인 저장소'를 의미한다. 이탈리아 와인과 식료품(치즈, 햄, 살라미)을 판매하기 위해 만들었다가, 음식을 함께 요리하면서 오늘날의 유명 이탈리아 레스토랑이 됐다고 한다. 레스토랑 내부에는 와인과 식재료가 가득 진열되어 있다. 다른 이탈리아 레스토랑에 비해 음식 메뉴가 적고, 와인이 다양하다. 태국의 물가에 비해 음식 값이 비싸며, 음식 양도 적은 편이다. 저녁 시간에만 문을 연다. 예약하고 가는 게 좋다.

Enoteca

Nightlife

쑤쿰윗의 나이트라이프

국제적인 동네 분위기를 반영하듯, 쑤쿰윗의 나이트라이프도 다양하다. 영국 선술집 분위기의 브리티시 펍과 기네스 맥주를 마실 수 있는 아이리시 펍이 흔하고, 방콕에서 유명한 클럽도 쑤쿰윗에 터를 잡고 있다. 유흥가인 나나 엔터테인먼트 플라자와 쏘이 카우보이는 방콕의 성인 엔터테인먼트 P.282에서 별도로 다룬다.

슈가 레이 Sugar Ray

주소 88/2 Thanon Sukhumvit Soi 24 **전화** 0-2258-4756 **홈페이지** www.facebook.com/Sugarraybkk **영업** 화~일 19:00~02:00(휴무 월요일) **메뉴** 영어 **예산** 380~420B(+17% Tax) **가는 방법** ①타논 쑤쿰윗 쏘이 24에 있는 데이비스 호텔 코너 윙과 데이비스 호텔 메인 빌딩 사이에 있다. ②타논 쑤쿰윗 쏘이 24에 있는 옥토 시푸드 바(레스토랑) Octo Seafood Bar 안쪽으로 들어가면 레스토랑 끝부분에 출입문이 있다. 레스토랑 직원에게 문의하면 위치를 알려준다.

Map P.20-A3

레스토랑 한편에 숨어 있는 매력적인 스피키지 바(1920년대 미국 금주령 시대의 술집처럼 완벽하게 숨겨져 있다). 간판도 없고 별다른 광고도 하지 않지만 훌륭한 칵테일 덕분에 애호가들이 즐겨 찾는다. 흡사 다들 비밀 결사대처럼 무언가를 은밀히 주문하고, 조용히 술을 음미한다. 30여 석 규모로 아담한 공간은 어둑한 조도와 미니멀한 디자인으로 꾸며 세상과 단절된 듯한 느낌을 준다. 가죽 소파가 칵테일 바를 바라보게 설계되어 있는데, 칵테일을 열정적으로 만들고 시음하는 바텐더의 모습을 지켜보는 것이 색다른 재미를 준다.

엘릭서 넘버 원(봄베이 사파이어 진+인삼+비앙코 베르무트+쿠앵트로+레몬) Elixir No.1, 스멜 라이크 벗 잇 이스 낫(몽키 숄더 위스키+레포사도 데킬라+블루베리 잼+레몬) Smell Like But It is Not, 이스트 코스트 불러바드(캄파리+벵갈 티+라이 베르무트+초콜릿+자몽) East Coast Boulevard, 돈나 플로라(그레이 구스 보드카+생 제르망 엘더플라워+루비 자몽+꿀+레몬) Donna Flora, 본 & 레이즈(봄베이 사파이어 진+타이 티+판단 시럽+라임+만다린 오렌지) Born & Raise 등 창의적인 칵테일을 만들어 낸다. 술값은 밥값보다 비싸다.

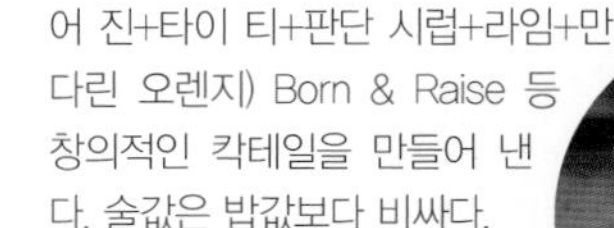

데이비스 호텔 사이에 있는 정문

옥토 시푸드 바 안쪽에 있는 검정색 출입문

비밀스런 칵테일 바

슈가 레이

하바나 소셜
Havana Social ★★★☆

주소 Thanon Sukhumvit Soi 11 **전화** 0-2821-6111, 08-0467-7409 **홈페이지** www.facebook.com/havanasocialbkk **영업** 18:00~02:00 **메뉴** 영어 **예산** 칵테일 280~380B (+17% Tax) **가는 방법** 쑤쿰윗 쏘이 11(씹엣) 입구에서 750m 떨어져 있다. 르 페닉스 Le Fenix 호텔을 지나 골목 왼쪽에 보이는 선 시티 호텔 Sun City Hotel(작고 허름해서 잘 살펴야 한다) 옆 골목 안쪽에 있다. 자그마한 골목으로 길이 막혀 있는데, 'Telefono'라고 적힌 간판을 찾으면 된다. Map P.19-C1

라틴풍으로 꾸민 비밀스러운 칵테일 바. 쿠바 혁명이 얼어나기 전 1940년대의 하바나 분위기를 연출했다. 실내는 은은한 조명과 빈티지한 가구와 벽화로 비밀 아지트처럼 꾸몄다. 방콕에서 쿠바 향기를 느끼게 하는 공간답게, 칵테일도 쿠바산 럼으로 만든다. 쿠바 리브레 Cuba Libre(바카디 블랙+콜라), 다이키리 Daiquiri(화이트 럼+오렌지 주스+꿀), 모히토 Mojito(화이트 럼+민트+라임+사탕수수)가 대표적인 쿠바 칵테일이다. 럼과 보드카, 위스키, 태국 맥주, 수제 맥주도 판매한다.

이곳을 찾기란 쉽지 않아서 오히려 호기심을 자극한다. 골목 안쪽에 있는데, 입구를 찾았다 해도 아무것도 없다. 당황하지 말고 입구에 설치된 공중전화기를 찾아 수화기를 들고 비밀번호를 누른다(비밀 번호는 미리 전화해서 문의해야 한다). 그럼 문을 열어준다. 주말(금 · 토요일) 22:00~24:00에는 라이브 밴드가 쿠바 음악과 재즈를 연주해준다. DJ를 초빙해 파티를 열기도 하는데, 각종 이벤트는 홈페이지(페이스북)를 참고하면 된다. 주말에는 입장료 300B(음료 1잔포함)을 받는다. 복장 규정이 까다롭진 않지만 기본적인 드레스 코드를 지켜야 한다.

하바나 소셜 입구

Havana Social

위시가
Whisgars ★★★☆

주소 16 Thanon Sukhumvit Soi 23 **전화** 0-2664-4252 **홈페이지** www.whisgars.com **영업** 14:00~02:00 **메뉴** 영어 **예산** 위스키(1잔) 280~930B, 위스키(1병) 3,900~2만 7,000B, 시가 480~1,100B(+17% Tax) **가는 방법** 타논 쑤쿰윗 쏘이 23 골목 안쪽으로 300m. BTS 아쏙 역 또는 MRT 쑤쿰윗 역에서 도보 10분. Map P.21-A1

위스키 바와 시가 라운지를 결합했다. 벽돌은 노출 시킨 어둑한 실내는 금주령 시대를 연상시키는데, 가죽 소파로 인해 중후한 느낌을 준다. 칵테일이 아닌 싱글 몰트 위스키를 마시기 위해 가는 곳이다. 싱글 캐스크 위스키까지 생산 지역마다 개성이 강한 위스키를 시음할 수 있다. 지역별로 미국 · 캐나다 · 아일랜드 위스키까지 종류가 방대하다. 위시가 옆에는 크래프트 Craft라는 수제 맥주 펍이 있는데, 두 업소가 협업하고 있어 수제 맥주도 주문이 가능하다. 시가는 쿠바 산 시가는 드물고 니카라과 · 도미니카 공화국 시가를 다수 보유하고 있다.

저녁에는 라이브 밴드가 재즈 음악을 연주한다. 방콕 도심에 있어 외국인들이 많이 찾는 편이다.

위시가 쑤쿰윗 지점

위스키 애호가를 위한 위시가

롱 테이블
Long Table ★★★☆

주소 25F, Column Bangkok, 48 Thanon Sukhumvit Soi 16 **전화** 0-2302-2557~9 **홈페이지** www.longtablebangkok.com **영업** 17:00~02:00 **메뉴** 영어, 태국어 **예산** 맥주 · 칵테일 250~380B, 메인 요리 450~1,450B(+17% Tax) **가는 방법** 타논 쑤쿰윗 쏘이 16의 컬럼 방콕 Column Bangkok 25층에 있다. **BTS** 아쏙 역 또는 **지하철** 쑤쿰윗 역에서 도보 10~15분.

Map P.21-A2

방콕 도심의 탁 트인 전망을 바라보며 식사할 수 있는 럭셔리 레스토랑 중의 하나다. 매끄러운 디자인과 패셔너블한 인테리어가 일품으로 쑤쿰윗에서도 그 중심에 해당하는 아쏙 사거리와 인접해 있다.

통유리를 통해 방콕 도심의 스카이라인이 시원스레 펼쳐지는 실내는 '롱 테이블'을 배치했다. 티크 나무로 만든 기다란 테이블은 세계 최대의 상업용 식탁으로 평가된다. 무려 25m 길이에 70명이 앉아서 식사할 수 있다. 등을 기대고 누울 수 있는 개별 테이블도 있으므로 취향에 따라 자리를 선택하면 된다. 야외에도 발코니를 만들어 테이블을 놓았고, 수영장까지 배열해 분위기를 더욱 업시켰다.

메인 요리는 '아시안 퓨전 Asian Fusion'으로 태국 음식과 유럽 음식을 적절히 안배했다. 가볍게 칵테일을 즐기며 풍경을 감상하고 싶다면 해 질 무렵에 방문하자. 기본적인 칵테일 이외에 열대 과일과 민트를 첨가해 만든 '롱테일 Long Tails'도 맛 볼 수 있다. 해피 아워(17:00~19:00) 시간에는 칵테일 한 잔을 주문하면 한 잔을 공짜로 제공해 준다.

Long Table

기다란 테이블을 공유해야 하는 롱 테이블

리빙 룸
Living Room ★★★★

주소 205 Thanon Sukhumvit, Sheraton Grande Hotel 2F **전화** 02-2649-8353 **홈페이지** www.thelivingroomatbangkok.com **영업** 10:00~24:00 **메뉴** 영어, 태국어 **예산** 380~700B(+17% Tax) **가는 방법** **BTS** 아쏙 역 2번 출구에서 호텔 로비로 연결통로가 이어진다. 쉐라톤 그랑데 호텔 2층에 있다.

Map P.19-D2

방콕 최고급 호텔에서 운영하는 라운지 스타일의 라이브 재즈 바. 오리엔탈 호텔의 뱀부 바 Bamboo Bar와 더불어 방콕 최고의 재즈 바로 꼽힌다. 두 곳 모두 세계적인 재즈 뮤지션을 초빙해 라이브 무대를 꾸리는 것으로 유명하다.

리빙 룸은 쉐라톤 그랑데 호텔 2층에 형성된 식당가에 있다. 푹신한 소파와 쿠션에 몸을 맡기고 감미로운 재즈를 들을 수 있는데, 아무래도 밤이 돼야 제대로 된 분위기가 느껴진다.

라이브로 연주되는 재즈 공연은 요일별로 시간이 다르다. 보통 19:00부터는 가벼운 피아노 음악이 연주되고, 메인 밴드는 21:00 넘어서 공연을 시작한다. 20:30 이후에는 입장료를(300B) 받는다. 반바지와 슬리퍼 차림으로는 입장할 수 없으므로, 기본적인 드레스 코드를 지켜야 한다.

Living Room

한가한 일요일 오후에는 선데이 재즈 브런치도 즐길 수 있다. 재즈 공연 시간과 내용은 홈페이지에 자세히 안내되어 있다.

쉐라톤 그랑데 호텔에서 운영하는 리빙 룸

어보브 일레븐 Above Eleven

주소 38/8 Thanon Sukhumvit Soi 11, Fraser Suites Sukhumvit 33F **전화** 0-2207-9300, 08-3542-1111 **홈페이지** www.aboveeleven.com **영업** 18:00~02:00 **메뉴** 영어 **예산** 맥주 · 칵테일 220~480B 메인 요리 450~1,500B(Tax 17%) **가는 방법** 타논 쑤쿰윗 쏘이 11에 있는 르 페닉스 호텔 Le Fenix Hotel을 지나서 프레이저 스위트 쑤쿰윗(호텔) Fraser Suites 33층에 있다. 호텔 로비로 들어가지 말고 건물 옆으로 돌아가서 전용 엘리베이터를 타면 된다. BTS 나나 역 3번 출구에서 도보 15분. Map P.19-C1

방콕 시내에서 인기 있는 야외 루프 톱 레스토랑이다. 도심 한복판인 쑤쿰윗에서 유명한 클럽들이 몰려 있는 쑤쿰윗 쏘이 11에 있다. 프레이저 스위트 쑤쿰윗 꼭대기 층인 33층에 있는데, 도심의 공원처럼 인조 잔디를 이용해 녹색으로 꾸며 휴식 같은 공간을 제공하는 것이 특징이다. 공원의 벤치를 연상케 하는 나무 의자는 쿠션을 깔아 편안하다.

짜오프라야 강변이 아닌 시내 중심가에 있기 때문에 리버 뷰가 아니라 시티 뷰를 즐길 수 있다. 경쟁 업소에 비해 높이는 낮지만 방콕 도심 풍경과 어우러진 빌딩 숲이 매력적인 전망을 제공한다. 쑤쿰윗과 싸얌 스퀘어를 포함한 180° 전망이 펼쳐진다. 선셋 칵테일 또는 맥주 한 잔 마시며 도심의 일몰을 감상하기 좋다. 식사를 원한다면 예약하고 가는 게 좋다.

메인 요리는 '니케이 퀴진 Nikkei Cuisine'으로 알려진 페루-일본 퓨전 요리다. 페루의 대표적인 술인 피스코(포도로 만든 브랜디) Pisco와 사케를 이용한 칵테일도 다양하다. 드레스 코드가 있으니 옷차림을 단정히 하자.

Above Eleven

브루스키 Brewski

주소 30/F, Radisson Blu Plaza Hotel, 486 Sukhumvit Soi 27 **전화** 0-2302-3333 **홈페이지** www.radissonblu.com/en/plazahotel-bangkok/bars **영업** 17:00~01:00(주문 마감 23:30) **메뉴** 영어 **예산** 수제 맥주(250㎖) 220~320B, 병맥주 330~750B(+17% Tax) **가는 방법** 타논 쑤쿰윗 쏘이 25와 쏘이 27 사이에 있는 래디슨 블루 플라자 호텔 30층에 있다. 호텔 로비를 지나서 엘리베이터를 타고 30층으로 올라가면 된다. BTS 아쏙 역 또는 MRT 쑤쿰윗 역에서 500m. Map P.21-A2

방콕의 유행처럼 등장한 호텔 루프 톱 중의 한 곳이다. 다른 호텔과 차별화하기 위해 칵테일 라운지가 아니라 수제 맥주를 판매한다. 여느 맥주 집처럼 캐주얼한 느낌으로 방콕 시내 풍경을 감상하며 편하게 맥주를 마실 수 있다. 그날그날 마실 수 있는 10여 종류의 수제 맥주를 탭에서 직접 뽑아준다. 맥주 잔 크기도 100㎖, 250㎖, 470㎖ 세 종류로 구분해 기호에 맞게 주문할 수 있다. 병맥주는 60여 종을 판매한다. 호텔에서 운영하는 곳 치고는 가격도 부담 없는 편이다.

참고로 30층까지 가는 엘리베이터는 영업시간에만 작동된다. 다른 층은 키 카드를 사용하는 호텔 투숙객만 드나들 수 있다.

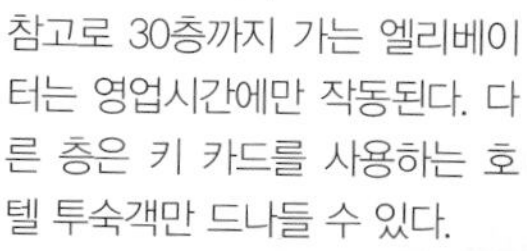

브루스키

Brewski

Thong Lo(Thonglor) & Ekkamai 통로 & 에까마이

타논 쑤쿰윗에서 연결되는 수많은 쏘이(골목) 중에서 유난히 골목이 길어서 별도의 거리 이름을 갖고 있다. 통로는 쑤쿰윗 쏘이 55(하씹하)를, 에까마이는 쑤쿰윗 쏘이 63(혹씹쌈)을 의미한다. 유명한 사원이나 박물관 같이 외국인 관광객에게 관심을 끌 만한 관광지는 전무하다. 트렌디한 레스토랑과 카페, 클럽이 몰려 있을 뿐이다. 스타일리시한 태국 젊은이들이 방콕 최신의 유행을 접하기 위해 찾는 '핫'한 동네다.

방콕의 부자 동네로 알려진 곳답게 큰 길에는 고층 아파트가 흔하고 골목 안쪽에는 정원이 딸려 있는 단독 주택이 숨어 있다. 그밖에 레지던스 호텔, 국제적인 레스토랑, 동네 주민들을 위한 미니 쇼핑몰까지 갖추어져 있다. 에까마이는 현재 방콕에서 잘 나가는 클럽들이 대거 등장하면서, 전통적인 클럽 밀집 지역인 RCA의 명성을 추월하고 있다.

방콕을 처음 찾은 여행자에게는 그다지 중요하지 않은 동네다. 하지만 방콕의 볼거리를 섭렵한 여행자들에게는 방콕의 다양함을 체험하기 위해 '뭔가 새로운 게 없을까' 하고 눈독을 들이는 곳이다. 통로와 에까마이는 낮보다 밤에 더 매력적이다. 골목(쏘이) 안쪽에 숨겨진 맛집이나 클럽을 찾아다니다보면 방콕의 밤이 결코 지루하지 않다.

볼거리	★☆☆☆☆	
먹을거리	★★★★★	P.106
쇼핑	★★★☆☆	P.330
유흥	★★★★★	P.119

*통로는 텅러로 발음되기도 한다. 영문 표기는 Thong Lo, Thong Lor, Thonglor를 혼용한다.

알아두세요

1. 통로와 에까마이로 갈 때는 BTS를 이용하는 게 빠르고 저렴하다.
2. 지역 내에서는 걷기보다는 오토바이 택시(모또싸이)를 타는 게 좋다.
3. 통로 쏘이 10과 에까마이 쏘이 5는 도로가 서로 연결되며, 클럽이 몰려 있다.

<u>점심 먹기 좋은 곳</u> 싯 앤드 원더(P.106), 더 커먼스(P.115), 쑤판니까 이팅 룸(P.111), 로스트(P.114), 홈두안(P.107), 카우 레스토랑(P.118)

Don't Miss

이것만은 놓치지 말자

1 더 커먼스에 들려서 시간 보내기(P.115)

2 맛집 탐방하기. (왓타나 파닛 P.108, 카우 레스토랑 P.118, 쑤판니까 이팅 룸 P.111)

3 빠톰 오가닉 리빙에서 유기농 제품 구입하기.(P.113)

4 트렌디한 카페에서 빈둥대기.(P.115)

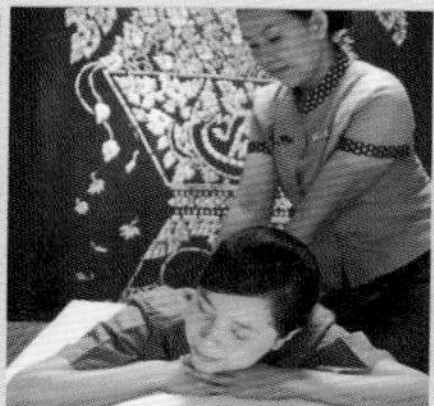

5 타이 마사지 받으며 리프레시하기.(P.344)

6 옥타브(메리어트 호텔 루프 톱)에서 칵테일 마시기.(P.119)

7 미켈러 방콕에서 수제 맥주 맛보기.(P.121)

8 에까마이 클럽에서 태국 친구들과 어울리기.(P.122)

Access

통로 & 에까마이의 교통

BTS 쑤쿰윗 라인이 통로와 에까마이를 관통한다. 쑤쿰윗 아쏙 사거리보다는 정체가 덜하지만 출퇴근 시간에는 차가 막힌다.

+BTS
타논 쑤쿰윗을 따라 BTS 노선이 지난다. 통로로 갈 경우 BTS 통로 역을 이용하고, 에까마이로 갈 경우 BTS 에까마이 역을 이용한다.

+운하 보트
통로와 에까마이 북쪽 끝으로 쌘쌥 운하(크롱 쌘쌥)가 흐른다. 빠뚜남 선착장(타르아 빠뚜남) Pratunam Pier에서 출발한 운하 보트가 지나는데, 통로 선착장(타르아 통로) Thonglor Pier에서 내려 다리를 건너면 통로 북단으로 진입하게 된다. 지리에 익숙하지 않은 외국인들이 이용하기에는 무리가 따른다.

+마을버스(빨간색 버스)
통로 메인도로를 왕복하는 선풍기 시설의 일반 마을버스다. 버스 번호는 없고 빨간색의 미니버스가 운행한다. 통로 초입에 있는 편의점(세븐 일레븐) 앞에서 버스가 출발한다. 통로 북쪽 끝까지 갔다가 돌아온다. 돌아올 때는 BTS 통로 역을 경유한다. 편도 요금은 7B이다.

Best Course

추천 코스

Travel Plus

통로에서 현지 주민처럼 생활하기

1. 오토바이 택시(모떠싸이)를 탑니다.

통로와 에까마이는 도로가 길어서 별도의 쏘이(골목) 번호를 갖고 있습니다. 타논 쑤쿰윗에서 쌘쌥 운하까지 남북으로 길게 도로가 이어지기 때문에, 걸어서 다니기에는 제법 멀어요. BTS 역에서 멀리 떨어진 곳들은(쏘이 번호가 높을수록 멀리 떨어져 있다고 생각하면 된다) 오토바이 택시(모떠싸이)를 타면 편리합니다. 방콕에서 골목과 골목을 오갈 때 가장 대중적인 교통편으로 무더운 거리를 걷기 싫어하는 방콕 사람들이 단거리를 이동할 때 애용하는 교통편입니다.

골목 입구마다 승객을 기다리는 오토바이 택시를 어렵지 않게 볼 수 있습니다. 등에 번호가 적힌 조끼를 입고 있는 오토바이 기사들('납짱'이라고 부른다)이 원하는 목적지까지 데려다 줍니다. 납짱은 해당 구역 내에서 움직이기 때문에, 골목 안쪽에 숨겨진 곳까지 훤히 꿰뚫고 있어서 목적지를 찾을 때 도움이 됩니다. 요금은 거리에 따라 10~30B. 요금이 정해져 있지만, 외국인이라면 미리 요금을 확인해야 합니다. 단점이라면, 한 명밖에 탑승할 수 없다는 것. 오토바이 기사와 함께 오토바이를 타기 때문에 여성분들은 다소 불편해 합니다. 물론 태국 여성은 아무런 거부감 없이 오토바이 택시를 이용합니다.

2. 커뮤니티 몰에서 생필품을 구입하면 됩니다.

통로와 에까마이는 주택가라서 호텔보다는 레지던스 형태의 서비스 아파트가 많습니다. 주방을 갖추고 있어 집처럼 편하게 지낼 수 있기 때문에 외국인 관광객의 선호도가 높습니다. 통로와 에까마이에 있는 서비스 아파트에 묵는다면, 자연스레 레스토랑보다는 숙소에서 식사를 해결하는 빈도가 높아집니다. 이를 위해 식료품 구입은 필수인데, 동네 지역 주민을 위한 커뮤니티 몰이 잘 되어 있어서, 멀리 가지 않고도 숙소 주변에서 쇼핑이 가능합니다. 통로에서 장 보러 가기 좋은 곳은 제이 애비뉴 J-Avenue 1층에 있는 빌라 마켓 Villa Market과 BTS 통로 역과 가까운 톱스 마켓 Top's Market입니다. 두 곳 모두 태국 · 일본 식품과 수입 와인, 치즈까지 다양한 식료품을 판매합니다. 베이커리도 있고 조리된 음식을 용기에 담아 도시락처럼 판매하는 매장도 입점해 있기 때문에, 간단하게 한끼 식사를 해결할 수도 있습니다. 에까마이에 머문다면 대형 할인 매장인 빅 시 Big C를 이용하면 편리합니다.

빠르고 편리한 BTS

골목을 오갈때는 오토바이 택시가 최고!

통로를 남북으로 왕복하는 빨간색 마을 버스

통로를 대표하는 커뮤니티 몰 제이 애비뉴

식료품 구입하기 좋은 톱스 마켓

Restaurant

통로 & 에까마이의 레스토랑

태국적인 느낌은 별로 없지만 통로와 에까마이에는 다양한 나라의 음식점들이 산재해 있다. 다른 지역에 비해 유행이 빨라서 새로운 레스토랑을 많이 만날 수 있다. 도시 생활이 익숙한 사람에게 친근한 카페와 브런치 레스토랑도 많다.

싯 앤드 원더 Sit and Wonder

ซิทแอนวันเดอร์ (สุขุมวิท ซอย 57) ★★★☆

주소 119 Thanon Sukhumvit Soi 57 **전화** 0-2020-6116 **홈페이지** www.sitandwonderbkk.com **영업** 11:00~23:00 **메뉴** 영어, 태국어 **예산** 메인 요리 120~320B **가는 방법** 쑤쿰윗 쏘이 57(하씹쩻) 골목 안쪽으로 250m. 골목 끝 왼쪽에 있는 건물 2층에 있다. BTS 통로 역 3번 출구에서 도보 10분.

Map P.22-B3

비싸고 트렌디한 레스토랑이 가득하기로 유명한 통로(쑤쿰윗 쏘이 55)에서 착한 가격에 태국 음식을 맛볼 수 있는 곳이다. 메뉴가 다양하지는 않지만 관광객들이 좋아할 만한 부담 없는 태국 음식을 요리한다. 에어컨 시설을 갖춰 시원하고, 방콕 관련 흑백 사진을 전시해 갤러리 느낌도 준다. 이곳의 장점은 저렴한 음식 값에 비해 훌륭한 시설을 갖춰 편안하게 식사할 수 있다는 것이다. 볶음밥을 포함한 단품(덮밥) 메뉴를 75~95B에 제공한다. 쏨땀 Papaya Salad과 랍무 Laab Moo 같은 이싼 음식(P.518)도 있어 취향에 따라 음식 선택이 가능하다. 음식을 주문할 때 본인의 입맛에 따라 맵기를 선택할 수 있다.

Sit and Wonder

아룬완 Arunwan

อรุณวรรณ (เอกมัย ซอย 15) ★★★☆

주소 293 Thanon Ekamai Soi 15 **전화** 0-2392-5301 **영업** 09:00~15:00 **메뉴** 영어, 태국어 **예산** 70~80B **가는 방법** 타논 에까마이 쏘이 15 옆에 있다. BTS 에까마이 역에서 2㎞ 떨어져 있어 걸어가긴 멀다.

Map P.23-C1

화교 집안에서 대를 이어 운영하는 서민식당이다. 간판에 한자로 정량명 鄭良明이라고 적혀 있다. 돼지고기와 그 부속물을 이용해 만든 내장탕을 요리한다. 에까마이 거리 북쪽의 허름한 동네에 있는데, 낡은 건물에 간판이 작아서 눈에 잘 띄는 곳은 아니다. 동네 사람들이 인정한 맛집으로, 미쉐린 빕그루망에 선정되기도 했다.

내장탕은 돼지 곱창, 돼지 간, 선지, 바삭한 돼지고기 튀김(무꼽), 완탕 중에 기호에 맞게 선택해 주문이 가능하다. 국물은 순하고 담백한 편이다. 내장탕에 면을 추가해 쌀국수처럼 주문해도 된다(4종류의 면 중에 하나를 선택하면 된다). 공깃밥까지 추가하면 든든한 한 끼가 된다. 점심시간에는 항상 북적거리며, 오후 3시가 되면 문을 닫는다. 참고로 물(주전자에 담긴 보리차)은 무료지만, 컵에 담긴 얼음은 2B을 받는다.

내장탕

아룬완

홈두안 Hom Duan
หอมด่วน (เอกมัย ซอย 2)

★★★★

주소 1/8 Thanon Sukhumvit Soi 63(Ekkamai) **전화** 08-5037-8916 **홈페이지** www.facebook.com/homduaninbkk **영업** 월~토 09:00~21:00(휴무 일요일) **메뉴** 영어, 태국어 **예산** 60~100B **가는 방법** 에까마이 쏘이 2(썽) 입구에 있는 에까마이 비어 하우스 Ekamai Beer House를 바라보고 왼쪽으로 들어가면, 정면에 보이는 비스톤 Beeston이라고 적힌 건물 왼쪽에 있다. BTS 에까마이 역 1번 출구에서 400m 떨어져 있다. Map P.22-B3

방콕에서 제대로 된 북부 음식(치앙마이 요리)을 맛볼 수 있는 곳이다. 치앙마이 출신의 주인장이 정성스럽게 음식을 준비한다. 저렴한 가격에 에어컨 시설을 갖춘 깔끔한 곳이다. 진열대에 음식이 놓여있어 눈으로 보고 선택할 수 있다. 밥과 함께 음식을 한 접시에 담아낼 경우 '랏 카우'라고 말하면 된다.

단품 메뉴로는 치앙마이 대표 음식 세 가지가 있다. 매콤한 코코넛 카레 육수와 노란색 면을 넣은 카우 쏘이 ข้าวซอย(닭고기를 넣기 때문에 카우 쏘이 까이 ข้าวซอยไก่라고 부른다), 돼지고기가 들어간 부드럽고 진한 북부 지방 카레 요리인 깽항레 แกงฮังเล, 매콤한 남응이아우 육수(돼지고기, 선지, 고추, 마늘, 토마토를 넣고 끓인다)에 소면과 비슷한 국수를 넣은 카놈찐 남응이아우 ขนมจีนน้ำเงี้ยว를 모두 맛 볼 수 있다.

카놈찐 남응이아우

치앙마이 음식을 저렴하게 즐길 수 있는 홈두안

하씹하 포차나
Fifty Fifty Pochana
ห้าสิบห้าโภชนา

★★★☆

주소 1093 Thanon Sukhumvit **전화** 0-2391-2021 **영업** 18:30~04:00 **메뉴** 영어, 태국어 **예산** 150~400B **가는 방법** 쑤쿰윗 쏘이 55와 쏘이 57 사이의 큰 길에 있다. BTS 통로 3역 번 출구에서 100m.

Map P.22-B3

BTS 통로 역과 가까운 태국 음식점이다. 35년이나 된 레스토랑으로 저녁시간에만 장사한다. 현지인들에게 인기 있는 야식집으로 알려져 항상 분주하다. 화교가 운영하는 서민 식당으로 음식물을 진열해 놓고 주문이 들어오는 대로 즉석해서 요리해 준다. 에어컨 시설을 갖추고 있어 식사하는데 불편하지 않다. 로컬 식당이 흔히 그러하듯 테이블에 놓인 물과 얼음은 추가로 돈을 받는다.

어쑤언(태국식 굴전)과 똠얌꿍을 포함해 볶음 요리와 해산물 요리가 인기 있다. 똠양꿍을 비롯해 기본적인 태국음식도 요리한다. 독특한 음식으로 '독카쫀 팟카이'(식용 꽃과 계란을 넣은 볶음 면) ดอกขจรผัดไข่도 있다. 메뉴가 방대한데 사진을 첨부한 메뉴판을 보고 주문하면 된다. 맥주를 곁들여 야식하기 좋다. 일부러 찾아갈 필요는 없고, 주변 호텔에 머물다 저녁에 출출하면 들러볼만 하다.

어쑤언(굴 볶음) 독카쫀 팟카이(식용 꽃을 이용한 볶음면)

야식 집으로 인기 있는 하씹하 포차나

왓타나 파닛
Wattana Panich วัฒนาพานิช

주소 336~338 Thanon Ekkamai Soi 18 **전화** 0-2391-7264 **영업** 09:30~20:00 **메뉴** 영어, 태국어, 한국어, 중국어 **예산** 100~200B **가는 방법** 에까마이 쏘이 18(씹뺏) 골목 입구에 있다. 노란색 간판에는 돈염송 敦炎松이라는 한자가 적혀 있다. 바로 옆에 제법 큰 쌀국수 식당이 하나 더 있는데, 사람 많은 곳으로 들어가면 된다. 타논 에까마이 북쪽 끝에 해당하기 때문에 BTS 에까마이 역에서 걸어가긴 멀다(걸어가면 20분 이상 걸린다). Map P.23-C1

방콕에서 손에 꼽히는 쌀국수 맛집이다. 태국인 화교 집안에서 대를 이어 운영하는 곳으로 50년 가까운 역사를 자랑한다. 미쉐린 가이드 맛집에 선정되면서 더 유명해졌다. 쌀국수 조리대의 초대형 냄비에서 육수를 끓여내는 모습만으로 이곳의 명성을 쉽게 예측할 수 있다. 진하고 걸쭉한 육수를 보는 것만으로도 쌀국수 장인의 향기가 느껴질 정도다. 냄비를 비우지 않고 육수를 추가해 계속 우려내기 때문에, 처음과 끝 맛이 동일하게 유지된다. 식당 분위기는 오래되고 허름하기 짝이 없다. 어수선한 레스토랑 내부는 철제 테이블이 놓여 있을 뿐이다. 각종 신문과 방송에 소개된 기사들이 벽면에 가득 붙어 있다. 다행이도 2층에는 에어컨이 설치되어 있어 그마나 쾌적하게 식사할 수 있다.

대표 음식은 소고기를 푹 고아 만든 '느아뚠'이다. 쌀국수를 넣은 '꾸어이띠아우 느아뚠 ก๋วยเตี๋ยวเนื้อตุ๋น'은 과하지도 않고 부족하지도 않은 육수와 부드러운 쌀국수 면발이 잘 어우러진다. 면발 없이 육수와 고기만 먹고 싶을 경우 '까오라오 느아 เกาเหลาเนื้อ'를 주문하면 된다. 염소 고기와 중국 약재를 푹 고아서 만든 '패뚠 แพะตุ๋น'도 유명하다. 쌀국수는 면 종류를 선택해 주문하면 된다. 공기밥(카우 쑤어이)도 추가할 수 있다.

왓타나 파닛 간판

진한 육수가 일품인 소고기 쌀국수

역사를 자랑하는 왓타나 파닛

쿠아 끄링 빡쏫
Khua Kling Pak Sod
คั่วกลิ้ง+ผักสด

★★★☆

주소 98/1 Thong Lo Soi 5 **전화** 02-185-3977 **홈페이지** www.khuaklingpaksod.com **영업** 11:00~14:30, 17:30~21:30 **메뉴** 영어, 태국어 **예산** 180~480B (+10% Tax) **가는 방법** 통로 쏘이 5 골목 안쪽으로 150m 들어가서 삼거리가 보이면, 진행 방향으로 오른쪽에 있는 골목으로 방향을 튼다. 골목 안쪽으로 20m 더 들어가면 태국어가 적힌 노란색 간판이 보인다. BTS 통로 역 3번 출구에서 도보 15분.
Map P.22-B2

통로에 있는 맛집 중의 하나인데, 외국인이 아니라 현지인에게 유명하다. 태국 남부에서 방콕으로 이주한 사람들이 고향 음식이 그리울 때 즐겨 찾는 곳이라고 한다. 골목 안쪽에 있어서 눈에 잘 띄지도 않고, 간판도 태국어로만 되어 있다. 에어컨 시설로 테이블 10여 개가 전부이며, 안마당에 정원을 끼고 야외 테이블이 몇 개 놓여있다. 가정집 분위기가 느껴진다.

식당의 이름이기도 한 '쿠아 끄링(쿠아 낑)'이 대표적인 남부 음식이다. 메뉴에는 영어로 Pan Roasted Khua Kling Curry라고 적혀 있다. 국물 없이 카레 페이스트만 넣고 볶는다. 코코넛 밀크가 없기 때문에 매운 맛이 강하다. 남부 음식의 특징은 녹색의 쥐똥고추(프릭키누)를 많이 넣기 때문에 맵다는 것! 생선소스와 새우 젓갈도 방콕에 비해 많이 넣어서 음식 향도 강하다. 매운 음식을 못 먹는다면 메뉴판에서 '칠리 Chilli'가 빠져 있는 음식 위주로 주문하면 된다.

쿠아 크링 빡쏫

싸바이 짜이 Sabai Jai
สบายใจไก่ย่าง(เอกมัย ซอย 3)

★★★★

주소 87 Thanon Ekkamai Soi 3 **전화** 02-714-2622, 0-2381-2372 **홈페이지** www.sa-bai-jai.com **영업** 10:30~22:30 **메뉴** 영어, 태국어 **예산** 100~330B **가는 방법** 메인 도로에 있는 빅 시 Big C(쇼핑몰) 지나서 타논 에까마이 쏘이 3 골목 안쪽으로 50m. **BTS** 에까마이 역 1번 출구에서 1.5㎞ 떨어져 있다.

Map P.22-B2

트렌디한 클럽과 카페가 가득한 통로와 에까마이 일대에서 보기 드문 평범한 현지 식당이다. 방콕 사람들에게 대중적인 인기를 누리는 이싼(북동부 지방) 음식(P.518 참고)을 전문으로 한다. 이싼 음식 중에서 기본에 해당하는 쏨땀(매콤한 파파야 샐러드)과 까이양(닭고기 숯불구이)의 맛이 괜찮다. 쏨땀 중에는 살이 토실토실한 게를 넣은 쏨땀뿌마 Som-Tum-Poo-Mar가 맛이 좋다. 생선과 새우를 포함한 다양한 해산물 음식을 함께 요리한다. 저녁에는 비어 가든처럼 생맥주를 곁들여 식사할 수 있다.

'싸바이 짜이'는 마음이 편하다는 뜻이다. 식당 자체가 '싸바이(근심 걱정 없이 편안한)'한 느낌으로 방콕 도심이 아닌 지방의 소도시에 있는 느낌이 든다. 현지인들에게 무척이나 잘 알려진 곳으로 외국인 여행자들도 소문을 듣고 찾아온다. 에까마이 쏘이 3 골목으로 이사했는데, 하지만 까이양을 요리하는 곳임을 알리기 위해 흔히들 '싸바이 짜이 까이양'이라고 부른다.

싸바이 짜이-까이양 (닭고기 숯불구이)

에까마이의 대표적인 현지 식당 싸바이 짜이

에까마이 쏘이 3으로 이전한 싸바이 짜이

브로콜리 레볼루션
Broccoli Revolution

★★★☆

주소 899 Thanon Sukhumvit Soi 49 **전화** 0-2662-5001, 09-5251-9799 **홈페이지** www.broccolirevolution.com **영업** 09:00~22:00 **메뉴** 영어, 태국어 **예산** 220~350B(+7% Tax) **가는 방법** 쑤쿰윗 쏘이 49 옆에 있다(골목으로 들어가지 말고, 골목 입구를 바라보고 왼쪽에 있다). **BTS** 통로 역 1번 출구에서 400m. Map P.22-A2

방콕 시내(쑤쿰윗)에 있는 채식 전문 레스토랑. 다분히 여행객을 겨냥한 곳으로 벽돌과 녹색 식물을 이용해 아늑하게 꾸몄다. 높은 천장에 복층 구조로 되어 있다. 자연 채광도 좋아 답답한 느낌은 들지 않는다. 유기농 채소와 과일을 이용해 건강한 식단을 제공한다. 샐러드, 버거, 샌드위치, 부리토, 퀘사디아, 파스타, 스프링 롤, 쌀국수, 팟타이, 태국 카레까지 메뉴가 다양하다. 채소와 곡물을 선택해 조합할 수 있는 베간 볼 Vegan Bowl과 브로콜리 퀴노아 차콜 버거 Broccoli Quinoa Charcoal Burger가 인기 있다. 다양한 주스와 커피, 맥주, 와인도 갖추고 있다.

브로콜리 레볼루션

따링쁘링
Taling Pling
ตะลิงปลิง (สุขุมวิท ซอย 34)

★★★☆

주소 25 Thanon Sukhumvit Soi 34 **전화** 0-2258-5308~9 **홈페이지** www.talingpling.com **영업** 11:00~22:00 **메뉴** 영어, 태국어 **예산** 165~440(+17% Tax) **가는 방법** 타논 쑤쿰윗 쏘이 34로 들어가서 400m 들어가면 왼쪽 편에 있다. BTS 통로 역 2번 출구에서 도보 15분. Map P.22-A3

30년 가까운 역사를 간직한 곳으로, 방콕 시민들이 사랑하는 태국 음식점 중 하나다. 쑤쿰윗 지점은 골목 안쪽에 있어 드나들기 불편하지만, 통유리로 된 천장 높은 건물과 야외 정원까지 있어 넓고 여유롭다. 국제적인 레스토랑이 가득한 쑤쿰윗임을 감안해, 인테리어는 세련되고 현대적인 감각을 최대한 살렸다. 야외 정원에는 레스토랑의 이름이기도 한 따링쁘링(노란색의 열대 과일) 나무를 심었다.

깔끔한 맛의 태국 요리를 선보인다. 살짝 단맛이 느껴지는 음식도 있지만, 전체적으로 무난하다. 다양한 태국 음식과 디저트를 모두 즐길 수 있다.

교통이 편리한 쎈탄 월드 Central World 3층(전화 0-2613-1360, P.320)와 싸얌 파라곤 Siam Paragon G층(전화 0-2129-4353~4, P.319)에 지점을 운영한다.

따링쁘링

Taling Pling

똔크르앙
Thon Krueng ต้นเครื่อง

★★★☆

주소 211/3 Thanon Sukhumvit Soi 49/13 **전화** 0-2185-3070~2, 08-1449-1926 **홈페이지** www.facebook.com/Thonkrueng **영업** 11:00~22:30 **메뉴** 영어, 태국어 **예산** 150~380B(+17% Tax) **가는 방법** 싸미티웻 병원 Samitivej Hospital 지나서 쑤쿰윗 쏘이 49/11과 쏘이 49/13 사이에 있다. BTS 프롬퐁 역 또는 BTS 통로 역을 이용하면 된다. 역에서 걸어가기는 멀고 택시나 오토바이 택시를 타는 게 좋다. Map P.22-A1

통로(쑤쿰윗 쏘이 55) 지역에서 잘 알려진 맛집이다. 1981년부터 영업했으며 오랫동안 인기 있는 태국 식당으로 자리매김하고 있다. 장사가 잘되고 손님들이 증가하면서 2015년 3월에 규모를 확장해 새로운 곳으로 이전했다. 2층 건물로 시원한 에어컨과 유리 창문으로 인해 한결 여유롭다.

정통 태국 음식을 요리한다. 쏨땀, 똠얌꿍, 뿌 팟 퐁 까리를 포함해 웬만한 해산물과 이싼 음식까지 골고루 맛볼 수 있다. 야외 테이블은 밤에 시원한 생맥주를 마실 수 있는 비어 가든 역할도 한다.

싸미티웻 병원 주변으로 이사하면서 접근성이 떨어졌다. BTS 역에서 걸어가긴 멀고, 좁은 골목에 차량이 많아서 퇴근시간에 차가 막히는 편이다.

똔크르앙

쑤판니까 이팅 룸 Supanniga Eating Room

①**통로 본점** **ห้องทานข้าวสุพรรณิการ์ (ทองหล่อ)** **주소** 160/11 Thong Lo(Sukhumvit Soi 55) **전화** 0-2714-7508 **홈페이지** www.supannigaeatingroom.com **영업** 11:30~14:30, 17:30~23:30 **메뉴** 영어, 태국어 **예산** 190~650B(+17% Tax) **가는 방법** 통로 쏘이 6과 쏘이 8 사이에 있다. '에이트 통로 Ei8ht Thonglor' 빌딩을 바라보고 오른쪽에 있다. BTS 통로 역 3번 출구에서 도보 15분. Map P.22-B2

②**싸톤 지점(싸톤 쏘이 10)** **ห้องทานข้าวสุพรรณิการ์ (สาทร ซอย 10)** **주소** 28 Thanon Sathon Soi 10 **전화** 0-2635-0349 **영업** 11:30~14:30, 17:30~22:30 **가는 방법** 타논 싸톤 쏘이 10(씹) 골목 안쪽으로 200m 들어간다. BTS 총논씨 역에서 내려서 W 호텔 옆 골목으로 들어가면 된다. Map P.26-A2 Map P.28-B1

'쑤판니까 이팅 룸'은 태국 음식의 오리지널한 맛과 향에 현대적인 감각을 더했다. 밝고 화사한 인테리어만큼이나 깔끔한 음식을 맛볼 수 있다. 겉멋을 잔뜩 부린 호텔 레스토랑과 비교해 양질의 식재료를 이용해 음식 맛을 살렸다. 한 칸짜리 아담한 건물이지만 높다란 천장에 노란색 소파와 목재 테이블, 셀라돈 식기까지 고급스럽다.

레시피는 주인장의 할머니인 '쿤 야이 Khun Yai'가 요리하던 비법을 그대로 전수 받았다. '쿤 야이'는 뜨랏(태국 동부 해변 지방)에서 자랐고, 콘깬(태국 북동부 지방의 중심 도시)에서 레스토랑을 운영했기 때문에 생선 젓갈과 이싼(북동부 지방) 음식에 특출나다.

추천 요리로는 무 양 찐째우 카우찌(돼지고기와 찰밥 숯불구이) Issan Style Pork with Grilled Sweet Sticky Rice, 무 차무앙(차무앙 잎을 넣어 만든 돼지고기 카레) Pork Curry with Chamuang Leaves, 얌 쁠라 싸릿 톳 끄롭(매콤하고 시큼한 생선 튀김 샐러드) Crispy Fish in Spicy Dressing이 있다. 이싼 음식을 좋아한다면 얌 느아라이(매콤한 소고기 샐러드) Yum Nue Lai도 놓치기 아쉽다. 팟타이 또는 카우팟 같은 외국인 관광객용 태국 음식을 맛보기 위해 찾는 곳은 아니다. 좀 더 다채로운 태국 음식에 눈을 뜨게 해 줄 것이다. 사진으로 된 메뉴판이 갖추어져 있어 새로운 음식에 대한 이해를 돕는다.

Supanniga Eating Room

반 쏨땀(쑤쿰윗 · 에까마이 지점) Baan Somtum บ้านส้มตำ (ซอยสุขใจ สุขุมวิท 40)

주소 15 Soi Suk Chai, Thanon Sukhumvit Soi 40 **전화** 0-2381-1879, 09-5546-9546 **홈페이지** www.baansomtum.com **영업** 11:00~22:00(주문 마감 21:30) **메뉴** 영어, 태국어 **예산** 70~385B **가는 방법** 쑤쿰윗 쏘이 40과 쏘이 42를 연결하는 쏘이 쑥짜이에 있다. 일방통행이라 택시를 탈 경우 쑤쿰윗 쏘이 40으로 들어가서, 쑤쿰윗 쏘이 42로 나오게 된다. BTS 에까마이 역 2번 출구에서 600m.

유명한 쏨땀 전문 레스토랑인 반 쏨땀의 분점이다. 반 쏨땀은 '쏨땀(파파야 샐러드) 집'이란 뜻으로, 현지 음식을 부담 없는 가격에 선보인다. 인기가 많아지면서 현재는 8개 분점을 운영하는데, 이곳도 그 중 하나다. 동부 버스 터미널 뒤쪽에 있는 쑤쿰윗 · 에까마이 지점은 넓은 주차장을 갖추고 있다. 레스토랑도 규모가 커서 본점에 비해 덜 북적대는 편이다. 본점과 마찬가지로 주방이 오픈되어 있어 쏨땀 만드는 모습을 직접 볼 수 있다.

카드 사용이 안 되니 현금으로 계산해야 한다. 자세한 내용은 P.270 참고.

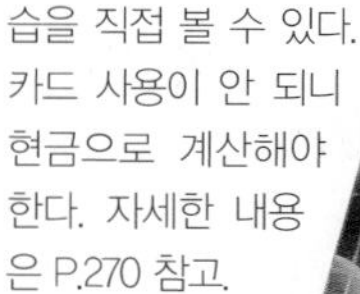

반 쏨땀 쑤쿰윗 에까마이 지점

엠케이 골드 MK Gold
เอ็มเค โกลด์ (เอกมัย) ★★★☆

주소 5/3 Thanon Sukhumvit Soi 63(Ekkamai) **전화** 0-2382-2367 **홈페이지** www.mkrestaurant.com **영업** 10:00~23:00 **메뉴** 영어, 태국어 **예산** 뷔페 485~539B **가는 방법** 타논 에까마이 메인 도로를 따라 150m. 일식당 미야자키 Miyazaki와 같은 건물에 있다. BTS 에까마이 역 1번 출구에서 도보 5분.

Map P.22-B3

태국의 대표적인 쑤끼 레스토랑인 엠케이 레스토랑(P.235)의 업그레이드 버전이다. 단층 건물임에도 불구하고 규모가 크다. 테이블끼리 적당히 간격을 유지하고 있어 여유롭게 식사할 수 있는 것도 장점이다. 쇼핑몰에 입점한 일반 엠케이 레스토랑에 비해 실내 인테리어도 고급스럽고 종업원들의 서비스도 좋다. 동네 분위기를 반영하듯 대형 주차장을 완비하고 있다. 터치스크린이나 메뉴판을 보고 원하는 채소와 고기, 면 종류를 고르고 주문하는 방식이다. 채소+고기로 구성된 세트 메뉴도 있으니 인원에 맞게 주문하면 된다. 소스에 마늘과 라임을 넣어 입맛에 맞게 먹을 수 있다. 향신료가 좋으면 '싸이 팍치', 싫다면 '마이 싸이 팍치'라고 외칠 것.

신선하고 다양한 식재료를 제공하는 엠케이 골드

MK Gold 에까마이 지점

MK Gold

소울 푸드 마하나콘
Soul Food Mahanakorn ★★★☆

주소 56/10 Thanon Sukhumvit 55(Thong Lo) **전화** 0-2714-7708, 08-5904-2691 **홈페이지** www.soulfoodmahanakorn.com **영업** 17:30~24:00(주문 마감 22:30) **메뉴** 영어, 태국어 **예산** 250~450B, 세트 메뉴 750~900B(+17% Tax) **가는 방법** 타논 쑤쿰윗 메인 도로에서 통로(타논 쑤쿰윗 쏘이 55)로 들어가서 길 따라 150m 올라간다. 레스토랑과 간판이 작아서 유심히 살펴야 한다. BTS 통로 역 3번 출구에서 도보 5분. Map P.22-B3

'통로' 일대에 거주하는 서양인들과 외국인 관광객들에게 인기 있는 태국 음식점이다. 아담한 레스토랑으로 저녁 시간에만 문을 연다. 복층으로 이루어졌으며, 목재를 이용해 '바 Bar'처럼 꾸며 아늑하다. 편하고 자유로운 느낌을 주는데 어둑한 조명으로 인해 차분하다. 특이하게도 전직 푸드 칼럼니스트였던 미국인이 태국 음식을 요리한다. 그가 태국에서 맛봤던 대중적인 음식들을 깨끗하고 즐겁게 (그리고 에어컨이 나오는 시원한 곳에서) 제공하기 위해 영혼을 담은 음식(소울 푸드)을 만든다고 한다.

메뉴는 20여 종류로 많지 않다. 대신 이싼 음식(P.518 참고)과 태국 북부 지방 음식까지 골고루 요리한다. 깽항레 Gaeng Hang Lay(치앙마이에서 즐겨 먹는 북부 지방 카레 요리), 기본적인 태국 카레 요리, 쏨땀을 포함한 태국식 샐러드까지 맛볼 수 있다. 테이블이 몇 개 없어서 예약하고 가는 게 좋다.

소울 푸드 마하나콘

빠톰 오가닉 리빙
Patom Organic Living
ร้านปฐม (สุขุมวิท ซอย 49/6, ซอย พร้อมพรรค)

★★★☆

주소 9/2 Thanon Sukhumvit Soi 49/6(Soi Prompak) **전화** 09-8259-7514 **홈페이지** www.patom.com **영업** 화~일 09:30~18:00(휴무 월요일) **메뉴** 영어, 태국어 **예산** 커피 100~120B, 도시락 세트 130~150B **가는 방법** 타논 쑤쿰윗 쏘이 49/6(쏘이 프롬팍)에 있는 프롬팍 가든(콘도) Prompak Gardens 옆에 있다. 메인 도로에서 갈 경우 통로 쏘이 23(ทองหล่อ ซอย 23) 골목으로 들어가면 된다. 가장 가까운 BTS 역은 통로 역인데, 걸어가긴 멀다. Map P.22-A1, P.20-A1

빠톰 오가닉 리빙은 '나콘 빠톰'(방콕 인근에 있는 지방 도시)에 기반을 둔 130개의 농장과 정부 기관, 대학이 협업해 재배한 유기농 제품 생산조합에서 운영한다. 방콕의 부촌으로 불리는 통로(쑤쿰윗 쏘이 55) 지역에 있지만, 메인 도로가 아니라 주택가 골목 안쪽에 있어 찾기 어렵다. 하지만 이곳이 방콕인가 싶을 정도로 매력적인 정원을 갖고 있다. 화분과 수목이 가득한 넓은 정원에는 카페로 사용되는 글라스하우스(유리 집)가 있다. 넓은 창문을 통해 햇볕이 드는 카페에서 녹색의 정원을 감상하며 한껏 쉬어가기 좋다.
식사 메뉴는 유기농 음식들이 도시락처럼 만든 플라스틱 용기에 담겨져 있다. 유기농 주스에 사용하는 과일과 차(茶)는 농장에서 직접 재배한 것이다. 커피는 치앙다오(태국 북부지방)에서 재배한 원두를 사용한다. 허벌 밤 Herbal Balm, 립밤 Lip Bam, 바디 로션, 마사지 오일, 샴푸 등 유기농 제품도 함께 판매한다.

오드리 카페 Audrey Cafe
ออเดรย์ คาเฟ่ (ทองหล่อ ซอย 11)

★★★

주소 136/3 Thonglo Soi 11 **전화** 0-2712-6667~8, 08-9000-8090 **홈페이지** www.audreygroup.com/AudreyCafeRestaurant **영업** 11:00~22:00 **메뉴** 영어, 태국어 **예산** 220~590B(+17% Tax) **가는 방법** 통로 쏘이 11(씹엣) 골목 안쪽으로 200m. **BTS** 통로 역에서 1.2km 떨어져 있다(걸어가긴 멀다). Map P.22-B1

오드리 카페 & 비스트로 Audrey Cafe & Bistro의 방콕 본점이다. 동네 이름을 붙여서 '오드리 통로'로 불린다. 여성에게 인기 있는 예쁜 카페 스타일의 레스토랑이다. 대리석과 샹들리에를 이용해 유럽풍으로 꾸몄다. 오드리 헵번이 출연한 티파니에서 아침을 Breakfast at Tiffany's에서 영감을 얻었다고 한다.
태국 음식, 버거, 피자, 파스타, 스테이크, 꼬꼬뱅 Coq Au Vin까지 다양한 퓨전 요리를 제공한다. 독특한 메뉴로는 똠얌꿍 피자 Tom Yum Kung Pizza가 있다. 디저트로는 타이 티 크레페 케이크 Thai Tea Crepe Cake가 유명하다. 인기를 반영하듯 대형 쇼핑몰에 지점을 운영한다. 쎈탄 엠바시 Central Embassy 5F, 싸얌 센터 Siam Center 4F, 엠카르티에 백화점 EmQuartier 8F에 지점이 있다.

녹지대에 둘러싸인 빠톰 오가닉 리빙

유기농 제품을 판매한다

오드리 카페 통로 지점

유럽풍의 오드리 카페

로스트
Roast

인기 ★★★★

①**통로 1호점 주소** 335 Thong Lo(Thonglor) Soi 17, The Commons 3F **전화** 01-2185-2865 **홈페이지** www.roastbkk.com **영업** 월~목 10:00~23:00, 금~일 09:00~23:00 **메뉴** 영어 **예산** 커피 100~180B, 식사 250~890B(+17% Tax) **가는 방법** 통로 쏘이 17 골목 안쪽에 있는 '더 커먼스 The Commons' 3F(실제로는 4층)에 있다. 가장 가까운 BTS 역은 통로 Thong Lo 역인데, BTS 역에서 1.7km 떨어져 있어 걸어가긴 멀다. Map P.22-B1

②**엠카르티에 백화점 2호점 주소** 1F, The Helix Quartier, EmQuartier, Thanon Sukhumvit Soi 35 & Soi 37 **전화** 09-4176-3870 **영업** 10:00~22:00 **가는 방법** 엠카르티에 백화점 입구에서 봤을 때 왼쪽 건물에 해당하는 헬릭스 카르티에 1F에 있다. **BTS** 프롬퐁 역에서 백화점으로 입구가 연결된다. Map P.21-B2

통로(쑤쿰윗 쏘이 55)에서 유행처럼 돼버린 커뮤니티 쇼핑몰에 위치해 있다. 분위기는 카페라기보다 레스토랑에 가깝다. 도시적인 디자인이 편안함을 느끼게 해 준다. 커피와 음료를 만드는 모습을 볼 수 있도록 주방을 개방시킨 것도 편안함과 음식에 대한 신뢰감을 갖게 한다. 타블로이드 신문처럼 만든 메뉴판은 유쾌함을 유발한다. 커피 전문점답게 신선한 원두를 직접 로스팅해서 사용한다. 에티오피아, 과테말라, 엘살바도르, 브라질, 인도네시아 커피까지 다양한 커피를 맛볼 수 있다. 커피를 뽑는 방법은 '드립 커피'와 '프렌치 프레스' 중에 선택하면 된다.

브런치를 즐기기 위해 찾는 사람들이 많다(여성들과 젊은 커플들이 많이 찾는다). 샐러드와 샌드위치는 기본으로 크랩 케이크 베네딕트 Crab Cake Benedict, 살몬 크루도 Salmon Crudo with Dil & Capers, 아메리칸 팬케이크 American Pancakes, 시푸드 스튜 Seafood Stew 같은 추천 메뉴까지 다양하다. 디저트 중에는 스트로베리 와플 Strawberry Waffle이 가장 인기 있다. 저녁 메뉴는 파스타와 스테이크 같은 서양 음식(지중해 음식에 가깝다)으로 바뀐다. 차분하게 커피 한 잔 마시고 싶다면 손님이 몰려오기 전에 아침 일찍 서둘러 가는 게 좋다.

한 가지 희소식! 시내 중심가에 있는 엠카르티에 백화점 EmQuartier에 지점을 열어 접근이 편리해졌다. 통유리로 밖을 볼 수 있도록 만든 대형 레스토랑인데 인기를 반영하듯 손님들로 북적댄다. 자세한 내용은 헬릭스 카르티에(엠카르티에 백화점 식당가) P.87 참고.

Roast at The Commons

로스트 본점(더 커먼스)

로스트 지점(엠카르티에 백화점)

더 커먼스 The Commons
เดอะคอมม่อนส์ (ทองหล่อ ซอย 17)

주소 335 Thanon Thong Lo(Thonglor) Soi 17 **전화** 0-2712-5400 **홈페이지** www.thecommonsbkk.com **영업** 11:00~23:00 **메뉴** 영어, 태국어 **예산** 200~680B **가는 방법** 통로 쏘이 17(씹쩻) 골목 안쪽에 있다. BTS 통로 역에서 1.7 ㎞ 떨어져 있다.

Map P.22-B1

통로에 새로 생긴 커뮤니티 몰. 쇼핑보다는 식사에 중점을 두고 있다. 트렌디한 분위기를 선도하는 통로에서도 새롭게 생긴 곳이라 그만큼 '핫'하다. M층은 마켓 Market, 1층은 빌리지 Village, 2층은 플레이 야드 Play Yard, 3층은 톱 야드 Top Yard로 구분했다. 특히 M층에 해당하는 마켓에 쑤쿰윗에서 유명한 레스토랑이 몰려 있다. 푸드 마켓처럼 여러 개의 식당이 한자리에 모여 있다. 커피는 루트 커피 Roots Coffee(P.115), 아이스크림은 구스 댐 굿 Guss Damn Good, 수제 버거는 대니엘 타이거 Daniel Thaiger, 피자는 페피나 Peppina(P.97), 스테이크와 비비큐로는 미트 & 본스 Meat & Bones, 태국 음식은 소울 푸드 마하나콘 Soul Food Mahanakorn(P.112), 베트남 음식은 이스트 바운드 East Bound, 맥주는 더 비어 캡 TBC(The Beer Cap)에서 해결하면 된다. 브런치와 디저트를 원한다면 3층에 있는 로스트 Roast(P.114)를 이용할 것.

더 커먼스

The Commons

더 커먼스 M층에 해당하는 마켓

루트 커피
Roots Coffee

주소 1F, The Commons, 335/1 Thong Lo(Thonglor) Soi 17 **전화** 09-7059-4517 **홈페이지** www.rootsbkk.com **영업** 월~목 08:00~20:00, 금~일 08:00~21:00 **메뉴** 영어 **예산** 커피 100~160B **가는 방법** 통로 쏘이 17(씹쩻)에 있는 더 커먼스 The Commons 1층에 있다. 가장 가까운 BTS 역은 통로 역인데, 걸어가긴 멀다. BTS 역에서 1.7㎞ 떨어져 있다.

Map P.22-B1

방콕의 커피 마니아들 사이에 입소문으로 알려진 자그마한 카페다. 로스팅을 전문으로 하는 곳으로, 방콕 유명 카페에 커피 원두를 제공하기도 한다. 주말에만 잠깐 문을 열던 곳인데 2015년 12월 31일에 '더 커먼스 The Commons' 내부로 이전하면서 매일 문을 열고 있다. 루트 커피에서는 오로지 커피만 판매한다. 테이블도 몇 개 없어서 아담하다. 커피 원두는 태국 북부에서 생산된 신선한 커피콩을 기본으로 사용한다. 케냐, 콜롬비아, 브라질, 과테말라, 엘살바도르 등 커피 산지에서 수입한 양질의 원두커피도 판매한다. 그날그날 로스팅한 커피는 '투데이스 빈스 Today's Beans'라고 별도로 구분해 놓았다. 전문적인 바리스타 교육을 받은 직원들이 외국인 관광객에게 친절하게 대해준다.

커피 추출 방식에 따라 에스프레소 Espresso, 필터 커피 Filter Coffee, 콜드 브루 Cold Brew로 구분된다. 필터 커피는 핸드 드립과 프렌치 프레스로 구분된다. 콜드 브루는 장시간 커피를 내려 만든 아이스 커피를 의미한다. 전체적으로 달달한 커피보다는 쓴맛 또는 신맛의 진한 커피를 좋아하는 사람들에게 어울린다. 루트 앳 싸톤 Roots at Sathon(P.275)이라는 지점을 오픈했는데, 본점에 비해 넓고 쾌적하다.

커피 애호가들이 즐겨 찾는 루트 커피

페더스톤 카페 Featherstone Cafe

★★★☆

주소 60 Thanon Ekkamai Soi 12 **전화** 09-7058-6846 **홈페이지** www.facebook.com/featherstonecafe **영업** 10:30~22:00 **예산** 음료 120~160B, 메인 요리 280~650B(+17% Tax) **가는 방법** 타논 에까마이 쏘이 12 안쪽으로 800m. 가장 가까운 **BTS** 역은 에까마이 역이다. BTS 역에서 2㎞ 떨어져 있어 걸어가긴 멀다. Map P.23-C2, Map 전도 D-3

에까마이 지역에서 인기를 얻고 있는 브런치 카페. 타일과 대리석, 스테인드글라스 장식으로 스타일리시하게 꾸몄다. 유럽풍의 독특한 인테리어와 빈티지한 장식으로 인해 예쁜 사진을 담으려는 블로거들이 대거 찾아온다. 곳곳에 사진 찍는 포인트가 많아서 기념사진 찍기 좋다.

색감을 강조한 소다와 커피도 스냅 사진용으로 어울린다. 시그니처 드링크는 스파클링 아포테커리 Sparkling Apothecary에서 선택하면 된다. 식사 메뉴는 샐러드, 버거, 피자, 파스타 같은 브런치 위주로 특별하게 없다. 패션 액세서리와 가족 제품을 판매하는 부티크 숍을 함께 운영한다. BTS 역에서 멀어서 위치는 불편하다.

스타일리시한 페더스톤 카페

토비 Toby's
โทบีส์ (สุขุมวิท ซอย 38)

★★★☆

주소 75 Thanon Sukhumvit Soi 38 **전화** 0-2712-1774 **홈페이지** www.facebook.com/tobysk38 **영업** 화~일 09:00~22:30(휴무 월요일) **메뉴** 영어 **예산** 음료 100~150B, 메인 요리 250~650B(+10% Tax) **가는 방법** 쑤쿰윗 쏘이 38(쌈씹뺏) 안쪽으로 650m 떨어져 있다. **BTS** 통로 역 4번 출구에서 도보 15분. Map P.22-B3

아침형 인간에게 어울리는 브런치 레스토랑이다. 통로 지역에 있지만 골목 안쪽에 깊숙이 숨겨져 있어 주변이 매우 조용하다. 불편한 위치에도 불구하고 일부러 찾아오는 사람들이 많다. 아침 9시에 문 열자마자 아침 식사하러 오는 단골손님도 있다. 벽돌 건물과 원목 인테리어, 넓은 창문과 높다란 천장이 어우러져 여유롭다.

호주 스타일의 아침 식사를 제공한다. 에그 & 브레드 Egg & Bread(계란과 빵)를 기본 베이스로 연어, 베이컨, 스모크 햄, 아보카도, 페타 치즈, 방울토마토 등을 조합해 요리를 한다. 커피 종류도 다양하고 향도 좋다. 커피는 플랫 화이트 Flat White가 유명하다. 착즙 과일 주스도 건강한 맛이다.

디저트로는 바삭하고 달콤한 크리스피 프렌치 토스트 Crispy French Toast가 인기 있다. 저녁 시간에는 폭립 Beer Miso Marinated Pork Ribs, 그릴 치킨 Grilled Chicken, 새우 구이 Chilli Garlic Tiger Prawn, 스파게티 Spaghetti를 메인으로 요리한다.

브런치 카페로 인기 있는 토비

잉크 & 라이언 카페
Ink & Lion Cafe
★★★☆

주소 1/7 Thanon Ekkamai Soi 2 **전화** 0-2002-6874 **홈페이지** www.facebook.com/inkandlioncafe **영업** 09:00~18:00 **메뉴** 영어 **예산** 100~160B **가는 방법** 에까마이 쏘이 2(썽) 골목 안쪽에 있다. 메인 도로에 있는 에까마이 비어 하우스 Ekamai Beer House 옆 골목으로 들어가면 정면에 보이는 비스톤 Beestone 옆에 있다. BTS 에까마이 역 1번 출구에서 500m 떨어져 있다. Map P.22-B3

에까마이 지역에서 꽤나 유명한 카페다. 건축과 그래픽 디자인을 전공한 방콕 태생의 주인이 운영한다. 아담한 카페 내부는 하얀색 벽돌과 나무 바닥이 차분하게 어우러지고, 그림을 전시해 갤러리처럼 꾸몄다. 테이블은 학교에서 쓰던 책상과 의자가 놓여 있다.

직접 로스팅한 원두를 이용해 커피를 만들기 때문에 커피 향이 잘 살아 있다. 커피는 에스프레소, 아메리카노, 카푸치노, 모카, 라테, 아포가토로 구성된다. 드립 커피 Hand-Brewed Coffee로 주문해도 된다. 케이크와 와플 같은 디저트를 곁들여도 좋다. 어정쩡한 위치 때문인지 뜨내기 관광객에게 많이 알려지지 않았다. 방콕 젊은 이들과 장기 체류하는 외국인들이 즐겨 찾는다. 원두커피와 에코 백을 포함한 굿즈도 판매한다.

잉크 & 라이언 카페

에까마이 마끼아또
Ekkamai Macchiato

★★★☆

주소 6/2 Ekamai Soi 12 **전화** 08-0169-9824 **홈페이지** www.facebook.com/ekkamaimac **영업** 08:00~18:00(휴무 화요일) **메뉴** 영어, 태국어 **예산** 커피 110~190B, 220~500B **가는 방법** 에까마이 쏘이 12로 들어가서 100m. BTS 에까마이 역에서 1.2km 떨어져 있다. Map P.23-C2

'홈 브루어 Home Brewer'라 적힌 간판처럼 주택을 개조해 카페로 사용한다. 트렌디한 느낌보다는 가정집의 아늑함이 느껴진다. 다만 그만큼 공간이 협소하다. 한쪽은 커피 바, 다른 한쪽은 주방을 겸한 쿠킹 스튜디오로 쓰인다. 세계 최고라 불리는 라마르조코 에스프레소 머신을 사용해 만든 아메리카노, 카푸치노, 라테, 마끼아또를 맛볼 수 있다. 시그니처 커피는 어덜트 아포가토 Adult Affogato(커피+초콜릿 아이스크림+초콜릿 가루+오렌지 슬라이스)로, 디저트에 가깝다.

레스토랑을 겸하는데, 여느 브런치 카페와 달리 '밥'을 만들어 준다. 덮밥 형태의 일본 · 태국 음식이 많다. 매콤한 돼지고기와 바질 볶음 Spicy Pork and Holy Basil, 갈릭 포크(마늘 돼지고기 볶음 덮밥) Garlic Pork, 꽃 등심 덮밥 Rib Eye Rice Bowl, 일본식 돼지고기 카레 Pork Curry 등 한 끼 식사로 손색이 없다.

아담한 가정집 분위기
어덜트 아포가토
에까마이 마끼아또

카우 레스토랑
Khao Restaurant
ร้านอาหาร ข้าว (เอกมัย ซอย 10)

★★★★

주소 15 Thanon Ekamai Soi 10 **전화** 0-2381-2575, 09-8829-8878 **홈페이지** www.khaogroup.com **영업** 12:00~14:00, 18:00~22:00 **메뉴** 영어, 태국어 **예산** 메인 요리 320~690B(+17% Tax) **가는 방법** 타논 에까마이 쏘이 10 골목 안쪽으로 200m. 빅 씨 Big C 지나서 헬스 랜드 스파 & 마사지(에까마이 지점)을 끼고 오른쪽 골목으로 들어가면 된다. BTS 에까마이 역 1번 출구에서 1.2㎞ 떨어져 있다. Map P.13-C2

쌀(또는 밥)이란 뜻의 '카우'는 태국 음식과 떼려야 뗄 수 없는 관계다. 태국에서 밥이란 곧 일상생활을 의미하기 때문이다. 이곳은 얌(매콤한 태국식 샐러드), 남프릭(매콤한 쌈장에 찍어 먹는 채소와 생선 요리), 깽(태국식 카레)을 메인으로 요리하는 정통 태국식 레스토랑으로, 완성도 높은 음식을 부담스럽지 않은 가격에 선보인다. 주방을 책임지는 조리장 위칫 무꾸라 Vichit Mukura의 존재감으로도 유명하다. 태국 요리에 정통한 그는 방콕 최고의 호텔로 꼽히는 오리엔탈 호텔에서 28년 동안 수석 요리사로 근무했다. 이곳은 독립한 그가 새롭게 선보인 공간으로, 여느 호텔 레스토랑과 견주어도 아쉽지 않을 만큼 높은 품격을 자랑한다. 쌀 저장고를 현대적으로 재해석한 인테리어가 단연 인상적인데, 원목과 넓은 창문을 통해 자연 채광을 최대한 살린 것이 눈에 띈다. 탁 트인 공간과 높은 천고는 쾌적하고 여유로운 분위기를 자아낸다. 신선한 식재료와 향신료를 사용하며, 메뉴 전반이 과하지 않고 정갈하다.

쌀 저장고를 현대적으로 디자인한 레스토랑 내부

카우 레스토랑

보.란
Bo.Lan

★★★☆

주소 24 Thanon Sukhumvit Soi 53 **전화** 0-2260-2961~2 **홈페이지** www.bolan.co.th/2014/ **영업** 화~금 18:00~22:30, 토~일 12:00~14:30, 18:00~22:30(휴무 월요일) **메뉴** 영어 **예산** 점심 세트 메뉴 2,200B, 저녁 세트 메뉴 3,280~3,680B(+17% Tax) **가는 방법** 타논 쑤쿰윗 쏘이 53(하씹쌈)으로 100m 들어가면, 진행 방향으로 도로 오른쪽에 있는 좁은 골목 안쪽에 있다. BTS 통로 역 1번 출구에서 도보 5분. Map P.22-A3

보.란은 주인장과 요리사를 겸하는 태국 여성 '보 Bo'와 호주 남성 '딜런 Dylan'을 합성해 만든 이름이다. 보란을 붙여서 읽으면 고대(古代)라는 뜻의 태국어가 된다. 젊은 요리사 커플은 매일 시장을 들락거리며 신선한 식재료를 구입하며 카레 페이스트와 코코넛 밀크까지 직접 만들 정도로 태국 음식에 지대한 공을 들이고 있다.

메인 요리는 20여 종류로 많지 않다. 음식을 코스별로 하나씩 주문하는 알라카르테 메뉴보다는 디저트를 포함해 11가지 음식이 세트로 구성된 보.란 밸런스 Bo.Lan Balance를 선택하는 것이 낫다. 보.란 밸런스 메뉴는 계절에 따라 수시로 바뀐다. 가능하면 예약을 하고 가는 게 좋다. 요일마다 문 여는 시간이 다르다. 월요일은 휴무, 화~수요일은 저녁식사만 가능하다.

보란

Nightlife

통로 & 에까마이의 나이트라이프

외국인들을 위한 술집보다는 태국 젊은이들이 선호하는 클럽이 가득하다. 한마디로 방콕에서 '잘 나가는' 업소들로 방콕의 클럽 문화를 이끌어 간다고 해도 과언이 아니다. 특히 에까마이 쏘이 5 사거리 주변에 클럽이 몰려 있다.

옥타브 Octave Rooftop Lounge & Bar

주소 45F, Marriott Hotel Sukhumvit, 2 Thanon Sukhumvit Soi 57 **전화** 0-2797-0000 **홈페이지** www.facebook.com/OctaveMarriott **영업** 17:00~02:00 **메뉴** 영어, 태국어 **예산** 칵테일 390~490B, 메인 요리 450~1,550B(+10% Tax) **가는 방법** 타논 쑤쿰윗 쏘이 57에 있는 메리어트 호텔 쑤쿰윗 내부에 있다. 호텔 로비 안쪽에 있는 엘리베이터를 타고 45층으로 올라가서 종업원의 안내를 따르면 된다. BTS 통로 역 3번 출구에서 400m. Map P.22-B2

고급 호텔의 대명사처럼 여겨지는 호텔 루프 톱 라운지 중의 한 곳이다. 5성급 호텔인 메리어트에서 운영한다. 45층부터 49층까지 층마다 분위기가 조금씩 다르다. 45층은 야외 테라스 형태로 꾸며 레스토랑에 가깝다. 실질적인 루프 톱은 48~49층에 있다. 360° 로 펼쳐진 꼭대기 층에는 원형의 바를 중심으로 테이블까지 놓여 있다. 무엇보다 막힘없이 방콕 풍경을 감상할 수 있어 눈을 시원하게 해준다. 강변 풍경이 아닌 시내 중심가의 방콕 스카이라인이 펼쳐진다. 예약하고 가는 게 좋지만, 좌석이 없을 경우 서서 술을 마시면 된다.

맥주보다 칵테일 메뉴가 다양하다. 식사 메뉴는 술과 어울리는 스낵과 스시, 그릴 등 간편한 메뉴로 구성되어 있다. 해피 아워(오후 5시~7시)에는 1+1 프로모션이 제공된다. 오후 8시부터는 DJ가 음악을 틀어준다. 비가 올 때는 실내 공간만 오픈한다. 술 판매는 20세 이상에게만 허용되기 때문에 신분증을 챙겨 갈 것. 기본적인 드레스 코드도 지켜야 한다.

쑤쿰윗 일대가 시원스럽게 내려다보인다

Octave Rooftop Lounge & Bar

메리어트 호텔 쑤쿰윗에서 운영하는 옥타브

투바 Tuba

★★★☆

주소 34 Ekkamai Soi 21 **전화** 0-2711-5500 **홈페이지** www.papaya55.com/tuba-bkk.html **영업** 11:00~24:00 **메뉴** 영어, 태국어 **예산** 맥주 · 칵테일 160~300B, 메인 요리 250~750B(+10% Tax) **가는 방법** 에까마이 거리 북쪽 끝자락에 해당하는 에까마이 쏘이 21(이씹엣)에 있다. 통로 쏘이 20(쏘이 쨈짠) Thong Lo Soi 20(Soi Chaem Chan) 방향에서 진입해도 된다. 가장 가까운 BTS 역은 에까마이 역이지만 걸어가긴 멀다. Map P.23-C1

술집이긴 하지만 단순히 술집이라고 단정 짓기 힘든 복합 공간이다. 의자와 소파, 가구, 골동품, 램프 전시장을 겸하고 있으며(전시된 물건을 판매한다), 독특한 소품을 이용해 자연스럽게 갤러리로 꾸몄다. 실내는 파티션과 층으로 구분되어 있다. 각각의 공간은 불상, 마네킹, 장난감, 인형, 당구대, 랜턴, 네온사인, 유화 등을 이용해 복고풍으로 꾸몄다.

쓸모없는 물건들로 채워진 것 같은 실내 공간은 포스트 모던 아트처럼 흥겹다. 전체적으로 자유분방하면서도 '쿨'한 공간으로 편하게 술 한잔하기에 좋다. 다양한 생맥주와 수입 맥주, 칵테일을 구비하고 있다. 메인 요리는 피자, 파스타, 스테이크를 포함한 이태리 음식이다. 술안주로 적합한 해산물 위주의 태국 음식도 함께 요리한다. 해피 아워(17:00~20:00)에는 맥주 2+1, 칵테일 1+1 프로모션을 제공한다.

Tuba

WTF 갤러리 & 카페 WTF Gallery & Café

★★★☆

주소 7 Thanon Sukhumvit Soi 51 **전화** 0-2626-6246 **홈페이지** www.wtfbangkok.com **영업** 화~일 18:00~01:00(휴무 월요일) **메뉴** 영어 **예산** 칵테일 250~380B **가는 방법** 타논 쑤쿰윗 쏘이 51 안쪽으로 100m 들어가면, 왼쪽 편에 보이는 막혀있는 작은 골목 안쪽에 있다. BTS 통로 역 1번 출구에서 도보 15분. Map P.22-A2

통로와 에까마이에서 한 블록 떨어진 곳에 위치한 아담한 술집이다. 테이블이 몇 개 없어서 포근한 사랑방 분위기를 연출한다. 복고풍의 사진과 영화 포스터를 이용해 인테리어를 꾸몄다. 술집이지만 오락적인 요소보다는 예술의 향기를 풍긴다. 2 · 3층은 사진 전시와 설치 미술, 비디오 아트를 위한 갤러리로 운영된다. 음악 공연이 열리기도 한다. 갤러리에서는 창의적이고 파격적인 작품들이 자주 전시된다. WTF는 원더풀 타이 프렌드십 Wonderful Thai Friendship의 약자로 창의적인 생각을 가진 친구들이 함께 어울리는 소셜 클럽을 지향하고 있다. 예술이나 창작적인 일에 종사하는 태국 젊은이들이 즐겨 찾는다. 참고로 갤러리는 오후 4시부터 8시까지만 관람(입장료 무료, 월요일 휴무)이 가능하다.

골동품과 가구로 실내를 꾸민 투바

WTF Gallery & Café

미켈러 방콕 Mikkeller Bangkok

★★★★

주소 26 Ekamai Soi 10 Yaek 2 **전화** 0-2381-9891 **홈페이지** www.mikkellerbangkok.com **영업** 17:00~24:00 **메뉴** 영어 **예산** 200~460B **가는 방법** 헬스 랜드 스파 & 마사지(에까마이 지점)을 끼고 에까마이 쏘이 10 골목 안쪽으로 300m 들어가서, 카우 Khao 레스토랑 앞 삼거리에서 우회전하고, 150m 직진 후 골목 길 끝 삼거리에서 다시 좌회전한다. 택시를 탈 경우 '에까마이 쏘이 씹 액 썽 เอกมัยซอย 10 แยก 2' 이라고 말하면 된다. BTS 에까마이 역 1번 출구에서 800m 떨어져 있다. Map P.23-C2

덴마크 사람들이 합심해 만든 미켈러는 다른 곳에서는 맛볼 수 없는 수제 맥주 Craft Beer를 판매한다. 방콕 최초의 수제 맥주 바로 알려졌는데, 코펜하겐과 샌프란시스코를 거쳐 서울 신사동(가로수길)에도 지점을 열었다. 30종류의 맥주를 탭에서 뽑아 주는데 수제 맥주라서 매번 똑같은 맥주를 판매하지는 않는다. 칠판에 그날 가능한 맥주 품목이 적혀 있다. 나초 치즈, 트러플 파스트, 수제 버거 같은 음식(320~520B)도 가능하다.

타논 에까마이 골목 안쪽 조용한 주택가에 위치해 있다. 찾아가기 어렵다는 단점이 있지만, 마당 넓은 가정집을 개조한 술집이라 아늑하다. 넓은 창문 밖으로 보이는 정원을 바라보며 목재 테이블에 술잔을 놓고, 나무 의자에 앉아 친구들과 대화를 나누기 좋다. 건기가 되면 마당에 쿠션을 깔아 놓고 야외에서 편하게 맥주 한잔 할 수도 있다.

Mikkeller Bangkok

아이언 페어리스 Iron Fairies

★★★☆

주소 40 Thong Lo(Thonglor) Soi 12 & Soi 14, Thanon Sukhumvit Soi 55 **전화** 09-9918-1600, 0-2714-8875 **홈페이지** www.facebook.com/ironfairiesbkk **영업** 18:00~02:00 **메뉴** 영어 **예산** 맥주 · 칵테일 240~695B(+17% Tax) **가는 방법** 통로 쏘이 12(씹썽)와 쏘이 14(씹씨) 사이에 있다. 입구에 특별한 표시가 없어서 잘 살펴야 한다. BTS 통로 역 3번 출구에서 도보 20분. Map P.22-B1

호주 사람이 운영하는 수제 버거 레스토랑으로 와인 바를 겸한다. 독특한 모양새로 관심을 끄는 비밀스런 곳이다. 겉에서 보면 눈에 잘 띄지 않는 나무 출입문과 유리창이 있을 뿐이다. 팩토리 Factory와 워크숍 Workshop이라고 큼지막하게 쓰여 있어 뭐하는 곳인가 하고 의구심을 품게 된다. 묵직한 쇳덩이들이 가득한 이곳은 낮에는 실제로 금속 공예와 가죽 제품을 만드는 공방으로 운영된다.

저녁때가 되면 술집으로 변신하는데, 직접 만든 (철의 요정 조각을 포함해) 금속 조각들이 진열되어 독특함을 더한다. 어둑한 실내는 동화책에 나오는 요정들(또는 마술사와 광대들)이 사는 마법의 집처럼 생겼다. 나선형 계단이 2층으로 연결돼 신비함을 더한다. 주말 저녁에 재즈 밴드가 라이브로 음악을 연주한다. 참고로 입장료는 따로 없지만 주말에는 1인당 800B 이상 주문할 것을 요구한다.

Iron Fairies

홉스(하우스 오브 비어)
HOBS (House of Beers) ★★★☆

주소 1F, Penny's Balcony, 522/3 Thong Lo Soi 16 **전화** 0-2392-3513 **홈페이지** www.houseofbeers.com **영업** 17:00~01:00 **메뉴** 영어 **예산** 맥주 200~680B(+17% Tax) **가는 방법** 통로 쏘이 16에 있는 펜니 발코니(커뮤니티 쇼핑 몰) 1층에 있다. BTS 통로 역에서 걸어가긴 멀다. Map P.22-B1

홉스 본점(통로)

벨기에 사람이 운영하는 벨기에 맥주 전문점이다. 독일 · 영국 · 스페인 맥주도 판매한다. 단순히 수입한 병맥주를 파는 게 아니고 생맥주 Draft Beer도 있어 맥주 애호가에게 사랑받는다. 벨지안 프라이(감자튀김)를 곁들여 맥주 한잔하기 좋다. 외국인들, 관광객보다는 직장인들이 퇴근하고 술 한잔하러 즐겨 찾는다. 방콕 시내에 있는 대형 쇼핑몰에도 지점을 운영한다. 쎈탄 월드(쇼핑몰) 그루브 Groove at Central World(P.320)와 레인 힐 Rain Hill(P.330) 지점은 BTS역과 인접해 접근성이 좋다.

더 비어 캡
TBC(The Beer Cap) ★★★

주소 1F, The Commons, 355 Thong Lo(Thonglor) Soi 17 **전화** 0-2185-2517 **홈페이지** www.thebeer cap.com **영업** 11:00~01:00 **메뉴** 영어, 태국어 **예산** 맥주 220~680B **가는 방법** 통로 쏘이 17(씹쩻)에 있는 더 커먼스 The Commons 1층에 있다. Map P.22-B1

더 비어 캡 TBC(The Beer Cap)

통로에서 핫한 쇼핑몰 더 커먼스 The Commons (P.115)에서 맥주 한 잔하기 좋은 곳이다. 맥주를 전문으로 취급하는 곳답게 다양한 수입 맥주와 수제 맥주를 즐길 수 있다. 쇼핑 몰 내부에 있어서 낮에도 문을 연다. 금요일 저녁에는 디제잉, 토요일 저녁에는 라이브 밴드가 공연을 한다.

낭렌 Nunglen
นั่งเล่น (เอกมัย) ★★★☆

주소 217 Thanon Sukumvit Soi 63 **전화** 0-2711-6564~5 **홈페이지** www.nunglen.org **영업** 월~토 19:00~02:00(휴무 일요일) **예산** 위스키 1,800~2,500B, 맥주 · 칵테일 200~320B **가는 방법** 에까마이 쏘이 5 & 에까마이 쏘이 7 사이에 있다. BTS 에까마이 역 1번 출구에서 타논 쑤쿰윗 쏘이 63(에까마이) 방향으로 도보 20분. Map P.22-B2

태국 젊은이들이 즐겨 찾는 클럽이 밀집한 통로와 에까마이 일대에서 변함없는 인기를 누리는 곳이다. 낭렌은 앉다라는 뜻의 '낭'과 놀다라는 뜻의 '렌'이 합쳐진 말로 라운지 스타일의 클럽이다. 태국의 대표적인 맥주 회사인 비아 씽(싱하 맥주) Singha Beer 사장의 아들이 운영한다.

실내는 특별한 치장이 없이 어두하나 항상 꽃단장한 젊은이들로 넘쳐난다. 특히 20대 초반의 젊은이들이 많다. 방콕에 있는 클럽 중에서 물 좋은 곳 중 하나로 꼽히며, 외국인들이 별로 없고 태국 젊은이들이 끼리끼리 테이블에 앉아 술 마시며 음악을 즐긴다. DJ가 아닌 라이브 밴드가 음악을 연주하며, 인디 밴드도 종종 무대에 선다. 음악이 강렬해질수록 서서 춤추는 사람들이 늘어난다. 나이 확인을 위해 신분증을 휴대해야 하며, 복장도 신경써야 한다. 일요일에는 문을 열지 않는다. 방콕에서 클럽 이용 시 주의 사항은 P.262 참고.

태국 젊은이들에게 인기 있는 낭렌

바바바 & 데모
Barbarbar & Demo ★★★☆

주소 Arena 10, 259/9-10 Thong Lo Soi 10(Ekkamai Soi 5) **홈페이지** www.facebook.com/demobangkok **영업** 화~일 21:00~02:00(휴무 월요일) **예산** 위스키(1병) 2,000~4,500B, 맥주 · 위스키(1잔) 260~380B **가는 방법** 통로 쏘이 10 중간의 '아레나 10 Arena 10' 내부에 있다. ①통로(쑤쿰윗 쏘이 55) 방향에서 진입할 경우 통로 쏘이 10에서 우회전해서 300m 가면 된다. BTS 통로 역 3번 출구에서 도보 20분. ②에까마이 쏘이 5에서 좌회전, 200m 더 가면 된다. BTS 에까마이 역 1번 출구에서 도보 20분. Map P.22-B2

통로와 에까마이 일대에서 잘 알려진 클럽 중의 하나다. 낭렌, 디엔디클럽과 더불어 태국 젊은이들에게 인기가 매우 높다. DJ가 음악을 믹싱하기보다는 라이브 밴드가 음악을 연주하는 전형적인 태국 클럽. 2018년에 리모델링해 시설이 좋다. 라이브 밴드가 음악을 연주하는 실내와 라운지 형태의 야외 테이블로 구분된다. 출입을 위해서는 신분증을 소지해야 하며, 복장에도 신경을 써야 한다. 외국인에게는 입장료를 부과한다. 사람이 많이 몰리는 주말에만 입장료 500B을 받는데, 음료(맥주 또는 칵테일) 2잔 쿠폰이 포함되어 있다. 바바바 오른쪽에는 자매 클럽인 데모 Demo가 있다. 허름한 창고건물처럼 보이지만 태국 젊은이들이 즐겨 찾는 클럽답게 주말에는 항상 붐빈다. 내부는 EDM 클럽과 힙합 클럽으로 공간이 구분되어 있다. 외국인 입장료는 500B이며, 테이블을 잡고 술을 마실 경우 양주를 시키면 된다. 참고로 데모 Demo는 Direct Eclectic Music Operation의 줄임말이다. 방콕에서 클럽 이용 시 주의 사항은 P.262 참고.

데모

바바바 Barbarbar

디엔디 클럽
DND Club(Do Not Disturb) ★★★☆

주소 Ekkamai Soi 5/1 **전화** 09-4414-9266 **홈페이지** www.facebook.com/donotdisturbclub **영업** 화~일 20:00~02:00(휴무 월요일) **메뉴** 영어, 태국어 **예산** 맥주 · 칵테일 260~300B, 위스키(1병) 3,900~5,900B **가는 방법** 에까마이 쏘이 5와 에까마이 쏘이 7 사이에 있는 '낭렌' 지나서 첫 번째 왼쪽 골목(에까마이 쏘이 1/5)에 있다. BTS 에까마이 역에서 1.5㎞ 떨어져 있다. Map P.22-B2

에까마이에서 유명한 EDM 클럽이다. 사운드 시스템이 훌륭하며, 경쟁 업소보다 감각적으로 꾸몄다. 빈티지한 느낌의 부티크 호텔처럼 디자인했다. 드레스룸, 욕조, 이발소(흡연실로 쓰인다), 목욕탕 세면대(화장실로 쓰인다) 등 인테리어가 독특하다. 태국의 클럽이 그러하듯 라이브 밴드가 무대를 꾸미기도 한다. 고급스런 시설과 비싼 술 값으로 차별화했다. 술 값은 다른 곳보다 비싸지만 믹서(얼음, 소다, 콜라)를 무제한으로 제공한다.

입장료는 없지만, 유명 가수가 무대에 오르는 날은 별도의 입장료(500~600B)를 받는다. 평일에는 자정이나 돼야 그런대로 클럽 분위기가 나고, 주말엔 붐빈다. 외국인보다는 태국 젊은이들이 즐겨 찾는다. 곱게 차려 입은 하이쏘 Hi-So들이 많이 찾아온다. 방콕에서 클럽 이용 시 주의 사항은 P.262 참고.

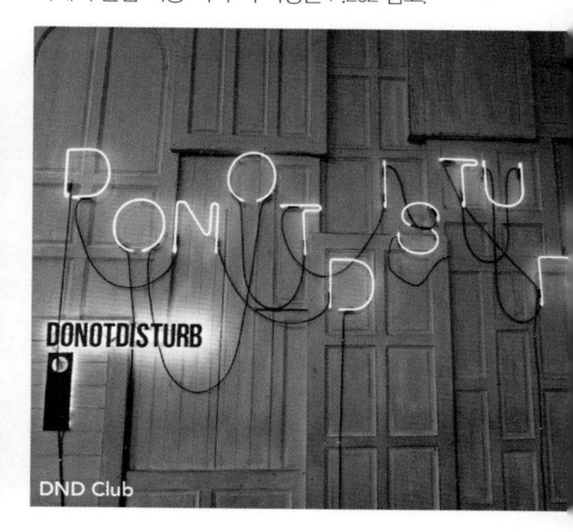

DND Club

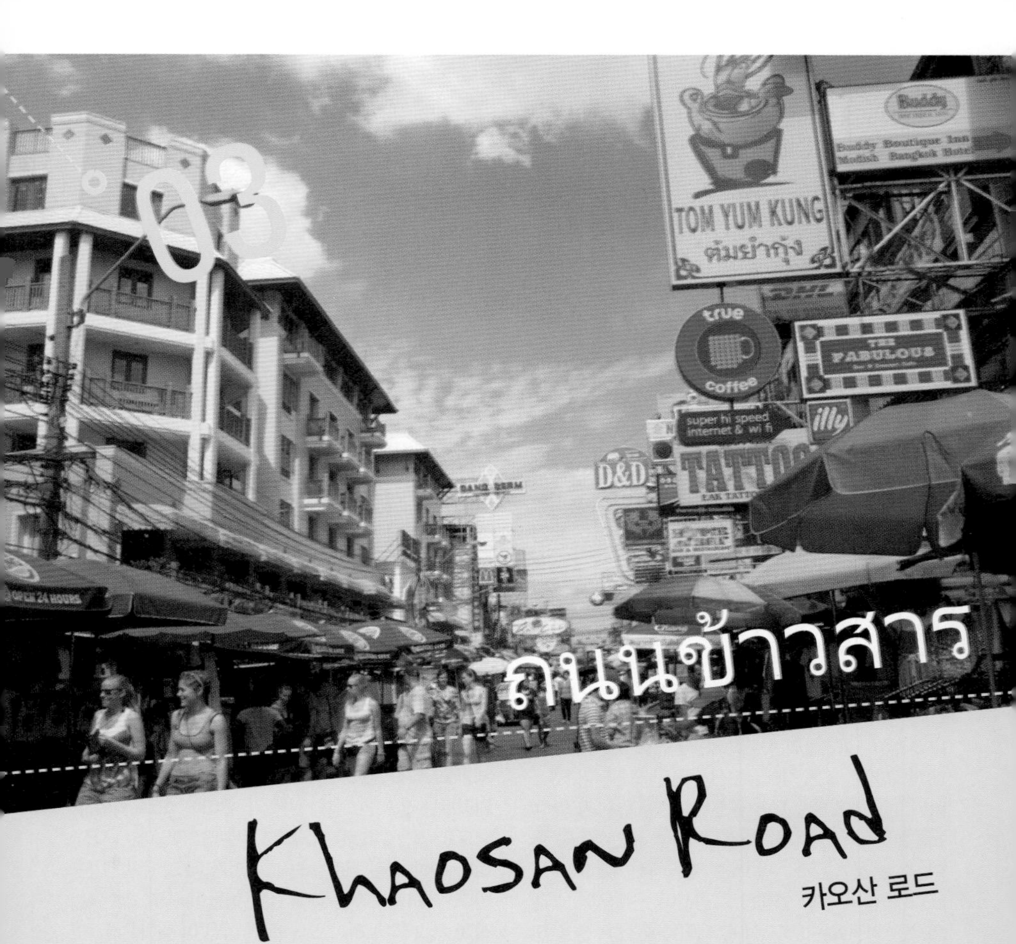

Khaosan Road

카오산 로드

방콕에 있지만 전혀 방콕답지 않은 동네다. 방콕을 방문하는 외국인이라면 누구나 알고 있는 '여행자 거리'다. 카오산 로드는 방람푸에 위치한 400m에 이르는 작은 길에 불과했다. 1980년대를 거치며 아시아를 횡단하던 히피 여행자들의 아지트가 되면서 세상에 알려졌고, 2000년대를 지나면서는 여행의 보편화와 상업주의가 결합해 세계에서도 유례를 찾기 힘든 여행자 거리로 번영을 거듭하고 있다.

카오산은 현재 타논 람부뜨리 Thanon Rambutri, 타논 프라아팃(파아팃) Thanon Phra Athit, 타논 쌈쎈 Thanon Samsen을 어우르는 방대한 지역으로 확장해 전 세계 여행자들의 해방구 역할을 한다. '가난한 유럽인 여행자들이 머무는 곳'이라고 평가 절하되기도 하지만, 장기 여행자들에게 필요한 숙소, 여행사, 여행자 카페가 밀집해 있어 여행에 필요한 모든 것을 원-스톱 서비스로 해결할 수 있다.

배낭족이 만들어 낸 반(反) 태국적인 문화는 카오산 로드를 찾는 태국 젊은이들과 결합해, 두 개의 상충된 문화가 상호작용하며 방콕의 또 다른 모습을 만들어 낸다. 카오산 로드는 그 곳에 있는 모두가 자유로울 수 있음을 극명하게 보여주는 공간이다. 어느 누구도 구속하거나 방해하지 않는 극한의 자유를 느껴보자.

항목	평점	페이지
볼 거 리	★★★☆☆	P.130
먹을거리	★★★★☆	P.136
쇼 핑	★★☆☆☆	P.131
유 흥	★★★★☆	P.144

알아두세요

1. 카오산 로드는 오후부터 차량 진입이 통제된다.
2. 카오산 로드는 밤이 되야 분위기가 업된다.
3. 택시를 타고 카오산 로드에 갈 경우 왓 차나쏭크람에서 내리면 편리하다.
4. 타 프라아팃 선착장(선착장 번호 N13)을 이용하면 배를 타고 왕궁, 왓 아룬, 차이나타운, 아시아티크 등으로 빠르게 이동할 수 있다.
5. 프라쑤멘 요새 주변은 저녁이 되면 선선한 야외 공원으로 변모한다.

Don't Miss

이것만은 놓치지 말자

1 노점에서 만들어주는 저렴한 팟타이 맛보기.(P.141)

2 버디 로지 호텔 앞 맥도널드 동상에서 기념사진 찍기.(P.131)

3 카오산 로드에서 저녁 시간 보내기.(P.146)

4 타논 람부뜨리의 노천 바에서 맥주 한 잔 하기.(P.144)

5 애드 히어 더 서틴스 블루스 바에서 라이브 음악 감상하기.(P.144)

6 저렴한 타이 마사지 받기.(P.148)

7 프라쑤멘 요새 옆 공원에서 바람 쐬기.(P.132)

Best Course
추천 코스

1 오전에 시작할 경우 (카오산 로드 + 라따나꼬씬 일정)

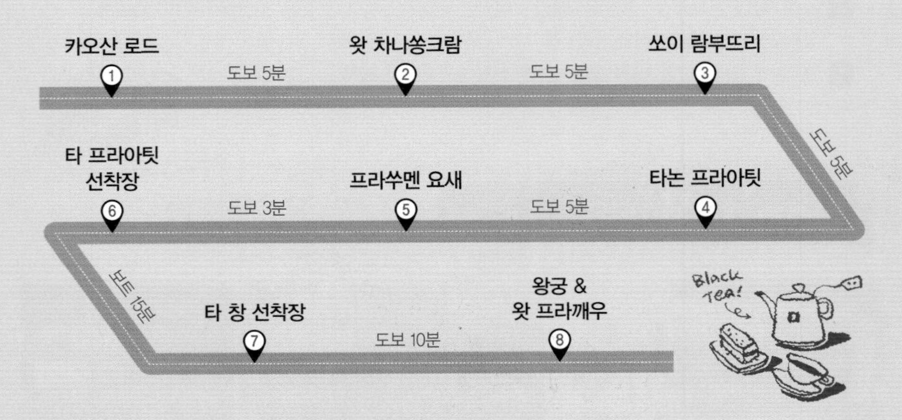

2 오후에 시작할 경우 (카오산 로드 일정)

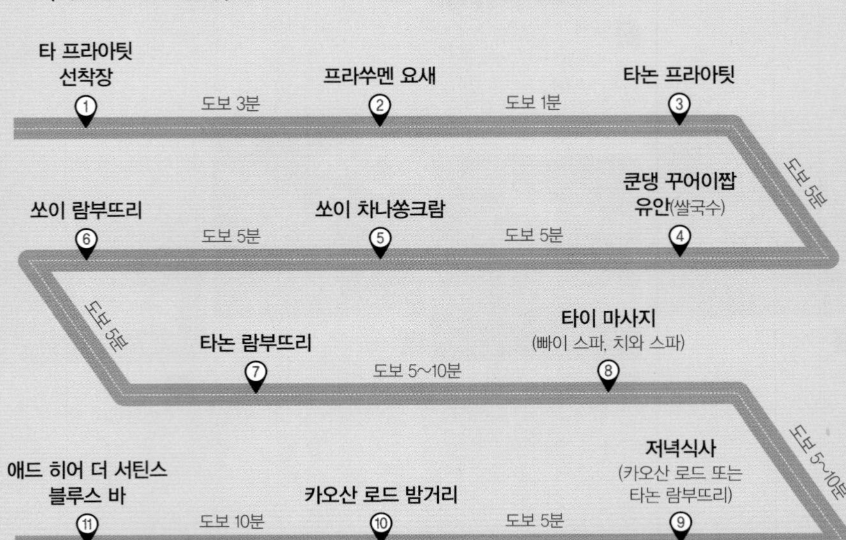

Travel Plus

쑤완나품 공항에서 카오산 로드 가기

쑤완나품 공항에서 카오산 로드까지 직행하는 방법은 공항 버스와 미터 택시가 있습니다. 공항 철도를 이용할 경우 종점인 파야타이 역에서 내려서 택시로 갈아타야 합니다. 밤 12시 이후에는 공항 철도 운행이 끝나기 때문에 무조건 택시를 타야 합니다. 3~4명이 함께 이동한다면 공항부터 미터 택시를 타는 게 여러 모로 편리하죠. 돈므앙 공항에서 시내로 들어가는 방법은 P.66 참고.

쑤완나품 공항

• 공항 버스 Airport Bus

쑤완나품 공항에서 카오산 로드를 연결하는 S1번 공항 버스가 2017년 6월부터 운행 중입니다. 공항 청사 1층 7번 회전문 밖으로 나가면 공항 버스 안내 데스크가 있는데, 이곳에서 안내를 받으면 됩니다. 운행 시간은 06:00~20:00까지이며, 편도 요금은 60B입니다.

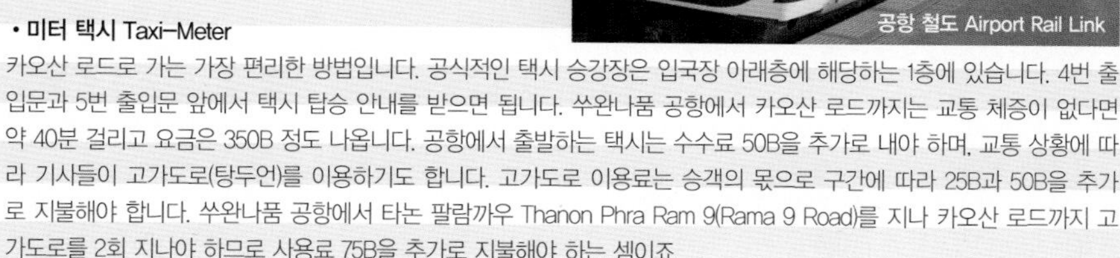

공항 철도 Airport Rail Link

• 미터 택시 Taxi-Meter

카오산 로드로 가는 가장 편리한 방법입니다. 공식적인 택시 승강장은 입국장 아래층에 해당하는 1층에 있습니다. 4번 출입문과 5번 출입문 앞에서 택시 탑승 안내를 받으면 됩니다. 쑤완나품 공항에서 카오산 로드까지는 교통 체증이 없다면 약 40분 걸리고 요금은 350B 정도 나옵니다. 공항에서 출발하는 택시는 수수료 50B을 추가로 내야 하며, 교통 상황에 따라 기사들이 고가도로(탕두언)를 이용하기도 합니다. 고가도로 이용료는 승객의 몫으로 구간에 따라 25B과 50B을 추가로 지불해야 합니다. 쑤완나품 공항에서 타논 팔람까우 Thanon Phra Ram 9(Rama 9 Road)를 지나 카오산 로드까지 고가도로를 2회 지나야 하므로 사용료 75B을 추가로 지불해야 하는 셈이죠.

• 공항 철도+미터 택시 Airport Train+Taxi Meter

공항 철도는 카오산 로드까지 연결되지 않습니다. 하지만 방콕 시내까지 가장 빠르게 이동할 수 있어 카오산 로드를 갈 때도 유용하죠. 우선 쑤완나품 공항 지하 1층으로 내려가서 공항 철도를 탑니다. 공항철도 시티라인을 타면 45B로 저렴합니다. 종점인 파야타이 역까지 25분 소요됩니다. 파야타이 역에 도착하면 1층으로 내려가서 미터 택시를 타면 됩니다. 파야타이 역에는 별도의 택시 승차장이 없으므로 도로에서 빈 택시를 세워 타고 가야 하죠. 카오산 로드까지 택시 요금은 70~90B이며, 교통 체증에 따라 15~30분 소요됩니다.

• 카오산 로드에서 공항 가기

쑤완나품 공항에서 카오산 로드로 왔던 방법을 거꾸로 실행하면 됩니다. 미터 택시를 타고 파야타이 역까지 간 다음, 공항 철도로 갈아타는 게 편리한 방법이죠. 이것저것 신경쓰기 귀찮다면 여행사에서 운영하는 미니밴을 이용하도록 합니다. 여행사와 게스트하우스에서 승객을 모아 합승 형태로 미니밴을 공항까지 운행합니다. 편도 요금은 150B이며, 오전 4시~오후 11시까지 1시간 간격으로 운행됩니다. 대중교통(공항버스)을 이용할 경우 P.129 참고.

공항 1층 7번 회전문 앞에 있는 S1 공항 버스 안내 데스크

카오산 로드와 인접해 있는 민주기념탑

카오산 로드 도로 표지판

Access

카오산 로드의 교통

카오산 로드까지는 BTS, 지하철, 공항 철도가 연결되지 않는다. 가장 편리한 교통은 짜오프라야 강을 따라 운행되는 수상 보트다. 그밖에 현지인들을 위한 교통편이지만 운하 보트 노선을 알아두면 방콕 시내로 갈 때 유용하다.

+ BTS · 공항 철도

카오산 로드와 가장 가까운 BTS 역은 랏차테위 역이다. 공항 철도 종점인 파야타이 역은 BTS 파야타이 역과 환승이 가능하다. 랏차테위 역과 파야타이 역은 한 정거장 떨어져 있다. 두 개 역 모두 카오산 로드까지 택시로 15~30분 정도 걸린다. 택시 요금은 70~90B.

+ 지하철 MRT

2019년 9월 31일부터 지하철 노선이 연장됐다. 카오산 로드와 가장 가까운 역은 MRT 싸남차이 Sanam Chai 역(Map P.6-B3)이다.

+ 수상 보트 Express Boat

카오산 로드와 5분 거리인 타논 프라아팃의 타 프라아팃 Tha Phra Athit(Phra Athit Pier) 선착장(선착장 번호 N13)에서 짜오프라야 익스프레스 보트를 타면 된다. 오렌지색 깃발이 달린 수상 보트만 타 프라아팃 선착장에 들른다(편도 요금 15B). 방콕 시내로 간다면 타 싸톤 Tha Sathon 선착장(Sathon Pier)에서 BTS로 갈아타면 편리하다.

+ 투어리스트 보트 Tourist Boat

투어리스트 보트는 타 프라아팃(프라아팃)과 타 싸톤(싸톤 선착장)을 오간다. 편도 요금(1회 탑승)은 60B이다. 자세한 내용은 P.70 참고.

+ 운하 보트 Canal Boat

좁은 수로를 따라 오염된 물을 가르며 빠르게 질주하기 때문에 낭만은 없지만 싸얌과 빠뚜남까지 가장 빠르게 갈 수 있는 교통편이다. 운하 보트 선착장은 타논 랏차담넌 끄랑 끝의 판파 다리(싸판 판파)와 인접한 판파 선착장(타르아 판파) Phan Fa Pier(Map P.7-B2)이다. 카오산 로드에서 판파 선착장까지는 도보로 15분 정도 걸린다. 자세한 정보는 P.71 참고.

+ 미터 택시 Taxi-Meter

방콕 시내를 드나드는 가장 편리한 방법이지만 차가 막히는 출퇴근 시간에는 많은 인내심이 요구된다. 3~4명이 함께 이동한다면 BTS에 비해 저렴하다. 후아람퐁 기차역과 차이나타운까지 80B, 싸얌 스퀘어까지 100B, 쑤쿰윗과 씰롬까지 200B, 짜뚜짝 주말시장과 머칫 북부 터미널까지 250B 정도를 예상하면 된다. 카오산 로드 주변은 외국인이 많기 때문에 일부 택시 기사는 요금을 흥정하려 한다. 차를 세워놓고 사람을 기다리는 택시보다는 빈 차로 움직이는 택시를 세워서 타는 게 바가지 쓸 일이 덜하다.

+ 뚝뚝 Tuk Tuk

가까운 거리를 이동할 때 택시처럼 이용한다. 목적지까지의 요금을 탑승 전에 흥정해야 한다. 카오산 로드 주변의 뚝뚝 기사들은 외국인에게 비싼 요금을 제시한다. 바가지 요금과 가짜 보석 가게로 안내하는 뚝뚝 기사를 주의해야 한다. 자세한 정보는 P.167 참고.

수상 보트

카오산 로드와 가까운 타 프라아팃 선착장

운하 보트 판파 선착장

에어컨 버스

뚝뚝

+ 시내 버스 Bus

카오산 로드는 버스가 드나들지 않지만 인접한 타논 프라아팃과 타논 랏차담넌 끄랑에서 버스를 이용하면 방콕 대부분의 지역으로 이동하는 버스를 탈 수 있다. 버스 노선뿐만 아니라 어느 방향에서 타야 하는지도 확인해야 한다.

주요 볼거리를 연결하는 버스 노선

버스 정류장 A | 타논 프라아팃(뉴 싸얌 리버사이드 앞) Map P.8-A1	
3번 (일반, 에어컨)	타논 프라아팃 → 타논 쌈쎈 → 짜뚜짝 주말시장 → BTS 쑤언 짜뚜짝 역 → 머칫 북부 버스 터미널
S1(공항버스)	타논 프라아팃 → 타논 랏차담넌끄랑 → 쑤완나품 공항
A4(공항버스)	타논 프라아팃 → 타논 랏차담넌끄랑 → 돈므앙 공항

버스 정류장 B | 타논 짜끄라퐁(땅화쌩 백화점) Map P.9-C1	
3번(일반)	타논 짜끄라퐁 → 왕궁 → 왓 포 → 빡크롱 시장 → 싸판 풋 → 웡위안 야이
30번(일반)	타논 짜끄라퐁 → 삔까오 다리 → 삔까오 파따 백화점 → 헬스 랜드 → 쎈탄 삔까오 백화점

버스 정류장 B | 타논 짜끄라퐁(땅화쌩 백화점) Map P.9-C1	
2번(일반), 511번(에어컨)	타논 랏차담넌 끄랑 → 판파 다리 → 타논 란루앙 → 타논 펫부리 → 빠뚜남 → 쎈탄 월드→ 에라완 사당 → BTS 칫롬 역 → BTS 펀찟 역 → BTS 나나 역 → BTS 아쏙 역 → BTS 프롬퐁 역 → 엠포리움 백화점 → 에까마이 동부 버스터미널
79번(에어컨)	민주기념탑 → BTS 랏차테위 역 → BTS 싸얌 역(싸얌 센터, 싸얌 파라곤, 싸얌 스퀘어) → 랏차쁘라쏭 사거리 → 쎈탄 월드
15번(일반)	타논 랏차담넌 끄랑 → 타논 밤룽므앙 → 타논 팔람 능 → 짐 톰슨의 집 → 마분콩 → BTS 싸얌 역 → 싸얌 스퀘어 → 에라완 사당 → 타논 랏차담리 → BTS 랏차담리 역 → 룸피니 공원 → BTS 쌀라댕 역 → 팟퐁 → 씰롬
35번(에어컨)	민주기념탑 → 왓 쑤탓 & 싸오 칭 차 → 타논 짜런끄룽(차이나타운) → MRT 후아람퐁 역 → 타논 쑤라웡 → 타논 짜런끄룽 → 로빈싼 백화점(방락 지점) → BTS 싸판 딱씬 역
183번(에어컨)	민주기념탑 → 빠뚜남(판팁 플라자, 아마리 워터게이트 호텔) → 공항철도 랏차쁘라롭 역 → 전승기념탑
503번(에어컨)	타논 랏차담넌 끄랑 → 타논 랏차담넌 녹 → 라마 5세 동상 → 왓 벤짜마보핏 → 전승기념탑 → BTS 싸남빠오 역 → BTS 아리 역 → 짜뚜짝 주말시장 → 랑씻
509번(에어컨)	민주기념탑 → UN(타논 랏차담넌 녹) → 전승기념탑(BTS 아눗싸와리 차이 역) → BTS 아리 역 → BTS 싸판 콰이 역 → 짜뚜짝 주말시장 → BTS 머칫 역
59번(에어컨)	타논 랏차담넌 끄랑 → 민주기념탑 → BTS 파야타이 역 → 전승기념탑 → 짜뚜짝 주말시장 → 쎈탄 랏파오(백화점) → 까쎄쌋 대학교 → 돈므앙 공항 → 랑씻
S1(공항버스)	타논 랏차담넌끄랑 → 민주기념탑 → 쑤완나품공항
A4(공항버스)	타논 랏차담넌끄랑 → 민주기념탑 → 돈므앙공항

※511번 에어컨 버스 중 탕두언(Expressway) 버스는 쑤쿰윗에 정차하지 않는다. 고가도로를 이용하는 급행 버스다.

버스 정류장 E Map P.9-D2 & F Map P.9-D2 | 타논 랏차담넌 끄랑 남 (삔까오 방향)	
79번, 183번, 516번, 556번	타논 랏차담넌 끄랑 → 삔까오 다리(싸판 삔까오) → 파따 백화점 PATA → 쎈탄 삔까오 백화점 → 남부 버스터미널(싸이 따이)

Attractions

카오산 로드의 볼거리

방콕의 옛 모습을 간직한 방람푸 지역에 속해 있어서 카오산 로드 주변에 다양한 볼거리가 많다. 외국인 여행자들이 가득한 카오산 로드에서 한 블록 떨어진 타논 랏차담넌 끄랑, 민주기념탑 등의 볼거리는 방람푸에서 자세하게 다룬다.

왓 차나쏭크람
Wat Chana Songkhram
วัดชนะสงคราม ★★

주소 Thanon Chakraphong **운영** 06:00~20:00 **요금** 무료 **가는 방법** 카오산 로드 서쪽 끝의 삼거리 코너에 있는 경찰서 맞은편에 있다. Map P.8-B2

여행자 거리인 카오산 로드와 짜오프라야 강과 연한 타논 프라아팃(파아팃) 사이에 있는 불교 사원이다. 왓 차나쏭크람은 전쟁에서 승리한 사원이라는 뜻이다. 라마 1세 때 왕실 사원으로 재건축되면서 새롭게 붙여진 이름이다. 1785~1787년까지 세 번에 걸친 버마(미얀마)와의 전쟁에서 승리한 것을 기념하기 위해 사원의 이름을 바꾸었다고 한다. 라따나꼬씬(방콕) 초기 사원의 건축 양식을 잘 보존한 우보쏫(대법전)을 간직하고 있다. 비슈누, 가루다로 장식된 외부 치장과 유리 모자이크로 만든 창문이 화려한 사원으로, 부처의 일대기를 그린 대법전 벽화도 볼 만하다.

사원 정문

왓 차나쏭크람은 카오산 로드 일대에서 지리를 파악하는데 중요한 이정표가 된다. 흔히 '사원 뒤'라고 부르는 사원의 주인공으로, 여행자들에게는 카오산 로드에서 쏘이 람부뜨리를 오가는 지름길로 사용된다. 승려들이 거주하는 꾸띠(승방)를 통해 사원 후문으로 나갈 수 있다.

왓 차나쏭크람 대법전

사원 뒷 골목에는 게스트하우스가 많아 여행자 거리 풍경이 남아있다

"알아두세요"

카오산 ถนนข้าวสาร은 어디 있는 산이에요?

방콕에 관한 이야기를 할 때 빼놓지 않고 등장하는 것이 바로 카오산입니다. 방콕에 대한 사전 지식이 없는 사람들은 종종 '카오산'이 산의 이름인 줄 알고 '방콕에 가면 등산할 수 있겠구나'라는 생각도 하는데요, 카오산은 방콕의 거리 이름이랍니다. 카오산은 '맨 쌀'이라는 뜻으로, 정확한 태국 발음은 '카우싼'입니다. 방콕 건립 초기에는 이곳에서 쌀을 거래했다고 하네요. 따라서 카오산 로드의 정확한 태국 발음은 '타논 카우싼'입니다. 하지만 워낙 많은 외국인들이 들락거리면서 영어식 명칭인 카오산 로드가 보편화되었습니다. 혹시 지방에서 온 택시 기사들이 잘 모를 수 있으니 타논 카우싼이라고 발음한다는 것도 알아두세요.

땅화쌩 백화점

방람푸 시장(딸랏 방람푸)
Banglamphu Market
ตลาดบางลำพู

★★

현지어 딸랏 방람푸 **주소** Thanon Chakraphong & Thanon Tani & Thanon Krai Si **영업** 09:00~24:00 **가는 방법** 카오산 로드에서 도보 5분 또는 수상 보트 타 프라아팃 선착장(선착장 번호 N13)에서 도보 10분. Map P.9-C1

카오산 로드와 가까워 특별한 살 거리가 없더라도 오며가며 들르게 되는 시장. 타논 짜끄라퐁 Thanon Chakraphong과 타논 보원니웻 Thanon Bowonniwet 사이를 아우르는 넓은 지역에 형성된 시장은 의류와 식료품을 파는 상인들로 분주하다. 노점과 좁은 길을 지나는 행인들과 뒤엉켜 항상 복잡하다. 노점에서는 카레 소스부터 딤섬과 스시까지 즉석에서 만들어 판매하고, 상점에는 청바지, 교복, 잠옷 등을 걸어 놓고 손님을 맞는다. 방람푸 시장 초입에는 땅화쌩 백화점 Tang Hua Seng Dapartment Store(Map P.9-C1)이 있다. 오래된 서민 백화점으로 1층에 슈퍼마켓이 있어 편리하다.

카오산 로드 거리 시장
Khaosan Road Market

★★★

주소 Khaosan Road **영업** 09:00~24:00(휴무 월요일) **가는 방법** 수상 보트 타 프라아팃 선착장(선착장 번호 N13)에서 도보 10분. Map P.9-C2

카오산 로드를 가득 메운 시장. 시내 쇼핑센터나 짜뚜짝 주말시장까지 갈 시간이 부족한 여행자들을 겨냥해 온갖 기념품과 독특한 디자인의 의류를 판다. 여행자들이 선호할 만한 히피 복장, 저렴한 티셔츠, 벙거지 모자, 지갑과 액세서리를 파는 노점이 많다. 옷과 액세서리 외에 불법 복제한 음악 CD와 영화 DVD가 널려 있고, 중고책들도 흔하다. 더불어 가짜 학생증이나 기자증을 즉석에서 발급해 주는 불법 영업소까지 즐비하다. 카오산 로드에서 판매되는 물건의 정가가 얼마인지는 아무도 알 수 없다. 흥정은 기본이므로 최선을 다해서 깎아야 한다. 비슷한 물건을 파는 가게가 많으므로 첫 번째 집에서 물건을 구입하지 말고 가볍게 흥정하면서 구입 예상 가능 가격을 탐색하는 것이 좋다. 차량이 통제되는 밤 시간이 쇼핑하기 좋은 때. 태국 젊은이들도 독특한 분위기를 느끼며 쇼핑을 즐긴다. 저녁때는 거리에 팟타이 노점이 등장하고, 노천에서 맥주 파는 레스토랑이 늘어나면서 분위기가 흥겨워진다.

기념 사진 찍기 좋은 버디 로지 호텔 앞의 맥도날드 동상

밤이 되면 더욱 활기넘치는 카오산 로드

산악민족까지 합세해 장사에 여념이 없는 카오산 로드

카오산 로드의 낮 풍경

프라쑤멘(파쑤멘) 요새
Phra Sumen Fort
ป้อมพระสุเมรุ ★★☆

현지어 뻠 프라쑤멘 **주소** Thanon Phra Sumen & Thanon Phra Athit **운영** 05:00~24:00 **요금** 무료 **가는 방법** 타논 프라아팃(파아팃)과 타논 프라쑤멘이 만나는 코너에 있다. **수상 보트** 타 프라아팃 Tha Phra Athit 선착장(선착장 번호 N13)에서 도보 3분.

Map P.8-B1

18세기 방콕이 건설될 때 만들어진 요새로 타논 프라아팃과 타논 프라쑤멘이 교차하는 코너에 있다. 하얀색의 성벽처럼 생긴 요새는 짜오프라야 강으로 공격해 오는 해군을 방어하기 위해 만든 것. 방콕 건설 당시 모두 14개의 요새를 만들었으나 현재는 마하깐 요새 Mahakan Fort(P.157)와 더불어 단 두 개만이 남아 있다.

프라쑤멘 요새 주변에는 짜오프라야 강을 끼고 싼띠차이 쁘라깐 공원 Santichai Prakan Park이 있다. 잔디와 강변 풍경이 어우러진 작은 공원으로 카오산 로드에서 가장 가까운 공원이다. 낮에 그늘 밑에서 소풍을 즐기거나 밤에 시원한 강변 바람을 쐬기 좋다. 주말에는 공연이 열리기도 하며, 해 질 무렵이 되면 사회체육 일환으로 진행되는 단체 에어로빅도 색다른 재미를 준다.

강변에서 볼 때 남쪽으로 삔까오 다리(싸판 삔까오) Pin Klao Bridge, 북쪽으로 라마 8세 대교(싸판 팔람 뺏) Rama 8 Bridge가 있다. 공원 내에서 음주와 흡연은 금지된다.

왓 보원니웻(왓 보원)
Wat Bowonniwet
วัดบวรนิเวศวิหาร ★★

주소 Thanon Phra Sumen **전화** 0-2281-2831 **홈페이지** www.watbowon.org **운영** 08:00~17:00 **요금** 무료 **가는 방법** 카오산 로드 오른쪽에서 타논 따나오 Thanon Tanao를 따라 북쪽으로 올라가면 타논 보원니웻 Thanon Bowonniwet의 방람푸 우체국 맞은편에 있다. 카오산 로드에서 도보 8분. Map P.9-D1

카오산 로드에서 가깝지만 많은 여행자들이 무시하고 지나치는 사원이다. 하지만 태국 사람들이 매우 중요시하는 곳으로 왕실 사원 중의 한 곳이다. 사원의 공식 명칭은 왓 보원니웻 위하라 Wat Bowonniwet Vihara, 줄여서 왓 보원이라고 부른다.

불교 국가인 태국에서 왕족들도 의무적으로 불교에 입문해 수행하게 되는데, 왓 보웬니웻은 왕족들이 수행하던 사원으로 중요시됐다. 태국 국민이 가장 사랑했던 국왕인 라마 9세가 이곳에서 수행했던 곳이라 사원의 가치는 더 빛난다. 2016년 12월 국왕의 자리에 오른 라마 10세(라마 9세의 장남)도 이곳에서 수행했다. 참고로 라마 4세(몽꿋 왕)는 왕자 신분이던 시절에 16년 동안(1836~1851)이나 왓 보원니웻의 주지 스님을 역임하기도 했다. 그는 수행을 끝내고 1851년에 국왕의 자리에 올랐다.

왓 보원니웻은 라마 3세 때 건설한 사원으로 노란색의 쩨디가 멀리서도 눈에 띈다. 또한 왓 마하탓 Wat Mahathat과 더불어 불교 대학을 운영하는 두 개 사원

카오산 로드와 인접한 프라쑤멘 요새

Phra Sumen Fort

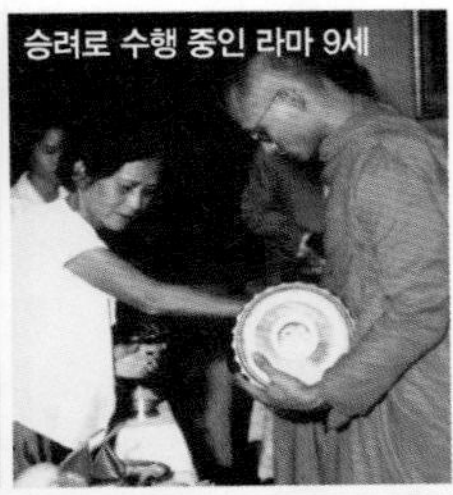
승려로 수행 중인 라마 9세

라마 8세 대교

왓 보원니웻

중의 하나다. 왕궁과 마찬가지로 사원을 출입할 때는 복장에 각별한 신경을 써야 한다. 왕실에서 사용하고 있는 사원의 일부 구역은 일반인 출입이 금지된다.

국립 미술관
National Gallery
พิพิธภัณฑสถานแห่งชาติ หอศิลป

★★

현지어 피피타판 행찻 호씰라빠 **주소** 4 Thanon Chao Fa **전화** 0-2282-2639 **시간** 수~일 09:00~16:00(휴무 월~화요일 · 국경일) **요금** 200B **가는 방법** 카오산 로드 왼쪽 끝과 만나는 타논 짜끄라퐁 Thanon Chakraphong에서 경찰서를 등지고 왼쪽으로 내려간다. 삼거리 갈림길에서 오른쪽으로 돌아 들어가면, 한인업소인 디디엠과 같은 방향의 타논 짜오파 Thanon Chao Fa에 미술관이 있다. 카오산 로드에서 도보 5분. Map P.8-B2

프라 나콘(방람푸와 라따나꼬씬이 속한 행정구역) Phra Nakhon 지역에서 더러 볼 수 있는 유럽풍이 가미된 왕실 건축물이다. 라마 5세 때인 1902년에 왕실 소속의 화폐주조소로 건설됐으며, 1974년부터 미술관으로 변모했다. 미술관으로서는 다소 어울리지 않는 건물이지만, 20세기 초반에 건설된 아름다운 건축물의 운치가 남아 있다.

특별 전시가 열릴 때를 제외하면 태국 작가들의 회화와 조각 작품을 상설 전시한다. 1층은 현대 미술 작품, 2층은 전통 예술 작품으로 구분해 전시하고 있다. 전체적으로 국립 미술관이라는 명성에 비해 전시물들이 빈약한 편이다. 외국인 입장료가 대폭 인상되어 카오산 로드 인근에 있지만 관광객들에게 큰 주목을 받지 못한다.

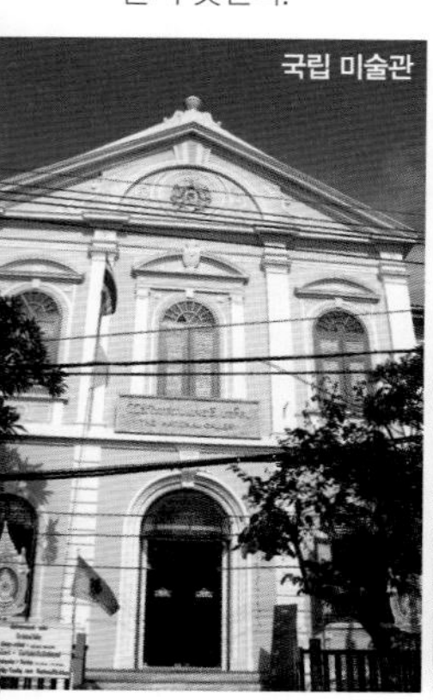
국립 미술관

조각과 미술 작품을 전시한 국립 미술관

왓 인타라위한
Wat Intharavihan
วัดอินทรวิหาร

★★

주소 Thanon Wisut Kasat(뜨랑 호텔 Trang Hotel 옆 골목) **운영** 08:00~20:00 **요금** 40B **가는 방법** 타논 위쑷까쌋 Thnon Wisut Kasat에 있는 뜨랑 호텔(롱램 뜨랑) Trang Hotel을 바라보고 오른쪽에 있는 골목 안쪽에 있다. 카오산 로드에서 도보 20~25분. 타 테웻 선착장(선착장 번호 N15)에서 도보 15~20분.

Map P.12-A2

방람푸 북단의 타논 위쑷까쌋에 있는 왓 인타라위한은 아유타야 시대에 세워진 오래된 사원이다. 사원은 무엇보다 대형 황금 불상인 루앙 퍼또 Luang Poto로 유명하다. 32m 크기의 아미타불로 라마 4세 때 만들어졌으며 스리랑카에서 가져온 부처의 사리를 불상 머리 부분에 보관하고 있다.

32캐럿의 황금을 녹여 만든 황금 불상은 규모가 워낙 커서 온화한 맛은 없지만, 아침 시간 햇빛을 받으면 유리 모자이크 조각이 아름답게 빛난다. 불상이 워낙 크기 때문에, 불상의 다리 앞에서 향을 피우며 소원을 비는 사람들을 어렵지 않게 볼 수 있다.

왓 인타라위한

사원을 찾은 순례자

황금 불상 루앙 퍼또

한인 업소

생소한 문화와 언어의 불편함을 해소해 주는 한인 업소들이 카오산 로드에서 성업 중이다. 게스트하우스, 레스토랑, 여행사, 클럽까지 다양한 업소들은 새로움에 적응하려는 여행자는 물론 한국이 그리운 여행자들에게 편리함과 안락함을 제공해 주는 공간이다. 단순히 한국 사람만을 위한 폐쇄적인 공간이 아니라 다양한 인종이 어울리는 카오산의 국제적인 분위기를 그대로 반영하고 있다.

디디엠 DDM

주소 1 Thanon Chao Fa **전화** 0-2281-1321, 070-4067-1321(인터넷 전화) **카카오톡** ddm5bkk **홈페이지** http://cafe.naver.com/ddmoh **요금** 도미토리 300B(에어컨, 공동욕실), 더블 650B(에어컨, 개인욕실), 3인실 1,000B(에어컨, 개인욕실) 식사 140~250B **가는 방법** 타논 짜오파 Thanon Chao Fa의 국립 미술관 왼쪽으로 약 100m 떨어져 있다. 왓 차나쏭크람 사원 뒤쪽에서 간다면 비비 하우스 람부뜨리 2 BB House Rambuttri 2를 끼고 홍익여행사 골목을 지난다. 타논 짜오파가 나오면 우회전한 후 20m 직진한다. Map P.8-A2

여행자 숙소와 한식당을 동시에 운영하는 한인 업소다. 레스토랑은 한식 전문으로 음식 맛이 좋고 정성도 가득해 여행자들의 입을 즐겁게 해 준다. 삼겹살과 비빔밥을 기본으로 잔치 국수와 김치 냉국수 등 24가지의 엄선된 식단을 선보인다.

DDM

DDM

도미토리는 모두 에어컨 시설이다. 7인실, 5인실로 구분된다. 새롭게 정비한 도미토리는 산뜻한 시설에 개인 사물함까지 갖추고 있다. 예쁘게 꾸민 일반 객실은 에어컨 시설로 개인욕실이 딸려 있다. 3인실과 패밀리 룸도 있다. 그밖에 생수와 수건을 제공해주며, 더운물 샤워와 와이파이도 지원된다. 기본적인 여행사 업무를 병행한다. 1일 투어와 버스표, 기차표 예약이 가능하다.

홍익여행사 H.I.T. Travel

주소 49/4 Soi Rongmai, Thanon Chao Fa **전화** 02-282-4114, 02-281-3825 **카카오톡** bkkhongik **홈페이지** www. hongiktravel.com **영업** 월~토 09:30~19:30(휴무 일요일) **가는 방법** 왓 차나쏭크람 사원 후문을 등지고 왼쪽으로 내려가서 골목을 끼고 돈다. 비비 하우스 람부뜨리 2 BB House Rambuttri 2를 끼고 오른쪽 골목인 쏘이 롱마이 Soi Rongmai로 들어가면 된다. Map P.8-B2

개별 여행자들의 필요로 하는 모든 것들이 한곳에서 가능한 전문 여행사. 카오산 로드의 중견 업체로 성장한 이곳은 한국어로 각종 투어 상담과 예약이 가능한 곳이다. 방콕 주변의 각종 1일 투어 예약을 비롯해 태국 남부의 섬들과 치앙마이로 향하는 여행사 버스 티켓 예약, 전 세계 항공권과 태국 내 기차표 예약 업무를 대행한다. 카오산 주변의 인기 있는 호텔은 물론 방콕 시내 주요 호텔도 저렴하게 예약할 수 있다. 투어나 버스 티켓을 예약할 때 취소가 잘 안 되기 때문에 신중히 결정한 다음 예약하자. 한국에서도 홈페이지를 통해 예약이 가능한데, 여행사의 은행 계좌로 결제 금액을 미리 지불해야 한다. 자세한 안내는 여행사 홈페이지를 참고하자.

홍익인간
Hong Ik Ingaan

주소 28/2 Soi Rambutri **전화** 0-2282-4361 **홈페이지** http://thailove.net/han/hongik **요금** 식사 180~350B, 8인실 도미토리 300B(에어컨, 공동욕실) **가는 방법** 왓 차나쏭크람 사원 후문을 등지고 왼쪽으로 약 50m 거리에 있다. 망고 라군 플레이스 Mango Lagoon Place와 비비 하우스 람부뜨리 2 BB House Rambuttri 2 사이의 골목 코너에서 한글 간판을 볼 수 있다. Map P.8-B2

카오산 로드 일대에서 가장 오래된 한인 업소로 전통을 자랑한다. 저렴한 도미토리 숙소를 운영하지만 에어컨 시설로 업그레이드하면서 쾌적해졌다. 깨끗한 시설의 8인실 도미토리는 침대 하나 당 요금을 받는다. 개인 사물함이 비치되어 있어 편리하다. 1·2층은 레스토랑을 겸한 휴식공간으로 운영한다. 무선 인터넷을 무료로 지원하며, 여행사 업무도 병행한다.

홍익인간

동대문
Dong Dae Moon

주소 Soi Rambutri **전화** 08-4768-8372 **카카오톡** bkkdong **홈페이지** http://cafe.naver.com/bkkdongdaemoon **영업** 08:00~01:00 **예산** 식사 160~480B **가는 방법** 왓 차나쏭크람에서 타논 프라아팃으로 빠지는 골목에 있다. 뉴 싸얌 1 게스트하우스와 에라완 하우스 중간에 있다. Map P.8-A2

카오산 로드 주변에서 잘 알려진 여행자 식당이다. 식사는 단순히 한식에 국한하지 않고 태국 음식과 시푸드까지 요리한다. 여행사 업무를 병행하는데 방콕 주변 1일 투어를 포함해 태국 남부 섬까지 가는 교통편도 예약이 가능하다.

카오산 동해
Khaosan Donghae

전화 09-4962-9320 **카카오톡** bkkdonghae **홈페이지** www.khaosandonghae.com

다른 한인 업소에 비해 비교적 근래 생긴 여행사. 호텔 예약, 교통편 예약, 수상시장 · 아유타야 · 깐짜나부리 · 파타야를 포함한 방콕 주변 1일 투어 예약이 가능하다. 여행사 사무실은 방콕 외곽으로 이전했으나 홈페이지를 통해 투어 예약은 가능하다.

한식당을 운영하는 동대문

Restaurant

카오산 로드의 레스토랑

다양한 사람들이 모이는 곳, 다양한 음식을 맛볼 수 있는 곳이 카오산 로드다. 또한 뜨내기 여행자들이 많은 곳이라 전문 음식점보다는 여행자 카페 스타일의 레스토랑이 많은 것이 특징이다. 정통 태국 음식을 즐기려면 현지인들이 많이 오는 타논 프라아팃 Thanon Phra Athit의 레스토랑을 찾아가자.

나이 쏘이 Nai Soi
นายโส่ย (ถนนพระอาทิตย์) ★★★

주소 100/2 Thanon Phra Athit **영업** 08:00~16:00 **메뉴** 태국어 **예산** 쌀국수 100~120B **가는 방법** 타논 프라아팃의 타라 하우스 옆에 있다. Map P.8-A1

카오산 로드 일대에서 가장 유명한 쌀국수집이다. 오랜 명성답게 진한 소고기 국물로 우려내는 쌀국수 느아 뚠 Steamed Beef Noodle 한 가지만 고집스럽게 요리한다.

쌀국수에 들어가는 면발과 고명은 직접 선택해야 한다. ①Choose Noodle 면발의 굵기 선택하기, ②Soup Or Dry 국물 있는 쌀국수 또는 국물 없는 비빔국수, ③Topping Selection 고명으로 올라가는 소고기 종류 순서대로 고르면 된다. 사진으로 된 메뉴판이 있으니 보고 주문하면 된다. 쌀국수는 두 가지 사이즈로 구분해 요금을 받는다. 한국 관광객에게 유독 인기 있는 곳이라 한국어로 적힌 간판까지 걸어놨다. 가격이 너무 많이 인상돼서 큰 매력은 없다.

나이 쏘이 소고기 쌀국수

나이 쏘이 Nai Soi

찌라 옌따포 Jira Yentafo
จิระเย็นตาโฟ (ถนน จักรพงษ์) ★★★

주소 121 Thanon Chakraphong **영업** 08:00~15:00 (휴뮤 수요일) **메뉴** 한국어, 태국어 **예산** 60~70B **가는 방법** 타논 짜끄라퐁에 있는 Top Charoen Optic 안경원을 바라보고 왼쪽에 있다. 간판이 차양막에 가려 안 보일 때도 있으니 유심히 살펴야 한다.
Map P.9-C1

카오산 로드 일대에서 인기 있는 쌀국수 식당이다. 에어컨 없는 자그마한 서민 식당이지만 현지인들로 항상 붐빈다. 한국 관광객에게도 잘 알려져 있으며, 한국어 메뉴판도 구비하고 있다.

일반적으로 먹는 쌀국수는 '남싸이(꾸어이띠아우 남)'를 주문하면 된다. 맑은 육수에 고명으로 어묵을 넣어준다. 식당의 이름이기도 한 '옌따포'를 주문하면 쌀국수에 붉은 두부장 소스를 넣어준다. 한국어 메뉴판에 붉은 국물이라고 적혀 있다. 간판은 태국어로만 적혀 있으며, 점심 시간이 지나면 문을 닫는다.

옌따포
찌라 옌따포

쿤댕 꾸어이짭 유안

인기

คุณแดงก๋วยจั๊บญวน (ถนนพระอาทิตย์) ★★★☆

주소 Thanon Phra Athit **주소** 08-5246-0111 **영업** 월~토 10:30~21:30(휴무 일요일) **메뉴** 영어, 태국어 **예산** 50~60B **가는 방법** 타논 프라아팃 남쪽의 굿 스토리(레스토랑) Good Story 옆에 있다. Map P.8-A2

태국 방송과 신문에 여러 차례 소개된 유명한 로컬 식당이다. 라오스의 '카오삐약'과 비슷한 쫄깃한 면발의 국수인 '꾸어이짭' 전문 식당이다.

꾸어이짭은 일반적인 쌀국수(꾸어이띠아우)와 달리 육수에 면발을 데쳐 내는 것이 아니라, 냄비에 칼국수처럼 생긴 기다란 면발의 국수를 넣고 끓여 요리한다. 고명으로는 돼지고기로 만든 햄을 올려준다. 시원한 육수에 고춧가루를 적당히 넣으면 해장에도 더 없이 좋다. 다만, 국수가 뜨거우므로 너무 급하게 먹지 말 것.

영어로 Vietnamese Noodle을 주문하면 된다. 어차피 국수는 '꾸어이짭' 한 종류라서 자리에 앉으면 'Big(피쎗)'이나 'Small(타마다)' 중에 하나만 고르면 된다. 국수 이외에 '얌 무여(매콤한 돼지고기 햄 샐러드) Pork Sausage Spicy Thai Salad'도 인기 있는 음식이다. 한국인 여행자들도 많이 찾기 때문에 주문하는 데 크게 불편하지 않다.

쫄깃한 면발이 일품인 꾸어이짭

쿤댕 꾸어이짭 유안

닥터 어묵 국수(꾸어이띠아우 쁠라 독떠)

Doctor Fish Ball Noodle

โภชนาสยาม (ก๋วยเตี๋ยวปลาด๊อกเตอร์) ★★★☆

주소 148 Thanon Chakraphong **영업** 08:00~17:00 **메뉴** 태국어, 영어 **예산** 50~65B **가는 방법** 타논 짜끄라퐁의 끄룽씨 은행 Krungsri Bank 맞은편에 있는 세븐일레븐 옆에 있다. Map P.9-C1

카오산 로드 주변에서 꽤나 유명한 쌀국수(꾸어이띠아우) 식당이다. 다른 쌀국숫집들과 달리 고기가 아니라 다양한 어묵(룩친)을 고명으로 얹어준다. 덕분에 어묵 국수 식당이라고 알려져 있다.

특별한 메뉴는 없고 쌀국수에 넣을 면발만 고르면 된다. 보통 가는 면발인 '쎈렉'이 가장 무난하다. 꾸어이띠아우 육수에 붉은 두반장 소스를 넣은 옌따포도 인기가 높다. 쌀국수는 물고기 모양의 그릇에 내준다. 음식 양은 작은 편이다. 사진이 첨부된 메뉴판을 보고 주문하면 된다.

세븐일레븐 옆에서 간판도 없이 영업하고 있어서 한국인 여행자들은 '세븐일레븐 옆 어묵 국수집'이라고 부른다.

맑은 육수의 어묵 쌀국수

닥터 어묵 국수

조이 럭 클럽
Joy Luck Club ★★★☆

주소 8 Thanon Phra Sumen **전화** 0-2629-4128 **영업** 11:00~23:00 **메뉴** 영어, 태국어 **예산** 100~180B **가는 방법** 프라쑤멘 요새 맞은편의 타논 프라쑤멘에 있다. Map P.8-B1

클럽이라는 간판과 달리 아담한 레스토랑이다. 오래된 세계지도부터 온갖 아기자기한 소품들로 꾸몄으며, 모래와 조개를 넣어 유리로 덮은 테이블은 해변 분위기를 연출했다. 식당 규모는 작지만 에어컨이라 시원하고, 카오산 로드와 달리 차분하다. 주인장이 친절한 것도 매력이다. 요리하는 음식 종류는 많지 않지만 외국 관광객에게 부담 없는 태국 음식을 요리해준다. 특히 팟크라파우(바질과 매운 고추를 이용한 굴 소스 볶음)와 마싸만 카레가 인기 있다. 밥은 공돌이 모양으로 만들어 접시에 담아준다.

푸아끼 Pua-Kee
พัวกี (ถนนพระสุเมรุ) ★★★☆

주소 28~30 Thanon Phra Sumen **영업** 09:30~17:00 **메뉴** 영어, 태국어 **예산** 60~120B **가는 방법** 타논 프라쑤멘의 PTT 주유소 맞은편에 있다. 마까린 클리닉 Makalin Clinic을 바라보고 왼쪽에 있다.
Map P.8-B1

저렴하면서 깔끔한 태국 음식점이다. 프라쑤멘 요새 주변에서 흔하게 볼 수 있는 소규모 레스토랑 중의 하나로 화교가 운영한다. 간판에 한자로 '반기(潘記)'라고 써 있다. 겉에서 보면 쌀국수 노점처럼 보이지만 안에 들어가서 메뉴를 자세히 보면 덮밥까지 메뉴가 다양하다. 밥보다는 쌀국수를 메인으로 요리하는데, 완탕을 직접 만들어 사용한다. 양은 적지만 진하고 깊은 맛의 똠얌꿍도 맛 볼 수 있다. 인기 메뉴에는 사진이 붙어 있으므로 그 위에 적힌 번호로 주문하면 된다. 주변의 대학생들은 물론 여행자들도 즐겨 찾는 곳으로, 점심시간이 지나면 문을 닫는다.

까림 로띠 마따바
Karim Roti-Mataba
การิม โรตี มะตะบะ(ถนนพระอาทิตย์) ★★★

주소 136 Thanon Phra Athit & Thanon Phra Sumen **전화** 0-2282-2119 **홈페이지** www.roti-mataba.net **영업** 화~일 09:00~21:30(휴무 월요일) **메뉴** 영어, 태국어 **예산** 45~129B **가는 방법** 프라쑤멘 요새 Phra Sumen Fort 바로 앞의 타논 프라아팃과 타논 프라쑤멘이 만나는 곳에 있다. 앤 스위트 Ann's Sweet 옆에 있다. Map P.8-B1

방람푸 일대에서 유명한 식당으로 언제나 손님들로 북적댄다. 레스토랑이 워낙 작아 관심을 갖고 찾지 않으면 그냥 지나치기 십상이다. 비좁고 오래된 건물이다. 다행이도 2층은 에어컨 시설이다.

바나나 로띠

조이 럭 클럽

로띠 마따바 간판

아기자기하게 꾸민 조이 럭 클럽

푸아끼 간판

완탕 국수가 유명한 푸아끼

간판에서 볼 수 있듯 로띠 Roti 전문점이다. 로띠는 인도 음식에서 온 것으로 일종의 팬케이크인데 태국 남부에 거주하는 무슬림들도 로띠라 부른다. 로띠(17~55B)는 첨가물에 따라 10여 종류로 구분된다. 마따바 Mataba는 야채나 닭고기를 첨가한 인도식 팬케이크로 호떡과 비슷하지만 사용하는 향신료가 한국과는 전혀 다르다.

낀 롬 촘 싸판
Kinlom Chom Saphan
กินลมชมสะพาน

★★★

주소 11/6 Thanon Samsen Soi 3 **전화** 0-2628-8382 **홈페이지** www.khinlomchomsaphan.com **영업** 11:00~24:00 **메뉴** 영어, 태국어 **예산** 200~480B **가는 방법** 방람푸 운하를 지나 두 번째 왼쪽 골목인 쌈쎈 쏘이 3(쌈) 안쪽으로 약 300m 들어간다. 골목길 끝에 있다. Map P.10

쌈쎈 쏘이 쌈 Samsen Soi 3 골목 안쪽으로 들어가면 라마 8세 대교가 가까이 바라다보이는 곳에 레스토랑이 있다. 방람푸와 카오산 로드 일대에서 멀리 가지 않고 짜오프라야 강변 분위기를 느낄 수 있는 곳이다.

태국인들이 좋아하는 전형적인 야외 레스토랑으로 라이브 음악이 곁들여진다. 음식맛은 평범하지만 분위기 때문인지 저녁 시간이면 손님들로 북적댄다. '바람을 먹으며 다리를 바라본다'라는 낭만적인 이름답게 라마 8세 대교의 아름다운 야경을 바라보며 식사하기 좋은 곳. 에어컨이 없고 강변과 접한 야외에 있기 때문에 저녁때가 되어야 분위기가 난다.

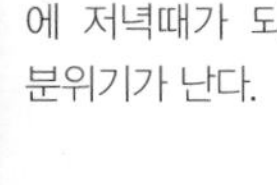

낀 롬 촘 싸판

인기

쪽 포차나
Jok Phochana(Joke Mr. Lek)
โจ๊กโภชนา (สามเสน ซอย 2)

★★★

주소 82~84 Thanon Samsen Soi 2 **전화** 08-8890-5263 **메뉴** 영어, 한국어, 태국어 **영업** 월~토 16:00~01:00(휴무 일요일) **예산** 80~380B **가는 방법** 타논 쌈쎈 쏘이 2(썽)에 있는 누보 시티 호텔 Nouvo City Hotel 맞은편의 작은 골목에 있다. Map P.10

타논 쌈쎈의 자그마한 골목에 있다. 주인장 '미스터 렉' 아저씨의 이름을 따서 쪽 미스터 렉 Joke Mr. Lek으로 불리기도 한다. 도로에 테이블을 내놓고 장사하는 전형적인 현지 식당이다. 에어컨 시설의 실내가 있긴 하지만 협소하다. 식재료를 진열해 놓고 주문이 들어오면 커다란 웍에서 요리해 준다. 주변에 여행자 숙소가 많아서 외국인이 많이 찾아온다. 한국어 메뉴판을 구비하고 있을 정도로 한국 여행자들에게도 잘 알려져 있다. 인기 메뉴인 게 카레, 팟타이, 새우 볶음밥, 모닝글로리 볶음 등은 한국어로 적혀있다. 주인장이 활달하고, 때론 상술이 좋다. 종이에 음식 값을 적어서 계산하므로 돈 내기 전에 맞는지 확인할 것. 저녁 시간에만 장사한다.

게 카레

주인장이 직접 요리하는 쪽 포차나

도로에 테이블이 놓인 쪽 포차나

마담 무써
Madame Musur ★★★

주소 41 Soi Rambutri **전화** 0-2281-4238 **홈페이지** www.facebook.com/madamemusur **영업** 08:00~24:00 **메뉴** 영어, 태국어 **예산** 100~180B **가는 방법** 왓 차나쏭크람 사원을 끼고 돌다보면 첫 번째 코너에 있다. 메리 브이 Merry V 게스트하우스와 마이 하우스 My House 게스트하우스를 바라보고 오른쪽에 있다. Map P.8-B1

배낭여행자들의 골목인 쏘이 람부뜨리에 있다. 흔히 말하는 사원 뒤쪽(왓 차나 쏭크람 뒤쪽의 여행자 거리를 의미한다)에 있는 분위기 좋은 '바'를 겸한 레스토랑이다. 살짝 해변 휴양지 분위기도 느껴지는데 낮 시간에는 카페로도 손색이 없다. 나무 바닥과 대나무 벽, 목조 테이블, 등나무 의자, 평상과 쿠션으로 인해 나른하고 편안한 분위기를 선사한다. 주방도 개방되어 있어 모든 공간이 막힘이 없다. 아무데나 자리를 잡고 편하게 널브러지면 된다. 에어컨이 없어서 낮에는 덥다. 시원한 셰이크나 맥주, 향긋한 칵테일을 마시며 쉬어가기 좋다. 주인장이 치앙마이 태생이라서 카우쏘이(카레 국수), 깽항레(북부 지방 카레) 같은 태국 북부 음식도 요리한다.

마담 무써

라니스 벨로 레스토랑
Ranee's Velo Restaurant ★★★☆

주소 15 Trok Mayom, Thanon Chakraphong **전화** 0-2281-8975 **영업** 15:00~24:00 **메뉴**

라니스 벨로 레스토랑

Travel Plus

저렴하지만 푸짐한 한 끼 식사를 즐기려면!

카오산 로드 주변에는 노점 식당이 많답니다. 식사 위주로 운영되는 노점으로는 왓 차나쏭크람 Wat Chana Songkhram 사원 후문의 쏘이 람부뜨리 골목이 가장 성업 중입니다. 볶음밥을 포함한 태국 음식이 50~100B으로 저렴해 여행자들에게 인기가 높지요.

타논 람부뜨리 오른쪽 끝에 있는 세븐일레븐과 스웬센 아이스크림 앞 사거리 주변(Map P.9-C1)에는 노점 형태의 야식집이 몇 곳 있습니다. 쌀국수와 디저트 노점도 있지만, 가장 유명한 곳은 죽 집으로 알려진 '란 쪽'입니다. 밥과 다진 고기를 넣고 푹 끓인 '쪽 무'가 유명합니다. 한 그릇에 40B으로 자정 무렵 출출한 배를 채우려는 태국인들로 북적댄답니다.

영어, 태국어 **예산** 120~330B **가는 방법** 타논 짜끄라퐁 Thanon Chakraphong의 싸왓디 카오산 인 Sawasdee Khaosan Inn 옆 골목(뜨록 마욤) 안쪽으로 100m 들어간다. Map P.9-C2

카오산 로드 뒷골목에 있지만 분위기가 좋다. 넓은 야외 정원이라 편안한 느낌을 준다. 오랫동안 영업한 곳이라 위치와 상관없이 단골손님들도 많다. 화덕에서 장작으로 구운 피자와 직접 만든 홈메이드 파스타, 신선한 커피까지 다양한 기호를 충족시킨다. 태국 음식은 카레와 볶음 요리가 주종을 이룬다. 외국인 여행자들이 드나드는 곳임에도 불구하고 태국 음식 본래의 향과 매운 맛을 간직하고 있다. 친절한 주인장과 편안한 분위기도 좋은 느낌으로 다가온다.

버디 비어 Buddy Beer ★★★☆

주소 181 Thanon Khaosan **전화** 0-2629-5101 **영업** 11:00~02:00 **메뉴** 영어, 태국어 **예산** 맥주 110~310B, 메인 요리 140~500B(+7% Tax) **가는 방법** 카오산 로드 중앙에 있다. 찰리 마사지 Charlie Massage & Spa를 바라보고 왼쪽. Map P.9-C2

카오산 로드 정중앙에 자리한 대형 레스토랑이다. 버디 로지 호텔 Buddy Lodge Hotel에서 운영한다. 야외에 테이블을 놓아 비어 가든 분위기를 연출한다. 안쪽으로 콜로니얼 건축물까지 있어 분위기가 좋다. 다양한 국적의 여행자들과 어울려 시원한 생맥주 마시며 카오산 로드의 밤공기를 느끼기 좋다. 칵테일과 와인 바, 시푸드 레스토랑을 겸하고 있다. 다양한 식사 메뉴도 구비하고 있어 여러모로 인기 있다.

콜로니얼 양식의 건물과 어우러진 버디 비어

저녁 시간 맥주 마시며 식사하기 좋은 버디 비어

Travel Plus

간편하게 즐기는 길거리 음식

카오산 로드 주변을 걷다 보면 무언가를 들고 가며 먹는 여행자들을 흔히 볼 수 있답니다. 거리 노점에서 파는 음식을 하나씩 사서 자유롭게 거리를 활보하며 식사하는 모습은 카오산 로드의 또 다른 재미이지요. 가장 대표적인 음식은 태국식 볶음면인 팟타이랍니다. 노점 간판에 'PADTHAI'라고 씌어 있으며 간편하게 요리를 하려고 면을 잔뜩 볶아 놓고 손님을 기다립니다. 그냥 팟타이를 주문하면 야채만 간단히 넣어주고, 달걀이나 닭고기를 추가하면 돈을 더 내야 해요. 요금은 40~70B으로 카오산에서 가장 인기 있는 거리 음식입니다.

팟타이와 함께 간식거리로 좋은 거리 음식은 '뽀삐야'라고 부르는 스프링롤 Spring Roll. 튀김 만두와 비슷하며 야채를 넣은 것이 대부분으로 한 개에 15B입니다. 디저트를 찾는다면 로띠 Roti에 도전해 보세요. 일종의 팬케이크로 미리 반죽한 밀가루를 넓게 펴서 바로 바로 구워내는 요리사의 손놀림이 신기할 따름입니다. 바나나, 달걀, 초콜릿 등을 첨가할 수 있으며 20~40B을 받지요.

굿 스토리 Good Story ★★★☆

주소 72 Thanon Phra Arthit **전화** 0-2629-2924 **홈페이지** www.facebook.com/goodstorybangkok **영업** 월~토 11:00~24:00, 일 17:00~24:00 **메뉴** 영어, 태국어 **예산** 150~380B **가는 방법** 타논 프라아팃(파아팃)의 리바 수르야(호텔) Riva Surya 맞은편에 있다. 녹색 간판으로 된 쿤댕 꾸어이짭 유안(쌀국수 식당)을 바라보고 왼쪽에 있다. Map P.8-A2

카오산 로드와 인접한 타논 프라아팃(파아팃)에 있는 태국 음식점이다. 태국 젊은이들에게 인기 있는 식당이다. 주변의 단칸짜리 식당에 비해 규모가 크고 에어컨도 빵빵하다. 1층을 바(Bar)와 라이브 밴드가 공연하는 아담한 무대를 중심으로 푹신한 소파를 배치해 라운지처럼 근사하게 꾸몄다. 계단으로 연결되는 2층은 목조 건물의 운치가 살짝 느껴진다.

현지인들이 즐겨 찾는 곳답게 태국 요리가 다양하다. 추천메뉴는 메뉴판 앞쪽에 사진이 첨부되어 있다. 술과 어울리는 볶음 요리들이 맛이 좋은 편이다. 벨기에 맥주를 포함해 수입맥주를 판매한다. 라이브 음악을 연주해주는 저녁 시간에 손님이 많은 편이다.

차분하게 식사하고 싶다면 점심 시간을 이용하는 게 좋다. 점심 시간에는 팟타이, 볶음밥, 덮밥 같은 단품 메뉴 위주로 제공된다.

똠얌꿍과 태국식 샐러드

저녁 시간에는 라이브 음악을 연주한다

굿 스토리

봄베이 블루스 Bombay Blues ★★★

주소 51 Soi Rambuttri **전화** 0-2629-3590, 08-5859-1515 **영업** 18:00~01:00 **메뉴** 영어, 태국어 **예산** 메인 요리 160~349B **가는 방법** 홍익 여행사에서 오른쪽으로 한 블록 떨어진 비비 하우스 2(게스트하우스) BB House 2 옆에 있다. 카오산 로드에서 도보 10분. Map P.8-B2

인도 사람이 운영하는 인도 음식점이다. 식당과 라운지 바를 겸하는 곳으로, 친구들과 어울려 맥주와 칵테일을 마시며 밤 시간을 보낼 수 있다.

메인 요리는 인도 음식이다. 닭고기 Chicken, 새우 Prawn, 생선 Fish, 양고기 Mutton로 구분되며, 탄두리, 마살라, 카레와 난까지 인도 요리에 충실하다. 인도 음식을 잘 모른다면 세트 요리인 탈리 Thali를 선택하면 된다. 음식은 청결하지만 마살라 향과 맵기는 보통이다.

여행자 밀집 지역에서 벗어난 조용한 골목에 있고, 저녁에만 영업하기 때문에 이런 데가 있었나 하고 의아해하는 사람도 많다. 실내는 온통 붉은색이다. 은은한 조명과 볼리우드(인도 힌디 영화) 음악이 흐느적거리며 몽롱한 분위기를 연출한다. 바닥에 깔린 방석 쿠션이나 베개 쿠션에 앉거나 널브러져 있기 때문에 한없이 편안하다. 2층은 야외 발코니가 딸려 있다.

몽롱한 분위기의 봄베이 블루스

패밀리 레스토랑 The Family Restaurant

★★★☆

주소 1/6 Thanon Prachathipathai **전화** 09-7173-3954 **홈페이지** www.facebook.com/thefamilybkk **영업** 월~화, 목~일 13:30~16:30, 17:30~21:00(휴무 수요일) **메뉴** 영어 **예산** 70~140B **가는 방법** ①민주기념탑 로터리에서 북쪽(타논 딘써) 방향으로 300m 올라가서, 타논 쁘라찻빠따이 거리를 따라 운하를 건너는 다리를 지나자마자 왼쪽에 있다. 키티 캣 카페 Kitty Cat Cafe를 바라보고 왼쪽에 있다. ②카오산 로드에서 도보 15분 Map P.10

카오산 로드와 가까운 쌈쎈 지역에 자리한 태국 음식점이다. 미국인과 태국인 부부가 운영하는 곳으로 영어 사용이 자유롭고, 주변에 게스트하우스와 호스텔이 많아 외국인(서양인) 여행자들이 많이 찾아온다. 에어컨은 없지만 운하 옆에 야외 테이블이 있어 분위기는 나쁘지 않다. 볶음밥, 볶음면, 팟타이, 태국 카레를 메인으로 요리한다. 요리에 사용되는 식재료에 따라 가격이 조금씩 달라지며, 고기 없이 채식으로 주문해도 된다. 주문할 때 음식의 맵기를 물어보는데 '스파이시'는 태국 사람들 기준의 매운맛이고, 적당히 매운 맛을 원하면 '미디엄 스파이시'로 주문해야 한다. 단품 메뉴가 60~80B정도로 저렴한데다, 음식 양이 푸짐하다. 카오산 로드의 여느 투어리스트 레스토랑과 비교하면 맛과 가격이 매우 훌륭하다. 참고로 영업시간을 엄격하게 준수한다. 점심시간과 저녁시간에만 영업하고, 중간에 휴식시간이 있다. 방콕 시내에서 일부러 찾아갈 필요는 없지만, 카오산 로드 주변에 머문다면 들러볼 만하다.

저렴하고 푸짐해서 가성비가 좋다

패밀리 레스토랑

텐 선 Ten Suns 十光 ไร้เทียมทาน(แยก วิสุทธิ์กษัตริย์ ถนนประชาธิปไตย)

★★★★

주소 456 Thanon Wisutkasat **전화** 0-2282-1853, 08-5569-9915 **홈페이지** www.facebook.com/Tensunsbeefsoup **영업** 화~일 09:00~17:00(휴무 월요일) **메뉴** 태국어 **예산** 100~150B **가는 방법** 위쑷까쌋 사거리(액 위쑷까쌋) 코너에 있는 푼씬 레스토랑 Poonsinn을 바라보고 오른쪽에 있다. 카오산 로드에서 택시를 탈 경우 60B 정도 예상하면 된다. Map P.10

태국으로 이주한 화교 집안에서 3대째 운영하는 자그마한 쌀국수 식당이다. 2019년 미쉐린 빕그루망에 선정되기도 했다. 한자 간판은 십광(十光)이라고 적혀 있다. 업진살, 양지, 사태 세 종류 소고기를 4~5시간 동안 우려서 만든 육수가 깊은 맛을 낸다. 부들부들한 소고기는 식감이 매우 좋다. 기본은 '꾸어이 띠아우 느아 타마다'(보통 소고기 쌀국수라는 뜻) ก๋วยเตี๋ยวเนื้อธรรมดา로 가는 면발(쎈렉)을 추가하면 된다. 갈비탕처럼 국수 없이 먹고 싶다면 '까오라오' เกาเหลาเนื้อ를 주문하면 된다. 밥(카우)을 추가하면 8B을 더 받는다. 소고기 덮밥처럼 나오는 '카우나느아' ข้าวหน้าเนื้อ도 있다. 고명으로 들어가는 소고기 양을 정확하게 저울에 잰 뒤 넣어준다. 고베 Kobe 소고기를 추가하면 조금 더 비싸진다. 정체를 파악하기 힘든 상호, 고가 도로 아래라는 취약한 위치 따위는 의외로 큰 문제가 되지 않는다. 방콕이 초행인 관광객이라면 낯선 동네겠지만, 카오산 로드에서 그리 멀지 않다. 영어는 잘 통하지 않지만, 사진 메뉴판을 보고 주문하면 된다.

소고기 쌀국수

텐 선 Ten Suns

Nightlife

카오산 로드의 나이트라이프

낮에는 평범한 거리가 밤이 되면 인파로 북적대는 카오산 로드는 거리 자체가 즐거움을 선사한다. 폐차한 미니버스를 개조한 칵테일 바, 영업을 중단한 주유소에 만든 비어 가든, 도로를 점령한 생맥주 가게 등 굳이 비싼 돈을 쓰지 않더라도 사람들과 어울려 분위기에 한껏 젖어 들 수 있다. 길바닥에 쭈그리고 앉아 편의점에서 사온 싸구려 창 맥주 Beer Chang를 한 병 마시면서 자유로움과 낭만이 가득한 카오산의 밤을 즐겨보자. 외국인 여행자들은 사원 뒤편의 쏘이 람부뜨리에 밀집한 숙소 주변의 술집으로, 태국 젊은이들은 라이브 음악을 연주하는 카오산 로드의 술집으로 모여든다.

애드 히어 더 서틴스 블루스 바
AD Here The 13th Blues Bar ★★★★

주소 13 Thanon Samsen **영업** 18:00~24:00 **메뉴** 영어 **예산** 맥주 · 칵테일 115~240B **가는 방법** 방람푸 운하 건너자마자 도로 왼쪽에 있다. 타논 쌈쎈 쏘이 능 Thanon Samsen Soi 1 골목까지 가지 말고 도로 왼쪽을 살피면 된다. Map P.9-C1

카오산 로드를 살짝 벗어난 타논 쌈쎈에 있다. 외국 여행자들에게 열광적인 지지를 얻고 있는 라이브 바로, 블루스 음악의 열기에 심취할 수 있다. 저녁 시간에만 영업하며 라이브 음악이 시작되는 밤 10시가 넘어야 사람들로 북적댄다. 좁은 실내에 손님이 많은 탓에 서로 모르는 사람들끼리 합석해 술잔을 기울이는 일이 흔하다. 마치 동네 사람들의 아지트처럼 알 만한 여행자들은 다 아는 숨겨진 비밀 공간이다.

블루스 음악에 취하기 좋은 애드 히어

AD Here The 13th Blues Bar

몰리 바
Molly Bar(Molly 31st) ★★★

주소 108 Thanon Rambutri **전화** 0-2629-4074 **영업** 18:00~02:00 **메뉴** 영어, 태국어 **예산** 140~400B **가는 방법** 카오산 로드에서 999 West 골목에서 타논 람부뜨리 방향으로 나오면 왼쪽에 있다.

Map P.9-C2

쏘이 람부뜨리에서 대표적인 라이브 음악을 연주하는 술집. 심플한 인테리어와 음악이 조화를 이루는 곳으로 제법 큰 실내 규모지만 포근한 사랑방 분위기로 인기가 높다.

어쿠스틱 위주의 감미로운 태국 음악을 배경 삼아 술을 마시며 대화를 나누는 태국 젊은이들이 많다. 야외 테이블은 생맥주를 마시며 밤거리 풍경을 즐기는 외국인 여행자들이 자리를 차지하고 있다.

몰리 바

브릭 바 Brick Bar

★★★☆

주소 265 Khaosan Road, Buddy Boutique Hotel 1F **전화** 0-2629-4702 **홈페이지** www.brickbarkhaosan.com **영업** 20:00~02:00 **메뉴** 영어, 태국어 **예산** 맥주 · 칵테일 140~400B(주말 입장료 300B) **가는 방법** 카오산 로드의 버디 로지 호텔 1층에 있다.

Map P.9-D2

카오산으로 모여드는 태국 젊은이들을 유혹하는 대표적인 곳. 버디 로지 호텔에서 운영하며, 카오산에 있지만 쑤쿰윗이나 싸얌 스퀘어의 라이브 클럽 같은 분위기가 느껴진다. 벽돌로 만든 지하 궁전 분위기로 넓직한 실내가 탁 트인 느낌이 들게 한다. 음악을 들으며 식사를 즐기고 흥겹게 떠들기 좋아하는 태국 젊은이들의 놀이 문화를 경험할 수 있다.

태국 밴드가 매일 저녁 라이브 음악을 연주하는데 밤이 깊어질수록 경쾌한 태국 팝송에서 강렬한 블루스 음악을 연주하는 밴드로 교체된다. 주말과 유명 밴드가 공연할 때는 입장료 300B을 별도로 받는다.

버디 로지 호텔 1층에 있는 브릭 바

태국 젊은이들이 즐겨 찾는다

태국 밴드의 흥겨운 음악을 들을 수 있는 브릭 바

물리간스 아이리시 바 Mulligans Irish Bar

★★★

주소 265 Khaosan Road **전화** 0-2629-4447 **홈페이지** www.mulligansthailand.com **영업** 06:00~04:00 **메뉴** 영어, 태국어 **예산** 메인 요리 160~720B(+7% Tax), 맥주 · 칵테일 120~320B **가는 방법** 카오산 로드의 버디 로지 호텔 2층에 있다. Map P.9-D2

카오산 로드 메인 도로에 있는 아이리시 바. 카오산 로드의 번잡하고 혼란스러운 분위기와 완전한 대비를 이룬다. 붉은 벽돌과 목조 인테리어가 조화를 이루며 높다란 천장에 매달려 돌아가는 선풍기와 큼직한 창문이 시원스럽다.

음식은 브렉퍼스트 메뉴부터 스테이크까지 다양하다. 태국 음식을 기본으로 시푸드 요리도 많다. 피자, 스파게티, 소시지, 샌드위치, 햄버거 같은 유럽 음식도 종류가 다양해 기호에 따라 음식을 고를 수 있다. 낮에는 차분한 레스토랑이지만 밤에는 포켓볼을 치며 술 마시는 손님들로 화려한 분위기다. 매일 밤 10시부터는 라이브 밴드가 음악을 연주한다. 아이리시 바답게 기네스 맥주는 기본.

해피 아워(16:00~20:00)에는 맥주 값이 할인된다. 다른 바에 비해 늦게까지 영업한다.

에어컨 시설로 쾌적한 실내에서 맥주 마시기 좋다

Mulligans Irish Bar

카오산 센터
Khaosarn Center ★★★

주소 80~84 Thanon Khaosan **전화** 0-2282-4366 **영업** 08:00~02:00 **메뉴** 영어, 태국어 **요금** 맥주 80~200B, 메인 요리 100~360B **가는 방법** 카오산 로드 중앙의 끄룽타이 은행 Krung Thai Bank 옆에 있다. 럭키 비어 Lucky Beer 맞은편이다. Map P.9-C2

예나 지금이나 변함없이 외국인 여행자들에게 사랑받는 곳이다. 노점상에 의해 시야를 가린 카오산 메인 로드의 다른 업소에 비해 막힘없이 거리 풍경을 바라볼 수 있다. 야외 테이블에 앉아 있다 보면 자유분방한 카오산 로드의 느낌이 자연스레 전해진다. 실내에는 포켓볼이 설치되어 있으며 2층에는 저렴한 기네스 맥주를 마실 수 있는 섐록 아이리시 펍 Shamrock Irish Pub이 있다. 식사 메뉴로는 태국 음식부터 스테이크까지 외국인 여행자들이 좋아할 만한 모든 메뉴를 골고루 갖추고 있다. 맞은편에 있는 럭키 비어 Lucky Beer도 비슷한 분위기로, 거리 풍경을 바라보며 맥주 마시는 여행자들로 가득하다.

히피 드 바
Hippie de Bar ★★★

주소 46 Khaosan Road **전화** 0-2629-3508, 08-1820-2762 **영업** 16:00~02:00 **예산** 태국 요리 140~250B, 맥주 100~690B **가는 방법** 디 & 디 인 D&D Inn과 슈퍼플로우(클럽) Superflow 사이의 작은 골목 안쪽에 있다. Map P.9-C2

카오산 메인도로에 있으나, 도로 안쪽으로 살짝 숨어 있다. 목조 건물과 자그마한 야외 마당으로 공간이 구분되어 있다. 앤틱한 분위기의 2층 목조 건물은 자유분방하다. 빈티지 가구와 소파를 배치해 히피스런 분위기도 느껴진다. 야외 마당은 평범한 나무 테이블과 쿠션이 놓여 있는데, 편안하고 자연스럽다.
손님들끼리 서로 어울리는 흥겨운 분위기로 태국 젊은이들에게 유독 인기 있다. 위스키에 믹서(소다, 얼음)를 섞어 마시거나, 타워 Tower(3,000㎖짜리 생맥주)를 주문해 놓고 술잔을 돌리는 테이블이 많다.

슈퍼 플로우
Superflow ★★★☆

주소 9 Khaosan Road **전화** 08-6088-0129 **홈페이지** www.superflowbeachclub.com **영업** 12:00~02:00 **메뉴** 영어 **예산** 맥주 · 칵테일 120~250B, 칵테일 버킷(양동이 칵테일) 300~600B **가는 방법** 카오산 로드에 있는 똠얌꿍 레스토랑 Tom Yum Kung Restaurant 골목 안쪽으로 들어간다. Map P.9-C2

럭키 비어

카오산 센터

히피 드 바

똠얌꿍 레스토랑과 붙어 있는 슈퍼 플로우

해변의 분위기를 연출한 Superflow

카오산 로드 한복판에 있지만, 골목 안쪽에 숨겨져 있어 은둔처 같은 느낌을 준다. 넓은 야외 공간을 레스토랑과 바가 둘러싸고 있다. 한적한 해변의 바를 연상시키는데, 모래를 깔아 독특한 분위기를 연출했다. 가볍게 맥주를 마시며 여유롭게 시간을 보내도 되고, 똠얌꿍 레스토랑 Tom Yum Kung Restaurant과 붙어 있어서 식사도 가능하다. 밤이 되면 라이브 밴드의 음악을 듣거나, 디제잉 음악에 맞춰 파티를 즐겨도 된다. 풀 문 Full Moon(매달 보름날)엔 풀문 파티도 열린다.

재즈 해픈스
Jazz Happens

★★★☆

주소 62 Thanon Phra Arthit **전화** 0-2282-9934, 08-4450-0505 **홈페이지** www.facebook.com/JazzHappens **영업** 18:00~24:00 **메뉴** 영어, 태국어 **예산** 140~260B **가는 방법** 타논 프라아팃 남쪽 리바 수르야(호텔) Riva Surya 맞은편에 있다. 카오산 로드에서 도보 10분. Map P.8-A2

타논 프라아팃(파아팃)에서 흔하게 볼 수 있는 아담한 술집으로 소극장처럼 공간이 작다. 다른 곳과 차이가 있다면 태국 팝송이 아니라 재즈를 연주한다. 통유리로 밖이 보이게 설계됐으며, 도로에도 야외 테이블이 놓여 있다. 기본적인 태국 음식을 바탕으로 맥주와 칵테일을 제공한다. 태국의 대표적인 예술대학인 씰라빠꼰 대학의 재즈 전공 학생들과 교수들이 라이브 무대를 꾸민다. 재즈 공연은 저녁 8시부터 시작된다.

Jazz Happens

브라운 슈가
Brown Sugar
บราวน์ซูการ์ แจ๊ส ผับ (ถนนพระสุเมรุ)

★★★☆

주소 469 Thanon Phra Sumen **전화** 08-9499-1378, 08-1805-7759 **홈페이지** www.brownsugarbangkok.com **영업** 17:00~02:00(휴무 월요일) **메뉴** 영어, 태국어 **예산** 맥주 200~450B(+10% Tax) **가는 방법** 민주기념탑과 인접한 퀸스 갤러리에서 타논 프라쑤멘 방향으로 도보 5분. 카오산 로드와 인접한 프라쑤멘 요새에서 도보 10분. Map P.7-B1

색소폰(P.260)과 더불어 방콕을 대표하는 라이브 클럽. 1985년에 오픈해 30년 가까이 변함없는 인기를 누린다. 본격 재즈와 블루스 음악을 생생한 라이브로 들을 수 있다. 2012년에 카오산 로드 주변으로 이전했기 때문에, 외국인 여행자들도 많이 찾아온다.

무대와 객석이 가까워 소극장 분위기가 느껴지며, 너무 시끄럽지 않은 블루스 음악은 물론 격식을 차리지 않아도 되는 편안한 분위기가 매력이다. 라이브 음악은 저녁 8시부터 연주되는데, 밤이 깊을수록 밴드의 수준도 높아진다.

식사 메뉴는 기본적인 태국 음식, 버거, 피자, 스테이크까지 다양하다. 술과 곁들이기 좋은 소시지, 타코, 피시 & 칩스, 스프링 롤 등 가벼운 식사 메뉴도 가능하다. 50여 종류의 칵테일, 벨기에 맥주를 포함한 수입 맥주까지 다양한 술과 칵테일을 갖추고 있다.

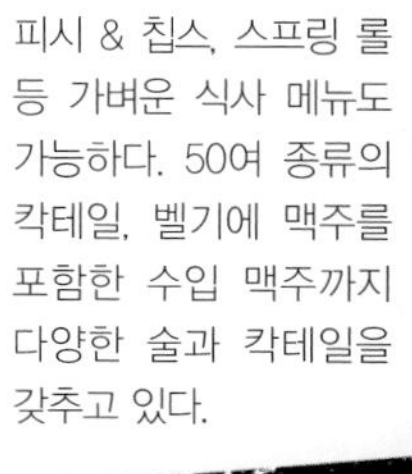

브라운 슈가

Spa & Massage

카오산 로드의 스파 & 마사지

카오산 로드에도 태국 전통 마사지를 받을 수 있는 곳이 많다. 고급 마사지나 스파 업소보다는 뜨내기 여행자들을 위한 저렴한 숍이 주를 이룬다. 마사지를 받겠다면 말끔한 매트리스와 에어컨의 쾌적함, 프라이버시가 보장되는 고요함이 중요함에도 불구하고 카오산 로드에서는 그런 격식이 오히려 거추장스럽게 느껴지는 모양이다. 저렴하면 모든 것이 해결되기라도 하는 양, 도로에 마사지 의자를 내다 놓고 영업하는 곳이 많다. 밤이 되면 맥주를 손에 들고 술을 마시며 안마를 받는 유럽 여행자들도 흔하게 눈에 띈다. 고급 마사지 업소처럼 별도의 옷을 제공하지 않기 때문에 청바지 같은 두꺼운 옷은 피하는 게 좋다.

짜이디 마사지
Chaidee Massage
ร้านนวดใจดี (สามเสน ซอย 2) ★★★☆

주소 82 Thanon Samsen Soi 2 **전화** 0-2629-2174, 08-1860-4423 **홈페이지** www.chaidee.com/kr **영업** 09:00~24:00 **요금** 타이 마사지(60분) 250B, 발 마사지(60분) 250B, 오일 마사지(60분) 350B **가는 방법** 타논 쌈쎈 쏘이 2(썽) 골목으로 들어가면 왼쪽에 보이는 두 번째 집이다. 누보 시티 호텔 Nouvo City Hotel 옆에 있는 제법 큰 세븐 일레븐 맞은편. 카오산 로드에서 도보 10분. Map P.9-C1, Map P.10

카오산 로드 일대에서 유명한 타이 마사지 전문점이다. 한국인 여행자들 사이에서도 꽤 오래전부터 알려져 있다. 에어컨만 나올 뿐 실내는 매트리스만 깔려 있는 평범한 시설이다. 마사지 메뉴는 30분 단위로 요금을 적어 놨지만 최소한 1시간 이상은 받는 게 좋다. 안마사들은 남녀 구분 없이 순번대로 정해진다. 낮 12시 이전에 가면 할인 혜택을 받을 수 있다.

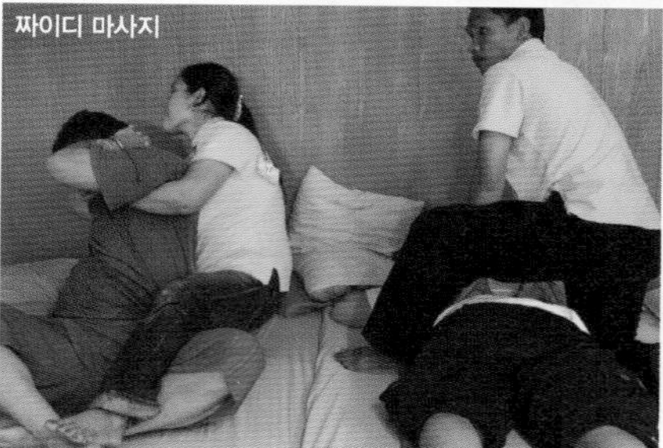
짜이디 마사지

치와 스파
Shewa Spa ชีวา สปา ★★★

주소 108/2 Thanon Rambuttri **전화** 0-2629-0701, 08-5959-0066 **홈페이지** www.shewaspa.com **영업** 09:00~24:00 **요금** 타이 마사지(60분) 250B, 허벌 마사지(60분) 400B, 발 마사지(60분) 250B **가는 방법** 타논 람부뜨리의 몰리 바 Molly Bar 옆에 있다. 카오산 로드에서 리카 인을 지나서 999 West 골목으로 들어가면 된다. Map P.9-C1

경쟁 업소들보다 요금이 '조금 더' 비싸지만, 그만큼 시설이 좋다. 마사지를 받기 전에 발도 씻겨 주고, 안마용 파자마도 제공해 준다. 럭셔리한 스파와 비교할 바는 못 되지만 실내가 쾌적하고 층으로 구분되어 공간도 여유롭다. 마사지 룸은 매트리스가 일렬로 놓인 구조지만, 커튼이 있어 프라이버시를 보호해 준다. 발 마사지와 어깨 마사지는 야외에서 받을 수 있다. 네일 케어와 미용실을 함께 운영하는데, 얼굴 마사지 Facial Treatment 패키지가 저렴하다. 낮 12시 이전까지 가면 조조할인을 받을 수 있다.

치와 스파

치와 스파 마사지룸

헬스랜드 삔까오

빠이 스파

빠이 스파
Pai Spa
ปัยย์ สปา (ถนนรามบุตรี) ★★★★

주소 1156 Thanon Rambuttri **전화** 0-2629-5155, 0-2629-5154 **홈페이지** www.pai-spa.com **영업** 10:00~23:00 **요금** 타이 마사지(60분) 380B, 발 마사지(60분) 380B, 타이 마사지+허벌 콤프레스(90분) 650B, 아로마테라피 마사지(60분) 800B **가는 방법** 타논 람부뜨리 끝자락에 있는 피자 컴퍼니(레스토랑) Pizza Company를 바라보고 오른쪽에 있다.
Map P.9-C1

카오산 로드에서 한 블록 떨어진 타논 람부뜨리에 있다. 주변의 어수선한 마사지 숍과 달리 티크 나무로 만든 목조 건물이라 분위기가 차분하다. 깔끔한 내부와 에어컨, 목조 건물이 편안함을 선사한다.

럭셔리까지는 아니지만 카오산 로드 일대에서 나름 시설 좋은 곳으로 꼽힌다. 가격 대비 시설과 마사지 수준이 괜찮은 편이다. 한국인 여행자도 많이 찾는다. 1층 리셉션에서 원하는 마사지를 선택하고, 2층에서 발을 씻은 다음, 3층에서 마사지를 받는다.

마사지를 강하게 받을 건지, 약하게 받을 건지도 미리 선택할 수 있다. 여러 명이 마사지를 함께 받는데 바닥에 매트리스가 깔린 것이 아니라 마사지 베드가 놓여 있다. 커튼을 치고 편하게 누워 마사지 받으면 된다. 마사지 받을 때 입을 편한 바지를 제공해 준다.

헬스 랜드 삔까오
Health Land Pin Klao
เฮลท์แลนด์ (ปิ่นเกล้า) ★★★★

주소 142/6 Thanon Charan Sanitwong, Arun Amarin **전화** 0-2882-4888, 08-6340-3018 **홈페이지** www.healthlandspa.com **영업** 09:00~23:00 **요금** 타이 마사지 2시간 600B, 발 마사지 1시간 400B, 아로마 오일 마사지 90분 1,000B **가는 방법** 삔까오 다리(싸판 삔까오) Pin Klao Bridge 건너 타논 프라 삔까오 Thanon Phra Pin Klao와 타논 짜란싸닛웡 Thanon Charan Sanitwong 교차로 조금 못미쳐 커다란 입간판이 보인다. 파따 백화점(파따 삔까오) PATA과 가깝다. 타논 랏차담넌 끄랑에서 511번 버스로 10~20분, 택시로 10분. Map P.13-B2

카오산 로드 일대에서 고급 마사지를 받고 싶다면 가 볼 만한 곳이다. 방콕에서 이미 8군데나 체인점을 운영하는 헬스 랜드 스파 & 마사지(P.344)의 삔까오 지점이다. 시설이나 서비스는 일류 호텔 수준이지만 요금이 매우 합리적이라 방콕 시민들에게 폭발적인 인기를 얻고 있다.

카오산 로드 일대의 알뜰 여행자들을 겨냥한 허름한 시설의 마사지 업소에 비해 매우 안락하고 고급스런 서비스를 받을 수 있는 것이 장점이다. 타이 마사지부터 아로마테라피까지 다양하다. 카오산 로드에서 버스나 택시를 타고 가야 하는 불편함이 있지만 시내 중심가보다 가까워 오가는 시간을 비교적 아낄 수 있다. 예약하고 가는게 좋다.

Banglamphu 방람푸

방콕으로 수도를 옮기면서 라따나꼬씬에 왕실을 위한 공간을 만들었다면, 방람푸는 일반인들을 위해 만든 공간이다. 방콕의 올드 타운 Old Town에 해당하며, 100년은 족히 되는 단층 목조 건물들이 거리 곳곳에 가득하다. 방람푸는 '람푸 나무의 마을'이란 뜻으로 아유타야에서 이주한 중국 상인들이 거주하면서 발전하기 시작했다. 라마 5세 때는 두씻을 연결하는 타논 랏차담넌 Thanon Ratchadamnoen을 건설하며 중심지로 등장했지만, 현재는 빌딩 숲을 이루는 쑤쿰윗이나 씰롬에 비하면 초라할 뿐이다. 왜냐하면 역사 유적이 워낙 많아 개발을 제한하고 있기 때문이다.

방람푸는 1980년대를 거치며 변화를 겪었다. 작은 골목에 불과하던 카오산 로드에 여행자들을 위한 편의시설이 집중되기 시작한 것. 카오산 로드의 성장은 방람푸 전체로 확대되어 다양한 국적의 사람들이 어우러진 국제적인 공간으로 탈바꿈했다.

라따나꼬씬 시대 초기에 건설된 다양한 볼거리와 여행자들에게 친절한 동네 분위기도 매력적이다. 허름한 옛 골목들을 걷다 보면 자연스레 방람푸의 매력에 빠져들게 될 것이다.

볼 거 리	★★★★☆	P.153
먹을거리	★★★★☆	P.160
쇼 핑	★★☆☆☆	
유 흥	★★★★★	P.144

알아두세요

1. 관광지에서 만나는 뚝뚝 기사들을 주의하자. 공짜 관광을 시켜 준다며 가짜 보석 가게로 데려간다(P.167 참고).
2. 더운 날씨에 많이 걸어야 하므로 적절한 휴식이 필요하다.
3. 판파 다리(싸판 판파) 아래에서 출발하는 운하 보트를 타면 시내까지 빠르게 이동할 수 있다(P.71 참고).
4. 사원을 방문할 때는 노출이 심한 옷을 삼가자.
5. 인접해 있는 카오산 로드와 연계해 일정을 짜면 좋다.
6. 방람푸 관광 후에 카오산 로드에서 저녁 시간을 보내면 좋다.

Don't Miss

이것만은 놓치지 말자

1 민주기념탑 둘러보기.(P.154)

2 푸 카오 텅에 올라서 주변 경관 감상하기.(P.157)

3 팁싸마이에서 팟타이 맛보기.(P.163)

4 라마 3세 공원에서 기념사진 찍기.(P.156)

5 왓 쑤탓 방문하기.(P.158)

6 맛집(메타왈라이 쏜댕, 크루아 압쏜) 탐방하기.(P.162)

7 타논 랏차담넌 야경 감상하기.(P.153)

Access

방람푸의 교통

방람푸로 갈 때는 수상 보트나 운하 보트를 타는 것이 가장 좋다. 수상 보트는 타 프라아팃 Phra Athit Pier 선착장을, 운하 보트는 판파 선착장(타르아 판파) Phan Fa Pier을 이용한다. 시내버스에 관한 내용은 카오산 로드의 교통편 P.129 참고.

+ 수상 보트

가장 가까운 수상 보트 선착장은 카오산 로드와 인접한 타 프라아팃 선착장(선착장 번호 N13)이다. 왕궁 앞의 타 창 선착장(선착장 번호 N9)을 이용할 경우 민주기념탑까지 택시로 10분 정도 걸린다.

+ 운하 보트

운하 보트가 출발하는 판파 선착장(Map P.11-B1)을 이용하자. 푸 카오 텅까지 도보 5분, 민주기념탑까지 도보 10분이면 갈 수 있다.

+ 지하철 MRT

2019년 9월 31일부터 지하철 노선이 연장됐다. 방람푸를 관통하지는 않지만 MRT 쌈욧 Sam Yot 역과 MRT 싸남차이 Sanam Chai 역이 그나마 가깝다.

Best Course

추천 코스

1 오전에 시작할 경우(방람푸 일정)

① 푸 카오 텅 & 왓 싸껫 — 도보 10~15분 — ② 왓 랏차낫다 & 로하 쁘라쌋 — 도보 5분 — ③ 라마 3세 공원 — 도보 1분 — ④ 타논 랏차담넌 끄랑 — 도보 5분 — ⑤ 민주기념탑 — 도보 5분 — ⑥ 점심식사 (메타왈라이 쏜댕, 크루아 압쏜) — 도보 5분 — ⑦ 타논 딘써 — 도보 10분 — ⑧ 싸오 칭 차 — 도보 3분 — ⑨ 왓 쑤탓

2 오후에 시작할 경우(방람푸 + 카오산 로드 일정)

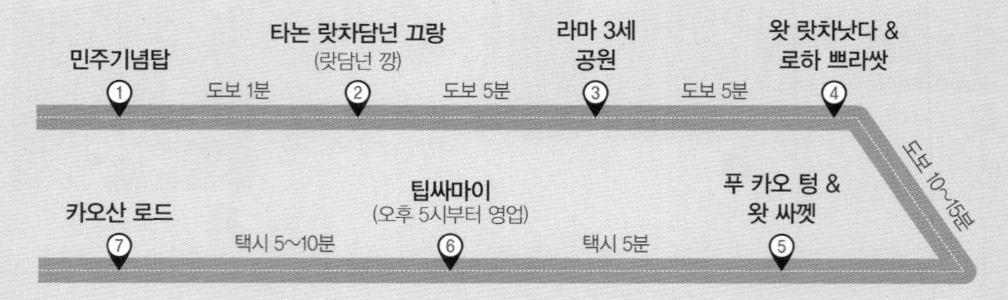

Attractions

방람푸의 볼거리

카오산 로드, 타논 프라아팃(파아팃), 타논 랏차담넌 끄랑(랏담넌 깡) 같은 거리 자체가 역사를 그대로 간직한 곳들이라 걸어다니며 사원과 건물들을 관람한다.

타논 랏차담넌(랏담넌)
Thanon Ratchadamnoen
ถนนราชดำเนินกลาง

★★☆

주소 Thanon Ratchadamnoen **가는 방법** 카오산 로드 오른쪽의 타논 따나오 Thanon Tanao 남쪽으로 50m 정도 가면 타논 랏차담넌과 만난다.

Map P.7-A1~B2 Map P.11-A1~B1

랏차담넌은 '왕실 행차'라는 뜻으로 라마 5세가 위만멕 궁전 Vimanmek Palace(P.201)을 지은 후 왕궁을 드나들기 위해 건설한 도로다. 방람푸는 물론 방콕에서 가장 넓은 8차선 도로다. 안쪽은 타논 랏차담넌 나이 Thanon Ratchadamnoen Nai, 중앙은 타논 랏차담넌 끄랑 Thanon Ratchadamnoen Klang, 바깥쪽은 타논 랏차담넌 녹 Thanon Ratchadamnoen Nok으로 구분해 부른다.

거리 곳곳에는 국왕과 왕비의 대형 사진을 걸어 놓고 있으며 국왕과 왕비의 생일이 되면 거리는 더욱 휘황찬란한 조명으로 빛을 발한다. 민주기념탑을 포함해 타논 랏차담넌 끄랑에 볼거리가 많다. 유럽 양식이 혼합된 고풍스런 건축물과 화려한 사원들이 많아서 인공조명을 밝히면 아름다운 야경을 감상할 수 있다.

국왕 초상화가 걸려 있는 타논 랏차담넌

타논 랏차담넌 끄랑의 방콕 시립 도서관 Bangkok City Library

볼거리가 가득한 타논 랏차담넌 끄랑

10월 14일 기념비
14 October Memorial
อนุสาวรีย์ 14 ตุลาคม

★★

현지어 아눗싸와리 씹씨 뚤라콤 **주소** Thanon Ratchadamnoen Klang **운영** 09:00~18:00 **요금** 무료 **가는 방법** 카오산 로드 오른쪽에서 타논 따나오 Thanon Tanao를 따라 50m 내려가면 타논 랏차담넌 끄랑 사거리가 나온다. 사거리에서 기념비까지는 민주기념탑 방향으로 도보 5분. Map P.7-A2, Map P.11-A1

태국 민주주의 역사에서 가장 아픈 날로 기억되는 1973년 10월 14일을 기념하기 위해 만든 조형물이다. 군부 독재에 항의해 민주 정부 이양을 촉구하며 시위를 벌이던 50만 명의 시민을 향해 탱크까지 투입된 군부의 무력 진압으로 수백 명의 희생자를 낸 날이 바로 10월 14일이다.

기념비는 당시 항쟁의 주 무대가 됐던 타논 랏차담넌 끄랑에 쩨디 모양으로 만들었으며, 당시 실상을 고발하는 흑백사진과 관련 신문 기사들로 벽면을 가득 메우고 있다. 태국 현대사에 관한 내용은 <프렌즈 방콕> 역사 편(P.493) 참고.

10월 14일 기념비

민주기념탑
Democracy Monument
อนุสาวรีย์ประชาธิปไตย ★★★★

현지어 아눗싸와리 쁘라찻빠따이 **주소** Thanon Ratchadamnoen Klang & Thanon Din So **운영** 24시간 **요금** 무료 **가는 방법** ①타논 랏차담넌 끄랑 중간 로터리에 있다. 카오산 로드에서 도보 15분. **②운하 보트** 판파 Phan Fa 선착장(타르아 판파)에서 내려 타논 랏차담넌 방향으로 도보 10분. Map P.7-B2

카오산 로드에서 남동쪽으로 300m 떨어진 민주기념탑은 타논 랏차담넌 끄랑 Thanon Ratchadamnoen Klang의 이정표에 해당한다. 민주기념탑은 절대 왕정이 붕괴된 1932년 6월 24일, 민주 헌법을 제정한 날을 기념해 만들었다. 이탈리아 출신의 꼬라도 페로씨 Corrado Feroci가 디자인했으며 중앙의 위령탑을 날개 모양의 4개 탑이 감싸고 있다. 탑의 높이는 24m에 불과하지만 조형미에서 뿜어져 나오는 완성도가 압권이다.

탑 주변에 놓인 75개의 대포는 1932년을 불기로 계산한 2475년을 상징하며, 탑 높이는 6월 24일을 의미한다. 기단부에는 새로운 태국 사회를 건설하려는 시민, 군인, 경찰의 모습이 조각되었다.

이정표 역할을 하는 민주기념탑 로터리

민주 기념탑

퀸스 갤러리 ★★
Queen's Gallery
หอศิลป์สมเด็จพระนางเจ้าสิริกิติ์ พระบรมราชินีนาถ (ถนนราชดำเนินกลาง)

주소 101 Thanon Ratchadamnoen Klang **전화** 0-2281-5360 **홈페이지** www.queengallery.org **운영** 10:00~19:00(휴무 수요일) **요금** 50B **가는 방법** ①타논 랏차담넌 끄랑의 민주기념탑에서 도보 5분. **②운하 보트** 타 판파 Tha Phan Fa 선착장(타르아 판파)에서 판파 다리(싸판 판파)를 건너면 오른쪽에 갤러리가 보인다. 도보 5분. Map P.7-B2 Map P.11-B1

라마 9세의 부인, 씨리낏 왕비 Queen Sirikit가 후원해 만든 미술관이다. 5층 규모의 현대적인 미술관으로 국립 미술관에 비해 시설뿐만 아니라 전시 내용도 월등히 뛰어나다. 태국 작가들의 회화, 조각, 사진, 모던 아트와 설치 미술을 층별로 구분해 전시한다.

다양한 회화 작품과 설치 미술을 관람할 수 있는 퀸스 갤러리

퀸스 갤러리

알아두세요

방콕에 아눗싸와리는 두 개가 있다

민주기념탑(아눗싸와리 쁘라찻빠따이 อนุสาวรีย์ประชาธิปไตย)과 전승기념탑(아눗싸와리 차이 อนุสาวรีย์ชัยสมรภูมิ)은 모두 '아눗싸와리'로 불리지만, 일반적으로 '아눗싸와리 차이'에 해당하는 전승기념탑을 의미합니다. 택시를 타고 민주기념탑을 갈 경우에는 '아눗싸와리'라고 말하지 말고 거리 이름인 타논 랏차담넌 끄랑 Thanon Ratchadamnoen Klang ถนนราชดำเนินกลาง으로 가자고 하세요.

라따나꼬씬 역사전시관(니탓 라따나꼬씬)
Rattanakosin Exhibition Hall ★★★
นิทรรศน์รัตนโกสินทร์ (ถนนราชดำเนินกลาง)

주소 100 Thanon Ratchadamnoen Klang **전화** 0-2621-0044 **홈페이지** www.nitasrattanakosin.com **운영** 화~일 10:00~17:00(휴무 월요일) **요금** 200B(현재 프로모션 적용 100B) **가는 방법** 타논 랏차담넌끄랑에 있는 민주기념탑에서 150m. 라마 3세 공원 옆에 있다. Map P.7-B2 Map P.11-B1

오늘날의 태국 왕실에 해당하는 라따나꼬씬 왕조(짜끄리 왕조로 불리기도 한다)에 관한 역사를 기록한 전시관이다. 라따나꼬씬은 짜오프라야 강 동쪽(오늘날의 왕궁이 있는 곳)에 자리한 지명이자, 라마 1세부터 시작된 왕조의 이름이기도 하다. 태국 정부에서 자국민의 역사 교육을 위해 만든 전시관답게, 라마 1세부터 라마 9세에 이르기까지 라따나꼬씬 왕조에 관한 내용으로 가득하다. 박물관처럼 단순히 유물을 전시한 것이 아니고, 다양한 영상과 시청각 자료를 통해 과거의 모습을 간접 경험해 볼 수 있도록 했다. 개인적으로 자유롭게 내부를 돌아다닐 수는 없고, 가이드의 안내를 받아 진행되는 투어를 따라 다녀야 한다. 투어는 내국인과 외국인 구분 없이 한 팀으로 묶어 20분 간격으로 진행된다.

전시관 관람은 루트 1 Route 1과 루트 2 Route 2로 구분된다. 루트 1은 라따나꼬씬(방콕)의 건설, 라따나꼬씬의 전통 공예 거리, 당시의 전통 공연과 무용, 왕궁 모형과 왕궁 내궁(여성들이 생활하던 곳)의 생활상 모형, 에메랄드 불상의 전래 과정, 왕실 코끼리 등 7개 전시관을 방문한다. 투어의 마지막은 4층에 있는 전망대에서 로하 쁘라쌋(P.156)과 푸 카오 텅(P.157)을 감상하게 된다.

라따나꼬씬 왕조(짜끄리 왕조)의 국왕 연대기가 자세하게 소개되어 있다

가이드의 안내를 따라 투어가 진행된다.

4층 전망대에서 주변 풍경을 감상할 수 있다.

방콕의 역사와 문화를 시청각 자료를 이용해 보여준다.

루트 2는 역대 국왕의 일대기를 영화로 감상해야하기 때문에 영어가 어느 정도 가능해야 한다. 영상 자료를 시청할 때는 오디오 가이드를 착용하고 영어로 된 설명을 들으면 된다. 오디오 가이드는 무료로 대여해 준다. 1,000B 또는 여권을 보증금으로 맡겨야 한다. 투어가 끝난 후 보증금을 환불 받으면 된다.

각각의 루트는 2시간씩 소요된다. 일반적으로 루트 1을 관람한다. 외국인보다 내국인이 더 많이 방문한다. 최소 2시간을 전시실에 있어야하기 때문에 시간적인 여유를 충분히 갖고 방문해야 한다. 더위를 피해 잠시 역사 여행을 하고 싶거나, 우리나라와는 다른 방콕의 왕실 문화에 흥미가 있다면 들러볼 만하다. 〈프렌즈 방콕〉 역사 편(P.493)을 미리 읽고 가면 도움이 된다.

라마 3세 공원
Rama Ⅲ Park(King Rama 3 Memorial)
พระบรมราชานุสาวรีย์ พระบาทสมเด็จพระนั่งเกล้าเจ้าอยู่หัว ★★

현지어 프라보롬 랏차싸오 프라밧쏨뎃 프라낭끄라오 짜오유후아 **주소** Thanon Ratchadamnoen Klang & Thanon Sanam Chai 교차로 **운영** 24시간 **요금** 무료 **가는 방법** ①타논 랏차담넌 끄랑에 있는 민주기념탑에서 동쪽으로 300m. ②카오산 로드에서 도보 15분. ③**운하 보트** 판파 Phan Fa 선착장(타르아 판파)에서 도보 5분. Map P.7-B2 Map P.11-B1

민주기념탑에서 타논 랏차담넌 끄랑을 따라 5분 정도 걷다 보면 나오는 작은 공원이다. 공원 오른쪽에는 라마 3세 동상이, 왼쪽에는 외국 귀빈들의 환영식을 행하던 뜨리묵 궁전 Trimuk Palace이 있다. 공원 뒤편으로는 특이한 첨탑 건물인 로하 쁘라쌋 Loha Prasat이 눈길을 끈다.

참고로 라따나꼬신 왕조(짜끄리 왕조)의 세 번째 국왕인 라마 3세(재위 1824~1851) 때에 이르러 주요 사원들이 완성되고 국가 기반을 확고히 했다.

라마 3세 동상 뒤쪽으로 왓 랏차낫다가 보인다

뜨리묵 궁전과 로하 쁘라쌋

왓 랏차낫다 & 로하 쁘라쌋
Wat Ratchanatda & Loha Prasat
วัดราชนัดดา & โลหะปราสาท ★★★☆

주소 2 Thanon Maha Chai **운영** 09:00~17:00 **요금** 무료 **가는 방법** 민주기념탑에서 도보 6분. 라마 3세 공원 바로 뒤편에 있다. Map P.7-B2 Map P.11-B1

라마 3세가 그의 어머니를 위해 1846년에 건립했다. 왓 랏차낫다람 Wat Ratchanaddaram으로 불리기도 한다. 우보쏫(대법전)이 인상적인 전형적인 라따나꼬씬 양식의 방콕 초기 사원이다. 방콕에서 흔히 볼 수 있는 사원의 대법전보다는 '철의 사원'으로 불리는 로하 쁘라싸 Loha Prasat 때문에 유명한 사원이다. 37개의 금속으로 이루어진 뾰족탑으로 멀리서 보면 이상한 성처럼 보인다.

37개의 탑은 해탈의 경지에 이르는 과정을 상징한다. 탑 내부의 원형 나무계단을 뼁뼁 돌아 올라가면 탑 정상 부근까지 올라갈 수 있다. 이곳에서 주변 경관을 감상할 수 있다.

라마 3세 공원의 뜨리묵 궁전 옆으로 라따나꼬씬 역사 전시관이 있다

왓 랏차낫다 대법전과 로하 쁘라쌋

마하깐 요새
Mahakan Fort
ป้อมมหากาฬ
★

현지어 뻠 마하깐 **주소** Thanon Ratchadamnoen Klang & Thanon Maha Chai **운영** 24시간(내부는 입장 불가) **요금** 무료 **가는 방법** 민주기념탑에서 타논 랏차담넌 끄랑을 따라 도보 5분. 라마 3세 공원 옆, 길 건너에 있다. Map P.7-B2 Map P.11-B1

방콕이 건설될 당시 성벽에 둘러싸인 도시였다는 흔적을 말해주는 마하깐 요새는 도시의 북동쪽을 지키던 요새다. 8각형의 단아한 모습으로 옹앙 운하(크롱 옹앙) Khlong Ong Ang 위의 판파 다리(싸판 판파) Saphan Phan Fa 옆에 있다. 요새 앞으로 흐르는 작은 운하가 예전의 라마 1세가 건설한 방콕의 경계선인 셈이다.

푸 카오 텅 & 왓 싸껫
Phu Khao Thong & Wat Saket
ภูเขาทอง & วัดสระเกศ
★★★★

주소 Thanon Boriphat **전화** 0-2621-2280 **운영** 08:00~17:00 **요금** 50B **가는 방법** ①민주기념탑에서 타논 랏차담넌 끄랑을 지나 판파 다리를 건너서 오른쪽 길인 타논 보리팟 Thanon Boriphat으로 걸어간다. 민주기념탑에서 도보 15분. ②운하 보트 판파 선착장(타르아 판파) Phan Fa Pie에서 도보 10분.

Map P.7-B2
Map P.11-B2

푸 카오 텅

푸 카오 텅은 라마 1세 때 건설한 인공 언덕. '황금 산 Golden Mount'이라는 뜻으로 높이는 80m에 불과하지만 평지인 방콕에서 유일하게 산이라 불리는 곳이다. 인공 언덕 정상에는 황금 쩨디를 세우고 라마 5세 때 인도에서 가져온 부처의 유해를 안치하며 종교적으로 중요한 공간으로 거듭났다.

마하깐 요새 뒤로 푸 카오 텅이 보인다

푸 카오 텅은 고층 건물이 들어서기 전인 1963년까지 방콕에서 가장 높은 곳이었다. 344개의 계단을 올라 정상에 서면 방콕 풍경이 시원스럽게 펼쳐진다. 방콕에서 공짜 전망대로서 최고의 입지 조건을 갖춘 곳. 동쪽으로는 방콕 도심의 스카이라인이, 서쪽으로는 짜오프라야 강과 라따나꼬씬 지역의 사원들이 나지막이 펼쳐진다.

왓 싸껫은 푸 카오 텅 입구에 있는 사원으로 라마 1세 때 건설됐다. 성벽 외곽에 만든 화장터는 일반인들에게 인기 있으며 현재도 방콕 사람들이 많이 이용한다. 경내를 둘러보면 검은색 조문복을 입은 사람들을 종종 만날 수 있을 것이다.

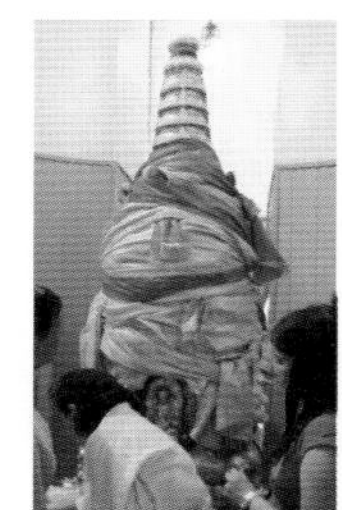

푸 카오 텅에서 바라본 왓 싸껫

푸 카오 텅 정상에 세운 황금 쩨디

왓 쑤탓
Wat Suthat
วัดสุทัศน์ (วัดสุทัศนเทพวราราม) ★★★☆

주소 146 Thanon Bamrung Muang **전화** 0-2224-9845 **운영** 08:30~17:30 **요금** 100B **가는 방법** ①민주기념탑 로터리에서 남쪽 방향으로 600m. 민주기념탑에서 타논 딘써 Thanon Din So로 도보 10분. ②가장 가까운 지하철 역은 쌈욧 역이다. 지하철 역까지 800m 떨어져 있다. Map P.7-B2 Map P.11-A2

방콕 6대 사원 중의 하나로 쑤코타이에서 만든 황동 불상(프라 씨 사카무니 붓다 Phra Si Sakyamuni Buddha)을 안치하기 위해 만든 사원. 라마 1세 때 시작해 라마 3세 때 완공된 초기 라따나꼬씬 사원인데도 쩨디(종 모양의 불탑)와 쁘랑(크메르 양식의 첨탑)을 만들지 않은 독특한 사원이다. 더불어 본존불을 모신 우보쏫(대법전)보다 쑤코타이 불상을 모신 위한(법당)을 더 크게 만든 것도 특징이다.

경내에는 중국에서 전래된 석상과 석탑도 많아 독특한 분위기를 풍긴다. 특히 전형적인 중국 양식의 6각 8층 석탑이 위한을 빙 둘러 세워져 있어, 전형적인 태국 사원과 대비를 이룬다. 사원을 나오기 전에는 내벽을 이루는 회랑을 관람해보자. 158개의 대형 불상을 안치해 불심의 깊이를 느끼게 한다. 사원 주변의 타논 밤룽므앙에는 불교 용품을 파는 상점이 가득해 또 다른 볼거리를 제공한다.

사원 옆의 불교 용품 상점

사원의 회랑을 장식한 불상

왓 쑤탓 대법전

싸오 칭 차
Sao Ching Cha(Giant Swing)
เสาชิงช้า ★★☆

주소 Thanon Bamrung Muang **전화** 0-2281-2831 **운영** 24시간 **요금** 무료 **가는 방법** 타논 밤룽루앙에 있는 왓 쑤탓 정문 옆에 있다. 민주기념탑 로터리에서 남쪽으로 600m. Map P.7-B2 Map P.11-B2

붉은색 기둥만 남아 있는 대형 그네, 싸오 칭 차. 불교가 아닌 힌두교와 연관된 곳으로, 창조와 파괴라는 막강한 힘을 지닌 시바 신이 인간 세상으로 내려오는 것을 환영하기 위해 대형 그네를 탔다고 한다. 4명의 남자가 한 팀을 이뤄 그네를 타고 15m 대나무 기둥에 매단 동전 주머니를 먼저 가로채 오는 시합을 벌이던 것. 남자들의 용기를 시험하는 장소였던 만큼 사고가 빈번히 발생해 1932년 이후부터는 그네타기 시합이 금지됐다.

방콕 시청 광장 앞의 로터리에 있으며, 왓 쑤탓과 가까워 사원의 정문처럼 여겨진다. 왓 아룬, 민주기념탑과 더불어 방콕의 상징적인 건물 중의 하나로 꼽힌다.

끄룽텝 마하나콘으로 시작되는 방콕 지명이 태국어로 적혀 있는 방콕 시청 앞 광장

싸오 칭 차

왓 쑤탓 정문 앞 로터리에 싸오 칭 차가 세워져 있다

반 밧
Ban Bat(Monk's Bowl Village)
บ้านบาตร

★★

주소 Soi Ban Bat **가는 방법** ①푸 카오 텅 입구에서 남쪽으로 400m 내려가면 타논 밤룽므앙 Thanon Bamrung Muang 사거리가 나온다. 사거리 남쪽 첫 번째 골목이 쏘이 반 밧 Soi Ban Bat이다. ②왓 쑤탓에서 갈 경우 타논 봇프람 Thanon Botphram을 따라 오른쪽으로 걸어가다가, 다리를 건너 타논 밤룽므앙 사거리가 나오면 우회전한다. 도보 15분.

Map P.7-B2 Map P.11-B2

방콕에서도 매우 허름하고 오래된 집들과 공방이 가득한 반 밧. '반'은 집 또는 마을, '밧'은 공양 그릇(발우)을 뜻한다. 1700년대부터 시작된 전통 공예는 대를 이어 방콕 최고의 수제 공양 그릇(발우)을 생산하는 마을로 유명하다. 하지만 대형 생산 체계를 갖춘 공장에 밀려 현재는 60여 명만이 전통을 유지하며 생업에 종사할 뿐이다.

그나마 명맥이 유지되는 이유는 품질 좋은 공양 그릇을 사용하려는 깨어 있는 승려들과 방콕 전통 공예에 관심있는 외국인 관광객들 덕분이다. 현장에서 직접 제작한 공양 그릇은 600~1,000B 정도에 구입할 수 있다. 다소 비싼 편이다.

수작업으로 제작되는 발우

발우를 만드는 반 밧 마을

왓 랏차보핏
Wat Ratchabophit
วัดราชบพิตร

★★

주소 Thanon Atsadang & Thanon Fuang Nakhon **전화** 0-2222-3930 **운영** 09:00~18:00 **요금** 무료 **가는 방법** ①왓 쑤탓에서 남서쪽으로 600m 떨어져 있다. ②왕궁 & 왓 프라깨우 입구에서 900m, 왓 포에서 600m 떨어져 있다. ③가장 가까운 지하철 역은 쌈욧 역이다. 지하철 역까지 700m 떨어져 있다.

Map P.7-A2 Map P.6-B2

라마 5세(쭐라롱껀 대왕)가 유럽을 순방하고 돌아와 유럽 스타일 건물을 짓기 시작한 사원이라 무척 독특하다. 고딕 양식으로 만든 법당이라든지, 자개를 이용해 만든 출입문에 유럽식 복장을 착용한 근위병 부조 등 재미있는 볼거리가 많다.

우보쏫(대법전)도 외관은 태국 양식에 내부는 유럽 연회장처럼 꾸몄다. 사원 동쪽 마당은 라마 5세의 직계 왕족들의 유골을 안치한 무덤이다.

왓 랏차보핏 사원의 출입문 장식

유럽 양식이 가미된 왓 랏차보핏

Restaurant

방람푸의 레스토랑

민주기념탑과 왓 쑤탓 주변은 라따나꼬씬 지역과 비슷한 소규모 현지인 식당들이 많다. 특히 타논 따나오 Thanon Tanao와 타논 딘써 Thanon Din So에 오래된 서민 식당들이 즐비하다. 카오산 로드와 타논 프라아팃(파아팃) 지역의 레스토랑은 P.136에서 별도로 다룬다.

몬 놈쏫 Mont Nomsod
มนต์นมสด (ถนนดินสอ)

주소 160/2-3 Thanon Din So **전화** 0-2224-1147 **홈페이지** www.mont-nomsod.com **영업** 14:00~23:00 **메뉴** 영어, 태국어 **예산** 토스트 25~80B, 우유 · 커피 35~120B **가는 방법** 민주기념탑 로터리에서 타논 딘써 Thanon Din So로 진입해 도보 5분.

Map P.7-B2 Map P.11-A2

방콕 시민들에게 가장 사랑받는 토스트 전문점. 태국 음식이 매운 탓에 태국 사람들은 단맛이 나는 디저트를 즐겨 먹는다. 연유와 설탕을 듬뿍 뿌린 달달한 토스트가 현지인의 입맛에 딱이다. 1964년부터 영업을 시작해 오랫동안 인기를 유지하고 있다. 인기 비결은 직접 만든 빵과 우유. 유명세에도 불구하고 체인점이 별로 없는 이유는 신선한 우유를 공급하기 위한 것이라고 한다.

오후 2시에 문을 열자마자 더위를 식히러 온 학생부터 늦은 밤 쌀국수로 야식을 해결하고 디저트를 먹으려는 현지인들로 장사진을 이룬다. 상호는 '몬'이지만 신선한 우유라는 뜻의 '놈쏫'을 붙여 '몬 놈쏫'이라고 부른다. 마분콩(쇼핑몰) MBK Center 2층의 인포메이션 데스크 옆(Zone C)에 분점이 있다.

몬 놈쏫(마분콩 쇼핑몰 지점)

몬 놈쏫(본점)

랏나 욧팍
Rad Na Yod Phak 40 Years
ราดหน้ายอดผัก สูตร 40 ปี (ถนนตะนาว)

주소 514 Thanon Tanao **전화** 0-2622-3899 **영업** 09:00~21:00 **메뉴** 태국어 **예산** 40~80B **가는 방법** 타논 따나오에 있는 비빗 호스텔 Vivit Hostel을 바라보고 왼쪽에 있다. Map P.11-A2

방콕의 옛 거리 풍경이 남아 있는 타논 따나오에 자리한 로컬 레스토랑이다. 40년 넘은 노포로, 현지인 손님들이 항상 가득하다. 분위기는 허름하지만 '랏나' 맛집으로 현지인들에게 제법 유명하다. 랏나는 걸쭉한 고기 국물 소스를 얹은 면 요리로, 중국요리 울면과 비슷하다. 보통 넓적한 면발(쎈야이)과 돼지고기를 넣어 만든 '쎈야이 랏나 무' เส้นใหญ่ ราดหน้าหมู와 바삭하게 튀긴 면(바미 끄롭)에 해산물 볶음을 올린 '바미 끄롭 랏나 탈레' บะหมี่กรอบ ราดหน้าทะเล가 인기 메뉴다. 영어가 잘 통하는 곳은 아니지만, 식당 벽면의 음식 사진을 보고 주문하면 된다. 미쉐린 빕그루망에 선정되면서 외국 관광객도 종종 찾아온다. 에어컨이나 쾌적함은 기대하지 말 것.

랏나 욧팍

진저브레드 하우스(반 카놈빵킹) Gingerbread House บ้านขนมปังขิง (ซอยหลังโบสถ์พราหมณ์ ถนนดินสอ)

2020 New ★★★☆

주소 Soi Lang Bot Phram, Thanon Din So **전화** 09-7229-7021 **홈페이지** www.facebook.com/house2456 **영업** 화~일 11:00~20:00(휴무 월요일) **메뉴** 영어, 태국어 **예산** 음료 90~145B, 태국 디저트 120B **가는 방법** 타논 따나오의 방콕 시청과 왓 쑤탓 중간에 있는 쏘이 랑봇프람에 있다. 민주기념탑에서 남쪽으로 400m. Map P.11-A2

106년의 역사를 간직한 목조 건물을 개조해 디저트 카페로 운영한다. 이곳은 방콕의 올드 타운인 방람푸에 남은 몇 안 되는 매력적인 목조 가옥으로 티크 나무 건물의 미감을 곳곳에서 느낄 수 있는데다, 세월이 더해져 빈티지한 매력이 고스란히 전해진다. 목조 계단과 창문, 섬세한 목조 조각 장식까지 태국적인 감성이 가득하다. 마당에는 오래된 망고 나무가 그늘을 드리우고, 실내는 에어컨 시설로 쾌적하다.

태국어 간판을 내건 만큼 외국인 여행자보다 이곳 사람들에게 더 인기 있다. 커피와 차(茶) 등 음료를 판매하는데, 현지 입맛에 맞추었기 때문에 연유와 설탕을 듬뿍 넣어 달짝지근한 맛을 낸다. 태국식 디저트는 금세공 접시에 보기 좋게 낸다. 담음새와 인테리어가 모두 훌륭해 인증 사진을 남기기에 더할 나위 없는 곳이다.

목조 건문의 운치가 가득한 진저 브레드 하우스

세븐 스푼 Seven Spoons เซเว่นสปูนส์ ถนนจักรพรรดิพงษ์ (แยก จปร)

추천 ★★★★

주소 22 Thanon Chakkraphatdi-phong(Chakkrapati pong) **전화** 0-2629-9214, 08-4539-1819 **홈페이지** www.sevenspoonsbkk.com **영업** 월~토(점심) 11:00~15:00, 월~일(저녁) 18:00~22:30 **메뉴** 영어 **예산** 320~780B **가는 방법** '얙 쩌뻐러' แยก จปร(쩌뻐러 사거리 Jor Por Ror Intersection)에서 타논 짝끄라팟디퐁 방향으로 200m 떨어진 제법 큰 세븐 일레븐 옆에 있다. 가까운 BTS 역이나 지하철역이 없어서 택시를 타야 한다. Map P.7-B1 Map 전도-A2

방콕의 숨겨진 맛집으로 통하는 세븐 스푼은 유럽·지중해 음식이 메인이다. 제철 유기농 채소로 건강하고 맛있는 음식을 요리한다. 점심 시간에는 파스타, 피자, 샐러드, 버거, 샌드위치 같은 브런치로 손색없는 식단으로 구성된다. 페타 샐러드 Feta Salad, 팔라펠 샐러드 Falafel Salad, 퀴노아 샐러드 Quinoa Salad를 보면 신선한 샐러드 본연의 맛을 느낄 수 있다.

저녁 시간에는 파스타와 육류를 메인으로 요리한다. 대표적인 모로코 음식인 치킨 따진 Chicken Tagine, 팬에 살짝 익힌 도미 요리 Pan-seared White Snapper, 베이컨을 감싸서 요리한 포크 필레 Bacon Wrapped Pork Filet 등이 있다.

인기에 비해 레스토랑 규모가 작아서, 예약하고 가는 게 좋다. 일요일 점심 시간에는 문을 열지 않는다.

건강한 요리를 제공하는 세븐 스푼

위치와 상관없이 맛집으로 알려진 세븐 스푼

메타왈라이 쏜댕
Methavalai Sorndaeng
เมธาวลัย ศรแดง

주소 78/2 Thanon Ratchadamnoen Khlang **전화** 0-2224-3088 **영업** 10:30~23:00 **메뉴** 영어, 태국어 **예산** 200~570B(+17% Tax) **가는 방법** 타논 랏차담넌 끄랑에 있는 민주기념탑 로터리에 있다.

Map P.7-B2 Map P.11-B1

역사와 전통을 간직한 레스토랑이다. 1957년부터 영업하고 있다. 왕실과 관련된 건물들이 가득한 방콕 올드 타운(왕궁을 중심으로 한 라따나꼬신 시대의 옛 방콕)에서 유독 눈길을 끄는 레스토랑이다. 유럽풍의 오래된 건물은 그 자체로 역사 유적처럼 보이고, 레스토랑 내부는 그 자체로 빈티지하다. 1970년대의 연회장 분위기로 실내 장식과 테이블 세팅까지 정중한 느낌이 든다. 특이하게도 남자 직원들이 서빙하는데 해군 정복을 유니폼을 착용해 안정감을 준다. 유리창 너머로 민주기념탑이 보여서 분위기도 좋다.

외국인 관광객보다는 방콕 시민들에게 잘 알려진 맛집 중의 한 곳이다. 200가지 이상의 다양한 태국 음식을 요리한다. 태국 음식에 들어가는 소스와 향신료가 부족하지도 넘치지도 않는다. 덕분에 태국 음식의 풍미가 잘 살아 있다. 혼자 가서 단품 요리로 식사하기보다는, 여러 명이 다양한 음식을 주문해 함께 식사하기 적합하다. 레스토랑 중앙의 피아노 바에서는 잔잔한 재즈 음악과 태국 팝송이 라이브로 연주된다. 메타왈라이 쏜댕은 쏜댕 레스토랑이란 뜻으로 '란아한 쏜댕'이라고 부르기도 한다. 2020년 미쉐린 가이드 방콕편 1스타 레스토랑에 선정되기도 했다.

크루아 압쏜
Krua Apsorn
ครัวอัปษร (ถนนดินสอ)

주소 169 Thanon Din So **전화** 0-2685-4531, 08-0550-0310 **홈페이지** www.kruaapsorn.com **영업** 10:30~20:00(휴무 일요일) **메뉴** 영어, 태국어 **예산** 130~500B **가는 방법** 민주기념탑 로터리에서 남쪽으로 연결되는 타논 딘써 방향으로 도보 3분.

Map P.7-B2 Map P.11-A1

방콕에서 오래된 도로 중의 하나인 타논 딘써에 있다. 타논 딘써에는 동네 분위기에 걸맞은 오래된 소규모 레스토랑이 많다. 그중에서도 크루아 압쏜은 태국 요리 음식점으로 유명한데, 왕족들이 즐겨 찾을 정도다.

분위기보다는 맛과 전통을 중요시하는 복고적인 트렌드에

메타왈라이 쏜댕

Krua Apsorn

Methavalai Sorndaeng

크루아 압쏜

충실한 레스토랑이다. 태국의 각종 방송과 언론에도 여러 차례 등장했다. 최근 '방콕의 숨겨진 맛집 찾기' 열풍이 불면서, 외국 언론에도 심심치 않게 소개되고 있다.

겉에서 봐도 아담한 크루아 압쏜은 유리창 너머로 오순도순 앉아서 정겹게 식사하는 손님들의 모습이 보인다. 가족과 친구들, 연인끼리 찾아와 식사하는 모습은 소박한 즐거움이 가득하다. 부담 없이 먹을 수 있는 (그래서 태국 사람들이 좋아하는) 정갈한 태국 요리를 선보인다. 메뉴는 30여 종으로 많지 않다. 레스토랑 안쪽으로 야외에도 테이블이 놓여 있지만 인기에 비해 식당 규모가 작아서 항상 분주하다. 일찍 문을 닫기 때문에 늦지 않게 가도록 하자. 저녁때는 준비한 식재료가 동나기 때문에, 원하는 음식을 못 먹을 수도 있다.

인기 메뉴는 게살을 넣은 오믈렛(카이찌아우 뿌푸) Omelet with Crab Meat, 바질과 고추를 넣은 홍합 볶음(호이 맹푸 팟차) Fried Mussels with Basil Leaves and Chilli, 바삭한 돼지고기와 청경채 볶음(카나 무끄롭) Stir-fried Chinese Cabbage with Crispy Pork, 닭날개 튀김(삑 까이 텃) Fried Chicken Wings, 어묵을 넣은 그린 카레 볶음(키이우완 팟 행) Fried Fish Ball with Green Curry, 게살을 발라서 요리한 게 카레 볶음(느아 뿌 팟퐁 까리) Crab Meat in Curry Powder and Southern-style Yellow Curry이 있다. 사진이 부착된 영어 메뉴가 구비되어 있다.

팁싸마이
Thip Samai
ทิพย์สมัย (ถนนมหาไชย)

인기 ★★★☆

주소 313 Thanon Maha Chai **전화** 0-2221-6280, 0-2226-6666 **홈페이지** www.thipsamai.com **영업** 17:00~02:00 **메뉴** 영어, 태국어 **예산** 60~300B **가는 방법** ①왓 랏차낫다 Wat Ratchanatda에서 타논 마하 차이 Thanon Maha Chai를 따라 남쪽으로 도보 10분. ②가장 가까운 지하철 역은 쌈욧 역이다. 지하철 역까지 900m 떨어져 있어 걸어가긴 멀다. Map P.7-B2 Map P.11-B2

1966년부터 영업을 시작해 50년 넘도록 팟타이를 요리한다. 외국인들도 좋아하는 태국식 볶음국수인 팟타이는 조리가 손쉽고 편하게 즐길 수 있는 가장 대중적인 태국 음식이다. 식당 앞에서는 요리사들이 솥처럼 생긴 커다란 프라이팬에 연신 면을 볶아댄다.

전통과 맛을 자랑하는 식당이 그러하듯 팁싸마이도 오로지 팟타이 하나만 요리한다. 대신 8가지로 종류를 세분화해 손님들의 입맛에 따라 골라먹을 수 있다. 주문은 테이블에 놓인 주문 용지에 원하는 음식을 체크하면 된다.

가장 일반적인 팟타이는 보통 팟타이라는 뜻으로 '팟타이 탐마다'라고 부르며 가장 저렴하다. 통통한 새우를 넣은 팟타이 만 꿍과 오믈렛을 곁들인 팟타이 피쎗 Superb Pad Thai은 신선한 새우를 곁들여 먹음직스럽다. 독특한 팟타이에 도전하고 싶다면 새우, 오징어, 게살, 망고를 넣어 요리한 팟타이 쏭 크르앙 Pad Thai Song-kreung을 추천한다. 가격은 400B으로 팟타이치고 비싸다.

해가 지는 저녁 시간부터 새벽까지 영업하므로 밤에만 찾아갈 것. 밀려드는 관광객으로 인해 줄을 서서 차례를 기다려야하는 건 기본이다. 워낙 인기가 많아서 방콕 시내 쇼핑몰에도 체인점을 열었다. 싸얌 파라곤 쇼핑몰 G층(P.232)과 아이콘 싸얌 6F(P.334)에 분점을 운영한다. 럭셔리 쇼핑몰에 들어선 체인점에서는 팟타이 한 그릇을 159~499B에 판매해 본점보다 훨씬 비싸지만, 접근성이 좋고 낮 시간에도 식사가 가능하다.

팟타이 전문 레스토랑 팁싸마이

에어컨 시설로 리모델링했다

팁싸마이 아이콘 싸얌 지점

팁싸마이 본점

05

รัตนโกสินทร์

Ratanakosin

라따나꼬씬

1782년에 라마 1세가 짜끄리 왕조(라따나꼬씬 왕조)를 창시하며 새로운 수도로 건설한 지역이다. 짜오프라야 강 서쪽의 톤부리에서 강 동쪽의 라따나꼬씬 지역으로 옮겨온 것으로, 강과 운하에 의해 섬처럼 만들었기 때문에 꼬 라따나꼬씬 Ko Ratanakosin(라따나꼬씬 섬)이라고도 불린다.

태국의 전성기를 누렸던 아유타야 도시 모델을 기초로 만들었으며, 강과 운하는 물론 성벽을 쌓아 외부의 침입으로부터 방어하도록 설계했다. 특히 강 동쪽에 도시를 건설해 버마(미얀마)의 공격에 대응하며 태국 제2의 전성기를 구가하는 계기를 마련했다. 그러나 지금은 방콕에서 과거 240년 전의 라따나꼬씬 시대를 상상하기는 어렵다. 해상 교통도 퇴색하고 성벽도 없어지면서 옛 도시 구조를 예측하기는 불가능해졌기 때문.

하지만 방콕을 대표하는 왕궁과 왓 프라깨우, 왓 포를 포함한 방콕 초기 유적들의 화려함이 가득하다. 태국을 방문한 여행자가 가장 먼저 발길을 들여놓는 라따나꼬씬은 과거 태국 왕실의 화려함과 옛 공간을 그대로 유지하고 있으며 현재를 살고 있는 방콕 사람들의 애환이 담긴 삶의 모습을 볼 수 있다.

볼 거 리 ★★★★★ P.168
먹을거리 ★★★☆☆ P.181
쇼 핑 ★☆☆☆☆

알아두세요

1. 왕궁, 왓 프라깨우, 왓 포에서는 반바지나 노출이 심한 옷은 삼가야 한다.
2. 사원들은 벽에 둘러싸여 무덥기 때문에 충분한 휴식과 수분 섭취를 해야 한다.
3. 유명 관광지 주변에서 만나는 호객꾼들을 조심해야 한다.
4. 타 띠안 선차장에서 배를 타면 강 건너 왓 아룬에 닿는다.
5. 타 띠안 선착장 옆의 루프 톱 레스토랑에서 왓 아룬 야경을 감상할 수 있다.
6. 지하철 MRT 싸남차이 역(Map P.6-B3)이 왓 포와 가깝다.

Don't Miss

이것만은 놓치지 말자

1 화려함의 극치를 보여주는 왓 프라깨우 둘러보기.(P.168)

2 태국 왕실 건물이 가득한 왕궁 방문하기.(P.172)

3 왓 포에서 와불상을 배경으로 기념사진 찍기.(P.174)

4 짜오프라야 강변 풍경 감상하며 식사하기.(P.182)

5 강변의 루프 톱 레스토랑에서 왓 아룬 야경 감상.(P.184)

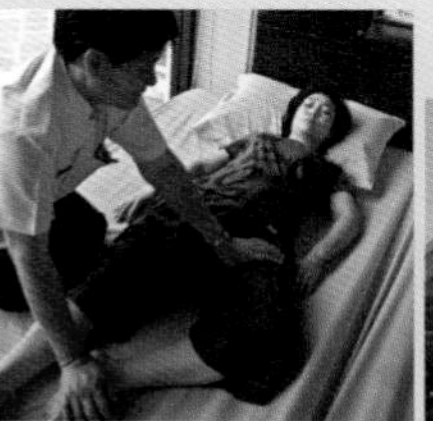

6 왓 포에서 마사지 받기.(P.175)

7 국립 박물관에서 태국 역사 공부하기.(P.176)

Best Course

추천 코스

1 핵심 코스(라따나꼬씬+왓 아룬 일정)

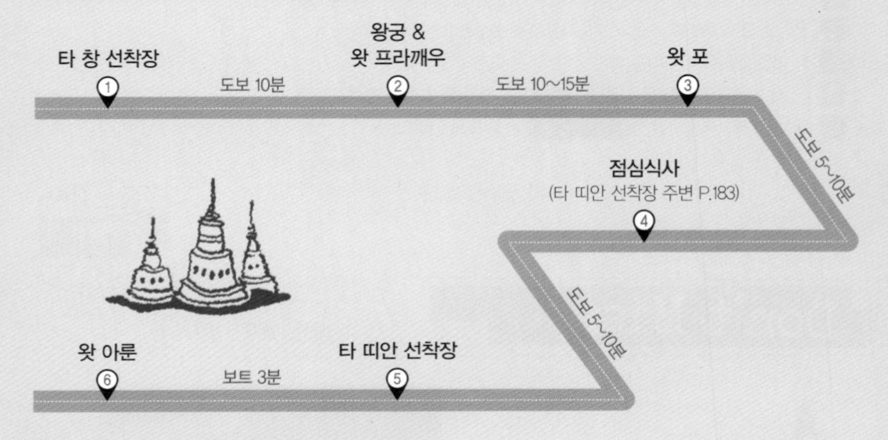

2 하루 코스(왓 아룬+라따나꼬씬 일정)

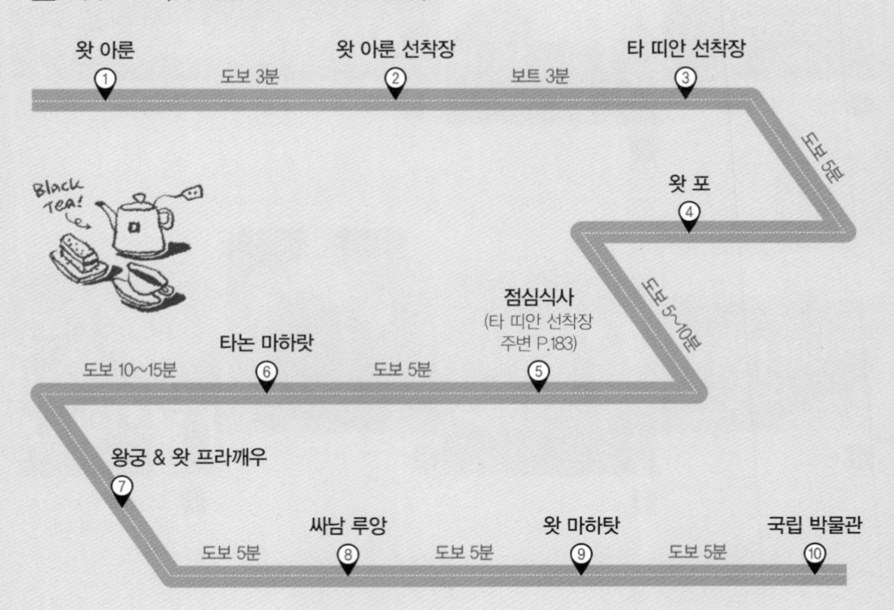

Access

라따나꼬씬의 교통

짜오프라야 강과 연결된 수상 교통이 발달했으며, 지하철 MRT 싸남차이 역이 생기면서 대중교통을 통한 이동도 수월해졌다.

+ 지하철(MRT)

2019년 9월 29일부터 방콕 지하철 MRT 블루 노선이 연장됐다. 후아람퐁 역에서 출발해 차이나타운을 지나 짜오프라야 강 건너 톤부리까지 연결된다. 그 중 싸남차이 Sanam Chai 역(Map P.6-B3) 왓 포와 인접해 있다.

+ 수상 보트

왕궁과 왓 포를 드나들 때 가장 유용한 교통편이다. 타 창 Tha Chang 선착장(선착장 번호 N9) 또는 타 띠안 Tha Tien 선착장(선착장 번호 N8)을 이용한다. 카오산 로드에서 출발할 경우 타 프라아팃 Tha Phra Athit 선착장(선착장 번호 N13)에서 보트를 타고, 씰롬에서 출발할 경우 타 싸톤 Tha Sathon(Sathon Pier) 선착장에서 보트를 탄다.

*보트 선착장 보수 공사로 인해, 따 띠안 선착장에 보트가 정박하지 않고 맞은편(강 건너)에 있는 '왓 아룬' 선착장 앞에 내려준다. 타 띠안 선착장으로 가려면 강을 건너는 보트(르아 캄팍)로 갈아타야 한다.

+ 투어리스트 보트

주요 관광지와 가까운 선착장 9곳만 들른다. 왕궁을 갈 경우 타 마하랏 Tha Maharaj 선착장에 내려서 걸어가면 된다. 왓 포로 가는 경우, 왓 아룬 선착장에 내려 강 건너는 보트를 타고 타 띠안 선착장으로 가야한다. 보트 요금은 1일 탑승권(200B) 형식으로 판매한다. 자세한 내용은 P.70 참고.

" 알아두세요 "

관광객을 노리는 호객꾼 사례

사례 1 왕궁 문을 닫았다면서 접근해 온다

왕궁 주변은 관광객들로 항상 붐비고, 방콕을 처음 방문한 사람들이 대부분이기 때문에 관광객들을 상대하는 호객꾼들도 많다. 왕궁 주변에서 만나게 되는 호객꾼들은 '어디를 가느냐? Hallo! Where Are You Going?'하고 물으며 접근해 온다. 대화에 관심을 보이기 시작하면 관광객에게 접근한 호객꾼은 '오늘은 왕궁 문을 닫았으니 가봐야 소용없다'는 말로 미끼를 던지며, 다른 관광지를 안내해준다고 유혹할 것이다. 왕궁과 싸남 루앙 주변에서 '왕궁 문 닫았다'고 말하거나 표를 대신 구해준다며 접근해 오는 사람은 그냥 무시하자. 왕궁은 특별한 왕실 행사가 있을 때를 제외하고 점심시간을 포함해 1년 365일 문을 연다. 입장권은 매표소에서 개별적으로 구입해야 한다.

사례 2 뚝뚝으로 저렴하게 시내 구경을 시켜준다고 한다

왕궁 앞에서 만난 호객꾼들에게 넘어갔다면 다음은 그들과 연계된 뚝뚝 기사를 부른다. 뚝뚝 기사는 저렴한 요금에 방콕 시내 관광을 시켜준다며 차에 타라고 권유한다. 만약 공짜(Free)라는 말에 혹해 뚝뚝을 타게 된다면, 어딘지 모를 허름한 사원을 한두 개 방문하거나 중요하지 않는 볼거리를 안내받게 될 것이다.

사례 3 정해진 보석가게나 수수료를 챙길 수 있는 상점으로 데리고 간다

공짜로 방콕 관광을 시켜주는 동안 뚝뚝 기사는 방콕에서 최대의 보석 박람회가 열린다느니, 보석을 사다가 한국에서 팔면 큰 이익을 챙길 수 있다는 말로 유혹하기 시작한다. 방콕에서서 싸고 좋은 보석을 살 수 있다는 말에 현혹됐다면, 뚝뚝 기사는 수수료를 한 몫 챙길 수 있는 보석가게로 데리고 간다. 뚝뚝 기사를 따라 보석가게에 갔다면 강압적으로 물건을 사야하는 일이 비일비재하다. 만약 사기를 당했다면, 곧바로 인근 경찰서나 관광 경찰서를 찾아가야 한다. 관광지에서 공짜는 없다는 것만 명심하면 사기당할 확률은 거의 없다.

공짜 관광을 시켜준다는 뚝뚝 기사를 조심하자

Attractions

라따나꼬씬의 볼거리

방콕 역사가 한눈에 보이는 라따나꼬씬을 돌아보려면 반나절 이상은 걸린다. 태국에 첫발을 들이면서 가장 먼저 찾게 되는 곳으로, 황금빛으로 치장된 화려한 건축물들을 만날 수 있다.

왓 프라깨우
Wat Phra Kaew วัดพระแก้ว ★★★★★

주소 2 Thanon Na Phra Lan **전화** 0-2623-5499, 0-2623-5500(+내선 3103) **홈페이지** www.palaces.thai.net **운영** 08:30~15:30 **요금** 500B(왕궁 입장료 포함) **가는 방법 수상 보트** ①타 창 Tha Chang 선착장 (선착장 번호 N9)에서 내려 타논 나프라란 Thanon Na Phra Lan 거리를 따라 400m 직진한다. ②투어리스트 보트를 탈 경우 타 마하랏 선착장에서 600m. ③MRT 싸남차이 역 1번 또는 2번 출구에서 1.3km. Map P.6-B2

휘황찬란함으로 무장한 왓 프라깨우는 라마 1세가 방콕으로 수도를 정하며 만든 왕실 사원이다. 왕궁 안에 세운 왕실 전용 사원인데 사원에 승려가 거주하지 않는 것이 특징이다. 태국에서 가장 신성시하는 불상인 '프라깨우 Phra Kaew'를 본존불로 모시고 있어 에메랄드 사원 Emerald Temple이라고 부른다.

일반인이 드나들 수 있는 입구는 단 한 곳이다. 왕궁의 북쪽 벽에 해당하는 승리의 문(빠뚜 위쎗 차이씨) Wiset Chaisri Gate으로 타논 나프라란에 있다.

사원 안으로 들어서면 처음에는 구조가 복잡해 당황할 수 있다. 시계 방향을 따라 왼쪽으로 이동하면서 관람하면 된다. 왓 프라깨우의 봇(대법전)을 지나면 왕궁을 거쳐 승리의 문으로 되돌아 나오게 된다.

왕궁 출입문에 해당하는 승리의 문(빠뚜 위쎗 차이씨)

성벽에 둘러싸인 왓 프라깨우와 왕궁은 타논 나프라란 거리에 출입구가 있다

왓 프라깨우

알아두세요

아무리 더워도 복장에 신경 쓰세요!

왕궁과 왓 프라깨우는 매표소에 가기 전에 복장 심사를 받아야 합니다. 신성하고 엄숙한 곳인 만큼 태국 왕실이나 불교와 상관없는 외국인 관광객도 복장에 각별한 주의를 기울여야 합니다. 노출이 심한 옷을 삼가야 하는 일반 불교 사원보다 복장 규정이 더욱 엄격한데요. 반바지와 미니스커트는 물론 소매 없는 옷을 입거나 슬리퍼를 신어도 안 됩니다. 치마는 무릎을 덮어야 합니다. 자신의 복장이 규정에 합당한지는 복장 심사대를 통과할 때 자연스레 체크가 됩니다. 노출이 심한 옷을 입었다면 담당 직원이 복장 대여소로 안내합니다. 여자들의 경우 기다란 천 조각을 치마처럼 입을 수 있는 싸롱을, 남자들은 헐렁한 바지를 대여해 줍니다. 신발이나 양말도 빌릴 수 있는데 원활한 반납을 위해 예치금 200B을 맡겨야 해요(옷을 반납할 때 예치금을 찾으면 됩니다). 대여소에서 빌려주는 옷들은 남들이 입던 땀 냄새 가득한 것들이니 정해진 규정대로 옷을 입고 가는 게 현명합니다.

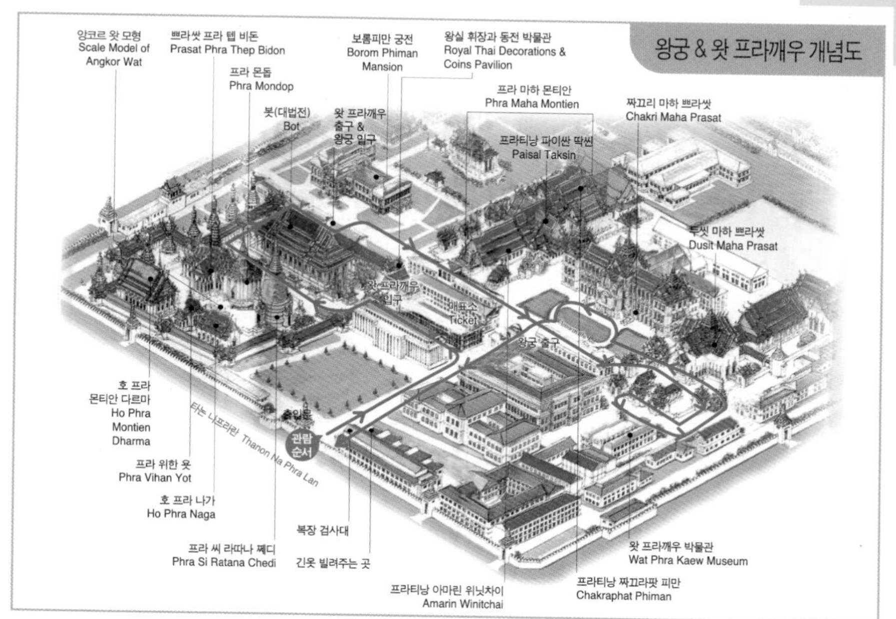

왕궁 & 왓 프라깨우 개념도

프라 씨 라따나 쩨디
Phra Si Ratana Chedi

왓 프라깨우 내부에 들어서면 종 모양의 황금 탑이 가장 먼저 눈에 띈다. 쩨디는 전형적인 스리랑카 양식으로 부처님의 유골을 안치했다.

프라 몬돕
Phra Mondop

쩨디 오른쪽은 왕실 도서관으로 쓰이던 프라 몬돕이다. 은으로 사각 기단을 만들고 진주를 이용해 내부를 장식했다. 불교 서적을 보관하고 있으나 일반에게 공개되지 않는다.

쁘라쌋 프라 텝 비돈
Prasat Phra Thep Bidon

프라 몬돕 오른쪽에 있는 법왕전 Royal Pantheon이다. 라마 1세부터 시작된 짜끄리 왕조 Chakri Dynasty 역대 왕들의 동상을 실물 크기로 만들어 보관하고 있다. 전체적으로 겹지붕의 라따나꼬씬 초기 건축 양식을 띠고 있으나 지붕 중앙에 옥수수 모양의 크메르 불탑(쁘랑)을 융합한 구조로 되어 있다. 내부가 공개되는 날은 1년 중 딱 하루로 짜끄리 왕조 창건 기념일(4월 6일)이다.

쁘라쌋 프라 텝 비돈에서는 건물 주변의 탑과 조형물에도 관심을 갖는다. 주로 〈라마끼얀〉(P.171)에 등장하는 신들의 조각인데 태양을 받아 반짝이는 금빛 조각

프라 씨 라따나 쩨디(사진 왼쪽)와 프라 몬돕(사진 중앙)

왓 프라깨우의 출입문을 지키는 수문장(Yaksa)

들로 화려하다. 가장 인상적인 조각은 끼나리 Kinaree. 사람의 얼굴과 새 모양을 합친 반인반조(半人半鳥)의 형상이다.

봇(대법전) Bot

왓 프라깨우에서 가장 크고 화려한 건물이다. 처음 건축 당시 모습을 그대로 간직하고 있으며 태국에서 가장 신성한 불상인 프라깨우 Phra Kaew(에메랄드 불상)를 본존불로 모신다.
대법전 입구에서는 독특한 석조 조각상을 볼 수 있다. 이 조각상은 중국 풍채가 풍기는 관음보살로 화교들이 태국 왕실을 위해 헌정한 것이다. 관음보살 석상 옆에는 두 마리의 소가 조각되어 있는데, 라마 1세가 탄생한 소띠 해를 기념하기 위해 만든 것. 대법전 외관에서 눈여겨봐야 할 것은 지붕을 연결하는 112개의 처마로 독수리 모양 가루다가 장식되어 있다.

프라깨우(에메랄드 불상) Phra Kaew

태국에서 가장 신성시되는 불상이다. 프라깨우를 본존불로 모시고 있어, 왕실 사원의 이름도 왓 프라깨우라고 불린다. 프라깨우는 에메랄드 불상으로 알려졌지만, 엄밀히 말해 푸른색 옥으로 만들었다. 불상이 만들어진 정확한 시기는 알 수 없지만 인도에서 처음 만들어 스리랑카를 거쳐 태국으로 전해진 것으로 여겨진다.
프라깨우는 1434년에 태국 북부의 치앙라이 Chiang Rai에서 최초로 발견됐다. 석고 회반죽으로 감싼 불상이 실수로 파손되면서 불상의 존재가 세상에 알려지게 됐다. 그 후 불상은 란나 왕조의 수도였던 치앙마이 Chiang Mai와 라오스의 수도 비엔티안(위앙짠) Vientiane을 거쳐 방콕으로 옮겨졌다. 프라깨우를 모셨던 사원은 모두 왓 프라깨우라 불리는데 치앙라이, 치앙마이, 비엔티안에 같은 이름의 사원이 지금도 실존하고 있어 불상의 중요성을 짐작케 한다.
크기가 66㎝ 밖에 되지 않는 작은 불상이 이처럼 여러 나라에서 중요시되는 이유는 새로운 왕조의 번영과 왕실의 행운을 가져온다는 믿음 때문이다. 라오스에서 태국으로 불상이 옮겨진 것도 새로운 왕조를 창조한 라마 1세가 라오스와 전쟁을 벌여 전리품으로 빼앗아 왔기 때문이다.
프라깨우는 3 · 7 · 11월에 한 번씩 계절의 변화에 따

쁘라쌋 프라 텝 비돈

쁘라쌋 프라 텝 비돈(법왕전) 앞쪽에는 황금색 불탑 한쌍이 좌우에 세워져 있다

끼나리 조각상

프라깨우 ©태국관광청

왓 프라깨우 대법전

왓 프라깨우에 있는 앙코르 왓 모형

힌두 신화가 그려진 왕궁 벽화

라 옷을 갈아입는다. 국왕이 직접의복을 교환하는 행사를 진행할 정도로 국가에서 신성시하고 있다.

앙코르 왓 모형 Scale Model of Angkor Wat

캄보디아 대표 유적인 앙코르 왓 모형이 왓 프라깨우 내부에 있다. 쁘라쌋 프라 텝 비돈 뒤편에 놓여 있는 이 모형은 라마 4세(재위 1851~1868) 때 만든 것. 그 이유는 태국이 앙코르 왓까지 영토를 확장했던 지나간 역사 때문이다.
동남아시아의 패권을 장악했던 크메르 제국의 영향력이 급속히 약화된 15세기에 앙코르 왓을 점령했던 아유타야 왕조에 이어, 짜끄리 왕조의 라마 4세 때도 앙코르 왓을 재점령했다. 그 후 캄보디아를 식민지배한 프랑스의 요청으로 앙코르 왓을 반환한 1906년까지 태국이 지배했다. 태국은 앙코르 왓의 반환을 두고두고 후회했다. 태국인들의 가슴속에서는 여전히 앙코르 왓을 태국 땅으로 여기고 있다. 하지만 태국이라는 나라가 생기기 전부터 동남아시아의 문화와 종교, 건축에 지대한 영향을 미쳤던 캄보디아 입장에서 생각하면 못산다는 이유 하나만으로 여전히 앙코르 왓을 자기 땅처럼 여기는 태국에 대한 불만이 높은 것은 당연한 일이다.

벽화 The Murals

사원 내부 벽면을 가득 메우고 있는 벽화는 1,900m에 이르는 방대한 크기다. 라마 1세 때 그려진 것으로 여러 차례 보수 공사를 거쳐 현재도 원형 그대로 보존되어 있다. 178개 장면으로 구분되는 벽화는 사원 북쪽 벽면의 중간에서 시작된다. 힌두교 대서사시 〈라마야나 Ramayana〉의 주요 장면을 묘사했다. 태국에서는 〈라마끼안 Ramakian〉으로 각색됐다.

알아두세요

라마야나가 뭐예요?

HAPPY TIME!

세계에서 가장 긴 힌두 대서사시로 유명한 라마야나는 '라마의 이야기'라는 뜻입니다. 라마야나의 주인공인 라마 Rama는 힌두교에서 가장 사랑받는 세상을 유지하는 신인 비슈누 Vishnu의 화신으로 인간의 모습을 하고 있지요. 전체적인 줄거리는 라마 Rama와 그의 부인 시타 Sita와의 사랑이야기를 근간으로 악(惡)으로 대변되는 라바나 Ravana를 물리치고 권선징악을 이룬다는 내용입니다.
제사장들의 신의를 얻어 신들로부터 절대로 죽지 않고 영원한 생명을 얻은 라바나를 무찌르기 위해 인간으로 변한 라마의 주된 활약이 박진감 넘치게 묘사됩니다. 라마를 돕는 신들 중에 원숭이 모습의 하누만 Hanuman 장군도 라마야나에서 빼놓을 수 없는 인물. 하누만은 중국으로 넘어가 우리들이 잘 알고 있는 〈서유기〉의 손오공으로 각색되었답니다. 짜끄리 왕조 국왕도 '라마'라 칭하는데요. 인간의 모습으로 변해 악을 물리치고 선을 구가한다는 라마야나의 핵심답게, 태국 국왕들도 신이 인간의 모습으로 세상에 내려와 국민들을 위해 치세를 베푼다는 뜻이 담겨 있습니다.

왕궁 Grand Palace
พระบรมมหาราชวัง ★★★★

현지어 프라 랏차 왕(프라보롬마하랏왕) **주소** Thanon Na Phra Lan **전화** 0-2623-5499, 0-2623-5500 **홈페이지** www.palaces.thai.net **운영** 08:30~15:30 **요금** 500B(왓 프라깨우 입장료 포함) **가는 방법** 왓 프라깨우에서 대법전을 지나 연결된 문을 통과하면 넓은 정원이 있는 왕궁 내부가 나온다. Map P.6-B2

왓 프라깨우와 더불어 방콕을 대표하는 볼거리다. 1782년, 짜오프라야 강 서쪽의 톤부리 Thonburi에서 강 동쪽의 라따나꼬씬으로 수도를 옮기며 건설한 짜끄리 왕조의 왕궁이다. 라마 1세 때부터 세운 왕궁은 새로운 왕들이 즉위할 때마다 건물을 신축하면서 현재의 모습으로 확장되었다. 국왕이 거주하던 궁전, 대관식에 사용되던 건물, 정부 청사, 내궁까지 들어선 방대한 규모이지만 일반인의 출입이 허용되는 곳은 극히 일부에 불과하다. 참고로 라마 8세가 왕궁에서 총에 맞아 살해된 이후 라마 9세부터는 찟뜨라다 궁전 Chitralada Palace에 거주하고 있다.

왕궁에서 거행된 라마 9세(푸미폰 국왕) 즉위식

왕궁을 지키는 근위병

보롬피만 궁전 Borom Phiman Mansion

왕궁 내부에 있는 4개 궁전 중 가장 왼쪽에 있다. 1903년 라마 5세 때 유럽 양식으로 건축되었다. 라마 6세부터 라마 8세까지 거주했던 왕궁으로 현재는 태국을 방문한 외빈들을 위한 숙소로 사용되고 있다.

프라 마하 몬티안 Phra Maha Montien

라마 1세 때인 1785년에 건설된 궁전으로 프라티낭 아마린 위닛차이 Amarin Winitchai, 프라티낭 파이싼 딱씬 Paisan Taksin, 프라티낭 짜끄라팟 피만 Chakraphat Phiman으로 구성된다.

프라티낭 아마린 위닛차이는 라마 1세 때부터 알현실로 쓰였으며, 국왕 생일 때 정부 주요 인사들을 접견하던 곳이다. 프라티낭 파이싼 딱씬은 대관식이 행해지던 곳으로 국왕이 사용하던 의자 앞으로 정부 각료들이 앉던 좌석이 8각형 모양으로 배치되어 있다. 프라티낭 짜끄라팟 피만은 라마 1세~3세가 머물던 궁전으로 사용됐다.

짜끄리 마하 쁘라쌋 Chakri Maha Prasat

왕궁 내부 중에서 가장 주목을 받는 건물로 왓 프라깨우에서 왕궁으로 들어서면 오른쪽에 보이는 건물이다. 유럽을 순방하고 돌아온 라마 5세가 만들어 르네상스 건축 양식을 가미하고 있다. 완공 시기는 1882년으로 짜끄리 왕조가 탄생한 지 정확히 100년이 되는 해다. 라마 5세부터 라마 6세까지 외국 사절단을 접견하고 연회를 베풀던 장소로 사용됐다.

프라 마하 몬티안(사진 왼쪽)과 짜끄리 마하 쁘라쌋(사진 오른쪽)

프라 마하 몬티안(사진 왼쪽)과 두씻 마하 쁘라쌋(사진 오른쪽)

짜오프라야 강에서 바라 본 왕궁

유럽 양식의 보롬피만 궁전

유럽 양식과 태국 양식이 혼재된 짜끄리 마하 쁘라쌋

두씻 마하 쁘라쌋 Dusit Maha Prasat

왕궁 부지에서 가장 오른쪽에 있으며, 라따나꼬씬 시대의 건축 양식을 잘 반영한 건물로 평가받는다. 기단은 하얀색 대리석을 이용해 십자형 구조로 만들었으며, 래커와 금색으로 치장된 문과 창문이 화려하다. 또한 네 겹의 겹지붕과 국왕의 왕관 모양을 형상화한 7층첨탑도 인상적이다.

두씻 마하 쁘라쌋은 라마 1세 때인 1790년에 건설되었다. 라마 1세가 자신이 사망한 후 시신을 화장하기 전에 보관하려고 만든 건물. 라마 1세 이후에도 지금까지 존경받는 왕족들이 죽으면 화장하기 전까지 시신을 안치해 조문객들을 맞고 있다.

짜끄리 마하 쁘라쌋 / 두씻 마하 쁘라쌋

알아두세요

방콕은 '끄룽텝(천사의 도시)' กรุงเทพ이라고 부릅니다.

방콕이란 이름은 방 마꼭 Bang Makok에서 유래했습니다. 톤부리 시대 왕실이 있던 마을 이름이 서양인들에게 전해지며 방콕 Bangkok으로 변질된 것이지요. 방콕의 정확한 태국식 발음은 '방꺽'이지만 현지인들은 '끄룽텝 Krung Thep'이라고 부릅니다. 라따나꼬씬으로 수도를 옮긴 짜끄리 왕조에 의해 붙여진 이름으로 '천사의 도시'라는 뜻입니다.

하지만 끄룽텝의 본래 명칭은 모두 43음절로, 세계에서 가장 긴 도시 이름으로 기네스북에 선정됐다고 합니다. 발음하기도 어려운 방콕의 본명은 다음과 같습니다. 끄룽텝마하나콘 아몬라따나꼬씬 마힌타라윳타야 마하디록폽 놉파랏랏차타니부리롬 우돔랏차니웻마하싸탄 아몬피만아와딴싸팃 싹까탓띠야윗싸누깜쁘라씻 **กรุงเทพมหานคร อมรรัตนโกสินทร์ มหินทรายุธยา มหาดิลกภพ นพรัตนราชธานีบูรีรมย์ อุดมราชนิเวศน์มหาสถาน อมรพิมานอวตารสถิต สักกะทัตติยวิษณุกรรมประสิทธิ์**

왓 포
Wat Pho วัดโพธิ์ ★★★★

주소 2 Thanon Sanam Chai **전화** 0-2226-0335 **홈페이지** www.watpho.com **운영** 08:30~18:30 **요금** 200B(무료 생수 쿠폰 1장 포함) **가는 방법** ①**수상 보트** '왓 아룬 선착장'에 내려서 르아 감팍(강을 건너는 페리)을 타고 강 건너편 '타 띠안 선착장'에 내린다. 타 띠안 선착장에서 100m 앞에 있는 사거리에서 직진해서 100m 더 가면 사원 입구가 나온다. ②2019년 9월 29일 개통한 지하철 MRT 싸남차이 역 2번 출구에서 400m. Map P.6-B3

아무리 사원에 관심 없는 여행자라도 꼭 가봐야 할 사원. 16세기 태국의 새로운 수도, 방콕이 생기기 전에 만들어진 사원으로 공식 명칭은 왓 프라 쩨뚜폰 Wat Phra Chetuphon이다. 아유타야 양식으로 지은, 방콕에서 가장 오래된 사원인 동시에 최대 규모를 자랑하는 사원으로 왕궁과 더불어 라따나꼬씬 지역의 최대 볼거리로 손꼽힌다. 종교적으로 신성시되는 사원이므로 사원을 방문할 땐 노출이 심한 옷을 삼가야 한다. 반바지, 미니스커트, 민소매 옷은 피해야 한다.

왓 포가 현재의 모습을 갖춘 것은 라마 1세 때로 왕실의 전폭적인 지지 아래 증축됐다. 전성기 때에는 1,300여 명의 승려와 수도승이 수행했을 정도다. 또한 라마 3세(재위 1824~1851) 때는 왕실의 후원을 바탕으로 개방 대학의 면모도 갖추었다. 석판과 벽화, 조각 등으로 교재를 만들어 의학, 점성학, 식물학, 역사 등 다양한 학문을 교육했다. 태국 최초의 대학이었으며 자유로운 분위기에서 학문 수행이 가능했다고 한다. 현재도 타이 마사지를 포함한 태국 전통 의학을 연구하는 총본산으로 10~15일 과정의 타이 마사지 과정을 교육하고 있다.

왓 포 대법전 지붕장식(짜오파)

왓 포 대법전

타 띠안 선착장에서
왓 포로 이어지는 거리 풍경

사원 입구

왓 포는 거대한 하얀색의 벽으로 둘러싸여 있다. 입구는 두 곳으로, 타논 타이왕 Thanon Thai Wang과 타논 쩨뚜폰 Thanon Chetuphon의 출입문을 통해 드나들 수 있다. 왕궁과 가까운 타논 타이왕으로 들어갈 경우 와불상을 먼저 보게 되고, 왓 포의 정문에 해당하는 타논 쩨뚜폰으로 들어가면 대법전부터 방문하게 된다.

프라 우보쏫(대법전) Phra Ubosot

타논 쩨뚜폰에서 입구를 통해 사원에 들어서면 가장 먼저 만나게 되는 곳이다. 전형적인 아유타야 양식의 건축물로 1835년에 복원했으며, 아유타야에서 가져온 불상을 본존불로 모시고 있다.

대법전 기단부에는 대리석을 조각한 회랑이 있다. 모두 152개 장면으로 〈라마끼안〉을 묘사했다. 왕궁의 벽화에 비해 화려하진 않지만 정교한 석조 부조를 대할 수 있다. 대법전은 불상 박물관 역할도 수행한다. 외벽을 따라 394개의 황동불상이 전시되어 있다. 전시물은 태국 불상 중 가장 아름답고 우아하다고 평가되는 아유타야와 쑤코타이 양식의 불상이 주를 이룬다.

불상이 가득 전시된 왓 포 회랑

왓 포 대법전의 본존불

The Reclining Buddha

왓 포 와불상

왓 포 쩨디

쩨디 Chedi

대법전에서 와불상을 보러 가기 전에 들르게 되는 곳이다. 도자기 조각을 발라 반짝이는 4개의 초대형 쩨디는 짜끄리 왕조 초기 왕들에게 헌정한 것. 라마 1세는 녹색, 라마 2세는 흰색, 라마 3세는 노란색, 라마 4세는 파란색을 상징한다. 4개의 초대형 쩨디 앞쪽의 사원 마당과 와불상을 모신 법당 사이에도 작은 쩨디들로 반짝인다. 모두 91개로 왕족들의 유해를 보관하고 있다.

와불상 The Reclining Buddha

왓 포에서 가장 유명한 곳이다. 위한 프라 논 Vihan Phra Non이라 불리는 법당 내부에 있다. 와불상은 태국에서 가장 큰 규모로 길이 46m, 높이 15m를 자랑한다. 석고 기단 위에 황금색으로 칠해진 와불은 열반에 든 부처의 모습을 형상화했다. 왓 포가 열반 사원이라는 이름으로 불리는 이유도 와불 때문이다. 와불이 너무 커서 전체의 모습을 한번에 보기 힘들고 발바닥은 아래 있어서 그나마 자세한 윤곽을 볼 수 있다. 발바닥에는 자개를 이용해 그림을 그렸는데 108번뇌를 묘사하고 있다.

왓 포 마사지 Wat Pho Massage

왓 포 사원 내부에서 운영하는 마사지 숍으로 타이 마사지를 교육하는 곳으로 유명하다. 오랫동안 마사지를 시술한 검증된 안마사들이 경직된 근육을 풀어주어 최고의 효과를 느낄 수 있다. 일반 업소에 비해 혈을 눌러 몸의 피로를 푸는 고대 안마 방식을 그대로 전수받은 것이 특징이다.

대법전 오른쪽의 타논 싸남차이 Thanon Sanam Chai 방향의 보리수나무 옆에 있으며, 번호표를 받고 기다리는 사람들이 많아 찾기 쉽다. 요금은 타이 마사지 1시간에 540B, 발 마사지 1시간에 580B이다.

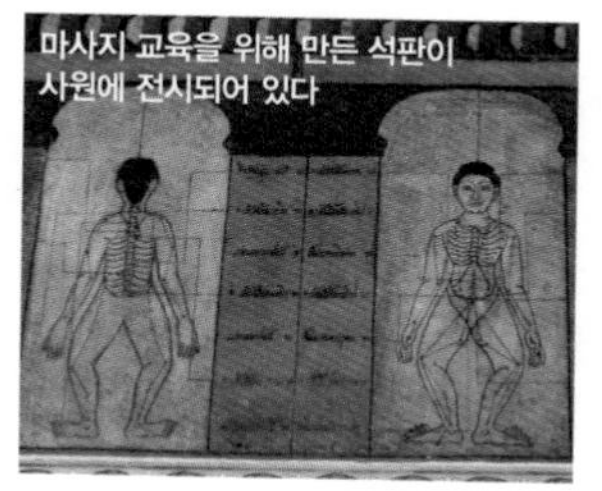
마사지 교육을 위해 만든 석판이 사원에 전시되어 있다

Travel Plus

타이 마사지를 배워볼까요?

마사지를 배워보고 싶다면 마사지 코스에 참여해도 좋습니다. 사원 외부에 별도 시설을 운영하는 왓 포 마사지 스쿨은 1995년부터 태국 정부의 지원 아래 일반인을 대상으로 정기 교육 프로그램을 운영하고 있습니다. 전통 타이 마사지를 포함한 4가지 코스를 운영하며, 총 교육 시간은 30시간. 하루 강습 시간에 따라 5일 코스와 10일 코스로 구분해 교육을 실시합니다. 전용 교재를 이용하며 파트너와 직접 실습을 통해 마사지 과정을 습득할 수 있습니다. 과정이 끝나면 시험을 통과한 후 자격증을 받을 수 있습니다.

+ 왓 포 마사지 스쿨 Wat Pho Massage School

주소 392/33-34 Soi Phenphat, Thanon Maharat **전화** 0-2622-3551, 0-2622-3533 **홈페이지** www.watpomassage.com **수강료** 타이 마사지 1만 2,000B(30시간), 발 마사지 1만 500B(30시간), 아로마테라피 1만 500B(30시간) **가는 방법** 왓 포 후문에서 연결되는 타논 마하랏 Thanon Maharat에서 강변 방향으로 이어지는 골목인 쏘이 펜팟 Soi Phenphat에 있다. Map P.6-B3

국립 박물관
National Museum
พิพิธภัณฑสถานแห่งชาติ พระนคร ★★★

현지어 피피타판 행찻 **주소** 4 Thanon Na Phra That **전화** 0-2224-1333 **운영** 수~일 09:00~16:00(매표 마감 15:30, 휴무 월~화요일 · 국경일) **요금** 200B **무료 가이드** 수 09:30(영어 · 프랑스어 · 일본어), 목 09:30(영어 · 프랑스어 · 독일어) **가는 방법** **①수상 보트** 타 창 선착장(선착장 번호 N9)에서 내려 타논 나프라란 Thanon Na Phra Lan→타논 나프라탓 Thanon Na Phra That으로 도보 15분. ②싸남 루앙 서쪽으로 탐마쌋 대학교와 국립 극장 사이에 있다. 카오산 로드에서 도보 15~20분. Map P.6-B1

동남아시아에서 가장 큰 박물관으로 태국에 대한 이해를 돕는 안내자 역할을 한다. 시대별로 정리된 박물관 전시물은 선사 시대부터 쑤코타이 Sukhothai, 아유타야 Ayuthaya, 라따나꼬씬 Ratanakosin(방콕 Bangkok)으로 이어지는 태국 역사 전반에 관한 유물과 조각, 불상 등을 전시하고 있다. 박물관은 싸남 루앙의 서쪽에 위치하며 타논 나프라탓에 입구가 있다.

태국 역사 개관실
Gallery of Thai History

매표소를 바라보고 오른쪽에 있는 건물로 사진과 모형을 통해 태국 역사를 보여준다. 각 왕조별로 주요한 행적과 국왕들의 동상을 재현해 놓았다. 가장 눈여겨봐야 할 것은 개관실 초입의 쑤코타이 시대 전시실로 람캄행 대왕 King Ramkhamhaeng(재위 1278~1299)이 만든 실제 석조 비문이 전시되어 있다. 비석에는 태국 최초의 문자가 새겨져 있다.

국립 박물관 입구

왓 붓다이싸완 & 땀낙 댕
Wat Buddhaisawan & Tamnak Daeng

Gallery of Thai History

프라깨우 불상 다음으로 태국에서 신성시하는 프라씽 Phra Sing 불상을 안치하기 위해 만든 사원. 짜끄리 왕조 초기의 전형적인 사원으로 1787년에 건설됐으며, 내부에는 부처의 일대기를 묘사한 벽화가 남아 있다. 사원 왼쪽에는 티크 나무로 만든 땀낙 댕이 있다. 라마 1세의 큰 누나인 씨 쑤다락 공주 Princess Si Sudarak의 개인 별장으로 붉은색을 띠고 있어 붉은 집이라고도 불린다.

중앙 전시실 Central Hall

국립 박물관에서 가장 많은 볼거리가 있는 중앙 전시실은 라마 1세 때 만든 왕나 궁전 Wang Na Palace을 개조한 것이다. 왕실에서 사용하던 장신구와 보물을 전시한 특별 전시실부터 시작해 모두 14개의 섹션으로 구분된다.
주요 전시품들은 태국 왕실에 기증된 보물, 18세기에 사용된 왕실 장례 마차, 태국 전통 가면 춤에 사용된 콘 Khon 마스크와 유흥용품 · 도자기와 벤자롱 · 자개

제1별관 야외에 전시된 크메르 양식의 조각품

왕실 건물을 개조해 만든 중앙 전시실

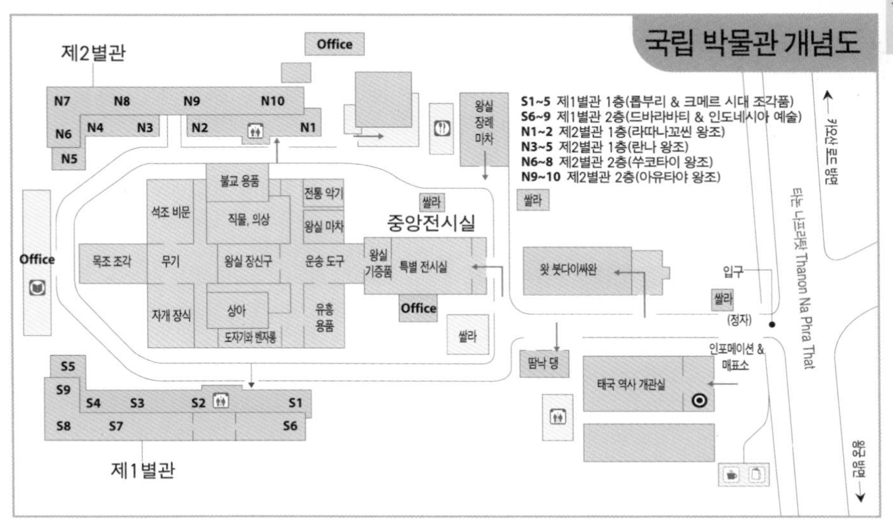

장식 · 무기 · 석조 비석 · 전통 의상과 직물 · 전통 악기를 전시하고 있다. 이밖에도 라오스, 캄보디아, 자바, 발리에서 수집한 악기와 의류가 전시되어 있다.

제1별관 Southern Building

태국이 성립되기 전 태국 지역에 살던 국가에 관한 전시물이 주를 이룬다. 1층은 태국 중부에 위치한 롭부리 Lopburi 유적을 전시한다. 실내보다는 야외에 전시된 다양한 힌두교 불상과 조각상들이 볼 만하다. 모두 롭부리 지역에서 출토된 12~13세기 유물들로 태국이 성립되기 전에 크메르 제국이 만든 조각품들이다. 2층에서는 6세기 무렵 태국 영토에 몬족이 건설했던 드바라바티 시대 유물 Dvaravati Art을 전시한다. 태국에 불교가 최초로 전래된 나컨 빠톰에서 발견된 6세기경의 법륜(다르마)이 눈길을 끈다.

제2별관 Northern Building

태국 왕조를 시대별로 구분해 예술품과 불상을 전시한다. 1층은 치앙마이를 중심으로 태국 북부에서 번창했던 란나 왕조 Lanna Dynasty와 현재 왕조인 라따나꼬씬 시대 유물을 전시한다. 2층에는 13~14세기에 번성했던 쑤코타이와 14~18세기 태국 최고의 황금기를 구가했던 아유타야 시대 유물이 가득하다.

알아두세요

사원은 '왓 Wat'이라 부릅니다

불 · 법 · 승을 모두 갖춘 사원을 태국에서는 '왓'이라 부릅니다. 사원은 우보쏫(또는 봇) Ubosot(대법전)과 위한 Vihan(법당)으로 꾸며지며, 승려가 머무는 승방은 꾸띠 Kuti라고 합니다. 태국 사원에서 가장 신성한 공간은 우보쏫인데, 승려들의 출가의식이 이루어집니다. 위한은 일반 신도들이 찾아와 공양을 드리는 법당입니다. 대부분의 사원들이 위한에 본존불을 모십니다.
태국 사원에서는 화려한 탑들도 눈여겨봐야 합니다. 탑은 양식에 따라 쩨디 Chedi와 쁘랑 Prang으로 구분됩니다. 쩨디는 종 모양의 탑으로 전형적인 스리랑카 양식을 따랐으며 부처나 태국 왕들의 유해를 모십니다. 쁘랑은 옥수수 모양의 탑으로 크메르 건축에서 기인했답니다. 일반적으로 힌두교와 불교에서 우주의 중심으로 여기는 수미산을 상징합니다.

싸남 루앙 Sanam Luang
สนามหลวง ★★

주소 Thanon Na Phra That & Thanon Ratchadamnoen Nai & Thanon Na Phra Lan **운영** 24시간 **요금** 무료 **가는 방법** ①**수상 보트** 타 창 Tha Chang 선착장에서 도보 10~15분. ②카오산 로드에서 도보 15분.
Map P.6-B1~B2 Map P.8-B3
라마 1세 때 왕궁과 함께 조성된 왕실 공원. 왕실 바로 앞에 있는 타원형 광장으로 주요한 국가 행사가 열리던 곳이다. 가장 중요한 행사는 농경제 Royal Ploughing Ceremony로 왕실 주관으로 매년 4월에 열린다. 또한 국왕과 왕비의 생일과 왕족의 장례식 등 주요 국가 경조사가 열리는 장소이기도 하다. 라마 5세 때는 싸남 루앙 주변에 국방부, 통신부 등 유럽풍의 정부 청사였던 건물을 신축해 왕실이 관할하는 공원다운 면모를 풍겼다.
현재는 조용하고 한적한 공원으로 일반인에게 개방된다. 특별한 볼거리를 기대하기보다는 왓 프라깨우, 국립 박물관, 왓 마하탓, 탐마쌋 대학교 같은 주요 볼거리를 가기 위해 지나쳐 가는 것으로 만족하자.

탐마쌋 대학교 Thammasat University
มหาวิทยาลัยธรรมศาสตร์ ★★

현지어 마하윗타얄라이 탐마쌋 **주소** 2 Thanon Phra Chan **홈페이지** www.tu.co.th **가는 방법** ①**수상 보트** 타 창 Tha Chang 선착장 앞 사거리에서 북쪽으로 500m. ②카오산 로드에서 출발해 타논 프라아팃을 따라 쭉 내려가면 탐마쌋 대학교 구내식당으로 연결된다. 도보 10~15분. Map P.6-A1~B1 Map P.8-A2
쭐라롱껀 대학교와 더불어 태국 최고 명문 대학으로

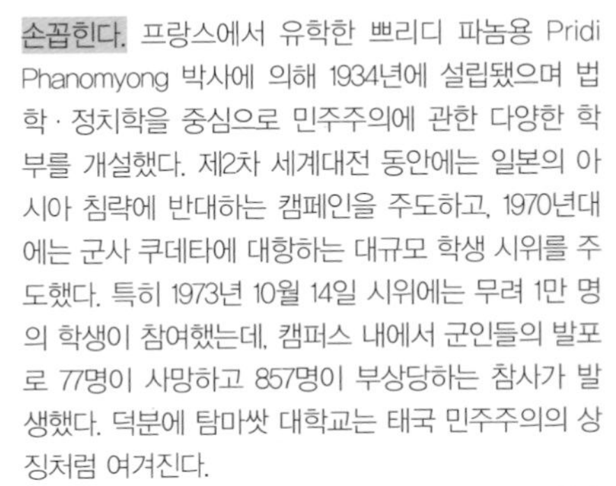

손꼽힌다. 프랑스에서 유학한 쁘리디 파놈용 Pridi Phanomyong 박사에 의해 1934년에 설립됐으며 법학 · 정치학을 중심으로 민주주의에 관한 다양한 학부를 개설했다. 제2차 세계대전 동안에는 일본의 아시아 침략에 반대하는 캠페인을 주도하고, 1970년대에는 군사 쿠데타에 대항하는 대규모 학생 시위를 주도했다. 특히 1973년 10월 14일 시위에는 무려 1만 명의 학생이 참여했는데, 캠퍼스 내에서 군인들의 발포로 77명이 사망하고 857명이 부상당하는 참사가 발생했다. 덕분에 탐마쌋 대학교는 태국 민주주의의 상징처럼 여겨진다.
카오산 로드에서 왕궁으로 가는 길에 들를 수 있다. 태국 대학생들의 모습이 궁금하거나 대학 구내식당(P.181)에서 저렴하게 식사를 하고 싶다면 잠시 틈을 내어 들어가 보자.

부적 시장(딸랏 프라 크르앙) Amulet Market
ตลาดพระเครื่องท่าพระจันทร์ ★★★

현지어 딸랏 프라 크르앙 **주소** Trok Nakhon, Thanon Maharat **운영** 08:00~18:00 **가는 방법** 타 프라짠(선착장)과 타 마하랏(쇼핑몰) 사이의 좁은 골목에 있다. Map P.6-A1
타논 마하랏 주변에서 흔히 볼 수 있는 불상을 조각한 부적을 판매하는 시장이다. '프라 크르앙 Phra Khreuang'으로 불리는 작은 부적은 몸에 지니고 있으면 사고를 예방하고 악귀를 쫓는다고 여겨진다. 불심이 강한 태국인들은 마치 귀금속을 고르듯 프라 크르앙을 살피며 효험 좋은 부적을 고르느라 여념이 없다. 부적 시장에서는 다양한 불교 용품도 함께 거래된다.
부적 시장은 현지어로 '딸랏 프라 크르앙'이라고 부

왕궁 앞에 조성된 왕실 공원 싸남 루앙

탐마쌋 대학교

른다. 타 프라짠(프라짠 선착장) Tha Phra Chan 옆에 있기 때문에 '딸랏 프라 크르앙 타프라짠' 또는 줄여서 '딸랏 프라 타프라짠'이라고 말한다.

타논 마하랏
Thanon Maharat
ถนนมหาราช

★★★

주소 Thanon Maharat **운영** 24시간 **요금** 무료 **가는 방법** ①**수상 보트** 타 창 Tha Chang 선착장(선착장 번호 N9)을 나오면 타논 마하랏과 바로 연결된다. ② 카오산 로드에서 출발할 경우 타논 프라아팃 Thanon Phra Athit을 따라 쭉 내려가서 탐마쌋 대학교 캠퍼스를 통과하면 된다. 도보 15~20분. Map P.6-A2

라따나꼬씬 지역에서 옛 모습을 가장 잘 간직한 거리다. 짜오프라야 강과 연하고 있어 방콕 시민들의 삶이 강과 얼마나 밀접하게 연관되어 있는지 경험할 수 있다. 거리는 탐마쌋 대학교 후문 쪽에서 시작해 왓 포 앞까지 이어진다. 높은 건물이 없어 거리가 어수선하다. 거리에는 방콕 초기부터 형성된 약재, 부적, 종교 용품을 파는 작은 상점들이 줄지어 있다. 선착장을 오가는 사람들의 분주한 모습과 유동인구가 많은 탓에 곳곳에 작은 노천 식당들이 즐비한 것도 매력이다.

불상과 승려가 조각된 프라 크르앙

불상이 대량으로 거래되는 부적 시장(딸랏 프라 크르앙)

싸얌 박물관(뮤지엄 오브 시암)
Museum of Siam
มิวเซียมสยาม

★★

주소 Thanon Maharat **전화** 0-2225-2777 **홈페이지** www.museumofsiamproject.com **운영** 화~일 10:00~18:00(휴무 월요일) **요금** 200B **가는 방법** ① 왓 포 남쪽으로 400m 떨어진 타논 마하랏에 있다. ②MRT 싸남차이 역 1번 출구 앞에 있다. ③**수상 보트** 타 띠안 Tha Tien 선착장(선착장 번호 N8)에서 타논 마하랏 방향으로 도보 10분. Map P.6-B3

2008년에 문을 연 쾌적한 박물관이다. 경제부 청사로 사용되던 유럽 양식의 건물을 박물관으로 사용한다. 동남아시아 지역의 고대 역사를 다룬 쑤완나품('황금의 땅'이라는 뜻) 전시실부터 불교의 전래 과정, 아유타야 제국의 400년 역사, 라따나꼬씬 왕조에서 현대에 이르기까지 태국 역사를 소개한다. 톤부리 시대의 지도, 태국 농촌 마을 모형, 태국과 교역했던 나라들의 선박 모형, 태국 현대사를 기록한 보도 자료를 함께 전시하고 있다. 딱딱한 느낌을 주는 기존의 박물관들과 달리 시청각 자료를 많이 갖추어 직접 만져보고 조작하면서 태국 문화를 체험하고 학습하도록 설계했다.

탐마쌋 대학교 후문에서 이어지는 타논 마하랏

Museum of Siam

왓 마하탓 대법전과 쁘랑(불탑)

락 므앙 옆(왕궁 오른쪽)에 있는 유럽 양식의 국방부 건물

왓 마하탓
Wat Mahathat
วัดมหาธาตุ
★★★

주소 3 Thanon Maharat **전화** 0-2221-5999 **운영** 09:00~17:00 **요금** 무료 **가는 방법** ①**수상 보트** 타 창 선착장(선착장 번호 N9) 앞 사거리에서 타논 마하랏 Thanon Maharat을 따라 북쪽으로 250m. 타 마하랏(쇼핑몰) Tha Maharaj 입구 맞은편에 사원 후문이 있다. ②사원 정문은 싸남 루앙을 끼고 있는 탐마쌋 대학교 남쪽에 있다. ③왕궁(왓 프라깨우)에서 북쪽으로 250m 떨어져 있다.

Map P.6-A2~B2 Map P.8-A3

왓 포 Wat Pho와 더불어 중요한 사원으로 꼽힌다. 방콕이 형성되기 이전인 아유타야 시대에 건설된 오래된 사원이다. 방콕으로 수도를 이전한 라마 1세 때인 1803년에 왓 마하탓으로 칭해 왕실 사원 중의 한곳으로 관리하며 규모가 확장되었다. 라마 4세가 국왕이 되기 전 이곳에서 승려 생활을 했을 정도로 중요시되던 사원이다. 우보쏫(대법전)에만 승려 1,000명이 수행 가능하다고 하니 사원 규모를 짐작할 수 있을 것이다. 사원 내부는 회랑을 만들어 불상을 전시하고 있으며, 대법전 뒤쪽으로 꾸띠(승방) 건물들이 가득 들어서 있다.

왓 마하탓 회랑을 장식한 불상들

사원은 건축적인 완성도나 화려함보다 태국 최고의 불교대학으로서 가치가 높다. 마하 쭐라롱껀 불교대학 Maha Chulalongkon Buddhist University이 사원 내부에 있어 수많은 승려들이 수행하고 있다. 태국뿐 아니라 라오스, 캄보디아, 베트남에서 온 승려들도 많다.

락 므앙
Lak Muang(City Pillar Shrine)
หลักเมือง
★★★

주소 2 Thanon Lak Muang **전화** 0-2222-9876 **운영** 08:30~17:30 **요금** 무료 **가는 방법** ①**수상 보트** 타 창 선착장에서 내려 왕궁 앞을 지나는 타논 나프라란 → 타논 락므앙 Thanon Lak Muang으로 도보 15분. ②타 창 선착장에서 동쪽으로 650m, 왕궁에서 동쪽으로 350m 떨어져 있다. Map P.6-B2

태국 도시 구성에서 없어서는 안 될 락 므앙. 도시 탄생을 기념하고 도시의 번영을 위해 만드는 기둥이다. 방콕 락 므앙은 라마 1세가 라따나꼬씬으로 수도를 옮긴 1782년 8월 21일을 기념해 만들었다. 크기는 4m로 연꽃 모양을 형상화했으며 태국을 보호하는 수호신, 프라 싸얌 테와티랏 Phra Sayam Thewathirat의 정령이 깃들어 있다고 여겨진다. 신성한 사원과 마찬가지로 순례자들이 찾아와 꽃과 향을 바치며 안녕과 행운을 기원한다. 락므앙 뒤쪽 좌측 가장자리에서 태국 전통 무용 '라콘 깨 본 lakhon kae bon' 공연이 열리기도 한다. 희망했던 소원이 이루어지면 신에게 감사드리는 의미에서 춤을 봉헌하는 것으로 운이 좋으면 무료로 태국 전통 춤을 관람할 수 있다.

락 므앙을 찾은 순례자

싸남 루앙에서 왓 마하탓 정문이 연결된다

탑과 사당을 만들어 락 므앙을 보호하고 있다

Restaurant

라따나꼬씬의 레스토랑

방콕 초기에 건설된 오래된 건물이 많아서 현대적인 시설의 레스토랑은 많지 않다. 소규모로 운영되는 오래된 식당이 많고, 쌀국수와 덮밥 같은 간단한 식사는 쉽게 해결할 수 있다. 특히 선착장 주변으로 시장이 형성되어 온갖 군것질 거리가 많다. 왓 포 후문에서 타 띠안 선착장으로 이어지는 좁은 골목에는 짜오프라야 강(강 건너편에 왓 아룬이 보인다) 풍경을 감상하며 식사할 수 있는 분위기 좋은 레스토랑이 속속 문을 열고 있다.

탐마쌋 대학교 구내식당 ★★★
Thammasat University Restaurant

현지어 마하윗타얄라이 탐마쌋 **주소** 2 Thanon Phra Chan **영업** 10:00~18:00 **메뉴** 태국어 **예산** 30~50B **가는 방법 수상 보트** ①타 창 선착장에서 타논 마하랏을 따라 도보 15분. 타 프라짠(선착장) 옆의 대학교 후문으로 들어가면 된다. ②카오산 로드에서 타논 프라아팃을 따라 쭉 내려가면 탐마쌋 대학교 구내식당으로 연결된다. 도보 15분. Map P.6-A1 Map P.8-A2

카오산 로드와 가까운 탐마쌋 대학교 안에 있는 구내식당. 특별한 목적 없이 대학 캠퍼스를 거닐며 태국 학생들을 만나는 것도 즐거움이지만, 대학생들을 위한 저렴한 구내식당을 이용할 수 있는 것도 여행자들에게는 큰 즐거움이다.

강변을 끼고 있으며 푸드코트처럼 다양한 음식점들이 입점해 있다. 쿠폰을 사용하지 않고 원하는 식당에서 음식을 주문하고 돈을 내면 된다. 카오팟, 팟타이, 쌀국수, 쏨땀과 덮밥 위주의 단품요리가 주를 이룬다.

에어컨은 없지만 강 옆에 있어 시원하다

저렴하게 식사할 수 있는 탐마쌋 대학교 구내식당

반 타띠안 카페
Baan Tha Tien Cafe
บ้านท่าเตียนคาเฟ่ ★★★

주소 392/2 Thanon Maharat **전화** 09-5151-5545 **홈페이지** www.facebook.com/BaanThaTienCafe **영업** 07:30~17:00 **메뉴** 영어, 태국어 **예산** 60~100B **가는 방법** ①왓 포(사원) 후문과 인접한 로열 타띠안 빌리지(호텔) The Royal Tha Tien Village 1층에 있다. ②**수상 보트** 타 띠안 선착장(선착장 번호 N8) 앞 사거리에서 왓 포(사원) 후문을 지나 진행 방향으로 300m 더 간다. ③MRT 싸남차이 역에서 500m 떨어져 있다. Map P.6-B3

왓 포와 타 띠안 선착장 주변 레스토랑 중 외국인 관광객, 특히 유럽인에게 인기 있는 태국 음식점이다. 부담 없는 가격에 에어컨 시설도 갖춰 점심 시간에 더위를 피해 쉬어가기 좋다. 메뉴는 많지 않지만 볶음밥과 덮밥, 팟타이, 그린 커리, 똠얌꿍 같은 기본적인 태국 요리를 맛볼 수 있다. 테이블이 몇 개 없어서 식사 시간에 분주한 편이다. 저녁에는 문을 열지 않는다.

외국 여행자에게 인기 있는 반 타띠안 카페

타 마하랏 Tha Maharaj
ท่ามหาราช ★★★☆

주소 1/11 Trok Thawhiphon, Thanon Maharat (Maharaj) **전화** 0-28663163~4 **홈페이지** www.thamaharaj.com **영업** 10:00~22:00 **메뉴** 영어, 태국어 **예산** 180~500B **가는 방법** ①**수상보트** 타 마하랏 Tha Maharat(Maharaj) 선착장과 붙어 있지만 수상보트(짜오프라야 익스프레스 보트)는 서지 않는다. 타 창 Tha Chang 선착장(선착장 번호 N9)에 내려서 걸어가야 한다. ②왕궁에서 출발할 경우 왓 마하탓 후문 방향에 있는 타논 마하랏에서 연결되는 좁은 골목(뜨록 타위폰 Trok Thawiphon)으로 들어가면 된다. ③**투어리스트 보트**를 탈 경우 '타 마하랏' 선착장에 내리면 된다. Map P.6-A2, Map P.8-A3

짜오프라야 강변을 정비하면서 새롭게 건설된 커뮤니티 쇼핑몰(동네 주민을 위한 소형 쇼핑몰)이다. 오래된 '타 마하랏' 선착장('타'는 선착장이라는 뜻이다)을 현대적인 시설로 재단장해 2015년 3월에 오픈했다. 선착장 주변으로는 미로처럼 얽힌 복잡한 골목과 오래된 상점들이 가득하다.

레스토랑과 카페가 많이 입점한 타 마하랏은 왕궁 주변에서 식사하기 좋은 곳이다. 특히 에어컨 시설이 부족한 왕궁 주변의 오래된 식당에 비해 쾌적하게 식사할 수 있다. 강변 풍경을 덤으로 즐길 수 있다. 탐마쌋 대학교가 인접해 있어 대학생들도 즐겨 찾는다. 주말에는 강변 무대에서 공연이 펼쳐지기도 한다.

태국 음식은 에스 & 피 S&P, 시푸드는 싸웨이 레스토랑 Savoey Restaurant, 달달한 디저트는 애프터 유 디저트 After You Dessert Cafe, 커피는 스타벅스 Starbucks가 괜찮다.

타 마하랏

메이크 미 망고
Make Me Mango ★★★☆

주소 67 Thanon Maharat **전화** 02-622-0899 **홈페이지** www.facebook.com/makememango **영업** 10:30~20:00 **메뉴** 영어, 태국어, 중국어 **예산** 115~265B **가는 방법** ①왓 포(사원) 후문에서 연결되는 타논 마핫랏(마하랏 거리)에 있는 끄룽타이 은행 Krung Thai Bank(간판에 KRT라고 적혀 있다)을 바라보고 오른쪽 골목 안쪽에 있다. 인 어 데이(호텔) Inn A Day와 같은 골목에 있다. ②**MRT** 싸남차이 역에서 600m 떨어져 있다. Map P.6-B3

왓 포 Wat Pho 뒤쪽의 허름한 골목을 다니다 보면 눈에 띄는 트렌디한 망고 디저트 카페다. 올드 타운에 있는 오래된 상점을 개조해 젊은 감각으로 꾸몄다. 협소한 공간을 층층이 구분해 공간을 나눴다. 망고 빙수, 망고 아이스크림, 망고 선데, 망고 푸딩, 망고 스무디, 망고 소다까지 망고 마니아를 위한 달달한 디저트가 가득하다. 대표 메뉴로는 메이크 미 망고 Make Me Mango(생과일 망고 반쪽+망고 아이스크림+망고 푸딩+찰밥), 트리플 망고 Triple Mango(망고 아이스크림+망고 푸딩+망고 사고), 망고 & 스티키 라이스 Mango & Sticky Rice(망고+찰밥)가 있다.

'타 띠안 Tha Tien' 선착장과 왓포 주변에서 더위를 피해 달달한 망고 디저트를 먹고 싶다면 들르기 좋다. 태국 젊은이들로 북적댄다. 주인이 친절하다.

Make Me Mango

메이크 미 망고

망고 디저트 카페 메이크 미 망고

홈 카페 타 띠안 Home Cafe Tha Tien

★★★☆

주소 10 Soi Tha Tien(Thatian), Thanon Maharat **전화** 0-2622-1936 **홈페이지** www.facebook.com/homecafebkk **영업** 월~토 10:30~18:30(휴무 일요일) **메뉴** 영어, 태국어 **예산** 60~100B **가는 방법** ①왓 포 후문 맞은편에 있는 쏘이 타띠안 골목 안쪽으로 30m. 아롬 디 호스텔 Arom D Hostel 옆 골목으로 들어가면 된다. ②가장 가까운 지하철역은 MRT 싸남차이 역이다. 지하철에서 600m 떨어져 있다. Map P.6-B3

타 띠안 선착장 주변에 있는 아담한 공간이다. 팟타이, 볶음밥, 덮밥, 쏨땀(파파야 샐러드), 똠얌꿍, 깽끼아우 완(그린 커리), 깽 마싸만 까이(치킨 마싸만 카레) 같은 기본적인 태국 음식을 맛볼 수 있는 곳으로, 폭이 좁고 자그마한 상점을 개조해 캐주얼한 분위기의 레스토랑으로 거듭났다. 방콕의 옛 정취가 남아있는 허름한 골목과 콜로니얼 양식의 건물이 묘하게 어우러진다. 복층 건물로 에어컨 시설이라 더위를 피해 식사하기 좋다. 특히 점심시간에 간단히 허기를 달랠 단품 메뉴가 많은 편이다. 밥과 반찬을 접시에 내어주는데, 100B 이내에서 한 끼 식사를 해결할 수 있다. 사진과 함께 추천 음식, 음식의 맵기 등이 첨부된 메뉴판이 있어 주문이 편리하다. 왓 포와 가깝다는 이유로 찾아오는 외국 관광객이 주된 손님이다. 부담 없는 맛과 저렴한 가격, 친절한 태국인 주인장 덕분에 인기가 있다.

아담한 복층 건물로 오래된 상점을 리모델링했다

홈 카페 타 띠안

촘 아룬 Chom Arun
ชมอรุณ

★★★★

주소 392/53 Thanon Maharat **전화** 09-5446-4199 **홈페이지** www.facebook.com/chomarun **영업** 12:00~21:00 **메뉴** 영어, 태국어 **예산** 메인 요리 240~700B(+17% Tax) **가는 방법** ①타 띠안 선착장에서 500m 떨어져 있다. 왓 포 남쪽(서쪽)에서 연결되는 타논 마하랏에서 리바 아룬 호텔 Riva Arun Hotel 방향으로 들어가면 된다. 리바 아룬 호텔 앞쪽의 강변에 있다. ②가장 가까운 지하철역은 MRT 싸남차이 역이다. 지하철에서 600m 떨어져 있다.
Map P.6-B3

왓 아룬(새벽 사원)을 바라보며 식사하기 좋은 루프톱 레스토랑. 상호의 '촘'은 바라보다, '아룬'은 새벽이란 뜻이다. 강변에 늘어선 대부분의 루프톱이 바Bar에 가깝다면, 이곳은 술 보다 음식에 방점을 두고 있어 레스토랑다운 면모를 갖췄다. 스프링 롤, 치킨 윙, 파파야 샐러드, 모닝글로리, 팟타이, 볶음면, 볶음밥, 똠얌꿍, 게 카레 볶음 등 관광객이 선호하는 태국 음식만 추려서 선보이는데, 약 40여 종류로 선택이 편리하다. 실패할 확률이 적은 음식들로 구성했으며, 음식 맛도 외국인 관광객에게 전혀 부담스럽지 않다. 저녁 시간에는 미리 예약해야 원하는 자리를 얻을 수 있다. 한국인 관광객이 즐겨 찾는다.

루프 톱에서 강 건너 왓 아룬이 보인다

층고가 높아 시원스런 레스토랑 내부

촘 아룬

잇 사이트 스토리 Eat Sight Story ★★★☆

주소 45/1 Thanon Maharat, Soi Ta Tien **전화** 0-2622-2163 **홈페이지** www.eatsightstorydeck.com **영업** 11:00~22:00 **메뉴** 영어, 태국어 **예산** 260~510B(+17% Tax) **가는 방법** ①왓 포(사원) 후문 앞쪽에 있는 쏘이 타띠엔 골목 끝에 있다. 쌀라 라따나꼬씬(호텔) Sala Rattanakosin을 끼고 있는 골목 안쪽으로 들어간다. ②MRT 싸남차이 역에서 700m 떨어져 있다. Map P.6-A3

타 띠안 선착장과 왓 포 주변은 방콕의 옛 거리와 짜오프라야 강변이 어우러진다. 전망 좋은 곳에는 관광객을 끌어들이기 위한 분위기 좋은 레스토랑이 숨겨져 있다. 잇 사이트 스토리는 아룬 레지던스 Arun Residence(P.379)에서 운영하는 강변 레스토랑이다. 줄여서 ESS라고 부르기도 한다. 아룬 레지던스에도 레스토랑이 있지만 밀려드는 관광객을 수용할 수 없어서 독립된 레스토랑을 하나 더 만들었다. 강변에 야외 테라스를 만들어 풍경을 즐길 수 있다. 강 건너 왓 아룬(새벽 사원)이 보여 전망도 좋다. 에어컨 시설도 갖추고 있어 낮에 가도 문제될 게 없다. 메인 요리는 태국 음식(팟타이, 쏨땀, 똠얌꿍, 뿌 님 팟퐁까리)을 기본으로 하고, 스파게티와 피자까지 관광객의 입맛도 공략했다. 해 지는 시간에는 사람이 많은 편이다. 왓 아룬 야경이 보이는 테이블은 예약하지 않으면 빈자리를 잡기가 거의 불가능하다.

왓 아룬이 보이는 잇 사이트 스토리

Eat Sight Story

언록윤 On Lok Yun
ออน ล๊อก หยุ่น (ถนนเจริญกรุง) ★★★☆

주소 72 Thanon Charoen Krung **전화** 0-2233-9621 **홈페이지** www.facebook.com/OnLokYunCafeBKK **영업** 05:30~15:30 **예산** 음료 25B, 식사 50~95B **가는 방법** ①쌀라 짜럼끄룽 왕립 극장 Sala Chalerm krung Royal Theatre **โรงมหรสพหลวงศาลาเฉลิมกรุง**을 바라보고 왼쪽으로 100m. 왓 포에서 동쪽으로 800m 떨어져 있다. ②MRT 쌈욧 역 3번 출구에서 100m.
Map P.14-B1

방콕 올드 타운과 차이나타운에 걸쳐 있는 오래된 식당이다. 1933년에 문을 열었는데, 한자로 안락원 安樂園이라고 자그마하게 적혀 있다. 70~80년대 분위기가 고스란히 남아 있는 (홍콩 뒷골목에 있을 법한) 중국식 카페로 아메리칸 블랙퍼스트를 제공한다. 영업을 시작할 당시에는 신선했을 테지만(당시에 가장 큰 극장이던 쌀라 짜럼끄룽 왕립 극장이 바로 옆에 있다), 세월이 흐른 지금은 레트로한 감성이 추억을 자극한다. 한약방은 연상시키는 오래된 진열장과 칠이 벗겨진 원탁 테이블이 시선을 끈다. 당연히 에어컨은 없다. 태국 사람들에게 인기 있는 식당으로, 언밸런스가 주는 엇박자가 묘한 재미를 선사한다. 아침식사 메뉴는 계란, 베이컨, 햄, 소시지를 선택해 조합하면 된다. 식빵을 곁들여 주는 '카야'(코코넛 밀크, 계란 노른자, 커스터드로 만든 잼) Egg Custard Bread(Kaya)가 유명하다. 연유(또는 버터, 설탕)를 듬뿍 올린 토스트도 인기 있다.

토스트와 밀크 티

쌀라 짜럼끄룽 왕립 극장

1933년 오픈할 때 모습을 그대로 간직한 언록윤

쑤판니까 이팅 룸(3호점)
Supanniga Eating Room
ห้องทานข้าวสุพรรณิการ์ (ท่าเตียน, ถนน มหาราช)

추천 ★★★☆

주소 392/25~26 Thanon Maharat(Maharaj Road) **전화** 0-2714-7608, 0-2015-4224 **홈페이지** www.supannigaeatingroom.com **영업** 11:30~22:00 **메뉴** 영어, 태국어 **예산** 196~650B(+17% Tax) **가는 방법** ①왓 포 남쪽으로 연결되는 타논 마하랏에서 리바 아룬 호텔 Riva Arun Hotel 방향으로 들어가면 된다. 리바 아룬 호텔 앞쪽 강변에 있다. ②타 띠안 선착장에서 500m 떨어져 있다. ③MRT 싸남차이 역에서 600m 떨어져 있다. Map P.6-B3

쑤판니까 이팅 룸 Supanniga Eating Room(P.111 참고)에서 짜오프라야 강변에 오픈한 3호점이다. 방콕에서 유명한 로스팅 업체인 루트 커피 Roots Coffee(P.115 참고)와 협업해 만들었다. 아담한 카페 분위기의 1층은 에어컨 시설이며, 2층 야외 테라스에서는 짜오프라야 강과 왓 아룬 풍경이 시원스레 보인다.

더 덱 & 아마로사 바
The Deck & Amarosa Bar

★★★☆

주소 36~38 Soi Pratu Nokyung, Thanon Maharat **전화** 0-2221-9158~9 **홈페이지** www.arunresidence.com **영업** 월~목 11:00~22:00, 금~일 11:00~23:00 **메뉴** 영어, 태국어 **예산** 맥주 130~340B, 메인 요리 340~820B(+17% Tax) **가는 방법** ①왓 포 남쪽 출입문이 있는 타논 마하랏에서 길을 건너 쏘이 빠뚜녹융 골목 안쪽으로 1000m 들어간다. 아룬 레지던스 1층에 있다. ②**수상 보트** 타 띠안 Tha Tien 선착장(선착장 번호 N8)에서 도보 10분. ③MRT 싸남차이 역에서 600m 떨어져 있다. Map P.6-B3

짜오프라야 강을 끼고 있는 아룬 레지던스 Arun Residence(P.379)에서 운영한다. 골목 안쪽에 숨어 있어 찾기는 어렵다. 하지만 이곳을 찾아낸다면 탁 트인 전망에 놀라게 된다. 강변을 끼고 야외에 목재 테라스 형태로 만들었다. 강 건너에는 방콕의 상징적인 아이콘인 왓 아룬(새벽 사원)이 그림처럼 펼쳐진다. 해 질 무렵 분위기는 한껏 무르익는다.

태국 음식을 메인으로 해서 파스타와 리조토, 등심 스테이크, 양고기 카레까지 동서양의 음식이 적절하게 구성되어 있다. 식사가 아니더라도 해지는 시간에 맞추어 음료(선셋 드링크) 한잔하며 강바람을 쐬기에 좋다. 이때는 4층 옥상에 있는 아모로사 바 Amorosa Bar를 이용하자. 저녁 식사 때 전망 좋은 자리를 잡고 싶으면 미리 예약하고 가는 게 좋다.

참고로 아룬 레지던스 바로 옆에는 동일한 주인장이 운영하는 쌀라 아룬(호텔) Sala Arun(홈페이지 www.salaarun.com) 안에 이글 네스트 Eagle Nest가 있다. '더 덱'과 달리 저녁 시간(17:30~23:00)에만 문을 연다.

The Deck

쑤판니까 이팅 룸

아룬 레지던스에서 운영하는 더 덱

쌀라 라따나꼬씬
Sala Rattanakosin
ศาลารัตนโกสินทร์ (ซอย ท่าเตียน)

★★★★

주소 39 Soi Ta Tien, Thanon Maharat **전화** 0-2622-1388 **홈페이지** www.salahospitality.com/rattanakosin **영업** 11:00~16:30, 17:30~22:30 **메뉴** 영어 **예산** 맥주 · 칵테일 220~450B, 메인 요리 390~1,250B(+17% Tax) **가는 방법** ①타논 마하랏에서 연결되는 쏘이 타 띠안 골목 끝에 있다. 왓 포 남쪽 출입문 맞은편 골목으로 들어가면 된다. ②**수상 보트** 타 띠안 Tha Tien 선착장(선착장 번호 N8)에서 도보 10분. ③MRT 싸남차이 역에서 700m 떨어져 있다. Map P.6-A3

'더 덱'이 흥행에 성공한 이후 새롭게 등장한 또 다른 야외 테라스 형태의 레스토랑이다. 부티크 호텔인 쌀라 라따나꼬씬에서 운영한다. 방콕의 옛 모습을 간직한 거리에 있어서 입구는 허름하다. 골목 안쪽이라서 찾기 어렵지만 호텔 로비를 지나 레스토랑에 들어서면 분위기가 확 바뀐다. 짜오프라야 강과 강 건너 왓 아룬(새벽 사원) 풍경이 그림처럼 멋지게 펼쳐진다. 강과 주변 경관을 살려 스타일리시하게 꾸몄다. 1층 야외 테라스, 2층 에어컨 레스토랑, 5층 옥상에 만든 루프 톱 바 '더 루프 The Roof'로 구분되어 있다. 층이 높을수록 전망이 좋다. 야외 공간은 늦은 오후(특히 건기의 해 질 무렵)에 분위기가 배가된다.

메인 요리는 태국 음식에 중점을 둔다. 비프 버거, 생선 스테이크, 호주 소고기 스테이크 같은 서양 음식도 양질의 식재료를 사용한다. 루프 톱 바는 저녁 시간(17:30~23:00)에만 문을 연다.

어
E.R.R

★★★☆

주소 394/35 Thanon Maharat(Maharaj Road) **전화** 0-2622-2292 **홈페이지** www.errbkk.com **영업** 화~일 11:00~16:00, 17:00~21:00(휴무 월요일) **메뉴** 영어, 태국어 **예산** 메인 요리 240~395B(+Tax 17%) **가는 방법** ①왓 포 후문에서 타논 마하랏 방향으로 300m 떨어진 방콕 은행을 바라보고 오른쪽 골목 안쪽에 있다. ②타 띠안 선착장에서 도보 10분. ③MRT 싸남차이 역에서 600m 떨어져 있다. Map P.6-B3

오래된 상점을 개조한 타 띠안 선착장 옆 레스토랑 중에서 스타일리시한 레스토랑이다. 고급 레스토랑으로 꼽히는 보란 Bo.Lan(P.118)에서 새롭게 런칭했다. 비좁은 골목과 어우러진 오래된 건물을 70년대 복고풍의 레트로한 분위기로 꾸몄다. 칵테일 바와 접목 시켜 트렌디하다.

길거리 음식을 재해석해 신선한 식재료로 요리한다. 팟끄라파우 느아(다진 소고기와 바질 볶음) pad gra pao nua, 씨콩무 바비큐(돼지 갈비 구이) Si krong moo Bar Bee que, 깽키아우완(닭고기 그린 카레) geng kiew wan gai bann, 싸이끄록 이싼(이싼 지방 소시지), Sai krok Issan 등을 먹기 좋게 하나의 접시에 담아준다. 정부 정책에 따라 오후 2시~5시 사이는 술 판매가 금지된다. 참고로 '어'는 예스 Yes라는 뜻의 태국어이다.

Sala Rattanakosin

쌀라 라따나꼬씬에서 바라본 왓 아룬

레트로안 분위기의 E.R.R.

어 E.R.R.

알아두세요

살아있는 신으로 추앙받았던 라마 9세, 푸미폰 아둔야뎃 Bhumibol Adulyadej(1927~2016)

라마 9세의 본명은 푸미폰 아둔야뎃입니다. 하버드 의대를 다니던 마히돈 왕자 Prince Mahidon의 아들로, 1927년 12월 5일 미국 매사추세츠에서 태어났어요. 태국어를 포함해 영어, 프랑스어, 독일어를 유창하게 구사할 수 있었던 푸미폰 국왕은 즉위 당시 스위스 로잔 대학교에 재학 중이었으며, 재즈 작곡자이자 색소폰 연주자로서도 명성이 대단했죠.

푸미폰 국왕(라마 9세)
푸미폰 국왕 초상화
라마 9세의 재위 당시 모습

푸미폰 국왕은 1946년 6월 9일에 라마 9세로 즉위합니다. 친형이었던 아난타 마히돈 국왕(라마 8세) King Ananda Mahidol(재위 1935~1946년)이 급작스럽게 사망하면서 왕위에 오르게 됐답니다. 태국 왕의 정치적인 실권은 없지만 국왕의 언행은 실정법을 뛰어 넘어 강력한 영향력을 행사합니다. 1973년과 1992년의 유혈 쿠데타를 주도한 장군들을 권력에서 물러나게 했을 뿐만 아니라 2007년과 2014년 초에 발생한 무혈 쿠데타도 국왕의 구두 승인으로 인해 평화롭게 마무리됐을 정도입니다. 또한 국왕 생일날 국가 지도자를 불러 놓고 열리는 국민 축사에서 언급된 말들은 국가 정책의 잣대가 되기도 했습니다.

푸미폰 국왕은 자신의 한평생을 바쳐 궂은일을 마다하지 않았습니다. 젊은 시절에는 1년에 200일 이상을 시골 마을을 방문하며 국민들 곁으로 다가갔고, 다양한 왕실 프로젝트를 통해 가난한 사람들의 생활 개선과 소수 민족의 복지 증대에 힘을 쓰기도 했답니다. 그의 정성어린 모습에 태국 국민들은 진심을 다해 왕에 대한 존경과 신뢰를 표현했습니다. 태국 사람들의 마음속에는 아버지(또는 살아 있는 부처) 같은 존재로 여겨지기도 합니다. 태국의 가정집은 물론 식당과 사무실까지 국왕과 왕비의 사진을 걸어 놓은 모습을 흔하게 볼 수 있답니다. 국경일로 지정된 국왕 생일은 '아버지의 날'로 불립니다.

20세의 나이에 국왕의 자리에 올랐던 푸미폰 국왕은 건강이 악화되면서 2016년 10월 13일 88세의 나이로 씨리랏 병원에서 서거했습니다. 세계 최장수 국왕으로 알려졌던 푸미폰 국왕은 70년 126일 동안 국왕을 자리를 지켰답니다. 왕실에 대한 국민들의 사랑은 노란색으로 표현됩니다. 노란색은 라마 9세가 탄생한 월요일을 상징하는 색으로, 왕실 휘장을 담은 깃발도 노란색입니다. 라마 9세는 서거 이후에도 생일인 12월 5일을 국경일로 지정해 국왕의 업적을 기리고 있습니다.

푸미폰 국왕은 씨리낏 왕비 Queen Sirikit와 결혼해 4명의 자녀를 두고 있습니다. 첫째는 우본 라따나 Ubon Ratana 공주(1951년 생), 둘째는 마하 와치라롱꼰 Maha Vajiralonkorn 왕자(1952년 생), 셋째는 마하 짜끄리 씨린톤 Maha Chakri Sirindhorn 공주(1955년 생), 막내는 쭐라폰 Chulabhon 공주(1957년 생)입니다. 권력 승계 절차에 따라 외아들인 마하 와치라롱꼰 왕세자가 2016년 12월 1일에 국왕(라마 10세)의 자리를 승계했습니다. 참고로 왕족은 왕궁이 아니라 찟라다 궁전 Chitralada Palace에서 생활하고 있습니다.

극진한 존경을 받는 태국 왕실에 대한 모독이나 비하 행위는 외국인도 법으로 처벌을 받을 수 있으니 조심해야 합니다. 왕실을 비하하는 발언을 하거나 국왕 사진을 향해 삿대질을 하는 것도 안 됩니다. 국왕 얼굴이 들어간 동전을 밟고 가는 것도 큰 실례가 됩니다. 태국의 모든 화폐 앞면에는 현재 국왕의 모습이 담겨 있으므로 주의해야 합니다.

Thonburi 톤부리

엄밀히 말해 방콕은 톤부리에서 시작됐다. 라따나꼬씬으로 수도를 옮기기 전, 15년 동안 태국의 수도 역할을 했던 곳이다. 아유타야 왕조가 망하고 짜끄리 왕조가 생기기까지 1767년부터 1782년 사이 프라야 딱씬 장군 General Phraya Taksin이 이끈 톤부리 왕조는 단 한 명의 왕으로 운명을 마감한 비운의 왕조다.
톤부리는 짜오프라야 강 서쪽의 방콕 노이 운하(크롱 방콕 노이) Khlong Bangkok Noi와 방콕 야이 운하(크롱 방콕 야이) Khlong Bangkok Yai에 형성된 지역이다. 강과 운하가 거미줄처럼 엮여 있으며, 운하(Khlong)를 따라 물을 벗삼아 생활해가는 전통어린 삶의 모습이 여전히 남아 있다.
톤부리로 가기 위해서는 보트를 타야 하는데 강을 건너는 것 자체가 여행의 잔재미로 느껴진다. 여행자들에게는 방콕의 상징처럼 여겨지는 왓 아룬과, 르아 항 야오(긴 꼬리 배)를 타고 운하 안쪽 깊숙이 들어가면 한적한 풍경과 인심 좋은 사람들을 만나게 될 것이다.

볼 거 리 ★★★★☆ P.191
먹을거리 ★★★☆☆ P.197
쇼　 핑 ★☆☆☆☆

알아두세요

1. 수상 보트를 타기 위해서는 잔돈을 미리 준비하자.
2. 강을 건너는 르아 캄팍은 목적지를 반드시 확인하고 보트를 타야 한다.
3. 왓 아룬 앞 임시 선착장에 수상 보트(짜오프라야 익스프레스 보트)가 정박한다.
4. 왓 아룬 선착장 맞은편에 타 띠안 선착장이 있다. 타 띠안 선착장에서 왓 포까지 걸어서 5분 거리에 있다.
5. 카오산 로드로 직행할 경우 수상 보트를 타고 타 프라아팃 선착장에 내린다.

Don't Miss 이것만은 놓치지 말자

1 왓 아룬 배경으로 기념사진 찍기. (P.191)

2 짜오프라야 강을 오가는 수상 보트 타보기.(P.285)

3 왓 아룬의 중앙 탑 계단을 올라 주변 풍경 보기.(P.191)

4 긴 꼬리 배를 타고 운하 투어하기. (P.196)

5 강 건너편 루프 톱에서 왓 아룬 야경 감상하기. (P.185)

Access 톤부리의 교통

톤부리는 육로 교통보다 수상 교통이 발달해 있다. 짜오프라야 강을 건너기 위해서는 보트가 필수 교통수단이다. 택시를 탈 경우 삔까오 다리(싸판 삔까오) Saphan Pin Klao를 건너야 하기 때문에 목적지까지 한참을 돌아가게 된다.

+ 르아 두안 Chao Phraya Express

씨리랏 병원과 씨리랏 의학 박물관은 타 왕랑 Tha Wang Lang 선착장(선착장 번호 N10)을, 씨리랏 피묵싸탄 박물관은 타 롯파이 Tha Rot Fai(Thonburi Railway Station) 선착장(선착장 번호 N11)을 이용한다.

*보트 선착장 보수 공사로 인해, 따 띠안 Tha Tien 선착장(선착장 번호 N8번)에 보트가 정박하지 않고 맞은편(강 건너)에 있는 '왓 아룬' 선착장 앞에 내려준다.

+ 투어리스트 보트

주요 관광지와 가까운 선착장 9곳만 들른다. 왓 아룬 편의 왓 아룬 선착장을 이용하면 된다. 보트 요금은 1일 탑승권(200B) 형식으로 판매한다. 자세한 내용은 P.70 참고.

+ 르아 캄팍 Cross River Ferry

강 건너편을 오갈 때 이용한다. 타 프라짠 Tha Phra Chan 선착장(탐마쌋 대학교 후문 앞)에서는 타 왕랑(씨리랏) 선착장과 타 롯파이 선착장을 오가는 두 개의 보트 노선을 운영한다. 타 마하랏 선착장(P.182)에서도 타 왕랑(씨리랏) 선착장까지 보트가 운행된다. 왓 아룬을 갈 때는 타 띠안 Tha Tien 선착장(선착장 번호 N8)을 이용한다.

Best Course

추천 코스

1 핵심 코스(왓 아룬 + 왓 포 일정)

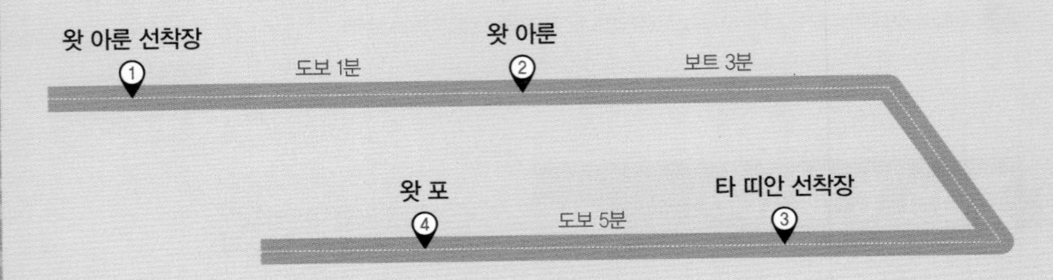

2 하루 코스(톤부리 + 라따나꼬씬 일정)

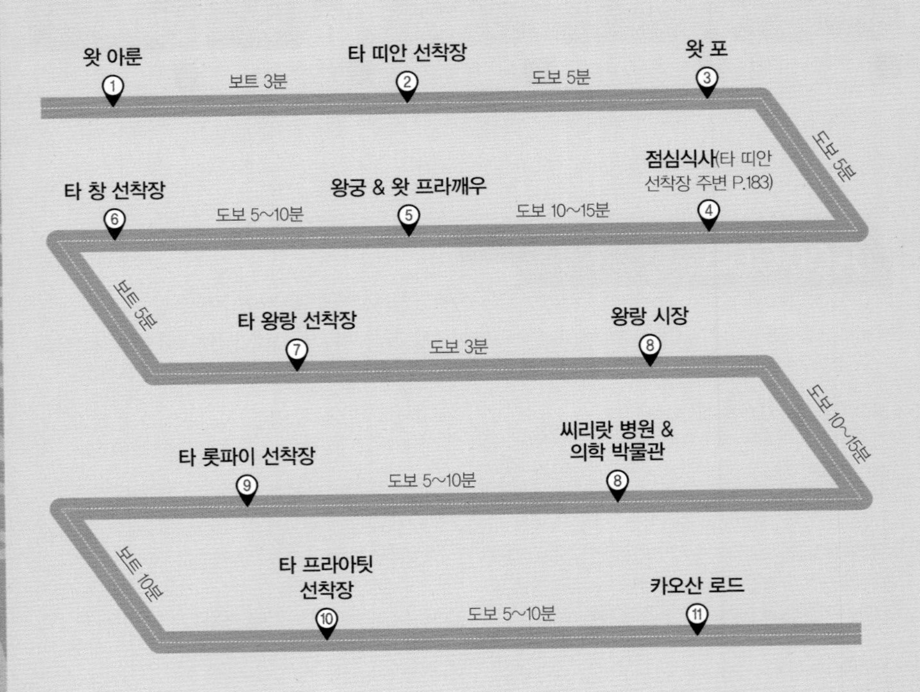

Attractions

톤부리의 볼거리

방콕에 단 하루만 머문다면 왓 프라깨우 & 왕궁과 더불어 톤부리의 왓 아룬은 꼭 봐야 할 볼거리다.
왓 아룬은 방콕의 상징처럼 여겨지는 곳으로 일출과 일몰 시간에 더욱 아름답다.
톤부리의 정취를 느끼고 싶다면 긴 꼬리 배를 빌려 운하 투어에 참가하자.

왓 아룬
Wat Arun วัดอรุณ ★★★★

주소 34 Thanon Arun Amarin **전화** 0-2891-2185 **운영** 08:30~17:00 **요금** 50B **가는 방법** ①**수상 보트** 왓 아룬 바로 앞에 있는 왓 아룬 임시 선착장에 내리면 된다. ②**투어리스트 보트** 왓 아룬 선착장에 내리면 사원 입구가 나온다. ③왓 포에서 갈 경우 타 띠안 선착장에서 강을 건너는 보트(르아 캄팍)을 타고 맞은편에 있는 왓 아룬 선착장에 내리면 된다. Map P.6-A3

새벽 사원 Temple Of The Dawn이란 이름으로 더 유명한 사원이다. 본래 아유타야 시대에 만들어진 왓 마꼭 Wat Makok이었으나 톤부리 왕조를 세운 딱씬 장군에 의해 왓 아룬으로 개명되었다. 이는 버마(미얀마)와의 전쟁에서 승리하고 돌아와 사원에 도착하니 동이 트고 있다고 해서 붙여진 이름이다.

왓 아룬은 톤부리 왕조의 왕실 사원으로 신성한 불상, 프라깨우를 본존불로 모시기도 했다. 15년이란 짧은 기간으로 왕실 사원의 역할을 다한 왓 아룬은 새로이 등장한 라따나꼬씬의 짜끄리 왕조에 의해 대형 사원으로 변모하기 시작했다. 라마 2세 때 대형 탑인 프라 쁘랑 Phra Prang을 건설했고, 라마 4세 때 중국에서 선물 받은 도자기 조각으로 프라 쁘랑을 장식하며 단순한 사원에서 화려한 사원으로 탈바꿈했다.

프라 쁘랑은 전형적인 크메르 양식의 건축 기법으로 힌두교와 연관된다. 탑을 통해 힌두교의 우주론을 형상화한 것인데, 중앙의 높이 82m 탑이 우주의 중심인 메루산 Mount Meru(수미산)을 상징한다. 주변의 네 개의 작은 탑은 우주를 둘러싼 4대양을 의미한다. 중앙 탑은 계단을 통해 중간까지 올라갈 수 있다. 가파른 계단을 오르면 라따나꼬씬의 왕궁과 왓 포를 포함한 짜오프라야 강 일대의 탁 트인 전경이 파노라마처럼 펼쳐진다.

왓 아룬의 대법전은 프라 쁘랑 뒤쪽에 있다. 전형적인 라따나꼬씬 건축(방콕 초기 사원 건축) 양식으로 만든 단아한 3층 지붕 건물이다. 라마 2세가 직접 디자인한 불상을 대법전 본존불로 모시고 있다. 부처의 일대기를 그린 벽화도 선명하게 남아 있다. 왕실 사원으로 건설됐던 곳이라 입장할 때 복장에 신경을 써야 한다. 미니스커트, 반바지, 슬리퍼, 민소매 같은 노출이 심한 옷은 삼가야 한다.

왓 아룬의 프라 쁘랑

왓 아룬의 대법전

왓 아룬 야경

왓 아룬에서 바라 본 방콕 풍경

왕실 선박 국립 박물관 Royal Barge National Museum
พิพิธภัณฑสถานแห่งชาติ เรือพระราชพิธี ★★

현지어 피피타판 행찻 르아 프라랏차피티 **주소** Khlong Bangkok Noi **전화** 0-2424-0004 **운영** 09:00~17:00 **요금** 100B(사진 촬영 시 100B 추가) **가는 방법 수상 보트** ①타 싸판 삔까오 선착장(선착장 번호 N12)에서 내려 삔까오 다리 Pin Klao Bridge 아래. 첫 번째 골목인 쏘이 왓 두씨따람 Soi Wat Dusitaram으로 들어간다. 골목에 박물관 안내판이 있으나 워낙 좁은 골목으로 찾아들어 가야 하기 때문에 동네 사람들에게 길을 물어보자. 선착장에서 박물관까지 도보 20분. ②긴 꼬리 배를 빌려 운하 투어할 때 들러도 된다. Map P.6-A1 Map P.13-A2

짜오프라야 강과 연결되는 방콕 노이 운하 Khlong Bangkok Noi에 있다. 짜끄리 왕조 국왕들이 사용한 269척의 선박 중에 8척의 중요한 선박을 보관한 왕실 선박 박물관. 왕실 선박의 특징은 뱃머리를 장식한 황금빛의 화려한 동물들로 〈라마끼안〉에 등장하는 힌두교 신들과 연관되어 있다.

가장 눈여겨봐야 할 선박은 '황금 백조'라는 뜻을 지닌 쑤판나홍 Suphannahong이다. 라마 6세가 사용하던 선박으로 길이 50m, 무게 15톤에 달한다. 나무 한 개를 깎아 만든 세계에서 가장 큰 통나무배로 이름처럼 황금 백조가 뱃머리에 조각되어 있다.

Royal Barge Museum

현재 국왕인 라마 9세 행차 때 사용하는 나라이쑤반 Narai Suban도 눈여겨보자. 뱃머리에는 국왕을 상징하는 나라이 Narai가 조각되어 있으며, 사람 모양의 새인 쑤반 Suban이 나라이를 태우고 있다. 태국 사원에서 흔히 볼 수 있는 장식이기도 하다.

라마 6세가 사용하던 쑤판나홍 선박

왓 라캉 Wat Rakhang
วัดระฆัง ★★

주소 250 Thanon Arun Amarin **운영** 08:00~17:00 **요금** 무료 **가는 방법 수상 보트** ①타 창 Tha Chang 선착장(선착장 번호 N9)에서 강을 건너는 르아 캄팍을 타고 타 왓 라캉 Tha Rakhang 선착장에 내리면 사원이 바로 앞에 있다. ②타 왕랑 선착장(선착장 번호 N10)에서 왓 라캉으로 바로 간다면 왕랑 시장을 관통해 강변과 연한 좁은 길을 따라 도보 10~15분. Map P.6-A2

사원의 규모나 아름다움에 비해 여행자들의 발길이 뜸한 왓 라캉은 라마 1세가 국왕이 되기 전에 머물렀던 사원이다. 짜오프라야 강을 사이에 두고 왕궁과 마주보고 있어 타 창 선착장에서 보트를 타고 강을 건너야 한다.

사원 내부에는 전형적인 라따나꼬씬 시대 건축 양식으로 만들어진 우보쏫(대법전)과 크메르 양식으로 만들어진 탑인 쁘랑 Prang이 있다. 하지만 사원을 유명하게 하는 것은 다름 아닌 라캉(종)이다. 종소리가 너무도 아름다워 라마 1세가 수도를 라따나꼬씬으로 옮길 때 범종도 새로운 왕실 사원인 왓 프라깨우로 가져갔을 정도라고 한다. 오늘날 왓 라캉에 보관되어 있는 범종은 라마 1세가 새롭게 만들어 선사한 모사품이다.

사원에 들어갔다면 대법전 내부 벽화를 눈여겨보자. 힌두 신화인 〈라마끼안〉과 불교의 우주 진리를 표현한 화려하고 섬세한 벽화가 창문 틈 사이로 들어오는 햇빛과 조화를 이룬다. 사원 입구의 선착장 주변에서는 물고기를 방생하며 소원을 비는 사람들의 모습을 흔하게 볼 수 있다.

왓 라캉

왕랑 시장 Wang Lang Market
ตลาด วังหลัง ★★

현지어 딸랏 왕랑 **위치** 타 왕랑 선착장 Tha Wang Lang 주변 **운영** 09:00~20:00 **가는 방법 수상 보트** 타 왕랑 선착장(선착장 번호 N10)에 내리면 선착장 주변이 왕랑 시장이다. Map P.6-A1

타 왕랑(씨리랏) 선착장 주변에 형성된 재래시장이다. 보트를 타고 강 건너를 오가는 방콕 소시민들의 일상적인 삶과 어울려 시장은 활기가 넘친다. 과거 태국 남부를 연결하는 기차역과 가까웠기 때문에, 방콕에 가장 먼저 태국 남부 음식이 전래된 곳이라고 한다.

왕랑 시장은 선착장부터 좁은 골목 사이에 시장이 형성되어 비좁다. 노점상이 많아 살 것보다는 먹을거리가 더욱 눈길을 끈다. 일정이 빠듯하지 않다면 선착장의 부둣가 2층 식당에 자리 잡고 바삐 움직이는 사람들을 보며 여유를 부려보자.

왕랑 시장

재래 시장 답게 다양한 노점이 들어서 있다

타 왕랑 선착장 주변으로 왕랑 시장이 형성되어 있다

씨리랏 병원(롱파야반 씨리랏)
Siriraj Hospital
โรงพยาบาลศิริราช ★

주소 2 Thanon Wang Lang **전화** 0-2419-9465 **홈페이지** www.si.mahidol.ac.th **가는 방법** ①**수상 보트** 타 왕랑 선착장(선착장 번호 N10)에서 도보 5분. ②**수상 보트** 타 롯파이 선착장(선착장 번호 N11)에서 내려서 걸어가도 된다. Map P.6-A1

태국 최초의 의료 기관이다. 1888년 라마 5세(쭐라롱껀 대왕) 시절에 만들어졌다. 당시 유행하던 콜레라를 치료하기 위해 국왕이 앞장서 의료 시설을 만든 것. 콜레라로 18개월 만에 사망한 그의 아들 '씨리랏'을 기리기 위해 병원 이름을 씨리랏 병원으로 지었다고 한다. 왕궁 뒤쪽에 있다고 해서 왕랑 병원 Wang Lang Hospital이라고 불리기도 했다(씨리랏 병원은 오늘날의 왕궁 뒤편에 해당하는 짜오프라야 강 건너편에 있다).

현재는 태국 최대의 병원으로 변모했으며, 마히돈 대학교 Mahidol University 의과 대학까지 들어서 있다. 2009년부터 2016년 서거할 때까지 라마 9세(푸미폰 국왕)가 이곳에서 치료받으며 명성이 더해졌다. 씨리랏 의학 박물관과 씨리랏 피묵싸탄 박물관을 함께 운영한다.

씨리랏 병원

현대적인 대학 병원으로 변모한 씨리랏 병원

씨리랏 의학 박물관
Siriraj Medical Museum
พิพิธภัณฑ์การแพทย์ศิริราช ★★☆

현지어 피피타판 씨리랏 **주소** 2 Thanon Wnag Lang, Siriraj Hospital **전화** 0-2419-2618 **홈페이지** www.sirirajmuseum.com/siriraj-medical-museum-en.html **운영** 10:00~17:00, 매표 마감 16:00(휴무 화요일 · 국경일) **요금** 200B **가는 방법 수상 보트** 타 왕랑 선착장(선착장 번호 N10)에서 내리면 오른쪽에 씨리랏 병원이 보인다. 씨리랏 병원으로 들어간 다음 'Museum'이라 쓰인 안내판을 따라가면 병리학 박물관이 나온다. Map P.6-A1 Map P.13-A2

씨리랏 병원 Siriraj(Sirirat) Hospital에서 운영하는 의학 박물관이다. 두 동의 건물로 나뉘어 모두 6개 박물관으로 구성된다. 아둔야뎃위콤 건물 Adun-yadetvikrom Bldg. 2층에는 병리학 박물관 Ellis Pathological Museum과 법의학 박물관 Forensic Medicine Museum이 있다. 병리학 박물관은 교통사고 등으로 사망한 사람들의 장기, 폐, 심장 같은 신체 기관을 전시한다. 의대생들을 위해 교육용으로 만들었는데 너무 적나라한 모습에 혐오스럽기까지 하다. 법의학 박물관에서는 1950년대 태국을 떠들썩하게 했던 연쇄살인범 '씨우이 Si Ouy'를 포함해 연쇄 강간범 등 잔혹한 범죄를 저지른 자들의 미라를 만들어 전시하고 있다.

아둔야뎃위콤 건물 앞에 있는 해부학 건물 Anatomy Bldg. 3층에는 해부학 박물관이 있는데, 입구부터 음산한 분위기를 자아낸다. 다양한 인체를 해부해 전시하고 있으며, 특히 태어나자마자 사망한 '샴 쌍둥이'의 표본을 다량 전시하고 있다. 몸은 하나지만 머리가 두 개인 샴 쌍둥이가 최초로 태어난 곳이 태국이라고 한다. 박물관 내부는 사진 촬영이 금지된다.

과거 한약방을 재현한 모형

씨리랏 피묵싸탄 박물관
Siriraj Phimukhsthan Museum
พิพิธภัณฑ์ศิริราชพิมุขสถาน ★★

현지어 피피타판 씨리랏 피묵싸탄 **주소** 2 Thanon Wang Lang, Siriraj Hospital **전화** 02-419-2601~2 **홈페이지** www.sirirajmuseum.com/bimuksthan-en.html **운영** 10:00~17:00(휴무 화요일) **요금** 200B **가는 방법 수상 보트** 타 롯파이 Tha Rot Fai(Thonburi Railway Station) 선착장(선착장 번호 N11)에서 도보 3분. Map P.6-A1 Map P.13-A2

씨리랏 병원에서 2012년에 만든 씨리랏 피야마하랏까룬 병원(롱파야반 씨리랏 피야마하랏까룬) Siriraj Piyamaharajkarun Hospital(홈페이지 www.siphhospital.com) 안에 있다. 기존의 톤부리 기차역(오늘날의 톤부리 역은 기존의 위치에서 더 서쪽으로 이전했다) 부지를 매입해 현대적인 병원 시설을 신축하면서, 역사적인 가치를 지닌 옛 톤부리 역 청사를 보존해 씨리랏 피묵싸탄 박물관을 만들었다. 태국 전통 의학과 현대 의학에 관한 내용을 전시하고 있다. 박물관 앞쪽에는 과거에 운행되던 기차도 전시되어 있다.

박물관 앞 쪽에는 황금색으로 반짝이는 정자가 세워져 있다. 과거 왕랑 궁전 Wang Lang Palace(왕궁 뒤쪽에 있던 궁전이란 뜻이다)을 복원한 것이다. 인공 연못 위에 정자를 세웠으며, 정자 내부에는 라마 5세 동상을 모셨다. 박물관은 본관을 입장할 때만 입장료를 받기 때문에, 박물관을 거쳐 씨리랏 병원으로 들어가는 데는 아무런 문제가 되지 않는다.

옛 톤부리 기차역 청사 앞에는 기차와 철로가 놓여 있다

미라와 신체 장기등을 보존한 씨리랏 의학 박물관

씨리랏 피묵싸탄 박물관 전경

왓 깔라야나밋
Wat Kalayanamit
วัดกัลยาณมิตรวรมหาวิหาร ★★☆

주소 Soi Wat Kalayanamit **요금** 무료 **가는 방법** 차이나타운 초입에 해당하는 욧피만 리버 워크(쇼핑몰) Yodpiman River Walk(P.209)를 바라보고 쇼핑몰 왼쪽 끝에 있는 타 앗싸당(타르아 앗싸당) Atsadang Pier에서 강을 건너는 르아 캄팍을 타면 왓 깔라야나밋에 도착하게 된다. Map P.14-A2

여행자들의 발길은 뜸하지만 태국 관광청에서 선정한 방콕 9대 사원 중의 하나로 1825년 라마 3세 때 건설됐다. 짜오프라야 강과 접하고 있는 전형적인 라따나꼬씬 시대 사원으로 멀리서도 눈에 띄는 인상적인 사원이다. 3층의 겹지붕으로 만든 멋스런 우보쏫(대법전)과 태국에서 가장 큰 동종(銅鐘)을 보관한 종루가 볼 만하다. 사원 내부에 중국과의 교역을 통해 전래된 중국 불상이 모셔져 있어 화교들의 발길도 잦다.

짜오프라야 강변의 왓 깔라야나밋 사원

왓 깔라야나밋 일몰

왓 프라윤
Wat Phrayun
วัดประยุรวงศาวาสวรวิหาร ★★

요금 무료 **가는 방법** 산타 크루즈 교회에서 나오면 같은 골목에 왓 프라윤으로 들어가는 후문이 보인다. Map P.14-A2

산타 크루즈 교회 옆에 있는 독특한 모양새의 불교 사원이다. 사원의 공식 명칭은 왓 프라윤웡싸왓 워라위한 Wat Prayunwongsawat Worawihan이다. 멀리서도 흰색의 종모양 쩨디가 선명하게 보이는 사원으로 특이하게도 우보쏫(대법전)이 없고 위한(법당)만 두 개를 만들었다. 사원 경내에는 인공 언덕인 '카오 머 Khao Mo'가 있다. 사원을 건설한 라마 3세의 변덕스러움이 잘 묻어나는 곳으로 연못과 동굴을 만들고 언덕 정상에는 미니어처로 만든 법전과 쩨디까지 만들어 놓았다. 그 후 라마 3세 추종자들에 의해 각 종 양식의 미니어처 탑들이 세워지면서 태국 사원에서 보기 힘든 기이한 공간으로 변모했다.

사원 옆 쪽의 라마 1세 기념 대교(싸판 풋) Memorial Bridge를 건너면 차이나타운 초입에 해당하는 욧피만 리버 워크(P.209)와 빡크롱 시장(P.208)이 나온다.

왓 프라윤 쩨디(종 모양의 불탑)

왓 프라윤 사원 경내에 있는
인공 언덕

산타 크루즈 교회 Santa Cruz Church
วัดซางตาครู้ส (วัดกุฎีจีน) ★★

주소 Soi Kutijin, Thanon Thetsabansai 1 **요금** 무료 **가는 방법** 왓 깔라야나밋을 바라보고 왼쪽 골목으로 나간 다음 쏘이 왓 깔라야나밋 Soi Wat Kalayanamit이 나오면 좌회전한다. 첫 번째 사거리인 타논 텟싸반싸이 능 Thanon Thetsabansai 1에서 우회전하면 산타 크루즈 교회로 들어가는 쏘이 꾸띠찐 Soi Kutijin이 나온다. 왓 깔라야나밋에서 도보 5분, 길이 좁기 때문에 동네 주민들한테 길을 물어보자. Map P.14-A2

방콕에 정착한 초기 포르투갈인들이 1913년에 건설한 가톨릭교회다. 당시 톤부리 지역에만 4,000명의 포르투갈인이 거주하며 태국과 왕성한 무역을 벌였으나 현재는 교회를 제외하면 유럽적 풍취는 거의 찾아볼 수 없다. 교회도 평일에는 한적한 편으로 토요일 저녁과 일요일 오전 예배 시간에만 교회 내부를 방문할 수 있다. 태국식 명칭은 왓 꾸띠찐 Wat Kutijin이다.

포르투갈 상인들이 1913년에 건설한 산타 크루즈 교회

Travel Plus

방콕의 옛 모습을 찾아 떠나는 운하 투어 Canal Tour

아유타야 시대부터 라따나꼬씬 시대까지 싸얌(태국) 사람들에게 수상 교통은 없어서는 안 될 불가결한 요소랍니다. 강과 운하로 형성된 물줄기는 생활 전반에 지대한 영향을 미쳤을 정도니까요. 현대적인 도시로 변모한 라따나꼬씬에 비하면 개발이 미비한 톤부리는 옛 모습을 경험하기 좋은 곳입니다. 방콕 외곽까지 멀리 떠나지 않고도 긴 꼬리 배(르아 항 야오) Long Tail Boat만 타면 100년을 훌쩍 건너 뛴 과거의 한 시점으로 돌아갈 수 있지요.

한때 동양의 베니스라는 별명을 얻을 정도로 칭찬이 자자했던 물의 도시 방콕. 긴 꼬리 배를 타고 운하로 들어서면 방콕 도심에서는 절대로 볼 수 없는 열대 지방의 한적한 풍경을 만나게 됩니다. 운하를 향해 계단이 이어진 목조 가옥들, 운하 주변에서 식기를 닦거나 빨래를 하는 아낙들, 더위를 시키기 위해 다이빙을 하는 아이들의 천진난만한 모습까지.

보트를 빌리기 가장 편리한 곳은 왕궁과 가까운 타 창 Tha Chang 또는 타 띠안 Tha Tien 선착장입니다. 관광객이 많이 드나드는 곳인 만큼 호객꾼들의 성화가 대단하니 일정과 요금을 미리 흥정하는 게 좋지요. 요금은 코스와 인원에 따라 다릅니다. 1시간 정도 배를 빌릴 경우 1,500~1,900B(2~6명 기준)에 흥정하면 됩니다. 바가지 요금이 극성을 부리자 최근 여행사에서 공정 요금을 제시한 투어도 운행하고 있습니다. 8명 출발 기준으로 1인당 요금 450B으로 저렴합니다.

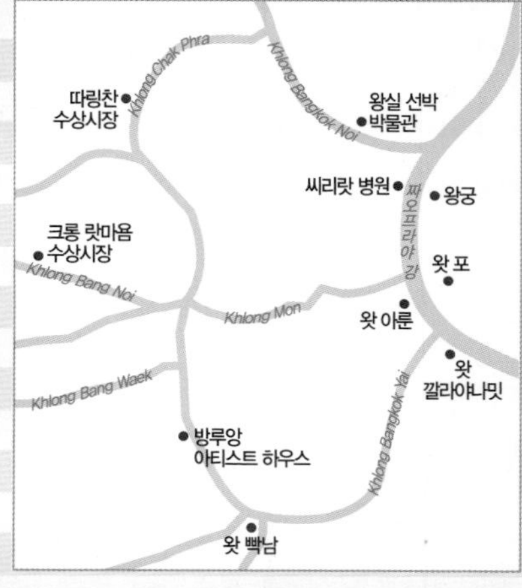

톤부리의 대표적인 운하인 방콕 노이 운하 Khlong Bangkok Noi와 방콕 야이 운하 Khlong Bangkok Yai를 연결해 돌아보는 코스가 일반적입니다. 왕실 선박 박물관을 시작으로 왓 쑤완나람, 왓 씨숫다람, 왓 쑤완키리, 따링짠 수상시장을 거쳐 왓 깔라야나밋(P.195)을 지나 짜오프라야 강으로 돌아 나오는데, 90분 정도가 걸립니다. 참고로 따링짠 수상시장은 주말에만 형성되기 때문에 토요일과 일요일에 운하 투어에 참여하면 더욱 풍부한 볼거리를 볼 수 있습니다.

Restaurant

톤부리의 레스토랑

상대적으로 한적한 톤부리에는 유명한 레스토랑은 많지 않다. 왕랑 시장 주변에 저렴한 현지 식당이 많다.

쑤파트라 리버 하우스
Supatra River House

★★★★

주소 266 Soi Wat Rakhang, Thanon Arun Amarin **전화** 0-2411-0305 **홈페이지** www.supatrariverhouse.net **영업** 11:30~14:30, 17:30~23:00 **메뉴** 영어, 태국어 **예산** 메인 요리 250~1,700B(+17% Tax) **가는 방법** ①**수상 보트** 타 창 Tha Chang 선착장(선착장 번호 N9)에서 강을 건너는 르아 캄팍을 타고 타 라캉 Tha Rakhang 선착장에서 내린다. 왓 라캉 앞에서 오른쪽 골목으로 도보 5분. ②타 마하랏 Tha Maharaj 선착장에서 무료 셔틀 보트가 운행된다. Map P.6-A2

짜오프라야 강 건너 톤부리 쪽 강변에서 가장 근사한 레스토랑이다. 티크 나무로 만든 2층 전통가옥을 개조한 것이 특징. 전통가옥의 주인인 쿤잉 쑤파트라 Khunying Supatra가 자신이 거주하던 저택을 지금의 모습으로 탈바꿈했다. 에어컨이 설치된 실내도 좋지만 저녁에는 강변 테라스가 훨씬 운치 있다.

정통 태국 음식 전문점으로 다양한 태국 음식과 시푸드 요리를 먹을 수 있다. 가격은 비싸지만 그만큼 음식의 맛과 양으로 보답한다. 저녁에는 왕궁을 포함한 강변의 야경을 덤으로 얻을 수 있다. 토요일 저녁 7시 30분에는 야외무대에서 전통 무용을 공연한다.

수상 보트가 운행되지만 밤에는 보트 운행이 끊기기 때문에 오가기 불편하다. 저녁 시간에는 타 마하랏(P.182) 선착장에서 운행하는 레스토랑 전용 보트를 이용하면 편리하다.

쑤파트라 리버 하우스

꾸어이띠아우 콘타이
ก๋วยเตี๋ยวคนไทย

★★★

주소 Soi Wat Rakhang **영업** 09:00~17:00 **메뉴** 영어, 태국어 **예산** 40~120B **가는 방법** ①왓 라캉을 바라보고 오른쪽 골목으로 도보 8분. 쑤파트라 리버 하우스 지나서 골목 코너를 돌면 시장 통 오른쪽에 있다. ②**수상 보트** 타 왕랑 선착장(선착장 번호 N10)에서 왕랑 시장 골목으로 들어가도 된다. Map P.6-A2

저렴하고 정겨운 현지 식당이다. '꾸어이띠아우'는 쌀국수를, '콘타이'는 태국 사람을 뜻한다. 왕랑 시장 끝자락에 있는 쌀국수 식당이다. 복잡한 시장통과 달리 오래된 목조 가옥이라 예스런 분위기가 느껴진다. 돼지고기 쌀국수 Pork Noodle Soup(꾸어이띠아우 무 쌉)와 돼지고기 스튜로 만든 쌀국수 Pork Stew Noodle(꾸어이띠아우 무뚠), 똠얌 육수로 맛을 낸 매콤한 똠얌 쌀국수 Tom Yum Noodle(꾸어이띠아우 똠얌)를 즉석에서 만들어 준다. 쌀국수 이외에 간단한 식사도 가능하다. 간판은 태국어로만 쓰여 있다. 영어 메뉴판을 갖추고 있다.

왕랑 시장에 있는 쌀국수 식당 꾸어이띠아우 콘타이

07

Dusit 두씻

유럽을 방문한 후 태국으로 돌아온 라마 5세(쭐라롱껀 대왕, 재위 1868~1910)가 새롭게 건설한 신도시. 두씻은 유럽 도시를 모델로 삼아 가로수 길을 내고 왕실 건물을 빅토리아 양식으로 꾸몄으며 대리석을 수입해 사원을 만들었다. 당시에는 매우 파격적인 계획도시를 건설했다.

두씻은 라따나꼬씬 지역과 더불어 다양한 볼거리를 간직한 곳이다. 위만멕 궁전으로 대표되는 두씻 정원, 방콕에서 단일 사원으로 가장 아름다운 왓 벤짜마보핏, 유럽 어느 도시의 궁전을 연상케 하는 아난따 싸마콤 궁전, 현재 국왕이 거주하는 찟라다 궁전 Chitralada Palace까지 국왕과 왕실을 위해 만든 공간들로 가득하다.

공해와 차량으로 신음하는 방콕의 다른 지역과 비교해 신록이 우거진 두씻 지역은 고층 빌딩보다는 관공서, 대학 등이 몰려 있어 비교적 조용하다. 국왕과 왕비가 행차하던 타논 랏차담넌 녹 Thanon Ratchadamnoen Nok을 따라 방콕의 작은 유럽 속으로 들어가 보자.

볼 거 리 ★★★☆☆ P.200
먹을거리 ★★☆☆☆ P.204
쇼　핑 ★☆☆☆☆

알아두세요

1. 두씻 궁전 내의 대부분 건물들이 대대적인 보수 공사로 인해 관광객 입장을 금하고 있다.
2. 아난따 싸마콤 궁전은 먼발치서만 바라다볼 수 있다.
3. 왕실 건물을 방문하려면 복장에 신경을 써야 한다. 노출이 심한 옷을 삼가자.
4. 왓 벤짜마보핏은 아침 시간에 방문하는 게 좋다. 태양이 사원을 비추고 있어 반짝반짝 빛난다.
5. 타 테웻 선착장 주변에 분위기 좋은 강변 레스토랑이 있다.

Access 두씻의 교통

라따나꼬씬과 더불어 왕실 건물이 많아서 BTS와 지하철 노선은 없다. 수상 보트를 탈 경우 타 테웻 선착장이 가장 가깝다.

+ 수상 보트
타 테웻 선착장(선착장 번호 N15)에 내려서 타논 쌈쎈 Thanon Samsen → 타논 씨 아유타야 Thanon Si Ayuthaya 방향으로 도보 20~30분 정도 걸린다.

+ BTS
파야타이 Phayathai 역이나 아눗싸와리(전승기념탑) Victory Monument 역에서 내려 택시를 이용한다. 택시 요금은 70~80B 정도.

Best Course 추천 코스

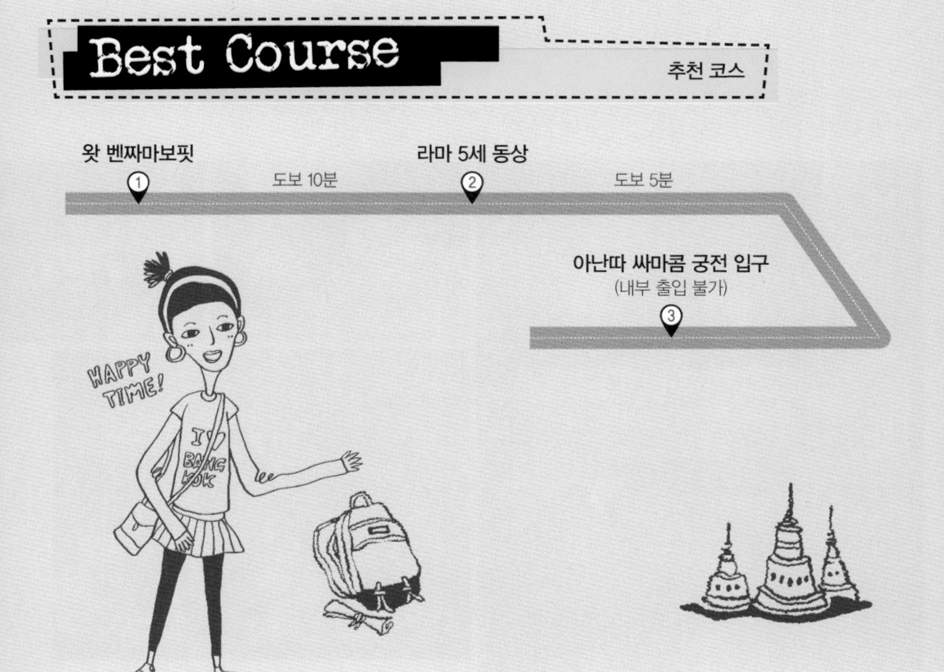

Attractions

두씻의 볼거리

왕궁이 있는 라따나꼬씬과 더불어 왕실 건물이 많은 지역이다. 위만멕 궁전과 아난따 싸마콤 궁전 등 화려한 볼거리가 많았지만, 대부분의 볼거리들이 보수 공사로 인해 현재 출입이 제한되고 있다. 대리석 사원으로 불리는 왓 벤짜마보핏이 가장 볼만하다.

왓 벤짜마보핏(왓 벤)
Wat Benchamabophit
วัดเบญจมบพิตร ★★★★

주소 69 Thanon Phra Ram 5(Rama 5 Road) & Thanon Si Ayuthaya **전화** 0-2282-7413 **홈페이지** www.watbencha.com **운영** 08:00~17:30 **요금** 50B **가는 방법** ①카오산 로드에서 뚝뚝 또는 택시로 10~15분. ②라마 5세 동상에서 도보 10분. Map P.12-B2

유럽풍의 건물을 많이 세운 라마 5세 때 만들었다. 대리석 사원 Marble Temple으로 불린다. 완벽한 좌우 대칭에서 느껴지는 정제된 완성미가 압권. 특히 태양빛을 받아 반짝이는 아침이면 그 어떤 사원보다도 아름답다. 우보쏫(대법전) 또한 대리석으로 만들었다. 태국의 왕실 사원치고는 엉뚱한 발상이지만, 건축 자재가 주는 특이함과 대칭미가 주는 안정감이 잘 어울린다.

사원 입구는 보행로를 만들어 파격을 시도했으나, 전체적인 구조는 전형적인 태국 사원 건축 양식인 십자형 구조를 바탕으로 만들었다. 대법전 내부에는 쑤코타이 시대 불상을 안치했으며, 창문은 스테인드글라스로 장식해 유럽의 색채를 가미하고 있다. 이렇듯 곳곳에서 대비와 대칭을 강조한 것이 왓 벤짜마보핏의 매력이다.

본존불인 프라 풋타 친나랏 Phra Phuttha Chinnarat은 프라깨우와 더불어 태국에서 신성시되는 불상이다. 진품과 동일한 크기로 만든 복제품이지만 불상 아래에 라마 5세의 유해를 보관해 큰 의미를 지닌다.

대법전 뒷마당은 불상을 전시한 회랑이다. 태국뿐만 아니라 주변 국가에서 가져온 53개의 불상이 전시되어 있다. 다양한 재질과 양식으로 만든 불상을 진열해 마치 불상 박물관 같은 느낌마저 들게 한다.

대법전을 나온 다음에는 사원 경내를 산책하자. 수로와 나무다리, 연꽃 연못을 갖춘 넓은 사원 부지를 걷다보면 자연스레 명상하는 기분이 든다.

왕실 사원으로 건설됐던 곳이라 입장할 때 복장에 신경을 써야 한다. 미스스커트, 반바지, 슬리퍼, 민소매 같은 노출이 심한 옷은 삼가야 한다.

왓 벤짜마보핏 본존불

수로와 정원으로 연결된 사원 경내

대법전의 스테인드글라스 장식

대리석 사원으로 불리는 왓 벤짜마보핏

두씻 궁전(공사 중, 내부 관람 불가) Dusit Palace พระราชวังดุสิต ★★★

현지어 쑤언 두씻(프라 랏차윙 두씻) **주소** 16 Thanon Ratchawithi & Thanon U-Thong Nai & Thanon Ratchasima & Thanon Si Ayuthaya **전화** 0-2281-5454 **홈페이지** www.vimanmek.com **가는 방법** ①뚝뚝이나 택시를 타면 된다. 카오산 로드 또는 아눗싸와리(전승 기념탑)에서 70~80B 정도 나온다.

Map P.12-B1

유럽 순방에서 돌아온 라마 5세, 쭐라롱껀 대왕 King Chulalongkon이 새로운 왕궁과 왕실을 위해 건설한 두씻 궁전. 1897년부터 1901년까지 건설했는데 공원과 궁전을 함께 조성해 두씻 공원 궁전 Dusit Garden Palace이라고도 불린다. 새로운 시대에 걸맞게 새로운 도시를 건설하려 했던 쭐라롱컨 대왕의 이념을 반영해 넓은 잔디 정원 안에 격식을 갖춘 빅토리아 양식의 건물들로 가득 채웠다. 전체 면적 64,749㎡으로 13개의 궁전이 들어서 있다. 위만멕 궁전, 아난따 싸마콤 궁전, 아피쎅 두씻 궁전이 가장 중요한 건물로 꼽힌다.

2017년부터 시작된 대대적인 보수 공사로 인해 내부 관람은 불가능하다. 라마 5세 동상 뒤쪽으로 보이는 아난따 싸마콤 궁전을 배경으로 기념사진 한 장 찍는 것으로 만족해야 한다.

두씻 궁전을 연결하는 타논 랏차담넌 거리에는 왕실 휘장을 장식했다

위만멕 궁전

위만멕 궁전(공사 중, 내부 관람 불가) Vimanmek Palace พระที่นั่งวิมานเมฆ ★★★

태국 최초로 유럽을 방문하고 돌아온 라마 5세가 만든 빅토리아 양식의 건물. 세계에서 가장 큰 티크 목조 건물이다. 못을 사용하지 않고 나무 압정으로 지어 건축적인 완성도 또한 높이 평가받는다. 전체적으로 3층의 L자 구조이며, 코너에는 팔각형 4층 건물이 연결되어 있다.

위만멕 궁전은 본래 1868년, 방콕 동쪽의 꼬 씨 창 Ko Si Chang에 지은 라마 5세의 여름 별장이다. 국왕 자신이 사랑하던 건물을 1901년에 두씻 정원으로 옮겨와 왕궁으로 사용한 것이다. 그러나 라마 5세가 위만멕에 거주한 기간은 그가 사망하기 전까지 불과 5년이다. 라마 5세가 사망한 1910년 이후에는 왕족들이 다시 라따나꼬씬의 왕궁으로 옮겨가 생활했으며, 위만멕 궁전은 왕실 물품 보관소로만 명맥을 유지했을 뿐이다.

위만멕 궁전이 다시 사랑받기 시작한 것은 1982년의 일이다. 현재 국왕인 라마 9세의 부인, 씨리낏 왕비 Queen Sirikit의 후원 아래 박물관으로 재탄생했기 때문이다. 궁전의 81개의 방 가운데 31개 방을 일반에게 공개하고 있다.

궁전 내의 박물관은 국왕 집무실, 침실, 욕실, 응접실은 물론 쭐라롱껀 대왕(라마 5세)의 개인 소장품과 왕실 용품을 전시하고 있다. 또한 라마 5세가 유럽을

내부 관람이 불가능하지만 기념 사진 찍기 좋은 아난따 싸마콤 궁전

위만멕 궁전

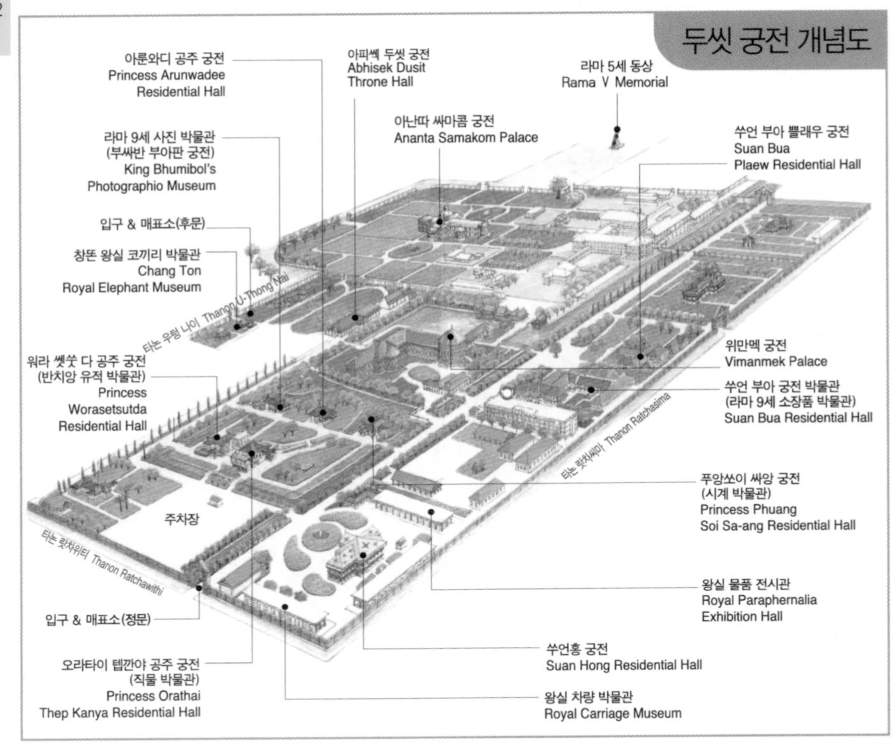

순방하면서 선물 받은 귀중한 물건과 중국, 일본, 이탈리아, 벨기에, 영국, 프랑스 등에서 전해진 공예품, 도자기, 벤자롱, 크리스털 등으로 방을 꾸며 놓았다. 국왕이 거주하던 엄숙한 곳이기 때문에 왕궁과 마찬가지로 복장 규정이 엄격하다. 미니스커트(치마는 무릎을 덮어야 한다), 속이 비치는 스커트, 반바지, 찢어진 청바지, 어깨가 드러난 민소매 옷을 착용하면 입장할 수 없다. 싸롱(기다란 천모양의 치마)을 걸쳐야 하는데, 대여해 주지 않고 100B을 받고 판매한다. 카메라와 소지품은 입장 전에 모두 사물함(사용료 20B)에 보관해야 한다. 현재는 궁전의 내부 시설 공사로 인해 관광객 방문을 일시적으로 중단하고 있다.

아피쎅 두씻 궁전(공사 중, 내부 관람 불가)
Abhisek Dusit Throne Hall
พระที่นั่งอภิเศกดุสิต ★★

빅토리아 양식의 목조 건축물로 목조 베란다를 장식한 격자세공이 매우 아름다운 곳이다. 1904년에 국왕 대관실로 만든 궁전으로 외부는 잔디를 가득 메운 정원과 화단, 분수대로 꾸며 유럽의 궁전에 들어온 느낌을 받는다. 궁전 내부는 황금으로 치장하지 않고 순백으로 장식해 담백함을 선사한다. 현재는 씨리낏 왕비가 지원하는 직업 및 기술 증진 협회(SUPPORT: Promotion of Supplementary Occupation & Related Techniques Foundation)에서 생산한 직물, 실크, 공예품, 바구니 등을 전시하고 있다.

빅토리아 양식을 가미한 목조 건물 아피쎅 두씻 궁전

아난따 싸마콤 궁전(공사 중, 내부 관람 불가) Ananta Samakom Palace พระที่นั่งอนันตสมาคม ★★★☆

현지어 프라티낭 아난따 싸마콤 **전화** 0-2283-9411 **홈페이지** www.artsofthekingdom.com **운영** 화~일 10:00~16:00, 매표 마감 15:30(휴무 월요일 · 국경일) **입장료** 일반 150B, 학생 75B **가는 방법** 라마 5세 동상 뒤쪽에 보이는 건물이다. 두씻 궁전 정문보다는 후문(타논 우텅 나이)으로 들어가면 더 빠르다.

돔 모양의 아치 지붕이 이국적인 풍채를 풍기는 건물로 두씻 궁전 내에서 유럽 색채가 가장 강한 건물이다. 이탈리아 건축가가 설계했으며 대리석으로 지은 르네상스 양식의 궁전으로 라마 6세 때인 1925년에 완공됐다. 물론 건설을 지시한 사람은 유럽 문화에 감동받은 라마 5세다. 국왕의 정치적인 행사보다는 외국 귀빈을 맞이하던 접견실로 사용했다. 라마 7세가 왕정 폐지를 공식적으로 서명한 역사적인 장소이기도 하다. 민주 혁명 이후에는 입헌 정부를 수립해 국회의사당으로 사용했다.

궁전 내부에 들어서면 화려한 장식에 압도된다. 중앙에는 국왕이 외빈 접견 때 사용하던 의자가 놓여 있고, 〈라마끼안〉에 등장하는 신들과 유럽풍의 조각들이 곳곳에 장식되어 있다. 고개를 올려 천장을 살펴보면 역대 국왕들의 업적을 묘사한 벽화가 돔 하나하나 그려져 있음을 알 수 있다.

왕궁과 마찬가지로 복장 규정을 준수해야 한다. 소매 없는 옷이나 반바지, 미니스커트를 착용하면 입장할 수 없다. 남성은 긴 바지, 여성은 긴 치마 또는 긴 바지를 입어야 입장이 가능하다. 긴 치마(싸롱 Slaong)는 매표소에서 빌릴 수 있다(대여료 50B). 내부 사진 촬영은 금지되며, 소지품은 사물함에 보관해야 한다. 심지어 스마트폰도 휴대가 불가능하다. 매표소에서 한국어로 된 오디오 가이드를 대여해 준다.

르네상스 양식으로 건설한 아난따 싸마콤 궁전

라마 5세 동상 뒤로 아난따 싸마콤 궁전이 보인다

라마 5세 동상 Rama V Memorial พระบรมรูปทรงม้า ลานพระราชวังดุสิต ★★

현지어 프라보롬룹 쏭 마(란프라랏차왕 두씻) **주소** Thanon Ratchadamnoen Nok & Thanon Si Ayuthaya **운영** 24시간 **요금** 무료 **가는 방법** ①카오산 로드에서 출발하면 도보 30분, 뚝뚝을 타고 가면 10분. ②왓 벤짜마보핏에서 출발하면 도보 10분, 두씻 정원 내부의 위만멕 궁전까지는 도보 20분.

Map P.12-B1

라마 5세, 쭐라롱껀 대왕(재위 1868~1910)은 태국 역사상 가장 위대한 국왕으로 칭송받는 인물이다. 태국 근대화에 앞장섰고, 서구 열강으로부터 식민지가 되지 않고 독립을 유지하는 데 큰 공헌을 했다. 특히 노예제도를 폐지해 국민적 신망이 매우 두텁다.

라마 5세 동상은 그가 유럽을 방문하고 돌아와 건설한 두씻 정원 앞 광장에 세워져 있다. 사령관 복장에 기마 자세를 취하고 있는 청동 조각으로 프랑스 조각가가 만들었다. 짜끄리 왕조의 다른 국왕들의 동상에 비해 기품과 힘이 넘친다. 동상 앞에는 향을 피우며 존경을 표하는 사람들이 많다. 특히 라마 5세를 기념하는 10월 23일이 되면 수많은 인파들의 추모 행렬이 밤까지 이어진다.

아난따 싸마콤 궁전

Restaurant

두씻의 레스토랑

짜오프라야 강변의 '타 테웻(테웻 선착장) Tha Thewet(Thewet Pier 또는 Thewes Pier) 주변에 분위기 좋은 레스토랑이 몇 곳 있다.

인 러브
In Love ★★★☆

주소 Thewet Pier, 2/1 Thanon Krung Kasem **전화** 0-2281-2900 **영업** 11:00~24:00 **메뉴** 영어, 태국어 **예산** 120~360B **가는 방법 수상 보트** '타 테웻' 선착장(선착장 번호 N15) 바로 옆에 있다. 수상 보트가 운행을 중단하는 밤에는 택시를 타고 가야한다. 카오산 로드에서 택시로 10분. Map P.12-A1

테웻 선착장(타 테웻) 바로 옆에 만든 야외 테라스 형태의 레스토랑이다. 복층으로 이루어졌기 때문에 2층 테라스에서의 전망이 뛰어나다. 짜오프라야 강과 라마 8세 대교(싸판 팔람 뺏) Rama Ⅷ Bridge가 막힘없이 펼쳐진다. 해질 무렵에 주변 경관이 가장 아름답다. 현지 기후에 익숙한 태국 현지인들에게 인기 있는 레스토랑이다. 저녁에는 라이브 밴드가 음악을 연주한다. 시푸드를 포함한 다양한 태국 음식을 요리한다. 태국 사람들이 좋아하는 매콤한 태국식 샐러드(얌)와 생선 요리가 많다.

스티브 카페 Steve Cafe
สตีฟ คาเฟ (ศรีอยุธยา ซอย 21 เทเวศ) ★★★★

주소 68 Thanon Si Ayuthaya Soi 21, Wat Thewarat **전화** 0-2281-0915, 08-4361-4910 **홈페이지** www.stevecafeandcuisine.com **영업** 11:00~20:30 **메뉴** 영어, 태국어 **예산** 190~420B(+17% Tax) **가는 방법** ① 국립 도서관 옆길인 타논 씨 아유타야 끝까지 가면 왓 테와랏 꾼촌 워라위한 Wat Thewarat Kunchon Worawihan (줄여서 '왓 테와랏'이라고 말하면 된다)이 나온다. 사원을 통과해 후문으로 나오면 연결되는 작은 골목 끝에 있다. ②**수상 보트**를 타고 갈 경우 '타 테웻' 선착장에 내리면 된다. 수상 보트는 해가 지면 운행하지 않는다. ③카오산 로드에서 택시로 10분. Map P.12-A1

타 타웻 선착장에서 보이는 스티브 카페

강변을 끼고 있는 주택가 골목의 사원 뒤쪽에 숨겨져 있다. 60년이나 된 가옥을 레스토랑으로 변경해 사용한다. 나무 바닥과 나무 테이블, 나무 의자가 빈티지한 느낌을 준다. 과거에 강변에 만든 목조 가옥이 어떠했는지 엿볼 수도 있다. 참고로 스티브는 태국인 주인장의 영어 이름이다.

외국인 관광객을 위한 곳이라기보다는 태국 사람들을 위한 맛집이다. 입소문을 타고 유명해져 각종 언론에 소개되고 있다. 시원한 강변 바람을 맞으며 식사할 수 있어 저녁에 인기가 높다. 음식은 20년 주방 경력을 자랑하는 주인장의 모친이 직접 요리한다. 그만큼 태국 음식 고유의 향신료와 맛에 충실하다. 물론 음식의 맵기도 태국 음식답다.

태국 음식이 익숙하지 않다면 해산물 요리와 볶음 요리 같은 무난한 음식을 주문하자. 메뉴가 다양하므로 본인의 취향에 따라 고르면 된다. 추천 레스토랑임에는 틀림이 없으나 외국인 관광객에게 호불호가 갈릴 가능성이 높다. 태국 음식의 맛과 향에 익숙한 사람들에게 더욱 어울리는 식당이다. 레스토랑이 규모가 작아서 저녁 시간에는 미리 예약하면 좋다.

In Love

Steve Cafe

Chinatown 차이나타운

라마 1세가 방콕을 건설하며 중국 상인들을 위한 거주 지역으로 만든 차이나타운은 타논 야왈랏 Thanon Yaowarat을 중심으로 재래시장이 밀집한 지역이다. 중국 사원은 물론 대를 이어오는 한약재상, 금은방, 샥스핀 · 딤섬 식당과 한자로 쓰인 거리 간판은 마치 중국의 어느 도시를 연상케 한다. 화교는 태국 인구의 14%를 차지하며 태국 경제의 80%를 장악해 막강한 힘을 가진다. 재계뿐만 아니라 정치, 군사 분야까지 태국 전반적인 주류 사회를 이끌고 있다. 18세기 때부터 태국으로 이주해 세대를 거듭하며 태국 사회에 녹아들었기 때문에 중국어가 아니라 태국어를 모국어로 사용한다.

차이나타운은 전체가 시장통이라고 해도 과언이 아니다. 복잡한 도로를 따라 차량과 사람들이 넘쳐난다. 또한 미니 짜뚜짝이라고 불러도 좋은 싸판 풋 야시장, 도둑 시장으로 불리는 나컨 까쎔, 인도인 골목 파후랏 등이 중국 사원과 조화를 이룬다. 유적이 다양하지는 않지만 사람 사는 모습 자체가 활기를 불어넣어 주는 곳, 차이나타운. 언제나 활력 넘치고, 때론 혼란스럽기까지 한 그곳에서는 지도에 의지하지 말고 발길 가는 대로 좁은 골목을 누비며 사람들과 어깨를 부딪쳐 보자.

볼 거 리	★★★★☆	P.208
먹을거리	★★★★☆	P.214
쇼 핑	★★★☆☆	
유 흥	★★☆☆☆	P.219

알아두세요

1. 아무리 정교한 지도라도 길 찾는데 도움이 안 된다. 적당히 헤맬 것은 각오하자.
2. 차이나타운의 상점은 해가 지면 문을 닫는다. 물건은 낮 시간에 구입하자.
3. 저녁때가 되면 노점 식당들이 도로에 하나둘 들어선다.
4. 인도 물건을 구입하고 싶다면 파후랏에 잠시 들려보자.
5. 차이나타운에 있는 쏘이 나나와 쑤쿰윗에 있는 쏘이 나나를 혼동하지 말 것. 쑤쿰윗 쏘이 나나(P.282)는 유흥업소가 몰려 있다.
6. 차이나타운을 관통하는 MRT(지하철) 연장 노선이 2019년 9월 29일부터 운행 중이다.

Don't Miss

이것만은 놓치지 말자

1 타논 야왈랏에서 중국어 간판 배경으로 사진 찍기.(P.210)

2 딤섬 레스토랑에서 점심식사하기.(P.216)

3 왓 뜨라이밋의 황금 불상 감상하기.(P.213)

4 차이나타운 밤거리 노점 식당 탐방하기.(P.215)

5 쏘이 텍사스 시푸드 골목에서 저녁식사하기.(P.217)

6 쏘이 나나(차이나타운)의 트렌디한 펍 방문하기(P.219)

7 차이나타운의 비좁은 골목 거닐기.(P.210)

Access

차이나타운의 교통

수상 보트와 지하철이 발달해 있어 접근이 용이하다. 차이나타운에서는 걷는 게 최선의 방법이다.

+ 수상 보트

타 싸판 풋 Memorial Bridge 선착장(선착장 번호 N6)과 타 랏차웡 선착장(선착장 번호 N5) 두 곳이 차이나타운과 연결된다. 빡크롱 시장과 파후랏을 먼저 보고 싶다면 타 싸판 풋 선착장에, 타논 야왈랏으로 직행하고 싶다면 타 랏차웡 선착장에 내리자.

*욧피만 리버 워크 앞에 빡크롱 딸랏 선착장 Pak Klong Taladd(선착장 번호 N6/1)이 새롭게 생겼다.

+ 투어리스트 보트

빡크롱 딸랏(N6/1 선착장) Pak Klong Taladd 선착장과 타 랏차웡(N5 선착장) Ratchawongse 선착장을 이용하면 된다. 보트 요금은 1일 탑승권(200B) 형식으로 판매한다. 자세한 내용은 P.70 참고.

+ 지하철(MRT)

후아람퐁 역→왓 망꼰 역→쌈욧 역→싸남차이 역 방향으로 지하철(MRT 블루 라인)이 차이나타운을 관통한다.

Best Course

추천 코스

1 오전에 시작할 경우(차이나타운 관광)

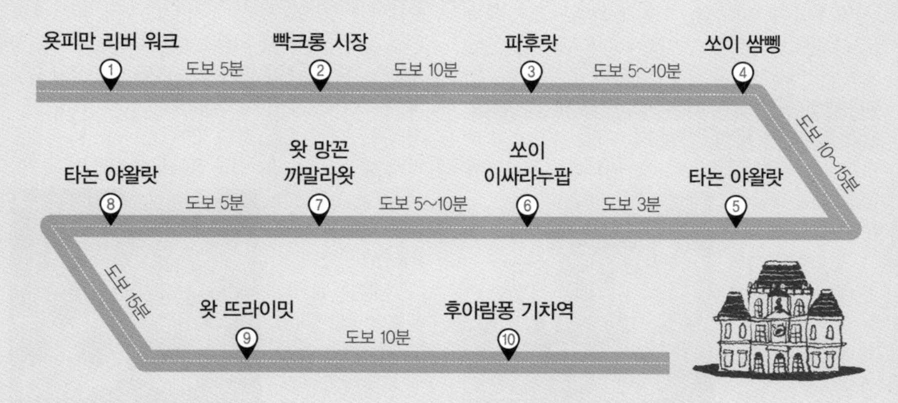

2 오후에 시작할 경우(차이나타운 맛집 탐방)

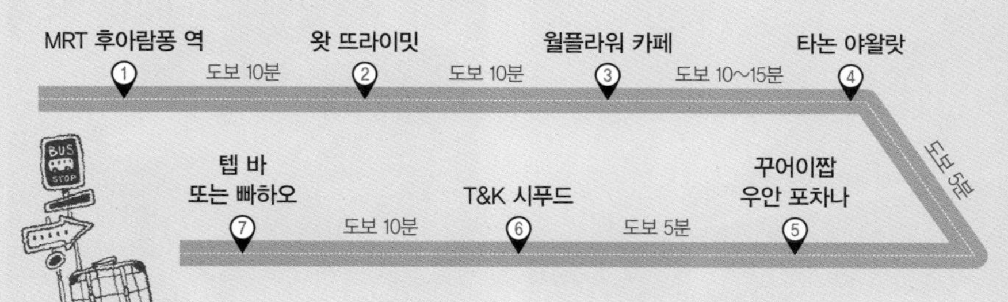

Attractions

차이나타운의 볼거리

특별한 목적지를 정하지 않고 거리를 걸으며 분위기를 느끼는 것만으로 차이나타운은 충분히 가치 있는 지역이다. 재래시장 분위기에 흠뻑 젖어 사람 사는 냄새를 맡아 보자.

싸판 풋(라마 1세 대교)
Saphan Phut(Memorial Bridge)
สะพานพุทธ ★★

주소 Thanon Saphan Phut **운영** 24시간 **요금** 무료 **가는 방법 수상 보트**를 타고 타 싸판 풋 선착장(선착장 번호 N6)에 내리면 된다. Map P.14-B2

방콕에 최초로 건설된 교량이다. 짜오프라야 강 동쪽과 서쪽을 연결하는 아치형 다리로 총 길이는 678m다. 방콕 건설 150주년을 기념하기 위해 1932년 4월 6일에 개통했다. 싸판 풋은 싸판 프라 풋타욧파 Saphan Phra Phutta Yodfa의 줄임말이다. 싸판은 다리, 프라 풋타욧파는 방콕을 건설한 짜끄리(라따나꼬씬) 왕조의 첫 번째 왕인 라마 1세(재위 1782~1809)를 의미한다. 싸판 풋 오른쪽(차이나타운 방향) 진입로에 라마 1세 동상을 함께 건립했다.

저녁때는 싸판 풋 다리 주변으로 야시장 Saphan Phut Night Market이 형성된다. 저렴한 티셔츠와 청바지, 신발, 가방 등을 판매하는 벼룩시장. 저렴한 물건을 찾는 태국 젊은이들로 북적댄다. 월요일을 제외한 화~일요일 오후 6시부터 새벽 1시까지 야시장이 형성된다.

라마 1세 동상

방콕 최초의 현대적인 교량 싸판 풋

빡크롱 시장(빡크롱 딸랏)
Pak Khlong Market
ปากคลองตลาด ★★★

주소 Thanon Chakraphet & Thanon Atsadang **운영** 24시간 **가는 방법** ①**수상보트** 빡크롱 딸랏 선착장(선착장 번호 6/1)과 접해 있는 욧피만 리버 워크 뒤쪽에 있다. ②**MRT** 싸남차이 역 5번 출구에서 200m 떨어져 있다. Map P.14-B1

라따나꼬씬 지역과 경계를 이루던 운하 하구에 형성된 재래시장이다. 과거 방콕 도성으로 운반되는 채소와 꽃이 집결하는 도매시장으로 옛 모습을 그대로 간직한 채 지금까지도 활발한 상거래가 이루어진다. 짜오프라야 강변의 욧피만 리버 워크 뒤쪽, 타논 짜끄라펫 일대가 전부 꽃 시장으로 방콕 최대 규모를 자랑한다. 호텔이나 레스토랑이 하루를 시작하기 위해 꽃을 사들이는 새벽에 가장 분주하다.

거리 곳곳에서 꽃목걸이를 판매하는 상인도 어렵지 않게 볼 수 있다. 재스민과 장미를 이용해 만드는 꽃목걸이는 프앙말라이 Phuang Malai พวงมาลัย라고 부른다. 행운을 빌거나 존경의 의미를 담아 상대에게 건넬 때 사용된다.

프앙말라이

방콕 최대의 꽃시장
빡크롱 시장

욧피만 리버 워크
Yodpiman River Walk
ยอดพิมาน ริเวอร์ วอล์ค

★★☆

주소 390/17 Soi Tha Klang, Pak Khlong Talat Pier **전화** 0-2623-6851 **홈페이지** www.yodpimanriverwalk.com **영업** 10:00~22:00 **가는 방법** ①**수상 보트** 빡크롱 딸랏 선착장 Pak Klong Taladd(선착장 번호 6/1)과 접해 있다. ②**MRT** 싸남차이 역 5번 출구에서 400m 떨어져 있다. Map P.14-A1

짜오프라야 강변을 새롭게 정비하면서 신축한 쇼핑몰이다. 강변의 오래된 유럽풍 건물을 욧피만 그룹에서 투자해 쇼핑몰로 변모했다. 300m에 이르는 강변 산책로와 콜로니얼 양식의 3층 건물이 결합된 형태다. 규모는 작지만 강변을 연해 건물이 기다랗게 들어서 있어 보기 좋다.

공예품 매장도 있지만 카페와 레스토랑이 더 많이 입점해 있다. 특히 2층 야외 테라스에 있는 식당들은 강 풍경을 즐기며 시간을 보낼 수 있다. 무더운 낮보다 해 질 녘 풍경을 감상하기 좋다. 쇼핑몰 뒤쪽으로 방콕 최대의 꽃 시장인 빡크롱 시장이 들어서 있다.

유럽풍의 건물과 강변이 어우러지는 욧피만 리버 워크

욧피만 리버 워크

파후랏(리틀 인디아)
Phahurat(Little India)
พาหุรัด

★★

주소 Thanon Phahurat & Thanon Chakkraphet **영업** 08:00~18:00 **요금** 무료 **가는 방법** ①타논 파후랏과 타논 짜끄라펫에 걸쳐 있다. **수상 보트** 타 싸판 풋 선착장(선착장 번호 N6)에서 600m 떨어진 인디아 엠포리움(쇼핑 몰) India Emporium 옆 골목으로 들어가면 된다. ②**MRT** 쌈욧 역 1번 출구에서 500m 떨어져 있다. Map P.14-B1

분명 차이나타운의 한 부분이지만 중국적인 색채는 온데간데없고 사리를 입은 여자들과 터번을 둘러 쓴 남자들이 가득한 인도인 거리다. '리틀 인디아 Little India'라 불리는 곳으로 가네쉬, 비슈누, 락슈미 같은 힌두교 신들이 상점마다 도배되어 있다. 인도 관련 음악, 영화, 향, 인도 스타일의 옷과 가방 등 소품을 살 수 있고, 인도 식품점과 인도 음식점도 많다.

파후랏 중심에는 화려한 황금 돔이 시선을 집중시키는 시크교 사원이 있다. 씨리 그루씽 사바 Siri Gurusingh Sabah 사원으로 시크교도들의 성전을 모시고 있다. 사원 지붕을 화려하게 장식한 황금 돔이 눈길을 끄는 사원으로 1932년에 건설됐다. 매일 아침 9시에 신도들이 모여 종교 행사를 치른다.

힌두교 신들이 가득한 파후랏 상점

시크교 사원 씨리 그루씽 사바

인도 사람들이 상권을 형성한 파후랏

타논 야왈랏
Thanon Yaowarat
ถนนเยาวราช ★★★★

주소 Thanon Yaowarat **영업** 08:00~24:00 **요금** 무료 **가는 방법** ①차이나타운의 중심 도로에 해당한다. **수상 보트** 타 랏차웡(선착장 번호 N5번)에서 도보 10분. ②MRT 왓 망꼰 역 1번 출구에서 도보 5분.
Map P.15-C1

차이나타운에서 가장 넓은 도로로, 차이나타운을 칭할 때 '야왈랏'이라고 부를 정도로 대표적인 거리다. 1.5㎞에 이르는 도로를 따라 한자 간판, 약재상, 금은방, 향, 제기 용품, 홍등, 샥스핀 식당, 중국 건어물 상점 등이 거리를 가득 메운다. 대를 이어오며 100년 넘도록 같은 곳에서 장사하는 상인들도 많아 차이나타운의 역사가 고스란히 담겨 있는 곳이다. 야왈랏 거리는 차들로 인해 항상 복잡하고, 도로와 연결된 좁은 골목에 분주히 드나드는 상인들은 생업에 열중하며 바쁘게 움직인다.

상점들이 문을 닫는 저녁이 되면 거리에 노점들이 생기기 시작해 또 다른 분위기를 연출한다. 방콕 스트리트 푸드의 성지라고 해도 과언이 아닐 정도로 다양한 먹을거리들이 발길을 사로잡는다. 저렴한 가격은 기본으로 시푸드 노점부터 디저트 노점까지 다채롭다. 허름해 보이지만 미쉐린 가이드에서 선정된 맛집도 여러 곳 있다.

쏘이 이싸라누팝(야왈랏 쏘이 6)
Soi Issaranuphap
ซอย อิสรานุภาพ (ซอย เยาวราช 6) ★★★

주소 Soi Issaranuphap, Thanon Yaowarat Soi 6 **영업** 08:00~18:00 **요금** 무료 **가는 방법** ①타논 야왈랏 쏘이 6(혹)에서 연결되는 좁은 골목이다. 타논 짜런끄룽 방향에서도 진입이 가능하다. ②MRT 왓 망꼰 역 2번 출구에서 도보 3분. Map P.15-C1

타논 야왈랏과 연결되는 작은 골목으로 '야왈랏 쏘이 혹 Yaowarat Soi 6'이라고 불린다. 어둑하고 좁은 골목으로 식료품이 주로 거래된다.

자칫 엽기스러운 장면이 연출되는 이곳에는 목 매달린 닭고기와 오리고기를 비롯해 생선 머리, 건어물, 인삼 뿌리까지 식용으로 쓰이는 모든 것들을 판매한다. 골목 끝은 타논 짜런끄룽과 만나며 이곳에 장례용품을 판매하는 상점들이 밀집해 있다. 도로를 건너면 차이나타운에서 가장 큰 중국 사원, 왓 망꼰 까말라왓 입구가 나온다.

타논 야왈랏 밤풍경

온갖 식재료가 거래되는 쏘이 이싸라누팝

타논 야왈랏 낮풍경

쏘이 이싸라누팝의 상점들

쏘이 쌈뻥(쏘이 와닛 능)
Soi Sampeng(Soi Wanit 1)
ซอย สำเพ็ง(ซอย วานิช 1) ★★★

주소 Soi Sampeng, Soi Wanit 1 **운영** 08:00~18:00 **요금** 무료 **가는 방법** 차이나타운의 메인 도로인 타논 야왈랏 남쪽으로 한 블록 떨어져 있다. 차량이 드나들지 못하는 좁은 골목이라 걸어 다녀야 한다. Map P.15-B1~C1

차이나타운 건설 초기에 화교들이 정착한 거리다. 골목 전체가 시장 통이라 쌈뻥 시장(딸랏 쌈뻥 ตลาดสำเพ็ง) Sampeng Market이라고도 불린다. '쏘이'는 좁은 골목을 의미하는데, 쏘이라고 부르기도 어려운 자그마한 골목이 길게 이어진다. 건설 당시에는 홍콩 영화에나 등장할 법한 어두운 뒷골목이었으나, 1990년대부터 차이나타운은 상업의 중심지로 성장했다. 메인 도로에 해당하는 타논 야왈랏에 대형 금은방들이 들어섰다면, 뒷골목에 해당하는 쏘이 쌈뻥에는 소상공인들이 밀려들었다.

쌈뻥에서 거래되는 품목은 볼펜 뚜껑부터 보석까지 다양하다. 장신구를 만들 수 있는 여러 가지 재료를 파는 가게가 많고 의류, 가방, 직물, 캐릭터 용품, 시계, 액세서리가 주거래 품목이다. 골목이 워낙 좁아 마음 편히 걷기도 힘든데, 손수레를 끌고 가는 인부와 간식거리를 파는 상인까지 뒤섞여 늘 혼잡하다.

골목 전체가 시장 통이라 쌈뻥 시장이라 불린다

비좁은 골목에 시장이 형성된 쏘이 쌈뻥

왓 망꼰 까말라왓
Wat Mangkon Kamalawat
วัดมังกรกมลาวาส ★★★

주소 Thanon Charoen Krung Soi 21 **전화** 0-2222-3975 **운영** 08:00~18:00 **요금** 무료 **가는 방법** ①쏘이 이싸라누팝 끝으로 가면 타논 짜런끄룽과 만난다. 길 건너 왼쪽 첫 번째 골목인 쏘이 이씹엣 Soi 21으로 들어가면 사원이 나온다. ②MRT 왓 망꼰 역 3번 출구에서 도보 5분. Map P.15-C1

용이 휘감고 있는 기와지붕과 용련사(龍蓮寺)라고 쓰인 현판에서 보듯 전형적인 중국 사원이다. 차이나타운에서 가장 큰 중국 대승 불교사원으로 1871년에 설립됐다.

사원 입구는 사천왕(四天王)이 좌우를 지키고 있고 내부는 중국 불상을 모신 대웅보전(大雄寶殿)이 중심에 있다. 대웅보전 옆으로는 선조들의 공덕을 비는 조사전(祖師殿)을 포함해 도교와 유교 학자를 모신 사당을 함께 만들었다. 화교는 물론 태국 사람들도 끊임없이 찾아와 향을 피우고 촛불을 올리며 소망을 기원한다.

사원 입구를 지키는 사천왕상

사원 내부의 대웅보전

차이나타운의 대표적인 중국사원 왓 망꼰 까말라왓(용련사)

관세음 사당(싼짜오 매 꽌임) Kuan Yim Shrine(Thian Fa Foundation) ศาลเจ้าแม่กวนอิม (มูลนิธิเทียนฟ้า) ★★

주소 606 Thanon Yaowarat **요금** 무료 **가는 방법** 오디안 로터리(웡위안 오디안)에서 타논 야왈랏 방향으로 300m. 싸미티웻 병원(차이나타운 분원) Samitivej Hospital **โรงพยาบาลสมิติเวชไชน่าทาวน์** 三美泰医院을 바라보고 오른쪽에 있다. Map P.15-D2

자비의 화신으로 여겨지는 관세음보살을 모신 사당이다. 소외층에게 의료를 제공하기 위해 태국으로 이주한 화교들이 설립한 티안파 재단 Thian Fa Foundation에서 건설했다. 태국 사람들과 화교들이 찾아와 커다란 향을 피우며 건강과 복을 기원한다. 입구 현판에는 천화의원 天華醫院이라고 적혀 있다. 형형색색의 화려한 외관 때문에 눈에 띈다.

출입문에는 천화의원이라는 현판이 걸려 있다

향을 피우며 소원을 비는 순례자

신도들로 북적이는 관세음 사당

빠뚜 찐 China Gate ซุ้มประตูจีน เยาวราช (วงเวียนโอเดียน) ★★

주소 Thanon Yaowarat & Thanon Charoen Krung **요금** 무료 **가는 방법** 차이나타운 동쪽 입구에 해당하는 타논 야왈랏과 타논 짜런끄룽이 만나는 오디안 로터리(웡위안 오디안) Odean Circle 가운데에 있다. Map P.15-D2

1998년에 만든 중국식 홍예문(빠뚜 찐) China Gate이다. 차이나타운의 입구를 알려주는 이정표다. '빠뚜'는 문(門), '찐'은 중국을 뜻한다. 라마 9세의 여섯 번째 띠 돌림(72세 생일)을 기념하기 위해 화교들과 태국 정부가 공동으로 만들었는데, 풍수지리 사상에 따라 동쪽을 바라보고 있다.

현판 앞쪽에는 태국어로 '국왕의 6번째 띠 돌림을 축하하는 출입문'이라는 글씨가 씌어 있다. 현판 뒤쪽에는 씨린톤 공주 Princess Maha Chakri Sirindhorn가 한자로 직접 쓰고 서명한 '성수무강(圣寿无疆)'이라는 글자가 적혀 있다.

차이나타운 초입에 세워진 빠뚜 찐(홍예문)

빠뚜 찐(사진 오른쪽) 로터리에서 왓 뜨라이밋(사진 왼쪽)이 보인다

왓 뜨라이밋
Wat Traimit วัดไตรมิตร ★★★☆

주소 Thanon Mittaphap Thai-China(Thanon Traimit) & 661 Thanon Charoen Krung **전화** 0-2623-3329~30 **홈페이지** www.wattraimitr-withayaram.com **운영** 황금 불상 08:00~17:00, 2·3층 전시실 화~일 08:00~16:30(휴무 월요일) **요금** 황금 불상 40B, 2·3층 전시실 100B **가는 방법** 정문은 타논 밋따팝 타이-찐 Thanon Mittaphap Thai-China에 있다. **지하철** 후아람퐁 역에서 차이나타운 방향으로 도보 10분. Map P.15-D2

차이나타운 동쪽 입구에 있는 황금 불상 Golden Buddha을 모신 사원. 사원 규모는 작지만 세계에서 가장 크고 비싼 황금 불상을 보려고 찾아오는 관광객들로 붐빈다. 황금 불상의 공식 명칭은 '프라 마하 붓다 쑤완 빠띠마꼰 Phra Maha Buddha Suwan Patimakon'으로 무게 5.5t의 순금으로 만든 3m 높이의 불상이다. 돈으로 환산하면 140억 원이나 되는 엄청난 보물이다.

황금 불상은 15세기에 만들어진 아름다운 쑤코타이 양식의 불상으로 라마 3세 때 방콕으로 옮겨왔다. 불상은 버마(미얀마)의 공격으로부터 보호하기 위해 회반죽으로 덧입혀 놓은 것이 1955년 운송 도중 사고로 회반죽이 깨지면서 본래 모습이 세상에 알려졌다고 한다.

황금 불상은 현재 프라 마하 몬돕 Phra Maha Mondop에 모셔져 있다. 2008년에 완공된 프라 마하 몬돕은 4층 규모의 거대한 스투파로, 황금 불상의 가치에 걸맞게 웅장하고 화려하게 건설했다. 2층과 3층은 전시실로 운영되며 4층에 황금 불상을 모신 법전을 만들었다. 2층 전시실은 차이나타운의 역사와 관련된 내용으로 꾸몄고, 3층 전시실은 황금 불상의 역사와 발견 과정을 상세히 소개하고 있다.

프라 마하 몬돕 오른쪽에 있는 매표소에서 미리 입장권을 구입해야 관람이 가능하다. 황금 불상(40B)과 2·3층 전시실(100B)로 구분해 입장권을 판매한다. 종교적으로 신성시하는 곳이라 복장을 단정히 해야한다.

왓 뜨라이밋 황금 불상

후아람퐁 기차역
Hua Lamphong Railway Station สถานีรถไฟหัวลำโพง ★★

현지어 싸타니 롯파이 후아람퐁 **주소** Thanon Phra Ram 4(Rama 4 Road) **전화** 0-2223-7010 **운영** 24시간 **가는 방법 지하철** 후아람퐁 역에서 도보 5분. Map P.15-D2

방콕의 메인 기차역인 후아람퐁 역은 1916년 네덜란드 건축가에 의해 완공되었으며 아트 데코 Art Deco 양식의 건물이다. 둥근 천장과 네오클래식 양식의 외관이 잘 어울리는 건물로 20세기 초기 건축의 멋과 아름다움이 그대로 남아 있다. 현재 기차역은 1998년 보수공사로 단장한 모습이다. 태국 전역을 연결하는 기차가 출발하는 곳답게 24시간 승객들의 발길로 분주하다.

후아람퐁 기차역

황금 불상을 모신 프라 마하 몬돕

Restaurant

차이나타운의 레스토랑

동네 전체가 시장이기 때문에 어디서 뭘 먹을까 하는 걱정은 하지 않아도 된다. 쌀국수, 딤섬, 시푸드까지 다양한 식사가 가능하다. 상점들이 문을 닫는 저녁 시간이 되면 거리 노점이 생기면서 활기를 띤다.

나이몽 허이텃 Nai Mong Hoi Thod
นายหมงหอยทอด ★★★

주소 539 Thanon Santhi Phap **전화** 0-2623-1890 **홈페이지** www.facebook.com/hoithod539 **영업** 화~일요일 11:00~21:00(휴무 월요일) **메뉴** 영어, 태국어 **예산** 100~150B **가는 방법** ①타논 짜런끄룽에서 연결되는 타논 싼티팝 Thanon Santhi Phap 방향으로 30m 정도만 올라가면 삼거리 못 미쳐 오른쪽에 있다. ②MRT 왓 망꼰 역 1번 출구에서 도보 5분.
Map P.15-C1

차이나타운에서 유명한 굴 요리 전문점이다. 굴, 계란, 야채를 함께 넣고 볶은 '어쑤언'과 홍합을 넣고 바삭하게 구운 '허이 톳'이 유명하다. 식사용으로는 카우팟 뿌(게살 볶음밥)와 꾸어이띠아우 쿠어 까이(닭고기를 넣은 국수 볶음)가 있다. 자그마한 서민 식당으로 에어컨 시설은 없다. 커다란 불판을 이용해 조리하게 때문에 실내가 더운 편이다. 저녁때는 식당 앞 도로에 테이블이 놓인다. 메뉴판에 사진이 붙어 있어 주문하는데 어렵지 않다. 사이즈(대 · 중 · 소)에 따라 가격을 달리 받는다.

중국식 굴전 어쑤언

나이몽 허이텃

인기

앤 꾸어이띠아우 쿠아 까이 Ann Guay Tiew Kua Gai
ก๋วยเตี๋ยวคั่วไก่แอน (ถนนหลวง) ★★★☆

주소 419 Thanon Luang **전화** 0-2621-5199 **영업** 16:00~24:00 **메뉴** 영어, 태국어 **예산** 50~100B **가는 방법** ①차이나타운 중심부(타논 야왈랏)에서 북쪽으로 800m 떨어진 타논 루앙에 있다. 끄랑 병원(롱파야반 끄랑) Klang Hospital(Bangkok Metropolitan Administration General Hospital) 정문에서 동쪽으로 200m. ②MRT 왓 망꼰 역 1번 또는 3번 출구에서 800m. Map P.15-C1

쌀국수 볶음의 한 종류인 꾸어이띠아우 쿠아 까이를 요리한다. 쎈야이(넓적한 면발)를 이용해 강한 불에 볶다가 닭고기 살을 첨가하는 간편한 음식이다. 간장만 조금 넣을 뿐 소스를 거의 첨가하지 않고 볶는다. 얇은 면이 불에 익으면서 떡처럼 부드럽고 바삭거린다. 기본 메뉴인 '쿠아 까이'에 계란을 첨가할 경우 '옵 까이'를 주문하면 된다. 볶음 재료로 닭고기 이외에 돼지고기, 오징어, 새우, 햄 등을 선택할 수 있다. 영어 메뉴를 갖추고 있다. 저녁 시간에만 장사한다.

닭고기 볶음 국수
꾸어이띠아우 쿠아 까이

앤 꾸어이띠아우 쿠아 까이 간판

꾸어이짭 나이엑
Nai Ek Roll Noodles
ก๋วยจั๊บนายเล็ก (ปากซอยเยาวราช 9) ★★★☆

주소 442 Thanon Yaowarat(Yaowarat Soi 9) **영업** 08:00~24:00 **메뉴** 영어, 태국어, 중국어 **예산** 50~100B **가는 방법** ①호텔 로열 방콕 Hotel Royal Bangkok 맞은편, 타논 야왈랏 쏘이 9 골목 입구와 붙어 있다. ②MRT 왓 망꼰 역 1번 출구에서 300m.

Map P.15-C2

차이나타운에서 유명한 길거리 음식점이다. 1960년부터 장사를 시작해 현재는 타논 야왈랏(차이나타운 메인 도로)의 대표 식당으로 자리를 잡았다. 저렴하고 인기가 많아 줄서서 기다릴 정도로 붐빈다. 노점 식당답게 영어 간판은 없다. 영어로 검색할 때는 '나이 엑 롤 누들 Nai Ek Roll Noodles'로 해야 한다.

돼지고기를 이용한 단품 메뉴를 제공한다. 밥과 함께 나오는 덮밥을 주문하면 간단하게 식사하기 좋다. 카우 카 무(밥+돼지 족발 조림) **ข้าวขาหมู** Braised Pork Rump with Rice, 카우 무 끄롭(밥+바삭하게 구운 돼지고기) **ข้าวหมูกรอบ** Deep Fried Crispy Pork with Rice, 카우 씨콩무(밥+돼지 갈비) **ข้าวซี่โครงหมู** Pork Spareribs Stew with Rice가 대표적이다.

식당 이름이기도 한 대표 메뉴 꾸어이짭 **ก๋วยจั๊บ** Roll Noodles Soup도 인기 메뉴다. 꾸어이짭은 둥근 롤 모양의 하얀색 쌀국수 때문에 '롤 누들'로도 불린다. 돼지 뼈와 후추로 우려낸 육수에 돼지고기와 부속물을 고명으로 넣어준다. 후추 향이 강한 편으로 일반적인 태국 쌀국수와는 다르다.

꾸어이짭

꾸어이짭 나이엑

꾸어이짭 우안 포차나

Kuai Chap Uan Phochana
ก๋วยจั๊บอ้วนโภชนา ★★★☆

주소 408 Thanon Yaowarat **영업** 18:00~03:00 **메뉴** 영어, 태국어 **예산** 꾸어이짭(보통) 50B, 꾸어이짭(곱빼기) 100B **가는 방법** ①타논 야왈랏에 있는 더블 독 티 룸 Double Dog Tea Room을 바라보고 왼쪽에 있다. ②MRT 왓 망꼰 역 1번 출구에서 300m.

Map P.15-C2

차이나타운에서 유명한 꾸어이짭(둥근 롤 모양의 쌀국수) 노점 식당으로 밤에만 장사한다. 극장으로 사용하던 허름한 건물 1층과 도로에 테이블이 놓여 있다. 꾸어이짭은 후추 향이 강한 육수에 돼지 간과 내장 같은 부속물을 넣어 준다. 바삭하게 익힌 돼지고기(무꼽)를 함께 넣어주기 때문에 씹히는 맛도 좋다. 보통(태국어로 탐마다) Small 또는 곱빼기(태국어로 피쎗) Large중 하나를 고르면 된다. 계란을 추가(싸이 카이)하면 10B을 더 받는다.

간판 같은 건 없지만 맛집으로 알려져, 도로에 줄 서서 차례를 기다리는 사람들로 항상 북적댄다. 미쉐린 빕그루망에 선정되면서, 호기심 삼아 찾아오는 관광객까지 합세했다. 밤에만 장사하는데 자리를 잡으려면 30분 이상 기다리는 경우가 흔하다. 문 여는 시간에 맞춰 가면 그나마 대기 시간이 적다.

꾸어이짭

맛집으로 알려져 30분 이상 기다리는 건 기본

꾸어이짭 우안 포차나

후아쎙홍
Hua Seng Hong ฮั้ว เซ่ง ฮง

★★★☆

주소 371~373 Thanon Yaowarat **전화** 0-2222-0635, 0-2222-7053 **홈페이지** www.huasenghong.co.th **영업** 10:00~24:00 **메뉴** 영어, 태국어 **예산** 국수 · 볶음밥 90~200B, 메인 요리 · 시푸드 250~ 1,200B **가는 방법** ①타논 야왈랏의 쏘이 이싸라누팝과 타논 쁘랭남 Thanon Plaeng Nam 사이에 있다. ②MRT 왓 망꼰 역 1번 출구에서 350m. **Map P.15-C1**

35년 넘도록 영업하며 무수한 단골 고객을 확보하고 있는 곳. 차이나타운에서 가장 유명한 식당이다. 레스토랑 입구에 진열된 샥스핀만으로도 무엇을 요리하는지 짐작케 하며, 100가지가 넘는 다양한 메뉴 중에 어떤 걸 주문해야 할지 고민하게 만든다.

샥스핀과 제비집 요리는 물론 다양한 시푸드, 홍콩 국수, 딤섬이 가장 인기 있는 메뉴다. 예산도 무엇을 먹느냐에 따라 천차만별이다. 참고로 한자 간판은 화성풍(和成豐)이라 씌어 있다. 유명한 중식당답게 주요 백화점에 체인점을 운영한다.

후아쎙홍

딤썸부터 시푸드까지 다양한 중국 음식을 요리하는 후아쎙홍

Hua Seng Hong

롱토우(롱터우) 카페
Lhong Tou Cafe
หลงโถว คาเฟ เยาวราช

★★★

주소 538 Thanon Yaowarat **홈페이지** www.facebook.com/Lhongtou **영업** 화~일 09:00~21:00(휴무 월요일) **메뉴** 영어, 태국어 **예산** 딤섬 50~80B, 음료 70~180B, 맥주 칵테일 120~240B **가는 방법** 싸미티웻 병원(차이나타운 분원) Samitivej Hospital โรงพยาบาลสมิติเวชไชน่าทาวน์ 三美泰医院에서 차이나타운 방향으로 200m. **Map P.15-D2**

차이나타운에 새롭게 등장한 젊은 취향의 카페. 좁은 공간을 중국풍의 인테리어와 트렌디한 디자인으로 꾸몄다. 거한 중국 음식이 아니라 딤섬이나 완탕 같은 가벼운 디저트를 제공한다. 커피보다 달달한 타이 밀크 티 Thai Milk Tea를 곁들이면 좋다. 아침 시간에는 대나무 찜통에 담아주는 차이니스 세트 Chinese Set(죽과 8가지 반판)가 인기 있다. 복층으로 구성된 테이블의 독특함과 함께 아담한 음식들은 사진 찍기 좋다. 정통 중국 음식을 기대했다면 실망할 수 있다. 간체로 적혀 있는 한자 간판은 롱터우 龙头, 즉 '용두'(용머리)를 뜻한다.

롱토우 카페

중국 디저트와 밀크 티

좁은 공간을 효율적으로 꾸민 롱토우 카페

차이나타운의 번잡함과 대비되는 롱토우 카페

쏘이 텍사스(타논 파둥다오) 시푸드 골목
Soi Texas Seafood Stalls
ถนนผดุงด้าว เยาวราช (ปากซอยเท็กซัส)

인기 ★★★☆

주소 Thanon Phadung Dao(Soi Texas) & Thanon Yaowarat **영업** 18:00~24:00 **예산** 메인 요리 200~650B **가는 방법** ①타논 야왈랏과 연결되는 도로인 타논 파둥다오 Thanon Phadung Dao에 있다. 저녁이 되면 삼거리 입구에 해산물 노점 식당이 등장한다. ②MRT 왓 망꼰 역 1번 출구에서 350m.

Map P.15-C2

차이나타운이 어두워지고 상인들의 발길이 뜸해지면 유독 바빠지는 거리가 있다. 일명 '쏘이 텍사스 Soi Texas'라고 불리는 타논 파둥다오로 저녁이 되면 저렴한 시푸드 식당이 문을 열고 노점상들이 등장한다. 거리에 탁자와 의자가 놓이고 얼음에 재운 신선한 해산물이 진열되기 시작하면 허기진 배를 채우려는 손님들이 하나둘 찾아온다. 시장통의 활기가 그대로 전해지는 야시장의 먹자골목 분위기로 매우 서민적이다. 골목 입구에서 봤을 때 오른쪽에 T&K 시푸드 T&K Seafood, 왼쪽에 렉&룻 시푸드 Lek & Rut Seafood가 있다. 에어컨 시설을 갖춘 T&K 시푸드가 규모도 크고 사람도 많은 편이다.

새우구이(꿍 파우), 게 카레 볶음(뿌 팟퐁까리), 생선 튀김+마늘(쁠라 텃 까티얌), 생선 튀김+칠리소스(쁠라 텃 프릭)가 가장 보편적인 음식들이다. 달걀 볶음밥(카우팟 카이)에 새우찌개(똠얌꿍)나 야채 볶음(팟 팍 루암밋)을 곁들이면 든든한 한 끼 식사가 될 것이다.

캔톤 하우스
The Canton House

★★★

주소 530 Thanon Yaowarat **전화** 0-2221-3335 **영업** 11:00~22:00 **메뉴** 영어, 태국어, 중국어 **예산** 딤섬 25~30B, 메인 요리 80~650B **가는 방법** ①타논 야왈랏의 차이나타운 호텔(中國大酒店) Chinatown Hotel 옆에 있다. ②MRT 왓 망꼰 역 1번 출구에서 500m. Map P.15-C2

차이나타운을 여행하다 편하게 들를 수 있는 중국 음식점이다. 혼잡스런 차이나타운에서 잠시나마 시원한 에어컨을 쐬며 차분하게 식사할 수 있다. 고급스럽다거나 최고의 맛이라고까지 극찬하긴 힘들지만, 무난한 음식 맛과 부담 없는 가격으로 인해 많은 손님들이 찾는다.

광둥(廣東)을 뜻하는 '캔톤 Canton'이라는 레스토랑 상호에서 예상하듯 광둥 음식을 주로 취급한다. 생선, 게, 새우 등의 해산물 요리가 다양하다. 가벼운 식사를 원한다면 국수나 새우 완탕을 주문하면 된다. 대나무 통에 담겨서 나오는 딤섬은 40여 종류나 된다.

시푸드 골목에 있는 렉 & 룻 시푸드

T&K 시푸드

딤섬이 저렴한 캔톤 하우스

캔톤 하우스

플로럴 카페 앳 나파쏜(나파쏜 카페)
Floral Cafe at Napasorn
นภสร (ถนน จักรเพชร)

★★★☆

주소 67 Thanon Chakkraphet **전화** 09-3629-6369 **홈페이지** www.facebook.com/floralcafe.napasorn **영업** 10:00~22:00 **메뉴** 영어 **예산** 커피 100~130B **가는 방법** ①빡크롱 시장 맞은편 타논 짝끄라펫에 있다. ②**수상보트** 빡크롱 딸랏 선착장(선착장 번호 N6/1)에 내려서 욧피만 리버워크와 꽃 시장을 가로질러 타논 짝끄라펫 방향으로 250m. ③**MRT** 싸남차이역 5번 출구에서 250m. Map P.14-A1

꽃 시장으로 이름난 빡크롱 시장과 인접해 있다. 주변 분위기에 걸맞게 플로리스트가 운영하는 꽃집을 카페로 활용했다. 냉방 시설을 갖춘 곳이라, 꽃 시장을 둘러보다 잠시 쉬어가기 좋다. 입구부터 카페 내부까지 꽃으로 장식해 숲 속에 들어온 느낌을 준다. 1층에서는 주문 받은 화환을 만드느라 분주하고, 카페는 건물 2층과 3층에 걸쳐 자리한다. 메뉴는 커피, 차, 스무디 등의 음료와 천연 재료로 만든 케이크, 아이스크림 등 디저트로 이뤄진다. 아담한 공간엔 샹들리에와 오래된 가구들이 자리해 레트로적인 분위기를 자아내는데, 꽤나 포토제닉하다. 20년 넘게 명맥을 이어온 곳으로, 최근엔 관광객에게까지 알려져 찾아오는 이가 부쩍 늘었다. 외국인 여행자에게도 친절하다.

카페 2층

나파쏜 카페

각종 소품이 전시된 카페 3층

월플라워 카페
Wallflowers Cafe

★★★☆

주소 31-33 Soi Nana, Thanon Maitri Chit, Yaowarat **전화** 09-0993-8653 **홈페이지** www.facebook.com/wallflowerscafe.th **영업** 11:00~19:00 **메뉴** 영어 **예산** 커피 130~250B **가는 방법** 차이나타운 초입에 해당하는 쏘이 나나 골목에 있다. 쏘이 나나 골목으로 들어가서 나힘 카페 Nahim Cafe를 먼저 찾고, 카페 맞은편의 숨겨진 사람 몇 명 지나다닐만한 자그마한 골목에 있다. MRT 후아람퐁 역에서 500m. Map P.15-D2

차이나타운 초입에 있는 쏘이 나나 골목에 숨겨진 카페. 플로리스트가 운영하는 꽃집과 접목했는데, 층별로 구성된 독특한 실내 공간이 눈길을 끈다. 녹색 식물과 빈티지한 내부, 천장을 통해 들어오는 자연 채광까지 분위기가 좋다. 입구가 꽃집이라서 여기가 카페가 맞나하고 잠시 의아해하는 사람도 많다.

나선형 계단이 3층 건물 내부를 연결하는데, 3층까지 올라가서 주문해야 한다. 커피는 원두를 직접 로스팅해서 만든다. 드립 커피도 가능하다. 스마트 폰으로 무장한 태국 젊은이들로 인해 카페 내부가 활기 넘친다.

꽃집 안쪽에 카페가 숨겨져 있다

Wallflowers Cafe

빈티지한 느낌의 월플라워 카페

Nightlife

차이나타운의 나이트라이프

야시장이 형성되는 타논 야왈랏의 밤거리가 차이나타운의 매력이다. 쏘이 나나 Soi Nana에는 독특하게 꾸민 술집이 몰려 있다.

텝 바 Tep Bar
เทพ บาร์ (ซอยนานา ถนนไมตรีจิตร)

★★★★

주소 69-71 Soi Nana, Thanon Maitri Chit **전화** 09-8467-2944 **홈페이지** www.facebook.com/TEPBARBKK **영업** 화~일요일 18:00~01:00(휴무 월요일) **메뉴** 영어, 태국어 **예산** 칵테일 280~490B (+17% Tax) **가는 방법** 타논 마이뜨리찟 거리에서 연결되는 작은 골목인 쏘이 나나에 있다. MRT 후아람퐁 역에서 500m. Map P.15-D2

차이나타운 초입의 골목 안쪽에 숨겨진 술집이다. 이런데 '바'가 있을까 싶을 정도로 방콕 나이트라이프의 중심가에서 빗겨나 있다. 하지만 어렵게 찾아간 보람이 느껴질 정도로 독특한 매력을 선사한다. 방콕에서 만날 수 있는 태국적인 느낌의 술집이다. 태국어 간판과 태국 전통 악기가 전시된 실내 분위기가 예술 공연장 같은 느낌도 준다.

술은 비아 씽(씽하 맥주) Singha Beer이나 비아 창(창 맥주) Chang Beer보다는 '야동 ยาดอง Yadong'을 추천한다. 야동은 허브를 이용해 만든 태국 전통 약주다. 3종류의 야동을 맛 볼 수 있는 야동 세트 Yadong Set를 제공한다. 칵테일도 야동으로 만들기 때문에 다른 곳에서는 접하기 어려운 것들이 많다. 일반적으로 '쏘이 나나'라고 하면 쑤쿰윗에 있는 유흥가를 의미하므로, 택시를 탄다면 반드시 차이나타운으로 가자고 얘기해야 한다.

야동(태국 전통 약주)을 이용해 칵테일을 만든다

텝 바

빠하오 Ba Hao
ปาเฮ่า (ซอยนานา เยาวราช)

★★★☆

주소 8 Soi Nana, Thanon Maitri Chit, Yaowarat **전화** 06-4635-1989 **홈페이지** www.ba-hao.com **영업** 화~일 18:00~24:00(휴무 월요일) **메뉴** 영어, 태국어 **예산** 메인 요리 218~258B, 칵테일 268~318B(+8% Tax) **가는 방법** ①차이나타운 초입에 해당하는 쏘이 나나 골목에 있다. 쑤쿰윗에 있는 유흥가와 구분하기 위해 '쏘이 나나 야왈랏'이라고 부른다. ②MRT 후아람퐁 역에서 500m. Map P.15-D2

차이나타운의 초입에 해당하는 쏘이 나나에 있는 중국풍의 칵테일 바. 70년대에 만들어진 건물을 트렌디하게 변모시켰다. 붉은색 조명과 대리석 테이블을 이용해 홍콩에 있을 법한 분위기를 연출한다. 다른 곳에서 맛보기 힘든 칵테일은 중국 약재와 허브, 과일 향을 첨가해 만든다. 칭다오 맥주는 기본이며, 탭에서 뽑아주는 수제 맥주도 구비하고 있다.

완탕, 탄탄면, 전병 같은 중국 요리도 있다. 식사보다는 술 마시기 좋은 곳이다. 테이블이 6개 밖에 없어서 예약하고 가는 게 좋다. 주말 저녁에는 줄이 길게 늘어서기도 한다. 참고로 빠하오는 8호(八號)를 뜻하는데, 중국에서 8은 돈을 많이 벌라는 의미로 쓰이는 행운의 숫자이다. 때문에 계산서에 추가되는 서비스 차지도 7%가 아니라 8%를 받는다.

8호(八號)를 뜻하는 빠하오

차이나타운 느낌을 현대적으로 재해석했다

Siam 싸얌

역사 유적이 가득한 라따나꼬씬의 사원을 보느라 머리가 아팠다면, 방콕의 현재를 가장 잘 보여주는 싸얌을 찾아가자. 태국 젊은이들이 선호하는 패션 거리로 유행의 최첨단을 걷는 곳이다. 대표 쇼핑가 싸얌 스퀘어는 주머니가 가벼운 태국 젊은이들을 위한 톡톡 튀는 의류와 액세서리 상점들로 가득하다. 무더운 여름 싸얌 스퀘어의 좁은 골목을 걸으며 땀 흘리는 일은 곤혹스럽지만 발품을 판 만큼 마음에 드는 아이템을 발견해 내는 일은 쇼핑의 큰 즐거움이 된다. 그렇다고 1,000B으로 하루종일 쇼핑을 하러 다니는 10대들을 위한 곳으로 한정한다면 그건 오해다. 마분콩 MBK Center을 시작으로 싸얌 디스커버리 Siam Discovery, 싸얌 센터 Siam Center, 싸얌 파라곤 Siam Paragon까지 대형 쇼핑몰이 밀집해 국제화와 고급화를 선도하는 곳이기도 하다.

오렌지색 승복을 입은 승려를 대신해 미니스커트와 펑키 머리, 피어싱과 문신으로 몸을 치장한 젊은이들이 거리를 활보하는 싸얌, 그곳에서 현재의 방콕을 느껴보자.

볼거리	★★☆☆☆	P.223
먹을거리	★★★★☆	P.227
쇼핑	★★★★★	P.316
유흥	★★☆☆☆	P.234

알아두세요

1. 싸얌 스퀘어 주변에 대형 쇼핑 몰이 밀집해 있다.
2. 마분콩 MBK Center은 중저가 물건을 구입하기 좋다.
3. 명품을 구입하려면 싸얌 파라곤 1층을 공략하자.
4. 싸얌 센터와 싸얌 디스커버리는 젊은 취향의 편집 숍이 많다.
5. BTS 싸얌 역에서 환승이 가능하다.

Don't Miss

이것만은 놓치지 말자

1 짐 톰슨의 집 구경하기.(P.224)

2 싸얌 파라곤에서 쇼핑과 식사하기.(P.232)

3 무료 미술관(방콕 아트 & 컬처 센터) 관람하기.(P.225)

4 싸얌 센터와 싸얌 디스커버리의 트렌디 숍 둘러보기.(P.318)

5 싸얌 스퀘어에서 나만의 쇼핑 아이템 발견하기.(P.223)

6 인기 레스토랑에서 식사하기.(P.229)

7 망고 디저트 맛보기.(P.227)

Access 싸얌의 교통

두 개의 BTS 노선이 교차하는 지점이라 교통이 편리하다. 싸얌 Siam 역이나 싸남낄라 행찻(국립 경기장) National Stadium 역을 이용하면 된다. 다양한 노선의 버스가 타논 팔람 능 Thanon Phra Ram 1(Rama 1 Road)을 지난다.

+ BTS
싸얌 스퀘어, 싸얌 파라곤, 싸얌 디스커버리 쇼핑몰로 가려면 싸얌 Siam 역에서 내린다. 마분콩, 짐 톰슨의 집을 가려면 싸남낄라 행찻(국립 경기장) National Stadium 역을 이용한다.

+ 버스
카오산 로드에서 출발한다면 타논 랏차담넌 끄랑 Thanon Ratchadamnoen Klang에서 15, 79번 버스를 탄다. 싸얌 스퀘어 앞의 타논 팔람 능(Rama 1 Road)을 지난다.

+ 운하 보트
카오산 로드에서 싸얌을 갈 때 택시보다 빠르고 저렴한 교통편이다. BTS 싸얌 역과 가장 가까운 선착장은 싸판 후어창 선착장(타르아 싸판 후어창) Saphan Hua Chang Pier이다. 선착장에서 마분콩까지 도보 10분, 싸얌 스퀘어까지 도보 15분.

+ 공항 철도
쑤완나품 공항에서 싸얌까지 공항 철도는 연결되지 않는다. 공항 철도 시티 라인을 타고 종점인 파야타이 역에서 내려 BTS로 갈아타야 한다.

Best Course 추천 코스

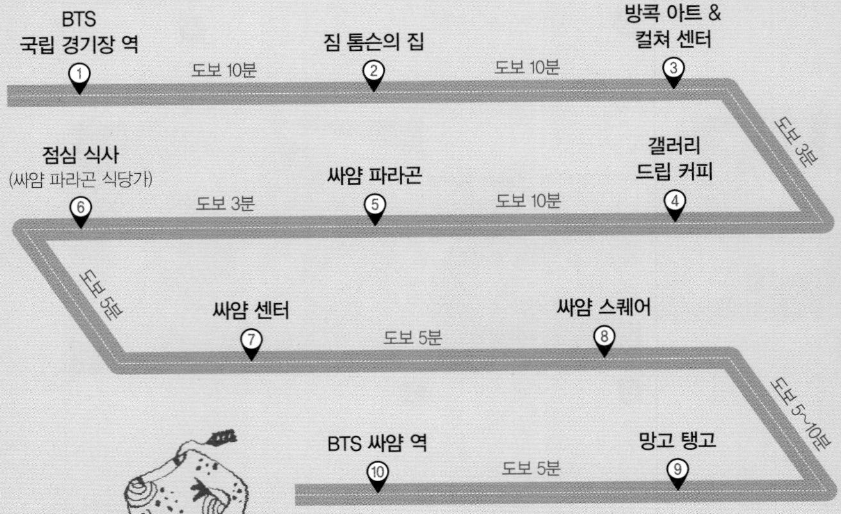

① BTS 국립 경기장 역
도보 10분
② 짐 톰슨의 집
도보 10분
③ 방콕 아트 & 컬쳐 센터
도보 3분
④ 갤러리 드립 커피
도보 10분
⑤ 싸얌 파라곤
도보 3분
⑥ 점심 식사 (싸얌 파라곤 식당가)
도보 5분
⑦ 싸얌 센터
도보 5분
⑧ 싸얌 스퀘어
도보 5~10분
⑨ 망고 탱고
도보 5분
⑩ BTS 싸얌 역

Attractions

싸얌의 볼거리

싸얌의 가장 큰 볼거리는 짐 톰슨의 집이다. 태국의 중요 문화유산에서 차지하는 비중은 낮지만 의외로 만족도가 높다. 싸얌 주변을 돌아다니며 윈도 쇼핑을 하거나 맛있는 음식을 먹으며 입을 즐겁게 하자.

싸얌 스퀘어
Siam Square สยามสแควร์ ★★★☆

현지어 싸얌 쓰퀘 **주소** Thanon Phra Ram 1(Rama 1 Road) **운영** 10:00~23:00 **가는 방법** BTS 싸얌 역 2·4·6번 출구에서 도보 1분.

Map P.16-A~B, 1~2 Map P.17

방콕의 모던 라이프를 선도하는 싸얌 스퀘어. 서울의 명동처럼 패션을 선도하고 젊음의 거리를 형성한다. 태국의 10대와 20대가 원하는 트렌드는 모두 다 있다 해도 과언이 아닐 정도. 의류, 액세서리, 가방, 신발, 학생 용품, 서점, 영어 학원, 팬시 용품, CD 가게, 패스트푸드점, 영화관이 밀집해 있다. 싸얌 스퀘어 원 Siam Square One, 마분콩 MBK Center, 싸얌 디스커버리 Siam Discovery, 싸얌 센터 Siam Center, 싸얌 파라곤 Siam Paragon 대형 쇼핑몰도 주변에 가득하다.

싸얌 스퀘어는 타논 팔람 능 남쪽을 아우르는 명칭으로 헤아릴 수 없는 작은 골목들로 이루어져 있다. 태국 최고의 명문 대학인 쭐라롱껀 대학교 Chulalongkon University와 가까워 낮에는 대학생들이 진을 친다. 특히 주말이면 한껏 멋을 부린 젊은이들로 가득해 젊음의 거리를 실감케 한다.

쭐라롱껀 대학교
Chulalongkon University
จุฬาลงกรณ์มหาวิทยาลัย ★

현지어 마하윗타얄라이 쭐라롱껀 **주소** 24 Thanon Phayathai **전화** 0-2215-0871 **홈페이지** www.chula.ac.th **요금** 무료 **가는 방법** BTS 국립 경기장 역이나 싸얌 역에서 마분콩 앞쪽의 타논 파야타이를 따라 도보 15분. Map P.16-A2~B2

태국에서 최초로 설립된 대학이면서 태국 최고의 대학으로 평가받는 쭐라롱껀 대학교. 쭐라롱껀은 라마 5세의 본명으로 왕궁에 근무하던 신하들을 위해 만든 교육 시설이 발전해 대학이 된 것이다. 흔히 줄여서 '쭐라'라고 부른다. 태국 대학생들은 하얀색과 검은색으로 구성된 깔끔한 교복을 입는다. 유니폼 상의 가슴 부분에는 해당 대학의 배지를 부착하도록 되어 있는데 '쭐라' 학생들의 자부심은 그 누구보다도 강해 수업이 없는 날도 배지를 착용한 교복을 입고 다닐 정도다.

알록달록한 싸얌 스퀘어 풍경

태국 젊은이들이 좋아하는 이국적인 레스토랑도 가득하다

싸얌 스퀘어 골목에 가득한 의류 상점

쭐라롱껀 대학교

짐 톰슨의 집(짐 톰슨 하우스)
Jim Thompson House Museum
พิพิธภัณฑ์ บ้านจิมทอมป์สัน ★★★★

현지어 반 찜텀싼 **주소** 6 Kasemsan Soi 2, Thanon Phra Ram 1(=Rama 1 Road) **전화** 0-2216-7368 **홈페이지** www.jimthompsonhouse.com **운영** 09:00~17:00 **요금** 요금 200B(22세 이하 학생 100B) **가는 방법** ①BTS 국립 경기장(싸남낄라 행찻) 역 1번 출구에서 까쎔싼 쏘이 썽 Kasaemsan Soi 2 안쪽으로 400m 걸어간다. ②**운하 보트** 싸판 후어창 선착장(타르아 싸판 후어 창)에서 내려 운하 옆으로 이어진 길을 따라 250m. Map P.16-A1 Map P.24-A2

건축가이자 미군 장교였으며 골동품 애호가였던 짐 톰슨. 그가 만든 집은 도시 속의 이상향 같다. 한 사람의 집이라고 하기엔 너무도 근사한 공간과 개인이 수집한 소장품으로 호평을 얻으면서 방콕의 유명 관광지가 되었다.

운하가 인접한 조용한 주택가 골목에 위치한 짐 톰슨의 집에 들어서면 200년을 훌쩍 넘겨버린 건물이 우리를 반긴다. 티크 나무로 만든 여섯 채의 건물은 태국 중부 지방 특유의 곡선미로 인해 우아하다. 못을 사용하지 않고 만든 건축물들은 널따란 정원과 어울려 자연미도 함께 선사해준다.

티크 나무를 이용해 만든 목조 가옥의 멋을 느낄 수 있는 짐 톰슨의 집

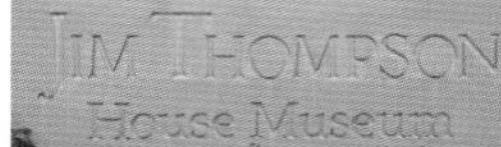

건물 내부는 짐 톰슨이 직접 수집한 골동품들로 가득하다. 도자기, 회화, 불상 수집에 남다른 안목을 보였는데, 차이나타운이나 전당포를 돌아다니며 직접 수집했다고 한다. 집안 내부는 혼자 마음대로 드나들 수 없으므로 가이드의 안내를 따르자. 영어, 프랑스어, 일어, 중국어로 진행되는 가이드와 함께 낮은 발걸음을 옮기다 보면 대형 박물관에서 경험하지 못한 포근함이 자연스레 느껴질 것이다.

가이드 투어 후에는 자유롭게 정원을 둘러보면 된다. 짐 톰슨 레스토랑 Jim Thompson Restaurant(P.229)과 짐 톰슨 실크 매장을 함께 운영한다.

알아두세요

짐 톰슨의 인생을 바꿔놓은 방콕

1906년 미국 델라웨어 Delaware에서 태어난 짐 톰슨은 뉴욕 출신의 건축가이자 CIA의 전신인 OSS에서 근무한 미군 장교였답니다. 1940년부터 미국 정보부에서 복무하는 동안 북아프리카와 유럽을 거쳐 1945년에 동남아시아로 발령 받아 방콕에서 근무하게 되었죠. 짐 톰슨의 방콕 생활은 그의 인생을 송두리째 바꿔 놓은 결정적인 계기가 됩니다. 제2차 세계대전이 끝나고 뉴욕으로 돌아가지 않고 태국에 머물며 실크에 관한 연구를 하기 시작한 것이지요. 1948년 타이 실크 회사 Thai Silk Company Ltd.를 설립하고 연구에 몰두한 결과 타이 실크를 고급화하는 데 성공합니다. 서양인이라는 신분의 특수성 때문에 미국과 유럽 고객들과 친분을 쌓으며 태국을 대표하는 짐 톰슨 타이 실크 Jim Thompson Thai Silk를 탄생시켰답니다.

그의 전설적인 이력은 미스테리한 죽음으로 인해 더욱 유명해졌는데요, 1967년 말레이시아의 카메룬 하일랜드 Cameroon Highland에서 아침 산책 중에 실종된 것입니다. 엄청난 수색 작업에도 불구하고 끝내 시신은 발견되지 않았다고 합니다. 사망 원인으로 베트남 공산당에 의한 납치, 실크 산업 경쟁자에 의한 살인, 트럭 운전사에 의한 자동차 사고 등 추측만 난무할 뿐 그 어떤 것도 밝혀진 게 없습니다. 또한 짐 톰슨이 실종된 같은 해에 미국에 살던 친누나도 살해되는 불행이 겹치면서 신비한 추측들은 더욱 무성해졌답니다.

7~9층을 나선형을 연결해 작품 전시관을 구성했다

방콕 아트 & 컬처 센터 ★★★★
Bangkok Art & Culture Center(BACC)
หอศิลปวัฒนธรรมแห่งกรุงเทพมหานคร

현지어 호 씰라빠 쑨왓타나탐 행 끄룽텝마하나콘 **주소** 939 Thanon Phra Ram 1(Rama 1 Road) **전화** 0-2214-6630~8 **홈페이지** www.bacc.or.th **운영** 화~일 10:00~21:00(휴무 월요일) **요금** 무료 **가는 방법** 타논 팔람 능 Thanon Phra Ram 1 & 타논 파야타이 Thanon Phaya Thai 사거리에 있다. 마분콩 MBK Center 맞은편으로 BTS 싸남낄라 행찻(국립 경기장) 역 3번 출구에서 도보 1분.

Map P.16-A1 Map P.24-A2

2009년에 문을 연 방콕 아트 & 컬처 센터는 그 동안 미술관이나 전시공연에 목말라하던 이들에게 반가운 명소로 인기가 높다. 방콕 시내 한복판인 싸얌 스퀘어와 가까워 젊은이들과 학생들의 방문도 잦다. 시원한 에어컨은 물론 창문을 통해 방콕 도심까지 내려다 보여 도심 풍경도 만끽할 수 있다. 입장료가 없어 아무 때나 편하게 드나들면 된다.

9층 건물 전체를 문화 센터로 사용하는데, 총 면적이 2만 5,000㎡에 이른다. 1~6층에는 도서관, 오디토리움, 스튜디오를 비롯해 상설 전시관, 카페, 레스토랑, 기념품 숍이 들어서 있다. 기념품 숍은 직접 디자인해서 제작한 작품들로, 재치 넘치는 물건들이 많다.

7~9층은 방콕 아트 & 컬처 센터의 하이라이트에 해당된다. 다양한 회화, 사진, 설치 미술, 조각, 디자인, 영상 자료를 전시한다. 태국 아티스트들의 작품을 정기적으로 교체 전시하며, 종종 국제적인 작가들의 작품을 전시하기도 한다. 무엇보다(플래시를 터트리지 않을 경우) 사진 촬영이 가능해 딱딱하고 엄숙한 분위기를 배제한 것이 매력(작품 보호를 위해 사진 촬영을 금하는 곳도 있다).

전시실 입구에 있는 짐 보관소에 소지품을 맡겨야 하며, 카메라나 핸드폰은 휴대하고 들어갈 수 있다.

Bangkok Art & Culture Center(BACC)

방콕 아트 & 컬처 센터

알아두세요

싸얌 สยาม은 태국의 옛 이름!

싸얌은 태국의 옛 국가 명칭입니다. 팔리어에 어원을 둔 '암갈색'이라는 뜻으로 아마도 태국 사람들의 피부색 때문인 것으로 여겨집니다. 싸얌은 Siam이라고 적힌 영어 표기 때문에 '시암' 또는 '샴'으로 발음되기도 합니다. 참고로 '샴 쌍둥이'에 쓰이는 샴이 바로 태국을 의미한답니다. 싸얌이라는 국호는 1939년부터 자유의 나라라는 뜻의 '쁘라텟 타이 ประเทศไทย', 즉 태국 Thailand으로 개명됐습니다(역사적으로 라마 7세 때인 1932년에 절대 왕정이 붕괴됐습니다). 태국 사람들은 싸얌이라는 통상적인 이름 대신 왕조를 분리해 쑤코타이 Sukhothai, 아유타야 Ayutthaya, 톤부리 Thonburi, 라따나꼬씬 Ratanakosin 이런 식으로 옛 국가 명칭을 사용합니다.

왓 빠툼와나람
Wat Pathum Wanaram
วัดปทุมวนาราม ★★

주소 Thanon Phra Ram 1(Rama 1 Road) **운영** 07:00~18:00 **요금** 무료 **가는 방법** 싸얌 파라곤과 쎈탄 월드 중간에 있다. BTS 싸얌 역 5번 출구에서 도보 5분. Map P.16-B1

쇼핑몰이 가득한 싸얌 스퀘어에서 흔치 않은 불교 사원이다. 현란한 백화점과 호텔이 사원을 감싸고 있는 독특한 구조다. 1857년 라마 4세(몽꿋 왕 King Mongkut) 때 건설됐다. 왕이 거주하던 쓰라 빠툼 궁전 Sra Pathum Palace에 만들었던 왕실 사원이다. 우보쏫(승려들의 출가 의식이 행해지는 곳)과 위한(법전), 쩨디(불탑)로 이루어진 전형적인 라따나꼬씬(짜끄리 왕조) 시대의 사원이다.

사원은 건축적으로 특별함은 없지만, 태국 왕족들의 유해를 모셨기 때문에 태국인들은 중요한 사원으로 여긴다. 2011년에 보수 공사를 해서 현대적인 사원처럼 보인다. 참고로 쓰아 댕(레드 셔츠)이 주도한 반정부 시위(태국의 역사 P.493 참고)의 마지막 진압 때 시위대 대피소로 쓰였던 곳이다. 2010년 5월 19일에 있었던 군 진압에 의해 민간인 인명 피해를 내면서 언론의 주목을 받기도 했다.

대형 쇼핑 몰에 둘러 싸여 있는 왓 빠툼와나람

왓 빠툼와나람

마담 투소 밀랍 인형 박물관
Madame Tussauds Wax Museum
พิพิธภัณฑ์หุ่นขี้ผึ้งมาดามทุสโซ ★★★

현지어 피피타판 훈키픙 마담 툿쏘 **주소** 989 Thanon Phra Ram 1(Rama 1 Road), Siam Discovery 6F **전화** 0-2658-0060 **홈페이지** www.madame tussauds.com/bangkok **운영** 10:00~20:00 **요금** 일반 990B, 어린이 790B(홈페이지나 여행사를 통해 예약하면 할인된다) **가는 방법** 싸얌 디스커버리(쇼핑몰) 6층에 있다. BTS 싸얌 역 1번 출구에서 도보 5분. Map P.17

프랑스 태생의 마담 투소가 설립한 밀랍 인형 박물관이다. 1835년 영국 런던에 최초의 박물관이 설립된 이래 뉴욕, 할리우드, 라스베이거스, 시드니, 도쿄, 홍콩, 상하이를 포함해 14개 도시에서 박물관을 운영하고 있다. 방콕의 마담 투소 밀랍 인형 박물관에서는 90여 개의 실물 크기 밀랍 인형을 전시하고 있다.

태국의 국왕과 태국의 유명 연예인, 버락 오바마·마오쩌둥·간디·다이애나·아이슈타인 같은 역사적인 인물, 야오밍·크리스티아누 호날두 같은 스포츠 스타, 안젤리나 졸리·브래드 피트·레오나르도 디카프리오·톰 크루즈·니콜 키드먼·오프라 윈프리·성룡·이소룡 같은 유명 영화배우들의 실물 크기 밀랍 인형과 함께 기념사진을 찍을 수 있다. 홈페이지를 통해 미리 예약하거나 여행사를 통하면 입장료를 할인 받을 수 있다.

마담 투소 밀랍 인형 박물관

Madame Tussauds Wax Museum

Restaurant

싸얌의 레스토랑

쇼핑과 더불어 다양한 먹을거리가 있는 싸얌. 젊음의 거리답게 캐주얼한 카페 스타일의 레스토랑이 많다. 방콕의 유명 체인점 레스토랑이 대거 입점해 있으며, 쇼핑몰마다 푸드코트가 있어 식사 걱정은 안 해도 된다. 디저트나 아이스크림 전문점, 카페도 많아 쇼핑하느라 지친 몸을 재충전할 수 있다.

바나나 바나나 Banana Banana
กล้วยกล้วย ★★★

주소 Lido Connect 2F, Siam Square Soi 2, Thanon Phra Ram 1(Rama 1 Road) **전화** 0-2658-1934 **영업** 10:00~20:00 **메뉴** 영어, 태국어 **예산** 60~89B **가는 방법** 싸얌 스퀘어 쏘이 2와 쏘이 3 사이에 있는 리도 커넥트 Lido Connect 2층에 있다. BTS 싸얌 Siam 역 2번 출구에서 도보 3분. Map P.17

열대 지방에서 흔하디흔한 바나나를 이용한 디저트 가게다. 싸얌 스퀘어의 한복판인 리도 극장 2층에 있다. 싸얌 스퀘어에 있다고 해서 트렌디한 디저트 카페일 거라고 생각했다면 오산이다. 오래된 영화관으로 들어가는 계단 옆 복도에 나무 의자 몇 개를 내놓고 장사한다.

바나나 튀김, 바나나 와플, 바나나 볼, 바나나 완탕, 바나나 밀크셰이크, 바나나 아이스크림까지 바나나를 이용한 디저트를 총망라한다. 단, 과일 바나나는 팔지 않는다. 학생들이 즐겨 찾는 곳이라 가격이 착하다. 바나나가 그려진 노란색의 태국어 간판은 끌루어이 끌루어이라고 적혀 있다. 끌루어이(흔히들 줄여서 '꾸어이'라고 발음한다)는 바나나라는 뜻.

바나나 완탕
극장 2층 복도에 있는 바나나 바나나
바나나 셰이크

망고 탱고 Mango Tango

★★★

주소 Siam Square Soi 3 **전화** 08-1619-5504 **홈페이지** www.mymangotango.com **영업** 12:00~22:00 **메뉴** 영어, 태국어 **예산** 150~220B **가는 방법** 싸얌 스퀘어 쏘이 3에 있다. BTS 싸얌 역에서 도보 5분. Map P.17

한국에서는 비싸지만 태국에서는 흔한 망고를 이용해 다양한 디저트를 만드는 카페. 싸얌 스퀘어의 젊은 느낌을 가장 잘 대변해 주는 카페로 망고 향과 잘 어울린다. 망고 아이스크림, 망고 스무디, 망고 푸딩, 망고 펀치, 망고 샐러드 등 망고로 만들 수 있는 모든 디저트가 총집합되어 있다. 망고 이외에 신선한 과일로 만든 다양한 음료와 아이스크림도 판매한다.

인기 메뉴는 가게 이름과 동일한 '망고 탱고'. 망고 반쪽+망고 아이스크림+망고 푸딩을 곁들여 준다. 이 밖에도 태국인들의 디저트로 사랑받는 마무앙 카우 니야우(찰밥에 망고와 코코넛 밀크를 얹은 것)도 달콤하고 부드럽다.

여러 차례 장소를 이전했기 때문에 가기 전에 홈페이지를 통해 정확한 위치를 확인하고 찾아가자. 강변에 있는 아시아티크(P.295 참고)에 분점을 운영한다.

다양한 망고 디저트를 판매하는 망고 탱고

오까쭈 Ohkajhu
โอ้กะจู๋

★★★☆

주소 3F, Siam Square One Shopping Mall, Thanon Phra Ram 1(Rama 1 Road) **전화** 08-2444-2251 **홈페이지** www.ohkajhuorganic.com **영업** 10:00~22:00 **메뉴** 영어, 태국어 **예산** 165~565B **가는 방법** **BTS** 싸얌 역과 붙어 있는 싸얌 스퀘어 원(쇼핑몰) 3F에 있다. Map P.17

치앙마이에서 시작해 방콕으로 세를 넓힌 유기농 샐러드 레스토랑이다. 팜 투 테이블(농장에서 식당 테이블까지)을 모토로 하는 만큼, 치앙마이에 있는 농장에서 채소를 직접 재배해 레스토랑으로 공수해 온다. 샐러드 레스토랑이라고 하면 채식 전문 식당을 연상하기 쉽지만, '오까쭈'는 유기농 채소를 이용한 다양한 음식을 제공한다. 푸릇푸릇한 채소와 아보카도, 곡물을 조합해 기호에 맞게 샐러드를 주문할 수 있고, 그 외에도 연어, 스테이크, 소시지, 파스타를 이용한 요리를 선보이며 메뉴에 다양한 변주를 줬다. 채식주의자가 아니더라도 누구나 즐길 수 있고, 음식 양이 푸짐해서 한 끼 식사로 손색이 없다. 명성에 걸맞게 태국 사람들에게 엄청난 인기를 누리고 있다. 핫한 레스토랑답게 대기 예약을 하고 자리 나기를 기다려야 한다. 자연히 테이블에 앉은 다음에도 음식이 나오는데 시간이 걸린다.

워낙 인기가 많아서 싸얌 스퀘어 지역에만 3개 지점을 운영하는데, 세 곳 모두 인접해 있다. 싸얌 스퀘어 2 Siam Square Soi 2 지점(Map P.17)은 SCB(Siam Commercial Bank) 은행 옆에 있고, 싸얌 스퀘어 쏘이 7 Siam Square Soi 7 지점(Map P.17)은 트레저 스파 Treasure Spa 옆에 있다.

유기농 샐러드로 유명하다

오까쭈

인터(란아한 인떠) Inter
ร้านอาหาร อินเตอร์ สยามสแควร

★★★☆

주소 432/1-2 Siam Square Soi 9 **전화** 0-2251-4689 **영업** 11:00~21:30 **메뉴** 영어, 태국어 **예산** 90~290B **가는 방법** 싸얌 스퀘어 원(쇼핑몰) 후문을 등지고 정면에 있는 싸얌 스퀘어 쏘이 까우 Soi 9에 있다. **BTS** 싸얌 역에서 도보 8분. Map P.17

싸얌 스퀘어에서 유독 현지인들에게 인기가 많은 태국 음식점이다. 1981년부터 영업하고 있다. 태국 사람들이 즐겨 먹는 태국 요리가 많다. 팟타이, 덮밥, 똠얌꿍, 쏨땀, 생선 요리까지 선택의 폭이 넓다. 거품 없는 음식 값과 무난한 음식 맛이 인기의 비결이다. 2층으로 규모가 큰 편임에도 불구하고 식사 시간에는 자리구하기가 힘들다.

고급스럽진 않지만 전체적으로 깔끔하며 에어컨 시설이라 쾌적하다. 주방이 개방되어 요리하는 모습도 볼 수 있다. 외국인을 위한 사진 메뉴판도 잘 갖추고 있다. 정부 정책에 따라 오후 2시부터 오후 5시까지는 맥주를 판매하지 않는다. 인터의 태국식 발음은 '인떠'다. 식당이란 뜻의 태국어를 붙여 '란아한 인떠'라고 발음하면 된다.

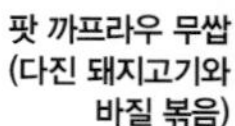

팟 까프라우 무쌉
(다진 돼지고기와 바질 볶음)

에어컨 시설의 인터 레스토랑

쩨오 쭐라 Jeh O Chula
เจ๊โอว (ซอยจรัสเมือง, ถนนบรรทัดทอง) ★★★☆

주소 113 Soi Charat Mueang, Thanon Banthat Thong **전화** 08-1682-8816 **영업** 17:00~02:00 **메뉴** 영어, 태국어 **예산** 150~590B **가는 방법** ①국립 경기장과 쭐라롱껀 대학교 사이의 쏘이 짜랏므앙에 있다. 타논 반탓텅 Thanon Banthat Thong으로 들어가면 된다. ②가장 가까운 BTS 역은 싸남낄라 행찻 National Stadium 역인데, BTS 역에서 1.5㎞ 떨어져 있다. Map P.16

쭐라롱껀 대학 주변의 로컬 레스토랑이다. 식당 이름은 '쩨오'인데, 쭐라롱껀 대학 주변임을 강조하기 위해 '쩨오 쭐라'라고 부른다. 저녁 시간에만 영업하는 식당으로, 40년 넘는 세월이 역사를 말해준다. 각종 방송에 등장했을 뿐만 아니라 태국의 식당 평가 사이트인 웡나이 유저스 초이스 Wongnai Users' Choice 베스트 10에 선정되기도 했다. 워낙 유명해서 자리가 날 때까지 한 시간 이상 기다려야 하는 경우가 흔하다. 번호표를 받고 차례를 기다리면 된다. 다행이 에어컨 시설의 실내에서 식사할 수 있다.

각종 볶음 요리, 해산물 요리, 얌(매콤한 태국식 샐러드)까지 태국 사람들이 좋아하는 대중적인 음식이 가득하다. 메뉴판만 35페이지에 달한다. 스페셜 메뉴로는 마마 오호 Mama Ohho มาม่าโอ้โห가 있다. 똠얌 육수에 마마(태국의 대표적인 인스턴트 라면)를 넣고 끓인 라면으로 자극적인 맛을 낸다. 무쌉(다진 돼지고기), 무끄롭(바삭한 돼지고기 구이), 탈레(해산물), 루암(모듬)을 선택해 주문하면 된다. 한국 방송 덕분에 한국 여행자들은 마마 똠얌 มาม่าต้มยำ이라고 부른다. 마마 오호(마마 똠얌)는 밤 11시 이후부터에만 주문이 가능하다.

마마 오호(마마 똠얌)

쩨오 쭐라

짐 톰슨 레스토랑 Jim Thompson Restaurant
★★★☆

주소 6 Kasemsan Soi 2, Thanon Phra Ram 1(Rama 1 Road) **전화** 0-2612-3601 **홈페이지** www.jimthompsonrestaurant.com **영업** 11:00~17:00, 18:00~22:00(마지막 주문 21:30까지) **예산** 태국 요리 250~520B (+10% Tax) **가는 방법** BTS 싸남낄라 행찻(국립경기장) 역에서 1번 출구에서 까쎔싼 쏘이 2(썽) 골목 안쪽으로 걸어간다. 짐 톰슨의 집 매표소 옆에 레스토랑이 있다. Map P.16-A1

방콕의 대표적 관광지 가운데 하나인 짐 톰슨의 집에서 운영한다. 직접 생산한 실크를 이용해 인테리어를 장식해 놓았다. 짐 톰슨의 집 별채에서 식사하는 느낌으로 정성스럽게 준비된 음식과 친절한 종업원들의 서비스까지 모두 만족스럽다. 정통 태국 음식들은 외국인이 즐기기 부담 없을 정도로 향신료를 조절한 것이 특징이다. 굳이 식사가 아니더라도 땀을 식힐 겸 바에서 음료를 한 잔 즐겨도 좋다.

분점으로 스피릿 짐 톰슨 Spirit Jim Thompson(주소 16 Soi Som Khit, 영업 12:00~15:00, 18:00~22:30, 홈페이지 www.spiritjimthompson.com, Map P.18-B1)을 운영한다. 나이럿 공원과 인접한 골목 안쪽이라 도심이라고 느껴지지 않을 정도로 아늑하다.

외국 관광객에게 부담없는 태국 요리

짐 톰슨 레스토랑

Jim Thompson Restaurant

쏨땀 누아 Somtam Nua
ส้มตำนัว

★★★☆

주소 392/14 Siam Square Soi 5 **전화** 0-2251-4880 **영업** 10:45~21:30 **메뉴** 영어, 태국어 **예산** 85~230B (+17% Tax) **가는 방법** BTS 싸얌 역 4번 출구에서 싸얌 스퀘어 쏘이 하 Siam Square Soi 5로 들어간다. 역에서 도보 5분. Map P.17

싸얌 스퀘어에서 가장 유명한 쏨땀(파파야 샐러드) 전문 식당이다. CNN 선정 방콕 최고의 쏨땀 레스토랑으로 선정되기도 했다. 젊은이들이 몰려드는 싸얌답게 젊은 감각으로 꾸민 것이 인기의 비결. 태국 사람들이 좋아하는 음식인 쏨땀 메뉴를 다양화해 선택의 폭을 넓힌 것도 손님들을 계속 끌어들이는 요인 중의 하나다.

쏨땀 종류만 12가지로 매운 걸 잘 먹지 못한다면 '땀타이 Papaya Salad Thai'를 주문하고 태국 사람처럼 쏨땀을 먹고 싶다면 '땀무아 Papaya Mixed Salad'를 시키자. 땀타이는 땅콩과 말린 새우가 들어간 가장 기본적인 쏨땀이다. 땀무아는 돼지껍데기 튀김, 태국 소시지, 국수면발을 함께 넣어 만든 샐러드다.

색다른 맛을 원한다면 망고 샐러드인 땀마무앙 Mango Salad이나 소면을 넣은 땀쑤아 Papaya Salad with Thai-flour noodle도 맛보자. 쏨땀과 곁들이면 좋을 음식은 까이텃 Fried Chicken, 커무양 Hot and Spicy Herbs with Minced Beef이다. 밥으로는 찰밥인 카우 니야우 Sticky Rice를 주문하면 된다.

인접한 쇼핑몰인 싸얌 센터 Siam Center 4층에도 지점이 있다. 쏨땀 누아 어번 이터리 Somtam Nua Urban Eatery(전화 0-2658-1571~2)라고 칭했는데, 젊은 감각의 쇼핑몰과 잘 어울린다. 2017년에는 센탄 엠바시 Central Embassy(P.324) 5F에 지점을 추가로 오픈했다.

반 쿤매
Ban Khun Mae บ้านคุณแม่

★★★☆

주소 458/7-9 Siam Square Soi 8 **전화** 0-2250-1953, 0-2658-4112 **홈페이지** www.bankhunmae.com **영업** 11:00~23:00 **메뉴** 영어, 태국어 **예산** 태국요리 190~450B, 세트 500~800B(+10% Tax) **가는 방법** 싸얌 스퀘어 쏘이 7과 쏘이 8 코너에 있다. 노보텔 맞은편을 살피면 된다. BTS 싸얌 역에서 도보 7분. Map P.17

'어머니의 집'이라는 뜻처럼 포근하고 아늑하다. 싸얌 스퀘어에서 대표적인 타이 레스토랑으로 마치 태국 가정집에 들어온 듯한 느낌을 준다. 1998년부터 영업을 시작해 20년 넘게 같은 자리를 지키고 있다. 전통복장을 입은 종업원들이 서빙해 분위기도 좋다. 음식맛은 향이 강하지 않아 태국 향신료에 적응하지 못한 외국인의 입맛에 적합하다.

팟타이, 쏨땀(파파야 샐러드)를 포함해 태국 카레까지 다양한 태국 음식을 요리한다. 음식을 하나씩 주문해도 되고 뭘 고를지 모르겠다면 세트 메뉴를 선택하자. 세트 메뉴는 2인 이상 주문해야 하며 6가지 음식과 과일이 포함된다.

쏨땀(사진 우)과 까이 텃(사진 좌)

싸얌 센터 4층에 있는 쏨땀 누아 어번 이터리

Ban Khun Mae

쏨땀 누아 본점

반 쿤매 레스토랑

갤러리 드립 커피 Gallery Drip Coffee

주소 939 Thanon Phra Ram 1(Rama 1 Road), Bangkok Art & Culture Center 1F **전화** 08-1989-5244 **영업** 화~일 10:30~21:00(휴무 월요일) **메뉴** 영어, 태국어 **예산** 70~155B **가는 방법** 방콕 아트 & 컬처 센터(BACC) 1층에 있다. BTS 싸남낄라 행찻(국립경기장) 역 3번 출구에서 도보 1분. Map P.16-A1

태국에서 보기 드문 '드립 커피'를 마실 수 있다. 두 명의 태국 사진작가가 운영한다. 원두를 직접 갈아서 커피를 만들기 때문에, 유명 커피 체인점에 비해 커피를 뽑아내는 속도는 느리지만 커피 향이 실내에 가득하다.

태국 북부 산악 지방에서 재배되는 커피콩을 사용한다. 산악 민족의 생계에도 도움을 주는 공정 무역을 추구한다. 빠미앙 오가닉 나인 원 Pamiang Organic 9-1과 매짠따이 피베리 Maejantai Paeberry가 대표적이다. 13가지 원두를 배합해 만든 자체 브랜드 커피인 '어라운드 더 월드 Around the World'도 맛볼 수 있다. 원두커피는 매장에서 직접 구입이 가능하다.

사진작가들이 꾸민 카페라 그런지 실내 디자인도 예술적인 향취가 가득하다. 실내가 좁고 손님들이 많아서 북적대는 느낌이 든다.

신선한 원두를 이용한 드립 커피를 내준다

갤러리 드립 커피

애프터 유 디저트 카페 After You Dessert Cafe

주소 G/F, Siam Square One **전화** 0-2115-1949 **홈페이지** www.afteryoudessertcafe.com **영업** 12:00~24:00 **메뉴** 영어, 태국어 **예산** 185~275B (+7% Tax) **가는 방법** 싸얌 스퀘어 원(쇼핑 몰) G층에 있다. 쇼핑 몰 후문에 해당하는 싸얌 스퀘어 쏘이 7 방향에 카페 입구가 있다(쇼핑 몰로 들어가지 않는다). Map P.17

방콕에서 잘 나가는 디저트 카페다. 일본 스타일의 카페로 방콕의 젊은이들과 학생들이 주 고객이다. 메뉴로는 달콤한 모든 것을 구비하고 있다. 대표 메뉴는 달달한 토스트, 그중에서도 아이스크림과 꿀을 곁들인 시부야 허니 토스트 Shibuya Honey Toast가 유명하다. 이외에도 빙수, 스콘, 푸딩, 팬케이크, 와플까지 다양한 디저트를 선보인다.

인기를 반영하듯 방콕의 주요 쇼핑몰에 지점을 운영한다. 싸얌 파라곤 Siam Paragon G층(P.232), 쎈탄 월드 Central World 7층(P.320), 터미널 21 Terminal 21 쇼핑몰 1/F(P.327), 씰롬 콤플렉스 Silom Complex 2층(P.333) 지점이 접근성이 좋다. 제이 애비뉴(P.330)와 가까운 통로 쏘이 13 Thong Lo Soi 13(Map P.22-B1)에도 지점이 있다.

애프터 유 디저트 카페 Siam Square One

애프터 유 디저트 카페 Siam Pagagon

싸얌 파라곤 G층 식당가 Siam Paragon Food Hall

★★★☆

주소 991 Thanon Phra Ram 1(Rama 1 Road), Siam Paragon GF **홈페이지** www.siamparagon.co.th **영업** 10:00~22:00 **메뉴** 영어, 태국어 **가는 방법** 싸얌 파라곤 G층에 있다. BTS 싸얌 역 3번 또는 5번 출구에서 도보 5분. Map P.17

싸얌 파라곤 G층에 있는 푸드코트와 대형 슈퍼(Gourmet Market)가 합쳐진 대규모 식당가이다. 백화점 한 층을 가득 메우고 있어 음식 선택의 폭이 넓다. 고급 백화점답게 유명 레스토랑이 입점해 있다. 팁싸마이 Thip Samai(P.163), 어나더 하운드 카페 Another Hound Cafe(P.87), 따링 쁘링 Taling Pling(P.110), 엠케이 골드 MK Gold(P.235), 후지 레스토랑 Fuji Restaurant, 반카라 라멘 Bankara Ramen(P.96), 바닐라 브라세리 Vanilla Brasserie, 나인스 카페 The Ninth Cafe, 해러즈 티 룸 Harrods Tea Room, 애프터 유 디저트 카페 After You Dessert Cafe(P.231), 아이베리 아이스크림 iberry, 버거킹 Burger King, 맥도날드 Mcdonald's 등이 지점을 운영한다.

교통이 편리한 데다가 유동 인구가 많고, 실내 에어컨이 빵빵하기 때문에 식당가는 늘 분주하다.

팟타이 전문점 팁싸마이

인기 태국 레스토랑 따링쁘링

싸얌 파라곤 G층 식당가

푸드 리퍼블릭(싸얌 센터 푸드코트) Food Republic

★★★

주소 Thanon Phra Ram 1(Rama 1 Road), Siam Center 4F **전화** 0-2658-1573 **영업** 10:00~21:00 **메뉴** 영어, 태국어 **예산** 80~240B **가는 방법** 싸얌 센터(쇼핑 몰) 4층에 있다. BTS 싸얌 역 1번 출구에서 도보 5분 Map P.17

싸얌 센터 Siam Center가 재단장하면서 푸드코트도 새롭게 태어났다. 싸얌 센터 4층에 자리한 푸드 리퍼블릭은 젊은 감각의 쇼핑몰과 어울리는 모던한 치장(메탈을 강조한 인더스트리얼 치크 디자인)으로 변모했다. 기존의 푸드코트보다 규모도 커지고 고급화된 것이 특징이다.

음식 진열대에 준비된 음식을 판매하는 것이 아니라 본인이 원하는 음식점을 찾아가 원하는 음식을 주문하면 된다. 쌀국수, 쏨땀, 카레뿐만 아니라 한국 음식(수라간), 일본 라멘, 데판야끼, 하이난 치킨 라이스, 인도 음식까지 다양하다.

입점해 있는 모든 식당은 현금으로 계산하지 않고 쿠폰(선불카드)을 이용한다. 선불카드는 미리 200B을 내야 하며, 쓰고 남은 돈은 푸드코트를 나올 때 카운터에서 카드를 반납하고 환불을 받으면 된다.

싸얌 센터 쇼핑몰에서 운영하는 푸드 리퍼블릭

Food Republic

싸부아
Sra Bua by Kiin Kiin

주소 1F, Siam Kempinski Hotel Bangkok, 991/9 Thanon Phra Ram 1(Rama 1 Road) **전화** 0-2162-9000 **홈페이지** www.srabuabykiinkiin.com **영업** 점심 12:00~15:00, 저녁 18:00~24:00(마지막 주문 21:00까지) **메뉴** 영어 **예산** 메인 요리 810~960B, 런치 세트(4 코스) 1,850B, 디너 세트(8 코스) 3,200B(+17% Tax) **가는 방법** 싸얌 켐핀스키 호텔 1층에 있다. **BTS** 싸얌 역에서 400m. Map P.16-B1

럭셔리한 호텔인 켐핀스키에서 운영하는 타이 레스토랑으로 덴마크 출신의 쉐프가 운영한다. 싸부아는 연꽃 연못(싸=연못, 부아=연꽃)이란 뜻이다. 아시아 베스트 레스토랑 50, 미쉐린 가이드 원 스타 레스토랑에 선정됐을 만큼 방콕의 대표적인 파인 다이닝으로 꼽힌다. 태국 음식에 현대적인 감각을 더해 창의적인 음식을 선보인다. 참고로 덴마크 코펜하겐에 본점에 해당하는 '낀낀' Kiin Kiin('낀'은 태국어로 '먹다'라는 뜻이다) 레스토랑을 함께 운영한다.

레스토랑 내부에 자그마한 연꽃 연못을 만들고 티크 나무를 이용해 호사스럽게 인테리어를 장식했다. 완성된 음식이 한 번에 제공되는 것이 아니라, 음식마다 특성을 살리기 위해 요리가 나오면 소스나 드레싱을 직접 첨가해주는 방식을 택한다. 단순히 음식을 맛보는 것에 그치지 않고 눈으로 보는 즐거움까지 더해 미각과 시각을 동시에 충족시킨다.

단품으로 주문하기 보다는 세트 요리를 즐기는 게 좋다. 점심 세트는 4 코스, 저녁 세트는 8 코스로 되어 있다. 50석 규모로 제한적이라 예약하고 가는 게 좋다. 기본적인 복장 규정도 지킬 것. 6세 이하 아동은 출입이 제한된다.

켐핀스키 호텔에서 운영하는 타이 레스토랑 싸부아

연꽃을 활용해 인테리어를 꾸민 싸부아

Hokkaido Scallop

Slow Cooked Beef Rib

TWG 티 살롱
TWG Tea Salon

주소 M/F, Siam Paragon, 991/1 Thanon Phra Ram1(Rama 1 Road) **전화** 0-2610-9527 **홈페이지** www.twgtea.com **영업** 10:00~22:00 **메뉴** 영어 **예산** 애프터눈 티 세트 410~890B, 브런치 세트 360~850B(+17% Tax) **가는 방법** 싸얌 파라곤 M층에 있다. **BTS** 싸얌 역에서 도보 5분. Map P.16-B1 Map P.17

싸얌 파라곤 백화점 M층 로비 중앙에 떡하니 자리 잡고 있는 고급스런 찻집이다. 싱가포르를 대표하는

TWG 티 살롱 싸얌 파라곤 지점

TWG Tea Salon

티 브랜드인 TWG에서 방콕에 두 번째로 오픈했다(방콕 1호점은 엠포리움 백화점 1층에 있다). 한쪽은 차를 판매하는 매장이고, 중앙에는 테이블이 놓인 티 살롱 Tea Salon으로 운영된다. 친절한 종업원들이 차를 일일이 보여주며, 향을 맡아보고 구매할 수 있도록 도움을 준다. 애프터눈 티는 오후 1시부터 5시까지 가능하다. 차와 곁들이면 좋은 마카롱과 초콜릿 디저트도 훌륭하다.

시내 주요 백화점과 쇼핑 몰에 지점을 운영한다. 엠포리움 백화점 G층 The Emporium(P.328), 쎈탄 칫롬 백화점 G층 Central Chidlom(P.324), 아이콘 싸얌 Icon Siam(P.334), 리버 시티 쇼핑몰 River City (P.334)까지 현재 모두 5곳을 운영 중이다.

TWG는 '더 웰니스 그룹 The Wellness Group'의 약자다. 플로랄 화이트 얼그레이 Floral White Earl Grey, 1837 블랙 티 1837 Black Tea를 포함해 전 세계에서 생산되는 500여 종의 차를 판매한다. 참고로 TWG는 2008년에 설립된 회사로 역사는 그리 길지 않다. TWG 로고에 적힌 1837은 회사 창립 년도가 아니라 싱가포르에서 차를 무역하기 시작한 해를 의미한다.

애프터눈 티 세트

Nightlife

싸얌의 나이트라이프

싸얌 스퀘어는 쇼핑에 적합한 동네이지, 밤 문화를 즐기기에는 미흡하다. 쇼핑몰과 백화점에 비해 나이트라이프는 현저하게 빈약하다.

하드 록 카페 Hard Rock Cafe ★★★

주소 424/3-6 Siam Square Soi 11 **전화** 0-2254-4090 **홈페이지** www.hardrockcafe.com/location/bangkok **영업** 12:00~01:00 **메뉴** 영어, 태국어 **예산** 맥주 · 칵테일 240~500B, 메인 요리 550~1,300B (+17% Tax) **가는 방법** BTS 싸얌 역 2번 출구에서 싸얌 스퀘어 쏘이 썽 Soi 2을 따라 걸어간다. 사거리가 나오면 주차장처럼 생긴 길 건너의 쏘이 씹엣 Soi 11에 있다. Map P.17

유흥업소가 거의 없는 싸얌 스퀘어에서 독불장군 같이 존재하는 곳이다. 전 세계적인 체인망을 구축한 하드 록의 방콕 지점으로 식사, 술, 기념품 구입이 한 곳에서 가능하다. 스테이크, 햄버거 같은 전형적인 미국 레스토랑 체인을 닮았다. 340명이 동시에 식사할 수 있는 대형 레스토랑이다.

밤에는 라이브 밴드의 음악을 들으며 맥주와 칵테일을 즐길 수 있는 펍으로 변모한다. 4층으로 구분되어 있는데, 라이브 밴드의 록 음악을 듣고 싶다면 1층에 자리를 잡도록 하자. 라이브 음악은 밤 9시부터 시작된다. 내부에는 비틀스, 엘비스 프레슬리 같은 유명 아티스트들이 사용하던 악기와 옷, 앨범 동판 등의 소품이 장식되어 있다.

하드 록 카페

Travel Plus

방콕에서 즐기는 쑤끼 맛은 어떨까요?

방콕에 왔다면 꼭 쑤끼를 먹어봐야 합니다. 쑤끼란 전골 요리로 일본의 샤브샤브, 중국의 훠궈와 비슷해요. 하지만 샤브샤브에 비해 육수가 시원하고 부드러우며, 훠궈에 비해 매운맛이 없어 누구나 즐길 수 있는 음식입니다.
쑤끼를 주문하는 방법은 간단합니다. 메뉴판을 보고 먹고 싶은 음식 재료를 고르면 됩니다. 야채, 어묵, 고기, 해산물, 국수 등으로 종류가 다양합니다. 한 접시씩 따로 따로 시키는 것이 귀찮다면 세트를 시키는 것도 좋아요. 더 좋은 방법은 야채만 세트로 시키고 고기와 해산물은 본인이 먹고 싶은 걸 추가로 고르는 것! 육수는 한 가지여서 음식을 주문하면 자동으로 가져다줍니다. 육수는 추가해도 돈을 더 받지 않습니다. 소스는 레스토랑마다 고유의 비법으로 만드는데, 대부분 약간 달콤한 맛의 칠리소스를 사용합니다. 제공되는 칠리소스가 심심하다면 다진 고추(프릭), 마늘(까티얌), 라임(마나오)을 추가해 본인의 입맛에 맞게 매운 정도를 조절하면 됩니다.

추천 레스토랑

+ 엠케이 레스토랑(엠케이 쑤끼) MK Restaurant
주소 Siam Square **홈페이지** www.mkrestaurant.com **영업** 11:00~21:00 **예산** 1인당 300~500B **가는 방법** ①마분콩 MBK Center 7층, ②싸얌 스퀘어 원 Siam Square One 5층, ③싸얌 파라곤 G층에 MK 골드 레스토랑이 있다. Map P.16-A1
태국에서 가장 대중적이고, 외식 장소로 떠올리는 쑤끼 전문점이다. 최근에 현대적인 감각으로 업그레이드한 엠케이 트렌디 MK Trendi와 양질의 음식 재료만을 고집하는 엠케이 골드 MK Gold까지 오픈했다. 엠케이는 젊고 캐주얼한 분위기다. 밝은 색의 유니폼과 조리 모자를 쓰고 주문을 받는 종업원들의 모습에서 음식이 깨끗할 거라는 신뢰감이 느껴진다. 쑤끼 이외에 딤섬과 오리구이도 유명하다. 방콕에만 206개 지점이 있다. 쎈탄 백화점 Central, 로빈싼 백화점 Robinson, 씰롬 콤플렉스 Silom Complex, 싸얌 스퀘어 Siam Square, 쎈탄 월드 Central World, 싸얌 파라곤 Siam Paragon, 터미널 21, 아시아티크 Asiatique, 빅 시 Big C, 로터스 Lotus, 메이저 시네플렉스 Major Cineplex를 포함해 웬만한 쇼핑몰에 MK가 하나씩은 있다고 생각하면 된다.

+ 코카 쑤끼 Coca Suki
주소 416/3-8 Siam Square Soi 7, Thanon Henry Dunant **전화** 0-2251-6337 **홈페이지** www.coca.com **영업** 11:00~23:00 **메뉴** 영어, 태국어, 일본어 **예산** 쑤끼 세트 590~2,480B **가는 방법 BTS** 싸얌 역 6번 출구에서 도보 10분. 싸얌 스퀘어 쏘이쩻 Siam Square Soi 7 코너에 있다. Map P.17
쑤끼의 원조를 자부하는 레스토랑으로 60년의 역사를 자랑한다. 전통만큼이나 명성이 자자한 곳으로 정통 중국 식당에 가까운 분위기다. MK에 비해 비싼 대신 재료가 신선하고 질이 우수하다. 여러 가지 쑤끼 세트 메뉴가 있어 편리하게 선택할 수 있다. 육수도 본인의 입맛에 따라 선택할 수 있다. 쑤끼 이외에도 다양한 태국 음식과 중국 음식도 맛볼 수 있다. 시푸드 요리가 많은 편으로 새우, 게, 생선을 이용한 메뉴가 다양하다. 주요 쇼핑몰에 지점을 운영한다. 쎈탄 월드 Central World 6층 지점(P.244)은 대형 쇼핑몰 내부에 있고 BTS 역도 가까워 편리하다. 본점은 타논 쑤라웡에 있다(P.273 참고). 쑤쿰윗 쏘이 39에도 지점(Map P.21-B2)을 운영한다.

Chitlom & Phloenchit 칫롬 & 펀찟

고급 쇼핑몰이 밀집한 칫롬과 펀찟은 방콕을 대표하는 '쇼핑 스트리트'다. '월텟'으로 불리던 쎈탄 월드(센트럴 월드) Central World를 시작으로 명품 매장이 즐비한 게이손 빌리지 Gaysorn Village와 쎈탄 엠바시(센트럴 엠바시) Central Embassy, 전통 공예 매장까지 한곳에서 모든 쇼핑이 가능한 지역이다.

쇼핑가가 몰려 있고 시내 중심가에 위치해 있어서 언제나 심한 교통 체증을 앓는다. 방콕(끄룽텝)이 '천사의 도시'라 불리는 것은 모두 거짓말이라는 것을 입증이라도 하려는 듯 자동차에서 뿜어내는 매연은 한낮의 더위와 섞여 큰 인내심을 요구하게 만든다. 하지만 시원한 에어컨이 숨통을 트이게 만드는 대형 쇼핑몰에 들어서면 상황은 바뀐다. 연중 365일 할인 행사가 어디선가 진행 중일 것 같은 칫롬과 펀찟 지역은 다양한 디스카운트 혜택으로 '사는 즐거움'이 가득하다.

볼거리	★☆☆☆☆	P.239
먹을거리	★★★★☆	P.241
쇼핑	★★★★★	P.320
유흥	★★★☆☆	P.250

알아두세요

1. 쎈탄 월드(센트럴 월드) 앞 사거리는 교통 체증이 심하다.
2. 시내 중심가로 이동할 때는 택시보다 BTS가 편리하다.
3. 대형 백화점들은 여름(6월 중반~8월 중반)에 섬머 세일을 실시한다.
4. 무료로 제공하는 방콕 지도나 여행정보지의 할인 쿠폰을 적절히 이용하자.
5. 공원 뒤쪽이란 뜻의 랑쑤언에는 가로수 길을 따라 레지던스 호텔이 몰려 있다.
6. 대형 쇼핑몰에는 유명 레스토랑들이 체인점을 운영한다.

Don't Miss

이것만은 놓치지 말자

1 쎈탄 월드(센트럴 월드)에서 쇼핑하기.(P.320)

2 에라완 사당에 들려서 소원 빌기.(P.239)

3 쎈탄 엠바시(센트럴 엠바시)에서 브런치 즐기기.(P.324)

4 레드 스카이 & CRU 샴페인 바에서 야경 감상하기.(P.251)

5 오픈 하우스 둘러보기.(P.245)

6 바와 스파에서 마사지 받기.(P.352)

7 빅 시 Big C에서 식료품 구입하기.(P.321)

Access

칫롬 & 펀찟의 교통

BTS 쑤쿰윗 노선이 관통하며, 운하 보트의 환승 선착장인 빠뚜남 선착장(타르아 빠뚜남) Pratunam Pier도 랏차쁘라쏭 사거리와 가깝다.

+ BTS

쎈탄 칫롬 백화점이나 쎈탄 엠바시, 쏘이 루암루디로 갈 경우 펀찟 역에서 내린다. 쎈탄 월드, 게이손 빌리지, 에라완 사당, 랑쑤언 Lang Suan을 갈 경우 칫롬 역을 이용한다.

+ 운하 보트

빠뚜남 선착장(타르아 빠뚜남)을 이용하자. 쎈탄 월드까지 도보 5분, 에라완 사당과 BTS 칫롬 역까지 도보 10분 정도 걸린다.

+ 버스

카오산 로드의 타논 랏차담넌 끄랑에서 2, 79, 511번 버스를 탄다. 에어컨 버스인 511번 버스가 가장 편리하다(P.129) 참고.

Best Course

추천 코스

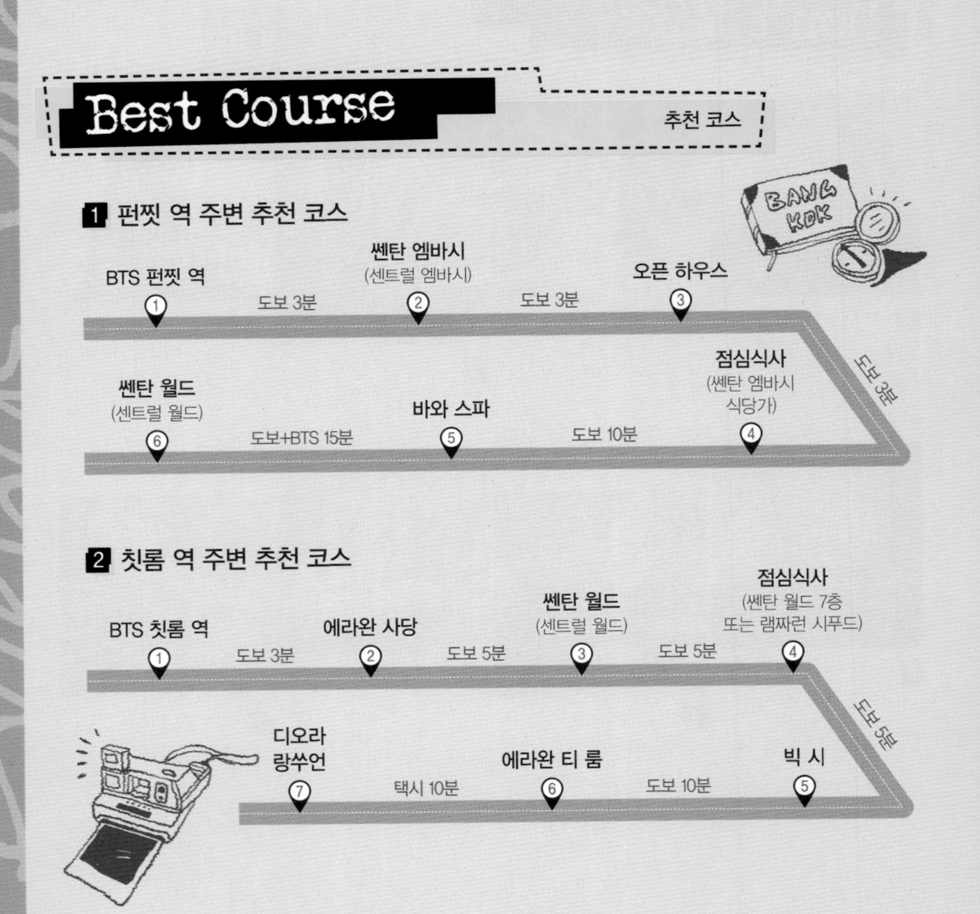

Attractions

칫롬 & 펀찟의 볼거리

볼거리보다는 쇼핑이 집중된 지역이다. 쇼핑하다 지쳤다면 에라완 사당을 들러보자. 공짜로 태국 전통 무용을 구경할 수 있다.

에라완 사당
Erawan Shrine
ศาลท้าวมหาพรหมเอราวัณ ★★★

현지어 싼 타오 프라 프롬 에라완 **주소** Thanon Ratcha-damri & Thanon Phloenchit **요금** 무료 **가는 방법** 랏차쁘라쏭 사거리에 있다. 게이손 빌리지(쇼핑몰) 맞은편, 그랜드 하얏트 에라완 호텔 옆에 있다. **BTS** 칫롬 역 2번 출구에서 도보 3분.

Map P.18-A1 Map P.16-B2

태국 사람들이 개인적인 소망을 기원하는 사당 중에 가장 유명한 곳이다. 특이하게도 불교가 아니라 힌두교 신을 모시고 있다. 시바 Siva, 비슈누 Vishnu, 브라흐마 Brahma로 대표되는 힌두교 3대 신 중에 창조의 신으로 여겨지는 브라흐마를 모시고 있다. 에라완 사당에 모신 브라흐마 동상은 얼굴이 4개인 사면불(四面佛)로 태국에서는 행운과 보호의 신으로 여겨진다.

하루 종일 차로 정체되는 방콕 도심의 랏차쁘라쏭 사거리에 있는데 버스나 택시를 몰고 가는 기사들도 에라완 사당 앞을 지날 때면 두 손을 모아 브라흐마 신을 향해 합장을 올릴 정도다.

참고로 브라흐마는 태국에서 프롬(또는 프라 프롬) Phrom(Phra Phrom)으로 불린다. 에라완 사랑은 '싼 타오 마하 프롬 에라완'이라고 부르는데, 존칭의 의미를 담아 '마하 프롬'(위대한 브라흐마)라고 칭했다.

지독한 불교 신자인 태국 사람들이 힌두교 신을 찾아와 소원을 기원하는 이유는 에라완 사당이 가진 특별함 때문이다. 에라완 사당이 특별한 이유는 바로 옆에 있는 그랜드 하얏트 에라완 호텔 Grand Hyatt Erawan Hotel과 깊은 연관이 있다. 1950년대 호텔을 건설하며 크고 작은 사고와 인명 피해가 있었는데, 호텔 주변을 감싸고 있는 나쁜 기운 때문이라 여긴 힌두교 성직자의 충고를 받아들여 작은 사당을 건설했다는 것이다. 그 후 호텔은 무사히 완공(1956년)되고 사업도 번창해 오늘에 이르렀다고 한다.

사람들은 에라완 사당의 특별한 능력 때문에 60년이 넘은 지금까지도 향을

랏차쁘라쏭 사거리에 있는 에라완 사당

향을 피우며 소원을 비는 사람들로 분주하다

Erawan Shrine

에라완 사당의 전통 무용

피우고 꽃을 봉헌하며 자신의 소망이 이루어지길 기도한다. 에라완 사당에는 전통 무용을 선사하는 무용수들이 있다. 에라완 사당을 찾는 사람들이 자신의 소망을 이루게 되면 신에게 감사의 표시를 무용수들을 통해 대신 전하는 것이다. 무용수 앞에서 브라흐마 신을 향해 무릎을 꿇고 있는 사람들이 바로 소원을 이룬 사람들이다.

참고로 이곳은 2015년 8월 17일 방콕 폭탄 테러가 발생한 곳이기도 하다. 사망 20명, 부상 130명의 인명 피해를 냈다. 폭탄을 설치한 사람은 터키 국적(중국에서 태어난 위구르족)의 아뎀 카라다그 Adem Karadag다. 태국 정부가 중국의 요청을 받아들여 터키로 망명하려던 위구르족을 중국으로 강제 송환하자, 이에 대한 보복으로 폭탄 테러를 감행했을 것으로 여겨지고 있다. 얼굴이 네 개인 브라흐마 동상을 자세히 보면 턱 부분이 살짝 떨어져 나간 걸 볼 수 있는데, 폭탄 파편으로 인해 생긴 것이라고 한다.

트리무르티 사당
Trimurti Shrine
พระตรีมูรติ หน้าเซ็นทรัลเวิลด์ ★

현지어 싼 뜨리무라띠 **주소** 1 Thanon Ratchadamri **요금** 무료 **가는 방법** 쎈탄 월드와 붙어 있는 이세탄 백화점 앞에 있다. **BTS** 칫롬 역에서 도보 10분. 또는 **운하 보트** 빠뚜남 선착장에서 도보 10분.

Map P.18-A1 Map P.16-B2

에라완 사당과 더불어 방콕 시민들이 소원을 빌기 위해 즐겨 찾는 곳이다. 트리무르티는 힌두교 3대 신(神)을 하나의 신으로 일체화한 것으로 브라흐마 Brahman(창조의 신), 비슈누 Vishnu(유지의 신), 시바 Shiva(파괴와 창조의 신)를 함께 모신 사당이다. 쎈탄 월드의 이세탄 백화점 광장 앞에 있다. 태국에서는 사랑의 신으로 여기기 때문에 장미꽃을 바치며 연인과의 사랑이 영원하길 기원하는 태국 젊은이들이 유독 많다.

이세탄 백화점 앞에는 트리무르티 사당(사진 왼쪽)과 가네쉬 사당(사진 오른쪽)이 있다

트리무르티 사당 바로 옆으로 가네쉬 사당 Ganesh Shrine이 있다. 가네쉬는 코끼리 얼굴을 한 지혜의 신으로 시바 신의 아들이다. 태국 사람들은 성공과 악운으로부터 보호해준다는 믿음을 갖고 있다.

Travel Plus

방콕의 쇼핑 스트리트, 랏차쁘라쏭 ราชประสงค์

랏차쁘라쏭 Ratchaprasong은 방콕의 쇼핑 스트리트로 통하는 펀찟 & 칫롬 지역에 있는 사거리 이름입니다. 쎈탄 월드 앞을 지나는 타논 랏차담리 Thanon Ratchadamri와 에라완 사당 앞의 타논 펀찟 Thanon Phloenchit이 만나는 곳이지요. 랏차쁘라쏭은 사거리를 중심으로 쎈탄 월드, 게이손 빌리지, 아마린 플라자 같은 유명 백화점들과 그랜드 하얏트 에라완 호텔, 아난타라 싸얌 호텔, 인터콘티넨탈 호텔, 홀리데인 인 같은 초일류 호텔들이 몰려 있답니다. BTS 칫롬 역에서 주요 건물을 연결하는 연결 통로가 있는데요, 지상에 건설된 2㎞에 이르는 길은 스카이 워크 Sky Walk라고 불린답니다. 랏차쁘라쏭에 관한 정보에 백화점들의 할인 행사는 홈페이지(www.heartofbangkok.com)를 통해 확인할 수 있습니다.

방콕의 대표적인 교통체증지역인 랏차쁘라쏭 사거리

Restaurant

칫롬 & 펀찟의 레스토랑

방콕 최대의 쇼핑가 밀집 지역인 만큼 대형 쇼핑몰에서는 손님을 끌어 모으기 위해 거대한 식당가를 함께 운영한다. 쇼핑몰마다 유명 레스토랑이 입점해 있어 멀리 가지 않고 식사와 쇼핑을 한꺼번에 해결할 수 있어 편리하다. 또한 고급 아파트가 몰려 있는 조용한 주택가 골목인 쏘이 루암루디 Soi Ruam Rudi와 쏘이 랑쑤언 Soi Lang Suan에도 레스토랑이 많다.

카페 타르틴 Cafe Tartine

★★★☆

주소 Soi Ruam Rudi at Athenee Residence **전화** 0-2168-5464 **홈페이지** www.cafetartine.net **영업** 08:00~21:00 **메뉴** 영어, 프랑스어 **예산** 180~590B(+10% Tax) **가는 방법** BTS 펀찟 역 4번 출구에서 쏘이 루암루디 골목 안쪽으로 100m. Map P.18-B1

방콕에서 인기 있는 프렌치 카페이다. 야외 테라스와 상큼한 색감이 포근함을 선사하는 실내로 구분된다. 꽃무늬 패턴의 타일과 유리병(와인과 물병)을 전시한 벽면으로 이루어진 인테리어는 단순하면서도 모던한 느낌이 든다. 한쪽은 매력적인 주방 시설이 오픈되어 있어 경쾌한 요리사들의 움직임이 눈에 들어온다.

프랑스 사람이 운영하는 곳답게 크로와상과 커피를 곁들인 아침 식사, 바게트 샌드위치, 크로크 무슈 Croque Monsieur, 크레페 Crepe, 키쉬 Quiche, 타르틴 Tartine, 팽 오 쇼콜라 Pain au Chocolat, 크렘 브륄레 Creme Brulee, 레몬 타르트 Lemon Tart 같은 메뉴들로 구성되어 있다. 샐러드는 본인의 기호에 따라 선택해서 주문이 가능하다.

카페 타르틴

Cafe Tartine

그레이하운드 카페(그루브 지점) Greyhound Cafe

★★★☆

주소 2F. Groove at Central World, Thanon Phra Ram 1(Rama 1 Road) **전화** 0-2613-1263 **홈페이지** www.greyhoundcafe.co.th **영업** 10:30~22:00 **메뉴** 영어, 태국어 **예산** 메인 요리 200~480B(+10% Tax) **가는 방법** 쎈탄 월드와 붙어 있는 그루브 Groove 2층에 있다. BTS 싸얌 역 또는 BTS 칫롬 역에서 연결 통로가 이어진다. Map P.16-B1 Map P.18-A1

트렌디한 레스토랑의 대명사로 방콕 젊은이들에 인기가 높다. 그루브에 새롭게 만든 그레이하운드 카페는 규모도 커지고 트렌디한 인테리어 디자인을 극대화했다. 생수병도 직접 디자인했을 정도 감각적이다. 산뜻한 퓨전 음식을 요리하는데, 파스타와 샐러드, 아시안 요리를 메인으로 한다. 베이커리와 카페를 겸하고 있다. 브런치나 샌드위치, 커피, 디저트를 즐기며 도심에서 잠시 쉬어가기도 적합하다.

인기를 반영하듯 방콕의 주요 백화점과 쇼핑몰에 체인점을 운영하고 있다. 자세한 내용은 P.87 참고.

그루브 @ Central World

Greyhound Cafe

싸응우안씨 Sa-Nguan Sri
สงวนศรี (ถนนวิทยุ)

주소 59/1 Thanon Witthayu(Wireless Road) **전화** 0-2252-7637, 0-2251-9378 **영업** 월~토 10:00~15:00(휴무 일요일) **메뉴** 영어, 태국어 **예산** 80~140B **가는 방법** BTS 펀찟 역 5번 출구로 나와서 오쿠라 프레스티지(호텔)를 지나 타논 위타유 방향으로 200m. Map P.18-B1

고층 빌딩이 가득한 시내 한복판에서 고집스럽게 옛 모습을 유지하고 있는 태국 식당이다. 간판도 태국어로만 적혀 있다. 어렵사리 찾아내(식당 간판이 작을 뿐, 큰 길에 있어 찾기 어렵지 않다) 레스토랑으로 들어가면, 70년대 분위기가 고스란히 전해진다(에어컨 시설이 그나마 위안이 된다). 콘크리트로 만든 입구와 어둑하고 낡은 내부는 지하 벙커를 연상시키기도 한다.

온전히 태국 사람들이 좋아하는 음식들로 가득하다. 전체적으로 태국 음식 본연의 향과 맵기가 잘 느껴진다. 메인 요리는 '깽(태국식 카레)'과 '얌(피시 소스를 이용해 만든 매콤한 태국식 샐러드)'이다. 요일별로 스페셜 메뉴 Special Menu도 만드는데, 그날그날 카레 메뉴가 달라진다. 그린 커리 Green Curry로 알려진 '깽키아우완'이 특히 유명하다. 굉장히 부드러운 식감과 진하고 매콤한 카레 맛이 일품이다.

음식 맛뿐만 아니라 가격도 저렴해서 붐비는 편이다. 점심 시간이 되면 주변 직장인들로 북적댄다. 낮 시간에만 잠깐 장사한다.

그린 커리 Green Curry

싸응우안씨 입구

크루아 나이 반(홈 키친)
Krua Nai Baan(Home Kitchen)
ครัวในบ้าน

★★★☆

주소 94 Soi Lang Suan **전화** 0-2255-8947, 0-2253-1888, 0-2255-8974 **홈페이지** www.khruanaibaan.com **영업** 08:00~24:00 **메뉴** 영어, 태국어 **예산** 단품 요리 80~300B, 시푸드 450~ 1,400B **가는 방법** 랑쑤언 거리 끝자락에 있다. BTS 칫롬 역 또는 BTS 랏차담리 역을 이용하면 된다. BTS 역에서 걸어가긴 멀다. Map P.18-A2

랑쑤언 지역에 있는 고급 레스토랑들과 달리 트렌디한 인테리어보다는 태국 음식 고유의 맛으로 승부하는 곳이다. 주차장을 갖고 있으며, 실내는 에어컨 시설이라 쾌적하다.

쏨땀, 팟타이, 똠얌꿍, 어쑤언, 뿌 팟퐁 까리까지 웬만한 태국 음식과 시푸드를 한자리에서 맛볼 수 있다. 화교가 운영하는 곳이라 볶음 요리와 해산물 요리가 다양하다. 딤섬도 맛볼 수 있다. 볶음밥이나 볶음 국수를 포함해 단품 요리는 음식 값이 저렴하다.

외국인 관광객보다는 태국 현지인들이 즐겨 찾는다. 간판은 태국어로 쓰여 있으며 홈 키친 Home Kitchen이라고 작게 영어가 적혀 있다.

깔끔하게 요리한 태국 음식

깔끔하게 정리되어 있는 크루아 나이 반

땀미 얌미
Tummy Yummy
ร้านอาหาร ตำมียำมี (ซอยต้นสน) ★★★☆

주소 42/1 Soi Tonson **전화** 0-2254-1061 **홈페이지** www.tummyyummytonson.com **영업** 월~토 11:00~14:30, 17:30~22:00(휴무 일요일) **메뉴** 영어, 태국어 **예산** 메인 요리 240~690B(+10% Tax) **가는 방법** BTS 칫롬 역 4번 출구에서 쏘이 똔쏜 골목 안쪽으로 도보 10분. 스파 1930 옆에 있다. Map P.18-B1

방콕 시내 중심가에 있으면서도, 골목 안쪽으로 빗겨나 있어 조용하다. 2층 가옥을 레스토랑으로 개조해 정겨움이 가득하다. 누군가의 가정집에 들어온 듯 실내는 포근하고, 안뜰의 야외 정원은 아늑하다. 정성스레 준비한 음식, 친절한 서비스, 정겨운 분위기, 흠 없이 깔끔한 태국 음식까지 모든 것이 매력적이다.

레스토랑 이름은 태국 음식 조리법 중의 하나인 '땀'과 '얌'에서 따왔다. '땀'은 절구에 식재료를 넣고 가볍게 빻아서 만드는 요리, '얌'은 매콤한 태국식 샐러드를 의미한다. 메뉴가 많지 않은 대신 주요 태국 음식을 선별해 맛있게 요리한다. 메뉴판에는 고추의 숫자로 음식의 맵기가 설명되어 있다.

아담한 정원도 있다

차분하게 식사하기 좋은 땀미 얌미

램짜런 시푸드
Laem Charoen Seafood
แหลมเจริญซีฟู้ด ★★★★

주소 Central World 3F **전화** 02-646-1040 **홈페이지** www.laemcharoenseafood.com **영업** 10:30~22:00 **메뉴** 영어, 중국어, 태국어 **예산** 250~990B(+10% Tax) **가는 방법** 쎈탄 월드(센트럴 월드) 3층(쇼핑몰 정면에 해당하는 도로 쪽 방향)에 있다. Map P.16-B1

35년이 넘는 역사를 자랑하는 유명한 시푸드 레스토랑이다. 방콕 동쪽의 해안 도시인 라용 Rayong(꼬 싸멧 Ko Samet과 인접한 육지에 위치)에 본점이 있다. 인기에 보답하듯 방콕에도 7개의 체인점을 운영한다. 쎈탄 월드 3F 지점과 더불어 싸얌 파라곤 4F 지점 Siam Paragon(전화 0-26109244, P.319)도 접근성이 좋다.

전문 시푸드 레스토랑답게 신선한 해산물을 요리한다. 생선, 새우, 게, 오징어, 꼬막, 가리비, 어묵까지 다양하다. 대표 메뉴는 피시 소스(남쁠라)가 배어 있는 생선(농어) 튀김 '쁠라까퐁 텃 랏 남쁠라 Deep Fried Sea Bass with Fish Sauce'다. 가장 대중적인 생선 튀김 요리를 처음 요리한 식당이기도 하다. 똠얌꿍, 쏨땀, 얌(태국식 매콤한 샐러드), 각종 새우와 게 요리, 채소 볶음, 카이찌아우(오믈렛)까지 식사 메뉴도 잘 갖추고 있다. 게살 볶음밥(카우팟 뿌) Crab Meat Fried Rice을 곁들이면 된다. 식사 위주의 요리가 많아 점심 시간에도 손님이 많은 편이다.

램짜런 시푸드 Central World

점심 식사로도 좋은 램짜런 시푸드

램짜런 시푸드 Siam Paragon

헤븐 언 세븐스 Heaven On 7th

주소 1 Thanon Ratchadamri, Central World 7F **홈페이지** www.centralworld.co.th **운영** 10:30~22:00 **가는 방법** BTS 칫롬 역 1번 출구에서 게이손 빌리지를 끼고 우회전하면 쎈탄 월드가 보인다. 쎈탄 월드 7층에 식당가가 형성되어 있다.

Map P.18-A1 Map P.16-B1

방콕의 대표적인 쇼핑몰인 쎈탄 월드에서 운영하는 식당가. 일반 백화점들의 쿠폰제 푸드 코트와 달리 방콕의 유명 레스토랑들이 입점해 거대한 푸드몰을 형성하고 있다. 헤븐 언 세븐스(7층에 있는 천국)라고 명명되어 있으나, 몰려드는 인파로 인해 현재는 6층까지 식당가가 확장되어 있다. 모든 레스토랑들이 독립적으로 운영되고 있어, 원하는 음식점을 찾아가 식사를 즐기면 된다.

대표적인 레스토랑으로 타이 레스토랑 깐라빠프륵 Kalpapruek, 타이완 레스토랑 딘타이펑(P.244), 일식당 후지 레스토랑 Fuji, 트렌디한 타이 레스토랑 나라 Nara Thai Cuisine, 샤브샤브 전문점 아카 Aka, 이태리 레스토랑 구스토소 Gustoso가 있다. 6층에는 맥도날드, KFC, 스웬센 아이스크림, 블랙 캐년 커피, 피자 컴퍼니, 본촌 치킨, 코카 쑤끼(P.235)와 엠케이 레스토랑(P.235), 일식당 젠 Zen, 태국인들이 좋아하는 스시 뷔페 샤부시 Shabu Shi By Oishi가 있다.

타이 레스토랑 Nara Thai Cuisine

Heaven on 7th

헤븐 언 세븐스의 인기 있는 태국 식당 깐라빠프륵

딘타이펑(鼎泰豊) Din Tai Fung

주소 1 Thanon Ratchadamri, Central World 7F **전화** 0-2646-1282 **홈페이지** www.dintaifung.com.tw **영업** 11:00~22:00 **메뉴** 태국어, 영어, 한국어, 중국어, 일본어 **예산** 샤오롱바오 190~370B, 일반 요리 190~350B(+17% Tax) **가는 방법** 쎈탄 월드 7층 식당가(Heaven on 7th)에 있다. BTS 칫롬 역에서 도보 10분. Map P.16-B1

타이완을 대표하는 레스토랑인 딘타이펑은 '가보고 싶은 세계 10대 레스토랑'에 꼽혔을 정도로 유명하다. 1958년 타이베이에서 시작해 한국, 중국, 일본, 싱가포르, 말레이시아, 인도네시아, 미국을 포함해 30여 곳의 체인을 두고 있다.

딘타이펑은 '크고 풍요로운 솥'이란 뜻으로 딤섬(點心)과 면(麵) 요리를 기본으로 한다. 대표 요리는 딤섬의 한 종류인 샤오롱바오(小龍包) Xiao Long Bao (Steamed pork dumplings)다. 대나무 바구니에 만두피가 얇고 모양새가 예쁜 작은 만두를 넣고 찐 것으로 다진 돼지고기를 채운 만두 속과 육즙이 절묘하게 어울려 훌륭한 맛을 낸다. 새우를 얹은 샤런샤오마이(蝦仁燒賣) Shrimp and pork Shao-mai는 보기에도 고급스럽다. 일반 만두와 달리 숟가락 위에 얹어놓고 젓가락으로 만두피를 살짝 찢어 육즙을 먼저 맛본 뒤, 함께 딸려 나오는 생강채를 만두 위에 살포시 얹어 먹으면 더 맛있다. 탕면(湯麵), 볶음밥(炒飯), 완탕(餛飩), 왕만두(大包), 채소볶음(盤類菜餚) 같은 부담 없는 음식을 함께 요리한다.

인기가 높아지면서 쎈탄 엠바시 Central Embassy(P.324 참고) 5층에 2호점(전화 0-2160-5918)을 열었다.

새우를 얹은 샤런샤오마이

딘타이펑

그루브 Groove

★★★☆

주소 Groove at Central World, Thanon Phra Ram 1(Rama 1 Road) **전화** 0-2264-5555 **홈페이지** www.centralworld.co.th/groove/index-en.html **영업** 11:00~01:00 **메뉴** 영어, 태국어 **예산** 200~800B **가는 방법** 쎈탄 월드(센트럴 월드)와 붙어 있는 젠 백화점 뒤편에 해당한다. BTS 싸얌 역과 BTS 칫롬 역 사이에 있다. Map P.16-B1 Map P.18-A1

방콕의 대표적인 쇼핑몰인 쎈탄 월드 Central World(P.324)에서 운영하는 고급 식당가. 쇼핑몰 내부가 아닌 '그루브'라고 명명한 별도의 건물을 만들었다. 트렌디한 디자인의 현대적인 건물로 야외 공간과 실내 공간이 적절히 조화를 이루도록 설계한 것이 특징이다. 그레이하운드 카페 Grey-hound Cafe(P.87), 홉스 Hobs(P.122), 하이드 & 시크 Hyde & Seek, 와인 커넥션 Wine Connection(P.94), 아피나라 타이 퀴진(태국음식점) Apinara Thai Cuisine, 1881 바이 워터 라이브러리(칵테일 바) 1881 by Water Library 등이 입점해 있다.

1881 by Water Library

HOBS(House of Beers)

쎈탄 월드(센트럴 월드)에서 운영하는 그루브

오픈 하우스 Open House

★★★★

주소 Level 6, Central Embassy, 1031 Thanon Ploenchit **전화** 0-2119-7777 **홈페이지** www.centralembassy.com/anchor/open-house **영업** 10:00~22:00 **메뉴** 영어, 태국어 **예산** 300~600B **가는 방법** 쎈탄 엠바시 6F에 있다. BTS 펀찟 역에서 연결통로가 이어진다. Map P.18-B1

쎈탄 엠바시(센트럴 엠바시) Central Embassy(P.320)에서 새롭게 선보인 개방 공간이다. 일종의 '공동생활공간 Co-living Space'을 목표로 문화 · 예술 · 다이닝 공간을 접목시켰다. 7,000㎡(약 2,110평)에 이르는 쇼핑몰 6F를 통째로 개방해 서점, 레스토랑, 카페, 라운지, 와인 바를 배치했다. 구글과 유튜브 일본 지사를 건축한 일본 건축회사에서 디자인했다고 한다. 도서관처럼 서재를 만들고 책을 전시한 것이 가장 큰 특징이다. 2만여 권의 책들로 가득 채워진 서점을 중심에 두고 구역을 구분했다. 8개 구역으로 나뉘지만 경계 없이 서로 연결되어 있다. 통유리를 통해 자연 채광과 방콕 도심 전망을 즐길 수 있다.

식당이 곳곳에 있기 때문에 마음에 드는 장소를 택하면 된다. 케이 부티크 Kay's Boutique(브런치), 브로콜리 레벌루션 Broccoli Revolution(채식 요리), 페피나 Peppina(피자), 레이디 나라 Lady Nara(태국 요리), 무테키 Muteki(일본 요리), 미트 바 Meat Bar(스테이크), 캐스크 The Casks(와인 바)가 있다. 오픈 하우스답게 입장료도 없고 모두에게 개방되어 있다. 굳이 무언가를 사거나 먹지 않더라도 편하게 둘러보고, 중간 중간 마련된 소파에 앉아 쉴 수도 있다.

서점, 레스토랑, 카페, 라운지, 와인 바를 접목시킨 오픈 하우스

쎈탄 엠바시에서 새롭게 만든 오픈 하우스

잇타이
Eathai
★★★☆

주소 B1, Central Embassy, 1031 Thanon Ploenchit **전화** 0-2119-7777 **홈페이지** www.centralembassy.com **영업** 10:00~22:00 **메뉴** 영어, 태국어 **예산** 120~380B(+5% Tax) **가는 방법** 쎈탄 엠바시 지하 1층에 있다. BTS 펀찟 역에서 연결통로가 이어진다.

Map P.18-B1

명품 백화점을 표방하며 쎈탄 백화점에서 새롭게 만든 쎈탄 엠바시 Central Embassy(P.320)에서 운영한다. 고급 내장재와 목재 테이블, 장식까지 신경을 써서 푸드 코트도 고급스러울 수 있다는 것을 증명해 준다. 5,000㎡ 크기의 규모도 인상적이다.

'잇타이'는 3개 구역으로 구분된다. 태국 4개 지역 음식을 요리하는 부엌이란 뜻의 '크루아 씨 빡 Krua 4 Pak'이 중심 구역이다. 쏨땀(파파야 샐러드), 칸똑(북부 지방 전통 음식 세트), 카우쏘이(코코넛 밀크로 만든 북부지방 국수)를 한자리에서 맛볼 수 있다.

스트리트 푸드 섹션 Street Food Section에는 태국에서 흔하게 볼 수 있는 노점 식당들이 들어서 있다. 쌀국수를 포함해 간편한 태국 음식과 디저트를 직접 만들어 준다. 슈퍼마켓에 해당하는 '딸랏 잇타이 Talad Eathai'에서는 식료품과 기념품을 판매한다. '딸랏'은 시장이라는 뜻이다.

계산은 자체 제작한 후불 카드를 사용한다. 입구에서 후불 카드를 받아들고, 음식을 구매할 때 후불 카드를 제시하고, 나갈 때 계산하면 된다. 후불 카드 사용 한도는 1,000B이다.

쎈탄 엠바시에서 운영하는 잇타이

푸드 코트를 고급화 시킨 잇타이

에라완 티 룸
Erawan Tea Room

★★★☆

주소 494 Thanon Phloenchit, Erawan Bangkok 2F **전화** 0-2254-1234 **영업** 10:00~22:00 **메뉴** 영어, 태국어 **예산** 애프터눈 티 650B, 태국 요리 280~1,400B (+17% Tax) **가는 방법** 타논 펀찟 Thanon Phloenchit의 에라완 사당과 아마린 플라자 Amarin Plaza 중간에 있다. 그랜드 하얏트 에라완 호텔 로비로 들어갈 필요 없이 에라완 방콕 Erawan Bangkok 쇼핑몰 2층으로 올라가면 된다. BTS 칫롬 역 2번 출구에서 연결통로가 이어진다. Map P.18-A1

오후에 할 일 없이 찻잔이나 기울이는 일은 고급 호텔의 로비에서나 가능한 호사스런 일로 치부되기 쉽지만, 에라완 티 룸에서는 큰돈을 들이지 않고도 깊은 맛의 영국식 홍차를 즐길 수 있다. 모든 차는 은세공이 돋보이는 티 포트에 담아 차이나 도자기로 만든 찻잔에 따라서 마시게 되어 있다. 애프터눈 티 Afternoon Tea는 오후 2시 30분에서 6시 사이로 제한된다. 3단 접시에 제공되는 애프터눈 티는 특이하게도 태국 디저트들로 가득 채워져 있다.

인테리어는 아시아적 색채가 가미된 복고풍으로 꾸몄다. 푹신한 소파와 잔잔한 음악은 방콕의 무더위와 상반된 조화를 이룬다.

티 룸이라는 이름과 달리 식사도 가능하다. 저녁 시간(18:00~21:30)에는 뷔페와 비슷한 올 유 캔 잇 메뉴 All You Can Eat Menu가 있다. 정해진 메뉴(요리+음료) 안에서 제한 없이 식사할 수 있으며, 1인당 1,150B(+17% Tax)이다. 저녁 시간에는 미리 예약하고 가는 게 좋다.

에라완 티룸

페이스트 Paste

주소 3F, Gaysorn Village, Thanon 999 Phloenchit **전화** 0-2656-1003 **홈페이지** www.pastebangkok.com **영업** 12:00~14:00, 18:30~23:00 **예산** 메인 850~1,900B, 런치 테이스팅 메뉴 3,000B, 디너 테이스팅 메뉴 3,100B(+17% Tax) **가는 방법** 게이손 빌리지 쇼핑몰 3F에 있다. BTS 칫롬 역에서 쇼핑몰까지 연결 통로가 이어진다. Map P.18-A1

태국 음식 평론가들이 뽑는 '베스트 타이 레스토랑' 중 한곳이자, 자국 맛집 평가 사이트에서 매년 베스트 10으로 꼽히는 곳이다. 2020년에는 미쉐린 1스타 레스토랑으로 선정, 아시아 베스트 레스토랑 31위로 기록되면서 유명세가 더해졌다. 오너 셰프 비 싸텅운 Bee Satongun 은 아시아 최고의 여성 요리사로 선정된 화려한 이력을 가지고 있다. 태국 음식 본래의 향과 질감을 재현하기 위해 노력하는 그의 진면목은 메인으로 요리하는 태국 카레에서 제대로 느낄 수 있다. 소금부터 유기농 쌀, 방목해 기르고 도축한 육류, 호주 스패너 크랩 등 식재료를 까다롭게 골라 사용한다. 쇼핑몰 내부에 자리한 고급 레스토랑으로, 건물 3층 한편에 조용하게 자리 잡고 있어 전혀 소란스럽지 않다. 둥근 소파를 이용해 파티션을 구분해 옆 테이블과 적당히 공간이 구분되어 오히려 프라이빗하게 식사하기 좋다. 단품 메뉴(알라카르테)보다는 2인용으로 제공되는 테이스팅 메뉴를 주문하면 좋다. 저녁 시간에는 예약이 필수다.

원형 소파를 이용해 파티션을 구분했다

애피타이저

각종 수상 경력이 레스토랑의 명성을 말해준다

싸네 짠 Saneh Jaan
เสน่ห์จันทน์ (ถนน วิทยุ)

주소 G/F, Sindhorn Building, 130 Thanon Withayu (Wireless Road) **전화** 0-2650-9880, 06-2534-3394 **홈페이지** www.glasshouseatsindhorn.com/restaurant/saneh-jaan **영업** 11:30~14:00, 18:00~22:00 **메뉴** 영어, 태국어 **예산** 메인 요리(단품) 550~780B, 저녁 세트 1,600~2,500B(+17% Tax) **가는 방법** ①타논 위타유의 씬톤 빌딩 1층에 있다. 같은 건물에 있는 스타벅스 뒤쪽에 있다. ②BTS 펀찟 역에서 900m 떨어져 있다. Map P.18-B2

미쉐린 1스타 레스토랑으로 꼽힌 식당. 고급 식재료와 유기농 채소를 사용하며, 태국 각 지방에서 유명하다는 조리법을 재현해 코스 요리를 선보인다. 공간도 이채롭다. 현대적인 빌딩에 딸려 있는 부속 건물이지만 묵직한 나무 대문을 밀고 들어서면 전혀 다른 세상이 펼쳐진다. 웅장한 레스토랑 내부는 태국의 미감을 담은 사진으로 벽면을 장식해 갤러리처럼 꾸몄다. 주 메뉴로는 얌(매콤한 샐러드), 팟(볶음 요리), 깽(태국식 카레), 똠(찌개)을 포함한 정통 태국 요리와 함께 북부 · 남부지방 음식을 마련했다. 태국식 디저트가 잘 구성되어 있어, 매운 음식을 먹은 뒤 달콤함으로 뒷맛을 달래기 좋다. 전체적으로 메뉴 구성이나 음식 맛은 관광객을 배려한 곳은 아니다. 태국 음식이 익숙한 사람들에게 적합한 레스토랑이다.

부담되지 않는 가격에 식사하고 싶다면 점심시간을 이용할 것. 애피타이저+메인 요리 1개+태국 디저트로 구성된 비즈니스 런치 세트(450~780B +17% Tax)를 제공해 준다. 다만 기본적인 드레스 코드(반바지와 슬리퍼를 착용하면 안 된다)는 반드시 지켜야 한다.

애피타이저

타이 디저트

고급스럽게 꾸민 레스토랑 내부

폴 Paul

★★★☆

주소 Level 1, Central Embassy, 1031 Thanon Pleonchit **전화** 0-2001-5160 **홈페이지** www.facebook.com/paul1889.thailand **영업** 10:00~22:00 **메뉴** 프랑스어, 영어 **예산** 빵 · 케이크 75~190B, 브런치 · 샐러드 320~780B(+17% Tax) **가는 방법** 쎈탄 엠바시 1F에 있다. BTS 펀찟 역에서 연결통로가 이어진다. Map P.18-B1

1889년 문을 연 프렌치 베이커리. 전 세계 34개국 430여 곳에 지점을 운영할 정도로 유명하다. 바게트와 크루와상을 기본으로 다양한 프랑스 빵과 파티세리(타르트, 에끌레어, 마카롱, 케이크)가 가득 진열되어 있다. 빵 종류가 140여 가지나 된다. 문 여는 시간에 가면 버터 향과 어우러진 갓 구운 빵 냄새가 식욕을 자극한다. 신선한 빵을 만드는 곳이니만큼 커피를 곁들인 아침 식사나 브런치를 즐기기 좋다.

2014년 방콕에 입성한 이후부터 인기가 높아져 주요 백화점에 체인점이 하나둘씩 늘어나고 있는 추세다. 엠포리움 백화점 Emporium(P.320), 쎈탄 월드 Central World(P.328), 통로 에이트(Map P.22-B2)에 지점을 운영한다.

크레페스 & 코 Crêpes & Co.

★★★☆

주소 59/4 Lang Suan Soi 1 **전화** 0-2652-0208~9 **홈페이지** www.crepesnco.com **영업** 09:00~23:00 **메뉴** 영어, 태국어 **예산** 240~565B(+17% Tax) **가는 방법** 랑쑤언 쏘이 1 골목에 있다. BTS 칫롬 역 4번 출구에서 랑쑤언 방향으로 도보 10분. Map P.18-A2

방콕의 대표적인 지중해 음식 전문점이다. 프랑스 음식을 위주로 스페인 음식과 그리스 음식, 북아프리카의 모로코 음식까지 요리한다. 두툼한 크기의 크레페는 아이스크림은 물론 베이컨, 치즈, 카레, 라자냐를 곁들여 다양한 맛의 변화를 주었다.

지중해 음식으로는 파스타를 시작으로 모로코 음식인 쿠스쿠스 Couscous, 그리스 음식을 대표하는 수불라키 Subulaki, 지중해를 끼고 있는 아랍권 국가에서 애피타이저로 사랑받는 메제 Mezze, 페타 치즈가 듬뿍 들어간 페타 샐러드 Feta Salad가 있다. 아침식사 메뉴를 개인 취향대로 조합해 주문할 수 있는 브런치도 인기가 높다. 쑤쿰윗 통로 쏘이 9에 지점(Map P.22-A2)을 운영한다.

폴 Paul @ Central Embassy

쎈탄 월드(센트럴 월드)에도 분점을 운영한다

프렌치 베이커리 폴 Paul

지중해 음식점 크레페스 & 코

Crêpes & Co.

크레페스 & 코 랑쑤언 본점

씨윌라이 시티 클럽 Siwilai City Club ★★★☆

주소 5/F, Central Embassy, 1031 Thanon Ploenchit **전화** 02-160-5631 **홈페이지** www.siwilaibkk.com **영업** 11:00~24:00 **메뉴** 영어 **예산** 커피 100~140B, 칵테일 260~420B, 메인 요리 350~850B(+10% Tax) **가는 방법** 센탄 엠바시 Central Embassy 쇼핑몰 5F에 있다. BTS 펀찟 역에서 연결 통로가 이어진다.

Map P.18-B1

쇼핑몰 내부에 있지만 웬만한 카페보다 더 트렌디하게 공간을 구성했다. 해변 비치 클럽을 모티브로 꾸몄는데, 야외에 루프 톱 형태의 테라스까지 갖추고 있다. 1,200㎡(약 360평) 규모로 기념품 숍, 카페 & 델리, 다이닝 룸, 시티 라운지, 테라스로 구분해 각기 다른 분위기를 즐길 수 있다. 수제 버거, 시푸드 그릴, 스테이크를 메인으로 요리한다.

루프 톱에 해당하는 테라스는 도심 풍경을 볼 수 있다. 건기(겨울 성수기)에는 야외 테라스 자리를 선호하기 때문에, 미리 예약하고 가는 게 좋다. 밤에는 라이브 밴드가 음악을 연주해준다. 분위기는 좋으나 가성비는 현저하게 떨어진다.

카페, 레스토랑, 라운지, 루프 톱을 결합해 만든 Siwilai City Club

씨윌라이 시티 클럽

메디치 키친 Medici Kitchen ★★★★

주소 Hotel Muse, 55/555 Soi Lang Suan **전화** 0-2630-4000 **홈페이지** www.medici-italian-restaurant-bangkok.com **영업** 12:00~14:30, 18:00~22:30 **메뉴** 영어, 이탈리아어 **예산** 메인 요리 550~2,800B(+17% Tax) **가는 방법** 쏘이 랑쑤언에 있는 호텔 뮤즈 지하 1층에 있다. BTS 칫롬 역 4번 출구에서 도보 10분. Map P.18-A2

방콕의 부촌 랑쑤언에 위치한 호텔 뮤즈 Hotel Muse에서 운영한다. 방콕에서 고급스런 이탈리아 레스토랑으로 손꼽히는 곳으로, 이탈리아 셰프가 요리하는 전문 이탈리아 음식을 맛볼 수 있다. 레스토랑은 호텔 지하에 있는데, 호텔 로비에서 나무 계단을 따라 지하로 내려가면, 19세기 유럽 상류 사회의 모임 장소로 들어온 듯한 착각을 일으키게 한다. 오픈 키친과 와인 셀러, 클래식한 분위기의 가죽 소파와 원목 테이블, 철골 구조물을 이용한 아치형 장식까지 럭셔리하게 꾸몄다. 은은한 조명으로 고풍스런 분위기를 연출한다.

셰프가 직접 만든 홈메이드 파스타, 이탈리아에서 공수한 치즈와 향신료, 호주산 소고기, 푸아그라, 트러플, 사프론 같은 고급 식재료를 아낌없이 사용한다. 저녁 시간(20:30~22:00)에는 오페라 가수가 라이브로 음악을 들려주며 분위기를 고조 시킨다. 특별한 날에 방콕에서 우아하게 파스타와 스테이크를 즐기기에 좋다. 저녁 시간에는 예약하고 가는 게 좋다.

메디치 키친 Medici Kitchen

호텔 뮤즈에서 운영하는 메디치 키친

Nightlife

칫롬 & 펀찟의 나이트라이프

방콕의 대표적인 쇼핑 지역이지만 나이트라이프도 적절히 즐길 수 있다. 시끌벅적한 댄스 클럽보다는 라운지 스타일의 바와 펍들이 많다.

쎈탄 월드 비어 가든
Central World Beer Garden ★★★

주소 1 Thanon Ratchadamri **영업** 18:00~01:00 **메뉴** 영어, 태국어 **예산** 생맥주 200~500B **가는 방법** 쎈탄 월드(센트럴 월드) 쇼핑몰 앞의 야외 광장에 있다. BTS 칫롬 역 1번 출구에서 도보 10분. Map P.18-A1

밤 기온이 20℃ 이하로 내려가는 방콕의 겨울이 오면 도심 곳곳에서 흔하게 비어 가든을 볼 수 있다. 그 중에 최대 규모를 자랑하는 곳이다. 쎈탄 월드 야외 광장에 씽 Singha Beer, 창 Chang Beer, 타이거 Tiger, 하이네켄 Heineken, 칼스버그 Carlsberg 등 유명 맥주 회사들이 저마다 자리를 만들고 라이브 밴드까지 불러들여 활력이 넘친다.

연말이 되면 친구들과의 약속 장소로 가장 사랑받는 장소인 동시에, 신년맞이 카운트다운 행사가 열리는 곳이기도 하다. 비어 가든은 11월 초에서 이듬해 1월 초까지 한시적으로 운영된다. 20세 이상 출입이 가능하며 나이 확인을 위해 신분증을 제시해야 한다.

비어 리퍼블릭
Beer Republic ★★★☆ 2020 New

주소 GF, Holiday Inn Bangkok, 971 Thanon Phloenchit **전화** 0-2656-0080 **홈페이지** www.beerrepublicbangkok.com **영업** 11:30~24:00 **메뉴** 영어 **예산** 생맥주 하프 핀트(284㎖) 100~160B, 생맥주 핀트(568㎖) 190~290B(+17% Tax) **가는 방법** BTS 칫롬 역 1번 출구에서 도보 1분. 홀리데이 인 방콕(호텔) 입구에 있다. Map P.18-A1

방콕 시내에 있는 맥주 전문 레스토랑으로, 맥주 공화국이란 타이틀에 걸맞게 70여 종의 맥주를 판매한다. 탭에서 뽑아주는 시원한 생맥주와 수제 맥주까지 다양하게 즐길 수 있다. 매장은 인터스트리얼한 디자인과 높은 층고가 어우러져 모던한 느낌을 준다. 여러 대의 대형 TV를 설치해 다양한 스포츠 중계방송을 볼 수 있고, 공간 한편은 도로 쪽으로 개방되어 있어 거리 풍경을 감상하기에도 좋다. 프라이빗한 자리를 원한다면 냉방 시설이 가동된 쾌적한 실내 좌석이 낫다. 낮 시간에도 문을 열고 버거, 포크 립, 치킨 윙, 태국 요리에 이르는 술안주와 식사 메뉴를 선보인다. 저녁엔 라이브 밴드가 음악을 연주한다. 시내 중심가에서 편하게 맥주 한잔 하고 싶을 경우 무난한 선택지가 될 것이다. 쇼핑몰이 몰려 있는 지역이라 관광객이 드나들기 편리하다.

연말을 전후해 쎈탄 월드 앞 광장에 생기는 비어 가든

비어 리퍼블릭

외국 관광객이 편하게 드나들 수 있는 맥주 전문점

레드 스카이 & CRU 샴페인 바 Red Sky & CRU Champagne Bar

인기 ★★★★

주소 55F, Centara Grand Hotel, 999/99 Thanon Phra Ram 1(Rama 1 Road) **전화** 0-2100-1234, 0-2100-6255 **홈페이지** www.centarahotelsresorts.com/redsky **영업** 18:00~01:00 **메뉴** 영어, 태국어 **예산** 맥주 · 칵테일 430~550B, 메인 요리 700~3,900B (+17% Tax) **가는 방법** 쎈탄 월드 뒤편에 있는 쎈타라 그랜드 호텔 55층에 있다. 호텔 로비(23층)에서 엘리베이터를 갈아타야 한다. BTS 칫롬 역 또는 BTS 싸얌 역에서 도보 15분. Map P.16-B1 Map P.18-A1

쎈타라 그랜드 호텔 Centara Grand Hotel(P.383)에서 운영하는 루프 톱 레스토랑이다. 빌딩 숲을 이루는 방콕 도심의 스카이라인을 바라보며 식사하기 좋은 곳이다. 쎈타라 그랜드 호텔 55층에 있는 레드 스카이는 레스토랑의 가장자리는 통유리로 만들어 안전을 고려함과 동시에 방해받지 않고 전망을 즐길 수 있도록 설계했다.

해가 질 무렵에는 주변 풍경이 붉은 하늘(레드 스카이)로 변모하지만, 해가 진 다음에는 레스토랑 좌우를 장식한 날개 모양의 구조물이 조명을 바꾸어 가며 분위기를 낸다.

59층에는 CRU Champagne Bar(홈페이지 www.champagnecru.com)를 별도로 운영한다. 샴페인 바를 표방하는데 360° 전망을 감상할 수 있다. 시그니처 칵테일이 600B(+17% Tax)으로 레드 스카이에 비해 조금 더 비싸다.

다른 일류 호텔 레스토랑처럼 반바지나 슬리퍼, 찢어진 청바지 등의 복장으로 입장할 수 없다. 해피 아워(16:00~18:00)에는 맥주 또는 칵테일을 1+1으로 제공한다.

Red Sky

쎈타라 그랜드 호텔에서 운영하는 레드 스카이 & CRU 샴페인 바

스피크이지 The Speakeasy

★★★☆

주소 24~25F, Hotel Muse, 55/555 Soi Lang Suan **전화** 0-2630-4000 **홈페이지** www.hotelmusebangkok.com **영업** 17:30~01:00 **메뉴** 영어 **예산** 맥주 · 칵테일 200~500B(+17% Tax) **가는 방법** 뮤즈 호텔 24층과 25층에 있다. BTS 칫롬 역 4번 출구에서 쏘이 랑쑤언 방향으로 도보 10분. Map P.18-A2

호텔 뮤즈(P.386)에서 운영하는 루프 톱 바 Rooftop Bar. 부티크 호텔에서 운영하는 곳이라 그런지 인테리어와 디자인에 신경을 많이 썼다. 1920년대 금주령이 내렸던 미국의 비밀스런 술집을 모티브로 삼았다고 한다. 메뉴판도 종이 신문처럼 만들어 옛 향수를 자극시킨다. 시가 라운지 Cigar Lounge와 프라이빗 룸 Private Rooms은 호사스런 느낌을 준다.

25층은 옥상에 만든 루프 톱 바는 인조 잔디를 깔았고, 궁전을 연상시키는 둥근 돔 모양 장식이 어우러져 우아하다. 방콕 도심의 빌딩을 감싸고 있어 몽롱한 느낌마저 든다. 은은한 조명과 방콕의 야경을 즐기며 낭만적인 시간을 보내기 좋다. 이른 저녁 시간에는 잔잔한 재즈 음악도 흐른다. 씨로코 Sirocco(P.302) 같은 대중적인 곳에 비해 규모가 작아서 사적(私的)인 느낌이 강하다. 시끄럽지 않고 차분한 시간을 보낼 수 있다. 기본적인 드레스 코드를 지켜야 한다. 예약하고 가는 게 좋다.

호텔 뮤즈 25층의 스피크이지

The Speakeasy

Pratunam 빠뚜남

빠뚜남은 문(門)이라는 뜻의 '빠뚜'와 물이라는 뜻의 '남'이 합쳐진 말이다. 남쪽으로 쌘쌥 운하(크롱 쌘쌥) Khlong Saen Saep가 흐르는데, 운하의 수위를 조절하던 수문(水門)이 있다 하여 붙여진 지명이다. 영어로 워터게이트 Watergate라고 쓰기도 한다. 쌘쌥 운하에서는 방콕 서민들에게 사랑받는 대중교통 수단인 운하 보트가 운행되는데, 빠뚜남 선착장 (타르아 빠뚜남) Pratunam Pier은 기다란 운하 보트 노선의 중심 선착장이 된다.

빠뚜남은 아마리 워터게이트 호텔 Amari Watergate Hotel부터 바이욕 스카이 호텔 Baiyoke Sky Hotel에 이르는 지역으로, 두 개의 호텔 사이에는 빠뚜남 시장(딸랏 빠뚜남)이 형성되어 있다. 방콕 시내에서 가장 큰 재래시장인 빠뚜남 시장은 미로 같은 골목길이어서 혼잡하다. 저가의 의류와 패브릭, 액세서리가 거래되는데, 저렴한 물건들을 구입하려는 현지인들과 인도 · 중동 · 아프리카에서 온 보따리 장사꾼들로 하루 종일 북적댄다. 외국인 여행자들에게 특별히 어필하는 매력이 없기 때문에 빠뚜남은 그냥 지나치기 십상이다. 바이욕 스카이 호텔 전망대에서 시원스레 펼쳐지는 방콕 전경이 그나마 아쉬움을 달랠 뿐이다.

볼 거 리	★☆☆☆☆	P.254
먹을거리	★★★☆☆	P.255
쇼 핑	★★★☆☆	P.321
유 흥	★★★☆☆	

알아두세요

1. 바이욕 스카이 호텔의 뷔페 레스토랑을 이용하면 전망대를 공짜로 관람할 수 있다.
2. 빠뚜남은 큰 볼거리가 없어서 인접한 쎈탄 월드(센트럴 월드)와 함께 둘러보면 좋다.
3. 쌘쌥 운하를 오가는 운하 보트를 타면 빠뚜남 시장까지 빠르게 이동할 수 있다.
4. 운하 보트는 빠뚜남 선착장(타르아 빠뚜남)에서 갈아타야 한다.

Access 빠뚜남의 교통

다양한 버스 노선이 빠뚜남을 지나지만 외국인 여행자들에게는 다소 난해한 교통편이다. 운하 보트 선착장이 빠뚜남 입구에 있어 편리하다. BTS 노선은 칫롬 역이 가장 가깝다.

+ BTS

빠뚜남을 지나는 BTS 역은 없다. 가장 인접한 BTS 역은 칫롬 역으로 빠뚜남 시장까지 도보로 15분 걸린다. 판팁 플라자를 갈 경우 BTS 랏차테위 역에서 내리면 된다.

+ 운하 보트

빠뚜남 선착장(타르아 빠뚜남) Pratunam Pier에서 빠뚜남 시장까지 도보 5분 거리로 가깝다. 카오산 로드에서 출발한다면 판파 선착장(타르아 판파) Phan Fa Pier에서 운하 보트를 타면 된다.

버스에 비해 교통 체증이 없이 빠르게 이동할 수 있지만 운하를 흐르는 물이 더러워서 쾌적하지는 않다.

+ 공항 철도

쑤완나품 공항에서 출발하는 공항 철도 시티 라인이 빠뚜남을 지난다. 랏차쁘라롭 Ratchaprarop 역에서 바이욕 스카이 호텔까지 도보 10분, 빠뚜남 시장까지 도보로 15분 걸린다.

Best Course 추천 코스

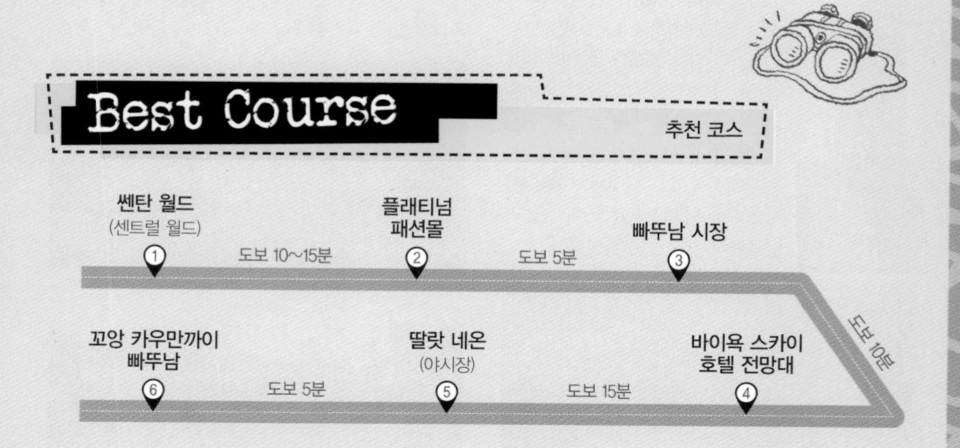

Attractions

빠뚜남의 볼거리

특별한 볼거리는 없다. 빠뚜남 시장(P.321)을 기웃거리거나 바이욕 스카이 호텔 전망대에 올라 방콕 전망을 내려다보면 된다.

바이욕 스카이 호텔 전망대 ★★★
Baiyoke Sky Hotel Observation Deck

주소 77F, Baiyoke Sky Hotel, 222 Thanon Ratchaphrarop **전화** 0-2656-3000, 0-2656-3456 **홈페이지** http://baiyokesky.baiyokehotel.com **운영** 10:00~23:00 **요금** 400B(음료 1잔 포함) **가는 방법** 빠뚜남 시장과 인접한 바이욕 스카이 호텔 77층에 있다. **운하 보트** 빠뚜남 선착장에서 도보 15분. **공항 철도** 시티 라인 랏차쁘라롭 역에서 도보 10분.

Map P.24-B2

방콕에서 두 번째 높은 건물인 바이욕 스카이 호텔에 있다. 야외 전망대가 위치한 곳은 호텔 건물 맨 꼭대기인 84층이다. 높이 309m에 있는 야외 전망대로 회전 장치를 만들어 느린 속도로 움직인다. 야외 전망대는 안전을 위해 보호망이 설치되어 있다. 실내 전망대인 77층은 유리창을 통해 전망을 내려다볼 수 있다. 전망대만 간다면 18층에 있는 호텔 로비를 통하지 말고, 1층에 마련된 전용 엘리베이터를 타고 77층으로 직행하면 된다. 바이욕 스카이 호텔 뷔페에서 점심이나 저녁식사(P.255)를 할 경우 전망대를 무료로 방문할 수 있다. 참고로 2018년에 건설된 314m 높이의 킹 파워 마하나콘 King Power Mahanakhon(P.266)가 방콕에서 가장 높은 빌딩이다.

바이욕 스카이 호텔

전망대에서 고가 도로가 얽혀 있는 방콕 풍경이 보인다

딸랏 네온(네온 야시장)
Talad Neon(Neon Night Market)
ตลาดนีออน (ประตูน้ำ) ★★☆

주소 Thanon Phetchburi Soi 25 & Soi 27 **전화** 06-3230-1555, 06-3197-2515 **홈페이지** www.facebook.com/taladneon **운영** 17:00~24:00 **가는 방법** 빠뚜남에 있는 버클리 호텔 The Berkeley Hotel 옆. 타논 펫부리 쏘이 25와 쏘이 27 사이에 있다.

Map P.18-A1 Map P.24-B2

도심과 가까운 빠뚜남에 있는 야시장이다. 다운타운 나이트 마켓 Downtown Night Market이라고 홍보하고 있다. 2016년 12월 1일에 개장했으며, 넓은 공터에 천막을 세워 900여 개의 노점이 들어서 있다. 태국의 야시장이 그러하듯 물건 파는 상점과 노점 식당이 함께 들어서 있다. 인공적으로 만든 느낌이 강해 야시장의 흥겨움은 떨어진다. 북적대는 딸랏 롯파이 랏차다 야시장(P.336)에 비해 인기는 덜하다. 참고로 네온의 태국식 영어 발음은 '니언'이기 때문에 지명을 함께 붙여서 '딸랏 니언 빠뚜남'이라고 해야 알아듣는다.

딸랏 네온 야시장

딸랏 네온

Restaurant

빠뚜남의 레스토랑

고급스런 레스토랑은 거의 없고 빠뚜남 시장 주변의 저렴한 로컬 레스토랑이 대부분이다.
에어컨 시설의 저렴한 레스토랑은 플래티넘 패션몰, 빠뚜남 센터, 판팁 플라자 같은 쇼핑몰에 있다.

바이욕 스카이 호텔 뷔페
Baiyoke Sky Hotel Buffet ★★★

주소 22 Thanon Ratchaprarop, Baiyoke Sky Hotel **전화** 0-2656-3000, 0-2656-3456 **홈페이지** www.baiyokehotel.com **영업** 17:30~22:00 **예산** 점심 630B, 저녁(76~78층) 730B, 저녁(81~82층) 850B **가는 방법** 바이욕 스카이 호텔 76층과 81층에 있다. ①**공항 철도** 시티 라인 랏차쁘라롭 역에서 도보 10분. ②**운하 보트** 빠뚜남 선착장에서 도보 15분.
Map P.24-B2

태국에서 가장 높은 바이욕 스카이 호텔 꼭대기에 있는 뷔페 레스토랑이다. 해발 309m에서 방콕 전경을 파노라마로 즐기며 다양한 음식을 배불리 먹을 수 있다. 레스토랑은 아래층(76~78층)과 위층(81~82층)으로 구분해 요금을 다르게 받는다. 아래층은 단체 관광객, 위층은 개별 관광객이 선호한다. 호텔 로비(18층)보다 한 층 위에 있는 19층에서 좌석을 배정받아 전용 엘리베이터를 타고 레스토랑으로 올라가면 된다.
음식은 태국식 시푸드, 일식, 이탈리아 음식과 샐러드, 디저트가 다양하게 준비되어 있다. 점심 때보다 저녁 때 사람들이 많다. 호텔 뷔페 요금으로 전망대를 공짜로 즐길 수 있어 일석이조다. 여행사를 통해 할인된 요금에 미리 예약하는 게 좋다. 단체 관광객이 많아서 북적댄다.

Baiyoke Sky Hotel Buffet

바이욕 스카이 호텔 뷔페

꼬앙 카우만까이 빠뚜남
Go-Ang Kaomunkai Pratunam
โกอ่างข้าวมันไก่ประตูน้ำ ★★★☆

주소 Thanon Petchburi Soi 30 **전화** 0-2252-6325 **영업** 06:00~14:00, 17:00~02:00 **메뉴** 태국어 **예산** 닭고기 덮밥 40~60B **가는 방법** 타논 펫부리 쏘이 쌈씹 Phetchburi Soi 30 입구에 있다. Map P.24-B2

태국 사람들에게 무척 인기 있는 카우만까이(닭고기 덮밥) 전문점이다. 치킨라이스 Chicken Rice라고 부르는 카우만까이는 푹 고아 기름기를 뺀 부드러운 닭고기를 썰어서 기름진 밥에 얹어 준다. 화교가 운영하는 서민 식당인데, 세월이 더해져 어느덧 빠뚜남의 명물이 됐다. 1960년부터 영업하고 있다. '방콕 최고의 카우만까이'라는 언론의 칭찬이 어색하지 않을 정도다. 인기를 실감하듯 식사시간에는 손님이 많아서 줄서서 기다려야 한다. 홍콩, 타이완, 싱가포르 관광객들도 많이 찾는다.

치킨 라이스로 알려진 카우만까이

꼬앙 카우만까이 빠뚜남

Anutsawari 아눗싸와리

볼 거 리	★☆☆☆☆	P.258
먹을거리	★★☆☆☆	P.259
쇼 핑	★★☆☆☆	
유 흥	★★☆☆☆	P.260

전승기념탑 Victory Monument 주변을 의미하는 '아눗싸와리'는 방콕 5대 혼잡지역 가운데 하나다. 로터리를 중심으로 동서남북으로 뻗은 도로는 방람푸, 랏차다, 싸얌, 짜뚜짝에서 들어오는 차들로 밤낮없이 분주하다.

방콕을 찾은 여행자들에게 아눗싸와리는 큰 의미가 없다. 대단한 볼거리가 있는 것도 아니고 으리으리한 쇼핑센터가 반기지도 않기 때문이다. 그러나 아눗싸와리를 무시할 수 없는 이유는 방콕 도심에서 느낄 수 있는 '방콕다움'이 있기 때문이다.

사람이 많이 모이는 번화가이지만 건물이 말끔하지도 않다. 다만 방콕 소시민들의 삶이 녹록히 서려 있는 듯 오래된 서민 아파트들과 골목을 가득 메운 노점상들의 모습에서 특별한 반가움을 만날 수 있다.

알아두세요

1. 아눗싸와리 차이(전승기념탑) 로터리는 교통의 요지로 항상 혼잡하다.
2. BTS 아눗싸와리 차이 역을 이용하면 드나들기 편리하다.
3. 아눗싸와리 차이(전승기념탑) 옆 광장 빅토리 포인트에 노점 식당이 많다.
4. 색소폰의 라이브 음악은 밤이 깊을수록 그 빛을 더한다.
5. 킹 파워 콤플렉스 면세점 쇼핑은 여권과 항공권이 필요하다.

Access 아눗싸와리의 교통

아눗싸와리로 가는 가장 편리한 방법은 BTS를 타는 것이다. 버스 노선은 너무 많아서 아눗싸와리 로터리를 중심으로 버스 정류장이 제각각이다. 타고자 하는 버스정류장 위치까지 알고 있어야 한다.

+ BTS

BTS 아눗싸와리 차이(전승기념탑) 역에 내리면 아눗싸와리 한복판에 도착하게 된다. 쑤언 팍깟 궁전을 가고자 한다면 BTS 파야타이 역에서 내리자.

+ 버스

카오산 로드와 인접한 타논 랏차담넌 끄랑에서 59번, 503번, 509번 버스가 아눗싸와리로 향한다. 아눗싸와리 로터리의 타논 파야타이 Thanon Phayathai 방면 정류장을 이용한다.

+ 공항 철도

쑤완나품 공항에서 아눗싸와리까지 공항 철도는 연결되지 않는다. 공항 철도 시티 라인을 타고 종점인 파야타이 역에서 내려 BTS로 갈아타야 한다.

Best Course 추천 코스

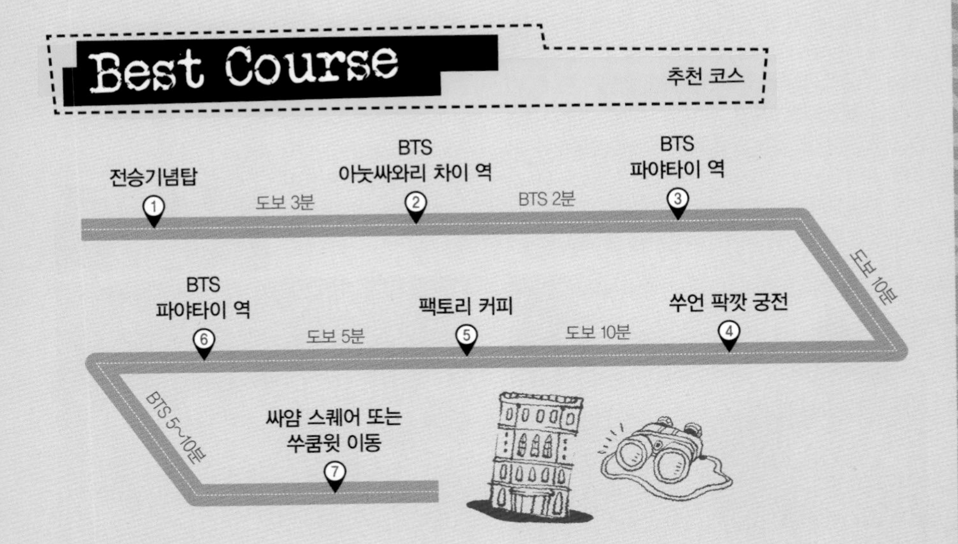

Attractions

아눗싸와리의 볼거리

태국 왕실에서 건설한 쑤언 팍깟 궁전이 가장 큰 볼거리다. 하지만 아눗싸와리는 역사 유적보다는 거리 풍경이 더 눈길을 끈다. 거리 곳곳에서 방콕다운 서민적 풍경을 느낄 수 있다.

쑤언 팍깟 궁전
Suan Pakkad Palace
วังสวนผักกาด

★★★

현지어 왕 쑤언 팍깟 **주소** 352~354 Thanon Si Ayuthaya **전화** 0-2245-4934 **홈페이지** www.suanpakkad.com **운영** 09:00~16:00 **요금** 100B **가는 방법** BTS 파야타이 역 4번 출구에서 타논 씨 아유타야 Thanon Si Ayuthaya 거리를 따라 450m. Map P.24-A1

'배추 정원'이라는 이름 때문에 쑤언 팍깟을 방문하지 않겠다면 큰 오산이다. 기품 가득한 태국 전통 목조 가옥의 아름다움과 도심 속의 정원이 주는 운치가 매력적인 쑤언 팍깟은 쭐라롱껀 대왕의 손자인 쭘폿 왕자 Prince Chumbot와 판팁 공주 Princess Pantip가 살던 궁전이다.

태국 북부 지방 건축 양식으로 만든 우아한 건물들은 현재 왕자가 수집한 골동품, 가구, 태국 예술품을 전시한 박물관으로 사용되고 있다. 청동기 유적을 전시한 반 치앙 컬렉션 Ban Chiang Collection 전시관을 시작으로 왕실 선박 전시관, 래커 파빌리온 Lacquer Pavilion 순으로 관람하게 된다.

쑤언 팍깟의 가장 큰 볼거리는 래커 파빌리온. 450년의 역사를 간직한 아유타야 시대 건축물로 건물 자체도 보물급이지만 내부를 장식한 벽화로 유명하다. 부처의 생애와 힌두 신화인 〈라마끼안〉을 그렸는데, 래커를 이용했기 때문에 화려함의 극치를 이룬다.

정원 오른쪽은 쭘폿 왕자가 사용하던 응접실과 식당이 있던 건물이다. 현재는 아유타야 시대 불상을 위주로 다양한 불상을 전시하고 있다. 2층에서 연결된 건물들은 악기, 중국 도자기, 셀라돈, 벤자롱, 전통 악기, 콘 가면 등의 전시관으로 사용된다.

쑤언 팍깟의 하이라이트 래커 파빌리온

전승기념탑(아눗싸와리 차이)
Victory Monument อนุสาวรีย์ชัยฯ

★★

주소 Thanon Ratchawithi & Thanon Phayathai **운영** 24시간 **요금** 무료 **가는 방법** BTS 아눗싸와리 차이(전승기념탑) 역에서 200m 떨어져 있다.
Map P.24-B1

방콕의 중요한 교통 요지인 '아눗싸와리' 로터리 중앙에 우뚝 솟은 50m 높이의 첨탑이다. 서구 열강으로부터 유일하게 식민지배를 받지 않았던 태국의 자부심이 잘 드러나는 전승기념탑은 인도차이나를 지배하던 프랑스와의 전쟁에서 승리해 과거 태국 영토 일부를 수복한 것을 기념해 세웠다. 총검 모양의 탑을 형상화했고, 기단부에 1943년 전투에서 사망한 순국열사들의 이름을 모두 새겼다.

전승기념탑

로터리 오른쪽에 있는 빅토리 포인트 Victory Point는 저녁이 되면 작은 광장에 노점이 들어서 야시장 분위기를 연출한다.

화려한 벽화가 그려진 쑤언 팍깟의 래커 파빌리온

Restaurant

아눗싸와리의 레스토랑

아눗싸와리 지역은 현지인들을 위한 '보통' 태국 음식점들이 많다. 거리 노점이나 재래시장에 형성된 쌀국숫집에서 간편하고 저렴한 식사가 가능할 뿐이다. 타논 랑남 Thanon Rangnam에는 저렴한 현지 식당이 밀집해 있으며, 센추리 플라자에는 패스트푸드 레스토랑이 많다. 저녁시간에는 전승기념탑 오른쪽에 있는 빅토리 포인트에 노점 식당들이 들어선다.

팩토리 커피 Factory Coffee

주소 49 Thanon Phyathai **전화** 08-0958-8050 **홈페이지** www.facebook.com/factorybkk **영업** 08:30~18:00 **메뉴** 영어 **예산** 커피 100~180B **가는 방법** ① BTS 파야타이 역 5번 출구에서 공항 철도 파야타이 역 방향으로 100m. 렛츠 릴랙스(마사지) Let's Relax 옆에 있는 호텔 트랜즈 Hotel Tranz를 바라보고 오른쪽에 있다. ②공항철도 파야타이 역에서 1층으로 내려오면 택시 승강장 맞은편에 있다. Map P.24-A1

커피 애호가들의 명소로 떠오른 곳이다. 2017년과 2018년 태국 국내 바리스타 경연대회 우승자가 운영한다. 시멘트와 벽돌을 노출해 트렌디한 공장(작업실)처럼 꾸몄다.

단순히 커피숍이 아니라 독특한 커피를 만들어내는 '에스프레소 바'를 표방한다. 마치 칵테일을 제조하듯 큐브, 초콜릿 밀크, 아로마, 토닉, 레몬 등을 첨가해 창의적인 커피를 만들어낸다. 에스프레소 커피에 더해진 다양한 첨가물이 풍미를 더해준다. (딱 한 가지만 고르기 힘들지만) 시그니처 드링크 Signature Drink 중에서 선택하면 된다.

단순한 아이스커피를 원한다면 유리병에 담긴 콜드브루 Cold Brew가 있다. 한 종류의 원두만 사용한 커피를 원할 경우 싱글 오리진 Single Origin, 여러 종류의 원두를 브랜딩한 커피를 원할 경우 스페셜 빈 Special Bean을 고르면 된다. 직접 로스팅한 커피 원두도 판매한다. 위치는 애매하지만 BTS 역과 가까워 교통이 불편하진 않다. 한국 관광객에게도 많이 알려져 있다. 2019년 1월부터 새로운 위치로 이전해 영업하고 있다.

화이트 시트러스 White Citrus

팩토리 커피

미세스 콜드 Mrs. Cold

에스프레소 바에서 다양한 커피를 제조해낸다

꽝(꾸앙) 시푸드
Kuang Seafoods กวงทะเลเผา ★★★☆

주소 107/12~13 Thanon Rangnam **전화** 0-2642-5591 **영업** 11:00~02:00 **메뉴** 영어, 태국어 **예산** 메인 요리 250~1,600B **가는 방법** 센추리 플라자(쇼핑몰)를 끼고 타논 랑남으로 들어가서 도로 오른쪽 끝까지 가면 된다(약 700m). BTS 아눗싸와리 차이(전승기념탑) 2번 출구에서 도보 15분. Map P.24-B1

타논 랑남에서 인기 있는 시푸드 레스토랑. 한자 간판은 광해선(光海鮮)이라고 적혀 있다. 외국인보다 현지인들이 즐겨 찾는 해산물 식당답게 음식 값이 무난하다. 뿌팟퐁까리(게 카레 볶음), 꿍옵운쎈(새우 당면 뚝배기 졸임), 깽쏨쁠라촌(맵고 시큼한 생선찌개), 어쑤언(굴 계란 철판 볶음) 등 맛 좋은 해산물 요리가 가득하다. 랏차다 쿼이꽝 사거리 주변에 머문다면, 랏차다 쏘이 10 Ratchada Soi 10(전화 0-2275-3939, Map P.25) 지점을 이용하면 된다.

게 카레 볶음 뿌팟퐁까리

Kuang Seafoods

Nightlife
아눗싸와리의 나이트라이프

전승기념탑 로터리에는 방콕을 대표하는 재즈 & 블루스 라이브 바인 색소폰이 있다.

색소폰
Saxophone Pub & Restaurant ★★★★☆

추천

주소 3/8 Thanon Phayathai **전화** 0-2246-5472 **홈페이지** www.saxophonepub.com **영업** 18:00~02:00 **메뉴** 영어, 태국어 **예산** 맥주 · 칵테일 170~350B, 위스키 1병 1,600~2,800B(+10% Tax) **가는 방법** 아눗싸와리 차이(전승기념탑) Victory Monument 로터리에 있다. BTS 아눗싸와리 역 4번 출구에서 빅토리 포인트 Victory Point 광장 오른쪽 골목에 있다.
Map P.24-B1

방콕 나이트라이프를 논할 때 빼놓을 수 없는 곳. 31년 넘도록 방콕을 대표하는 라이브 바로 현지인과 관광객 모두에게 절대적인 지지를 받는다. 라이브로 연주되는 음악은 블루스와 록 음악이 주를 이루지만, 이른 저녁에는 어쿠스틱 기타 연주도 들을 수 있다. 방콕 커넥션 Bangkok Connection, 티본 T-Bone, 아린 재즈 밴드 Arin Jazz Band, JRP 리틀 빅 밴드 JRP Little Big Band 등 기라성 같은 밴드가 무대에 오른다. 메인 밴드 공연은 밤 9시부터 시작된다.
실내는 2층으로 넓은 편이다. 음악에 심취하고 싶다면 1층의 무대 주변에 자리를 잡고, 친구들과 대화를 나누고 싶다면 2층 테이블에 자리를 달라고 하자. 무대 주변에 자리를 잡고 싶다면 서두를 것. 자정이 가까워지면 라이브 음악이 절정에 이르기 때문에 담소를 나누며 떠들기는 힘들다. 그저 음악에 심취해 기분 좋게 몸과 머리를 흔들며 방콕의 밤을 아쉬워하자.

Saxophone Pub

방콕의 대표적인 재즈 바 색소폰

Travel Plus

나이트클럽이 밀집한 동네 RCA

RCA는 방콕의 대표적인 클럽 밀집 지역입니다. 로열 시티 애비뉴 Royal City Avenue라는 그럴싸한 이름을 갖고 있습니다. RCA는 타논 팔람까우 Thanon Phra Ram 9(Rama 9 Road)에서 타논 펫부리 Thanon Phetchburi까지 이어지는 약 1㎞ 정도 되는 도로입니다. 정부에서 지정한 엔터테인먼트 특별지역 중의 하나로, 밤이 되면 차량출입이 통제되면서 나이트클럽들이 영업을 하도록 경찰들이 특별 배려를 해줍니다. 방콕의 클럽 문화가 심하게 유행을 타는데도 불구하고 RCA의 인기는 변함이 없습니다. 평일에는 다소 썰렁해 보이지만, 주말에는 젊은이들로 북적댑니다. 최근 에까마이 일대의 클럽(P.123)이 급부상하면서 RCA와 선의의 경쟁을 하고 있는 중이기도 합니다.
RCA의 특징은 한껏 멋을 부리고, 섹시한 복장으로 클럽을 찾는 태국 젊은이들이 많다는 것입니다. 공식적인 룰은 아니지만 40세 이상의 노땅들은 자연스레 피하게 되는 동네가 RCA입니다. RCA를 들어서자마자 보이는 오닉스 Onyx와 루트 66 Route 66이 인기 클럽입니다. 참고로 20세 이상 출입이 가능하며, 입구에서 신분증 검사를 합니다. 외국인에게 입장료(커버 차지)를 받습니다. 입장료에는 음료 쿠폰이 포함되어 있으며, 자유롭게 출입할 수 있도록 팔뚝에 스탬프를 찍어줍니다. 대부분의 태국 젊은이들은 맥주가 아니라 위스키와 믹서(얼음, 소다, 콜라)를 섞어 마시면서 춤과 음악을 즐깁니다. 위스키를 병으로 주문할 경우 입장료를 낼 필요는 없습니다. 자세한 내용은 P.262 참고.

오닉스
Onyx ★★★★

주소 29/22~32 Royal City Ave., Thanon Phra Ram 9 **전화** 08-1645-1166 **홈페이지** www.onyxbangkok.com **영업** 21:00~02:00 **예산** 입장료 500B, 위스키 2,200~4,500B **가는 방법** 인근에 BTS나 지하철이 없어서 택시를 타야 한다. 카오산 로드에서 30~40분, 쑤쿰윗에서 20분 정도 걸린다. Map P.25

RCA에서 첫 번째로 만나게 되는 클럽. 쑤쿰윗에나 있을 법한 고급 라운지 형태로 꾸며 인기가 높다. EDM과 하우스 뮤직이 주를 이룬다.
주말 저녁에는 라이브 밴드가 음악을 연주하는데, 실내에는 춤추는 사람들로 늘 만원이다. 2층에 예약 손님을 위한 VIP 구역을 별도로 운영한다.

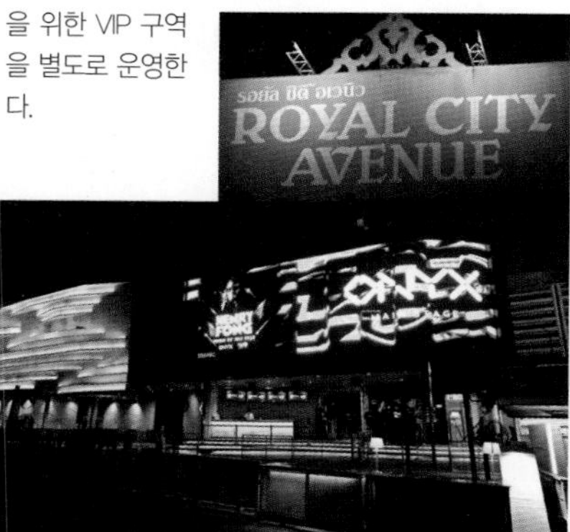

루트 66
Route 66 ★★★★

주소 29/33~48 Block B, Royal City Ave., Thanon Phra Ram 9 **전화** 0-2203-0936 **홈페이지** www.route66club.com **영업** 20:00~02:00 **예산** 입장료 300B, 맥주 200~320B, 위스키 1,800~3,500B **가는 방법** RCA의 첫 번째 업소인 오닉스와 나란히 붙어 있다.
Map P.25

RCA를 대표하는 클럽이다. 예나 지금이나 변함없는 인기를 누린다. 루트 66은 같은 간판 아래 3개의 공간으로 구분해 각기 다른 컨셉트로 꾸몄다. 더 노벨 The Novel은 라이브 연주, 더 클래식 The Classic은 힙합, 더 레벨 The Level은 DJ가 EDM을 믹싱해 주는 클럽으로 운영된다. 태국 유명 가수의 라이브 무대와 각종 기념일 파티까지 다양한 이벤트로 즐거움을 선사한다.

Travel Plus

방콕에서 클럽 즐기기

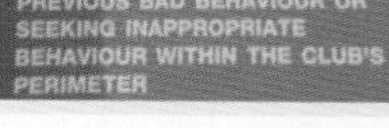

1 언제 가면 좋을까요?

밤 8시쯤 클럽들이 문을 열지만 밤 10시는 넘어야 사람들이 오기 시작합니다. 보통 밤 11시를 기점으로 분위기가 무르익기 시작해 새벽 1시가 넘으면 슬슬 파장 분위기로 접어든답니다.

2 나이 제한이 있나요?

정부의 방침에 따라 출입 연령 제한이 엄격합니다. 대부분 20세 이상으로 출입 연령을 제한합니다. 외국인이라 하더라도 나이 확인을 위해 신분증을 요구하는 곳이 많답니다. 여권 사본이나 사진이 부착된 신분증을 지참하세요.

3 복장도 제한이 있나요?

특별히 복장 제한은 없지만 슬리퍼나 반바지를 입으면 입장을 제재합니다. 복장 제한 이외에 소지품 제한도 있습니다. 댄스 클럽을 출입할 때 가방 검사도 하는데요, 마약이나 총기류 반입을 막으려는 이유지요. 총기류는 전혀 걱정하지 않아도 되지만, 마약은 정말 골칫거리여서 심할 경우는 경찰이 들이닥쳐 업소 문을 닫고 소변을 채취하기도 한답니다. 쓸데없는 호기심으로 낭패를 당할 수 있으니 마약은 절대 금지입니다.

4 입장료가 있나요?

유명 밴드를 초대해 라이브 공연을 할 때를 제외하고 원칙적으로 입장료는 없습니다. 하지만 외국인이라면 사정은 달라집니다. 방콕 클럽은 외국인이 선호하는 곳과 태국 젊은이들이 좋아하는 곳이 극명하게 차이를 보입니다. 태국 젊은이들(그들은 맥주가 아니라 양주를 마십니다)이 즐겨가는 고급 클럽들은 퀄리티를 유지하기 위한 수단으로 외국인에게 입장료 Cover Charge를 부과하는 것이지요. 한산한 평일은 입장료를 부과하는 경우가 드물고, 사람이 많이 몰리는 주말에 별도의 입장료를 받는답니다. 입장료에는 맥주 2병 쿠폰이 포함되어 있답니다. 여러 명이 함께 갈 경우에는 입장료를 낼 필요 없이 위스키 한 병을 시키는 게 더 저렴합니다.

5 돈은 얼마나 필요할까요?

어떤 곳을 가느냐, 얼마나 술을 마시느냐에 따라 달라지겠지만, 보통 4~6명이 함께 가서 양주 한 병을 시키면 3,000B 정도에서 해결이 가능합니다. 양주 한 병에 1,500~2,500B 정도이고 얼음과 소다, 콜라 등의 믹서 비용을 별도로 추가해야 합니다.

6 술 카드라는 제도가 있다구요?

태국 사람들은 술에 목숨 걸지 않는답니다. 그저 즐기고 신나게 노는 게 목적이지요. 물론 양주 한 병 값이 그들에게는 무리가 되기도 하구요. 그래서 먹다 남은 술은 업소에 보관할 수가 있는데요, 반드시 술 카드를 받아두어야 다음에 또 사용이 가능합니다. 술을 보관할 때 본인들이 먹다 남은 양주에 표시를 해두니 그것도 잘 확인해 두기 바랍니다. 보통 한 달 이내에 다시 가면 킵해둔 술을 다시 개봉할 수 있답니다. 다시 갈 기회가 생기지 않을 것 같다면 다른 사람에게 선심 써도 좋구요.

7 주의사항이 있나요?

어디나 사람이 모이고 술이 흥건해지는 곳이면 사고가 발생하기 마련입니다. 최근 한류의 영향을 타고 한국인 관광객들에게 '목적을 갖고 접근'하는 태국 현지인들이 늘었습니다. 남녀노소를 불문, 과하게 친밀감을 보인다거나 술을 사달라고 의도적으로 유혹할 경우 주의해야 합니다. 술에 약을 타서 귀중품을 훔쳐가는 사고가 증가하고 있는 실정입니다. 남이 주는 술은 받아 마시지 말고, 댄스 클럽에 갈 때 과도한 돈이나 보석 장구를 휴대하는 것도 삼가세요.

Silom & Sathon

씰롬 & 싸톤

'풍차'라는 뜻에서 연상되듯 씰롬은 19세기 후반까지만 해도 낙후된 지역이었다. 유럽 상인들이 거주한 강변의 방락 Bangrak 지역의 발전에 힘입어 동반 성장하면서 현재는 방콕 최대의 상업 지역으로 변모했다. 씰롬과 인접한 싸톤은 외국계 은행들과 부티크 호텔들이 대거 포진해 있어 금융과 호텔 업계를 선도한다. 낮에는 오피스 빌딩에서 쏟아져 나오는 직장인들로 분주하지만 밤이 되면 전혀 다른 얼굴로 변신해 방콕 최대의 환락가를 형성한다. 특히나 팟퐁 Patpong으로 대표되는 환락가의 네온사인이 불을 밝히면 홍청대는 도시의 밤이 시작된다. 씰롬은 잘나가는 회사를 다니는 커리어 우먼들과 남성들을 호객하며 삶을 이어가야 하는 여성들의 대조적인 모습을 보여주는 공간이다.
씰롬 & 싸톤은 오로지 일하고 먹고 마시고 즐기기 위해 존재하는 공간처럼 느껴진다. 럭셔리한 레스토랑과 펍, 고고 바, 일본식 요정, 게이 바, 아이리시 펍, 야시장, 일류 호텔의 스카이라운지까지 다양한 기호를 충족해주며 밤늦도록 불야성을 이룬다.

볼 거 리	★★☆☆☆	P.266
먹을거리	★★★★★	P.268
쇼 핑	★★★★☆	P.331
유 흥	★★★★☆	P.280

알아두세요

1. 팟퐁에서의 무절제한 행동은 삼가자. 특히 술에 취해 현지인들과 다툼을 벌여서는 안 된다.
2. 보석 상가가 많지만, 가짜 업소도 많다. 무턱대고 보석에 관심을 보이지 말자.
3. 씰롬 콤플렉스 쇼핑몰 지하에 식당가가 형성되어 있다.
4. 고급 레스토랑은 점심 세트 메뉴를 할인된 가격에 제공한다.
5. 퇴근 시간이 되면 룸피니 공원에 운동하러 나온 시민들을 볼 수 있다.

Don't Miss 이것만은 놓치지 말자

1 킹 파워 마하나콘 전망대 올라가기.(P.266)

2 미쉐린 맛집 탐방하기.(P.269)

3 버티고 & 문 바에서 칵테일 마시기.(P.281)

4 스파 받으며 몸과 마음의 휴식.(P.350)

5 쏨분 시푸드에서 뿌팟퐁까리 맛보기.(P.273)

6 쑤코타이 호텔 셀라돈에서 태국 요리 즐기기.(P.278)

7 도심 속에서 즐기는 커피 한 잔의 여유.(P.275)

Access

씰롬 & 싸톤의 교통

BTS 씰롬 노선 Silom Line이 씰롬과 싸톤을 관통한다. 지하철도 씰롬 초입을 지나기 때문에 교통이 편리하다. 수상 보트를 탈 경우 타 싸톤 Tha Sathon(Sathon Pier) 선착장에서 BTS로 갈아타면 씰롬 중심가로 쉽게 진입할 수 있다.

+ BTS

팟퐁과 룸피니 공원은 쌀라댕 Sala Daeng 역을 이용하고, 씰롬 남단은 총논씨 Chong Nonsi 역을 이용한다. 싸톤으로 갈 경우 쑤라싹 Surasak 역에서 내린다.

+ 지하철(MRT)

씰롬과 싸톤을 관통하지 않지만 룸피니 공원이나 팟퐁을 가기에는 큰 불편함이 없다. 씰롬 역을 이용하면 도보 10분 이내에 씰롬의 주요 지역을 갈 수 있다. 룸피니 역은 룸피니 공원이나 싸톤 지역의 호텔을 오갈 때 유용하다.

+ 수상 보트

타 싸톤 선착장을 이용한다. 선착장에서 씰롬까지 걸어가면 멀기 때문에 BTS 싸판 딱씬 Saphan Taksin 역에서 BTS로 갈아타야 한다.

Best Course

추천 코스

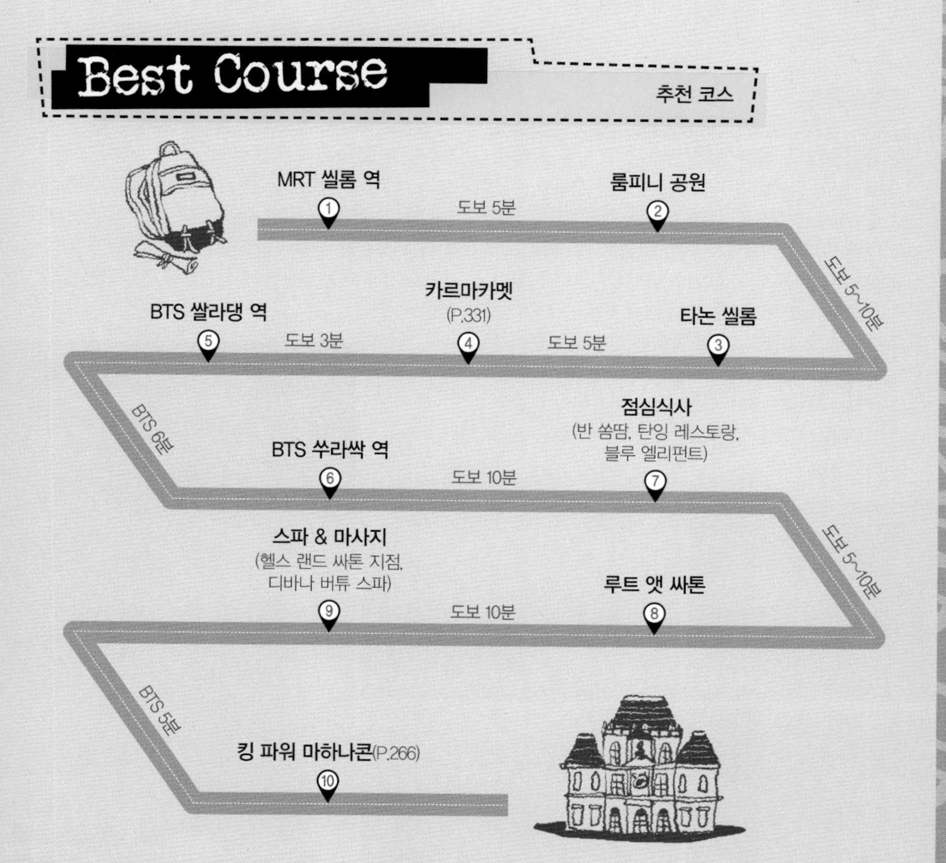

Attractions

씰롬 & 싸톤의 볼거리

씰롬은 관광을 하기보다 먹고 마시고 놀러 가는 곳에 더 어울린다. 도심의 번잡함을 피해 룸피니 공원을 산책하거나 마하 우마 데비 사원에 들러 힌두교 신에게 소원을 빌면서 밤이 되기를 기다리자.

킹 파워 마하나콘 King Power Mahanakhon ★★★★

주소 114 Thanon Narathiwat Ratchanakharin (Narathiwat Road) **전화** 0-2234-1414 **홈페이지** www.kingpowermahanakhon.co.th **운영** 10:00~24:00(입장 마감 23:00) **요금** 765B(실내 전망대 입장료), 965B(실내 전망대 + 스카이 워크 입장료) **가는 방법** BTS 총논씨 역 3번 출구 앞에 있다.

Map P.26-A2

방콕에 새롭게 건설된 최고층 빌딩이다. 77층 규모로 총 높이는 314m에 이른다. 2011년 공사를 시작해 2018년 말에 완공됐다. 통유리로 만든 직사각형 건물로 중간에 나선형으로 움푹 패인 모양을 하고 있다. 킹 파워 면세점을 운영하는 킹 파워 King Power 그룹에서 마하나콘 타워를 인수하면서 지금의 이름이 됐다. 참고로 마하나콘은 '위대한 도시'를 뜻한다. 방콕의 태국식 지명이 바로 '끄룽텝 마하나콘(줄여서 끄룽텝으로 부른다. 천사의 도시라는 뜻)'이다. 빌딩 내부에는 럭셔리 레지던스와 호텔이 들어설 예정이다. 74층에는 실내 전망대가 있고, 76~77층은 스카이 바로 운영한다.

하이라이트는 건물 꼭대기에 있는 전망대 형태의 스카이 워크 Sky Walk다. 78층에 만든 스카이 워크는 314m 높이로 통유리를 통해 발아래를 굽어보도록 설계했다. 이 전망대에 오르려면 덧신을 신고 안전 요원의 안내에 따라 순서대로 입장해야 한다. 옥상 주변은 루프톱 라운지로 운영되는데, 방콕 전망을 360°로 막힘없이 볼 수 있다. 야외 공간이라 덥기 때문에 관광객들은 해질 무렵 많이들 찾아온다. 음료와 맥주 · 칵테일(270~480B+17% Tax)을 주문하면 테이블로 안내해 준다. 비바람이 강하게 불거나 기상이 악화되면 안전을 이유로 예고 없이 출입을 통제하기도 한다. 알아둬야 할 것은 고속 엘리베이터가 74층까지 운행되며, 스카이 워크로 갈 경우 별도의 엘리베이터 또는 계단을 이용해야 한다는 점이다. 내려올 때는 킹 파워 면세점을 들러 나오도록 동선이 마련돼 있다. 홈페이지나 여행사를 통해 입장권을 예약하면 할인 받을 수 있다.

방콕에서 가장 높은 건물 킹 파워 마하나콘

스카이워크

방콕에서 가장 높은 전망대

루프 톱 라운지는 전망대 역할을 해준다

314m 높이의 킹 파워 마하나콘 전망대

룸피니 공원에서 바라 본 방콕 시내 풍경

룸피니 공원(쑤언 룸피니)
Lumphini Park สวนลุมพินี ★★

주소 Thanon Phra Ram 4(Rama 4 Road) & Thanon Silom **운영** 05:00~20:00 **요금** 무료 **가는 방법** ① BTS 쌀라댕 역 4번 출구에서 도보 5분. ②MRT 씰롬 역 1번 출구에서 룸피니 공원이 바로 보인다. Map P.26-B1

룸피니는 네팔에 있는 부처가 태어난 작은 마을의 이름이지만 방콕에서는 가장 큰 공원의 이름이다. 규모가 약 60만㎡. 룸피니 공원은 라마 6세가 왕실 소유의 땅을 헌납해 일반 공원으로 만들었다. 공원 중앙에 인공 호수를 만들고 잔디를 심어 야자수 나무 가득한 산책로를 형성해 놓아 방콕시민들의 사랑을 듬뿍 받는다. 아침 시간에는 태극권을 연마하는 모습을, 뜨거운 오후가 되면 잔디 위에 돗자리를 깔고 그늘 아래서 휴식을 취하는 모습을, 저녁이 되면 조깅을 하거나 단체 에어로빅 운동을 하는 모습을 볼 수 있다. 공원 입구에는 라마 6세 동상이 세워져 있다.

팟퐁
Patpong ถนนพัฒน์พงศ์ ★★

주소 Thanon Silom, Soi Patpong **운영** 18:00~02:00 **가는 방법** BTS 쌀라댕 역 1번 출구에서 씰롬 방향으로 도보 5분. Map P.26-A1

방콕을 대표하는 유흥업소 밀집 지역이다. 상업 중심가인 씰롬 한복판에 위치한 팟퐁은 사무실 직원들이 퇴근하는 밤이 되면 전혀 다른 얼굴로 변신한다. 거리에는 야시장이 생기고, 성인들을 위한 고고 바 Go Go Bar 네온사인이 불을 밝히며 방콕의 밤이 눈 뜨기 시작한다. 자세한 내용은 방콕의 나이트라이프 P.282 참고.

유흥업소가 몰려 있는 팟퐁

마하 우마 데비 힌두 사원(왓 캑)
Maha Uma Devi Hindu Temple
วัดพระศรีมหาอุมาเทวี (วัดแขกสีลม) ★★

주소 2 Thanon Pan **전화** 0-2238-4007 **홈페이지** www.srimahamariammantemplebangkok.com **운영** 06:00~20:00 **요금** 무료 **가는 방법** ①BTS 총논씨 역 2번 출구에서 타논 씰롬을 따라 남쪽으로 도보 15분. ②BTS 쑤락싹 역에서 도보 15분. Map P.28-B1

1860년대 방콕에 정착한 인도 타밀 나두 Tamil Nadu 출신의 상인이 만든 힌두교 사원으로 시바 신의 부인인 우마 데비(삭티 Shakti)를 모시고 있다. 전형적인 남인도 사원으로 6m 높이의 고푸람 Gopuram과 연꽃 모양의 청동 돔이 사원을 장식한다. 화려한 색으로 치장된 고푸람에는 수많은 힌두 신들이 조각되어 이채롭다. 태국식 명칭은 왓 캑 Wat Khaek이다. 힌두교 신자가 아니더라도 입장이 가능하며, 사원 내부에서 사진 촬영은 금지된다.

6m 높이의 고푸라 장식이 인상적인
마하 우마 데비 힌두 사원

Restaurant

씰롬 & 싸톤의 레스토랑

상업지역인 씰롬과 싸톤에는 직장인들을 위한 레스토랑이 많다. 특히 쌀라댕을 중심으로 씰롬의 번화가는 점심시간에 사무실에서 몰려나온 인파로 북적댄다. 현대적인 쇼핑몰에는 팬시한 레스토랑이, 도로에는 허름한 식당이 옛 모습을 간직하고 있다.

폴로 프라이드 치킨(까이텃 쩨끼)
Polo Fried Chicken ไก่ทอดเจ๊กี ★★★☆

주소 137/1–3 Soi Polo(Soi Sanam Khli), Thanon Withayu(Wireless Road) **전화** 0–2252–2252 **영업** 07:00~20:30 **메뉴** 영어, 태국어 **예산** 쏨땀 50~120B, 프라이드 치킨(까이 텃) 130~260B **가는 방법** ①룸피니 공원 오른쪽에 있는 쏘이 폴로(쏘이 싸남크리) Soi Polo(Soi Sanam Khli) 골목 안쪽으로 20m 직진한다. ②MRT 룸피니 역 3번 출구에서 타논 위타유를 따라 북쪽 방향으로 800m. 일본 대사관과 룸피니 경찰서를 지나면 쏘이 폴로가 나온다. Map P.26-C1

룸피니 공원과 인접한 랑쑤언과 타논 위타유 일대에서 매우 유명한 맛집이다. 식당 이름은 '까이텃 쩨끼'지만, 골목 이름을 따서 폴로 프라이드 치킨 Polo Fried Chicken이라고 더 많이 알려져 있다. 룸피니 공원 주변의 허름한 골목에 위치해 있다. 지하철 역에서 조금 떨어져 있어서 찾아가기 수고스럽지만, 부담 없는 가격과 음식 맛 때문에 인기를 누린다.

쏘이 폴로(현지 발음은 쏘이 뽀로) Soi Polo에 같은 상호를 쓰는 두 개의 레스토랑이 인접해 있다. 한 곳은 닭튀김을 열심히 만들어 내는 노점인데 테이크아웃 위주로 운영 중이고, 다른 한 곳은 에어컨 시설을 갖춘 레스토랑이다.

닭튀김인 '까이 텃 Fried Chicken'과 파파야 샐러드인 '쏨땀 Papaya Salad'이 유명하다. 까이 텃은 바삭한 마늘 튀김을 얹어 맛을 더했고, 느아 양 Grilled Beef은 고기 맛이 부드럽다. 모든 음식은 카우니아우(찰밥)를 곁들여야 제 맛이 난다.

Polo Fried Chicken

폴로 프라이드 치킨(까이텃 쩨끼)

하이 쏨땀 컨웬
Hai-Somtam Convent
ไฮส้มตำ คอนแวนต์ ★★★

주소 2/4–5 Thanon Convent, Thanon Silom **전화** 0–2631–2514 **영업** 월~금 10:30~21:00, 토~일 10:30~17:00 **메뉴** 영어, 태국어 **예산** 65~120B **가는 방법** BTS 쌀라댕 역 2번 출구로 나와서 타논 컨웬 Thanon Convent으로 100m. Map P.26-A2

씰롬 일대에서 가장 유명한 쏨땀집이다. 주변에 즐비한 고급 레스토랑 틈에서도 태국인들의 절대적인 지지로 결코 경쟁에서 밀리지 않는 로컬 레스토랑이다. 쏨땀은 모두 9가지로 가장 일반적인 쏨땀 타이(땅콩과 말린 새우를 얹은 파파야 샐러드)와 쏨땀 뿌(게를 넣은 파파야 샐러드)가 있고 독특한 메뉴로 국수와 게, 생선을 함께 넣은 '쏨땀 쑤아'와 당근으로 만든 '쏨땀 캐롯'이 있다. 무양(돼지고기 숯불구이)이나 까이 텃(닭고기 튀김)을 함께 주문해 카우니아우(찰밥)와 먹으면 한 끼 식사가 된다.

하이 쏨땀 컨웬

짜런쌩 씰롬 Charoen Saeng Silom เจริญแสง สีลม (ถนนเจริญกรุง ซอย 49)

추천 ★★★★

주소 492/6 Soi Charoen Krung 49, Silom **전화** 0-2234-4602 **영업** 07:30~13:30 **메뉴** 태국어 **예산** 50~280B **가는 방법** **①수상 보트** 타 오리얀뗀 선착장(선착장 번호 N1)에서 500m. 타논 짜런끄룽 쏘이 49 골목 안쪽에 있다. **②BTS** 싸판 딱씬 역 3번 출구에서 600m. 타논 씰롬에 있는 스테이트 타워(르 부아 호텔) 맞은편 골목 안쪽에 있다.

Map P.29 Map P.28-B2

씰롬 끝자락의 골목에 숨겨져 있는 노점 식당이다. 1959년부터 영업 중인 곳으로 현지인들 사이에서 '카무'(돼지족발) **ขาหมู** 맛집으로 알려져 있다. 한국 방송은 물론 미쉐린 빕그루망에 선정되면서 외국인 관광객에게도 많이 알려졌다. 간판은 태국어로만 적혀 있고, 사진이 첨부된 커다란 메뉴판도 갖추고 있다.

'카무'는 크기에 따라 요금이 다른데, 메뉴판을 보고 고르면 된다. 참고로 돼지발목 조림인 '커끼' **ข้อกิ**도 있다. 밥 한 접시(5B)를 추가하면 간단한 식사가 된다. 싸이퉁(비닐봉지에 포장해 가는 테이크아웃)도 가능하다. 오전 시간에만 장사한다.

짜런쌩 씰롬

돼지 족발
카무

노스이스트 레스토랑 North East Restaurant ร้านอาหาร นอร์ทอีสท์ (ซอย ศาลาแดง 1 พระราม 4)

★★★☆

주소 1010/12-15 Sala Daeng Soi 1 **전화** 0-2633-8947 **영업** 월~금 11:00~22:30, 토~일 13:30~22:30 **메뉴** 영어, 태국어 **예산** 120~390B(+7% Tax) **가는 방법** 타논 팔람 4(씨) Thanon Phra Ram 4(Rama IV Road)와 쌀라댕 쏘이 1(능)이 만나는 삼거리 코너에 있다. **MRT** 룸피니 역에서 350m, **MRT** 씰롬 역에서 600m 떨어져 있다. Map P.26-B2

씰롬에 있는 맛집 중 한 곳. 노스이스트는 태국의 북동부 지방 즉, '이싼'을 의미한다. 평범한 로컬 레스토랑이었지만 CNN 여행 프로그램에서 숨은 맛집으로 소개되면서 유명세를 타기 시작했다. 이싼 음식점으로 시작해 현재는 에어컨을 갖춘 태국 레스토랑으로 변모했다. 쏨땀 Som Tum, 까이양 Kai Yang, 커무양 Kor-Moo-Yang, 팟타이, 똠얌꿍, 생선 · 새우 요리까지 웬만한 인기 음식을 골고루 맛볼 수 있다. 시원한 맥주를 곁들여 식사하기 좋다.

인기에 비해 식당 규모가 작아서 붐비는 편이다. 길 건너에 룸피니 공원이 있지만, 주변에 은행을 포함한 직장인이 많아서 점심 시간부터 붐빈다. 합리적인 가격과 에어컨 시설 덕분에 한국인 관광객도 많이 찾는다.

North East Restaurant

가성비 좋은 노스이스트 레스토랑

한국 여행자도 즐겨 찾는 노스이스트

쏨땀 더 Somtum Der
ส้มตำ เด้อ (ถนนศาลาแดง)

주소 5/5 Thanon Sala Daeng **전화** 0-2632-4499 **홈페이지** www.somtumder.com **영업** 11:00~14:30, 16:30~22:30 **메뉴** 영어, 태국어 **예산** 85~280B (+17% Tax) **가는 방법** 타논 쌀라댕 안쪽으로 200m 떨어져 있다. BTS 쌀라댕 역 4번 출구에서 도보 5분. MRT 씰롬 역 2번 출구에서 도보 10분. Map P.26-B2

쏨땀(파파야 샐러드) 만드는 식당들이 대부분 허름한 노점들에 반해, '쏨땀 더'는 대중적인 음식을 고급스런 카페 스타일의 레스토랑으로 꾸며 인기를 얻고 있다. 상업지역인 씰롬에서 장사하기 때문에 깔끔한 인테리어가 큰 호응을 얻고 있다. 복층으로 이루어졌고 실내는 좁은 편이지만 오렌지 톤으로 인테리어를 꾸미고 통유리로 치장해 시원스럽다. 식당 한쪽에서 쏨땀을 만드는 모습을 직접 볼 수 있다.

쏨땀 메뉴는 가장 기본적인 '땀타이 Tum Thai'를 비롯해 모두 15가지로 다양화 했다. 매콤한 쏨땀과 어울리는 튀김(텃)과 숯불구이(양)를 추가로 주문해 찰밥(카우 니아우)과 함께 먹으면 좋다. 음식 양은 많지 않지만 레스토랑 분위기만큼이나 음식도 깔끔하다.

쏨땀과 까이텃(닭고기 튀김)

오픈 키친에서 쏨땀 만드는 모습을 볼 수 있다

쏨땀 더

반 쏨땀 Baan Somtum
บ้าน ส้มตำ (ถนนศรีเวียง)

주소 9/1 Thanon Si Wiang **전화** 0-2630-3486 **홈페이지** www.baansomtum.com **영업** 11:00~22:00 **메뉴** 영어, 태국어 **예산** 70~385B **가는 방법** 크리스찬 칼리지 Christian College 골목(타논 쁘라무안 Thanon Pramuan)으로 들어가서 첫 번째 삼거리(타논 씨위앙)에서 좌회전해서 150m 내려가면 된다. BTS 쑤라싹 역에서 도보 10분. Map P.28-B1

'반 쏨땀'은 '쏨땀 집'이란 뜻이다. 싸톤에 있는데도 불구하고 빌딩 숲이 아닌 조용한 골목 안쪽에 있다. 특별한 치장은 없지만 에어컨 나오는 실내는 넓고 쾌적하다. 쏨땀 만드는 모습을 직접 볼 수 있도록 주방이 오픈되어 있다. 꾸미기만 그럴싸하고 밥값만 비싼 레스토랑에 비하면 '반 쏨땀'은 매우 합리적인(가격 대비 성능 좋은) 레스토랑이다.

손님들은 당연히 태국 사람들이 주를 이룬다. 방콕 시민들이 좋아하는 태국 음식점이니, 손님들을 통해 음식 맛은 검증을 받았다고 보면 된다. 외국인이라면 주문이 좀 까다로울 수 있는데, 메뉴에 사진이 잘 돼 있다. 메뉴판을 보고 찍으면, 주문 용지에 종업원들이 표시해 주니 부담 갖지 말자. 쏨땀은 모두 22종류로 기호에 맞게 선택하면 된다.

쏨땀의 기본은 '땀타이'로 메뉴판에 Original Som Tum Dish라고 적혀 있다. 게를 넣은 '땀 뿌남', 해산물을 넣은 '땀 탈레'도 있다. 북동부 지방의 이싼 요리(P.518 참고)도 가득하다. 태국 음식에 익숙지 않다면 닭튀김이나 생선 튀김을 시키면 된다. 밥은 찰밥(카우 니아우)을 곁들이면 된다.

Baan Somtum

파파야 샐러드와 곁들여 식사하기 좋은 반 쏨땀

반 쏨땀

로컬 캔틴 The Local Canteen

★★★☆

주소 Thanon Narathiwat Ratchanakharin(Narathiwat Road) Soi 3 & Thanon Phiphat Soi 2 **전화** 0-2007-6590, 09-7078-5710 **홈페이지** www.thelocalcanteen.com **영업** 11:30~14:30, 17:30~22:00 **메뉴** 영어, 태국어 **예산** 135~495B **가는 방법** ①BTS 총논씨 역을 이용할 경우 2번 출구 또는 4번 출구로 나와서 타논 나라티왓 랏차나카린 쏘이 3(쌈) ถนนนราธิวาสราชนครินทร์ ซอย 3 골목으로 100m. ②타논 껀웬 Thanon Convent에서 연결되는 쏘이 피팟 2(썽) พิพัฒน์ ซอย 2 골목으로 들어가도 된다.

Map P.26-A2

총논씨 역과 가까운 아담하고 깔끔한 태국 음식점이다. 입구는 좁지만 단층 건물이 터널처럼 안쪽으로 길게 이어진다. 에어컨 시설로 쾌적하며, 가정집에서 쓰는 식기를 진열해 정감이 있다. 같은 골목에 호텔이 많아 관광객을 위한 투어리스트 식당일 것 같지만, 태국인들이 더 많이 찾는다. 특히 점심시간에는 주변 직장인들에게 인기 있다. 대중적인 태국 음식(또는 길거리 음식)으로 간편하게 식사하기 좋다. 거품 없는 가격에 정갈한 태국 음식을 맛볼 수 있다. 특히 밥과 반찬, 국(찌개)으로 이루어진 점심 세트 메뉴(135~165B)가 매력적이다. 봉사료와 세금이 없는 대신 카드 결제가 안 된다. 리모델링 중이라 인접한 트리니티 씰롬 호텔 Trinity Silom Hotel 1층에 있는 론론 로컬 다이너 Lon Lon Local Diner에서 영업 중이다. 홈페이지를 통해 정확한 위치를 확인하고 갈 것.

점심 세트 메뉴

로컬 캔틴

반 레스토랑 Baan Restaurant
ร้านอาหาร บ้าน (ถนนวิทยุ)

★★★☆

주소 139/5 Thanon Withayu(Wireless Road) **전화** 0-2655-8995, 08-1432-4050 **홈페이지** www.baanbkk.com **영업** 11:30~14:30, 17:30~22:30(휴무 화요일) **메뉴** 영어, 태국어 **예산** 250~590B(+10% Tax) **가는 방법** 일본 대사관과 룸피니 경찰서 사이에 있다. MRT 룸피니 역 3번 출구에서 룸피니 공원을 끼고(진행 방향으로 왼쪽에 두고) 타논 위타유 방향으로 250m 올라간다. 일본 대사관 지나서 쏘이 프라쩬(파쩬) Soi Phra Chen 골목 입구와 가깝다.

Map P.26-C1

'반'은 가정집이라는 뜻으로, 태국 가정식을 요리한다. 레스토랑 간판에는 부제처럼 '타이 패밀리 레시피 Thai Family Recipes'라고 적혀 있다. 톱 셰프 타일랜드 심사위원으로 활동했던 태국의 유명 셰프가 운영한다. 같은 주인장이 운영하는 르두 Le Du(P.277)에 비해 실내는 캐주얼하면서도, 룸피니 공원 맞은편에 있어 전반적으로 차분한 분위기다. 녹색 식물이 외벽을 감싸고, 화이트 톤의 실내가 화사하다. 길거리 노점에서 흔하게 먹을 수 있는 대중적인 태국 음식을 고급화했다. 자연에 방사해서 키운 닭이 낳은 달걀, 방목 한 소를 이용한 건식 숙성 소고기, 유기농 쌀 등 양질의 식재료를 사용한다. 가격이 그만큼 비싸지만 맛과 분위기는 깔끔하다.

대표 메뉴는 '반 시그니처 Baan Signature'로 메뉴판에 적혀 있다.

팟 펫 커 무양
Stir Fried Pork Jawl in Red Curry Paste

반 레스토랑

따링쁘링 Taling Pling
ตะลิงปลิง ★★★☆

주소 653 Thanon Silom Soi 19, Baan Silom **전화** 0-2236-4829~30 **홈페이지** www.talingpling.com **영업** 11:00~22:00 **메뉴** 영어, 태국어 **예산** 165~480B (+17% Tax) **가는 방법** ①타논 씰롬 쏘이 19(씹까우)를 바라보고 오른쪽에 있는 반 씰롬 Baan Silom 내부에 있다. ②BTS 쑤라싹 역을 이용할 경우 타논 쁘라무안 Thanon Pramuan을 가로질러 씰롬 방향으로 가면 된다. BTS 쑤라싹 역에서 600m. ③BTS 총논씨 역에서 갈 경우 타이 항공 사무실을 지나서 씰롬 방향으로 가면 된다. BTS 총논씨 역에서 1.2km 떨어져 있다. Map P.28-B1

방콕에서 깔끔한 태국 음식을 적당한 가격에 먹을 수 있는 곳이다. 따링쁘링은 타이 실크와 소파의 화려한 색상을 첨가해 모던하게 꾸몄다. 메뉴는 대표적인 태국 음식을 모두 갖추고 있다. 두툼한 메뉴판은 음식을 하나하나 사진으로 설명해 보기 편하게 만들어 선택을 돕는다. 편안한 분위기에서 친절한 서비스를 받으며, 맛있는 음식을 즐길 수 있다.

방콕의 대표적인 쇼핑몰인 싸얌 파라곤 G층(전화 0-2129-4353~4)과 쎈탄 월드 3층(전화 0-2613-1360~1)은 시내 중심가에 있어 외국인 관광객들도 많이 찾는다. 쑤쿰윗 쏘이 34(주소 24 Sukhumvit soi 34, 전화 0-2258-5308-9, Map P.22-A3) 지점까지 오픈하면서, 접근이 용이해졌다.

따링쁘링 씰롬 지점

태국 음식점으로 대중적인 인기를 누리는 따링쁘링

인기

탄잉 레스토랑 Thanying Restaurant
ร้านอาหารท่านหญิง (ถนนประมวญ สีลม) ★★★☆

주소 10 Thanon Pramuan **전화** 0-2236-4361, 0-2235-0371 **홈페이지** www.thanying.com **영업** 11:30~22:00 **메뉴** 영어, 태국어 **예산** 200~495B (+7% Tax) **가는 방법** BTS 쑤라싹 역 3번 출구에서 타논 쁘라무안 Thanon Pramuan 안쪽으로 약 100m 걸어가면 된다. 방콕 크리스찬 칼리지 Bangkok Christian College 맞은편에 있다. Map P.28-B1

빌딩 숲으로 변모한 싸톤과 씰롬에서 옛 정취가 남아 있는 오래된 가옥을 개조해 만든 레스토랑. 겉에서 보면 조용한 주택 정도로 보이지만 문을 열고 들어서면 정갈하게 세팅된 고급스런 실내가 나온다. 마치 왕족의 가정집에 초대 받은 느낌이 나며, 왕실 공무원들이 입는 깔끔한 유니폼의 종업원이 손님을 맞는다. 또한 넓은 창밖으로 보이는 정원까지 더해져 화사한 분위기가 마음을 편하게 해준다.

탄잉은 쑤락 와렝 위쑷티 공주 Princess Sulabh-Valleng Visuddhi를 지칭하는데, 라마 7세 때 왕실에서 요리사를 지냈던 인물이다. 왕실에서 요리하던 비법을 그녀의 아들에게 전수해 탄생한 것이 바로 탄잉 레스토랑으로 20년 가까이 방콕에서 영업 중이다. 세트 메뉴가 있는데, 가능하면 단품으로 요리 몇 가지를 고르는 게 더 좋다.

Thanying Restaurant

고풍스러운 탄잉 레스토랑

쏨분 시푸드(쏨분 포차나) Somboon Seafood สมบูรณ์โภชนา

★★★★

주소 169/7-11 Thanon Surawong **전화** 0-2233-3104, 0-2234-4499 **홈페이지** www.somboonseafood.com **영업** 16:00~23:00 **메뉴** 영어, 태국어 **예산** 480~1,200B(+10% Tax) **가는 방법** BTS 총논씨 역 3번 출구에서 타논 쑤라웡 Thanon Surawong 방향으로 600m.

Map P.26-A1 Map P.28-A1

방콕에서 최고로 훌륭한 '뿌팟퐁까리 Fried Curry Crab'를 요리하는 곳이다. 화교가 운영하는 전형적인 시푸드 레스토랑으로 1969년부터 시작해 현재 방콕에만 7개의 분점을 운영한다. 쑤라웡 지점은 방콕 시내에 있어 접근이 용이해 외국인들이 가장 즐겨 찾는 곳이다. 허름하게 생긴 4층 건물은 매일 저녁 손님들로 넘쳐난다. 단체로 간다면 미리 예약하고 가는 게 좋다. 저녁시간에만 영업한다.

음식은 시푸드에 집중되어 있다. 신선한 해산물을 이용함은 물론 오랜 경험에서 묻어나는 쏨분 레스토랑만의 특별한 맛으로 손님들을 즐겁게 해준다. 대표 음식인 뿌팟퐁까리 Fried Curry Crab는 달걀로 반죽한 카레를 게와 함께 볶은 것으로 누구나 즐길 수 있는 해산물 요리다.

조개 요리는 허브향이 고추와 어울려 환상적인 맛을 내는 팟 호이라이 Fried Oyster with Chilli and Basil, 굴 요리는 밀가루 반죽, 달걀과 함께 볶은 어쑤언 Stir-fried Oyster with Flour and Egg이 좋다.

쏨분 시푸드의 대표요리 뿌팟퐁까리

쏨분 시푸드 쑤라웡 지점

국립 경기장 옆의 반탓텅 본점(주소 Thanon Banthatthong Soi Chula 8, 전화 0-2216-4203, Map P.16-A1)이나 훼이꽝 Huay Kwang 사거리에 있는 랏차다 지점(전화 0-2692-6850, Map P.25)도 저녁 시간에만 문을 연다.

교통이 편리한 시내 중심가의 쇼핑몰에도 지점을 운영한다. 쎈탄 엠바시 Central Embassy 5층(전화 02-160-5965~6, Map P.18-B1), 싸얌 스퀘어 원 Siam Square One 4층(전화 0-2115-1401~2, Map P.17), 짬쭈리 스퀘어 Chamchuri Square G층(전화 0-2160-5100, Map P.26-A1) 지점 세 곳은 점심시간(영업 11:00~22:00)에도 영업한다.

코카 쑤끼 Coca Suki โคคาสุกี้ (สุรวงศ์)

★★★☆

주소 8 Soi Than Tawan, Thanon Surawong **전화** 0-2236-9323 **홈페이지** ww.coca.com **메뉴** 영어, 태국어 **영업** 11:00~14:00, 17:00~22:00 **예산** 쑤끼 세트 600~2,488B, 단품메뉴 180~680B **가는 방법** 타논 쑤라웡에서 팟퐁을 지나 따와나 방콕(호텔) The Tawana Bangkok 앞에 있는 쏘이 탄따완 골목 안쪽으로 100m 들어가면 된다. Map P.26-A1

1957년부터 영업을 시작한 코카 쑤끼 본점으로 태국에 쑤끼(전골 요리)를 전래한 원조집에 해당한다. 중국 광동에서 태국으로 이주한 화교 가족이 대를 이어 운영하는 관록의 레스토랑이다. 신선한 해산물과 채소를 식재료로 쓰기 때문에 음식 본래의 맛과 향이 잘 살아 있다. 중후한 중식당 분위기로 씰롬 주변의 직장인들과 단체 손님들이 즐겨 찾는 편. 캐주얼한 분위기를 원한다면 싸얌 스퀘어 지점(P.235)을 찾아가자.

Coca Suki

코카 쑤끼 쑤라웡 본점

블루 엘리펀트 Blue Elephant

★★★☆

주소 233 Thanon Sathon Tai(South Sathon Road) **전화** 0-2673-9353~4 **홈페이지** www.blueelephant.com **영업** 11:30~14:30, 18:00~22:30 **메뉴** 영어, 태국어 **예산** 메인 요리 520~1,080B, 점심 세트 880~980B, 저녁 세트 1,800~2,600B(+17% Tax) **가는 방법** BTS 쑤라싹 역 2번과 4번 출구 사이의 타논 싸톤 따이 Thanon Sathon Tai에 있다. 이스틴 그랜드 호텔 옆에 있다. Map P.28-B1

방콕에서 성공해 유럽으로 뻗어나간 것이 아니라, 특이하게도 유럽에서 성공해 방콕에 진출한 타이 레스토랑이다. 태국인과 벨기에인 커플이 1980년에 벨기에 브뤼셀에 문을 연 이후 런던, 파리, 코펜하겐을 거쳐 방콕에 아홉 번째 지점을 열었다.

방콕 지점은 100년 이상된 콜로니얼 양식의 유럽풍 빌라를 개조했다. 직접 제작한 도자기로 만든 식기라든지, 인테리어 디자인 등 모든 것이 나무랄 것 없이 고급스럽다. 그 어떤 호텔 레스토랑과 견주어도 시설이나 서비스 면에서 결코 뒤지지 않는다.

음식은 타이 왕실 요리를 모티프로 하고 있으나, 외국인들의 기호에 맞게 변형된 퓨전 음식들도 많다. 자체적으로 운영하는 요리 강습 Cooking Class도 인기 있다.

Blue Elephant

클래식한 분위가 더해진 블루 엘리펀트

가스신 Katsushin(かつ真) คัทสึชิน (ซอยทานตะวัน)

★★★☆

주소 9/1 Soi Than Tawan, Thanon Surawong **전화** 0-2237-3073 **영업** 월~토 11:00~14:00, 18:00~22:00, 일요일 11:30~14:30, 17:30~21:30 **메뉴** 영어, 일본어, 태국어 **예산** 240~440B(+7% Tax) **가는 방법** ① 타논 쑤라웡에서 연결되는 쏘이 탄따완 골목에 있다. ②씰롬 쏘이 6 Silom Soi 6 방향으로 들어가도 된다. Map P.26-A1

방콕에서 유명한 돈가스 전문점이다. 팟퐁과 가까운 쏘이 탄따완 골목에 숨겨져 있다. 일부러 찾아가야 하는 곳이지만 언제나 손님이 많다. 일본인 조리장이 즉석에서 돈가스를 만들어 요리한다. 종업원도 일본어를 구사할 수 있어서 일본인 손님이 많다. 주변 직장에 근무하는 태국인들도 합류해 비좁은 식당 내부는 언제나 분주하다.

히레가스 Hire Katsu(안심 돈가스), 로스가스 Rosu Katsu(등심 돈가스)가 대표 메뉴다. 치즈를 넣고 둥글게 말아 튀긴 돈가스 롤 Cutlet Roll도 인기 메뉴다. 바삭하고 두툼한 돈가스를 맛볼 수 있다. 돈가스와 카레를 동시에 맛볼 수 있는 돈가스 카레도 여러 종류가 있다. 대부분의 요리는 밥과 일본식 된장국을 곁들인 세트 메뉴로 주문할 수 있다.

씰롬에 있는 돈가스 맛집 가스신

Katsushin

루트 앳 싸톤 Roots at Sathon

★★★★

주소 1/F, Bhiraj Tower, 33 Thanon Sathon Tai(South Sathon Road) **전화** 08-2091-6175 **홈페이지** www.rootsbkk.com **영업** 08:00~19:30 **메뉴** 영어 **예산** 100~180B **가는 방법** BTS 쑤라싹 역 4번 출구에서 100m. 피랏 타워(빌딩) Bhiraj Tower 1층에 있다. Map P.28-B1

통로 커먼스(P.115)에 있는 루트 커피의 분점이다. 2018년에 새롭게 오픈했는데 본점에 비해 넓고 채광도 좋아서 여유롭게 커피 마실 수 있다. 태국 북부의 치앙마이와 치앙라이에서 재배된 커피 원두를 이용한다. 직접 로스팅하기 때문에 그날 그날 가능한 커피 종류들이 메뉴에 표시되어 있다. 커피 바를 중심으로 의자와 테이블이 놓여 있어 바리스타들이 커피 만드는 모습을 자연스레 관찰할 수 있도록 했다.

커피는 에스프레소 브루 Espresso Brew, 필터 브루 Filter Brew, 콜드 브루 Cold Brew, 커피 플로트 Coffee Float로 구분된다. 필터 브루는 필터를 이용해 커피를 내려주는 드립 커피, 커피 플로트는 바닐라 또는 체리 향을 첨가해 풍미를 더 했다.

체리 콜라 플로트 커피

Bhiraj Tower 1층에 있는 루트 앳 싸톤

실내 공간이 여유롭다

루카 카페 Luka Cafe

★★★☆

주소 64/3 Thanon Pan(Pan Road), Silom **전화** 0-2637-8558 **홈페이지** www.lukabangkok.format.com **영업** 09:00~18:00(식사 주문은 17:30까지 가능) **메뉴** 영어 **예산** 커피 85~150B, 메인 요리 250~320B(+17% Tax) **가는 방법** 타논 빤 Thanon Pan 중간의 까사 파고다 Casa Pagoda 1층에 있다. BTS 쑤라싹 역 3번 출구에서 450m. Map P.28-B1

씰롬 지역에서 인기 있는 카페 스타일의 레스토랑. 브런치 레스토랑으로 알려져 있다. 가구와 인테리어 소품 매장을 레스토랑을 꾸몄다. 독특한 인테리어와 통유리창을 통해 들어오는 자연채광이 분위기를 더한다.

브리또, 프렌치토스트, 샥슈카, 강남 스타일 치킨, 크로와상, 샌드위치 등의 브런치와 건강한 식단으로 꾸민 샐러드까지 외국인이 좋아할 만한 메뉴가 가득하다. 카페를 겸하기 때문에 커피와 차(茶)를 마시며 시간을 보내기도 좋다.

쑤쿰윗(통로 쏘이 11)에 지점인 루카 모토 Laka Moto (홈페이지 www.lukabangkok.format.com/about-luka-moto)를 함께 운영한다.

다양한 브런치 메뉴가 준비되어 있다

가구 매장을 활용한 루카 카페

딘 & 델루카
Dean & Deluca ★★★

주소 92 Thanon Narathiwat Ratchanakharin, Maha Nakhon CUBE 1F **전화** 0-2023-1616 **홈페이지** www.deandeluca.com/thailand **영업** 07:00~23:00 **메뉴** 영어 **예산** 커피 100~160B, 식사 325~1,195B (+10% Tax) **가는 방법** BTS 총논씨 역 1번 출구 앞에 있는 마하나콘 큐브 Maha Nakhon CUBE 1층에 있다. Map P.26-A2

창업자인 조엘 딘 Joel Dean과 조르지오 델루카 Giorgio DeLuca의 이름을 따서 만든 딘 & 델루카. 뉴욕 맨해튼 소호에 본점을 두고 있으며, 한국을 포함해 해외 16개 지점을 운영한다.

방콕 지점은 상업과 금융 중심가인 싸톤 한복판에 위치해 있다. 도회적인 느낌이 물씬 풍기는 시크한 분위기로 딘 & 델루카의 콘셉트 그대로 카페와 베이커리를 중심으로 고급 식료품과 주방용품을 판매하는 리테일 숍을 함께 운영한다. 직접 만든 신선한 빵과 햄, 치즈를 이용한 샌드위치와 베이글은 브런치로 먹기에 손색이 없다.

BTS 펀찟 Phloen Chit 역 2번 출구 앞에 있는 파크 벤처 에코플렉스 Park Venture Ecoplex 1층(주소 55 Thanon Withayu, 전화 0-2256-0989, Map P.18-B1)에도 체인점이 있다. 최근에 생긴 백화점 두 곳에서 지점을 운영해 드나들기 편리해졌다. 쎈탄 엠바시(주소 Level 2, Central Embassy, 전화 02-160-5956, Map P.18-B1)와 엠카르티에 백화점(주소 G/F, Emquartier, 전화 02-261-0464, Map P.21-B2) 지점은 카페 분위기로 쇼핑하다 잠시 쉬어가기 좋다.

딘 & 델루카(싸톤 본점)

로켓 커피 바(싸톤 본점)
Rocket Coffee Bar(Rocket S.12) ★★★☆

주소 149 Thanon Sathon Soi 12 **전화** 0-2635-0404 **홈페이지** www.rocketcoffeebar.com **영업** 07:00~20:00 **메뉴** 영어 **예산** 커피 100~280B, 브런치 220~495B(+17% Tax) **가는 방법** 싸톤 쏘이 12에 있는 헬스 랜드(싸톤 지점) 옆 골목으로 300m 들어간다. 더 어드레스 싸톤(레지던스 아파트) The Address Sathorn 맞은편에 있다. BTS 쑤라싹 역 또는 BTS 총논씨 역에서 도보 10~15분.
Map P.26-A2 Map P.28-B1

카페를 겸한 브런치 레스토랑이다. 싸톤 본점은 방콕 도심에 있지만 위치가 어정쩡하다. 유동인구가 많은 상업 중심가가 아닌데도 불구하고 일부러 찾아오는 손님들이 많아 인기를 실감케 한다. 실내는 넓지 않지만 천장이 높아서 시원스럽고 부드러운 목재와 대리석으로 인테리어를 꾸며 온화한 느낌을 준다. 주방이 개방되어 있고, 주방을 둘러 바(bar)처럼 테이블을 배치했다. 덕분에 손님과 주인이 거리감 없이 친근하게 어울리도록 했다.

음료는 당연히 커피에 중점을 둔다. 주인장들이 칵테일 전문가였던 만큼 독특한 주스와 스무디, 칵테일도 제조해 낸다. 브런치 메뉴로는 샐러드와 샌드위치가 있는데 이 또한 다른 곳에서 맛보지 못한 창의적인 식단으로 꾸며져 있다. 바게트, 머핀, 브라우니 같은 직접 만든 신선한 베이커리도 제공한다. 쑤쿰윗 쏘이 11 Thanon Sukhumvit Soi 11에 지점(Map P.19-C1)을 운영한다. 바를 겸한 레스토랑으로 본점보다 규모가 크다.

로켓 커피 바

비터맨 Bitterman ★★★

주소 Sala Daeng Soi 1 **전화** 0-2636-3256 **홈페이지** www.bittermanbkk.com **영업** 11:00~23:00 **메뉴** 영어 **예산** 280~850B(+17% Tax) **가는 방법** HSBC 은행 옆에 있는 쌀라댕 쏘이 1(능) 안쪽으로 250m 들어간다. BTS 쌀라댕 역 또는 MRT 씰롬 역에서 750m 떨어져 있다. Map P.26-B2

방콕의 상업지구 씰롬에서 만날 수 있는 녹색지대 레스토랑이다. 통유리를 통해 자연 채광이 실내를 비추는데 열대 식물이 가득해 식물원을 연상시킨다. 건축학을 전공한 주인이 설계해서인지 '인더스트리얼'한 디자인이 도시적인 감성도 충족시킨다. 복층 구조로 되어 있는데, 2층은 저녁에만 운영한다.

창 넓은 카페 분위기로 파스타와 샐러드 위주의 브런치에 적합한 메뉴가 많다. 미스터 래피(블랙 파스타) Mr. Rapee, 트러플 크림 파스타 Truffle Cream Pasta, 크랩 파스타 Crab Pasta, 비프 립 Slow-cooked Beef Short Ribs, 와규 스테이크 Wagyu Steak를 메인으로 요리한다.

태국의 하이쏘 Hi-So 젊은이, 주변의 은행가에서 근무하는 비즈니스맨, 소 소피텔 방콕(호텔) So Sofitel Bangkok에 머무는 관광객이 즐겨 찾는다. 한국인 관광객에게도 잘 알려져 있다.

도심 속의 녹색 지대 비터맨

식물원을 연상시키는 비터맨

잇 미 Eat Me ★★★★

주소 1/6 Soi Phiphat 2, Thanon Convent **전화** 0-2238-0931 **홈페이지** www.eatmerestaurant.com **영업** 15:00~01:00 **메뉴** 영어 **예산** 메인 요리 850~2,800B(+7% Tax) **가는 방법** 타논 컨웬에서 연결되는 쏘이 피팟 2 골목에 있다. BTS 쌀라댕 역 2번 출구에서 도보 10분. Map P.26-A2

방콕 음식 문화의 다양성을 잘 보여주는 타논 컨웬에 있다. 각종 가이드북에서 추천할 정도로 인기를 누린다. 2019년 아시아 베스트 레스토랑 31위에 선정되기도 했다. 갤러리를 겸하고 있기 때문에 그림과 사진을 정기적으로 전시한다. 1층은 라운지와 바를 겸하고, 2층은 다이닝 레스토랑으로 이루어졌다. 대나무가 곱게 자란 마당과 2층 야외 테라스에도 테이블이 있다. 저녁에만 영업하기 때문에 심플한 테이블 배치와 은은한 조명도 낭만적이다.

방콕에 있지만 태국 음식이 아니라 인터내셔널 퀴진을 요리한다. 호주 사람이 운영하며, 뉴욕 출신의 조리장이 요리를 담당한다. 고급 식재료와 신선한 향신료를 사용한다. 소고기, 양고기, 연어, 오이스터는 호주에서, 조개 관자는 알라스카에서 수입해 온다. 살짝 아시아적인 풍미를 가미했지만 전체적으로 식재료의 질감이 잘 살린 것이 특징이다. 무엇보다도 좋은 음식, 좋은 와인, 좋은 서비스, 좋은 분위기까지 네 박자가 잘 어우러진다. 방콕에 거주하는 외국인들이 즐겨 찾는다.

갤러리처럼 꾸민 Eat Me

Eat Me

르두
Le Du
★★★☆

주소 399/3 Thanon Silom Soi 7 **전화** 09-2919-9969 **홈페이지** www.ledubkk.com **영업** 월~토 18:00~23:00(휴무 일요일) **메뉴** 영어, 태국어 **예산** 세트 메뉴 2,290~3,590B(+10% Tax) **가는 방법** ①타논 씰롬 쏘이 7 골목 끝에 있다. 카페 라이 쿤잉 Cafe Rai Khunying 옆에 있는 다이아몬드 타워 Diamond Tower 맞은편에 있다. ②BTS 총논씨 역을 이용할 경우 4번 출구 앞에 있는 세븐 일레븐 골목으로 들어가면 된다. BTS 총논씨 역에서 도보 3분. Map P.26-A2

간판이 마치 프랑스 레스토랑 같지만 '르두'는 계절이라는 뜻의 태국어다. 젊고 창의적인 레스토랑으로 2019년 아시아 베스트 레스토랑 37위에 선정됐다. 또한 미쉐린 가이드 1스타 레스토랑에 선정되기도 했다. 미국에서 요리를 전공하고 미국에서 요리를 하다가 방콕으로 돌아온 젊은 태국인 셰프 2명이 운영한다. 주인장인 똔 Ton(Thitid Tassanakajohn)은 요리 경연 TV 프로인 '탑 셰프 타일랜드' 심사위원으로 활동하기도 했다. 제철에 나는 신선한 식재료를 이용해 요리하기 때문에 메인 요리는 계절에 따라 달라진다. 음식의 주재료와 드레싱을 절묘하게 조화시켰고, 주방이 개방되어 있어 요리하는 모습도 볼 수 있다. 레스토랑도 작아서 30명 정도가 식사를 할 수 있다.

식재료와 조리 방법에 따라 로우 & 콜드 Raw & Cold(애피타이저), 프롬 더 포레스트 & 시 From the Forest & Sea(채소와 해산물 요리), 프롬 더 랜치 From the Ranch(육류 요리), 신 Sin(디저트) 4가지 카테고리로 구분되어 있다. 예약하고 가는 게 좋다. 일요일은 문을 닫는다.

Le Du

셀라돈
Celadon

★★★★

주소 13/3 Thanon Sathon Tai(South Sathon Road), Sukhothai Hotel **전화** 0-2344-8888 **홈페이지** www.sukhothai.com **영업** 12:00~15:00, 18:30~22:30 **메뉴** 영어, 태국어 **예산** 태국 요리 480~2,100B, 런치 세트 1,200~1,500B, 저녁 세트 1,900~2,900B(+17% Tax) **가는 방법** MRT 룸피니 역에서 타논 싸톤 따이 방향으로 도보 10~15분. 쑤코타이 호텔 내부에 있다. Map P.26-B2

방콕 최고의 호텔 가운데 하나인 쑤코타이 호텔에서 운영하는 타이 레스토랑이다. 호텔 본관과 떨어진 별도의 건물이라 호텔 투숙객이 아니더라도 식사만 하기 위해 편하게 드나들 수 있다. 셀라돈 레스토랑은 전형적인 쌀라 Sala(태국 양식의 정자) 모양으로 지붕선이 아름다운 것이 특징. 또한 레스토랑 주변으로 연꽃 연못과 정원을 만들어 목가적인 분위기를 연출했다. 평화롭고 온화한 테라스까지 갖추어져 공간을 좀 더 여유 있게 쓸 수 있다.

메뉴는 태국 음식 맛이 잘 전해지는 똠얌꿍, 파넹 까이, 호목탈레, 얌 쁠라믁 등 훌륭한 음식들로 가득하다. 저녁시간(19:30, 20:30)에는 전통 무용을 공연한다. 예약하고 가는 게 좋다. 기본적인 드레스 코드를 지켜야 한다.

Celadon

쑤코따이 호텔에서 운영하는 셀라돈

남
Nahm

추천 ★★★★

주소 27 Thanon Sathon Tai(South Sathon Road), Metropolitan Hotel 1F **전화** 0-2625-3388 **이메일** nahm.met.bkk@comohotels.com **홈페이지** www.comohotels.com/metropolitanbangkok **영업** 월~금(점심) 12:00~14:00, 매일(저녁) 18:30~22:15 **메뉴** 영어 **예산** 메인 요리 640~940B, 저녁 세트 2,800B (+17% Tax) **가는 방법** MRT 룸피니 역 2번 출구에서 타논 싸톤 따이 방향으로 도보 15분. 반얀 트리 호텔 Banyan Tree Hotel 지나 메트로폴리탄 호텔 1층에 있다. Map P.26-B2

방콕의 대표적인 부티크 호텔인 메트로폴리탄에서 운영하는 타이 레스토랑이다. '남'은 런던에서의 성공을 바탕으로 방콕에 진출한 독특한 케이스. 2010년 방콕에 문을 열며 방콕 레스토랑 업계의 새로운 별로 떠올랐다. 2019년에는 아시아 베스트 레스토랑 5위에 선정됐다. 2020년 미쉐린 가이드에서 원 스타 맛집으로 선정되며 명성을 이어가고 있다.

메트로폴리탄 호텔에 딸린 부대시설이 그러하듯 이곳도 인테리어가 간결하다. 실내는 일본 건축가가 디자인해 일식당 분위기도 느껴진다. 테이블 사이에 나무 창문을 형상화한 칸막이를 설치해 프라이버시를 살짝 보호한 것도 눈에 띈다. 호텔 수영장을 끼고 있는 야외 테이블도 있다.

외국인 조리장이 요리하는 태국 음식이라고 해서 이상할 것 같지만, 향신료가 강한 태국 음식 맛을 잘 살려 요리한다. '남'에서만 맛볼 수 있는 디저트와 칵테일도 매력이다. 저녁 시간에는 예약해야 한다. 기본적인 드레스 코드도 지킬 것.

Nahm

메트로폴리탄 호텔에서 운영하는 남 레스토랑

이싸야 싸야미스 클럽
Issaya Siamese Club
อิษยา สยามมิสคลับ

인기 ★★★★

주소 4 Soi Sri Akson, Thanon Chua Phloeng, Sathon **전화** 0-2672-9040, 06-2787-8768 **홈페이지** www.issaya.com **영업** 11:30~14:30, 18:00~23:00 **메뉴** 영어, 태국어 **예산** 메인 요리 380~1,350B, 코스 메뉴 1,900~2,500B(+17% Tax) **가는 방법** ①MRT 룸피니 역을 이용할 경우 쏘이 씨밤펜 Soi Sri Bamphen에 있는 티볼리 호텔 The Tivoli Hotel을 지나서 쏘이 씨악쏜 Soi Sri Akson 골목 안쪽으로 500m 더 들어간다.

②MRT 크롱떠이 Khlong Toei 역을 이용할 경우 큰길(Rama 4 Road)로 가다가 사거리에 좌회전해서 타논 츠아프렁(츠아펑) Thanon Chua Phloeng → (우회전해서) 쏘이 씨악쏜 방향으로 들어가면 된다.

③MRT 역에서 먼 데다가 길이 복잡하고 골목 안쪽에 있어서 택시를 타고 가는 게 편하다. 레스토랑 홈페이지에 가는 방법이 영어와 태국어로 자세히 설명되어 있다(택시 탈 때 보여주면 유용하다).

Map p.27 Map 전도-C4

방콕에 새롭게 등장한 아름다운 타이 레스토랑이다. 2019년에는 아시아 베스트 레스토랑 21위에 선정되기도 했다. 방콕에서 대할 수 있는 고급 레스토랑의 전형적인 모습을 그대로 따랐다.

유럽 양식이 가미된 오래된 콜로니얼 건축물을 레스토랑으로 개조했다. 1920년에 건설된 목조 가옥을 유럽 인테리어 디자이너가 꾸며 우아함에 화사한 색조를 더했다. 녹색으로 우거진 야외 정원에 쿠션을 깔아놓아 로맨틱한 분위기를 조성한다. 1층은 레스토랑으로, 2층은 라운지 바 Lounge bar로 구분해 운영된다.

스타일리시한 분위기에 유명 태국 요리사의 음식 솜씨가 더해진다. 조리장인 이안 낏띠차이 Ian Kittichai가 음식에 관한 걸 총괄한다. 포 시즌 호텔에서 태국 요리를 담당했고, 태국 요리책도 여러 권 집필했을

Issaya Siamese Club

정원과 콜로니얼 건축물이 어우러진 이싸야 싸야미스 클럽

뿐만 아니라 토요일 아침에 방송되는 인기 요리 프로그램 진행자이기도 하다. 태국 음식에 대한 깊은 이해를 바탕으로 정통 태국 음식을 요리하지만, 음식을 보기 좋게 만들어 현대적인 감각을 더했다. 음식에 사용되는 소스를 직접 만들고, 중요한 식자재들은 유기농으로 재배해 사용한다.

허브와 생선 소스를 이용한 태국식 샐러드 얌 느아 Yum Nuar에 수입 소고기를 사용하고, 치앙마이에서 재배한 버섯을 이용해 만든 잡곡밥 카우 옵 남리압 깝 헷파우 Asian Multigrains을 비빔밥처럼 담아주고, 매콤한 소스를 바른 돼지갈비 까둑 무 옵 Spice Rubbed Baby Back Ribs은 화덕에서 직접 구워먹게 하고, 카레에 양고기를 넣어 깽 마싸만 깨 Massaman Lamb Shank를 만들기도 한다.

Nightlife

씰롬 & 싸톤의 나이트라이프

낮에는 태국의 주요 은행이 밀집한 상업지구다운 면모를 보이지만, 밤이 되면 팟퐁(P.282)과 타니야(P.283), 씰롬 쏘이 4(P.283)가 불을 밝히며 전혀 다른 모습으로 변모한다. 타논 컨웬 Thanon Convent에는 외국인들이 즐겨 찾는 레스토랑과 술집이 많다.

스칼렛 와인 바
Scarlett Wine Bar ★★★☆

주소 188 Thanon Silom, Pullman Hotel G 37F **전화** 0-2352-4000, 09-6860-7990 **홈페이지** www.pullmanbangkokhotelg.com **영업** 18:00~01:00 **예산** 맥주 · 칵테일 240~420B, 메인 요리 440~2,450B (+17% Tax) **가는 방법** BTS 총논씨 3번 출구에서 씰롬 방향으로 걸어간다. 타이항공 사무실이 있는 사거리에서 좌회전한 다음 100m 정도 가면 오른쪽에 풀만 호텔 G가 보인다. 37층에 있다. Map P.26-A2

소피텔을 운영하는 아코르 호텔 그룹인 풀만 호텔 G에서 운영한다. 스카이라운지와 와인 바를 겸한 레스토랑이다. 프랑스에서 온 일류 주방장이 요리하는 프랑스 음식도 좋지만, 와인을 마시며 방콕 야경을 즐기기에 좋다.

씰롬에 있는 경쟁 업체들에 비해 비교적 낮은 37층에 있으나, 통유리를 통해 보이는 전망은 무척 낭만적이다. 특히 해질녘에 창밖으로 비가 내린다면 로맨틱한 분위기는 배가 된다. 와인 바라는 명성답게 150여 종류 이상의 다양한 와인을 보유하고 있다.

Scarlett Wine Bar

버티고 & 문 바 Vertigo & Moon Bar

★★★★☆

주소 21/100 Thanon Sathon Tai(South Sathon Road), Banyan Tree Hotel 61F **전화** 0-2679-1200 **홈페이지** www.banyantree.com/en/thailand/bangkok **영업** 17:00~24:00 **메뉴** 영어, 태국어 **예산** 메인 요리 1,600~4,700B, 맥주 · 칵테일 400~680B(+17% Tax) **가는 방법** MRT 룸피니 역 2번 출구에서 타논 싸톤 따이를 따라 도보 15분. 반얀트리 호텔 61층에 있다. 호텔 로비에서 엘리베이터를 타고 59층까지 가서, 계단을 올라가야 한다. Map P.26-B2

씨로코(P.302)와 막상막하를 이루는 스카이라운지. 초특급 호텔인 반얀 트리 호텔에서 운영한다. 59층까지 엘리베이터로 이동한 다음 걸어서 계단을 올라가면 상상치 못한 공간이 펼쳐진다. 오픈 테라스에서 보는 방콕은 지상에서 봤던 모습과는 다른 느낌이다. 버티고 가장자리는 문 바와 연결된다. 해질녘의 아름다운 풍경을 감상하기에 최적의 장소다. 기상이 악화되면 영업을 중단하기 때문에 식사를 하려면 문의 및 예약 전화는 필수다. 세트 메뉴는 3 코스 메뉴부터 7 코스 메뉴로 구분된다. 와인 포함 여부에 따라 요금이 달라진다. 와인을 포함하지 않고 식사만 할 경우 3 코스 메뉴는 4,100B(+17% Tax), 4 코스 메뉴는 4,700B(+17% Tax)이다.

버티고 & 문 바보다 한 층 낮은 60층에는 버티고 투 Vertigo Too가 있다. 에어컨 시설로 실내에 만들었는데, 아치형 창문을 통해 풍경을 감상할 수 있다. 잔잔한 라이브 음악이 연주된다.

파크 소사이어티 & 하이쏘 루프톱 바 Park Society & Hi-So Rooftop Bar

★★★★

주소 2 Thanon Sathon Neua(North Sathon Road), So Sofitel Bangkok 29F **전화** 0-2624-0000 **홈페이지** www.so-sofitel-bangkok.com **영업** 17:00~01:00 **메뉴** 영어, 프랑스어 **예산** 맥주 · 칵테일 250~450B, 메인 요리 800~2,500B(+Tax 17%) **가는 방법** 타논 싸톤 느아 초입에 있는 소 소피텔 방콕(호텔) 29층에 있다. MRT 룸피니 역 2번 출구에서 도보 5분. Map P.26-C2

소 소피텔 방콕 So Sofitel Bangkok에서 운영한다. 방콕의 새로운 트렌드로 자리 잡은 럭셔리한 루프 톱 레스토랑의 계보를 잇는 럭셔리한 공간이다. 도시적이고 현대적인 디자인을 강조한 것이 특징이다. 경쟁 업소에 비해 비교적 낮은 29층에 있지만 룸피니 공원을 끼고 있기 때문에 공원을 배경으로 펼쳐진 도심 풍경이 시원스럽게 펼쳐진다. 비 올 때는 통유리로 된 실내 공간에서 전망을 관람할 수 있어 우기에도 특별히 영업에 제한을 받지 않도록 설계했다. 밤늦도록 문을 열지만 식사 주문은 오후 6시부터 10시 30분까지만 가능하다.

Vertigo & Moon Bar

버티고 & 문 바

파크 소사이어티 & 하이쏘 루프톱 바

Park Society

Travel Plus

방콕의 성인 엔터테인먼트

방콕은 성인문화 산업이 발달한 도시로 밤이 되면 낮과는 전혀 다른 모습으로 변모합니다. 특이하게도 방콕 도심에 유흥업소가 밀집해 있답니다. 대표적인 환락가로는 고고 바가 밀집한 팟퐁, 나나, 쏘이 카우보이와 성인 마사지 업소가 몰려 있는 랏차다, 펫부리 지역입니다.

팟퐁
Patpong ถนนพัฒน์พงศ์

주소 Thanon Patpong, Silom **영업** 18:00~02:00 **예산** 맥주 150~220B **가는 방법** BTS 쌀라댕 역 1번 출구에서 도보 5분. Map P.26-A1

방콕 나이트라이프를 논할 때 빼놓아서는 안 되는 곳으로 방콕을 대표하는 환락가. 1970년대를 거치면서 베트남 전쟁을 수행하던 미군들을 위한 위락 시설로 사랑받으면서 태국인보다는 외국인 손님이 더 많아지기 시작했다. 팟퐁은 방콕 상업중심지인 씰롬과 맞닿아 있다. 팟퐁 쏘이 능 Patpong Soi 1과 팟퐁 쏘이 썽 Patpong Soi 2으로 구분되는 좁은 골목은 낮에는 한적하고 사람도 없지만 저녁이 되면 야시장이 생기고 유흥가가 불을 밝히며 유혹의 거리로 변모한다. 붉은색으로 번쩍이는 네온사인은 킹스 캐슬 King's Castle, 킹스 코너 Kings Corner, 슈퍼 푸시 Supper Pussy, 푸시 갤로어 Pussy Galore 등 이름만으로도 충분히 자극적이다.

팟퐁의 업소들은 대부분 1층은 고고 바 Go Go Bar, 2층은 엽기적인 스트립 쇼를 시현하는 업소들이 위치한다. 고고 바들은 맥주 한 잔 마시며 구경삼아 들르는 관광객들도 있으나 2층은 호객꾼들에 의한 바가지가 극성을 부린다. 맥주 100B이라는 충동적인 말에 이끌려 2층에 올라가면 낭패를 볼 확률이 높다. 나갈 때 문을 닫아놓고 별도의 공연 관람료를 요구하기 때문이다. 업소 내에서 호객꾼들과의 마찰, 특히 몸싸움은 아주 어리석은 행위이므로 절대로 술 취한 상태에서 시비에 휘말려서는 안 된다.

나나 플라자
Nana Plaza นานา พลาซ่า

주소 Thanon Sukhumvit Soi 4 **영업** 18:00~02:00 **예산** 맥주 120~190B **가는 방법** BTS 나나 역 2번 출구에서 나와서 랜드마크 호텔을 지나 사거리에서 왼쪽 방향인 쑤쿰윗 쏘이 씨 Sukhumvit Soi 4에 있다. 역에서 도보 5분. Map P.19-C2

팟퐁과 더불어 방콕의 대표적인 고고 바 밀집 지역. 거리에 형성된 팟퐁과 달리 콤플렉스 형태의 3층짜리 엔터테인먼트 플라자에 여러 업소가 다닥다닥 붙어 있다. 나나의 특징은 동양인보다는 유럽인들이 주된 손님이라는 것. 역시나 고고 바에서 춤추는 여자들은 성매매를 목적으로 고용됐으며, 트랜스젠더들이 무대에 많이 올라오는 편이다.

나나 플라자가 있는 쑤쿰윗 쏘이 4(나나 따이)에는 노천 바가 많아 밤이 되기 전부터 맥주를 기울이며 시간을 보내는 유럽인들도 흔히 보인다.

쏘이 카우보이
Soi Cowboy ซอย คาวบอย

주소 Thanon Sukhumvit Soi 21 **영업** 18:00~02:00 **예산** 맥주 160~200B **가는 방법** ①BTS 아쏙 역 3번 출구에서 도보 5분. ②MRT 쑤쿰윗 역 2번 출구에서 오른 골목이 쏘이 카우보이다. Map P.19-D2 Map P.21-A1

팟퐁과 더불어 베트남 전쟁 시절부터 환락가로 유명세를 떨치던 곳이다. 쑤쿰윗 중심가인 아쏙 사거리와 가까

야시장과 고고 바가 몰려 있는 팟퐁

나나 플라자 입구

Soi Cowboy

타니야 거리의 일본어 간판

Silom Soi 4

우며 300m 정도 되는 거리에 고고 바가 밀집해 있다. 지속적으로 발전한 팟퐁이나 유럽인들이 몰려드는 나나에 비해 경쟁에서 밀리는 분위기였으나 최근 고고 바들이 분위기 쇄신 차원에서 새로운 쇼를 선보이면서 옛 영광을 서서히 되찾아가고 있는 중이다.

타니야
Thaniya ถนนธนิยะ

주소 Thanon Thaniya **영업** 18:00~02:00 **가는 방법** BTS 쌀라댕 역 3번 출구 앞에 있다. 팟퐁 쏘이 능 Patpong Soi 1에서 도보 3분. **Map P.26-A1**

나나가 유럽인들을 위한 환락가라면, 타니야는 일본인들을 위한 환락가다. 팟퐁과 인접한 골목으로 고고 바 대신에 일본식 가라오케와 룸살롱이 몰려 있다. 거리 곳곳에서 일본어 간판을 쉽게 볼 수 있고, 밤이 깊어지면 거리의 여인들이 일본어로 호객한다.

씰롬 쏘이 씨
Silom Soi 4 สีลม ซอย 4

주소 Thanon Silom Soi 4 **영업** 18:00~02:00 **예산** 맥주 120~220B **가는 방법** BTS 쌀라댕 역 1번 출구에서 바로 보이는 씰롬 쏘이 4(씨) 골목에 있다.
Map P.26-A1

팟퐁과 타니야 중간에 있는 작은 골목인 씰롬 쏘이 씨는 게이들을 위한 엔터테인먼트가 존재하는 곳이다. 100m 정도 되는 막다른 골목에 방콕을 대표하는 게이 바, 게이 레스토랑, 게이 클럽 10여 개가 몰려 있다. 대부분 레스토랑 겸 바로, 유럽인은 물론 태국 게이들의 만남의 장소로 사랑받는다.

가장 대표적인 곳은 발코니 The Balcony(전화 0-2235-5891, 홈페이지 www.balconypub.com)와 텔레폰 펍 Telephone Pub(전화 0-2234-3279, 홈페이지 www.telephonepub.com)이다.

알아두세요

고고 바 Go Go Bar가 뭐하는 곳이에요?

방콕의 밤 문화를 이야기할 때 빼놓지 않고 등장하는 것이 고고 바입니다. 고고 바는 무대 위에서 폴댄스를 추는 여성들을 고용한 술집입니다. 업소에 따라 다르지만 고용된 여성들이 번호표를 붙이고 무대에서 춤을 추는데요, 많게는 300명까지 고용된 업소도 있다고 합니다. 시골에서 상경한 이들이 대부분으로, 목돈을 마련하기 위해 일합니다. 쉬는 시간이 되면 손님들을 상대로 음료수를 사달라며 말을 걸어오는데, 맥주 값과 동일한 음료수(일명 '레이디 드링크 Lady Drink')를 사주는 만큼 부수입을 올리게 된답니다. 고고 바에 가게 되더라도 태국의 다양한 문화를 본다고만 생각하고 맥주나 한잔 하고 나오세요. 성매매는 어디에서건 불법이니 금지해야 합니다. 참고로 술과 음료는 주문할 때마다 계산서를 가져다 테이블에 있는 통에 꽂아 둡니다. 술에 취했더라도 제대로 된 계산서를 가져오는지 수시로 확인해야 합니다. 술값은 업소를 나가기 전에 한꺼번에 지불하면 됩니다.

디너 크루즈 Dinner Cruise

밤이 되면 짜오프라야 강변의 사원들과 호텔들이 화려한 빛을 뿜어냅니다. 시원한 강바람을 맞으며 선상에서 연주되는 라이브 음악의 경쾌함과 함께 방콕의 밤을 즐겨보세요. 디너 크루즈는 대부분 로열 오키드 쉐라톤 호텔 옆의 리버 시티(쇼핑몰) River City 선착장(택시를 탈 경우 '타논 짜런끄룽 쏘이 쌈씹 리워 씨띠 Thanon Charoen Krung Soi 30 River City ถนนเจริญกรุง ซอย 30 ริเวอร์ซิตี้'라고 말하면 된다)에서 출발해 방람푸의 라마 8세 대교까지를 왕복합니다. 출발 시간은 저녁 7시 30분 전후이며, 약 90분 소요됩니다. 보트의 크기와 회사에 따라 요금이 다르지만 여행사를 통해 예약하면 할인이 가능해요. 크루즈 출발 시간보다 30분 정도 일찍 가서 예약된 자리를 배정 받도록 합시다. 크루즈 회사마다 선착장이 다르므로, 출발 장소를 반드시 확인해야 합니다.

짜오프라야 프린세스
Chaophraya Princess

위치 리버 시티 선착장 **전화** 0-2860-3700 **홈페이지** www.thaicruise.com **출발 시간** 19:30 **예산** 900B **가는 방법** 리버 시티 쇼핑 몰 앞에 있는 디너 크루즈 선착장에서 출발한다. Map P.28-A2

한국 여행사에서 가장 선호하는 크루즈다. 태국 음식과 유럽 음식으로 구성된 뷔페가 다양해 풍족한 식사를 할 수 있다. 시간이 흐를수록 라이브하는 가수의 열창이 흥을 돋운다. 각국 여행사로부터 예약이 폭주하므로 미리 예약하자.

러이 나바 디너 크루즈
Loy Nava Dinner Cruise

위치 타 씨프라야(씨파야) Tha Si Phraya 선착장 **전화** 0-2437-7329, 0-2437-4932 **홈페이지** www.loynava.com **출발 시간** 18:00, 20:00 **예산** 1,650B **가는 방법** 로열 오키드 쉐라톤 호텔을 바라보고 오른쪽 강변의 타 씨프라야(씨파야) Tha Si Phraya 선착장에서 출발한다. Map P.28-A2

쌀을 실어 나르던 목조 선박을 재현한 디너 크루즈 선박이다. 70명 정도 탑승할 수 있다. 배 위에서 태국 전통 악기가 연주되기 때문에 차분한 분위기에서 크루즈를 즐길 수 있다. 주로 유럽 여행자들이 즐겨 이용하며 태국 음식과 시푸드 세트가 제공된다.

펄 오브 싸얌(그랜드 펄 크루즈)
Pearl of Siam(Grand Pearl Cruise)

위치 리버 시티 선착장 **전화** 0-2861-0255 **홈페이지** www.grandpearlcruise.com **출발 시간** 19:30 **예산** 1,400B **가는 방법** 리버 시티 쇼핑 몰 앞에 있는 디너 크루즈 선착장에서 출발한다. Map P.28-A2

태국 음식과 유럽 음식 뷔페를 제공하는 디너 크루즈. 짜오프라야 프린세스보다 규모가 작은 대신 차분하고 낭만적이다. 감미로운 재즈가 라이브로 연주되어 선상에서의 밤이 더욱 로맨틱하다.

샹그릴라 호라이즌 크루즈
Shangri-La Horizon Cruise

주소 89 Soi Wat Suan Plu, Thanon Charoen Krung (New Road), Shangri-La Hotel **전화** 0-2236-7777 **출발 시간** 19:30 **요금** 2,200B **가는 방법** BTS 싸판 딱씬 역 또는 **수상 보트** 타 싸톤 Tha Sathon 선착장에서 도보 10분. 샹그릴라 호텔 내부에 있다. 로비에 문의하면 배 타는 곳을 안내해 준다. Map P.28-B2

샹그릴라 호텔에서 운영하는 디너 크루즈. 방콕의 최고급 호텔에서 운영하기 때문에 비싼 만큼 뷔페로 제공되는 음식이 훌륭하다. 샹그릴라 호텔에서 크루즈가 출발한다. 대형 크루즈 보트에 비해 승선 인원이 적어서 야경과 식사를 즐기기 좋다. 드레스 코드가 있어 반바지 착용은 안된다.

짜오프라야 강 따라 떠나는 보트 여행

짜오프라야 강과 함께 역사를 같이한 방콕은 차보다 보트로 여행하는 것이 더욱 편리하다. 강변을 수놓은 수많은 사원과 현대 건축물들은 배를 타고 가지 않으면 절대로 볼 수 없는 풍경들. 톤부리와 라따나꼬씬 시대에 건설한 사원들과 유럽 상인들이 만든 가톨릭교회, 그리고 세계적으로 손꼽히는 일류 호텔들까지 짜오프라야 강에는 과거와 현재가 서로 다른 맵시를 자랑하며 옛것과 새것이 함께 어우러진다. 짜오프라야 강의 주요 볼거리들은 타 프라아팃 Tha Phra Athit 선착장에서 타 싸톤 Tha Sathon 선착장 사이에 몰려 있다. 타 프라아팃 선착장에서 싸판 풋 Saphan Phut(라마 1세 대교)까지는 사원들이 많고, 싸판 풋에서 타 싸톤까지는 일류 호텔들이 강변을 화려하게 장식하고 있다. 수상 보트인 짜오프라야 익스프레스 보트에 관한 정보는 교통편 P.69를 참고하자. Map P.3

짜오프라야 강변의 럭셔리 호텔

1 타 프라아팃에서 타 왕랑 선착장까지

보트 여행은 카오산 로드에서 도보 5분 거리인 타 프라아팃 선착장(선착장 번호 N13)에서 시작한다. 선착장에 서면 오른쪽 방향에 있는 라마 8세 대교(싸판 팔람 뻿 Rama VIII Bridge)가 가장 먼저 눈에 띈다. 방콕에서 가장 최근에 건설된 다리로 현수교의 아름다움을 한껏 살리고 있다.

타 프라아팃을 출발한 보트는 강 건너의 톤부리 방향에 정박한다. 첫 번째 선착장은 타 싸판 삔까오 선착장(선착장 번호 N12), 두 번째 선착장은 타 톤부리 선착장(선착장 번호 N11), 세 번째 선착장은 타 왕랑 선착장(선착장 번호 N10)이다. 타 왕랑 선착장 맞은편에는 짜오프라야 강변에 새롭게 만든 쇼핑몰 타 마하랏 Tha Maharaj(P.182)이 있다.

2 타 왕랑 선착장에서 왓 아룬까지

타 왕랑 선착장에서 왓 아룬까지는 방콕 볼거리의 핵심인 라따나꼬씬과 톤부리 지역의 유적들이 가득하다. 타 왕랑 선착장을 출발한 보트는 탐마쌋 대학교를 바라보며 강 건너편의 타 창 선착장(선착장 번호 N9)으로 향한다. 왕궁과 왓 프라깨우와 가장 가까운 탓에 타 창 선착장은 외국인들이 많이 보인다.

타 창 선착장에서 타 띠안 선착장으로 가는 동안에는 왼쪽에 왕궁과 왓 프라깨우가 보이고 오른쪽에 왓 라캉이 보인다. 멀리 왓 아룬까지 보이면서 보트 여행이 즐거워지는 구간이다. 왓 아룬 맞은편 타 띠안 선착장 앞에 왓 포가 있다.

싸판 풋에서 바라본 방콕 시내 풍경

3 방콕 최초의 교량, 싸판 풋

타 띠안 선착장에서 타 랏차웡 선착장(선착장 번호 N5)까지는 사원보다는 나지막한 건물들이 많다. 왓 아룬 옆으로는 방콕 야이 운하를 경계로 태국 해군 본부와 왓 깔라야나밋이 보인다. 3층 지붕의 대법전이 아름다운 왓 깔라야나밋 옆에는 포르투갈에서 건설한 산타크루즈 교회(P.196)가 있다. 맞은편에는 콜로니얼 양식의 재건축한 욧피만 리버 워크(P.209)가 눈길을 끈다. 욧피만 리버 워크 앞쪽으로는 녹색 철교가 보이는데, 방콕에 최초로 건설된 교량인 싸판 풋(라마 1세 대교) Memorial Bridge이다. 싸판 풋을 경계로 왼쪽은 차이나타운 지역으로 보트에서 특별한 것이 보이지 않는다.

4 싸판 풋을 지나면 풍경은 사뭇 다르다

싸판 풋을 지나면 멀리서도 식별이 가능한 고층 빌딩들이 신기루처럼 보이기 시작한다. 항만청이 있는 타 끄롬짜오타(Marine Dep.) 선착장(선착장 번호 N4)을 지나 홀리 로자리 교회가 보이기 시작하면서 이전과는 다른 유럽적인 풍경으로 변모한다.

타 씨프라야(씨파야) 선착장(선착장 번호 N3)에 도착할 때쯤이면 강변에서 처음 만나게 되는 일류 호텔인 로열 오키드 쉐라톤 호텔과 디너 크루즈가 출발하는 리버 시티 River City 쇼핑몰(P.334)이 보인다. 호텔 뒤편에 보이는 태국 통신청 CAT 건물은 하늘과 구름을 비추는 투명한 유리로 인해 금방 식별이 가능하다. 로열 오키드 쉐라톤 호텔 맞은편에도 범상치 않은 건물이 있는데 밀레니엄 힐튼 호텔과 아이콘 싸얌 Icon Siam(P.334) 쇼핑몰이다.

5 타 오리얀뗀(오리엔탈) 선착장 주변의 유럽건물들에 주목하자

타 씨프라야 선착장에서 타 싸톤 선착장 Sathon Pier까지는 유럽풍의 건물

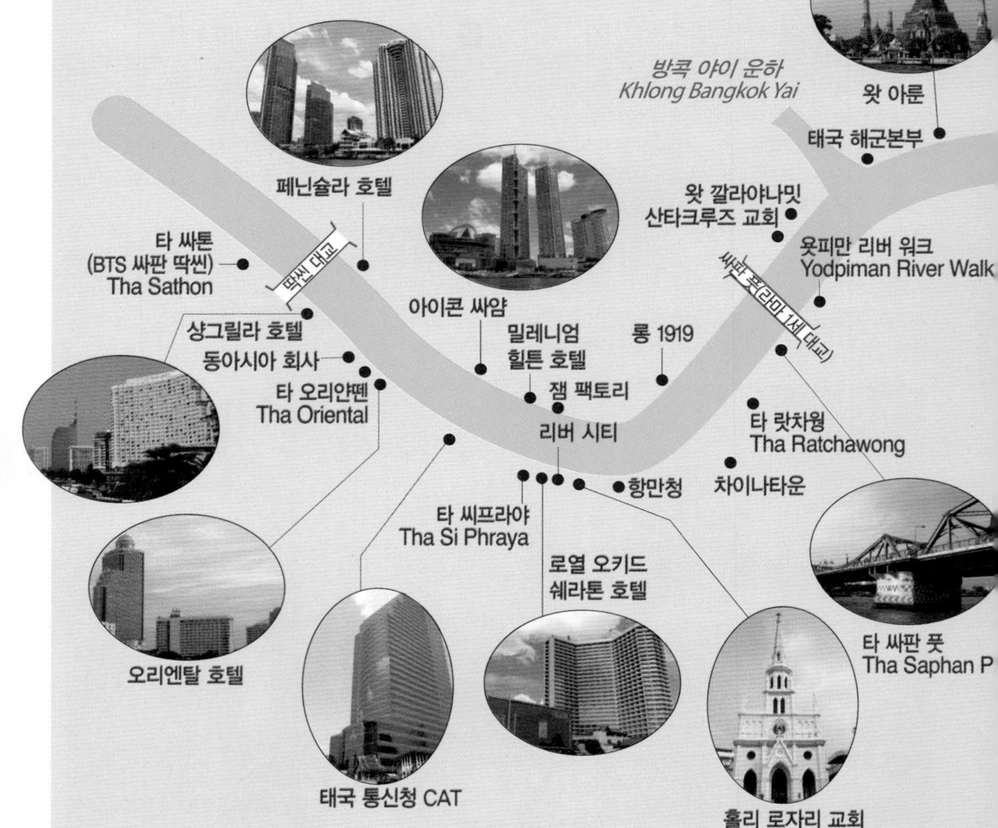

들과 방콕을 대표하는 초일류 호텔들의 향연이 펼쳐진다. 태국 통신청 뒤로는 황금 돔을 간직한 64층의 스테이트 타워 건물이 있다. 방콕의 명물이 된 씨로코 & 스카이 바(P.302)가 바로 황금 돔 아래에 있다. 타 오리얀뗀(오리엔탈) 선착장(선착장 번호 N1) 바로 앞은 오리엔탈 호텔이다. 오리엔탈 호텔 왼쪽은 네오클래식 양식의 구 세관청이, 오른쪽은 옆은 네덜란드 상인들이 건설한 동아시아 회사 건물이 고층 건물들 사이에서 강변을 향해 건축미를 뽐내고 있다.

보트 여행의 종착점인 타 싸톤 선착장은 딱씬 대교(싸판 딱씬) 아래에 있다. BTS와 연계되는 유일한 보트 선착장으로 항상 사람들로 분주한 선착장 옆은 샹그릴라 호텔, 맞은편에는 페닌슐라 호텔이 위용을 자랑하며 짜오프라야 강변의 고급 호텔의 명맥을 이어준다.

저렴한 대중교통 수단 짜오프라야 강 익스프레스 보트

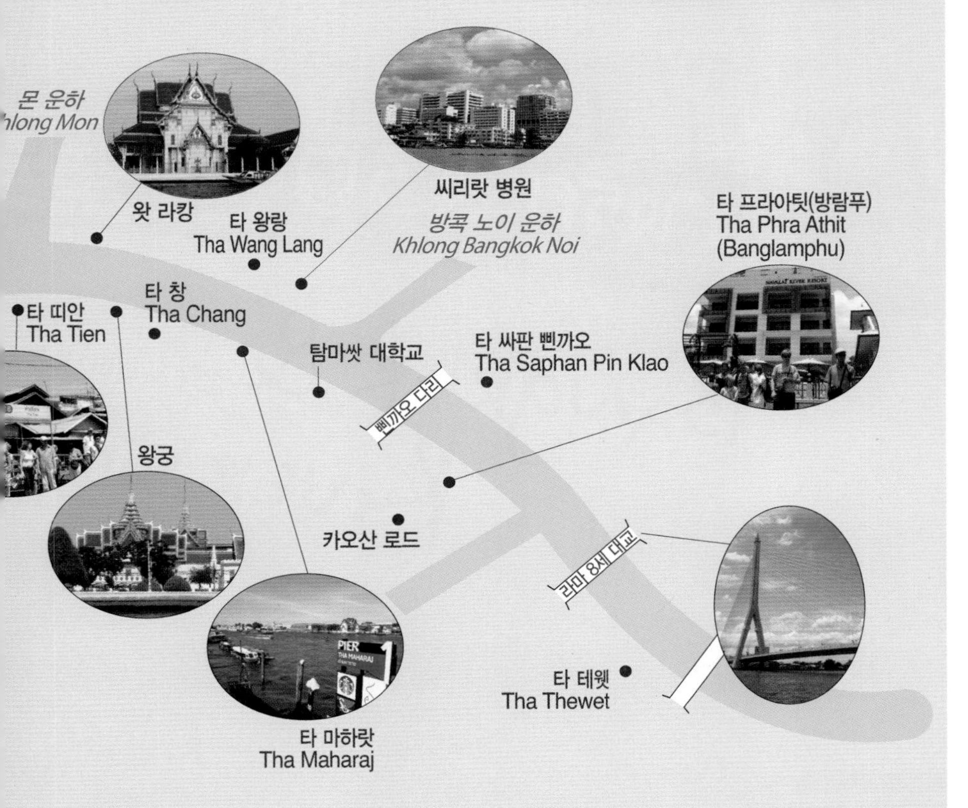

Bangrak & Riverside 방락 & 리버사이드

방락은 라마 4세 때 만든 방콕 최초의 포장도로인 타논 짜런끄룽 Thanon Charoen Krung(New Road)을 중심으로 한 강변 지역이다. '사랑의 마을'이라는 달콤한 뜻을 지닌다. 이름 때문인지 태국 커플들이 혼인신고할 때 가장 즐겨 찾는 동네로 유명하다.

방락은 20세기 초반부터 형성됐는데, 싸얌와 교역하던 유럽 상인들이 정착했기 때문에 유럽풍의 건물과 교회들이 많이 남아 있다. 오리엔탈 호텔, 어섬션 성당, 구 세관청 등이 대표적인 건물. 하지만 허름한 골목들은 100년 이상의 역사를 고스란히 간직한 채 옛것과 새것이 서로 공존한다.

씰롬 남단을 연하는 방락은 주변 지역의 성장으로 오히려 빛바랜 느낌마저 들게 한다. 방콕 도심이라는 사실이 무색할 정도로 오래된 건물들은 전당포, 보석가게, 식료품점, 영세 식당이란 간판을 내걸고 세상의 변화와 무관한 듯 제자리를 지킨다.

항목	평점	페이지
볼 거 리	★★★☆☆	P.291
먹을거리	★★★☆☆	P.296
쇼 핑	★★★☆☆	P.331
유 흥	★★★☆☆	P.301

알아두세요

1. 타 싸톤 선착장에서 수상보트를 타면 왕궁, 왓 아룬, 카오산 로드까지 빠르게 이동할 수 있다.
2. 타 싸톤 선착장은 수상보트(짜오프라야 익스프레스 보트)와 투어리스트 보트 타는 곳이 구분되어 있다. 매표소도 별도로 운영한다.
3. 타 싸톤 선착장에서 아시아티크와 아이콘 싸얌으로 가는 보트가 운행된다.
4. 롱 1919로 갈 때는 투어리스트 보트를 타야한다.
5. 수상보트 타 싸톤 선착장에서 BTS(싸판 딱씬 역)로 갈아타면 시내로 이동이 편리하다.

Don't Miss

이것만은 놓치지 말자

1 수상보트 타고 짜오프라야 강 여행하기.(P.285)

2 아시아티크 야시장 다녀오기.(P.295)

3 루프 톱에서 야경 감상하기.(P.302)

4 아이콘 싸얌에서 쇼핑과 강건너 풍경 감상하기(P.334)

5 잼 팩토리에서 시간 보내기.(P.293)

6 롱 1919에서 사진 찍기.(P.291)

7 디너 크루즈를 즐기며 야경 감상하기.(P.284)

Access

방락 & 리버사이드의 교통

짜오프라야 강변에 연해 있는 지역으로 수상 보트를 타는 게 가장 편리하다. BTS는 싸판 딱씬 Saphan Taksin 역을 이용하자.

+ BTS

수상 보트 타 싸톤 Tha Sathon(Sathon Pier) 선착장과 연결되는 BTS 싸판 딱씬 역을 이용한다.

+ 투어리스트 보트

타 싸톤 Sathorn(Central Pier) 선착장→아이콘 싸얌 쇼핑몰→롱 1919 방향으로 투어리스트 보트가 운행된다.

Best Course

추천 코스

1 오전에 시작할 경우(방락 & 리버사이드 관광)

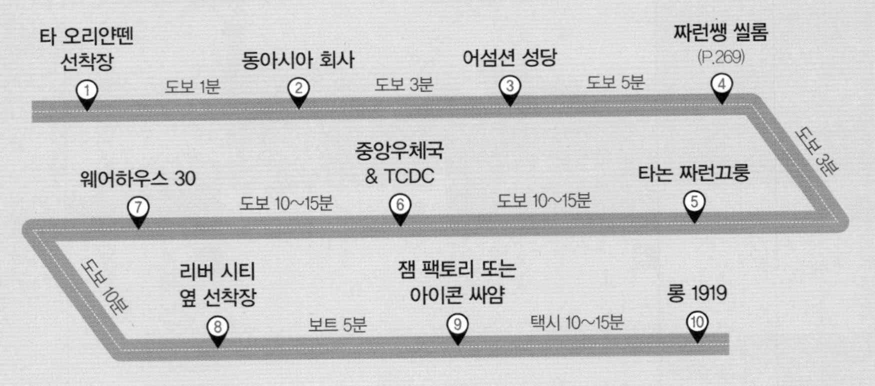

2 오후에 시작할 경우(씰롬 남단+아시아티크 일정)

Attractions

방락 & 리버사이드의 볼거리

주요 볼거리는 유럽풍의 건물과 성당이다. 이슬람 사원도 어우러져 독특한 분위기를 풍긴다. 짜오프라야 강의 수상 보트를 타고 방락의 풍경을 보는 것도 좋다.

롱 1919
Lhong 1919
ล้ง 1919

★★★☆

주소 248 Thanon Chiang Mai **전화** 09-1187-1919 **홈페이지** www.lhong1919.com **운영** 08:00~20:00(레스토랑은 22:00까지 영업) **요금** 무료 **가는 방법** ①수상 보트는 정차하지 않기 때문에 **투어리스트 보트**를 이용해야 한다. ②타 싸톤 선착장 또는 프라아팃 선착장에서 투어리스트 보트(편도 요금 50B)를 타고 롱 1919 선착장에 내린다. ③MRT 후아람퐁 역에서 1km 떨어진 타 싸왓디 선착장 Sawasdee Pier까지 걸어가서, 르아 캄팍 Cross River Ferry을 타고 강을 건너도 된다. Map P.15-C2 Map 전도 A3

짜오프라야 강변 재정비 계획의 일환으로 만들어진 새로운 볼거리. 1850년에 만들어진 중국식 건물과 사당을 리모델링해 예술 · 문화 공간으로 재창조했다. 6,800㎡(약 2,050평) 부지에 디자인 숍과 레스토랑, 휴식 공간이 들어서 있다.

중국 남방에서 이주한 화교 출신의 상인이 건설한 곳답게 중국적인 색채가 가득하다. 안마당을 둘러싸고 건물을 배치한 중국 건축양식인 삼합원(三合院) 형태로, 강변 쪽으로 트여있는 'ㄷ'자 형의 복층 건물이다. 건물의 정중앙 1층에는 중국 남방에서 바다의 여신으로 여겨지는 마주(媽祖)를 모신 사당 Mazu Shrine이 있다. 벽화도 복원해 원형을 유지하려 애쓰고 있다.

현대적으로 복원한 건물 내부는 아트 & 크래프트 숍 Art & Craft Shop으로 활용된다. 태국 디자이너들이 운영하는 상점과 편집숍들로 액세서리, 홈웨어, 수제 가죽제품, 아로마 제품을 판매한다. 강변과 연해서는 레스토랑과 카페가 들어서 있다. 대표적인 숍은 카르마카멧 Karmakamet, 레스토랑은 롱씨 Long Si, 카페는 프런완 파닛 Plearnwan Panich이다.

접근성은 떨어지지만 모던한 중국풍의 인테리어와 짜오프라야 강이 어우러져 사진 찍으며 시간 보내기 좋은 장소다. 무더운 낮보다 해지는 시간에 방문하면 좋다. 참고로 '롱'은 한자 랑(廊)의 태국식 발음이다.

1850년에 만들어진 건물을 리모델링했다

중국 사당을 모신 롱 1919

강변 쪽에는 레스토랑과 카페가 들어서 있다

홀리 로자리 교회
Holy Rosary Church
วัดแม่พระลูกประคำ (วัดกาลหว่าร์) ★★

현지어 왓 매프라 룩 쁘라캄(왓 까라와) **주소** 1318 Wanit Soi 2, Thanon Yotha **가는 방법 수상 보트** ① 타 크롬짜오타(항만청) Marine Dept. 선착장 (선착장 번호 N4)에서 내려 항만청 건물과 만나는 쏘이 짜런 파닛 Soi Charoen Phanit에서 우회전한다. 타논 요타 Thanon Yotha와 만나는 삼거리의 작은 광장 오른편에 있다. 타 크롬짜오타 선착장에서 도보 5분.

Map P.28-A2

Holy Rosary Church

성모 마리아를 위해 포르투갈 상인들이 만든 가톨릭 교회로 톤부리의 산타 크루즈 교회 Santa Cruz Church(P.196)와 비슷한 시기인 1787년에 세워졌다. 네오 고딕 양식의 건물로 규모는 작지만 하늘을 향해 치솟은 종탑과 스테인드글라스로 만든 창문이 아름답기로 유명하다. 포르투갈 신부 깔바리오 Calvario의 이름에서 유래해 태국 사람들은 왓 까라와 Wat Kalawa라 부른다.

어섬션 성당
Assumption Cathedral
อาสนวิหารอัสสัมชัญ ★★☆

주소 23 Soi Oriental, Thanon Charoen Krung Soi 40 **전화** 0-2234-8556 **운영** 08:00~16:30 **요금** 무료 **가는 방법 수상 보트** 타 오리얀뗀 선착장(선착장 번호 N1)에 내려 쏘이 오리얀뗀 Soi Oriental 골목으로 들어가면 동아시아 회사 건물을 지나서 오리엔탈 호텔 입구 맞은편에 성당이 있다. Map P.28-B2 Map P.29

유럽인이 정착하며 팔랑 쿼터 Farang Quarter가 형성되기 시작한 1809년에 프랑스 신부 파스칼이 세운 성당이다. 전형적인 로마네스크 양식의 로마 가톨릭 교회로 프랑스와 이탈리아에서 수입한 건축 자재를 사용해 만들었다.

현재 모습은 1909년에 신축된 건물로 대리석으로 만든 교회당 제단과 스테인드글라스 장식, 32m 높이에 이르는 성당의 시계탑 등이 전형적인 유럽 교회 양식을 띠고 있다. 성당 뒤쪽에는 학교가 있다. 참고로 파랑 Farang은 서양인을 뜻하는데, 프랑스 France를 태국식으로 발음한 '파랑쎄'에서 유래했다.

동아시아 회사
East Asiatic Company
ตึกเก่าบริษัทอีสท์เอเชียติก ★

주소 Thanon Charoen Krung Soi 40 **운영** 24시간 **요금** 무료(내부 관람 불가) **가는 방법 수상 보트** 타 오리얀뗀 선착장(선착장 번호 N1)에서 도보 1분.

Map P.28-B2 Map P.29

네덜란드 사업가가 창업한 해상무역 회사 사무실로 1901년에 만들었다. 강변을 향해 멋을 낸 아이보리색의 전형적인 유럽 건물. 태국과 왕성한 무역업을 하던 라마 5세 때는 건물 지붕에 네덜란드 국기가 펄럭였다고 한다. 내부 출입은 불가능하다.

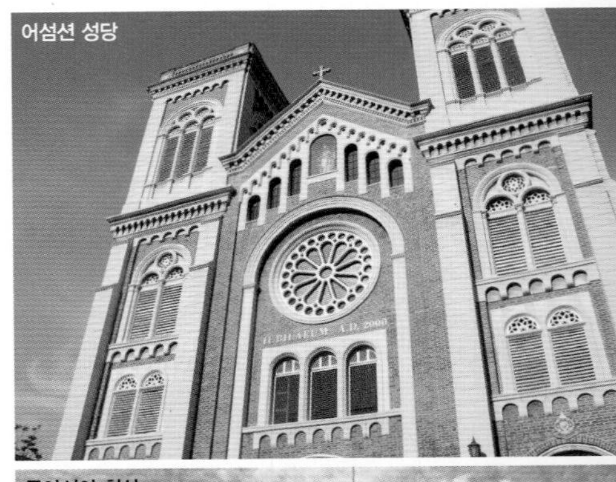
어섬션 성당

동아시아 회사

구 세관청 건물

서점, 카페, 갤러리, 레스토랑을 들어선 잼 팩토리

구 세관청 Old Custom House
อาคารศุลกสถาน อดีต ร่วงโรย ริมแม่น้ำเจ้าพระยา ★★

현지어 쑨라까 싸탄 **주소** Thanon Charoen Krung Soi 36 **운영** 24시간 **요금** 무료(내부 입장 불가) **가는 방법 수상 보트** 타 오리얀뗀 선착장(선착장 번호 N1)에서 내려 오리엔탈 호텔을 끼고 타논 짜런끄룽 쏘이 쌈씹혹 Thanon Charoen Krung Soi 36으로 들어가면 골목 끝에 있다. 선착장에서 도보 10분.
Map P.28-B2

강변을 향하고 있는 구 세관청은 짜오프라야 강을 통해 방콕으로 유입되는 물건을 검사하고 세금을 부과하던 곳이다. 라마 5세 때인 1890년대에 이탈리아 건축가가 디자인하고 건설한 네오클래식 양식 건물로 당시 가장 앞선 건축 양식을 선보이는 곳이다. 3층 건물의 벽면에 기둥을 조각하고 아치형 창문을 만들어 멋을 부렸다. 첨탑 부분에 자명종을 설치한 것도 눈에 띈다. 현재는 폐허인 건물만 남아 있어 무상한 시간의 흐름만 대변해 줄 뿐이다.

잼 팩토리 The Jam Factory
เดอะแจมแฟคทอรี (เจริญนคร) ★★★

주소 The Jam Factory, 41/1-5 Thanon Charoen Nakhon(Charoen Nakorn Road) **전화** 0-2861-0950 **홈페이지** www.facebook.com/TheJamFactoryBangkok **운영** 11:00~22:00 **가는 방법** ①리버 시티(쇼핑 몰) 맞은편, 밀레니엄 힐튼(호텔) 옆에 있다. ②크롱싼 선착장 Khlong San Pier(타르아 크롱싼 ท่าเรือ คลองสาน)에서 강변 산책로를 따라 걸어가면 된다. 수상 보트가 운행되지 않고, 리버 시티(쇼핑 몰) 옆에 있는 르아 캄팍 Cross River Ferry을 타고 강을 건너면 크롱싼 선착장(편도 요금 3B)에 닿는다. ③가장 가까운 BTS 역은 강 건너 끄룽 톤부리 역이다. BTS 역에서 걸어가긴 멀다. ④잼 팩토리 옆쪽에 있는 크롱싼 시장(딸랏 크롱싼) Khlong San Market으로 들어갔다면, 시장 중간에 있는 왓슨스 Watsons 옆 골목으로 들어가도 된다. Map P.28-A2 Map 전도-A3

잼 공장으로 쓰이던 오래된 공장과 창고를 개조해 복합 문화 & 다이닝 공간으로 변모했다. 태국의 유명 건축가(두앙릿 분낫 Duangrit Bunnag)가 디자인했다. 강변의 야외 테라스부터 시작해 여러 개의 창고 건물이 잔디 정원과 보리수나무와 어우러진다. 각기 다른 창고는 카페, 레스토랑, 서점, 갤러리, 건축 회사 사무실로 운영된다. 건기(겨울)에는 야외에서 각종 공연과 전시뿐만 아니라 벼룩시장이 열리기도 한다. 잼 팩토리 옆쪽으로 크롱싼 시장(딸랏 크롱싼) Khlong San Market이 있다.

잼 공장을 개조해 만든 잼 팩토리

웨어하우스 30
Warehouse 30 ★★★

주소 Thanon Charoen Krung Soi 30 **홈페이지** www.facebook.com/TheWarehouse30 **운영** 11:00~20:30 **가는 방법** 타논 짜런끄룽 쏘이 30에 있다. 수상보트 타 씨프라야 선착장(선착장 번호 N3)에서 200m.
Map P.28-A2

잼 팩토리 Jam Factory(P.293)를 디자인한 유명 태국 건축가가 새롭게 만든 창조적인 공간이다. 1940년대에 창고로 만들어졌다가 용도를 다해 사용하지 않고 방치됐던 7동의 창고를 쇼핑과 레스토랑, 카페, 갤러리, 스크린 룸, 크리에이티브 센터를 포함한 복합 공간으로 재창조 시켰다.

허름한 창고 건물 외관과 트렌디한 인테리어가 어울려 힙하다. 의류와 패션 소품, 책과 꽃, 빈티지한 제품, 수공예품, 오가닉 & 아로마 제품을 판매한다. 4,000㎡(약 1,200평) 규모로 창고와 창고가 이어지게 만들어 자유롭게 내부를 이동할 수 있다. 카페도 있어 커피 마시며 잠시 쉬어갈 수도 있다. 인접한 타일랜드 크리에이티브 & 디자인 센터 TCDC(P.295)와 함께 둘러보면 좋다.

중앙 우체국 G.P.O.
ไปรษณีย์กลาง (บางรัก) ★★

현지어 쁘라이싸니 끄랑 **주소** Thanon Charoen Krung Soi 32 **운영** 09:00~16:00 **가는 방법** 타논 짜런끄룽 쏘이 쌈씹썽 Thanon Charoen Krung Soi 32 입구에 있다. Map P.28-A2

태국 중앙 우체국으로 일반 우편 업무를 보는 곳이지만 워낙 오래되어 우편 박물관으로 써도 좋을 건물이다. 건물 지붕 코너에 조각된 독수리 모양의 대형 가루다가 인상적인 곳으로 우표 수집하는 사람들에게 반가운 곳이 될 것이다.

레스토랑, 카페, 편집숍이 한 공간에 모여 있다

옛 건물은 그래도 살려 리모델링했다

창고를 개조해 만든 웨어하우스 30

중앙 우체국

타일랜드 크리에이티브 & 디자인 센터 TCDC가 들어서 있는 중앙 우체국 건물

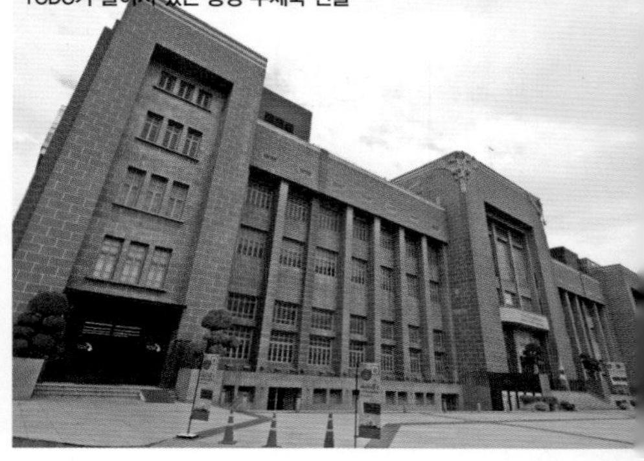

타일랜드 크리에이티브 & 디자인 센터 Thailand Creative & Design Center (TCDC) ศูนย์สร้างสรรค์งานออกแบบ (อาคารไปรษณีย์กลาง ถนนเจริญกรุง) ★★★

현지어 쑨 쌍싼 응안 옥뱁(아칸 쁘라이싸니 끄랑) **주소** The Grand Postal Building(GPO), 1160 Thanon Charoen Krung **전화** 0-2105-7400 **홈페이지** www.web.tcdc.or.th **운영** 화~일 10:30~21:00(휴무 월요일) **요금** 무료 **가는 방법** 타논 짜런끄룽 쏘이 32와 쏘이 34 사이에 있는 중앙 우체국 내부에 있다. 중앙 우체국 건물 왼쪽 편에 입구가 있다. **수상 보트** 타 씨 프라야 선착장(선착장 번호 N3)에서 도보 10분.

Map P.28-A2

태국 정부에서 디자이너 육성을 위해 건설한 디자인 센터. 80년 가까이 된 중앙 우체국 내부에 디자인 시설이 들어서면서 새로운 생명력을 불어 넣었다. 1층은 로비와 기념품 숍 Front Lobby & Shop, 2층은 오디토리움 Auditorium, 3층은 미팅 룸 Meeting Room, 4층은 전시실 Function Room, 5층은 도서관과 카페가 들어선 크리에이티브 스페이스 Creative Space로 구분된다. 일반 전시실은 디자인과 관련한 다양한 전시가 열리는 공간으로 무료로 개방해 대중들의 접근성을 높였다. 5층 옥상은 루프톱 가든 Rooftop Garden으로 꾸며 전망대 역할을 해준다.

도서관에는 디자인과 건축, 사진, 패션, 영화 관련 전문 서적 5만 5,000여 권을 소장하고 있다. 도서관 이용은 멤버십 카드를 발급받아야 한다. 원 데이 패스 1 Day Passs는 100B이다. 전시실 관람과 루프 톱(전망대), 카페 이용은 무료로 가능하다.

5층 옥상 전망대에서 바라 본 풍경

아시아티크 Asiatique เอเชียทีค ★★★★

주소 2194 Thanon Charoen Krung Soi 72~76 **전화** 0-2108-4488 **홈페이지** www.asiatiquethailand.com **운영** 16:00~23:30 **요금** 무료 **가는 방법** 타논 짜런끄룽 쏘이 72와 76 사이에 있다. BTS 싸판 딱씬 역 아래에 있는 **수상 보트** 타 싸톤 선착장 Tha Sathon (Sathon Pier)에서 전용 셔틀 보트가 무료로 운행된다. 16:00~23:00까지 15분 간격으로 운행된다.

Map 방콕 전도-A4

짜오프라야 강변에 있는 야시장이다. 쇼핑이 주목적이지만 강변 풍경과 어우러져 볼거리로도 손색이 없다. 유럽 상인들이 방콕을 드나들던 1900년대 시절의 항구 분위기를 그대로 재현했다. 강변 바람을 쏘이며 방콕의 밤 시간을 즐기거나, 이국적인 풍경을 배경으로 사진을 찍기 좋다. 방콕의 역사와 볼거리, 쇼핑까지 어우러진 방콕의 새로운 명소로 부각되고 있다.

모두 4개 구역으로 구분해 각기 다른 테마로 꾸몄다. 타운 스퀘어 Town Square, 팩토리 구역 Factory District, 워터프런트 구역 Waterfront District, 짜런끄룽 구역 Charoenkrung District으로 나뉜다. 건물 외관은 창고처럼 생겼으나 유럽풍이 가미된 콜로니얼 양식이라 독특하다. 특히 워터프런트 구역은 300m나 되는 기다란 강변 산책로를 만들었다. 아시아티크 스카이 Asitique Sky(홈페이지 www.asiatique-sky.com)라고 불리는 대관람차(요금 450B)도 운영하고 있다.

대관람차

아시아티크

Restaurant

방락 & 리버사이드의 레스토랑

대중적인 레스토랑보다는 마니아들이 반길 만한 곳이 대부분이다. 방락의 오랜 역사와 함께한 쌀국숫집도 흔하지만, 최고급 호텔에서 운영하는 베스트 레스토랑도 많다. 짜오프라야 강변을 끼고 있어 낭만과 분위기를 찾는 여행자들의 필수 코스로 특히 방콕 야경을 보며 크루즈를 즐길 수 있는 디너 크루즈가 인기다.

쪽 프린스 Jok Prince
โจ๊กปรินซ์ (บางรัก) ★★★

주소 1391 Thanon Charoen Krung **영업** 06:00~12:00, 17:00~22:00 **메뉴** 영어, 태국어 **예산** 45~60B **가는 방법** 로빈싼 백화점(방락 지점)을 지나서 맞은편에 있는 CIBM 은행을 바라보고 왼쪽에 있다. 자그마한 골목 입구에 있는 노점이라 눈에 잘 띄지 않는다. BTS 싸판 딱씬 역 3번 출구에서 도보 5분. **수상 보트** 싸톤 선착장에서 도보 8분. Map P.28-B2 Map P.29

60년 넘는 역사를 간직한 길거리 식당이다. '쪽'은 쪼우(粥)로 알려진 중국식 쌀죽의 태국식 버전이다. 한때 프린스 극장이 골목 안쪽에 있었기 때문에 '쪽 프린스'로 불리기 시작했다. 길거기 식당답게 골목 안쪽에 테이블을 놓고 장사한다. 동네 주민들에게 유명한 서민 식당으로, 줄서서 싸이퉁(비닐봉지에 담아서 테이크아웃하는 것)해 가는 사람들도 많다. 세월의 힘이 더해져 입소문을 타고 외국 여행자들에게까지 알려졌다. 2019년 미쉐린 가이드 빕 그루망에 선정되기도 했다.
다진 돼지고기 완자를 넣으면 '쪽 무' Congee with Minced Pork, 계란까지 넣으면 '쪽 무 싸이 카이' 를 주문하면 된다. 사이드 메뉴로 중국식 밀가루 튀김인 '빠텅꼬'(Chinese Donut이라고 적혀 있다)를 곁들여도 된다. 아침 시간과 저녁 시간에만 영업하는데, 준비한 음식이 다 팔리면 문을 닫기 때문에 영업시간이 일정치 않다.

쪽무+빠텅코
쪽 프린스

쁘라짝 뻿 양
Prachak Pet Yang
ประจักษ์เป็ดย่าง ★★★☆

주소 1415 Thanon Charoen Krung **전화** 0-2234-3755 **홈페이지** www.prachakrestaurant.com **영업** 08:30~20:30 **메뉴** 영어, 태국어 **예산** 50~120B **가는 방법** 타논 짜런끄룽의 로빈싼 백화점 맞은편, 왓슨스 Watson's를 바라보고 왼쪽에 있다. 상점들이 촘촘히 붙어 있어서 번지수(1415)를 확인하는 게 좋다. 한자 간판은 新記라고 표기되어 있다. BTS 싸판 딱씬 역 3번 출구에서 250m. Map P.28-B2 Map P.29

100년이나 된 지극히 서민적인 식당. 1909년에 영업을 시작했다. 광둥 지방 출신의 화교 가족이 대를 이어 장사한다. 오리고기 구이인 뻿 양 Roast Duck을 전문으로 한다. 오리구이를 이용한 카우 나 뻿(오리구이 덮밥)과 바미 뻿(오리구이를 고명으로 얹은 노란색 국수)이 유명하다. 카우 무댕(돼지고기 훈제구이 덮밥) Red Pork on Rice, 카우 무끄롭(바삭한 돼지고기 편육 덮밥) Crispy Pork on Rice, 카우팟(볶음밥) 등 기본적인 태국 음식을 함께 요리한다. 음식 양은 적다. 실내는 좁지만 에어컨이 나와서 시원하다.

Prachak Pet Yang

쁘라짝 뻿 양

퀸 오브 커리
Queen of Curry

★★★☆

주소 49 Thanon Charoen Krung Soi 50 **전화** 0-2234-4321, 08-6559-7711 **영업** 10:00~22:00 **메뉴** 영어, 태국어 **예산** 140~300B **가는 방법** ①로빈싼 백화점(방락 지점)을 바라보고 왼쪽 골목인 타논 짜런 끄룽 쏘이 50 안쪽으로 100m 직진한다. ②BTS 싸판 딱씬 1번 출구에서 샹그릴라 호텔 방향으로 간 다음 타논 짜런 끄룽 쏘이 50으로 진입해도 된다. Map P.28-B2 Map P.29

카레의 여왕은 다름 아닌 레스토랑 주인장인 '찌라씬'을 의미한다. 2003년도 카레 요리사 경연대회에서 우승을 차지했다고 한다. 레스토랑 규모는 작지만 테이블이 깔끔하게 세팅되어 있고, 음식 또한 상당히 깔끔하고 청결하다. 셀라돈 도자기에 음식을 담아주기 때문에 보기에도 좋다. 메뉴판에 음식의 맵기를 표기해 뒀는데, 주문할 때 본인의 취향에 따라 맵기를 조절할 수 있다.

카레의 여왕이란 이름처럼 태국 카레가 전문이다. 깽펫 Gaeng Phet, 깽끼아우완 Gaeng Keaw Wan, 파냉 Panang, 깽까리 Gaeng Kari, 깽마싸만 Gaeng Masaman 등 태국에서 맛볼 수 있는 모든 태국 카레를 요리한다. 카레 이외에 볶음 요리, 얌(매콤한 태국식 샐러드), 쏨땀(파파야 샐러드), 똠얌꿍 등을 요리한다. 친절한 주인장이 반갑게 손님을 맞는다.

하모니크
Harmonique
ฮาร์โมนิค (เจริญกรุง ซอย 34)

★★★☆

주소 22 Thanon Charoen Krung Soi 34 **전화** 0-2237-8175, 0-2630-6270 **홈페이지** www.facebook.com/harmoniqueth **영업** 월~토 11:00~ 22:00(휴무 일요일) **메뉴** 영어, 태국어 **예산** 메인 요리 200~480B **가는 방법** **수상 보트** 타 오리얀뗀 Tha Oriental (Oriental Pier) 선착장(선착장 번호 N1)에서 내려 오리엔탈 호텔을 끼고 타논 짜런끄룽 큰길까지 나간다. 큰길이 나오면 왼쪽으로 방향을 틀어 타논 짜런 끄룽 쏘이 쌈씹씨 Thanon Charoen Krung Soi 34로 들어간다. 왓 므앙캐 Wat Muang Khae 조금 못미처 골목 오른쪽에 있다. Map P.28-A2

화교가 살던 오래된 가정집을 개조한 레스토랑. 안으로 들어서는 순간 마음이 푹 놓이는 편안함이 느껴지는 집이다. 마당에는 커다란 반얀 트리가 세워져 있고, 여러 공간으로 구분된 레스토랑에는 다양한 골동품과 꽃들이 여기저기 놓여 있다. 하얀 대리석 테이블의 전형적인 중국 식당이지만 음식은 매우 훌륭한 태국 요리로 가득하다. 특히 생선과 새우가 들어간 해산물 요리가 일품인데 고추, 마늘, 라임과 허브가 제대로 들어간 태국 본연의 맛으로 양도 많아 푸짐하다. 방콕에 거주하는 외국인들이 즐겨 찾는 레스토랑으로 위치와 교통편은 불편하다.

퀸 오브 커리

Queen of Curry

Harmonique

하모니크

목조 건물과 정원이 어우러진 라이브러리 카페

서점을 겸하는 카페 내부

라이브러리 카페(잼 팩토리)
Library Cafe(The Jam Factory) ★★★

주소 The Jam Factory, 41/1 Thanon Charoen Nakhon(Charoen Nakorn Road) **전화** 0-2861-0968 **영업** 09:00~22:00 **예산** 100~185B **가는 방법** 리버 시티(쇼핑 몰) 맞은편, 밀레니엄 힐튼 Millenium Hilton 옆 잼 팩토리 내부에 있다. Map P.28-A2

잼 팩토리(P.293)에 있는 여러 개의 창고 건물 중의 하나다. 오래된 목조 건물이 높은 천장과 통유리가 있는 스타일리시한 카페로 재탄생했다. 같은 건물 안에 서점(캔디드 북숍 Candide Bookshop)과 인테리어 숍(애니룸 홈 & 데코 Anyroom Home & Décor)이 사이좋게 들어서 있다. 카페 앞쪽이 보리수나무가 그늘을 만들어주고, 잔디 정원이 있어 방콕의 도심과는 전혀 다른 분위기를 낸다(살짝 치앙마이 느낌이 든다).

커피, 프라페, 스무디, 와플, 초콜릿 케이크, 초콜릿 크로와상까지 음료와 디저트 모두 달달한 것들로 채워져 있다(커피도 우유와 휘핑크림을 올려 달달하다).

네버 엔딩 섬머(잼 팩토리)
Never Ending Summer

★★★☆

주소 The Jam Factory, 41/5 Thanon Charoen Nakhon(Charoen Nakorn Road) **전화** 0-2861-0953 **홈페이지** www.facebook.com/TheNeverEndingSummer **영업** 11:00~23:00 **메뉴** 영어, 태국어 **예산** 290~980B(+17% Tax) **가는 방법** 리버 시티(쇼핑 몰) 맞은편, 밀레니엄 힐튼(호텔) 옆 잼 팩토리 내부에 있다. Map P.28-A2

잼 팩토리(P.293)에 있는 태국 레스토랑이다. 인더스트리얼한 디자인과 모던한 태국 음식으로 유명하다(각종 언론의 소개 기사를 주방 옆 벽면에 걸어 놓았다). 오래된 공장 건물을 개조해 만들었는데, 시멘트와 벽돌이 그대로 노출되어 있다. 넓은 공간을 극대화하기 위해 주방을 포함해 모든 공간을 탁 트이게 디자인했다. 메인 요리는 태국 음식이다. 신선한 채소와 허브, 식재료가 음식을 돋보이게 한다. 팟타이 같은 관광객용 음식이 아니라 남프릭 Nam Phrik 같은 정통 태국 음식을 요리한다. 남프릭은 고추를 갈아 만든 태국식 매운 쌈장으로, 각종 채소가 곁들여 나온다. 태국 카레로는 라왱까이 Tumeric Curry with Chicken, 깽끼아우완 무 Green Curry with Pork, 파냉 느아 Panang Curry with Beef가 유명하다. 깽쏨 Kang Som과 똠얌꿍 Tom Yum Kung 같은 찌개도 있는데 시큼한 맛을 낸다.

애피타이저로는 미앙캄(향긋한 허브 잎에 말린 새우, 땅콩, 코코넛, 라임, 생강을 싸서 먹는 음식) Meang Kham, 마허(파인애플 위에 잘게 다진 돼지고기 볶음과 고추를 올린 것) Ma Hor가 있다. 태국 음식에 익숙하지 않을 경우 그릴 요리, 볶음 요리, 오믈렛(카이찌아우), 볶음밥 위주로 주문하면 된다.

향긋한 채소와 허브가 어우러진 남프릭
트렌디한 네버 엔딩 섬머

싸니
Sarnies

★★★☆

주소 101~103 Thanon Charoen Krung Soi 44 **전화** 0-2102-9407 **홈페이지** www.facebook.com/sarnies.bkk **영업** 08:00~17:30 **예산** 커피 70~160B, 브런치 280~350B(+17% Tax) **가는 방법** ①샹그릴라 호텔 뒤쪽의 타논 짜런끄룽 쏘이 44에 있다. ②**수상 보트** 타 싸톤 선착장 400m, **BTS** 싸판 딱씬 역에서 300m. Map P.29

방락 지역(샹그릴라 호텔 주변)에서 떠오르는 힙한 카페. 150년 된 상점이 카페로 거듭났다. 과거 강을 통해 교역하던 상인들이 정착했던 터전으로, 19세기에 만들어진 옛 건물을 리모델링했기 때문에 빈티지한 감성이 가득하다. 덕분에 SNS에 올리기 좋은 사진을 찍으려는 태국 젊은이들을 어렵지 않게 볼 수 있다. 주말과 휴일에는 붐비는 편이다. 싸니(샌드위치)라는 상호에서 알 수 있듯 브런치 카페를 표방한다. 샌드위치, 토스트, 달걀 요리를 이용한 브런치 메뉴가 다양하다. 태국 요리 기법을 살짝 가미한 똠얌 에그 베네딕트 Tom Yum Eggs Benedict가 특히 인기 있다. 커피는 원두를 직접 로스팅해 사용한다. 싱가포르에 본사를 두고 있으며, 이곳은 방콕 지점이다.

빈티지한 감성이 힙한 느낌을 준다

싸니 Sarnies

나린 키친(크루아 나린)
Nalin Kitchen

★★★☆

주소 1463 Thanon Charoen Krung **전화** 0-2630-7170 **홈페이지** www.facebook.com/nalinkitchen **영업** 11:30~23:00 **메뉴** 영어, 태국어 **예산** 135~460B **가는 방법** 로빈싼 백화점(방락 지점) 맞은편에 있다. Map P.29

나린 키친

BTS 싸판 딱씬 역 주변에 있는 아담한 태국 음식점이다. 냉방 시설을 가동해 쾌적하고 깔끔하며, 영어가 통하는 곳이라 외국 관광객에게 인기 있다. 스프링롤, 모닝글로리, 쏨땀, 팟타이, 태국 카레, 똠얌꿍, 뿌팟퐁 까리 등의 태국 음식을 외국인의 입맛에 맞게 요리한다. 간단하게 식사하기 좋은 덮밥도 있다. 맛도 음식 값도 무난하다.

쑥 싸얌(아이콘 싸얌 푸드 코트)
Sook Siam
สุขสยาม

★★★★

주소 G/F, Icon Siam, 299 Thanon Charoen Nakhon Soi 5 **전화** 0-2658-1000 **홈페이지** www.sooksiam.com **영업** 10:00~22:00 **메뉴** 영어, 태국어 **예산** 단품 메뉴 50~100B **가는 방법** ①아이콘 싸얌(쇼핑몰) G층에 있다. 수상 보트 타 싸톤 선착장 옆에서 출발하는 아이콘 싸얌 전용 셔틀 보트를 타면 된다. 자세한 방법은 P.334 참고. Map P.28-A2

아이콘 싸얌 Icon Siam(P.334)이라는 초대형 럭셔리 쇼핑몰에 들어선 푸드 코트. 강변에 위치한 쇼핑몰답게 수상시장을 재현해 만들었다. 실제도 배 위에서 음식도 만들어 준다. 네 개 구역(북부, 북동부, 중부, 남부)으로 구분해 각 지방 음식을 판매한다. 꼬치구이, 쌀국수, 덮밥, 과일, 디저트, 음료까지 다양하다. 명품 매장이 가득한 쇼핑몰이지만 이곳 푸드 코트의 가격은 저렴한 편이라 부담 없이 식사하기 좋다. 실내에 자리해 에어컨 바람을 쐬며 머물 수 있다. 참고로 쑥 싸얌은 '행복한 태국(쑥=행복, 싸얌=태국의 옛 이름)'이라는 뜻이다.

쇼핑몰 내부에 수상시장을 재현해 만든 쑥 싸얌

아시아티크 Asiatique

★★★☆

주소 2194 Thanon Charoen Krung Soi 72~76 **홈페이지** www.thaiasiatique.com **운영** 17:00~24:00 **예산** 300~980B **가는 방법 수상 보트** 타 싸톤 Tha Sathon(Sathon Pier)선착장에서 아시아티크 전용 셔틀 보트를 타면 된다(P.295 참고). Map 전도-A4

방콕의 대표 야시장으로 자리 잡은 아시아티크에 사람들이 몰리면서 레스토랑도 다양해지고 있다. 분위기 좋은 강변(선착장) 쪽에는 고급 레스토랑이 위치해 있다. 대표적인 태국 음식점은 반 카니타 바이 더 리버 Baan Khanitha by the River(전화 0-2108-4910~11)다. 반 카니타(P.92)에서 운영하는데, 목조 건물 느낌을 가미해 앤티크한 2층 건물로 아시아티크에 도착하면 가장 먼저 눈에 들어온다.

아치형의 붉은색 벽돌 건물을 현대적인 레스토랑으로 변모시킨 해피 피시 Happy Fish(전화 0-2108-449)는 라이브 밴드가 음악을 연주해 준다.

유명 프랜차이즈 레스토랑들은 메인 도로(타논 짜런 끄룽) 쪽 입구에 몰려 있다. 엠케이 레스토랑 MK Restaurant, 피자 컴퍼니 The Pizza Company, 오봉팽 Au Bon Pain을 포함해 방콕의 쇼핑몰에서 볼 수 있는 대중적인 레스토랑이 입점해 있다.

반 카니타 바이 더 리버

강변의 여유로움과 야시장의 활기참을 느낄 수 있는 아시아티크

르 노르망디 Le Normandie

★★★★

주소 48 Oriental Ave., Thanon Charoen Krung Soi 40, The Oriental Hotel **전화** 0-2659-9000 **홈페이지** www.mandarinoriental.com/bangkok **영업** 월~토 12:00~14:00, 19:00~22:00(휴무 일요일) **메뉴** 영어, 프랑스어 **예산** 점심 세트 1,800~2,500B, 저녁 세트 5,200~6,800B, 메인요리 2,400~5,400B(+17% Tax) **가는 방법 수상 보트** 타 오리얀뗀 선착장(선착장 번호 N1)에서 도보 5분. Map P.28-B2 Map P.29

세계 최고의 호텔인 오리엔탈 호텔에서 운영하는 프랑스 음식점이다. 호텔의 명성에 걸맞게 방콕 최고의 프랑스 요리를 선보인다. 럭셔리한 레스토랑답게 2020년 미쉐린 가이드 투 스타 레스토랑으로 선정되기도 했다. 프랑스에서 직접 수입한 음식 재료는 물론 그들의 음식을 가장 잘 아는 최고의 프랑스 주방장이 요리한다. 마멀레이드 색의 고급 실크와 크리스털 샹들리에로 장식된 실내의 우아함은 창밖의 풍경만큼이나 인상적이다. 최대한 격식을 갖추어야 하는 곳으로 예약은 필수다. 차분한 분위기를 유지하기 위해 12세 이하 어린이의 출입도 금지된다.

대표적인 메뉴로는 오리 간 요리와 머스캣 포도 Pan-fried Duck Liver with Pink Peppercorn, Muscat Grape and Dry Fruit, 애플 소스로 요리한 가리비 Seared Sea Scallops with Apple Sauce, 오븐에 구운 송아지 고기 커틀릿 Oven-roasted Double Veal Cutlet 등이 있다. 메인 요리는 한 접시에 2,000B을 호가한다. 다양한 와인도 보유하고 있으니 술을 곁들인 두 명의 저녁값으로 1만B 정도는 투자하자. 디저트까지 푸짐한 런치 세트가 상대적으로 저렴하다.

오리엔탈 호텔에서 운영하는 프랑스 레스토랑 르 노르망디

오터스 라운지(오리엔탈 호텔 애프터눈 티)
Authors' Lounge ★★★★

주소 48 Oriental Avenue, Thanon Charoen Krung Soi 40, Mandarin Oriental Hotel 1F **전화** 0-2659-9000 **홈페이지** www.mandarinoriental.com/bangkok **영업** 12:00~17:30 **메뉴** 영어 **예산** 애프터눈 티 세트 1,500B(+17% Tax) **가는 방법** 오리엔탈 호텔의 오터스 윙 1층에 있다. **수상 보트** 타 오리얀뗀 선착장(선착장 번호 N1)에서 도보 5분. 타 싸톤 선착장 Sathon Pier에서 호텔 전용 셔틀 보트를 이용해도 된다.
Map P.28-B2 Map P.29

'오리엔탈 호텔 애프터눈 티'라고 통칭되는 곳이다. 멋과 서비스에 관한 한 방콕 최고의 호텔로 치는 오리엔탈 호텔에서 운영한다. 오리엔탈 호텔의 오리지널 건물에 해당하는 오터스 윙 Authors' Wing 1층에 자리하고 있다. 1887년에 이태리 건축가가 설계한 유럽풍의 콜로니얼 건물이다. 발코니와 아치형 창문, 하얀색의 등나무 가구와 쿠션에 녹색의 대나무를 살짝 대비시켜 우아하고 아늑하다. 반투명 유리창을 통해 자연채광이 실내를 비추기 때문에 포근함을 더한다. 건축물의 역사와 전통과 더불어 이곳을 다녀간 유명 인사들로 인해 이름값을 톡톡히 한다.

오터스 라운지

애프터눈 티 세트는 스콘과 케이크, 샌드위치, 크렘 블뢰, 초콜릿 등으로 이루어진 3단 접시 세트가 차와 함께 제공된다. 프랑스 파리에 본점을 두고 있는 마리아주 프레르 Mariage Freres에서 생산한 고급 홍차를 사용한다. 따뜻한 온도를 유지하기 위해 티 포트를 램프 모양의 다기 위에 올려놓는 세심함도 돋보인다. 티 세트는 혼자 먹기에 양이 많다. 두 명이 간다면 세트 하나를 주문하고 음료를 추가로 주문하면 적당하다.

Nightlife

방락 & 리버사이드의 나이트라이프

강변에 고급 호텔들이 많아서, 호텔 라운지나 강변 테라스의 야외 바에서 로맨틱한 시간을 보낼 수 있다. 씨로코 & 스카이 바 또는 스리 식스티 같은 루프 톱 바에서는 방콕의 야경이 시원스럽게 내려다보인다. 선상에서 저녁 식사를 즐기는 디너 크루즈(P.284)도 관광객들에게 인기가 높다.

뱀부 바
Bamboo Bar ★★★★

주소 48 Oriental Ave, Thanon Charoen Krung Soi 40, The Oriental Hotel 1F **전화** 0-2659-9000 **홈페이지** www.mandarinoriental.com/bangkok **영업** 17:00~01:00 **메뉴** 영어, 태국어 **예산** 칵테일 540B~720(+17% Tax) **가는 방법 수상 보트** 타 오리얀뗀 선착장(선착장 번호 N1)에서 도보 5분. Map P.28-B2

방콕 최고의 재즈 바로 평가받는 곳으로 태국 최고의 호텔인 오리엔탈 호텔에서 운영한다. 유럽의 사교 클럽을 연상케 하는 공간으로 방콕에 있으나 전혀 방콕이라고 생각되지 않는 특별한 곳이다.

역사와 전통만큼이나 품위와 멋을 자랑하며, 감미로운 재즈 선율에 모든 이들의 감성을 자극한다. 전속 재즈 밴드의 공연 이외에 앨리스 데이 Alice Day, 셰릴 하이에스 Sheryl Hayes, 모니카 크로스비 Monica Crosby, 맨디 게인스 Mandy Gaines 같은 세계적인 재즈 뮤지션을 초빙해 특별 공연을 열기도 한다. 라이브 음악은 저녁 9시부터 연주된다. 아무나 드나들 수 있는 곳이지만, 아무렇게나 옷을 입고 드나들 수 없으므로 격식에 맞는 복장을 갖추어야 한다.

뱀부 바

씨로코 & 스카이 바 Sirocco & Sky Bar

★★★☆

주소 1055 Thanon Silom & Thanon Charoen Krung, State Tower 63F **전화** 0-2624-9555 **홈페이지** www.www.lebua.com/sirocco **영업** 18:00~01:00 **예산** 칵테일 750~950B, 메인 요리 2,200~4,900B (+17% Tax) **가는 방법** BTS 싸판 딱씬 역 3번 출구에서 타논 짜런끄룽 Thanon Charoen Krung 방향으로 도보 15분. 스테이트 타워(르 브아 호텔과 같은 건물) 1층에서 전용엘리베이터를 타고 63층으로 올라간다. Map P.28-B2 Map P.29

방콕을 넘어 아시아 베스트로 선정된 곳으로 해발 200m에 위치한 야외 레스토랑으로서의 명성도 자자하다. 르부아 호텔에서 운영하는데, 황금 돔으로 치장한 63층 야외 옥상에 있다. 일단 씨로코에 들어서면 환상적인 경관에 감탄이 절로 나온다. 짜오프라야 강과 방콕 시내가 파노라마로 펼쳐진다. 루프톱의 가장자리에는 원형으로 이루어진 스카이 바 Sky Bar가 있다. 이곳에선 식사를 하지 않고 칵테일만 마셔도 된다. 칵테일은 한 잔에 1,000B을 호가하고, 식사 메뉴는 3,000~4,000B 가량으로 예상해야 한다. 직원들이 비싼 식사를 권유하는 경유가 많고, 경치는 좋지만 가성비는 현저히 떨어진다.

씨로코보다 한 층 높은 64층에는 디스틸 Distil을 운영한다. 돔 내부에 위치한 초호화 스카이라운지로 위스키나 와인을 즐길 수 있다. 우천 시에는 영업을 중단하는 경우도 있으므로 미리 확인할 것. 레스토랑 수준에 걸 맞는 복장을 갖추어야 한다.

Sirocco & Sky Bar

씨로코 & 스카이 바

스리 식스티 Three Sixty

★★★★

주소 Millennium Hilton Hotel 32F, 123 Thanon Charoen Nakhon **전화** 0-2442-2000 **홈페이지** www.bangkok.hilton.com **영업** 17:00~01:00 **메뉴** 영어, 태국어 **예산** 맥주 · 칵테일 300~480B(+17% Tax) **가는 방법** 짜오프라야 강 건너에 있는 밀레니엄 힐튼 호텔 32층에 있다. 타 싸톤 선착장 Sathon Pier에서 호텔 전용 보트가 운영된다. Map P.28-A2

밀레니엄 힐튼 호텔에서 운영하는 재즈 바를 겸한 스카이 라운지다. 호텔 건물 꼭대기에 둥근 비행접시처럼 생긴 부분이 바로 스리 식스티다. 이름처럼 360° 파노라마 전망이 펼쳐진다. 에어컨이 나오는 실내는 원형으로 이루어져 있고, 유리창과 접해 소파를 놓았다. 짜오프라야 강 건너편에 있어 경쟁 호텔들의 스카이라운지에 비해 넓은 각도에서 전망을 즐길 수 있다. 풍경에 중점을 둔다면 일몰 시간에 방문하면 좋다. 밤에는 국제적인 재즈 가수와 밴드가 라이브 무대를 선보인다.

강 건너편에 있어서 교통은 불편하지만 씨로코 또는 버티고에 비해 북적대지 않아서 여유롭게 야경을 즐길 수 있다. 슬리퍼나 반바지를 착용하면 입장을 제한하므로 복장에도 신경을 쓸 것.

야외 루프톱에서도 강 건너 방콕 풍경이 보인다

스리 식스티

Travel Plus

전통 공연과 트랜스젠더 쇼

술과 춤이 아니라 공연을 보면서 밤을 보내는 것을 어떨까요. 일종의 문화생활인 셈으로 전통 공연과 트랜스젠더 쇼 등 화려한 무대 의상과 조명으로 즐거움을 선사합니다. 관광객들을 위한 공연장들이라 여행사를 통해 예약하면 할인된 요금에 공연을 관람할 수 있습니다.

싸얌 니라밋 Siam Niramit ★★★
สยามนิรมิต (ถนนเทียมร่วมมิตร ห้วยขวาง)

주소 19 Thanon Thiam Ruammit, Ratchada-Huaykhwang **전화** 0-2649-9222 **홈페이지** www.siamniramit.com **시간** 저녁 뷔페 17:00, 공연 20:00 **요금** 일반 1,000B, 12세 미만 850B(식사 불포함, 여행사 요금) **가는 방법 MRT** 쑨왓타나탐 Thailand Cultural Center 역 1번 출구 앞에서 셔틀 버스가 15분 간격으로 운행된다(운행 시간 18:00~19:30). 지하철 역에서 약 1km 거리인, 한국 대사관(싸탄툿 까올리 따이) 옆에 있어 찾기 쉽다. **택시**를 탈 경우 '랏차다 싸얌니라밋쏘 타논 티암루암밋'이라고 말하면 된다. Map P.25

세상에서 가장 큰 무대라는 타이틀로 기네스북에 등재된 초대형 공연이다. '니라밋'은 상상이라는 뜻의 태국말로, 태국의 역사와 전통을 화려한 의상과 무대 장치로 재현한다. 400억이 투자된 싸얌 니라밋은 2,000명을 동시에 수용할 수 있는 극장에 150명 전문 연기자가 500여 가지의 의상을 갈아입으며 무대에 선다.

공연은 크게 3부로 구분된다. 1부는 태국 역사로의 여행, 2부는 불교 사상인 카르마(업보)를 주된 내용으로 꾸민 천국과 지옥의 상상 세계, 3부는 태국의 다양한 축제를 묘사한 기쁨의 날들로 구성된다. 태국 북부 왕조인 란나 Lanna와 중부의 아유타야 Ayuthaya 시대는 물론 쏭크란(신년 물 축제), 러이 끄라통(가을 대보름에 연꽃 통을 강물에 띄우며 소원을 비는 축제) 등의 다양한 축제가 화려한 무대에서 펼쳐진다.

공연장 주변에는 4만㎡에 이르는 넓은 부지에 태국 민속촌도 만들었다. 전통가옥은 물론 운하를 만들어 당시 생활상을 생생하게 재현했다.

칼립소 카바레 Calypso Cabaret ★★★
คาลิปโซ่ คาบาเร่ต์ (เอเชียทีค)

주소 2194 Thanon Charoen Krung Soi 72~76 **전화** 0-2688-1415~7 **홈페이지** www.calypsocabaret.com **시간** 19:30, 21:00 **요금** 900B(여행사 예약 요금, 음료수 1잔 포함, 픽업 불포함) **가는 방법** 타논 짜런끄룽 쏘이 72와 쏘이 76 사이에 있는 아시아티크 내부에 있다. **BTS** 싸판 딱신 역 아래에 있는 타 싸톤 선착장 Sathon Pier에서 전용 셔틀 보트를 타면 된다. Map 전도-A4

방콕에 새롭게 등장한 명소인 아시아티크 Asiatique (P.295)에 위치한 공연장에서 매일 저녁 펼쳐지는 '까터이' 쇼다. 까터이란 트랜스젠더를 말한다. 태국의 트랜스젠더들은 국제 미인대회에서 입상할 정도로 아름답기로 유명한데, 이런 수준급의 미모를 간직한 여성(?)들의 화려한 쇼를 볼 수 있다. 파타야의 대표적인 트랜스젠더 쇼인 알카자 Alcazar(P.466)와 비슷하다. 칼립소는 극장식 카바레 공연장으로 음료를 마시며 편하게 공연을 관람할 수 있다. 무대를 중심으로 테이블이 놓여 있기 때문에 소극장 특유의 관객과의 밀착감이 느껴진다. 공연은 약 1시간 정도로 춤, 노래, 뮤지컬, 코믹극 등으로 꾸며진다. 공연이 끝나면 배우들과 함께 기념사진을 촬영할 수 있다.

칼립소 카바레

싸얌 니라밋

Calypso Cabaret

°15

Around Bangkok
방콕 근교

방콕에서 한두 시간이면 도착하는 근교 볼거리도 놓치기 아깝다. 수상시장은 강과 운하에 의해 발달한 방콕의 옛 모습을 회상케 하는 곳으로 담넌 싸두악과 암파와가 있다. 두 곳 모두 운하를 따라 배를 저어 이동하며 상거래가 이루어진다. 매끄롱 기찻길 시장을 함께 들르면 하루가 금방 간다.

수상시장과 더불어 인기 있는 여행지는 로즈 가든. 태국 전통 무용을 포함해 다양한 민속 공연을 알차게 꾸며, 바쁜 여행자들에게 인기가 높다. 방콕 근교에서 경험삼아 코끼리를 탈 수 있는 가장 가까운 공연장이기도 하다. 또한 태국에 불교가 최초로 전래된 곳에 건설된 나콘 빠톰도 시간을 내 들러볼 만하다. 세계에서 가장 큰 120m 크기의 프라 빠톰 쩨디가 눈길을 끈다. 방콕 근교의 볼거리는 대중교통으로 여행이 가능하지만, 매우 불편하다. 되도록 여행사나 호텔에서 운영하는 1일 투어를 이용하자.

볼거리 ★★★★☆ P.305
먹을거리 ★★☆☆☆
쇼핑 ★★☆☆☆
유흥 ★☆☆☆☆

Attractions

방콕 근교의 볼거리

현대 미술관 MOCA (Museum of Contemporary Art) พิพิธภัณฑ์ศิลปะไทยร่วมสมัย ★★★★

현지어 피피타판 씰라빠 타이 루암싸마이 **주소** 499 Thanon Kamphaengphet 6(Kamphaengphet 6 Road) **전화** 0-2016-5666~7 **홈페이지** www.mocabangkok.com **운영** 화~일요일 10:00~18:00(휴무 월요일) **요금** 성인 250B, 학생 100B **가는 방법** ①시내 중심가에서 북쪽(돈므앙 공항 방향)으로 15㎞ 떨어져 있어 택시를 타고 가는 게 좋다. ②대중교통을 이용할 경우 **BTS** 머칫 Mo Chit 역 또는 하액 랏 프라오 BTS Ha Yaek Lat Phrao 역에서 택시를 타면 된다. BTS 역에서 5~6㎞ 떨어져 있다. Map P.30

태국 미술에 관심 있다면 현대 미술관을 방문해보자. 이곳은 사업가이자 예술품 수집가인 분차이 벤짜롱꾼 Boonchai Bencharongkul이 2012년에 건설한 사설 박물관이다. 다소 따분한 국립 미술관에 비해 현대적인 시설과 창의적인 작품이 가득해 태국 예술의 매력을 제대로 느낄 수 있다. 100여 명의 예술가가 그린 회화와 현대 미술 800여 점이 5층 규모의 건물을 가득 메우고 있다. 각 전시실은 높은 층고와 자연 채광을 이용해 미술 작품을 여유롭게 둘러 볼 수 있도록 고안되었다. 다만 방콕 도심에서 떨어져 있기 때문에 오가는 시간을 포함, 반나절 정도 일정으로 방문해야 한다. G층에 아담한 카페와 야외 공원이 있으므로 잠시 쉬어가는 코스로 삼기에 좋다.

타완 닷차니 자화상

G층은 태국을 대표하는 조각가 파이툰 므앙쏨분 Paitun Muangsomboon(1922~1999년), 키안 임씨리 Khien Yimsiri(1922~1971년), 차롯 님싸머 Chalood Nimsamer(1929~2015년)의 작품을 전시한다. 2층은 시각 예술 작품 중심으로, 불교와 관련된 회화가 주를 이룬다. 3층은 화려한 색감을 강조한 현대 미술 작품을 전시하는데, 전반적으로 신화와 축제를 다뤘다. 4층에는 태국 현대 미술의 오늘을 엿볼 수 있는 작품이 늘어선다. 가장 두드러지는 작가는 타완 닷차니 Thawan Duchanee(1939~2014년)다. 그는 현대 미술뿐만 아니라 드로잉, 조각, 건축 등에서 국제적인 명성을 얻었다. 5층에선 중국, 베트남, 말레이시아, 일본, 러시아 등지에서 수집한 작품을 볼 수 있다. 플래시를 사용하지 않는다면 사진 촬영도 가능하다.

현대 미술관 MOCA

특별 전시실에 전시된 차롯 님싸머 작품

현대 미술관 입구

짜럼차이 코씻피팟 작품 The Gateway to Nirvana

딸랏 롯파이 씨나카린(딸랏 롯파이 야시장 1)
Talat Rodfai Srinakarin
ตลาดนัดรถไฟ ศรีนครินทร์ ★★★☆

주소 Thanon Srinakarin Soi 51(Srinagarindra Road Soi 51), Seacon Square **홈페이지** www.facebook.com/taradrodfi **운영** 목~일 17:00~24:00(휴무 월~수요일) **요금** 무료 **가는 방법** ①방콕 시내에서 15km 떨어져 있다. 씨콘 스퀘어(쇼핑몰) Seacon Square 뒤쪽에 해당하는데, 타논 씨나카린 쏘이 51 골목으로 들어가야 한다. 씨콘 스퀘어와 붙어 있는 테스코 로터스 Tesco Lotus를 바라보고 오른쪽 골목 안쪽으로 400m. ②대중교통을 이용할 경우 BTS 우돔쑥 역에 내려서 택시(60~80B)를 타면 된다. ③방콕 시내에서 택시를 탈 경우 차가 막히면 300B, 차가 안 막히면 200B 정도 예상하면 된다. Map P.30

트레인 마켓 Train Market으로 알려진 원조 야시장이다. 짜뚜짝 인근의 철도청 부지에 들어섰던 야시장이 방콕 외곽의 타논 씨나카린으로 이전하면서 '딸랏 롯파이 씨나카린'이라 불린다. 랏차다에 있는 야시장과 구분하기 위해 딸랏 롯파이 1 야시장이라고 부르기도 한다. 여행자보다는 현지 사람들을 위한 야시장으로, 시내에서 멀기 때문에 접근성이 현저히 떨어진다.
이름과 달리 기차를 판매하는 시장은 아니다. 골동품과 빈티지한 제품이 주를 이룬다. 구제 의류와 신발부터 인형, 가구, 카메라, 전축, 샹들리에, 심지어 마네킹까지 판매한다. 태국의 야시장답게 저렴한 옷과 액세서리를 선보이는 상점도 가득 들어선다. 오래된 캐딜락 자동차와 프로펠러 비행기까지 진열되어 있어 사진 찍는 재미도 쏠쏠하다. 특별히 무언가를 사지 않더라도 야시장을 둘러보며 다양한 군것질을 즐길 수 있다. 얼음을 넣은 시원한 맥주를 마시며 현지인과 어울려 야시장 분위기를 느끼기 좋다. 다만 관광객을 위한 야시장이 아니라서 기념품으로 살만한 건 많지 않다는 점, 방콕 시내에서 멀리 떨어져 있다는 점이 아쉽다. 시간이 빠듯한 여행자라면 비교적 시내와 가까운 랏차다 야시장(P.336)을 방문하는 게 좋다.

딸랏 롯파이 씨나카린

저렴한 옷과 액세서리는 기본

빈티지한 물건이 많아 사진찍기 좋다

창추이 마켓 Chang Chui Market
ช่างชุ่ย (ถนนสิรินธร, ปิ่นเกล้า) ★★★

주소 460/8 Thanon Sirindhorn, Pinklao **전화** 08-1817-2888 **홈페이지** www.facebook.com/ChangChuiBKK **운영** 월~화, 목~금 16:00~23:00, 토~일 11:00~23:00(휴무 수요일) **요금** 무료 **가는 방법** 삔까오 끝자락에 해당하는 타논 씨린톤에 있다. BTS나 지하철이 연결되지 않기 때문에 택시를 타고 가야한다. 카오산 로드에서 서쪽으로 7km 떨어져 있다. Map P.30

딸랏 롯파이 야시장의 흥행에 힘입어 2017년 새롭게 생긴 야시장이다. '창추이'는 엉성한 예술가라는 뜻으로, 야시장이라기보다 예술가 마켓에 가깝다. 태국의 유명 의류 브랜드 대표가 전체적인 디자인을 담당했는데, 18개의 독립적인 조형물이 들어서 있다. 특히 미국 록히드사에서 만들었던 L-1011 트라이스타 여객기가 놓여 있어서 비행기 야시장 Chang Chui Plane Night Market이라고도 불린다. 거대하고 낡은 비행기 덕분에 힙한 랜드마크로 거듭났다.
모든 건축 재료는 버려진 창고 단지를 재활용해 만들었다고 한다. 주말에는 낮에도 문을 열지만, 아무래도 밤에 가야 흥성거리는 시장 분위기를 느낄 수 있다. 쇼핑이나 먹거리보다는 구경하고 사진 찍기 좋은 곳으로, 다른 야시장에 비해 덜 활성화됐다. 카오산 로드에서 출발하면 그다지 멀진 않지만, 방콕 서쪽 끝자락에 해당하는 삔까오에 있기 때문에 도심에서 오가기는 불편하다.

창추이 마켓

왓 빡남(왓 빡남 파씨짜런)
Wat Paknam
วัดปากน้ำภาษีเจริญ

★★★☆

주소 Thanon Thoet Thai Soi 28 **전화** 0-2467-0811 **운영** 08:00~18:00 **요금** 무료 **가는 방법** ①타논 텃타이 쏘이 28 골목으로 들어가서 왓 쿤짠 Wat Khunchan(사원) 옆의 운하를 건너면 된다. ②BTS 웃타깟 Wutthakat 역에 내려서 택시(편도 요금 50~60B)를 타면 된다. ③지하철 노선이 연장되면서 지하철 이용도 가능하다. MRT 타프라 Tha Phra 역에서 1.4km 떨어져 있다. Map P.30 Map P.196

사원의 규모에 비해 관광객에게 거의 알려지지 않았던 사원이다. 7.9에이커(약 9,600평) 규모로 정원과 운하에 둘러싸여 있다. 아유타야 시대에 건설된 사원으로 400년이 넘는 역사를 간직하고 있다. 왓 빡남을 유명하게 만든 건 주지승을 지냈던 프라몽콘텝무니(루앙퍼 쏫짠싸로) พระมงคลเทพมุนี(1884~1959년)로, 태국 불교에서 중요시되는 탐마까야 명상 Dhammakaya Meditation을 창시했다. 이는 붓다가 득도할 때 행했던 명상법으로 여겨진다. 경내에 모신 스님의 등신불은 신자들이 찾아와 금박지를 붙여 놓은 까닭에 황금색으로 변해있다.

관광객이 사원을 찾는 이유는 대형 쩨디(불탑)를 보기 위해서다. 2012년에 건설된 80m 크기의 쩨디는 프라 마하 쩨디 마하랏차몽콘 Phra Maha Chedi Maharatchamongkhon이라 불린다. 쩨디 내부는 5층 규모로 엘리베이터도 설치되어 있다. 안에는 녹색 유리로 만든 또 다른 탑이 있다. 내부는 신발을 벗고 들어가야 하는데, 명상을 위해 건설한 곳답게 고요하다. 돔 모양의 천장에는 보리수나무 아래서 명상하고 있는 붓다가 그려져 있는데, 탑과 어우러져 마치 작은 우주를 연상케 한다. 아래층은 불상을 전시한 박물관으로 꾸몄다.

왓 빡남

작은 우주를 형상화한 녹색 유리 탑

크롱 랏마욤 수상시장
Khlong Lat Mayom Floating Market
ตลาดน้ำคลองลัดมะยม

★★★

현지어 딸랏남 크롱 랏마욤 **주소** Moo 15, 30/1 Thanon Bang Ramat **운영** 토~일 08:00~17:00(휴무 월~목) **가는 방법** ①방콕 시내에서 동쪽으로 19km, 남부 터미널(싸이따이)에서 남쪽으로 4km 떨어져 있다. ②대중교통을 이용할 경우 BTS 방와 Bang Wa 역에 내려서 택시(편도 요금 80~100B)를 타면 된다. ③카오산 로드에서 택시를 탈 경우 편도 요금은 140~180B 정도 나온다. Map P.30 Map P.196

방콕 외곽의 수상시장보다 접근성이 좋아 차츰 인기를 얻기 시작한 곳이다. 행정구역상 방콕에 속해 있으며, 시내에서 택시를 타고 갈 수 있는 거리다. 보통 수상시장은 딸랏남(딸랏=시장, 남=물)이라 불리며 배를 띄우고 강을 오가는 형태인데 비해, 크롱 랏마욤은 운하('크롱'이 운하를 뜻한다)의 둔치에 늘어선 '수변'시장의 모습을 띤다. 따라서 상대적으로 규모가 작을 수밖에 없다. 상인들은 운하 옆에 정박해 물건을 팔고, 관광객들은 배를 빌려 운하를 한 바퀴 둘러보는 보트투어(1인당 100B)를 즐긴다. 정겨운 재래시장 풍경이 고스란히 펼쳐진다. 저렴한 음식을 만들어 팔기 때문에 구경하다 자리를 잡고 식사하며 시간을 보내기 좋다. 아직까지는 외국 관광객보다는 방콕 시민들이 더 많은 편이다. 주말(토~일요일)에만 장이 선다.

운하 옆에 형성된 재래시장

크롱 랏마욤 수상시장

나콘 빠톰
Nakhon Pathom
นครปฐม
★★☆

운영 07:00~19:00 **요금** 60B **가는 방법** ①방콕 남부 터미널(콘쏭 싸이따이)에서 에어컨 버스와 미니밴(롯뚜)이 수시로 출발한다. 깐짜나부리행 버스도 나콘 빠톰을 지난다. 버스와 미니밴은 약 15분마다 한 대씩 출발. 버스보다 미니밴이 빠르다. 운행 시간은 05:30~22:00이며, 편도 요금은 60B. 나콘 빠톰에는 정해진 버스 터미널이 없다. 버스에 따라 도시 안쪽까지 들어가지 않고 대로변에서 내려주는 경우가 있으니, 반드시 프라 빠톰 쩨디 Phra Pathom Chedi까지 가는지 확인하고 타자. 쩨디 동쪽 입구에 버스가 정차하며 같은 곳에서 방콕으로 돌아오거나 깐짜나부리로 가는 버스를 탈 수 있다. ②톤부리 역에서 기차가 출발한다. 깐짜나부리행 기차를 타고 나콘 빠톰에서 내리면 된다. 자세한 시간은 깐짜나부리(P.434)를 참고하자. Map P.30

방콕에서 서쪽으로 56㎞ 떨어진 작은 도시 나콘 빠톰은 방콕에서 차로 한 시간 거리다. 태국에 불교가 가장 먼저 전래된 곳으로 특별한 의미를 지니며, 세계 최대의 불탑인 프라 빠톰 쩨디 Phra Pathom Chedi พระปฐมเจดีย์로 유명하다. 쩨디(탑) 주변에 사원이 형성되어 왓 프라 빠톰 쩨디 Wat Phra Pathom Chedi라고 부르기도 한다. 석가모니가 태국 땅을 직접 밟지는 않았지만, 불교를 전파하는 데 지대한 공을 세웠던 인도 아소카 대왕 King Asoka(BC 272~BC 232)이 파견한 두 명의 고승이 버마(미얀마)를 거쳐 태국까지 왔다고 전해진다.

당시 나콘 빠톰은 몬족이 건설한 드바라바티 제국 Dvaravati Kingdom의 중심지였는데, 불교가 전래된 것을 기념하기 위해 6세기경에 스리랑카 양식의 탑(쩨디)을 세웠다. 하지만 힌두교를 기반으로 삼았던 크메르 제국이 나콘 빠톰을 점령한 11세기에는 불탑을 부수고, 힌두교 브라만 사상에 입각한 쁘랑을 세웠다고 한다. 그러나 버마(미얀마)의 지배를 받으며 쁘랑마저도 폐허가 돼버렸다.

나콘 빠톰이 현재의 모습을 갖춘 것은 라마 4세 때인 1860년의 일이다. 불교를 국교로 삼았던 짜끄리 왕조는 태국에 불교가 최초로 전래된 곳을 방치해 둘 수가 없었다. 본래 탑 모양과 비슷하게 불탑을 건설했는데, 이번에는 120m 높이로 만들어 세계 최대의 불탑을 건설했다. 황금빛의 오렌지색 불탑은 프라 빠톰 쩨디라고 부른다. 쩨디 주변에 불당과 불상을 안치해 신성함을 강조했다.

프라 빠톰 쩨디에 모신 가장 중요한 불상은 8m 크기의 프라 루앙 롱짜나릿 Phra Luang Rongchanarit이다. 탑의 북쪽 입구로 들어가면 볼 수 있으며, 향을 피우고 연꽃을 바치는 순례자들의 발길로 항상 분주하다. 또한 쩨디 동쪽의 위한(법전)에는 드바라바티 시대에 만든 와불상이 안치되어 있다. 길이 9m로 이곳에서는 순례자들이 소원을 빌며 점을 치느라 분주하다. 무릎을 꿇고 대나무 통을 흔드는 것이 바로 오늘의 운세를 알아보는 것. 막대기 하나가 빠지면 거기에 적힌 번호가 그날의 운세를 말해준다. 운세는 영어가 함께 적혀 있어 해독이 가능하다.

나콘 빠톰의 상징과도 같은 프라 빠톰 쩨디

쩨디(불탑) 주변으로 불상을 모셨다

밀랍 인형 박물관에 전시된 국왕 실물 모형

밀랍인형 박물관
Thai Human Imagery Museum
พิพิธภัณฑ์หุ่นขี้ผึ้ง ★★

현지어 피핏타판 훈키픙 타이 **위치** 43/2 Moo 1 Thanon Boromratchanchonni(Thanon Pin Klao-Nakhon Chaisi) 31km 지점 **전화** 0-3433-2109, 0-3433-2607 **홈페이지** www.thaiwaxmuseum.com **운영** 월~금 09:00~17:30, 토~일 08:30~18:00 **요금** 300B(아동 150B) **가는 방법** 방콕에서 서쪽으로 약 50km 떨어져 있다. 방콕 남부 터미널에서 나콘 빠톰 행 버스를 타고 밀랍인형 박물관(피핏타판 훈키픙 타이) 입구에서 내린다. 약 30분 소요. Map P.30

태국 최고 권위의 밀랍인형 기술자인 두앙깨우 핏야껀씹 Duangkaew Phityakonsip이 1989년에 만든 박물관. 마치 살아 있는 것 같은 착각이 드는 정교한 밀립인형들을 가득 전시하고 있다. 크게 네 가지 종류로 짜끄리 왕조의 역대 왕들, 유명한 승려들, 전통 풍습과 서민들의 일상생활을 소재로 하고 있다. 짜끄리 왕조의 라마 1~8세까지 실물 모형이 특히 볼 만하다. 외국인보다는 태국인들이 즐겨 찾는다.

담넌 싸두악 수상시장
Damnoen Saduak Floating Market
ตลาดน้ำ ดำเนินสะดวก ★★★

현지어 딸랏남 담넌 싸두악 **주소** Amphoe Damnoen Saduak, Ratchaburi Province **위치** 방콕에서 서남쪽으로 104km **운영** 06:00~16:00 **요금** 무료 **가는 방법** ①방콕 남부 터미널(콘쏭 싸이따이)에서 담넌 싸두악행 에어컨 버스(78번 버스)가 운행된다. 05:40~21:00까지 1시간 간격으로 출발한다. 편도 요금은 64B이며 2시간 정도 걸린다. 참고로 에어컨 버스는 수상 시장 입구의 배 타는 곳에 승객을 내려준다. 수상 시장까지 1~2km로 떨어져 있는데, 걸어가려면 배 타라고 하는 호객꾼들을 따돌려야 한다.
②방콕 남부 터미널에서 출발하는 미니밴(롯뚜)를 타도 된다. 06:00~18:00까지 운행된다(편도 요금 80B). 정해진 출발 시간은 없고 승객이 모이는 대로 출발한다. ③삔까오 미니밴 터미널(옛 남부 버스 터미널 자리를 사용하기 때문에 '싸이따이까오 삔까오'라고 부르기도 한다. 남부 버스 터미널보다 방콕 시내에서 가까우며, 카오산 로드에서 6km 떨어져 있다) Pinklao Minivan Terminal에서도 미니밴(롯뚜)이 출발한다. 06:00~18:00까지 운행되며 편도 요금은 80B이다. ④방콕 여행사에서 담넌 싸두악 반나절 투어(300B)를 진행한다. 터미널까지 오가는 시간을 생각한다면 투어를 이용하는 게 여러모로 편하다. Map P.30

30년 전만 해도 방콕에 수상시장이 활발하게 운영됐으나 육로 교통이 발달하고 도시가 성장하면서 수상시장의 옛 모습은 찾기 힘들어졌다. 이런 옛 정취를 간직하고 있는 곳이 바로 담넌 싸두악이다.

방콕 주변의 수상시장 중에 규모가 가장 큰 곳으로 행정구역상 랏차부리 Ratchaburi 주(州)에 속해 있다. 방콕 주변 여행지 중에서 가장 유명한 곳으로 엽서에서 보던 사진 한 장을 찍기 위해 관광객들이 몰려간다.

수상시장은 이른 아침부터 보트에 각종 야채와 과일, 음식을 싣고 수로를 돌아다니며 활발한 상거래가 이루어진다. 운하를 향해 계단과 출입문을 내놓고 생활하는 주민들에게 상인들이 일일이 찾아다니며 물건을 파는 상거래로 생각하면 된다. 아침에 일찍 가야 본래 수상시장의 풍경을 제대로 느낄 수 있다. 하지만 대부분의 관광버스들이 점심시간을 전후해 도착하기 때문에 수상시장을 오가는 상인들도 관광객들을 상대하는 상투적인 모습으로 변모한다. 운하 주변으로는 기념품 가게까지 가세해 가히 관광지다운 풍모를 여실히 보여준다. 보트를 빌려 수상시장을 둘러봐도 된다. 보트 투어 요금은 1인당 150B이다.

도로가 아니라 강을 따라 시장이 들어서 있다

관광지로 변모한 담넌 싸두악 수상시장

암파와 수상시장
Amphawa Floating Market
ตลาดน้ำ อัมพวา ★★★★

현지어 딸랏남 암파와 **주소** Amphoe Amphawa, Samut Songkhram Province **위치** 방콕에서 서남쪽으로 55㎞ **홈페이지** www.amphawafloatingmarket.com **운영** 금~일 12:00~20:00 **요금** 무료 **가는 방법** ①방콕 남부 터미널(콘쏭 싸이 따이)에서 암파와까지 미니밴(롯뚜)이 운행된다. 터미널 내부의 매표소나 11번 플랫폼에서 표를 구입하면 된다. 06:00~20:00까지 승객이 모이는 대로 출발한다. 편도 요금은 70B이며, 약 60분 정도 소요된다. 돌아오는 막차는 월~목 18:20, 금~일 20:00에 있다. 막차 시간을 미리 확인해 두자. ②방콕 여행사에서 주말(금~일)에 반나절 투어(요금 500~700B)를 진행한다. 투어는 오후에 출발하며, 반딧불을 보기 위해 보트 투어가 포함된다. ③암파와 수상시장과 매끄롱 기찻길 시장(위험한 시장)까지는 6.5㎞ 거리로, 썽태우(트럭을 개조한 픽업 버스)가 수시로 오간다. 큰 길에서 손을 들어 썽태우를 세워야 하므로 현지인들에게 길을 물어보는 게 좋다. '빠이 매끄롱' 또는 '빠이 딸랏 매끄롱'이라고 말하면 된다. Map P.30

담넌 싸두악에 비해 외국인에게 덜 알려져 있지만, 방콕 사람들에게는 담넌 싸두악보다 더 큰 인기를 얻고 있는 수상시장이다. 태국의 각종 방송과 언론에서도 방콕 사람들의 주말 여행지를 소개할 때 빼놓지 않고 등장한다. 방콕 포스트에서 선정한 태국 추천 여행지에 선정됐을 정도다. 자국민이 추천하는 여행지라 할 수 있는데, 너무 많이 언론에 노출되면서 밀려드는 관광객으로 혼잡하기까지 하다.

담넌 싸두악의 남쪽에 있으나 행정구역은 싸뭇 쏭크람 Samut Songkhram 주(州)에 속한다. 매일 수상시장이 형성되지 않지만 주말이 되면 사람들로 인해 발 디딜 틈 없이 북적댄다. 그 이유는 태국 사람들이 좋아하는 운하와 재래시장을 고스란히 느낄 수 있기 때문. 또한 운하 주변의 오래된 목조 가옥에 사람들이 그대로 살고 있어 삶의 현장을 여과 없이 볼 수 있다.

담넌 싸두악과 달리 암파와 수상시장의 배들은 움직이지 않고 한곳에 정박해 있다. 오히려 사람들이 직접 걸어 다니며 먹을 것을 찾아 다녀야 하는 특이한 수상시장이다. 하지만 운하를 따라 상점이 몰려 있고, 운하 옆으로는 재래시장까지 붙어 있어 남의 집들을 하나씩 둘러보는 재미가 있다. 더군다나 먹을거리가 잔뜩이어서 군것질하는 재미도 쏠쏠하다. 관광지에서 흔한 외국인 요금이 아닌 현지인 가격이라 100B만 있어도 사먹을 수 있는 것들이 많다. 운하와 연결되는 계단에 태국인들과 함께 걸터앉아 팟타이(볶음면)나 까페쏫(체에 걸러서 만든 태국 커피)을 시식하도록 하자.

암파와 수상시장은 왓 암파와 Wat Amphawa부터 시작된 운하가 거대한 짜오프라야 강과 만난다. 보트를 빌려 수상시장을 둘러보고 싶다면 늦은 오후가 좋다. 해질녘의 풍경도 운치 있지만, 초저녁에 등장하는 반딧불도 오랜 추억으로 간직될 것이다.

Amphawa Floating Market

Amphawa Floating Market

운하를 따라 목조 가옥이 가득한 암파와 수상시장

방콕 시민들의 주말 여행지로 인기 있는 암파와 수상시장

매끄롱 기찻길 시장(위험한 시장)
Mae Klong Railway Markett
ตลาดแม่กลอง (ตลาดร่มหุบ) ★★★☆

현지어 딸랏 매끄롱 **주소** Thanon Kasem Sukhum, Mae Klong, Muang Samut Songkhram **홈페이지** www.maeklongnewways.com **운영** 07:00~17:30 **요금** 무료 **가는 방법** ①방콕 남부 터미널에서 미니밴(롯뚜)이 출발하긴 하지만 시내에서 멀리 떨어져 있어 불편하다. 미니밴은 06:00~20:00까지 승객이 모이는 대로 출발한다(편도 요금 70B)이다. ②삔까오 미니밴 터미널(옛 남부 버스 터미널 자리를 사용하기 때문에 '싸이따이까오 삔까오'라고 부르기도 한다. 남부 버스 터미널보다 방콕 시내에서 가까우며, 카오산 로드에서 6㎞ 떨어져 있다) Pinklao Minivan Terminal에서도 미니밴(롯뚜)이 출발한다. 06:00~18:00까지 운행되며 편도 요금은 70B이다. ③북부 버스 터미널 바깥쪽에 있는 미니밴 정류장 Mochit New Van Terminal에서도 미니밴(롯뚜)이 출발한다. 편도 요금은 90B이다. ④방콕 현지 여행사에서 1일 투어를 진행한다. 주말(금~일요일)에는 암파와 수상시장+매끄롱 기찻길 시장, 평일에는 담넌 싸두악+매끄롱 기찻길 시장 투어를 이용하면 된다. ⑤매끄롱 시내에서 암파와까지 썽태우(트럭을 개조한 픽업 버스)가 수시로 오간다. 매끄롱 기차역과 가까운 곳에 썽태우 타는 곳이 있으니, 현지인에게 길을 물어 볼 것. Map P.30

시장 사이로 기차가 지나다니는 매끄롱 기찻길 시장

위험한 시장으로 알려진 매끄롱 기찻길 시장

매끄롱(매꽁) Mae Klong은 방콕 서쪽으로 70㎞ 떨어진 싸뭇 쏭크람 주에 있는 작은 도시다. 매끄롱 강변에 도시가 형성되어 있다. 매끄롱은 끄롱(꽁) 강이라는 뜻으로 매남끄롱 Maenam Klong을 줄여서 말한 것이다(더 줄여서 '매꽁'이라고 발음하기도 한다). 암파와 수상시장(P.310)과 인접해 있는데, 암파와 수상시장이 관심을 끌면서 덩달아 주목을 받고 있는 여행지다. 매끄롱은 기찻길 시장이 유명하다. 태국 어디서나 볼 수 있는 평범한 재래시장인데, 기찻길 옆에 시장이 형성되어 독특한 광경을 목격할 수 있다. 기차가 지날 때면 시장의 노점들이 일사분란하게 점포를 철거했다가, 기차가 통과하면 아무 일 없었다는 듯 물건을 철도에 내놓고 장사한다. 노점과 좌판에서 파는 것들은 각종 과일과 채소, 육류, 생선, 식료품, 향신료 등이다.

철도에 물건을 내놓기 때문에 태양을 피하기 위해서 대형 차양막(파라솔)을 설치해 놨는데, 기차가 이동할 때마다 차양막을 접었다 폈다 하는 모습에서 딸랏 롬흡 Talat Rom Hoop(우산을 접는 시장)이라는 별명을 얻기도 했다. 딸랏은 시장, 롬은 우산, 흡은 접다라는 뜻이다. 기찻길 옆에서 장사하는 모습이 위험하게 보인다 하여 딸랏 안딸라이 Talat Antalai(위험한 시장)라고 부르기도 한다. 매끄롱 기찻길 시장에서는 이런 일들이 매일 4번씩 반복된다(기차가 하루 4번 운행되기 때문). 다행히도 기차가 서행으로 움직이기 때문에 그다지 위험하지는 않고(기차가 이동할 때는 시장 안쪽으로 피해 있어야 한다), 시장 상인들은 이런 불편함을 즐기는 분위기다. 오히려 이런 독특함은 태국에서 CF와 방송에 등장해 관심을 끌고 있다.

평상시에는 평범한 재래시장 풍경을 하고 있다

시장 끝에는 매끄롱 기차역(싸타니 롯파이 매끄롱)이 있다. 1905년에 개통된 기차역으로 매끄롱과 반램 Ban Laem을 연결하는 단거리 노선의 3등석 완행열차가 운행된다.

로즈 가든
Rose Garden
สวนสามพราน ★★☆

현지어 쑤언 쌈프란 **주소** Km 32 Phet Kasem Road, Sam Phran **위치** 방콕에서 서쪽으로 32㎞ **전화** 0-3432-2544 **홈페이지** www.rosegardenriverside.com **공연 시간** 14:45 **요금** 600B(반나절 투어) **가는 방법** 방콕 남부 터미널에서 쌈프란 Sam Phran까지 간 다음 로즈 가든행 버스로 갈아타야 한다. 1시간 정도 걸린다. 방콕 여행사에서 운영하는 담넌 싸두악 수상시장과 묶어서 1일 투어(요금 700B)로 다녀오는 게 편리하다. Map P.30

파타야의 농눗 빌리지 Nong Nuch Village(P.454)와 비슷한 전형적인 투어리스트를 위한 공연장이다. 태국의 다양한 전통 무용과 결혼식 장면 재연, 무에타이 등의 내용으로 1시간 정도 공연이 이어진다. 공연장을 비롯해 대부분의 건물이 태국 전통 가옥을 그대로 재현했으며, 공연장 입구에는 전통 의상과 수공예품 등이 전시되어 있다. 간단한 코끼리 쇼도 볼 수 있으며, 기념 삼아 코끼리도 타볼 수 있다. 2017년부터 전통 공연이 중단된 상태라 방문하는 관광객도 현저하게 줄었다.

로즈 가든의 코끼리 공연

Rose Garden

므앙 보란
Muang Boran(Ancient Siam)
เมืองโบราณ ★★☆

주소 296/1 Thanon Sukhumvit, Samut Prakan. **위치** 방콕에서 동남쪽으로 10㎞ **전화** 0-2323-4094~9 **홈페이지** www.muangboranmuseum.com **운영** 09:00~19:00 **요금** 일반 700B, 어린이 350B(16:00 이후 입장료 50% 할인) **가는 방법** ①BTS 쑤쿰윗 라인을 타고 종점인 케하 Kheha 역에 내려서 택시를 타도 된다. 케하 역에서 4km 떨어져 있다. ②방콕 시내에 있는 타논 쑤쿰윗에서 511번 버스(요금 20~24B)를 타고 종점인 빡남 Pak Nam에 내린 다음 썽태우(36번 버스, 요금 8B)로 갈아타서 므앙 보란 입구에 내린다. 방콕 교통 사정에 따라 1시간 30분~2시간 정도 걸린다. ③택시를 탈 경우 약 1시간 정도 걸린다(편도 요금 300~400B). Map P.30

세계에서 가장 큰 야외 박물관이란 타이틀을 갖고 있는 건축 공원이다. 므앙 보란은 '고대 도시'라는 뜻으로 태국 전국에 있는 고대 건물들을 실물 크기로 재현해 놓은 역사 공원. 공원의 모양새도 태국 국토 모양과 동일하게 만들었다. 쑤코타이와 아유타야를 포함해 태국의 주요 유적들을 한곳에서 볼 수 있으나 진품에 비해 감동은 떨어진다.

전체 면적 1.3㎢(약 39만 평) 크기에 118개의 건축물이 들어서 있다. 므앙 보란을 대충 본다고 해도 최소 2~3시간은 예상해야 한다. 공원이 워낙 커서 걸어 다니는 건 힘들다. 매표소에서 자전거 또는 전동 카트를 빌려서 둘러보면 된다. 자전거 대여는 무료(입장료에 포함)이며, 전동 카트는 1시간에 400B(4명 기준)이다. 매표소에서 한국어로 된 오디오 가이드를 무료로 대여해준다.

태국 역사 유적을 재현한 므앙보란

므앙 보란

Travel Plus

방콕 근교는 투어를 이용하면 편리합니다

방콕 근교 볼거리는 서로 방향이 다르기 때문에 하루에 한 곳 이상 여행하기가 힘들답니다. 더군다나 버스 터미널까지 직접 찾아가야 하기 때문에 길에서 허비하는 시간도 많구요. 이런 불편은 여행사를 통하면 한 방에 해결이 가능하지요. 투어는 차량과 가이드, 입장료, 점심 포함을 기본으로 하지만 여행사마다 차이가 있으니 예약할 때 조건을 확인해두기 바랍니다. 저렴한 투어에 참여하려면 방콕의 여행자 밀집 지역인 카오산 로드의 여행사를 이용하세요. 자, 그럼 1일 투어 상품에 대해서 알아볼까요?

• 담넌 싸두악 수상시장 + 매끄롱 기찻길 시장 투어 Damnoen Saduak + Mae Klong Tour(350B)
오전 일정으로 진행되는 반나절 투어다. 담넌 싸두악 수상 시장을 먼저 방문하고, 매끄롱 기찻길 시장(위험한 시장)을 들러 방콕으로 돌아온다. 담넌 싸두악 수상 시장만 방문하는 투어(300B)도 가능하다.

• 암파와 수상 시장 + 매끄롱 기찻길 시장 투어 Amphawa + Mae Klong Tour(단체 투어 500B)
암파와 수상시장이 금~일요일에만 문을 열기 때문에 주말에만 가능한 투어다. 오후에 출발해 반나절 일정으로 진행된다. 기차가 통과하는 시간에 맞추어 매끄롱 기찻길 시장을 먼저 방문한다. 인접한 암파와 수상시장으로 이동한 다음에는 자유롭게 돌아다니며 쇼핑과 군것질을 할 수 있다. 해 질 무렵에는 보트를 타고 강으로 나가 반딧불을 관찰한다. 일반적으로 오후 1시에 출발하며, 암파와 수상시장에서 반딧불 보트 투어까지 끝마치고 방콕으로 돌아오면 저녁 9시 30분 전후가 된다. 택시를 이용한 4명 투어는 1인당 750B이다. 참여 인원에 따라 투어 요금이 달라진다. 미니밴을 이용한 단체 투어가 저렴하다.

• 담넌 싸두악 + 깐짜나부리(콰이 강의 다리) Damnoen Saduak + Kanchanaburi(550B)
멀리 깐짜나부리까지 다녀오는 투어다. 담넌 싸두악 수상시장을 오전에, 깐짜나부리를 오후에 방문한다. 깐짜나부리에서는 콰이 강의 다리만 보고 오기 때문에 이동 시간에 비해 별로 볼거리가 없다. 많이 보고자 하는 욕심만 앞설 뿐 실제로 제대로 된 여행을 할 수 없기 때문에 그다지 추천할 만한 투어는 아니다.

• 깐짜나부리 투어 Kanchanaburi Tour(700B)
방콕에서 두 시간 거리인 깐짜나부리를 다녀오는 투어다. 코끼리 타기(30분)와 뗏목 타기(30분)가 포함된다. 제스 전쟁 박물관, 연합군 묘지를 방문한 다음 죽음의 철도를 지나는 기차를 탄다. 전쟁 박물관 입장료(40B)와 기차 요금(100B)은 별도로 지불해야 한다.

• 에라완 폭포 + 깐짜나부리 투어 Erawan + Kanchanaburi Tour(950B)
깐짜나부리 1일 투어를 변형한 상품이다. 깐짜나부리에서 더 멀리 떨어진 에라완 폭포(에라완 국립 공원)을 먼저 방문해 물놀이를 즐기고, 돌아오는 길에 콰이강 다리를 잠시 들르는 일정이다. 에라완 폭포+코끼리 트레킹을 결합한 1일 투어(1,350B)도 가능하다.

• 아유타야 투어 Ayuthaya Tour(550~700B)
한마디로 사원 투어다. 태국 역사상 최대의 번영을 누렸던 아유타야를 방문해 주요 사원 5개를 한꺼번에 방문한다. 짧은 시간에 너무 많은 사원을 방문해 금방 싫증을 느끼는 여행자도 많다. 물론 역사와 문화에 관심 있는 여행자라면 투어가 아니라 아유타야를 직접 방문해 시간을 보낼 것이다.

• 아유타야 오후 투어 + 선셋 크루즈(1,600B)
무더운 낮 시간에 사원을 집중적으로 방문하는 아유타유 투어의 단점을 보완한 새로운 투어다. 오후 1시 30분에 방콕을 출발해 아유타야에 있는 사원 6곳을 방문한 다음, 아유타야를 둘러싼 강을 따라 보트를 타고 풍경을 감상한다.

Shopping in Bangkok

방콕의 쇼핑

방콕은 홍콩, 싱가포르와 견주어도 손색없는 쇼핑 파라다이스다. 동남아시아 최대 쇼핑몰을 비롯해 명품 매장과 다양한 야시장까지 관광 대국 태국이 제공하는 쇼핑의 위력은 한마디로 대단하다. 거리 곳곳에 먹을거리가 넘쳐나듯 사람이 모이는 곳이면 시장이 형성된다고 해도 과언이 아니다. 방콕의 시장은 현지인들이 선호하는 저렴한 옷과 생필품을 판매하는 벼룩시장과 싸얌, 펀찟을 중심으로 한 쇼핑몰이 밀집한 쇼핑 스트리트로 구분된다. 100B(3,800원)으로 옷 한 벌을 살 수도 있고, 4만B(150만 원)으로 지갑 하나를 살 수도 있다. 그만큼 다양한 기호에 따라 원하는 물건을 고르고 소비가 가능한 곳이 방콕이다. 또한 태국 특유의 재료와 디자인을 가미한 자체 브랜드도 많다. 패션, 인테리어, 홈 데코 등 서구의 멋과 동양의 아름다움을 절묘하게 매치시켜 만든 아이템들은 방콕만의 독특한 멋을 부린다.

Siam

싸얌

젊음의 거리답게 다양한 의류, 액세서리 상점이 넘쳐난다. 싸얌 스퀘어의 좁은 골목을 가득 메운 상점과 함께 대형 쇼핑몰 4개가 운집해 있다. 유명 브랜드 매장보다 젊은 취향을 겨냥한 독특한 아이템이 많다.

마분콩 MBK Center
มาบุญครอง (เอ็มบีเคเซ็นเตอร์) ★★★☆

주소 444 Thanon Phayathai **전화** 0-2620-9000 **홈페이지** www.mbk-center.co.th **영업** 10:00~22:00 **가는 방법** ①BTS 싸남낄라 행찻(국립 경기장) National Stadium 역 4번 출구에서 연결통로를 통해 도큐 백화점을 거쳐 마분콩으로 들어갈 수 있다. 싸얌 스퀘어에서는 도보 5분. ②**운하 보트** 싸판 후어 창(타르아 싸판 후어 창) Saphan Hua Chang Pier 선착장에서 내려 타논 파야타이 Thanon Phayathai 거리를 따라 남쪽으로 도보 10분. Map P.16-A1

마분콩은 방콕의 유명 쇼핑몰들을 제치고 가장 많은 손님들이 들락거리는 공간이다. 짜뚜짝 주말시장을 에어컨 빵빵 나오는 현대적인 건물로 옮겨 놓았다고 생각하면 된다. 총 8층 건물에 2,000여 개 매장이 영업 중이다. 주말이면 10만 명의 사람들이 쇼핑하러 오는데 단순한 쇼핑 공간을 넘어서 패스트푸드점, 레스토랑, 영화관 등이 밀집한 종합 문화공간 역할도 한다. 참고로 건물에 쓰인 영어 간판 '엠비케이 센터 MBK Center'라고 말하면 현지인들이 알아듣지 못하므로 꼭 '마분콩'이라고 발음하자.

마분콩이 성공할 수 있었던 비결은 저렴한 물건들을 한데 모아 편하게 쇼핑할 수 있다는 것. 1층에는 의류 · 신발 · 가방 · 지갑 · 시계 · 액세서리 매장이 있고, 그 밖에 사진관 · 스마트폰 · 카메라 · CD 가게 · 유화 페인팅 · 명함 가게 등 다양한 업종의 상점이 건물 안에 밀집해 있다. 더불어 쇼핑과 식사를 한곳에서 해결할 수 있는 푸드코트를 포함해 대중적인 레스토랑도 입점해 있다.

마분콩과 같은 건물 오른쪽은 중저가 물건을 파는 도큐 백화점 Tokyu Department Store이다. 서민 백화점처럼 중저가 브랜드 위주로 꾸며져 있다.

MBK Center

새롭게 단장한 마분콩 MBK Center

싸얌 스퀘어 Siam Square
สยามสแควร์ ★★★☆

주소 Thanon Phra Ram 1(Rama 1 Road) **영업** 10:00~21:00 **가는 방법** ①BTS 싸얌 역 2 · 4 · 6번 출구로 나오면 바로 싸얌 스퀘어가 보인다. ②**운하 보트** 싸판 후어 창(타르아 싸판 후어 창) 선착장에서 내려 타논 파야타이를 따라 남쪽으로 도보 15분. Map P.17

Siam Square

패션 아이템이 가득한 싸얌 스퀘어

BTS 싸얌 역에서 내려다보면 창고처럼 생긴 나지막한 건물들이 볼품없어 보이지만, 싸얌 스퀘어를 걸어다니다 보면 골목을 메운 상점들로 놀라게 된다.
태국 젊은이들, 특히 10대와 20대 초반을 겨냥한 옷과 물건들을 파는 매장들이 많은 곳으로 서울의 명동과 비슷하다. 태국에서 유행하는 패션이 시작되는 곳으로 새로움을 추구하는 패션 아이템들이 가득하다. 상큼 발랄하고 화사한 옷들이 많아 여름용 옷을 장만하기에 좋다.

싸얌 스퀘어 원 Siam Square One ★★★

주소 448 Thanon Phra Ram 1(Rama 1 Road), Siam Square Soi 4 & Soi 5 **전화** 0-2255-9995 **홈페이지** www.siamsquareone.com **영업** 11:00~22:00 **가는 방법** BTS 싸얌 역 4번 출구 앞에 있다. Map P.17
방콕 젊음의 거리인 싸얌 스퀘어에 새롭게 생긴 쇼핑몰이다. 건축 디자인에 신경을 쓴 7층 규모의 모던한 쇼핑몰이다. 같은 층이라도 획일적으로 구성하지 않고 오픈 스페이스를 통해 공간을 구분하고 있다. 휴식 공간이 많고 햇볕이 들어서 답답하지 않지만, 에스컬레이터를 중심으로 매장이 흩어져 있어 동선은 복잡한 편이다. 학생들이 즐겨 찾는 곳이라 그런지 젊은 태국 디자이너들의 의류, 액세서리 매장이 많다. 레스토랑과 카페는 주로 4~6층에 들어서 있다.

자연 친화적인 제품을 판매하는 에코토피아

Siam Square One

싸얌 디스커버리 Siam Discovery สยามดิสคัฟเวอรี่ ★★★☆

주소 Thanon Phra Ram 1(Rama 1 Road) **전화** 0-2658-1000 **홈페이지** www.siamdiscovery.co.th **영업** 10:00~22:00 **가는 방법** ①BTS 싸얌 역 1번 출구로 나오거나 BTS 싸남낄라 행찻(국립경기장) National Stadium 역에서 내려 연결통로를 따라 도보 5분. ②운하 보트 싸판 후어 창(타르아 싸판 후어 창) 선착장에서 내려 타논 파야타이를 따라 남쪽으로 도보 10분. Map P.17
1997년에 오픈한 싸얌 스퀘어의 대표 쇼핑몰이다. 디자인에 중심을 둔 쇼핑몰로 개장할 때부터 주목을 받았는데, 2016년에 대대적인 보수 공사를 통해 트렌디한 느낌을 한층 더 강화시켰다. 한 마디로 크리에이티브(창의적인)한 쇼핑몰로, 패션, 홈 데코, 인테리어 매장이 들어왔다. 각 층별로 '랩 Lab'이란 이름을 붙였다. 여성 의류와 패션, 액세서리는 허 랩 Her Lab(G층), 남성 패션 아이템은 히스 랩 His Lab(M층), 스마트폰과 전자기기는 디지털 랩 Digital Lab(2F), 인테리어 관련 용품은 크리에이티브 랩 Creative Lab(3F), 취미 관련 제품은 플레이 랩 Play Lab(4F)으로 구분되어 있다.
대표적인 매장으로 로프트 Loft(2F), 해비타트 Habitat(3F), 룸 콘셉트스토어 Room Concepstore(3F), 탄 Thann(3F), 부츠 Boots(3F), 프로파간다 Propaganda(3F), 마이 키친 My Kitchen(4F), 아시아 북스 Asia Books(4F), 자연 친화적인 제품을 판매하는 에코토피아 Ecotopia(5F)가 있다.

로프트

Siam Discovery

부츠
Boots ★★★☆

주소 ①싸얌 파라곤 Siam Paragon 2F ②마분콩 MBK Center G층 ③아마린 플라자 Amarin Plaza 1F ④터미널 21 Terminal 21 LG층 ⑤쎈탄 월드 Central World 3F ⑥빅 시(랏차담리 지점) Big C 1F ⑦타임 스퀘어 Times Square GF ⑧케이 빌리지 K Village 1F ⑨제이 애비뉴 J-Avenue GF ⑩씰롬 콤플렉스 Silom Complex 2F **홈페이지** www.th.boots.com **영업** 10:00~22:00 **가는 방법** 각 쇼핑몰 가는 방법 참고.

방콕에서 대중적인 인기를 누리는 드러그스토어. 약국을 겸하면서 화장품과 목욕용품 등도 판매하는 곳이다. 영국 브랜드인 부츠 Boots는 방콕에서도 어렵지 않게 찾을 수 있다. 대부분의 쇼핑몰에 매장을 운영하기 때문에 본인이 머무는 숙소와 가까운 곳을 찾아가면 된다.

치약, 칫솔, 비누, 샴푸, 헤어 에센스, 페이셜 폼, 보디 워시, 보디 스크럽, 핸드크림, 보디 로션, 코코넛 오일, 마사지 오일, 선 블록 크림, 타이거 밤, 모기 스프레이 등을 구입할 수 있다. 부츠에서 자체 생산한 제품뿐만 아니라 넘버세븐 No7, 보타닉스 Botanics, 솝 & 글로리 Soap & Glory, 챔프니스 Champneys, 로레알 L'Oréal, 선실크 Sunsilk, 도브 Dove, 니베아 Nivea 제품도 있다. 여행 중에 필요한 제품도 많기 때문에 한국에서 미처 준비하지 못한 것들을 현지에서 구입하기 좋다. 주기적으로 1+1(원 플러스 원) 행사를 하기 때문에 저렴하게 구입할 수 있는 기회도 있다.

다양한 바디제품을 판매하는 부츠

주요 쇼핑몰에 입점해 있는 부츠

식료품 매장 고멧 마켓

고멧 마켓
Gourmet Market ★★★

주소 싸얌 파라곤 지점 Siam Paragon G/F **전화** 0-2690-1000(+내선 1214, 1258) **홈페이지** www.gourmetmarketthailand.com **영업** 10:00~22:00 **가는 방법** BTS 싸얌 역과 붙어 있는 싸얌 파라곤 G층에 있다. Map P.17

방콕에서 유명한 슈퍼마켓 체인이다. 경쟁 업체인 로빈싼 Robisson 백화점에서 운영하는 톱스 마켓 Top's Market에 비해 고급화 전략을 취하고 있다. 고급스런 느낌을 강조하기 위해 대형 백화점 내부에 슈퍼마켓을 운영한다. 이름만 들어도 다 아는 싸얌 파라곤(G층), 엠카르티에 백화점(G층), 터미널 21(LG층), 엠포리움 백화점(5층) 내부에 있다.

'고멧'은 미식(美食)을 뜻하는데 이름처럼 양질의 식재료와 채소, 과일, 육류, 해산물을 제공한다. 태국 음식에 필요한 향신료와 각종 소스, 치즈와 와인을 포함한 수입 식품도 다양하게 구비하고 있다. 테이크아웃할 수 있는 태국 음식과 도시락도 판매한다. 음식이 신선한 만큼 다른 슈퍼마켓보다 비싸게 판매된다. 조금 저렴하게 식재료를 구입하려면 빅 시 Big C 또는 로터스 Lotus 같은 대형 할인매장을 이용하면 된다.

싸얌 센터 Siam Center
สยามเซ็นเตอร์ ★★★☆

주소 Thanon Phra Ram 1(Rama 1 Road) **전화** 0-2658-1000 **홈페이지** www.siamcenter.co.th **영업** 10:00~21:00 **가는 방법** BTS 싸얌 역 1번 출구 앞이 싸얌 센터다. 싸얌 디스커버리 내부에서 싸얌 센터로 건너가는 연결통로가 있다. Map P.16-B1, Map P.17

싸얌에 가장 먼저 생긴 쇼핑몰이지만 구태의연하지 않고 새로운 변신을 거듭해 현재까지도 싸얌의 대표적인 쇼핑몰로 인기를 유지하고 있다. 1973년 미국

Siam Center

싸얌 센터 쇼핑몰

건축가가 설계한 4층짜리 건물에는 젊은이들을 겨냥한 트렌드 룩과 기념품 가게들이 밀집해 싸얌 스퀘어와 함께 젊은 패션을 선도한다.

1층은 패션 애비뉴 Fashion Avenue, 2층은 패션 갤러리아 Fashion Galleria, 3층은 패션 비져너리 Fashion Visionary, 4층은 푸드 팩토리 Food Factory로 구분했다. 주요 매장으로는 캐스 키드슨 Cath Kidston(1층), DKNY(1층), 찰스 & 키스 Charles & Keith(2층), 자스팔 Jaspal(2층), 라코스테 Lacoste(2층), 아시아 북스 Asia Books(2층), 플라이 나우 Fly Now(3층), 그레이하운드 오리지널 Greyhound Original(3층)이 있다. 3층에 태국 디자이너 브랜드가 많이 입점해 있다.

싸얌 파라곤 Siam Paragon
สยามพารากอน ★★★★

주소 991 Thanon Phra Ram 1(Rama 1 Road) **전화** 0-2610-8000 **홈페이지** www.siamparagon.co.th **영업** 10:00~22:00 **가는 방법** BTS 싸얌 역 3번 출구로 나오면 싸얌 파라곤 입구다. BTS 연결통로로 들어갈 경우 싸얌 파라곤 2층으로 이어진다. Map P.17

2005년 12월 50만㎡ 규모로 오픈했다. '방콕의 자부심'을 넘어 '동남아시아의 자부심'을 자처하는 고급 럭셔리 쇼핑몰이다. BTS 싸얌 역과 바로 연결되는 싸얌 파라곤은 외부 치장부터 화려하다. 야자수 거리와 분수대까지 고급 호텔 입구를 연상케 하는 정문을 통해 들어가면 MF The Luxury로 명명된 명품 매장이 한 층을 가득 메운다.

태국 최초로 매장을 오픈한 반 클리프 & 아펠스 Van Cleef & Arpels, 로베르토 카발리 Roberto Cavalli, 마시모 두티 Massimo Dutti, 미키모토 Mikimoto를 포함해 에르메스 Hermes, 프라다 Prada, 살바토레 페라가모 Salvatore Ferragamo, 베르사체 Versace, 샤넬 Channel, 디올 Dior, 버버리 Burberry, 불가리 Bvlgari 까르띠에 Cartier, 롤렉스 Rolex 등 하이쏘 Hi-So(방콕 상류층을 일컫는 말)를 겨냥한 숍이 즐비하다. H&M, 코치 Coach, 자라 Zara, 망고 Mango, 갭 Gap, 자스팔 Jaspal, 플라이 나우 Fly Now 같은 유명 의류 매장을 합치면 250개 이상의 패션 브랜드가 입점해 있다. 태국 기념품과 공예품은 엑소티크 타이 Exotique Thai(4층)에서 판매한다.

대형 식료품점인 고메 마켓 Gourmet Market(홈페이지 www.gourmetmarketthailand.com), 태국에서 가장 큰 서점인 키노쿠니야 Kinokuniya, 16개의 복합 영화관을 갖춘 파라곤 씨네플렉스 Paragon Cineplex, 동남아시아 최대의 수족관 시라이프 방콕 오션 월드 Sea Life Bangkok Ocean World(홈페이지 www.sealifebangkok.com), 아이맥스 영화관 Krungsri IMAX Theatre까지 태국 최고의 쇼핑몰로 활약하고 있다.

패션 브랜드가 가득한 Siam Paragon

싸얌파라곤 H&M 매장

Siam Paragon

Chitlom&Phloenchit 칫롬 & 펀찟

쎈탄 월드를 중심으로 백화점들이 밀집한 방콕 쇼핑의 1번지다. 백화점 두 개와 쇼핑몰이 한 건물에 밀집한 쎈탄 월드, 태국 최고의 백화점 쎈탄, 명품 전문매장 게이손 빌리지, 일본 백화점 이세탄이 모두 이곳에 모여 있다.

쎈탄 월드(센트럴 월드)
Central World
เซ็นทรัลเวิลด์ ★★★★★

주소 4 Thanon Ratchadamri **전화** 0-2635-1111 **홈페이지** www.centralworld.co.th **영업** 10:00~22:00 **가는 방법** ①BTS 칫롬 역 1번 출구에서 게이손 빌리지를 끼고 우회전하면 쎈탄 월드가 보인다. BTS 싸얌 역에서도 연결통로가 이어진다. ②운하 보트 빠뚜남 선착장(타르아 빠뚜남) Pratunam Pier에서 도보 5분. 카오산 로드에서 출발할 경우 79번 또는 511번 버스로 30~40분 걸린다. Map P.18-A1 Map P.16-B1

싸얌 파라곤, 엠포리움 백화점과 더불어 방콕 3대 쇼핑몰 중의 하나다. 쎈탄 월드는 이세탄 Isethan 백화점과 젠 Zen 백화점과 쇼핑몰이 합쳐진 것이다. 총 면적 83만㎡ 크기로 500여 개의 상점과 100여 개의 레스토랑이 들어서 있다. 통유리를 이용해 현대적인 감각으로 리모델링하면서 산뜻한 분위기로 재단장했다. 매장도 넓어져서 쾌적하게 쇼핑할 수 있다. 쇼핑몰 뒤편에는 고급 레스토랑이 밀집한 그루브 Groove(P.245)와 럭셔리 호텔인 쎈타라 그랜드 호텔 Centara Grand Hotel P.385)까지 만들어 방콕 최대 규모를 자랑한다. 참고로 센트럴 월드보다 쎈탄 월드 เซ็นทรัลเวิลด์('드'는 묵음에 가깝기 때문에 '쎈탄 월'로 들리기도 한다)라고 발음해야 현지인이 쉽게 이해한다.
H&M(1층), 자라 Zara(1층), 캐스키드슨 Cath Kidston(1층), 레스포색 LeSportsac(1층), 망고 Mango(2층), 유니클로 Uniqlo(3층), 탑맨 Topman(1층), 짐 톰슨 Jim Thompson(1층), 나라야 Naraya(1층)를 포함해 다양한 매장들이 입점해 있다.

Central World

쎈탄 월드와 붙어 있는 젠 백화점

젠 백화점
Zen Department Store
เซน (เซ็นทรัลเวิลด์) ★★★★

주소 4 Thanon Ratchadamri **전화** 0-2100-9999 **홈페이지** www.zen.co.th **영업** 10:00~22:00 **가는 방법** 쎈탄 월드 Central World와 붙어 있다. BTS 칫롬 역 1번 출구에서 게이손 빌리지를 끼고 우회전하면 된다. BTS 싸얌 역에서도 연결통로가 이어진다.
Map P.18-A1 Map P.16-B1

쎈탄 월드가 업그레이드되면서 가장 많은 혜택을 본 곳이다. 젊은 취향의 의류와 소품을 전문적으로 취급하는 백화점으로 총 7층으로 구성되어 있다. 젠은 선(禪)의 영어식 발음으로 동양적인 느낌이 강조된 디자인의 의류와 액세서리 매장이 많다. 트렌디하고 세련된 느낌의 백화점으로 인테리어와 디스플레이까지 창의적인 감각이 돋보인다. 젠 백화점만의 독특한 브랜드들은 2층을 꾸민 타이 디자이너 갤러리 Thai Designer Gallery에서 만날 수 있다.
층별 주요 매장으로는 1층은 럭셔리 브랜드 패션, 시계, 보석, 화장품, 2층은 여성 컨템퍼러리 패션, 3층은 여성 캐주얼 & 언더웨어, 4층은 남성 정장, 5층은 스

젠 백화점

포츠, 가방, 신발, 수영복 매장, 6층은 서점과 기념품, 7층은 홈 데코, 주방 용품, 푸드코트가 들어서 있다.

이세탄 백화점
Isetan Department Store
อิเซตัน (เซ็นทรัลเวิลด์)
★★★

주소 4/1 Thanon Ratchadamri **전화** 0-2255-9898 **홈페이지** www.isetan.co.th **영업** 10:30~21:30 **가는 방법** 센탄 월드 Central World와 붙어 있다. BTS 칫롬 역 1번 출구에서 게이손 빌리지를 끼고 우회전하면 된다. BTS 싸얌 역에서도 연결통로가 이어진다.
Map P.18-A1 Map P.16-B1

도쿄 신주쿠 본점을 둔 일본계 백화점. 아시아 주요 도시에만 백화점을 운영하며, 동양적인 콘셉트가 강한 브랜드가 입점해 있다. 1층은 화장품, 향수, 보석, 고급 여성 의류, 2층은 여성 의류와 속옷 매장을 배치해 일반 백화점과 큰 차이는 없다. 여행자라면 태국 기념품을 판매하는 4층 매장에 관심을 갖자. 적당한 가격에 구입할 수 있는 고급스런 제품이 많다.

일본계 백화점답게 5층 슈퍼마켓에는 다양한 일본 음식 재료와 식료품이 가득해 방콕에 거주하는 일본 주부들이 즐겨 찾는다. 6층은 센탄 월드의 식당가와 연결된다.

이세탄 백화점

빅 시(빅 시 랏차담리)
Big C(Big C Supercenter)
บิ๊กซี ราชดำริ
★★★

주소 97/11 Thanon Ratchadamri **전화** 0-2250-4888 **홈페이지** www.bigc.co.th **영업** 10:00~22:00 **가는 방법** ①BTS 칫롬 역 1번 출구에서 도보 10분. 타논 랏차담리 Thanon Ratchadamri의 센탄 월드 맞은편에 있다. ②**운하 보트** 빠뚜남 선착장(타르아 빠뚜남)에서 도보 5분.
Map P.18-A1 Map P.24-B2

고급 의류나 액세서리보다는 생활에 직접적으로 필요한 식료품, 향신료, 음료, 주방 용품, 가전제품을 판매하는 대형 할인 매장이다. 빅 시는 태국 전역에 걸쳐 체인점을 운영하는 서민 백화점으로 방콕에만 23개의 체인점을 운영한다.

랏차담리 지점은 방콕 최대의 쇼핑가에 형성된 할인 매장답게 대형화로 승부수를 띄웠다. 대형 할인 매장이 그렇듯 유통체계를 개선해 요금을 인하한 것이 이곳의 인기 비결. 여행자들을 위한 기념품 매장은 적지만 각종 식료품, 특히 태국 요리에 사용되는 음식 재료와 식료품을 구입하기 좋다.

식료품을 구입하기 좋은 Big C

Big C

나라야

나라야
Naraya ★★★

주소 센탄 월드(센트럴 월드) Central World 지점 Room B106–B107, G/F, Central World, Thanon Ratchadamri **전화** 0–2255–9522 **영업** 10:00~22:00 **홈페이지** www.naraya.com **가는 방법** 센탄 월드(센트럴 월드) 1층에 있다. BTS 칫롬 역에서 도보 10분. Map P.18-A1 Map P.16-B1

한때 한국에서도 선풍적인 인기를 누렸던 '나라야'의 원산지는 다름 아닌 태국이다. 1989년 영업을 시작한 나라야는 천을 누벼 만든 다양한 패브릭 제품을 판매한다. 노란색 바탕에 리본이 달린 로고에서 알 수 있듯이 각 제품마다 리본을 매달아 상큼함을 강조했다. 핸드백, 손지갑, 파우치, 화장품 가방, 앞치마, 사진첩, 휴지통 등 다양한 제품을 판매한다. 면을 소재로 했기 때문에 가벼운 것이 장점이다. 싸얌 파라곤(P.319), 싸얌 스퀘어 원(P.317), 터미널 21(P.327), 리버 시티(P.334), 아이콘 싸얌(P.334), 아시아티크(P.331)를 포함해 14개 지점을 운영한다.

탄
Thann ★★★☆

주소 Siam Paragon GF/4F, Thanon Phra Ram 1 (Rama 1 Road) **전화** 0–2610–9324 **홈페이지** www.thann.info **영업** 10:00~21:00 **예산** 라이스 엑스트라 보디 밀크(175㎖) 450B, 샴푸(250㎖) 430B, 에센셜 오일(10㎖) 590B **가는 방법** ①싸얌 파라곤 G층과 4층에 두 개의 매장을 운영한다. ②센탄 월드 Central World 2F에 매장이 있다. Map P.17

태국에 본사를 두고 있는 자연친화적인 미용용품 제조 회사다. 태국의 대표적인 브랜드로 자리 잡은 탄은 고급스런 천연재료를 이용해 질 좋은 제품으로 유명하다. 현재 13개국에 매장을 운영하고 있다. 쌀, 시소(일본에서 자라는 초록색 식물의 잎), 꽃과 허브 등 인체에 무해한 재료를 이용한다. 화장품, 스킨케어, 목욕용품, 스파용품 등 제품도 다양하다. 라이스 엑스트라 보디 밀크 Rice Extract Body Milk, 아로마테라피 샤워 젤 Aroma therapy Shower Gel, 아로마틱 우드 에센셜 오일 Aromatic Wood Essential Oil이 인기 상품이다.

싸얌 디스커버리 4F, 게이손 빌리지 3F, 센탄 월드 2F, 엠포리움 백화점 5F에 매장이 있다. 시내 중심가인 쑤쿰윗 쏘이 47(Map P.22-A2)에는 매장을 겸한 스파 숍을 운영한다.

판퓨리
Panpuri ★★★★

주소 2F, Gaysorn Tower, Gaysorn Village, Thanon Ratchadamri **홈페이지** www.panpuri.com **영업** 10:00~21:00 **예산** 핸드크림(75㎖) 990B, 마사지 오일(300㎖) 1,750B, 디퓨저(100㎖) 2,300B, 페이스 트리트먼트 오일(30㎖) 2,600B **가는 방법** ①게이손 빌리지(P.323)와 붙어 있는 게이손 타워 Gaysorn Tower 2F에 있다. ②센탄 월드(P.320) 2F에 있다. ③싸얌 파라곤(P.319) 4F에 있다. ④터미널 21(P.327) 1F에 있다. Map P.18-A1

스파 산업이 발전한 태국에서 고급 스파 브랜드로 유명한 판퓨리. 스파 용품에서 시작해 스킨케어 용품까지 확장하며 미용 브랜드로 자리를 잡았다. 2004년

Thann
아로마 제품으로 유명한 Thann

판퓨리

방콕에 첫 매장을 오픈한 이후에 프랑스 파리를 포함, 27개국에 지점을 운영하고 있다. 100% 천연 유기농 재료를 이용해 만들기 때문에 피부에 자극이 적고 보습이 풍부하다. 핸드크림, 에센스 오일, 마사지 오일, 샴푸, 헤어 세럼 오일, 샤워 젤, 클린징 폼, 디퓨저, 캔들까지 다양한 제품을 생산한다. 시그니처 제품은 밀크 바스 & 마사지 오일 Milk Bath & Massage Oil이다. 품질이 좋은 만큼 가격이 비싸다. 게이손 빌리지 본점(1호점)을 포함해 방콕 주요 쇼핑몰에 지점을 운영하며, 공항 면세점에도 입점해 있다.

아마린 플라자 Amarin Plaza
อัมรินทร์ พลาซ่า ★★☆

주소 496~502 Thanon Ploenchit **전화** 0-2650-4704 **홈페이지** www.amarinplaza.com **영업** 10:00~21:00 **가는 방법** 랏차쁘라쏭 사거리에 있는 에라완 사당 옆에 있는 에라완 방콕 Erawan Bangkok(쇼핑몰) 옆에 있다. 인터컨티넨탈 호텔 맞은편에 있다. BTS 칫롬 역 2번 출구에서 도보 1분. Map P.18-A1

대형 백화점이 밀집한 랏차쁘라쏭 사거리에 있다. 주변에 있는 초대형 쇼핑몰에 비해 오래되고 유명 브랜드 매장도 상대적으로 적다. 5층 건물로 캐주얼 의류, 스포츠 의류, 스포츠 용품, 공예품 매장이 주를 이룬다. 1층에서 정기적으로 할인행사가 열린다.

3층은 태국 공예품 매장이 들어선 타이 크래프트 마켓 Thai Craft Market이 있다. 실크 스카프, 전통 복장, 기념 티셔츠, 산악 민족이 만든 소품, 은 공예품, 비누 공예품 등을 판매한다.

아마린 플라자 3층에 있는 타이 크래프트 마켓

아마린 플라자

게이손 빌리지 Gaysorn Village
เกษรวิลเลจ (ศูนย์การค้าเกษร) ★★★

주소 999 Thanon Phloenchit & Thanon Ratchadamri **전화** 0-2656-1149 **홈페이지** www.gaysornvillage.com **영업** 10:00~20:00 **가는 방법** BTS 칫롬 역 1번 출구에서 연결통로가 이어진다. Map P.18-A1

방콕 최대의 교통 혼잡지역인 펀찟과 랏차담리 사거리에서 유독 커다란 'g'자가 새겨진 간판이 눈에 띄는 명품 매장. 과거 게이손 빌리지 Gaysorn Plaza로 불렸으나, 2017년 게이손 타워 Gaysorn Tower를 신축하면서 두 건물을 통틀어 게이손 빌리지라 이름 붙였다.

거리에서도 선명하게 보이는 루이비통 Louis Vuitton 매장을 시작으로 페라가모 Ferragamo, 발리 Bally, 휴고 보스 Hugo Boss, 라이카 Leica, 버투 Vertu, 몽블랑 Mont Blanc, 오메가 Omega, 탄 Thann 등의 유명 브랜드가 대거 입점해 있다. 의류 매장 이외에는 명품 시계와 보석, 타이 아트, 데코, 액세서리, 뷰티 용품 매장이 5층 건물을 가득 메운다. 게이손의 태국식 발음은 께쏜 เกษร이다. 게이손 빌리지는 께쏜 윌렛 เกษรวิลเลจ이라고 부른다.

명품 매장이 들어선 게이손 빌리지

게이손 빌리지

Central Chitlom

쎈탄 엠바시

쎈탄 칫롬 백화점(센트럴 칫롬)
Central Chitlom
เซ็นทรัล ชิดลม ★★★☆

주소 1027 Thanon Phloenchit **전화** 0-2655-7777 **홈페이지** www.central.co.th **영업** 10:00~22:00 **가는 방법** BTS 칫롬 역 5번 출구로 나오면 백화점이 보인다. Map P.18-A1

방콕을 포함해 치앙마이와 푸껫에 18개 백화점을 운영하는 태국 최고의 백화점. 쎈탄 칫롬은 60년의 역사를 자랑하는 쎈탄 백화점의 효시에 해당하는 곳이다. 시내 중심가에 위치해 고급 백화점의 경쟁을 주도한다. 오래되면 허름할 거라는 선입견을 떨쳐버리기에 충분한 고급 백화점의 품위를 잘 유지하고 있다.
1층의 유명 화장품과 향수 매장을 시작으로 2층은 여성 의류, 가방, 신발, 액세서리, 3층은 청바지를 포함한 유니섹스, 4층은 남성복, 5층은 기념품, 인테리어, 데코, 소품, 전자 제품, 6층은 장난감과 아동 용품, 7층은 서점과 문구 용품 및 고급 푸드코트인 푸드 로프트 Food Loft가 들어서 있다.

쎈탄 엠바시(센트럴 엠바시)
Central Embassy
เซ็นทรัล เอ็มบาสซี ★★★★

주소 1031 Thanon Phloenchit **전화** 0-2119-7777 **홈페이지** www.centralembassy.com **영업** 10:00~22:00 **가는 방법** BTS 칫롬 역과 BTS 펀찟 역 사이에 있다. 펀찟 역이 조금 더 가깝다. Map P.18-B1

쎈탄(센트럴) 백화점에서 새롭게 만든 명품 백화점이다. 유명 백화점과의 경쟁을 의식한 듯 트렌디한 디자인과 럭셔리한 매장들로 시선을 압도한다. 영국 대사관이 있던 자리에 건물을 신축해 '엠바시'라는 이름을 붙였다. 내부 디자인은 중앙 홀을 중심으로 곡선으로 연결해 우주선을 연상케 한다. 다른 백화점보다 실내 공간이 넓어서 여유롭게 쇼핑이 가능하다. 구찌 Gucci, 프라다 Prada, 샤넬 Chanel, 에르메스 Hermes, 베르사체 Versace, 겐조 Kenzo, 보테가 베네타 Bottega Veneta, 톰 포드 Tom Ford, 미우미우 Miu Miu, 랄프 로렌 Ralph Lauren, 자라 Zara를 포함해 유명 패션 브랜드들이 입점해 있다. 6층은 VIP 영화관으로 단장한 엠바시 디플로매트 스크린 Embassy Diplomat Screens(홈페이지 www.embassycineplex.com)이 위치한다.

Central Embassy

럭셔리한 쇼핑몰답게 식당가도 고급스럽다. 잇타이 Eathai(P.246), 딘타이펑 Din Tai Fung(P.244), 쏨분 시푸드 Somboon Seafood(P.273), 쏨땀 누아 Somtam Nua(P.230), 워터 라이브러리 Water Library, 오드리 카페 Audrey Cafe(P.113) 같은 유명 레스토랑이 식도락가들을 즐겁게 해준다. 5억 달러 이상이 투자된 '쎈탄 엠바시'는 37층 건물로 설계됐으며, 현재는 8층 규모로 백화점과 식당가, 영화관이 들어서 있다. 쇼핑몰 윗층은 파크 하얏트 호텔 Park Hyatt Hotel로 사용된다.

Pratunam & Anutsawari

빠뚜남 & 아눗싸와리

빠뚜남은 서울의 동대문 시장처럼 의류시장이 밀집한 지역이다. 재래시장 분위기로 주변의 교통 혼잡과 더불어 항상 북적대는 곳이다. 방콕의 대표적인 의류 도매시장인 빠뚜남 시장과 컴퓨터 상가 판팁 플라자가 있다.

플래티넘 패션 몰
The Platinum Fashion Mall
เดอะแพลทินัม แฟชั่นมอลล์ (ประตูน้ำ) ★★★

주소 542/21~22 Thanon Petchburi **전화** 0-2656-5999, 0-2121-8000 **홈페이지** www.platinumfashionmall.com **영업** 10:00~20:00 **가는 방법** 타논 펫부리의 빠뚜남 시장 입구에 있는 아마리 워터게이트 호텔 Amari Watergate Hotel 맞은편에 있다. 택시를 탈 경우 '빠뚜남 프래티남'이라고 말하면 된다. 센탄 월드 Central World에서 도보 10~15분.

Map P.24-B2

빠뚜남 시장 맞은편에 있는 패션 쇼핑몰이다. 의류 도매상이 가득한 빠뚜남 시장을 현대적인 시설로 재해석했다고 보면 된다. 덥고 복잡한 빠뚜남 시장에 비해 에어컨 시설의 쾌적한 환경에서 쇼핑이 가능하다. 하지만 매장과 매장 사이의 통로가 좁고 사람이 많아서 비좁기는 마찬가지다. 총 5층 규모로 2,000여 개 매장이 빼곡히 들어서 있다. 의류와 신발, 가방, 액세서리, 패션 용품이 판매된다. 여성 패션용품이 대부분이며 기념품 매장은 적다. 도매시장답게 다른 곳보다 가격 경쟁력이 좋다. 태국 10대들과 외국인 관광객, 중동에서 온 상인들까지 합세해 늘 혼잡하다. 플래티넘 쇼핑몰 위쪽에는 4성급 호텔인 노보텔 방콕 플래티넘 Novotel Bangkok Platinum이 들어서 있다.

The Platinum Fashion Mall

빠뚜남 시장(딸랏 빠뚜남)
Pratunam Market
ตลาดประตูน้ำ ★★

현지어 딸랏 빠뚜남 **주소** Thanon Phetchburi & Thanon Ratchaphrarop **영업** 09:00~24:00 **가는 방법** ①BTS 칫롬 역 1번 출구에서 센탄 월드 Central World를 지나 북쪽으로 걸어간다. 쌘쌥 운하 Khlong Saen Saeb 다리를 건너면 아마리 워터게이트 호텔 주변이 전부 시장이다. 센탄 월드에서 도보 10분. ②BTS 랏차테위 역 4번 출구로 나올 경우 타논 펫부리를 따라 오른쪽으로 도보 15분. ③**운하 보트** 빠뚜남 선착장(타르아 빠뚜남)에서 도보 5분.

Map P.24-B2

방콕 최대의 의류 도매시장이다. 고급 브랜드는 없고 저렴한 옷, 가방, 신발, 액세서리 가게들로 가득하다. 태국 전통 의상부터 축구 유니폼까지 온갖 의류가 거래된다. 한국인들의 기호에 맞는 물건은 적은 편. 덥고 복잡한 재래시장 분위기로 실내가 어둑한 미로 같은 길을 돌아다니며 쇼핑해야 하는 불편함이 있다.

빠뚜남 시장

전자 상가로 알려진 판팁 플라자

킹 파워 콤플렉스 면세점

판팁 플라자
Panthip Plaza
พันธุ์ทิพย์ พลาซ่า (ประตูน้ำ) ★★

주소 604/3 Thanon Phetchburi **전화** 0-2254-9797 **홈페이지** www.pantipplaza.com **영업** 10:00~21:00 **가는 방법** 타논 펫부리에 있는 인도네시아 대사관 옆에 있다. 빠뚜남 시장에서 도보 10분. Map P.24-B2

방콕의 대표적인 전자 상가다. 서울의 용산과 비교하면 턱없이 작지만 컴퓨터와 IT 제품을 저렴하게 구입할 수 있다. 컴퓨터 관련 부품, 소프트웨어가 주종을 이루며 휴대폰, CD, 카메라 매장도 있다. 불법 복제한 프로그램, 음악 CD, 영화 DVD, MP3 매장의 호객꾼들이 손님을 끌어 모으느라 어수선하다.

쾌적하게 물건을 보고 싶다면 6층에 위치한 IT City로 가자. 삼성과 LG를 포함해 전자 제품 회사별로 부스를 꾸며 주요 제품을 전시 판매한다.

킹 파워 콤플렉스(면세점)
King Power Complex
คิง เพาเวอร์ (ถนนรางน้ำ) ★★★

주소 8 Thanon Rangnam **전화** 0-2677-8899 **홈페이지** www.kingpower.com **영업** 10:00~21:00 **가는 방법** BTS 아눗싸와리 역 2번 출구에서 센추리 Century 쇼핑몰을 끼고 타논 랑남 Thanon Rangnam으로 300m 직진한다. 풀만 호텔 Pullman Hotel 옆에 있다. Map P.24-B1

쑤완나품 국제공항에서 가장 많은 매장을 운영하는 킹 파워 면세점 King Power Duty Free에서 운영한다. 새롭게 신축한 현대적인 면세점으로 풀만 호텔을 포함해 총 면적이 1만 622㎡에 이른다. 공항 면세점보다 크고 쾌적한 공간에서 여유 있게 물건을 고를 수 있다. 1층은 패션 · 공예품 · 실크 · 홈 데코를 중심으로 한 기념품 매장이 밀집해 있고, 2층은 명품관으로 유명 의류 · 시계 · 보석 상점이 호사스럽게 매장을 꾸민다. 면세 할인 혜택을 받으려면 반드시 여권과 항공권을 지참해야 한다.

알아두세요

재래시장에서 흥정은 기본!

재래시장이나 나이트 바자는 가격표가 붙어 있지 않아 적당한 흥정은 기본입니다. 비슷한 물건을 파는 가게가 많으므로 처음부터 물건을 사려 덤비지 말고 먼저 한두 곳 돌아다니며 적당한 가격을 알아봅니다. 그렇게 현지 물가를 파악한 다음 원하는 물건의 가격을 흥정해 사면 됩니다. 말이 안 통하는데 어떻게 흥정할까 걱정할 필요는 없습니다. 어차피 가게 주인들도 영어를 잘 못하니까요. 대신 계산기를 들고 서로 숫자를 두들겨가며 경매하듯 물건 값을 조율하면 됩니다. 한 번 흥정된 가격은 기분 좋게 사주는 것이 예의겠지요. 물론 다음 가게에서 더 싼 가격에 살 수 있다 해도 말입니다.

Sukhumvit & Thong Lo & Ekkamai

쑤쿰윗 & 통로 & 에까마이

고급 호텔들이 많이 몰려 있는 아쏙 사거리에 대형 백화점이 많다. 대중적인 백화점인 터미널 21과 로빈싼 백화점, 엠포리움 백화점은 외국 관광객들도 많이 찾는 곳이다. 쑤쿰윗은 지역이 워낙 광범위한 데다가, 구역마다 아파트 단지가 몰려있어서 동네 주민들을 대상으로 하는 소규모 쇼핑몰이 늘어나는 추세다.

터미널 21
Terminal 21 ★★★★

주소 88 Thanon Sukhumvit Soi 19 & Soi 21 **전화** 0-2108-0888 **홈페이지** www.terminal21.co.th **운영** 10:00~22:00 **가는 방법** 쑤쿰윗 쏘이 19과 쏘이 21 사이에 있는 로빈싼 백화점 옆에 있다. BTS 아쏙 역 1번 출구 또는 MRT 쑤쿰윗 역 3번 출구에서 도보 3분. Map P.19-D2 Map P.20-A2

아쏙 사거리에 위치한 대형 쇼핑몰이다. 공항 터미널을 모티브로 디자인했다. 층을 오르내리는 안내판은 도착 Arrival과 출발 Departure이라고 표기되어 있고, 층별로 입점한 매장 안내는 공항의 인포메이션 모니터처럼 꾸몄다. 층마다 유명 도시(로마, 파리, 도쿄, 런던, 이스탄불, 샌프란시스코)를 테마로 구성해 꾸몄기 때문에 쇼핑몰 내부를 돌아다니며 사진 찍는 재미도 있다. 화장실도 독특한 디자인으로 눈길을 끈다. 영화관과 슈퍼마켓, 푸드코트, 레스토랑을 포함해 9층 건물에 600여 개의 매장이 들어서 있다. 명품 매장이 아니라 의류, 가방, 구두 같은 패션 매장이 주를 이룬다. 태국 디자이너들이 직접 디자인해 만든 의류 매장도 제법 있다.

터미널 21

Terminal 21

로빈싼 백화점(쑤쿰윗 지점)
Robinson Department Store
โรบินสัน สุขุมวิท ★★★

주소 259 Thanon Sukhumvit Soi 17&Soi 19 **전화** 0-2252-5121 **홈페이지** www.robinson.co.th **영업** 10:00~22:00 **가는 방법** ①BTS 아쏙 역 3번 출구에서 연결통로가 이어진다. ②MRT 쑤쿰윗 역 3번 출구에서 도보 5분. 웨스틴 그랑데 호텔 Westin Grande Hotel 옆에 있다. Map P.19-D2

'로빈싼'이라고 말하면 태국에서 다 알아듣는 대중적인 백화점. 규모는 크지 않지만 중저가 브랜드가 많다. 다양한 할인 행사가 연중 펼쳐진다. 화장품, 향수, 액세서리 매장을 비롯해 의류, 스포츠, 생활용품 매장이 층별로 구분되어 있다. 지하는 로빈싼 백화점에서 운영하는 톱스 슈퍼마켓 Top's Supermarket이다. 외국인이 많은 동네답게 치즈와 와인, 식품, 외국 잡지가 큰 비중을 차지한다.

로빈싼 백화점은 씰롬 Silom, 방락 Bangrak, 랏파오 Lat Phrao 지점을 포함해 방콕에 10개 체인점을 운영한다.

로빈싼 백화점에서 운영하는 톱스 마켓

Robinson Department Store

Asia Books

아시아 북스
Asia Books ★★☆

주소 3F, Emporium Department Store, Thanon Sukhumvit Soi 24 **전화** 0-2664-8545 **홈페이지** www.asiabooks.com **영업** 10:00~21:00 **가는 방법** 엠포리움 백화점 3F에 있다. BTS 프롬퐁 역에서 도보 3분. Map P.21-B2

방콕에 있는 대표적인 출판사를 겸한 서점이다. 영어로 된 책들만 판매하는 서점으로 태국과 아시아에 관한 방대한 서적을 보유하고 있다. 여행 가이드북, 음식, 사원, 호텔, 건축, 요가, 마사지 등 한국에서 구할 수 없는 여행 관련 희귀본들이 많다. 전문서적을 필요로 하는 사람들이라면 한번쯤 들러볼 만하다. 전문서적 이외에 영문 소설, 잡지, 신문 등을 판매한다.
싸얌 파라곤 2F, 엠카르티에 백화점 G층, 쎈탄 월드 6F, 쎈탄 삔까오 3F, 싸얌 디스커버리 4F, 터미널 21, 타니야 플라자 2F, 랜드마크 호텔 1F에 매장이 있다.

엠포리움 백화점
Emporium Department Store
เอ็มโพเรียม ★★★★

주소 662 Thanon Sukhumvit Soi 24 **전화** 0-2269-1000 **홈페이지** www.emporium.co.th **영업** 10:30~22:00 **가는 방법** BTS 프롬퐁 역 2번 출구에서 엠포리움 백화점으로 연결되는 에스컬레이터를 타자. Map P.20-A2 Map P.21-B2

방콕을 대표하는 쇼핑몰 중의 하나로 전체적으로 고품격을 표방하지만, 그렇다고 명품 백화점처럼 사람들을 배척하지도 않는다. 입구는 호텔 로비처럼 꾸몄으며, 위층(M층에 해당함)은 야외로 연결되어 맞은편에 있는 엠카르티에 EmQuartier 백화점(P.324)으로 직행할 수 있도록 했다. 버버리(G층), 디올(G층), 펜디(G층), 티파니(G층), 몽블랑(G층), 구찌(M층), 루이비통(M층), 페라가모(M층), 불가리(M층), 까르띠에(M층) 등의 명품 매장이 입구 쪽에 자리하고 있다. 유명 백화점에 하나씩은 입점해 있는 TWG 티 살롱 TWG Tea Salon(G층), 어나더 하운드 카페 Another Hound Cafe(1F), 아시아 북스(2F), 짐 톰슨 실크(3F), 후지 레스토랑(3F), 고멧 마켓(4F)도 엠포리움 백화점으로 손님을 끌어들이는 이유 중의 하나다.
4F에는 인테리어, 데코, 가정용품, 주방용품 매장이 들어서 있다. 엑소티크 타이 Exotique Thai는 태국에서 생산한 제품들만 모아서 판매한다. 같은 층에 있는 식료품을 판매하는 고멧 마켓 Gourmet Market과 푸드 홀 Food Hall, 식당가도 있어 활기차다. 5층에는 영화관과 AIS 디자인 센터가 있다.

엠카르티에 백화점(엠쿼티아)
EmQuartier เอ็มควอเทียร์ ★★★★

주소 637 Thanon Sukhumvit(Between Sukhumvit Soi 35 & Soi 37) **홈페이지** www.emquartier.co.th **영업** 10:00~22:00 **가는 방법** 엠포리움 백화점 맞은편에 있다. BTS 프롬퐁 역에서 백화점으로 입구가 연결된다. Map P.21-B2

쎈탄(센트럴) 백화점과 경쟁 관계인 더 몰 그룹 The Mall Group에서 만든 백화점이다. 엠카르티에 백화점은 맞은편에 있는 엠포리움 백화점의 업그레이드 버전이라고 보면 된다. 세 동의 건물로 구분해 럭셔리

엠포리움 백화점

브랜드를 대거 포진시켰다.

입구를 마주보고 왼쪽 건물에 해당하는 헬릭스 콰르티어 Helix Quartier는 명품 매장과 고급 식당가를 포진시켰다. 루이비통, 구찌, 프라다, 디올, 페라가모, 돌체앤가바나, 불가리, 까르띠에 등의 럭셔리 브랜드를 만날 수 있다. 5F에는 야외 공원과 전망대를 만들었으며, 6F부터는 43개의 유명 레스토랑이 나선형 복도를 통해 끝없이 이어진다(P.87).

입구에서 봤을 때 오른쪽 건물은 글라스 콰르티어 The Glass Quartier다. 에이치앤엠 H&M, 자라 Zara, 유니클로 Uniqlo, 갭 GAP, 세포라 Sephora 같은 패션, 뷰티 브랜드로 채웠다.

중간에 있는 건물은 워터폴 콰르티어 The Waterfall Quartier로 40m 높이의 인공폭포가 건물 외벽을 타고 흘러 내려온다. 플라이 나우 Fly Now, 그레이하운드 Greyhound, 클로젯 Closet, 소다 Soda 등의 태국 패션 브랜드와 콰르티어 씨네 아트 & 아이맥스 Quartier Cine Art & IMAX 영화관이 들어서 있다. 건물 사이는 나무를 조경해 공원처럼 꾸몄으며, 층마다 야외로 통로를 연결해 건물끼리 연결시켰다. 세 개 구역을 모두 합하면 400여 개의 매장이 입점한 대형 백화점이다.

참고로 층을 구분할 때 BF(B층), MF(M층), GF(G층), 1F(1층) 등으로 구분하기 때문에 1F(1st Floor)가 1층을 의미하는 것은 아니다.

엠카르티에 백화점

EmQuartier

어나더 스토리 Another Story

★★★☆

주소 4/F, The EmQuartier, Helix Quartier, Thanon Sukhumvit Soi 35 & Soi 37 **전화** 0-2003-6138 **영업** 10:00~22:00 **가는 방법** 엠카르티에 백화점 입구에서 봤을 때 왼쪽에 해당하는 헬릭스 카르티에 4/F에 있다. Map P.21-B2

명품으로 가득한 엠카르티에 백화점에서 눈에 띄는 소품숍이다. 라이프스타일 스토어 Lifestyle Store를 주제로 창의적이고 예술적인 디자인이 돋보이는 제품이 가득 진열되어 있다. 160여 개의 수입 브랜드와 70여 개의 태국 브랜드를 한 자리에서 만날 수 있다. 아트숍 같은 느낌으로 갤러리와 카페, 꽃집이 한 공간에 있다. 패션(옷, 가방, 스카프, 신발) 제품부터 수첩, 찻잔, 접시, 놋그릇, 주방 용품, 생활 도구, 아로마 오일, 스마트폰 액세서리까지 생활에 필요한 물건이 많다.

자연의 느낌을 강조한 엠카르티에 백화점

Another Story @ EmQuartier

케이 빌리지 K Village
เค วิลเลจ (สุขุมวิท 26) ★★

주소 93~95 Thanon Sukumvit Soi 26 **전화** 0-2258-9919 **홈페이지** www.kvillagebangkok.com **영업** 10:00~22:00 **가는 방법** 쑤쿰윗 쏘이 26(이씹혹) 끝에 있다. ①BTS 프롬퐁 역 4번 출구에서 도보 20분. BTS 프롬퐁 역에서 걸어가기 멀기 때문에 쑤쿰윗 쏘이 26(이씹혹) 골목 입구에서 오토바이 택시(20B)를 타면 편리하다. ②타논 팔람씨(Rama 4 Road) 방향에서 간다면 빅 시 엑스트라 Big C Extra를 지나서 오른쪽에 100m 더 가면 케이 빌리지가 나온다. Map P.20-B3

방콕의 주택가, 특히 쑤쿰윗 일대에서 유행하고 있는 미니 쇼핑몰 중의 하나다. 케이 빌리지는 트렌디한 경향을 잘 보여주는 미니 쇼핑몰이다. L자 모양의 복층 구조로 50여 개의 상점과 30여 개의 레스토랑이 입점해 있다. 여성 의류와 액세서리 상점이 주를 이루는데, 국제적인 브랜드는 별로 없고 태국 디자이너들의 제품을 판매하는 매장이 대부분이다.

제이 애비뉴(쩨 아웨뉴) J Avenue
เจ อเวนิว (ทองหล่อ 15) ★★★

주소 323/1 Thong Lo Soi 15, Thanon Sukhumvit Soi 55 **전화** 0-2660-9000 **영업** 10:00~23:00 **가는 방법** 통로 쏘이 15(씹하)에 있다. BTS 통로 역 3번 출구에서 도보 20분(걸어가긴 멀다). Map P.22-B1

케이 빌리지

제이 애비뉴

통로에 위치한 방콕 최초의 커뮤니티 몰(동네 주민들을 위한 미니 쇼핑몰)로 대형 백화점까지 가지 않고도 집 주변에서 필요한 것들을 구입할 수 있도록 했다. 방콕 도심의 고급 주택가와 어울리는 현대적인 분위기다. 커다란 레인 트리가 쇼핑몰 입구에 있는데, 자연을 훼손하지 않고 곡선 형태로 쇼핑몰을 만들어 도심 속의 멋과 여유를 더했다.

총 4층 규모로 대형 식료품 매장인 빌라 마켓 Villa Market과 생활용품, 액세서리, 목욕용품, 약국, 미용실, 네일케어, 안경점, 음악 학원 등이 입점해 있다. 볼링장과 노래방을 겸하는 메이저 볼 히트 Major Bowl Hit가 4층에 위치한다. 1층에는 젊은 감각의 레스토랑과 카페가 많다. 기념품 매장이 적기 때문에 태국적인 상품을 찾는 관광객들에게는 크게 어필하는 장소는 아니다.

레인 힐 Rain Hill
เรนฮิลล์ (สุขุมวิท 47) ★★

주소 Thanon Sukhumvit Soi 47 **전화** 0-2260-7447 **홈페이지** www.rainhill47.com **영업** 10:00~23:00 **가는 방법** 쑤쿰윗 쏘이 47 입구에 있다. BTS 프롬퐁 역 3번 출구에서 도보 5분. Map P.22-A2

쑤쿰윗 대로에 있어서 주변 경관은 평범하지만, 자연친화적인 건축으로 상쇄했다. 4층으로 이루어진 쇼핑몰 외관은 벽면 전체를 정원처럼 꾸몄다. 창의적인 디자인 때문에 삭막한 도심을 걷다가 '녹색 지대'를 만난 것 같은 기분이 든다.

동네 주민들을 위한 쇼핑몰답게 의류, 패션, 네일케어, 피부미용, 안경점 등이 입점해 있다. 레스토랑 중에는 1층에 떡하니 버티고 있는 와인 커넥션(P.94)이 유명하다. 전 세계 맥주를 맛볼 수 있는 홉스 Hobs(P.122)도 인기 있다.

레인 힐

Silom & Riverside

씰롬 & 리버사이드

백화점과 야시장이 공존해 쇼핑하기에 큰 불편은 없다. 센탄 백화점과 로빈싼 백화점이 씰롬에 있으며, 저녁에는 팟퐁 일대에 야시장이 생겨 북적댄다. 팟퐁 야시장은 외국인들에게 특별히 바가지가 심하므로 물건을 살 때 흥정에 신경 써야 한다. 타논 짜런끄룽에 있는 로빈싼 백화점(방락 지점) 주변에는 옛 모습을 간직한 방콕의 거리와 상점들이 남아 있다. 짜오프라야 강변에 형성된 대규모 나이트 바자인 아시아티크는 새로운 쇼핑 명소로 각광받고 있다.

아시아티크 Asiatique เอเชียทีค ★★★★

주소 2194 Thanon Charoen Krung Soi 72~76 **전화** 0-2108-4488 **홈페이지** www.asiatiquethailand.com **영업** 16:00~23:30 **가는 방법** 타논 짜런끄룽 쏘이 72와 76 사이에 있다. BTS 싸판 딱씬 역 아래에 있는 타 싸톤 선착장 Tha Sathon(Sathon Pier)에서 전용 셔틀 보트가 운행된다. 요금은 무료이며, 16:00~23:00까지 30분 간격으로 운행된다. Map 전도-A4

방콕의 대표적 야시장이다. 유럽 상인들이 태국을 드나들던 쭐라롱껀 대왕(라마 5세, 재위 1868~1910년) 시절의 항구 분위기를 재현해 볼거리를 제공하고, 짜오프라야 강변에 있어서 경관도 좋다. 총 면적 48,000㎡의 부지에 1,500여 개의 상점과 40개 레스토랑이 들어서 있다. 건물 외관은 창고처럼 생겼으나 유럽풍이 가미된 콜로니얼 양식이라 독특하다. 의류, 가방, 패션 잡화, 인테리어 용품 등 태국적인 감각의 아이템들을 부담 없는 가격에 구입할 수 있다. 쇼핑이 아니더라도 사진을 찍으며 저녁 시간을 보내기 좋다.

Asiatique

아시아티크

카르마카멧 Karmakamet ★★★☆

주소 G/F, Yada Building, Thanon Silom **전화** 0-2237-1148 **홈페이지** www.karmakamet.co.th **영업** 10:00~22:00 **가는 방법** BTS 쌀라댕 역 3번 출구 앞에 있는 야다 빌딩 1층에 있다. Map P.26-B1

2001년 짜뚜짝 시장의 자그마한 매장에서 시작해 태국의 대표적인 아로마 제품으로 성장했다. 태국 허브를 이용해 만든 디퓨저가 유명하다. 아로마 캔들, 향 주머니, 포푸리를 포함해 은은한 방향제가 가득하다. 회사 규모가 커지면서 에센스 오일, 핸드크림, 비누, 샴푸를 포함한 바디 용품까지 다양해졌다. 현재는 레스토랑을 접목해 트렌디한 공간으로 변모해 인기를 끌고 있다. 센탄 월드 Central World 1층(P.320), 카르마카멧 다이너 Karmakamet Diner (P.93), 롱 1919 Lhong 1919(P.291)에 매장을 운영한다.

아로마 제품이 가득한 카르마카멧

카르마카멧 씰롬 본점

짐 톰슨 타이 실크 Jim Thompson Thai Silk ★★★★

주소 9 Thanon Surawong & Thanon Phra Ram 4(Rama 4 Road) **전화** 0-2632-8100, 0-2234-4900 **홈페이지** www.jimthompson.com **영업** 09:00~21:00 **가는 방법** ①BTS 쌀라댕 역이나 MRT 씰롬 역에서 나와서 타논 팔람 씨(Rama 4 Road)의 크라운 플라자 호텔을 지나 타논 쑤라웡 Thanon Surawong으로 들어가면 왼쪽에 있다. ②씰롬 방향에서 간다면 타논 타니야 Thanon Thaniya를 가로질러 타논 쑤라웡 방향에서 오른쪽에 있다. Map P.26-A1

타이 실크를 대중화하고 고급화한 일등 공신인 짐 톰슨 실크는 태국 브랜드 중에서 가장 유명하다. 태국에 거주하면서 실크 산업에 남다른 관심을 가졌던 짐 톰슨 Jim Thompson(P.224)이 설립한 회사다.

의류뿐 아니라 실크를 이용해 만든 다양한 제품을 직접 디자인해 생산 · 판매한다. 선물용으로 적합한 스카프나 넥타이 이외에 침구 용품, 가방, 티셔츠, 인형까지 기념품이 될 만한 것들도 많아 구경삼아 들러도 좋다.

짐 톰슨 타이 실크 쎈탄 월드 지점

쑤라웡 매장은 본점이다. 묵고 있는 호텔에서 멀다면 가까운 쇼핑센터나 호텔 면세점에 있는 지점을 들러도 된다. 쎈탄 월드, 엠포리움 백화점, 이세탄 백화점, 싸얌 파라곤, 오리엔탈 호텔, 페닌슐라 호텔, 쑤완나품 공항에 매장이 있다.

짐 톰슨 타이 실크 쑤라웡(씰롬) 지점

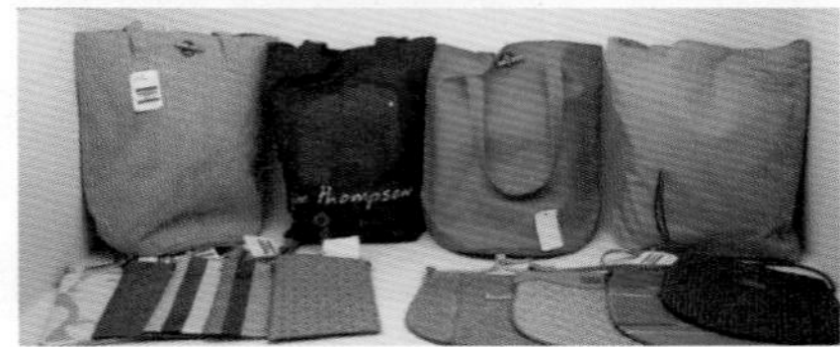

저렴하게 물건을 구입하고 싶다면 언눗 On Nut에 있는 짐 톰슨 아웃렛(주소 153 Sukhumvit Soi 93, 전화 0-2332-6530~4, 영업 09:00~18:00)을 찾아가자. BTS 언눗 역 1번 출구 또는 BTS 방짝 역 5번 출구로 나온 다음 쑤쿰윗 쏘이 까우씹쌈 Sukhumvit Soi 93까지 가야 한다. 언눗 역에서 도보 20분, 방짝 역에서 도보 10분 걸린다.

팟퐁 야시장 Patpong Night Market ตลาดกลางคืนพัฒน์พงษ์ ★★

주소 Thanon Silom, Soi Patpong **영업** 18:00~01:00 **가는 방법** BTS 쌀라댕 역 1번 출구에서 씰롬 방향으로 도보 3분 거리인 팟퐁에 있다. Map P.26-A1

씰롬을 가득 메운 오피스 빌딩의 사무원들이 퇴근하고 저녁이 되면 팟퐁(P.282 참고)을 중심으로 씰롬 일대가 야시장으로 변모한다. 차 한 대 지날 수 있는 좁은 골목을 가득 메운 노점상들이 유흥업소의 네온사인과 어우러진다. 옷과 가방, 기념품이 주로 거래되지만 팟퐁 야시장의 특징은 명품 브랜드 짝퉁이 대량 거래된다는 것이다. 롤렉스를 포함한 명품 시계, 루이비통 핸드백을 포함한 명품 가방과 지갑이 대로변에 버젓이 진열되어 판매된다. 원하는 물건이 없을 경우 카탈로그까지 보여주며 물건을 확보해준다고 관광객을 현혹할 정도다.

혹시 짝퉁 물건을 살 경우 심장이 떨릴 정도로 깎아야 한다. 관광객들을 상대로 형성된 야시장인 만큼 그 어떤 곳보다 바가지가 극성을 부리기 때문이다. '몇 퍼센트 깎으면 적당한 가격이다'라고 말하기가 무색할 정도. 주변에 고고 바와 섹스 쇼를 하는 유흥업소가 널려 있으므로 아이를 동반한 가족단위 여행객들은 쇼핑할 생각은 버리자.

팟퐁 야시장

씰롬 콤플렉스 Silom Complex สีลมคอมเพล็กซ์ ★★★

주소 191 Thanon Silom **전화** 0-2632-1199 **홈페이지** www.silomcomplex.net **영업** 백화점 10:30~21:30, 지하 식당가 10:30~22:00 **가는 방법** ①BTS 쌀라댕 역 4번 출구에서 씰롬 콤플렉스 2층으로 연결통로가 이어진다. ②MRT 씰롬 역 2번 출구에서 도보 7분.

Map P.26-B1

쇼핑몰과 사무실이 동시에 입주해 있는 29층 빌딩이다. 상업지구인 씰롬 중심가에 있다. 쎈탄 백화점을 중심으로 의류, 보석, 안경, 신발, 가방, 미용 관련 상점이 들어선 쇼핑몰. 2012년 리노베이션 공사를 통해 현대적인 시설로 변모했다. 자스팔 Jaspal(GF), 망고 Mango(GF), 게스 Guess(GF), 부츠 Boots(2F), 왓슨스 Watsons(2F), 아시아 북스 Asia Books(3F) 같은 방콕 백화점에서 볼 수 있는 주요 브랜드가 입점해 있다.

씰롬을 지나는 주 고객들이 직장인들이다 보니 다양한 레스토랑이 입점한 것이 특징. 유동 인구가 많은 탓에 간편하고 빠르게 식사가 가능한 체인점들이 대거 포진해 있다. S&P, 엠케이 레스토랑, 와인 커넥션, 본촌 치킨, 바닐라 홈 카페, 애프터 유 디저트 카페, 블랙 캐니언 커피, 하찌방 라멘 등이 대표적. 지하에는 푸드코트를 함께 운영하는 톱스 마켓 플레이스 Top's Marketplace도 있는데 인기가 높다.

씰롬 콤플렉스 바로 옆 건물인 C.P. 타워 C.P. Tower도 비슷한 분위기로 태국 최초의 패스트푸드점 맥도날드를 중심으로 다양한 레스토랑이 주변 직장인들을 반긴다.

씰롬 콤플렉스에 있는 쎈탄 백화점

방콕 패션 아웃렛 Bangkok Fashion Outlet ★★☆

주소 Jewelry Trade Centre, 919/1 Thanon Silom (Silom Soi 19) **전화** 0-2630-1000 **홈페이지** www.bangkok fashionoutlet.com **영업** 11:00~20:00 **가는 방법** 타논 씰롬에 있는 주얼리 트레이드 센터 1~4층에 있다. 타논 씰롬 쏘이 19(씹까우)로 들어가도 된다. BTS 쑤라싹 역을 이용할 경우 1번 출구로 나와서 타논 쑤라싹 Thanon Surasak으로 가다가, 홀리데이 인 호텔 뒤편에 있는 주얼리 트레이드 센터 주차장(진행 방향으로 오른쪽 방향)으로 들어가면 된다.

Map P.28-B1

방콕 시내에 있는 패션 아웃렛이다. 태국의 대표적인 백화점인 쎈탄(센트럴) 백화점 Central Department Store에서 운영한다. 주얼리 트레이드 센터 Jewelry Trade Centre 내부에 있기 때문에 JTC 방콕 패션 아웃렛이라고 부른다.

총 4층 규모로 일반 백화점처럼 층별로 남성, 여성, 아동, 스포츠 용품으로 구분해 매장이 입점해 있다. 유행이 지난 제품을 판매하긴 하지만 평상시에는 30% 이상, 세일 기간에는 70% 이상 할인해 판매한다. 잘만 둘러보면 싼 값에 제품을 구매할 수 있다.

게스 Guess, 라코스테 Lacoste, 갭 Gap, 베네통 Benetton, 에스프리 Esprit, 보시니 Bossini, 지오다노 Giordano, 시슬리 Sisley, 리플레이 Replay, 레스포색 LeSportsac, 와코르, 나이키, 아디다스, 뉴발란스, 크록스 같은 대중적인 의류, 가방, 신발 브랜드를 볼 수 있다.

방콕 패션 아웃렛

아이콘 싸얌
Icon Siam ★★★★

주소 299 Thanon Charoen Nakhon Soi 5 **전화** 0-2495-7000 **홈페이지** www.bangkokriver.com **영업** 10:00~22:00 **가는 방법** ①BTS 싸판 딱씬 역 아래에 있는 타 싸톤 선착장 Tha Sathon(Sathon Pier)에서 무료로 운행되는 전용 셔틀 보트(운행 시간 08:00~23:00)를 타면 된다. ②리버 시티 쇼핑몰 옆의 씨프라야 선착장과 차이나타운과 가까운 랏차웡 선착장에서도 전용 셔틀 보트(운행 시간 09:00~23:00)가 운행된다. ③투어리스트 보트(편도 요금 60B)도 운행되는데, 아이콘 싸얌 앞 쪽의 전용 선착장에 내리면 된다. Map P.28-A2, Map 전도-A3

짜오프라야 강변에 올라선 초대형 럭셔리 쇼핑몰. 강 '건너편'에 등장한 첫 쇼핑몰로 2018년 11월에 오픈했다. 건물은 크게 3개로 구획되는데, 명품 매장이 들어선 아이콘럭스 ICONLUXE, 태국 수공예품 매장을 운영하는 아이콘 크래프트 ICONCRAFT, 그리고 일본 백화점에서 운영하는 싸얌 다카시마야 Siam Takashimaya가 그것이다. 이곳엔 H&M, 자라, 유니클로, 나이키, 아디다스 등 대중적인 브랜드를 비롯, 총 500여 개의 브랜드가 입점해 있다.

싸얌 다카시마야

아이콘 싸얌에서 바라 본 강 건너 풍경

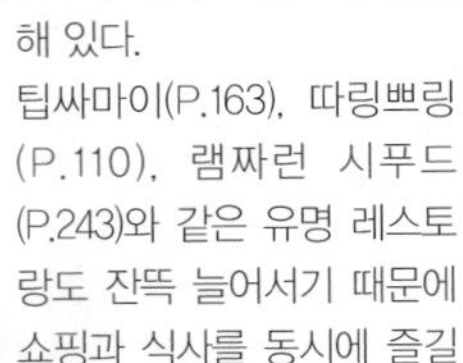

팁싸마이(P.163), 따링쁘링(P.110), 램짜런 시푸드(P.243)와 같은 유명 레스토랑도 잔뜩 늘어서기 때문에 쇼핑과 식사를 동시에 즐길 수 있다. 특히 쑥 싸얌 Sook Siam이라 불리는 푸드 코트는 수상 시장을 실내에 그대로 재현한 것인데, 태국 각 지역의 음식을 저렴한 가격에 판매한다. 방콕 최초의 애플 스토어가 위치한 2층엔 야외 공원이 자리하는데, 강 건너 방콕의 도심 풍경을 시원스레 볼 수 있다. 보트를 타고 가야 하므로, 다소 불편한 교통편은 감수해야 한다.

아이콘 싸얌

리버 시티(리워 씨띠)
River City ริเวอร์ ซิตี้ ★★

주소 23 Trok Rongnamkhaeng, Si Phraya Pier, Thanon Yotha(Yota Road) **전화** 0-2237-0077 **홈페이지** www.rivercitybangkok.com **영업** 10:00~22:00 **가는 방법** **수상 보트** ①타 씨프라야(씨파야) Tha Si Phraya 선착장(선착장 번호 N3)에서 도보 10분. 짜오프라야 강변의 로열 오키드 쉐라톤 호텔 옆에 있다. ②차를 타고 갈 경우 타논 짜런끄룽 쏘이 30(쌈씹) Thanon Charoen Krung Soi 30으로 들어가야 한다(도로가 일방통행이라 들어오고 나가는 길이 다르다). Map P.28-A2

방콕을 대표하는 골동품 전문 상가다. 짜오프라야 강변에 위치해 리버 시티라는 이름을 달고 있으나 실제로 거래되는 물건은 태국, 캄보디아, 베트남, 미얀마, 중국, 티베트에서 수집된 불상, 도자기, 가구, 조각, 불교 회화 등의 고가품들이다. 1990년대 후반까지만 해도 캄보디아 앙코르 유적에서 도굴된 진품들을 쇼윈도에 버젓이 전시하고 판매했던 것으로 유명하다.

리버 시티 쇼핑몰은 4층 규모로 100여 개 매장이 입점해 있다. 단체 관광객을 태우는 보트와 디너 크루즈(P.284) 선박이 리버 시티 바로 앞 선착장에서 출발하기 때문에 항상 외국인들로 분주하다.

고가의 골동품이 거래되는 리버 시티

쉐라톤 오키드 호텔 옆에 있는 리버 시티 쇼핑몰

Ratchada 랏차다

외국인보다 지역 주민들이 즐겨 찾는 할인마트 분위기의 쇼핑몰들이 주를 이룬다. 유명 백화점에서 운영하는 3~4개의 쇼핑몰이 상권을 독과점하고 있다. 지역주민이 많아 쇼핑몰에는 태국인들이 좋아하는 레스토랑 체인점들이 대거 입점한 것도 특징이다.

스트리트 랏차다 The Street Ratchada เดอะ สตรีท รัชดา ★★★

주소 139 Thanon Ratchadaphisek **전화** 0-2232-1999 **홈페이지** www.thestreetratchada.com **영업** 10:00~22:00 **가는 방법** MRT 쏜왓타나탐 Thailand Cultural Center 4번 출구에서 훼이쾅 Huay Khwang 사거리 방향으로 도보 8분. 빅 시 엑스트라 Big C Extra 옆에 있다. Map P.25

태국의 대표적인 맥주 화사인 '창 맥주 Chang Beer'에서 만든 대형 쇼핑몰이다. 7층 건물(지하 1층, 지상 6층)로 붉은 벽돌과 조명을 이용해 트렌디하게 디자인했다. 매장과 매장이 막혀 있지 않고, 층과 층이 개방된 형태로 연결되어 시원스럽다. 국제적인 브랜드보다는 태국 디자이너가 만든 의류와 액세서리 매장이 많다. 외국인 관광객이 적은 지역이다 보니 지역 주민의 쇼핑 트렌트를 고려했다.

B층(지하 1층)은 푸드랜드(대형 마트) Food Land, 1층은 뷰티 관련 매장과 패스트 푸드점, 2층은 패션, 액세서리, 3층은 통신, IT 관련 회사, 4층은 레스토랑이 입점해 있다. 버거킹과 스타벅스는 쇼핑몰 입구에 해당하는 1층에, MK 레스토랑과 샤부시 Shabushi 같은 태국인들이 즐겨 찾는 프랜차이즈 레스토랑은 4층에 몰려 있다. 쇼핑몰은 밤 10시면 문을 닫지만, 유흥업소가 많아 밤늦도록 유동인구가 많은 랏차다의 특징을 고려해 24시간 영업하는 식당들도 있다.

스트리트 랏차다

스트리트 랏차다

쎈탄 플라자 그랜드 팔람 까우(쎈탄 팔람 까우) Central Plaza Grand Rama 9 เซ็นทรัล พลาซา แกรนด์ พระราม 9 ★★★★

주소 Thanon Ratchadaphisek & Thanon Phram Ram 9(Rama 9 Road) **전화** 0-2103-5999 **홈페이지** www.centralplaza.co.th/grandrama9/index.php **영업** 10:00~22:00 **가는 방법** MRT 팔람 까우 Phra Ram 9 역 2번 출구에서 백화점 지하 1층과 연결된다. Map P.25

방콕은 물론 태국 전역에 쇼핑몰을 운영하는 쎈탄 백화점에서 운영한다. 지역 이름을 붙여 '쎈탄 팔람 까우'라고 부른다. 현대적인 시설에서 쾌적하게 쇼핑할 수 있다.

쇼핑몰 내부에는 로빈싼 백화점 Robinson Department Store을 중심으로 유니클로 Uniqlo(GF), 무지 MUJI(GF), 나라야 Naraya(1F), 빅토리아 시크릿 Victoria Secret(1F), 액세서라이즈 Accessorize(1F), 갭 GAP(1F), 자스팔 Jaspal(1F), 망고 Mango(1F), 캐스키드슨 Cath Kidston(2F), 찰스앤키스 Charles & Keith(2F), 부츠 Boots(3F)를 포함한 다양한 상점들이 입점해 있다.

지하 1층에는 톱스마켓(슈퍼마켓)과 전자제품 매장, 1~5층에는 의류, 패션, 미용, 잡화 매장, 6~7층에는 식당가, 7층에는 SFX 영화관이 들어서 있다. 랏차다에 있는 다른 백화점보다 시설이 좋고, 시내 중심가에 있는 백화점에 비해 북적대지 않는다.

Central Plaza Grand Rama 9

에스플라네이드 Esplanade
เอสพลานาด รัชดาภิเษก ★★

주소 99 Thanon Ratchdaphisek **전화** 0-2642-2000 **영업** 10:00~22:00 **가는 방법** MRT 쑨 왓타나탐 Thailand Cultural Centre 역 3번 출구에서 도보 3분. Map P.25

랏차다에 있는 현대적인 시설의 쇼핑몰이다. 싸얌 파라곤을 디자인한 프랑스 건축가가 설계했으며, 일반 백화점에 비해 문화공간을 더 많이 만들어 여가 생활에 필요한 것들을 한 장소에서 해결할 수 있도록 했다. 젊은 층을 겨냥해 기본적으로 의류와 액세서리, 스포츠 용품, 전자 기기 매장이 입점해 있다. 아이스 스케이트 링크, 볼링장, 16개의 스크린을 갖춘 복합 상영관, 음악 공연장이 들어서 있다. 지하 1층은 대형 백화점 못지 않은 규모로 식당가를 꾸몄다.

딸랏 롯파이 랏차다(랏차다 야시장) Rot Fai Market Ratchada
ตลาดนัดรถไฟ รัชดา ★★★☆

주소 Thanon Ratcadaphisek, Behind Esplanade Shopping Mall **전화** 09-2713-5599 **영업** 17:00~01:00 **가는 방법** MRT 쑨와타나탐 Thailand Cultural Centre 3번 출구로 나와서 에스플라네이드(쇼핑몰) Esplanade 옆(정문을 바라보고 왼쪽) 골목으로 들어가면 된다. Map P.25

랏차다에 있는 기차 시장(딸랏 롯파이)이란 뜻이다. 영어로 트레인 나이트 마켓 Train Night Market으로 불리기도 한다. 기차를 판매하는 시장이 아니고 과거 철도청 부지에 야시장이 생기면서 붙여진 이름이다. 철도청 부지가 개발되면서 방콕 외곽으로 야시장(씨나카린 Srinakarin[Srinagarindra]에 있어서 '딸랏 롯파이 씨나카린'이라고 부른다)이 이전했는데, 여전히 장사가 잘되자 2015년 1월에 도심과 가까운 랏차다에 야시장을 하나 더 만들었다. 지명을 붙여 '딸랏 롯파이 랏차다'라고 부른다.

랏차다에 있는 야시장은 지하철(MRT)을 타고 갈 수 있어 접근이 편리해졌다. 에스플라네이드(쇼핑몰) Esplanade 뒤편의 넓은 부지에 야시장이 형성된다. 방콕의 여느 야시장처럼 노점들이 빼곡히 들어서 있다. 태국 젊은이들이 선호하는 저렴한 옷과 신발, 가방, 소품을 주로 판매한다. 관광객을 위한 기념품은 많지 않다.

선선한 밤공기를 즐길 수 있는 야시장답게 먹거리 노점도 가득하다. 쌀국수부터 꼬치구이, 해산물까지 저렴하고 다양하다. 맥주를 마시며 라이브 음악을 들을 수 있는 노천 술집도 흔하다. 태국 젊은이들이 많이 찾는 곳이라 술집에서는 라이브 밴드가 태국 팝송을 연주한다. 쇼핑보다는 먹고 마시며 방콕의 밤을 즐기기 좋은 야시장이다. 도심과 가깝고 유동 인구가 많은 지역이라 활기찬 분위기다.

야시장의 흥겨움이 가득한 딸랏 롯파이 랏차다

에스플라네이드

딸랏 롯파이 랏차다

Chatuchak & Lat Phrao
짜뚜짝 & 랏파오(랏프라오)

방콕 북부 지역에 해당한다. 토 · 일요에만 형성되는 짜뚜짝 주말 시장과 매일 열리는 농산물 시장인 어떠꺼 시장까지 색다른 재미를 선사한다. 랏파오에는 방콕 시민들이 즐겨 찾는 쎈탄 백화점(랏파오 지점)이 있다.

짜뚜짝 주말시장(딸랏 짜뚜짝) Chatuchak Weekend Market ตลาดนัดจตุจักร ★★★★

주소 Thanon Phahonyothin & Thanon Kamphaengphet **홈페이지** www.chatuchak.org **영업** 토~일 06:00~18:00(휴무 월~금요일) **가는 방법** ①BTS 머칫 역 1번 출구로 나오면 섹션 16 구역으로, ②MRT 깜팽펫 역 2번 출구로 나오면 섹션 2구역이 나온다. ③카오산 로드에서 버스를 탈 경우 타논 프라아팃 Thanon Phra Athit이나 타논 쌈쎈 Thanon Samsen에서 일반 버스 3번을 탄다. 막히지 않으면 40분 정도 걸린다.

토요일과 일요일에 방콕에 머문다면 짜뚜짝에 가보자. 없는 것 없이 모든 물건을 헐값에 판매하는 짜뚜짝 주말시장이야말로 쇼핑 천국 방콕을 대표하는 최대의 상거래 밀집지역이다. 전체 면적 35에이커(약 4만2,800평) 크기에 1만 5,000여 개 상점이 들어서 있으며, 하루 20~30만 명이 방문한다.

방콕 도심에서 북쪽에 있는 짜뚜짝 주말시장은 머칫 북부 버스 터미널 Mochit Bus Terminal에서 짜뚜짝 공원(쑤언 짜뚜짝) Chatuchak Park에 걸친 방대한 땅을 가득 메운 상점들로 빈틈이 없다.

짜뚜짝 시장이 처음으로 생긴 것은 1948년으로 정부 주도 아래 왕궁 앞의 싸남 루앙에 벼룩시장 형태로 만든 것이 시초다. 시작은 미비하였으나 몇 차례 장소를 옮기면서 확장되어 1987년 현재의 위치로 옮겨와 짜뚜짝 시장이란 이름이 붙여졌다. 짜뚜짝은 시장이 위치한 동네 이름으로 'Jatujak Market'이라는 영어 표기를 혼용해 쓴다. 이 때문에 방콕 시민들은 흔히 '제이제이 마켓(정확한 현지발음은 쩨쩨 마껫) JJ Market'이라 부른다.

짜뚜짝 시장은 야외 상설 시장인데 모두 27개 구역으로 구분된다. 판매되는 물건은 의류, 액세서리, 골동품, 가구, 인테리어 용품이 주를 이루며 애완동물까지 모든 것을 판매하는 세계 최대의 주말시장이다.

짜뚜짝의 인기는 단순히 다양한 물건을 저렴한 가격에 파는 데 그치지 않고 태국적인 디자인들을 발전시킨 젊은 예술가들의 독특한 물건이 함께 판매된다는 것에 있다. 짜뚜짝이 아니면 구하기 힘든 물건이 곳곳에 숨겨져 있기 때문에 새로운 물건, 나만의 물건을 찾는 재미를 덤으로 얻을 수 있다.

짜뚜짝 주말 시장

이정표 역할을 하는 시계탑

Chatuchak Weekend Market

비좁고 복잡한 짜뚜짝 주말시장

Travel Plus

짜뚜짝 주말시장 구경하기

+ 여행 안내소

시장 내부는 사람들로 인산인해를 이룬다. 섹션 구분만 보고 원하는 상점을 한 번에 찾기는 불가능하기 때문에 미로 같은 길을 몇 번씩 헤집고 돌아다닐 확률이 높다. 짜뚜짝 시장에 관한 지도가 필요하다면 섹션 27(드림 섹션 Dream Section) 앞의 인포메이션 오피스(전화 0-2272-4440~1)로 가자. 은행과 ATM, 공중전화, 에어컨이 설치된 레스토랑과 카페 등의 편의 시설도 주변에 몰려 있다.

+ 쇼핑 아이템

짜뚜짝 시장에서 가장 많이 판매되는 품목은 단연코 옷이다. 한국 돈 1만 원(300B)이면 두세 벌의 티셔츠를 너끈히 살 수 있는 저렴한 옷들이지만 개성을 살린 독특한 디자인이 많다. 의류 매장 주변은 액세서리, 신발, 가방, 패션 소품 매장도 함께 들어서 있기 마련이라 젊은이들로 늘 북적댄다. 기념품을 장만하려면 수공예품, 골동품, 데커레이션 매장을 찾아가자. 재치 넘치는 소품과 데커레이션 매장이 즐비한 섹션 2~3, 예술적인 향기로 무장한 섹션 7, 전통 악기, 수공예품, 고산족 공예품, 골동품 매장이 밀집한 섹션 25~26을 집중 탐구하면 한국에 가서도 자랑할 만한 물건을 건질 수 있다. 물건 구입은 기본적으로 정액제다. 요금표를 붙인 가게가 많지만 재래시장인 만큼 물건 값을 조금씩 할인해 준다. 대량으로 구매하면 할인율이 커진다.

섹션별 쇼핑 아이템

- **의류·액세서리** : 2, 3, 5, 6, 10, 12, 14, 16, 18, 20, 21, 23
- **잡동사니·중고 의류** : 2, 3, 4, 5, 6, 22, 23, 25, 26
- **데커레이션·가구** : 2, 3, 7, 8, 10, 14, 23, 24, 25
- **세라믹·도자기** : 7, 15, 17, 19, 25
- **수공예품** : 8, 11, 13, 15, 27
- **골동품·수집품** : 1, 25, 26
- **식물·원예 용품** : 3, 4
- **아트(그림)·갤러리** : 5, 7
- **음식·음료** : 1, 2, 3, 4, 5, 20, 21, 26

+ 식사하기

짜뚜짝에서 식사 걱정은 하지 않아도 된다. 곳곳에 간식거리와 음료수를 파는 노점이 즐비하다. 식당가는 섹션 2와 섹션 27(드림 섹션)에 많은 편이며 쏨땀, 까이텃 같은 간단한 이싼 음식을 요리하는 곳이 많다. 에어컨이 나오는 레스토랑으로는 인포메이션 오피스 오른쪽의 드림 섹션 입구에 토플루 Toh Plu 레스토랑과 카페 도이 뚱 Cafe Doi Tung이 있다.

+ 주의사항

사람들이 몰리는 곳인 만큼 소매치기 사고가 빈번하다. 각자 개인 물품 관리에 만전을 기해야 한다. 소지한 가방은 뒤로 메지 말고 꼭 앞으로 메고 다닌다.

벤자롱 도자기

소수민족 공예품 지갑

그릇 도매상

과일 모양의 천연 비누

여권 커버

라탄 가방

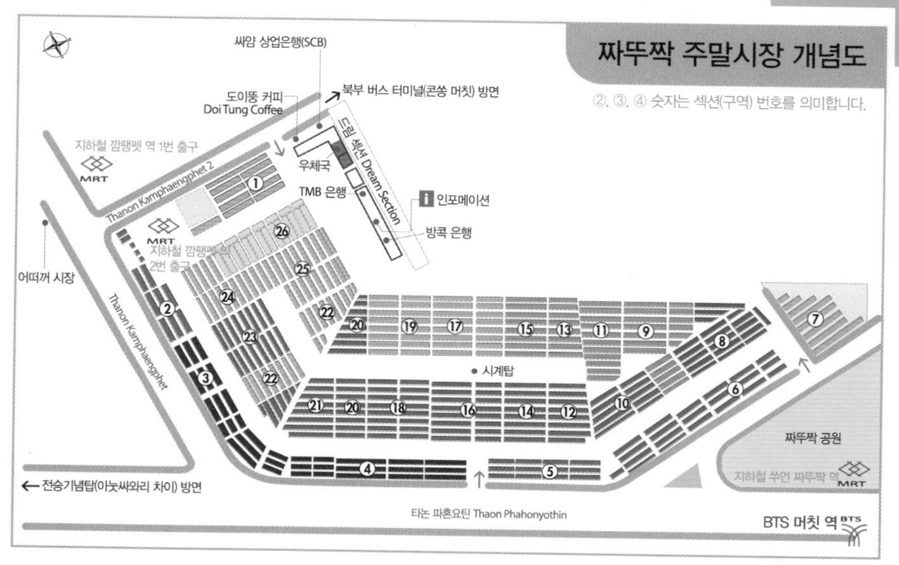

어떠꺼 시장(딸랏 어떠꺼)
Or Tor Kor Market
ตลาด อตก ★★★☆

현지어 딸랏 어떠꺼 **주소** Thanon Kamphaengphet **전화** 0–2279–2080~2 **운영** 08:00~18:00 **가는 방법** MRT 깜팽펫 역 3번 출구 앞에 있다. 짜뚜짝 주말시장과 인접해 있다.

매일 열리는 상설 농산물 시장이다. 태국에서 생산되는 과일과 채소가 거래된다. 재래시장이긴 하지만 농산물 상점이 일목요연하게 정리되어 청결하다. 어떠꺼는 '앙깐 딸랏 프아 까쎗꼰'을 줄여 부른 태국말이다. 농업종사자 마케팅 조직이란 의미로 영어 약자로 MOF(Marketing Organization for Farmers)라고 표기된다. 농업 진흥을 위해 만든 곳답게 질 좋고 맛 좋은 양질의 물건이 거래된다. 두리안과 망고 같은 열대과일은 일반 시장에서 보던 것과 확연한 차이가 느껴질 정도로 크고 달다.

시장 한쪽에서는 태국 음식을 판매한다. 푸드 코트를 함께 운영하는데, 저렴한 요금에 식사할 수 있어 좋다. 다양한 태국 음식과 태국 디저트가 진열되어 있어, 태국 음식에 대한 궁금증을 해소하기 위해 견학 삼아 들러 봐도 좋다. 시장에서 음식을 사갈 때, 비닐봉지에 음식을 담아가는 '싸이 퉁' 문화도 가까이서 볼 수 있다. 짜뚜짝 시장 맞은편에 있어 주말에 함께 둘러보면 좋다.

간이 식당도 있어 저렴하게 식사하기 좋다

다양한 채소도 거래된다

방콕 상설 농산물 시장인 어떠꺼 시장

วิไลโฉม
วิไลโฉม
วิไลโฉม
วิไลโฉม

Spa & Massage in Bangkok

방콕의 스파 & 마사지

방콕 여행에서 마사지와 스파는 어느덧 필수품목이 되어버렸다. 무더운 여름날, 관광지를 찾아다니느라 지친 몸을 추스르는 데 더없이 좋은 마사지. 타이 마사지는 지압과 요가를 접목해 만든 것이 특징으로 혈을 눌러 근육 이완은 물론 몸을 유연하게 해주기 때문에 치료목적으로 사용될 정도다. 마사지는 태국말로 '누엇 นวด'이라고 한다. 정확히 표현하면 고대 안마 Traditional Massage라는 뜻인 '누엇 팬 보란 นวดแผนโบราณ' 또는 타이 안마 Thai Massage라는 뜻의 '누엇 타이 นวดไทย'라고 부른다. 전통 안마는 전신 마사지를 의미하는데 풀코스는 2시간이 소요된다. 발바닥부터 시작해 머리까지 차례대로 혈을 이중, 삼중으로 누르며 근육을 풀어주는 것이 특징이다.

단순 마사지보다 고급스런 스파는 한마디로 '몸에 돈을 투자'하는 것과 같다. 스파에 쓰이는 재료들은 허브, 과일, 꿀 등으로 만들기 때문에 자연친화적으로 웰빙 개념과도 잘 어울린다.

방콕에서 받을 수 있는 마사지 종류

+ 전통 타이 마사지 Traditional Thai Massage

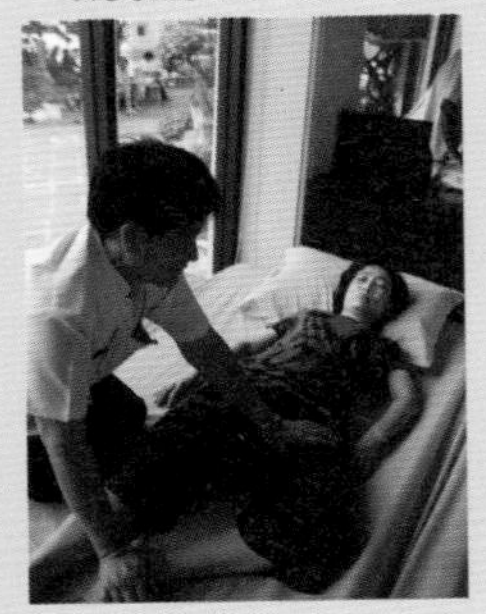

손가락과 손바닥만 이용해 지압하듯 안마하는 것이 특징으로 꺾기, 비틀기 등의 요가 동작과도 결합된다. 발부터 머리까지 연결된 혈관을 차례로 누르는데 혈액 순환과 근육 이완에 효과가 뛰어나다. 전통 마사지는 안마사에 따라 힘이 다르므로 사람에 따라 만족도가 달라진다.

+ 발 마사지 Foot Massage

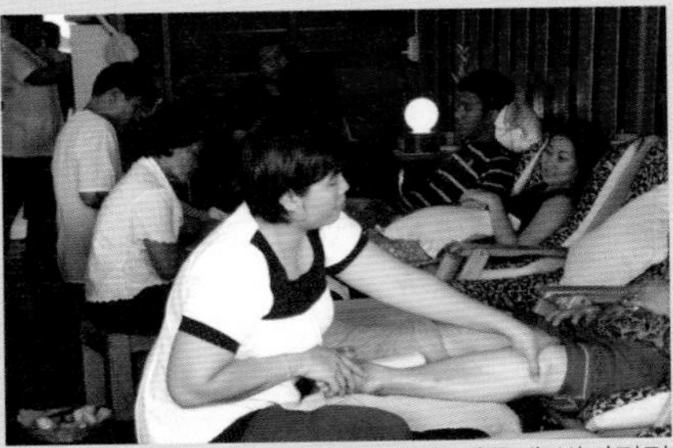

신체 모든 기능이 발과 연결됐기 때문에 발바닥만 눌러도 스트레스와 긴장 완화에 도움이 된다. 발 마사지는 옷을 입은 채 무릎에서 발바닥까지만 마사지를 시행한다.
안마사는 손과 주먹뿐만 아니라 발 마사지 전용 기구를 이용해 지속적으로 지압을 반복한다. 여행하다 보면 자연스레 걷는 양이 많아지는데 피로해진 발을 쉬게 해주는 데 효과가 매우 높다. 보통 1시간이면 충분하다.

+ 아유르베딕 마사지 Ayurvedic Massage

5,000년 전부터 인도 귀족들 사이에서 행해진 마사지. 인도 전통 의학인 아유르베다에 기초를 두고 있다. 몸의 독소를 빼는 데 효과적이라고 여겨지나, 태국에서는 특정 부위를 지속적으로 지압해 치료 목적으로 쓰인다. 전통 마사지에 비해 오랜 경험의 숙련된 안마사들이 시술한다.

+ 오일 마사지 Oil Massage

전통 마사지에 비하면 부드러운 것이 특징. 샤워 후에 물기를 닦아 내고 약간 촉촉한 상태에서 마사지를 받는다.
허벅지, 어깨, 엉덩이, 복부 부분을 문지르듯 마사지하기 때문에 피로 회복은 물론 신진대사 촉진에도 효과가 좋다.

+ 아로마테라피 Aromatherapy

오일 마사지와 비슷하나 아로마 에센스 오일을 사용한다. 향기 나는 허브에서 채취한 오일로 재스민, 라벤더, 로즈메리, 페퍼민트, 샌들우드가 대표적이다. 질병 치료보다는 피부 미용과 정서적인 안정감을 주는 데 효과가 있다. 은은한 아로마 향 때문에 마사지를 받다 보면 어느새 잠들어버릴 정도.

+ 허벌 마사지 Herbal Ball Massage

쑥, 생강 등 각종 허브를 넣어 만든다. 거즈에 싸서 둥글게 만들어 스팀으로 찐 다음 몸에 문지르듯 마사지한다. 허브 액이 몸에 스며들어 통증과 결림에 좋다.

+ 보디 스크럽 Body Scrub

자연 친화적인 스파 전용 용품으로 까칠해진 피부와 각질을 벗겨낸다. 코코넛, 소금, 꿀, 타마린드, 오렌지, 요구르트 등 다양한 천연 재료를 사용한다. 보디 스크럽 후에는 오일 마사지나 아로마테라피로 마무리하면 효과적이다. 보디 스크럽으로 흡수력이 좋아진 피부가 몰라보게 윤기를 되찾는다.

+ 보디 랩 Body Wrap

각질을 제거하는 보디 스크럽과 달리 보습 효과가 뛰어나다. 스파 전용 용품을 몸에 발라 바나나 잎이나 랩으로 온몸을 감싼다. 30분 정도가 지나면 놀랍도록 부드러워진 피부를 확인할 수 있다.

+ 핫 스톤 마사지 Hot Stone Massage

현무암을 주로 이용하지만 보석 원석을 이용하기도 한다. 60℃ 정도의 물로 데운 뜨거운 돌을 등과 어깨, 허리 부분에 올린다. 어깨 결림이나 냉증, 불면증에 효과만점.

+ 얼굴 마사지 Facial Treatment

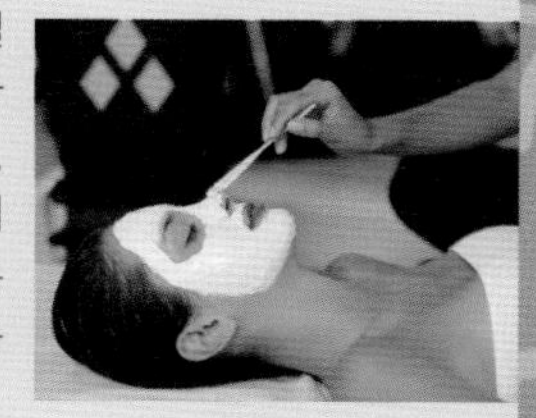

우리가 흔히 말하는 얼굴 마사지로 종류가 다양하다. 클렌징, 마스크, 팩은 기본으로 안티에이징 Anti-Aging, 디톡시파잉 Deto- xifying 등 종류도 다양하다. 피부 미용에 효과가 좋다. 보통 몇 가지를 묶어서 패키지 형태로 얼굴 마사지를 받는다.

+ 반신욕 Half Bath

욕조에 몸을 담그는 반신욕. 향기 나는 꽃이나 허브 또는 우유에 몸을 담그고 피로를 푼다. 허벌 스팀 이후에 욕조에 몸을 담그면 더욱 좋고, 목욕 후에는 아로마 오일 마사지로 몸을 더욱 윤기 있게 만든다.

Massage

마사지

마사지는 최소 1시간, 기본 2시간이 좋다. 시간이 어떻게 가는지 모를 정도로 2시간이 짧게 느껴진다. 보통 발을 먼저 씻겨주고, 편한 안마 전용 파자마로 갈아입은 다음 안마를 받는다.
안마가 끝난 후에는 작은 성의로 팁을 주는 것도 잊어서는 안 된다. 팁은 50~100B 정도면 적당하다.
마사지 받는 시간을 고려해 최소 문 닫기 2시간 전에는 가야 한다.

헬스 랜드 스파 & 마사지
Health Land Spa & Massage ★★★★

①**아쏙 지점 주소** 55/5 Asok Soi 1, Thanon Sukhumvit Soi 21 **전화** 0-2261-1110 **홈페이지** www.healthlandspa.com **영업** 09:00~23:00 **요금** 타이 마사지(120분) 600B, 발 마사지(60분) 400B, 아로마 테라피(90분) 1,000B **가는 방법** 쑤쿰윗 쏘이 19 또는 쏘이 21에서 연결되는 아쏙 쏘이 1 중간에 있다. **BTS** 아쏙 1번 또는 3번 출구에서 도보 10분. **MRT** 쑤쿰윗 1번 출구에서 도보 7분.

Map P.19-D2 Map P.20-A1

②**에까마이 지점 주소** 96/1 Thanon Sukhumvit Soi 63(Ekkamai) **전화** 0-2392-2233 **가는 방법** 빅 시 Big C 쇼핑몰을 지나서 에까마이 쏘이 10 골목 입구에 있다. **BTS** 에까마이 역 1번 출구에서 도보 15분.

Map P.22-B2

③**싸톤 지점 주소** 120 Thanon Sathon Neua(North Sathon Road) **전화** 0-2637-8883 **가는 방법** **BTS** 총논씨 역과 **BTS** 쑤라싹 역 사이에 있는 싸톤 쏘이 씹썽 Sathon Soi 12 골목 입구에 있다. 총논씨 역에서 가는 방법은 Map P.26-A2, 쑤라싹 역에서 가는 방법은 Map P.28-B1 참고.

방콕의 싸톤에서 시작한 헬스 랜드의 건강 바람은 거침이 없다. 방콕에 8개, 파타야에 2개 지점을 운영하며 대표적인 마사지 업체로 성장한 헬스 랜드.
최대의 매력은 호텔처럼 고급스런 시설과 서비스를 저렴한 요금에 즐길 수 있다는 것. 일단 헬스 랜드 입구는 노란색의 대형 간판으로 시선을 끌게 만들었고, 예스러움을 가미한 코믹한 모습의 마사지 받는 그림이 호기심을 이끈다. 건물은 모두 하얀색의 목조 건물로 시원한 느낌을 주며, 호텔 로비처럼 리셉션을 넓게 만든 것도 특징이다.
로비에 도착하면 원하는 마사지를 신청하고 잠시 기다리면 된다. 그러면 순번에 의해 안마사들이 정해진다. 차 한 잔 마시고 안마실로 들어가기 전에 발을 씻겨주는 건 기본. 그다음은 마사지 받기 편한 옷으로 갈아입고 몸을 맡기면 된다.
요금과 시설에 비하면 엄청난 바겐세일로 타이 마사지가 2시간에 600B. 타이 마사지 이외에 아로마테라피 오일 마사지(90분, 1,000B), 발 마사지(60분, 400B), 타이 허벌 콤프레스(120분, 900B) 등 기본적인 스파도 함께 받을 수 있다.
가능하면 예약하고 가는 게 좋다. 상황에 따라 30분 이상 기다려야 하는 경우도 있다. 밤 10시까지는 들어가야 마사지를 받을 수 있으니 참고할 것. 또한 10회 사용권을 미리 구입하면 10% 할인 받을 수 있다.
쑤쿰윗에 머문다면 아쏙 지점을, 통로(쑤쿰윗 쏘이 55)에 머문다면 에까마이 지점을, 씰롬과 방락에 머문다면 싸톤 지점을 이용하면 편리하다. 카오산 로드와 가장 가까운 곳은 삔까오 지점(P.149)이다.

Health Land Spa & Massage

헬스 랜드

렛츠 릴랙스
Let's Relax ★★★★

①터미널 21 지점 주소 Terminal 21 Shopping Mall 6F, Thanon Sukhumvit Soi 19 **전화** 0-2108-0555 **홈페이지** www.letsrelaxspa.com **영업** 10:00~23:00 **요금** 타이 마사지(600분) 600B, 타이 마사지+허벌(120분) 1,200B **가는 방법** 쑤쿰윗 아쏙 사거리와 인접한 터미널 21 쇼핑몰 6층에 있다. BTS 아쏙 역 1번 출구에서 1분. MRT 쑤쿰윗 역 3번 출구에서 도보 1분. Map P.19-D2 Map P.20-A2

②싸얌 스퀘어 원 지점 주소 6F, Siam Square One, Thanon Phra Ram 1(Rama 1 Road), Siam Square Soi 4 & Soi 5 **전화** 0-2252-2228 **영업** 10:00~23:00 **가는 방법** 싸얌 스퀘어 쏘이 4와 쏘이 5 사이에 있는 싸얌 스퀘어 원(쇼핑 몰) 6층에 있다. BTS 싸얌 역 4번 출구 앞에 있다. Map P.17

③쑤쿰윗 쏘이 39 지점 주소 Thanon Sukhumvit Soi 39 **전화** 0-2662-6935 **영업** 10:00~23:00 **가는 방법** 쑤쿰윗 쏘이 39 골목 안쪽에 있다. BTS 프롬퐁 역에서 걸어가긴 너무 멀다. 택시를 탈 경우 쑤쿰윗보다는 타논 펫부리 Thanon Phetchburi 방향에서 진입하는 게 빠르다. Map P.20-A1

④에까마이 지점 주소 2F, Park Lane, Thanon Sukhumvit Soi 63(Ekkamai) **전화** 0-2382-1133 **영업** 10:00~23:00 **가는 방법** BTS 에까마이 역 1번 출구에서 400m 떨어진 파크 레인(커뮤니티 몰) Park Lane 2층에 있다. Map P.22-B2

⑤쑤쿰윗 통로 지점 주소 Grande Centre Point Hotel Sukhumvit 55, Thong Lo(Thonglor) **전화** 0-2042-8045 **영업** 10:00~24:00 **가는 방법** 통로(쑤쿰윗 쏘이 55)에 있는 그랑데 센터포인트 호텔 5층에 있다. Map P.22-B2

⑥랏차다 지점 주소 3F, The Street Ratchada, 139 Thanon Ratchadaphisek **전화** 0-2121-1818 **영업** 10:00~22:00 **가는 방법** 랏차다에 있는 스트리트 랏차다(쇼핑몰) 3F에 있다. MRT 쑨왓타나탐 Thailand Cultural Center 역 4번 출구에서 훼이쾅 Huay Khwang 사거리 방향으로 도보 8분. Map P.25

⑦마분콩 MBK Center 지점 주소 MBK Center 5F **전화** 0-2003-1653 **영업** 10:00~24:00 **가는 방법** 마분콩 MBK Center 5층의 인터내셔널 푸드 애비뉴 International Food Avenue 옆에 있다. Map P.16

믿고 몸을 맡길 수 있는 유명 마사지 업소. 이곳에서는 이름처럼 몸과 마음을 릴랙스하자. 치앙마이에서 시작된 렛츠 릴랙스는 손님들의 호평에 힘입은 입소문으로 번성한 대표적인 마사지 숍이다. 편안하고 아늑한 실내, 충분히 만족할 만한 서비스 그리고 부담 없는 가격이 인기 비결이다. 2015년 타일랜드 스파 & 웰빙 어워드 Thailand Spa & Well-Being Award에서 가격 대비 만족도가 높은 베스트 스파 업소에 선정되기도 했다. 인기에 힘입어 방콕 중심가 주요 쇼핑몰에 속속 지점을 오픈하고 있다. BTS 역과 가깝고 교통이 편리한 곳은 터미널 21(쇼핑몰) Terminal 21과 싸얌 스퀘워 원(쇼핑몰) Siam Square One 지점이다.

마사지 시술은 전신 마사지와 발 마사지(45분, 450B)는 물론 등과 어깨 마사지(30분, 300B)로 구분해 원하는 부위만 집중적으로 안마를 받을 수도 있다. 또한 아로마테라피 오일 마사지(60분, 1,200B), 아로마 핫 스톤 마사지(90분, 2,200B), 보디 스크럽(60분, 1,200B) 등의 기본적인 스파 메뉴도 받을 수 있다.

대표적인 스파 패키지로는 보디 스크럽과 아로마테라피 오일 마사지, 페이셜 마사지로 구성된 블루밍 라이프 Blooming Life(180분, 3,400B)가 있다. 스파를 받을 경우 전용 스파 룸을 이용하게 된다. 타이 마사지는 매트리스가 놓인 일반 마사지 룸을 이용한다. 미리 예약하고 가는 게 좋다.

렛츠 릴랙스

아시아 허브 어소시에이션
Asia Herb Association ★★★★

①**쑤쿰윗 24 지점 주소** 50/6 Thanon Sukhumvit Soi 24 **전화** 0-2261-7401 **홈페이지** www.asiaherbassociation.com **영업** 09:00~02:00(예약 마감 24:00) **요금** 타이 마사지(60분) 600B, 타이 마사지(120분) 1,000B, 타이 마사지+허벌 볼(90분) 1,300B, 허벌 아로마 오일 마사지(60분) 1,100B, 오일 마사지(60분) 1,000B **가는 방법** BTS 프롬퐁 역 2번 출구에서 쑤쿰윗 쏘이 24(이씹씨) 골목 안쪽으로 600m. 호프랜드(서비스 아파트) Hope Land 지나서 반 씨리 트웬티포(콘도미니엄) Ban Siri Twenty Four 맞은편에 있다. Map P.20-A3

②**쑤쿰윗 31 지점 주소** 20/1 Thanon Sukhumvit Soi 31 **전화** 0-2261-2201 **영업** 09:00~02:00(예약 마감 24:00) **가는 방법** 쑤쿰윗 쏘이 31(쌈씹엣) 안쪽으로 500m 떨어져 있다. BTS 프롬퐁 역에서 1km 떨어져 있어 걸어가긴 멀다. Map P.21-B1

③**벤짜씨리 공원(BTS 프롬퐁 역) 지점 주소** 598 Thanon Sukhumvit **전화** 0-2204-2111 **영업** 09:00~24:00 **가는 방법** 벤짜씨리 공원 입구에서 봤을 때 공원 왼쪽의 대로변(타논 쑤쿰윗)에 있다. BTS 프롬퐁 역 6번 출구에서 150m. Map P.22-B2

④**쑤쿰윗 쏘이 4(나나 지점) 주소** 20 Thanon Sukhumvit Soi 4 **전화** 0-2254-8631 **영업** 09:00~02:00(예약 마감 24:00) **가는 방법** BTS 나나 역 2번 출구로 나와서 쑤쿰윗 쏘이 4(나나 따이) 방향으로 들어가서 200m. Map P.19-C2

타이 마사지를 오랫동안 공부한 일본인이 운영한다. 일본인 특유의 섬세함이 돋보이는 곳으로 홍콩, 타이완을 포함해 아시아 여행자들에게도 잘 알려진 업소다. 특이하게도 일본인이 대거 거주하는 쑤쿰윗 일대에 몰려 있다. 차분하고 쾌적한 시설에 마사지를 받을 수 있어 좋다. 직원들도 오랜 기간 교육을 받기 때문에 마사지도 수준급이다.

동네 분위기에 걸맞게 고급스런 시설을 자랑한다. 새롭게 재단장한 쑤쿰윗 24 지점의 경우 리셉션에서 아이패드를 이용해 마사지 정보를 입력한다. 현장에서 회원(멤버쉽)에 가입하면 할인을 받을 수 있다. 스탬프를 찍을 수 있는 카드도 주는데, 스탬프 10개가 찍히면 11번째는 무료로 마사지를 받을 수 있다.

정통 타이 마사지를 받을 수 있는 곳이지만 업소 이름처럼 허브로 만든 허벌 마사지로 유명하다. 허벌 볼은 일종의 솜방망이로 태국에서 재배되는 다양한 허브를 이용해 만든다. 모두 네 종류로 장 기능 회복, 피부 미용, 여성 전용, 마사지용으로 나뉜다. 특히 마사지용으로 쓰이는 점보 허벌 마사지는 20종의 허브와 약재를 넣어 어깨나 등의 통증을 풀어주는 데 효과가 좋다.

마사지 메뉴도 단순 지압보다는 허벌 볼에 집중된다. 마사지를 받은 후에 30분 정도 허벌 볼 안마를 함께 받으면 좋다. 마사지는 타이 마사지나 오일 마사지 중에 선택하면 된다. 좀더 전문적인 오일 마사지로는 아로마테라피가 있다. 역시나 허브와 야채, 과일로 자체 제작한 아로마 오일을 쓰는데 무려 12종류나 된다. 오후부터는 손님들이 많은 편이라 미리 전화로 예약 하는 게 좋다. 모든 허벌 볼과 아로마 오일은 매장에서 구입할 수 있다.

아시아 허브 어소시에이션 쑤쿰윗 24 지점

Asia Herb Association

반 싸바이 스파
Baan Sabai Spa ★★★★

주소 76 Thanon Sukhumvit Soi 26 **전화** 0-2661-5981 **홈페이지** www.baansabaispa.com **영업** 10:00~22:00 **요금** 타이 마사지(90분) 600B, 오일 마사지(90분) 1,100~1,300B **가는 방법** 타논 쑤쿰윗 쏘이 26 골목 안쪽으로 700m. 포 윙스 호텔 Four Wings Hotel을 바라보고 왼쪽으로 50m 떨어져 있다. BTS 프롬퐁 역 4번 출구를 이용하면 된다.
Map P.20-A3

'반 싸바이=편안한 집'이라는 뜻처럼 편안하게 마사지를 받을 수 있는 곳이다. 도심에 있으나 골목 안쪽에 있어 조용하다. 정원이 잘 가꾸어진 가정집 분위기로 친절하게 응대해준다. 마사지 룸은 개인실과 2인실로 구분되는데, 미닫이문을 닫으면 전용 룸으로 변모해 더욱 차분해 진다. 마사지 강도와 집중적으로 마사지 받고 싶은 부분을 미리 지정하면 알아서 꼼꼼하게 마사지 해준다. 오일 마사지를 받을 경우, 샤워 시설이 갖추어진 스파 룸을 이용하게 된다. 타이 마사지, 오일 마사지, 아로마테라피, 허벌 볼 콤프레스 정도로 전문 스파에 비해 종류는 제한적이다. 하지만 시설과 실력에 비해 비싸지 않은 가격에 마사지를 받을 수 있다. 예약하고 가야 원하는 시간에 마사지를 받을 수 있다. 마사지 요금이 60분과 90분 큰 차이가 없으니, 가능하면 90분짜리를 받도록 하자.

커플 룸

조용하고 아늑한 시설의 반 싸바이 스파

리트리트 언 위타유
Retreat On Vitayu ★★★★

주소 51/7 Soi Polo 3, Thanon Withayu(Wireless Road) **태국어 주소** ซอย โปโล 3 ถนนวิทยุ **전화** 02-655-8363, 08-3777-8500 **카카오톡** vitayuspa **홈페이지** www.vitayuretreat.com **영업** 11:00~22:00 **예산** 타이 마사지(60분) 400B, 아로마테라피(90분) 1,300B **가는 방법** ①룸피니 공원 오른쪽 도로(타논 위타유)에서 연결되는 쏘이 뽀로 3 골목에 있다. MRT 룸피니 역에서 도보 15분. Map P.26-C1

여행자들이 즐겨 찾는 마사지 업소로 가격대가 합리적이다. 타논 위타유에서 뻗어난 골목 깊숙한 곳에 자리해 교통은 불편하지만, 그만큼 호젓하게 마사지를 받을 수 있다. 태국 전통 마사지 Traditional Thai Massage는 손바닥과 팔꿈치, 무릎을 이용해 지압하기 때문에 강도가 센 편이다. 대표적인 오일 마사지는 아로마테라피 포 시즌스 펄 오일 마사지 Aromatherapy Four Seasons Pearl Oil Massage로 인기가 높다. 마사지를 집중적으로 받고 싶은 부위와 원하는 강도를 미리 귀띔하면 좀 더 꼼꼼하게 매만져 준다.
전통 타이 마사지는 매트리스가 놓인 방을, 아로마테라피(오일 마사지)는 스파 베드가 놓인 방을 이용한다. 모두 1인실과 2인실로 구분된 전용 공간이라 방해 받지 않고 마사지를 받을 수 있다. 발 마사지 공간엔 자그마한 인공 폭포가 있어 명상적인 분위기를 자아낸다. 본격적인 테라피를 받기 전 웰컴 드링크를, 테라피가 끝난 후엔 무료로 제공되는 다과 세트를 즐길 수 있다. 쾌적한 시설과 친절한 서비스도 후한 점수를 받고 있다.

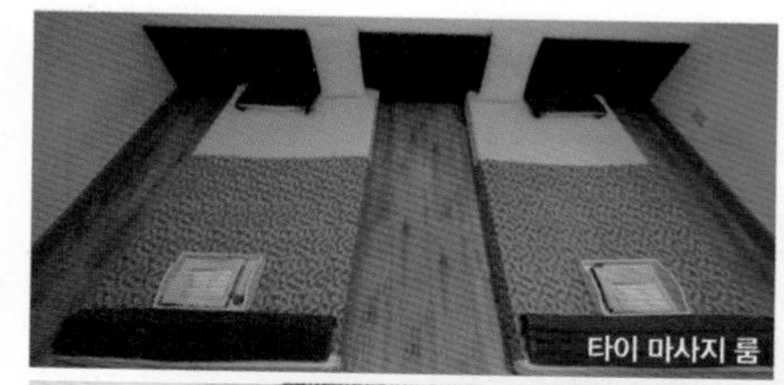
타이 마사지 룸

리트리트 언 위타유

보디 튠
Body Tune ★★★★

주소 56 Thanon Silom, Yada Bldg. 2F **전화** 0-2238-4377 **홈페이지** www.bodytune.co.th **영업** 10:00~22:00 **요금** 발 마사지(60분) 420B, 타이 마사지(60분) 450B, 오일 마사지(90분) 1,000B, 아로마 마사지(90분) 1,100B **가는 방법** BTS 쌀라댕 역 3번 출구 앞의 야다 빌딩 Yada Bldg. 2층에 있다.

Map P.26-B1

'편안함이라는 단어를 어떻게 설명하겠습니까? How do you spell Relax?'라는 선정적인 문구로 사람들에게 강인한 인상을 남긴 전문 마사지 업소다. 조용함을 최대의 미덕으로 여기는 곳으로 유명세에 비해 간판이 너무 간결하다.

보디 튠의 특징은 이것저것 다하는 어정쩡한 업소가 아니라 전통 안마만 고집한다는 것. 그만큼 안마 한 가지에 관해서는 자신 있다는 말이다. 손 마사지, 타이 마사지, 발 마사지, 오일 마사지, 아로마 마사지의 다섯 가지 안마 프로그램만 집중적으로 시술한다. 마사지 받는 동안 지켜야 할 규칙은 모두 6가지로 휴대폰 꺼두기, 떠들지 않기, 금연, 애완동물 입장 금지, 사진 촬영 금지, 음식물 반입 금지 조항이다.

보디 튠 씰롬 지점

보디 튠 씰롬 지점

보디 튠 쑤쿰윗 39 지점

쑤쿰윗에 머물 경우 BTS 프롬퐁 역과 가까운 쑤쿰윗 쏘이 39 지점(주소 18/2-3 Thanon Sukhumvit Soi 39, Baan Suan Petch Condominium, 전화 0-2662-7778, Map P.21-B2)을 이용하면 된다.

르안 누엇
Ruen Nuad Massage Studio ★★★☆

주소 18/1 Thanon Sukhumvit Soi 31 **전화** 08-8123-0888 **홈페이지** www.facebook.com/ruennuadmassage **영업** 10:30~21:00 **요금** 타이 마사지(60분) 450B, 발 마사지(60분) 450B, 아로마 오일 마사지(60분) 800B, 스파 패키지(120분) 1,600~1,900B **가는 방법** 쑤쿰윗 쏘이 31 안쪽으로 350m. BTS 프롬퐁 역 5번 출구에서 800m 떨어져 있다. Map P.21-B1

방콕 도심에서 부담 없는 가격에 마사지 받을 수 있는 곳이다. 씰롬에서 오랫동안 운영해온 마사지 숍인데, 쑤쿰윗으로 장소를 이전했다. 도심에 있는 넓은 정원을 갖춘 단독 주택이라 여유로운 분위기가 흐른다. 전통 목조 가옥의 멋을 간직한 건물, 조용한 주변 환경 덕분에 느긋하게 마사지를 즐길 수 있다. 참고로 르안 누엇은 전통 가옥을 뜻하는 '르안'과 마사지를 뜻하는 '누엇'이 합쳐진 말이다.

입구에는 리셉션을 겸하는 아담한 목조 건물이 있고, 안내를 받아 안쪽으로 들어가면 정원을 마주한 마사지 룸이 나타난다. 마룻바닥에 매트리스를 두고 칸막이를 설치한 단출한 구조로, 조용하게 마사지를 받을 수 있다. 보디 스크럽과 아로마 오일 마사지로 구성된 스파 패키지는 전용 스파 룸을 이용한다. 시설에 비해 가격이 저렴하지만, 고급스러운 서비스를 기대하긴 힘들다.

르안 누엇

유노모리 온센
Yunomori Onsen ★★★☆

주소 A-Square, 120/5 Thanon Sukhumvit Soi 26 **전화** 0-2259-5778 **홈페이지** www.yunomorionsen.com **영업** 09:00~24:00 **요금** 온천 450B, 온천+타이 마사지(60분) 850B, 온천+아로마 마사지(90분) 1,550B **가는 방법** 타논 쑤쿰윗 쏘이 26 끝에 있는 에이 스퀘어 A-Square 안쪽에 있다. BTS 프롬퐁 역에서 1.4km 떨어져 있어 걸어가긴 멀다. Map P.20-A3

일본식 온천(온센)과 태국식 마사지를 결합했다. 온천은 남탕과 여탕을 구분했으며, 통나무 욕조, 자쿠지, 습식 · 건식 사우나 시설을 갖추고 있다. 온천을 입장하기 전에 유카타를 제공해 주며, 부대시설을 이용할 때 유카타를 착용하고 돌아다니면 된다. 참고로 온천탕 내부는 사진 촬영이 금지된다. 온천은 시간 제약 없이 이용할 수 있다.

온천과 별도로 전통 타이 마사지와 아로마 마사지(오일 마사지)를 받을 수 있다. 단순히 마사지만 받아도 되지만, 온천과 마사지를 결합한 온센 & 스파 패키지를 이용하면 편리하다. 식당에서는 간단한 식사(일본 음식 포함)와 생맥주, 생과일주스, 우유도 판매한다. 수면실도 있어서 호텔 체크아웃하고 시간 때우기도 좋다. 마사지를 받을 경우 예약하고 가는 게 좋다.

온천과 마사지를 동시에 즐길 수 있는 유노모리 온센

유노모리 온센의 아담한 정원

핌말라이
Pimmalai ★★★

주소 2105/1 Thanon Sukhumvit Soi 81 & Soi 83 **전화** 0-2742-6452 **홈페이지** www.pimmalai.com **영업** 10:00~22:00 **요금** 타이 마사지(60분) 300B, 발 마사지(60분) 350B, 허벌 콤프레스 마사지(60분) 400B, 아로마 테라피(60분) 650B, 코코넛 오일 마사지(90분) 950B **가는 방법** BTS 언눗 역 3번 출구에서 200m 떨어져 있다. 쑤쿰윗 쏘이 83 Sukhumvit Soi 83(뺏씹쌈) 못미처 방콕 은행 Bangkok Bank 옆에 있다.

내부 시설은 평범한데 방콕에서 보기 드문 전통 목조가옥이 주는 느낌 때문인지 편안하다. 나무 문을 열고 들어서서 마사지를 받기 전에 차 한 잔으로 더위를 식힌 다음 본격적인 마사지를 받는다. 1층에서는 타이 마사지와 발 마사지를 받을 수 있다. 침대가 쭉 놓인 구조지만 커튼만 치면 옆사람들로부터 방해를 받지 않는다. 2층은 스파를 위한 시설로 오일 마사지, 보디 트리트먼트, 얼굴 마사지를 받는 곳이다. 마사지와 스파 메뉴는 23가지로 전문 스파 업소처럼 골라서 선택할 수 있다. 발 마사지+솔트 스크럽+타이 허벌 콤프레스(180분, 900B), 허벌 스크럽+허벌 스팀+머드 마스크+코코넛 오일 마사지(180분, 2,100B) 등이 있다. 스파 패키지 프로모션 요금은 월별로 다르게 구성된다.

쑤쿰윗의 끝자락인 언눗에 있어 애써 찾아가야 하는 불편함이 따른다. BTS 언눗 역에서 도보 5분 거리라 마음만 먹는다면 그리 먼 길도 아니다.

Pimmalai

핌말라이

Spa

스파

굳이 호텔이 아니더라도 방콕에는 고급 스파 업소가 많다. 독립적인 스파 시설이라 호텔처럼 단절된 느낌도 들지 않고, 호텔에 비해 넓고 공간도 여유롭다. 특히 자연적인 느낌을 최대한 살리기 위해 넓은 정원을 갖추고 있어 정서적인 안정감도 동시에 선사한다. 고급 스파들은 미리 예약을 하고 시간을 정해서 찾아가야 한다. 예약 시간보다 조금 일찍 도착해 땀도 식히고 마음도 안정시킨 다음 스파를 받도록 하자.

디바나 버튜 스파 Divana Virtue Spa ★★★★

주소 10 Thanon Si Wiang(Sri Vieng) **전화** 0-2236-6788~9 **홈페이지** www.divanaspa.com **영업** 11:00~23:00(예약 마감 21:00) **요금** 타이 마사지(100분) 1,750B, 아로마 오일 마사지(90분) 1,950B **가는 방법** BTS 쑤라싹 3번 출구에서 타논 쁘라무안으로 들어가면 보이는 방콕 크리스찬 칼리지 앞쪽 골목(타논 씨위앙)에 있다. Map P.28-B1

방콕의 대표적인 럭셔리 스파 전문 업소다. 고급 호텔에 비해 결코 뒤지지 않는 시설과 서비스를 자랑한다. 방콕에서 한번쯤 호사를 누리고 싶다면 가장 추천할 만한 곳이다. 2013년에 아시아 스파 어워즈 Asia Spa Awards와 월드 럭셔리 스파 어워즈 World Luxury Spa Awards를 수상하기도 했다.

디바나 스파의 철학은 몸과 마음뿐 아니라 영혼도 편안함을 누리게 하자는 것. 침묵과 조용함이 주는 최고의 휴식을 이곳에서 느낄 수 있다. 스파는 짧게 70분짜리 싸얌 마사지부터 260분짜리 보디 트리트먼트까지 다양한데, 단순 마사지보다는 2시간 이상의 스파 프로그램을 예약하는 사람이 더 많다.

전통 마사지 프로그램은 허브를 넣어 만든 솜 방망이를 이용한 허벌 콤프레스 Herbal Compress가 추가되는 와일드플라워 콤프레스 Wildflower Compress(100분, 2,450B), 아로마 오일을 이용한 아로마틱 릴랙싱 마사지 Aromatic Relaxing Massage(90분, 1,950B), 루비 원석을 이용한 그루스 호르몬 & 루비 핫 스톤 Growth Hormone & Ruby Hot Stone(120분, 3,350B)도 유명하다.

네이처 트리트먼트 Nature Treatment는 보디 스크럽과 아로마 마사지를 동시에 받을 수 있는 프로그램이다. 머드 팩, 아로마틱 밀키 스팀, 알로에 베라 바디 랩 등과 섞어 3시간짜리 스파 패키지로 구성된다. 가장 기본적인 스파 패키지는 네이처 스파 에센스 Nature Spa Essence(130분, 2,950B)다. 9가지 스파와 식사까지 제공되는 5시간짜리 네이처 스파 매그니피센스 Nature Spa Magnificence(310분, 6,950B)도 있다. 보디 스크럽과 아로마테라피에 쓰이는 스파 용품은 20가지 중에 하나를 고르면 된다. 모든 스파 용품은 직접 제작한 것이다.

Divana Spa

쑤쿰윗에 있는 디바나 네이처 스파

디바나 버튜 스파

오아시스 스파 쑤쿰윗 쏘이 31 지점

Oasis Spa

본점 이외에 방콕 시내에 3개의 지점이 더 있다. 쑤쿰윗 쏘이 11 Thanon Sukhumvit Soi 11에 있는 디바나 네이처 스파 Divana Nature Spa(홈페이지 www.divanaspa.com/NurtureSpa, Map P.19-C1)는 자연적인 느낌을 강조한 곳으로 야외 정원과 단독 주택이 여유롭게 어우러진다. 통로 쏘이 17 Thong Lo Soi 17에 있는 디바나 디바인 스파 Divana Divine Spa(홈페이지 www.divanaspa.com/DivineSpa, MapP.22-B1)는 아로마와 유기농 제품을 이용한 오가닉스파 Organic Spa 프로그램도 있다. 쏘이 쏨킷 Soi Somkhit에 있는 디바나 센츄라 스파 Divana Scentura Spa(홈페이지 www.scentura.divanaspa.com/scentuaraspa, Map P.18-B1)는 도심 속 공원 옆 한적한 골목에 있다. 각기 다른 콘셉트로 인테리어를 꾸몄지만 어떤 곳에 가든지 도심의 복잡함은 사라지고 자연적인 정서가 마음을 편하게 해준다.

오아시스 스파 Oasis Spa ★★★★

주소 **①쑤쿰윗 쏘이 31 지점** 64 Thanon Sukhumvit Soi 31, Map P.21-B1 **②쑤쿰윗 쏘이 51 지점** 88 Thanon Sukhumvit So 51, Map P.22-A2 **전화** 0-2262-2122 **홈페이지** www.oasisspa.net **영업** 10:00~22:00 **요금** 타이 마사지(120분) 1,700B, 타이 허벌 콤프레스(60분) 1,200B, 보디 스크럽(60분) 1,500B, 페이셜 트리트먼트(60분) 2,900B(+17% Tax) **가는 방법** **①쑤쿰윗 쏘이 31 지점**은 BTS 프롬퐁 역 5번 출구에서 쑤쿰윗 쏘이 쌈씹엣 Sukhumvit Soi 31으로 도보 20분. **②쑤쿰윗 쏘이 51 지점**은 BTS 프롬퐁 역에서 도보 25분.

Oasis Spa

2003년 치앙마이를 시작으로 방콕과 파타야까지 영역을 넓힌 전문 데이 스파 업소. 태국 스파 산업에 기여한 공로를 인정받아 2007년에는 총리 상 Prime Minister Awards을 수상했을 정도. 외국인들에게 친절한 것도 매력이며, 영어와 일본어를 구사하는 매니저가 손님을 맞는다.

방콕 지점(쑤쿰윗 쏘이 31지점)은 도심 한복판이라 소란스러울 것 같지만 골목 안쪽에 있어 의외로 조용하다. 더군다나 트로피컬 가든 Tropical Garden을 테마로 만든 야외 정원은 도심에서 느끼기 힘든 고요와 평온함을 선사한다. 방콕의 대표적인 고급 스파 업소답게 모든 룸은 개별 샤워와 탈의실을 겸비하고 있다. 빌라 형태로 꾸민 스파 룸들은 잔잔한 음악과 어울려 지친 몸과 마음을 풀어준다.

오아시스 스파의 대표 메뉴는 포 핸드 오일 마사지 Four Hands Oil Massage(60분, 2,500B). 오랜 기간 숙련된 솜씨를 자랑하는 두 명의 테라피스트들이 네 개의 손으로 마사지를 해준다. 하지만 한 사람이 손을 움직이는 착각이 들게 하는데, 그 이유는 두 명이 같은 속도와 같은 무게로 마사지를 하기 때문.

이밖에도 오일 마사지와 허벌 볼을 함께 받을 수 있는 킹 오브 오아시스 King Of Oasis와 퀸 오브 오아시스 Queen Of Oasis(120분, 3,900B)가 있다. 킹 오브 오아시스는 남성들에게 적합한 핫 오일 마사지가 주를 이루는 반면, 퀸 오브 오아시스는 여성들에게 어울리는 부드러운 아로마 마사지로 구성된다.

오아시스 스파는 두 곳 모두 BTS 역에서 걸어가기는 멀다. 미리 전화하면 BTS 프롬퐁 역에서 무료로 픽업해준다.

인피티니 스파
Infinity Spa ★★★★

주소 1037/1-2 Thanon Silom Soi 21 **전화** 0-2237-8588, 09-1087-5824 **홈페이지** www.infinityspa.com **영업** 10:00~22:00 **요금** 인피니티 아로마(60분) 1,155B, 인피니티 아로마 + 허벌 콤프레스(90분) 1,365B, 인파니티 타이(60분) 840B, 인피니티 타이 + 허벌 콤프레스(90분) 1,050B **가는 방법** 타논 씰롬 쏘이 21 골목 안쪽으로 50m. BTS 쑤라싹 역에서 도보 10분. Map P.28-B2

최근에 오픈한 스파 업소 중에 가장 눈에 띄는 곳이다. 어둑하고 태국적인 인테리어를 강조한 전통적인 마사지 숍과 달리 밝고 화사한 디자인으로 공간의 느낌을 강조했다. 현대적인 연구실처럼 느껴지기도 하는데, 계단으로 연결되는 각 층마다 콘셉트를 달리하며 현대적인 공간에서 편안하게 마사지를 받을 수 있도록 했다. 숙련된 테라피스트들과 전문적인 관리가 이루어지고 있어 만족도가 높은 편이다.

1층은 리셉션으로 예약 상황을 확인하고, 마사지 받기 전에 몸의 상태와 마사지 강도 등을 차트에 체크한다. 웰컴 드링크 한 잔 마시고 2층으로 올라가면 담당 테라피스트가 발을 닦아준다. 네일 케어와 발 마사지는 3층, 타이 마사지와 오일 마사지는 4층에서 받으면 된다.

시그니처 마사지는 인피니티 아로마 Infinity Aroma로 오일을 이용해 강한 압으로 마사지를 해준다. 부드러운 오일 마사지는 릴랙스-아테라피 Relax-Atheraphy를 선택하면 된다. 천연 아로마 오일은 세 종류로 릴랙스 Relax(라벤더+캐모마일), 디톡스 Detox(레몬그라스+자몽), 에너자이즈 Energize(제라늄+감귤)가 있다.

지압을 이용한 타이 마사지는 인피니티 타이 Infinity Thai로 기본 60분과 허벌 콤프레스를 추가한 90분으로 구분된다. 마사지가 끝나면 다시 1층으로 내려오면 간단한 디저트(망고 찰밥+차)를 제공해 준다.

Infinity Spa

인피니티 스파

디자인을 중시한 인피니티 스파 리셉션

바와 스파
Bhawa Spa ★★★★

주소 83/27 Thanon Witthayu(Wireless Road) Soi 1 **전화** 0-2252-7988, 0-2252-7989 **홈페이지** www.bhawaspa.com **영업** 10:00~23:00(예약 마감 21:00) **요금** 릴렉싱 타이 터치(타이 마시지 100분) 1,950B, 아로마테라피(100분) 2,250B, 디톡스 마사지(120분) 3,150B **가는 방법** 타논 위타유 쏘이 1(능) 골목에 있다. 베트남 대사관과 Verasu ('위라쑤'라고 읽는다)라고 적힌 빌딩 사이에 있는 골목 안쪽으로 80m. BTS 펀찟 역 2번 또는 5번 출구에서 도보 10분. Map P.18-B2

방콕에서 대사관이 몰려 있는 타논 위타유에 있다. 도심에 해당하지만 골목 안쪽에 있어서 차분하게 스파를 받을 수 있다. 10년 이상 스파 비즈니스를 해온 주인장과 직원들의 전문적인 마인드가 돋보이는 곳이다. 친절하고 섬세한 서비스로 인해 인기 스파 업소로 급부상하는 중이다.

'바와'는 산스크리트어로 존재(Being), 존유(存有)를 뜻한다. 바와 스파는 이름처럼 좀 더 명상적이고 평온한 스파를 구현하고 있다. 집에서 스파와 마사지를 받는 것 같은 편안함을 선사하는 게 목표라고 한다. 단아한 3층 건물 입구에 들어

Bhawa Spa

바와 스파

서면 아담한 정원과 야외 수영장이 보인다. 마사지 받기 전에 마시지의 강도와 피부 성향, 마사지를 집중적으로 받고 싶은 부위를 차트에 표시하면 된다.
스파 룸은 단순함을 강조한 인테리어를 꾸몄다. 목재와 대리석이 어울려 고급스러우면서도 정서적인 안정감을 준다. 싱글 룸과 커플 룸(2인실)으로 구분되어 있다. 예약할 때 원하는 룸 타입을 요청할 수 있다. 스파는 몸의 긴장 풀기, 뭉친 근육 풀기, 몸의 균형 잡기 등에 따라 타이 마사지, 아로마테라피, 허벌 콤프레스 Herbal Compress, 핫 스톤 힐링 테라피 Hot Stone Healing Therapy 등으로 구분돼 있다. 아로마 오일을 이용한 아로마테라피 보디 리트리트 Aromatherapy Body Retreat는 몸의 긴장 완화, 스트레스 해소, 피부 보습에도 효과가 있다.
기본적인 마사지는 100분을 기준으로 한다. 스파 팩키지를 원한다면 '바와 시그니처' 중 하나를 선택하면 된다. 로열 젤리 오일, 타이 실크, 허벌 콤프레스, 젬 스톤 등을 이용한 마사지 + 아로마테라피 + 페이셜 트리트먼트로 구성해 240분간 진행된다.
인기가 많아지고 예약이 밀리면서 쑤쿰윗에 분점을 열었다. 분점은 쑤쿰윗 쏘이 8에 있어 바와 스파 온 더 에이트 Bhawa Spa On The Eight(Map P.19-C2) 라고 불린다.

탄 생추어리 Thann Sanctuary ★★★★

주소 3F, Gaysorn Village, 999 Thanon Phloenchit **전화** 0-2656-1423~4 **홈페이지** www.thannsanctuaryspa.info **영업** 10:00~22:00 **요금** 타이 마사지(90분) 1,500B, 아로마 마사지(60분) 2,000B, 시그니처 마사지(90분) 3,000B, 힐링 스톤 마사지(100분) 3,500B, 스파 패키지(180분) 5,500B **가는 방법** 게이손 빌리지 3층에 있다. BTS 칫롬 역에서 연결 통로로 이어지는 게이손 빌리지로 들어가면 된다.
Map P.18-A1

태국을 대표하는 미용용품 브랜드인 '탄 Thann'에서 운영하는 데이 스파. 자연친화적인 천연 재료를 이용한 미용용품으로 유명한 탄의 고급스런 브랜드 이미지를 스파 시설과 접목한 것이 탄 생추어리다. 방콕의 명품 백화점으로 유명한 게이손 빌리지에 있어 고급스러움을 더욱 강조하고 있다. 건물 내부에 있기 때문에 다른 유명 업소의 데이 스파에 비해 정원이나 야외 조경은 빈약하다.
탄 생추어리 입구는 어둑한 실내조명에 의해 성스러운 장소로 들어가는 느낌을 선사한다. 160㎡ 크기의 실내는 모두 6개의 스파 룸으로 공간 구성을 넓게 했다. 아로마 마사지부터 스웨덴 마사지, 아유르베딕 마사지, 스톤 마사지, 보디 스크럽, 보디 마스크까지 전문 스파 프로그램을 시술한다. 본인의 취향에 따라 페퍼민트, 로즈메리, 라벤더, 오렌지, 캐퍼라임, 레몬그라스 등 에센스 오일을 직접 선택하면 된다. 탄 생추어리에서 사용하는 모든 스파 용품은 '탄'에서 직접 제작한 제품으로 별도 구입도 가능하다. 스파를 받으려면 예약은 필수며, 예약 시간 15분 전에 도착해 여유롭게 스파를 받도록 하자.
대형 쇼핑몰인 엠포리움 백화점 5F(전화 0-2664-9924)에 지점을 운영한다. 시내 중심가인 쑤쿰윗 쏘이 47에 탄 생추어리와 스파 용품 매장을 새롭게 오픈했다. 탄 쑤쿰윗 47 THANN Sukhumvit 47(전화 0-2011-7104, Map P.22-A2)이라고 본점과 구분해 부른다.

Thann Sanctuary

디오라 랑쑤언 Diora Lang Suan ★★★★

주소 36 Soi Langs Suan **전화** 0-2652-1112, 0-2652-1113 **홈페이지** www.dioralangsuan.com **영업** 09:00~24:00(예약 마감 23:00) **요금** 타이 마사지 700B(60분) · 1,100B(120분), 아로마 오일 마사지 1,200B(60분) · 1,500B(90분), 아로마 오일 마사지+핫 스폰(90분) 1,850B, 오일 마사지+허벌 볼(90분) 1,750B **가는 방법** BTS 칫롬 역 4번 출구에서 랑쑤언 도로 방향으로 350m. Map P.18-A2

2013년부터 영업 중인 곳으로, 방콕에서 인기있는 마사지 업소 중 한 곳이다. 룸피니 공원 뒤쪽 랑쑤언에 있다. 방콕 시내에서 차분하게 마사지를 받을 수 있어 인기 있다. 넉넉한 크기의 마사지 룸 36개를 갖추고 있어 여유롭다. 한국어로 된 마사지 메뉴판을 갖추고 있을 정도로, 한국인을 포함한 아시아 지역 여행자들이 즐겨 찾는다.

마사지로는 타이 마사지, 발 마사지, 아로마 오일 마사지, 핫 스톤 마사지, 포 핸드 마사지가 있다. 핫 스톤을 이용한 오일 마사지 Aroma Oil Massage with Hot Stone과 허브 지압공(허벌 볼)을 이용한 오일 마사지 100% Pure Oil Massage with Herbal Ball가 유명하다. 마사지에 사용하는 천연 아로마 오일과 허벌 볼은 직접 만든 것으로 사용한다.

오전(09:00~13:00)에 아로마 오일 마사지를 받으면 마사지 30분을 추가(또는 골드 마스크 페이셜 60분 무료)로 받을 수 있다. 마사지를 받는 모든 손님에게 200B 상당의 쇼핑 바우처(매장에서 판매하는 아로마 오일, 디퓨저, 비누를 구매할 때 사용할 수 있다)를 제공한다.

디오라 랑쑤언

디오라 랑쑤언 스파 룸

라바나 스파 Lavana Spa ★★★☆

주소 4 Thanon Sukhumvit Soi 12 **전화** 0-2229-4510~12 **홈페이지** www.lavanabangkok.com **영업** 09:00~24:00(리셉션 마감 23:00) **요금** 타이 마사지(60분) 650B, 타이 마사지+허벌 볼(90분) 1,350B, 아로마 오일 마사지(90분) 1,550B **가는 방법** 쑤쿰윗 쏘이 12 골목 안쪽으로 150m 들어가면 된다. BTS 아쏙 역 또는 MRT 쑤쿰윗 역에서 도보 10분.

Map P.19-C2

쑤쿰윗 쏘이 12에 있어 교통도 편리하고, 한인 상가와도 가까워 한국인 손님들도 많이 찾는다. 가격도 크게 부담 없는 편이라 럭셔리한 시설을 고집하지 않는다면 만족스런 곳이다.

안내 데스크에서 예약을 확인하면 신체 부위가 그려진 차트를 내준다. 본인이 선호하는 마사지의 강도와 집중적으로 마사지 받고 싶은 부위에 체크하면 된다. 그 다음 차를 한 잔 마시며 더위를 식히고, 발을 닦고 정해진 마사지 룸으로 안내 받아 들어가면 된다. 마사지 룸은 매트리스가 놓여 있고, 스파 룸은 스파 전용 베드가 놓여 있는데 1인실과 2인실, 3인실로 구분된다. 심플하게 대나무 장식으로 이루어진 방들은 조명 장치를 통해 밝고 어둡기를 완벽하게 조절할 수 있다. 스파 룸은 샤워 시설이 기본적으로 딸려 있다.

리셉션에 비치된 스파 용품에서 알 수 있듯이 직접 제작한 스파 용품을 사용한다. 허벌 볼은 몸에 영양분의 흡수가 잘 되도록 마사지와 함께 패키지로 묶어서 시술한다.

Lavana Spa

Lavana Spa

Luxury Spa

고급 호텔 스파

일류 호텔들이 가득한 방콕과 스파의 메카로 성장한 방콕, 두 가지 모습을 한곳에서 체험하려면 호텔에서 운영하는 스파를 이용하자. 최고의 시설에 최고의 서비스를 받으며 호사를 누릴 수 있다. 다만, 금전적으로 충분한 예산이 필요하다. 해당 호텔에 투숙하지 않더라도 예약이 가능하다.

소 스파(소 소피텔 방콕) So Spa(Sofitel) ★★★★

주소 11F, Sofitel So Bangkok, 2 Thanon Sathon Neua(North Sathon Road) **전화** 0-2624-0000 **홈페이지** www.so-sofitel-bangkok.com **영업** 10:00~22:00 **요금** 마사지(60분) 3,200B, 보디 스크럽(30분) 1,900B, 페이셜(60분) 3,500B, 스파 패키지(150분) 6,400B(+17% Tax) **가는 방법** 소 소피텔 방콕(호텔) 11층에 있다. **MRT** 룸피니 역 2번 출구에서 도보 5분. Map P.26-C2

럭셔리 호텔 중의 하나인 소 소피텔 방콕 So Sofitel Bangkok(P.407 참고)에서 운영한다. 전체적으로 목재를 이용해 편안한 느낌을 주도록 디자인했다. 하지만 대리석 바닥과 벽면 장식(금빛의 새와 나무 디자인)은 소 소피텔 방콕의 세련된 이미지를 그대로 살리고 있다. 룸피니 공원이 보이는 호텔의 위치를 최대한 활용해 창밖으로 풍경이 보이도록 한 것도 매력적이다.

스파를 받기 전에 피부 타입, 스파 받을 동안 원하는 음악, 스파 후에 마실 차 종류에 대해 미리 선택할 수 있다. 스파 프로그램은 마사지를 기본으로 보디 스크럽, 페이셜 트리트먼트로 구분된다. 마사지는 단순히 타이 마사지에 한정하지 않고 아유르베딕 마사지, 발리 마사지, 모로코 마사지, 스웨덴 마사지, 스포츠 마사지 등으로 구분되어 있다. 마사지는 60분(3,200B)과 90분(4,250B)으로 구분된다. 다양한 마사지 기법에 따라 마사지 강도를 조절해 꼼꼼하게 마사지 해 준다.

스파 용품은 프랑스 쌩끄 몬드 Cinq Mondes 제품을 사용한다(소피텔은 프랑스 호텔 체인이다). 은은한 조명과 푹신한 스파 베드, 안정적인 마사지 솜씨가 몸을 편안하게 해 준다.

치 스파(샹그릴라 호텔) Chi Spa ★★★☆

주소 Shangri-La Hotel, 89 Soi Wat Suan Plu, Thanon Charoen Krung **전화** 0-2236-7777(+내선 6072) **홈페이지** www.shangri-la.com/bangkok **영업** 10:00~22:00 **요금** 타이 마사지(60분) 2,700B, 치 발란스(60분) 2,900B, 스파 패키지(120분) 4,800B (+10% Tax) **가는 방법** ①**BTS** 싸판 딱씬 역 1번 출구 또는 ②**수상 보트** 타 싸톤 Tha Sathon (Sathon Pier) 선착장에서 도보 5분. Map P.28-B2 Map P.29

방콕의 대표적인 럭셔리 호텔인 샹그릴라 호텔에서 운영한다. '치 Chi'는 기(氣)를 뜻하고, 샹그릴라는 히말라야 어딘가에 있다고 여겨지는 지상의 낙원을 의미한다. 정적인 느낌으로 인테리어를 꾸며 마음의 평온함을 유지하도록 했다. 방콕에서 가장 큰 스파 룸이라는 가든 스위트는 107㎡ 크기로 개인 정원까지 만들었다. 커플들을 위한 시설은 방 속에 방 개념으로 설계해 고요함을 유지하도록 했다.

스파 테라피는 티베트와 중국의 치유(힐링) 기법을 바탕으로 했다. 스파 메뉴는 크게 아시안 웰니스 마사지 Asian Wellness Massage와 보디 테라피 Body Therapy로 구분된다. 대표적인 마사지 테라피로는 치 발란스 Chi Balance, 센 치 Sen Chi, 치 힐링 스톤 마사지 Chi Healing Stone Massage가 있다.

소 소피텔에서 운영하는 소 스파

샹그릴라 호텔에서 운영하는 치 스파

오리엔탈 스파(오리엔탈 호텔) The Oriental Spa ★★★★★

주소 48 Oriental Ave, Thanon Charoen Krung (New Road) Soi 40 **전화** 0-2659-9000(내선 7440) **홈페이지** www.mandarinoriental.com/bangkok **영업** 09:00~22:00 **요금** 타이 마사지(90분) 3,900B, 오리엔탈 시그니처 트리트먼트(오일 마사지) 90분 4,500B, 풀 데이 스파(5시간 30분) 1만 7,000B(+17% Tax) **가는 방법** ①BTS 싸판 딱씬 역에서 내린 다음 타논 짜런끄룽 Thanon Charoen Krung 방향으로 도보 10분. 쏘이 씨씹 Soi 40 안쪽으로 들어가면 된다. ②**수상 보트** 타 오리얀뗀 Tha Oriental(Oriental Pier) 선착장(선착장 번호 N1)에서 도보 1분. Map P.28-B2

방콕 최고의 호텔인 오리엔탈 호텔에서 운영하는 럭셔리 스파다. 호텔과 별도로 운영되는 스파 시설은 호텔 메인 건물 맞은편의 짜오프라야 강 건너에 있다. 서비스에 관한 한 이미 국제적인 여행 매체로부터 호평을 받고 있으니 걱정하지 않아도 된다. 〈트래블 & 레저 매거진 Travel & Leisure Magazine〉을 포함해 여러 차례 베스트 스파 업소로 선정되었다.

주머니 가벼운 사람들을 위해 만든 스파 시설이 아니니 요금도 최고 수준이다. 타이 마사지는 60분에 2,900B, 시그니처 트리트먼트는 90분에 4,500B이다. 5시간 30분 동안 진행되는 풀 데이 스파 Full Day Spa는 1만 7,000B이다. 최소 4시간 전에 예약을 해야 하며, 예약을 취소하면 위약금으로 50% 내야 한다. 프로그램을 꼼꼼히 살펴본 후에 본인에게 맞는 스파를 예약하자. 참고로 성수기에는 예약이 며칠씩 밀리는 경우가 허다하다.

오리엔탈 스파

반얀 트리 스파(반얀 트리 호텔) Banyan Tree Spa ★★★★★

주소 Banyan Tree Hotel, Thai Wah Tower II 21F, Thanon Sathon Tai(South Sathon Road) **전화** 0-2679-1052, 0-2679-1054 **홈페이지** www.banyantreespa.com **영업** 09:00~22:00 **요금** 타이 마사지(60분) 3,800B, 시그니처 마사지(120분) 8,000B, 스파 패키지(3시간) 9,500~1만 1,500B (+17% Tax) **가는 방법** 반얀 트리 호텔 21층에 있다. MRT 룸피니 역 2번 출구에서 타논 싸톤 따이 Thanon Sathon Tai (South Sathon Road) 방향으로 도보 10분. Map P.26-B2

방콕의 대표적인 럭셔리 스파. 방콕의 초일류 호텔인 반얀 트리 호텔의 명성을 더욱 빛나게 만드는 공간이다. 방콕에 있는 호텔 스파 가운데 가장 많은 23개의 스파 룸을 운영한다. 마사지는 모두 6종류로 타이, 발리, 하와이, 스웨덴, 아일랜드 듀, 아시안 블렌드 마사지 등으로 구분했다. 마사지를 부드럽게 받고 싶으면 아일랜드 듀 마사지 Island Dew Massage, 강하게 받고 싶으면 발리 마사지 Balinese Massage 나 아시안 블렌드 마사지 Asian Blend Massage를 선택하면 된다.

보디 스크럽에 쓰이는 스파 용품은 반얀 트리에서 직접 제작한 것들로 열대 과일, 사과와 녹차, 키에피어 라임 Kieffier Lime 등으로 만든 제품들이다. 반얀 트리 스파를 제대로 받고 싶다면 3시간짜리 스파 패키지를 예약하자. 4~5가지 마사지와 보디 스크럽을 함께 받을 수 있는 프로그램으로 로열 반얀 Royal Banyan(9,500B)과 하모니 반얀 Harmony Banyan(1만 2,500B)이 대표적이다.

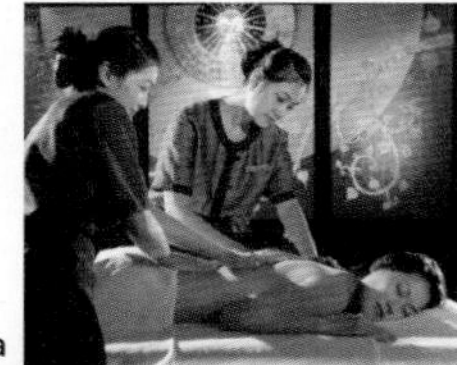
Banyan Tree Spa

반얀 트리 스파

판퓨리 오가닉 스파(파크 하얏트 호텔) Panpuri Organic Spa ★★★★

주소 Park Hyatt, 88 Thanon Withayu(Wireless Road) **전화** 0-2011-7462 **홈페이지** www.panpuri.com/organicspa/park-hyatt-bangkok/index.html **영업** 10:00~22:30 **요금** 시그니처 테라피(90분) 4,500B, 스파 패키지(120분) 5,500B, 스파 패키지(180분) 6,800B(+17% Tax) **가는 방법** ①파크 하얏트(호텔) 11층에 있다. 호텔 입구는 쎈탄 엠바시 Central Embassy 쇼핑몰 뒤편(영국 대사관 방향)에 있다. ② BTS 펀찟 역에서 쎈탄 엠바시까지 연결 통로가 이어진다. Map P.18-B1

5성급 럭셔리 호텔인 파크 하얏트에서 운영하는 스파. 태국의 대표적인 스파 브랜드인 판퓨리 Panpuri(P.323)와 협업해 운영한다. 미니멀한 디자인과 현대적인 터치가 어우러진 파크 하얏트의 특징이 엿보이는 공간이다. 스파 룸은 호텔 객실처럼 탈의실 · 샤워실과 스파 베드로 공간을 구분했다. 차분한 화이트 톤의 실내는 명상적인 분위기가 물씬하다. 입장하면 웰컴 드링크를 제공해 주고, 아로마 오일을 시향한 뒤 원하는 것을 선택하게 한다. 마사지 강도와 집중해서 마사지 받고 싶은 부위도 미리 체크한다. 시그니처 마사지는 핫 오일 마사지와 허벌 컴프레스를 결합한 아로마테라피다. 스파가 끝난 다음에는 다과를 제공해주는데, 별도의 휴식 공간을 마련해 다른 손님들과 마주치지 않도록 동선을 마련했다.
본점인 판퓨리 웰니스 Panpuri Wellness(홈페이지 www.panpuri.com)와 혼동하지 말 것. 본점은 게이손 빌리지 쇼핑몰(P.323) 12층에 있는데, 호텔보다 조금 더 저렴하며 스파 프로그램 또한 다양하다.

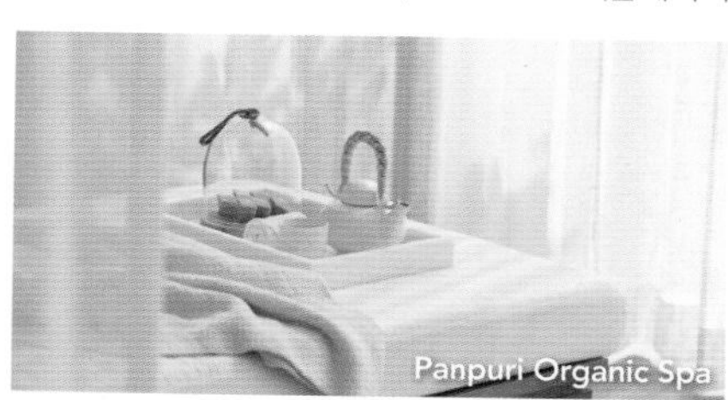
Panpuri Organic Spa

파크 하얏트 호텔 판퓨리 오가닉 스파

스파 보타니카(쑤코타이 호텔) Spa Botanica ★★★★

주소 13/3 Thanon Sathon Tai(South Sathon Road) **전화** 0-2344-8900 **홈페이지** www.sukhothai.com **영업** 09:00~22:00 **요금** 타이 마사지(90분) 3,000B, 쑤코타이 시그니처 마사지(90분) 4,500B, 아로마테라피(90분) 4,000B(+17% Tax) **가는 방법** MRT 룸피니 역 2번 출구에서 타논 싸톤 따이를 따라 도보 10분. 독일 대사관과 반얀 트리 호텔 사이에 있는 쑤코타이 호텔 내부에 있다. Map P.26-B2

스파 산업의 확장으로 대부분의 고급 호텔들의 필수품처럼 된 것이 바로 스파 시설이다. 다른 호텔에 비해 비교적 늦게 문을 연 쑤코타이 호텔의 스파 보타니카는 마치 식물원에 들어온 느낌이 들게 한다. 넓은 정원을 갖고 있는 호텔의 매력을 최대한 살려 모든 스파 룸에서 정원이 보이도록 만든 것이 특징이다.
최첨단 장비보다는 자연미를 강조해 최대한의 프라이버시와 공간을 확보해 도심의 번잡함으로부터 벗어나려는 사람들에게 이상적인 공간을 마련해 준다. 가벼운 색의 티크 나무 바닥과 짐 톰슨이 만든 타이 실크로 데코레이션을 꾸며 가정적인 느낌과 럭셔리함을 동시에 느껴지게 만들었다.
호텔 서비스에 관한 한 이미 정평이 난 곳이니 스파에 관해서도 호텔 수준과 맞먹는 서비스를 기대해도 된다. 하루 종일 스파를 받을 수 있는 보태니컬 리프레시 Botanical Refresh(320분, 1만 4,500B)를 비롯해 커플이 함께 스파를 받을 수 있는 스파 타이 투게더 데이 Spa Thai Together Day(210분, 2인 요금 1만 9,500B)까지 다양한 스파 패키지를 운영한다.

스파 보타니카

Accommodation in Bangkok

방콕의 숙소

방콕의 숙소는 가격도 다양하고 종류도 많다. 저렴한 숙소는 400B 이하에서도 가능하고, 세계 호텔 베스트 순위에 랭크된 300달러 이상의 럭셔리 호텔도 흔하다. 저렴한 숙소는 배낭 여행자들이 밀려드는 카오산 로드에 집중된 편이고, 고급 호텔들은 쑤쿰윗 · 씰롬 · 짜오프라야 강변에 몰려 있다. 연간 4,000만 명의 관광객이 방콕을 들락거린다. 호텔이 많은 대신 경쟁도 심해 적당한 돈만 투자해도 수영장 딸린 호텔에 투숙할 수 있다. 여행사나 호텔 예약 사이트를 효과적으로 이용하면 대폭 할인된 요금에 예약도 가능하다. 뉴욕이나 런던에 본사를 둔 부티크 호텔도 속속 영업을 개시해 트렌디한 여행자들의 기호에 맞춰 빠르게 변화하고 있다. 유럽에 비해 요금이 월등히 저렴해 제대로 호사를 부려봄직하다.

방콕 숙소에 대해 알아야 할 세 가지

하나, 방콕 숙소는 다양하다

연간 4,000만 명 이상이 들락거리는 방콕인지라 숙소도 많고 다양하다. 주머니가 가벼운 여행자들을 위한 게스트하우스부터, 비즈니스 방문객을 위한 특급 호텔까지 예산에 따라 다양한 등급의 숙소가 있다. 방콕에서 가장 저렴한 숙소는 카오산 로드의 호스텔에서 운영 중인 도미토리로 하룻밤에 단돈 200B, 한화로 7,000원 정도다. 그렇다고 방콕이 가난한 도시라는 뜻은 아니다. 워낙 많은 관광객들이 유입되기 때문에 숙소 종류가 다양할 뿐이지, 돈만 있다면 세계 최고 수준을 자랑하는 호텔에서 하룻밤에 300US$ 이상을 쉽게 쓸 수 있다.
호텔이 많고 경쟁이 심한 탓에 방콕 호텔은 수준에 비해 저렴한 것이 특징이다. 할인된 요금에 예약만 잘한다면 4성급 호텔을 1박에 3,000B, 한화로 약 11만 원이면 예약이 가능하다.

둘, 비싼 숙소일수록 가격 대비 시설이 좋다

당연한 말이겠지만, 돈을 낸 만큼 제구실한다. 세계 최고로 꼽히는 오리엔탈 호텔, 페닌슐라 호텔, 쑤코타이 호텔, 반얀 트리 호텔 등은 방콕을 대표하는 숙소로 1박에 200US$ 선을 유지한다. 더불어 뉴욕이나 런던에 본사를 둔 메트로폴리탄 호텔과 W 호텔 같은 부티크 호텔이 속속 등장하면서 방콕의 호텔 업계는 아시아 시장의 선두 주자로 성큼성큼 다가서고 있다.

셋, 호텔 예약 할인 사이트를 이용하자

방콕은 일 년 내내 성수기여서 딱히 비수기 요금이 정해져 있지 않다. 다만 크리스마스와 연말을 끼고 요금이 폭등한다던지, 의무적으로 갈라 디너 Gala Dinner를 먹어야 하는 조항이 생길 뿐이다.
성수기와 비수기의 구분이 없는 대신 여행사를 통한 요금 할인은 다양하다. 여행사라고 해서 같은 요금을 책정하는 게 아니고, 어떤 여행사가 어떤 호텔을 메인으로 사용하느냐에 따라 요금도 천차만별. 그러니 몇 군데 호텔 할인 사이트를 돌아다니며 요금을 비교한 후에 예약하는 것도 요령이다. 예약만 잘하면 많게는 50% 이상 할인된 요금으로 숙소를 구할 수 있다.
『프렌즈 방콕』에서 소개한 호텔 요금은 워킹 레이트 Walking Rate, 즉 예약 없이 직접 찾아가서 방을 얻을 경우를 기준으로 잡았다. 그러니 가이드북에 적힌 요금만 믿고 예산을 짜기보다는 본인이 예약한 호텔 요금을 기준으로 숙소 예산을 짜도록 하자.

방콕 숙소의 종류

게스트하우스 Guest House

배낭 여행자들이 선호하는 숙소다. 배낭 여행자의 메카로 군림하는 카오산 로드 Khaosan Road에는 수많은 게스트하우스들이 경쟁한다. 개인욕실이 딸린 에어컨 룸의 경우 600B, 공동욕실을 사용하는 선풍기 방의 경우 300B 정도에서 방을 구할 수 있다.
게스트하우스는 배낭족들뿐만 아니라 자유 여행자들이 선호하기 때문에, 싸고 허름한 숙소만 있는 건 아니다. 최근 등장하고 있는 게스트하우스들 중에는 수영장 시설까지 갖추며 제법 호텔스럽게 꾸민 곳도 많다.

유스호스텔 Youth Hostel

국제 유스호스텔 연맹에 가입된 곳이 있으나 그다지 인기는 없다. 유스호스텔이 아니어도 너무 많은 여행자 숙소가 있기 때문. 꼭 유스호스텔 회원이 아니어도 숙박이 가능하다.

중급 호텔 Midrange Hotel

중급 호텔은 3성급 호텔 정도로 생각하면 된다. 다른 나라에 비해 상대적으로 객실이 넓고 시설이 좋은 편이다. 수영장 시설과 아침 식사가 포함되기 때문에 지내는 데는 전혀 불편하지 않다. 특정 지역에 몰려 있지 않고 쑤쿰윗, 랏차다 등 다양한 지역에 분포되어 있다. 여행사를 통해 2,000B 정도에 예약이 가능하다.

고급 호텔 Expensive Hotel

통상적으로 4성급 호텔을 의미한다. 수영장, 헬스클럽과 3~4개의 레스토랑을 부대시설로 운영하는 것이 특징. 특급 호텔을 찾는 럭셔리 여행자가 아니라면 안성맞춤인 호텔들로 3,000~4,000B 정도에 숙박이 가능하다.

특급 호텔 Prestige Hotel

한마디로 럭셔리한 호텔이다. 최고의 전망과 최고의 시설은 물론 나무랄 것 없는 서비스까지 값어치를 톡톡히 한다. 고풍스런 오리엔탈 호텔, 초현대적인 페닌슐라 호텔, 중후한 맛의 샹그릴라 호텔과 쑤코타이 호텔, 도심의 럭셔리를 추구하는 르부아 호텔과 쉐라톤 그랑데 호텔, 소피텔, 메트로폴리탄 방콕, 콘래드 호텔 등 이루 헤아릴 수 없이 많은 호텔들이 있다. 1박에 최소 6,000B은 예상해야 한다.

호텔 이용법

호텔 이용법까지 굳이 설명할 필요가 있을까 하겠지만, 의외로 리셉션에서 우왕좌왕하는 여행자가 많이 있다. 다음 과정을 숙지해 국제적인 감각의 세련된 여행자로 변신해 보자.

1. 호텔 예약

게스트하우스는 특별히 예약할 필요도 없고, 예약을 받아주지도 않는다. 하지만 호텔이라면 예약은 필수. 호텔 자체 홈페이지를 통하는 것보다 여행사를 통해 예약하는 것이 할인 폭이 더 크다.
호텔 예약을 하게 되면 바우처(예약 확인증)를 발행한다. 여행사나 호텔 예약 사이트마다 바우처 발행 방식은 다르지만, 호텔 체크인할 때 예약자 확인을 위해 필요하니 반드시 챙겨 두자.

2. 체크인

대부분의 숙소는 체크아웃 시간이 낮 12시를 기준으로 한다. 게스트하우스는 빈 방이 생기면 찾아오는 순서대로 방을 내주기 때문에, 사람들이 빠지기 시작하는 오전 10시경부터 방을 구할 수 있지만, 호텔은 사정이 다르다.
호텔은 원칙적으로 체크인 시간을 오후 2시로 정하고 있는데, 그 이유는 체크아웃 한 방을 청소하고 새롭게 단장하는 시간이 필요하기 때문이다. 만약, 아침 일찍 체크인 할 경우라면, 체크인 시간을 미리 호텔에 알려주면 필요한 객실은 미리 청소해주기도 하니 참고할 것.
체크인을 위해서는 가장 먼저 호텔 로비 한쪽에 있는 체크인 카운터로 간다. 그곳에서 호텔 예약을 증명하는 바우처를 제시하면 전산 입력이 이루어진다. 체크인할 때는 투숙객의 신분이나 입국 사항을 기재해야 하는데, 영문으로 본인 이름과 여권 번호, 입국 날짜 등을 적으면 된다. 체크인이 끝나면 방 키 또는 키 카드를 건네준다.

©Sukhothai Hotel

알아두세요

호텔 디포짓 Deposit

호텔에 따라 체크인할 때 디포짓(일종의 보증금)을 요구하는 곳도 있답니다. 객실 물품 파손이나 도난에 대한 일종의 '담보' 역할을 하는데요. 디포짓은 보통 1,000~2,000B을 요구합니다. 현금이 아니라 신용카드를 제시해도 됩니다(카드 번호만 따 놓기 때문에 결제가 이루어지진 않지요). 디포짓은 체크아웃 할 때 객실 설비를 확인한 후 이상이 없으면 되돌려 줍니다. 디포짓 영수증은 체크아웃 때까지 꼭 챙겨두세요.

3. 어메니티 Amenity

어메니티는 객실과 욕실에 준비해 놓은 소모품이다. 타월, 슬리퍼, 샴푸, 샤워 크림, 컨디셔너, 로션, 화장솜, 면봉, 칫솔, 면도기 등의 물품이 무료로 제공된다. 호텔마다 제공되는 어메니티가 다르기 때문에 어메니티의 종류에 따라 호텔을 평가하기도 한다. 5성급 호텔들은 자체 브랜드 제품을 만들어 사용하거나 유명 스파 업체의 제품을 제공하기도 한다. 고급 호텔은 어메니티를 매일 교환해주는 것도 센스!

4. 귀중품 보관

중급 호텔 이상은 객실마다 개인 금고 Safety Box가 마련되어 있다. 비밀 번호를 직접 설정하도록 되어 있다. 실수로 물건을 넣고 개인 금고를 못 열 수도 있으니, 비밀 번호를 최초로 지정할 때는 아무것도 넣지 말고 닫았다 열었다를 연습만 해본 후 사용하자.

5. 샤워 부스 · 욕조 사용

샤워 박스가 설치되어 있으면 별 문제가 없지만, 욕조만 있는 경우 반드시 샤워는 욕조 안에 들어가서 해야 한다. 이때는 욕조에 설치된 비닐 커튼을 욕조 안쪽에 넣어 물이 욕조 밖으로 튀지 않게 하자. 욕조가 미끄러운 경우도 있으니 넘어지지 않도록 개인 안전에도 신경 쓸 것.

6. 냉장고와 미니바

대부분의 호텔에서 하루 두 병 가량 생수를 서비스해 준다. 이런 공짜 물에는 'Complimentary'라고 쓰여 있다. 보통 냉장고가 아닌 무료로 제공되는 커피, 티백과 함께 별도로 보관된 경우가 많다.
냉장고에 가득 들어 있는 음료와 캔디, 주류는 별도의 비용이 청구된다. 냉장고 앞에 비치된 가격표를 살펴보고 이용할지 여부를 판단한다. 참고로 일반 편의점에 비해 몇 배나 비싼 요금을 받는다.
물을 끓일 수 있는 포트와 찻잔, 1회용 티백은 무료로 제공하는 호텔이 많다. 또한 웰컴 드링크나 과일 바구니를 서비스해 주기도 한다.

7. 아침 식사

일반적으로 오전 6시부터 오전 10시까지 아침 식사를 제공한다. 보통 뷔페로 제공되는데, 고급 호텔일수록 아침 식사가 풍부하다. 호텔에 따라 쿠폰을 주는 곳도 있고, 객실 번호만 말해도 되는 곳도 있다(객실 키 카드를 보여주면 된다). 쿠폰을 주는 경우 매일 1장씩 주기 때문에, 정확한 날짜마다 한 장씩 쿠폰을 사용하면 된다. 호텔마다 조금씩 차이가 있으므로 아침 식사 시간과 레스토랑 위치를 미리 확인해 두자.

8. 룸서비스

객실에 보면 호텔 안내 브로슈어와 함께 룸서비스 메뉴가 놓여 있다. 호텔에서 운영하는 레스토랑의 식사나 음료를 방까지 배달해주는 서비스다. 룸서비스는 보통 24시간 가능하며, 계산은 직접 하지 않고 계산서에 서명만 하면, 객실 추가 요금에 포함돼 체크아웃 할 때 같이 계산하면 된다.

9. 인터넷 · Wi-Fi 이용

대부분의 호텔에서 전용 랜선이나 와이파이 사용이 가능하다. 스마트 폰이 보급되면서 와이파이를 무료로 제공하는 것이 불문율처럼 되었다. 패스워드(비밀번호)를 설정해 두고 있기 때문에, 체크인 할 때 리셉션에서 확인해두자. 전 구역이 동일한 패스워드를 사용하는 호텔이 대부분이지만, 각각의 단말기마다 하나씩 패스워드를 입력해야 하는 호텔도 있다. 노트북과 스마트 폰을 동시에 사용해야 한다면, 당황하지 말고 패스워드가 적힌 종이를 두 장 받아오면 된다.

10. 팁

호텔에서는 팁이 일반적이다. 체크인할 때 짐을 들어다 줬을 경우나 룸서비스를 이용할 경우, 그리고 아침에 일어나 외출할 경우 방 청소하는 사람들을 위해 간단한 팁을 주는 게 예의다. 일반 호텔의 경우 20B이나 50B짜리 지폐 한 장이면 된다. 팁으로 동전을 건네는 건 매우 예의에 어긋나는 행동이니 삼가자.

11. 부대시설

3성급 호텔 이상이면 기본적으로 수영장, 헬스클럽, 사우나 등 기본시설을 무료로 이용할 수 있다. 부대시설을 즐기는 것이야말로 고급 호텔 투숙의 뿌듯함 중 하나다. 수영장은 안전상의 이유로 밤에는 이용이 제한되기 때문에, 운영 시간을 미리 확인해 두어야 한다.

12. 체크아웃

대부분의 호텔은 체크아웃 시간이 12:00로 정해져 있다. 11:00에 체크아웃 하는 경우도 있다. 체크아웃 시간 전까지 리셉션으로 내려가서 키 카드를 반납하면 체크아웃이 진행된다. 담당 직원이 미니바와 객실 비품의 여부를 확인한 후에 이상이 없으면 체크아웃은 끝난다. 체크아웃 시간을 넘기면 추가 요금을 받기 때문에 체크아웃 시간은 반드시 지켜야 한다. 만약 오후 늦게 체크아웃(레이트 체크아웃 Late Check Out) 하고 싶으면 미리 리셉션에 문의해야 한다. 객실 여유가 있으면 추가 요금을 내고 오후 늦게 체크아웃이 가능하다. 보통 18:00에 체크아웃 하는 조건으로 숙박료의 50% 정도를 더 받는다. 물론 18:00 이후에 체크아웃 하면 시간에 관계없이 하루치 방 값은 전액 지불해야 한다.

Khaosan Road

카오산 로드의 숙소

카오산 로드는 '방콕의 여행자 거리'로 불린다. 카오산 로드를 포함해 쏘이 람부뚜리, 타논 프라아팃(파아팃), 타논 쌈쎈까지 방대한 지역에 걸쳐 게스트 하우스와 호텔이 밀집해 있다. 여행자들을 위한 저렴한 숙소가 밀집한 카오산 로드는 허름한 게스트하우스만 존재하는 곳이 아니다. 수영장을 갖춘 부티크 호텔까지 자유 여행자들의 기호에 맞는 다양한 숙소를 선택할 수 있다. 유흥업소들이 많은 카오산 메인 로드보다는 왓 차나쏭크람 뒤편의 쏘이 람부뜨리나 방람푸 운하 건너편의 타논 쌈쎈 Thanon Samsen 지역에 새롭게 등장한 숙소들이 깨끗하고 조용해서 인기 있다.

게스트하우스 Budget Guest House

카오산 로드에는 장기 여행자들을 위한 저렴한 게스트하우스가 많다. 공동욕실을 사용하는 선풍기 방이 가장 저렴한데, 시설을 전혀 고려하지 않는다면 200B 이하로도 하루 숙박이 가능하다. 최소한의 시설인 에어컨과 개인욕실을 겸비한 방은 최소 500B은 필요하다. 동일한 숙소라고 해도 방 크기나 창문 유무에 따라 요금이 달라지니, 체크인 전에 방을 확인하도록 하자. 인기 업소들은 방 구하기 어렵기 때문에 미리 예약하는게 좋다.

리버라인 게스트하우스 The Riverline Guest House ★★★

주소 59/1 Thanon Samsen Soi 1 **전화** 0-2282-7464 **요금** 더블 280B(선풍기, 개인욕실), 더블 380~420B(에어컨, 개인욕실) **가는 방법** 타논 쌈쎈 쏘이 능 Thanon Samsen Soi 1 골목 안쪽으로 들어가면, 길 끝에 뱀부 게스트하우스 Bamboo Guest House가 나온다. 게스트하우스 옆으로 이어진 좁은 골목으로 들어가면 코너에 간판이 보인다. Map P.10

가정적인 분위기가 느껴지는 곳으로 메인 도로에서 멀찌감치 떨어져 있어 조용하다. 저렴한 게스트하우스로 객실이나 욕실은 아주 보편적이다. 넓은 방들은 요금을 더 받는 대신 창문이 넓고 전망이 좋다.

The Riverline Guest House

온수 샤워가 가능한 방은 몇 개 없으니 체크인 전에 확인할 것. 휴식할 수 있도록 옥상에도 테이블을 만들어 놓아 강변 풍경을 바라보며 식사할 수 있다. 무료로 제공되는 와이파이는 1층에서만 수신된다.

알아두세요

게스트하우스에서 귀중품 보관에 신경 쓰세요!

게스트하우스들은 침대 이외에 특별한 시설이 없기 때문에 개인 소지품 관리에 각별히 유의해야 합니다. 아무리 욕심 없는 여행자들이라 하더라도 도난 사고는 빈번히 발생하니까요. 귀중품이나 현금은 방에 방치하지 말고, 휴대하거나 개인 사물함을 이용하는 것이 좋습니다. 더불어 이중 잠금장치가 있는 객실을 사용하는 것도 하나의 방법입니다.

케이시 게스트하우스
K.C. Guest House ★★★

주소 64 Trok Kai Chae, Thanon Phra Sumen **전화** 0-2282-0618 **홈페이지** www.facebook.com/kcguesthouse **요금** 더블 500B(에어컨, 공동욕실), 더블 600B(에어컨, 개인욕실) **가는 방법** 프라쑤멘 요새와 가까운 타논 프라쑤멘 Thanon Phra Sumen에 있다. Mad Monkey Hostel 맞은편의 세븐일레븐 옆 뜨록 까이째 입구에 있다. Map P.8-B1

카오산 로드와 인접하고 있으나 주변에 게스트하우스가 적어 태국스러운 분위기가 강하다. 객실은 크지 않지만 깨끗하며, 에어컨 사용 유무에 따라 요금이 달라진다. 트윈 룸은 없고 모두 더블 룸으로 구성되어 있다. 혼자 방을 쓸 경우 같은 조건의 더블 룸에서 50B씩 할인된 요금이 적용된다. 1층에 레스토랑을 함께 운영한다.

타라 하우스
Thara House 

주소 100 Thanon Phra Athit **전화** 0-2280-5910~1 **홈페이지** www.tharahousebangkok.com **요금** 싱글 450B(개인욕실, 에어컨), 더블 550~650B(에어컨, 개인욕실, TV), 트리플 740B(에어컨, 개인욕실, TV) **가는 방법** 왓 차나쏭크람 후문 앞의 작은 골목을 따라 타논 프라아팃으로 나가서 세븐일레븐을 끼고 오른쪽으로 10m 직진한다. 한글로 쓴 간판이 보인다. Map P.8-A1

타논 프라아팃에 있는 게스트하우스 중에 인기 있는 여행자 숙소다. 모든 객실에는 에어컨, TV가 있고 더운물 샤워도 가능하다. 수건과 생수 2병을 제공해 준다. 객실 크기는 무난한 편으로, 창문 유무에 따라 요금이 달라진다. 도로쪽 방은 차량 소음이 들리기도 한다. 1층에 인터넷 카페를 함께 운영하며, 객실에서 Wi-Fi를 무료로 사용할 수 있다. 엘리베이터는 없다. 체크인 할 때 열쇠 보증금으로 500B을 내야 하며, 체크아웃 할 때 되돌려 준다.

타라 하우스 트윈 룸

쑤네따 호스텔
Suneta Hostel ★★★

주소 209~211 Thanon Kraisi **전화** 0-2629-0150 **홈페이지** www.sunetahostel.com **요금** 도미토리 450~570B **가는 방법** 카오산 로드에서 북쪽으로 두 블록 떨어져 있다. 타논 끄라이씨 Thanon Kraisi에 있는 도미노 피자 Domino's Pizza 2층에 있다. Map P.9-C1

임대료가 비싼 카오산 로드에 터를 잡았기 때문에 좁은 공간을 효율적으로 사용한다. 입구에는 호스텔을 알리는 안내판과 엘리베이터 한 대만 서 있다. 엘리베이터를 타고 2층으로 오르면, 태국적인 호스텔이 반긴다. 리셉션을 포함한 휴식 공간은 태국 전통 가옥처럼 디자인했다.

K.C. Guest House

Thara House

쑤네따 호스텔

모든 도미토리는 에어컨 시설이다. 4인실 혼용 도미토리, 6인실 여성 전용 도미토리, 16인실 혼용 도미토리로 구분된다. 캡슐(또는 선실)처럼 생긴 캐빈 베드 Cabin Bed는 침대마다 미닫이문을 설치해 개인 방처럼 사용이 가능하며, 내부에 LCD TV와 헤드폰 세트를 설치해 남부럽지 않은 설비를 갖추고 있다. 위층보다는 아래층 침대가 편리하다.
공동으로 사용하는 욕실은 화장실과 샤워실이 구분되어 있고, 샤워 용품도 비치되어 있다. 간단한 빵과 커피가 아침 식사로 제공된다. 독특한 시설 때문에 도미토리치고는 요금이 비싼 편이다. 직원들도 친절하며 호스텔 전 구역은 금연이다.

베드 스테이션 호스텔 카오산
Bed Station Hostel Khaosan ★★★☆

주소 80 Thanon Tani **전화** 09-2224-5959 **홈페이지** www.bedstationhostel.com/khaosan **요금** 도미토리 380~450B(에어컨, 공동욕실) **가는 방법** 타논 따니에 있는 따니 플레이스(호텔) Tanee Place 옆 골목 안쪽에 있다. Map P.9-C1

베드 스테이션 도미토리

베드 스테이션 호스텔 카오산

방콕의 부티크 호스텔 계보를 잇는 새로운 여행자 숙소다. 붉은 벽돌, 시멘트 바닥, 철근과 배관을 노출시킨 인더스트리얼 디자인으로 꾸며 모던한 느낌을 한껏 살렸다. 객실은 키 카드로 드나들도록 보안에도 신경을 썼다. 게다가 널찍한 야외 수영장도 있다. 2층 침대와 냉방 시설을 갖춘 도미토리는 8인실, 10인실, 12인실, 18인실로 구분된다. 여성 전용 8인실 도미토리도 함께 운영한다. 침대마다 커튼과 개인 전등을 설치해 편리하다. 리셉션은 24시간 운영한다.

람푸 하우스
Lamphu House ★★★☆

주소 75~77 Soi Rambutri **전화** 0-2629-5861 **홈페이지** www.lamphuhouse.com **요금** 더블 480B(선풍기, 공동욕실), 더블 600B(선풍기, 개인욕실), 더블 750~900B(에어컨, 개인욕실), 트리플 1,080B(에어컨, 개인욕실) **가는 방법** 끄룽씨 은행 Krungsri Bank에서 사원 옆길로 이어지는 쏘이 람부뜨리 골목에 있다. 람부뜨리 빌리지 인 Rambutri Village Inn 입구에 있는 세븐일레븐 지나서 좁은 골목 안쪽으로 들어가야 한다. 입구에 간판이 세워져 있다.
Map P.8-B1

쏘이 람부뜨리 골목 안쪽에 숨겨져 있지만 알 만한 사람은 다 아는 인기 숙소. 넓은 마당과 정원이 평화로움을 선사하는 곳으로 저렴하면서 깔끔한 객실이 여행자들을 기분 좋게 만든다. 청결함을 유지하며 단아한 나무 침대와 푹신한 매트리스가 편한 잠자리를 제공한다. 공동욕실을 사용하는 선풍기 방부터 개인욕실을 사용하는 발코니가 딸린 방까지 개인 예산에 따라 객실을 선택할 수 있다. 요금이 비쌀수록 방과 창문이 넓어진다. 체크인 할 때 방 보증금으로 500B을 내야 한다(체크아웃 할 때 돌려준다).

람푸 하우스

비비 하우스 람부뜨리
BB House Rambuttri ★★★☆

주소 45 Soi Rambutri **전화** 0-2282-0953 **홈페이지** www.bestbedhouse.com **요금** 더블 580~680B(에어컨, 개인욕실, TV) **가는 방법** ①왓 차나쏭크람을 끼고 사원 뒷길(쏘이 람부뜨리)로 한 바퀴 돌아야 한다. 봄베이 블루스(레스토랑) Bombay Blues 옆에 있다. ② 타논 짜오파에 있는 국립 미술관 National Gallery 옆 길로 들어가도 된다. Map P.8-B2

사원(왓 차나쏭크람) 뒤쪽 한적한 거리에 있다. BB는 '베스트 베드 Best Bed'의 약자다. 거리 이름을 붙여서 비비 하우스 람부뜨리 BB House Rambuttri라고 부른다.
카오산 로드 뒷골목에 있어 위치는 불편하지만 객실도 밝은 색상의 타일과 벽면으로 쾌적한 느낌을 준다. 모든 객실은 에어컨 시설과 TV를 갖추고 있다. 방이 넓진 않지만 객실과 욕실이 깨끗하게 정리되어 있다. 다만 냉장고가 없는 것이 단점이다. 엘리베이터도 설치되어 있어 편리하고, 옥상에 휴식 공간도 있다. 성수기(12~2월)에는 방 값이 100B씩 인상된다.
같은 거리에 있는 비비 하우스 람부뜨리 2 BB House Rambuttri 2(주소 28/1 Soi Rambuttri, 전화 0-2281-4777, Map P.8-B2)를 함께 운영한다. 객실을 리모델링해 쾌적한 것이 장점이며, LCD TV와 냉장고까지 설비도 훌륭하다. 1층엔 레스토랑을 운영해 분위기가 좋다. 냉방 시설을 갖춘 방은 680B으로 가성비가 좋지만, 엘리베이터가 없어 아쉽다.

BB House 더블 룸

비비 하우스 람부뜨리 2

람부뜨리 빌리지 인
Rambuttri Village Inn ★★★☆

주소 95 Soi Rambutri **전화** 02-282-9162, 02-282-9163 **홈페이지** www.rambuttrivillage.com **요금** 싱글 930B(에어컨, 개인욕실, TV, 아침식사), 더블 1,100~1,800B(에어컨, 개인욕실, TV, 냉장고, 아침식사) **가는 방법** 왓 차나쏭크람(사원) 오른쪽의 쏘이 람부뜨리에 있다. 끄룽씨 은행 옆 골목으로 100m.
Map P.8-B1

여행자들의 소비구조와 기호를 너무 잘 읽어내고 있는 여행자 숙소다. 무난한 요금에 수영장을 갖추고 있어 인기가 많다. 옥상에 루프톱 형태의 야외 수영장을 만들었다. 카오산 로드와 가깝지만 사원(왓 차나쏭크람) 옆길에 있어 상대적으로 조용하다.
고급호텔은 아니고 시설 좋은 게스트하우스에 속한다. 신관을 오픈하면 시설을 업그레이드 했다. 3~4층 건물이 ㄷ자 형태로 정원을 둘러싸고 있어 규모도 크다. 객실은 건물의 위치와 방 크기에 따라 요금 차이가 난다. 레스토랑, 여행사, 편의점 등 부대시설이 밀집해 있어 편리하다. 야외 정원도 있어서 여유롭다. 뷔페 아침식시가 포함된다. 체크인할 때 보증금 1,000B을 내야하며, 체크아웃할 때 되돌려 받으면 된다.

옥상에 만든 야외 수영장

람부뜨리 빌리지 인

뉴 싸얌 2 게스트하우스 New Siam 2 Guest House ★★★☆

주소 50 Trok Rongmai, Thanon Phra Athit **전화** 0-2282-2795, 0-2629-0101 **홈페이지** www.newsiam.net **요금** 더블 840~940B(에어컨, 개인욕실, TV) **가는 방법** ①타논 프라아팃(파아팃) 남단에 있는 뉴 싸얌 리버사이드(호텔) New Siam Riverside 맞은편, 칠랙스 헤리티지 호텔 Chillax Heritage Hotel 옆에 있다. Map P.8-A2

사원 뒤쪽에 위치한 인기 높은 중급 게스트하우스다. 가격 대비 만족도가 높다. 신관과 구관 두 동의 건물이 서로 붙어 있다. 객실은 아무래도 새롭게 지은 신관이 더 깨끗하지만, 골목 안쪽에 있는 구관이 소음으로부터 자유롭다. 모든 객실에 에어컨, TV, 전화기, 개인욕실이 갖추어져 있다. 객실에 안전 금고가 비치되어 있고, 엘리베이터도 설치되어 편리하다. 작지만 수영장도 무료로 이용할 수 있다. 수영장 쪽 객실은 작은 발코니가 딸려 있다.

객실은 다양화하지 않고 한 가지 기준에 맞춰 모두 동일하게 만들었다. 침대 하나인 더블 룸을 고를 것이냐 침대가 두 개인 트윈 룸을 고를 것이냐만 고민하면 된다. 아침 식사는 불포함이지만 레스토랑을 함께 운영해 식사를 해결할 수 있다.

뉴 싸얌 2 게스트하우스

뉴 싸얌 2 게스트하우스 트윈 룸

타라 플레이스 Tara Place ★★★★

주소 113~117 Thanon Samsen **전화** 0-2627-1001~3 **홈페이지** www.taraplacebangkok.com **요금** 스탠더드 1,750~2,000B(에어컨, 개인욕실, TV, 냉장고) **가는 방법** 타논 쌈쎈 쏘이 1과 쏘이 3 사이에 있는 방콕 은행(타나칸 끄룽텝) Bangkok Bank 옆에 있다. Map P.10

카오산 로드 인근에서 인기 있는 중급 호텔이다. 2012년에 10월에 문을 열었으며 객실 시설이 깔끔한 것이 매력이다. 직원들도 친절하다. 객실 크기는 보통이지만 에어컨 시설에 냉장고, LCD TV가 설치되어 편하고 쾌적하다. 욕실과 화장실도 깨끗하며 샤워 부스가 분리되어 있다.

두 동의 건물이 연결되어 있는데, 도로 쪽보다는 안쪽에 있는 건물이 조용하다. 레스토랑을 운영하며, 수영장은 없다. 더블 룸과 트윈 룸은 방 값이 같다. 모든 객실은 금연실로 운영된다. 아침 식사 포함 여부는 선택 사항이다. 카오산 로드까지 걸어 다닐 수 있다. 왕궁과 왓 포까지 정기적으로 무료 뚝뚝을 운행한다.

타라 플레이스

Tara Place

원스 어게인 호스텔

호스텔 1층에는 분위기 좋은 카페가 있다

원스 어게인 호스텔
Once Again Hostel ★★★☆

주소 22 Soi Samran Rat **전화** 09-2620-5445 **홈페이지** www.onceagainhostel.com **요금** 도미토리 450~650B(에어컨, 공동욕실, 아침식사) **가는 방법** 방콕 시청 오른쪽 골목, 왓 텝티다람(사원) 뒷 골목에 해당하는 쏘이 쌈란랏에 있다. 카오산 로드까지 도보 15~20분. Map P.7-B2 Map P.11-B2

트렌디한 경향을 잘 보여주는 호스텔이다. 카오산 로드와 조금 떨어진 방람푸의 골목 안쪽에 있다. 호스텔 주변으로 사원과 방콕 시청이 있어 카오산 로드의 시끄러움과 대비를 이룬다. 옥상(루프톱)에서 주변을 둘러싼 사원도 감상할 수 있다. 도미토리를 운영하는 여행자 숙소지만 로비를 겸한 1층에 스타일리시한 카페를 배치해 현대적인 감각을 더했다. 도미토리는 6인실, 8인실, 12인실로 구분되며 여성 전용 도미토리도 운영한다. 도미토리 침대는 캡슐 형태로 개인 커튼이 있어서 프라이버시를 제공한다. 간단한 아침 식사가 포함된다.

천 부티크 호스텔
Chern Boutique Hostel ★★★★

주소 17 Soi Ratchasak, Thanon Bamrung Muang **전화** 0-2621-1133, 08-9168-0212 **홈페이지** www.chernbangkok.com **요금** 도미토리 400B, 더블 1,200~1,500B(에어컨, 개인욕실, TV, 냉장고), 3인실 1,700B(에어컨, 개인욕실, TV, 냉장고) **가는 방법** 왓 쑤탓 Wat Suthat과 싸오칭차 Sao Ching Cha(Giant Swing)를 바라보고 왼쪽으로 250m 떨어져 있다. 타논 밤룽므앙에 있는 노란색 간판의 끄룽씨 은행(타나칸 끄룽씨) Krungsri Bank 옆 골목으로 들어가면 된다. Map P.7-B2 Map P.11-B2

Chern Boutique Hostel

호스텔이라고 간판을 달긴 했지만 호텔에 가깝다. 시설이 그만큼 좋다. 부티크 호스텔이라는 명칭답게 모든 것이 심플하고 쾌적하다. 반듯한 로비와 '키 카드'로 출입해야 하는 안전 관리까지 신경을 썼다. 도미토리는 에어컨 시설을 갖췄고 방에 욕실이 딸려 있으며, 침대마다 개인 사물함이 비치되어 있다. 4인실과 8인실로 구분되는데, 여성 전용 도미토리도 운영한다. 개인 욕실을 갖춘 일반 객실도 산뜻하고 시설이 좋다. 스탠더드 룸은 샤워기가 설치되어 있고, 딜럭스 룸은 욕조가 비치되어 있다. LCD TV와 와이파이는 기본이다. 냉장고와 안전금고도 비치하고 있다. 창문도 넓어서 자연채광도 좋다. 모든 객실은 금연실로 운영된다. 엘리베이터가 없어서 4층에 있는 방들은 올라 다니기 불편하다. 아침 식사는 포함되지 않는다. 1층은 레스토랑, 2층은 공동 휴식 공간으로 활용된다. 어정쩡한 위치는 단점이며 주변 환경이 쾌적하진 않다. 카오산 로드까지 걸어가긴 멀다(걸어서 20분 이상 걸린다). '천'은 태국어로 '초대하다'라는 뜻이다.

천 부티크 호스텔 더블 룸

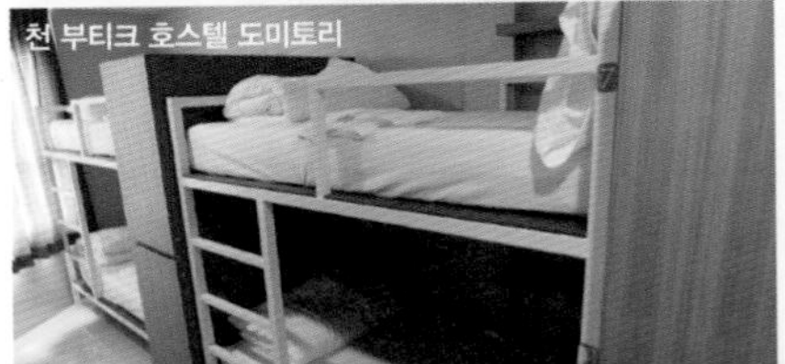
천 부티크 호스텔 도미토리

호텔 Hotel

카오산 로드의 명성에 힘입어 트렁크족들도 이젠 여행자 거리 한복판에 터를 잡고 여행을 하기 시작했다. 수영장을 갖춘 3성급 호텔들은 카오산 인근에서 어렵지 않게 찾을 수 있다.

데완 호텔(롱램 디완) Dewan Hotel(Dewan Bangkok) ★★★☆

주소 110 Thanon Tani(Tanee Road) **전화** 0-2629-4610 **홈페이지** www.dewanbangkok.com **요금** 슈피리어 2,450B, 딜럭스 2,750B(에어컨, 개인욕실, TV, 냉장고) **가는 방법** 카오산 로드에서 두 블록 북쪽으로 떨어진 타논 따니(따니 거리)에 있다.

Map P.9-C1

카오산 로드와 인접한 곳에 있는 3성급 호텔이다. 모로코 양식을 가미해 부티크 호텔처럼 꾸몄다. 아랍풍의 심플한 객실은 은은한 랜턴과 패턴 모양의 타일로 포인트를 줬다. LCD TV, 미니 바, 안전 금고, 전기 포트, 헤어드라이어를 갖추고 있다. 슈피리어 더블 룸은 22㎡ 크기로 작은 편이고, 슈피리어 트윈 룸은 28㎡ 크기로 적당하다. 수영장을 제외하고 별다른 부대시설이 없다. 옥상에 야외 수영장이 있다. 아침 식사는 포함되지 않는다. 5층 건물로 엘리베이터가 있다. 모두 43개 객실을 운영한다.

웨어하우스 방콕 The Warehouse Bangkok ★★★☆

주소 120 Thanon Bunsiri **전화** 0-2622-2935 **홈페이지** www.thewarehousebangkok.com **요금** 스탠더드 2,600B(에어컨, 개인욕실, TV, 냉장고, 아침 식사), 코너 룸 3,200B **가는 방법** 타논 따나오 Thanon Tanao에 있는 왓 마한나파람(사원) 맞은편에 있는 타논 분씨리 방향(도로 입구에 있는 세븐 일레븐을 끼고 들어가면 된다)으로 들어가서 첫 번째 사거리 코너에 있다. Map P.7-A2 Map P.11-A1

데완 호텔(롱램 디완)

Dewan Hotel(Dewan Bangkok)

공업용 창고 건물을 현대적이고 도시적인 호텔로 꾸몄다. 건물의 특성을 그대로 살려 인더스트리얼하게 디자인했다. 콘크리트와 배관은 물론 엘리베이터까지 외부에 노출되어 인테리어가 독특하다. 객실도 콘크리트 바닥과 시멘트 천장이 그대로 보이게 설계했는데 단순한 구성이 심플하면서도 현대적이다.

스탠더드 룸은 25㎡ 크기로 무난하며 LCD TV와 냉장고, 안전 금고, 책상이 갖추어져 있다. 발코니도 딸려 있다. 객실에 비해 개인욕실은 크기도 작고 지극히 평범하다. 샤워 커튼이 설치된 샤워 시설을 갖추고 있다. 딜럭스 룸에 해당하는 코너 룸은 35㎡ 크기로 객실과 발코니까지 시원시원하다. 모두 36개의 객실을 운영하며 모든 객실은 금연실로 운영된다. 수영장은 없으며 대형 호텔 같은 다양한 부대시설은 기대하지 말자. 큰 길(타논 랏차담넌 끄랑)을 건너서 카오산 로드까지 걸어서 10~15분 정도 걸린다.

웨어하우스 방콕

The Warehouse Bangkok

프라나콘 논렌 호텔
Phra Nakorn Norn Len Hotel ★★★★

주소 46 Thewet Soi 1 **전화** 0–2628–8188~9 **홈페이지** www.phranakorn–nornlen.com **요금** 싱글 1,700B(에어컨, 개인욕실, 아침 식사), 더블 2,300~2,800B(에어컨, 개인욕실, 아침 식사) **가는 방법** ① 타논 위쏫까쌋의 왓 인타라위한과 뜨랑 호텔 Trang Hotel 사이에 있는 테웻 쏘이 1 골목 안쪽에 있다. 카오산 로드에서 도보 20분 거리로 걸어가기는 멀다. 택시를 탈 경우 60~70B 정도 나온다. ②수상보트 타 테웻 선착장(선착장 번호 N15)에서 도보 15분.
Map P.12-A2 Map P.10

프라나콘은 '신성한 도시'라는 뜻이다. 현재 라따나꼬씬 지역에 해당되는데, 방콕이 현재처럼 팽창되기 전에 프라나콘은 방콕 그 자체를 의미하기도 했다. '논'은 자다, '렌'을 놀다 또는 즐기다라는 뜻이다. 그러니 프라나콘 논렌은 옛 방콕에서 자고 즐긴다는 의미가 된다.

고풍스럽고 자연친화적으로 꾸민 부티크 호텔로 모두 27개의 객실을 운영한다. 콘크리트 건물임에도 불구하고 목재를 이용해 실내를 꾸미고 화사한 그림으로 벽면을 장식해 밝고 경쾌한 느낌을 선사한다. 현직 디자이너가 꾸민 곳답게 객실은 여성스러움이 한껏 드러난다. 객실에 놓인 침구와 쿠션, 커튼, 인테리어까지 호텔 주인장이 직접 디자인했다. 마당과 정원에 휴식 공간, 독서 공간, 카페가 들어서 있다.

조용함을 유지하기 위해 객실에 TV를 설치하지 않았고, 호텔 전구역에서 금연을 실시해 쾌적하다. 옥상에도 야외 테라스를 만들었는데, 왓 인타라위한(P.133)의 대형 황금 불상이 내려다보인다. 호텔 직원들도 친절하고 환하게 미소 짓는다. 아침 식사는 호텔 옥상에서 직접 재배한 유기농 채소와 과일을 이용해 건강한 식단을 제공한다. 카오산 로드까지 걸어 다니긴 좀 멀지만, 카오산 로드 일대에서 보기 드물게 매력적인 호텔이다.

프라나콘 논렌 호텔
Phra Nakorn Norn Len Hotel

람푸 트리 하우스
Lamphu Tree House ★★★★

주소 555 Thanon Phra Chatipatai **전화** 0–2282–0991~2 **홈페이지** www.lamphutreehotel.com **요금** 더블 1,950~2,750B(에어컨, 개인욕실, TV, 냉장고, 아침 식사) **가는 방법** 왓 보웬니웻과 인접한 운하 맞은편에 있지만, 운하를 건너는 도로가 없어서 차를 타고 갈 경우 조금 돌아가야 한다. 타논 쁘라찻빠따이 Thaon Prachatipatai(민주 기념탑 북쪽) & 타논 프라쑤멘 사거리(세븐 일레븐이 보인다)에서 북쪽 방향으로 운하에 연결된 완찻 다리(싸판 완찻)을 건넌다. 다리 건너자마자 왼쪽에 보이는 키티 캣 카페 Kitty Cat Cafe 옆 골목(운하 북쪽을 연한 골목길)으로 들어가면 된다. Map P.10

자칭 부티크 하우스라고 자랑하는 숙소로, 티크 나무로 만든 가구로 인해 편안한 느낌을 준다. 방람푸

Lamphu Tree House

람푸 트리 하우스

를 영어로 풀어 쓰면 '람푸 트리 Lamphu Tree'가 되는데, 오래된 전통 가옥을 개조해 로비 역할을 하는 1층은 태국스러운 분위기가 그대로 느껴진다.
방람푸 운하를 바로 앞에 두고 주변에 주택가가 형성돼 있어 조용하다. 모든 객실은 발코니가 딸려 있고 로비 옆에는 수영장도 있다. 스탠더드 룸과 딜럭스 룸으로 나뉘는데, 방 크기와 내부에 설치된 가구가 차이를 보인다.

뉴 싸얌 리버사이드 New Siam Riverside ★★★☆

주소 21 Thanon Phra Athit **전화** 0-2629-3535 **홈페이지** www.newsiam.net **요금** 스탠더드 1,600B, 스탠더드 리버뷰 2,650B **가는 방법** 타논 프라아팃 남단의 유니세프 UNICEF 건물 옆에 있다. 왓 차나쏭크람 후문에서 타논 프라아팃으로 빠지는 골목길로 가면 빠르다. Map P.8-A2

카오산 로드 일대에서 유명한 여행자 숙소인 뉴 싸얌 New Siam에서 네 번째로 오픈한 숙소다. 게스트하우스가 아니라 호텔다운 규모와 시설로 로비부터 넓고 편안하다. 객실은 강변이 보이느냐 안 보이느냐에 따라 요금이 달라진다. 강변에 만든 야외 수영장 때문에 분위기가 좋다. 객실에는 TV, 냉장고, 안전 금고가 설치되어 있다. 아침 식사가 포함된다.

New Siam Riverside

뉴 싸얌 리버사이드

칠랙스 헤리티지 호텔

칠랙스 헤리티지 호텔 Chillax Heritage Hotel ★★★★

주소 10 Thanon Phra Athit **전화** 0-2281-8899 **홈페이지** www.chillaxheritage.com **요금** 딜럭스 2,700~3,000B(에어컨, 개인욕실, TV, 냉장고, 아침식사), 프리미어 3,500B(에어컨, 개인욕실, TV, 냉장고, 아침식사) **가는 방법** 타논 프라아팃의 뉴 싸얌 2 게스트하우스 옆, 뉴 싸얌 리버사이드(호텔) 맞은편에 있다. Map P.8-A2

카오산 로드와 가까운 타논 프라아팃(파아팃)에 새로 생긴 3성급 호텔이다. 신축한 건물이라 시설이 깨끗한 덕에 주변의 중급 호텔 중에서도 인기가 높은 편이다. 객실은 마룻바닥으로 이뤄졌고, 욕조가 딸린 욕실은 통유리로 구획해 블라인드를 달아두었다. 심지어 프리미어 룸은 욕조(자쿠지)를 객실로 옮겨놓았다. 인근엔 호텔과 게스트하우스가 자리해 객실 전망은 별다를 게 없지만, 옥상에 수영장이 있다. 규모는 작지만 선 베드를 놓아 주변 풍경을 감상하도록 마련한 공간이다. 같은 호텔 브랜드인 칠랙스 리조트 Chillax Resort와 혼동해선 안 된다. 택시 기사에게는 정확한 주소를 알려줘야 한다.

카사 위마야 리버사이드 Casa Vimaya Riverside ★★★★

주소 229 Thanon Phra Sumen **전화** 0-2059-0595 **홈페이지** www.casavimaya.com **요금** 슈피리어 2,300B(에어컨, 개인욕실, TV, 냉장고, 아침식사), 리버사이드 딜럭스 2,700B(에어컨, 개인욕실, TV, 냉장고, 아침식사) **가는 방법** 카오산 로드에서 북쪽으로 500m 떨어진 타논 프라쑤멘 거리에 있다.
Map P.9-C1

2019년에 새로 생긴 3성급 호텔이다. 유럽풍의 건물 외관에서 짐작할 수 있듯 부티크 스타일로 꾸몄다. 5

카사 위마야 리버사이드 더블룸

카사 위마야 리버사이드

층 규모의 작은 신축 호텔이라 로비가 아담하고 부대 시설도 단출하다. 옥상엔 작은 수영장이 있다. 쾌적한 객실 한편엔 자그마한 발코니가 딸려 있다. 슈피리어 룸은 옆 건물이 보여서 전망이랄 게 없지만, 도로 반대쪽에 있는 리버사이드 딜럭스 룸에서는 운하 건너편 풍경이 보인다. 아침 식사를 제공하는 식당의 전망도 운하를 마주하고 있어 여유로운 느낌이다. 카오산 로드에서 살짝 떨어져 있어 시끄럽지 않다.

반 찻 호텔
Baan Chart Hotel ★★★☆

주소 98 Thanon Chakraphong **전화** 0-2629-0113 **홈페이지** www.baanchart.com **요금** 더블 2,200~2,800B(에어컨, 개인욕실, TV, 냉장고, 아침 식사) **가는 방법** 왓 차나쏭크람 정문 맞은편에 있는 스타벅스와 붙어 있다. Map P.9-C2

카오산 로드 일대에서 나름 괜찮은 시설이다. ㄷ자 모양의 4층 건물로 모두 42개 객실을 운영한다. 스타벅스 Starbucks와 버거킹 Burger King 매장이 있어 쉽게 눈에 띈다. 로비를 포함해 객실까지 중국풍의 고풍스런 느낌을 가미했다. 객실은 3가지 종류로 구분해 인테리어를 다르게 했다. 바닥에 꽃무늬 패턴의 타일이 깔린 블루 헤리티지 Blue Heritage 룸이 산뜻하다. 방 크기는 24㎡으로 작다. 옥상에 자그마한 야외 수영장이 있다. 1층에 푸 바 Fu Bar를 운영한다. '푸 바'에서 떨어져 있는 객실이 상대적으로 조용하다.

반 찻 호텔

이비스 스타일 방콕 카오산 위앙따이
ibis Styles Bangkok Khaosan Viengtai ★★★★

주소 42 Thanon Rambutri **전화** 0-2280-5434 **홈페이지** www.ibisstylesbangkokkhaosan.com **요금** 스탠더드 2,400~2,800B, 3인실 3,000~3,600B, 패밀리(4인실) 4,400~4,800B **가는 방법** 카오산 로드에서 한 블록 북쪽에 있는 타논 람부뜨리에 있다.
Map P.9-C1

카오산 로드 일대에서 가장 오래된 호텔이었던 위앙따이 호텔 Viengtai Hotel을 이비스에서 인수해 트렌디하게 개조했다. 건물이 오래되긴 했지만 2017년에 리모델링해서 객실은 깨끗하다. 3인실과 패밀리 룸(4인실)은 일반 침대와 2층 침대가 놓여 있다. 객실은 침대, 세면대, 화장실로 구성된다. 또한 LCD TV, 냉장고, 안전 금고를 갖추고 있다. 헤어드라이어는

이비스 스타일 방콕 카오산 위앙따이

ibis Style

비치되어 있지만, 치약이나 칫솔이 없어 세면도구를 챙겨가는 게 좋다.
호텔 주변은 라이브 음악을 연주하는 곳들이 많아서 방음에 신경을 썼다. 창문은 열 수 없게 고정되어 있다. 야외 수영장을 갖추고 있다. 카오산 로드에 머물면서 게스트하우스보다 편한 숙박을 원하는 여행자에게 추천할만한 호텔이다.

누보 시티 호텔 Nouvo City Hotel ★★★★

주소 2 Thanon Samsen Soi 2 **전화** 0-2282-7500 **홈페이지** www.nouvocityhotel.com **요금** 슈피리어 클래식 2,500B, 딜럭스 카낼 2,700B, 그랜드 딜럭스 3,000B, 디플로맷 더블 3,800B **가는 방법** 방람푸 운하를 건너서 쌈쎈 쏘이 2 골목 안쪽으로 100m 들어가면 된다. Map P.10

카오산 로드 주변에서 쾌적한 호텔에 머물고자 하는 여행자들의 기호를 간파한 호텔이다. 두 동의 건물로 나뉘어 있으며, 객실은 6가지 카테고리로 구분된다. 일반 객실은 32㎡ 크기로 답답한 느낌은 들지 않는다. 슈피리어 클래식 룸 Superior Classic Room과 딜럭스 커낼 룸 Deluxe Canal Room은 운하를 끼고 있는 구관(기존에 있던 뉴 월드 시티 호텔을 리노베이션함)에 해당한다.

누보 시티 호텔 그랜드 딜럭스 룸

Nouvo City Hotel

그랜드 딜럭스 룸 Grand Deluxe Room부터는 신관에 해당한다. 객실은 목재로 인테리어를 꾸며 아늑한 느낌이다. 객실마다 인테리어로 장식한 그림이 전부 다르고, LCD TV를 설치해 부티크 호텔다운 이미지를 더했다. 창문이 넓어 자연 채광이 좋은 편인데, 창밖으로는 쌈쎈 지역의 오래된 주택들이 보여 전망은 특별할 게 없다. 층별로 코너에 있는 객실은 침실과 거실이 구분된 스위트 룸으로 꾸몄다.
전 객실은 금연으로 쾌적하다. 아침 뷔페를 제공하며 무선 인터넷(Wi-Fi)을 무료로 사용할 수 있다. 옥상에 야외 수영장이 있고, 피트니스와 스파 시설을 함께 운영한다. 참고로 현지 발음은 '롱램 누오 씨띠'다.

나왈라이 리버 리조트 Navalai River Resort ★★★☆

주소 45/1-2 Thanon Phra Athit **전화** 0-2280-9955 **홈페이지** www.navalai.com **요금** 시닉 시티 2,700B, 리버 브리즈 3,500B **가는 방법** 타논 프라아팃에 있는 타 프라아팃 선착장(선착장 번호 N13) 옆에 있다. 카오산 로드에서 도보 10분. Map P.8-A1

짜오프라야 강을 끼고 있는 타논 프라아팃(파아팃)에 있다. 카오산 로드 일대에서 고급 숙소에 속하는 곳으로 강변 풍경을 즐길 수 있다. 총 5층 건물로 객실은 모두 74개를 운영한다. 태국적인 감각으로 인테리어를 꾸몄다.
객실은 깔끔하고 시원스러운 것이 특징이다. LCD TV, DVD 플레이어, 냉장고, 커피포트, 헤어드라이어, 안전 금고를 갖추고 있다. 개인욕실에는 욕조가 있다. 객실마다 발코니가 딸려 있다. 도로(타논 프라아팃) 쪽 시닉 시티 룸 Scenic City Room보다는 강변이 보이는 리버 브리즈 룸 River Breeze Room의 전망이 월등히 뛰어나다. 옥상에 야외 수영장이 있다.

Navalai River Resort

리바 수르야(리와 써야) Riva Surya ★★★★☆

주소 23 Thanon Phra Athit **전화** 0-2633-5000 **홈페이지** www.nexthotels.com/hotel/riva-surya-bangkok **요금** 어번 룸 3,600B, 리바 룸 4,500B, 딜럭스 리바 룸 5,500B **가는 방법** 타논 프라아팃에 있는 뉴 싸얌 리버사이드 New Siam Riverside 옆에 있다. 타 프라아팃 선착장(선착장 번호 N13)에서 도보 5분, 카오산 로드에서 도보 10분. Map P.8-A2

짜오프라야 강변과 카오산 로드를 동시에 즐길 수 있는 호텔이다. 부티크 호텔답게 심플하고 세련된 객실로 꾸며져 있다. 빅토리아 양식을 가미해 태국과 유럽적인 느낌을 적절히 조합했다. 타논 프라아팃에서 짜오프라야 강변에 걸쳐 있기 때문에 객실 위치에 따라 분위기가 달라진다. 강변 전망의 딜럭스 리바 룸 Deluxe Riva Room(40㎡)과 프리미엄 리바 룸 Premium Riva Room(48㎡)은 발코니까지 딸려 있다. 어번 룸 Urban Room은 도로를 끼고 있다. 강변에 야외 수영장과 라운지 레스토랑을 운영한다. 참고로 '리바'는 강변을 뜻하는 이태리어, '수르야'는 태양을 뜻하는 산스크리트어다.

Riva Surya

리바 수르야 야외 수영장

빌라 프라쑤멘 Villa Phra Sumen ★★★★

주소 457 Thanon Phra Sumen **전화** 08-0085-0085 **홈페이지** www.villaphrasumen.com **요금** 스탠더드 2,600~3,000B, 딜럭스 3,500~4,300B **가는 방법** 타논 프라쑤멘 거리에 있다. 민주기념탑 로터리에서 북쪽(타논 딘써) 방향으로 첫 번째 사거리에서 우회전하면 된다. 브라운 슈거를 바라보고 왼쪽으로 50m 떨어져 있다. 타논 프라쑤멘에 있는 왓 보원니웻까지 350m, 카오산 로드까지 600m 떨어져 있다. Map P.7-B1

프라쑤멘 거리에 있는 부티크 호텔이다. 뒤쪽으로는 운하가 흐르고 방콕의 옛 모습을 잘 간직한 동네 풍경도 꾸밈이 없다. 정문을 들어서면 잔디 정원과 어우러진 평화로운 호텔이 나온다. 모두 29개의 객실을 운영하는 소형 호텔로 집처럼 편안한 잠자리를 제공한다. 모든 객실은 금연실로 운영된다. 직원들도 친절하다.

객실은 두 동의 건물로 구분된다. 정원을 끼고 있는 건물은 딜럭스 룸이다. 태국적인 느낌을 살려 높은 천장과 목재를 이용해 인테리어와 창문을 꾸몄다. 객실은 36㎡ 크기로 창문을 열면 운하가 보이게 설계되어 있다. 도로 쪽에 있는 방들은 스탠더드 룸으로 시멘트와 벽돌을 이용해 트렌디하게 꾸몄다. 객실 크기는 23㎡로 작은 편이지만 발코니가 딸려 있다. 아침 식사는 뷔페가 아니라 세트 메뉴 중에 하나를 선택해야 한다. 가격에 비해 수영장이 없는 것이 단점이다.

빌라 프라쑤멘

Villa Phra Sumen

Guest House in Bangkok

방콕의 게스트하우스

카오산 로드 이외에 여행자 거리를 형성하는 곳은 쏘이 까쎔싼 Soi Kasemsan과 응암 두플리 Soi Ngam Duphli가 있다. 쑤쿰윗과 씰롬에는 도미토리를 갖춘 현대적인 호스텔이 속속 문을 열고 있다.

쏘이 까쎔싼 Soi Kasemsan

쏘이 까쎔싼은 싸얌 스퀘어와 인접한 국립 경기장 맞은편의 자그마한 골목이다. 도심에 있기 때문에 시설에 비해 방 값이 비싸다.

랍디 싸얌 스퀘어 Lub★d Siam Square ★★★☆

주소 925/9 Thanon Phra Ram 1(Rama 1 Road) **전화** 0-2612-4999 **홈페이지** www.lubd.com **요금** 도미토리 540~750B(에어컨, 공동욕실), 트윈 1,520B(에어컨, 공동욕실), 딜럭스 더블 1,800B(에어컨, 개인욕실, TV) **가는 방법** 까쎔싼 쏘이 능 Kasemsan Soi 1과 까쎔싼 쏘이 썽 Kasemsan Soi 2 사이에 있다. BTS 싸남낄라 행찻(국립경기장) 역 1번 출구에서 도보 1분. Map P.16-A1

씰롬에 있는 랍디(P.378)의 성공에 힘입어 방콕 젊음의 거리인 싸얌 스퀘어에 2호점을 선보였다. 현대적인 시설의 트렌디한 호스텔로 청결함과 안전함을 동시에 추구한다. 호스텔 전 구역이 에어컨 시설이며 키 카드를 이용해 출입한다. 도미토리는 2층 침대가 두 개씩 놓인 4인실을 기본으로 한다. 여성 전용 도미토리를 운영해 남성 출입을 제한한 것이 매력. 도미토리에는 개인 사물함이 비치되어 있다. 개인욕실과 TV가 겸비된 방을 원한다면 딜럭스 더블 룸을 얻어야 한다. 비수기(7~8월)에는 요금이 30~40% 할인된다.

랍디 싸얌 스퀘어

랏차테위 Ratchathewi

주변에 볼거리가 많지는 않지만, BTS 역과 가까워 교통은 편리하다. 도심과 가까운 곳에서 저렴한 숙소를 찾는 여행자들에게 유용하다.

베드 스테이션 호스텔 Bed Station Hostel ★★★★

주소 486/149-150 Thanon Petchburi Soi 16 **전화** 0-2019-5477, 08-1807-8454 **홈페이지** www.bedstationhostel.com **요금** 8인실 도미토리 450B, 6인실 도미토리 550B, 4인실 도미토리 600B **가는 방법** 타논 펫부리 쏘이 16(씹혹) 입구에 있는 초띠완 클리닉 Chotiwan Clinic 옆에 있다. BTS 랏차테위 역 3번 출구 또는 1번 출구에서 도보 4분. Map P.24-A2

방콕의 트렌디한 호스텔 계보를 잇는 새로운 여행자 숙소다. 붉은 벽돌, 시멘트 바닥, 철근과 배관을 노출시킨 인더스트리얼 디자인으로 꾸며 현대적인 느낌을 극대화했다. 엘리베이터가 설치되어 있고 키 카드로 출입하는 등 보안에도 신경을 썼다. 도미토리는 4인실, 6인실, 8인실로 구분되며 여성 전용 6인실 도미토리를 함께 운영한다. 2층 침대가 놓여 있고 에어컨 시설이다. 침대마다 커튼과 개인 전등이 설치되어 편리하다. 아침 식사는 셀프 서비스로 직접 챙겨 먹으면 되고, 사용한 접시와 컵은 직접 설거지해야 한다. 리셉션은 24시간 운영된다. BTS 역과 인접해 이동하는 데 전혀 불편하지 않다.

베드 스테이션 호스텔

쑤쿰윗 Sukhumvit

대형 호텔들 틈바구니에서 여행자들을 반갑게 맞이해주는 숙소가 몇 곳 있다. BTS 역과 가까워 교통이 편리한 것이 매력이다.

원 데이 호스텔 One Day Hostel ★★★★

주소 51 Thanon Sukhumvit Soi 26 **전화** 0-2108-8855 **홈페이지** www.onedaybkk.com **요금** 도미토리 550~650B(여성 전용 6인실 700B) **가는 방법** 쑤쿰윗 쏘이 26(이씹혹) 도로 안쪽으로 400m 떨어진 까싸 라빵 x26(커피 숍) Casa Lapin x26과 붙어 있다. 까싸 라빵 X26이 보이면 건물 옆에 있는 골목 안으로 들어가면 된다. BTS 프롬퐁 역 4번 출구에서 도보 12분. Map P.20-A3

쑤쿰윗에 있는 인기 호스텔이다. 벽돌로 만든 건물 외관과 시멘트를 노출시켜 내부를 마감한 디자인까지 인테리어에 무척이나 신경을 썼다. 스타일리시한 디자인은 도미토리에서 자더라도 편안한 잠자리를 원하는 여행자들의 기호를 잘 대변해주고 있다. 키 카드를 이용해 출입하기 때문에 안전에도 신경을 썼다. 문을 열고 들어서면 리셉션이 나오고, 별도의 문을 열고 들어가면 호스텔의 휴식 공간이 나온다. 객실은 건물 2층에 있다. 신발을 벗고 다녀야 해서 깨끗하게 유지되고 있다. 직원들도 친절하며 리셉션도 24시간 운영된다. 도미토리는 4인실, 6인실, 8인실로 구분된다. 여성 전용 6인실 도미토리도 운영한다. 침대마다 커튼과 개인 전등이 설치되어 있다.

원 데이 호스텔

원 데이 호스텔 6인실

씰롬 Silom

허름한 게스트하우스들은 없고 트렌디한 시설의 현대적인 호스텔들이 몇 곳 있다.

랍디 Lub★d 

주소 4 Thanon Decho **전화** 0-2634-7999 **홈페이지** www.lubd.com **요금** 도미토리 540~600B(에어컨, 공동욕실), 트윈 1,450B(에어컨, 공동욕실), 더블 1,800B(에어컨, 개인욕실, TV) **가는 방법** 타논 씰롬 남쪽에서 타논 쑤라웡으로 연결되는 타논 데초 Thanon Decho 중간에 있다. BTS 총논씨 역에서 도보 15분. Map P.28-A1

Lub★d

도미토리 중심으로 운영되는 배낭여행자 숙소임에도 불구하고 트렌디함으로 잔뜩 무장된 현대적인 시설의 숙소다. 자다라는 뜻의 '랍'과 좋다라는 뜻의 '디'가 합성된 랍디는 잠을 잘 잔다라는 의미를 담고 있다. 모든 공간은 흠잡을 데 없이 깨끗하며, 전 구역이 에어컨 시설이라 시원하다. 키 카드를 통해 출입해야 하기에 보안에도 신경을 썼다. 2층 침대가 놓인 8인실 도미토리는 개인 사물함을 비치했으며, 공동욕실을 사용해야 한다. 여성 전용 도미토리는 8인실과 10인실로 구분되는데, 별도의 출입문을 만들어 '남성 출입 금지 No men's land' 구역으로 설정했다.

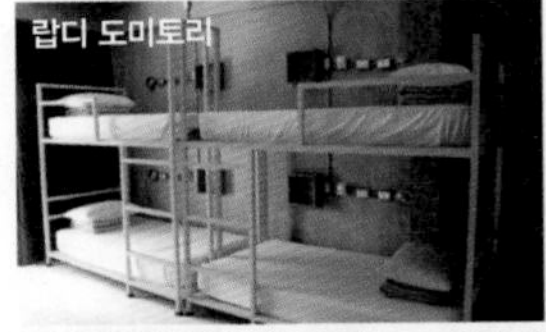
랍디 도미토리

랍디 2인실

Hotels in Bangkok

방콕의 호텔

방콕 전역에 걸쳐서 호텔은 흔하다. 2,000B 이하에 묵을 수 있는 경제적인 호텔부터 8,000B을 호가하는 초특급 호텔까지 선택의 폭도 넓다. 경제적인 호텔을 찾는다면 랏차다나 쑤쿰윗이 좋고, 특급 호텔을 원한다면 짜오프라야 강변으로 가자.

라따나꼬씬 & 방람푸 Ratanakosin & Banglamphu

라따나꼬씬은 방콕 건설 초기에 건설된 유적과 사원이 많아서 호텔들은 방콕 시내에 비하면 현저하게 적다. 다만, 오래된 건물들을 개조해 호텔로 사용하기 때문에 멋과 운치가 동시에 느껴진다. 방람푸는 여행자 거리인 카오산 로드를 품고 있기 때문에 저렴한 게스트하우스가 많다. 카오산 로드와 가까우면서 소란스럽지 않은 호텔을 찾는다면 타논 랏차담넌 끄랑 남쪽 지역과 방람푸 운하 건너에 있는 타논 쌈쎈 지역의 호텔을 이용하면 된다. 자세한 정보는 P.371 참고.

아룬 레지던스 Arun Residence ★★★☆

주소 36~38 Soi Pratu Nokyung, Thanon Maharat **전화** 0-2221-9158~9 **홈페이지** www.arunresidence.com **요금** 딜럭스 3,000~3,600B, 스위트 4,800B **가는 방법** 타논 마하랏의 왓 포 남문 맞은편에 있는 쏘이 빠뚜녹융 골목 안쪽으로 50m 들어간다. **수상 보트** 타 띠안 선착장(선착장 번호 N8)에서 도보 10분. Map P.6-B3

왕궁, 왓 포, 왓 아룬과 가까운 방콕의 올드 타운에 있는 부티크 호텔이다. 1920년대에 건설된 건물로 짜오프라야 강변에 있다. 시노-포르투갈 건축물로 유럽 양식이 가미됐다. 멋스런 건물 자체의 풍미와 옛 모습이 남아있는 주변 골목 풍경과 어울려 복고적인 감성을 자극한다. 객실은 태국적인 감각을 잘 살려 고풍스러우면서도 현대적이다. 모두 6개의 객실을 운영한다. 스위트 룸에는 발코니도 딸려 있다. 대부분의 객실에서 짜오프라야 강과 왓 아룬이 보인다.

나름의 분위기를 간직한 숙소로 차분하다. 하지만 숙소에서 운영하는 레스토랑인 더 덱 The Deck (P.186)에서의 저녁식사를 위해 찾아온 외부 손님들이 많을 경우 다소 북적거리기도 한다. 주변 환경은 오래된 상점들이 많아서 쾌적하진 않다.

시내에 있는 맛집과 쇼핑에 중점을 둔 여행자보다는 밤 문화에 큰 비중을 두지 않는 여행자에게 적합한 숙소다. BTS나 지하철 역이 멀리 떨어져 있어 대중교통을 이용하긴 불편하다. 옆 골목(쏘이 타띠안 Soi Tha Tian)에 새롭게 문을 연 쌀라 아룬 Sala Arun(홈페이지 www.salaarun.com)을 함께 운영한다.

Arun Residence

아룬 레지던스에서는 왓 아룬이 보인다

싸얌 Siam & 펀찟 Phloenchit

고급 쇼핑몰이 즐비한 곳답게 일류 호텔들만 가득하다. 이름만 들어도 어떤 수준인지 가늠할 수 있는 하얏트 Hyatt, 포 시즌 Four Season, 인터컨티넨탈 Intercontinental, 콘래드 Conrad 같은 호텔이 서로 경쟁하며 방콕 도심의 마천루를 형성한다.

홀리데이 인 익스프레스(방콕 싸얌) ★★★★
Holiday Inn Express(Bangkok Siam)

주소 889 Thanon Phra Ram 1(Rama 1 Road) **전화** 0-2217-7555 **홈페이지** www.holidayinnexpress.com/bangkoksiam **요금** 스탠더드 2,800~3,200B **가는 방법** 국립 경기장 맞은편에 있는 까쎔싼 쏘이 2 Kasemsan Soi 2 입구에 있다. BTS 싸남낄라 행찻(국립 경기장) 역 1번 출구에서 도보 5분 Map P.16-A1

전 세계적인 호텔 망을 구축한 홀리데이 인에서 운영하는 경제적인 호텔이다. 부대시설과 서비스를 간소화해 합리적인 가격의 객실을 제공한다. 익스프레스라는 이름처럼 빠르고 간편함을 추구하는 스마트한 호텔이다. 객실은 트렌디한 시설로 현대적인 느낌이 강하게 든다. 카펫이 깔려 있으며 블루 톤으로 꾸며 차분한 분위기를 유지하도록 했다. 일반 객실은 23㎡ 크기로 LCD TV가 벽면에 걸려 있고 데스크와 소파가 배치되어 있다. 개인 욕실은 샤워 부스가 설치되어 있으며 욕조는 없다. 뷔페로 제공되는 아침 식사는 다른 호텔과 동일하지만, 아침 일찍 바삐 움직이는 여행자들을 위해 테이크아웃 용기를 준비해 둔 것이 특징이다. 수영장만 없다 뿐이지 쾌적한 호텔로 방콕 시내 중심가에 있어 편리한 교통을 제공한다. BTS 역이 바로 앞에 있고 쇼핑몰도 주변에 가득하다. 방콕에 홀리데이 인 간판을 단 곳이 6개나 된다. 예약한 호텔과 위치를 정확히 숙지하고 찾아가야 한다.

홀리데이 인 익스프레스

Holiday Inn Express

이비스 머큐어 호텔 싸얌
Ibis Mercure Hotel Siam ★★★★

주소 927 Thanon Phra Ram 1(Rama 1 Road) **전화** 0-2659-2888 **홈페이지** 이비스 호텔 www.ibis.com, 머큐어 호텔 www.mercure.com **요금** 스탠더드(이비스 호텔) 2,200~2,600B, 슈피리어(머큐어 호텔) 3,000~3,400B **가는 방법** BTS 싸남낄라 행찻(국립 경기장) 역 1번 출구에서 앞에 있다. Map P.16-A1

아코르 호텔 그룹에서 운영하는 호텔들로 두 개의 호텔이 하나의 건물을 사용한다. 새롭게 생긴 호텔이라 객실 상태가 좋다. 현대적인 시설로 편안한 침구를 제공한다. 호텔 전 구역을 금연실로 운영해 쾌적하다. 두 호텔은 모두 189개의 객실로 30층 건물에 총 378개의 객실을 운영한다. 호텔은 입구가 다르고 리셉션도 다른 층에 있다.

경제적인 호텔인 이비스 호텔은 낮은 층을 사용하고, 4성급 호텔인 머큐어 호텔은 높은 층을 사용한다. 두 호텔의 등급 차이는 호텔 외부에서 보이는 창문 크기에서 단적으로 느껴진다. 이비스 호텔은 다른 지점들과 마찬가지로 객실이 작다. LCD TV와 소파, 냉장고, 안전금고를 갖추고 있다. 침대 밑으로 수

이비스 머큐어 호텔 싸얌

납공간을 만들어 짐을 보관할 수 있는 공간을 여분으로 확보한 것이 특징이다. 머큐어 호텔은 9층에 리셉션이 있고 11층부터 28층까지 객실로 사용된다. 호텔 꼭대기 층에 해당하는 29층 야외 옥상에 수영장이 있다. 방콕 시내에서 있으면서 편리한 교통을 갖춘 것도 장점이다.

릿 호텔(롱램 릿) LIT Hotel ★★★★

주소 36/1 Kasemsan Soi 1, Thanon Phra Ram 1(Rama 1 Road) **전화** 0-2612-3456 **홈페이지** www.litbangkok.com **요금** 엑스트라 래디언스 4,400~5,300B, 디프런트 디그리 4,900~6,400B, 레지던스 스튜디오 5,650B, 원 베드 룸 딜럭스 레지던스 6,200B **가는 방법** BTS 싸남낄라 행찻 National Stadium 3번 출구 앞에 있는 까쎔싼 쏘이 1(능) 골목 안쪽으로 200m. Map P.16-A1

싸암 스퀘어와 가까운 까쎔싼 골목(쏘이 까쎔싼)에 있다. 디자인을 중시한 호텔로 건축에 신경을 썼다. 객실도 곡선과 조명을 이용해 변화를 줬다. 욕실은 욕조와 화장실 · 샤워 부스가 구분되는데, 특이하게도 침대와 욕조가 한 공간에 놓여 있다. 커튼으로 가리면 욕조가 개인 욕실의 한 부분으로 변모한다. 기본 객실에 해당하는 엑스트라 래디언스 룸 Extra Radiance Rooms은 32㎡ 크기다. 딜럭스 룸에 해당하는 디프런트 디그리 룸 Different Degree Rooms은 36㎡ 크기다. 부대시설로 야외 수영장, 스파, 피트니스 시설을 갖추고 있다. 도심에 있지만 골목 안쪽이라 조용하다. 어둡고 오래된 건물이 많아서 골목이 쾌적하진 않다.

주방과 부엌, 인덕션, 전자레인지, 세탁기를 갖춘 릿 방콕 레지던스 Lit Bangkok Residence(www.litbangkok.com/residence)를 함께 운영한다. 릿 호텔에 비해 객실도 넓고 주방 시설까지 갖추고 있다. 디자인보다는 쾌적한 주거에 중점을 맞추고 있다. 새롭게 만들었기 때문에 호텔에 비해 시설이 좋다.

후어창 헤리티지 호텔 Hua Chang Heritage Hotel ★★★★

주소 400 Thanon Phayathai **전화** 0-2217-0777 **홈페이지** www.huachangheritagehotel.com **요금** 딜럭스 3,800~4,500B 프리미엄 딜럭스 5,200B **가는 방법** 쌘쌥 운하에 있는 후어 창 다리(싸판 후어 창) 옆에 있다. ①BTS 랏차테위(랏테위) 역에서 300m 떨어져 있다. BTS 랏차테위 역을 이용할 경우 마분콩 MBK Center 방향으로 가다보면 운하를 지나자마자 오른쪽에 있다. ②BTS 싸남낄라 행찻(국립 경기장) 역에서 500m 떨어져 있다. 방콕 아트 & 컬처 센터(BACC)를 지나서 BTS 랏차테위 역 방향으로 큰 길(타논 파야타이)을 따라 직진하면 된다. Map P.16-A1

2013년에 문을 연 부티크 호텔이다. 라마 5세 시절에 건설된 유럽풍의 건물로 당시 외국 대사관들이

LiT Hotel

릿 호텔 엑스트라 래디언스 룸

후어창 헤리티지 호텔

Hua Chang Heritage Hotel

머물던 공관이었다고 한다. 순백색의 우아한 호텔 외관과 아기자기한 로비까지 디자인과 스타일에 신경을 썼다. 객실은 코발트블루 또는 보라색으로 색조를 강조해 세련되게 꾸몄다. 콜로니얼 풍으로 우아한데, 침구나 소파까지 여성적인 취향이 가득하다. 딜럭스 룸은 32㎡, 프리미어 딜럭스 룸은 40㎡ 크기다. 개인 욕실은 욕조와 샤워 부스가 구분되어 있다. 욕조와 세면대는 개폐가 가능하다. 문을 닫고 욕실처럼 써도 되고, 문을 열고 침실의 일부분으로 편입시켜도 된다. 목욕 용품은 태국 유명 스파 브랜드인 탄 Thann에서 제품을 제공한다.

야외 수영장은 정원과 잘 어울리도록 조경에 신경을 썼다. 수영장은 크지 않고, 수영장 주변으로 레스토랑과 부대시설이 들어서 있다. 4성급 호텔로 모두 80개의 객실을 운영한다. 참고로 후어창은 '코끼리 머리'라는 뜻으로 호텔 바로 옆에는 후어창 다리(싸판 후어 창) Hua Chang Bridge가 있다. 마분콩, 싸얌 센터, 싸얌 파라곤 같은 백화점과 인접해 있다.

노보텔 방콕 언 싸얌 스퀘어 ★★★★
Novotel Bangkok On Siam Square

주소 392/44 Siam Square Soi 6 **전화** 0-2209-8888 **홈페이지** www.novotelbkk.com **요금** 스탠더드 4,300B, 슈피리어 5,400B **가는 방법** BTS 싸얌 스퀘어 쏘이 6에 있다. 싸얌 역 6번 출구에서 도보 5분. Map P.16-B2

노보텔 방콕 언 싸얌 스퀘어

세계 어디를 가나 흔하게 볼 수 있는 노보텔에서 운영하는 특급 호텔. 방콕에만도 7개의 체인 호텔을 갖고 있는데 그중 방콕 도심과 가장 가까운 호텔이다. 젊음의 거리 싸얌 스퀘어의 밝은 에너지를 가까이서 느낄 수 있으며, BTS 역과도 가까워 교통이 편리하다. 슈피리어 룸, 딜럭스 룸, 스위트 룸으로 구분해 모두 429개의 객실을 운영한다. 흡연이 가능한 층과 금연실로만 운영하는 층으로 구분해 객실을 선택할 수 있다. 비즈니스 목적이든 단순 여행이 목적이든 모든 손님들의 기호에 적합한 고급스런 분위기의 숙소다.

비 호텔(롱램 위)
Vie Hotel ★★★★

주소 117/39~40, Thanon Phayathai **전화** 0-2309-3939 **홈페이지** www.viehotelbangkok.com **요금** 딜럭스 5,000~7,200B **가는 방법** BTS 랏차테위(랏테위) 역 2번 출구에서 도보 3분. Map P.24-A2

현대적인 디자인을 강조하는 아코르 호텔 중에서도 트렌디함이 더욱 돋보이는 엠 갤러리 컬렉션 M Gallery Collection에 속해 있다. 스타일리시한 부티크 호텔로 건축과 디자인에 중점을 두었다. 객실은 14층부터 26층까지 높은 층에 자리해 전망이 좋다(쑤쿰윗이나 씰롬에 있는 호텔에 비해 전망이 뛰어나진 않다). 딜럭스 룸은 38~41㎡ 크기로 동급 호텔에 비해 넓다. 천장이 높은 객실은 통유리 창문을 설치해 트렌디함을 더욱 강조했다. LCD 벽면 TV, 욕조와 샤워 부스가 분리된 개인욕실까지 객실 시설도 좋다. 침실과 거실이 분리된 그랜드 딜럭스 룸은 76~81㎡로 다른 호텔의 주니어 스위트 룸에 맞먹는다. 수영장은 투명 유리를 설치했는데 BTS가 옆을 지나기 때문에 수영하는 모습을 불특정 다수가 볼 수 있어 불편해 하는 사람도 있다. 참고로 태국식 발음은 지역 이름을 함께 붙여서 '롱램 위 랏차테위(랏테위)'라고 부르면 된다.

Vie Hotel

호텔 인디고 Hotel Indigo ★★★★☆

주소 81 Thanon Withayu(Wireless Road) **전화** 0-2207-4999 **홈페이지** www.bangkok.hotelindigo.com **요금** 슈피리어 5,200B, 딜럭스 5,800~6,200B **가는 방법** 타논 위타유(와이어리스 로드)의 베트남 대사관 옆에 있다. BTS 펀찟 역 2번 또는 5번 출구에서 400m. Map P.18-B2

방콕 시내 중심가에 있는 5성급 호텔이다. 도심과 잘 어우러지는 트렌디한 느낌의 호텔로 26층, 192개 객실을 운영한다. 색감을 중시하는 부티크 호텔답게 빈티지한 인테리어가 세련된 느낌을 준다. 스탠드와 가구, 미니바, 세면대까지 감각적이다. 객실은 마룻바닥과 카펫, 욕실은 대리석을 이용해 모던하게 꾸몄다. 딜럭스 룸엔 작은 발코니도 딸려 있다. 욕실 어메니티는 태국의 고급 스파 브랜드인 판퓨리 제품을 제공한다. 도심 한복판에 있지만 호텔 앞쪽에 녹지가 펼쳐져 있어서 객실 전망도 꽤 시원스러운 편이다. 특히 24층에 있는 인피니티 풀에서의 경관이 탁월하다. 다만 수영장 크기는 호텔 규모에 비해 작은 편이다. 전 객실은 금연실로 운영된다.

인피니티 풀

Hotel Indigo

호텔 인디고

파크 하얏트 Park Hyatt ★★★★★

주소 Central Embassy, 88 Thanon Withayu (Wireless Road) **전화** 0-2012-1234 **홈페이지** www.hyatt.com **요금** 파크 킹 룸 1만 3,000B, 파크 딜럭스 킹 룸 1만 6,000B **가는 방법** ①호텔 입구는 쎈탄 엠바시 Central Embassy 쇼핑몰 뒤편(영국 대사관 방향)에 있다. 1층에 들어서서 엘리베이터를 타고 로비가 있는 L층(호텔 건물 10층에 해당한다)으로 올라가면 된다. ②BTS 펀찟 역에서 쎈탄 엠바시까지 연결 통로가 이어진다. Map P.18-B1

방콕 도심에 있는 럭셔리 호텔이다. 대표적인 5성급 호텔인 파크 하얏트에서 운영한다. 2017년에 신축한 호텔로, 관리 상태가 좋고 서비스도 훌륭하다. 쎈탄 엠바시(쇼핑몰)과 같은 건물을 사용하는데, 곡선을 살린 현대적인 디자인의 건물 외관부터 눈길을 끈다. 인테리어는 모던함을 강조하기 위해 미니멀하게 꾸몄다. 객실은 48㎡~55㎡로 넉넉한 면적을 자랑하며, 화이트 톤으로 군더더기 없이 깔끔한 인상을 준다. 통유리 너머로는 시원한 전망이 펼쳐진다. 침대 위에 놓인 깃털 같은 베개는 다섯 가지 타입 중 원하는 걸 선택할 수 있다. 욕실은 대리석으로 마감해 고급스럽다. 두 개의 세면대와 샤워 부스, 욕조까지 잘 갖추어져 있으며 어메니티는 르 라보 Le Labo 제품을 쓴다. 9층에는 인피니티 풀, 11층에는 스파와 피트니스, 35층 루프톱에는 펜트하우스 바 Penthouse Bar가 자리한다. 쇼핑몰과 같은 건물을 쓰기 때문에 로비에서 엘리베이터를 타고 쎈탄 엠바시 6층의 오픈 하우스(P.245)로 직행할 수 있다.

파크 하얏트

싸얌 켐핀스키 호텔
Siam Kempinski Hotel ★★★★★

주소 991/9 Thanon Phra Ram 1(Rama 1 Road) **전화** 0-2162-9000 **홈페이지** www.kempinski.com/en/bangkok/siam-hotel/ **요금** 딜럭스 9,800B, 프리미엄 1만 2,000B **가는 방법** 싸얌 파라곤 Siam Paragon 백화점 뒤쪽에 있다. 싸얌 파라곤 내부로 들어가면 G층을 관통해서 백화점을 후문을 나가면 호텔에 닿는다. 싸얌 파라곤이 문을 닫으면 백화점을 끼고 왼쪽으로 돌아서 들어가야 한다. **BTS** 싸얌 역 3번 출구 또는 5번 출구에서 도보 10분. Map P.16-B1

독일과 스위스에 본사를 두고 있는 유럽 계열의 럭셔리 호텔이다. 전 세계에서 66개의 호텔을 운영하는데, 빼어난 호텔 건축 디자인으로 유명하다. 교통량과 유동 인구가 엄청난 방콕 시내에 있지만, 시내 중심가라는 것이 무색할 정도로 호텔 내부는 고요하다. 마치 독립된 하나의 성(城)에 갇힌 듯 외부의 소음과 번잡함을 철저히 차단했다. 방콕의 노른자 땅에 건설한 럭셔리 호텔치고는 고층 건물이 아니라서 전망이 뛰어나진 않다. BTS 역과 인접해 있지만 택시를 타고 다닐 경우에는 교통 체증을 감안해야 한다.

반들거리는 대리석으로 이루어진 웅장한 로비와 야외 수영장이 호텔의 느낌을 대변해 준다. 호텔 객실에 둘러싸여 있는 야외 수영장과 정원은 푸른색으로 반짝이는 석호(라군)를 대하는 듯 아름답다. 객실에서 수영장을 내려다보고 있으면 도심 속의 오아시스처럼 느껴지기도 한다. 객실은 럭셔리 호텔답게 모던하다. 40~45㎡ 크기의 딜럭스 룸을 기본으로 한다. 객실 시설은 LCD TV와 업무용 책상, 소파, 무료로 사용가능한 Wi-Fi까지 손색이 없다. 객실의 전원과 TV는 마스터 키보드를 통해 무선으로 조작이 가능하다. 객실과 욕실의 구분은 통유리로 되어 있다. 욕실은 블라인드를 통해 개폐가 가능하다. 엘리베이터는 객실 키 카드를 꽂아야 작동하도록 보안에도 신경을 썼다. 모두 303개의 객실을 운영한다.

Siam Kempinski Hotel

싸얌 켐핀스키 호텔

르네상스 호텔(르네상스 방콕 랏차쁘라쏭)
Renaissance Hotel
(Renaissance Bangkok Ratchaprasong) ★★★★

주소 518/8 Ploenchit **전화** 0-2125-5000 **홈페이지** www.marriott.com/hotels/travel/bkkbr-renaissance-bangkok-ratchaprasong-hotel/ **요금** 딜럭스 5,800B, 스튜디오 스위트 7,200B **가는 방법** 랏차쁘라쏭 사거리의 아마린 플라자(쇼핑몰) 옆에 있다. **BTS** 칫롬 역 2번 출구에서 도보 5분.
Map P.18-A1

럭셔리 호텔들이 밀집한 랏차쁘라쏭(칫롬 & 펀찟)에 있는 국제적인 호텔이다. BTS 역과 가깝고 대형 쇼핑몰들이 인접해 관광과 쇼핑에 모두 적합한 5성급 호텔이다. 푸른색으로 반짝이는 건물 외관이 눈길을 끈다. 호텔 입구의 보안검색대부터 키 카드를 꽂아야 작동되는 엘리베이터까지 보안과 안전에도 세심한 신경을 썼다.

모던한 객실은 쾌적한 침구와 LCD TV, 업무용 책상, 아늑한 개인욕실까지 고급 호텔과 잘 어울린다. 통유리로 된 욕실은

Renaissance Hotel

르네상스 호텔

버튼식 커튼을 통해 개폐가 가능하며, 객실에서 방콕 시내가 내려다보인다. 딜럭스 룸은 동급 호텔에 비해 작은 편이며, 더블 침대가 놓여 있다. 방콕의 5성급 호텔과 달리 실내 수영장을 만들었다. 22층 건물에 총 279개의 객실을 운영하며, 높을 층일수록 전망이 좋다.

노보텔 방콕 페니스 펀찟 ★★★☆
Novotel Bangkok Fenix Ploenchit

주소 566 Thanon Ploenchit **전화** 0-2305-6000 **홈페이지** www.novotelbangkokploenchit.com **요금** 슈피리어 4,500B, 딜럭스 4,900B **가는 방법** BTS 펀찟 역 4번 출구 앞에 있다. Map P.18-B1

방콕에 있는 다른 노보텔에 비해 새롭게 신축한 호텔이라 시설이 좋다. BTS 펀찟 역 바로 앞에 있어 교통이 편리한 것도 장점이다. 노보텔답게 현대적이면서 밝은 톤으로 객실을 꾸몄다. 산뜻한 침구와 베드처럼 기다란 소파, LCD 벽면 TV, 미니 바, 커피포트, 안전 금고, 헤어드라이어가 비치되어 있다. 일반 객실인 슈피리어 룸(28㎡ 크기)에는 샤워 부스만 설치되어 있다. 프리미어 룸부터 욕조가 딸린 개인욕실이 갖추어져 있다. 개인욕실은 개폐식 커튼을 통해 열었다 닫았다 할 수 있다.
쇼핑에 중점을 둔다면 빠뚜남에 있는 노보텔 방콕 플래티넘 Novotel Bangkok Platinum도 괜찮다.

노보텔 방콕 페닉스 펀찟

Novotel Bangkok Fenix Ploenchit

쎈타라 그랜드 호텔
Centara Grand Hotel
(Centara Grand at Central World) ★★★★☆

주소 999/99 Thanon Phra Ram 1(Rama 1 Road) **전화** 0-2100-1234 **홈페이지** www.centarahotelsresorts.com/centaragrand/cgcw **요금** 슈피리어 6,500B, 딜럭스 7,800B **가는 방법** ①BTS 칫롬 역에서 내릴 경우 쎈탄 월드 Central World와 붙어 있는 이세탄 백화점 오른쪽 길로 300m 들어가면 된다. ②BTS 싸얌 역에서 내릴 경우 싸얌 파라곤 오른쪽에 있는 왓 빠툼완나람 옆길로 들어가면 된다.

Map P.16-B1 Map P.18-A1

5성급 태국 호텔 체인인 쎈타라 호텔에서 운영하는 대형 호텔이다. 방콕의 대표적인 쇼핑몰인 쎈탄 월드와 붙어 있고, 왼쪽에는 럭셔리 쇼핑몰인 싸얌 파라곤을 두고 있다. 방콕 도심에 우뚝 솟은 타워 형태로 호텔을 건설했는데, 객실에서의 전망은 두말할 필요 없이 훌륭하다. 호텔 로비는 23층에 있으며 모두 515개의 객실을 운영한다.
객실은 슈피리어 룸부터 프레지던트 스위트까지 9가지 카테고리로 구분된다. 객실의 크기도 더블 룸과 트윈 룸에 따라 차이가 나지만, 객실의 위치에 따라 방 구조도 약간씩 달라진다. 측면에 위치한 방일수록 원형 구조가 강하게 느껴진다. 모든 객실은 킹사이즈 침대와 소파, LCD TV, 안전금고, 책상, 옷장, 커피포트 등이 골고루 갖추어져 있다. 숙면을 취할 수 있도록 침대와 이불, 베개에도 신경을 썼다. 야외 수영장이 26층에 있다. 55층의 야외 테라스를 장식한 레드 스카이 Red Sky(P.251)가 가장 유명하다.

Centara Grand Hotel

쎈타라 그랜드 호텔

호텔 뮤즈 Hotel Muse ★★★★☆

주소 55/555 Soi Lang Suan **전화** 0-2630-4000 **홈페이지** www.hotelmusebangkok.com **요금** 짜뚜 딜럭스 6,800B, 딜럭스 코너 7,600B **가는 방법** BTS 칫롬 역 4번 출구에서 쏘이 랑쑤언 방향으로 도보 10분. Map P.18-A2

소피텔과 노보텔을 운영하는 프랑스 호텔 그룹인 아코르 계열의 부티크 호텔이다. 고급 레지던스 아파트가 즐비한 랑쑤언(룸피니 공원 뒤쪽)에 있다. 동네 분위기를 반영하듯 현대적이고 고급스런 호텔 외관이 반들거린다. 객실은 유럽적인 느낌을 강조해 중후하면서 로맨틱한 느낌을 준다. 목재 바닥과 대리석으로 치장한 욕실은 안정감을 준다. 색과 비주얼을 강조한 현대적인 부티크 호텔과 차별성을 두고 있다. 전체적으로 나지막한 조명을 사용해 차분한 분위기를 유지하도록 했다.

객실은 6개 카테고리로 구분된다. 스탠더드 룸에 해당하는 짜뚜 딜럭스 Jatu Delux는 방 크기가 39㎡로 널찍하다. 욕실에 욕조까지 갖추어져 있다. 거울과 세면대, 목욕 용품, 생수까지 자체 제작한 물품들로 세세한 곳까지 신경을 썼다. 모두 174개의 객실을 운영한다. 호텔 규모에 비해 야외 수영장이 작은 것이 유일한 흠이다.

호텔 뮤즈

Hotel Muse

오리엔탈 레지던스 방콕 Oriental Residence Bangkok ★★★★★

주소 110 Thanon Withayu(Wireless Road) **전화** 0-2125-9000 **홈페이지** www.oriental-residence.com **요금** 주니어 스위트 6,900B, 원 베드 룸 시티 뷰 8,600B, 원 베드 룸 스위트 9,600B, 투 베드 룸 1만 5,900B **가는 방법** 타논 위타유에 있는 올 시즌스 플레이스 All Seasons Place 맞은편에 있다. BTS 펀찟 역 2번 출구에서 미국 대사관 방향으로 도보 15분. Map P.18-B2

방콕 도심에 등장한 또 하나의 럭셔리 레지던스 호텔이다. 단순함을 강조한 순백의 화이트 톤으로 우아하게 꾸몄다. 객실은 목재, 욕실은 크림 컬러의 대리석을 깔아 차분하고 고급스럽다. 욕조와 샤워 부스가 구분된 욕실도 넓고 산뜻하다. 객실 비품을 자체 제작해 투숙객의 프리미엄을 높였다. 테이블에 놓인 생화(生花)까지 정성스러움이 가득하다. 무료로 제공되는 커피와 차(茶)도 고급 브랜드다.

가장 작은 객실(그랜드 딜럭스)이 45㎡ 크기다. 레지던스 호텔답게 부엌과 주방 시설을 완벽히 갖추고 있다. 거실까지 갖춘 스위트 룸은 원 베드 룸(70㎡), 투 베드 룸(120㎡), 스리 베드 룸(160㎡)으로 구분된다. 객실의 청결도, 침구 상태, 직원의 서비스까지 훌륭하다. 새롭고 깨끗하고 친절해 고객 만족도가 매우 높은 호텔 중의 하나다.

Oriental Residence Bangkok

오리엔탈 레지던스 방콕

오쿠라 프레스티지 호텔(롱램 오꾸라)
The Okura Prestige Hotel ★★★★☆

주소 Park Ventures Building, 57 Thanon Withayu (Wireless Road) **전화** 0-2687-9000 **홈페이지** www.okurabangkok.com **요금** 딜럭스 9,100B, 딜럭스 코너 1만 1,100B **가는 방법** BTS 펀찟 역 2번 또는 5번 출구 앞에 있는 파크 벤처 빌딩에 있다. 호텔 출입구는 측면에 있으며, 전용 엘리베이터를 타고 리셉션(24층)으로 올라가면 된다. Map P.18-B1

방콕 도심 한복판에 있는 5성급 호텔이다. 일본 오쿠라 호텔에서 운영한다. 2012년에 오픈해 시설이 좋은 편이다. 현대적인 건축물과 세련된 객실이 고급스럽다. BTS 역과 인접해 있어 교통이 편리하다. 일본 호텔이라 일본인 관광객과 출장 온 사람들이 많이 묵는 편이다. 리셉션이 24층에 있고, 야외 수영장은 25층에 있다.

딜럭스 룸이 43㎡ 크기로 넓고 통유리로 되어 있다. 딜럭스 코너 룸은 55㎡ 크기로 건물 코너에 있어 전망이 좋다. 객실은 카펫이 깔려 있고 소파와 테이블이 놓여 있다. 욕실은 욕조와 화장실이 분리되어 있다. 일본 호텔답게 객실에 유카타가 놓여 있고, 욕실은 미닫이문으로 되어 있다.

인피니티 풀에서 도심의 빌딩 숲이 보인다. 호텔 규모에 비해 수영장이 크진 않다. 아침 식사는 뷔페와 일식 세트 중에 하나를 선택할 수 있다. 모두 240개 객실을 운영한다.

오쿠라 프리스티지 호텔

The Okura Prestige Hotel

콘래드 방콕
Conrad Bangkok ★★★★☆

주소 All Seasons Place, 87 Thanon Withayu (Wireless Road) **전화** 0-2690-9999 **홈페이지** www.conradbangkok.com **요금** 클래식 7,400B, 딜럭스 코너 8,700B **가는 방법** BTS 펀찟 역 2번 출구에서 타논 위타유를 따라 도보 15분. 베트남 대사관을 지나서 올 시즌스 플레이스(빌딩) All Seasons Place 옆에 있다. Map P.18-B2

방콕 유수의 호텔을 제치고 베스트 비즈니스 호텔로 선정된 곳이다. 힐튼 Hilton에서 운영하는 호텔 중에서도 최고급에 속한다. 현대적 시설을 갖춘 아늑한 호텔이다. 전통보다는 새로움을 강조한 것이 특징. 리셉션을 포함해 종업원들이 태국적인 의상이 아닌 턱시도 분위기의 정장을 입고 있다. 로비는 3층까지 통으로 트여 있으며, 호텔의 레스토랑이 모두 이곳에 몰려 있다.

딜럭스 룸은 방 크기가 41㎡로 LCD TV, 오디오, DVD, 전화기 2대, 미니바 등 최신의 전자 제품이 구비되어 있다. 현대적인 시설과 달리 인테리어와 침구는 태국적인 디자인으로 꾸며 정서적인 안정감을 준다. 욕실은 통유리로 되어 있으며 욕조와 샤워기가 분리되어 있다. 코너 룸의 경우 욕조에서 창밖의 도시 풍경을 바라볼 수 있는 것도 매력이다.

침실과 거실이 분리된 스위트 룸은 27층 이상을 사용하며 일반실의 두 배 크기인 71㎡다.

콘래드 호텔

Conrad Bangkok

빠뚜남 Pratunam & 아눗싸와리 Anutsawari

특급 호텔보다는 중급 호텔들이 많다. 단체 여행객이든 개별 여행자들이든 부담 없이 이용할 수 있는 호텔이 많은 것이 특징. 호텔 위치에 따라 교통이 불편한 곳도 있으니 호텔을 선택할 때 주의가 필요하다. 시장통보다는 BTS역과 가까운 호텔이 편리하다.

아마리 워터게이트 호텔 Amari Watergate Hotel ★★★★

주소 847 Thanon Phetchburi **전화** 0-2653-9000 **홈페이지** www.amari.com/watergate **요금** 딜럭스 4,100B, 그랜드 딜럭스 4,700B **가는 방법** 빠뚜남 시장 한복판의 타논 펫부리 Thanon Phetchburi에 있다. ①BTS 칫롬 역에서 쎈탄 월드 방향의 타논 랏차담리 Thanon Ratchadamri로 도보 15분. 빠뚜남 사거리 왼쪽에 있다. ②쑤완나품 공항에서 올 경우 **공항 철도** 랏차쁘라롭 역에 내려서 택시를 타면 편하다. Map P.24-B2

아마리 호텔 Amari Hotel 계열 중에 가장 좋은 시설을 자랑한다. 사각형 박스처럼 생긴 높다란 건물의 외관은 볼품없지만 객실은 일류 호텔의 고급스러움으로 가득하다. 욕조와 샤워실이 분리된 넓은 욕실을 기본으로 객실에 LCD TV, 미니바, 안전 금고와 다리미까지 갖췄다. 객실도 40㎡ 크기로 넓다. 모두 569개의 객실을 운영한다.

빠뚜남 시장 주변에 있어 어수선해 보이지만 호텔 로비에 들어서는 순간부터 차분한 기품이 느껴진다. 객실에서는 주변 풍경도 내려다보인다. 야외 수영장 주변으로 정원을 만들어 가족단위 손님에게 사랑받는다.

Amari Watergate Hotel

아마리 워터게이트 호텔

아마리 워터게이트 호텔

아마리 워터게이트 호텔 수영장

쑤꼬쏜 호텔 The Sukosol Hotel ★★★★

주소 447 Thanon Si Ayuthaya **전화** 0-2247-0123 **홈페이지** www.thesukosol.com **요금** 딜럭스 3,800B

쑤꼬쏜 호텔

The Sukosol Hotel

가는 방법 BTS 파야타이 역 4번 출구에서 타논 씨 아유타야 방향으로 도보 10분. 쑤언 팍깟 궁전 Suan Pakkad Palace 맞은편에 있다. Map P.24-A1

싸얌 시티 호텔 Siam City Hotel의 새로운 이름이다. 대형 호텔 체인은 아니지만 방콕과 파타야에서 나름대로 유명한 특급 호텔로 태국의 전통과 유럽의 현대적인 느낌이 잘 조화를 이루는 4성급 호텔이다. 객실은 골동품과 태국적인 소품으로 인테리어를 꾸미고 타이 실크로 침구를 장식해 아늑함을 선사한다.

본관 뒤쪽으로 베이커리와 타이 레스토랑 등의 부대시설은 가든 파빌리온 Garden Pavilion이라 부르는 정원에 둘러싸인 유럽풍의 건물에서 운영한다. 본관에 딸린 수영장, 헬스클럽과 로터스 스파 Lotus Spa가 같은 층에 몰려 있다.

풀만 호텔(풀만 방콕 킹 파워)
Pullman Hotel
(Pullman Bangkok King Power) ★★★★

주소 8/2 Thanon Rangnam **전화** 0-2680-9999 **홈페이지** www.pullmanbangkokkingpower.com **요금** 슈피리어 5,600B, 딜럭스 6,400B **가는 방법** BTS 아눗싸와리 역 2번 출구에서 센추리 Century 쇼핑몰을 끼고 타논 랑남 Thanon Rangnam으로 들어간다. 길을 따라 200m 정도 가면 오른쪽에 보이는 킹 파워 콤플렉스 King Power Complex 면세점 옆에 있다. Map P.24-B1

태국 최대의 면세점 회사인 킹 파워 King Power에서 운영하며, 세계적인 호텔 그룹인 아코르에서 관리한다. 풀만의 가장 큰 매력은 부티크 호텔과 대형 호텔의 장점을 적절히 융합했다는 것. 자연 채광을 최대한 살려 설계된 심플함을 강조한 객실은 어둡고 무거운 느낌의 경쟁 호텔들에 비해 심적 부담감도 덜게 해준다. 공간 구성을 여유롭게 만든 로비에 들어서면서부터 왠지 기분 좋아지는데, 객실도 화사하게 꾸며져 있다.

객실은 빛이 많이 들어오는 넓은 창문으로 인해 화사한 분위기를 유지하며 포근하고 아늑한 침대와 소파가 휴식 공간을 마련해 준다. 객실은 기다란 사무용 테이블과 평면 TV, 미니바, 무선 인터넷, 욕조와 샤워실이 분리된 넓은 욕실 등의 시설도 나무랄 것이 없다.

모두 386개의 객실을 운영하며 슈피리어 룸과 스위트 룸으로 구분되는 두 개의 건물 사이에는 수영장이 위치한다.

참고로 씰롬에 있는 풀만 호텔 G (P.403)와 구분하기 위해 풀만 방콕 킹 파워 Pullman Bangkok King Power라고 부르기도 한다.

풀만 호텔

Pullman Hotel Bangkok King Power

풀만 호텔

쑤쿰윗 & 통로 & 에까마이 Sukhumvit & Thong Lo & Ekkamai

짜오프라야 강변과 더불어 방콕의 최고급 호텔들이 몰려 있다. 쑤쿰윗 자체가 워낙 방대한 지역이라 호텔들도 많고 다양하다. 주방과 거실을 갖춘 레지던스 호텔도 많아 선택 폭이 넓다.

키 방콕 호텔 The Key Bangkok Hotel ★★★

주소 19/1-3 Thanon Sukhumvit Soi 19 **전화** 0-2255-5825 **홈페이지** www.thekeybangkok.com **요금** 딜럭스 2,300B, 이그제큐티브 2,900B **가는 방법** 쑤쿰윗 쏘이 19 안쪽으로 100m 들어가서 패밀리 마트를 끼고 작은 골목 안쪽으로 들어가면 호텔 로비가 나온다. 한국관(한식당) 맞은편이다. BTS 아쏙 역 1번 출구에서 도보 10분. Map P.19-D2

쑤쿰윗 쏘이 19에 있어 매우 편리한 위치에 있다. 모두 43개의 객실을 갖춘 3성급 호텔이다. 모텔처럼 생긴 외관과 좁은 골목 안쪽에 호텔 입구가 있어 겉모습은 아무런 특징이 없지만, 정갈한 유니폼을 입은 리셉션 직원을 대하면 생각이 바뀐다. 객실은 마룻바닥을 깔아 깔끔하며 TV, 냉장고, 안전금고, 커피포트, 헤어드라이어가 갖추어져 있다. 부티크 호텔을 표방하는 만큼 객실에 DVD 플레이어를 추가로 비치했고, 가정용 대형 냉장고와 전자레인지, 싱크대, 식탁, 식기를 추가로 설치해 레지던스처럼 꾸몄다.

여느 3성급 호텔처럼 아침 식사가 포함이지만 수영장이 없는 것이 단점이다. 옆 건물과 붙어 있어 객실 위치에 따라 다소 어둑하며, 창문이 없는 방도 있으니 체크인 전에 확인하도록 하자. 금연실과 흡연실이 구분되어 있다.

The Key Bangkok Hotel

키 방콕 호텔

싸차 호텔 우노 Sacha's Hotel Uno ★★★☆

주소 28/19 Thanon Sukhumvit Soi 19 **전화** 0-2651-2180 **홈페이지** www.sachashotel.com **요금** 슈피리어 2,100B, 딜럭스 2,600B **가는 방법** 쑤쿰윗 쏘이 19 안쪽으로 150m. BTS 아쏙 역 또는 지하철 쑤쿰윗 역에서 도보 8분. Map P.19-D2

경제적인 3성급 호텔이다. 쑤쿰윗 중심가에 있어 교통이 편리하며, 대로에서 살짝 빗겨나 있어 소음으로부터도 자유롭다. 모두 56개의 객실을 보유한 소규모 호텔이다. 두 동의 건물로 구분되는데, 건물의 위치에 따라 딜럭스 룸과 슈피리어 룸으로 구분됐다. 로비가 위치한 본관이 딜럭스 룸으로 채워져 있다. 슈피리어 룸을 예약했다면 로비에서 체크인을 하고 안내를 받아 옆 건물로 이동하면 된다.

Sacha's Hotel Uno

슈피리어 룸은 22㎡ 크기로 작다. 딜럭스 룸은 30㎡ 크기로 무난하다. 참고로 15㎡ 크기의 스탠더드 룸도 4개가 있는데, 객

싸차 우노 호텔

실이 너무 작아서 싱글 룸으로만 예약이 가능하다. 아침 식사는 예약할 때 포함 여부를 직접 선택하면 된다. 단점은 부대시설이 레스토랑 하나밖에 없다는 것. 수영장이나 피트니스 센터가 없으므로 대형 호텔에서 누리던 다양한 서비스는 기대하지 말자.

호텔 클로버 아쏙
Hotel Clover Asoke ★★★☆

주소 9/1 Thanon Sukhumvit Soi 16 **전화** 0-2258-8555 **홈페이지** www.hotelclover-th.com **요금** 스탠더드 3,400~3,800B, 레이디 룸 4,200B **가는 방법** 아쏙 사거리에 있는 익스체인치 타워 Exchange Tower 지나서 쑤쿰윗 쏘이 16(씹혹) 골목 입구에 있다. BTS 아쏙 역에서 도보 7~8분. Map P.19-D2

쑤쿰윗 한복판인 아쏙 사거리에 있는 3성급 호텔로 95개 객실을 운영한다. BTS 아쏙 역과 가까워 교통이 편리한 것이 장점이다. 객실은 색과 디자인을 중시해 부티크 호텔처럼 예쁘게 꾸몄다. 여성 전용 층으로 사용되는 레이디 룸 Lady Room은 여성스러움이 묻어난다.

객실(스탠더드 룸)은 22㎡ 크기로 작은 편이다. 객실은 LCD TV, 냉장고, 전기포트, 캡슐 커피 머신이 비치되어 있다. 욕실에는 비누, 칫솔, 샴푸, 헤어드라이어 등 기본적인 어메니티도 갖추어져 있다.

옥상에 작은 야외 수영장이 있다. 아침 식사가 포함된다. 호텔 규모가 크지 않고 건물이 낮아서 객실에서의 전망은 별로다.

랜드마크 호텔
The Landmark Bangkok ★★★★

주소 138 Thanon Sukhumvit **전화** 0-2254-0404 **홈페이지** www.landmark bangkok.com **요금** 프리미엄 5,600B, 프리미엄 코너 7,200B **가는 방법** 쑤쿰윗 쏘이 씨 Soi 4와 쏘이 혹 Soi 6 사이에 있다. BTS 나나 역 2번 출구에서 도보 3분. 퍼시픽 플레이스 2 Pacific Place II 빌딩 옆이다. Map P.19-C2

30년 가까이 쑤쿰윗의 터줏대감 노릇을 하며 비즈니스 여행자에게 사랑받는 호텔이다. 방콕 도심의 한복판에 있으며 BTS 역과도 근접해 교통도 편리하다. 쑤쿰윗의 대표적인 고급 호텔이다. 객실을 지속적으로 리노베이션해서 오래된 느낌은 들지 않는다. 기본 객실에 해당하는 프리미엄 룸은 36㎡고 넓고 시설도 현대적이다. 프리미엄 코너 룸은 45㎡ 크기로 소파도 갖추어져 있다. 객실이 넓을 뿐만 아니라 창문이 많아서 탁 트인 전망도 시원스럽다. 부대시설로 9개의 레스토랑과 브리티시 펍 British Pub 등을 운영해 호텔 내에서 다양한 식사와 여흥을 즐길 수 있다.

호텔 수영장과 아쏙 사거리

클로버 호텔 아쏙

랜드마크 호텔

알로프트 호텔 Aloft Hotel ★★★☆

주소 35 Thanon Sukhumvit Soi 11 **전화** 0-2207-7000 **홈페이지** www.aloftbangkoksukhumvit11.com **요금** 시크 룸 3,700B, 어번 룸 4,300B **가는 방법** 타논 쑤쿰윗 쏘이 11 안쪽으로 500m 들어간다. **BTS** 나나 역 3번 출구에서 도보 10분. Map P.19-C1

르 메르디앙 호텔, 쉐라톤 호텔, W 호텔, 웨스틴 호텔을 운영하는 스타우드 호텔 그룹에 속해 있다. 비즈니스 관광객보다는 젊고 자유로운 여행자들에게 초점을 맞춘 트렌디한 호텔이다. 방콕 도심 한복판인 쑤쿰윗 쏘이 11에 있어 도회적인 느낌을 강조했다. 스트라이프 문양과 밝은 색의 선명한 대비, 조명과 비주얼을 강조한 디자인이 상큼하다. 객실 시설은 전용 스마트 폰으로 컨트롤할 수 있도록 했다. 욕실은 샤워 부스가 분리되어 있다. 목욕 용품은 제한적이며 그나마 붙박이 용기가 벽면에 붙어 있다. 주변의 아파트에 막혀 있는 시크 룸 Chic Room보다는 상대적으로 전망이 좋은 어번 룸 Urban Room이 좋다. 높은 층일수록 전망이 좋아진다. 10층에 야외 수영장이 있다. 호텔에 6층에 있는 레벨스 클럽을 포함해 방콕의 유명 클럽이 주변에 몰려 있다. 때문에 밤 시간에 활동적인 사람들에게 어울린다.

알로프트 호텔 수영장

알로프트 호텔

포 포인츠 바이 쉐라톤 Four Points by Sheraton ★★★★

주소 4 Thanon Sukhumvit Soi 15 **전화** 0-2309-3000 **홈페이지** www.fourpointsbangkoksukhumvit.com **요금** 콤포트 딜럭스 4,800B, 콤포트 프리미엄 5,300B **가는 방법** 쑤쿰윗 쏘이 15 골목 안쪽으로 100m. **BTS** 아쏙 역 5번 출구에서 도보 7분.

Map P.19-C2

쉐라톤 호텔에서 운영하는 부티크 호텔이다. 쉐라톤 호텔에 비해 부대시설을 간소화 했으나, 심플한 대신 트렌디함을 살린 젊은 감각의 호텔이다. 호텔에 머물며 빈둥대기보다는, 시내 중심가의 호텔에 머물며 관광하려는 자유 여행자들에게 적합하다. 쑤쿰윗 한복판에 있고 BTS 역과도 가까워 교통은 편리하다(출퇴근 시간에 교통체증이 심하다). 호텔 외관은 호텔이라기보다는 레지던스 아파트 분위기를 풍긴다. 큼직한 로비부터 깔끔하고 캐주얼한 리셉션 직원들은 경쾌한 느낌을 준다.

객실은 가든 윙 Garden Wing과 풀 윙 Pool Wing으로 구분되어 있다. 카펫이 깔린 객실은 푹신한 침구와 LCD TV, 책상과 소파가 비치되어 있다. 객실 인테리어는 목재를 이용해 산뜻하고 아늑한 느낌을 준다. 8층 건물이라 객실에서 전망은 특별할 게 없다. 개인욕실은 샤워 부스와 욕조가 구분되어 있다. 욕실과 객실은 통유리로 구분되어 있다. 다른 호텔들과 달리 블라인드 커튼이 아니라 미닫이문을 만들어 기능적으로 편리하다.

풀 윙 건물 옥상에 야외 수영장이 있다. 수영장은 호텔 규모에 비해 작다. 아이들을 위한 별도의 키즈 풀은 없다.

Four Points by Sheraton

포 포인츠 바이 쉐라톤

트웰브 애비뉴 호텔 12th Avenue Hotel ★★★★

주소 22 Thanon Sukhumvit Soi 12 **전화** 0-2664-7000 **홈페이지** www.12thavenuehotel.com **요금** 딜럭스 3,400B, 스튜디오 3,800B, 비즈니스 스위트 4,300B **가는 방법** 쑤쿰윗 쏘이 씹썽 Sukhumvit Soi 12 골목 안쪽으로 400m 들어간다. BTS 아쏙 역 2번 출구에서 도보 15분. Map P.19-C2

쑤쿰윗 12 방콕 호텔 & 스위트 Sukhumvit 12 Bangkok Hotel & Suites에서 간판을 바꿔 달았다. 쑤쿰윗 중심가인 아쏙 Asoke에 있으며, 한인상가가 밀집한 쑤쿰윗 플라자(P.95)와도 가깝다. BTS 아쏙 역까지 걸어 다니기엔 좀 멀지만 호텔에서 무료 뚝뚝 서비스를 제공하기 때문에 크게 불편하지 않다. 쑤쿰윗 쏘이 12 골목 안쪽 끝자락에 있어서 소란스럽지 않다.

모두 97개의 객실을 보유하고 있으며, 모든 객실은 LCD TV, DVD, 냉장고, 헤어드라이어를 갖추고 있다. 객실은 위치에 따라 도시 전망과 호수 전망으로 구분된다. 딜럭스 룸은 28~32㎡로 침대와 소파, 데스크가 침실에 놓여 있다. 스튜디오 룸은 36㎡ 크기로 침실과 욕실이 통유리로 구분되어 로맨틱한 분위기를 풍긴다. 또한 전자레인지와 주방 시설이 구비되어 편리하다. 창문 밖으로 벤짜끼띠 공원 Benjakiti Park의 커다란 호수도 시원스레 내려다보인다.

호텔 부대시설로는 레스토랑과 피트니스, 수영장이 있다. 특히 야외 정원을 끼고 있는 수영장이 넓고 쾌적해서 동급 호텔들과 비교해 시설이 좋다.

12th Avenue Hotel

트웰브 애비뉴 호텔

그랑데 센터 포인트 호텔 터미널 21 Grande Centre Point Hotel Terminal21 ★★★★☆

주소 2/88 Thanon Sukhumvit Soi 19 **전화** 0-2681-9000 **홈페이지** www.grandecentrepointterminal21.com **요금** 슈피리어 5,800B, 딜럭스 프리미어 6,500B, 그랜드 딜럭스 7,200B **가는 방법** 아쏙 사거리에 있는 터미널 21(쇼핑몰)과 같은 건물이다. BTS 아쏙 역 또는 MRT 쑤쿰윗 역에서 도보 3분.

Map P.19-D2

한국인 여행자들이 선호하는 지역인 쑤쿰윗에 위치한 레지던스 호텔이다. 터미널 21(쇼핑몰)과 같은 건물을 쓰기 때문에, 흔히들 '센터 포인트 터미널 21'이라고 부른다. 스탠더드에 해당하는 슈피리어 룸은 32㎡로 객실은 크지 않다. 주방 용품으로는 냉장고와 전자레인지, 수저 세트가 구비되어 있다. 욕실은 욕조 없이 샤워 부스만 있다. 레지던스 호텔의 느낌을 제대로 받으려면 40㎡ 크기의 딜럭스 룸이나 46㎡의 그랜드 딜럭스 룸이 좋다. 주방 기구, 조리 기구, 드럼 세탁기, 냉장고, LCD TV까지 현대적인 시설을 갖추고 있다. 욕실도 샤워 부스와 욕조가 분리되어 있다.

객실에서는 넓은 창문을 통해 방콕 시내가 내려다보인다. 호텔 건물이 중앙에서 연결되는 3면구조라서 객실의 위치에 따라 전망은 달라진다. 높은 층일수록 전망이 좋고, 객실 등급이 높아진다. 보안을 위해 키 카드를 접촉해야 엘리베이터가 작동한다. 야외 수영장도 전망과 분위기가 좋다. 모두 498개 객실을 운영한다. BTS와 지하철이 관통하는 아쏙 사거리에 있어서 교통이 편리하다.

Grande Centre Point Hotel-Terminal 21

파크 플라자 호텔 Park Plaza Hotel ★★★★

주소 16 Thanon Ratchadaphisek **전화** 0-2263-5000 **홈페이지** www.parkplaza.com/bangkok-hotel-th-10110/thabgksv **요금** 슈피리어 3,800B, 딜럭스 코너 4,500B **가는 방법** ①BTS 아쏙 역 3번 출구에서 도보 8분, ②MRT 쑤쿰윗 역 3번 출구에서 도보 10분. Map P.19-D2

쑤쿰윗에서도 중심가에 속하는 아쏙 사거리와 인접한 4성급 호텔이다. 대규모 호텔보다 부티크 호텔처럼 아늑하고 차분한 호텔을 선호하는 개별 여행자들에게 인기가 높다. 안정적인 서비스와 편안한 객실이 최대의 장점으로 모든 객실이 깔끔하다. 15층 건물로 모두 95개의 객실을 운영하는데, 객실은 슈피리어 룸과 딜럭스 코너 룸으로 구분된다. LCD TV, DVD, 소파, 데스크, 안전 금고, 커피포트, 헤어드라이어 등 객실 설비는 4성급 호텔로서 부족함이 없다. 슈피리어 룸은 30㎡ 크기로 욕조 대신 샤워 부스가 있고, 딜럭스 코너 룸은 32㎡ 크기로 객실 가장 자리 코너에 욕조를 배치해 목욕하면서 방콕 시내 전망을 볼 수 있도록 설계했다. 수영장은 아담한 크기지만 옥상에 있어서 전망이 좋다. 쑤쿰윗 쏘이 18에 두번째 파크 플라자 호텔 Park Plaza Bangkok Soi 18(Map P.21-A2)을 운영한다. 두 곳 모두 만족도가 높다.

파크 플라자 호텔

샤마 레이크뷰 아쏙 Shama Lakeview Asoke ★★★★

주소 41 Thanon Sukhumvit Soi 16 **전화** 0-2663-1234 **홈페이지** www.shama.com/lakeview-asoke **요금** 스튜디오 3,600B, 원 베드룸 4,200~4,900B, 투 베드룸 5,800~6,500B **가는 방법** 쑤쿰윗 쏘이 16 안쪽으로 400m들어간다. 컬럼 방콕 Column Bang(레지던스 호텔)과 푸드 랜드 Food Land를 지나서 골목 왼쪽에 있다. BTS 아쏙 역 4번 출구에서 도보 15분. Map P.21-A2

본인이 살고 있는 아파트처럼 편하게 지낼 수 있는 레지던스 호텔이다. 쑤쿰윗 쏘이 16에 있는데, 방콕 도심의 주택가 골목이라 동네 분위기가 정겹다. 최신 시설은 아니지만 무난한 요금과 편리한 시설로 인해 인기가 높다. 레지던스 호텔답게 주방 시설과 대형 냉장고, 세탁기를 보유한 것이 매력이다. 침실과 거실이 혼합된 형태의 스튜디오 룸은 40㎡~50㎡ 크기로 일반 호텔에 비해 객실이 크다. 별도의 거실을 갖춘 원 베드룸과 투 베드룸은 가족들에게 적합하다. 타워 A와 타워 B 두 동의 건물로 구분되어 있으며 모두 432개의 객실을 운영한다. 객실은 위치에 따라 벤짜끼띠 공원의 호수가 보인다. 호수 전망 때문에 레이크 포인트라고 이름을 붙였다. 주변 건물에 막혀 전망이 별로인 방도 있으니, 체크인 전에 객실을 확인해보는 것도 좋다. 객실 수에 비해 레스토랑이 작은 편이라 아침 식사 시간에 다소 북적대기도 한다. 수영장은 아파트 수영장처럼 평범하게 만들었다. 주변의 백화점과 지하철역까지 무료로 뚝뚝 서비스를 해준다.

샤마 레이브뷰 아쏙

Shama Lakeview Asoke

드림 호텔 Dream Hotel ★★★☆

주소 10 Thanon Sukhumvit Soi 15 **전화** 0-2254-8500 **홈페이지** www.dreamhotels.com/bangkok **요금** 프리미어 3,200B, 드림 3,800B, 프리미어 스위트 5,500B **가는 방법** BTS 아쏙 역 4번 출구에서 쑤쿰윗 쏘이 씹하 Sukhumvit Soi 15 골목 안쪽으로 250m. 맨해튼 호텔 Manhattan Hotel을 지나서 한인 교회 옆에 있다. Map P.19-D1

방콕의 대표적인 부티크 호텔 중의 한 곳이다. 5성급 호텔로 젊고 재미있는 감각으로 손님들을 맞이한다. 태국 사원에서 흔히 볼 수 있는 종 모양의 탑인 쩨디를 현대적인 감각으로 재구성한 설치 미술이 드림 호텔에서 처음 만나게 되는 로비 공간이다. 객실은 컨템퍼러리 아트 갤러리를 연상케 한다. 순백의 침대와 실버 톤의 간결한 테이블이 주는 단순함의 미학이 벽면에 장식된 평면 TV와 DVD 플레이어의 모던 테크놀로지와 조화를 이룬다. '블루 테라피 라이트 Blue Therapy Light'라 부르는 블루 톤의 조명을 천장과 접하는 벽면에 달아 달콤한 분위기를 연출해 숙면을 취하도록 설계했다.

호텔 로비

Dream Hotel

드림 호텔

재스민 리조트 호텔 Jasmine Resort Hotel ★★★☆

주소 1511 Thanon Sukhumvit Soi 67 & Soi 69 **전화** 0-2335-5000 **홈페이지** www.jasmineresorthotel.com **요금** 딜럭스 3,600B **가는 방법** 타논 쑤쿰윗 쏘이 67과 쏘이 69 사이에 있다. BTS 프라카농 역 1번 출구에서 도보 1분. Map 방콕 전도-D4

2011년도에 오픈한 호텔이다. 1층에 있는 산뜻한 로비와 레스토랑에서 호텔의 느낌이 잘 전해진다. 객실은 나무 바닥, 욕실은 타일 바닥을 깔았다. 스탠더드에 해당하는 재스민 딜럭스 룸은 객실 크기가 35㎡로 트윈 침대가 놓여 있다. 대형 LCD TV와 DVD, 소파가 비치되어 있고, 욕실은 샤워 부스와 욕조가 분리되어 큰 불편함이 없다. 스카이 베이 스위트 Sky Bay Suite는 객실과 거실이 분리되어 있다. 방 크기가 55㎡으로 넓고 주방 용품과 식탁, 세탁기까지 완비된 레지던스로 꾸몄다. 참고로 스위트룸은 침대가 한 개 놓인 더블 룸으로만 구성된다.

야외 수영장과 피트니스, 사우나 시설 등 기본적인 호텔 부대시설을 갖추고 있다. 호텔 리셉션 직원들이 캐주얼한 복장을 입고 있으며, 딱딱하지 않게 손님을 대한다. 시내 중심가에서 약간 떨어져 있어서 주변 시설은 빈약하다. 편의점 하나를 제외하고 특별한 시설이 없다. BTS 프라카농 역이 바로 앞에 있어서 이동하는 데 불편하지 않다.

가전제품이 갖추어진 재스민 리조트 호텔

Jasmine Resort Hotel

데이비스 방콕
The Davis Bangkok ★★★★

주소 88 Thanon Sukhumvit Soi 24 **전화** 0-2260-8000 **홈페이지** www.davisbangkok.net **요금** 슈피리어 3,700B, 딜럭스 4,000B, 데이비스 스위트 5,000B, 디플로맷 스위트 7,000B 타이 빌라 투 베드 1만 B **가는 방법** BTS 프롬퐁 역 2번 출구에서 쑤쿰윗 쏘이 이씹씨 Sukhumvit Soi 24 안쪽으로 1.2㎞ 들어간다. 걸어가긴 멀다. Map P.20-A3

빅토리아 양식의 건물 외관부터 심상치 않는 부티크 호텔이다. 메인 윙 Main Wing과 코너 윙 Corner Wing 두 개의 건물로 나뉘어 총 237개의 객실을 운영한다. 데이비스 호텔의 가장 큰 매력은 태국적인 디자인과 인테리어로 꾸며 동양적인 정서를 강조한 것. 객실은 총 15가지 카테고리로 구분되지만 같은 등급의 방이라 하더라도 디자인을 다르게했다.
스탠더드 룸에 해당하는 슈피리어 룸은 42㎡로 대리석과 카펫이 깔려 있다. 싱크대와 전자 오븐을 비치해 일반 호텔들보다 가정적인 느낌을 강조한다. 코너 윙의 객실은 메인 윙에 비해 객실 규모가 약간 작은 편이다. 가죽으로 치장된 엘리베이터와 갤러리처럼 꾸민 복도까지 컨템퍼러리 아트의 전시장을 방불케 한다.

데이비스 방콕

데이비스 방콕 호텔의 타이 하우스

The Davis Bangkok

데이비스 호텔의 압권은 타이 하우스 Thai House라 불리는 별관이다. 딱 10채로 구성된 태국 전통 빌라 양식의 숙소. 티크 나무를 이용해 전통 양식으로 건물을 만들고, 내부는 방과 거실을 구분한 스위트 룸으로 꾸몄다. 본관과 분리된 별채 개념으로 별도의 수영장도 따로 만들어 확실한 VIP 대접을 받을 수 있다.

아리야쏨 빌라
Ariyasom Villa ★★★★☆

주소 65 Thanon Sukhumvit Soi 1 **전화** 0-2254-8880~3 **홈페이지** www.ariyasom.com **요금** 스튜디오 6,900~7,700B, 딜럭스 8,000~8,900B, 이그제큐티브 딜럭스 1만 1,000~1만 2,000B **가는 방법** ① 타논 쑤쿰윗 쏘이 1(능) 골목 끝에 있다. 골목 입구에서 600m. ②BTS 펀찟 역 또는 BTS 나나 역을 이용하면 된다. Map P.19-C1

쑤쿰윗 쏘이 1 골목 안쪽에 깊숙이 숨겨져 있는 아늑한 호텔이다. 운하를 끼고 만든 빌라 형태의 가옥을 근사한 부티크 호텔로 변모시켰다. 1941년에 건설된 빌라로 모두 24개 객실을 운영한다. 객실은 티크 원목을 이용해 태국적인 느낌을 살려 클래식하게 꾸몄다. 울창한 정원에 둘러싸여 있어 도심이라고는 믿겨지지 않는 차분함이 최대의 매력이다. 수영장, 레스토랑, 스파 시설과 어우러져 차분하다. 오롯이 호텔에 머물며 휴식하고 마사지 받기 좋다. 소규모 호텔이라 직원들이 친절하게 응대해 준다. 대형 호텔을 선호하는 사람에게는 어울리지 않는다.

아리야쏨 빌라

Ariyasom Villa

JW 메리어트 호텔 JW Marriott Hotel ★★★★☆

주소 4 Thanon Sukhumvit Soi 2 **전화** 0-2656-7700 **홈페이지** www.jwmarriottbangkok.com **요금** 딜럭스 7,800B, 프리미어 8,900B **가는 방법** BTS 나나 역 2번 출구에서 랜드마크 호텔을 지나 쑤쿰윗 쏘이 썽 Sukhumvit Soi 2 입구에 있다. Map P.19-C2

전 세계적인 호텔망을 갖고 있는 메리어트 호텔의 쑤쿰윗 지점. 방콕 도심에 위치한 최고급 수준의 비즈니스 호텔이다. 스탠더드에 해당하는 딜럭스 룸은 8~15층에 위치하며 현대적인 감각으로 꾸며져 있다. 32인치 평면 TV, 실내 온도를 개별적으로 조절 가능한 리모컨, 욕조와 샤워실이 구분되는 넓은 개인욕실, 커피와 차를 무료로 제공하는 것은 주변의 최고급 호텔과 동일하다.

16~24층은 스위트 룸에 해당하는 이그제큐티브 레벨 Executive Level로 비즈니스 목적인 사람들을 위한 별도의 편의 시설을 제공한다. 예를 들어 빠른 체크인, 하루종일 무료로 음료와 스낵 제공, 저녁 시간에 칵테일 제공 등의 서비스와 회의실 사용이 가능하다.

JW 메리어트 호텔

JW Marriott Hotel Bangkok

쉐라톤 그랑데 쑤쿰윗 Sheraton Grande Sukhumvit ★★★★★

주소 250 Thanon Sukhumvit Soi 12 & Soi 14 **전화** 0-2649-8888 **홈페이지** www.sheratongrandesukhumvit.com **요금** 그랜드 6,900B, 프리미어 8,200B, 럭셔리 9,600B **가는 방법** BTS 아쏙 역 2번 출구에서 호텔 로비로 연결 통로가 이어진다. Map P.19-D2

쉐라톤 호텔 중에도 명품 호텔인 럭셔리 컬렉션 스타우드 호텔 & 리조트 Luxury Collection Starwood Hotel & Resort에 가입된 초일류 호텔이다. 짜오프라야 강변의 특급 호텔에 비해 방콕 도심에 위치해 이동이 자유롭다.

420개의 딜럭스 룸은 타이 실크로 치장해 편한 느낌을 준다. 객실도 45㎡으로 넓다. 대리석과 고급 목재를 사용한 책상과 욕실은 고급스러움을 선사한다. 360도로 회전하는 LCD TV는 화장실에서도 시청할 수 있으며, 와이파이도 무료로 사용 가능하다. 욕실은 욕조와 샤워가 분리될 정도로 넓고, 옷장을 겸한 작은 벽장은 개인 물건을 보관할 수 있는 안전 창고로도 쓰인다. 딜럭스 룸은 대부분 금연실로 지정돼 쾌적한 편. 위치에 따라 벤짜낏 공원 Benjakiti Park의 호수가 보이는 레이크 뷰 Lake View와 방콕 시내가 보이는 시티 뷰 City View로 구분된다.

쉐라톤 그랑데에서 자랑하는 스위트 룸으로 타이 테마 스위트 Thai-themed

Sheraton Grande Sukhumvit

쉐라톤 그랑데 쑤쿰윗

쉐라톤 호텔 수영장

Suite가 있다. 이름처럼 태국적인 장식들로 갖춰져 있는데 도시 호텔에서 보기 힘든 전용 야외 테라스를 완비하고 있다. 랏차다 스위트 Ratchada Suite, 라마 스위트 Rama Suite, 라자 스위트 Raja Suite로 이름을 붙였다.
쉐라톤 그랑데 호텔의 또 다른 매력은 다름 아닌 수영장이다. 도시 속의 정글을 재현한 모습으로 곡선으로 흐르는 수영장과 야자수 가득한 정원이 완벽한 조화를 이룬다.

풀만 방콕 그랜드 쑤쿰윗 ★★★★
Pullman Bangkok Grande Sukhumvit

주소 30 Thanon Sukhum vit Soi 21(Asok) **전화** 0-2204-4000 **홈페이지** www.pullmanbangkokgrandesukhumvit.com **요금** 딜럭스 6,600B, 프리미엄 딜럭스 7,500B **가는 방법** BTS 아쏙 역 3번 출구 또는 MRT 쑤쿰윗 역 2번 출구에서 아쏙 사거리 북쪽으로 약 300m 떨어져 있다. Map P.19-D2 Map P.21-A1

Pullman Bangkok Grande Sukhumvit

쑤쿰윗 중심가인 아쏙 사거리에 있는 5성급 호텔. 밀레니엄 호텔에서 풀만 호텔로 간판을 바꿔달면서 그랜드 밀레니엄 쑤쿰윗에서 풀만 방콕 그랜드 쑤쿰윗으로 호텔 이름이 변경됐다. 마치 바다를 항해하는 돛단배 모양의 외관과 은빛으로 반짝이는 통유리 외장으로 이목을 집중시킨다. 그만큼 경쾌하고 현대적인 시설로 채워진 최고급 호텔이다. 태국적인 느낌으로 세련되게 꾸민 침구, LCD 평면 TV, 욕조와 샤워가 분리된 대리석이 깔린 욕실, 기호에 따라 선택이 가능한 베개, 더불어 시원스레 펼쳐지는 방콕 도심의 전경까지 모든 객실은 날선 칼처럼 빈틈이 없다. 객실 크기도 다른 동급 호텔들에 비해 넓은 38㎡이며 스위트 룸은 57㎡다. 모두 325개의 객실을 운영한다. 대형 호텔의 딱딱함보다는 고급 콘도 같은 편한 느낌을 선사한다.

웨스틴 그랑데 쑤쿰윗 ★★★★
The Westin Grande Sukhumvit

주소 259 Thanon Sukhumvit Soi 19 **전화** 0-2207-8000 **홈페이지** www.westingrandesukhumvit.com **요금** 딜럭스 7,800B, 딜럭스 코너 8,600B **가는 방법** BTS 아쏙 역 1번 출구로 나오면 웨스틴 그랑데 호텔이 바로 보인다. 로빈싼 백화점 Robinson Department Store(쑤쿰윗 지점)과 터미널 21(쇼핑몰) 사이에 있다. Map P.19-D2

2003년에 스타우드 호텔 & 리조트 Starwood Hotel & Resort에서 인수하면서 웨스틴 호텔로 간판을 바꿔 달았다. 스타우드 호텔은 쉐라톤 호텔을 운영하는 초특급 호텔 체인으로 두 호텔은 친구 관계이면서 서로 마주보고 경쟁하는 관계이기도 하다.
쑤쿰윗 중심가인 아쏙 사거리에 위치해 최고의 입지 조건을 자랑한다. 쉐라톤과 동일한 5성급 호텔로 모두 362개의 딜럭스 룸을 운영한다. 호텔 로비에서부터 느껴지는 하얀색 톤의 정갈함이 고급스러움을 대변한다. 객실은 42㎡ 크기로 넓다. 헤븐리 베드 Heavenly Bed라고 이름 붙인 킹사이즈 침대가 객실마다 놓여 있고, 넓고 쾌적한 실내는 웨스틴 호텔 특유의 편안함으로 가득하다. 태국적인 인테리어도 돋보인다.

풀만 방콕 그랜드 쑤쿰윗

웨스틴 그랑데 쑤쿰윗

소피텔 방콕 쑤쿰윗
Sofitel Bangkok Sukhumvit ★★★★☆

주소 189 Sukhumvit Road Soi 13 & Soi 15 **전화** 0-2126-9999 **홈페이지** www.sofitel-bangkok-sukhumvit.com **요금** 럭셔리 룸 8,300B, 럭셔리 룸 파크뷰 9,100B **가는 방법** 쑤쿰윗 쏘이 13과 쏘이 15 사이에 있다. BTS 아쏙 역 3번 출구에서 도보 5분.
Map P.19-C2

소피텔에서 운영하는 방콕 시내(쑤쿰윗)에 있는 럭셔리 호텔이다. 쑤쿰윗 쏘이 13과 쏘이 15 사이의 한 블록을 허물고 32층짜리 호텔을 건설했다. 호텔 부지가 넓지 않기 때문에, 하늘을 향해 뻗어 올라가며 시원스럽게 건축한 것이 특징이다.

소피텔은 프랑스 호텔 브랜드답게 우아하면서 현대적인 감각을 유지한다. 객실의 나무 바닥과 카펫, 침구와 가구, 소파, 업무용 데스크, 샤워 용품(록시땅 L'Occitane 또는 에르메스 Hermés)까지 고급 소재를 사용한다. 소피텔의 전형적인 객실 디자인답게 가볍지 않은 편안함과 세련미가 느껴진다. 스마트 LED TV와 오디오 시스템(보스 Boss 제품), 커피포트, 커피 메이커까지 최신의 시설로 꾸몄다. 대리석을 내장재로 사용한 욕실은 샤워 부스, 욕조, 좌변기가 공간별로 구분되어 있다.

럭셔리 호텔의 필수요소인 스파, 수영장, 라운지 바, 라이브러리를 부대시설로 운영한다. 9층에 만든 야외 수영장은 파라솔과 선베드를 비치해 리조트 분위기를 연출한다.

Sofitel Bangkok Sukhumvit

소피텔 방콕 쑤쿰윗

메리어트 이그제큐티브 아파트먼트
Marriot Executive Apartments ★★★★★

주소 90 Thanon Sukhumvit Soi 24 **전화** 0-2302-5555 **홈페이지** www.marriott.com/hotels/travel/bkksp-sukhumvit-park-bangkok-marriott-executive-apartments **요금** 스튜디오 5,800B, 원 베드 룸 스위트 6,500B, 원 베드 룸 아파트 7,000B **가는 방법** BTS 프롬퐁 역 2번 출구에서 엠포리움 백화점을 끼고 쑤쿰윗 쏘이 24 안쪽으로 800m.
Map P.20-A3

메리어트 호텔에서 선보인 레지던스 개념의 서비스 아파트다. 호텔의 딱딱한 느낌은 들어내고 가정집의 편안함을 추구한다. 5성급 호텔인 메리어트 호텔에서 운영하는 곳답게 고급스러운 시설과 수준급의 서비스를 누릴 수 있다. 34층 건물에 300개의 객실을 운영하는 대형 호텔임에도 불구하고 객실이 넓고 프라이버시가 보장돼 답답한 느낌이 들지 않는다.

기본 객실은 45㎡ 크기의 스튜디오 룸이며, 원 베드 룸 스위트도 65㎡ 크기로 경쟁 호텔들에 비해 넓다. 객실은 침실, 거실, 욕실로 구분되며, LCD TV, DVD, 냉장고, 데스크, 안전금고, 헤어드라이어, 다리미가 갖추어져 있다. 개인 욕실은 샤워 부스와 욕조가 분리되어 있다. 서비스 아파

Marriott Executive Apartment

주방시설을 갖추고 있어 편리하다

메리어트 이그제큐티브 아파트먼트

트답게 주방과 조리기구, 식기, 식기 세척기, 세탁기 등 가정집에 필요한 것들이 모두 완비되어 있다.
부대시설로는 야외 수영장과 피트니스를 기본으로 테니스 코트, 배드민턴 코트, 스쿼시 룸, 골프 연습장까지 있어 멀리 나가지 않고도 레저 스포츠를 즐길 수 있다. BTS 역까지 무료 뚝뚝 서비스를 제공하는데, 전화만 하면 언제든지 픽업을 해준다.
방콕에 메리어트 호텔이 여러 곳이기 때문에 다른 곳과 구분하기 위해 쑤쿰윗 파크 방콕 Sukhumvit Park Bangkok이라고도 불린다. 호텔 명칭보다는 거리 이름(쑤쿰윗 이씹씨 Sukhumvit 24)을 붙여서 '롱램 매리엇 쑤쿰윗 이씻씨'라고 말해야 택시 기사들이 쉽게 이해한다.

서머셋 쑤쿰윗 통로 ★★★★☆
Somerset Sukhumvit Thonglor

주소 115 Thanon Sukhumvit Soi 55(Thong Lo) **전화** 0-2365-7999 **홈페이지** www.somerset.com/en/thailand/bangkok/somerset_sukhumvit_thonglor.html **요금** 스튜디오 딜럭스 4,800B, 스튜디오 프리미어 6,200B **가는 방법** 쑤쿰윗 메인 로드에서 통로 방향으로 600m. 통로 쏘이 하 Thong Lo Soi 5와 쏘이 쩻 Soi 7 사이에 있다. BTS 통로 역 3번 출구에서 도보 10분. Map P.22-B2

방콕에 일찌감치 레지던스 개념을 도입한 서비스 아파트다. 방콕의 고급 주택가로 손꼽히는 통로와 에까마이 지역에 위치해 주거 환경이 좋다. BTS 역과 인접해 있고 한식당을 포함해 다양한 레스토랑이 주변에 가득하다. 길 건너에는 대형 마트인 톱스 마켓 Top's Market이 있어 장보기도 편리하다.
서머셋 쑤쿰윗 통로는 31층 건물로 모두 262개의 객실을 운영한다. 모든 객실은 침실, 거실, 주방, 욕실 공간으로 구분된다. 기본 객실에 해당하는 스튜디오 딜럭스는 웬만한 5성급 호텔보다 넓은 40㎡ 크기다. 침실과 거실이 구분되고, 각각의 공간마다 LCD TV가 설치된 44㎡ 크기의 스튜디오 이그제큐티브와 56㎡ 크기의 원 베드 룸 이그제큐티브는 아늑함과 럭셔리함이 가득하다.
레지던스답게 주방 시설이 잘 갖추어진 것이 특징이다. 전자레인지와 토스터를 포함한 조리기구와 식기까지 준비되어 있다. 또한 전 객실에 세탁기를 비치했다. 고층 건물이라 객실에서의 전망이 탁월하며, 일부 객실은 발코니도 딸려 있어 막힘없는 방콕 전망을 즐길 수도 있다. 야외 수영장과 피트니스는 9층에 있다.

Somerset Sukhumvit Thonglor

서머셋 쑤쿰윗 통로 9층에 있는 야외 수영장

서머셋 쑤쿰윗 통로

씰롬 Silom & 싸톤 Sathon

방콕 최대의 상업지역이자 금융 중심가로 최고급 호텔들이 밀집해 있다. 스탠더드 룸이 200US$를 호가하는 호텔들이 많다. 대체적으로 씰롬은 일반 관광객들이 선호하는 국제적인 레벨의 호텔들이 많고, 싸톤은 비즈니스 호텔들이 많은 편이다.

애타스 룸피니 Aetas Lumpini ★★★★☆

주소 1030/4 Thanon Phra Ram 4(Rama 4 Road) **전화** 0-2618-9555 **홈페이지** lumpini.aetashotels.com **요금** 딜럭스 4,250B, 주니어 스위트 5,300B **가는 방법** MRT 룸피니 역에서 200m 떨어진 타논 팔람 씨 Thanon Phra Ram 4(Rama 4 Road)에 있다. MRT 룸피니 역 1번 출구에서 도보 5분. Map P.28-C2

룸피니 공원 맞은편에 있는 비즈니스호텔이다. 2011년에 오픈해 시설이 깨끗하다. 부티크 호텔처럼 스타일리시한 느낌은 없지만 가격 대비 객실 시설이 좋다. 동급 호텔에 비해 객실 크기가 넓은 것이 장점이다. 딜럭스 룸이 42㎡, 주니어 스위트룸은 52㎡ 크기다. 객실은 카펫이 깔려 있으며, LCD TV와 데스크, 소파로 구성된 전형적인 고급 호텔 구조로 되어 있다. 미니 바, 안전 금고, 다리미는 물론 다리미판과 구두 주걱까지 비치하고 있다. 개인 욕실도 넓은 편으로 욕조가 갖추어져 있다. 욕실은 통유리로 되어 있어서 블라인드로 개폐가 가능하도록 했다.

금연실과 흡연실로 구분해 운영한다. 높은 층에 있는 객실에서는 룸피니 공원 일대가 시원스럽게 보인다. 수영장은 작은 편이며 피트니스 센터 이외에는 부대시설도 제한적이다. 모두 203개 객실을 운영한다. 방콕에 두 곳 있으므로 애타스 호텔이 있으므로 애타스 방콕(홈페이지 bangkok.aetashotels.com)과 혼동하지 말 것.

Aetas Lumpini

애타스 룸피니 수영장

이스틴 그랜드 호텔 싸톤 Eastin Grand Hotel Sathorn ★★★★☆

주소 33/1 Thanon Sathon Tai(South Sathon Road) **전화** 0-2210-8100 **홈페이지** www.eastingrandsathorn.com **요금** 슈피리어 4,800B, 슈피리어 스카이 5,400B **가는 방법** BTS 싸판 딱씬 역 2번 출구 앞에 있다. Map P.28-B1

국제적인 호텔들의 치열한 각축장이 돼버린 방콕에서, 유명 호텔들과 어깨를 나누며 인지도를 높여간 태국 호텔 회사인 이스틴 호텔에서 운영한다. 2013년 5월에 오픈했다. 호텔 전면을 통유리로 치장해 새롭고 현대적인 느낌을 살렸다. 최신 호

Eastin Grand Hotel Sathorn

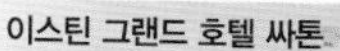

이스틴 그랜드 호텔 싸톤

텔이긴 하지만 트렌디한 디자인보다는(대형 호텔답게) 쾌적한 객실 시설에 비중을 뒀다. LCD TV가 벽장에 걸려 있고, 책상과 소파, (수납공간으로 쓰기 좋은) 기다란 테이블이 놓여 있다. 욕실에는 욕조가 없지만 샤워 부스가 분리되어 불편하지 않다. 14층에 있는 야외 수영장에서의 전망도 좋다.

BTS 쑤라싹 역에서 연결통로가 호텔로 이어지기 때문에 편리한 교통을 자랑한다. 시내 중심가에 있지만 쑤쿰윗이나 씰롬에 비해 갑갑한 느낌이 들지 않는다. 모두 390개의 객실을 운영한다. 객실의 위치에 따라 짜오프라야 강(강변이 아니라서 시원스럽게 강이 보이진 않는다)이 보이거나 도심의 스카이라인이 보인다. 투숙객 평가에서도 후한 점수를 받고 있다.

유 싸톤
U Sathorn ★★★★☆

주소 105/1 Soi Ngam Duphli **전화** 0-2119-4888 **홈페이지** www.uhotelsresorts.com/usathornbangkok **요금** 슈피리어 4,800B, 딜럭스 더블 5,600B **가는 방법** 쏘이 응암두플리 골목 안쪽으로 650m 들어가서, 쏘이 쁘리디 Soi Pridi(Pridi Alley) 안쪽으로 250m 더 들어가면 호텔 입구가 있다. 가장 가까운 MRT 역은 룸피니 역이지만 걸어가긴 멀다.

Map P.27 Map 전도-C4

방콕 시내(씰롬)와 가까운 아늑한 호텔이다. 수영과 정원을 둘러싸고 있는 3층 건물로 휴양지에 있는 리조트 분위기를 풍긴다. 체크인 할 때 어메니티로 제공해주는 티백(TWG Tea)과 비누를 개인 취향에 따라 선택할 수 있다. 수피리어 룸은 32㎡로 화이트 톤으로 차분하게 꾸몄다. 정원 방향으로 발코니가 딸려 있는 슈피리어 가든이 전망이 좋다. 딜럭스 룸은 1층에 있어서 테라스에서 정원의 여유로움을 즐길 수 있다. 객실도 34㎡로 슈피리어 룸보다 조금 크다. 객실 요금에 무료로 제공되는 애프터눈 티 또는 칵테일도 포함된다.

도심과 가깝지만, 대로변에서 멀리 떨어져 있어 차분하게 지내기 좋다. 야외 수영장이 도심에서의 휴식을 돕는다. 접근이 불편한 단점은 감수해야 한다. MRT 룸피니 역까지 무료 셔틀을 1시간 간격으로 운영한다. 2014년에 문을 열었으며 모두 86개 객실을 운영한다.

유 싸톤 딜럭스 룸

U Sathorn

두씻 타니 호텔(현재 공사 중)
Dusit Thani Hotel ★★★☆

주소 946 Thanon Phra Ram 4(Rama IV Road) & Thanon Silom **전화** 0-2200-9000 **홈페이지** www.dusit.com/dusitthani/bangkok/ **요금** 슈피리어 6,100B, 딜럭스 7,200B **가는 방법** BTS 쌀라댕 역 4번 출구 또는 MRT 씰롬 역 2번 출구에서 도보 3분.

Map P.26-B1

태국의 대표적인 호텔 두씻 타니 호텔

Dusit Thani Hotel

대표적인 태국 호텔 체인인 두씻 호텔에서 운영한다. 한국으로 치면 조선 호텔 정도 되는 호텔로 태국 호텔 업계의 자존심이다. 천편일률적인 호텔들보다 태국적인 것을 느끼고 싶은 여행자들에게 인기가 높다. 1970년대부터 명성을 쌓아 온 전통의 호텔이지만 최근 현대적인 감각으로 객실을 리노베이션했다. 딜럭스 룸은 35㎡ 크기다.

부대시설로 태국 음식점 벤자롱 Benjarong, 중식당 메이플라워 Mayflower, 베트남 식당 티엔드엉 Thien Duong을 운영한다. BTS 역과 MRT 역이 인접해 교통이 편리하다.

풀만 호텔 G
Pullman Hotel G ★★★★

주소 188 Thanon Silom **전화** 0-2238-1991 **홈페이지** www.pullmanbangkokhotelg.com **요금** 딜럭스 5,200B **가는 방법** ①BTS 총논씨 3번 출구에서 씰롬 방향으로 300m 걸어간다. 타이항공 사무실이 있는 사거리에서 좌회전한 다음 200m 정도만 가면 오른쪽에 풀만 호텔 G가 있다. ②BTS 쌀라댕 1번 출구에서는 씰롬 메인 도로를 따라 도보 15분.

Map P.26-A2

전 세계적인 호텔 체인망을 구축한 프랑스 호텔 그룹 아코르 Accor에서 운영한다. 기존에 있던 소피텔이 쑤쿰윗으로 이전하면서, 풀만 호텔 체인으로 변모했다. 풀만 호텔은 방콕에 두 개가 있는데, 풀만 호텔 G는 방콕 시내 중심가에 위치한 호텔이다. 방콕의 상업 중심가에 자리한 38층짜리 호텔로 모두 469개의 객실을 운영한다.

객실은 전체적으로 프랑스적인 세련됨과 태국적인 안정감이 느껴진다. 단순하면서 정갈한 침구와 현대적인 편안함이 객실에서 자연스럽게 묻어난다. 한마디로 컨템퍼러리한 느낌으로 심플하면서 고급스럽게 꾸몄다. LCD TV와 무선인터넷(Wi-Fi)을 포함해 객실 시설이 모던하다. 층이 높을수록 전망이 좋아지고, 객실 등급이 높아진다.

풀람 호텔 G

Pullman Hotel G

르 메르디앙 방콕
Le Méridien Bangkok ★★★★★

주소 40/5 Thanon Surawong **전화** 0-2232-8888 **홈페이지** www.lemeridienbangkokpatpong.com **요금** 비스타 6,500B, 비스타 플러스 7,200B, 서큘러 8,600B **가는 방법** 팟퐁 왼쪽 끝에서 타논 쑤라웡 방향으로 100m 떨어져 있다. BTS 쌀라댕 역에서 도보 10분. MRT 씰롬 역 또는 쌈얀에서 도보 10~15분.

Map P.26-A1

고급 리조트로 호평을 받고 있는 르 메르디앙 호텔에서 2008년에 건설한 현대적인 호텔이다. 5성급 호텔 중에서도 명품 호텔들만 모아 놓은 스타우드 호텔 & 리조트 Starwood Hotel & Resort에 가입되어 있다.

르 메르디앙 방콕은 상업지역인 씰롬에 위치해 있으나, 환락가인 팟퐁과 가까워 5성급 호텔의 위치로는 다소 난해한 지역이다. 하지만 호텔 자체가 가지고 있는 시크함과 모던한 디자인으로 인해 주변의 어수선함을 완전히 잊게 해 준다. 태국 문자를 이용해 객실을 디자인하고, 콘 가면극에 사용되는 인형을 소품으로 장식하는 등 현지 문화를 접목한 독창적인 디자인을 추구하는 르 메르디앙 호텔의 탁월한 감각이 호텔 곳곳에서 스며들어 있다.

르 메르디앙

Le Méridien Bangkok

객실은 모두 282개로 6개의 카테고리로 구분된다. 모든 객실은 현대적인 시설로 킹사이즈 침대와 소파가 놓여 있으며, 평면 TV, 미니 바, 안전 금고, 헤어드라이어, 커피 포트 등 객실 비품이 완벽하게 구비되어 있다. 욕실은 샤워 부스와 욕조가 분리되어 있고 대리석으로 꾸며 고급스럽다. 딜럭스 룸에 해당하는 비스타 룸 Vista Room은 36㎡ 크기로 5성급 호텔로는 무난한 넓이다. 각층의 코너에 있는 방은 비스타 플러스 룸 Vista Plus Room으로 객실 크기는 큰 차이가 없으나 비스타 룸에 비해 탁월한 전망을 제공한다. 로맨틱한 분위기를 원하는 커플들을 위해 원형 침대가 놓인 서큘러 룸 Circular Room도 만들었다.

W 호텔 방콕 W Hotel Bangkok ★★★★☆

주소 106 Thanon Sathon Neus(North Sathon Road) **전화** 0-2344-4000 **홈페이지** www.whotelbangkok.com **요금** 원더풀 룸 7,800B, 스펙타큘러 룸 8,800B **가는 방법** BTS 총논씨 역 1번 출구로 나온 다음 싸톤 사거리(도로 중간에 사거리를 연결하는 육교가 있다)에서 우회전해서 150m. BTS 역에서 도보 5분.

Map P.26-A2 Map P.28-B1

방콕의 상업 중심가인 싸톤 사거리에 등장한 럭셔리 호텔이다. 2012년에 건설한 W호텔의 방콕 지점이다. 호텔 외관과 로비에 선명하게 W 로고가 쓰여 있다. 총 31층 건물에 407개의 객실을 운영한다. 현대적인 디자인과 감각적인 인테리어로 치장했다. '블링블링'한 조명과 장식으로 인해 젊은 감각이 느껴진다. 자동으로 열리는 커다란 메탈 도어는 뉴욕의 클럽을 연상시킨다. 보라색 조명이 눈길을 끄는 로비에 들어서면 '우 바 Woo Bar'에서 흘러나오는 음악 소리 때문에 클럽처럼 느껴지기도 한다.

컬러풀한 W 호텔 객실

W Hotel Bangkok

객실은 41㎡ 크기로 큰 편이다. 색감을 강조해 젊은 층이 선호하는 스타일리시한 디자인으로 꾸몄다. 권투 장갑을 포함해 무어이타이(킥복싱)에 사용하는 소품들을 인테리어로 장식했다. 에어컨을 포함해 객실 시설은 전용 태블릿을 이용해 컨트롤할 수 있다. 침대 옆으로 둥근 욕조를 배치했는데, 반투명 유리로 되어 있다(욕실 안쪽이 비친다). 서먹서먹한 동료들이 함께 머물기 불편할 수 있다. 수영장과 바 Bar를 갖추곤 있지만 호텔 규모에 비해 부대시설은 많지 않다.

르부아 Lebua ★★★★☆

주소 State Tower, 1055 Thanon Silom **전화** 0-2624-9999 **홈페이지** www.lebua.com **요금** 슈피리어 5,000B, 슈피리어 스위트 6,100B, 리버 뷰 스위트 6,700B **가는 방법** 씰롬 남단 끝자락에 있다. 타논 씰롬 & 타논 짜런끄룽 사거리 코너에 있다. BTS 싸판 딱씬 역 3번 출구에서 도보 15분.

Map P.28-B2 MapP.29

황금 돔이 눈길을 끄는 르 부아

부아는 '연꽃'이라는 뜻으로 멀리서 보면 스테이트 타워 State Tower의 황금 돔이 마치 연꽃을 연상시킨다. 르부아는 스탠더드 룸 없이 모두 스위트 룸으로만 구성한 럭셔리 호텔이다.

르 부아 호텔

Lebua

스테이트 타워 중에서도 가장 높은 층인 52~59층에 모두 198개의 객실을 운영한다. 6개의 카테고리로 구분되며 가장 비싼 스리 베드룸 스위트 Three Bedroom Suite는 초호화 시설로 꾸며졌다. 가장 작은 슈피리어 스위트 룸조차도 66㎡로 일반 호텔에서 상상할 수 없는 크기다. 모든 객실에서 짜오프라야 강변을 포함한 환상적인 전망을 볼 수 있다. 호텔 투숙객이 아니더라도 접근이 가능한 63층 야외에 위치한 씨로코 & 스카이 바(P.302) 또한 르부아의 명소다.

메트로폴리탄 방콕
The Metropolitan Bangkok ★★★★☆

주소 27 Thanon Sathon Tai(South Sathon Road) **전화** 0-2625-3333 **홈페이지** www.comohotels.com/metropolitanbangkok **요금** 시티 룸 5,800B, 스튜디오 룸 6,800B, 메트로폴리탄 룸 7,300B **가는 방법** MRT 룸피니 역 2번 출구에서 타논 싸톤 따이 방향으로 700m. 지하철 역에서 도보 15분. 쑤코타이 호텔과 반얀 트리 호텔 사이에 있다. Map P.26-B2

일반 호텔처럼 정형화된 디자인의 딱딱함이 아니라 단순함을 강조하는 컨템퍼러리한 트렌드를 최대한 부각시키고 있다. 얼핏 보면 단순해 보이지만, 호텔 디자인에 각 분야의 전문가들이 담당하여 참여했다. 전체적인 인테리어 디자인은 싱가포르의 캐트린 킁 Kathryn Kng이 총지휘했으며, 조명은 런던에 본사를 둔 이소메트릭스 Isometrix에서 담당했다. 또한 객실에 걸린 그림은 태국의 유명화가인 나티 우따릿 Natee Utarit의 작품이며, 종업원의 유니폼은 일본의 유명 디자이너 레이 카와쿠보 Rei Kawa-kubo가 만든 것이다.

호텔은 11층 건물로 모두 171개의 객실로 구성된다. 시티 룸 City Room이라 명명된 29개의 방은 기존의 YMCA 건물을 개조한 것이라 작고 답답한 느낌이 든다. 하지만 스탠더드 룸에 해당하는 122개의 메트로폴리탄 룸 Metropolitan Room은 다른 호텔보다 두 배 크기에 가까운 54㎡로 평면 TV와 DVD 등의 첨단 시설을 갖춘 동시에 자체 생산한 목욕용품, 요가 매트리스를 구비해둬 몸과 마음의 건강에도 신경을 쓰고 있다.

가장 높은 층에는 4개의 펜트하우스 스위트 룸 Penthouse Suite Room이 있다. 무려 150㎡ 크기로 계단을 통해 오르내릴 수 있는 복층 구조다. 아래층은 넓은 거실과 부엌이 있고, 위층에는 침실이 있다. 침실과 연결되는 욕실에는 창 밖으로 도시 풍경을 즐기며 반신욕을 할 수 있는 욕조가 마련되어 있다.

metropolitan

The Metropolitan Bangkok

메트로폴리탄 호텔 스위트 룸

쑤코타이 호텔
Sukhothai Hotel ★★★★★

주소 13/3 Thanon Sathon Tai(South Sathon Road) **전화** 0-2344-8888 **홈페이지** www.sukhothai.com **요금** 슈피리어 8,600B, 딜럭스 스위트 9,800B **가는 방법** MRT 룸피니 역 2번 출구에서 타논 싸톤 따이를 따라 도보 10분. 독일 대사관 옆에 있다. Map P.26-B2

태국적인 멋을 최고로 승화시킨 우아한 분위기의 호텔. 리딩 호텔 오브 더 월드 The Leading Hotels of the World에 가입된 방콕 최고급 호텔 중의 하나. 쑤코타이는 태국 중부에 있는 도시 이름이자 태국 최초의 왕조를 이룬 곳이다. 호텔 이름에서 연상하듯 태국적인 정취가 가득한 것이 특징이다. 씰롬과 싸톤의 상업지역의 마천루를 이루는 대형 호텔들과 달리 7,000㎡의 넓은 정원에 4층짜리 나지막한 건물로 호텔을 꾸며 아늑한 기운이 주변을 감싸고 있는 것이 매력이다.

동종으로 장식한 작은 연못에서부터 쑤코타이 호텔은 시작된다. 입구에서 호텔 로비까지 걸어 들어가는 가로수 길은 공원의 산책로를 연상케 하고, 호텔 로비에는 방콕 최고급 호텔의 기품이 잘 서려 있다. 체크인을 하고 객실로 가는 동안 쑤코타이에서 볼 수 있는 쩨디(종 모양의 석탑)가 장식된 안뜰을 지나야 하는 것은 물론 곳곳에 태국적인 소품과 골동품들로 장식되어 차분함을 선사한다.

슈피리어 룸은 38㎡ 크기로 LCD 평면 TV, 스테레오 시스템, iPod 커넥션, 개인용 벽장, 미니바, 커피포트, 욕조와 샤워실이 분리된 대형 욕실로 꾸며져 있다. 벽면과 책장에 소품으로 장식된 불상이나 석조 조각이 은은하게 장식되어 있다.

부대시설인 셀라돈(P.278)은 방콕 최고의 타이 레스토랑으로 호평 받으며, 이탈리아 레스토랑인 콜로네이드 Colonnade와 라 스칼라 La Scala도 유명하다. 넓은 땅에 지은 호텔이라 수영장과 피트니스, 스파는 물론 테니스 코트까지 완비되어 있다.

쑤코타이 호텔 수영장

Sukhothai Hotel

쑤코타이 호텔

반얀 트리 호텔
Banyan Tree Bangkok ★★★★★

주소 21/100 Thanon Sathon Tai(South Sathon Road) **전화** 0-2679-1200 **홈페이지** www.banyantree.com/en/thailand/bangkok **요금** 딜럭스 7,400B, 오아시스 리트리트 8,800B **가는 방법** MRT 룸피니 역 2번 출구에서 타논 싸톤 따이 방향으로 800m. 지하철 역에서 도보 15분. Map P.26-B2

싱가포르에 본사를 둔 초일류 호텔. 각종 여행 잡지의 호텔 평가에서 항상 상위권을 형성한다. 바로 옆의 쑤코타이 호텔과 경쟁 관계이며, 페닌슐라 호텔이나 샹그릴라 호텔과도 어깨를 나란히 하는 방콕의 대표적 호텔이다.

반얀 트리 호텔은 일단 넓적하고 높게 솟은 건물 외관부터 주목을 끈다. 도로 안쪽의 빌딩들에 둘러싸인 느낌이라 갑갑할 것 같지만 그런 우려는 로비에 들어서는 순간부터 사라진다. 한마디로 초특급 호텔에서 주는 정제된 완성도가 거리 밖의 풍경과 사뭇 대조적이다.

Banyan Tree Bangkok

반얀 트리 호텔

객실은 모두 침실과 거실이 구분된 스위트 룸으로만 이루어졌다. 높은 층에 머물수록 좋은 전망을 볼 수 있는 것은 당연한 사실이지만, 더 높이 올라가면 이그제큐티브 전용 객실들이라 스위트 룸보다 두세 배 비싼 방 값을 내야 한다.

부대시설 중에는 반얀 트리 스파(P.356)를 비롯해 60층에서 하얀 구름을 바라보며 식사할 수 있는 중식당 바이윈 Bai Yun(白雲), 야외 오픈 라운지 버티고 & 문 바(P.281)가 유명하다. 모두 최고 수준으로 인기가 높다.

소 소피텔 방콕 So Sofitel Bangkok ★★★★★

주소 2 Thanon Sathon Neua(North Sathon Road) **전화** 0-2624-0000 **홈페이지** www.so-sofitel-bangkok.com **요금** 소 코지 7,800B, 소 콤피 8,800B, 소 스튜디오 1만 1,000B **가는 방법** 타논 싸톤 느아 초입에 있다. MRT 룸피니 역 2번 출구에서 도보 5분. Map P.26-C2

프랑스를 대표하는 럭셔리 호텔인 소피텔에서 운영한다. 쑤쿰윗에 위치한 소피텔 방콕 쑤쿰윗(P.397)에 이어 방콕 도심에 야심차게 건설한 또 다른 호텔이다. 방콕 금융가인 싸톤 초입에 있는데, 길 건너에 룸피니 공원이 있어 분위기는 사뭇 다르다. 방콕 최대의 녹지를 배경으로 도심의 스카이라인까지 매력적인 경관이 펼쳐진다. 소피텔이란 이름처럼 스타일리시하고 럭셔리한 호텔이다. 프랑스 유명 디자이너가 직원들의 유니폼을 디자인했을 정도로 세세한 신경을 썼다.

객실 디자인은 우주 만물을 이루는 다섯 가지 원소(금金 · 목木 · 화火 · 수水 · 토土)에 착안했다. 메탈 룸 Metal Room은 하얀 색을, 어스 룸 Earth Room은 파란 색을, 우드 룸 Wood Room은 나무색을 주로 사용해 부드러운 느낌을 강조했다. 객실은 소 코지 So Cozy, 소 콤피 So Comfy, 소 클럽 So Club으로 구분된다. 객실 크기는 38~45㎡로 여느 호텔의 딜럭스 룸과 맞먹는다. 객실 전망은 시티 뷰보다는 룸피니 공원이 보이는 파크 뷰가 더 매력적이다. 매력적인 야외 수영장과 스파, 루프 톱 레스토랑인 파크 소사이어티 Park Society까지 부대시설도 스타일리시하게 꾸몄다.

Sofitel So Bangkok

소 소피텔 방콕

소 소피텔 방콕 수영장

리버사이드 Riverside

씰롬 남단의 짜오프라야 강변에 있는 호텔들이다. 5성급 호텔 중에서도 최고의 호텔들만 몰려 있다. 특히 페닌슐라, 샹그릴라, 오리엔탈 호텔은 방콕 최고 호텔로 손 꼽힌다.

호텔 이비스 방콕 리버사이드 Hotel ibis Bangkok Riverside ★★★☆

주소 27 Soi Charoen Nakhon 17, Thanon Charoen Nakhon **전화** 0-2659-2888 **홈페이지** www.ibishotel.com **요금** 스탠더드 더블 1,900~2,300B **가는 방법 수상 보트** '타 싸톤' Tha Sathon (Sathon Pier) 선착장 맞은편에 있다. 강 건너에 있는 타논 짜런 나콘 쏘이 17 골목으로 들어가면 된다. 가장 가까운 BTS 역인 끄룽 톤부리 역에서 2km 떨어져 있다.
Map P.28-B2

경제적인 호텔 중의 하나인 이비스 호텔에서 운영한다. 도심에 해당하는 나나(쑤쿰윗)와 쏘이 응암두플리(싸톤) 지점에 비해 강변을 끼고 있어 분위기가 한결 좋다. 객실은 작은 편이다. 벽면에 TV가 걸려 있고, 냉장고, 옷장, 데스크, 커피포트, 헤어드라이어가 구비되어 있다. 욕실에는 욕조 없이 샤워 부스만 설치되어 있다. 객실은 전망에 따라 요금 차이가 난다. 돈을 조금 더 쓰더라도 강이 보이는 리버 뷰를 예약하는 게 좋다.

이비스 방콕 리버사이드의 최고 매력은 야외 수영장이다. 강변을 끼고 만든 야외 수영장과 정원은 웬만한 고급 호텔과 견주어 손색이 없다. 다만, 짜오프라야 강 건너편에 있기 때문에 불편한 교통을 감수해야 한다. 호텔에서 가장 가까운 BTS 끄룽 톤부리 역까지 무료 셔틀(뚝뚝)을 운영한다.

차트리움 호텔 리버사이드 Chatrium Hotel Riverside ★★★★☆

주소 28 Thanon Charoen Krung Soi 70 **전화** 0-2307-8888 **홈페이지** www.chatrium.com/chatrium_hotel **요금** 그랜드 룸 시티 뷰 4,700B, 그랜드 룸 리버 뷰 5,000B, 원 베드 룸 5,700B **가는 방법** 타논 짜런끄룽 쏘이 70 안쪽의 짜오프라야 강변에 있다. Map 전도-A4

방콕에서 인기 높은 5성급 호텔 중의 하나다. 건물은 모두 세 동으로 한 개의 호텔과 두 개의 레지던스 아파트로 구성된다. 호텔은 396개의 객실을 운영한다. 방콕 도심에서 떨어진 짜오프라야 강변에 있다. 덕분에 주변 건물에 막히지 않은 탁 트인 전망을 제공해 준다. 시티 뷰와 리버 뷰로 구분되는데, 각기 다른 느낌의 풍경이 펼쳐진다. 그랜드 룸으로 시작하는 객실은 60㎡ 크기로 동급 호텔에 비해 월등히 넓다. 원 베드 룸은 70㎡ 크기로 침실과 거실이 구분되어 있다. 객실마다 전용 발코니가 있다. 기본적인

Hotel ibis Bangkok Riverside

Chatrium Hotel Riverside

호텔 이비스 방콕 리버사이드

차트리움 호텔 리버사이드

주방 시설을 갖추고 있어 편리하다. 6층에 있는 야외 수영장도 길이 35m로 큼직하다. 장점은 객실이 넓고 서비스가 좋다는 것. 그리고 전망이 뛰어나다는 것. 단점은 방콕 시내와 멀기 때문에 휴식보다 관광에 중점을 둔 사람이라면 오가기 불편하다. '타 싸톤 Tha Sathon(Sathon Pier)' 선착장에서 호텔 전용 셔틀 보트가 운영된다.

밀레니엄 힐튼
Millennium Hilton ★★★★

주소 123 Thanon Charoen Nakhon **전화** 0-2442 2000 **홈페이지** www.bangkok.hilton.com **요금** 프리미엄 4,600B, 딜럭스 5,600B, 스위트 8,000B **가는 방법** 짜오프라야 강 건너편의 타논 나콘짜런에 있다. BTS 싸판 딱씬 역과 인접한 '타 싸톤 Tha Sathon(Sathon Pier)' 선착장에서 호텔 전용 셔틀 보트가 운행된다. Map P.28-A2

짜오프라야 강 건너편에 등장한 고급 호텔. 2006년에 문을 연 밀레니엄 힐튼은 32층 건물에 총 543개 객실을 운영한다. 경쟁 관계를 이루는 강변의 고급 호텔에 비해 전통보다는 현대적인 디자인과 시설로 꾸민 것이 특징. 초일류 대형 호텔로 호텔 업계의 오랜 경험을 바탕으로 수준급의 객실과 서비스, 부대시설을 제공한다. 모든 객실은 강변이 보이도록 설계해 편하고 럭셔리한 객실에서 덤으로 방콕 전경까지 얻을 수 있다. 부대시설로는 수영장과 스카이라운지가 단연코 눈에 띈다. 모래를 이용해 해변처럼 꾸민 야외 수영장은 투명유리와 강이 자연스레 경계를 이루며 도심 속의 해변 분위기를 연출한다.

한 가지 단점이라면 강 건너에 홀로 떨어져 있어 교통이 불편하다는 점. 전용 셔틀 보트가 '타 싸톤' 선착장과 BTS 싸판 딱씬 역을 정기적으로 오가지만, 대중교통이 끊기는 심야에는 택시를 타고 한참을 돌아가야 한다.

밀레니엄 힐튼

아난타라 리버사이드 리조트
Anantara Riverside Resort ★★★★☆

주소 257/1-3 Thanon Charoen Nakhon **전화** 0-2476-0022 **홈페이지** www.bangkok-riverside.anantara.com **요금** 프리미어 딜럭스 6,600~7,500B **가는 방법** 방콕 도심에서 남쪽으로 멀리 떨어진 라마 3세 대교(싸판 팔람 쌈) Rama 3 Bridge와 가까운 짜오프라야 강변에 있다. 싸톤 선착장(BTS 싸판 딱씬 역)에서 리조트까지 무료 셔틀 보트가 운행된다. Map 전도-A4

도심에서 멀찌감치 떨어진 짜오프라야 강변에 있다. 방콕이라는 거대 도시에 있지만 강과 어우러진 정원과 수영장 덕분에 해변 리조트 느낌을 준다. 자연 친화적인 아난타라 리조트의 특징이 잘 살아 있다. 강변으로 수영장과 열대 정원, 쌀라(태국 전통 양식의 정자)가 들어서 있다. 수영장은 수심(1.8~3m)이 깊은 편이다. 유아용 수영장이 별도로 있어서 가족 단위 관광객에게 불편하지 않다.

객실은 38㎡ 크기로 발코니까지 딸려 있다. 객실 위치에 따라 가든 뷰와 리버 뷰로 구분된다. 객실마다 투숙객이 사용할 수 있는 스마트폰 단말기를 제공해 준다. 시내로 나갈 때는 리조트에서 무료로 운행하는 셔틀 보트를 타면 된다. 참고로 '아난타라'는 방콕에만 4개가 있다. 아난타라 호텔, 아난타라 서비스 스위트 등으로 다르기 때문에 정확한 이름과 위치를 숙지하고 있어야 한다.

Anantara Riverside Resort

아난타라 리버사이드 리조트

로열 오키드 쉐라톤 호텔 ★★★★
Royal Orchid Sheraton Hotel

주소 2 Captain Bush Lane Thanon Si Phraya 2 **전화** 0-2266-0123 **홈페이지** www.royalorchidsheraton.com **요금** 딜럭스 5,600B, 프리미어 6,400B **가는 방법 수상 보트** 타 씨프라야(씨파야) Tha Si Phraya 선착장(선착장 번호 N3)에서 도보 5분.

Map P.28-A2

세계적인 호텔 쉐라톤에서 운영한다. 쑤쿰윗 쏘이 12에 있는 쉐라톤 그랑데 호텔(P.395)이 도회적인 느낌을 준다면, 로열 오키드 쉐라톤은 강변에 위치해 편안함을 느끼게 한다. 모두 734개의 객실을 운영하는 대형 호텔로 모든 객실에서 강변 전망이 보이도록 설계한 것이 특징이다. 호텔 로비 층에 명품 위주의 쇼핑가도 형성되어 고급스런 느낌을 더한다. 짜오프라야 강변에 열대 정원처럼 꾸민 두 개의 야외 수영장이 있다.

수상 보트 선착장이 있어 보트로 드나드는 게 편리하다. 택시를 타고 갈 경우 타논 짜런끄룽 쏘이 쌈씹 Thanon Charoen Krung(New Road) Soi 30으로 들어가면 된다. 참고로 호텔 이름의 태국식 발음은 '롱램 로얄 오낏 쉐라딴'이다.

로열 오키드 쉐라톤 호텔

짜오프라야 강변에 있는 로열 오키드 쉐라톤 호텔

Royal Orchid Sheraton Hotel

샹그릴라 호텔
Shangri-La Hotel ★★★★★

주소 89 Soi Wat Suan Plu, Thanon Charoen Krung (New Road) **전화** 0-2236-7777 **홈페이지** www.shangri-la.com/bangkok/shangrila/ **요금** 샹그릴라 윙 · 딜럭스 8,300B 샹그릴라 윙 · 딜럭스 발코니 9,600B, 끄룽텝 윙 · 딜럭스 1만 3,000B **가는 방법** ①BTS 싸판 딱씬 역 3번 출구에서 도보 5분. ②**수상 보트** 타 싸톤 Tha Sathon(Sathon Pier) 선착장에서 도보 7분. Map P.28-B2 Map P.29

'지상의 낙원'이라는 뜻의 샹그릴라는 이름처럼 낙원 같은 호텔이다. 초특급 호텔 중에서도 보기 힘든 대형 호텔로 끄룽텝 윙 Krugthep Wing과 샹그릴라 윙 Shangri-La Wing으로 구분된 두 개의 빌딩에서 모두 799개 객실을 운영한다.

격조 높은 로비는 높은 천장까지 올라간 통유리가 열대 정원의 풍치와 어울리고, 감미로운 피아노 선율이 흐른다. 별도로 분리돼 운영되는 두 개의 수영장은 짜오프라야 강을 끼고 만든 열대 정원의 정취가 근심을 단번에 날릴 정도. 객실은 모두 스위트 룸으로 꾸며져 있다. 특히 부겐빌레아가 아름답게 핀 발코니를 간직한 끄룽텝 윙의 스위트 룸이 인기가 높다.

호텔 자체적으로 운행하고 있는 디너 크루즈와 디너 뷔페도 인기가 많다.

끄룽텝 윙과 샹그릴라 윙 두 동의 건물로 나뉘어 있는 샹그릴라 호텔

Shangri-La Hotel

페닌슐라 호텔 The Peninsula Bangkok ★★★★★★

주소 333 Thanon Charoen Nakhon Charoen Nakhon(Soi 9 & Soi 11) **전화** 0-2861-2888 **홈페이지** http://bangkok.peninsula.com **요금** 딜럭스 1만 2,200B, 그랜드 발코니 1만 6,300B **가는 방법** 짜오프라야 강 건너편에 있는 타논 짜런나콘 Thanon Charoen Nakhon 쏘이 9와 쏘이 11 사이에 있다 **수상 보트** '타 싸톤 Tha Sathon(Sathon Pier)' 선착장에서 호텔 전용 셔틀 보트가 운행된다. Map P.28-B2

오리엔탈 호텔과 대적할 만한 호텔로 두 호텔은 세계 호텔 랭킹 선두 탈환을 위해 경쟁이 치열하다. 짜오프라야 강을 사이에 두고 마주 보고 있는 것도 흥밋거리다. 페닌슐라 호텔은 현대적인 감각으로 중무장된 고급 호텔. 39층짜리 건물로 외관부터 시선을 압도한다. 옥상에 헬기 착륙장이 있으며, 태국 호텔 중에 안전과 보안에 관한 한 최고라고 자타가 공인한다.

객실은 일반 슈피리어 룸이 여느 호텔의 스위트 룸보다 넓고 럭셔리하게 꾸며져 있다. 객실에서 자신이 원하는 대로 방의 환경을 조절할 수 있는 최첨단 시스템을 갖추고 있으며, 창문으로 보이는 강 건너 방콕 도심의 야경도 일품이다. 부대시설로 방콕 베스트 레스토랑에 선정된 제스터스 Jester's와 메이쟝 Mei Jiang을 운영한다. 강변 테라스에서 야경을 바라보며 5성급 호텔의 격조 높은 식사를 즐길 수 있다.

호텔 위치는 강 건너편에 있어 전용 보트를 타고 드나들어야 한다.

페닌슐라 호텔

오리엔탈 호텔(만다린 오리엔탈 방콕) The Oriental Hotel (Mandarin Oriental Bangkok) ★★★★★★

주소 48 Oriental Ave. Thanon Charoen Krung Soi 40 **전화** 0-2659-9000 **홈페이지** www.mandarinoriental.com/bangkok/ **요금** 슈피리어 2만 2,600B, 딜럭스 2만 5,000B **가는 방법** 타논 짜런끄룽 쏘이 40(씨씹)에 있다. **수상 보트** 타 오리얀뗀 Tha Oriental(Oriental Pier) 선착장(선착장 번호 N1)에서 도보 3분. Map P.28-B2 Map P.29

짜오프라야 강변에 정착한 유럽인들이 만들었던 호텔 건물 자체의 역사는 무려 140년. 그만큼의 전통과 격식을 갖춘 호텔인데 무엇보다 서비스에 관한 한 이곳을 따라올 호텔이 없다. 투숙객보다 정확히 4배 많은 종업원들이 일하기 때문에 손님 개개인마다의 취향을 훤하게 읽어낸다.

객실은 모두 딜럭스 룸 358개와 스위트 룸 35개로 구성되어 있다. 특히 호텔 별관에 해당하는 오터스 윙 Author's Wing은 별천지의 세상이다. 곳곳에서 느껴지는 유럽풍 건물은 이곳을 거쳐 간 유명 작가들의 이름이 어우러져 명성이 자자하다. 조셉 콘래드, 서머싯 몸, 노엘 코워드, 제임스 미처너 등이 이곳에 머물렀으며, 객실 이름도 작가들의 본명을 그대로 붙였다. 현재는 세계적으로 유명한 재계 인사, 정치인, 예술인들이 이곳을 이용한다고 한다.

부대시설도 초호화판이다. 가장 대표적인 곳은 정장을 입고 출입해야 하는 프랑스 요리 전문식당인 르 노르망디 Le Normandie(P.300)와 감미로운 라이브 재즈가 특별한 공간으로 안내하는 뱀부 바 Bamboo Bar (P.301)가 있다. 과거 식민지를 지배했던 영국인들이 아시아에서 누렸던 호사를 경험하고 싶다면 오터스 라운지 Author's Lounge (P.301)에 들러 애프터눈 티를 즐겨도 좋다.

The Oriental Hotel

오리엔탈 호텔

Out of Bangkok

방콕 근교 지역

방콕에서 버스로 두세 시간이면 한적한 자연과 유네스코 역사 유적이 반긴다. 대중교통이 발달해 이동하기에 편리하며, 여행자들을 위한 호텔도 많아 하루 이틀 머물면서 방콕과는 전혀 다른 풍경을 만끽할 수 있다. 방콕 주변의 대표적인 도시는 아유타야, 깐짜나부리, 파타야가 있다. 태국 역사 상 가장 번성했던 아유타야는 폐허로 방치된 사원들이 가득하고, 깐짜나부리는 콰이 강의 다리를 지나는 기차를 타려는 여행자들로 분주하다. 파타야는 고급 리조트에 머물면서 휴양하거나 밤 문화를 즐기기 적합하다. 대도시의 교통체증과 소음에 질렸다면 방콕과 가장 가까운 섬인 꼬 싸멧으로 피신해 남국의 섬 생활을 즐기자.

Ayuthaya 아유타야

유네스코 세계문화유산

방콕에서 불과 76㎞, 차로 두 시간이면 갈 수 있는 아유타야는 역사의 향기로 가득하다. 싸얌(태국)의 두 번째 왕조였던 아유타야는 태국 역사를 통틀어 가장 번성했던 나라다. 절대로 무너질 것 같지 않던 크메르 제국마저 멸망시키고 400년 이상 동남아시아의 절대 패권을 누렸다. 우텅 왕 King U-Thong이 아유타야를 건국한 1350년부터 1767년까지 34명의 왕을 배출하며 중국, 인도는 물론 유럽과도 교역하는 국제적인 나라로 성장했다. 하지만 역사는 언제나 힘의 논리에 의해 흥망성쇠를 반복하기 마련. 그토록 번창했던 아유타야도 새롭게 등장한 버마(미얀마)의 공격에 의해 처참히 짓밟히고 수도가 약탈당하는 수모를 겪었다. 그 후 3년이 지나 세력을 재정비해 버마를 몰아냈지만, 버마의 재공격을 두려워한 나머지 짜오프라야 강의 남쪽인 방콕으로 수도를 이전하며, 아유타야는 폐허 속에 방치됐다. 아유타야는 과거의 화려한 모습으로 복원하는 대신 상처투성이인 모습 그대로 방치해 무상한 역사의 흔적을 여과 없이 보여준다. 태국의 문화와 역사, 건축을 사랑하는 사람들에게 절대로 빼놓아서는 안 될 유적지다.

Access

방콕에서 아유타야 드나들기

방콕에서 기차와 미니밴(롯뚜)이 수없이 드나들어 교통이 편리하다. 방콕에서 76㎞ 떨어져 있으며 차로 2시간 정도 가면 방콕과 전혀 다른 한적한 시골 도시에 갈 수 있다.

기차

방콕의 후아람퐁 기차역 Hua Lamphong Railway Station에서 아유타야까지는 방콕 북부로 향하는 모든 기차가 드나든다. 05:20~19:20까지 약 1시간 간격으로 기차가 출발한다. 요금은 등급에 따라 15~35B으로 다르다. 입석표는 15B으로 저렴하다. 완행열차라서 간이역에 정차하기 때문에 속도는 느리다. 아유타야까지 2시간 정도 걸린다. 방콕으로 돌아오는 마지막 기차는 오후 6시 경에 끊기므로 늦지 않도록 주의하자. 참고로 완행 기차는 지하철(MRT) 역이 있는 방쓰 Bang Sue 역과 돈므앙 공항 앞의 돈므앙 Don Muang 역에 기차가 정차한다. 아유타야 기차역(싸타니 롯파이 아유타야) 앞에서 길을 건너 골목 안쪽으로 100m 정도 가면 강을 건너는 보트를 탈 수 있다(운행 시간 05:00~20:00, 편도 요금 5B). 보트를 타고 강을 건너면 여행자 거리와 가까운 짜오프롬 시장 Chao Phrom Market이 나온다.

아유타야 기차역

미니밴(롯뚜)

+ 방콕(머칫) → 아유타야

이동 거리가 가까워 대형 버스가 아니라 미니밴(롯뚜)이 운행된다. 미니밴은 방콕의 두 개 버스 터미널에서 출발하는데, 상대적으로 아유타야와 가까운 북부 버스 터미널(콘쏭 머칫)을 이용하는 게 좋다. 06:00~17:00까지 30분 간격으로 출발하며, 편도 요금은 60B이다. 소요 시간은 약 2시간 정도 예상하면 된다.

2018년 8월에 미니밴 정류장이 북부 버스 터미널 외곽으로 이전했다. 북부 버스 터미널 앞쪽의 육교를 건너면 되는데 지리에 익숙하지 않은 외국인에게는 다소 불편할 수 있다. 미니밴 정류장의 공식 명칭은 싸타니던롯도이싼카낫렉(롯뚜) 짜뚜짝 Minibus Station Chatuchak สถานีเดินรถโดยสารขนาดเล็ก(มินิบัส-รถตู้) จตุจักร이다. 구글 지도 검색은 Morchit New Van Terminal로 하면 된다.

방콕 북부 버스 터미널(콘쏭 머칫)

+ 방콕(싸이따이) → 아유타야

남부 버스 터미널(싸이따이)에서도 아유아타행 미니밴은 운행된다. 편도 요금은 70B이다.

방콕 북부 터미널 맞은편의 미니밴 전용 탑승장

+ 아유타야 → 방콕

타논 나레쑤언 Map P.31-A1에서 방콕행 미니밴이 출발한다. 북부 버스 터미널(머칫)과 남부 버스 터미널(싸이따이)행으로 구분된다. 04:00~19:00까지 운행되며, 편도 요금은 60~70B이다. 북부 버스 티미널(머칫)행 미니밴은 돈므앙 공항과 BTS 머칫 역을 지난다(방콕 시내로 갈 경우 BTS 역에 내리면 된다).

아유타야에서 출발하는 방콕행 미니밴

여행사 버스(카오산 로드 출발)

카오산 로드의 여행사와 게스트하우스에서도 미니밴을 운영한다. 터미널까지 갈 필요가 없이 예약한 곳에서 픽업해 준다. 오전 7시에 출발하며, 편도 요금은 300B이다.

Transportation
아유타야의 교통

썽태우
뚝뚝
자전거 대여

뚝뚝 & 썽태우
특별한 구분 없이 뚝뚝과 썽태우가 혼용되어 쓰인다. 모양은 뚝뚝이지만 뒷좌석은 의자를 두 줄로 만든 썽태우처럼 생겼기 때문이다. 혼자서 탈 경우 뚝뚝이 되는 거고, 여러 명이 함께 타면 썽태우가 되는 셈이다.
썽태우는 짜오프롬 시장 앞에서 출발하지만 아무런 안내판도 없는 현지 교통을 외국인이 이용하기에는 무리가 따른다. 뚝뚝은 거리에 따라 30~50B에 흥정하면 된다.

뚝뚝 대절
아유타야 사원을 여러 명이 함께 여행할 때 유용하다. 공식 요금은 1시간에 200B이다. 선불로 지불하지 말고 투어가 끝난 다음 이용한 시간만큼 돈을 주면 된다. 기사에 따라 1인 요금이라며 바가지 씌우는 경우도 있으니, 반드시 차량 한 대당 요금임을 강조할 것.

자전거
여행자 거리인 타논 나레쑤언 쏘이 썽 Thanon Naresuan Soi 2과 기차역 앞에서 쉽게 빌릴 수 있다. 하루에 40~50B을 받으며 아유타야 지도 복사본을 선물로 준다. 경사진 곳이 없어서 기어가 없는 자전거가 대부분이다.

알아두세요

아유타야에서 깐짜나부리 가기

두 도시를 연결하는 직행 버스는 아직 없습니다. 어떤 버스를 타든지 중간에서 한 번은 갈아타야 하지요. 가장 일반적인 방법은 타논 방이안 쏘이 2에 있는 버스 정류장 Map P.31-B1에서 출발하는 로컬 버스를 타는 것입니다.
먼저 쑤판부리 Suphanburi(80B)까지 간 다음에 깐짜나부리(50B)행 버스로 갈아타야 합니다. 아유타야에서 쑤판부리까지는 90분, 쑤판부리에서 깐짜나부리까지 2시간이 걸립니다. 선풍기 시설의 일반 버스와 미니밴(롯뚜) 두 종류의 버스가 수시로 운행됩니다. 에어컨 시설의 미니밴이 편리합니다. 막차 출발 시간은 오후 6시 40분입니다. 또 다른 방법은 타논 나레쑤언의 미니버스 탑승장에서 남부 터미널(콘쏭 싸이 따이 마이)행 봉고차를 타는 겁니다. 새롭게 이전한 남부 터미널을 경유해 삔까오 Pin Klao의 쑤스코 주유소(옛 남부 터미널 맞은편)까지 가는데, 종점에서 내리지 말고 반드시 남부 터미널에서 내려야 합니다. 남부 터미널에서 깐짜나부리 가는 방법은 P.433를 참고하세요.
마지막으로 아유타야에서 깐짜나부리로 가는 가장 편한 방법입니다. 여행사에서 운영하는 투어리스트 버스를 타는 것으로 오전 9시에 단 한 차례 출발합니다. 요금은 350~400B으로 비싸지만 두 도시를 가장 빠르게 연결합니다.

Just Follow

Ayuthaya

1 자전거를 이용한 아유타야 일주

하루종일 자전거를 타고 주요 유적을 돌아보는 코스. 체력 소비가 많고 땀을 많이 흘리므로 적당한 휴식과 수분 섭취를 충분히 해두자. 정교한 지도 한 장은 필수다.

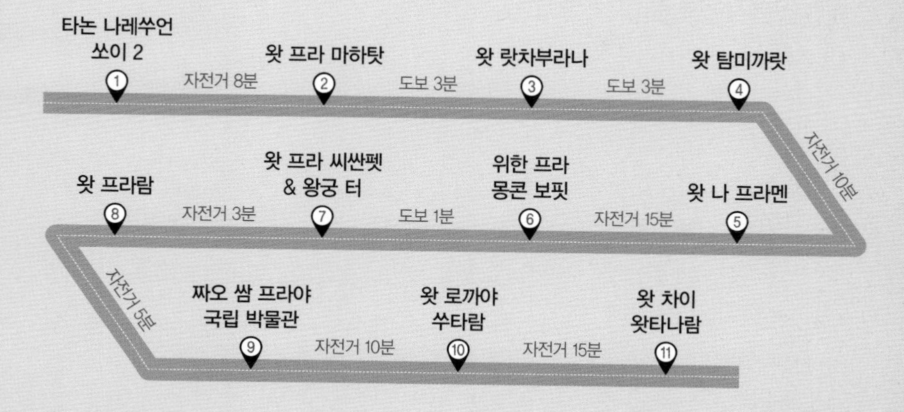

2 도보와 뚝뚝을 이용한 아유타야 일주

섬 외곽의 멀리 떨어진 사원을 뚝뚝으로 먼저 여행한 다음, 섬 안 의 왕궁 터 주변을 걸어서 여행한다.

3 자전거와 보트를 이용한 아유타야 일주

오전에는 자전거로 왕궁 터 주변을 여행하고, 오후에는 보트로 섬 외곽의 유적을 여행한다.

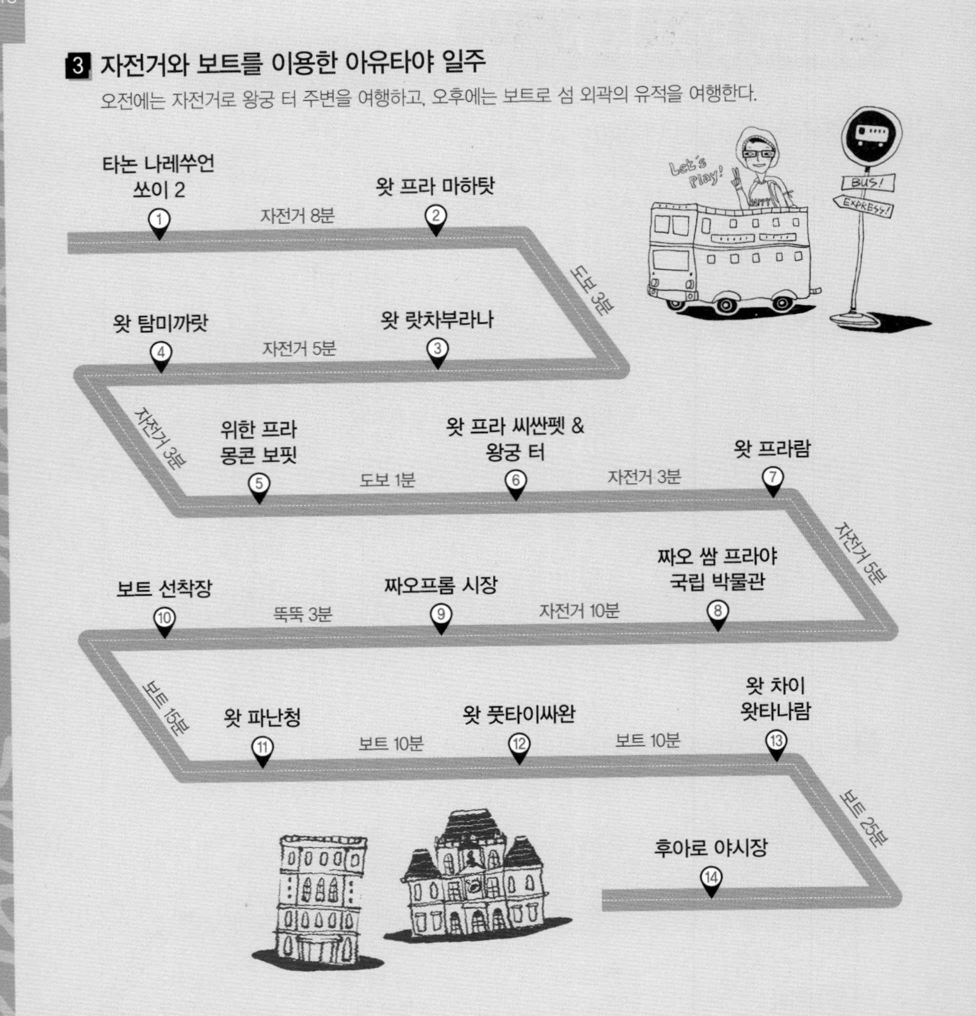

Travel Plus

아유타야는 나라 이름과 수도 이름이 같다

아유타야는 왕조의 이름이면서 수도 이름이기도 합니다. 아유타야는 본래 힌두 신화인 〈라마야나〉에 등장하는 라마가 태어난 나라인 '아요디아 Ayodhya'에서 연유한 것이지요. 아요디아는 산스크리트어로 '불패, 즉 망하지 않는'이라는 뜻이랍니다.

아유타야의 공식적인 도시 이름은 프라 나콘 씨 아유타야 Phra Nakhon Si Ayuthaya **พระนครศรีอยุธยา**로 아유타야의 신성한 도시라는 뜻이라고 하네요. 하지만 도시 이름이 너무 길어 흔히 아유타야라고 한답니다. 참고로 아유타야의 역사가 궁금하다면 개요편 P.494를 읽어 보세요.

Attractions

아유타야의 볼거리

아유타야에는 무려 400개가 넘는 사원이 있다. 모든 사원을 방문할 필요도 없고, 하루 이틀로는 모두 돌아보기 불가능하기 때문에 주요한 사원들을 선별해 여행하도록 하자. 주요 유적들은 강으로 둘러싸인 섬 내부에 몰려 있다. 섬 외부 유적들은 상대적으로 복원 상태가 좋은 대형 사원들이 많다. 모든 사원들은 오후 4~5시까지 개방하며 중요도가 높은 사원은 별도의 입장료를 받는다.

섬 내부 유적들

강에 둘러싸여 섬처럼 이루어진 아유타야 올드 타운은 역사공원으로 지정되어 보호되고 있다. 아유타야에서 반드시 봐야 하는 왓 프라 씨싼펫, 왓 프라 마하탓, 왓 랏차부라나가 모두 이곳에 있다.

왓 프라 씨싼펫
Wat Phra Si Sanphet
วัดพระศรีสรรเพชญ์ ★★★★

주소 Thanon Si Sanphet **운영** 08:00~17:00 **요금** 50B **가는 방법** 왓 프라 마하탓과 왓 랏차부라나 사이의 타논 나레쑤언 Thanon Naresuan을 따라 도보 10~15분. 위한 프라 몽콘 보핏의 오른쪽에 출입구가 있다. Map P.32-B1

아유타야 시대 사원 건축의 상징처럼 여겨지는 곳으로 웅장한 규모를 자랑한다. 1448년 보롬마뜨라이로까낫 왕 King Borommatrailokanat(1448~1488) 때 만든 왕실 사원으로 승려가 거주하지 않는 것이 특징이다. 라따나꼬씬의 왓 프라깨우 Wat Phra Kaew와 동일한 콘셉트로 왕실의 특별 행사가 있을 때 국왕이 직접 행차하던 곳이다.

사원에 들어서면 높다란 3개의 쩨디가 이목을 집중시킨다. 쩨디는 1503년에 만들어졌으며 높이 16m에 황금으로 치장되어 있었다. 황금의 무게만 250㎏에 달했으나 버마(미얀마)의 침략으로 약탈당하여 모두 녹아 없어졌다. 쩨디 내부에는 아유타야 주요 국왕들의 유해가 안치됐다. 쩨디 주변을 가득 메웠던 법당과 주요 건물들은 모두 폐허로 남아 있다. 사원 옆문을 통해 왕궁 터로 들어갈 수 있다.

왕궁 터
Royal Palace
พระราชวังโบราณ อยุธยา ★

현지어 왕 루앙 **위치** 왓 프라 씨싼펫 오른쪽 **운영** 08:00~17:00 **요금** 무료 **가는 방법** 왓 프라 씨싼펫 내부를 통해 드나들 수 있다. Map P.32-B1

태국 최고 전성기를 누렸던 아유타야 왕국의 수도는 현재 흔적도 없이 사라졌다. 왓 프라 씨싼펫을 건설한 보롬마뜨라이로까낫 왕 때 최초로 건설돼 한 세기 동안 증축·확대됐으나 1767년 버마(미얀마)와의 전쟁에서 완패하며 폐허가 되었다. 현재는 무성한 잔디와 함께 왕궁 성벽의 미세한 흔적만 남아 있을 뿐이다.

아유타야 시대 왕실 사원으로 쓰였던 왓 프라 씨싼펫

Wat Phra Si Sanphet

위한 프라 몽콘 보핏
Vihan Phra Mongkhon Bophit
วิหารพระมงคลบพิตร ★★

주소 Thanon Phra Si Sanphet **운영** 08:30~18:30 **요금** 무료 **가는 방법** 왓 프라 씨싼펫 왼쪽에 있으며, 왓 프라 마하탓에서 도보 10~15분. Map P.32-B1

위한 프라 몽콘 보핏

왓 프라 씨싼펫 남쪽 입구에 있다. 불법승을 완전히 갖춘 사원이 아니라 불상을 모신 위한(법당)이다. 위한 내부에는 태국에서 가장 큰 청동 불상인 프라 몽콘 보핏을 모시고 있다.
1538년 차이라짜티랏 왕 King Chairachathirat 때 만든 것으로 여겨지며, 17m 크기의 자개를 이용해 불상의 눈을 만든 것이 특징이다. 위한은 1767년에 붕괴된 것을 1951년에 재건축한 것이다. 아유타야의 다른 사원과 달리 나지막한 지붕과 독특한 구조가 눈길을 끈다.

왓 프라 마하탓(왓 마하탓)
Wat Phra Mahathat
วัดมหาธาตุ ★★★★

주소 Thanon Chee Kun **운영** 08:00~ 17:00 **요금** 50B **가는 방법** 타논 나레쑤언과 타논 치꾼 사거리에 있다. 여행자 거리인 타논 나레쑤언 쏘이 썽 Thanon Naresuan Soi 2에서 자전거로 10분.
Map P.32-B1

아유타야 유적을 향해 올드 타운 중심가로 향하면 가장 먼저 만나게 되는 사원으로, 흔히 '왓 마하탓'이라고 부른다. 보롬마라차 1세(재위 1370~1388) 때 건설하기 시작해 라마쑤언 왕(재위 1388~1395) 때 완성됐다. 왓 프라 마하탓은 '위대한 유물을 모신 사원'이라는 뜻으로 붓다의 사리를 모시기 위해 만들었다. 크메르 양식의 탑인 쁘랑 prang이 높이 38m로 만들어졌으나 버마의 공격으로 파손돼 기단만 남아 있다. 1950년대 사원을 보수하는 과정에서 황금, 크리스털, 호박 같은 보물이 대거 발굴됐으며 현재 짜오 쌈 프라야 국립 박물관에서 보관 전시 중이다.

Wat Phra Mahathat

왓 마하탓

왓 마하탓은 아유타야의 옛 모습을 유추하며 전성기 때를 회상하게 만든다. 지금은 초라한 모습으로 망한 나라의 애틋함도 느껴지는 곳으로 보리수 나무 뿌리에 휘감겨 세월을 인내한 머리 잘린 불상이 역사의 흔적을 그대로 보여줄 뿐이다.

왓 랏차부라나
Wat Ratchaburana
วัดราชบูรณะ ★★★☆

주소 Thanon Chee Kun **운영** 08:00~17:00 **요금** 50B **가는 방법** 타논 나레쑤언과 타논 치꾼 사거리의 왓 프라 마하탓 오른쪽에 있다. 여행자 거리인 타논 나레쑤언 쏘이 2에서 자전거로 10분.
Map P.32-B1

태국 역사상 가장 큰 유물 발굴을 가능하게 한 사원이다. 아유타야가 전성기를 구가하던 1424년 보롬마라차 2세 King Borommaracha II가 건설했으며, 왕권 쟁탈을 위해 다투다 사망한 그의 두 형제를 기리는 사원이다. 역시나 버마(미얀마)의 공격으로 파괴된 사원은 곳곳에 불상들이 흩어져 있어

왓 랏차부라나

왓 탐미까랏

연못에 둘러싸인 왓 프라람

시간의 무상함을 느끼게 한다.

사원 중앙에 우뚝 솟은 쁘랑은 크메르 제국의 앙코르 톰 Angkor Thom을 정벌하고 돌아온 기념으로 건설한 것이다. 쁘랑은 전형적인 크메르 양식으로, 주변 국가를 정벌하며 가져온 보물들을 쁘랑 내부의 비밀 저장고에 보관해 두었다. 쁘랑에 보관한 보물들은 1957년 도굴꾼들에 의해 우연히 발견됐는데 황금으로 만든 장신구와 청동 불상 등 국보급 유물이 가득했다. 황금 코끼리 동상을 포함한 유물들은 짜오 쌈 프라야 국립 박물관에 전시되어 있다.

계단을 통해 쁘랑 내부로 들어갈 수 있는데, 아유타야 사원 건축에서 보기 힘든 내부 벽화가 아직도 남아 있다.

왓 탐미까랏
Wat Thammikarat
วัดธรรมิกราช

★★

주소 Thanon Naresuan **운영** 08:00~17:00 **요금** 무료 **가는 방법** 왓 랏차부라나에서 자전거로 5분, 위한 프라 몽콘 보핏에서 자전거로 5분. Map P.32-B1

왓 랏차부라나에서 위한 프라 몽콘 보핏으로 가는 길에 있는 작은 사원이다. 쩨디와 대법전으로 구성되어 있으나 기단부와 벽면만 남아 있다. 쩨디 기단부는 사자 모양의 '씽 Singha'이 세워져 있다. 아유타야가 성립되기 이전에 건설된 사원으로 평가되고 있으나 정확한 건축 연대는 알려져 있지 않다.

왓 프라람
Wat Phra Ram
วัดพระราม

★★

주소 Thanon Si Sanphet **운영** 08:00~17:00 **요금** 50B **가는 방법** 타논 씨싼펫 Thanon Si Sanphet과 타논 빠톤 Thanon Pa Thon 교차로에 있다. 왓 프라 씨싼펫 입구에서 타논 씨싼펫을 따라 태국 관광청 방향으로 도보 5분. Map P.32-B2

견고하게 생긴 쁘랑(크메르 양식의 탑) 하나만 달랑 남아 있는 사원. 아유타야 왕들에 의해 300년 이상 걸려서 완공됐을 것으로 여겨진다. 정확한 건축 이유는 아직도 확실하지 않다.

다만 아유타야를 창시한 우텅 왕 King U-Thong의 화장터로 만들었다는 설과 나레쑤언 왕 King Naresuan이 자신의 아버지인 라마티보디 왕의 장 식을 하기 위해 만들었다는 설이 유력하다. 여행자의 발길은 적은 편이지만 연못에 둘러싸여 분위기가 좋다.

Travel Plus

코끼리 트레킹

아유타야에서도 미니 코끼리 트레킹이 가능합니다. 30분 정도 코끼리를 타고 왓 프라람과 왓 프라 씨싼펫까지 다녀오는 코스입니다. 의자와 양산 등으로 코끼리를 치장해 마치 왕족이 된 기분으로 코끼리를 탈 수 있답니다. 출발은 태국 관광청 옆 사거리 코너에서 출발하며 요금은 500B입니다.

Map P.32-B2

왓 로까야쑤타람

왓 로까야 쑤타람
Wat Lokaya Sutharam
วัดโลกยสุธาราม ★★★

주소 Thanon Khlong Tho **운영** 연중 무휴 **요금** 무료 **가는 방법** 왕궁 터 뒤편으로 왓 프라 씨싼펫에서 자전거로 10~15분. Map P.32-A1

아유타야 유적 중심부에서 서쪽에 떨어져 있는 사원인데 와불상으로 유명하다. 42m 크기의 대형 와불상은 팔베개를 하고 명상하는 모습으로 오렌지 승복이 입혀져 있다. 원래 불상은 나무로 만든 위한(법당) 내부에 안치되어 있었으나 현재는 야외에 덩그러니 불상만 남았다. 와불상은 부처가 열반에 든 모습을 형상화한 것으로, 불상이 크면 클수록 전쟁에서 승리한다는 믿음과 관련해 아유타야 왕조에서 제작한 것.

짜오 쌈 프라야 국립 박물관
Chao Sam Phraya National Museum
พิพิธภัณฑสถานแห่งชาติ เจ้าสามพระยา ★★★

현지어 피피타판 행찻 짜오 쌈 프라야 **주소** Thanon Si Sanphet & Thanon Rotchana **운영** 화~일

짜오 쌈 프라야 국립 박물관

09:00~16:00(휴무 월요일) **요금** 150B **가는 방법** 타논 씨싼펫의 태국 관광청 맞은편으로 왓 프라 씨싼펫에서 자전거로 5~6분. Map P.32-B2

아유타야 국립 박물관에 해당한다. 도시에 있는 3개의 박물관 중 규모도 가장 크다. 도굴되어 반출되거나 방콕 국립 박물관으로 옮겨진 것을 제외하고 아유타야의 사원에서 발굴된 유물들을 연대별로 전시한다. 왓 프라 마하탓에서 발굴된 사리 보관함, 왓 랏차부라나에서 발굴된 불상과 황금 장신구를 포함해 다양한 불상과 목조 조각 등을 전시한다. 박물관 한쪽에 티크 나무로 재현한 전통 가옥도 볼 만하다.

짠까셈 국립 박물관
Chan Kasem National Museum
พระราชวังจันทร์เกษม ★★

현지어 피피타판 행찻 짠까쎔 **주소** Thanon U-Thong **운영** 09:00~16:00(휴무 월~화요일) **요금** 100B **가는 방법** 후아로 야시장 맞은편의 타논 우텅 Thanon U-Thong에 있다. 여행자 거리인 타논 나레쑤언 쏘이 2에서 자전거로 7~8분 걸린다. Map P.32-C1

빠싹 강변 Mae Nam Pasak에 있는 하얀 성벽에 둘러싸인 짠까셈 궁전 Chan Kasem Palace을 개조해

Travel Plus

아유타야의 밤은 낮보다 아름답다

아유타야 유적은 낮 시간에도 아름다운 자태를 뽐내지만 어둠이 내린 밤에도 눈이 부시답니다. 해가 지고 어둠이 찾아오는 저녁 7시부터 9시까지 주요 유적들이 야간 조명으로 치장하기 때문이죠. 왓 프라 마하탓, 왓 랏차부라나, 왓 프라 씨싼펫, 왓 프라람을 포함해 멀리 있는 왓 차이 왓타나람까지 무더운 낮에는 느낄 수 없는 낭만을 선사해 줍니다. 방콕에서 당일치기로 찾아온 관광객들이 빠져 나간 시간이라 조용하게 유적을 감상할 수 있는 것도 매력이구요. 사원 내부로 들어갈 수는 없지만 한적한 밤길을 걷는 것만으로 충분한 가치가 있답니다. 길눈이 어둡다면 게스트하우스와 여행사에서 차량을 제공하는 야간 투어 상품에 참여하는 것도 좋습니다.

짠까쎔 국립 박물관

만든 박물관이다. 본래 아유타야 17대 왕인 마하 탐마라차 왕 King Maha Thammaracha이 그의 아들인 나레쑤언 왕의 대관식을 위해 1577년에 건설했다. 궁전은 1767년 버마(미얀마)의 공격으로 폐허가 됐으며 라마 4세 때 복원되어 1936년부터 박물관으로 사용되고 있다.

끄룽씨 워킹 스트리트(끄룽씨 야시장)
Krungsri Walking Street(Krungsri Night Market)
ถนนคนเดินกรุงศรี ★★☆

주소 Thanon Si Sanphet **운영** 금~일 17:00~22:00(휴무 월~목요일) **가는 방법** 태국 관광청 사무실에서 남쪽으로 200m. Map P.32-B2

금·토·일 저녁 시간에만 서는 주말 야시장이다. 차량이 통제되는 워킹 스트리트를 따라 먹거리 노점이 길게 들어선다. 역사 유적이 가득한 지역인 만큼 옛 풍경을 슬쩍 재현한 게 눈에 띈다. 이를테면 아유타야 시대 전통 복장을 입고 장사를 하는 상인들이나, 길 끄트머리에 대나무로 재현한 아유타야 병영을 만날 수 있다. 외국 관광객보다 현지인들이 즐겨 찾는다. '끄룽씨'는 신성한 수도라는 뜻으로 아유타야를 의미한다.

야시장이 들어서는 끄룽씨 워킹 스트리트

섬 외부 유적들

자전거로 다니기는 먼 거리지만 보존이 잘된 대형 사원들이 많아 그냥 지나치기 아까운 곳이다. 아유타야 중심부를 감싸는 강들 때문에 육로 교통보다는 해상 교통을 이용하면 편리하다. 해 지는 시간에 맞춰 선셋 보트 투어에 참여해도 좋다.

왓 차이 왓타나람
Wat Chai Watthanaram
วัดไชยวัฒนาราม ★★★★

위치 짜오프라야 강 건너 서쪽 **운영** 08:00~16:30 **요금** 50B **가는 방법** 왓 프라 씨싼펫에서 자전거로 20분, 뚝뚝으로 10분. Map P.32-A2

아유타야 역사공원 서쪽의 짜오프라야 강 건너편에 있는 대형 사원이다. 1630년 쁘라쌋텅 왕 King Prasat Thong이 그의 어머니를 위해 건설한 사원으로 전형적인 크메르 양식으로 만들었다.

사원의 전체적인 구조는 힌두교의 우주론을 형상화했으며, 중앙의 대형 쩨디는 우주의 중심인 메루산 Mount Meru을 상징한다. 대형 쩨디 주변으로 8개의 대륙을 상징하는 8개의 작은 쩨디를 세우고 회랑을 만들었다. 회랑은 현재 파손되었으나 머리와 팔이 잘린 동상들이 연속해 있어 나름의 분위기를 자아내고 있다.

왓 차이 왓타나람

Wat Chai Watthanaram

사원의 현재 모습은 1980년대에 복원한 것이다. 복원 상태가 완벽해 매우 아름다운 사원으로 평가받는다. 강과 접하고 있어 보트를 타고 사원을 방문하면 더욱 좋다. 특히 해가 지는 시간이면 모든 보트 투어가 이곳에 들른다.

Travel Plus

강 따라 섬 한 바퀴 돌아보세요!

아유타야의 지리를 이해하는 데 가장 좋은 방법은 보트를 타는 거랍니다. 강들에 의해 섬으로 둘러싸인 아유타야를 여행하는 또 다른 방법으로 멀리 떨어진 사원들을 편하게 방문할 수 있지요. 게스트하우스나 여행사에서 사람들을 모아 오후 4시경에 출발합니다. 소형 보트를 이용하기 때문에 4명 이상이면 출발 가능하구요. 요금은 1인당 200B이랍니다.
왓 파난청을 시작으로 왓 차이 왓타나람, 왓 풋타이싸완 등을 방문한답니다. 강을 따라 섬을 한 바퀴 돈 다음 후아로 야시장에 내려주기 때문에 일행들과 함께 저녁을 먹은 후에 숙소까지 천천히 걸어오면 됩니다.

왓 야이 차이 몽콘
Wat Yai Chai Mongkhon
วัดใหญ่ชัยมงคล ★★★★

주소 Thanon Ayuthaya-Bang Pa In **운영** 08:30~16:30 **요금** 20B **가는 방법** 타논 롯짜나 Thanon Rotchana를 따라 아유타야 신시가지 방향으로 빠싹 강을 건넌 다음 대형 탑이 있는 원형 로터리에서 남쪽(진행 방향으로 오른쪽)으로 가면 된다. 여행자 거리인 타논 나레쑤언 쏘이 2에서 뚝뚝으로 10~15분. Map P.32-C2

아유타야 역사 공원 외곽에 있는 사원 중에 가장 많은 사람들이 들르는 사원이다. 아유타야를 건설한 우텅 왕 때인 1357년에 건설했다. '큰 사원'이라는 뜻으로 흔히 '왓 야이'라 부른다. 스리랑카에서 공부하고 돌아온 승려들을 위해 건설한 사원으로 불교 경전 연구보다는 명상을 통해 깨달음을 수행하던 곳이다. 사원 중앙에는 72m 높이의 대형 쩨디(프라 쩨디 프라야 몽콘 Phra Chedi Phraya Mongkhon)가 있다. 버마(미얀마)와의 전쟁 승리를 기념하기 위해 나레쑤언 왕이 만든 것. 종 모양의 전형적인 스리랑카 양식의 탑으로 1593년에 건설했다. 또한 사원 입구의 잔디 정원에는 7m 길이의 와불상이 있다.

Wat Yai Chai Mongkhon

왓 파난청
Wat Phanan Cheong
วัดพนัญเชิง ★★★

위치 섬 동남쪽 강 건너편의 3053번 국도 **운영** 08:30~16:30 **요금** 20B **가는 방법** 자전거로 간다면 섬 안쪽의 짜오프라야 강과 접한 타논 우텅 Thanon U-Thong에 있는 펫 요새(뻠 펫) Phet Fortress(Pom Phet) 오른쪽의 선착장에서 배를 타고 건너는 게 가장 빠르다. 뚝뚝을 탄다면 여행자 거리인 타논 나레쑤언 쏘이 1에서 15분. Map P.32-C2

아유타야가 성립되기 전인 1325년에 건설됐다. 화교들에게 사랑받는 사원으로 한자와 중국 불상들이 곳곳에 가득하다. 이처럼 왓 파난청이 화교들에게 인기가 높은 이유는 아유타야의 주요 무역항이 사원 앞에 위치했기 때문이다.
1407년 중국의 탐험가 쩡허(鄭和)가 방문해 중국과 외교관계를 수립했으며, 황제 영락제가 태국으로 대

Wat Yai Chai Mongkhon

왓 야이 차이 몽콘

강변에 만든 왓 파난청 사원

형 불상을 선물했다. 대법전에 모신 19m 크기의 루앙 퍼 파난청 Luang Po Phanan Cheong(프라 짜오 파난청) 불상이 바로 중국에서 전해진 것이며, 그때부터 태국으로 이주한 중국 상인들의 발길이 끊임없이 이어진다.

불상과 관련된 또 다른 전설은 아유타야가 버마(미얀마)의 침략을 받아 망할 때 눈물을 흘렸다는 것이다. 그만큼 태국 사람들도 신성시하는 불상인 셈이다.

왓 나 프라멘(왓 나 프라메루)
Wat Na Phra Mehn
วัดหน้าพระเมรุ ★★

위치 섬 북쪽의 롭부리 강 건너편 **운영** 08:30~16:30 **요금** 30B **가는 방법** 왕궁 터 오른쪽의 타논 우텅에서 롭부리 강 Mae Nam Lopburi을 지나는 다리를 건너야 한다. 왓 프라 씨싼펫에서 자전거로 10분. Map P.32-B1

아유타야가 버마(미얀마)의 공격을 받아 멸망할 당시 유일하게 파괴되지 않고 원형 그대로 살아남은 사원이다. 그 이유는 간단하다. 1767년 버마 군대가 아유타야 왕실을 점령하기 위해 왓 나 프라멘을 거점으로 삼았기 때문이다.

사원의 가장 큰 볼거리는 1503년에 만든 봇(대법전) Bot이다. 전형적인 아유타야 양식 건물로 정성들여 만든 주랑, 연꽃 봉오리 모양으로 곡선을 살린 지붕, 목조 조각으로 장식된 천장까지 당시 건축의 아름다움을 그대로 보여준다. 대법전 내부에는 6m 크기의 아유타야 불상을 안치했는데, 당시 건축 기법에 따라 국왕의 얼굴을 형상화했다고 한다.

대법전 옆에 있는 위한(지성소)에 안치한 드바라바티 양식의 프라 칸타라랏 Phra Khanthararat 불상도 볼 만하다. 태국에서 가장 큰 5.2m 크기의 석조 불상으로 무려 1,300년 전에 만들어졌다.

왓 나 프라멘 대법전

왓 푸 카오 텅
Wat Phu Khao Thong
วัดภูเขาทอง ★★

주소 Tanon Ayuthaya-Pa Mok **운영** 연중 무휴 **요금** 무료 **가는 방법** 왕궁 터에서 북서쪽으로 2㎞ 떨어져 있다. 타논 아유타야-빠목 Tanon Ayuthaya-Pa Mok을 따라 북쪽으로 가다가 나레쑤언 왕 동상이 보이는 공원 안쪽으로 들어가면 된다. Map P.32-A1

아유타야 중심가에서 북서쪽으로 5㎞ 떨어진 곳에 있는 황금 산 Golden Mount(푸 카오 텅)이다. 버마(미얀마)가 아유타야를 15년간 1차 점령했던 기간인 1569년에 만든 쩨디로 아유타야에서 보던 탑들과는 전혀 다른 모양을 하고 있다. 쩨디는 계단을 통해 중턱까지 오를 수 있으며 역사 공원을 포함해 주변의 중부 평원이 시원스레 펼쳐진다.

쩨디 입구에는 나레쑤언 왕 동상이 세워져 있다. 그는 버마를 내쫓고 아유타야를 재건한 위대한 왕으로 평가받는다. 동상 주변으로는 특이하게도 수탉 동상이 세워졌는데, 버마에 볼모로 잡혀갔던 나레쑤언 왕자가 버마 왕자와 투계(鬪鷄) 시합을 벌여 풀려나게 된 일에 연유한 것.

왓 푸 카오 텅

나레쑤언 왕 동상

Restaurant

아유타야의 레스토랑

고급 레스토랑보다는 저렴한 식당이 많다. 재래시장이나 야시장에서 저렴하게 식사할 수 있다. 멀리가기 귀찮다면 여행자 거리에 있는 레스토랑에서 식사하면 된다.

짜오프롬 시장(딸랏 짜오프롬) Chao Phrom Market ตลาดเจ้าพรหม ★★

주소 Thanon Naresuan **영업** 08:00~18:00 **메뉴** 영어, 태국어 **예산** 40~50B **가는 방법** 타논 나레쑤언 거리의 암폰 백화점 맞은편에 있다. Map P.32-C1

여행자 거리와 가까운 재래시장으로 시장통의 어수선함과 어울려 현지인들의 호기심 어린 눈길을 받으며 식사할 수 있는 곳이다. 대부분 볶음 위주의 단품 요리가 주를 이룬다. 특별한 맛은 아니지만 저렴하고 간단하게 한 끼 식사를 해결할 수 있다.

짜오프롬 시장

후아로 야시장(딸랏 후아로) Hua Ro Night Market ตลาดหัวรอ ★★★

주소 Thanon U-Thong **영업** 18:00~22:30 **메뉴** 영어, 태국어 **예산** 50~80B **가는 방법** 타논 우텅의 짠까쎔 박물관 앞에 있다. 여행자 거리인 타논 나레쑤언 쏘이 2에서 도보 10~15분. Map P.32-C1

후아로 야시장

짠타라까쎔 박물관 앞의 강변에 형성되며 다양한 먹을거리와 디저트 노점이 들어서 활기를 띤다. 카우팟과 팟타이는 물론 다양한 시푸드 요리를 저렴하게 즐길 수 있다.

방란 야시장 Bang Lan Night Market ★★★

주소 Thanon Bang lan **영업** 16:00~21:00 **메뉴** 태국어 **예산** 40~80B **가는 방법** 타논 방이안 거리에 있다. Map P.31-A2

태국에서 흔히 볼 수 있는 길거리 노점 야시장이다. 밥과 반찬, 과일을 파는 노점들이 도로를 따라 줄지어 있다. 현지인들은 오토바이를 타고 와서 저녁식사에 필요한 음식을 싸이퉁(비닐봉지에 담아가는 테이크아웃)해 간다. 다른 야시장에 비해 접근성이 좋아 외국 관광객들도 많이 찾아온다.

방란 야시장

커피 올드 시티 Coffee Old City ★★★☆

주소 Thanon Chee Kun **전화** 08-9889-9092 **영업** 08:00~17:30(휴무 일요일) **메뉴** 영어, 태국어 **예산** 커피 50~75B, 메인 요리 80~120B **가는 방법** 타논 치꾼의 왓 프라 마하탓 맞은편에 있다. Map P.31-A2

전형적인 투어리스트 레스토랑으로 위치가 좋아서 외국 관광객들이 즐겨 찾는다. 카페를 겸한 레스토랑으로 넓고 깔끔해서 쾌적하게 식사할 수 있다. 토스트 위주의 아침식사 메뉴, 샌드위치, 팟타이, 덮밥

커피 올드 시티

쏨땀 쑤깐야

을 포함한 기본적인 태국 음식을 요리한다. 커피 한 잔 마시며 잠시 쉬어가도 된다.

마라꺼 Malakor
ร้านอาหาร มะละกอ ★★★☆

주소 Thanon Chee Kun **전화** 09-1779-6475 **홈페이지** www.facebook.com/malakorrestaurant **영업** 09:00~23:00 **메뉴** 영어, 태국어 **예산** 70~185B **가는 방법** 왓 랏차부라나를 등지고 길 건너 왼쪽에 있다. Map P.31-A1

마라꺼

유적지와 가까운 곳에 있는 레스토랑으로 외국 여행자들에게 잘 알려진 곳이다. 아유타야 역사 공원의 조용함과 잘 어울리는 목조 건물로 평상에 앉아 식사를 즐길 수 있다. 태국 음식을 주로 하는데, 적당한 가격에 깔끔한 태국 요리를 맛볼 수 있다. 에어컨 시설의 카페를 함께 운영한다.

쏨땀 쑤깐야 Somtum Sukunya
ส้มตำสุกัญญา ★★★★

주소 11/7 Thanon Ho Rattanachai **전화** 08-9163-7342 **홈페이지**wwww.facebook.com/Somtum Sukunya **영업** 09:00~17:00 **메뉴** 영어, 태국어 **예산** 60~280B **가는 방법** 왓 프라 마하탓 맞은편으로 연결되는 타논 호랏따나차이에 있다. Map P.31-A2

일대에서 인기가 좋은 이싼 음식점. 전형적인 태국 가정집 같은 분위기로, 규모는 작지만 아늑하고 서비스가 친절하다. 쏨땀(파파야 샐러드)과 까이양(닭고기 숯불구이), 느아양(소고기 숯불구이), 커무양(돼지목살 숯불구이)을 곁들여 찰밥(카우니아우)과 함께 먹으면 간단한 식사가 된다. 똠얌꿍과 생선 요리, 새우 요리를 메인으로 추가해도 된다. 음식이 깔끔하며 가격도 전혀 부담 없다. 역사 유적과도 가까워 외국인 관광객도 즐겨 찾는다. 냉방 시설을 갖춰 쾌적한 것도 장점이다.

란 타 루앙 Raan Tha Luang
ร้านท่าหลวง ★★★

주소 16/2 U-Thong **전화** 0-3524-4993, 09-6883-7109 **홈페이지** www.raan-tha-luang.com **영업** 10:00~22:00 **메뉴** 영어, 태국어 **예산** 120~320B **가는 방법** 타논 우텅의 타나찻 은행을 바라보고 오른쪽에 있다. Map P.31-B2

강변을 끼고 있는 레스토랑이다. 목조 건물의 운치와 강변의 여유로움을 동시에 느낄 수 있다. 외국 관광객이 찾는 곳이지만 음식이나 분위기도 모두 괜찮다. 시푸드 요리가 많은 편이다. 칵테일 바를 겸하고 있으며, 저녁 시간에는 어쿠스틱 음악을 라이브로 연주하기도 한다. 보트 크루즈를 함께 운영한다.

보트 크루즈를 운영하는 강변 레스토랑 란 타 루앙

Bann Kun Pra

반 쿤프라
Bann Kun Pra บ้านคุณพระ ★★★☆

주소 48 Moo 3 Thanon U-Thong **전화** 0-3524-1978 **홈페이지** www.bannkunpra.com **영업** 12:00~22:00 **메뉴** 영어, 태국어 **예산** 100~420B **가는 방법** 타논 우텅 & 타논 빠톤 Thanon Pa Thon 삼거리에서 강변 쪽에 있다. Map P.31-B2

강변과 접하고 있어 분위기가 좋다. 100년 이상된 티크 나무로 만든 전통 가옥의 앞마당을 레스토랑으로 사용한다. 생선과 새우 같은 해산물 요리가 많은 편이며, 깽키우완(Green Curry)와 깽펫(Red Curry) 같은 태국 카레맛도 훌륭하다. 게스트하우스를 함께 운영한다. 오전에는 숙소 손님들을 위한 아침 메뉴만 제공한다.

토니스 플레이스
Tony's Place ★★☆

주소 12/18 Thanon Naresuan Soi 2 **전화** 0-3525-2578 **영업** 09:00~24:00 **메뉴** 영어, 태국어 **예산** 70~300B **가는 방법** 타논 나레쑤언 쏘이 2 골목 안쪽으로 약 100m 들어가면 오른쪽에 있다. Map P.31-B1

여행자 거리에서 가장 인기 있는 여행자 레스토랑이다. 유럽식 아침 메뉴부터 스테이크와 똠얌꿍까지 메뉴가 다양하다. 티크 나무로 만든 전통 가옥과 넓은 마당이 편한 느낌을 준다. 평상에 드러누워 술이나 커피를 마셔도 좋다.

게스트하우스를 함께 운영하는 토니스 플레이스

싸땅 크레페 & 커피

싸땅 크레페 & 커피
Satang Crepe & Coffee สตางค์ เครป คอฟฟี่ สมูทตี้ ★★☆

주소 Thanon Naresuan & Thanon Khlong Makham Riang **전화** 08-5100-1166 **영업** 11:30~22:00 **메뉴** 영어, 태국어 **예산** 60~199B **가는 방법** 타논 나레쑤언 여행자 거리에서 왼쪽(서쪽) 방향으로 첫 번째 운하(수로)를 건너자마자 타논 나레쑤언 & 타논 크롱 마캄리앙 사거리 코너에 있다. Map P.31-A1

현지인들 특히 젊은이들에게 인기 있는 디저트 카페. 허니 토스트를 시작으로 크레페, 와플, 스무디, 아이스크림까지 달달하고 시원한 것들은 모두 있다. 토핑을 입맛에 맞게 선택할 수 있어서 메뉴가 방대하다. 더위에 지쳐 당이 필요할 때 들르면 좋다. 샐러드와 피자 등 식사 메뉴도 있다.

팍완 Pak Wan
ก๋วยเตี๋ยวผักหวาน (ซอยอู่ทอง 4) ★★★☆

주소 48/3 Thanon U-Thong Soi 4 **전화** 0-3524-2085, 08-9539-9427 **홈페이지** www.facebook.com/PhakHwanAyutthaya **영업** 08:00~21:00 **메뉴** 영어, 태국어 **예산** 50~120B **가는 방법** 왓 쑤언다라람(사원)이 있는 타논 우텅 쏘이 4 골목 안쪽으로 50m. Map P.32-C2

현지인들에게 인기 있는 가성비 좋은 레스토랑이다. 쌀국수와 팟타이, 쏨땀, 스프링롤 같은 부담 없는 음식들이 가득하다. 무슬림이 운영하는 곳이라 돼지고기는 사용하지 않는다. 에어컨 시설의 실내와 그늘 가득한 야외 정원으로 구분되어 있다. 외국인에게도 친절하다. 가격이 저렴한 대신 음식 양은 적은 편이다.

팍완

Accommodation

아유타야의 숙소

고층 건물이 제한되는 역사 유적 공원 내에는 저렴한 숙소가 많고, 신시가에는 대형 호텔이 많은 것이 특징이다. 아유타야에서 여행자들이 모이는 거리는 타논 나레쑤언 쏘이 썽 Thanon Naresuan Soi 2이다.

스톡홈 호스텔 Stockhome Hostel ★★★

주소 6/15 Thanon Naresuan **전화** 09-2835-0035 **홈페이지** www.facebook.com/stockhomehostel ayutthaya **요금** 도미토리 250~290B, 트윈 670B(에어컨, 개인욕실, TV) **가는 방법** 타논 나레쑤언 쏘이 6(혹) Naresuan Soi 6 골목을 바라보고 오른쪽에 해당하는 GH 은행 GH Bank(ธอส) 골목에 있다. Map P.31-A1

배낭 여행자를 위한 호스텔이다. 도미토리는 에어컨 시설로 12인실(혼성 도미토리)와 6인실(여성 전용 도미토리)로 구분된다. 2층 침대로 구성되어 있으며 침대마다 커튼과 전등이 설치되어 있다. 욕실은 공동으로 사용해야 한다. 갤러리처럼 꾸민 카페와 휴식 공간이 아늑함을 제공한다. 간단한 아침 식사(토스트)가 포함된다.

도미토리를 운영하는 스톡홈 호스텔

반 로터스 게스트하우스 Baan Lotus Guest House ★★★

주소 20 Thanon Pamaphrao **전화** 0-3525-1988, 0-3532-8272 **요금** 더블 350B(선풍기, 공동욕실), 더블 450B(선풍기, 개인욕실), 더블 650B(에어컨, 개인욕실) **가는 방법** 타논 나레쑤언 쏘이 2 북쪽 사거리인 타논 빠마프라오 Thanon Pamaphrao에 있다. Map P.31-A1

'연꽃의 집'이라는 뜻으로 넓은 정원과 연꽃 연못이 매력적이다. 태국 목조 가옥의 분위기를 최대로 살렸으며 노부부 주인이 함께 생활하기 때문에 잔잔한 보살핌을 받을 수 있다. 축구를 해도 무방할 정도로 넓은 앞마당을 갖고 있다.

반 로터스 게스트하우스

짠따나 하우스 Chantana House ★★★

주소 12/22 Thanon Naresuan Soi 2 **전화** 0-3532-3200, 08-9885-0257 **요금** 더블 500B(선풍기, 개인욕실), 더블 600B(에어컨, 개인욕실, 아침 식사) **가는 방법** 타논 나레쑤언 쏘이 2의 토니스 플레이스 옆에 있다. Map P.31-B1

마당이 딸린 2층집을 게스트하우스로 사용한다. 개인욕실이 딸려 있을 뿐 TV도 없는 간단한 시설로 객실을 꾸몄다. 여러 사람이 오가는 시끌벅적한 게스트하우스가 아니라 단출하고 조용한 가정집 분위기다. 일찍 자고 일찍 일어나는 사람들이 환영할 만한 곳이다. 간단한 아침 식사(토스트)가 포함된다.

짠따나 하우스

굿모닝 바이 타마린드
Good Morning by Tamarind ★★★☆

주소 6/4 Thanon Naresuan **전화** 08-1655-7937, 08-9010-0196 **요금** 트윈 400~480B(선풍기, 개인욕실), 트윈 590B(에어컨, 개인욕실) **가는 방법** 타논 나레쑤언 쏘이 6(혹) Naresuan Soi 6 골목 안쪽에 있다. Map P.31-A1

마당을 중심으로 ㄷ자 모양의 복층 건물이 들어서 있다. 시멘트와 목재가 혼재된 건물을 밝은 색의 페인트로 장식했다. 타일이 깔린 객실은 평범하다. 2층에 공동으로 사용할 수 있는 냉장고가 있다. 무료로 즐길 수 있는 커피와 바나나, 과자도 준비되어 있다. 직원들이 친절하며 다양한 여행 정보를 제공해 준다. 골목 안쪽에 있어 조용하다.

그랜드패런트 홈
Grandparent's Home ★★★

주소 19/40 Thanon Naresuan **전화** 08-3558-5829, 08-6383-4791 **요금** 더블 550~600B(에어컨, 개인욕실, TV) **가는 방법** 타논 나레쑤언 쏘이 10과 쏘이 12 사이에 있다. 왓 랏차부라나 앞 사거리에서 타논 나레쑤언을 따라 오른쪽(동쪽)으로 250m. Map P.31-A1

여행자 거리와 역사 유적 중간에 있다. 태국인 가족이 운영한다. 세 개의 2층 건물로 할아버지의 집치고는 규모가 크다. 모든 객실은 에어컨 시설로 TV와 냉장고가 갖추어져 있다. 객실은 넓고 깨끗한 편이다. TV는 영어 방송보다 태국 방송이 대부분 수신된다. 개인욕실은 작은 편이지만 온수 샤워가 가능하다. 수건과 비누, 생수 2병을 제공해 준다. 넓은 마당에 야외 레스토랑을 함께 운영한다.

타마린드 게스트하우스에서 운영하는 굿모닝

그랜드패런트 홈

타마린드 게스트하우스
Tamarind Guest House ★★★☆

주소 11/ Moo 1 Thanon Chee Kun **전화** 08-1665-7937 **홈페이지** www.facebook.com/tamarindthai **요금** 더블 650B(에어컨, 개인욕실, TV), 패밀리 1,200B(에어컨, 개인욕실, TV) **가는 방법** 왓 마하탓 맞은편의 타논 치꾼에 있다. 올드 시티 커피 Old City Coffee와 르안 롯짜나 Ruean Rojjana 레스토랑 사이 골목 안쪽으로 10m 들어간다. Map P.31-A2

높다란 기둥이 눈길을 끄는 티크 나무 건물이다. 전통 가옥 분위기가 풍기는 2층 목조 건물이다. 객실은 화려한 색감을 이용해 꾸몄다. 산뜻한 욕실도 매력이다. 공동으로 사용할 수 있는 냉장고가 비치되어 있다. 아침 시간에 커피, 바나나, 쿠키를 무료로 제공해 준다. 객실이 많지 않아서 여행자들과 가깝게 지낼 수 있다. 다른 여행자 숙소들과 떨어져 있는데 골목 안쪽에 있어 조용하게 지내기 좋다. 태국인 주인장이 친절하다.

타마린드 게스트 하우스

반 부싸라
Baan Bussara ★★★☆

주소 64/14 Thanon Bang lan **전화** 08-1655-6379 **홈페이지** www.facebook.com/Baanbussara **요금** 더블 600B(에어컨, 개인욕실, TV, 냉장고) **가는 방법** 타논 방이안 거리에 있다. Map P.31-B2

반 부싸라

태국인 가족이 운영하는 게스트하우스로, 작은 정원을 끼고 들어선 2층 규모의 건물에 위치한다. 친절한 서비스와 깔끔한 시설로 인기를 끈다. 1층은 콘크리트 건물로 객실 앞에 테이블이 놓여 있고, 2층은 목조 건물로 발코니가 딸려 있다. 객실과 욕실이 넓은 편이며, TV와 냉장고를 갖추고 있다. 자그마한 커피숍도 함께 운영한다. 자전거 대여는 유료(50B)다.

반 텝피탁
Baan Tebpitak ★★★★

주소 15/19 Thanon Pathon Soi 3 **전화** 08-9849-9817, 08-3478-3114 **홈페이지** www.baantebpitak.com **요금** 더블 1,200~1,300B(에어컨, 개인욕실, TV, 냉장고) **가는 방법** 타논 빠톤 쏘이 3 골목 안쪽. 반 바이마이 부티크 룸 Baan Baimai Boutique Room 옆에 있다. Map P.31-B2

전통 가옥 분위기와 현대적인 시설이 어우러진 중급 게스트하우스. 티크나무 출입문과 정원의 넓은 야외 수영장이 눈길을 끈다. 목조 가옥 정취가 느껴지는 객실은 넓고 깨끗하며 시설도 좋다. 여행자 거리와 떨어져 있고 골목 안쪽이라 찾기 어려운 것이 단점이다. 12세 이하 어린이는 숙박이 불가능하니, 가족 여행객은 예약 가능 여부를 미리 확인해야 한다.

반 텝피탁

아이유디아 언 더 리버
iuDia on the River ★★★★

주소 11-12 Thanon U-Thong **전화** 0-3532-3208, 08-6080-1888 **홈페이지** www.iudia.com **요금** 코트야드 뷰 3,050B, 풀사이드 뷰 3,950B, 리버 뷰 4,950B **가는 방법** 아유타야 남쪽에 있는 왓 풋타이사싸완 사원 맞은편의 짜오프라야 강변에 있다. 쌀라 아유타야(호텔) Sala Ayutthaya 옆에 있다.
Map P.32-A2

짜오프라야 강변에 만든 리조트. 전형적인 태국 양식의 지붕 선을 강조해 멋스럽게 건축했다. 객실은 아치형 출입문, 도자기, 랜턴 등으로 장식해 부티크 호텔처럼 꾸몄다. 객실은 모두 13개로 위치에 따라 크기와 구성이 조금씩 다르다. 리버 뷰는 50㎡ 크기로 넓고 전망도 좋다. 강변의 야외 수영장에서 강 건너 사원(왓 풋타이사싸완 Wat Phuttaisawan)을 바라보며, 유네스코 세계문화유산으로 지정된 아유타야 구시가의 한가로움을 만끽할 수 있다. 금 · 토요일과 연휴 기간에 방 값이 인상된다. 호텔의 태국식 발음은 '롱램 아이유디아' **โรงแรม ไอยูเดีย** 또는 '롱램 유디아' **โรงแรมยูเดีย**라고 부른다.

iuDia on the River

아이유디아 언 더 리버

Kanchanaburi
깐짜나부리

영화 〈콰이 강의 다리〉 때문에 유명해진 곳이다. 제2차 세계대전의 슬픈 역사를 간직한 도시지만 현재는 방콕 인근의 조용한 휴식처로 사랑받는다. 방콕에서 서쪽으로 130㎞, 차로 두 시간이면 갈 수 있는 가까운 거리지만 버마(미얀마)와 국경을 접하고 있다. 깐짜나부리는 태국에서 세 번째로 큰 행정구역이다. 드넓은 대지와 험준한 산맥, 미지의 정글과 폭포가 가득한 미개발 지역. 무려 5개나 되는 국립공원을 갖고 있을 정도로 수려한 자연경관을 뽐낸다. 많은 여행자들이 방콕에서 당일치기 투어로 콰이 강의 다리만 구경하고 돌아가지만, 깐짜나부리의 진정한 매력을 느끼고 싶다면 최소한 이틀은 머물자. 그래야 도시를 벗어난 자연과 역사의 현장 속으로 체험 여행을 떠날 수 있기 때문이다. 더불어 강변의 한적한 수상가옥은 도시 생활에 지친 사람에게 더없이 좋은 도피처 역할을 해줄 것이다.

Access
방콕에서 깐짜나부리 드나들기

방콕의 남부 터미널과 북부 터미널에서 에어컨 버스가 출발하고, 톤부리 역에서 기차가 출발한다. 기차보다는 버스가 더 편리하다. 깐짜나부리까지 2시간 정도 예상하면 된다.

버스(방콕 ↔ 깐짜나부리)

+ 터미널 버스

방콕 남부 터미널 에어컨 버스 매표소

방콕 남부 버스 터미널(싸이따이)에서 깐짜나부리까지 버스가 수시로 출발한다. 05:00~20:00까지 20분 간격으로 출발하며, 편도 요금은 110B이다.

+ 미니밴(롯뚜)

미니밴은 남부 버스 터미널(싸이따이)→깐짜나부리, 북부 버스 터미널(콘쏭 머칫)→깐짜나부리 2개 노선이 운행 중이다. 버스보다 빠르긴 하지만 버스 터미널까지 가야 하기 때문에 큰 매력은 없다. 미니밴은 04:00~19:00까지 출발한다. 편도 요금은 110~130B이다.

+ 여행사 버스

카오산 로드에서 깐짜나부리까지 직행하는 미니밴도 있다. 여행사에서 승객을 모아서 합승 형태로 운영한다. 하루 한 번 오전 7시에 출발한다. 편도 요금은 250B이다.

▶방콕으로 돌아오기(깐짜나부리→방콕)

+ 터미널 버스

깐짜나부리 버스 터미널(버커써 깐짜나부리)은 태국 관광청과 가까운 타논 쌩추또 Thanon Saengchuto에 있다. 방콕을 포함해 깐짜나부리 주변의 소도시를 드나드는 모든 버스가 이곳에서 출발한다. 방콕 남부 터미널(싸이 따이)행 에어컨 버스는 04:00~20:00까지 20분마다 출발한다.

+ 미니밴(롯뚜)

미니밴도 깐짜나부리 버스 터미널에서 출발한다. 목적지는 방콕

깐짜나부리 버스 터미널

남부 터미널(싸이 따이)과 머칫(북부 터미널)이다. 미니밴은 04:00~19:00까지 운행된다. 편도 요금은 거리에 따라 110~130B을 받는다.

깐짜나부리의 게스트하우스에서 미니밴 예약을 대행해준다. 예약 수수료를 내야 하지만 게스트하우스에서 픽업해준다.

기차

방콕의 톤부리역(싸타니 롯파이 톤부리) Thonburi Station Map P.13-A2에서 출발한 기차가 나콘 빠톰 Nakhon Pathom을 거쳐 깐짜나부리까지 간다. 하루 두 차례 기차가 운행되며, 외국인은 구간에 관계없이 한 번 탑승에 100B을 내야 한다. 짜오프라야 강 건너에 있는 톤부리 역에서 출발하기 때문에 기차역까지 가는 길이 고생스럽게 느껴질 수 있다.

깐짜나부리 기차역

깐짜나부리 기차역(싸타니 롯파이 깐짜나부리)은 연합군 묘지와 가까운 타논 쌩추또에 있다. 깐짜나부리 역에서는 방콕 노선 이외에 죽음의 철도를 따라 남똑 Nam Tok까지 기차가 1일 3편 운행된다.

깐짜나부리 → 파타야 → 라용 Rayong

깐짜나부리 버스 터미널에서 라용까지 가는 에어컨 버스도 운행된다. 방콕에 정차하지 않고 파타야를 경유한다. 하루 3회(09:00, 13:00, 17:00) 출발한다. 파타야까지 편도 요금은 240B, 라용까지 편도 요금은 290B이다.

+ 기차 시간 및 요금

1. 방콕(톤부리) → 깐짜나부리 → 남똑

기차역	톤부리 Thonburi	나콘 빠톰 Nakhon Pathom	깐짜나부리 Kanchanaburi	콰이 강의 다리 River Kwai Bridge	타끼렌 Tha Kilen	탐 끄라쌔 Tham Krasae	왕퍼 Wang Pho	남똑 Nam Tok
No. 485	–	–	06:07	06:15	07:19	07:38	07:49	08:20
No. 257	07:50	09:02	10:30	10:44	11:33	11:53	12:06	12:35
N0. 259	13:55	15:03	16:26	16:33	17:33	17:51	18:01	18:30

2. 남똑 → 깐짜나부리 → 방콕(톤부리)

기차역	남똑 Nam Tok	왕퍼 Wang Pho	탐 끄라쌔 Tham Krasae	타끼렌 Tha Kilen	콰이 강의 다리 River Kwai Bridge	깐짜나부리 Kanchanaburi	나콘 빠톰 Nakhon Pathom	톤부리 Thonburi
No. 260	05:20	05:46	05:57	06:14	07:12	07:19	09:21	10:25
No. 258	12:55	13:23	13:36	13:54	14:40	14:48	16:31	17:40
N0. 486	15:30	15:58	16:10	16:28	17:31	17:41	–	–

*기차 시간이 자주 변동되므로 출발 전에 미리 확인할 것. (전화 0-3451-1285, 0-3456-1052)

Transportation 깐짜나부리의 교통

쌈러

자전거를 사람이 직접 모는 릭샤로 지방 소도시에서만 볼 수 있는 교통편이다. 사람이 직접 운전하기 때문에 속도는 느리다. 터미널에서 여행자 거리인 타논 매남콰 Thanon Mae Nam Khwae까지는 30~50B 정도에 흥정하면 된다.

쌈러

뚝뚝 & 오토바이 택시

원하는 곳까지 데려다 주는 택시와 비슷한데, 요금을 미리 흥정해야 한다. 요금은 탑승 전에 미리 흥정해야 하는데, 쌈러와 비슷한 선에서 요금이 정해진다. 참고로 깐짜나부리에는 뚝뚝이 많이 운행되지 않는다.

썽태우

썽태우

메인 도로인 타논 쌩추또에서 흔히 볼 수 있다. 손을 들어 세운 다음 방향이 같으면 탑승하면 된다. 보통 버스 터미널, 연합군 묘지, 기차역을 지난다. 요금은 시내 구간의 경우 한 번 탑승에 10B이다.

오토바이 및 자전거 대여

여행자 거리에 대여소가 많다. 볼거리들이 서로 떨어져 있기 때문에 깐짜나부리에서 자전거는 매우 유용하다. 에라완 폭포 Erawan Waterfall 등 장거리 구간을 갈 경우 오토바이가 편리하나 안전에 유의해야 한다. 특히 시 외곽은 차량이 적어 차들이 과속하는 곳이 많기 때문에 각별한 주의가 필요하다. 자전거는 40~50B, 오토바이는 200B 정도에 대여가 가능하다.

자전거

Just Follow

Kanchanaburi

깐짜나부리 시내와 외곽에 볼거리들이 산재해 있어 하루로는 부족하다. 여러 곳을 다 보고 싶다면 여행사 투어를 이용하는 게 편리하다. 대중교통을 이용할 경우 깐짜나부리로 돌아오는 마지막 버스를 놓치지 않도록 유의해야 한다.

1 Course 1 – 1일 코스

아침부터 서두르자. 최소한 낮 12시 전에는 출발해야 싸이욕 노이 폭포를 관람하고 남똑 역에서 되돌아오는 기차를 탈 수 있다. 마지막 기차를 놓치지 않도록 시간 안배를 잘해야 한다.

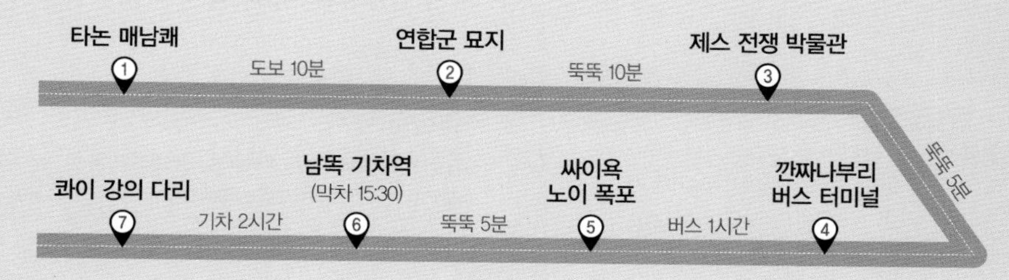

2 Course 2 – 2일 코스

깐짜나부리 주변 지역을 하루씩 나눠서 다녀온다. 대중교통을 이용하거나 여행사 투어에 참여하면 된다.

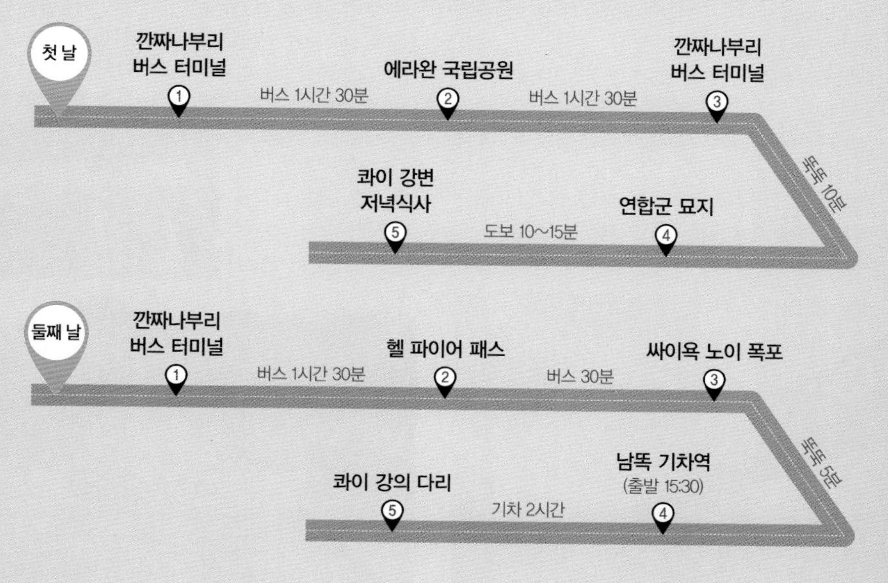

Attractions

깐짜나부리의 볼거리

연합군 묘지와 전쟁 박물관 등 제2차 세계대전과 관련된 관광지가 여러 곳 있다. 깐짜나부리 여행의 하이라이트인 죽음의 철도 기차 탑승하기를 빼놓지 말자.

콰이 강의 다리
Bridge Over The River Kwai
สะพานข้ามแม่น้ำแคว ★★★★

현지어 싸판 매남쾌 **주소** Thanon Mae Nam Khwae **운영** 24시간 **요금** 무료 **가는 방법** 콰이 강의 다리 역 바로 앞에 있으며, 여행자 거리에서 자전거로 10분. Map P.34-A1

영화 〈콰이 강의 다리 Bridge Over The River Kwai〉로 더욱 유명한 죽음의 철도(P.442)의 한 구간이다. 깐짜나부리의 상징처럼 여겨지는 철교로 기차가 다니지 않는 시간에는 걸어서 다리를 오갈 수 있다. 콰이 강의 다리는 쾌 야이 강 Mae Nam Khwae Yai 위에 만든 철교. 제2차 세계대전이 한창이던 1943년 2월에 완공됐다. 최초에는 나무를 이용해 다리를 만들었다. 철교가 완성된 것은 3개월 후로, 인도네시아 자바에 있던 철교를 옮겨와 건설했다. 도르래와 기중기를 이용하는 원시적인 방법으로 전쟁 포로들을 동원해 완공했다고 한다.

일본군 군수물자 운반에 필요했던 다리는 1944년 2월과 3월에 연합군의 폭격으로 파괴됐으나, 곧바로 복원됐다. 하지만 같은 해 6월 연합군 추가 공습으로 다시 철도가 완파되면서 전쟁은 끝나게 된다. 현재 철교는 종전 이후에 복구한 것이지만 철교를 이루는 아치는 최초 건설 당시의 원형 그대로라고 한다.

콰이 강의 다리를 만끽하는 가장 좋은 방법은 직접 기차를 타고 죽음의 철도를 여행하는 것이다. 깐짜나부리 역에서 남똑 역까지 하루 세 차례 완행열차가 왕복한다.

또한 매년 11월 첫째 주가 되면 깐짜나부리 축제 기간으로 당시 모습을 재연하는 빛과 소리 쇼 Light & Sound Show가 화려하게 펼쳐진다.

연합군 묘지
Kanchanaburi War Cemetery
สุสานทหารสัมพันธมิตรดอนรัก ★★★

현지어 쑤싼 타한 쌈판타밋 던락 **주소** Thanon Saeng-chuto **운영** 08:00~18:00 **요금** 무료 **가는 방법** 여행자 거리와 깐짜나부리 기차역에서 도보 10분. Map P.34-B1

일명 죽음의 철도로 불리는 태국-버마 철도 Thailand-Burma Railway를 건설하다 죽어간 6,982명의 시신을 안치한 묘지다. 잘 가꾸어진 잔디 정원에 일렬로 반듯하게 정렬된 비석에는 '자신의 나라를 위해 목숨을 바친' 이들의 이름이 하나씩 새겨져 있다. 당시 죽음의 철도를 건설하다 사망한 전체 인원만 10만 명이 넘는데, 그중 전쟁 포로가 6,000명 정도 된다고 한다.

태국-버마 철도 센터

콰이 강의 다리

Bridge Over The River Kwai

연합군 묘지

죽음의 철도를 건설하다 희생된 전쟁 포로들의 유해를 안치한 연합군 묘지

태국-버마 철도 센터
Thailand-Burma Railway Center
พิพิธภัณฑ์ทางรถไฟไทย-พม่า ★★

현지어 피피타판 탕롯파이 타이-파마 **주소** 73 Thanon Chao kanen **전화** 0-3451-0067 **홈페이지** www.tbrconline.com **운영** 09:00~17:00 **요금** 150B(어린이 70B) **가는 방법** 타논 쌩추또의 연합군 묘지 옆에 있다. 여행자 거리에서 도보 10분. Map P.34-B1

제2차 세계대전의 기억과 관련된 깐짜나부리를 여행하기 전에 먼저 들르면 좋은 곳이다. 수많은 관광객들이 찾는 연합군 묘지 옆에 만든 인포메이션 센터로 태국과 버마(미얀마)를 연결하던 죽음의 철도에 관한 다양한 정보를 제공한다.

모두 9개의 전시실로 구분하여 다양한 조형물과 일러스트를 포함해 철도를 건설하다가 죽어간 전쟁 포로들에 대한 여러 가지 기록을 전시한다. 또한 사진과 비디오를 통해 역사 기록을 공부하게 되며, 일본군 장교와 생존자의 인터뷰까지 제공해 당시의 참상을 간접적으로나마 들을 수 있다.

제스 전쟁 박물관
JEATH War Museum
พิพิธภัณฑ์สงคราม วัดใต้ ★★★

현지어 피피타판 쏭크람 왓 따이 **주소** Thanon Visuttharangsi **운영** 08:30~16:30 **요금** 50B **가는 방법** 타논 쌩추또에 있는 태국 관광청 맞은편의 타논 위쑷타랑씨 Thanon Visuttharangsi 골목 끝에 있다. 강변과 접한 타논 빡프랙 Thanon Pak Phraek과 만나는 삼거리의 왓 짜이춤폰 Wat Chaichumphon 옆이다. 여행자 거리에서 자전거로 15분. Map P.34-A2

매끄롱 Mae Klong 강변에 만든 전쟁 박물관. 제2차 세계대전 당시 전쟁 포로들을 수용하던 대나무 오두막을 재현해 놓았다. 시설과 설비 면에서 현대적인 박물관과 비교할 수 없을 정도로 허름하지만 전시물들이 당시 상황을 잘 설명해 준다. 전쟁 포로들의 실상이 담긴 다양한 흑백사진과 신문, 보도 자료들로 가득하다.

JEATH War Museum

제스 전쟁박물관에 전시된 전쟁 포로 그림

제스 JEATH는 제2차 세계대전 당시 깐짜나부리 지역 전투에 참전했던 일본, 영국, 호주, 미국, 태국, 네덜란드의 이니셜을 따서 붙인 이름이다. 태국식 명칭은 '피피타판 쏭크람 왓 따이'로 불린다. 그 이유는 박물관 바로 옆에 있는 사원의 이름이 왓 따이 Wat Tai(왓 짜이춤폰 Wat Chaichumphon)이기 때문이다. 전쟁 포로 박물관이란 뜻으로 피피타판 악싸 차러이쓱 พิพิธภัณฑ์อักษะเชลยศึก이라고 불리기도 한다.

제스 전쟁 박물관은 깐짜나부리를 방문하는 투어 상품에 포함되어 외국 관광객의 발길이 잦다. 인원이 많다면 박물관 앞의 강에서 보트를 대여해 콰이 강의 다리까지 직접 가는 것도 좋은 방법이다.

전쟁 박물관

전쟁 박물관 War Museum
หอศิลป์และพิพิธภัณฑ์สงครามโลก ★★

현지어 피피타판 쏭크람 록 캉 티 썽 **주소** Thanon Mae Nam Khwae **운영** 09:00~18:00 **요금** 50B **가는 방법** 콰이 강의 다리에서 왼쪽으로 50m 정도 떨어진 타논 매남쾌에 있다. Map P.34-A1

제스 전쟁 박물관(P.437)을 표방한 또 다른 박물관이다. 개인이 운영하는 사설 박물관으로 입구에 녹슨 기차가 전시되어 있다. 콰이 강의 다리와 인접해 있어 관광객을 현혹하기 위해 제스 전쟁 박물관 JEATH War Museum이라고 영어 간판을 달았다. 내부로 들어가면 시대별로 정리된 태국 무기와 도자기, 역대 국왕들의 초상화, 2차 대전 관련 흑백 사진이 전시되어 있다. 전쟁 관련 내용보다는 개인 소장품을 더 많다.

청까이 연합군 묘지 Chung Kai Allied War Cemetery
สุสานทหารสัมพันธมิตรช่องไก่ ★★

현지어 쑤싼 쏭크람 청까이 **주소** 깐짜나부리에서 강 건너 서쪽의 왓 탐 카오뿐 Wat Tham Khao Pun 방향으로 4km. **요금** 무료 **가는 방법** 깐짜나부리에서 자전거로 20분. Map P.34-A2

전쟁 포로들의 유해를 안치하고 있다

깐짜나부리 시내에 있는 연합군 묘지에 비해 찾는 발길이 현저하게 적어 한적하다. 연합군 전쟁 포로 수용소가 있던 자리에 만든 연합군 묘지로 1,750구의 유해가 안치되어 있다. 영국, 호주, 프랑스, 네덜란드 출신의 사망자들이 주로 묻혀 있다. 깐짜나부리 시내에서 4km 떨어져 있으며, 가는 길에 강을 두 개나 건너야 하는데 경관이 좋다.

청까이 연합군 묘지

왓 탐 카오뿐 Wat Tham Khao Pun
วัดถ้ำเขาปูน ★★

위치 깐짜나부리에서 강 건너 서쪽으로 약 5km **운영** 07:00~16:00 **요금** 30B **가는 방법** 깐짜나부리에서 자전거로 30분 정도 걸리며, 청까이 연합군 묘지를 지나 1km를 더 가면 언덕길 왼쪽에 있다. Map P.34-A2

깐짜나부리 주변의 동굴 중에 시내에서 가장 가까운 곳이다. 청까이 연합군 묘지를 지나 철길이 있는 카오뿐 역 Khao Pun Station을 통과해 언덕길을 오르면 사원이 보인다. 사원 자체의 볼거리보다 동굴이 더 큰 볼거리. 종유석 동굴로 불상, 힌두교 신들, 태국 국왕들을 모신 여러 개의 사당이 동굴 내부에 있다. 2차 세계대전 때는 일본군의 군수창고와 전쟁 포로들을 고문하던 장소로 사용됐다고 한다. 동굴의 입구와 출구가 다르므로 내부의 방향표시를 따라 한 방향으로 쭉 걸어가면 된다.

왓 탐 카오뿐

왓 탐 망꼰 텅 사원의 동굴 입구

왓 탐 망꼰 텅
Wat Tham Mangkon Thong
วัดถ้ำมังกรทอง ★★

주소 깐짜나부리에서 강 건너 서쪽으로 8km **요금** 무료 **가는 방법** 깐짜나부리 버스 터미널에서 썽태우(8191번)로 20분. 단마캄띠아 Dan Makham Tia행 썽태우(8191번)를 타고 사원 입구에서 내리면 된다. 편도 요금은 12B이며, 08:30~17:30까지 30분 간격으로 출발한다. 돌아오는 막차는 16:00에 있다. Map P.34-A3

'황금 용의 동굴 사원'이라는 뜻답게 다양한 불상을 안치한 석회암 동굴이 사원 뒤쪽에 있다. 동굴로 향하는 계단 손잡이에는 용이 장식되어 있으며 동굴 내부에는 불상을 모신 사당을 만들었다.
왓 탐 망꼰 텅을 유명하게 하는 것은 사원이 아니라 물에 뜨는 스님 때문이다. '매 치 러이 남'이라 불리는 비구니로 물에 뜨는 명상법으로 세간의 화제가 됐다. 시간을 정해서 하는 것이 아니라 단체 관광객이 찾아오면 관람료를 받고 작은 우물에 들어가 명상하기 때문에 신빙성은 떨어진다. 원조 비구니 스님은 입적했고 현재는 젊은 여승이 대를 이어 물에 뜨는 시범을 보인다.

쁘라쌋 므앙씽 역사공원
Prasat Muang Singh Historical Park
อุทยานประวัติศาสตร์เมืองสิงห์ ★★

현지어 우타얀 쁘라쌋 므앙씽 **위치** 깐짜나부리에서 서북쪽으로 43km **전화** 0-3459-1122 **운영** 08:00~16:30 **요금** 100B **가는 방법** 깐짜나부리 기차역에서 남똑행 기차를 타고 타낄렌 Tha Kilen 역에 내린다(약 1시간 10분 소요, 편도 요금 100B). 기차역에서 1.5km 떨어져 있다. 역 앞에 대기 중인 오토바이 택시를 타면 된다. Map P.35

크메르 제국의 유적이 남아 있는 쁘라쌋 므앙씽 역사공원

크메르 제국 전성기인 13세기에 만들어진 앙코르 사원. 태국이라는 나라가 등장하기 전 동남아시아를 호령하던 크메르 제국의 서쪽 국경에 해당한다. 사원은 크메르의 전형적인 건축 양식에 따라 성벽과 해자에 둘러싸인 도시 구조를 띠고 있다. 성벽은 동서남북 방향으로 출입문이 나 있고, 성벽 안쪽 중앙에는 라테라이트로 만든 사원이 있다.
크메르 제국은 힌두교를 기본으로 하지만 므앙씽 유적은 불교를 받아들인 이후에 만든 사원이라 본존불로 아발로키테스바라 Avalokitesvara(관세음보살)를 모시고 있다. 참고로 쁘라쌋 므앙씽에 있는 불상은 모조품이고 방콕의 국립 박물관에 진품이 보관되어 있다.

싸이욕 노이 폭포
Sai Yok Noi Waterfall
น้ำตกไทรโยคน้อย ★★

현지어 남똑 싸이욕 노이 **위치** 323번 국도 **요금** 무료 **가는 방법** 깐짜나부리 버스 터미널에서 쌍크라부리 Sangkhraburi행 8203번 버스를 타면 된다. 06:00~18:30까지 30분 간격으로 출발한다. 편도 요금은 37B이다. 돌아오는 막차는 16:30에 있다.
Map P.35

깐짜나부리 인근에서 현지인들은 물론 외국 관광객들이 가장 많이 찾는 폭포로 시내에서 60km 떨어져 있

Prasat Muang Singh Historical Park

다. 제법 큰 규모의 폭포수가 시원함을 선사하며, 주변에 식당이 많아 나들이 온 사람들도 많다. 폭포 물이 고인 웅덩이가 있으나 수영하기에는 적합하지 않다. 남똑 기차역과 2㎞ 거리로 시간만 잘 맞추면 폭포를 방문한 후에 기차를 타고 깐짜나부리로 돌아올 수도 있다. 싸이욕 노이 폭포에서 남똑 역까지는 썽태우를 타거나 철길을 따라 걸어가면 된다.

헬 파이어 패스 Hell Fire Pass
ช่องเขาขาด ★★★☆

현지어 청 카우 캇 **위치** 323번 국도 **운영** 09:00~16:00 **요금** 무료 **가는 방법** 깐짜나부리 버스 터미널에서 쌍크라부리행 8203번 버스를 타면 된다. 06:00~18:30까지 30분 간격으로 출발한다. 편도 요금은 45B이다. 동일 노선의 버스가 싸이욕 노이 폭포를 지나며, 군부대처럼 생긴 헬 파이어 패스 입구까지 90분 정도 걸린다. 돌아오는 막차는 16:30경에 있다. Map P.35

죽음의 철도 공사 구간 중 최대의 난코스였던 꼰유 절벽 Konyu Cutting을 일컫는다. 야간에도 공사하기 위해 불을 밝힌 모습이 '지옥 불 Hell Fire' 같다 하여 붙여진 이름이다.

깐짜나부리에서 80㎞ 떨어진 험준한 지형에 철도를 내기 위해서는 산을 깎아야 했다. 전쟁 포로들을 투입해 하루 16~18시간씩 노동력을 착취한 결과 12주 만에 난공사를 끝낼 수 있었다. 공사 장비도 턱없이 부족했기에 맨손이나 곡괭이 · 해머 같은 단순 장비만으로 엄청난 공정을 완공하였는데, 길이 110m의 헬 파이어 패스를 완성하는 동안 공사에 참여했던 전쟁 포로 70%가 사망하는 참혹한 결과를 초래했다.

현재 헬 파이어 패스는 호주-태국 상공회의소의 지원으로 공사 구간 일부가 복원된 상태다. 또한 현대적인 시설의 헬 파이어 패스 박물관도 운영한다.

박물관에서 꼰유 절벽까지는 걸어서 20분 정도 걸리는 거리다. 박물관에서 제작한 무료 지도를 참고한다면 길 잃을 염려가 없다. 길도 험하지 않으니 미니 트레킹 삼아 다녀오자. 좀 더 상세한 설명을 듣고 싶다면 오디오 키트를 대여하면 되는데, 영어로만 안내되는 것이 단점이다. 신분증과 보증금 200B을 내면 빌릴 수 있다.

참고로 헬 파이어 패스 지역은 미얀마 국경과 가깝기 때문에 검문소를 지나야 한다. 신원확인 차원에서 신분증을 검사하니 여권을 반드시 지참하도록 하자.

싸이욕 노이 폭포

헬 파이어 패스

산을 깎아서 철도를 건설한 헬 파이어 패스

에라완 국립공원(에라완 폭포)
Erawan National Park
น้ำตกเอราวัณ

★★★★

현지어 남똑 에라완 **위치** 깐짜나부리에서 북쪽으로 65km **전화** 0-3457-4222 **운영** 08:00~18:00 **요금** 300B(국립공원 외국인 입장료) **가는 방법** 깐짜나부리 버스 터미널에서 8170번 버스가 에라완 폭포 입구까지 간다. 하루 10회(08:00, 08:55, 09:50, 10:45, 11:50, 13:00, 14:10, 15:25, 16:30, 17:50) 운행된다. 출발 시간이 종종 변동되므로 미리 시간을 확인해 두자. 편도 요금은 50B, 약 90분 소요된다. 돌아오는 막차는 16:00~17:00 사이에 있다. Map P.35

태국에서 가장 유명한 폭포인 에라완 폭포를 중심으로 형성된 국립공원이다. 총 면적 550㎢에 이르는 크기로 깐짜나부리에서 멀리 떨어져 있어 아직까지 오염되지 않은 자연을 만끽할 수 있다. 에라완 폭포는 모두 7개 폭포로 구성되며 입구에서 정상까지 거리는 2.2km다. 한국의 무주구천동과 비슷한 분위기로 폭포 옆으로 형성된 등산로를 따라 7번째 폭포가 있는 정상까지 걸어서 올라갈 수 있다. 천천히 걷는다면 2시간 정도가 소요된다.

폭포는 모두 고유의 이름을 갖고 있으나 사람들은 가장 위쪽에 있는 에라완 폭포의 이름만을 기억할 뿐이다. 에라완은 힌두교에 등장하는 머리 3개 달린 코끼리로 폭포 모양이 에라완과 비슷하다고 해서 붙여진 이름이다.

폭포는 석회암 바위가 침식되어 생긴 탓에 물 색깔이 희고 푸른 옥빛을 띤다. 폭포마다 웅덩이가 자연스럽게 생겨 수영하기도 안성맞춤이니 수영복을 반드시 챙겨가자(현지인들은 반바지에 티셔츠만 입고 물놀이를 즐긴다). 주말과 휴일이 되면 먹을 걸 챙겨와 소풍을 즐기려는 현지인들로 북적댄다.

에라완 국립공원은 투어보다는 대중교통을 이용해 하루종일 놀겠다는 마음으로 다녀오는 게 좋다. 대중교통을 이용할 경우 돌아오는 막차 시간을 확인해 두자. 국립공원 입구에 식당들이 있으므로 간단한 식사를 해결할 수 있다.

에라완 폭포 주변은 국립공원으로 지정되어 있다

7개의 폭포가 다른 모습으로 여행자들을 반긴다

Erawan National Park

등산과 물놀이를 동시에 즐길 수 있는 에라완 폭포

알아두세요

여행사 투어 상품 이용하기

깐짜나부리 주변 여행지는 로컬 버스로 다녀올 수 있지만 길에서 소비하는 시간이 많은 것이 흠입니다. 그래서 여행사에서 차량과 가이드를 제공하는 형태로 투어를 운영하는데요, 시간이 촉박한 여행자라면 여행사 상품을 이용해도 좋습니다. 대부분 죽음의 철도 기차 탑승을 포함해 헬 파이어 패스, 싸이욕 노이 폭포, 에라완 폭포, 코끼리 트레킹, 뗏목 타기를 적당히 조합한 형태로 일정이 짜여집니다. 입장료와 점심 포함 1일 투어 요금은 1,000~1,400B 정도입니다. 투어를 신청할 때는 입장료 포함 여부를 확인하세요. 보통 아침 8시에 출발해 오후 5시 30분경에 돌아옵니다.

Travel Plus

죽음의 철도 기차 탑승하기

탐 끄라쌔 역 앞을 지나는 죽음의 철도

제2차 세계대전과 관련해 동남아시아에서 가장 유명한 곳이자 깐짜나부리 최대의 볼거리입니다. 죽음의 철도 Death Railway(Thai-Burma Railway)는 일본군이 전쟁 물자를 운반하려고 건설한 철도로, 태국 서부의 농쁠라둑에서 출발해 미얀마 탄뷰자얏까지 총길이 416㎞(태국 구간 303㎞, 미얀마 구간 112㎞)에 달합니다.

일본이 버마(미얀마)까지 철도를 연결한 가장 큰 이유는 다름 아닌 인도를 점령하기 위함입니다. 버마를 먼저 공격해 거점을 확보한 일본은 지속적인 무기와 물자 보급이 절실했는데요, 말라카 해협이 연합군에 봉쇄된 탓에 해상을 통한 보급로 확보에 애로사항이 많았다고 합니다. 이를 만회하려고 계획한 것이 바로 철도 건설이라고 하는군요.

정글과 산길이 많기 때문에 완공하려면 최소 5년이 걸릴 거라는 측량 결과와 달리, 건설 총책인 일본군 장군은 12개월 안에 완공하라는 지시를 하달합니다. 이로써 연합군 포로를 포함해 강제 동원된 노동자들까지 노예 취급을 받으며 밤낮으로 일해야 했고, 철도는 15개월 만에 완공됐습니다. 하지만 그 결과는 너무도 참혹해 10만 명이나 사망했다고 하네요. 주된 사인으로는 열악한 작업 환경과 과다한 노동, 영양 실조, 말라리아, 열대병이라고 하는군요.

죽음의 철도 탑승은 제2차 세계대전의 현장을 몸소 체험한다는 데 의미가 큽니다. 전 구간 탑승은 불가능하고 태국 내에서만 기차를 타 볼 수 있답니다. 기차는 농쁠라둑에서 출발해 콰이 강의 다리를 지나 남똑까지 130㎞만 운행됩니다. 가장 박진감 넘치는 구간은 탐 끄라쌔 Tham Krasae 역 바로 앞의 절벽인데요, 바위에 부딪칠 듯한 위험천만한 계곡에 철교가 만들어져 있습니다. 이 구간을 지날 때면 모든 사람들이 창밖으로 머리를 내밀고 사진 찍느라 정신이 없답니다.

죽음의 열차가 재미 있는 또 다른 이유는 태국에서 경험하기 힘든 3등 열차를 타기 때문입니다. 나무로 만든 의자에 선풍기가 돌아가는 완행열차로 기차는 시골 간이역마다 모두 정차합니다. 그래서 차로 한 시간이면 갈 수 있는 거리를 기차로 2시간에 주파하게 됩니다. 하지만 기차를 타고 가는 동안 방콕과 전혀 다른 산과 강이 만들어 내는 자연의 흥겨움을 만날 수 있지요. 또한 현지인들의 통근 열차로 활용되기 때문에 순박한 학생들의 때 묻지 않은 웃음도 덤으로 얻을 수 있어 특별한 경험이 될 겁니다. 자세한 기차 시간은 깐짜나부리 기차역 정보(P.434)를 참고하세요.

콰이 강의 다리 기차역

현지어 탕 롯파이 싸이 모라나 **구간** 농쁠라둑 Nong Pladuk → 깐짜나부리 Kanchanaburi → 콰이 강의 다리 River Kwai Bridge → 남똑 Nam Tok → 쩨디 쌈옹 Three Pagoda Pass(이상 태국) → 탄뷰자얏Thanbyuzayat(이상 미얀마)
착공 1942년 9월 **완공** 1943년 12월 **공사 인원** 약 27만 명(전쟁 포로 6만 명 포함) **사망 인원** 약 10만 명

선풍기 시설의 완행열차가 죽음의 철도를 지난다

Restaurant

깐짜나부리의 레스토랑

여행자 숙소가 몰려 있는 타논 매남쾌에는 외국인들을 위한 여행자 레스토랑과 술집이 많아서 식사에 대한 고민을 덜어 준다. 분위기 좋은 레스토랑들은 쾌이 강을 끼고 있다.

깐짜나부리 야시장 Kanchanaburi Night Market ★★☆

주소 Thanon Saengchuto **영업** 16:00~22:00 **메뉴** 영어, 태국어 **예산** 30~100B **가는 방법** 기차역 앞 광장에 야시장이 생긴다. Map P.35

기차역 앞에 생기는 야시장이다. 저녁 반찬거리를 사러오는 동네 사람들을 위해 각종 음식을 진열해 놓고 장사한다. 태국의 여느 야시장과 큰 차이는 없지만 지방 소도시답게 가격이 저렴하다.

기차역 앞으로 야시장이 들어선다

스마일리 프로그 Smiley Frog ★★★

주소 28 Soi China, Thanon Mae Nam Khwae **전화** 0-3451-4579 **홈페이지** www.facebook.com/SLF99 **영업** 07:00~22:30 **메뉴** 영어, 태국어 **예산** 50~160B **가는 방법** 여행자 거리 초입에 해당하는 곳으로 쏘이 차이나 Soi China 골목에 있다. Map P.35

게스트하우스에서 운영하는 여행자 레스토랑이다. 스마일리 프로그에 묵지 않더라도 식사하러 찾아가는 사람들이 있을 정도로 유명하다. 저렴한 요금에 양 많은 음식을 제공해준다. 간단한 덮밥부터 피자와 스테이크, 멕시코 음식까지 선택의 폭이 넓다.

스마일리 프로그

온 타이 이싼 On's Thai Issan ★★★

주소 Thanon Mae Nam Khwae **전화** 08-7364-2264 **홈페이지** www.onsthaiissan.com **영업** 10:00~22:00 **메뉴** 영어 **예산** 메인요리 70~80B **가는 방법** 테스코 로터스 익스프레스 Tesco-Lotus Express (편의점) 옆에 있다. Map P.35

태국인이 운영하는 아담한 식당이다. 채식을 전문으로 하며 음식이 담백하다. 마싸만 카레, 똠얌꿍, 팟타이, 쏨땀(파파야 샐러드)를 포함한 기본적인 태국 음식을 맛볼 수 있다. 가격 대비 음식 양이 많은 편이며, 맛도 괜찮다. 요리 강습(쿠킹 클래스)를 운영한다.

쌥쌥 Zap Zap แซ่บ แซ่บ ★★★☆

주소 49 Moo.9 Thanon Maenam Khwae **전화** 08-9545-4575 **영업** 11:00~22:00 **메뉴** 영어, 태국어 **예산** 60~170B **가는 방법** 타논 매남쾌 & 타논 던락 사거리 코너에 있다. Map P.35

현지인들에게 인기 있

쌥쌥 레스토랑

온 타이 이싼

라이브러리 카페

키리타라 레스토랑

는 태국 음식점이다. 쏨땀(파파야 샐러드)을 시작으로 생선 요리까지 웬만한 태국 음식을 골고루 요리한다. 저렴하면서 양도 푸짐하다. 사진이 첨부된 영어 메뉴판을 갖추고 있다. '쌥'은 이싼 지방 사투리로 맛있다는 뜻이다.

라이브러리 카페
Library Cafe ★★★

주소 268/1 Thanon Maenam Khwae **전화** 0-3451-4300 **영업** 09:00~22:30 **메뉴** 영어, 태국어 **예산** 120~220B **가는 방법** 타논 매남 쾌의 임짱 무카따(돼지고기 뷔페) 옆에 있다. Map P.35

이름과 달리 주차장을 갖춘 대형 레스토랑이다. 에어컨 시설로 높은 천장과 탁 트인 실내, 푹신한 소파, 아늑한 조명이 어우러진다. 허니 토스트, 크레페, 샌드위치, 연어 스테이크, 스파게티, 팟타이, 볶음밥 같은 식사와 디저트가 가능하다. 커피와 디저트를 즐기며 더위 식히기 좋다.

키리타라 레스토랑
Keeree Tara Restaurant
ร้านอาหาร คีรีธารา ★★★☆

주소 431/1 Thanon Maenam Khwae **전화** 0-3462-4093, 08-7415-8111 **홈페이지** www.keereetara.com **영업** 11:00~24:00 **메뉴** 영어, 태국어 **예산** 160~450B **가는 방법** 콰이 강의 다리를 바라보고 왼쪽에 있는 플로팅 레스토랑에 왼쪽(북쪽)으로 50m 떨어져 있다. Map P.34-A1

콰이 강의 다리 오른쪽에 있는 강변 레스토랑이다. 강변을 따라 층을 이루도록 설계된 야외 테라스 형태로 꾸몄다. 다양한 태국 요리와 해산물 요리를 선보인다.

선선한 강바람을 맞으며 여러 명이 술을 곁들여 식사하기 좋다. 해질 무렵에는 더욱 낭만적이다.

더 리조트
The Resort ★★★

주소 318/2 Thanon Maenam Khwae **전화** 0-3462-4606, 08-0284-9555 **홈페이지** www.keereetara.com/html/theresort.html **영업** 17:00~01:00 **메뉴** 영어, 태국어 **예산** 95~280B **가는 방법** 타논 까올리 Korea Road라고 적힌 골목 삼거리 입구에 있다.
Map P.34-A1

하얀색의 2층 가옥과 야외 정원을 갖춘 레스토랑이다. 외국인보다는 태국 사람들에게 인기가 높다. 매일 저녁 라이브 밴드가 '타이 팝 Thai Pop'을 연주한다. 다양한 태국 음식과 맥주는 기본이다. 밤에만 문을 연다.

라이브 음악을 연주해 주는 더 리조트

Accommodation

깐짜나부리의 숙소

깐짜나부리에는 고급 호텔은 거의 없고 여행자 숙소들이 많다. 대부분 강변에 위치해 조용한 편이다. 수상가옥 형태의 숙소들도 많아 특별한 경험을 할 수도 있다. 고급 호텔들은 시내에서 한참 떨어져 있어 별도의 교통편이 있어야 한다.

스마일리 프로그 Smiley Frog ★★★

주소 28 Soi China, Thanon Mae Nam Khwae **전화** 0-3451-4579 **요금** 더블 320B(선풍기, 개인욕실), 더블 450~550B(에어컨, 개인욕실) **가는 방법** 연합군 묘지 뒤편의 타논 매남쾌 Thanon Mae Nam Khwae에 있다. 여행자 거리 초입에 해당하는 곳으로 쏘이 차이나 Soi China 골목에 있다. Map P.35

깐짜나부리의 대표적인 배낭 여행자 숙소. 변함없이 저렴한 요금으로 여행자들을 현혹한다. 대나무로 만든 방갈로 형태의 숙소로 객실은 단출하다. 강 위에 만든 수상가옥은 모두 공동욕실을 사용해야 한다. 방이 좁게 느껴진다면 야외 정원에서 시간을 보내자. 넓은 잔디 정원이 매력적이다. 함께 운영하는 레스토랑도 여행자들에게 인기 있다.

블루 스타 게스트하우스 Blue Star Guest House ★★★

주소 241 Thanon Mae Nam Khwae **전화** 0-3451-2161, 0-3462-4733 **홈페이지** www.bluestar-guesthouse.com **요금** 더블 300~450B(선풍기, 개인욕실), 트윈 450~650B(에어컨, 개인욕실) **가는 방법** 타논 매남쾌에서 쏫짜이 다리를 건너기 전 세븐 일레븐 옆 골목에 있다. Map P.35

저렴하고 간단한 객실부터 에어컨 시설의 통나무 방갈로까지 시설이 다양하다. 저렴한 선풍기 방은

방보다 정원이 매력적인 스마일리 프로그

블루 스타 게스트하우스

찬물 샤워만 가능하다. 리셉션과 인접한 에어컨 방이 상대적으로 저렴하지만 어둑하다. 강변에 있는 에어컨 방갈로들이 시설이 좋다. 와이파이는 리셉션 주변에서만 수신된다.

위 호스텔 Wee Hostel ★★★☆

주소 18 Thanon Maenam Khwae(Maenamkwai Road) **전화** 0-3454-0399, 09-2421-6019 **홈페이지** www.weehostel.com **요금** 도미토리 380~450B(에어컨, 공동욕실, TV), 더블 1,200~1,500B(에어컨, 개인욕실, TV), 패밀리 룸 1,300B **가는 방법** 여행자 숙소가 몰려 있는 타논 매남쾌 초입에 있다. Map P.35

여행자 숙소가 몰려 있는 타논 매남쾌에 새롭게 등장한 호스텔이다. 도미토리를 운영하지만, 단순히 배낭 여행자만 겨냥한 곳은 아니다. 개인 욕실을 구비한 더블 룸, 트윈 룸, 패밀리 룸(4인실)까지 유형이 다양하다. 신축한 건물이라 시설이 깨끗하며, 직원들도 친절하다. 작지만 수영장도 갖추어져 있다.

위 호스텔

타라 베드 & 브랙퍼스트

타라 베드 & 브랙퍼스트 Tara Bed and Breakfast ★★★

주소 99-101 Thanon Maenam Khwae **전화** 09-2636-9969 **홈페이지** www.tararoom.com/index2.html **요금** 더블 350B(에어컨, 공동욕실), 더블 700B(에어컨, 개인욕실, TV, 냉장고), 3인실 900B(에어컨, 개인욕실, TV, 냉장고) **가는 방법** 여행자 숙소가 몰려 있는 타논 매남쾌에 있다. Map P.35

여행자 숙소가 몰려 있는 거리에 있다. 콘크리트 건물로 만든 전형적인 게스트하우스. 내륙 도로에 있기 때문에 전망은 별로지만 객실이 넓고 깨끗하다. LCD TV와 냉장고, 안전금고를 갖추고 있다. 단출한 시설의 저렴한 객실은 공동욕실을 사용해야 한다. 모든 객실은 금연실로 운영된다. 1층에 레스토랑이 있다. 아침 식사 포함 여부는 선택하면 된다.

퐁펜 게스트하우스 Pong Phen Guest House ★★★

주소 Soi Bangladesh, Thanon Mae Nam Khwae **전화** 0-3451-2981, 08-5293-7683 **홈페이지** www.pongphen.com **요금** 더블 650B(에어컨, 개인욕실), 방갈로 1,000~1,300B(에어컨, 개인욕실, TV, 냉장고) **가는 방법** 여행자 거리인 타논 매남쾌의 쏘이 방글라데시 Soi Bangladesh에 있다. Map P.35

타논 매남쾌에 있는 다른 게스트하우스들에 비해

퐁펜 게스트하우스

짐 게스트하우스

Jim Guest House

시설이 좋다. 방갈로와 게스트하우스로 구분되어 있다. 무엇보다 수영장이 최대의 매력이다. 일반 게스트하우스 객실은 정원을 끼고 있다. 에어컨 시설의 방갈로는 아침 식사가 포함된다.

짐 게스트하우스 Jim Guest House ★★★☆

주소 162 Moo 4 Thanon Mahadthai **전화** 09-8995-2979 **홈페이지** www.jimguesthouse.com **더블** 1,200~1,500B(에어컨, 개인욕실, TV, 냉장고, 아침식사) **가는 방법** 쏫짜이 다리 건너편에 있다. Map P.35

강 건너편에 자리한 방갈로 형태의 숙소다. 게스트하우스라고 칭하기에는 시설이 좋은 편으로, 야외 수영장도 갖추고 있다. 냉방 시설을 갖춘 객실엔 테라스가 딸려 있다. 정원도 있으니 한가로운 시간을 보내기 좋다. 친절한 태국인 가족이 운영하며, 아침 식사가 포함된다. 위치와 접근성이 다소 아쉽다.

애플 리트리트 Apple's Retreat ★★★★

주소 153/4 Moo 4 Sutchai Bridge **전화** 0-3451-2017, 06-2324-5879 **홈페이지** www.applenoikanchanaburi.com **요금** 트윈 990B(에어컨, 개인욕실, 아침식사) **가는 방법** 쏫짜이 다리(싸판 쏫짜이) 건너편에 있다. Map P.35

애플 리트리트

Apple's Retreat

콰이 강변과 한적한 전원 풍경이 매력적인 숙소다. 잔디 정원과 잘 어울리는 화사한 콘크리트 건물로 모두 16개의 객실을 운영한다. 객실이 넓은 편으로 창문이 앞뒤로 있어 밝고 상쾌하다. 깨끗한 객실은 기본으로 에어컨과 선풍기가 갖추어져 있으며, 더운 물 샤워가 가능한 객실이 딸려 있다. 객실에 냉장고가 없는 게 흠이라면 흠이다. 평화로운 분위기의 야외 레스토랑을 함께 운영하며, 요리 강습도 실시한다. 자연친화적인 숙소로 주인장인 '애플'과 '노이' 아줌마가 친절하다.

플로이 리조트 Ploy Resort ★★★★

주소 79/2 Thanon Mae Nam Khwae **전화** 0-3451-4437, 09-0964-2653 **홈페이지** www.ployresorts.com **요금** 더블 1,000~1,500B(에어컨, 개인욕실, TV, 냉장고), 패밀리 2,200~3,000B **가는 방법** 여행자 거리인 타논 매남쾌의 슈거케인 게스트하우스와 퐁펜 게스트하우스의 중간에 있다. Map P.35

게스트하우스라고 부르기 아까울 정도로 훌륭한 숙소. 부티크 호텔이라고 불러도 좋을 만큼 단순함과 깔끔함이 매력적이다. 깨끗한 객실과 한적한 정원은 기본으로 비싼 방에는 야외에 욕실을 만들어 분위기를 더한다. 통유리를 통해 욕실과 연결되는 작은 정원이 보이도록 설계되어 있다. 레스토랑도 낭만적으로 꾸몄다. 자그마한 수영장까지 있어 여유롭다. 간단한 아침 식사가 포함된다. 시설에 비해 요금이 저렴하기 때문에 방을 구하기 힘든 것이 단점이다. 미리 예약하는 것이 좋다. 2박 이상 예약하면 할인해 준다.

플로이 리조트

굿 타임스 리조트 Good Times Resort ★★★★☆

주소 265/5 Thanon Mae Nam Khwae(Maenam Kwai Road) **전화** 0-3451-4241, 09-0143-4925 **홈페이지** www.good-times-resort.com **요금** 스탠더드 더블 룸 1,500~2,000B(에어컨, 개인욕실, TV, 냉장고, 아침 식사), 리버 뷰 더블 2,500B **가는 방법** 쑷짜이 다리 옆 강변에 있다. 타논 매남쾌의 로열 나인 Royal Nine Resort 맞은편에 입구가 있다. Map P.35

여행자 거리에 새롭게 생긴 수영장을 갖춘 시설 좋은 리조트다. 강변을 끼고 있으며 잔디 정원과 야외 레스토랑까지 평화로운 분위기를 선사한다. 테라스가 딸린 단층 건물과 수영장을 끼고 있는 복층 건물로 구분된다. 침구와 욕실도 산뜻하다. TV와 냉장고를 갖추고 있으며 아침 식사도 포함된다. 스몰 더블 룸(20㎡ 크기)보다는 스탠더드 더블 룸(35㎡)이 월등히 좋다.

굿 타임스 리조트

Pattaya 파타야

파타야를 찾은 여행자는 해변 휴양지를 찾아온 건전 여행자와 성매매를 목적으로 찾아온 섹스 투어리스트로 극명하게 구분된다. 파타야라는 존재는 태국에서 매우 독특한 위치에 놓여 있다. 1960년대 베트남 전쟁 때부터 미군들의 휴양지로 개발되어 외국인들을 위한 특별 공간으로서의 성격이 강하다. 방콕과 가깝다는 이유 하나만으로 어촌 마을이 개발되기 시작해 태국의 대표적인 해변 휴양지로 변모하는 데는 그리 오랜 시간이 걸리지 않았다. 하지만 푸껫 Phuket이나 꼬 싸무이 Ko Samui에 비해 항상 부정적인 시선이 따라다닌다. 그 이유는 파타야란 명성을 만들어내는 지대한 공을 세운 유흥가 때문이다. 밤이 되면 해변 도로 전체가 붉은 네온사인으로 뒤덮여 환락의 도시로 변모한다. 하지만 부정적인 이미지를 쇄신하려는 태국 정부의 지속적인 노력과 방콕 신공항의 개항으로 파타야는 몰라보게 변모했다. 고급 리조트들이 속속 등장하면서 건전한 휴양지로서의 면모도 갖추기 시작한 것. 비행기를 타고 멀리 가지 않고도 바다와 태양이 가득한 열대 해변 휴양지를 즐길 수 있는 곳이다.

Access

방콕에서 파타야 드나들기

방콕 터미널 어디서나 파타야행 버스가 출발하며, 쑤완나품 공항에서도 파타야로 직행하는 버스가 운행된다. 파타야까지 교통 상황에 따라 2~3시간 소요된다.

방콕 동부 터미널 매표소

파타야 버스 터미널

버스

+ 방콕 → 파타야

출발 편수가 가장 많은 곳은 에까마이 Ekkamai에 위치한 동부 버스 터미널(콘쏭 에까마이)이다. 북부 터미널(콘쏭 머칫)에서 출발하는 버스는 모터웨이를 이용하기 때문에 속도가 빠르다. 방콕에 있는 모든 터미널에서 출발하는 버스는 타논 파타야 느아 Thanon Pattaya Neua(North Pattaya Road)에 있는 파타야 버스 터미널(Map P.36-A3)을 이용한다.

좀티엔에서 출발하는 쑤완나품 공항행 버스

+ 방콕(쑤완나품 공항) → 파타야(좀티엔 해변)

쑤완나품 공항에서 파타야로 직행하려면 입국장에서 아래층(공항청사 1층)으로 내려가 8번 회전문 앞에서 파타야행 버스를 타야 한다. 에어포트 파타야 버스(홈페이지 www.airportpattayabus.com) 회사에서 운행하는 이 노선은 07:00~22:00까지 1시간 간격으로 출발하며 편도 요금은 130B이다. 종점은 좀티엔 해변과 가까운 타논 탑프라야 Thappraya Road(Map P.38-B3)에 있다. 파타야 시내로 들어가지 않기 때문에, 차장에게 호텔 이름을 말하고 내릴 곳을 미리 확인해두자. 파타야(좀티엔)→쑤완나품 공항 노선은 07:00~21:00까지 운행된다.

방콕에서 파타야로 가는 버스 운행 노선표

노선	운행 시간	운행 간격	요금(편도)
방콕 동부 터미널(에까마이) → 파타야	05:00~23:00	30분	119B
방콕 북부 터미널(머칫) → 파타야	04:30~22:00	30분	128B

+ 파타야 → 방콕

타논 파타야 느아 Thanon Pattaya Neua(North Pattaya Road)에 있는 버스 터미널(Map P.36-A3)에서 출발한다. 목적지에 따라 매표 창고가 서로 다르므로 가고자 하는 터미널 매표소에서 표를 구입하면 된다.

파타야에서 방콕으로 가는 버스 운행 노선표

노선	운행 시간	요금(편도)
파타야 → 방콕 동부 터미널	04:30~23:00	119B
파타야 → 방콕 북부 터미널	04:30~21:00	128B
파타야 → 방콕 남부 터미널	08:30, 10:30, 13:00, 15:00	119B

미니밴(롯뚜)

대형 버스에 비해 이동 시간이 빠르고, 원하는 장소에 내려주기 때문에 현지 지리에 익숙한 현지인들이 즐겨 이용한다. 동부 버스 터미널(에까마이) → 파타야 → 좀티엔행 미니밴은 05:00~19:00까지 출발한다. 터미널 내부에 매표소가 있으며 편도 요금은 파타야까지 130B이다. 북부 버스 터미널(머칫)에도 파타야행 미니밴이 출발한다. 터미널 바깥쪽의 미니밴 전용 플랫폼(P.415 참고)을 이용해야 한다. 편도 요금 140B이다.

기차

이용객은 많지 않지만 방콕 후아람퐁 역에서 파타야까지 하루 한 차례 기차가 출발한다. 06:55에 방콕을 출발해 10:35에 파타야에 도착한다. 파타야 출발은 13:57이며 방콕에 18:25에 도착한다. 편도 요금은 31B이다.

Transportation 파타야의 교통

파타야 시내를 이동하려면 썽태우를 타야 한다. 정해진 노선으로 이동하면서 승객들을 태우고 내려준다. 같은 해변 안에서는 이동이 편리하지만 장거리로 나갈 경우 여러 차례 갈아타야 하는 불편함이 있다. 썽태우를 타려면 거리에 서서 손을 들어 차를 세우고 원하는 목적지를 말하면 된다. 방향이 같으면 기사가 타라는 신호를 보낸다. 내릴 때는 썽태우 천장에 달린 벨을 누르면 된다. 참고로 해변 도로인 타논 핫 파타야 Thanon Hat Pattaya(Beach Road)와 타논 파타야 싸이 썽 Thanon Pattaya Sai 2(Pattaya 2nd Road)은 일방통행이라 한 방향으로만 썽태우가 움직인다.

파타야 느아(North Pattaya) 돌고래 동상 로터리

파타야 해변에서 좀티엔 해변으로 갈 경우 타논 파타야 싸이 썽과 타논 파타야 따이 Thanon Pattaya Tai(South Pattaya Road Map P.36-A1) 교차로에서 썽태우를 갈아타야 한다. 파타야 해변에서 방콕행 버스 터미널로 갈 경우 타논 파타야 싸이 썽 과 타논 파타야 느아(North Pattaya Road)가 만나는 돌고래 동상 로터리(Map P.36-B3)에서 썽태우를 타면 된다. 요금은 같은 해변 내에서는 10~20B이고, 파타야 해변에서 좀티엔 해변으로 넘어갈 경우 거리에 따라 20~40B을 받는다. 택시처럼 사용할 경우 썽태우 한 대를 전세내야 한다. 외국인에게 바가지 요금을 적용하는 경우가 있으므로 탑승 전에 흥정하도록 하자.

알아두세요

파타야 도로에서 길이름을 붙이는 법칙

파타야 해변은 메인 도로와 연결되는 작은 골목들이 많아서 혼잡해 보입니다. 더군다나 상점들과 술집이 거리에 가득해 골목 입구를 지나치기 십상입니다. 하지만 파타야는 도로 구성이 의외로 쉽기 때문에 잘 알아 두면 길 찾기는 어렵지 않답니다. 먼저 해변을 끼고 타논 핫 파타야 **ถนนหาดพัทยา**라고 적힌 해변 도로가 있습니다. 영어로 그냥 '비치 로드 Beach Road'라고 적힌 길이지요. 해변 도로는 남북으로 길이 이어지는 것이 특징. 해변 도로 다음 길은 파타야 두 번째 도로라는 의미로 타논 파타야 싸이 썽(Pattaya 2nd Road) **ถนนพัทยาสาย 2**이라고 부릅니다. 그렇다면 세 번째 도로는 타논 파타야 싸이 쌈(Pattaya 3rd Road) **ถนนพัทยาสาย 3**이 되겠군요. 여기서 '썽'은 태국말로 두 번째, '쌈'은 세 번째라는 뜻입니다.
해변 도로와 별도로 동서로 가로지르는 도로가 따로 있습니다. 이 도로는 북쪽부터 차례대로 북쪽(느아), 가운데(끄랑), 남쪽(따이)을 붙입니다. 그러니까 타논 파타야 느아(노스 파타야 로드) **ถนนพัทยาเหนือ** North Pattaya Roda, 타논 파타야 끄랑(센트럴 파타야 로드) **ถนนพัทยากลาง** Central Pattaya Road, 타논 파타야 따이(사우스 파타야 로드) **ถนนพัทยาใต้** South Pattaya Road가 되는 겁니다.
메인 도로와 연결되는 작은 골목인 '쏘이 Soi'는 북쪽부터 남쪽으로 차례대로 1~13까지 번호가 붙어 있구요, 해변도로 남쪽은 워킹 스트리트 Walking Street가 선착장까지 이어진답니다.

Just Follow

Pattaya

낮에는 해변에서 시간을 보내고 오후에는 마사지를 받거나 호텔에서 휴식한 다음 밤이 되면 나이트라이프를 즐기면 된다. 여행보다는 휴양을 목적으로 한 관광객들이 많기 때문에 당일치기 여행자보다는 장기 여행자들이 많다.

① 파타야 바리 하이 선착장 → 보트 40분 → ② 꼬란의 핫 싸메 → 보트 40분 → ③ 파타야 바리 하이 선착장 → 차 20분 → ④ 농눗 빌리지 → 차 30분 → ⑤ 알카자 쇼 → 썽태우 10분 → ⑥ 워킹 스트리트

Attractions

파타야의 볼거리

해변과 섬이 주된 볼거리다. 심심한 관광객들을 위해 해변에서는 다양한 해양 스포츠가 가능하다. 장기 체류자들은 낮에는 해변에서 빈둥대며 술을 마시고, 밤에는 바에서 여자들과 농을 주고받으며 술을 마신다.

파타야 해변(파타야 비치)
Pattaya Beach หาดพัทยา ★★★

현지어 핫 파타야 **위치** 파타야 해변 도로 일대 **운영** 연중 무휴 **요금** 무료(파라솔 의자 대여료 별도) **가는 방법** 파타야 시내 한복판의 해변 도로 전부가 파타야 해변이다. 버스 터미널에서 썽태우로 10분.

Map P.36-B1~B2

파타야 중심가를 이루는 3㎞ 길이의 해변이다. 각종 유흥업소와 호텔, 편의 시설이 해변과 도로를 사이에 두고 몰려 있다. 파타야 시정부의 노력으로 몇 년 사이 해변이 몰라보게 깨끗해졌다. 꼬 란을 오가던 스피드 보트도 대부분 선착장으로 옮겨가면서 파타야 해변에서 수영을 즐기는 사람도 늘었다. 하지만 해변을 따라 길게 늘어선 파라솔 아래 의자에 앉아 해산물을 먹거나 술을 마시며 일광욕을 즐기는 관광객들이 더 많다.

Pattaya Beach

바다와 도시가 어우러진 파타야 해변

좀티엔 해변(좀티엔 비치) Jomtien Beach หาดจอมเทียน ★★★

현지어 핫 쩜띠안 **주소** Thanon Hat Jomtien **운영** 연중 무휴 **요금** 무료(파라솔 의자 대여료 별도) **가는 방법** 파타야 해변에서 썽태우로 10~15분. Map P.38

좀티엔 해변

파타야 해변에서 남쪽으로 1㎞ 정도 떨어진 해변이다. 길이 6㎞로 파타야 해변에 비해 유흥업소가 적고 바다가 깨끗하다. 해변 남쪽으로 갈수록 한적해지며, 꼬 란 Ko Lan까지 가지 않고도 해변에서 수상 스포츠를 즐길 수 있다. 밤에도 조용하기 때문에 파타야에 장기 투숙하는 사람들이 즐겨 찾는 해변이다.

정확한 태국 발음은 '쩜띠안'으로 영문 표기의 오류에 의해 좀티엔이라는 지명이 외국인들 사이에 보편화되어 있다.

카오 프라 땀낙(전망대) Khao Phra Tamnak เขาพระตำหนัก ★★☆

주소 Thanon Phra Tamnak **운영** 07:30~21:00 **요금** 무료 **가는 방법** 파타야 해변이나 좀티엔 해변에서 썽태우로 10~15분. Map P.36-A1

파타야에서 좀티엔으로 넘어가는 언덕에 있다. 프라 땀낙 힐 Phra Tamnak Hill로도 불린다. 파타야 해안선을 볼 수 있는 전망대 역할을 한다. 특히 일몰과 초저녁 시간에 보이는 파타야 풍경이 아름답다. 언덕 정상에는 태국 해군의 아버지로 불리는 끄롬루앙 춤폰켓우돔싹 Kromluang Chumphonket Udomsak(1880~1923)의 동상을 세웠다.

전망대 뒤쪽의 작은 언덕에는 왓 카오프라밧 Wat Khao Phra Bat วัดเขาพระบาท 사원이 있다. 18m 크기의 대형 불상(프라야이 Phra Yai 또는 빅 부다 Big Buddha)을 모시고 있다. 뱀 모양의 나가가 장식된 계단을 통해 사원을 올라가야 한다.

파타야에 비해 상대적으로 차분한 좀티엔 해변

파타야 전경을 볼 수 있는 카오 프라 땀낙

전망대에서 파타야 해변이 내려다 보인다

왓 카오프라밧

Travel Plus

해양 스포츠를 즐겨 보아요

해양 스포츠를 즐기려면 좀티엔 해변이나 꼬 란으로 가야 합니다. 특별한 실력이 없는 초보자도 가능한 패러세일링 Parasailing과 바나나보트 Banana Boat 이외에 제트스키 Jet Ski와 시 워킹 Sea Walking 등 종류도 다양한데요, 요금이 천차만별이어서 먼저 흥정하는 게 좋습니다. 하지만 꼬 란의 경우 단체 관광객들을 상대하기 때문에 정해진 가격에서 크게 내려가지 않는 편이랍니다. 대체로 바나나보트는 4인 기준으로 1인당 400~500B, 패러세일링은 500~700B, 제트스키는 600~800B을 받습니다. 시 워킹은 특수 장비를 착용해야 하기 때문에 1,500B으로 비쌉니다.

꼬 란
Ko Lan เกาะล้าน ★★★☆

위치 파타야 해변 앞 바다 **운영** 08:00~18:00 **요금** 무료 **가는 방법** 파타야 바리 하이 선착장(타르아 바리 하이) Bali Hai Pier에서 보트로 40분. Map P.36

파타야 해변을 보고 실망했다면 보트를 타고 꼬 란으로 가면 된다. 육지에서 8km 떨어진 타이만 Gulf of Thailand에 자리한 섬으로 파란 바다를 배경으로 각종 해양 스포츠를 즐길 수 있다. 일명 '방파 패키지'로 통하는 방콕-파타야 투어 상품에서 산호섬으로 소개되어 익숙한 섬이다.

섬에는 모두 9개의 해변이 있는데 가장 번잡한 곳은 섬 북쪽 해변인 핫 따웬(따웬 비치 **หาดตาแหวน**) Hat Tawaen(Tawaen Beach)이다. 모든 패키지 여행사 투어가 들르는 해변으로 오전에는 우리나라의 해운대처럼 사람들로 발 디딜 틈이 없다. 한적하게 시간을 보내고 싶다면 섬 남서쪽 해변인 핫 싸매(싸매 비치 **หาดแสม**) Hat Samae(Samea Beach)로 가자. 꼬 란에서 가장 깨끗한 모래사장과 바다를 만날 수 있다.

+ 파타야에서 꼬 란 가기

파타야에서 꼬 란으로 가려면 워킹 스트리트 남단의 바리 하이 선착장(타르아 바리 하이 **ท่าเรือแหลมบาลีฮาย**) Bali Hai Pier에서 보트를 타야 한다. 오전에 여러 차례 보트가 출발하며, 오후 5시에 마지막 보트를 타고 육지로 돌아온다. 일반적으로 꼬 란이라고 하면 마을이 형성된 나반 선착장(타르아 나반 **ท่าเรือหน้าบ้าน**) Na Ban Pier을 의미한다. 나반 선착장에서는 해변까지 별도의 교통편을 이용해야 하므로, 가능하면 해변(핫 따웬 또는 핫 싸매)으로 직행하는 보트를 타도록 하자.

섬 남서쪽에 있는 핫 싸매까지는 스피드 보트가 운행된다. 스피드 보트는 핫 따웬 옆의 핫 텅랑(텅랑 비치 **หาดทองหลาง**) Hat Thonglang을 먼저 들렀다 간다. 선착장에서 핫 싸매까지는 약 40분 걸린다.

• 바리 하이 선착장 → 나반 선착장(편도 30B)

파타야 출발 07:00, 10:00, 12:00, 14:00, 15:30, 17:00, 18:30

꼬 란 출발 06:30, 07:30, 09:30, 12:00, 14:00, 15:30, 17:00, 18:00

• 바리 하이 선착장 → 핫 따웬(슬로 보트, 편도 30B)

파타야 출발 08:00, 09:00, 11:00, 13:00

꼬 란 출발 13:00, 14:00, 15:00, 16:00

• 바리 하이 선착장 → (핫 텅랑 경유) → 핫 싸매(스피드 보트, 왕복 200B)

파타야 출발 09:30, 10:00, 11:00, 12:30

꼬 란 출발 15:00, 16:00, 17:00

+ 섬에서 이동하기

큰 섬은 아니지만 해변을 걸어서 다닐 수 있을 만큼 작지는 않다. 섬에서의 이동은 썽태우나 오토바이 택시를 이용하면 된다. 핫 따웬에서 핫 싸매 또는 나반 선착장 Na Ban Pier(타르아 나반)으로 사람이 모이는 대로 썽태우가 출발한다. 썽태우 합승 요금은 거리에 따라 20~40B이며, 오토바이 택시는 거리에 따라 40~60B으로 요금이 정해져 있다.

오전 시간에는 단체 관광객들로 북적인다

산호섬으로 알려진 꼬 란

섬 남서쪽에 있는 해변 싸메 비치

Ko Lan

해양 스포츠를 즐기기 좋은 꼬 란

농눗 빌리지(쑤언 농눗) Nong Nooch Village สวนนงนุช ★★★☆

현지어 쑤언 농눗 **주소** 34/1 Moo 7 Na Jomtien, Sattahip **위치** 'Thanon Sukhumvit 163㎞' 이정표 옆 **전화** 0-3823-8061~3 **홈페이지** www.nongnoochtropicalgarden.com **운영** 09:00~22:00(공연 시간 10:30, 13:30, 15:00, 16:00, 17:00) **요금** 800B **가는 방법** 파타야 중심가에서 23㎞ 떨어져 있다. 대중교통이 없기 때문에 여행사 투어를 이용하는 게 편리하다.

파타야의 대표적인 관광 코스다. 파타야 시내에서 동쪽으로 18㎞ 떨어진 열대 정원으로 난 농장을 포함해 다양한 열대식물을 이용해 만든 조경 공원이다.

방대한 규모의 열대 정원도 볼 만하지만 무엇보다 태국 전통 공연과 코끼리 쇼로 인해 많은 관광객들을 끌어 모은다.

태국의 전통 무용을 비롯해 무에타이, 코끼리를 이용한 전투 장면 재연 등 많은 볼거리를 제공한다. 또한 많은 이들의 사랑을 받는 코끼리들의 재롱도 웃음을 선사한다. 대중교통으로 갈 수 없기 때문에 투어를 이용하는 게 편하다. 모든 투어는 공연 시간에 맞추어 출발한다. 공연은 하루 여섯번 진행된다.

열대 정원으로 꾸민 농눗 빌리지

농눗 빌리지 코끼리 공연

파타야 수상시장 Pattaya Floating Market ตลาดน้ำ 4 ภาค พัทยา ★★☆

현지어 딸랏남 파타야 **주소** 451/304 Moo 12, Thanon Sukhumvit, Pattaya Nongprue, Banglamung **전화** 0-3870-6340 **홈페이지** www.pattayafloatingmarket.com **운영** 09:00~20:00 **입장료** 200B(+ 보트 탑승, 짚라인포함 900B) **가는 방법** 파타야에서 동쪽(싸따힙 Sattahip) 방향으로 15㎞ 떨어져 있다. 썽태우를 대절해 가는 게 가장 좋다.

파타야를 찾는 관광객을 위해 만든 지극히 상업적인 수상시장이다. 테마 공원처럼 인위적으로 꾸몄다. 파타야 외곽에 10만㎡ 크기로 조성했다. 태국을 크게 4개 지역(북부, 북동부, 중부, 남부)로 구분해 전통가옥을 만들었다. 목조 가옥을 중심으로 다양한 상점과 식당이 들어서 있다. 100여개의 상점에서는 기념품과 의류, 은공예, 목공예품 등을 판매한다. 하지만 전통시장이 아닌 관광지이기 때문에 입장료를 내고 들어가야 한다. 수상 시장만 둘러볼 경우 입장료는 200B인데, 매표소에서는 보트 탑승과 짚 라인이 포함된 패키지 입장권(900B)을 사라고 권유한다. 단체 관광객(중국인 포함)들로 인해 북적댄다. 방콕 주변의 담넌 싸두악 수상시장(P.309)이나 암파와 수상시장(P.310)과 비교하면 역동적인 느낌은 약하다. 방콕에서 수상시장을 다녀왔으면 굳이 갈 필요는 없다.

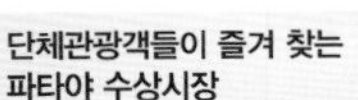

단체관광객들이 즐겨 찾는 파타야 수상시장

관광지로 조성되어 입장료를 내고 들어가야 하는 파타야 수상시장

진리의 성전(쁘라쌋 싸짜탐)
Sanctuary of Truth
ปราสาทสัจธรรม

★★★☆

주소 06/2 Moo 5, Thanon Naklua Soi 12 **전화** 0-3811-0653~4 **홈페이지** www.sanctuaryoftruth.com **운영** 08:30~18:00(입장 마감 17:00) **요금** 500B(키 100~130cm 어린이 250B) **가는 방법** ①타논 나끄르아(나끄아) 쏘이 12 안쪽으로 1km 들어가면 매표소가 나온다. ②돌고래 상 로터리에 있는 렛츠 릴렉스(마사지) 앞에서 합승 썽태우(편도 요금 10B)를 타고 타논 나끄르아 쏘이 12 입구에 내려서 걸어가거나, 골목 입구에서 오토바이 택시(30B)을 타면 된다. ③터미널 21(쇼핑몰)에서 출발할 경우 썽태우를 100B 정도에 흥정하면 된다. Map P.36-B3

바다를 배경으로 세워 올린 목조 건축물로, 높이 105m, 길이 100m에 이른다. 못을 하나도 사용하지 않고 완성했는데, 200여 명의 장인들이 새긴 조각의 정교함이 가히 경이로울 정도다. 1981년부터 건설을 시작해 아직 공사 중인데, 정확한 완공 시기는 아직 알 수 없다. 빠르면 2025년, 늦으면 2050년에 완공을 목표로 하고 있다. 완공이 늦어지는 이유는 바다와 접해있고, 우기에 지속적으로 비가 내리는 지형적인 특성 때문이다. 게다가 오래된 목조 조각을 지속적으로 교체해야 해서 같은 건물인데 나무 색깔이 각기 다른 모습이다. 참고로 태국의 사업가인 렉 위리야판 Lek Viriyaphant이 사비로 만들고 있다. 그는 86세 나이로 2000년에 사망했으나, 공사는 지금까지 이어지고 있다. 므앙 보란(P.312)이란 엄청난 규모의 역사 공원을 건설한 사람도 바로 그다.

쁘라쌋은 십자형 구조로 된 탑 모양의 신전 또는 사원을 의미한다. 이는 앙코르 왓을 건설한 크메르 제국의 힌두 사원에서 흔히 볼 수 있는 양식으로, 아유타야 시대를 거치며 태국의 불교 건축에서도 많이 사용됐다. 결과적으로 이곳은 힌두교와 불교가 융합된 건축물이다. 내부는 동서남북 네 개의 방향을 하나의 공간처럼 분리해, 태국 · 크메르 · 인도 · 중국의 종교적 특색을 살려 꾸며 놓았다. 특히 힌두 신화와 관련된 내용이 많은데 중요한 조각상들은 간단한 안내판을 함께 세워 뒀다. 고대의 생활양식과 불교의 윤회사상, 중국의 대승 불교 · 도교 · 유교와 관련한 내용도 엿볼 수 있다. 정 중앙에 있는 왕관 모양의 둥근 탑은 우주의 중심을 상징하며 부처의 가르침으로 열반에 이른 상태를 상징한다.

정교한 조각이 아름다움을 더한다

승려가 거주하는 종교 시설은 아니기 때문에 박물관처럼 관람하면 된다. 신전 뒤쪽(서쪽)으로 들어가 앞쪽(동쪽)으로 나오도록 만든 동선을 따라 둘러보는 것이 좋다. 신성한 공간인 만큼 사원처럼 엄격한 복장 규정을 요구하므로, 짧은 옷을 입었을 경우 입구에서 싸롱(치마 대용으로 쓰이는 기다린 천)을 빌려야 한다. 30분 단위로 관광객을 입장시키며, 내부는 공사가 여전히 진행 중이기 때문에 안전모를 착용하고 관람해야 한다. 관광지로 조성되면서 작은 동물원과 놀이 시설까지 만들어 놓았다. 하루 두 번(13:30, 15:30) 전통 공연도 볼 수 있다. 코끼리 타기, 마차 타기, 보트 타기, ATV 체험은 추가 요금을 받는다.

웅장한 목조 건축물 진리의 성전

바다를 배경으로 건설 중인 진리의 성전

Restaurant

파타야의 레스토랑

외국인들이 많이 찾는 도시라 레스토랑이 다양하다. 호텔 레스토랑, 쇼핑몰의 푸드 코트는 물론 거리 노점까지 먹을 걱정을 별로 하지 않아도 되는 곳이다. 쾌적하고 무난한 식사를 원한다면 대형 쇼핑몰들이 제격이다.

빠쁘라파이 레스토랑
Paprapai Restaurant
ครัวป้าประไพ (นาเกลือ ซอย 18) ★★★

주소 Thanon Naklua Soi 18(Wong Amat) **전화** 0-3837-0693, 08-1344-7130 **홈페이지** www.paprapai.com **영업** 10:00~21:00(수요일 10:00~18:00) **메뉴** 영어, 태국어 **예산** 70~ 350B **가는 방법** 웡아맛 해변 Wong Amat Beach 들어가는 길에 있다. 타논 나끄르아 쏘이 18 안쪽으로 450m 들어가면 된다. 파라다이스 스파 The Paradise Spa 맞은편에 있다. Map P.36-B3

쏨땀을 포함해 이싼 음식(P.518 참고)을 요리한다. 태국 사람들이 즐겨 찾는 서민적인 레스토랑이다. 인기를 반영하듯 일반 노점에 비해 규모가 크다. '빠'는 이모라는 뜻으로 쁘라파이 이모가 운영하는 식당이라는 뜻이다. 쏨땀 전문식당이라는 뜻으로 '쏨땀 뿌마 빠쁘라파이' Crab Salad Aunt Praphai라고 알려지기도 했다.

쏨땀 종류만 18가지로 새우, 돼지고기, 생선, 소면 등을 넣어 다양하게 만든다. 쏨땀 중에서도 게를 넣어 만든 '쏨땀 뿌마' Papaya Salad with Fresh Crap가 유명하다. 쏨땀 이외에 게, 새우, 생선, 해산물, 똠얌꿍, 팟타이, 볶음밥까지 메뉴가 다양하다. 웬만한 태국 음식점보다 메뉴가 다양하다.

파파야 샐러드로 알려진 쏨땀

빠쁘라파이 레스토랑

피어 21(터미널 21 푸드 코트) ★★★☆
Pier 21

주소 Thanon Pattaya Neua(North Pattaya Road) **홈페이지** www.terminal21.co.th/pattaya/pier21 **영업** 11:00~23:00 **메뉴** 영어, 태국어 **예산** 35~65B **가는 방법** 돌고래 동상 로터리 옆에 있는 터미널 21 쇼핑몰 4F에 있다. Map P.36-B3

터미널 21 쇼핑몰에서 운영하는 푸드 코트. 방콕에 있는 피어 21(P.86)과 동일한 콘셉트다. 푸드 코트 입구에서 전용 카드를 구입해 원하는 음식점에서 주문하고 결제하는 방식이다. 쌀국수, 팟타이, 덮밥, 쏨땀, 똠얌꿍, 태국 디저트까지 다양한 현지 음식을 저렴하게 맛 볼 수 있다. 야시장의 노점과 비슷한 100B 이내의 가격으로 식사 메뉴와 음료를 함께 즐길 수 있으니 가성비가 좋다. 위생적인 매장 환경과 에어컨 시설 덕에 쾌적하게 주변 풍경도 감상할 수 있다.

저렴하고 쾌적한 피어 21

터미널 21 쇼핑몰 내부에 있는 피어 21

매 씨르안
Mae Sri Ruen แม่ศรีเรือน ★★★☆

주소 241/66 Thanon Pattaya Klang **전화** 0-3842-1111 **홈페이지** www.msrpattaya.com **영업** 09:00~21:00 **메뉴** 영어, 태국어 **예산** 70~175B **가는 방법** **①파타야 끄랑(파타야 깡) 본점** 타논 파타야 끄랑 Thanon Pattaya Klang과 타논 파타야 싸이 쌈 Thanon Pattaya Sai 3이 만나는 사거리에서 빅 시 엑스트라(빅 시 파타야 깡) 방향으로 50m 올라간다. 빅 시 엑스트라에서 도보 5분. Map P.36-A2
②해변 도로 지점 주소 241 Moo 10 Thanon Hat Pattaya(Pattaya Beach Road) **전화** 09-1783-7059 **영업** 11:00~23:00 **가는 방법** 파타야 해변 도로에 있는 쎈탄 파타야 비치 페스티벌(백화점) 또는 힐튼 호텔을 바라보고 오른쪽에 있다. Map P.36-B2

55년의 역사를 간직한 태국 음식점으로, 현지인들이 즐겨 찾는다. 쌀국수 식당에서 시작해 여러 개의 지점을 운영하는 식당으로 성장했다. 꾸어이띠아우 까이(닭고기 쌀국수)가 가장 유명하며 팟타이, 쏨땀, 싸떼, 어쑤언, 스프링 롤, 카우 카 무(돼지고기 족발 덮밥)를 포함해 60여 가지의 단품 요리를 한자리에서 즐길 수 있다. 일반 서민식당과 달리 레스토랑 규모가 크고 깔끔해 외국인도 부담 없이 식사할 수 있다. 음식 값이 저렴한 대신 음식 양은 적은 편이다.
해변 도로에 새롭게 오픈한 지점은 널찍한 에어컨 시설로 쾌적하다. 관광객들이 찾기 편한 위치로 바로 옆에 쎈탄 페스티벌 파타야 비치(백화점)와 힐튼 호텔이 있다. 지점은 밤 11시까지 영업한다.

깨끗하고 저렴한 매 씨르안

매 씨르안 본점

힐튼 호텔 옆에 있는 매 씨르안 해변 도로 지점

렝끼 Leng Kee
เล้งกี่ (พัทยากลาง) ★★★☆

주소 341/3-6 Moo 9 Thanon Pattaya Klang(Central Pattaya Road) **전화** 0-3842-6291, 0-3842-9141 **홈페이지** www.lkpattaya.com/lengkee **영업** 24시간 **메뉴** 영어, 태국어 **예산** 150~600B **가는 방법** 타논 파타야 끄랑(파타야 깡)에 있는 까씨꼰 은행(타나칸 까씨꼰 파타야 깡) Kasikorn Bank를 바라보고 왼쪽에 있다. Map P.36-A2

파타야 끄랑(파타야 깡)에서 유명한 태국 음식점이다. 화교 출신의 태국인 가족이 운영한다. 간판에 장용기(張龍記)라고 커다랗게 한자로 적어 놨다. 오리구이를 요리하던 곳에서 세월이 더해져 이젠 태국 음식과 해산물 전문 레스토랑으로 변모했다. 팟타이, 똠얌꿍, 카우팟(볶음밥) 같은 기본 메뉴를 시작으로 방대한 볶음 요리까지 400여 가지 음식을 요리한다. 신선한 해산물을 이용한 새우, 생선, 게 요리가 괜찮다. 이곳의 대표 메뉴인 뻿양(오리구이) Roasted Duck은 식당 입구 진열대에 걸려 있다. 24시간 운영하는 곳으로 저녁 시간에 손님이 많은 편이다.

렝끼

다양한 해산물을 요리하는 렝끼

쎈탄 페스티벌 파타야 비치 ★★★★
Central Festival Pattaya Beach

주소 Thanon Hat Pattaya(Pattaya Beach Road) Soi 9 & Soi 10 **홈페이지** www.centralfestival.co.th **영업** 11:00~23:00 **메뉴** 영어, 태국어 **예산** 140~800B **가는 방법** 해변 도로 쏘이 9와 쏘이 10 사이에 있는 쎈탄 페스티벌 파타야 비치 백화점 내부에 있다.

Map P.36-A2

파타야 최대의 쇼핑몰답게 다양한 레스토랑이 입점해 있다. 특히 5층과 6층에 식당가가 형성되어, 한 곳에서 원하는 음식을 골고루 즐길 수 있다. 편리한 교통과 쾌적한 실내 환경, 빵빵한 에어컨까지 겸비해 여러모로 편리하다. 엠케이 레스토랑 MK Restaurant(P.235), 후지 Fuji Restaurant, 젠 레스토랑 Zen Restaurant, 캔톤 하우스 The Canton House(P.217)을 포함해 이태리 음식점 판판 Pan Pan, 일식 뷔페 샤부시 Shabushi, 물리간스 아이리시 펍 Mulligan's Irish Pub, 피자 컴퍼니 Pizza Company, 시즐러 Sizzler, KFC 등이 입점해 있다.

백화점 맨 아래층에는 푸드 파크 Food Park가 있다. 일종의 푸드코트로 식료품을 파는 푸드 홀 Food Hall과 함께 있다. 에어컨 시설에서 저렴하게 식사(예산 60~120B)할 수 있다. 카드를 미리 구입해 원하는 매대에서 음식을 주문하고 카드로 결제하면 된다. 남은 잔액은 카드를 반납하면 환불해 준다.

푸드 파크

Central Festival Pattaya Beach

라 바게트
La Baguette ★★★☆

주소 164/1 Moo 5 Thanon Naklua **전화** 0-3842-1707 **홈페이지** www.labaguettepattaya.com **영업** 08:00~24:00 **메뉴** 영어, 태국어 **예산** 135~340B **가는 방법** 타논 나끄르아 쏘이 20에 있는 우드랜드 호텔 & 리조트 입구에 있다. 돌고래 동상이 있는 원형 로터리에서 타논 나끄르아 방향으로 도보 4분.

Map P.36-B3

방콕에 비해 파타야는 카페 문화가 발달하지 못했다. 아무래도 맥주를 마시며 밤 문화를 즐기려는 남정네들에 의해 조성된 도시이기 때문이다. 하지만 파타야라고 해서 커피를 마시며 한가한 시간을 보낼 수 없는 것은 아니다.

프렌치 베이커리 카페를 표방하는 라 바게트가 대표적인 곳이다. 직접 만들어 바삭한 빵과 크레페, 달콤한 케이크와 초콜릿, 신선한 샐러드, 부드러운 아이스크림까지 디저트들이 가득하다. 파타야 해변으로부터 적당히 떨어져 있어 소란스럽지 않고, 아늑한 실내와 포근한 소파가 어울려 편안함을 선사한다. 우드랜드 호텔 & 리조트에서 운영한다.

인기가 많아지면서 2호점을 열었다. 좀티엔 해변으로 넘어가는 언덕길에 있는 라 바게트(프라땀낙 지점) La Baguette @Pratumnak Hill Jomtien(주소 480/47 Moo 12 Thanon Thappraya, Map P.38-B2)은 해변에서 떨어져 있어 교통이 불편하다.

라 바게트

La Baguette

낭누안
Nang Nual นางนวล ★★★☆

주소 214 Moo 10 Thanon Pattaya Tai(South Pattaya Road) **전화** 0-3842-8177, 0-3842-8478 **홈페이지** www.nangnualpattaya.com **영업** 11:00~23:00 **메뉴** 영어, 태국어 **예산** 1인당 500~1,000B **가는 방법** ① 워킹 스트리트 Walking Street 입구에서 도보 5분. ②타논 파타야 싸이 썽에서 간다면 쏘이 쌉혹 Soi 16의 마린 플라자 호텔을 끼고 왼쪽 골목으로 들어가면 된다. Map P.36-B1

낭누안

워킹 스트리트의 많은 시푸드 전문점 중에 가장 유명하다. 수상 레스토랑 형태의 대형 레스토랑으로 바다를 바라보며 식사할 수 있다. 입구에는 얼음에 재워 둔 다양한 해산물들이 가득 진열되어 있다. 종업원을 따라 원하는 해산물을 골라 무게를 잰 다음 요리를 부탁하면 된다. 정액제로 요리되는 메뉴판도 있으니 간단하게 식사하려면 메뉴판을 보고 주문하자. 스파게티와 바비큐를 포함해 다양한 태국 음식이 가능하다. 유흥가가 몰려 있는 워킹 스트리트 중심부에 있어 주변은 어수선하지만, 야외 테라스 형태로 되어 있어 분위기는 좋다.

뭄 아로이(뭄 알러이) Moom Aroi
มุมอร่อย ★★★★

주소 Thanon Naklua Soi 4, Amphoe Si Racha **전화** 0-3822-3252, 08-1154-1069 **영업** 11:00~24:00 **메뉴** 영어, 태국어 **예산** 250~1,200B **가는 방법** ① 타논 파타야 느아(돌고래 동상 옆)에서 출발하는 노선의 썽태우는 딸랏 란포 나끄르아(나끄르아 수산물 시장)까지만 운행(10B)된다. 종점에 내려서 나끄르아 쏘이 4까지 15분 더 걸어가면 골목 끝에 뭄 아로이가 나온다. 썽태우 기사에게 추가 요금을 지불하고 레스토랑까지 가거나, 종점에 내려서 세븐일레븐 옆에서 오토바이 택시를 타도 된다.
②파타야 시내에서 썽태우를 대절할 경우 거리에 따라 200~300B에 흥정하면 된다. 파타야 시내에서 썽태우로 15~20분. Map P.36-A3

140여 개의 테이블을 보유한 초대형 해산물 전문 레스토랑이다. 파타야 일대에서 가장 크고 가장 맛있는 해산물 레스토랑으로 평가 받는다. 모퉁이에 있는 맛있는 식당이란 뜻처럼 오가기 불편한 단점이 있다. 신선한 해산물과 무난한 요금이 인기의 비결이다. 한적하고 기다란 해변과 접해 있고, 야외 수영장도 있어 분위기가 좋다. 해 질 때 방문하면 분위기가 더 좋고, 저녁에는 라이브 음악을 연주해 준다.
어쑤언, 꿍 파우, 꿍 텃 끄라티얌, 뿌 팟 퐁 까리, 똠얌꿍, 깽쏨 같은 기본적인 해산물 요리와 더불어 태국인들이 좋아하는 쏨땀 뿌마(게를 넣은 파파야 샐러드), 쁠라믁 팟 카이켐(계란 노른자로 볶은 오징어 볶음), 팟 르아뽀쑷 보란(전통 기법으로 볶은 매운 모듬 해산물 볶음), 쁠라끄라퐁 텃 랏 남쁠라(생선 소스에 찍어 먹는 생선 튀김)까지 다양한 해산물을 즐길 수 있다. 저녁에는 북적대기 때문에 단체로 갈 경우 미리 예약하는 게 좋다.
파타야 해변과 가까운 싸이 쌈(주소 15/15 Thanon Pattaya Sai 3, 전화 0-3841-4802, 영업 11:00~24:00, Map P.36-A3) 지점을 운영한다. 계산하기 전에 영수증을 반드시 확인하자. 주문한 것보다 더 많이 계산되는 경우가 종종 있다.

Nang Nual

Moom Aroi

바닷가 풍경이 어우러지는 뭄 아로이

글라스 하우스 실버
The Glass House Silver ★★★☆

주소 Zire, Thanon Naklua Soi 18, Wongamat Beach **전화** 09-8930-9800 **홈페이지** www.glasshouse-pattaya.com **영업** 11.00~24:00 **메뉴** 영어, 태국어 **예산** 260~950B(+17% Tax) **가는 방법** ①웡아맛 해변 Wongamat Beach에 있는 자이어(콘도미니엄) Zire 입구로 들어가서, 바닷가 쪽으로 내려가면 된다. ②타논 나끄르아 쏘이 18에 있는 쎈타라 그랜드 미라지 비치 리조트 Centara Grand Mirage Beach Resort에서 북쪽으로 300m, 풀만 파타야 호텔 G Pullman Pattaya Hotel G에서 남쪽으로 150m 떨어져 있다. Map P.38-B3

외국인 관광객보다 자국 사람들에게 유독 인기 있는 해변 레스토랑이다. 파타야에 두 개 지점을 운영하는데, 이곳은 분점에 해당한다. 파타야 시내와 비교적 가까운 웡아맛 해변을 끼고 있으며, 녹색 식물 가득한 온실(글라스 하우스)과 지중해 풍 해변 라운지를 반절씩 조화시켜 독특한 분위기를 자아낸다. 정통 태국 음식점이라기보다 퓨전 레스토랑에 가깝다. 시푸드와 태국 요리, 일본 요리, 파스타와 스테이크까지 메뉴가 다양하다. 냉방 시설을 갖췄으며, 저녁 시간에는 예약하고 가는 게 좋다.

참고로 본점인 글라스 하우스는 파타야에서 남동쪽으로 12㎞ 떨어져 나좀티엔(주소 5/22 Moo 2 Na Jomtien, 전화 0-3825-5922)에 있다. 본점은 시푸드를 포함해 태국 음식에 더 중점을 두고 요리한다. 분위기는 좋지만 택시를 대절하고 이동해야 해서 접근성이 떨어진다.

글라스 하우스 실버

웡아맛 해변을 끼고 있는 글라스 하우스 실버

서프 & 터프
Surf & Turf ★★★☆

주소 499/5 Moo 5, Thanon Naklua Soi 16, Wongamat Beach **전화** 09-1758-3895 **홈페이지** www.facebook.com/Surfandturf.pattaya **영업** 09:00~23:00 **메뉴** 영어, 태국어 **예산** 180~590B **가는 방법** 웡아맛 해변의 풀만 파타야 호텔 G Pullman Pattaya Hotel G에서 북쪽으로 150m. 메인 도로에서 들어올 경우 나끄르아 쏘이 16으로 들어오면 해변과 접한 도로 끝에 있다. Map P.38-B3

웡아맛 해변에 있는 레스토랑이다. 해변에 있어 비치 클럽이라고 칭했지만 클럽보다는 레스토랑에 가깝다. 구석구석 자연적인 정취가 가득하며, 소파와 쿠션이 놓인 라운지 형태로 꾸며 분위기도 좋다. 유럽풍으로 장식한 실내 공간은 날씨가 더우면 에어컨을 틀고, 선선할 땐 창문을 열어 바람을 들인다. 캐주얼한 분위기로 편하게 머물기 좋다.

주변에 거주하는 외국인들이 많이 찾는 곳이라 브런치부터 태국 음식까지 다양하게 즐길 수 있다. 쏨땀(파파야 샐러드), 팟타이, 수제 버거, 피자, 시푸드까지 골고루 선보인다. 브런치 메뉴라도 하루 종일 주문이 가능하다. 달콤한 음료와 디저트도 있으니 식사를 하지 않아도 바다를 마주하며 여유로운 시간을 보낼 수 있다. 맥주, 칵테일, 와인에 스프링 롤, 어니언 링, 프렌치프라이 등 스낵을 곁들여도 좋다. 저녁 시간에는 예약 후 방문하길 권한다.

해변과 자연, 유럽풍의 비치 클럽

서프 & 터프

스카이 갤러리 The Sky Gallery
เดอะสกายแกลเลอรี่
(ถนนราชวรุณ เขาพระตำหนัก) ★★★☆

주소 Soi Rajchawaroon, 400/488 Moo 12 Phra Tamnak **전화** 09-2821-8588, 08-1931-8588 **홈페이지** www.theskygallerypattaya.com **영업** 08:00~24:00 **메뉴** 영어, 태국어 **예산** 185~895B **가는 방법** ①파타야에서 좀티엔으로 넘어가는 언덕 끝자락에 있다. 타논 프라땀낙→쏘이 랏차아룬 방향으로 가다보면 도로 끝에 있는 코지 비치 호텔 Cozy Beach Hotel 옆에 있다. ②파타야 해변에서 썽태우를 탈 경우 15~20분 걸린다. Map P.38-B1

파타야에서 '핫'한 레스토랑이다. 꼬 란(산호섬)이 내려다보이는 언덕에 있어 전망이 뛰어나다. 해변과 바다, 섬까지 한 폭의 그림처럼 펼쳐진다. 자연을 느낄 수 있도록 야외에 테이블과 쿠션이 놓여 있다. 레스토랑에서 연결되는 계단을 내려가면 바닷가에 닿는다. 규모가 커서 테이블이 넓게 흩어져 있고, 손님도 많아서 직원들의 서비스는 느린 편이다. 해질 무렵부터 저녁 식사 시간에 붐빈다. 아침시간에는 차분하게 브런치를 즐기기좋다. 메인 요리는 쏨땀, 팟타이, 뿌 팟퐁 까리, 피자, 파스타, 스테이크까지 다양한 태국 음식과 서양 음식을 요리한다. 시내 중심가에서 떨어져 있어 교통이 불편하다.

꼬 란(산호섬)과 바다 풍경이 일품인 스카이 갤러리

바다와 정원이 어우러진 스카이 갤러리

The Sky Gallery

초콜릿 팩토리 The Chocolate Factory ★★★

주소 12 Soi Rajchawaroon, Thanon Phra Tamnak **전화** 09-2467-8884 **홈페이지** www.chocolatefactory.co.th **영업** 10:00~22:00 **메뉴** 영어, 태국어 **예산** 커피 90~160B, 메인 요리 220~780B(+10% Tax) **가는 방법** 파타야에서 좀티엔으로 넘어가는 언덕 끝자락에 있다. 쏘이 랏차아룬 도로 끝에 있는 스카이 갤러리(P.461 참고) 옆에 있다. Map P.38-B1

레스토랑과 카페를 겸한 수제 초콜릿 숍이다. 언덕 가장자리에 있어 바다와 해변 전망이 펼쳐진다. 인근의 스카이 갤러리에 비해 야외 테라스가 작다. 대신 통유리로 된 실내에서 에어컨 바람 쏘이며 풍경을 감상할 수 있다. 30여 종류의 수제 초콜릿과 달달한 디저트로 달콤한 시간을 보내기 좋다. 태국 요리를 기본으로 피자, 파스타, 스테이크까지 메뉴가 다양하다.

야외 테라스를 갖춘 초콜릿 팩토리

초콜릿 팩토리

캐비지 & 콘돔
Cabbages & Condoms ★★★☆

주소 Birds & Bees Resort 1F, 366/11 Moo 12 Thanon Phra Tamnak Soi 4 **전화** 0-3825-0556~7 **홈페이지** www.cabbagesandcondoms.co.th **영업** 11:00~15:00, 17:30~23:00 **메뉴** 영어, 태국어 **예산** 160~880B(+17%) **가는 방법** 버드 & 비 리조트 Birds & Bees Resort 내부에 있다. 타논 프라땀낙 쏘이 4 골목 안쪽 끝에 있는 아시아 파타야 호텔 Asia Pattaya Hotel 옆에 있다. Map P.38-B2

양배추와 콘돔이라는 특이한 이름의 레스토랑이다. 가족계획과 에이즈 예방 활동을 펼치는 태국 NGO 단체인 PDA(Population and Community Development Association)에서 운영한다. 거대한 정원과 독립 해변이 매력적인 버드 & 비 리조트(P.474) 내부에 있어 자연적인 정취가 가득하다. 해변과 접해 나무를 이용해 만든 테라스 형태의 레스토랑이 여유로움을 만끽할 수 있다.

해산물과 카레, 얌(매콤한 태국식 샐러드) 등 다양한 태국 음식을 요리한다. 식재료 쓰이는 채소와 허브, 과일은 리조트에서 운영하는 농장에서 직접 재배해 신선하다. 식사 후에는 디저트가 아니라 콘돔을 제공해 준다. 레스토랑과 리조트 수익금은 PDA에서 운영하는 교육 프로그램에 지원된다.

참고로 아침시간에는 리조트 투숙객들을 위한 전용 레스토랑으로 운영된다. 방콕에도 같은 이름의 레스토랑이 있다.

콘돔 장식이 눈길을 끄는 캐비지 & 콘돔

Cabbages & Condoms

한우리
Hanwoori 

주소 Thanon Hat Pattaya(Beach Road) Soi 1/6, The Market Mall **전화** 0-3841-1578, 08-9001-9901 **영업** 10:30~22:00 **메뉴** 한국어, 영어 **요금** 250~550B **가는 방법** ①파타야 해변 도로 타논 핫 파타야 쏘이 하 Soi 5와 쏘이 혹 Soi 6 사이의 마켓 몰 안쪽 분수대 앞에 있다. ②타논 파타야 싸이 썽(Pattaya 2nd Road)에서 들어갈 경우 알카자 공연장 맞은편의 맥도날드 옆 골목으로 들어가면 된다.

Map P.36-B2

파타야의 수많은 한식당들은 대부분 패키지 투어를 위한 전용 식당이다. 개별 여행자들이라면 예약 없이 편히 들러 원하는 음식을 선택할 자유를 누리고 싶을 것인데, 아마도 한우리가 가장 무난한 선택 같다. 알카자 공연장은 물론 해변 도로와도 가까워 오가기도 쉽고, 넓은 실내와 2층의 단체석까지 겸비해 분위기도 좋다. 여러 가지 찌개는 기본으로 갈치조림, 갈비탕, 황태구이와 숯불구이까지 메뉴도 다양하다. 특히 모듬 고기구이를 즐길 수 있는 3인용 세트 요리가 인기 있다.

한식이 생각날 때는 한우리

한우리

Spa & Massage

파타야의 스파 & 마사지

퇴폐적인 이미지가 강한 파타야지만, 그곳에도 건전한 마사지 숍이 많다. 대략 1시간에 250~400B 정도를 받는 곳들로 침대만 쭉 놓여 있는 분위기. 일반 마사지 숍보다는 비싸지만 쾌적하고 믿고 찾을 수 있는 곳들은 타이 마사지가 한 시간에 400B 정도 한다. 방콕과 마찬가지로 럭셔리 스파 & 마사지 시설을 이용하려면 특급 호텔을 찾아가야 한다.

렛츠 릴랙스 Let's Relax ★★★☆

①**파타야 1호점 주소** 240/9 Moo 5 Thanon Naklua **전화** 0-3848-8591 **홈페이지** www.letsrelaxspa.com **영업** 10:00~24:00 **요금** 타이 마사지(60분) 600B, 타이 허벌 마사지(120분) 1,200B **가는 방법** 타논 파타야 느아 Thanon Pattaya Neua(North Pattaya Road)와 타논 나끄르아 Thanon Naklua가 만나는 돌고래상이 있는 로터리 Dolphin Circle 코너에 있다. 우드랜드 호텔 & 리조트를 바라보고 왼쪽에 있다. Map P.36-B3

②**터미널 21 파타야 지점 주소** 1F, Terminal 21 Pattaya, 777/1 Moo 6, Thanon Pattaya Neua(North Pattaya Road) **전화** 0-3325-2329 **영업** 10:00~24:00 **가는 방법** 돌고래 상 로터리 Dolphin Circle 코너에 있는 터미널 21 파타야(쇼핑몰) 1F에 있다. Map P.36-B3

파타야를 포함해 방콕, 푸껫, 치앙마이에서 인기 높은 마사지 전문점이다. 타이 마사지와 발 마사지를 기본으로 스파 프로그램도 함께 운영한다. 해변 도로와 가까워 찾아가기 쉬운 이점도 있다. 2018년에 오픈한 터미널 21 파타야(쇼핑몰)에도 지점을 운영한다. 새로운 시설답게 쾌적하게 마사지 받을 수 있다. 렛츠 릴랙스에 관한 자세한 내용은 P.345 참고.

깨끗하고 편안한 시설의 렛츠 릴랙스

렛츠 릴랙스 파타야 1호점

헬스 랜드 스파 & 마사지 Health Land Spa & Massage ★★★☆

주소 159/555 Moo 5 Thanon Pattaya Neua(North Pattaya Road) **전화** 0-3841-2989 **홈페이지** www.healthlandspa.com **영업** 10:00~24:00 **요금** 타이 마사지(120분) 600B, 발 마사지(60분) 450B **가는 방법** 타논 파타야 느아의 방콕행 버스 터미널 옆에 있다. Map P.36-A3

방콕을 시작으로 파타야까지 영업 범위를 넓힌 유명 마사지 업소다. 최근 파타야의 마사지 업소 중에 가장 인기를 누리는 곳이다. 인기의 비결은 호텔처럼 꾸민 로비와 시설에도 불구하고 요금이 그리 비싸지 않다는 것. 파타야가 환락가라는 사실을 잊어버리게 할 만큼 몸과 마음을 편하게 해준다. 자세한 내용은 P.344 참고.

헬스 랜드 파타야 지점

Health Land Spa & Massage

Shopping

파타야의 쇼핑

외국인이 많이 찾는 해변 관광지답게 쇼핑 시설은 전혀 불편하지 않다. 방콕에 있는 쎈탄 백화점, 터미널 21, 빅 시 같은 유명 쇼핑몰이 파타야에도 지점을 운영하고 있다.

쎈탄 페스티벌 파타야 비치
Central Festival Pattaya Beach
เซ็นทรัลเฟสติวัล พัทยา บีช ★★★★

주소 333/99 Moo 9 Thanon Hat Pattaya(Pattaya Beach Road) **전화** 0-3300-3999 **홈페이지** www.centralfestival.co.th **영업** 11:00~23:00 **가는 방법** 힐튼 파타야 호텔과 같은 건물로 해변 도로의 쏘이 9와 쏘이 10사이에 있다. 타논 파타야 싸이 썽 Pattaya 2nd Road에도 입구가 있다. Map P.36-B2

태국의 대표적인 백화점인 쎈탄(센트럴)에서 운영한다. 파타야 해변 정중앙에 있어 다른 쇼핑몰보다 입지조건이 월등히 좋다. 쇼핑몰 위층은 힐튼 파타야 호텔이 들어서 있어 해변에서 이정표 같은 역할을 한다. 2009년에 오픈했는데, 현재까지 파타야에서 가장 좋은 쇼핑몰로 평가받았다. 방콕에서 누리던 쇼핑을 파타야에서 그대로 누리게 됐다고 생각하면 된다. 해변 도로에서 내륙도로까지 한 블록에 걸쳐 대규모로 건설한 쎈탄 페스티벌 파타야 비치는 6층 건물로 350여 개의 매장이 들어서 있다. H&M, 자라 Zara, 유니클로 Uniqlo, 톱맨 Topman, 자스팔 Jaspal을 포함한 패션과 미용 관련 브랜드가 다양하게 입점해 있다. 해변도시답게 비치 용품 매장도 많다.

힐튼 호텔과 붙어 있는 센탄 페스티벌 파타야 비치

유동인구가 많은 곳인 만큼 식당과 영화관, 볼링장 등의 놀이 시설도 다양하다. 해변 방향의 레스토랑에서는 통유리를 통해 바다 풍경을 감상할 수 있다. 지하에는 식료품점과 푸드 코트(P.458)가 있어 저렴하게 식사도 가능하다. 쇼핑몰은 저녁 11시에 문 닫지만, 레스토랑과 펍은 새벽 2시까지 영업하는 곳도 많다.

쎈탄 마리나(센트럴 마리나)
Central Marina
เซ็นทรัลมารีนา ★★★

주소 78/54 Moo 9, Thanon Pattaya Sai Song (Pattaya 2nd Road) **홈페이지** www.cpn.co.th **영업** 11:00~23:00 **가는 방법** 파타야 느아(노스 파타야) Pattaya Neua(North Pattaya)의 타논 파타야 싸이 썽에 있다. 알카자 공연장에서 북쪽으로 300m, 싸얌 @ 싸얌 디자인 호텔 파타야 Siam@Siam Design Hotel Pattaya 맞은편에 있다. Map P.36-A3

알카자 공연장과 가까운 덕분에 오랫동안 관광객들에게 인기를 얻고 있는 쇼핑몰이다. 쎈탄 센터 파타야 Central Center Pattaya를 리모델링하면서 쎈탄 마리나(센트럴 마리나)로 바뀌었다. 대형 할인 마트인 빅 시 Big C가 쇼핑몰 내부에 있어 다양한 생필품을 구입하기 좋다. 참고로 파타야에 빅 시가 여러 곳 있기 때문에, 다른 곳과 구분하기 위해 빅 시 파타야 느아 **บิ๊กซี พัทยาเหนือ**라고 해야 한다.

쇼핑몰 내부는 유명한 프랜차이즈 레스토랑이 들어서 있어 쇼핑과 식사를 동시에 즐길 수 있다. MK 레스토랑, KFC, 스타벅스 등 익숙한 간판을 볼 수 있다. 쇼핑몰 앞쪽에 광장을 만들었는데, 저녁 시간에는 야시장처럼 노점이 들어서 흥겹다.

파타야 최고의 쇼핑몰 센탄 페스티벌 파타야 비치

쎈탄 마리나 Central Marina

터미널 21 파타야

터미널 21 파타야
Terminal 21 Pattaya ★★★☆

주소 777/1 Moo 6, Thanon Pattaya Neua(North Pattaya Road) **전화** 0-3307-9777 **홈페이지** www.terminal21.co.th/pattaya **영업** 11:00~23:00 **가는 방법** 타논 파타야 느아 Thanon Pattaya Neua(North Pattaya Road) & 타논 파타야 싸이 썽 Thanon Pattaya Sai Song(Pattaya 2nd Road)이 만나는 돌고래 상 로터리 코너에 있다. Map P.36-B3

방콕에 있는 터미널 21의 파타야 지점이다. 2018년 10월 19일에 공식 오픈했다. 방콕과 동일하게 공항 터미널을 주제로 쇼핑몰 내부를 꾸몄다. G층은 파리, M층은 런던, 1층은 이탈리아, 2층은 도쿄를 주제로 꾸몄다. 공항을 연상시키듯 비행기 조형물도 건물 앞에 세웠다. 독특한 디자인 때문에 쇼핑과 더불어 사진 찍기 좋은 장소로 인기를 얻고 있다.

명품보다는 중저가의 의류와 패션, 액세서리, 가방, 신발 매장이 입점해 있다. H&M과 유니클로 같은 대중적인 브랜드도 만날 수 있다. 푸드 코트에 해당하는 피어 21 Pier 21을 포함해 다양한 레스토랑까지 합세해 파타야 쇼핑의 새로운 명소로 부각되고 있다. 쇼핑몰 위층은 그랑데 센터포인트 호텔 Grande Centre Point Hotel(홈페이지 www.grandecentrepointpattaya.com)이다.

로열 가든 플라자
Royal Garden Plaza ★★★

주소 Moo 10, 218 Thanon Hat Pattaya(Pattaya Beach Road) **전화** 0-3841-6997 **홈페이지** www.royalgardenplaza.co.th **영업** 11:00~23:00 **가는 방법** 해변 도로의 쏘이 13/2 옆에 있다. 내륙 도로(타논 파타야 싸이 썽)에 있는 아바니 리조트 Avani Resort 옆에도 쇼핑몰 입구가 있다. Map P.36-A1

해변 도로에 있는 쇼핑몰로 바닷가와 접해 있어 접근성이 좋다. 한때 파타야 해변에서 가장 좋은 쇼핑몰이었지만, 쎈탄 페스티벌 파타야 비치가 생기면서 경쟁에서 살짝 밀리는 분위기다. 하지만 쇼핑몰 내부에 레스토랑과 놀이시설이 많아서 다양한 층의 관광객들이 유입되고 있다.

G층에는 갭 Gap, 게스 Guess, 에스프리 Esprit 등의 의류 회사가 입점해 있다. 2층에 있는 리플리의 믿거나 말거나 박물관 Ripley's Believe It or Not Museum은 가족 관광객에게 인기 있다. 4층은 식당가로 창가 쪽에 있는 푸드 웨이브 Food Wave에서 바닷가 풍경을 조망할 수 있다.

빅 시 엑스트라(빅 시 파타야 끄랑)
Big C Extra
บิ๊กซี เอ็กซ์ตร้า (บิ๊กซี พัทยากลาง) ★★★

주소 333 Moo 9 Thanon Pattaya Klang(Central Pattaya Road) **전화** 0-3841-0073 **홈페이지** www.bigc.co.th **영업** 08:00~24:00 **가는 방법** 해변에서 타논 파타야 끄랑 방향으로 1.3㎞ 떨어져 있다. Map P.36-A2

태국에서 전국적인 체인망을 갖춘 대형 할인 마트 빅 시의 업그레이드 버전이다. 1층은 레스토랑과 푸드 코트가 있고, 2층에 식료품 매장이 있다. 규모가 큰 만큼 다양한 제품을 판매하며 가격도 저렴하다. 과일, 채소, 생선, 육류, 빵, 치즈, 음료, 맥주, 냉동식품, 라면, 식재료, 향신료, 생필품까지 한자리에서 구매가 가능하다. 생활 도구, 주방 용품, 가전 용품을 판매하는 홈프로 Homepro도 2층에 있다.

해변 도로에서 떨어져 있어서 관광객보다는 장기 체류하는 외국인들이 즐겨 찾는 편이다. 빅 시 엑스트라보다는 거리 이름을 함께 붙여서 '빅 시 파타야 끄랑'이라고 말해야 쉽게 알아듣는다. 쎈탄 마리나(센트럴 마리나)에 있는 빅 시와 혼동하지 말 것.

Royal Garden Plaza

빅 시 엑스트라

Nightlife

파타야의 나이트라이프

해변과 더불어 파타야를 찾는 최대의 목적이 바로 나이트라이프다. 워킹 스트리트와 파타야 랜드로 대표되는 거대한 환락가 이외에도 붉은 정육점 불빛은 어디나 넘쳐난다. 하지만 불순한 의도를 배제하더라도 파타야에서 즐길 수 있는 밤문화는 다양하다. 라이브 음악을 연주하거나 시원한 생맥주를 파는 곳은 식당보다 더 많이 지천에 널려 있다.

알카자 Alcazar ★★★☆

주소 78/14 Thanon Pattaya Sai Song(Pattaya 2nd Road) **전화** 0-3842-5425, 0-3842-2220 **홈페이지** www.alcazarthailand.com **공연 시간** 17:00, 18:30, 20:00, 21:30 **요금** 600B(VIP), 500B(일반석) **가는 방법** 타논 파타야 싸이 썽 Thanon Pattaya Sai Song (Pattaya 2nd Road)에 있다. 쎈탄 마리나(센트럴 마리나) Central Marina 쇼핑몰에서 300m 떨어져 있다. 알카자 공연장 앞 도로가 일방통행이라서 진행방향에 따라 해변 도로로 돌아가야 하는 경우도 있다.
Map P.36-A3

파타야뿐만 아니라 태국을 대표하는 공연이다. 일반 공연과 달리 트랜스젠더들이 무대에 올라온다. '까터이'라 불리는 트랜스젠더들은 태국의 제3의 성(性)으로 인정받았는데, 매년 미인대회를 열어 아름다움을 경쟁할 정도다. 국제 트랜스젠더 미인대회에서도 1등에 뽑히는 경우가 허다할 정도로 태국 트랜스젠더는 아름답기로 소문나 있다.

알카자 쇼는 이런 미인대회에서 뽑힌 '까터이'들을 무대에 세운다. 무희들이 펼치는 한 시간 동안의 공연은 각 나라의 다양한 무용과 노래로 꾸며 버라이어티하다. 공연이 끝난 후에는 공연장 밖에서 무대에 섰던 출연진과 기념사진 촬영도 가능하다. 기념 촬영 후에 팁을 주는 건 필수.

트랜스젠더들의 화려한 공연이 펼쳐지는 알카자

알카자 공연장

Alcazar

호라이즌 루프톱 바 Horizon Rooftop Bar ★★★★

주소 34F, Hilton Pattaya Hotel, Thanon Hat Pattaya(Pattaya Beach Road) **전화** 0-3825-3000 **홈페이지** www3.hilton.com/en/hotels/thailand/hilton-pattaya-BKKHPHI/index.html **영업** 17:00~01:00 **메뉴** 영어, 태국어 **예산** 칵테일 320~420B, 메인 요리 950~1,900B(+17% Tax) **가는 방법** 해변 도로에 있는 힐튼 파타야 호텔 34층에 있다. 쇼핑몰(쎈탄 페스티벌 파타야 비치)에서 34층까지 직행할 수 없고, 힐튼 호텔 로비가 있는 16층에서 엘리베이터를 타고 34층으로 올라가야 한다. Map P.36-B2

힐튼 파타야 호텔(P.469)에서 운영하는 곳으로 파타야에서 가장 좋은 루프톱이라고해도 과언이 아니다. 해변 도로 정중앙에 있어 탁 트인 풍경을 360°로 바라볼 수 있다. 기다란 해안선부터 도심의 야경까지 감상할 수 있다.

에어컨 시설의 레스토랑과 야외 루프톱으로 구분되어 있는데, 식사보다는 야외에 놓인 푹신한 쿠션에 앉아 바닷바람을 맞으며 칵테일 마시기 좋다. 해피 아워(오후 5~7시)에는 칵테일을 1+1로 제공해 준다. 기본적인 드레스 코드를 지켜야 하지만 해변 도시인 만큼 방콕처럼 깐깐하지는 않다. 다만 수영복이나 슬리퍼, 탱크톱 등의 착용은 안 된다.

호라이즌 루프톱 바

호프 브루 하우스

호프 브루 하우스
Hopf Brew House ★★★

주소 219 Thanon Hat Pattaya(Beach Road) **전화** 0-3871-0652~5 **영업** 14:00~02:00 **메뉴** 영어, 태국어 **예산** 맥주 150~450B, 피자 · 파스타 180~280B (+17% Tax) **가는 방법** 파타야 해변 도로의 로열 가든 플라자를 바라보고 왼쪽으로 50m 떨어져 있다. 쏘이 1/13 입구로 스타벅스 커피 옆에 있어 찾기 쉽다. Map P.36-A1

직접 제조한 생맥주를 맛볼 수 있는 펍을 겸한 레스토랑. 진한색의 통나무로 내부를 장식한 실내는 3층 구조로 파타야 해변에서 보기 드문 대형 술집이다. 전문 이탈리아 레스토랑으로 피자 전용 화덕에서 구워내는 커다란 피자도 인기다. 소시지나 살라미 등 유럽인들이 선호하는 안주가 많은 것도 특징.

저녁 시간에는 전속 라이브 밴드의 음악도 분위기를 돋운다. 올드 팝을 주로 연주하며, 기분이 좋으면 주인이 직접 무대에 올라 아리아를 열창하기도 한다.

하드 록 카페
Hard Rock Cafe 

주소 429 Thanon Hat Pattaya(Beach Road) **전화** 0-3842-8755~9 **홈페이지** www.hardrockhotels.net/pattaya **영업** 11:00~02:00 **메뉴** 영어, 태국어 **예산** 맥주 · 칵테일 240~500, 메인요리 550~1300B (+17% Tax) **가는 방법** 파타야 해변 도로 중간에 있는 하드 록 호텔 입구에 있다. Map P.36-B2

전 세계적인 브랜드인 하드 록의 파타야 지점이다. 카페 내부 한쪽에서는 하드 록 티셔츠를 판매하고, 메인 무대에서는 밤이 되면 라이브 음악을 연주한다. 이름처럼 하드한 록이 주를 이루지만 관광지인 만큼 편한 팝송도 함께 연주된다. 이름에 걸맞게 술

하드 록 카페

값이 비싸다. 엘비스 프레슬리, 퀸 같은 유명 밴드의 앨범 동판과 기타가 가득 전시되어 록 음악에 관심이 있다면 박물관 역할도 해줄 것이다. 같은 이름의 호텔에 딸린 부대시설이지만 호텔 로비를 통하지 않고도 해변 도로를 통해 드나들 수 있다.

워킹 스트리트
Walking Street ★★★☆

위치 파타야 해변도로 남단 **영업** 18:00~02:00 **예산** 맥주 100~150B **가는 방법** 파타야 해변 도로 남쪽에서 걸어가야 한다. Map P.36-B1

파타야를 대표하는 환락가다. 저녁이 되면 차량이 통제되고 유흥가가 불을 밝히기 시작한다. 어디가 끝이고 어디가 시작인지 알 수 없는 수많은 노천 바와 고고 바가 파타야를 찾아든 남자들을 유혹하는 공간. 섹스 비즈니스가 마치 공식적인 사업이라도 되는 것처럼 거리 곳곳에 피켓을 들고 나와 선전하느라 여념이 없다.

대부분 불건전한 유흥업소지만 건전한 라이브 음악을 연주하는 곳도 더러 있다. 파타야 유명 시푸드 레스토랑도 해변을 끼고 영업하고 있어 파타야를 찾은 여행자들은 한번쯤 들러 가는 곳이다. 고고 바 Go Go Bar에 관한 내용은 P.283 참고.

환락가 분위기를 잘 보여주는 고고 바

워킹 스트리트

Accommodation

파타야의 숙소

해안선을 따라 파타야 해변과 좀티엔 해변에 수많은 호텔이 있다. 태국 관광청에 등록된 호텔만 무려 300개가 넘는다. 파타야 밤문화가 목적이라면 파타야 해변에 있는 호텔을, 조용히 쉴 생각이라면 좀티엔 해변에 숙소를 정하자. 모든 호텔은 해변과 가까울수록 요금이 비싸진다.

파타야 해변 Pattaya Beach

저렴한 숙소는 거의 없고 전망 좋은 곳에 고급 호텔들이 들어서 있다. 바다가 보이는 발코니를 간직한 고급 호텔들이 해변 도로를 독차지한다. 중급 호텔들은 해변에서 한 블록 안쪽으로 떨어진 타논 파타야 싸이 썽에서 찾을 수 있다. 특히 마이크 쇼핑몰 뒤편의 쏘이 씹쌈 Soi 13과 쏘이 씹썽 Soi 12에 중급 숙소가 많다.

아마리 오션 파타야(아마리 호텔) Amari Ocean Pattaya ★★★★

주소 240 Thanon Hat Pattaya(Pattaya Beach Road) **전화** 0-3841-8418 **홈페이지** www.amari.com **요금** 딜럭스 더블 4,500~5,800B **가는 방법** 타논 핫 파타야 Thanon Hat Pattaya (Beach Road)와 타논 파타야 느아 Thanon Pattaya Neua(North Pattaya Road)가 만나는 해변 도로에 있다. 아마리 호텔이란 뜻으로 '롱램 아마리'라고 하면 된다. Map P.36-B3

태국의 대표적인 호텔 회사인 아마리 호텔에서 운영한다. 한때 넓은 정원을 간직한 아늑한 호텔이었으나 해변도로에 현대적인 건물을 신축해 아마리 오션 파타야로 변모했다. 해변을 끼고 있어 멀리서도 눈길을 끈다. 모두 297개의 객실을 갖춘 5성급 시설이다. 현대적인 시설로 무장되어 있으며 모든 객실에서 환상적인 전망을 덤으로 얻을 수 있다.

파타야 해변도로 초입에 있는 아마리 호텔

스탠더드 룸에 해당하는 딜럭스 오션 뷰 Deluxe Ocean View는 49㎡로 동급 호텔보다 넓다. 현대적인 데커레이션과 LCD TV, DVD 플레이어 등 최첨단 전자 제품을 갖추고 있다. 또한 오픈 형태로 만든 욕실과 발코니까지 있어 막힘없이 파타야 해변 전망을 볼 수 있다.

Amari Pattaya

홀리데이 인 Holiday Inn ★★★★☆

주소 463/68 Thanon Hat Pattaya(Pattaya Beach Road) Soi 1 **전화** 0-3872-5555 **홈페이지** www.pattaya.holidayinn.com **요금** 오션 뷰 4,900~5,400B, 오션 뷰 코너 6,800~7,500B **가는 방법** 파타야 해변 도로(타논 핫 파타야) 북쪽의 아마리 파타야 옆에 있다. Map P.36-B3

홀리데이 인

Holiday Inn

세계적인 호텔 체인망을 구축한 홀리데이 인에서 운영한다. 파타야 해변 도로를 끼고 있어 최적의 위치를 자랑한다. 개별 여행자는 물론 아동을 동반한 가족 여행자들에게도 인기가 높다. 26층 건물로 367개의 객실을 운영한다. 주변 호텔보다 높게 지어 객실에서 보이는 전망이 일품이다. 객실의 위치에 따라 바로 옆 호텔인 아마리 파타야로 인해 전망에 제한을 받기도 한다.

오션 뷰라고 불리는 스탠더드 룸은 38㎡ 크기로 최근에 건설한 호텔답게 LCD TV와 데스크, 소파 등 모던하고 산뜻한 시설로 객실을 꾸몄다. 블루와 화이트 톤으로 아늑하게 꾸민 객실은 유리를 통해 보이는 파란 바다와 조화를 이룬다. 호텔의 최상층을 장식한 이그제큐티브 스위트는 110㎡ 크기로 비싼 방 값에 걸맞은 시설과 전망을 제공한다. 4층에 있는 야외 수영장에서 바라보는 해변 풍경 또한 일품이다. 특히 일몰 때 분위기가 최고조에 달한다. 키즈 클럽은 물론 아동을 위한 수영장도 별도로 운영한다.

힐튼 파타야 호텔 Hilton Pattaya Hotel ★★★★★

주소 333/101 Moo 9 Thanon Hat Pattaya(Pattaya Beach Road) **전화** 0-3825-3000 **홈페이지** www.pattaya.hilton.com **요금** 트윈 딜럭스 8,300~9,700B **가는 방법** 파타야 해변도로에 있는 쎈탄 페스티벌 파타야 비치(백화점)와 같은 건물이다. 타논 핫 파타야 쏘이 9와 쏘이 10 사이에 있다. Map P.36-A2

'힐튼'이라는 이름만으로 럭셔리함이 단박에 느껴진다. 쑤완나품 공항이 개항하면서 파타야가 가까워졌고, 유흥가 대신 휴양 리조트로 위용을 갖추면서 그에 부응하기 위해 문을 연 국제적인 호텔 중의 하나다. 2010년 12월에 완공한 34층짜리 호텔이다. 16층에 호텔 로비와 야외 수영장이 있고, 19층부터 33층까지 객실이 들어서 있다. 파타야 해변과 상권은 물론 지형까지 바꾼 쎈탄 페스티벌 파타야(백화점)와 같은 건물을 쓰는 힐튼 호텔은 파타야 해변 정중앙에 자리하고 있다(1층까지 내려가지 않아도 호텔에서 백화점으로 직행할 수 있다).

딜럭스 룸은 46㎡ 크기로 아이보리 톤으로 꾸며 아늑하다. 딜럭스 플러스는 침실과 거실이 구분된 형태로 크기가 65㎡나 된다. 스위트 룸은 야외 발코니에 자쿠지 시설을 만들어 로맨틱함을 더했다. 객실 설비는 단순함을 강조한 현대적인 디자인이다. 조명까지 디자인의 일부로 신경을 썼다. 호텔 자체가 바다를 향하고 있기 때문에 전망이 시원스럽다. 객실에서 연결되는 발코니에 서면 파타야 주변 지역이 파노라마로 막힘없이 펼쳐진다. 16층에 위치한 야외 수영장은 전망과 디자인에 공들인 힐튼 호텔의 매력을 유감없이 보여준다. 34층 꼭대기에 만든 호라이즌 루프톱 바 Horizon Rooftop Bar에서는 더 드라마틱한 파타야 풍경이 보인다.

Hilton Pattaya Hotel

Hilton Pattaya Hotel

힐튼 파타야 호텔 수영장

쎈타라 그랜드 미라지 비치 리조트 Centara Grand Mirage Beach Resort ★★★★★

주소 227 Moo 5 Thanon Naklua Soi 18(Wong Amat) **전화** 0-3830-1234 **홈페이지** www.centarahotelsresorts.com/centaragrand/cmbr/ **요금** 딜럭스 오션 뷰 6,800~8,200B, 클럽 미라지 1만 500B **가는 방법** 타논 나끄르아 쏘이 18 안쪽 끝에 있는 웡아맛 해변에 있다. Map P.36-B3

태국 호텔 업계를 대표하는 쎈타라 호텔에서 운영하는 5성급 리조트다. 방콕을 포함해 태국의 주요 해변에서 대할 수 있는 쎈타라 호텔의 고급스런 시설

Centara Grand Mirage Beach Resort

센타라 그랜드 마리지 비치 리조트

Cape Dara Resort

과 투숙객의 편의를 위한 다양한 부대시설이 접목된 메가톤급 리조트다. 태국 동부 해안에서 두 번째로 크다는 호텔 규모(총 객실 수 555개)에 걸맞은 거대한 야외 수영장(정글과 물놀이 기구가 어우러진 워터 파크에 가깝다)을 보유하고 있다. 두 동의 18층 호텔 건물이 스카이 브리지를 통해 연결된다. 호텔 앞으로는 웡아맛 해변이 길게 펼쳐진다.

가장 작은 객실이 42㎡의 딜럭스 룸이며, 복층으로 이루어진 275㎡ 크기의 로열 스위트룸까지 11개 카테고리로 구분된다. 모든 객실은 모던한 시설로 평면 TV와 DVD, 냉장고, 커피포트, 헤어드라이어, 안전 금고, 무선 인터넷(Wi-Fi), 샤워 부스를 기본으로 한다. 모든 객실에서 바다가 보이고 발코니가 딸려 있지만, 좀 더 탁 트인 전망을 원한다면 딜럭스 오션 뷰나 딜럭스 패밀리 오션 뷰를 예약해야 한다.

부대시설로는 6개의 레스토랑과 바, 스파 & 피트니스, 테니스 코트, 암벽 등반 코스 등의 다양한 레저 시설을 운영한다. 키즈 클럽과 아동용 수영장 등 가족 단위 여행자들을 위한 시설도 잘 돼 있다.

케이프 다라 리조트 Cape Dara Resort ★★★★☆

주소 256 Dara Beach, Thanon Naklua(Pattaya-Naklua Road) Soi 20 **전화** 0-3893-3888 **홈페이지** www.capedarapattaya.com **요금** 딜럭스 6,800~7,600B, 딜럭스 코너 7,700~8,600B, 딜럭스 테라스 9,500~1만 1,000B **가는 방법** 타논 나끄르아(나끄아) 쏘이 20 골목 끝에 있다. Map P.36-B3

웡아맛 해변 왼쪽(남쪽)의 한적한 해안선 끝자락에 자리한 5성급 호텔이다. 한국 관광객이 즐겨 묵는 대형 리조트 중 한 곳으로 모두 264개 객실을 운영한다. 2012년에 신축한 25층 건물로 객실에서 바다 전망이 시원하게 펼쳐진다. 딜럭스 룸은 38㎡ 크기로 발코니가 딸려 있다. 욕실은 통유리로 되어 있으며 블라인드로 개폐가 가능하다. 욕실은 욕조와 샤워 부스가 분리되어 편리하다. 넓은 전용 테라스를 갖춘 딜럭스 테라스는 60㎡ 크기다.

파타야 중심가에서 떨어져 있는 것이 장점이자 단점

케이프 다라 리조트 수영장

이다. 많이 돌아다니지 않고 휴양하기 적합한 호텔이다. 리조트에서 시간을 보낼 수 있도록 두 개의 야외 수영장을 갖추고 있다. 메인 수영장은 밤 12시까지 사용할 수 있다. 수영장 앞으로 한적한 전용 해변이 펼쳐진다. 키 카드를 대야 엘리베이터가 작동하도록 보안에도 신경을 썼다. 파타야 느아 North Pattaya에 있는 돌고래 동상 로터리까지 무료 셔틀버스를 운행한다.

우드랜드 호텔 & 리조트 Woodlands Hotel & Resort ★★★★

주소 164/1 Moo 5 Thanon Naklua **전화** 0-3842-1707 **홈페이지** www.woodland-resort.com **요금** 슈피리어 3,600B, 딜럭스 4,600~ 5,100B, 스위트 7,200B **가는 방법** 파타야 해변 도로에서 타논 나끄르아 Thanon Naklua 방향으로 두 번째 골목인 쏘이 이씹썸 Soi 22 옆에 있다. 돌고래 동상을 만든 원형 로터리에서 도보 5분. Map P.36-B3

대형 호텔이라기보다 고급 리조트에 가까운 숙소다. 3층짜리 나지막한 건물들이 정원에 가득한 나

Woodlands Hotel

무들에 감싸여 열대지방의 자연적 정취가 가득히 전해진다. 모두 135개의 객실을 운영하는데 수영장을 끼고 있는 방들이 더 좋다. 일반 룸인 슈피리어 룸은 욕조가 없고 샤워기만 있을 뿐이다.
수영장과 정원 방향으로 발코니 딸린 방들을 잡도록 하자. 분위기가 더 좋다. 객실 수에 비해 두 개의 수영장을 운영해 휴식 공간이 다른 호텔보다 많은 것이 장점이다. 위치 면에서도 파타야 중심가와 가까워 편리하다. 요금은 네 가지 시즌으로 구분해 다르게 적용하는데 최고 성수기인 12월 20일부터 1월 10일까지가 가장 비싸다.

싸얌 @ 싸얌 디자인 호텔 파타야 ★★★★ Siam@Siam Design Hotel Pattaya

주소 390 Moo 9, Thanon Pattaya Sai Song(Pattaya 2nd Road) **전화** 0-3893-0600 **홈페이지** www.siamatpattaya.com **요금** 레저 클래스 4,200B, 비즈 클래스 5,400B **가는 방법** 타논 파타야 싸이 썽에 있다. 해변도로로 향하는 Soi 2(쏘이 썽) 골목 입구에 있다. Map P.36-B3
해변과 접해 있진 않지만 파타야에서 새롭게 뜨는 '핫'한 호텔이다. 방콕에 최초로 디자인 호텔이라는 개념을 선보였던 싸얌 @ 싸얌 호텔의 파타야 지점이다. 호텔 입구부터 로비, 레스토랑, 객실은 물론 야외 수영장까지 호텔 전체를 커다란 미술관처럼 꾸몄다. 엘리베이터에 그린 손가락 그림까지 반짝이는 아이디어로 무장한 호텔이다. 각종 디자인은 태국의 역사와 신화에서 모티브를 따왔다. 2013년 12월에 만든 호텔이라 시설이 깨끗하다. 객실은 나무 바닥이라 깔끔하며, 천장과 벽에 그림을 걸어 분위기를 냈다. 스탠더드 룸에 해당하는 레저 클래스 룸의 객실 크기는 30㎡로 평범하다. 개인 욕실에는 욕조가 없고 샤워 부스만 설치되어 있다. 시티 뷰(도시 전망)와 시 뷰(바다 전망)로 구분된다. 모두 268개 객실을 보유하고 있다. 24층에는 더 루프 스카이 바 The Roof Sky Bar, 25층 옥상에는 야외 수영장이 있다. 조각 공원처럼 만든 수영장에서 파타야 해안선이 시원스럽게 보인다.

Siam@Siam Design Hotel

싸얌 @ 싸얌 디자인 호텔 수영장과 파타야 해변 풍경

호텔 바라쿠다 Hotel Baraquda ★★★★

주소 485/1 Moo 10 Pattaya 2nd Road **전화** 0-3876-9999 **홈페이지** www.hotelbaraquda.com **요금** 딜럭스 3,800~4,300B **가는 방법** 타논 파타야 싸이 썽 Pattaya 2nd Road에 있는 파타야 애비뉴(쇼핑 몰)와 프리미엄 아웃렛 옆에 있다. Map P.36-A1
두씻 호텔에서 운영하던 두씻 D2 호텔 Dusit D2 Hotel을 소피텔 계열의 엠갤러리 MGallery에서 인수하면서 바라쿠다 호텔로 변모했다. 트렌디함 중요시하는 엠갤러리 호텔답게 디자인에 신경을 썼다. 객실은 37㎡ 크기로 나무 바닥과 화이트 톤으로 안정감을 준다. 조명과 색상을 이용해 캐주얼한 느낌으로 꾸민 것이 특징이다. 발코니도 딸려 있다. 일반 객실(딜럭스 룸)에는 욕조가 없다. 야외 수영장을 갖추고 있다. 객실이 72개로 직원들도 친절하다. 내륙의 번화한 도로에 있어서 해변이 보이지 않는다. 호텔의 공식 명칭은 호텔 바라쿠다 파타야 엠갤러리 바이 소피텔 Hotel Baraquda Pattaya-MGallery by Sofitel이다.

호텔 바라쿠다

Mercure Hotel

머큐어 호텔

머큐어 호텔
Mercure Hotel ★★★☆

주소 484 Moo 10 Thanon Pattaya Sai Song (Pattaya 2nd Road) **전화** 0-3842-5050 **홈페이지** www.mercurepattaya.com **요금** 슈피리어 3,300B, 딜럭스 3,700B **가는 방법** 타논 파타야 싸이 썽 쏘이 씹하 Thanon Pattaya Sai Song(Pattaya 2nd Road) Soi 15 골목 안쪽으로 도보 5분. Map P.36-A1

전 세계적인 호텔망을 갖춘 아코르에서 운영한다. 노보텔과 같은 계열의 고급 호텔로 호텔 업계에서의 오랜 경험을 통해 느껴지는 안정된 서비스와 편한 객실이 매력적이다. 스포티한 복장의 리셉션 직원에서 느껴지듯 단순함을 강조하는 최근 호텔들의 특징을 잘 보여준다. 객실은 타이 실크와 그림 장식 등으로 아늑함을 선사한다. 객실마다 발코니에 의자를 비치해 한가한 시간을 보낼 수도 있다. 메인 건물 뒤편에 만든 야외 수영장이 넓어 굳이 바다까지 나가지 않고 호텔에서 휴양하는 손님들이 많다.

하드 록 호텔
Hard Rock Hotel ★★★★

주소 429 Thanon Hat Pattaya(Beach Road) **전화** 0-3842-8755~9 **홈페이지** http://pattaya.hardrockhotels.net **요금** 딜럭스 시티 뷰 4,700B, 딜럭스 시 뷰 5,200B, 킹스 클럽 시 뷰 6,000B **가는 방법** 파타야 해변 도로 중간에 있다. 로비는 타논 파타야 싸이 썽 Thanon Pattya Sai Song(Pattaya 2nd Road) 방향에서 들어가야 한다. 알카자 공연장에서 400m. Map P.36-B2

전 세계에서 네 번째, 아시아에서 두 번째로 문을 연 하드 록 호텔의 지점이다. 록과 호텔이라는 컨셉트를

하드 록 호텔

Hard Rock Hotel

접목시켜 젊은층에게 각광받고 있다. 전체적으로 4성급 호텔로 모두 320개의 객실을 운영한다. 유명 록 아티스트들이 사용하던 소품을 이용해 호텔을 꾸민 것이 가장 큰 특징이다. 객실에는 엘비스 프레슬리 등 유명 아티스트의 대형 그림이 걸려 있어 특이함도 더한다. 더불어 모든 객실에 오디오 장비를 갖추고 있다. 파타야 해변 중앙에 있어 찾기 편하며, 파타야 호텔 중에 큰 편에 속하는 야외 수영장이 있다. 수영장은 모래를 공수해 와 실제 해수욕장처럼 꾸몄으며, 다양한 놀이 시설을 갖추고 있다.

싸얌 베이쇼어 호텔
Siam Bayshore Hotel ★★★★

주소 559 Moo 10 Thanon Hat Pattaya(Pattaya Beach Road) **전화** 0-3842-8678 **홈페이지** www.siambayshorepattaya.com **요금** 딜럭스 3,800~4,500B **가는 방법** 파타야 해변 최남단에 있다. 워킹 스트리트가 끝나는 쏘이 씹혹 Soi 16과 가깝다. Map P.36-B1

Siam Bayshore Hotel

싸얌 베이쇼어 호텔

파타야 해변의 남단에 위치한 4성급 호텔이다. 호텔의 총 부지 면적은 80만㎡로 파타야 시내에서 보기 드문 엄청난 규모다. 드넓은 열대 정원이 매력인 곳으로, 넓은 부지에 비해 객실은 270개뿐이라 야외 정원을 만끽할 수 있다. 수영장도 분위기가 좋고, 스파 시설도 운영한다. 지리적으로는 호텔만 나서면 워킹 스트리트가 나오고, 바리 하이 선착장도 도보 5분 이내에 있다. 파타야 해변 중심가에 동급의 베이 뷰 파타야를 함께 운영한다.

호텔 비스타
Hotel Vista ★★★☆

주소 196 Thanon Hat Pattaya(Pattaya Beach Road) Soi 4 **전화** 0-3805-2300 **홈페이지** www.hotelvista.com/pattaya/ **요금** 딜럭스 3,000B, 클럽 럭스 Club Luxx 4,500B **가는 방법** 파타야 해변 도로와 타논 파타야 싸이 썽 Pattaya 2nd Road을 연결하는 Soi 4(쏘이 씨)에 있다. 파타야 해변에서 200m 떨어져 있다. Map P.36-B3

무난한 시설의 3성급 호텔이다. 객실 크기는 32㎡로 개인욕실에 욕조까지 갖추고 있다. 나무 소재를 이용해 인테리어를 꾸몄다. 발코니가 딸려 있어 객실이 한결 여유롭다. 바다가 보이지 않고 도로 반대쪽에 호텔이 있어서 전망은 별로다. 객실은 LCD TV, 안전금고, 커피포트, 헤어드라이어까지 필요한 객실 설비가 모두 비치되어 있다. 기다란 선반이 있어서 수납 공간도 넓은 편이다. 개인 욕실은 욕조를 갖추고 있다. 반투명 유리로 돼 있어 샤워하는 모습이 흐릿하게 보인다. 비수기(5월 1일~9월 30일)에는 방 값이 2,100B으로 할인된다.

호텔 비스타

아레카 로지
Areca Lodge ★★★

주소 198/21 Moo 9 Thanon Pattaya Sai Song (Pattaya 2nd Road) Soi 13(Soi Diana Inn) **전화**

아레카 로지

0-3841-0123, 0-3841-5549 **홈페이지** www.arecalodge.com **요금** 스탠더드 2,200B, 럭셔리 룸 3,700B **가는 방법** 보스 스위트 파타야(호텔) Boss Suites Pattaya 옆 골목인 타논 파타야 싸이 썽 쏘이 씹쌈 Thanon Pattaya Sai Song(Pattaya 2nd Road) Soi 13 안쪽으로 200m쯤 들어가면 골목 오른쪽에 있다. Map P.36-A2

호텔 외관은 평범한 중급 호텔처럼 느껴지지만 객실은 3성급 호텔보다 좋다. 동급의 호텔과 비교해 가격 대비 객실 시설이 월등히 뛰어나다. 수영장 방향의 발코니 딸린 방들은 여느 고급 호텔이 부럽지 않을 정도. 수영장도 넓고 예쁘게 만들어 분위기가 좋다. 아레카 Areca, 코라나 Corana, 에버그린 Evergreen 세 동의 건물로 구분해 216개의 객실을 운영한다. 새롭게 만든 에버그린이 시설이 가장 좋다. 최고 성수기인 12월 16일부터 1월 10일까지 요금이 추가로 인상된다.

렉 호텔
Lek Hotel ★★★

주소 284/5 Soi 13 Thanon Pattaya Sai Song (Pattaya 2nd Road) **전화** 0-3842-5550~2 **홈페이지** www.lekhotelpattaya.com **요금** 트윈 950~1,900B(에어컨, 개인욕실, TV, 냉장고) **가는 방법** 타논 파타야 싸이 썽(Pattaya 2nd Road)의 파타야 애비뉴 쇼핑몰 맞은편으로 쏘이 씹썽 Soi 12과 쏘이 씹쌈 Soi 13 사이에 있다. Map P.36-A2

파타야 해변의 중급 호텔 중에 가장 인기가 높다. 같은 가격대의 호텔에 비해 객실이 넓은 편으로 TV와 냉장고 등 기본 시설이 갖추어져 있다. 도어맨이 문을 열어주고, 제법 큰 로비까지 있어 비쌀 것 같지만 시설에 비해 저렴하다. 야외 수영장까지 겸비해 장기 투숙자들은 물론 단골로 찾아오는 손님들이 많다.

렉 호텔

프라땀낙 Phra Tamnak

파타야 해변에서 좀티엔 해변으로 넘어가는 언덕에 있는 호텔들이다. 쉐라톤 리조트와 로열 클리프 리조트 같은 파타야 최고의 호텔들이 들어서 있다. 독립 해변을 끼고 있는 고급 리조트들도 많아 개인 공간을 충분히 보장받을 수 있다.

버드 & 비 리조트 Birds & Bees Resort ★★★★

주소 366/11 Moo 12 Thanon Phra Tamnak Soi 4 **전화** 0-3825-0556~7 **홈페이지** www.cabbagesandcondoms.co.th **요금** 스탠더드 2,300B, 트리플(3인실) 3,200~3,600B, 딜럭스 5,150B(원 베드), 딜럭스 6,000B(투 베드), 스위트 7,000~12,000B **가는 방법** 타논 프라땀낙 쏘이 씨 Thanon Phra Tamnak Soi 4 골목 안쪽 끝으로 아시아 파타야 호텔 옆에 있다. Map P.38-B2

AIDS 예방과 가족계획에 관한 방대한 활동을 펼치고 있는 PDA(Population & Community Development Association)에서 운영한다.

자연적인 느낌의 리조트로 새와 벌이 날아들 것 같은 거대한 정원과 산책로가 매력적이다. 두 개의 수영장과 전용 해변까지 갖추고 있어 여유로움과 편안함을 더한다.

객실은 딜럭스, 트리톱 스위트, 클리프 비치 스위트 등 다섯 가지 등급으로 구분했다. 등급마다 2명이 잘 수 있는 원 베드룸과 4명이 잘 수 있는 투 베드룸으로 나뉜다. 가족이 함께 간다면 아이들을 위한 수영장을 별도로 운영하는 레인포리스트 로지를 이용하자. 빅 버드와 빅 비라고 재미있는 이름을 붙였다. 위치 면에서는 일반 썽태우 노선에서 벗어나 있어 이동은 불편하지만 리조트 안에서 모든 휴식과 액티비티를 해결할 수 있다. 파타야 해변의 번잡함에서 벗어나 해변과 열대 정원의 한적함을 제대로 누릴 수 있다. 부대시설로 캐비지 & 콘돔 레스토랑을 운영한다.

로열 클리프 리조트 Royal Cliff Resort ★★★★★

주소 353 Thanon Phra Tamnak **전화** 0-3842-2389 **홈페이지** www.royalcliff.com **요금** 로열 클리프 비치 호텔 4,800B(시뷰), 로열 클리프 비치 테라스 5,500B(미니 스위트), 로열 윙 스위트 1만 3,000B(원 베드 스위트) **가는 방법** ①타논 프라 땀낙에서 썽태우로 5분. ②바리 하이 선착장에서 해변 도로를 따라 썽태우로 10분. Map P.36-B1

모두 4개의 호텔을 한곳에서 운영하는 파타야 대표 리조트다. 모든 호텔은 5성급 이상으로 전부 다른 수영장과 두 개의 독립 해변을 보유하고 있다.

메인 호텔에 해당하는 로열 클리프 비치 호텔은 한국 허니문 커플에게 인기가 높은 곳으로 주로 단체 관광객들이 사용한다. 바다쪽 전망이 보이는 방을 얻어야 로열 클리프의 제대로 된 맛과 멋을 느낄 수 있다.

로열 윙은 4개의 호텔 시설 중에서도 가장 좋은 시설의 스위트 룸으로 로비가 맨 꼭대기 층에 있고 객실이 구릉지대의 경사면을 따라 해안 쪽으로 이어진다. 모든 객실에서 시원스런 바다가 보이는 것은 물론 발코니까지 있어 그야말로 최고의 전망을 만끽할 수 있다.

Royal Cliff Resort

Birds & Bees Resort

버드 & 비 리조트

로열 클리프 리조트

인터컨티넨탈 파타야 리조트 ★★★★★
Intercontinental Pattaya Resort

주소 437 Thanon Phra Tamnak **전화** 0-3825-9888 **홈페이지** www.pattaya.intercontinental.com **요금** 가든 뷰 8,600B, 오션 뷰 9,300B, 딜럭스 파빌리온 1만 2,000B, 오션 딜럭스 프런트 1만 3,500B **가는 방법** ①타논 프라땀낙에서 썽태우로 5분. ②바리 하이 선착장에서 해변 도로를 따라 썽태우로 5분. Map P.36-B1

쉐라톤 파타야 리조트를 인터컨티넨탈에서 인수하면서 인터컨티넨탈 파타야 리조트가 됐다. 좁은 부지에 고층으로 세운 대형 호텔들과 달리 넓은 정원을 중심으로 빌라 형태의 객실이 들어서 있다. 마치 해변에 만든 골프 클럽에서 운영하는 별장 같은 느낌이다. 더불어 야외 수영장과 호텔 투숙객들을 위한 전용 해변이 있어 방해받지 않고 휴식을 취하게 해준다.

객실은 모두 156개의 스위트 룸으로 구성된다. 가장 작은 객실의 크기가 45㎡이며, 자연채광이 잘되어 밝고 시원스럽다. 전망에 따라 정원이 보이는 가든 뷰와 바다가 보이는 오션 뷰로 구분된다.

일반 스위트 룸보다 등급이 높은 딜럭스 파빌리온 룸은 40개가 있다. 객실과 별도로 쌀라(태국 전통양식의 야외 정자)까지 갖추어져 있다. 특급 스위트 룸은 단독 빌라 별채를 사용하는데 침실 두 개가 딸려 있으며 면적 125㎡다. 모든 객실은 DVD와 CD 플레이어가 설치되어 있고 욕실은 욕조와 샤워실이 분리되어 넓다.

서비스에 관한 걱정은 하지 않아도 된다. 인터컨티넨탈이라는 이름 하나만으로 별다른 설명이 필요 없는 호텔이니까. 비싼 요금에도 방을 구하기 힘든 편이니 성수기에는 미리 예약을 해두자.

Intercontinental Pattaya Resort

인터컨티넨탈 파타야 리조트

슈가 헛
Sugar Hut ★★★★

주소 391/18 Moo 10 Thanon Thapphraya **전화** 0-3836-4186, 0-3825-1686 **홈페이지** www.sugar-hut.com **요금** 원 베드룸 빌라 5,900B, 투 베드룸 빌라 9,500B **가는 방법** 타논 탑프라야 Thanon Thap-phraya와 타논 프라땀낙 Thanon Phra Tamnak이 만나는 삼거리에 있다. Map P.38-B3

좀티엔 해변으로 넘어가는 언덕에 있다. 해변은 보이지 않지만 숲속에 위치해 자연적인 정취가 가득하다. 티크 나무로 만든 전통 타이 양식의 단독 빌라로 예스러우면서도, 객실 내부는 고급 호텔처럼 현대적인 시설로 꾸몄다. 수영장과 레스토랑도 분위기가 좋으며, 숙소 옆으로 조깅 코스도 만들어져 있다. 분위기상 유럽인 여행자들이 선호하는 편이다. 투숙객이 아니더라도 타이 레스토랑은 한 번쯤 들러볼 만한 충분한 가치가 있다.

Sugar Hut

슈가 헛

Ko Samet 꼬 싸멧

방콕과 가장 가까운 거리에 있는 섬이다. T자 모양의 길이 7㎞에 불과한 작은 섬이지만 무려 14개의 해변을 갖고 있다. 휴양섬의 필수 요소인 곱고 하얀 모래와 파란 바다는 기본이다. 지리적으로 방콕과 가깝다고 해서 섬이 무제한적으로 개발된 것은 아니다. 1981년 꼬 싸멧 전체가 카오 램야 꼬 싸멧 국립공원 Khao Laem Ya-Ko Samet Natonal Park으로 지정되어 보호되고 있다. 선착장과 가까운 핫 싸이 깨우와 아오 웡드안 두 곳의 해변을 제외하면 아직도 한적한 해변이 많다. 한마디로 화려함보다는 소박함을 간직한 젊음의 섬이다.

주말이 되면 태국 젊은이들도 찾아와 활기가 넘치고, 다양한 해양스포츠도 즐길 수 있다. 시끌벅적함이 싫다면 나무그늘 아래에서 책을 보면 그만. 또한 밤이 되면 젊음의 섬답게 낭만적인 술집들이 해변에 하나둘 생긴다. 도시의 번잡함이 싫다면, 멀리 떠날 시간적인 여유가 없다면, 꼬 싸멧보다 좋은 휴양지는 없다. 이곳에서는 섬의 낭만을 즐기자.

Access

방콕에서 꼬 싸멧 드나들기

방콕에서 버스를 타고 반페 บ้านเพ Ban Phe까지 간 다음, 보트를 타고 꼬 싸멧의 나단 선착장 Nadan Pier(타르아 나단 ท่าเรือ หน้าด่าน)으로 가야 한다. 참고로 반페에서 가장 가까운 도시는 라용 ระยอง Rayong으로 17㎞ 떨어져 있다.

+ 방콕 → 반페

방콕 동부 버스 터미널(콘쏭 에까마이)에서 07:00~17:30까지 1시간 간격으로 에어컨 버스가 출발한다. 편도 요금은 155B. 너무 늦게 버스를 타면 섬에서 숙소 잡기가 곤란하므로 아침에 출발하는 게 좋다.

반페에서 방콕으로 돌아오는 버스는 1일 7회(07:00, 09:00, 11:00, 13:00, 14:00, 16:00, 18:00) 출발한다. 반페 버스 정류장은 누안팁 선착장을 등지고 오른쪽 첫 번째 삼거리 코너에 있는 첫차이 투어 Cherdchai Tour 옆에 있다. 방콕까지 약 4시간이 소요된다. 참고로 반페 선착장 앞의 도로에서 방콕까지 운행(라용 경유)되는 미니밴(롯뚜)이 출발한다. 에까마이(동부 터미널), 머칫(북부 터미널), 싸이따이(남부 터미널) 3개 노선이 있다. 04:00~18:00까지 약 40분 간격으로 출발하며, 편도 요금은 200B이다.

반페 버스 정류장(Cherdchai Tour)

+ 반페 → 꼬 싸멧

꼬 싸멧으로 향하는 보트 선착장은 여러 곳이 있다. 일반 여행자라면 누안팁 선착장(타르아 누안팁 **ท่าเรือ นวลทิพย์**) Nuanthip Pier를 이용하면 된다. 방콕에서 출발한 버스가 도착한 곳 앞의 길을 건너서 첫 번째 보이는 세븐 일레븐 옆에 선착장이 있다.

누안팁 선착장 오른쪽으로 경찰서 지나서 두 번째 세븐 일레븐 맞은편에는 페 선착장(타르아 페 **ท่าเรือ เพ**) Tarua Phe이 있다. 카오산 로드에서 여행사 버스(미니밴)를 타고 왔을 경우 이곳을 이용하게 된다. 두 개의 선착장은 150m 거리로 가깝다. 두 곳 모두 꼬 싸멧의 나단 선착장으로 보트로 운행된다.

보트 운행 시간은 08:00~16:00까지로, 1시간 간격으로 출발한다. 비수기에는 승객이 적을 경우 2시간 간격으로 운행되기도 한다. 꼬 싸멧의 메인 선착장인 나단 선착장까지 슬로 보트로 40분 걸리며, 편도 요금은 60B(나단 선착장 이용료 20B 별도)이다. 나단 선착장에서 반페로 돌아오는 보트도 오전 8시부터 오후 6시까지 1시간 간격으로 운행된다. 보트 회사마다 출발 시간이 다르므로 구입한 왕복표를 나단 선착장에서 보여주고 정확한 출발 시간을 확인하면 된다. 참고로 아오 웡드안 Ao Wongdeuan과 아오 프라오 Ao Phrao행 보트도 있다. 왕복 요금은 140B이며, 7명 이상이 타야 출발한다. 두 해변은 고급 리조트가 많아 자체적으로 전용 보트를 운영한다.

누안팁 선착장

르아 페(페 선착장)

꼬 싸멧 나단 선착장

+ 방콕(카오산 로드) → 꼬 싸멧

카오산 로드에 묵는 여행자라면 여행사에서 운영하는 버스(미니밴)을 타도된다. 터미널까지 갈 필요 없이 여행사 또는 숙소 앞에서 픽업해 준다. 편도 요금은 700B(왕복 요금 1,300B)으로 섬까지 들어가는 보트 요금이 포함된다. 방콕 출발 시간은 08:00, 반페 출발 시간은 13:00다.

+ 파타야 → 꼬 싸멧

가까운 거리 이동에 적합한 미니밴(롯뚜)이 운행된다. 파타야 해변 곳곳의 여행사 부스에서 예약이 가능하다. 출발 시간은 07:30이며 편도 요금은 270B이다. 꼬 싸멧의 나단 선착장까지 보트 요금이 포함된다. 반페→파타야 미니밴은 편도 요금 200B이다. 파타야 버스 터미널이 아니라 원하는 목적지(호텔) 앞에 내려준다.

Transportation
꼬 싸멧의 교통

섬 안에서 이동하기

해변을 연결하는 썽태우

섬 안에서의 이동 수단은 썽태우가 유일하다. 섬의 구조상 보트가 도착하는 나단 선착장을 중심으로 썽태우 노선이 결정되며, 거리에 따라 요금이 달라진다. 썽태우는 10명 이상이 모이면 출발하지만, 혼자서 썽태우 한 대 요금을 전부 낸다면 택시처럼 이용도 가능하다. 여러 명이 함께 탈 경우 합승 요금은 핫 싸이깨우 10B, 아오 파이 20B, 아오 풋싸(아오 탑팀) 20B, 아오 프라오 30B, 아오 웡드안 30B이다. 가장 멀리 떨어진 아오 끼우나녹(아오 끼우)까지는 60B을 받는다. 주요 해변마다 썽태우 요금이 적혀 있으므로 흥정에 대한 어려움은 없다. 가까운 해변끼리는 얼마든지 걸어서 다닐 수 있다. 핫 싸이 깨우에서 아오 풋싸까지는 해변이 거의 붙어 있다고 해도 과언이 아닐 정도로 썽태우보다는 걷는 게 편하다. 아오 웡드안 이후는 걷기에 먼 거리이므로 썽태우를 타도록 하자.

+ 섬에서 생활하기

육지와 떨어져 있기 때문에 편의시설이 부족하다. 은행이나 우체국은 아직 없고 편의점도 큰 해변에만 있다. 호텔에서 환전이 가능하지만 환율이 안 좋다. ATM은 나단 선착장, 국립공원 관리소 앞, 핫 싸이 깨우, 아오 웡드안 같은 큰 해변에만 설치되어 있다. 만약 응급 상황이 생긴다면 나단 선착장과 핫 싸이 깨우 중간쯤에 있는 꼬 싸멧 보건소를 찾자.
섬에서 수영하거나 책을 보며 쉬는 게 다소 무료하게 느껴진다면 보트 투어에 참여하면 된다. 꼬 싸멧을 한 바퀴 돌면서 스노클링을 하는 반나절 코스로 투어 요금은 400~600B이다. 고급 타이 마사지 숍은 없지만 해변에서 얼마든지 마사지를 받을 수 있다. 1시간에 300B으로 해변을 돌아다니는 안마사들이 즉석으로 마사지를 시술해 준다.

알아두세요

꼬 싸멧 입장료

국립 공원 매표소

꼬 싸멧은 국립공원으로 지정되어 보호되고 있습니다. 따라서 섬을 드나드는 모든 사람은 국립공원 입장료를 내야 한답니다. 태국인과 외국인 요금이 차등 적용되는데, 외국인은 돈이 많다고 생각하는지 태국인에 비해 무려 10배나 비싼 200B(아동 100B)을 내야 하지요. 모든 국립공원에 동일하게 적용되니 너무 마음 상하지는 마세요. 섬에 도착해서 썽태우를 타고 핫 싸이 깨우로 들어갈 때 국립공원 관리소에서 내면 됩니다. 육지에 있는 선착장에서 미리 돈을 낼 필요는 없답니다. 물론 국립공원 관리소가 없는 해변으로 갈 때는 입장료를 받는 곳이 없어서 무료로 드나들 수 있지요.

Beach & Resort

꼬 싸멧의 해변 & 리조트

나단(싸멧 빌리지) Nadan(Samet Village) หน้าด่าน

나단 선착장에서 국립공원 관리소(매표소)까지 이어지는 내륙 도로에 저렴한 숙소가 많다. 콘크리트로 만든 평범한 게스트하우스 건물이 대부분이다. 해변을 끼고 있지 않기 때문에 특별한 분위기나 전망은 기대하지 말 것.

바바도스 테라스 Barbados Terrace ★★★

전화 0-3864-4299, 08-6711-5440 **요금** 방갈로 1,300B(에어컨, 개인욕실, TV, 냉장고), 딜럭스 더블 1,500B(에어컨, 개인욕실, TV, 냉장고) Map P.40-A1

내륙 도로에 있지만 정원이 잘 갖춰져 여유롭다. 주변의 저렴한 게스트하우스들과 달리 방갈로 형태로 되어 있다. 리셉션 뒤쪽의 일반 건물은 딜럭스 룸으로 이루어졌는데 방도 넓고 LCD TV까지 있어 시설이 좋다. 정원을 끼고 있는 방갈로들은 발코니가 딸려 있다. 아침 식사는 포함되지 않는다.

바바도스 테라스

모스맨 하우스 Mossman House ★★★

전화 0-3864-4017, 0-3864-4046 **요금** 더블 1,200~2,000B(에어컨, 개인욕실, TV, 냉장고) Map P.40-A2

국립 공원 관리소 앞의 세븐 일레븐 옆에 있다. 콘크리트 건물로 게스트하우스 중에 상대적으로 시설이 괜찮다. 타일이 깔린 객실은 깨끗하며 방 청소를 매일 해 준다. TV, 냉장고, 온수 샤워 가능한 욕실을 갖추고 있다. 객실 바깥으로 발코니가 딸려 있다. 건물 안쪽에 있는 방들이 조용하다.

모스맨 하우스

핫 싸이 깨우 Hat Sai Kaew หาดทรายแก้ว

나단 선착장에서 가장 가까운 해변인 동시에 가장 번화한 해변이다. '보석 모래의 해변'이라는 뜻처럼 고운 모래가 해변에 가득하다. 중급 리조트가 많은 편으로 태국 사람들과 중국인 단체 관광객이 즐겨 묵는다. 낮 시간에는 스피드 보트를 이용해 드나드는 관광객까지 겹쳐 북적댄다.

싸이 깨우 비치 리조트 Sai Kaew Beach Resort ★★★☆

전화 0-2438-9771 **홈페이지** www.samedresorts.com **요금** 딜럭스 코티지 7,900B, 프리미어 더블 8,700B Map P.40-B2

핫 싸이 깨우에서 가장 크고 좋은 시설의 리조트다. 해변 서쪽의 넓은 부지에 정원과 수영장을 만들어 분위기가 좋다.

객실은 바다와 잘 어울리는 파란색으로 화사하게 꾸며 시원한 느낌을 준다. 일반 객실은 딜럭스 더블로 객실 크기는 30㎡로 평범하다. 코티지 딜럭스는 독립 방갈로 형태로 이루어졌다. 가장 시설 좋은 프리미어 더블은 현대적인 시설로 깔끔하며 객실 크기도 45㎡로 넓다. 객실의 위치에 따라 정원이 보이거나 수영장이 보인다. 자체적으로 운영하는 해양 스포츠와 세일링, 스쿠버다이빙, 윈드서핑, 카누 등 다양한 레저 스포츠에도 참여할 수 있다.

똔싹 리조트
Tonsak Resort ★★☆

전화 0-3864-4314, 08-1781-1425 **홈페이지** www.tonsak.com **요금** 슈피리어 2,600B, 딜럭스 3,000~4,000B Map P.40-B2

핫 싸이 깨우 해변에 있는 소규모 리조트다. 티크 나무로 만든 18개의 방갈로를 운영한다. 방갈로를 연결하는 리조트 내부의 보행로를 나무로 만들었고, 열대 식물도 가득해 자연적인 느낌을 잘 살렸다. 방갈로들은 촘촘히 붙어 있다. 모든 객실은 에어컨, TV, 냉장고를 갖추고 있다. 아침 식사는 포함되지 않는다. 해변과 접해 있으나 시설에 비해 요금은 비싼 편이다. 주말 요금은 300B이 추가된다.

섬머 데이 비치 리조트
Summerday Beach Resort ★★★☆

전화 08-6549-9414 **홈페이지** www.summerdaybeachresort.com **요금** 더블 4,200B, 패밀리 5,400B Map P.40-B2

싸이 깨우 비치 리조트

핫 싸이 깨우 해변

해변의 경계를 이루는 인어 동상

섬머 데이 비치 리조트

방 값이 비싼 핫 싸이 깨우에서 그나마 가격 대비 괜찮은 시설의 숙소다. 단층 건물로 객실 6개를 운영한다. 아늑한 화이트 톤으로 꾸민 객실은 벽돌과 통유리 창문으로 인해 시원스럽다. 해변을 끼고 있어 객실에서 바다가 보인다. 수영장은 없고, 해먹과 카페를 포함한 휴식 공간이 있다. 객실 앞쪽의 테라스와 나무 그늘 아래서 여유롭게 시간을 보내기 좋다.

램야이 헛 홈
Lam Yai Hut Home ★★★

주소 Hat Sai Kaew **전화** 0-3864-4282, 08-1351-4329 **요금** 더블 1,100B(선풍기, 개인욕실), 더블 2,200B(에어컨, 개인욕실, TV) **가는 방법** 핫 싸이 깨우 해변 북쪽 끝에 있다. Map P.40-B2

고급 리조트들이 몰려 있는 핫 싸이 깨우에서 흔치 않은 저렴한 방갈로다. 해변 북쪽 끝자락에 위치하고 있다. 해변을 끼고 있으나 넓은 정원에 방갈로들이 여유롭게 배치되어 평화롭다. 해변과 가까운 쪽에 에어컨 시설의 넓은 방갈로가, 뒤쪽에는 선풍기 시설의 목조 방갈로가 있다. 방갈로 주변으로 나무가 우거져 있다. 모두 20개의 방갈로를 운영한다. 비수기 요금은 선풍기 방갈로 800B, 에어컨 방갈로 1,500B이다.

Lam Yai Hut Home

아오 힌콕 Ao Hin Khok อ่าวหินโคก

핫 싸이 깨우 남쪽에 있으며 인어 동상을 경계로 해변이 구분된다. '돌에 둘러싸인 해안'이라는 뜻. 해변은 길지 않지만 모래가 곱고 나무 그늘이 많다. 배낭 여행자들을 위한 방갈로가 있으나 시설은 떨어진다. 나단 선착장에서 썽태우로 10분 정도 걸린다.

나가 방갈로 Naga Bangalows ★★

전화 0-3864-4035 **요금** 더블 600~800B(선풍기, 공동욕실), 더블 1,200~1,500B(에어컨, 개인욕실)

Map P.39-B1 Map P.40-A2

아오 힌콕의 첫 번째 숙소다. 핫 싸이 깨우에서 아오 힌콕으로 넘어가는 언덕에 있다. 오래된 여행자 숙소로 해변에서 떨어져 있다. 방갈로는 저렴한 만큼 시설은 떨어진다. 허름한 시설의 나무 방갈로는 공동욕실을 사용하고, 시멘트로 만든 방갈로는 그나마 개인욕실이 딸려 있다. 나가 바 Naga Bar를 함께 운영하기 때문에 밤에 소란스러울 때도 있다.

Naga Bangalows

톡스 리틀 헛 Tok's Little Hut ★★☆

전화 0-3864-4072~3 **홈페이지** www.tok-littlehut.com **요금** 더블 1,200~1,500B(에어컨, 개인욕실, TV), 패밀리 1,800~2,000B(에어컨, 개인욕실, TV, 냉장고) Map P.39-B1

저렴한 여행자 숙소였으나 허름한 나무 방갈로들은 모두 없어지고, 시멘트로 만든 에어컨 시설의 방갈로로 변모했다. 더운물 샤워가 가능한 개인욕실과 TV, 안전금고를 갖추고 있어 객실 시설은 무난하다. 언덕을 끼고 있어 방갈로들이 촘촘히 붙어 있는 편이며, 위치에 따라 전망이 달라진다. 해변에 야외 레스토랑을 운영한다. 무뚝뚝한 직원들 때문에 서비스에 대해 불평하는 여행자들도 종종 있다.

Tok's Little Hut

아오 파이 Ao Phai อ่าวไผ่

'대나무 해안'이라는 뜻으로 아오 힌콕과 더불어 여행자들의 거점이 되는 해변이다. 아오 힌콕에 비해 해변은 작으나, 파도가 잔잔하다. 해변 남쪽에는 가족들이 묵을 만한 경제적인 리조트가 있다.

실버 샌드 리조트 Silver Sand Resort ★★★

전화 03-8644-300~1 **홈페이지** www.silversandsamed.com **요금** 가든 뷰 2,500B, 시 뷰 2,800B(에어컨, TV, 냉장고, 아침 식사)

Map P.39-B1

정원과 하얀색 방갈로가 잘 어울리는 숙소. 아침 식사가 포함되는 중급 리조트로 객실은 TV와 냉장고를 갖추고 있다. 객실은 넓은 편으로 발코니가 딸려 있다. 리조트 규모도 크고 손님도 많기 때문에 친절한 서비스를 기대하긴 힘들다. 리조트에서 운영하는 레스토랑이 밤이 되면 다소 시끄러운 게 흠이다.

실버 샌드 리조트

아오 파이 해변

아오 힌콕 해변

싸멧 빌라 리조트
Samed Villa Resort ★★★☆

주소 89 Moo 4 Ao Phai **전화** 0-3864-4094, 0-3864-4161 **홈페이지** www.samedvilla.com **요금** 스탠더드 방갈로 1,700~1,900B, 슈피리어 방갈로 2,500~2,800B(에어컨, TV, 개인욕실, 아침 식사)

Map P.39-B1

아오 파이 해변 남쪽 끝에 있는 고급 리조트. 주변의 저렴한 숙소와 달리 호텔스런 분위기를 풍긴다. 해변과 접한 잘 가꾸어진 정원에 만든 빌라 형태의 숙소로 해변과 가까울수록 방 값이 비싸진다. 4명이 잘 수 있는 패밀리 룸도 있다. 시즌을 네 가지로 구분해 시즌마다 요금이 다르며 주말에는 300B이 추가된다.

아오 파이 해변의 레스토랑
싸멧 빌라 리조트

아오 풋싸(아오 탑팀) Ao Phutsa(Ao Thapthim) อ่าวพุทรา(อ่าวทับทิม)

'대추 해변'이라는 뜻의 작고 한적한 해변이다. 아오 힌콕과 아오 파이의 해변 분위기와 사뭇 다른 차분한 느낌이 든다. 해변에는 숙소가 딱 두 개밖에 없다. '석류 해변'이라는 뜻의 아오 탑팀이라고 부르기도 한다.

아오 풋싸 방갈로
Ao Pudsa Bungalows ★★☆

전화 0-3864-4030, 0-3864-4066 **요금** 더블 800~1,000B(선풍기, 개인욕실), 더블 1,500B(에어컨, 개인욕실) Map P.39-A2

아오 풋싸 해변

조그마한 해변인 아오 풋싸 해변의 오른쪽에 있다. 잘 꾸며진 목조 방갈로들을 운영하며 가격에 비해 방갈로 시설이 좋다. 모두 욕실을 겸비하고 있으며 해변과 가까워 전망도 좋다.

아오 풋싸 방갈로

탑팀 리조트
Tubtim Resort ★★★

전화 0-3864-4025~7 **홈페이지** www.tubtimresort.com **요금** 더블 800~1,300B(선풍기, 개인욕실), 더블 2,300B(에어컨, 개인욕실, TV, 아침 식사), 딜럭스 방갈로 3,500B(에어컨, 개인욕실, TV, 냉장고, 아침 식사) Map P.39-A2

아오 풋싸 해변의 절반을 차지한다. 다양한 형태의 방갈로를 운영하며, 요금만큼 시설도 차이가 난다. 오래되고 저렴한 방갈로들은 전망이 그다지 좋지 않은 뒤쪽에 있고, 새로 지어 에어컨을 설치한 방갈로들은 해변 쪽과 가깝다. 에어컨 방갈로는 아침 식사가 제공된다.

탑팀 리조트

아오 누안 Ao Nuan อ่าวนวล

아오 풋싸에서 오솔길을 따라 언덕을 넘으면 나타나는 아주 작은 해변이다. 이전까지의 해변과는 확연히 구분되는 독특한 분위기로 꼬 싸멧 전체를 통틀어 가장 조용한 해변이다. 해변도 작지만 바위가 많아 수영하기에는 별로다. 하지만 열대 정글 같은 숲속이 특별한 분위기를 제공한다. 숙소도 단 한 곳밖에 없어 나만의 시간을 보낼 수 있다.

아오 누안 방갈로
Ao Nuan Bungalows ★★★☆

전화 08-1781-4875 **요금** 더블 800B(선풍기, 공동욕실), 더블 1,500~2,000B(에어컨, 개인욕실)

Map P.39-A2

아오 누안의 유일한 숙소로 숲속에 아담한 방갈로들이 잘 꾸며져 있다. 주변의 해변과 달리 한적하고 조용하게 지내기 좋다. 워낙 조용해 밤이 되면 파도소리가 잠을 방해할 정도다. 방갈로에서 운영하는 레스토랑은 저녁이 되면 가족적인 분위기를 연출해 포근하다. 통나무 방갈로로 욕실을 예쁘게 만들었다. 방갈로 발코니에 앉아 해변을 바라보며 할 일 없이 지내기에 좋다. 모두 10개의 방갈로를 운영한다.

아오 누안 해변

아오 누안 방갈로

아오 초 Ao Cho อ่าวช่อ

아오 누안 남쪽에서 다시 오솔길을 5분 정도 걸어가면 나오는 해변이다. '꽃송이 해변'이라는 뜻으로 이름처럼 아름다운 바다를 간직하고 있다. 특히 나무로 만든 선착장이 운치를 더한다.

아오 초 리조트(탄따완 리조트)
Ao Cho Resort(Tarn Tawan Resort) ★★

전화 0-3864-4190, 0-3864-4070 **요금** 더블 800B(선풍기, 개인욕실), 더블 2,500~3,000B(에어컨, 개인욕실), 15인실 6,000B(에어컨, 개인욕실)

Map P.39-A2

아오 초 해변에 있는 무난한 숙소다. 넓은 정원에 다양한 형태의 객실을 운영한다. 리조트라기보다는 평범한 시설의 게스트하우스에 가깝다. 특별함은 없지만 방들이 깨끗한 편이다. 4인실 패밀리 게스트하우스와 25명이 잘 수 있는 단체실을 함께 운영한다. 탄따완 리조트 Tarn Tawan Resort라는 이름으로도 불리니 혼동하지 말 것.

아오 초 해변

아오 웡드안 Ao Wongdeuan อ่าววงเดือน

꼬 싸멧 남쪽에서 가장 번화한 해변이다. 해변이 초승달 모양을 닮아 웡드안이라는 이름이 붙여졌다. 핫 싸이 깨우와 비슷한 분위기로 중급 호텔들이 많다. 반페 선착장에서 정기적으로 보트가 드나들기 때문에 바닷물은 그리 깨끗하지 않다. ATM을 비롯해 편의시설을 갖추고 있다. 밤이 되면 해변에 자리를 깔고 영업하는 바 Bar 들이 많이 생긴다.

싸멧 카바나 리조트 Samed Cabana Resort ★★★☆

전화 0-3864-4320 **홈페이지** www.samedcabana.com **요금** 슈피리어 3,300B(에어컨, TV, 개인욕실, 아침 식사), 풀 사이드 3,600B, 비치프런트 4,200B Map P.39-A2

아오 웡드안의 고급 리조트다. 단독 빌라 형태로 가격에 보답하는 깨끗하고 깔끔한 시설을 자랑한다. 바다를 끼고 있는 비치프런트가 가장 비싸며, 가족을 위한 4인실도 운영한다. 야외 수영장을 갖추고 있다. 요금은 성수기와 비수기, 주중(일~목요일)과 주말(금~토요일)로 구분해 다르게 적용된다. 비수기인 6~9월 사이에는 40%가 할인된다.

말리부 가든 리조트 Malibu Garden Resort ★★☆

주소 77 Ao Wongdeuan **전화** 0-3861-5356~8 **홈페이지** www.malibu-samet.com **요금** 더블 2,000~2,950B(에어컨, 개인욕실), 3인실 3,000~3,400B(에어컨, 개인욕실) Map P.39-A2

아오 웡드안에서 가장 유명한 숙소다. 벽돌 또는 목조 방갈로들이 넓은 정원에 가득 들어서 있다. 모든 객실은 에어컨과 냉장고가 갖추어져 있으며 아침 식사가 포함된다. 자그마한 수영장도 있으나 모두 해변에서 시간을 보낸다. 전용 보트가 반페에서 숙소까지 직행한다.

웡드안 리조트

웡드안 리조트 Vong Deuan Resort ★★★☆

전화 0-3864-4171, 09-1234-7770 **홈페이지** www.vrresortkohsamed.com **요금** 딜럭스 트윈 2,900~3,400B(에어컨, TV, 개인욕실, 아침 식사), 타이 하우스 4,500B(에어컨, TV, 개인욕실, 아침 식사), 비치프런트 하우스 5,000B Map P.39-A2

아오 웡드안에서 가장 좋은 시설을 자랑한다. 세 가지 형태의 객실로 구분되는데 모두 편안하고 고급스럽다. 가장 비싼 타이 하우스 Thai House는 티크 나무로 만든 전통 태국 가옥 형태. 한 채씩 따로 떨어져 있어 프라이버시도 최대한 보장된다.

코티지 Cottage는 넓은 정원을 끼고 만들어 자연적인 편안함을 최대로 느낄 수 있다. 야외 수영장을 갖추고 있다. 수영장 옆으로는 풀사이드 코티지 Plloside Cottage가 있다.

싸멧 카바나 리조트

말리부 가든 리조트

아오 웡드안 해변

아오 티안 해변

아오 티안 Ao Thian อ่าวเทียน

아오 웡드안에서 산길을 넘어가야 하기 때문에 독립된 해변처럼 느껴진다. '촛불 해변'이라는 뜻으로 해변 북쪽에 조그마한 해변인 핫 쌩티안(쌩티안 비치)과 붙어 있다. 해변이 길고 파도가 잔잔하며, 나무로 얼기설기 만든 선착장까지 있어 분위기가 좋다. 다른 해변으로 드나들기 불편한 단점이 있다.

쌩티안 비치 리조트 Sangthian Beach Resort ★★★

전화 0-3864-4255, 08-1295-9567 **홈페이지** www.sangthian.com **요금** 더블 2,000~2,800B(에어컨, 개인욕실, TV, 아침 식사) Map P.39-A2

핫 쌩티안의 언덕에 있는 방갈로 형태의 리조트다. 독특한 구조로 만든 계단을 따라 방갈로들이 층을 이루며 만들어졌다. 때문에 방갈로에서 보이는 해변의 전망이 좋다. 단체가 머물 수 있는 6인실, 8인실, 10인실을 운영한다. 아담한 레스토랑을 운영하며 야외에서 마사지를 받을 수 있는 작은 정자도 있다.

아오 끼우나녹 Ao Kiu Na Nok อ่าวกิ่ว

사람들이 거의 찾아가지 않을 것 같은 꼬 싸멧 남단의 한적한 해변. 꼬 싸멧에서 최고의 시설을 자랑하는 파라디 리조트의 개인 해변처럼 쓰인다.

파라디 리조트 & 스파 Paradee Resort & Spa ★★★★★

전화 0-3864-4283~8 **홈페이지** www.paradeeresort.com **요금** 가든 빌라 2만 3,700B, 가든 풀 빌라 2만 6,300B, 비치프런트 풀 빌라 3만 2,200B
Map P.39-A3

꼬 싸멧에 등장한 풀 빌라 개념의 초호화 리조트. 꼬 싸멧 남단의 한적한 해변 하나를 전세 내 40채의 빌라만 만들어 운영한다. 가장 허름한(?) 가든 빌라조차도 100㎡가 넘는 초호화 스위트 룸으로 꾸며졌다. 특히 풀 빌라 29채는 개인 수영장까지 딸려 프라이버시를 최대한 보장해 준다.

모든 객실의 침구는 티크 나무, 타이 실크 등 자연 소재를 이용해 꾸몄고 21인치 LCD TV, DVD 플레이어, 커피 메이커, 사무용 책상, 개인 테라스까지 겸비해 최고의 시설로 꾸몄다. 또한 전용 버틀러가 대기하고 있어 서비스도 수준급이다.

부대시설로는 수영장과 두 개의 레스토랑, 스파를 운영한다. 다양한 레저 스포츠를 진행하는 강사들도 배치되어 있다. 지리적으로 꼬 싸멧의 외진 곳에 있지만 전용 보트를 타고 드나들기 때문에 아무런 불편함을 느끼지 못한다. 오히려 고독감보다는 VIP 대접을 받는 특별한 감동을 느끼게 된다.

Paradee Resort & Spa

Paradee Resort & Spa

아오 프라오 Ao Phrao อ่าวพร้าว

꼬 싸멧 서쪽에 있는 해변이다. 다른 해변과 달리 일몰 때가 되면 더욱 아름답다. 섬 동쪽에 비해 한적한 것이 특징으로 기다란 해변에는 고급 호텔 세 개만이 들어서 있어 차분하게 해변을 즐길 수 있다. 반페 선착장에서 정기적으로 보트가 드나들지만, 대부분 호텔 전용 스피드 보트를 타고 예약한 리조트를 들락거린다. 나단 선착장을 이용할 때는 썽태우를 타면 된다.

아오 프라오 리조트
Ao Prao Resort ★★★★

전화 0-3864-4100~3 **홈페이지** www.samedresorts.com **요금** 슈피리어 8,500B, 딜럭스 코티지 9,600B, 비치프런트 1만 3,000B Map P.39-A1

일몰이 아름다운 아오 프라오 해변의 왼쪽 숲속을 가득 메운 고급 리조트다. 자연적인 느낌을 최대한 살린 단아한 목조 방갈로와 해변을 가까이 둔 비치프런트 룸으로 구분된다. 넓은 부지와 정원이 매력적인 곳. 야외 수영장과 전용 해변까지 분위기가 좋다. 객실에는 에어컨, TV, 미니바는 물론 목욕 용품과 헤어 드라이어가 준비되어 있다. 더불어 분위기 좋은 야외 레스토랑에서 근사한 아침 식사를 제공한다. 반페에 있는 사무실에서 전용 보트로 아오 프라오 리조트까지 픽업 서비스도 무료로 제공된다. 부대시설로 운영하는 스쿠버다이빙과 해변에 누워서 안마를 받을 수 있는 야외 마사지 시설도 인기다.

Ao Prao Resort

아오 프라오 해변

르 비만 코티지 & 스파
Le Vimarn Cottages & Spa ★★★★☆

전화 0-3864-4104~7 **홈페이지** www.samedresorts.com **요금** 딜럭스 코티지 1만 2,100B, 프리미어 빌라 힐사이드 1만 3,900B Map P.39-A1

꼬 싸멧에서 야외 수영장을 갖춘 몇 안 되는 숙소다. 아오 끼우나녹의 파라디 리조트와 쌍벽을 이루는 특급 리조트. 단독 빌라 형태의 리조트로 28채의 빌라를 운영한다. 모든 객실에는 전용 발코니와 자쿠지 시설이 갖추어져 멀리 나가지 않고도 바다와 일몰을 감상할 수 있다. DVD 등 첨단 전자제품도 객실에 비치되어 편하고 쾌적하게 지낼 수 있다.

리조트 주변은 넓은 잔디밭과 숲으로 뒤덮여 있어 마음의 평화도 함께 선사한다. 열대 섬의 정취를 고스란히 느끼면서 최고의 시설과 서비스를 누리려는 사람들이 찾는다. 고급 스파 시설까지 있어 최고급 리조트가 갖추어야 할 모든 것을 구비하고 있다. 같은 해변에 있는 아오 프라오 리조트에서 운영하며, 반페에 있는 사무실에서 리조트까지 전용 보트를 무료 서비스로 제공한다.

Le Vimarn Cottages & Spa

르 비만 코티지 & 스파

Restaurant

꼬 싸멧의 레스토랑

모든 방갈로와 리조트에서 자체적으로 레스토랑을 운영한다. 어디가 잘하고 못하고 없이 맛과 가격이 비슷하다. 다른 해변을 찾아가기보다는 본인이 묵고 있는 숙소나 해변에서 식사를 해결하는 편. 저녁이 되면 모래사장 위에 돗자리를 깔아 만든 해변 식당들이 생긴다.

칠리 레스토랑 Chilli Restaurant ★★

위치 국립공원 매표소에서 200m **전화** 0-3864-4039, 08-9816-2295 **영업** 09:00~22:00 **메뉴** 영어, 태국어 **예산** 80~290B **가는 방법** 국립 공원 매표소를 등지고 보이는 세븐일레븐을 지나서 200m 더 가면 왼쪽에 있는 칠리 호텔 Chilli Hotel 1층에 있다. Map P.40-A2

해변이 아니라 국립공원 관리소 앞쪽의 상가 지역에 있다. 칠리 호텔에서 운영하는데, 도로변에 있어서 드나들기 편리한 위치다. 특별한 시설은 없지만 주변 식당에 비해 규모도 크고 깨끗하다. 영어를 구사하는 직원들과 영어 메뉴판 때문에 외국인들이 편하게 드나든다.

여행자 식당 분위기지만 기본적인 태국 음식부터 시푸드와 스테이크까지 메뉴가 다양하다. 간단한 덮밥과 볶음밥을 포함해 쏨땀(파파야 샐러드), 커무양(돼지고기 목살 구이), 까이양(닭고기 구이) 같은 이싼(북동부) 음식까지 한 곳에서 맛볼 수 있다.

젭스 레스토랑(아바타라 레스토랑) Jep's Restaurant(Avatara) ★★☆

위치 아오 힌콕의 아바타라 리조트 앞의 해변 **영업** 08:00~01:00 **메뉴** 영어, 태국어 **예산** 100~280B **가는 방법** 아오 힌콕 해변 중앙에 있어 찾기 쉽다. Map P.39-B1

칠리 레스토랑

젭스 레스토랑

여행자들이 머무르는 아오 힌콕과 아오 파이 해변에서 가장 유명한 레스토랑이다. 규모도 가장 크고 음식도 다양해 꼬 싸멧에 머무르는 동안 한번쯤은 들르게 된다. 다양한 시푸드 바비큐를 포함해 태국 음식, 일식, 쏨땀은 물론 피자와 직접 구운 빵으로 만든 샌드위치 등 모든 음식을 요리한다. 저녁 시간에 분위기가 더 좋다.

플로이 바 & 펍 Ploy Bar & Pub ★★☆

위치 핫 싸이 깨우의 플로이 탈레 리조트 **전화** 0-3864-4212 **홈페이지** www.ploytalaygroup.com **영업** 11:00~01:00 **메뉴** 영어, 태국어 **예산** 100~350B **가는 방법** 핫 싸이 깨우 중앙의 플로이 탈레 리조트 Poly Talay Resort 앞에 딸린 해변 레스토랑이다. Map P.40-A2

핫 싸이 깨우 해변의 대형 레스토랑이다. 바를 겸하고 있으며 밤 8시 30분부터 시작되는 해변의 불춤 Fire Dance을 보기 위해 많은 사람들이 찾아온다. 음식이 특별하기보다는 이벤트 때문에 유명하다. 에어컨이 설치된 바에서는 밤 9시 30분부터 라이브 밴드가 음악을 연주한다.

Ploy Pub & Bar

TRAVEL INFORMATION

태국개요 & 여행준비

Thailand Information

01 태국 프로파일

정식 명칭은 태국 Kingdom of Thailand, 태국어로는 '자유의 나라'라는 뜻의 쁘라텟 타이.

국가 원수 | 국왕(라마 10세 마하 와치라롱꼰)
정부 수반 | 총리(프라윳 짠오차)
정치 체제 | 입헌군주제. 다수당 대표가 총리를 역임하는 의원내각제
의회 형태 | 상하원 양원제. 4년 임기의 하원은 직접 선거로 선출
집권당 | 팔랑쁘라차랏당
공식 언어 | 태국어
화폐 단위 | 밧(Baht, THB)
수도 | 방콕(끄룽텝)

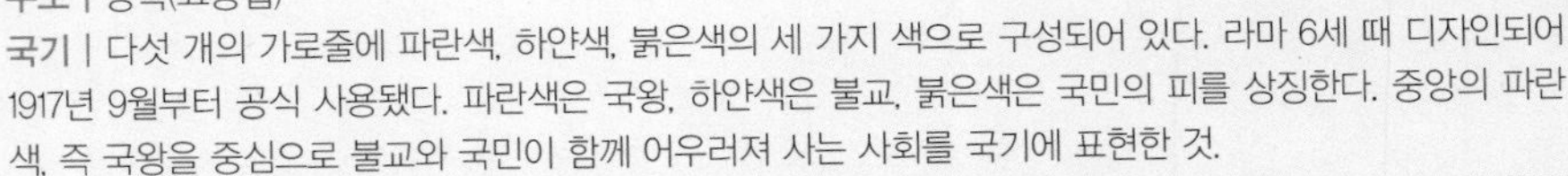

국기 | 다섯 개의 가로줄에 파란색, 하얀색, 붉은색의 세 가지 색으로 구성되어 있다. 라마 6세 때 디자인되어 1917년 9월부터 공식 사용됐다. 파란색은 국왕, 하얀색은 불교, 붉은색은 국민의 피를 상징한다. 중앙의 파란색, 즉 국왕을 중심으로 불교와 국민이 함께 어우러져 사는 사회를 국기에 표현한 것.
면적 | 총면적 51만3115㎢로 한국보다 5배 크다. 남북 길이 1,645㎞, 동서 길이 785㎞로 북위 6~21°, 동경 97~106° 사이에 위치한다. 동남아시아 대륙의 중심에 위치해 남쪽으로 말레이시아, 북쪽으로는 미얀마와 라오스, 서쪽으로 미얀마, 동쪽으로 캄보디아와 국경을 접한다.
인구 및 인구 증가율 | 인구는 약 6,861만 명(2018년 기준)이고, 인구 증가율은 0.32%다.
인종 | 타이족이 75%로 절대 다수를 차지한다. 화교는 14%로 비율은 적지만 정치 · 경제에 지대한 영향력을 행사한다. 소수민족으로 북부 산악 지역에 고산족(카렌, 몽, 아카, 라후, 리수)이 거주하며, 남부 말레이 국경 지역에 말레이족이 거주한다.

알아두세요

스마트폰 심 카드 SIM Card 구입하기

'심 카드'는 공항에 도착해서 쉽게 구입이 가능합니다. 관광객을 위해 제공되는 투어리스트 심 카드 Tourist SIM Card를 구입하면 됩니다. 4G 데이터는 무제한 사용 가능하고, 전화는 100B 한도 내에서 사용할 수 있답니다. 8일 사용 가능한 심 카드는 299B, 15일 사용 가능한 심 카드는 599B입니다. 데이터 요금제가 아니라 단순히 전화만 걸고 받을 경우 일반 심 카드를 구입하면 됩니다. 가장 싼 심 카드는 49B이며, 이때는 와이파이가 접속되는 곳에서만 인터넷 사용이 가능합니다. 심 카드를 구입하려면 신분증(여권)이 필요합니다.
태국의 전화요금은 선불제로 운영됩니다. 정해진 요금을 다 소진했다면 편의점에서 쿠폰을 사서 충전하면 됩니다. 심 카드 유효 기간은 전화 요금을 충전할 때마다 자동으로 연장됩니다. 참고로 태국의 통신회사는 에이아이에스 원 투콜 AIS 1-2-Call(홈페이지 www.ais.co.th), 디택 Dtac(홈페이지 www.dtac.co.th), 트루 무브 True Move(홈페이지 http://truemoveh.truecorp.co.th/) 세 곳이 있습니다.

종교 | 전형적인 남방불교 국가로 전 국민의 94%가 불교를 믿는다. 말레이시아와 국경을 접한 남부 지역에는 이슬람교도가 많지만 태국 전체 인구의 3.8%에 불과하다. 종교의 자유는 인정되지만 모태 신앙으로 불교가 생활의 중심이 된다.

언어 | 전체 인구의 90% 이상이 태국어를 사용한다. 북부 산악 지역의 소수민족들만이 고유 언어를 사용할 뿐이다.

문자 해독률 | 어려워 보이는 태국문자인데도 92.5%로 문자 해독률이 높다.

통화 | 태국 통화는 밧 Baht. 공식적으로는 THB(Thai Baht)이지만, 보통 B만 표기한다. 1B보다 작은 단위는 싸땅 Satang인데, 거의 통용되지 않는다. 100싸땅이 1B이다. 모든 통화에는 현재 국왕의 초상화가 그려져 있다. 2019년 12월 기준 환율은 1B=39.24원, 1US$=30.61B이다. 1US$ 기준으로 30~34B 사이에서 환율이 형성된다.

동전 25 Satang, 50 Satang, 1B, 2B, 5B, 10B

지폐 20B, 50B, 100B, 500B, 1,000B

시차 | 우리나라보다 2시간 느리다. 즉 한국이 12시라면 방콕은 10시.

전압 | 220V, 50Hz로 한국의 전자제품도 사용할 수 있다. 문제는 콘센트의 모양. 한국과 달리 둥근 모양의 콘센트를 사용한다. 대부분의 호텔에서는 콘센트의 모양과 관계없이 사용이 가능하다.

국제전화 걸기 | 태국에서 국제전화를 걸려면 004, 007, 009 중 하나를 누르면 된다. 한국의 국가 번호는 '82' 번이며, 걸고자 하는 한국 전화번호에서 '0'을 빼고 번호를 누르면 된다. 즉 009+82+'0'을 뺀 나머지 전화번호를 누르면 된다. 전화 요금은 1분에 3~6B 정도로 통신사마다 차이가 난다. 참고로 태국의 국가 번호는 '66' 번이다.

인터넷 · 와이파이 | 인터넷 보급과 더불어 와이파이(Wi-Fi) 접속도 원활하다. 웬만한 레스토랑과 카페에서 Wi-Fi를 무료로 사용할 수 있다. 카오산 로드의 게스트하우스는 저렴한 방값에도 불구하고 여행자들의 편의를 위해 Wi-Fi를 무료로 제공해 주는 곳이 많다. 고급 호텔들은 인터넷이나 Wi-Fi 사용료를 별도로 부과하던 관례에서 벗어나 무료 서비스로 전환하는 곳이 증가하고 있다. 스마트폰이나 노트북을 들고 다니는 여행자라면 체크인할 때 Wi-Fi 사용 여부를 문의하자. 패스워드(비밀번호)를 설정한 곳도 있으니, 미리 확인해 두어야 한다.

알아두세요

ATM에서 현금 인출하기

모든 은행과 주요 환전소 옆에는 반드시 ATM 기계가 있습니다. 태국 은행 카드뿐 아니라 한국에서 발행된 카드로도 현금을 인출할 수 있어 편리한데요, 비자 카드 Visa Card나 마스터 카드 Master Card 이외에 시러스 Cirrus와 플러스 Plus 마크가 표시된 현금 카드 모두 사용이 가능합니다.
ATM에서 돈을 인출하려면 카드를 넣고 비밀번호(PIN Number)를 입력해야 합니다. 비밀번호가 인식되면 패스트 캐시 Fast Cash라는 안내와 함께 인출할 액수가 화면에 표시됩니다. 패스트 캐시는 신용카드에서 돈을 빼는 것과 같아 수수료가 높으니, 가능하면 본인의 예금 계좌에서 현금을 인출하도록 하세요. 현금을 인출하는 순서는 다음과 같습니다.
먼저 언어(Language)라고 쓴 명령어를 누른 다음 영어 English→인출 Withdraw→예금 계좌 Saving 순서대로 진행하면 됩니다. 마지막으로 찾을 금액을 누르고 확인(Enter) 버튼을 누릅니다. ATM의 1회 사용한도는 2만B입니다. 참고로 ATM 1회 사용 수수료는 220B입니다.
ATM은 편리한 만큼 주의도 필요하답니다. 카드를 이용한 사기가 동남아시아 지역에서 종종 발생하니 비밀번호가 노출되지 않도록 조심하세요. 또한 한적한 길가에 설치된 ATM보다는 은행에 설치된 ATM을 이용하면 피해를 예방할 수 있습니다.

02 방콕 일기 예보

아열대 몬순기후에 속하는 방콕은 우리나라와 달리 1년 내내 덥다. 온도 변화 없이 연중 30℃를 웃도는 무더운 날씨. 최고 더운 4월에는 낮 기온이 38℃를 훌쩍 넘긴다. 일교차마저 거의 없어서 낮과 밤이 별 차이가 없다. 다만 건기(12~2월) 사이에 밤 기온이 30℃ 아래로 잠시 내려갈 뿐이다. 더운 나라인 탓에 대부분의 건물에서는 시원한 에어컨을 켜고 있다.

방콕의 날씨 및 강우량

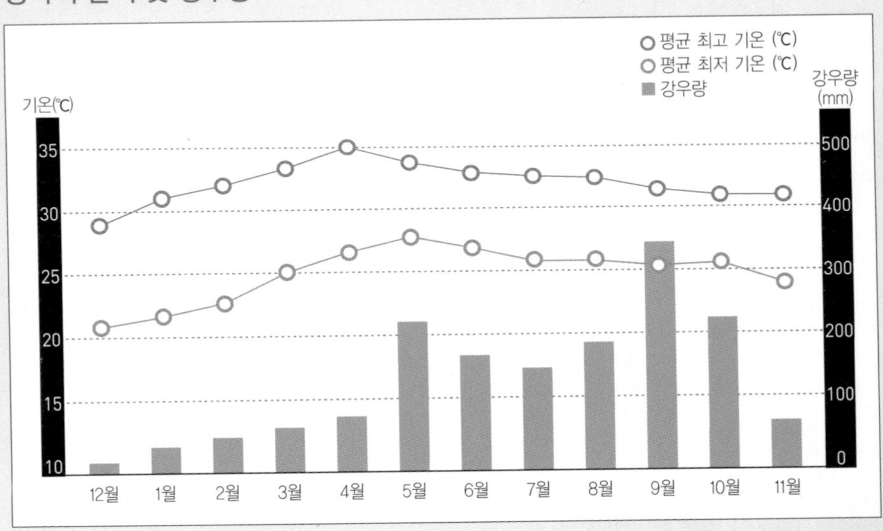

가장 쾌적한 11~2월

1년 중에서 가장 쾌적한 시기. 비는 전혀 내리지 않고 북부 지방에서 선선한 바람이 불어와 밤 기온이 20℃ 아래로 내려간다. 간혹 영상 10℃ 아래로 내려가는 매서운 추위(?)가 오기도 하지만, 겨울이라고 해도 반팔 옷으로 지낼 수 있다. 이 기간에는 현지인들이 목도리까지 두르고 다니는 진풍경을 종종 볼 수 있다.

가장 무더운 3~5월

방콕의 여름이다. 동남아시아 아열대 기후를 제대로 경험할 수 있는 시기. 비도 내리지 않기 때문에 가만히 서 있어도 땀이 날 정도로 덥고 습하다. 충분한 수분 섭취와 휴식 등 개인 건강에 유념해야 한다.

한낮의 빗줄기 5~10월

5월부터 비가 오는 날이 급증하며 10월까지 우기가 이어진다. 한국의 장마나 태풍처럼 며칠씩 계속해서 비가 내리지 않는다. 다만 대기가 불안정해 스콜성 강우가 하루 한두 차례 내릴 뿐이다.

보통 30분에서 1시간 정도 집중호우가 내린 다음 거짓말처럼 해가 다시 나온다. 무더위를 잠시 식혀주는 효과가 있다.

강우량

건기와 우기로 극명하게 구분된다. 건기에는 몇 달 동안 비가 내리지 않다가 우기가 되면 하루에 한 번씩 비가 내린다. 우기 동안 월평균 강우량은 200~300㎜이며, 연평균 강우량은 1,600㎜다.

03 태국의 역사

태국 역사는 완전한 독립을 최초로 이룩한 쑤코타이에서 시작됐다. 람캄행 대왕 때 태국문자를 창시하고 불교를 받아들여 국가의 기초를 튼튼히 했다. 아유타야와 방콕을 수도로 삼았던 싸얌 Siam은 1939년부터 자유의 나라라는 뜻의 '쁘라텟 타이 Prathet Thai', 즉 타일랜드 Thailand로 불리고 있다.

크메르 Khmer(8~13세기)

자야바르만 2세 Jayavarman II (802~850)를 시작으로 성립된 크메르 왕국 Khmer Kingdom(오늘날의 캄보디아)은 13세기까지 동남아시아의 패권을 장악한 거대한 나라를 세웠다. 앙코르 왓 Angkor Wat을 기점으로 베트남의 메콩델타부터 태국과 라오스, 말레이 반도 일부까지 점령하며 차후 동남아시아 지역에 형성된 국가들의 문화와 예술에 지대한 공을 남겼다.

현재의 태국 중북부의 피마이 Phimai와 파놈 룽 Phanom Rung, 롭부리 Lopburi, 쑤코타이 Sukhothai, 핏싸눌록 Phitsanulok이 당시 크메르 영토에 속해 있었다. 크메르 제국은 12세기 중반 자야바르만 7세 Jayavarman VII(1181~1201)를 기점으로 13세기 중반 이후로 급격한 쇠락의 길을 걸었다.

쑤코타이 Sukhothai(1238~1360)

쑤코타이는 짜오프라야 강 일대의 태국 중부 평원에 성립된 태국 최초의 독립왕조. 크메르 제국이 약해진 틈을 타서 인드라딧야 왕자 Prince Indraditya가 이끄는 군대가 독립을 쟁취한 것이다.

쑤코타이 초기에는 도시 국가 형태의 작은 나라였으나 람캄행 대왕 King Ramkhamhaeng(재위 1279~1298)을 기점으로 성장해 라오스의 루앙프라방을 포함해 태국 중북부 지역을 완전 장악했다.

람캄행 대왕은 영토 확장은 물론 주변 국가와의 유대도 강화했다. 또한 태국 문자를 창시해 문화 · 교육 · 예술의 발전에 지대한 영향을 미쳤으며, 남방불교 (소승 불교)를 받아들이며 왕과 신을 일치시키는 신왕사상(데바라자 Devaraja)의 근본을 만들었다.

쑤코타이는 람캄행 대왕 이후 뚜렷한 발전을 보이지 못하고, 그의 손자 리타이 왕 King Li Thai(1347~1368)을 거치면서 태국 중부에서 성장한 아유타야 왕국에 흡수되며 지방의 소도시로 전락했다.

란나 왕국 Lanna Kingdom(1259~1558)

태국 북부에 형성됐던 독립 왕국. 란나 왕조는 멩라이 왕 King Mengrai(1259~1317)이 건설한 나라로 치앙쌘 Chiang Saen→치앙라이 Chiang Rai→치앙마이 Chiang Mai로 천도했다.

새로운 도시, 치앙마이를 건설하며 란나 왕국은 260년간 번영을 이루었다. 쑤코타이는 물론 버마(미얀마)의 파간 Pagan 왕조와 유대를 강화하며 라오스 중북부까지 아우르는 주요 국가로 성장했다. 띨록 왕 King Tilok(1441~1487) 때는 람푼 왕국 Lamphun

ⓒ태국관광청
쑤코타이
란나 왕국

톤부리
라따나꼬씬

Kimdom을 점령하기도 했으나 급성장한 버마의 공격으로 패망하고 만다.
버마 속국으로 200년간이나 지배를 받다가 18세기에 잠시 독립의 영광을 맛보기도 했으나 독자적인 세력으로 발전하지 못했다. 그 후 라따나꼬씬 왕조(짜끄리 왕조)의 통치를 받다가 1939년 태국에 완전히 편입돼 현재에 이른다.

아유타야 Ayuthaya(1350~1767)

태국 역사에서 가장 번성했던 아유타야 왕조는 짜오프라야 강의 비옥한 중부 평원을 끼고 형성된 나라다. 버마의 파간 왕국도 몽골의 위협으로 약해지고, 쑤코타이도 람캄행 대왕의 사망으로 큰 영향력을 발휘하지 못하자 자연스럽게 등장한 아유타야는 우텅 왕 King U-Thong(1350~1369)을 시작으로 생긴 태국의 두 번째 왕조다.
400년간 34명의 왕을 배출하며 동남아시아의 절대 패권을 차지했다. 현재의 태국과 비슷한 영토로 확장했을 정도. 우텅 왕의 대를 이은 라마티보디 왕 King Ramathibodi 때 소승 불교를 국교화했고, 그의 아들 라마쑤언 왕 King Ramasuen(1388~1395) 때는 쑤코타이를 시작으로 치앙마이까지 점령했다. 그 후 1431년에는 동쪽으로 영토 확장을 시작해 크메르 제국의 본거지 앙코르를 공격해 승리를 이루었다(태국은 1906년까지 앙코르 왓을 점령하고 있었다).
하지만 아유타야의 번영은 항상 완벽했던 것만은 아니다. 버마의 흥망에 따라 위협을 받았으며, 1569년부터 15년간 지배당하는 치욕을 당했다. 아유타야를 다시 살린 것은 나레쑤언 왕 King Naresuan(1590~1605)으로 제2의 전성기를 구가했으며, 나라이 대왕 King Narai(1656~1688)을 거치며 절정을 이루었다. 당시 중국과 인도를 연결하는 주요 국가로 성장해 포르투갈, 네덜란드, 영국 등의 유럽 국가와 무역은 물론 외교관계도 수립할 정도였다.
나라이 대왕을 기점으로 아유타야는 별다른 특징을 보이지 못하다가 1766년부터 시작된 버마와의 전면전 끝에 1767년 수도가 함락되면서 왕족은 인질로 잡혀가고, 나라는 멸망했다. 그 후 아유타야는 정글 속에 남겨진 폐허로 방치됐다.

톤부리 Thonburi(1767~1782)

버마에 망한 아유타야의 명예를 회복하는 일은 힘들기만 했다. 중국계 태국인 장군 프라야 딱씬 Phraya Taksin이 군대를 조직해 아유타야를 일시적으로 수복했지만 버마 군대를 두려워한 나머지 짜오프라야 강 남쪽의 톤부리로 옮겨와 새로운 왕조를 건설했다. 해 뜨는 새벽에 도착한 새벽 사원(왓 아룬)에 왕궁과 왕실 사원을 건설했으나 톤부리 왕조는 오래가지 못하고 단 한 명의 왕으로 단명하고 만다. 정신 질환까지 보이던 괴팍한 프라야 딱씬 장군은 그의 수하 장수였던 짜끄리 장군 General Chakri에 의해 비참한 최후를 맞았다. 짜끄리 장군은 자신을 라마 1세라 칭하고 짜오프라야 강 건너 라따나꼬씬에 새로운 도시를 건설하며 방콕 시대를 열었다.

라따나꼬씬 Ratanakosin(1782~현재)

라따나꼬씬 왕조는 1782년부터 시작된 230년 이상의 역사를 간직한 태국의 네 번째 왕조다. 프라야 짜끄리 장군에 의해 시작되어 짜끄리 왕조라고도 불린다. 현재는 방콕의 일부에 해당하는 라따나꼬씬은 강과 운하에 둘러싸인 인공으로 만든 섬 모양으로 성벽에 둘러싸인 도시였다. 수도를 강 오른쪽으로 옮겨와 당시에 강력한 힘을 구축했던 버마(미얀마)의 공격으로부터 도시를 방어하도록 했던 것이다.

짜끄리 왕조 초기

짜끄리 장군은 라마티보디 Ramathibodi(1782~1809)로 이름을 바꾸며 라마 1세로 등극했다. 아유타야 왕조와 아무런 혈연관계가 없었던 그는 데바라자 Devaraja(신왕사상) 대신 담마라자 Dhammaraja(불교 법륜에 입각한 법왕) 시스템을 도입하며 왕권을 유지했다.

라마 2세(1809~1824)와 라마 3세(1824~1851)는 방콕의 주요 사원들과 건물을 완성하며 견고한 국가 기반과 새로운 문명을 창조하는 데 앞장섰다. 라마 3세를 거치면서 방콕은 수상 무역의 중심지로 변모했다. 중국과의 교역은 물론 유럽의 선박도 드나들 정도였다.

태국의 현대화

27년 동안 승려로 수행을 했던 라마 4세, 몽꿋 왕 King Mongkut(1851~1868)은 과학과 라틴어, 영어를 공부하는 등 유럽 문명에 관심을 가졌다. 태국 최초로 도로를 건설하고 유럽과의 무역도 확대했다. 태국의 근대화를 이끄는 견인차 역할을 했던 왕으로 서양과의 지속적인 교역은 물론 태국의 교육과 법제도를 정비하는 데 노력을 아끼지 않았다.

몽꿋 왕의 뒤를 이은 라마 5세, 쭐라롱껀 대왕 King Chulalongkon(1868~1910)은 그의 아버지의 업적을 따라 태국의 현대화에 앞장섰다. 태국 최초의 병원, 우체국, 전신소 등을 건설했다. 태국 왕 최초로 유럽을 방문하고 돌아와 유럽풍의 신도시, 두씻 Dusit을 건설했다. 가장 큰 업적은 노예제도를 폐지한 것이며, 프랑스와 영국의 식민지배에 맞서 태국의 독립을 지켜낸 인물로 짜끄리 왕조의 가장 위대한 국왕으로 칭송받는다.

영국에서 유학한 쭐라롱껀 대왕의 아들인 라마 6세(1910~1925)는 기본 교육을 의무화하고 최초의 대학을 설립했다. 그러나 태국 군부 세력으로부터 왕정을 폐지하려는 첫 번째 쿠데타 시도가 그의 재위 기간인 1912년에 발생했다.

절대 왕정 붕괴

라마 6세의 동생이자 쭐라롱껀 대왕의 아들 중에 막내였던 프라짜티뽁 왕자 Prince Prajadhiphok가 라마 7세로 즉위한 것은 1925년. 그는 짜끄리 왕조의 마지막 담마라자(법왕)로 절대 왕정을 폐지하고 1932년에 입헌 민주주의 정부가 들어서도록 서명한 비운의 주인공이 됐다. 10년이란 짧은 즉위 기간 중에 민주 정부를 갈망하는 학생들의 지원에 힘입은 군부의 무혈 쿠데타로 실각했다. 국왕은 통치에 관여하지 못하고 상징적인 존재로 남게 된 셈이다.

쿠데타 당시 후아힌 Hua Hin의 왕실 별장에서 골프를 즐기고 있었던 라마 7세는 1933년에 역 쿠데타를 도모해 왕정 복귀를 노렸으나 실패하고 1935년에 영국으로 망명길에 올랐다.

공석이 된 국왕 자리는 독일에서 태어나고 스위스에서 유학 중이던 10살의 아난타 마히돈 Ananda Mahidol 왕자에게 돌아갔다. 어린 나이에 국왕에 즉위한 라마 8세(1935~1946)는 왕궁의 침실에서 총격에 의해 암살당했다. 국왕의 죽음은 의문만 가득 남기고 미해결인 채로 종결되어, 그의 동생 푸미폰 아둔야뎃 Bhumibol Adulyadej에게 왕위가 계승됐다.

라마 8세가 허수아비 국왕 노릇을 하는 동안 군부

알아두세요

라따나꼬씬 왕조 연대표

라마 1세 프라야 짜끄리 Phraya Chakri(1782~1809)
라마 2세 풋타래띠아 Phutthalaetia(1809~1824)
라마 3세 낭끄라오 Nangklao(1824~1851)
라마 4세 몽꿋 Mongkut(1851~1868)
라마 5세 쭐라롱껀 Chulalongkon(1868~1910)
라마 6세 와찌라웃 Vajiravudh(1910~1925)
라마 7세 프라짜티뽁 Prajadhiphok(1925~1935)
라마 8세 아난타 마히돈 Ananda Mahidol(1935~1946)
라마 9세 푸미폰 아둔야뎃 Bhumibol Adulyadej (1946~2016)
라마 10세 마하 와치라롱꼰(2016~현재)

실세인 피분 쏭크람 Pibun Songkhram(1897~1964) 장군이 1938년부터 실질적인 통치를 수행했고, 국가 명칭도 싸얌 Siam에서 태국 Thailand으로 1939년 개명하는 특단의 조치를 취했다.

푸미폰 국왕(라마 9세)

친형인 라마 8세가 의문의 죽음을 당해 우여곡절 끝에 짜끄리 왕조 아홉 번째 국왕으로 즉위했다. 푸미폰 국왕은 태국 왕실의 권위를 회복한 왕으로 평가받는다. 쭐라롱껀 대왕과 더불어 위대한 국왕으로 칭송받을 정도. 70년 동안 국왕의 자리를 지키다 2016년 10월 13일 88세의 나이로 서거했다. 자세한 내용은 P.187 참고.

태국 민주주의

라마 9세가 즉위하던 시기는 제2차 세계대전으로 인한 혼돈의 시기였다. 군부 실세로 국정을 장악한 피분 쏭크람 장군은 선거를 통한 정권 연장을 꾀하며 1957년에 실시된 선거에서 승리했다. 하지만 지독한 부정 선거를 자행한 탓에 군부 반대파 싸릿 타나랏 Sarit Thanarat 장군이 정권을 전복시키고 왕정 복귀를 통한 경제 안정을 꾀했다. 하지만 1963년 싸릿 장군의 사망으로 태국 정치는 다시 혼란에 빠져들었다.

1960~1970년대는 중국의 공산화로 인해 동남아시아에 공산화 열풍이 불던 시기였다. 인도차이나의 공산화를 막으려고 베트남 전쟁을 시작한 미국은 군수 기지 건설을 위해 태국과 협력했다. 독재 정권인데도 미국은 타놈 끼띠까촌 Thanom Kitikachorn 정권을 전폭 지지했다.

미국의 경제 지원에도 불구하고 타놈 정권은 더욱 부패했고, 결국 민주주의를 요구하는 학생들의 시위에 직면하게 됐다. 1970년대를 거치면서 태국의 민주주의를 요구하는 학생 시위와 군부 내부의 연속적인 쿠데타와 반 쿠데타가 1990년대 초반까지 이어졌다.

1973년 탐마쌋 대학교를 중심으로 한 대규모 반정부 시위에는 50만 명이 참가했다. 탱크까지 동원해 무력 진압한 결과 350명 이상의 사망자를 냈다. 푸미폰 국왕이 직접 나서서 시민과 군부의 중재자 역할을 했다. 타놈 끼띠까촌 장군과 쁘라팟 짤루싸티안 Praphat Charusathien 장군을 왕실로 불러들여 국왕 앞에서 무릎을 꿇린 것. 이를 계기로 선거에 의한 민주정부가 다시 들어섰다. 하지만 망명을 떠났던 타놈 장군이 승려로 위장해 1976년 태국에 입국하면서 학생 시위가 재발했고, 국정 불안을 이유로 군부가 다시 정권을 장악하는 악순환이 이어졌다.

결국 1992년에 대규모 민주화 시위에 힘입어 같은 해 9월 선거에 의한 민주정부가 들어섰다. 하지만 군부가 정치에 지속적으로 개입하자 다시 학생 시위가 이어졌다. 50명 이상이 무력 진압으로 사망하자 당시 방콕 시장을 지내던 청백리의 상징 짬롱 씨므앙 Chamlong Simuang 시장은 푸미폰 국왕을 알현해 중재를 촉구했다. 결국 국왕의 힘은 다시금 군부 세력을 제압하게 되었다. 이로써 16차례나 반복됐던 군사 쿠데타가 종료하고 선거에 의해 정권 교체가 이루어지는 민주 정부가 들어설 수 있었다.

IMF

1992년 선거는 민주당의 승리로 돌아갔다. 원칙주의자이자 법률가인 추안 릭파이 Chuan Leekphai 총리는 경제 성장을 이루며 민주주의를 회복하는 데 성공적인 역할을 수행했지만 1995년과 1996년도 선

태국의 민주화 시위

거에서 모두 패배했다. 태국 역사상 최대의 부정부패가 자행된 선거는 차와릿 용차이윳 Chavalit Yongchaiyudh이 이끄는 군 장군 출신의 민주정부를 탄생시켰다.

1980년대의 두 자릿수 경제 성장에 안주했던 차와릿 총리는 국내와 국외에서 제기되는 경제 위기를 관리하지 못하고 태국 화폐 밧(Baht)의 환율 방어에 실패했다. 태국의 국제 부채에 기인한 경제 위기는 1달러 대비 25B을 유지하던 태국 화폐가 57B까지 폭락하면서 태국 발 아시아 경제 위기를 초래했다.

1997년의 IMF 구제 금융은 태국 정치 지형도 변화시켰다. 차와릿 총리가 결국 실각하고 민주당의 추안 릭파이 총리가 재집권하면서 경제 위기를 극복하기 시작했다. 1998년에는 환율을 40B대로 끌어 올렸고, 구제 금융도 모두 청산했다. 하지만 그의 곧고 청렴한 이미지는 오히려 태국 사람들에게 심심한 이미지를 선사하며 2001년 총선에서 결국 패배하고 만다.

탁신 치나왓

태국 현대정치의 풍운아, 탁신 치나왓 Thaksin Shinawatra. 치앙마이의 평범한 집안에서 태어나 경찰 간부를 지내고 통신 산업에 진출해 태국 최고의 갑부 자리에 오른 인물이다.

'타이 락 타이당 Thai Rak Thai Party'(태국 사람이 사랑하는 태국 정당)을 만들며 정치에 입문한 2001년 총선에서 과반수 이상의 의석을 차지해 총리가 되었다. 탁신 총리는 재력을 바탕으로 농촌의 개발과 의료 혜택의 개선을 약속한다. 낙후한 지역에 발전 기금으로 100만B씩 경제지원, 30B 의료 정책 등 가난한 사람들을 위한 정책을 입안한 것. 또한 심야 영업시간 단속, 마약과의 전쟁 등을 주도하며 깨끗한 국가를 건설하기 위한 노력도 아끼지 않았다.

탁신 총리는 인기 정책과 함께 자신의 부를 축적하는 일도 게을리 하지 않았다. 태국 최대의 통신 회사인 친 주식회사(Shin Corp.)는 휴대폰 회사인 AIS를 바탕으로 타이 에어 아시아(Thai Air Asia), ITV 방송국을 차례로 인수하며 거대한 탁신 제국을 세웠던 것. 대학에 다니던 그의 아들과 딸이 태국 주식 소유 랭킹 5위 안에 들어 있었고, 그의 집안의 가정부가 백만장자라는 소문까지 퍼지며 방콕을 중심으로 한 도시인들과 지식인들 사이에서 그에 대한 반감이 높아졌다.

특히 마약과의 전쟁으로 무고한 시민들이 죽으면서 우려의 목소리가 높아졌다. 국왕 생일 만찬에 참석한 탁신 총리에게 국왕이 직접 해명하며 호통을 칠 정도로 그를 비판하는 분위기가 고조되었다. 또한 2004년부터 발생한 태국 남부 무슬림 지역의 무력 봉기를 군부를 투입해 무참히 진압하면서 오히려 반감만 더 거세지는 결과를 초래했다.

탁신 총리의 실정은 2004년 실시된 방콕 시장 선거의 패배를 가져왔다. 야당이 40% 이상 득표하면서 정권 교체의 가능성을 예견하기 시작했다. 하지만 2005년도 총선에서 타이 락 타이당은 예상을 깨고 대승을 거두며 두 번째 집권에 성공했다. 방콕 일부와 남부 지역에서만 야당인 민주당이 승리했을 뿐 가난한 사람들의 절대적인 사랑을 받는 탁신 총리의 인기를 꺾기에 역부족이었다.

하지만 탁신 총리의 정치적인 야망은 통신 회사를 매각하며 종말을 맞는다. 2006년 탁신 집안이 친 주식회사를 싱가포르 회사에 전량 매각하면서 세금을 한 푼도 내지 않은 일이 발견된 것이다. 친 주식회사 매각에 따른 총 수익은 200만 달러였고, 세금을 내지 않기 위해 증권거래소 규정을 고치는 로비까지 벌인 일이 발각되면서 사면초가에 몰렸다. 탁신 총리는 통신 회사를 팔기 1년 전, 여당에 압력을 가해 외국인의 지분 소유를 49%로 제한하던 법을 개정했다.

탁신 총리의 부정으로 촉발한 방콕 대규모 반정부 시위에 10만 명이 운집했다. 탁신의 측근이었던 짬롱 전임 방콕 시장까지 참여해 집회를 주도하며 탁신 하야 운동이 전개됐다.

반정부 시위에 대한 탁신 총리의 대응은 중간 선거였다. 자신의 신임을 묻기 위한 임시 선거였으나, 야당인 민주당은 선거 불참을 선언하고 기권 운동을 벌였다. 탁신 총리가 재집권한 지 1년 만에 다시 치러진 선거에서도 타이 락 타이당은 66%의 득표를 올리는 기염을 토했지만, 방콕과 남부지역에서는 법정 선출 기준인 20% 득표에도 못 미치는 여당 후보자가 속출했다.

중간 선거의 승리에도 불구하고 탁신 퇴진 운동은 지속되었고, 푸미폰 국왕의 권고에도 굴복하지 않고 국왕의 권위에 대항하는 것처럼 비쳤던 탁신 총리는 결국 2007년 1월 무혈 쿠데타로 실각하고 망명길에 올랐다. 무혈 쿠데타를 주도한 쏜티 Sonthi 장군은 국왕의 즉각적인 신임을 받아 과도 정부를 수립했다.

©중앙포토
탁신 치나왓

쿠데타가 일어날 당시 탁신 총리는 유엔 총회에 참석하기 위해 뉴욕에 머물고 있었고, 태국으로 돌아오지 못하고 자녀들이 공부하는 런던으로 건너갔다. 실권한 탁신 총리는 주요 외신에 얼굴을 비치면서 재기를 모색했고, 영국 축구 클럽 맨체스터 시티 Manchester City를 사들이면서 다시금 언론의 주목을 받았다.

군부 쿠데타 후 1년 만에 이루어진 자유선거에서 친탁신 성향의 정당인 파랑빡프라차촌 정당(PPP: People's Power Party)이 승리를 거두었다. 과반 확보에 실패했으나 6개 정당이 연정을 구성해 싸막 쑨타라웻 Samak Sundaravej(재임 2008년 1월 29일~9월 9일)을 총리로 임명했다. 선거 승리 후 탁신 전 총리가 태국으로 귀국하면서 태국 정치 상황은 혼돈 양상을 띠기 시작했다.

레드 셔츠 VS 옐로 셔츠

친(親)탁신 정권이 들어서자 태국의 엘리트 집단은 정치인 짬롱 씨므앙 Chamlong Srimuang과 언론인 쏜티 림텅꾼 Sondhi Limthongkul을 중심으로 반(反)탁신 운동을 전개했다. 아이러니하게도 짬롱 씨므앙(육군사령관 출신으로 첫 민선 방콕 시장 역임)은 탁신의 정치 입문을 도왔던 인물이기도 하다. 쏜티 림텅꾼 또한 탁신 정권을 열성적으로 지지했던 인물 가운데 한 사람이다.

국민민주주의 연대(PAD: People's Alliance for Democracy)로 불리는 반탁신 그룹은 노란색 옷을 입고 시위에 참여해 '옐로 셔츠(쓰아 르앙)'로 불린다. 노란색은 국왕을 상징하는 색깔이다. 2008년 5월부터 시작된 반정부 운동은 가두 행진은 물론 정부 청사 앞을 장악하며 싸막 총리의 사임을 요구했다. 옐로 셔츠는 정부를 압박하기 위해 푸껫 · 끄라비 · 핫야이 공항을 점거하기도 했다. 결국 싸막 총리는 재임 기간 중 TV 요리 프로그램에 고정 출연하던 것이 문제가 되었다. 정부 공직자가 별도의 직업으로 수입을 올린 것을 문제 삼아 헌법재판소에서 그의 해임을 판결했다.

싸막 총리가 해임되기 직전 태국으로 귀국했던 탁신 전 총리는 부패 혐의에 대한 판결에서 패소할 것을 염려해 공판에 참석하지 않은 채 영국으로 도피해 태국 정국은 더욱 혼돈 속으로 빠져들었다.

의원민주주의제인 태국에서는 다수당 대표가 총리직을 수행하게 된다. 때문에 싸막 총리가 실권했다 하더라도 친탁신 세력은 권력을 지속적으로 유지할 수 있었다. 교육부총리였던 쏨차이 웡싸왓 Somchai Wongsawat(재임 2008년 9월 18일~12월 2일)이 태국의 26대 총리로 새롭게 선출되었는데, 그는 탁신 전 총리와 매제지간이다.

새로운 총리의 선출은 반탁신 연대를 더욱 강화하게 했고 대규모 반정부 시위가 방콕에서 계속해서 이어졌다. 최후 수단으로 쑤완나품 국제공항을 1주일간 점거하며, 옐로 셔츠는 정권교체를 이루었다. 헌법재판소가 집권 여당의 투표 매수를 문제 삼으면서 쏨차이 총리의 정치 활동을 제한했고, 군부 또한 쿠데타를 무기로 정권 이양을 강력히 요구했다. 결국 연정을 구성했던 소수 정당들이 야당이던 민주당을 지지하면서 정권이 바뀌게 되었다. 의회 선거를 통해 민주당 총재인 아피씻 웻차치와 Abhisit Vejjajiva가 2008년 12월 17일에 27대 총리에 취임했다.

민주당으로 정권이 바뀌었다고 해서 태국의 모든 문제가 해결된 것은 아니었다. 옐로 셔츠의 승리는 반대급부로 친탁신 세력의 급속한 재집결을 가져왔다. 반독재민주연합전선(UDD: United Front of Democracy Against Dictatorship)이라 명명된 친탁신 세력은 붉은 옷을 입고 시위에 참여해 '레드 셔츠(쓰아 댕)'라 불린다.

1964년 영국에서 태어나 옥스퍼드 대학교를 졸업한 아피씻 총리는 부정부패를 저지른 것은 아니지만 의회에서 선출된 총리라는 비판에 직면했다. 레드 셔츠의 일관된 주장은 의회 해산과 선거를 통한 총리 선출이었는데, 서민들로부터 대중적인 인기를 확보한 친탁신 세력이 선거에서 승리할 것이라는 확신 때문이다.

아피씻 웨차치와 ©중앙포토

레드 셔츠도 정부 청사를 장악하며 반정부 시위의 강도를 높여갔다. 법이 허용하는 범위 내에서 시위를 허락했던 아피씻 총리는 2009년 4월 파타야에서 열린 아세안(동남아시아 10개국 연합) 국제회의를 계기로 강경한 입장으로 선회한다. 한국 · 일본 · 중국 국가원수까지 참여한 국제회의는 레드 셔츠가 회의장을 무단 침입하면서 결국 무산되었다. 곧이어 비상사태가 선포되었고 방콕으로 재집결한 시위대를 군대를 동원해 무력으로 진압했다. 반정부 시위 이후 아피씻 총리는 탁신 전 총리의 태국 여권을 말소하며 본격적인 파워 게임을 시작했다.
소강상태에 접어들었던 레드 셔츠의 반정부 시위는 2010년 3월 법원의 탁신 전 총리 재산 몰수 판결을 계기로 다시 점화되었다. 2009년에 비해 시위의 강도를 높인 레드 셔츠는 방콕 도심을 점거하고 조기 총선을 요구했다. 2개월에 걸친 방콕 도심 점거 시위는 두 차례의 무력 진압으로 인해 엄청난 인명 피해를 냈다. 민주기념탑 일대를 점거한 시위대 해산을 위해 2010년 4월 10일 실시된 1차 진압 작전은 25명이 사망하고 800명이 부상했다. 군대의 무리한 해산작전으로 인명피해를 낸 정부는 궁지에 몰렸다. 4월 12일에는 선관위에서 선거자금 모금 불법행위로 민주당의 해산을 결정하며, 연정이 붕괴될 조짐마저 보였다. 아피씻 총리 또한 조기 총선을 약속하며 레드 셔츠 지휘부와 협상을 시도했다. 하지만 레드 셔츠 지휘부는 무력 진압을 지휘했던 부총리에 대한 해임을 요구하며 협상은 결렬되었다.
결정적인 영향력을 행사하던 군부가 아피씻 총리를 지지하며 2차 진압작전을 실시했다. 저항하는 시위대에 실탄 사격까지 허가된 대규모 진압작전은 5월 19일 동이 트면서 전격적으로 실시되었다. 레드 셔츠 지휘부는 추가 인명피해를 방지하기 위해 자진 투항하며 반정부 시위는 막을 내렸다. 이 과정에서 80여 명이 사망하고, 1,700여 명이 부상을 입었다.

잉락 치나왓

방콕 사태가 수습되고 태국 정부는 의회를 해산하며 2011년 7월에 총선을 실시했다. 여당인 민주당과 야당인 프아타이당 Pheu Thai Party(태국인을 위한 정당이란 뜻)의 접전이 예상됐으나, 예상을 깨고 프아타이당의 압승으로 끝났다. 전체 의석 500석 중에 265석을 휩쓸었다. 의석의 과반을 확보해 연정을 구성하지 않고도 정권 교체가 가능했다.
프아타이당의 당대표는 40세 초반의 여성인 잉락 치나왓 Yingluck Shinawatra(1967년 6월 생). 정치 경험이 없던 여성을 당대표로 선출해 압승을 거두었는데, 잉락 치나왓은 다름 아닌 쿠데타로 실권한 탁신 치나왓의 여동생이다. 그렇게 혜성처럼 등장해 2011년 8월 5일 태국의 28대 총리에 임명됐다. 그는 태국 최초의 여성 총리다.
정치 경험이 없었음에도 불구하고 비교적 긴 시간인 2년 9개월간 총리직을 수행했다. 잉락 총리의 성공에는 어찌 보면 친오빠이자 전임 총리였던 탁신 치나왓의 영향이 컸다. 2007년 무혈 쿠데타로 실각한 탁신 전 총리는 태국으로 귀국하고 못하고 오랜 기간 해외에 머물고 있었는데, 화상 통화를 통해 태국 정치에 직간접적으로 영향력을 행사하고 있었다. 잉락 총리와 집권당인 '프아타이 당'은 정치적인 우세를 앞세워 2013년 11월에 탁신 전 총리의 사면을 추진하게 된다. 부정부패 혐의에 대한 사면(탁신 전 총리는 태국 여권도 말소된 상태였다)뿐만 아니라 태국으로의 귀국을 추진해 정치 활동을 재개시키려는 움직임을 보였던 것이다. 이는 곧바로 반(反) 탁신 진영의 집결을 불러 왔으며, 대규모 반정부 시위를 촉발시켰다.
아이러니하게도 반정부 시위를 이끈 인물은 민주당 출신으로 전임 부총리(민주당 집권 시절 친(親) 탁신 성향의 '레드 셔츠'가 주도했던 반정부 시위를 군대를 동원해 무력으로 진압했던 인물)를 지냈던 쑤텝 턱쑤반 Suthep Thaugsuban이다. 그는 국민민주개혁위원회(PDRC: People's Democratic Reform Committee)를 구성해 잉락 총리의 사임을 요구하며 반정부 시위를 진두지휘했다. 12월 8일에는 야당(민주당) 국회의원 153명이 국회의원직을 사임하며 반정부 투쟁의 강도를 높였다.
이에 대해 잉락 총리는 2014년 1월 21일 국가 비상사태를 선포하기에 이른다. 이런 와중에서 잉락 총리는 2014년 2월에 조기 총선을 치를 것이며, 이때까지 임기를 채우겠다고 승부수를 던졌다. 결국 민주당의 선거 불참과 투표 거부 투쟁 속에서 선거가 치러졌지만, 헌법 재판소가 선거 자체를 무효화하면서 태국 정치는 끝없는 혼돈 속으로 빠져들었다.

2014년 군사 쿠데타와 군사정권

방콕을 중심으로 대규모 반정부 시위가 6개월 이상 지속되면서 잉락 총리의 정치적 입지를 약화시켰다. 결국 2014년 5월 7일에 헌법 재판소가 잉락 총리의 권력 남용 혐의를 인정하는 판결을 내린다. 이로써 태국 첫 여성 총리의 정치 실험은 막을 내렸다. 부총리였던 니왓탐롱 분쏭파이싼 Niwatthamrong Boonsongpaisan이 총리직을 승계해 과도 정부를 구성했다. 선거를 통한 승리가 불가능했던 민주당은 내각 총사퇴와 민간인이 주축이 되는 중도 정부 수립을 요구하며 반정부 시위를 이어갔다. 잉락 총리의 실각으로 위기감을 느낀 친(親) 탁신 진영인 '레드 셔츠'가 재집결하면서 반정부 시위대와의 충돌 위기감이 고조됐다.
극심한 대립과 선거를 통한 의회 구성이 요연해지면서 군부 개입의 가능성이 점쳐졌다(태국 정치의 또 다른 핵심 세력인 군부는 여러 차례 쿠데타를 통해 정치에 개입해왔다). 여당의 사전 동의 없이 5월 20일에 전격적으로 계엄령이 선포됐고, 이틀 뒤인 5월 22일에 쿠데타가 일어났다. 쁘라윳 짠오차 Prayut Chan-ocha(1954년 5월 21일 생) 육군 참모총장이 지휘한 쿠데타는 국왕의 재가를 받으며 성공하게 된다. 참고로 1932년 절대 왕정이 폐지되고 입헌 군주제가 성립된 이후 19번째 쿠데타였다(그 중 12번이 성공했다). 군사 쿠데타에 성공한 쁘라윳 짠오차는 2014년 8월 24일 태국 총리에 취임했으며, 국방부 장관과 국가평화질서회의(NCPO) 위원장을 겸임했다.
쿠데타로 집권한 군사 정권은 2016년에 헌법을 개정해 군부의 정치 참여를 가능하도록 했다. 선거를 통한 민간 이양을 실시할 경우 탁씬 전 총리 집안이 만든 정당이 승리할 확률이 높기 때문에, 선거에 패

태국 현대 정치의 아이콘 탁신과 잉락

하더라도 정치에 개입할 선 조취를 취한 것이다.
잉락 치나왓(탁신 치나왓의 여동생) 전 총리가 재임 시절 쌀 수매 정책과 관련해 국가 재정에 손실을 입혔다는 이유로 약 1조2천억 원의 벌금형을 내렸다. 이어서 진행된 부정부패와 직무 유기에 대한 형사 재판은 2017년 8월 25일 대법원 선고가 예정되어 있었으나, 선고 전날 잉락 전 총리가 잠적해 해외(영국)로 도피했다. 같은 해 9월에 열린 권석 재판에서 5년의 실형을 선고 받았다.

2016년 푸미폰 국왕 서거와 라마 10세 즉위

1927년부터 70년 동안 국왕(라마 9세)으로 존경을 받았던 푸미폰 국왕이 2016년 10월 13일 88세의 나이로 서거했다. 그 후 권력 승계 절차에 따라 외아들인 마하 와치라롱꼰 Maha Vajiralongkorn 왕세자가 2016년 12월 1일에 국왕의 자리를 승계해 라마 10세가 됐다. 1952년생인 왕세자가 나이 65살에 국왕에 즉위한 것이다. 참고로 새로운 국왕이 즉위하며 국왕의 생일을 기념하는 국경일도 7월 28일로 변경됐다.

2019년 총선

군부 쿠데타 이후 5년 만에 처음으로 총선이 2019년 3월 24일에 실시됐다. 군부를 지지하는 신생 정당 팔랑쁘라차랏당 Palang Pracharath Party와 정권 탈환을 노리는 친 탁신계 정당인 프아타이당 Pheu Thai Party 모두 과반 의석 확보에 실패했다. 제1당이 된 프아타이당(137석)이 군부 집권에 반대하는 정당과 연정을 구성하려했지만 실패했고, 제2당인 팔랑쁘라차랏당(116석)이 10여 개 정당과 연합해 집권당이 됐다. 제4당인 민주당(52석)과 제5당인 품짜이타이당(51석)이 팔랑쁘라차랏당을 지원한 게 한몫했다. 이로서 군부 쿠데타로 집권한 쁘라윳 짠오차 총리가 선거를 통해 정권을 연장하게 됐다.

04 태국의 문화

'자유의 나라'라는 국가 이름에서도 알 수 있듯 태국은 자유를 사랑하는 나라다. 아시아 국가에서 유일하게 식민 지배를 받지 않았다는 태국인들의 자부심은 그들만의 독특한 정서와 문화를 발전시켰다. 태국을 여행하며 받게 되는 첫인상은 '타이 스마일 Thai Smile'일 것이다. 즐거움을 사랑하고 타인을 의식하지 않는 자유로움에서 기인한 '타이 스마일'은 스스로의 자부심과 타인에 대한 관대함을 동반한다. 처음 만난 이방인에게도 스스럼없이 웃음을 선사하며 '싸왓디'라고 말해주는 태국은 외국인에게도 거부감 없이 쉽게 다가설 수 있는 나라일 것이다.
태국인들의 삶의 습관은 어쩔 수 없이 불교와 연관된다. 상대방에게 관대하고 조용한 종교적인 성향에 따라 상대방의 행동이나 가치관에 대해 판단하거나 재판하려 들지 않는 것이 특징이다. 태국인들의 개인적이면서 집단적인 성격은 몇 가지 특성으로 표현된다. 언어를 통해 그 나라의 문화 습관을 알 수 있듯, 일상에서 쓰이는 대화를 통해 태국인들의 삶의 방식을 쉽게 이해할 수 있다. 태국을 여행하다 보면 가장 많이 듣는 인사말 '싸왓디'를 뒤이어 싸바이, 싸눅, 짜이 옌옌, 마이 뻰 라이 같은 언어를 통해 그들의 삶의 모습을 들여다보자.

싸왓디 สวัสดี Sawasdee

태국의 가장 기본적인 인사말이다. 남자의 경우(본인 기준으로) '싸왓디 크랍(싸왓디 캅)', 여자의 경우(본인 기준으로) '싸왓디 카'라고 말한다. 인사말을 건넬 때 와이(두 손을 모아 합장하는 것)를 함께 하는 것이 기본예절이다.

싸바이 สบาย Sabai

싸왓디와 더불어 사람을 만나면 가장 먼저 듣게 되는 단어가 '싸바이 마이?'다. '편안합니까?' 또는 '좋습니까?' 정도의 의미다. '낀 카우 르 양?(밥 먹었어?)'과 비슷한 뉘앙스의 인사말이지만 상대방의 안부와 즐거움을 묻는 성격이 더 강하다. 즐겁고 신나게 노는 '싸눅'에 비해 다소 평범한 듯한 '싸바이'는 평온한 현세를 살고 싶어 하는 태국인들의 마음의 표현이 아닐는지.

싸눅 สนุก Sanook

'즐겁게'라는 뜻으로 태국인들의 생활방식을 가장 잘 나타내는 말이다. 무슨 어려움이 있어도 즐겁고 신나게 살아야 하는 것은 그들의 절체절명의 과제. 하찮은 일을 하건, 막노동을 하건, 따분한 일을 하건 상관없이 그 모든 행위는 '싸눅'을 기본으로 해야 한다. 만약 '마이 싸눅(재미없다)' 하다면 삶의 자체가 저주 받은 것으로 느낄 정도. 그러니 태국에서는 농담을 하건 노래를 하건 운동을 하건 무조건 '싸눅'하게 즐기자.

마이 뻰 라이 ไม่เป็นไร Mai Pen Rai

'괜찮아!', '노 프라블럼!' 정도로 풀이될 마이 뻰 라이는 다양한 의미를 함축한다. 태국인들의 낙천적인 성격을 대변하는 단어임과 동시에 삶을 대하는 태국인들의 여유로움이 묻어나는 말이다.

알아두세요

스님과 신체 접촉하면 안 돼요

전 국민의 95%가 불교를 믿는 태국에서 종교와 관련해 주의해야 할 것들이 있습니다. 가장 대표적인 것은 머리를 만지면 안 된다는 것. 신체 중에 가장 높은 부분에 있어 신성하게 여기기 때문입니다. 또한 스님과의 신체 접촉도 금물인데요, 특히 여성분들의 경우 조심해야 합니다. 같은 의자에 앉는 것도 엄격히 금하는데 기념사진 찍겠다고 스님과 팔짱을 끼어서는 안 됩니다.

늦게 도착해도, 일이 어그러져도, 약속이 틀어져도 '마이 뻰 라이' 한마디면 모든 문제가 해결될 정도다. 즉, 어떤 문제에 대해 상대방과의 논쟁을 피하고 쿨한 얼굴을 유지하려는 의도가 다분히 담겨 있다.

짜이 옌옌 ใจเย็นเย็น Chai Yenyen

'마이 뻰 라이'와 더불어 태국인들의 낙천적이고 유유자적한 성격을 대변하는 말이다. '마음을 차갑게 해라'라는 뜻으로 스트레스 가득한 상황에서 차분해지라는 성격을 담고 있다. 화낼 일이 있어도 참고, 급하게 서두르지 말라는 뜻. 음식을 빨리 달라고 보채거나, 무언가 성급하게 행동한다면 분명 '짜이 옌옌'이란 말을 듣게 될 것이다.

와이 ไหว้ Wai

와이는 태국인들의 일상적인 인사법이다. 두 손을 모아 상대방에게 합장하며 존경을 표하는 행위. 낮은 사람이 높은 사람에게, 어린 사람이 어른에게 인사할 때 쓰인다. 와이는 상대방의 나이와 사회적 신분, 존경하는 등급에 따라 합장하는 높이가 달라진다. 보통 입 높이에 손을 올려 합장하며, 국왕에게는 무릎을 낮추고 머리 위로 손을 올려 합장을 한다. 와이를 받으면 상대방에게 와이로 답례하는 게 기본 예절이다.

딱밧 ตักบาตร Tak Bat

딱밧은 승려들의 탁발 수행을 의미한다. 불교 국가인 태국에서 하루도 빠지지 않고 행해지는 종교의식이다. 사원이 있는 곳이면 딱밧이 행해진다고 보면 된다. 매일 아침 6시경 승려들이 맨발로 거리를 거닐며 하루치 필요한 식량을 공양 받는다. 일반인들은 승려에게 공양할 음식(싸이밧)을 준비해 시주한다. 음식뿐만 아니라 돈, 음료수, 꽃도 시주한다. 승려에게 시주할 때 신발을 벗고 승려보다 낮은 자세를 유지하는 것이 특징이다. 무릎을 꿇고 시주하는 경우도 흔하다. 이때 승려들은 축복의 의미로 불경을 읊어준다. 방콕의 경우 도시가 워낙 크고 차들이 많아서 대규모 승려 행렬을 보기는 힘들다. 하지만 방콕에서도 여전히 딱밧이 행해지고 있다.

탐분 ทำบุญ Tham Bun

'좋은 행위를 하다' 또는 '공덕을 쌓는다'라는 의미로 태국인들의 종교적인 삶과 연관된다. 윤회, 업보를 중시하는 불교가 일반인들의 삶의 전반을 지배하기 때문에 공덕을 쌓은 일은 중요한 행위로 여긴다. 승려에게 음식을 제공하는 것, 사원에 시주하는 것, 기부하는 것, 가난한 사람들에게 베푸는 것 등이 모두 탐분에 해당한다. 주말이나 새해 첫날에 사원을 찾아 '탐분'하는 사람들을 흔하게 볼 수 있다.

참고로 태국 남자라면 평생 한 번은 승려 생활을 해야 한다(국왕도 예외 없이 승려 생활을 해야 한다). 일반적으로 20세 이전에 3개월 정도 단기 출가했다가 수행을 마치면 다시 사회로 돌아온다. 승려가 돼서 수행을 하는 것 역시 공덕을 쌓는 일로 여긴다.

태국의 인사법 '와이'

싸바이 싸바이

05 축제와 공휴일

축제

태국의 축제는 왕실과 불교에 관련된 행사가 많다. 불교 행사나 국왕 생일, 왕비 생일 같은 경건한 날은 술집이 자진해 문을 닫으며, 편의점에서도 술 판매를 금한다.

1월

방콕 국제 영화제

Bangkok International Film Festival

태국 최대의 국제 영화제. 17년의 역사 속에서도 아시아 주요 영화제로 성장했다. 매년 150편 이상의 영화가 10일간 상영된다. 방콕에서 열리는 영화제인데도 태국어 자막을 넣지 않아 빈축을 사기도 하지만 다양한 국적의 사람들이 함께 어울리는 국제 영화제다운 면모를 과시한다.

리버 오브 킹 River of Kings

1월 말에 열리는 왕실 선박 행렬을 재연하는 행사로 짜오프라야 강에서 펼쳐진다. 강변에 특별 무대를 설치해 태국 전통 무용과 음악을 곁들여 다양한 공연이 펼쳐진다.

2~3월

설날 Chinese New Year

공식적인 휴일은 아니지만 화교들이 많은 방콕에서는 큰 축제다. 방콕 시에서 주관하는 다양한 행사가 차이나타운에서 펼쳐진다. 태국식 발음은 '뜻찐'.

마카 부차 Makha Bucha

매년 음력 3월 보름에 열리는 불교 행사. 석가모니의 제자 1,250명이 설법을 듣기 위해 모인 날을 기념한다. 일반인들은 밤에 촛불을 들고 사원을 순례하며 부처의 뜻을 기린다.

4월

쏭끄란 Songkran

태국 설날이며 물 축제로 유명하다. 1년 중 가장 더운 4월 15일이 태국의 새해. 신년을 앞뒤로 3일간 연휴 기간이다. 방콕 시민들은 연휴를 이용해 고향을 방문한다.

알아두세요

방콕에서 쏭끄란 즐기기

쏭끄란은 '움직인다'라는 뜻의 산스크리트어인 '싼크라티'에서 온 말입니다. 태양의 위치가 백양자리에서 황소자리로 이동하는 때를 의미하는데, 12개를 이루는 한 사이클이 다하고, 또 다른 사이클이 시작됨을 의미합니다.
본래 북부 지방인 치앙마이(란나 타이)에서 시작된 행사로 사원에서 불상을 꺼내 도시를 한 바퀴 돌며 물세례를 받는 것이 전통입니다.
하지만 고향을 찾아 떠난 텅 빈 방콕에서는 물놀이 개념으로 발전해 어느덧 태국을 대표하는 축제로 변모해 있답니다. 쏭끄란이 아니라 쏭크람(전쟁)이라는 비아냥을 들을 정도로 한바탕 물싸움을 즐길 수 있답니다.
특히 카오산 로드와 씰롬은 쏭끄란 축제의 핵심으로 정부에서 지원하는 공식적인 물싸움 공간. 나이와 국적에 상관없이 물총 하나면 서로 어울리고 즐거워할 수 있지요. 쏭끄란 기간에 방콕을 방문하면 시간을 내서 카오산 로드 또는 씰롬을 찾아보세요. 동심의 세계로 돌아갈 수 있답니다. 모든 것이 순식간에 젖어버리니 개인 귀중품은 방수 팩에 넣어 소지해야 합니다.

5월

위싸카 부차 Visakha Bucha

부처의 일생을 기념하는 행사. 태국의 주요한 종교 행사이다. 전국의 사원에서 촛불을 밝히며, 특별 설법이 행해진다. 한국으로 치면 석가탄신일에 해당한다.

왕실 농경제 Royal Ploughing Ceremony

한 해의 농사를 시작하는 것을 축복하는 행사. 왕세자가 싸남 루앙에 나와 행사를 직접 주관한다.

7월

아싼하 부차 Asalha Bucha

깨달음을 얻은 부처가 처음으로 설법한 날을 기념한다. 방콕의 모든 사원이 연등이나 촛불을 밝히고 부처의 탄생을 축복한다.

카오 판싸 Khao Phansa

우기가 시작되는 날부터 3개월간 사원에 머물며 수행하는 안거 수행이 시작되는 날. 태국 젊은이들이 불교에 입문하는 날이기도 하다. 태국 남자들은 평생 한번은 승려가 되어 수행하는 것을 불문율로 여긴다.

국왕(라마 10세) 생일 King Vajiralongkorn's Birthday

2016년 12월에 라마 10세(마하 와치라롱꼰 국왕)가 즉위하면서 국경일로 지정된 국왕 생일도 변경됐다. 왕실 건물이 몰려있는 타논 랏차담넌 일대가 국왕의 초상화와 조명을 이용해 화려하게 장식된다.

9월

채식주의자 축제 Vegetarian Festival

차이나타운에서 열리는 10일간의 축제. 화교들을 위한 불교 축제로 육식을 금하는 대승불교와 관련이 깊다. 축제 기간 동안 채식만 허용되며 차이나타운 일대가 다양한 음식 축제장으로 변모한다.

10월

쭐라롱껀 대왕 기념일 King Chulalongkon Day

짜끄리 왕조 최고의 왕으로 평가받는 라마 5세의 기일을 기념하는 날이다. 10월 23일이 되면 두씻의 로열 플라자 Royal Plaza에 세워둔 라마 5세 동상 앞에 시민들이 찾아가 꽃과 향을 바치며 그의 공덕을 기린다.

11월

까틴(옥 판싸) Kathin

승려들의 안거 수행이 끝나는 날을 기념하는 행사. 안거 수행(판싸)에서 나온다(옥)고 해서 '옥 판싸'라고도 불린다. 승려들에게 새로운 승복을 제공하고 사원에 필요한 물건을 시민들이 봉양한다. 우기 동안 단기 출가했던 승려들이 승복을 벗고 일반인으로 돌아오는 날이기도 하다.

러이 끄라통 Loi Krathong

연꽃 모양의 끄라통을 강에 띄우며 소망을 기원하는 행사. 짜오프라야 강과 운하에 시민들이 나와 끄라통을 띄운다. 아이들은 폭죽을 터뜨리는 재미에 현혹되어 밤새 소란스럽다. 쑤코타이에서 시작된 탓에 방콕보다는 북부 지방의 전통이 잘 살아 있다.

사원에서 불교행사가 열리는 마카 부차

러이 끄라통

위싸카 푸차

12월

푸미폰 국왕(라마 9세) 생일
King Bhumibol's Birthday
현재 국왕의 아버지이자 선왕(라마 9세)이었던 푸미폰 국왕의 생일을 기념하는 날. 아버지의 날 Father's Day로 불리기도 한다. 태국인들에게 아버지이자 신으로 추앙받았던 라마 9세에 대한 애정은 남달라서, 국왕 사후에도 생일을 기념해 공휴일로 지정했다.

공휴일

태국의 공휴일은 왕실과 관련된 것이 많다. 신년과 관련해서 양력설을 국경일로 정했으나 음력설은 쉬지 않는다. 대신 태국 설날인 쏭끄란 기간 동안 3일간 공식적인 휴무에 들어간다. 크리스마스는 공식 휴일은 아니지만 방콕의 주요 빌딩과 쇼핑몰 앞에 크리스마스 트리를 장식해 연말 분위기를 더한다. 불교 관련 기념일은 음력으로 날을 정하기 때문에 휴일이 매년 달라진다.

＊1월 1일 신정 New Year
＊4월 6일 짜끄리 왕조 기념일 Chakri Day
라마 1세가 라따나꼬씬(방콕)에 설립한 짜끄리 왕조의 탄생을 기념하는 날.
＊4월 13~15일 쏭끄란 Songkran
＊5월 말~6월 초 위싸카 부차 Visakha Bucha
＊6월 3일 왕비 생일 Queen's Birthday
＊7월 중순 카오 판싸 Khao Phansa
＊7월 28일 국왕(라마 10세) 생일 King's Birthday
＊8월 12일 어머니의 날 Mother's Day
1932년 8월 12일에 탄생한 씨리낏 왕비 생일을 기념하는 날이다.
＊10월 13일 푸미폰 국왕(라마 9세) 기념일
King Bhumibol Memorial Day
＊10월 23일 쭐라롱껀 대왕 기념일
Chulalongkon Day
＊10월 말~11월 초 옥 판싸 Ok Phansa
3개월간의 안거 수행이 끝나는 날을 기념한다.
＊11월 중하순 러이 끄라통 Loi Krathong
＊12월 5일 푸미폰 국왕(라마 9세) 생일
King Bhumibol's Birthday
＊12월 10일 제헌절 Constitution Day
1932년 제헌 국회가 성립된 날을 기념하는 날.

마카푸차

푸미폰 국왕(라마 9세)

Thai Food

태국의 음식

방콕은 단순히 먹을거리만 찾아다니는 식도락 여행을 해도 손색이 없는 곳이다. 한 달 이상 똑같은 음식을 먹을 일이 없을 정도로 음식은 널려 있다. 다양한 태국 음식은 물론 전 세계적인 음식점들이 즐비하기 때문이다.

태국 음식이 발달한 까닭은 지역적인 특수성이 크다. 인도와 중국의 교역로 상에 있었기에 자연스레 문화와 문명이 교류하며 음식에도 영향을 끼쳤다. 특히 중국 남부에서 태국으로 이주한 화교들의 영향을 받은 음식들이 많다. 인도 영향을 받아 등장한 것이 카레 종류라면, 중국의 영향을 받아 등장한 것은 다양한 볶음과 시푸드 요리다.

짜오프라야 강을 끼고 있는 중부 평원의 비옥한 땅과 1년 내내 무제한으로 제공되는 신선한 야채도 태국 음식을 발전시킨 중요한 요인이다. 풍족한 음식 재료는 풍족한 음식 문화로 발전됐다. 길을 걷다가 시도 때도 없이 거리 노점(롯 켄)에 앉아서 무언가를 먹으며 즐거워하는 태국 사람들을 발견하는 일은 그리 어렵지 않다.

방콕에서는 하루 세 끼라는 통념을 버리자. 밤늦도록 영업하는 식당이 지천에 널려 있는 탓에 나이트 바자에 쇼핑을 나왔다가도, 나이트클럽에서 새벽 늦도록 춤을 추다가 집에 돌아가는 길에도 삼삼오오 모여 쌀국수 한 그릇을 비우는 일은 너무도 자연스럽다.

태국에서 '먹는 일'은 분명 문화 체험이다. 음식을 잘 먹으면 여행도 잘한다는 말처럼 새로운 음식에 대한 호기심을 가지고 도전하는 일을 게을리하지 말자. 때론 괴팍한 향신료에 곤욕스럽기도 하겠지만 예상치 못한 맛을 발견할 때마다 감탄하게 될 것이다.

레스토랑 이용법

식사 에티켓

태국은 전통적으로 손으로 음식을 집어먹던 민족이었으나, 1900년대에 들어서 식생활이 바뀌기 시작했다. 오랫동안 유럽과 교류한 탓인지 젓가락 대신 수저와 포크가 식사 도구로 테이블에 올려지면서 젓가락을 사용하는 동북아시아와는 전혀 다른 모습으로 변모했다.

태국 음식에 쓰이는 대표적인 향신료 팍치

태국에서 밥을 수저와 포크로 먹어야 하는 결정적인 이유는 '공기 밥'이 아니라 '접시 밥'을 내주기 때문이다. 더군다나 찰지지 못한 안남미라 젓가락으로 밥을 먹기에는 무척 곤혹스럽다. 젓가락을 사용하는 곳은 꾸어이띠아우(쌀국수) 집이 전부다.

1. 모든 반찬은 하나씩 주문해야 한다

한국처럼 식사를 주문하면 반찬을 제공하지 않는다. 쌀이 아무리 흔하다고 해도 공기밥도 별도로 계산된다. 두세 명이 간다면 반찬 종류 2개, 수프 종류 1개를 함께 시키는 게 일반적이다.

식사 예절은 반찬을 적당히 덜어 개인 접시에 담아 밥과 함께 먹는 것. 똠얌꿍 같은 수프도 개인 그릇에 담아 먹도록 하자.

Travel Plus

식당에서 알아두면 유용한 태국어

각종 음식 재료의 태국어 명칭과 조리 방법을 알아두자. 발음이 어렵겠지만 잘 알아두면 요령껏 음식을 주문할 수 있다.

음식 재료

까이(닭고기 Chicken), 무(돼지고기 pork), 느아(소고기 beef), 뻿(오리고기 roast duck), 탈레(시푸드 seafood), 쁠라(생선 fish), 쁠라믁(오징어 Cuttlefish), 꿍(새우 prawn/shrimp), 뿌(게 Crab), 카이(달걀 egg), 팍(야채 vegetable)

요리 방법

팟(볶음 stir-fried), 똠(끓임 boiled), 텃(튀김 deep-fried), 양(구이 grilled), 능(스팀 steamed), 딥(생으로 fresh), 얌(샐러드 salad)

야채 종류

헷(버섯 mushroom), 마크아(가지 eggplant), 마크아텟(토마토 tomato), 만파랑(감자 potato), 따오푸(두부 tofu), 투아뽄(땅콩 peanuts), 투아릉(콩 bean), 땡(오이 Cucumber), 끄라티암(마늘 garlic), 또홈(양파 onion)

향신료

끄르아(소금 salt), 남딴(설탕 sugar), 프릭(고추 Chilli), 프릭끼누(쥐똥고추 thai Chilli), 팍치(고수 Coriander), 싸라내(민트 mint), 따크라이(레몬그라스 lemongrass), 마나오(라임 lime), 킹(생강 ginger), 남쁠라(생선 소스 fish sauce), 남씨이우(간장 soy sauce), 남쏨 싸이추(식초 vinegar)

음료

까패 론(뜨거운 커피 hot Coffee), 까패 옌(차가운 커피 ice Coffee), 차 론(뜨거운 차 hot tea), 차 옌(차가운 차 ice tea), 차 남옌(연유를 넣은 차가운 차 ice milk tea), 차 마나오(레몬 아이스 티 lemon ice tea), 큥듬(음료수 drink), 남(물 water), 남빠오(마시는 물 mineral water), 남캥(얼음 ice), 남쏨(오렌지 주스 orange juice), 남따오후(두유 soy milk), 놈쯧(우유 milk), 비아(맥주 beer), 콕(콜라 Coke), 깨우(잔 glass), 꾸엇(병 bottle), 투어이(컵 Cup)

2. 물도 사먹어야 한다

태국 식당에서는 한국처럼 물을 공짜로 서비스하지 않는다. 일반 식당에는 테이블에 물이 올려져 있고, 고급 레스토랑에서는 식사 주문과 함께 음료수 주문을 받는다. 테이블에 놓인 물을 마시면 계산서에 함께 청구 된다. 물수건도 돈을 받을 정도로 태국 레스토랑에는 공짜가 없다고 보면 된다. 너무 야속하다고 생각하지 마시길. 단지 식사 습관이 다를 뿐이다.

3. 맛있다는 인사를 건네자

식사를 다 하고 난 다음에는 '아로이 막~(너무 맛있어요!)'이란 인사말을 건네는 것도 잊어서는 안 된다.

예산

어떤 것을 먹느냐보다 어디서 먹느냐에 따라 예산은 천차만별이다. 현지인처럼 저렴하게 식사한다면 한 끼에 100B이면 충분하다. 쌀국수나 덮밥 종류의 간단한 식사 정도가 가능하다. 단, 에어컨도 없는 현지 식당을 이용할 때만 가능.

일반 레스토랑에서 식사할 경우 200~300B 정도가 필요하다. 볶음밥 하나에 60B 이상, 카레 같은 메인 요리는 80~160B 선을 유지한다.

고급 레스토랑을 간다면 500B 이상으로 예산이 훌쩍 뛴다. 팟타이(볶음 국수)도 100B은 보통이며 메인 요리 하나가 140~280B 정도다. 두 명이 술을 곁들인다면 1,000B으로 부족한 곳도 많다. 고급 레스토랑은 세금 7%와 봉사료 10%가 별도로 추가되는 곳이 많다.

영업 시간

식당에 따라 다르지만 대부분의 타이 음식점은 오전 10시에 문을 열어 밤 11시에 문을 닫는다. 일류 레스토랑은 점심시간(11:00~14:30)과 저녁시간(18:00~22:30)으로 한정해 영업한다.

밤에만 영업하는 식당은 오후 6시경부터 장사를 준비해 새벽 2시 정도에 마지막 주문을 받는다. 하지만 새벽 2시 심야 영업 시간 제한에도 불구하고 새벽 5시까지 영업하는 업소도 있으니 마음만 먹으면 언제든지 식사가 가능하다.

예약

방콕 레스토랑은 원칙적으로 예약은 필요 없다. 장사가 잘되는 레스토랑이라 하더라도 자리 잡는 건 그리 어렵지 않다. 다만 고급 레스토랑이나 호텔 레스토랑의 경우 예약을 하는 게 좋다. 특히 주말 저녁 시간은 예약이 필수인 경우가 많다. 예약 없이 갔더라도 내쫓지는 않으니 걱정 말자.

팁

태국 식당에서 팁은 강제적이지 않다. 서민 식당에서 팁은 필요 없고, 에어컨 나오는 레스토랑의 경우 거스름돈으로 남은 동전을 테이블에 남기면 된다. 거스름돈이 없으면 보통 20B짜리 지폐 한 장을 남긴다. 고급 레스토랑과 호텔 레스토랑은 봉사료 10%와 세금 7%가 계산서에 추가된다.

참고로 태국 식당은 카운터에 가서 직접 돈을 내지 않고, 종업원에게 계산서를 부탁해 계산하면 된다. 일 처리가 느리더라도 화내지 말고 웃으면서 기다리는 것도 예의다. 계산서를 달라고 할 때는 '첵 빈'이라고 말하면 된다.

주요 음식

쌀 Rice

태국인들의 주식은 쌀이다. 중부 평야지대에서 생산되는 쌀은 넘쳐나기 때문에 밥값은 싸다. 태국 사람들의 인사가 '낀 카우 르 양?(밥 먹었어?)'인 걸 보면 밥 먹는 게 일상생활에서 매우 중요한 일임이 틀림없다.

식당에서 밥을 주문할 때는 '카우 쑤어이'라고 한다. 쌀밥이라는 의미로 쓰이지만 정확한 뜻은 '아름다운 쌀'이다. 쌀은 아침에 쪽(죽)이나 카우 똠(쌀을 끓여 만든 수프)으로 먹기도 하며, 태국 동북부 지방은 카우 니아우(찰밥)를 즐겨 먹는다.

01-카우 팟
02-카우 똠
03-쭉
04-카우 랏
06-카우 나뻿
05-카우 만 까이
07-카우 무 댕

쌀을 이용한 주요 요리

01 카우 팟 Fried Rice

가장 단순한 요리인 볶음밥. 새우를 넣은 카우팟 꿍 Fried Rice with Prawns, 닭고기를 넣은 카우팟 까이 Fried Rice with Chicken, 게살을 넣은 카우팟 뿌 Fried Rice with Crab, 해산물을 넣은 카우팟 탈레 Fried Rice with Seafood, 달걀을 넣은 카우팟 카이 Fried Rice with Egg 등으로 세분된다.

02 카우 똠 Rice Soup

밥을 넣고 끓인 수프로 새우(카우 똠 꿍)를 넣거나, 해산물(카우 똠 탈레)을 넣는다.

03 쪽 Jok

한국의 죽과 비슷하다. 다진 돼지고기를 넣은 '쪽 무'가 유명하다.

04 카우 랏 Rice With

태국식 덮밥. 밥과 요리 하나를 한 접시에 담아주는 음식을 통칭한다. 카우 랏 까이(굴 소스 닭고기 볶음 덮밥), 카우 랏 까프라우 무쌉(다진 돼지고기와 바질 볶음 덮밥), 카우 랏 깽펫(붉은색의 매운 카레 덮밥)이 대표적이다.

05 카우 만 까이 Slices of Chicken Over Marinated Rice

대표적인 단품 요리. 푹 고아 삶은 닭고기 살을 잘게 썰어 기름진 밥에 얹어 준다. 레스토랑보다는 거리 노점에서 흔하게 볼 수 있다.

06 카우 나 뻿 Slice of Roast Duck Over Marinated Rice

닭고기 대신 오리구이를 잘게 썰어 밥에 얹어 주는 단품 요리. 주로 화교들이 운영하는 식당에서 볼 수 있다.

07 카우 무 댕 Slice of Red Pork Over Rice

붉은색을 띠는 돼지고기 훈제(무 댕)를 밥에 얹은 단품 요리. 카우만 까이와 더불어 서민들이 사랑하는 대중적인 음식이다.

08 카우 카 무 Slice of Boiled Pork Leg Over Marinated Rice
간장 국물에 끓인 돼지고기 족발을 잘게 썰어 밥에 얹은 단품 요리. 달걀 장조림을 추가할 경우 '카우 카 무 싸이 카이'라고 말하면 된다.

09 카우 옵 싸빠롯
Fried Rice in Pineapple
볶음밥을 파인애플에 담아주는 음식. 전형적인 여행자 메뉴로 맛이 달달하다.

국수 Noodle
쌀과 더불어 태국인들이 가장 즐기는 음식이다. 중국에서 건너온 것이지만 풍족한 태국 쌀로 만든 쌀국수들은 다양하고 맛도 좋다. 쫄깃한 맛을 내는 면발과 시원한 국물로 인해 사랑을 한몸에 받는 음식. 출출하다 싶으면 아무 때나 먹을 수 있다.

국수를 이용한 주요 요리

01 꾸어이띠아우 Noodle Soup
우리가 흔히 말하는 쌀국수를 일컫는다. 면발의 굵기에 따라 쎈야이 sen yai, 쎈렉 sen lek, 쎈미 sen mi 세 가지로 구분된다. 쎈야이가 면발이 굵고, 쎈미가 면발이 가장 가늘다. 일반인들이 가장 선호하는 면발은 5mm 정도 굵기의 쎈렉. 쌀국수는 면발을 골랐으면 다음으로 조리 방법을 선택해야 한다. 물국수는 '꾸어이띠아우 남 kuaytiaw nam', 비빔국수는 '꾸어이띠아우 행 kuaytiaw haeng'이라고 주문한다. '남 nam'은 '물', '행 haeng'은 '마른'이라는 뜻이다. 조리 방법까지 골랐다면 어떤 재료를 넣을 건지를 선택해야 한다. 돼지고기(무), 소고기(느아), 어묵(룩친) 중에 하나를 고르거나 전부 다 넣어 달라고(싸이 툭 양) 해도 된다.
보통의 쌀국수집은 '꾸어이띠아우 남'을 요리하기 때문에 면발의 종류만 선택하면 알아서 원하는 쌀국수를 내온다. 즉, '쎈렉'이라고만 해도 '꾸어이띠아우 남 쎈렉'을 내올 것이다.

08-카우 카 무
09-카우 옵 싸빠롯
01-꾸어이띠아우
02-바미
03-옌따포

04-팟타이
05-팟씨이우
06-랏나

02 바미 Ba-mi

꾸어이띠아우 다음으로 인기 있는 국수 종류. 쌀이 아닌 밀가루 국수로 달걀을 넣어 반죽해 노란색을 띤다. 흔히 돼지고기 훈제를 넣은 '바미 무 댕'을 가장 즐겨 먹는다. 꾸어이띠아우에 비해 면발이 쫄깃해 비빔면인 '바미 행 Ba-mi Haeng'도 인기가 높다.

03 옌따포 Yen Ta Po

중국 광둥 지방의 화교들에 의해 전래됐다. 원래는 쌀국수 고명으로 연두부를 넣었는데, 태국에서는 쌀국수 육수에 매콤한 토마토소스를 첨가한다. 쌀국수 국물이 붉은색을 띤다.

04 팟타이 Phat Thai

태국식 볶음면. 꾸어이띠아우 팟타이를 줄여서 부르는 말로 외국인들에게 태국 음식을 대표하는 것처럼 여겨진다. 약간 달고 신맛이 나는 소스로 쌀국수를 볶은 것인데 두부, 달걀, 말린 새우를 넣어 전체적으로 단맛을 낸다. 건실한 왕새우를 넣은 '팟타이 꿍'이 가장 인기가 좋다.

05 팟씨이우 Phat Si-i-u(Phad See Ew)

꾸어이띠아우 팟씨이우를 줄여서 부르는 말. 팟타이와 비슷하지만 간장과 굴 소스, 야채만 넣어 요리한다. 대체적으로 굵은 면발의 쎈야이를 이용한다.

"알아두세요"

쌀국수를 내 입맛에 맞게 요리하자

쌀국수를 맛있게 먹는 방법은 적당한 조미료를 자기 입맛에 맞게 조절하는 것이랍니다. 쌀국수집에는 테이블마다 작은 종지에 담긴 4종류의 조미료가 놓여 있습니다. 생선 소스에 매운 쥐똥고추를 잘게 썰어 넣은 남쁠라 nam plaa, 식초에 파란 고추를 잘게 썰어 넣은 남쏨 프릭 namsom phrik, 말린 고춧가루 프릭뽄 phrik pon, 하얀 설탕 남딴 namtan이 그것입니다. 조미료는 대체적으로 시고 매운 맛을 내는 데 쓰이는데요, 달게 먹고 싶다면 투아뽄 thua pon을 달라고 해보세요. 그러면 땅콩 가루를 가져다 줄 겁니다. 태국 말로는 '투아뽄 미 마이 크랍(캅)'이라고 하면 됩니다. 마지막으로 한 가지 더! 쌀국수는 대체적으로 양이 적답니다. 더워서 음식 양이 적고 자주 식사하는 태국 사람들의 습관 때문인데요, 아무래도 건장한 남자들에게는 적게 느껴질 수 있습니다. 두 그릇을 시키기는 부담되고 한 그릇은 적게 느껴진다면 '피쎗'이라고 말하세요. 스페셜이라는 뜻인데 곱빼기라는 의미로도 쓰입니다.

06 랏나 Rat Na

꾸어이띠아우 랏나를 줄여서 부른 말. 넓적한 면발을 굴 소스와 야채, 고기를 넣어 함께 볶아 울면처럼 만든 것. 다른 볶음면에 비해 물기가 많고 면발이 부드럽다.

07 미끄롭(미꼽) Mi Krop

바미를 라면처럼 한 번 튀긴 국수. 정확한 명칭은 바미끄롭이지만 줄여서 미꼽이라고 부른다. 음식을 만들어 면 위에 부으면 음식 열기에 의해 미끄롭이 녹으면서 요리가 완성된다.

08 카놈찐 Khanom Jin

한국의 소면과 비슷한 국수 면발을 이용한 요리. 물에 삶아 데친 국수에 각종 카레를 얹어 먹는다. 카레에 따라 향이 강하므로 태국 음식 초보자에게는 다소 무리가 따를 수 있다. 주식보다는 간식의 개념이 강하다.

09 운쎈 Wunsen

가는 면발의 투명한 국수로 당면과 비슷하다. 매콤한 태국식 샐러드인 '얌 yam'에 이용된다. 당면 냉채 샐러드 정도로 생각하면 되는 얌운쎈 Yam Wunsen은 허브와 매운 고추가 운쎈과 버무려져 애피타이저나 술안주로 인기가 있다.

애피타이저

태국 음식은 딱히 애피타이저-메인 요리-디저트로 코스 요리를 즐기지는 않지만, 레스토랑에서는 가벼운 음식들을 위주로 애피타이저를 따로 구성하기도 한다. 태국 사람들의 경우 애피타이저라기보다는 가벼운 메인 요리의 개념으로 얌(매콤한 태국식 샐러드) 정도를 곁들인다.

주요 애피타이저

01 미앙 캄 Miang Kham

태국인들이 입맛을 돋우기 위해 식사 전에 먹는다. 상큼한 향의 식용 찻잎에 말린 새우 또는 멸치 튀김,

07-미끄롭
08-카놈찐
09-운쎈
01-미앙 캄
02-텃만 꿍
03-뽀삐아 텃

04-싸떼
05-까이 호 바이 떠이
얌 느아
얌 탈레
얌 운쎈

라임, 코코넛, 생강, 땅콩을 적당히 올린 다음 타마린드 소스를 얹어 먹는다.

02 텃만 꿍 Deep Fried Shrimp Cake
새우 살만을 골라 둥글게 다져서 튀긴 요리. 생선을 이용한 텃만 쁠라 Deep Fried Fish Cake도 있다. 달콤한 칠리소스에 찍어 먹는다.

03 뽀삐아 텃 Spring Roll
춘권, 즉 스프링 롤이다. 야채와 당면, 고기를 넣고 튀긴 음식. 정통 태국 음식으로 보기에는 무리가 따른다.

04 싸떼 Satay
코코넛 크림을 넣은 노란색의 카레 소스를 발라 숯불에 구운 꼬치구이. 주로 돼지고기(싸떼 무)를 이용하며, 땅콩 소스에 찍어 먹는다.

05 까이 호 바이 떠이 Grilled Chicken Wrapped with Pandanus Leaf
닭고기를 적당한 크기로 잘라 판다누스 잎에 감싸 숯불에 구운 요리. 판다누스 잎의 향기가 음식에 배어 닭고기도 부드럽고 향도 좋다.

얌(태국식 샐러드)
생선 소스, 식초, 라임, 고추를 버무려 만든 태국식 샐러드를 '얌'이라 부른다. 매운맛과 생선 소스 특유의 향이 조화를 이루는 것이 특징. 드레싱을 얹는 유럽의 샐러드와는 전혀 다른 형태지만 음식 재료의 신선한 맛은 그대로 즐길 수 있다.
소고기를 넣으면 얌 느아 Yam Neua, 오징어를 넣으면 얌 쁠라믁 Yam Plaameuk, 해산물을 넣으면 얌 탈레 Yam Thale가 된다. 얌 운쎈 Yam Wunsen도 같은 조리 방법으로 당면처럼 가는 면을 주재료로 사용한다.

카레 Curry

카레는 태국어로 '깽 Kaeng'이라 부른다. 인도의 영향을 받아 만들어졌지만, 카레 가루 대신에 장처럼 만든 카레 반죽을 사용한다. 물 대신 코코넛 밀크로 간을 조절하기 때문에 첫맛은 맵고 뒷맛은 달콤한 것이 특징이다.
태국 카레는 열대 지방에서만 자라는 다양한 향신료를 사용한다. 팍치(고수)를 비롯해 따크라이(레몬그라스), 킹(생강), 마끗(라임 잎), 호라파(바질) 등을 첨가해 향을 낸다. 주재료는 돼지고기(무), 소고기(느아), 닭고기(까이), 새우(꿍), 시푸드(탈레) 중에 하나를 고르면 된다.

카레를 이용한 주요 요리

01 깽 펫 Kaeng Phet
가장 일반적인 태국 카레로 매운 카레라는 뜻이다. 고추를 주재료로 만들어 카레 색깔이 붉다. 붉은 카레라는 뜻의 '깽 댕 Kaeng Daeng'이라고도 불리며, 영어로는 레드 커리 Red Curry로 표기한다.

02 깽 파냉 Kaeng Phanaeng
깽 펫에 비해 매운맛이 덜하다. 다른 카레에 비해 땅콩가루를 많이 넣는 것이 특징.

03 깽 키아우 완 Kaeng Khiaw Wan
파란 고추를 주재료 만들기 때문에 녹색을 띤다. 달콤한 녹색 카레라는 뜻이며, 영어로는 그린 커리 Green Curry로 표기한다. 주로 커민 씨와 가지를 넣어 요리하며, 코코넛 크림을 듬뿍 넣어 국물이 많다.

04 깽 빠 Kaeng Paa
가장 매운맛. 코코넛 밀크를 거의 사용하지 않기 때문에 카레 본래의 매운맛이 가장 잘 살아 있다. 영어 명칭은 정글 커리 Jungle Curry.

05 깽 마싸만 Kaeng Massaman
태국 남부에 사는 무슬림들이 즐기는 카레다. 한국인이 생각하는 카레와 비슷한 맛으로 감자와 닭고기를 넣은 '깽 마싸만 까이'를 주로 요리한다. 밥과 먹기도 하지만 로띠(팬케이크)를 곁들이는 사람들이 더 많다.

01-깽 펫
02-깽 파냉
03-깽 키아우 완
04-깽 빠
05-깽 마싸만
06-깽 까리 까이

01-팟 남만 호이

02-까이 팟 멧 마무앙 히마판

03-팟 까프라우

04-팟 프릭 끄라띠암

06 깽 까리 까이 Kaeng Kari Kai

카레 분말과 달걀, 코코넛 밀크를 섞어 '까리' 소스로 만든다. 태국 카레에 비해 부드럽고 단맛이 강하다.

볶음 & 튀김 요리

중국의 영향을 받은 가장 보편적인 태국 음식. 커다란 프라이팬 하나면 무엇이든 요리가 가능하다. 국과 찌개까지 프라이팬 하나로 요리할 정도.

볶음 요리는 '팟 phat', 튀김 요리는 '텃 thot'으로 불리며 어떤 재료와 어떤 소스를 이용하느냐에 따라 방대한 음식이 만들어진다. 향신료가 강하지 않아 태국 음식 초보자들에게 부담이 덜한 편이다. 참고로 튀김 요리는 주로 해산물을 이용하기 때문에 시푸드 요리편에서 자세히 다룬다.

주요 볶음 요리

01 팟 남만 호이
Stir Fried with Oyster Sauce

굴소스를 이용해 만든 볶음 요리. 가장 흔하고 맛이 부담 없어 누구나 즐긴다. 그중에서도 소고기와 버섯을 넣은 느아 팟 남만 호이 헷 Stir Fried Beef and Mushroom with Oyster Sauce이 가장 무난하다. 새우와 버섯을 넣은 꿍 팟 남만 호이 헷 Stir Fried Prawn with Oyster Sauce도 좋다.

02 까이 팟 멧 마무앙 히마판
Stir Fried Chicken and Cashew Nuts

전형적인 중국 요리로 부드러운 닭고기와 달콤한 캐슈넛, 말린 고추를 함께 볶은 음식.

03 팟 까프라우(팟 까파우) Fried Basil

태국 사람들이 가장 좋아하는 볶음 요리다. 바질을 잔뜩 넣어 특유의 허브향이 입맛을 돋운다. 으깬 고춧가루를 함께 넣기 때문에 매콤함도 동시에 즐길 수 있다. 다진 돼지고기를 넣은 '팟 까프라우 무 쌉 Fried Basil with Minced Pork'이나 닭고기를 넣은 '팟 까프라우 까이 Fried Basil with Chicken'를 추천한다.

05-팟 쁘리아우 완
06-팟 팍
07-무 텃 끄라띠암
08-팟 펫

04 팟 프릭 끄라띠암(까띠암)

Phat Prik Kratiam

마늘과 고추를 넣어 함께 볶기 때문에 요리할 때부터 매운맛이 코를 진동시킨다. 돼지고기를 넣은 '팟 프릭 끄라띠암 무 Fried Pork with Garlic and Thai Chilli' 또는 소고기를 넣은 '팟 프릭 끄라띠암 느아 Fried Beef with Garlic and Thai Chilli'가 좋다.

05 팟 쁘리아우 완

Fried Sweet & Sour Sauce

새콤달콤한 소스로 요리한 음식, 즉 태국식 탕수육이다. 미리 제조한 탕수육 소스를 사용하기 때문에 당분은 많지 않다. 돼지고기를 넣은 팟 쁘리아우 완 무를 주로 먹는다.

06 팟 팍

Fried Vegetable with Oyster Sauce

굴소스를 이용한 야채 볶음. 닭고기가 들어가면 팟 팍 까이 Fried Vegetable and Chicken with Oyster Sauce, 소고기가 들어가면 팟 팍 느아 Fried Vegetable and Beef with Oyster Sauce, 돼지고기가 들어가면 팟 팍 무 Fried Vegetable and Pork with Oyster Sauce가 된다.

07 무 텃 끄라띠암(까띠암)

Deep Fried Pork with Garlic

돼지고기 마늘 볶음으로 바삭한 돼지고기와 마늘 맛이 잘 어울린다. 고추를 함께 넣을 경우 '무 텃 끄라띠암 프릭'이라 부른다. 새우를 넣은 꿍 텃 끄라띠암 Deep Fried Prawn with Garlic도 맛이 좋다.

알아두세요

카이 다오 두어이

태국에서는 달걀 프라이를 '카이 다오'라고 합니다. 카이는 달걀, 다오는 별이란 뜻인데요, 프라이한 달걀노른자가 마치 별처럼 보인다고 해서 붙여진 이름입니다. 볶음밥이나 덮밥 요리를 먹을 때 달걀 프라이를 곁들이고 싶다면 '카이 다오 두어이'라고 부탁하면 됩니다. '달걀 프라이도 함께'라는 뜻으로 보통 5B을 추가로 더 받습니다. 달걀을 이용한 요리로는 오믈렛도 있답니다. '카이 찌아오'라고 부르는데 다진 돼지고기(카이 찌아우 무쌉)나 소시지(카이 찌아우 넴)를 넣으면 맛이 더 좋습니다. 밥과 함께 아주 간단한 한 끼 식사가 될 수 있는데요, '남쁠라'라는 매운 고추를 다져 넣은 생선 소스를 뿌려 먹으면 더 좋습니다.

09-팟 팍 깔람

10-팟 팍 카나
11-팟 팍붕 파이댕

12-팟 팍 루암 밋

01-똠얌꿍

08 팟 펫 Fried Red Curry

매운 카레 볶음. 깽 펫을 바질과 함께 볶은 것. 돼지고기(무), 닭고기(까이), 새우(꿍), 해산물(탈레) 등 모든 음식 재료와 잘 어울린다.

09 팟 팍 깔람
Fried Cauliflower with Oyster Sauce

굴소스로 요리한 콜리플라워 볶음. 돼지고기(무)나 소고기(느아)와 잘 어울린다.

10 팟 팍 카나 Fried Green Vegetable with Oyster Sauce

굴소스로 요리한 청경채 볶음. 돼지고기(무)나 돼지고기 튀김(무끄롭)과 잘 어울린다.

11 팟 팍붕 파이댕
Fried Morning Glory with Oyster Sauce

미나리 줄기 볶음. 마늘과 고추를 넣어 매콤함도 느껴진다. 밥반찬으로 인기가 좋다.

12 팟 팍 루암 밋
Fried Mixed Vegetables with Oyster Sauce

각종 야채를 넣고 볶은 야채 볶음. 밥반찬으로 가장 무난하다.

국 & 찌개

태국 요리에서 수프 종류는 많지 않다. 하지만 태국 요리를 대표하는 똠얌꿍 Tom Yam Kung이 새로운 미각에 눈뜨게 만든다. 이름만큼이나 독특한 똠얌꿍은 처음 맛본 사람에게 아주 괴팍한 음식이 되겠지만, 차츰 맛을 들이기 시작하면 가장 그리운 태국 음식이 될 것이다.

국 & 찌개 종류

01 똠얌꿍 Tom Yam Kung

똠얌 소스에 새우를 넣어 끓인 수프. 똠얌은 맵고 시고 짜고 단맛을 동시에 내는 음식으로 세계적으로 유명하다. 레몬그라스, 라임, 팍치, 생강 같은 다양한 향신료를 넣기 때문에 주방장의 솜씨에 따라 맛이 천차만별이다. 보통 새우를 넣지만 닭고기를 넣은 '똠얌 까이', 해산물을 넣은 '똠얌 탈레' 등도 즐길 수 있다.

02 깽쯧 Kaeng Jeut

'싱거운 국'이라는 뜻으로 국물이 맑아 영어로 '클리어 수프 Clear Soup'라고도 한다. 향신료를 거의 사용하지 않고 생선 소스, 간장, 후추로 간을 낸다. 미역과 당면에 연두부를 넣을 경우 '깽쯧 떠후'가 되고, 다진 돼지고기를 넣으면 '깽쯧 무쌉'이 된다.

03 똠카 까이
Chicken Coconut Soup

코코넛 밀크를 잔뜩 넣고 끓여 매운맛이 전혀 없다. 고추, 라임, 레몬그라스, 생강 등 기본적인 향신료를 넣으며 다른 고기보다는 닭고기를 넣는 게 거의 공식화되어 있다.

이싼 음식 Isan Food

이싼은 태국에서 가장 낙후된 동북부 지방을 일컫는 말이다. 라오스와 국경을 접하고 있어 라오스 음식과 비슷하며, 메콩강을 끼고 있어 민물고기를 이용한 요리도 많다.

방콕에도 이싼 음식점은 흔하다. 돈벌이를 위해 방콕으로 이주한 이싼 사람들이 많기 때문. 방콕 서민들에게도 사랑 받는 별미 음식으로 모든 이싼 음식은 찰밥인 '카우 니아우'와 함께 먹는다.

이싼 음식의 종류

01 쏨땀 Somtam(Papaya Salad)

태국을 여행하며 똠얌꿍과 더불어 한 번쯤은 먹어봐야 하는 음식. 맵고 신맛이 일품이다. 똠얌꿍에 비해 처음부터 거부감 없이 접근할 수 있으며, 김치 대용으로 한국 사람들에게도 사랑받는 음식이다. 실제로 갓 버무린 무채와 맛이 비슷하다. 쏨땀은 한마디로 파파야 샐러드다. 설익은 파파야를 야채처럼 잘게 썰어 라임, 생선소스, 쥐똥 고추, 땅콩을 넣고 함께 작은 절구에 넣어 방망이로 빻아 만든다.

02-깽쯧

03-똠카 까이

01-쏨땀 타이

01-쏨땀 뿌

01-땀 땡

02-남똑
03-랍
04-무 양
05-까이 양
06-찜쭘

쏨땀은 인기를 반영하듯 쏨땀 전문점이 등장할 정도며, 재료에 따라 다양하게 변형된다. 가장 기본적인 '쏨땀 타이'는 파파야 샐러드에 땅콩과 마른 새우를 넣어 달달한 편이고 게를 넣으면 '쏨땀 뿌'가 된다. 파파야 대신 설익은 망고를 넣은 '땀 마무앙', 오이를 넣은 '땀 땡', 쏨땀에 소면을 함께 넣은 '땀 쑤아' 등도 인기다.

02 남똑 Namtok

쏨땀과 더불어 대표적인 이싼 음식. 고기를 편육처럼 썰어 매콤한 향신료, 쌀가루와 함께 살짝 데쳐서 만든다. 남똑은 폭포라는 뜻인데, 요리하다 보면 자연스레 고기 육즙이 배어나오기 때문에 붙여진 이름이다. 돼지고기를 넣은 '남똑 무'가 가장 흔하다.

03 랍 Laap

고기를 잘게 썰어 허브, 향신료, 쌀가루와 함께 무친 음식. 전형적인 라오스 음식으로 메콩강 주변 지역에서는 생선을 넣은 '랍 쁠라'를 즐긴다. 하지만 방콕 도심에서는 돼지고기를 넣은 '랍 무'가 가장 보편적이다.

04 무 양 Grilled Marinated Pork

마늘과 레몬 향에 절인 돼지고기 숯불구이. 생선소스, 마늘, 설탕, 식초, 말린 고춧가루를 넣어 만든 '남 쁠라 찜'이라 부르는 소스에 찍어 먹는다.

05 까이 양 Grilled Marinated Chicken

마늘과 레몬 향에 절인 닭고기 숯불구이. 통닭구이와 비슷하다. 역시 남 쁠라 찜 소스에 찍어 먹는다.

06 찜쭘 Isan Style Suki

쑤끼와 비슷하지만 맛이나 조리 방법이 좀 더 투박하다. 약재와 향신료를 넣은 육수에 고기나 야채를 직접 넣어 끓여 먹어야 한다. 현대적인 전열 조리기구 대신 여전히 시골스런 화덕과 진흙 뚝배기를 사용한다.

시푸드

시푸드는 대부분 중국에서 이주한 광동 사람들에 의해 태국에 전래된 탓에 한국인도 부담 없이 즐길 수 있다. 기다란 해안선을 갖고 있는 태국은 신선하고 다양한 해산물을 저렴하게 맛볼 수 있는 최적의 장소다.

시푸드를 이용한 주요 요리

01 뿌 팟 퐁 까리
Fried Crab with Yellow Curry Powder
가장 대표적인 해산물 요리. 싱싱한 게 한 마리를 통째로 넣고 카레 소스로 볶은 것. 카레는 특유의 달걀 반죽과 쌀가루가 어우러져 부드럽고 단맛을 낸다.

02 쁠라 텃 쌈롯 Deep Fried Fish with Three Different Sauce
튀긴 생선에 세 가지 맛을 내는 소스를 얹은 것. 맵고 달콤한 맛의 소스가 생선과 잘 어울린다. 생선 대신 튀긴 새우를 이용한 '꿍 텃 쌈롯'도 맛이 좋다.

03 쁠라 텃 랏 프릭
Deep Fried Fish with Chilli Sauce
생선 튀김에 칠리소스를 얹은 것. '쌈롯'과 비슷하나 단맛보다는 매콤한 맛이 더 강하다.

04 쁠라 텃 끄라띠얌(까띠암)
Deep Fried Fish with Garlic
생선 마늘 튀김. 향신료가 없고 맛이 담백하다. 새우로 요리할 경우 꿍 텃 끄라띠얌 Deep Fried Prawns with Garlic이 된다.

05 쁠라 능 마나오
Steamed Fish with Chilli and Lime Sauce
라임과 마늘, 고추를 잘게 썰어 생선을 넣고 끓인 음식. 보통 생선 모양의 냄비에 담아 직접 끓여 먹도록 해준다.

06 쁠라 깽쏨 빠싸
Steamed Fish with Sour Sauce
깽쏨이라는 시고 매운맛의 소스에 튀긴 생선을 넣고

01-뿌 팟 퐁 까리
02-쁠라 텃 쌈롯
03-쁠라 텃 랏 프릭
04-꿍 텃 끄라띠얌
05-쁠라 능 마나오
06-쁠라 깽쏨 빠싸

끓인 음식. 태국식 매운탕으로 생각하면 된다. 쁠라 능 마나오와 마찬가지로 생선 모양의 냄비에 직접 끓여 먹을 수 있도록 나온다. 각종 야채와 육수를 추가로 준다.

07 꿍 파우 Grilled Shrimp

가장 흔한 해산물 요리로 새우 숯불구이를 의미한다. 보통 킬로그램 단위로 요금이 책정된다.

08 꿍 팟 프릭 빠우 Fried Prawns with Chilli Sauce

다진 고추와 칠리소스를 넣고 볶은 새우 요리. 매콤한 맛이 새우와 잘 어울린다.

09 꿍 텃 남프릭 마나오 Deep Fried Prawn with Chilli and Lime Paste

튀긴 새우에 다진 고추와 라임 소스를 함께 얹은 것.

10 꿍 채 마나오 Fresh Prawn with Garlic, Lime and Fish Sauce

날 새우에 마늘, 라임, 향신료, 소스를 곁들여 먹는다. 향신료는 주로 라임을 사용하며, 소스를 날 새우에 얹으면 자연스레 새우가 숙성된다.

11 호이 텃 Omelette Stuffed with Mussels

홍합 튀김인데 숙주나물과 쌀가루를 넣어 만든 부침이다. 달콤한 칠리소스에 찍어 먹는다.

12 호이 랑남 쏫 Fresh Oyster

신선한 굴로 마늘 튀김, 라임, 칠리소스를 곁들여 날로 먹는다.

13 꿍 옵 운쎈 Steamed Prawn with Glass Noodles in Clay Pot

새우와 운쎈(당면), 생강, 마늘을 함께 넣어 찐 음식. 게를 넣은 '뿌 옵 운쎈'도 즐겨 먹는다.

14 팟 프릭 호이라이 Fried Mussels with Basil and Chilli

조개와 고추, 바질을 함께 볶은 요리. 매우면서도 바질의 독특한 향이 잘 어울린다.

15 어쑤언 Fried Oyster
전형적인 광둥 지방의 굴 볶음 요리다. 생굴, 달걀, 쌀가루를 함께 볶는다. 달콤한 칠리소스에 찍어 먹는다.

16 허이 캥 Steamed Mussels
꼬막 스팀. 매콤한 시푸드 소스에 찍어 먹는다. 태국인에게 술안주로 사랑받는 음식 중 하나다.

17 호목 탈레 Steamed Seafood with Curry and Coconut Milk
태국식 해산물 찜. 생선, 새우, 게를 잘게 으깨 코코넛 밀크를 넣고 찐 것. 해산물 식당이 아닌 일반 태국 음식점에서 요리한다. 향신료가 강해 초보자에게 다소 어려운 음식이다.

디저트
음식이 맵기 때문에 디저트는 무조건 달다. 풍부한 과일과 아이스크림이 많아 다양한 디저트를 즐길 수 있다.

디저트의 종류

01 마무앙 카우니아우
찰밥에 망고를 썰어 얹어 주는 아주 간단한 음식. 망고와 코코넛 크림이 어울려 단맛을 낸다. 망고 시즌에만 볼 수 있다.

02 끌루어이 츠암
설탕 시럽으로 끓인 바나나.

03 팍통 츠암
설탕 시럽으로 끓인 호박.

04 카놈 크록
코코넛 크림으로 만든 태국식 푸딩.

05 싸쿠
태국식 떡. 땅콩, 설탕, 코코넛을 넣으며, 다진 돼지고기를 넣기도 한다.

15-어쑤언
16-허이 캥
17-호목 탈레
01-마무앙 카우니아우
02-끌루어이 츠암
03-팍통 츠암
04-카놈 크록
05-싸쿠

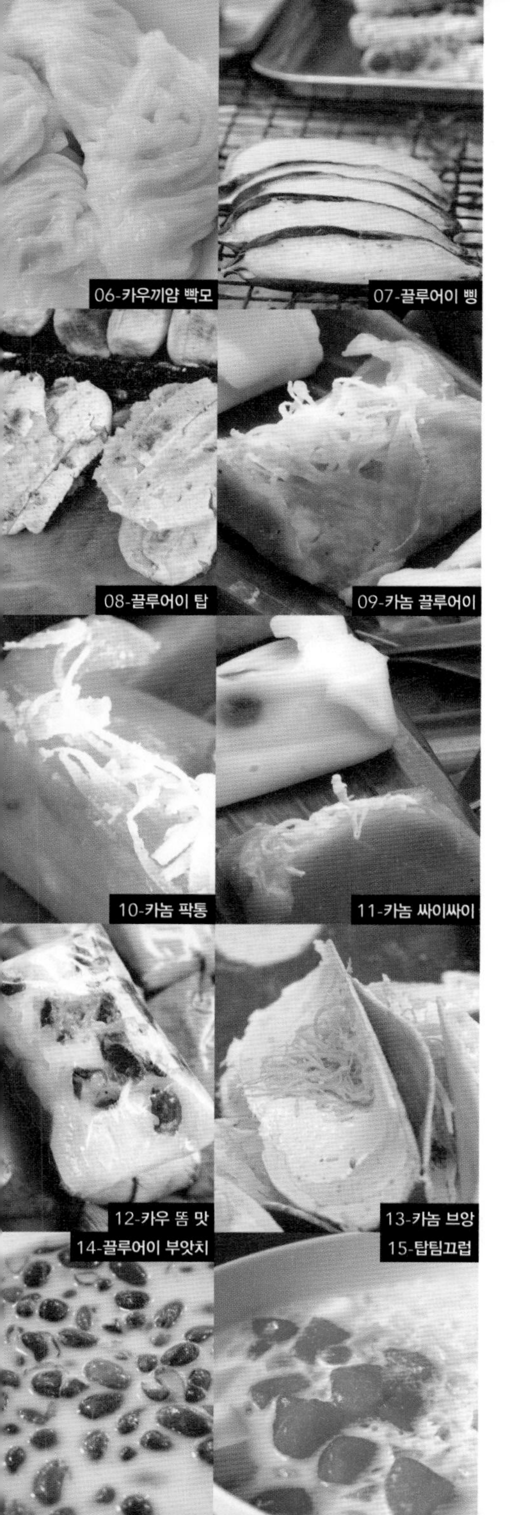

06-카우끼얌 빡모 07-끌루어이 삥
08-끌루어이 탑 09-카놈 끌루어이
10-카놈 팍통 11-카놈 싸이싸이
12-카우 똠 맛 13-카놈 브앙
14-끌루어이 부앗치 15-탑팀끄럽

06 카우끼얌 빡모
싸쿠와 만드는 재료나 방법은 비슷하나, 쌀가루를 이용해 내용물을 감싼다.

07 끌루어이 삥
껍질을 벗기지 않은 바나나를 숯불에 구운 것.

08 끌루어이 탑
껍질을 벗겨 구운 바나나를 납작하게 누른 것. 시럽을 뿌리기도 한다.

09 카놈 끌루어이
카놈 완의 한 종류로 바나나를 판다누스 잎에 싸서 만든 태국식 스위트.

10 카놈 팍통
카놈 완의 한 종류로 호박을 넣어 만든다.

11 카놈 싸이싸이
카놈 완의 한 종류로 코코넛과 설탕을 넣어 만든다.

12 카우 똠 맛
카놈 완의 한 종류로 찹쌀과 땅콩 또는 바나나를 넣어 만든다.

13 카놈 브앙
달걀 흰자를 이용해 만든 팬케이크.

14 끌루어이 부앗치
바나나를 코코넛 크림에 넣고 끓인 디저트. 같은 종류로 검정 단팥을 넣은 투아담, 호박을 넣은 팍통 부앗이 있다.

15 탑팀끄럽
바삭거리는 붉은 콩을 얼음이나 코코넛 크림에 넣어 먹는다. 과일 등을 섞으면 탑팀끄럽 루암밋이 된다.

16 따오퉁
각종 과일, 호박, 팥 등 미리 준비된 재료를 서너 개 골라 남야이와 설탕으로 만든 시럽에 넣어 먹는다. 보통 얼음을 넣어 차갑게(따오퉁 옌) 먹지만, 따뜻한 시럽(따오퉁 론)에 넣어 먹기도 한다.

17 남캥 싸이

따오텅과 동일하나 코코넛 크림에 원하는 재료를 넣어 먹는다. 남캥 싸이는 '얼음을 넣다'라는 뜻으로 코코넛 크림에 항상 얼음을 넣는다.

16-따오텅

17-남캥 싸이

과일

태국에는 열대지방에서만 볼 수 있는 독특한 과일들이 많다. 바나나(끌루어이), 파인애플(쌉빠롯), 수박(땡모), 코코넛(마프라오), 파파야(마라꺼), 오렌지(쏨), 구아바(팔랑) 같은 과일은 1년 내내 어디서건 쉽게 구할 수 있지만, 망고(마무앙), 람부탄(응어), 망고스틴(망쿳), 두리안(투리안), 로즈 애플(촘푸) 같은 과일은 계절 과일로 제철에 찾아가야 제맛을 즐길 수 있다. 물론 대형 백화점에서는 계절에 관계없이 모든 과일을 구입할 수 있다. 하지만 제철에 비해 맛도 떨어지고 가격도 비싸진다. 태국에서 과일은 디저트로 애용된다. 고급 레스토랑에서 식사 후 신선한 과일을 서비스로 내오는 것은 물론, 꾸어이띠아우 집 옆에는 과일을 적당한 크기로 잘라 얼음에 재워서 파는 노점들이 마치 공생 관계에 있는 업소처럼 자리를 지킨다. 태국 사람들은 과일을 먹을 때 과일 맛을 증가시키기 위해 소금, 설탕, 고춧가루를 섞은 양념에 찍어 먹는다.

마프라오(코코넛) Coconut

야자수 열매로 밋밋한 맛을 낸다. 시원하게 먹어야 제 맛을 느낄 수 있다. 포도당 성분이 많아 영양 섭취에 좋으니 땀을 많이 흘렸다면 한 통씩 코코넛 음료를 마셔두자. 코코넛을 칼로 쪼개 하얀 과일을 함께 먹는다. 말린 코코넛은 음식 재료로 사용된다.

마무앙(망고) Mango

열대과일 중에 가장 사랑받는 과일이다. 5월부터 더운 여름에 주로 생산된다. 외국인들은 노란색의 잘 익은 망고를 선호하지만 태국인들은 파란색의 신맛 나는 덜 익은 망고를 선호한다. 망고를 이용한 디저트, '마무앙 카우니아우'도 인기다. 찰밥에 망고와 코코넛 크림을 얹은 것인데, 밥과 과일의 달콤함이 환상의 조화를 이룬다.

마라꺼(파파야) Papaya

파파야는 두 가지 용도로 사용된다. 안 익은 파란색 파파야는 쏨땀(파파야 샐러드)을 만드는 음식 재료로, 잘 익은 오렌지색 파파야는 과일처럼 먹는다. 파파야 특유의 냄새가 약하게 나지만 과일 맛은 부드럽고 달다.

망쿳(망고스틴) Mangosteen

자주색 껍데기에 하얀 열매를 갖고 있는 망고스틴. 딱딱한 겉모습과 달리 부드러운 과일로 가장 사랑받는 열대 과일이다. 5~9월까지가 제철이며 생산이 시작되는 5월에 가장 맛이 좋다.

응어(람부탄) Rambutan

성게처럼 털 달린 빨간색 과일. 보기에 우스꽝스럽지만 껍질을 까면 물기 가득한 하얀 알맹이가 단맛을 낸다. 과도로 가운데를 살짝 칼집을 내면 쉽게 껍질을 깔 수 있다. 7~9월 사이에 흔하게 먹을 수 있으며, 살짝 얼려 먹어도 맛있다.

투리안(두리안) Durian

열대 과일의 제왕이란 칭호를 얻었지만 냄새 때문에 선뜻 시도하지 못하는 과일이다. 도깨비 방망이처럼 생김새도 요상

코코넛

망고

파파야

하다. 껍질을 까면 노란색의 과일이 나오는데 입맛을 들이면 중독성이 강해 헤어나기 힘들다. 고약한 냄새로 인해 반입을 금지하는 건물들이 많다.

람야이(용안) Longan
용의 눈이란 독특한 이름을 가진 과일. 줄기에 알맹이가 대롱대롱 매달려 있다. 갈색 모양으로 맛은 람부탄과 비슷한데 단맛이 더 강하다. 살짝 얼려 먹으면 좋다. 7~10월에 생산된다.

촘푸(로즈 애플) Rose Apple
이름처럼 보기 좋은 과일이다. 빨간색과 연한 초록색 두 가지 종류가 있다. 단맛은 강하지 않지만 향기가 좋다. 차게 먹을수록 맛이 좋다. 4~7월에 생산된다.

팔랑(구아바) Guava
태국인들은 완전히 익지 않은 구아바를 선호한다. 떨떠름한 맛을 내기 때문에 소금, 고춧가루 양념에 찍어 먹는다. 팔랑은 태국 사람들이 서양인을 빗대어 부르는 말이기도 하다.

쏨오(포멜로) Pomelo
수박만 한 오렌지. 껍질이 두꺼워 손으로 까기 힘들다. 오렌지보다 크고 토실토실한 알맹이가 씹히는 맛이 좋다. 일부 식당에선 쏨오를 이용해 만든 매콤한 샐러드인 '얌 쏨오'도 선보인다.

깨우만꼰(드래곤 프루트) Dragon Fruit
선인장 열매로 모양이 독특하다. 빨갛고 둥근 모양으로 껍질을 벗기면 깨 같은 검은 점들이 박힌 하얀색 알맹이가 나온다. 맛은 심심한 편이다.

카눈(잭 프루트) Jack Fruit
두리안과 비슷하게 생겼지만, 더 크고 껍데기가 부드럽다. 껍질을 까면 노란색 과일이 나온다. 향은 강하지만 맛은 부드럽다.

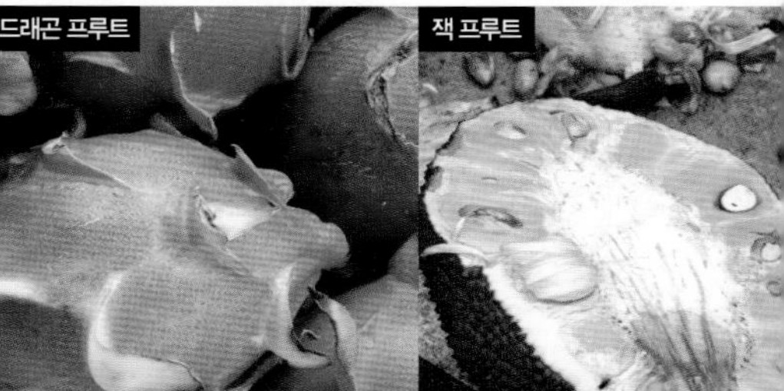

음료

신선한 과일이 지천에 널려 있는 탓에 과일 주스나 과일 셰이크가 흔하다. 술을 사랑하는 태국 민족답게 어디서든 얼음 탄 맥주를 마실 수 있다.

생수

태국에서는 마음 놓고 수돗물을 받아 마실 수 없다. 석회질 성분이 많아 정수된 물을 마셔야 한다. 식당에서 물을 공짜로 제공하지 않는 이유도 물을 사먹어야 하기 때문이다. 생수는 정수 상태에 따라 가격이 다르다. 슈퍼마켓에서 파는 생수는 작은 병(500ml)이 7~10B, 큰 병(1.5L)이 15~20B 정도다.

과일 음료

신선한 과일이 많기 때문에 과일 음료도 풍부하다. 오렌지나 파인애플을 직접 짜서 만든 과일 음료는 '남 폰라마이 nam phonlamai'라 부르고, 과일 셰이크는 '폰라마이 빤'이라고 한다. 과일 주스 중에는 남쏨(오렌지 주스), 남오이(사탕수수 주스)가 인기 있고, 셰이크 중에는 끌루어이 빤(바나나 셰이크), 땡모 빤(수박 셰이크), 마무앙 빤(망고 셰이크)이 흔하다. 길거리 노점에 과일 가게가 넘쳐나듯 과일 셰이크 노점도 흔하다. 매운 음식을 먹을 때 곁들이면 좋다.

에너지 드링크

태국인들은 박카스를 사랑한다. 택시 기사, 노동자 할 것 없이 몸이 찌뿌듯하다 싶으면 박카스 한 병씩을 들이킨다. 그중 가장 대표적인 브랜드가 레드 불 Red Bull로 잘 알려진 '끄라틴댕 Kratin Daeng'이다. 한국을 제외한 세계 여러 나라에 수출되는 끄라틴댕은 태국 10대 기업에 속할 정도로 엄청난 판매량을 자랑한다. 그 외에 엠로이하씹 M150도 인기가 있다. 한국 박카스에 비해 카페인 함량이 높으므로 중독되지 않도록 유의하자.

맥주

태국을 대표하는 맥주는 '씽 Singha'이다. 1934년부터 생산되기 시작한 태국 최초의 맥주로 세월이 흘러도 태국 맥주 시장 점유율 50% 이상을 치지한다. 태국을 방문한 외국인들도 가장 선호하는 맥주로 알코올 도수는 6%. 영어로 싱하 비어 Singha Beer라 표기되어 있지만 정확한 발음은 '씽'. 맥주 로고로 그려진 수호신 역할을 하는 사자를 뜻한다. 주문할 때 '비아 씽'이라고 하자. 씽 다음으로 인기 있는 맥주는 '창 Chang'이다. 창은 코끼리를 뜻한다. 비아 씽과의 경쟁으로 가격을 낮게 책정하는 것이 특징이다. 두 개의 유명 맥주 이외에 레오 맥주 Beer Leo와 타이 맥주 Beer Thai, 치어스 맥주 Cheers Beer 등이 최근 새로이 시장에 뛰어들었다. 저렴한 것이 특징이지만 비아 씽과 비아 창에 비해 인기가 없다.

위스키

태국 위스키들은 쌀로 만들어 보통 위스키보다 달다. 쌩쏨 Sang Som으로 대표되며 알코올 35%를 함유한다. 저렴한 것이 매력으로 태국 서민들이 즐겨 마신다. 쌩쏨 이외에 메콩 Mekong도 있으나 술집에서는 거의 판매하지 않고 슈퍼마켓에서 구입이 가능하다. 쌩쏨보다 싼 대신 독하다. 브랜디 위스키는 조니 워커 Johnnie Walker가 가장 일반적이다. 태국에서 자체 생산한 저렴한 브랜드로는 스페이 로열 Spey Royal, 헌드레드 파이퍼 100 Pipers가 유명하다. 학생들이 많이 가는 클럽이나 술집에서는 태국 위스키가 인기 있다. 태국 사람들은 스트레이트로 마시지

않고 섞어 마신다(심지어 맥주를 주문해도 얼음을 가져온다). 소다와 얼음을 기본으로 콜라를 섞는 것이 보편적. 업소에서는 먹다 남은 술을 맡기고 나올 수 있으며, 한 달 이내에 다시 가서 술을 마시면 믹서 값만 추가하면 된다. 술 카드를 건네주므로 잘 챙겨둘 것.

양동이 칵테일

양동이 칵테일은 한마디로 태국식 폭탄주다. 과거 탁신 정부 시절 심야 영업시간을 새벽 2시로 단속하며 술을 판매할 수 있는 시간이 제한받자, 음료수로 가장하기 위해 얼음을 담던 양동이에 술을 섞어 마시기 시작하면서 인기를 얻었다. 양동이 칵테일을 제조하는 방법은 간단하다. 얼음이 담긴 양동이에 위스키 작은 병 하나, 콜라, 소다, 끄라틴댕(Red Bull, 태국 박카스)을 동시에 부어 넣고 휘저으면 된다. 저렴하게 마시고 싶은 경우 쌩쏨(태국 럼주)을, 독하게 마시려면 보드카를 이용하면 된다.

양동이 칵테일은 빨대를 꽂아 마신다. 한 명씩 돌아가며 마시기보다 여러 명이 동시에 입을 맞대고 술을 마시면 즐거움이 배가된다. 태국 남부의 섬에 가면 술집에서 흔하게 판매하지만, 방콕에서는 카오산 로드에서나 양동이 칵테일을 판매한다. 영어로 위스키 버킷 Whisky Bucket이라고 적혀 있다. 끄라틴댕 향이 강해서 술이 약하게 느껴지지만, 독한 술을 섞었기 때문에 생각보다 빨리 취기가 올라온다. 과음은 절대 금물이다.

태국 식당에서 영어 메뉴판 읽기

노점이나 현지인이 운영하는 식당에는 메뉴판이 없어서 태국 말로 음식을 주문해야 의사소통에 도움이 되지만, 외국인들이 득실거리는 카오산 로드나 호텔에서는 깔끔하게 정리된 영어 메뉴판을 제공한다. 김치를 영어로 풀어 설명할 수 없듯 태국 음식도 영어로 설명되지 않는 것들이 많다. 하지만 외국인들의 편의를 위해 어쩔 수 없이 영어로 설명된 메뉴판을 준비하기 마련. 고급 레스토랑이나 일류 호텔에서 태국 음식 주문을 돕기 위해 영어 메뉴판 보는 법을 설명한다. 기본적인 단어들만 알면 음식 조합이 어떤 것인지 쉽게 알 수 있으므로 겁먹지 말고 먹고 싶은 음식을 선택하자.

1. 메뉴의 큰 제목을 살핀다

태국 음식이 워낙 다양하기 때문에 한두 페이지 메뉴로 부족하다. 메뉴가 다양할수록 음식을 구분하는 큰 제목을 달아놓기 마련이다. 일반적으로 카레 Curry, 볶음 Stir Fried, 단품 요리 One Plate Dishes, 시푸드 Seafood, 타이 샐러드 Thai Salad, 수프 Soup로 구분된다.

2. 큰 제목 아래 음식을 살핀다

어떤 종류의 음식을 골랐다면 어떤 음식을 먹을지를 선택할 차례다. 카레와 볶음 요리는 재료에 따라 음식이 달라진다. 닭고기 chicken, 돼지고기 pork, 소고기 beef, 오리고기 duck, 새우 prawn, 생선 fish, 해산물 seafood, 야채 vegetable를 주재료로 사용한다.

3. 어떻게 요리하는지를 선택한다

볶음 stir fried 이외에도 그릴에 굽는 grilled, 김으로 쪄내는 steamed, 물에 끓인 boiled, 튀김 deep fried 방법이 있다. 소스로는 굴 소스 oyster sauce, 달콤한 고추 소스 sweet chilli sauce, 간장 소스 soy sauce, 탕수육 소스 sweet & sour sauce, 생선 소스 fish sauce를 주로 요리에 사용한다.

4. 음식을 골랐으면 음료수를 주문한다

태국에서는 물을 서비스로 제공하지 않기 때문에 음료를 고르는 것이 주문의 마지막 차례다. 물 water, 콜라 coke, 과일 주스 fruit juice, 맥주 beer 중에서 선택하면 된다.

Travel Preparation

여행 준비

여행의 진정한 시작은 여행 전부터다. 여권 준비부터 항공권 · 호텔 예약, 방콕 여행 설계, 환전 등의 과정을 거치며 방콕에 한 발 더 다가가도록 하자. 혹자는 말한다. "여행을 준비하며 갖게 되는 설렘과 즐거움은 여행보다 더 값지다"고….

01 여권 만들기

여권은 해외여행의 필수품으로 대한민국 정부가 외국으로 출국하는 국민의 신분을 증명하고 외국에 대해 여행자를 보호하고 구조를 요청하는 일종의 공문서다. 쉽게 말해 대한민국 정부가 자국민의 신분을 보증해 발급하는 '해외용 주민등록증'이라고 생각하면 된다. 이미 여권이 있다면 유효기간이 최소 6개월 이상 남았는지 확인하자. 그 이하라면 반드시 발급기관에서 유효기간을 연장하거나 재발급을 받아야 한다.

① 전자여권

2008년 8월 25일부터는 국제적으로 신뢰를 받는 전자여권이 발급되고 있다. 전자여권(ePassport)이란 비접촉식 IC칩을 내장하여 신원정보를 저장한 여권이다. 전자여권은 1회용 단수여권, 정해진 기간 내에 무제한으로 사용할 수 있는 복수여권으로 나뉜다. 복수여권의 기한은 5년과 10년 두 종류가 있다. 10년 기한의 복수여권을 발급받는 것이 편하다.

② 미니 여권

해외여행이 많지 않은 여행객들을 위해 만든 가벼운 여권이다. 복수 여권의 한 종류로 여권 페이지를 얇게 만들었다. 일반적으로 사용하는 복수 여권이 48쪽으로 구성되어 있다면, 미니 여권은 24쪽으로 되어 있다. 미니 여권은 일반 여권과 동일하며, 다만 여권 발급 수수료가 일반 여권에 비해 3,000원 저렴하다.

③ 여권 접수 서비스

실제 여권 발급 신청은 발급기관을 방문하여 신청서를 제출해야 한다. 특수한 경우(18세 미만 미성년자, 질병 · 장애의 경우, 의전상 필요한 경우)를 제외하고는 본인이 직접 신청해야 한다. 외교부 홈페이지에서 여권발급신청서를 미리 출력해서 작성해 가면 시간을 절약할 수 있다. 신원 조사와 여권 서류 심사 과정을 거쳐 여권이 발부된다.

+ 여권 헬프라인 (02)733-2114
+ 여권업무 관련 문의전화
외교부 콜센터 전화 (02)3210-0404
+ 외교부 여권 접수
홈페이지 www.passport.go.kr

알아두세요

병역의무자 국외여행허가서

25세 이상의 군 미필자의 경우 일반인과 달리 서류가 한 장 더 필요합니다. 바로 병무청에서 발급해주는 국외 여행 허가서가 그것입니다. 예전에는 병무청을 직접 방문해야 가능했지만 요즘은 인터넷으로도 발급이 가능합니다. 병무청 사이트 www.mma.go.kr→병역이행안내→국외여행 · 국외체재 민원신청으로 가서 국외 여행 허가서를 신청하세요. 특별한 문제가 없다면 2일 뒤에 병무청 사이트를 통해 출력할 수 있습니다.

④ 여권 신청 구비 서류

일반인의 경우 여권발급신청서, 여권용 사진 1장(6개월 이내에 촬영한 사진), 신분증(사진이 부착되어 있는 주민등록증 또는 운전면허증)이 필요하다. 군 미필자는 병역관계서류(25~37세 병역 미필 남성의 경우 국외여행허가서)가 추가로 필요하다. 사진은 정해진 규정에 따라 여권용 사진으로 찍어야 한다.

⑤ 여권 발급 수수료(인지대)

10년 복수여권 5만 3,000원, 5년 복수여권 4만 5,000원, 1년 단수여권 2만 원.

⑥ 여권 발급처

서울의 25개 구청을 포함해 지방 각 주요 도시와 군의 민원여권과 또는 민원봉사과에서 접수가 가능하다. 본인의 거주지와 상관없이 전국 236개 여권 접수처 아무 곳에서나 신청하면 된다. 여권 발급은 해당 접수처에서 받으면 된다. 접수와 발급에 관한 자세한 내용은 외교부 홈페이지 www.passport.go.kr 에서 확인 가능하다.

02 태국은 무비자

태국은 90일 동안 무비자 체류가 가능하다. 즉, 대한민국 여권을 소지하고, 여권의 유효기간이 6개월 이상 남은 경우라면 항공권만 구입하면 여행이 가능하다.

03 정보 수집하기

어떤 여행을 하느냐에 따라 정보의 종류나 양의 차이가 있겠지만, 좋은 정보가 많을수록 알찬 여행이 되는 것은 당연한 일. 자신의 여행 스타일과 목적에 맞게 준비하도록 하자.

① 가이드북

처음 가는 해외에서 길잡이가 되어 주는 책. 볼거리 · 식당 · 숙소 정보 등이 일목요연하게 나온 책이 좋다. 발간(개정) 시기와 정보의 다양성, 그리고 보기 쉬운 구성이야말로 가이드북의 3대 조건이다. 최근에는 저자들의 인터넷 사이트와 연동되는 가이드북이 많은데 지면에 미처 다 싣지 못한 정보로 채워져 있어 참고하면 도움이 된다.

「프렌즈 방콕」 저자 홈페이지 www.travelrain.com

② 인터넷

종이 책으로 절대 제공하지 못하는 여행 정보를 빠른 인터넷이 대신해준다. 태국과 동남아시아에 관한 유용한 사이트를 참고하거나, 네이버나 다음의 카페들을 통해 최신의 정보를 확인하자. 약간 호들갑스럽고 가이드북 정보의 재탕인 경우도 많지만, 간혹 깜짝 놀랄 정도로 신선한 정보들도 있다.

③ 태국 관광청 TAT (Tourism Authority of Thailand)

관광 대국인 태국답게 관광청에서도 다양한 여행 정보를 제공한다. 웹페이지를 통해 방콕과 태국의 기본적인 정보가 제공됨은 물론 다양한 행사와 축제에 관한 정보를 제공한다. 간간이 무료 여행 이벤트 행사도 개최하므로 꼼꼼히 챙길 것. 태국 관광청은 서울 사무소 이외에 방콕, 파타야, 아유타야, 깐짜나부리, 푸껫 등의 주요 도시에 사무소를 운영한다.

+ 태국 관광청 서울 사무소
홈페이지 www.visitthailand.or.kr
문의 (02)779-5417
이메일 info@visitthailand.or.kr
운영 월~금 09:00~12:000, 13:00~17:00
주소 서울시 중구 퇴계로 97(충무로 1가) 대연각센터 1205호
가는 방법 지하철 4호선 명동역 5번 출구

+ 태국 관광청 본청(방콕 사무소)
홈페이지 www.tourismthailand.org
문의 +66-(0)2250-5500
운영 월~금요일 08:00~17:00
주소 1600 Thanon Phetchburi Tat Mai(New Phetchburi Road), Makkasan, Bangkok 10310
가는 방법 카오산 로드에서 택시로 20~30분, 쑤쿰윗에서 택시로 10~20분

알아두세요

태국 여행 추천 커뮤니티

태사랑 www.thailove.net
태국은 물론 동남아시아를 여행할 경우 반드시 들어가야 하는 정보 사이트. 가이드북 저자이기도 했던 안민기 씨가 운영한다. 직접 제작한 여행지도와 방대한 여행 정보를 바탕으로 열혈 지지자들에 의한 다양한 정보가 수시로 업데이트된다.

04 항공권 예약하기

항공권은 여행을 준비하면서 가장 목돈이 들어가는 부분이다. 따라서 항공권을 최대한 저렴하게 구입할 수 있다면 알뜰 여행은 이미 반 정도 성공한 셈. 저렴한 항공권은 하늘에서 뚝 떨어지는 것이 아니다. 부지런히 발품을 파는 수밖에 없는데 여기에는 몇 가지 요령이 따른다.

① 비수기를 이용하자

항공권은 성수기와 비수기에 따라 요금이 크게 달라진다. 성수기는 여름 · 겨울 방학기간과 7~8월의 휴가 시즌, 명절 연휴 등이 해당되고 그밖의 기간은 비수기라고 생각하면 된다. 성수기에 여행을 떠나려면 항공권을 구하기가 매우 힘들어지므로 가급적 서둘러 예약하는 것이 좋다.

② 저가 항공사를 활용하자

인천↔방콕 구간도 저자 항공사가 취항하면서 항공요금 경쟁이 심해졌다. 저가 항공사의 경우 예약을 빨리 할수록 할인 혜택을 받을 수 있는데, 국적기에 대해 50% 가까이 할인된 요금에 예약도 가능하다.

태국으로 취항하는 주요 항공사 연락처

- **타이항공 Thai Airways**
  전화 (02)3707-0011
  홈페이지 www.thaiairways.com
- **대한항공 Korean Air**
  전화 1588-2001
  홈페이지 http://kr.koreanair.com
- **아시아나항공 Asiana Airlines**
  전화 1588-8000
  홈페이지 www.flyasiana.com
- **에어 아시아 Air Asia**
  홈페이지 www.airasia.com
- **이스타 항공**
  전화 1544-0080
  홈페이지 www.eastarjet.com
- **제주항공 Jeju Air**
  전화 1599-1500
  홈페이지 www.jejuair.net
- **티웨이항공 T'way Air**
  전화 1688-8686
  홈페이지 www.twayair.com

단, 예약 변경이나 환불 규정이 까다롭기 때문에 출발일과 귀국일을 확정한 다음에 예약하는 게 좋다. 수화물 규정이나 기내 음식 서비스 등은 일반 항공사에 비해 떨어진다. 하지만 항공 요금만 고려한다면 매력적이다. 비수기의 경우 30~40만 원에 왕복 항공권을 구입할 수 있다.

③ 나에게 맞는 항공편을 결정하자

인천에서 태국으로 가는 비행기는 다양하다. 대부분 인천에서 방콕까지 직항 노선을 운행하지만, 일부 항공사는 타이베이나 홍콩을 경유하기도 한다. 국적기인 대한항공이나 아시아나 항공보다는 해외 항공사인 타이 항공이 저렴하다. 저가 항공사를 표방하는 에어 아시아와 이스타 항공은 비수기에 매력적인 프로모션 요금을 내놓기도 한다.

비행 스케줄은 방콕까지 1일 2~4회 운항하는 대한항공, 아시아나 항공, 타이 항공이 편리하다. 오전 출발과 오후 출발로 구분된다. 어느 항공을 이용하든 방콕까지 비행시간은 5시간 30분 정도 소요된다. 인천 공항을 오후에 출발하는 비행기는 방콕에 자정 넘어 도착하므로, 초행길인 여행자라면 아침에 출발하는 비행기를 이용하는 게 좋다.

④ Tax에 유의하라

항공권 요금은 예상 Tax를 포함해 안내하게 되어 있다. 항공권을 얘기할 때 '항공료 00만원+Tax'라고 하는데, Tax 항목에는 국가에서 항공권 판매에 대해 부과하는 세금, 공항이용료인 공항세, 출국세, 전쟁 보험료, 유류 할증료 등이 모두 합산되어 부과된다. Tax는 탑승일과 관계없이 발권일 기준으로 적용된다. 항공권 구매 후 탑승 시점에서 환율이 인상되었다 하더라도 차액을 징수하지 않으며, 인하되어도 환급되지 않는다. 항공사마다 Tax가 모두 다르고, 같은 항공권이라도 발권일의 환율에 따라 Tax는 매일 변동되므로 꼼꼼히 따져보고 결정해야 한다.

⑤ 항공권은 종이에 프린트하면 된다

항공권은 항공권 결제를 마치고 나서 이메일로 항공권을 받게 된다. 이것이 바로 전자 티켓이라고 하는 E-Ticket(이티켓) 항공권이다. 이를 출력해 공항의 항공사 카운터에 내밀면 바로 탑승권인 보딩 패스를 받게 된다. 이티켓의 장점은 분실할 염려가 없다는 것이다. 인터넷이 되는 곳이라면 어디에서든 이메일을 열어 티켓을 프린트할 수 있으니 편리하다.

알아두세요

항공권 구입시 유의사항

항공권상의 이름은 여권 기재 이름과 반드시 일치해야 합니다. 공항에서 영문 이름이 다를 경우, 이름을 변경하는 데 수수료를 내야 하며 간혹 탑승을 거부당하기도 합니다. 출국 · 귀국 날짜와 시간을 체크하는 것도 잊지 마세요.

항공권을 예약했다고 해도 항공 요금을 결제하고 발권하지 않으면 내 것이 되지 않습니다. 성수기에는 출발일 기준 7일 이내, 비수기라 해도 3일 이내에 발권해야 함을 잊지 마세요.

05 여행자 보험 가입하기

짧은 주말여행이라 할지라도 여행자 보험은 반드시 가입하자. 현지에서 물건 분실 등의 사고가 발생하거나 질병에 걸려 병원 치료를 받은 경우에는 매우 유리하다. 물건을 분실했을 경우 관할 경찰서에서 받은 분실 · 도난 증명서를 받아와야 하고, 치료를 받은 경우 치료 관련 증빙서류와 지불 영수증을 받아오면 된다. 한국에 귀국한 후, 보험회사에 현지에서 받아온 해당서류와 통장사본을 우편으로 제출하면 2주일 후 규정에 따라 보험처리를 받을 수 있다. 보험료는 보상한도액에 따라 금액이 다르며, 최근에는 환전을 하면 무료로 여행자 보험에 가입시켜주기도 한다. 항공권을 구입한 여행사, 인천공항의 출국장 내 보험회사 등에서 쉽게 가입할 수 있다.

06 호텔 예약하기

방콕에 밤늦게 도착한다거나, 성수기에 여행한다면 호텔을 한국에서 미리 예약하고 가는 게 좋다. 호텔 홈페이지나 호텔 예약 사이트를 통해서 예약이 가능하다. 호텔 예약 사이트의 경우 같은 호텔이라도 요금이 조금씩 다르고, 예약 취소와 변경에 대한 규정이 회사마다 다르니 꼼꼼히 살펴봐야 한다. 호텔 자체 홈페이지에서는 신용카드로 결제를 미리 해야 하는 경우도 있고, 예약 번호만 먼저 이메일로 보내고 체크인 하면서 직접 결제하는 경우도 있는 등 호텔마다 시스템이 조금씩 다르다. 예약할 때 본인의 이름과 도착일, 체크인 시간을 정확히 알려주는 게 좋다. 호텔 예약 바우처나 예약 컨펌 이메일을 프린트해 두는 것도 잊지 말자.

07 환전

환전을 하기 위해서는 먼저 현찰과 신용 카드의 사용 비율을 정해야 한다. 신용 카드 사용에 불편함은 없지만 해외인 만큼 2%의 별도 수수료가 추가된다는 사실을 알아둘 것. 환전할 금액을 결정했다면 시중 은행의 외환 거래 창구나 해당 은행의 인터넷 사이트를 통해 태국 밧(THB)을 미리 환전해놓도록 하자. 환율도 공항보다 좋고 환전 수수료 할인, 여행자 보험 무료 가입 등 은행에 따라 다양한 혜택이 주어진다. 다만 태국 화폐를 보유한 은행이 많지 않기 때문에 대형 은행을 찾아야 하는 불편함이 따른다.
방콕 어디서든 ATM 사용이 가능하며, 현지에서 태국 돈을 인출해서 사용하는 것도 어렵지 않다. 외국 은행을 이용하는 것이기 때문에 ATM은 사용할 때마다 수수료를 내야 한다. 이때는 현찰 비율과 ATM으로 뽑아서 쓸 돈의 비율을 결정해서 환전하면 된다.

08 면세점 미리 쇼핑하기

면세점 쇼핑은 꼭 인천공항에서만 할 수 있는 것은 아니다. 오프라인 매장으로 되어 있는 서울 시내의 도심 면세점과 인터넷으로 이용할 수 있는 온라인 면세점이 있다. 물론 출국이 확정된 사람만 이용할 수 있는데 비행기 편명과 출발시각, 여권번호를 알고 있다면 출입국 한 달 전부터 하루 전까지 쇼핑이 가능하다.
온라인 면세점은 인터넷에서 사용할 수 있는 쿠폰을 따로 발급해 오프라인 매장보다 더 저렴하게 쇼핑을 할 수 있는데 인터넷상인지라 물건을 직접 볼 수 없다는 단점이 있다. 따라서 면세점 쇼핑을 알뜰하게 잘하는 방법은, 일단 오프라인 매장에서 발품을 팔아 직접 물건을 확인한 후 온라인 면세점을 이용해 물건을 신청하는 것이다. 면세점을 이용하기 전에 홈페이지를 자세히 살펴보자. 각종 할인쿠폰, 신용카드 할인 혜택, 사은품 등 다양한 이벤트가 곳곳에 숨어 있다. 정해진 금액 이상을 구입할 경우 상품권이나 사은품을 지급하니 꼭 챙기길. 오프라인 매장이든, 온라인 면세점이든 구입한 물건은 출국할 때 공항에 마련된 물품 인도장에서 찾게 되어 있다. 쇼핑 삼매경에 빠져 출국시간에 쫓길 수도 있을 거란 생각이 들면 미리 면세점 쇼핑을 하자.

온라인 면세점

동화 면세점	www.dwdfs.com	신라 면세점	www.shilladfs.com
롯데 면세점	www.lottedfs.com	신세계 면세점	www.ssgdfm.com

09 여행 가방 꾸리기

여행이 즐겁기를 바란다면 짐은 최대한 가벼워야 하는 법. 아주 중요할 것 같은 아이템도 막상 여행을 가보면 별 소용이 없는 경우가 많다. 일단 가져갈까 말까 고민되는 아이템은 아예 가져가지 않는 것이 좋다. 대부분 현지에서 모두 구입할 수 있는 것들이기 때문이다. 꼭 가져가야 하는 것들만 알아보자.

① 여권과 항공권

아무리 강조해도 지나침이 없는 준비물인 여권과 항공권을 잘 챙겼는지 확인해 보자. 아무리 모든 짐을 완벽하게 꾸렸다 해도 여권과 항공권이 없다면 여행은 수포로 돌아간다. 여권은 유효기간이 6개월 이상 남아 있는지 반드시 확인할 것. 원칙적으로 6개월 이내에 만료되는 여권을 소지하면 태국에서 입국을 거부당할 수 있다. 여권(사진 있는 부분)과 항공권은 몇 부씩 여유분으로 복사해 두는 것도 잊지 말자.

② 사진

현지에서 여권을 분실했을 경우 재발급 받으려면 사진이 필요하다. 만약을 대비해 여유분으로 사진을 2~3장 준비해가자. 현지 사진관에서 즉석 증명사진 촬영도 가능하다.

③ 신용카드 & 직불카드

VISA 혹은 MASTER 로고가 있는 신용카드는 해외에서 사용이 가능하다. 또한 직불카드 중에서도 해외승인이 가능한 카드라면 역시 해외에서 사용할 수 있다. 본인의 주거래 은행에 문의하여 신용카드의 해외 한도 범위를 확인해보자. 간혹 가입할 때 0원으로 만드는 경우가 있기 때문에 현지에서 당황스런 경우가 발생하기도 한다.

④ 여행 복장

연중 더운 기온이기 때문에 여름 복장으로도 충분하다. 다만 12~1월 사이 밤 기온이 20℃ 아래로 내려가 긴팔 옷이 종종 필요하다. 특히 무더운 여름에도 실내는 에어컨으로 인해 한기가 느껴지기도 하니 얇은 겉옷을 챙기는 센스도 잊지 말자. 바다에 갈 일도 많고 무더운 나라라 슬리퍼를 챙겨 가면 도움이 된다.

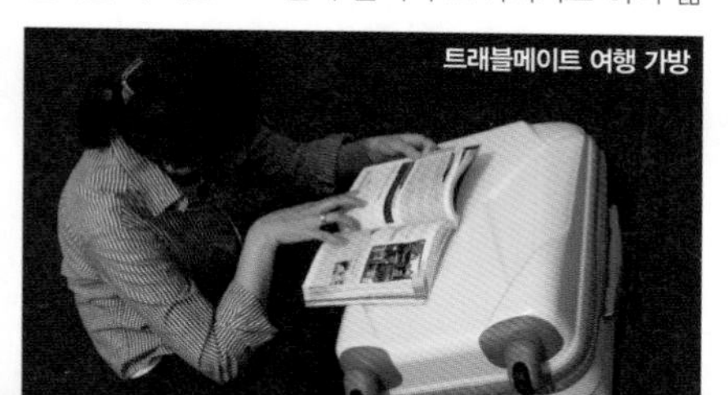
트래블메이트 여행 가방

⑤ 여행 가방

3박 4일 일정으로 단기 여행을 할 예정이라면 캐리어를 가져가는 것이 편리하다. 당일 근교 여행을 할 때는 숙소에 큰 가방을 놔둔 채 여행을 다녀오면 된다. 2주 이상 장기 여행을 할 예정이라면 배낭이 편하다. 이동 거리가 늘어나면 늘어날수록, 숙소를 자주 변경할수록 자유로운 행동을 보장받기 위해 배낭이 여러모로 유리하다.

여행용품 전문 매장
트래블메이트
전화 1599-2682
홈페이지 www.travelmate.co.kr

⑥ 보조 가방

여행지를 돌아다닐 때 사용하는 작은 가방이다. 가이드북과 지도와 필기구, 생수병, 양산 등 외출 때 필요한 물건을 넣어서 들고 다니면 된다. 보조 가방은 소매치기를 방지하기 위해 크로스 형태로 매고 다니도록 하자.

⑦ 비상약

챙겨 갈 비상약으로는 감기약, 진통제, 소화제, 설사약, 밴드 정도가 적당하다. 따로 복용하고 있는 약이 있다면 역시 챙겨 가자.

⑧ 멀티 어댑터

대부분 둥그런 모양의 플러그를 사용하지만, 숙소마다 콘센트 모양이 다르기 때문에 멀티 어댑터 한 개 정도는 챙겨 가면 도움이 된다. 카메라와 노트북, 스마트폰 등 전자제품을 많이 사용할 경우 멀티 탭도 유용하게 쓰인다. 저렴한 게스트하우스의 경우 콘센트가 많지 않기 때문에 멀티 탭이 있으면 충전하는 시간을 절약할 수 있다.

⑨ 세면도구 & 워시 팩

비누, 샴푸, 린스, 샤워 크림, 바디 로션, 칫솔, 치약, 면도기, 수건 등 기본적인 세면도구를 챙긴다. 게스트하우스에서는 수건과 비누만 제공해 주는 경우가 대부분이다. 3성급 수준의 호텔에 머물면 세면도구는 물론 헤어 드라이기까지 욕실에 비치되어 있다. 세면도구와 목욕용품은 워시 팩 Wash Pack에 담아 보관하면 편리하다. 목욕 용품을 한 곳에 담아 간편하게 보관할 수 있다. 휴대도 간편하고 샤워할 때 벽에 걸어두고 사용할 수도 있다.

⑩ 화장품, 선글라스, 모자

부피를 줄이려면 샘플로 받은 화장품을 챙겨 가거나, 필요한 만큼 작은 용기에 담아서 여행 가방을 꾸리면 편하다. 면세점에서 화장품을 살 경우 목록을 별도로 정해서 짐을 싸면 된다. 태양이 강하므로 자외선 차단제는 잊지 말고 챙기도록 하자. 선글라스와 모자를 챙겨 가면 도움이 된다.

⑪ 다용도 주머니(멀티 파우치)

양말, 속옷, 수영복, 신발, 슬리퍼 등을 구분해 넣어 다니기 좋다. 태국의 경우 사원을 방문할 때 신발을 벗고 들어가야 하는데, 이때 신발주머니로 사용할 수도 있어 다용도로 쓰인다.

⑫ 카메라

스마트폰이 대중화되긴 했지만 좋은 사진을 찍으려면 카메라가 필요하다. 무거운 DSLR 카메라를 대신해 휴대가 편리한 미러리스 카메라가 여행용으로 인기를 얻고 있다. 카메라 충전기 세트와 넉넉한 메모리 카드를 빼놓지 말자.

올림푸스 카메라

미러리스 카메라
올림푸스 OM-D
전화 1544-3200
홈페이지 www.olympus.co.kr

⑬ 팩세이프 Pac Safe 배낭

도난 방지 기능을 강화해 고가 물건을 보호하는 데 유용하다. 배낭 하단에 카메라와 렌즈를 넣어 보관할 수 있고, 노트북 수납공간도 별도로 있어 다용도로 사용할 수 있다.

⑭ 아쿠아 팩(방수 팩)

섬이나 해변에 갈 경우 방수 기능이 있는 아쿠아 팩은 보조 가방 기능을 대신한다. 보트 투어나 스노클링 투어에 참여할 때 요긴하게 쓰인다. 해변과 수영장에서 휴식할 경우 휴대용 방수 팩으로도 충분하다. 스마트폰과 카메라, 화장품 등을 구분해 방수 팩에 휴대하면 된다.

10 사건 · 사고 대처 요령

여행과 사건 · 사고는 언제나 붙어 다닌다. 문제없이 무사히 여행을 마칠 수 있다면 좋겠지만, 언제나 뜻대로 되지 않는 것이 바로 인생이다. 대처법을 알아두자.

① 몸이 아파요

방콕 여행지에서 가장 흔하게 발생하는 열병과 설사다. 연중 무더운 나라이니 충분한 휴식을 취하고 수분을 섭취하자. 건기 동안에는 40℃ 가까이 오른다. 물과 음식을 갈아 먹으면서 생기는 설사는 여행의 불청객. 반드시 생수를 구입해 마셔야 한다. 열병과 반대로 감기도 종종 걸린다. 무슨 감기냐고 의아해 할 수도 있으나, 실내 에어컨이 너무 강하기 때문이다. 가벼운 겉옷을 준비하고 밤에 잘 때 에어컨 온도를 적절히 조절하자.

불의의 사고를 당할 경우는 병원을 찾자. 주요 병원들은 시설뿐만 아니라 서비스도 수준급이다. 단점이라면 의료비가 생각보다 비싸다는 것. 본인의 여행자 보험이 적용되는지 진료 전에 확인하도록 하자.

한국어 통역이 가능한 주요 병원

• 범룽랏 병원 Bumrungrad International Hospital
주소 33 Thanon Sukhumvit Soi 3(Soi Nana Neua)
문의 0-2066-8888(일반), 0-2011-5222(응급)
홈페이지 www.bumrungrad.com
Map P.19-C1

• 싸미띠웻 병원 Samitivej Hospital(Sukhumvit)
주소 133 Thanon Sukhumvit Soi 49
문의 0-2022-2222
홈페이지 www.samitivejhospitals.com
Map P.22-A1

• 방콕 병원 Bangkok Hospital
주소 2 Soi Soonvichai 7, Thanon Phetchburi Tat Mai(New Phetchburi Rd.)
문의 0-2310-3000
홈페이지 www.bangkokhospital.com

• 방콕 크리스찬 병원 Bangkok Christian Hospital
주소 124 Thanon Silom
문의 0-2625-9000, 0-2235-1000
홈페이지 www.bch.in.th
Map P.26-A2

② 보석 사기

아무리 강조해도 방콕에서 여행자가 보석 사기를 당하는 일이 빈번하다. 왕궁, 왓 포, 싸얌 스퀘어 등의 주요 관광지에서 뚝뚝 기사를 끼고 보석 사기 행각을 하는 호객꾼을 조심할 것. 자세한 내용은 P.167 참고.

③ 도난과 분실

다른 동남아시아 국가들에 비해 도난과 분실의 횟수는 비교적 적은 편. 지하철이나 BTS 같은 대중교통 수단에서도 도난 사고는 적다. 하지만 혼잡한 버스 안이나 재래시장 등 사람이 북적이는 곳에서는 항상 주의해야 한다. 특히 짜뚜짝 주말시장과 카오산 로드의 야시장이 소매치기들의 주요 활동 무대다. 도미토리 같은 곳에 숙박한다면 소지품 관리에 더욱 신경을 써야 한다.

여권 분실

태국에서는 여권 분실 · 도난 시 원칙적으로 여권 재발급이 아닌 여행증명서를 발행해준다. 여권 분실에 의한 여권 신규 발급은 태국에 거주 등록된 교민에 한정되며, 2주 이상의 시간이 걸린다. 단기 여행자라면 여행증명서를 발급받아 한국으로 귀국할 수 있다. 여행증명서를 발급받기 위해서는 가장 먼저 분실 · 도난 증명서를 받아야 한다. 사건이 발생한 관할 구역의 경찰서에 가면 받을 수 있다. 여권 복사본을 가지고 있다면 반드시 가져가자. 일 처리가 훨씬 빨라진다.

분실 · 도난 증명서를 발급받은 후에 가야 할 곳은 방콕의 한국 대사관이다. 대사관에 비치된 여권발급 신청서 1부, 여권재발급 사유서를 작성하고 경찰서에 발행한 분실 · 도난 증명서와 신분증(주민등록증, 운전면허증, 여권 사본 등), 여권용 사진 2매(3.5X4.5㎝)를 제출하면 된다. 여행증명서 발급에 소요되는 시간은 1~2일이며 수수료로 280B을 내야 한다.

여행증명서를 발급받았다면 마지막으로 태국 이민국을 방문해야 한다. 이민국에서 입국 기록을 확인

받아야 출국이 가능하다. 여권을 분실한 경우 방콕 현지에서 대사관 영사과 0-2247-7540~1(구내 318)로 전화를 걸어 안내를 받도록 하자. 자세한 내용은 대사관 홈페이지 http://tha.mofa.go.kr 참고.

+ 방콕 주재 한국 대사관
Embassy of the Republic of Korea
สถานทูตเกาหลีใต้
문의 대사관 +66-(0)2247-7537~39, 영사과 +66-(0)2247-7540~41 비상연락처 08-1914-5803(토·일요일·공휴일)
홈페이지 www.overseas.mofa.go.kr/th-ko/index.do
주소 23 Thanon Thiam Ruammit, Ratchada-phisek, Huay Khwang, Bangkok 10320
운영 월~금 08:30~11:30, 13:30~16:00
가는 방법 MRT 쑨왓타나탐 Thai Cultural Center 1번 출구로 나온 다음 타논 티암 루암 밋을 따라 도보 15분. 싸얌 니라밋 Siam Niramit 공연장 오른쪽에 있다. 한국 대사관의 태국 발음은 '싸탄툿 까올리 따이'. Map P.25

소지품 분실

여행자 보험 가입자는 우선 경찰서로 가서 분실 · 도난 증명서(Police Report)를 받는다. 소지품 분실의 경우 분실 · 도난 증명서의 작성은 상당히 까다롭다. 잃어버린 물건의 구체적인 브랜드, 모델 명을 언급하는 것은 매우 중요하다. 본인의 부주의에 의한 분실이라면 보험금 보상을 받을 수 없거나 있어도 미미한 수준. 하지만 타인에 의한 도난(stolen)임을 입증할 수 있다면, 보험금의 한도에 따른 충분한 보상을 받을 수 있다. 도난 stolen과 분실 lost은 어감도 다르고 향후 보상에도 막대한 영향을 끼친다는 사실을 명심하자.

귀국 후, 현지 경찰서에서 작성하여 확인을 받은 분실 · 도난 증명서를 가입한 여행자 보험회사에 제출하면 심사 후 2주 뒤에 보상을 받는다. 보상은 현물(물건)만 가능하며 현금은 도난처리 되지 않는다.

여권 사기에 주의하자

대부분의 여권 분실은 개인의 부주의에 따른 것이지만 종종 여권 밀매 조직에 의해 일어나기도 한다. 한국 여권은 대부분의 나라를 비자 없이 갈 수 있기 때문에 여권 밀매 업자의 표적이 되기 쉽다.

한국 여권을 수백만 원에 사겠다는 밀매 브로커의 꼬임에 빠지지 않도록 주의하자. 고가에 여권을 매매하고 허위로 분실 신고해 목돈을 챙길 경우, 본인의 여권이 마약 매매나 밀입국 등에 이용될 소지가 많기 때문에 위험에 노출된다.

항공권 분실

항공권은 최근 이티켓으로 발급되기 때문에 항공권 분실은 크게 문제되지 않는다. 항공사 또는 여행사로부터 이메일로 티켓을 받았을 터, 가까운 인터넷 카페에서 재출력하면 간단하게 해결된다.

신용카드 분실 · 도난

카드가 없어진 것을 확인하는 즉시, 한국의 카드 회사로 전화를 걸어 카드를 정지시켜야 한다. 잠깐의 지체가 고지서에 막대한 영향을 끼친다는 사실을 잊어서는 안 된다.

+ 신용카드 분실 연락처

- **KB국민카드** 0082-2-6300-7300
- **비씨카드** 0082-2-330-5701
- **삼성카드** 0082-2-2000-8100
- **현대카드** 0082-2-3015-9000
- **신한카드** 0082-1544-7000
- **우리카드** 0082-2-6958-9000
- **하나카드** 0082-1800-1111

11 주의사항

여행 중 주의해야 할 사항은 어느 나라나 비슷하다. 한국에서 생활하던 대로 상식을 벗어나는 행동을 하지 않으면 크게 문제될 것은 없다. 태국이라고 유별날 것은 없지만 각 나라마다 문화와 분위기가 다르므로 몇 가지 주의해야 할 것들을 알아보자.

1 현지 문화를 심판하려 하지 말자. 다른 나라의 문화를 옳고 그름의 잣대로 평가할 수는 없다. 언어와 인종, 음식이 다르듯 생소한 문화라 하더라도 있는 그대로 받아들이자. 다른 문화를 체험하는 것이 여행하는 큰 이유 중의 하나다.

2 돈을 현명하게 쓰자. 태국이 한국보다 경제적 수준이 떨어지는 것은 사실이지만, 돈으로 모든 것을 해결해서는 안 된다. 돈을 써야 할 때와 아껴야 할 때를 구분하는 것도 여행의 기술 중의 하나다. 외국인 기업이나 수입 브랜드보다 태국인 상점과 태국에서 제조한 물건을 사주면 현지 경제에 직접적인 도움이 된다.

3 사원이나 왕궁을 방문할 때 노출이 심한 옷을 피하자. 법전을 방문할 때는 신발을 벗고 드나들어야 한다.

4 여성들의 경우 수행 중인 승려들과 신체 접촉이 생기지 않도록 각별히 조심할 것. 사원뿐만 아니라 버스 등 혼잡한 곳에서 승려 곁을 지날 때 옷깃이 스치지 않도록 유의해야 한다.

5 왕실을 모독하는 행위를 해서도 안 된다. 가정집에도 국왕 사진이 걸려 있을 정도로 태국인들의 왕실에 대한 사랑은 절대적이다. 국왕 사진을 훼손하거나 삿대질하는 행위는 현행범으로 처벌받을 수 있음을 명심하자. 태국 내에서는 외국인들이라 하더라도 왕실 모독에 대해서는 실형을 선고한다. 태국인들과 대화할 때도 가능하면 왕실과 정치에 관한 언급은 삼가는 게 좋다.

6 사람들과 사진 찍을 때 예의를 지키자. 동물원의 원숭이나 자연 풍광의 일부가 아니므로 반드시 상대방에게 의사를 먼저 확인하자. 산악 민족 중의 일부는 사진에 극도로 민감한 반응을 보인다.

7 여권을 포함한 귀중품 관리에 신경 써야 한다. 아무리 좋은 호텔이라고 하더라도 객실에 귀중품을 방치해두고 외출하는 일은 삼가자. 객실이나 호텔 로비에 비치된 안전 금고 Safety Box를 이용하자. 신분증을 겸하여 여권 사본은 지참하고 외출하는 것이 좋다.

8 사람이 많이 모이는 재래시장이나 혼잡한 시내버스에서는 소매치기를 각별히 조심하자. 여권은 핸드백에 넣지 말고, 가방은 쉽게 흘러내리지 않도록 크로스로 메는 것이 좋다.

9 다른 나라에 비해 태국 사람들이 친절하지만 상식 이상의 과잉 친절을 베풀거나 은밀한 곳을 소개해 주겠다는 유혹 등을 경계하자. 특히 보석 가게를 안내해 주겠다는 뚝뚝 기사를 조심해야 한다.

10 너무 늦은 시간에 음침한 골목을 혼자 돌아다니지 말자.

11 과도한 음주 후에 현지인과 다툼에 휘말리지 말자.

12 가족이나 친구들에게 머물 숙소의 이름과 전화번호 등을 이메일로 보내놓는 것이 좋다.

+ 알아두면 유용한 전화번호

- **한국 대사관** (0)2247-7537~9
- **앰뷸런스** 1544
- **경찰 핫라인** 1155
- **화재 신고** 199
- **관광 경찰** 1155, 0-2281-5051
- **태국 관광청** 1672
- **이민국** 1178, 0-2287-3101~10
- **일기 예보** 0-2258-2056
- **쑤완나품 국제공항** 0-2132-1888
- **돈므앙 공항** 0-2535-1111
- **태국 철도청** 1690
- **북부 버스 터미널** 0-2936-2852~66
- **남부 버스 터미널** 0-2894-6122, 0-2422-4444
- **동부 버스 터미널** 0-2391-2504, 0-2391-8097

Thai Conversation

태국어 여행 회화

여행뿐 아니라 어디를 가더라도 현지 언어를 알면 몸과 마음이 한결 편해진다. 복잡해 보이는 태국 문자와 성조 때문에 처음 접한 사람에게는 어려운 것이 태국어. 하지만 기본적인 단어만 익히면 대화하는 데는 큰 지장이 없다. 아무리 관광 대국이라지만 현지인들과는 영어가 안 통하므로 길을 묻거나 식당에서 큰 도움이 된다.

번호

한국과 동일한 방법으로 숫자를 세면 된다. 십 단위, 백 단위, 천 단위로 계산되므로 규칙만 알면 숫자를 세기는 쉽다.

0	쑨	11	씹엣	80	빳씹
1	능	12	씹썽	90	까우씹
2	썽	13	씹쌈	100	러이
3	쌈	20	이씹	200	썽러이
4	씨	21	이씹엣	300	쌈러이
5	하	22	이씹썽	1,000	판
6	혹	30	쌈씹	2,000	썽판
7	쩻	40	씨씹	1만	믄
8	빳	50	하씹	2만	썽믄
9	까우	60	혹씹	10만	쌘
10	씹	70	쩻씹	100만	란

35,729 **쌈믄 하판 쩻러이 이씹까우**

시간

태국에서 시간은 하루를 5가지 단위로 구분한다.
새벽 1~5시는 **'띠'**.
오전 6~11시는 **'차오'**.
오후 1~4시는 **'바이'**.
오후 5~6시는 **'옌'**.
저녁 7~11시는 **'툼'**이다.
각각의 시간 구분마다 1.2.3.4를 붙이기 때문에 태국에서 시간을 제대로 읽으려면 상당한 노력이 필요하다.

1am	띠 능	1pm	바이 몽
2am	띠 썽	2pm	바이 썽 몽
3am	띠 쌈	3pm	바이 쌈 몽
4am	띠 씨	4pm	바이 씨 몽
5am	띠 하	5pm	하 몽 옌
6am	혹 몽 차오	6pm	혹 몽 옌
7am	쩻 몽 차오	7pm	능 툼
8am	빳 몽 차오	8pm	썽 툼
9am	까우 몽 차오	9pm	쌈 툼
10am	씹 몽 차오	10pm	씨 툼
11am	씹엣 몽 차오	11pm	하 툼
정오(noon)	티앙	자정(midnight)	티앙 큰

몇 시에요? | **끼 몽 래오?**
몇 시간이나? | **끼 추어몽?**
얼마나 오래? | **난 타올라이?**

분 | **나티**
일(day) | **완**
일주일 | **능 아팃**
한 달 | **능 드언**
일 년 | **능 삐**
내일 | **프룽니**
지금 | **디아우 니**
시간 | **추어몽**
주(week) | **아팃**
달(month) | **드언**
일(year) | **삐**
오늘 | **완니**
어제 | **므어 완**
다음 주 | **아팃 나**

요일

일요일 | **완 아팃**
화요일 | **완 앙칸**
월요일 | **완 짠**
수요일 | **완 풋**

목요일 | **완 파르핫** 금요일 | **완 쑥**
토요일 | **완 싸오** 휴일 | **완 윳**

인사 및 기본표현

태국어도 존칭어가 있다. 본인보다 나이가 많은 사람이나 높은 직위에 있는 사람에게 공손을 표현하는 것이 예의. 특히 처음 보는 사람에게는 서로 높여주는 것이 바람직하다. 태국어에서 존칭 표현은 매우 쉽다. **'카'** 또는 **'크랍'** 딱 한 가지 표현으로 남자와 여자에 따라 사용하는 단어가 달라진다. 본인 기준으로 여자라면 **'카'**를 사용하고, 남자라면 **'크랍'**을 사용한다. 존칭어는 모든 문장의 후미에 쓴다.

안녕하세요! | **싸왓디 카(크랍)!**
잘 가요. | **싸왓디 카(크랍).**
행운을 빌어요. | **촉디 카(크랍).**
실례 합니다. | **커톳 카(크랍).**
감사합니다. | **컵쿤 카(크랍).**
매우 감사합니다. | **컵쿤 막 카(크랍).**
괜찮습니다.(노 프라블럼) | **마이 뻰 라이 카(크랍).**
요즘 어떻습니까? | **싸바이 디 마이 카(크랍)?**
좋습니다. | **싸바이 디 카(크랍).**
이름이 뭐예요? | **쿤 츠 아라이 카(크랍)?**
내 이름은 00입니다. |
폼(남자)/디찬(여자) 츠 00 카(크랍).
나는 한국 사람입니다. |
폼/디찬 뻰 까올리 따이 카(크랍).
영어 할 줄 아세요? |
쿤 풋 파사 앙끄릿 다이 마이 카(크랍)?
한국어 할 줄 아세요? |
쿤 풋 파사 까올리 다이 마이 카(크랍)?
이걸 태국어로 뭐라고 하나요? |
니 파사 타이 리악 와 아라이 카(크랍)?
천천히 말해 주세요. | **풋 차 차 노이 카(크랍).**
써 줄 수 있어요? |
커 키안 하이 다이 마이 카(크랍)?
이해했어요? | **카오 짜이 마이?**
이해했어요. | **카오 짜이.**
잘 모르겠습니다. 이해가 안돼요. |
마이 카오 짜이 카(크랍).
00 있어요? | **미 00 마이 카(크랍)?**
00 할 수 있어요? | **00 다이 마이 카(크랍)?**
도와 줄 수 있어요? |
추어이 폼(디찬) 다이 마이 카(크랍)?
어디 가세요? | **빠이 나이 카(크랍)?**
놀러갑니다. | **빠이 티아우 카(크랍).**
학교 갑니다. | **빠이 롱리안 카(크랍).**
너무 좋아요. | **촙 막 카(크랍).**
싫어요. | **마이 촙 카(크랍).**
필요 없어요. | **마이 아오 카(크랍).**
너무 좋아요. | **디 막 카 (크랍).**
너무 즐겁다. | **싸눅 막 카(크랍).**
당신을 사랑합니다. |
폼 락 쿤(남자가 여자에게).
찬 락 쿤(여자가 남자에게).

교통

00 어디에 있어요? | **유 티나이 카(크랍)?**
얼마나 먼가요? | **끄라이 타올라이 카(크랍)?**
00 가고 싶은데요. |
폼/디찬 약 짜 빠이 00 카(크랍).
어떻게 가면 되나요? | **빠이 양라이 카(크랍)?**
어디 갔다 왔어요? | **빠이 나이 마 카(크랍)?**
이 차는 어디로 가나요? |
롯 니 빠이 나이 카(크랍)?
버스는 언제 출발하나요? |
롯메 짜 옥 므어라이 카(크랍)?
기차는 몇 시에 출발하나요? |
롯파이 짜 옥 끼 몽 카(크랍)?
막차는 몇 시에 있나요? |
롯메 칸 숫 타이 미 끼 몽 카(크랍)?
언제 도착하나요? | **틍 끼 몽 카(크랍)?**
여기 세워 주세요. | **쩟 티니 카(크랍).**
여기서 내립니다. | **롱 티니 카(크랍).**

여기 | **티니** 저기 | **티난**
오른쪽 | **콰** 왼쪽 | **싸이**
북쪽 | **느아** 남쪽 | **따이**
직진 | **뜨롱 빠이** 거리 | **타논**
기차역 | **싸티니 롯파이** 버스 정류장 | **싸타니 롯 메**
공항 | **싸남빈** 선착장 | **타 르아**
티켓 | **뚜아** 호텔 | **롱램**
우체국 | **쁘라이싸니** 은행 | **타나칸**
ATM | **뚜에티엠** 식당 | **란 아한**

카페 | **란 까패**
병원 | **롱파야반**
오토바이 | **모떠싸이**
배 | **르아**
시장 | **딸랏**
약국 | **란 카이야**
택시 | **딱씨**

식당

몇 명이에요? | **끼 콘 카(크랍)?**
세 명입니다. | **쌈 콘 카(크랍).**
메뉴 주세요. | **커 아오 메누 카(크랍).**
영어 메뉴판 있어요? |
미 메누 앙끄릿 마이 카(크랍)?
음료는 무엇으로 하시겠어요? |
컹 듬 아라이 카(크랍)?
물 주세요. | **커 아오 남쁘라오 카(크랍).**
씽 맥주 한 병 주세요. |
커 아오 비아 씽 쿠엇 능 카(크랍).
얼음 더 주세요. | **커 아오 익 남캥 노이 카(크랍).**
맵지 않게 해주세요. | **아오 마이 펫 카(크랍).**
담배 피워도 되나요? | **쑵부리 다이 마이 카(크랍)?**
재떨이 주세요. | **커 아오 띠끼야부리 카(크랍).**
화장실은 어디에요? | **헝남 유 티아니 카(크랍)?**
봉지에 싸 주세요. | **싸이 퉁 노이 카(크랍).**
계산서 주세요. |
첵 빈 카(크랍) 또는 깹 땅 카(크랍).
배불러요. | **임 래우 카(크랍).**
맛있어요. | **아로이 막 카(크랍).**

숙소 및 쇼핑

얼마예요? | **타올라이 카(크랍)?**
몇 밧이에요? | **끼 밧 카(크랍)?**
이 방은 하루에 얼마입니까? |
헝 티니 큰 라 타올라이 카(크랍)?
더 싼 방 있어요? | **미 헝 툭 꽈 마이 카(크랍)?**
방을 볼 수 있나요? | **두 헝 다이 마이 카(크랍)?**
이틀 머물 예정입니다. | **유 썽 큰 카(크랍).**
방 값 깎아 줄 수 있어요? |
롯 라카 다이 마이 카(크랍)?
가방 여기 맡길 수 있나요? |
깹 끄라빠오 티니 다이 마이 카(크랍)?
더 큰 거 있나요? | **미 야이 꽈 마이 카(크랍)?**
더 작은 거 있나요? | **미 노이 꽈 마이 카(크랍)?**
깎아 주세요. | **롯 다이 마이 카(크랍).**
이것 주세요. | **커 아오 니 카(크랍).**

싸다 | **툭**
비싸다 | **팽**
에어컨 방 | **방 헝 애**
선풍기 방 | **방 헝 팟롬**
일반실 | **헝 탐마다**
전화기 | **토라쌉**
세탁 | **싹파**
담요 | **파홈**
핫 샤워 | **남 운**

알아두면 유용한 기본 단어

나 | **폼**(남성)/**디찬**(여성)
당신 | **쿤**
예 | **차이**
아니오 | **마이 차이**
누구? | **크라이?**
무엇? | **아라이?**
언제? | **므어라이?**
어떻게? | **양라이?**
어디에? | **티나이?**
혼자 | **콘 디아우**
두 명 | **썽 콘**
친구 | **프언**
애인 | **팬**
외국인 | **콘 땅 찻**
한국인 | **콘 까올리 따이**
음식 | **아한**
돈 | **응언**
나쁘다 | **마이 디**
좋다 | **디**
크다 | **야이**
작다 | **렉**
깨끗하다 | **싸앗**
더럽다 | **쏘까쁘록**
닫다 | **삣**
열다 | **뻣**
차다 | **옌**
춥다 | **나우**
맛있다 | **아로이**
어렵다 | **약**
쉽다 | **응아이**
즐겁다 | **싸눅**
덥다 | **론**
맵다 | **펫**
배고프다 | **히우 카오**
목마르다 | **히우 남**
아프다 | **마이 싸바이**
예쁘다 | **쑤어이**
피곤하다 | **느아이**
아주 매우 | **막**
오다 | **마**
하다 | **탐**
주다 | **하이**
가다 | **빠이**
앉다 | **낭**
자다 | **논랍**
갖다 | **아오**
걷다 | **던 빠이**
원한다 | **아오**
하고 싶다 | **약 짜**
좋아한다 | **춥**
먹다 | **낀(정중한 표현은 탄)**

***밥 먹다의 경우 '낀 카오'보다 '탄 카오'라고 쓰는 게 좋다.**

INDEX

엔터테인먼트 · 쇼핑 · 마사지

ㄱ · ㄴ · ㄷ

ㄹ · ㅁ

ㅂ

ㅅ

ㅇ

MEMO

friends 프렌즈 시리즈 05

프렌즈 방콕

초판 1쇄 2009년 1월 5일
개정 10판 1쇄 2020년 1월 8일

글 · 사진 | 안진헌

발행인 | 이상언
제작총괄 | 이정아
편집장 | 손혜린
책임편집 | 강은주
개정 디자인 | 김미연, 변바희
표지 이미지 | ©GettysImageBank

발행처 | 중앙일보플러스(주)
주소 | (04517) 서울시 중구 통일로 86 바비엥3 4층
등록 | 2008년 1월 25일 제2014-000178호
판매 | 1588-0950
제작 | (02) 6416-3892
홈페이지 | jbooks.joins.com
네이버 포스트 | post.naver.com/joongangbooks

ISBN 978-89-278-1082-7 14980
ISBN 978-89-278-1051-3 (세트)

※책값은 뒤표지에 있습니다.
※잘못된 책은 구입처에서 바꿔 드립니다.

중앙북스는 중앙일보플러스(주)의 단행본 출판 브랜드입니다.